Nr. 49
S. 15559–15886

Chemisches Zentralblatt

1959
9. Dezember

Vollständiges Repertorium für alle Zweige der reinen und angewandten Chemie

1830 gegründet. 1897—1945 von der Deutschen Chemischen Gesellschaft fortgeführt. Im Auftrage der Deutschen Akademie der Wissenschaften zu Berlin, der Chemischen Gesellschaft in der DDR, der Akademie der Wissenschaften zu Göttingen und der Gesellschaft Deutscher Chemiker (in der BRD)

herausgegeben von Prof. Dr. **Heinrich Bertsch** und Prof. Dr. Dr. h. c. **Wilhelm Klemm**

130. Jahrgang

1959

Chefredakteure: Dr. Eugen Klever und Dr. Heinz Walter

Akademie-Verlag GmbH., Berlin — Verlag Chemie, GmbH., Weinheim/Bergstr.

Inhalt

Postverlagsort: Berlin

Namenregister

Patentregister

Chemisches Zentralblatt

1959 Nr. 49 9. Dezember

Geschichte. Unterricht.

Lise Meitner, *Otto Hahn zum 80. Geburtstag am 8. März 1959.* Kurze persönliche Würdigung der Persönlichkeit O. HAHNS zum 80. Geburtstag. (Naturwissenschaften **46.** 157—58. 1. März-H. 1959.) E. KLEVER. 1

K. H. Gustavson, *Erik Hägglund.* Nachruf auf den Stockholmer Professor E. HÄGGLUND, gest. 13/3. 1959 in Stockholm im Alter von 71 Jahren, u. Würdigung seiner chem.-technolog. Forschungen zur Verarbeitung von Holz zu Cellulose u. Papier, von Sulfitablaugen zu A., ferner seiner Beiträge zur Ligninforschung. (Nature [London] **183.** 1228—29. 2/5. 1959.) W. KUNTZ. 1

André Boullé, *Pierre Jolibois, 1884—1954.* Nachruf u. ausführliche Würdigung der Arbeiten des hervorragenden französ. Chemikers P. JOLIBOIS (geb. am 23/5. 1884 in Paris, gest. 18/2. 1954) auf den Gebieten des Phosphors u. seiner Verbb.; der Derivv. der Magnesiumorganischen Verbb., der chem. Wirkg. von elektr. Funken in verd. Gasen u. der Elektrolyse. — Bild. (Bull. Soc. chim. France **1959.** 207—55. Febr.) E. KLEVER. 1

Walter Hückel, *Alfred Kliegl 2. 9. 1877—7. 11. 1953.* Würdigung des Lebenswerkes von A. KLIEGL (geb. am 2/9. 1877 in München, gest. am 7/11. 1953 in Siegsdorf bei Traunstein) bes. auf dem Gebiete der aromat. Nitroverbb. u. der Fluorenderivate. — Bild. (Chem. Ber. **92.** XXI—XXVIII. 21/3. 1959.) E. KLEVER. 1

I. W. Torgow, *Iwan Nikolajewitsch Nasarow.* Nachruf auf das bekannte Mitglied der Akademie der Wissenschaften der UdSSR I. N. NASAROW (geb. am 12/6. 1906 in Koschelewo, Gouvernement Wladismir, gest. am 30/7. 1957 in Avingnon) u. Würdigung seiner zahlreichen Arbeiten auf den verschiedensten Gebieten der organ. Chemie. — Bild. (Журнал Общей Химии [J. allg. Chem.] **29 (91).** 701—23. März 1959.) E. KLEVER. 1

A. C. Menzies, *Frank Twyman, F. R. S.* Nachruf auf den leitend in der opt. Industrie tätigen Fachmann F. TWYMAN, geb. 1876 in Canterbury, gest. 6/3. 1959. Sein Hauptarbeitsgebiet waren neben andern opt. Instrumenten die von ihm entworfenen u. konstruierten Apparate für spektrochem. Analyse. (Nature [London] **183.** 1158—59. 25/4. 1959.) W. KUNTZ. 1

Gerald Kainz, *Friedrich Emich, Fritz Pregl, Fritz Feigl. Drei Österreicher als Pioniere in der mikroanalytischen Forschung.* Würdigung der grundlegenden Arbeiten von EMICH (1860 [Graz] — 1940, anorgan. Mikroanalyse), PREGL (1869 [Laibach] — 1930, organ. Mikroanalyse, Univ. Graz, NOBEL-Preis) u. FEIGL (geb. 1891 [Wien], jetzt Rio de Janeiro, Tüpfelanalyse, organ. Reagenzien usw.) — Veröffentlichungen, Ehrungen. (J. chem. Educat. **35.** 608—11. Dez. 1958. Wien, Univ.) K. BLUMRICH. 1

G. J. van Meurs, *Hermannus Boerhaave (1668—1738).* Lebensbeschreibung von BOERHAAVE, der an der Univ. Leiden die Lehrstühle für Medizin, Botanik u. Chemie inne hatte u. sich den Ruf als einer der bedeutendsten Ärzte errang, daneben aber zahlreiche botan. u. chem. Unterss. ausführte. (Voeding **20.** 2—9. 15/1. 1959.) W. WESLY. 1

F. Hecht, *Otto Hönigschmid zum Gedenken.* Lebensbeschreibung von O, HÖNIGSCHMID unter besonderer Berücksichtigung seiner Arbeiten über die Best. der Gewichte zahlreicher Atome u. seiner Tätigkeit im Rahmen der Atomgewichtskommission. (Österr. Chemiker-Ztg. **59.** 121—22. Mai 1958.) HEINRICH HERMANN. 1

F. A. Henglein, *Alexander von Humboldt und die Chemie. Zum 100. Todestag des Naturforschers.* Lebensbeschreibung von A. v. HUMBOLDT unter besonderer Berücksichtigung seiner Beziehungen zu Chemikern u. seiner Leistungen auf dem Gebiete der Chemie. (Chemiker-Ztg. **83.** 290—98. 10/5. 1959. Karlsruhe, TH, Inst. für Chem. Technik.) HEINRICH HERMANN. 1

G. Kersaint, *Über einen unveröffentlichten Briefwechsel von Nicolas Louis Vauquelin (1763—1829).* Kommentierter Abdruck von Briefen, die an N. Z. LANGLOIS gerichtet sind u. eine von diesem geleitete chem. Fabrik betreffen. — 7 Faksimiles. (Bull. Soc. chim. France **1958.** 1603—19. Nov./Dez.) A. BLASCHETTE. 1

Bruno Boni, *Das Eisen in vorhistorischen Zeiten und im Altertum.* Geschichtlicher Überblick. (Fonderia ital. **6.** 297—99. Juli 1957.) C. GOTTFRIED. 2

Eberhard Schürmann, *Untersuchungen an Nydam-Schwertern.* An drei Schwertbruchstücken aus dem Nydamfund werden Zus. des verschmiedeten Eisens, der genaue Aufbau der Schwerter u. das Gefüge des verarbeiteten Stahles wie auch seine Härte untersucht. Alle Schwerter zeigen einen verschiedenartigen Aufbau. Das am schwierigsten zu fertigende u. durchgehend gehärtete Schwert A ist aus elf zum Teil damaszierten Teilen zusammengeschweißt worden, während bei Schwert C nur eine C-reiche, gehärtete Mittelrippe auszumachen ist, auf der beiderseitig C-arme u. daher beim Härten weich gebliebene Eisenschichten aufgeschweißt wurden. Gesondert angeschweißte Schneiden sind nicht zu erkennen. Das Schwert B weist gleichfalls als tragenden Bauteil eine damaszierte Mittelrippe u. seitlich angeschweißte Schneiden aus. Im Gegensatz zu den beiden anderen Schwertern wird jedoch in den untersuchten Schwertteilen B trotz des hohen C-Geh. kein ausgesprochenes Härtungsgefüge nachgewiesen. (Arch. Eisenhüttenwes. **30.** 121-26. März 1959. Clausthal, Bergakad.) H. HOCHSTEIN. 2

Eberhard Schürmann und **Hermann Schroer**, *Härte- und Glühversuche an dem Klingenbruchstück eines Nydam-Schwertes.* (Vgl. vorst. Ref.) Durch Glüh- u. Härteverss. an einem Klingenbruchstück des Nydam-Schwertes B wird der Beweis für die vermutete Meißelhärtung der Schneidenspitzen erbracht. Erörterungen über die Umwandlungsvorgänge in *Fe-P-C*-Legierungen geben eine Erklärung für die eigenartige Beständigkeit der Ferritsäume oder der Ferritschichten beim Glühen der Probe, die im Widerspruch zu den Erfahrungen bei unlegierten Stählen mit gleichem C-Geh. steht. (Arch. Eisenhüttenwes. **30.** 127—30. März 1959. Clausthal, Bergakad.; Duisburg-Ruhrort, Phoenix-Rheinrohr AG.) H. HOCHSTEIN. 2

Stanisław Rurański, *Anfänge der Eisenverhüttung in Polen.* Das Verf. der Fe-Gewinnung der Hallstatt-Zeit in Mittelpolen u. Schlesien unterscheidet sich, wie aus archäolog. Funden in diesen Gebieten hervorgeht, nicht von den in Westeuropa zur gleichen Zeit ausgeübten. (Wiadomości Hutnicze **15.** 4—8. Jan. 1959.) F. URBAN. 2

F. R. Morral, *Vom Cabul zum Cobalt.* Geschichte des Kobalts vom Gebrauch zum Färben von Glas u. Töpferwaren im alten Ägypten bis zu der vielseitigen industriellen Verwendung, die zu Beginn des 20. Jahrhunderts einsetzte. (J. chem. Educat. **34.** 185—86. April 1957. Columbus, O., Battelle Memorial Inst.) W. KUNTZ. 2

K. D. C. Vernon, *The Royal Institution of Great Britain.* Über Geschichte u. Einrichtungen des 1799 von Count RUMFORD gegründeten Instituts in der Albermarle Street, London, in den u. a. DAVY, FARADAY, TYNDALL u. DEWAR wirkten (jetzt geleitet von BRAGG). (J. chem. Educat. **34.** 607—10. Dez. 1957. London, Roy. Inst.) K. BLUMRICH. 2

Ernst Rickli, *Die allgemeine Bedeutung der Dokumentation.* Allg. Ausführungen über die Bedeutung der Dokumentation für Wissenschaft, Forschung u. Technik. (Chimia [Zürich] **12.** 162—65. 16/6. 1958. Bern.) W. SCHICKE. 4

E. Auer, *Dokumentation in der chemischen Industrie.* Vf. berichtet zunächst über die Erschließung der Literatur u. die Patentdokumentation bei der Ciba u. geht dann auf neuere Dokumentationsmethoden u. maschinelle Lochkartenverfahren ein. (Chimia [Schweiz] **12.** 165—74. 16/6. 1958. Basel.) W. SCHICKE. 4

H. Zschokke, *Erfahrungen mit einfachen Hilfsmitteln (Rand-, Schlitz- und Sichtlochkarten).* Prinzip u. Möglichkeiten der verschiedenen Systeme werden erläutert u. Beispiele von Schlitzlochkarteien angegeben. (Chimia [Schweiz] **12.** 174—79. 16/6. 1958. Bern.) W. SCHICKE. 4

K. H. Höcker, *Sollen Amerikanismen unübersetzt bleiben?* Probleme der Begriffsbestimmungen am Reaktor werden an Beispielen (fuel, leakage, control) erläutert. (Atomwirtschaft **2.** 373—75. Nov. 1957. Stuttgart.) M. GEHLEN-KELLER. 4

K. H. Höcker, *Sollen Amerikanismen unübersetzt bleiben?* Liste mit Ergänzungen zu vorst. referierter Arbeit. (Atomwirtschaft **3.** 241—43. Juni 1958.) M. GEHLEN-KELLER. 4

John Tanaka, *Billige Molekülmodelle für den Laboratoriumsgebrauch.* Vf. empfiehlt für die Anfertigung von Strukturmodellen durch Studierende die Verwendung eines formbaren steifen Wachses wie Ceraweld Amber oder Ceratack 155 (von Bareco Oil Co. of Tulsa, Okla.) u. macht Angaben über seine Handhabung u. Bewährung. (J. chem. Educat. **34.** 603. Dez. 1957. Brookings, S. D., South Dakota State Coll.) K. BLUMRICH. 6

B. H. Peterson, *Die Löslichkeitsproduktkonstante für Kupferjodat. Ein Versuch.* Als mäßig lösl. Salz u. wegen seiner genauen Best. in seiner gesätt. Lsg. (umsetzen mit J^- in saurer Lsg. u. titrieren mit $Na_2S_2O_3$ auf Jodstärkeentfärbung) eignet sich $Cu(JO_3)_2$ bes. gut für die Löslichkeitsbest. im Praktikum. (J. chem. Educat. **34.** 612. Dez. 1957. Cedar Rapids, Io., Coe Coll.) K. BLUMRICH. 6

J. Rae Schwenck, *Die Chemie des Silbers. Eine Demonstrationsreihe.* Zu 0,02 n $AgNO_3$-Lsg. werden CO_3^{2-}, OH^-, Cl^-, NH_3, Br^-, $S_2O_3^{2-}$, J^-, CN^- u. S^{2-} enthaltende n Lsgg. nebeneinander in Reagensgläser u. nacheinander in einem Becherglas zugesetzt, die Ndd. bzw. ihre Lsg. durch Komplexbldg. beobachtet u. daran physikal.-chem. Erläuterungen angeschlossen. Außerdem wird das Lösen von Ag in HNO_3 u. die Red. von Ag_2S durch Al (in Na_2S geschwärzte Ag-Folie wird in heißer 2mol. Na_2CO_3-Lsg. mit einem Al-Streifen berührt) vorgeführt. (J. chem. Educat. **36.** 45. Jan. 1959. Sacramento, Calif., Sacramento Junior Coll.) K. BLUMRICH. 6

Frank Gaynor, Concise dictionary of science; physics, mathematics, nucleonics, astronomy, chemistry. New York: Philosophical Lib. 1959. (546 S.) 8°. $ 10,—.

—, International handbook of universities 1959. Washington: Amer. Council on Educ. 1959. (349 S.) 8°. $ 6.—.

A. Allgemeine, physikalische und anorganische Chemie.

E. A. Guggenheim, *Notationen in Physik und Chemie.* Vf. empfiehlt, physikal. Größen durch Symbole zu bezeichnen, die von Maßsystemen unabhängig sind u. daher nie mit einfachen Zahlen ohne Zusatz der Einheit oder Dimension gleichgesetzt werden dürfen (z. B. $P = 1{,}2$ at oder $= 1{,}216 \cdot 10^6$ dyn · cm^{-2}), es sei denn, man legt sich ausdrücklich auf ein Maßsyst. fest, u. gibt Beispiele für „Quantitätsgleichungen" (LODGE). Die Verwendung verschied. Symbole je nach Maßsyst. macht große Schwierigkeiten u. das Weglassen der Einheitsangaben führt zu Verwirrungen. — Man kann die Einheit auch dem Symbol als Nenner anfügen (z. B. $P/at = 1{,}2$), was der Einklammerung (P[at]) vorzuziehen ist. (J. chem. Educat. **35.** 606—07. Dez. 1958. Reading, Univ.) K. BLUMRICH. 10

Ugo Fano and **L. Fano,** Basic physics of atoms and molecules. New York: Wiley. 1959. (429 S. m. Abb. u. Diagr.) 8°, $ 10,—.

N. Glinka, General chemistry; übersetzt aus d. Russ. von David Sobolev. Moskau: Foreign Languages Publishing House, London: Central Books. 1958. (690 S. m. Abb., Taf. u. Diagr.) 37 s. 6 d.

Horace Downs Crockford and **Samuel Bradley Knight,** Fundamentals of physical chemistry. New York: Wiley, London: Chapman & Hall. 1959. (XVII + 463 S. m. Diagr.) 56 s.

Lothar Wolf, Theoretische Chemie. Eine Einführung vom Standpunkt einer gestalthaften Atomlehre. 4., umgearbeitete Aufl. Leipzig: Johann Ambrosius Barth Verlag. 1959. (XI + 813 S. m. 347 Abb.) 8°. DM 41,50.

A_1. Kernphysik und Kernchemie.

Virgilio Polara, *Theorie und Experiment in der modernen Physik.* (Vortrag.) Behandelt wird die Umwandlung von M. in Energie u. umgekehrt, Wellen u. Teilchen, das Positron, die π- u. μ-Mesonen, das Antiproton u. das Neutrino. (Atti Soc. Peloritana Sci. fisiche mat. natur. **3.** 3—26. 1956/57. Messina, Univ., Ist. di Fis.) C. GOTTFRIED. 80

John H. Hoffman und **Alfred O. Nier,** *Heliumerzeugung in Eisenmeteoriten durch die Wirkung der Höhenstrahlen.* Systemat. Unters. der Verteilung von ^3He zu ^4He in einem $^1/_2$ t schweren Eisenmeteoriten (Grant) mit einem Doppelfokus-Massenspektrometer. (Physic. Rev. [2] **112.** 2112—17. 15/12. 1958. Minneapolis, Minn., Univ. of Minnesota.) GERHARD SCHMIDT. 85

Jack L. Uretsky, Robert W. Kenney, Edward A. Knapp und **Victor Perez-Mendez,** *Photoerzeugung positiver Pionen aus Protonen.* Die experimentell gemessene Winkelverteilung der differentiellen Querschnitte für die Rk. $\gamma + p \rightarrow \pi^+ + n$ bei 260 u. 290 MeV wird mit theoret. Kurven verglichen, für die verschied. P-Wellen-Phasenverschiebungen angenommen wurden. Beste Übereinstimmung ergab sich für δ_{13} u. δ_{31} gleich null. Die Unters. zeigt, daß der Photoerzeugungsquerschnitt eine sehr empfindliche Funktion der „kleinen" Pion-Nucleon-Streuphasenverschiebung ist; eine erfolgreiche Anwendung der Theorie von CHEW u. a. erfordert daher eine sehr genaue Unters. des Streuproblems. Die 90°-Querschnitte bei geringen Photonenenergien werden durch die Kopplungskonstante 0,072 besser als durch den Wert 0,08 wiedergegeben. (Physic. Rev. Letters **1.** 12—14. 1/7. 1958. Berkeley, Calif., Univ. of California, Radiat. Labor.) D. JÖRCHEL. 90

A. J. Apostolakis, J. O. Clarke und **J. V. Major,** *Unechte Streuung in Kernemulsionen.* Die unechte Streuung („Rauschen") wurde in 2 Emulsionsstapeln, von denen der eine den 4,2 GeV-π^--Mesonen des Bevatrons u. der 2. der Höhenstrahlung auf Seehöhe ausgesetzt waren, bestimmt. In beiden Stapeln ändert sich der mittlere Modul der zweiten Differenzen der unechten Streuung $\bar{d}$ mit der Zellenlänge t wie $\bar{d} = at^b$, wobei $b \approx 1$ u. a in den beiden Stapeln verschieden ist. Im 1. Stapel ist die unechte Streuung relativ klein, während sie im 2. Stapel größer als im π-Stapel ist. Der

der unechten Streuung im 2. Stapel entsprechende Wert von $p\beta$ ist ca. 5 GeV/c. (Nuovo Cimento [10] **5.** 337—46. 1/2. 1957. Durham, Univ., Durham Coll., Dep. of Phys.)
HERBERT WEBER. 90

Ja. B. Seldowitsch, *Über die mögliche Wirksamkeit einer Mesonenkatalyse von Kernreaktionen.* (Vgl. C. **1958.** 9668.) Aus Berechnungen ergibt sich, daß ein nichtzerfallendes Meson nach der Rk. d + d → ^{3}He + n 8 Neutronen liefern könnte, nach der Rk. d + t → ^{4}He + n 100 Neutronen; diese Neutronenausbeute wird durch Nebenrkk. d + d → ^{3}He + n u. t + t → ^{4}He + 2 n vermindert. Bei Stößen mit Elektronen wird ein μ-Meson oder ein schwereres Meson nicht von He losgerissen. Ebenso wahrscheinlich wie die Abgabe der gesamten Reaktionsenergie im Falle von pdμ ist ein Prozeß, bei dem die Energie in Form eines γ-Quants ausgestrahlt wird; da die Energie nur 5 keV beträgt, genügt sie nicht, um ein Meson vom ^{3}He-Kern loszureißen. (Журнал Экспериментальной и Теоретической Физики [J. exp. theoret. Physik] **33.** 310—11. Juli 1957. Physik. Lebedew-Inst. der Akad. der Wiss. der UdSSR.) R. K. MÜLLER. 90

L. G. Zastavenko, A. L. Liubimov, V. I. Ogiegitsky und **M. I. Podgoretsky,** *Über die Möglichkeit der K-Meson-Untersuchung.* Messungen der Halbwertszeiten von Θ^0 u. τ^0 sollten eine Unterscheidung gestatten, ob es sich um verschied. Teilchen handelt. Vorgeschlagen wird einmal die Messung des Verhältnisses $K^+_{\pi 3}/K^+_{\pi 2}$ für K^+, die durch Ladungsaustauschstreuung aus K^0 erhalten wurde, zum anderen die Messung des Verhältnisses $K^0 \rightarrow \pi^- + \mu^+ + \nu$ zu $K^0 \rightarrow \pi^+ + \mu^- + \nu$ oder $K^0 \rightarrow \pi^- + e^+ + \nu$ zu $K^0 \rightarrow \pi^+ + e^- + \nu$ bzw. μ^+/μ^-. (Nuclear Physics **3.** 549—52. Juni 1957. Joint Inst. of Nucl. Res.) M. WIEDEMANN. 90

Theodore Bowen, Judson Hardy jr., George T. Reynolds, Guido Tagliaferri, Albert E. Werbrouck und **William H. Moore,** *Beobachtung unpolarisierter Λ-Teilchen, die durch 1,5 GeV-π⁻-Wechselwirkungen in Pb, Fe und C erzeugt wurden.* Eine Analyse von 91 in Pb, 32 in C u. 15 in Fe beobachteten Λ-Ereignissen bzgl. Asymmetrie zeigte, daß sämtliche Λ-Teilchen weitgehend unpolarisiert sind. Lediglich im Falle von Pb ergab sich im Winkelbereich 53 bis 90° ein Hinweis auf Asymmetrie. Mögliche Depolarisationsursachen werden erörtert, darunter eine Mischung gleichzeitig nach verschied. Rkk. erzeugter Λ-Teilchen. Nimmt man eine gleiche Wahrscheinlichkeit der Rkk. $\pi^- + p \rightarrow \Lambda + \Theta^0$ u. $\pi^- + p \rightarrow \Sigma^0 + \Theta^0$ an u. betrachtet diese Rkk. als Haupt-Λ-Quelle, können 45 der in Pb beobachteten Λ-Teilchen aus einem Σ^0-Zerfall stammen. Die Polarisation dieser Λ ist nur $^1/_3$ so groß wie die der Σ^0 u. dürfte nahezu null sein. Die Wahrscheinlichkeit, daß die übrigen 46 Λ ein $\overline{P}\alpha = 0{,}40$ haben, ist dann 25%. (Physic. Rev. Letters **1.** 11—12. 1/7. 1958. Princeton, N. J., Princeton Univ., Palmer Physic. Labor.; Upton, N. Y., Brookhaven Nat. Labor.) D. JÖRCHEL. 90

D. J. Holthuizen und **B. Jongejans,** *Die Entdeckung des Λ-Antiteilchens.* Histor. Betrachtung. (Nederl. Tijdschr. Natuurkunde **25.** 18—21. Jan. 1959. Amsterdam, Natuurk. Labor.) W. WESLY. 90

S. Nilsson und **Å. Frisk,** *Die Emission geladener Σ + π beim K⁻-Proton-Einfang in Kernemulsionen.* Vff. analysieren 100 zweizackige Sterne, die von geladenen Baryonen u. π-Mesonen, ausschließlich von K^--Einfängen herrührend, erzeugt wurden. Aus den experimentellen u. erwarteten Hyperon-Energieverteilungen wurde unter Benutzung des FERMI-Gasmodells ein Σ-Kernpotential von 25 MeV berechnet. Ferner wird ein mittleres COULOMB-Potential des einfangenden Kerns von 8 ± 2 MeV abgeleitet. Für die Σ^--Masse wurde ein Wert von 1196,7 ± 0,6 MeV aus drei K^--Einfängen an freien Protonen bestimmt. Insgesamt wurden 23 $\Sigma^+ + \pi^-$-, 30 $\Sigma^- + \pi^+$- u. 9 $\Sigma^\pm + \pi^\pm$-Bahnen beobachtet, wobei die Einfänge an gebundenen u. freien Protonen stattfanden. (Ark. Fysik **14.** Nr. 20. 303—14. 1958. Uppsala, Univ. Inst. of Phys.) G. KURDAL. 90

M. Annis, N. F. Harmon und **R. D. Sard,** *Eine Mehrplatten-Nebelkammer zur Untersuchung instabiler Teilchen.* Mit Hilfe einer Mehrplatten-Nebelkammer wurde die Streuwinkelverteilung der durchdringenden Sekundärteilchen bestimmt u. daraus der Exponent des differentiellen Drehimpulsspektr. sowie die Rauschgrenze der Kammer bestimmt. Aus den Messungen ergab sich einerseits, daß mit diesen Kammern Impulse bis zu 2 GeV/c nachweisbar sind, andererseits konnten einige bisher unbekannte Zerfallsreaktionen nachgewiesen werden. Der geladene V-Zerfall sowie der V^0-Zerfall werden interpretiert. Aus den beobachteten Energien muß gefolgert werden, daß die neutralen Teilchen masselos sein müssen, falls K^0_β die gleiche M. wie die anderen K-Teilchen hat. (Nuovo Cimento [10] **6.** 1155—67. 1/11. 1957. St. Louis, Mo., Washington Univ.) G. KURDAL. 90

György Marx, *Neue Richtungen auf dem Gebiete der Erforschung der Elementarteilchen.* Diskussion der HEISENBERG-Theorie. (Fizikai Szemle [Physikal. Rdsch.] **8.** 240—47. Okt. 1958.) G. HALMI. 90

A. Petermann, *Invarianzeigenschaften und Identitäten zwischen Renormalisierungskonstanten.* Wird für eine Mischung von Mesonenfeldern Invarianz unter der Gruppe der Ladungsrenormalisierungen gefordert, so ergeben sich zwischen den Renormalisierungskonstanten Identitäten, die ihr Gegenstück in der Quantenelektrodynamik haben. (Nuclear Physics **3.** 592—97. Juni 1957. Copenhagen, Univ., Inst. for Theor. Phys.; CERN, Theor. Study Div.) M. Wiedemann. 90

M. M. Ssokolow, A. P. Otschkur, A. A. Fedorow und **N. I. Karabanow,** *Photoelektrische Absorption gestreuter γ-Strahlung.* Die Spektren von γ-Strahlung von ^{204}Tl, ^{203}Hg, ^{51}Cr (0,33 MeV), ^{137}Cs u. ^{65}Zn, die an Sand (zylindr. Probe von 25 cm Länge u. 5 cm innerem Durchmesser), der Pb (bis zu 5%) oder Cu (bis zu 10%) enthielt, gestreut wurde, wurden mittels eines NaJ(Tl)-Scintillationsspektrometer mit Mehrkanal-Amplitudenanalysator aufgenommen. Der Abstand zwischen Quelle u. Detektor betrug 5—15 cm. Im Falle von Cr zeigte die Streustrahlung ein Maximum bei ca. 100 keV. Zusatz von schweren Atomen bewirkte eine Erhöhung des Koeff. der photoelektr. Absorption bis etwa zur Bindungsenergie der Elektronen der K-Schale von Pb (88,2 keV). (Атомная Энергия [Atomenergie] **4.** 284-85. März 1958.) M. Wiedemann. 90

N. M. Gerassimowa, *Elektromagnetische Strahlung bei hochenergetischen Kernwechselwirkungen.* Theoret. Untersuchung. Ausgehend von einem hydrodynam. Modell des Elementarakts wird die von geladenen Teilchen bei energiereichen Kernwechselwirkung emittierte Bremsstrahlung berechnet. Der Anteil der ausgestrahlten Energie ergibt sich als konstant, während die von Punktladungen emittierte elektromagnet. Bremsstrahlung logarithm. mit der Energie zunimmt. (Журнал Экспериментальной и Теоретической Физики [J. exp. theoret. Physik] **33.** 1457—60. Dez. 1957. Akad. der Wiss. der UdSSR, Physik. Lebedew-Inst.) F. Lenz. 90

K. C. Kar und **B. N. Paria,** *Eine einfache Theorie der Bremsstrahlung ohne Dirac-Matrizen.* Unter Umgehung der Diracschen nichtvertauschbaren Matrizen leiten Vff. die relativist. differentiellen Querschnitte für die Bremsstrahlung ab. Vff. benutzen die lineare Form des von Kar u. Sanatani angegebenen Hamilton-Operators. Die Meth. wurde auf den Fall der Paarerzeugung angewendet. (Indian J. theoret. Physics **5.** 81—95. Dez. 1957. Calcutta, Inst. of Theor. Phys.) G. Kurdal. 90

K. C. Kar, *Über den Prozeß der β-Emission.* (Vgl. vorst. Ref.) Aus der Formel für die β-Zerfallsenergie leitet Vf. ab, daß das letzte Neutron des Mutterkerns am Übergang teilnimmt u. in das äußerste Proton des Tochterkerns umgewandelt wird. Aus der Tatsache, daß das äußerste Neutron u. das äußerste Proton eines Kerns alle möglichen Orte auf der Kernoberfläche einnehmen können, folgt, daß der Prozeß der β-Emission in der Nähe der Kernoberfläche beginnt. Vf. folgert, daß das erzeugte Elektron außerhalb des Kerns entstehen muß u. zwar in einem Bereich, in dem die Kernanziehungskraft schwach sein muß. (Indian J. theoret. Physics **5.** 111—12. Dez. 1957.) G. Kurdal. 90

K. Wildermuth und **K. Baumann,** *Einige Bemerkungen über Selbstbeschleunigung und ähnliche Effekte in der Quantentheorie der Felder.* Theoret. Abhandlung über die Lsgg. der Selbstbeschleunigung der Elektronen. (Nuclear Physics **3.** 612—23. Juni 1957. Copenhagen, Univ., Inst. for Theor. Phys.; CERN, Theor. Study Div.) M. Wiedemann. 90

J. L. Lloyd und **A. W. Wolfendale,** *Knock-on-Elektronen aus Höhenstrahl-μ-Mesonen.* Eine Nebelkammer von 60 · 60 · 11 cm, gefüllt mit 80% Ar u. O_2 mit Zusatz einer 50% Mischung W.-A. vom Gesamtdruck von ca. 110 cm Hg, enthielt eine Fe- u. eine Pb-Platte. Die durch μ-Mesonen erzeugten Sekundärelektronen wurden untersucht. Die Wahrscheinlichkeit der Emission eines Mesons, begleitet von einem einzelnen Elektron, war für 55 g/cm² Fe 9,0 ± 0,4% u. für 11,5 g/cm² Pb 5,80 ± 0,15%. Die Mesonen hatten Impulse zwischen 0,5—200 GeV/c. Für Knock-on-Elektronen mit Energien zwischen 20 keV u. einigen 100 MeV besteht in der Erzeugung durch Primärteilchen mit weniger als 200 GeV/c keine signifikante Anomalie. (Proc. physic. Soc. **73.** 178—84. 1/2. 1957. Durham, Univ., Dep. of Phys.) M. Wiedemann. 90

G. Culligan, S. G. F. Frank und **J. R. Holt,** *Longitudinale Polarisation der Elektronen aus dem Zerfall unpolarisierter positiver und negativer μ-Mesonen.* Die Zerfallselektronen wurden durch Plaste-Scintillatoren nachgewiesen. Die von den Elektronen in Pb erzeugte Bremsstrahlung durchlief den 16 cm langen Kern eines Magneten u. wurde mit einem NaJ (Tl)-Kristall nachgewiesen. Die Positronen zeigten positive, die Negatronen negative Helizität. Die Ergebnisse stehen mit der Zweikomponententheorie des Neutrinos in Einklang, wonach das mit dem Pionenzerfall verbundene Neutrino negative u. das Antineutrino positive Helizität besitzt. (Proc. physic. Soc. **73.** 169—77. 1/2. 1957. Liverpool, Univ., Nucl. Phys. Res. Labor.) M. Wiedemann. 90

J. B. Bellicard und **A. Moussa,** *Untersuchungen über von radioaktiven Substanzen emittierte Elektronen niedriger Energie.* Vff. beschreiben die in dem eisenfreien, doppelfokussierenden Spektrometer zur Unters. von Elektronen niedriger Energie vorgenommenen Veränderungen sowie Verbesserungen im Vakuumsyst. u. der Kompensation des Erdfeldes. Die mit der App. erhaltenen Meßergebnisse bei AUGER-K (^{65}Zn, ^{57}Co)- u. AUGER-L (Th B + C)-Spektren u. Konversionselektronen von ^{57}Co werden dargestellt. (J. Physique Radium **17.** 532-33. Juli 1956. Lyon, Inst. de Phys. Atom.)
W. MENZ. 90

Iwao Mito und **Hiroshi Ezawa,** *Ionisationsverluste nahe dem Ursprung eines Elektronenpaares sehr hoher Energie.* Die Ionisierungsverluste eines Elektron-Positron-Paares werden als Funktion ihres Abstandes nach einer Meth. berechnet, wie sie ähnlich FERMI (Physic. Rev. [2] **57.** [1940.] 485) zur Best. des Energieverlustes eines einzelnen Elektrons unter Berücksichtigung der Polarisierbarkeit des Mediums verwendet hat. Das Ergebnis ist dazu geeignet, γ-Energien oberhalb 10^{10} eV aus der Verringerung der Ionisation in der Nähe des Ursprungs des erzeugten Paares zu messen. Diese Verringerung rührt von der Interferenz zwischen dem elektromagnet. Feld des Elektrons u. dem des Positrons her. (Progr. theoret. Physics [Kyoto] **18.** 437—47. Okt. 1957. Tokyo, Univ., Coll. of Gen. Educat., Inst. of Phys., Dep. of Phys. [Orig.: engl.])
D. JÖRCHEL. 90

Joseph Allewaert, Rémy Van de Walle und **Julien Verhaeghe,** *Das Messen der primären spezifischen Ionisation von Elektronen mit der Methode der Wilson-Kammer.* Analog zum Verf. von WILLIAMS u. TERROUX wird die Best. der spezif. Ionisation in H_2 u. O_2 erweitert u. eine Meth. zur Best. von He angegeben. Die verwendete Elektronenenergie beträgt 0,1 bis 17 MeV. (C. R. hebd. Séances Acad. Sci. **245.** 1611—14. 4/11. 1957.)
G. PRETZSCHNER. 90

H. Meister, *Zur Theorie der Absorption monoenergetischer Elektronen in metallischen Folien.* (Vgl. C. **1959.** 6693.) Es wird die Selbstabsorption monoenerget. Elektronen in einer homogen aktivierten Schicht sowie die Absorption in beiderseitig aufgelegten Absorberfolien aus den Streu- u. Bremseigg. der Materie näherungsweise berechnet. Dabei werden Elektronenenergien von 0,1—2 MeV, Absorbermaterialien von nicht zu kleiner Kernladungszahl ($Z > 30$) sowie eine anfangs geradlinige Elektronenbahn angenommen, die bei der Energie E' plötzlich in die vollständige Diffusion nach der Theorie von BETHE u. Mitarbeiter (1938) übergeht. Die früher gemessenen Absorptionskurven der ^{115}In-Konversionselektronen (Anfangsenergie $E_0 = 312$ keV) stimmen für die Absorber *In* u. *Au* mit der Rechnung überein. Bei *Al* treten wegen $Z = 13$ größere Abweichungen auf. (Z. Naturforsch. **13a.** 809—20. Okt. 1958. Göttingen, MPI für Phys.)
D. JÖRCHEL. 90

B. Davison, *Über die Konvergenzrate der Methode der Sphärisch-Harmonischen beim Milneschen Problem.* Nach der Meth. der Sphär.-Harmon. werden der Endpunkt z_0 u. das Verhältnis von Strom zu Fluß an der freien Oberfläche für das MILNEsche Problem in der P_N-Näherung berechnet, wobei N ungerade ist. Die Verknüpfung dieser Größen für große N mit den exakten Werten wird angegeben. (Canad. J. Physics **36.** 1323—35. Okt. 1958. Toronto, Ont., Univ., McLennan Labor., Computat. Centre.)
D. JÖRCHEL. 90

W. F. Turtschin, *Multiphononenprozesse in Kristallen.* Für einen Kristall mit Emission einer willkürlichen Anzahl von Phononen werden die differentiellen Querschnitte der unelast. Streuung von Neutronen mit u. ohne Absorption von Phononen berechnet. Der erstere Wert ist für niedrige Tempp. des Kristalls von Interesse, der letztere für sehr kleine Neutronenenergien u. genügend hohe Tempp. des Kristalls. Bei geeigneter Auswahl des Spektr. erhält man einfache endliche Gleichungen. Als Grenzfall wird die Streuung an einem freien Kern bei großen Neutronenenergien behandelt. (Журнал Экспериментальной и Теоретической Физики [J. exp. theoret. Physik] **33.** 124—31. Juli 1957.)
R. K. MÜLLER. 90

G. E. Bacon, *Eine allgemeine Einführung in die Verwendung der Neutronen zur Untersuchung des festen Zustandes.* Übersicht über die Grundzüge der Neutronenbeugung. (Nederl. Tijdschr. Natuurkunde **25.** 5—17. Jan. 1959. Harwell, A.E.R.E.)
W. WESLY. 90

L. S. Levitt, *Die Protonen-Compton-Wellenlänge als „Quant" der Länge.* Die meisten experimentellen Längen, die mit den fundamentalen Kraftkonstanten im Kern zusammenhängen (effektiver Wechselwirkungsbereich der Nucleonen u. Dispersionsamplituden), sind ganzzahlige Vielfache der COMPTON-Wellenlänge $\lambda_0 = h/m_0c = 1{,}32 \cdot 10^{-13}$ cm des Protons. Nach verschied. Methoden wurde bewiesen, daß der nucleare Einheitsradius R_0 zwischen 1,0 u. $1{,}5 \cdot 10^{-13}$ cm liegt, bes. für Kerne mit $A \geqslant 200$ genau $1{,}32 \cdot 10^{-13}$ cm beträgt. Es wird vermutet, daß der wahre Protonenradius die COMPTON-

Wellenlänge des Protons ist. (Experientia [Basel] **14.** 233—34. 15/7. 1958. Hoboken, N. Y., Stevens Inst. of Technol.) D. Jörchel. 90

N. P. Bogatschew, Schu-fen Wan, I. M. Gramenitzki, L. F. Kirillowa, R. M. Lebedew, W. B. Ljubimow, P. K. Markow, Ju. P. Merekow, M. I. Podgoretzki, W. M. Ssidorow, K. D. Tolstow und **M. G. Schafranowa,** *Wechselwirkung von 9 GeV-Protonen mit den Kernen der Photoemulsion.* (Vgl. C. **1959.** 8446.) Photoemulsionen von 0,450 mm Dicke wurden dem 9 GeV-Protonenbündel ausgesetzt. Auf 224,5 cm Bahn wurden 649 Wechselwirkungen beobachtet, was einer Protonenreichweite von 34,7 $\pm$ 1,5 cm entspricht, diese ist im Bereich von 1—9 GeV nahezu energieunabhängig. 258 Kernwechselwirkungen wurden analysiert, darunter waren 9 Streuungen über mehr als 5^0. Die mittlere Zahl der erzeugten schnellen Teilchen betrug 3,4 $\pm$ 0,1, die der schwarzen u. grauen Zacken pro Stern 2—4, die Vorwärtsrichtung war bevorzugt. Unter 249 Sternen können 18 als Wechselwirkungen mit freien oder quasifreien Protonen u. 13 mit quasifreien Neutronen angesehen werden. 10 Sekundärsterne wurden beobachtet, demnach beträgt die Weglänge für Kernwechselwirkungen der Sekundärteilchen 19 $\pm$ 6 cm. (Атомная Энергия [Atomenergie] **4.** 281—83. März 1958.) M. Wiedemann. 90

Glenn M. Frye jr., *Antiprotonenvernichtung in neutrale Pionen.* Die Auswertung eines Antiprotonenvernichtungssterns in einer dem Bevatron ausgesetzten Emulsion (C. **1958.** 13408.) ergab, daß die beiden einzigen sichtbaren Vernichtungsbahnen Elektronen mit ca. 134 bzw. 99 MeV Energie sein müssen. Die wahrscheinlichste Erklärung für die Ggw. eines Elektronenpaares ist die Erzeugung eines π^0, das in $e^+ + e^- + \gamma$ zerfällt, u. daß die beiden Bahnen ein Dalitz-Paar sind. Als minimale Energie für das π^0 ergibt sich 251 $\pm$ 37 MeV. Das Ergebnis stützt die Annahme, daß ein Zerfallsmodus $\bar{p} + p \rightarrow n\pi^0$ ($n \geqslant 2$) existiert, wie er bei Rkk. der Höhenstrahlung vermutet wurde. (Physic. Rev. Letters **1.** 14—16. 1/7. 1958. Los Alamos, N. Mex., Univ. of California, Los Alamos Scient. Labor.) D. Jörchel. 90

Ryutaro Ishiwari, Sukeaki Yamashita, Kazunori Yuasa und **Kozo Miyake,** *Über die Ionisation/Energie-Beziehung für α-Teilchen in Luft.* Die Bedeutung der säulenförmigen Rekombination für Ionisationsmessingen in Luft wurde mit einer flachen Ionisationskammer durch Messung des Verhältnisses der spezif. Ionisation von Po-α-Teilchen an 2 festen Bahnpunkten (Restreichweite 4,5 bzw. 22,5 mm) bei Feldstärken von 500, 1350 u. 11400 V/cm u. Winkeln von 2,55, 3,83 u. $5{,}11^0$ zwischen Teilchenbahn u. Feldrichtung untersucht. Das Verhältnis ändert sich mit der Feldstärke u. dem Winkel in der durch die Theorie von Jaffé vorhergesagten Weise. Mit dem Parameter $b = 9{,}5 \cdot 10^{-4}$ ergab sich die beste Anpassung der experimentellen Werte. Unter Berücksichtigung der Rekombination wurde aus der gemessenen Kurve der spezif. Ionisation die wahre Ionisation/Energie-Beziehung für α-Teilchen in Luft abgeleitet. Durch Vgl. dieser Beziehung mit aus Kernreaktionen bekannten Reichweite/Energie-Beziehungen wird die Formel für den durchschnittlichen Energieverlust von α-Teilchen in Luft im Verhältnis zu dem Energieverlust von Po-α-Teilchen zu $0{,}948 + 0{,}119/\sqrt{E}$ erhalten, worin E die Anfangsenergie der α-Teilchen in MeV bedeutet. Diese Formel gilt mindestens herab bis zu α-Energien von 1 MeV. (J. physic. Soc. Japan **11.** 337—47. April 1956. Kyoto, Univ., Inst. for Chem. Res.; Fac. of Sci., Dep. of Phys. [Orig.: engl.]) L. Wiesner. 90

John O. Rasmussen, *Kernradien aus der Streuung von α-Teilchen und aus der α-Radioaktivität.* Analyse der Streudaten u. Zerfallskonstanten teils mit scharf abbrechenden u. teils mit allmählich abklingenden Potentialen u. Diskussion des Einfl. von Schwingungen der Kernoberfläche u. von nicht kugelsymm. Kernformen. (Rev. mod. Physics **30.** 424—29. April 1958. Berkeley, Calif., Univ. of California, Radiat. Labor. and Dep. of Chem.) D. Geissler. 95

William D. Gunter jr. und **Robert A. Hubbs,** *Verbesserte halbempirische Weizsäcker-Formel für diffuse Kernoberflächen.* Vff. versuchen, die halbempir. Weizsäcker-Massenformel zu modifizieren, um die Effekte der diffusen Kernoberfläche, die durch Elektronenstreuverss. erschlossen wurden, zu erfassen. Vol.- u. Oberflächeneffekte werden durch Integration über eine angenommene trapezförmige Dichtefunktion (ähnlich der experimentell gefundenen) kombiniert. Gute Anpassungen an die experimentellen Kernmassen werden mit einem Radiusparameter r_0 von $1{,}081 \cdot 10^{-13}$ cm u. einem ε (Hälfte der Oberflächentiefe) von $1{,}202 \cdot 10^{-13}$ cm erhalten. Die aus Streuverss. erhaltenen Werte waren $r_0 = (1{,}07 \pm 0{,}02) \cdot 10^{-13}$ cm u. $\varepsilon = (1{,}50 \pm 0{,}20) \cdot 10^{-13}$ cm. (Physic. Rev. [2] **113.** 252—55. 1/1. 1959. Stanford, Calif., Stanford Univ.) Herbert Weber. 95

A. Ss. Dawydow und **G. F. Filippow,** *Quadrupolmomente und Nullschwingungen der Oberfläche von axialsymmetrischen Kernen.* Beim Übergang eines Kerns aus dem Grundzustand $\gamma = 0$ in den S-Zustand ($\gamma = \pi$) ändern sich Vorzeichen u. Größe des Quadrupolmoments. Wenn die Zustände der äußeren Nucleonen negativen Werten β_0 entsprechen, beziehen sich die tiefsten Energieniveaus auf den Fall $\gamma = \pi$. (Журнал Экспериментальной и Теоретической Физики [J. exp. theoret. Physik] **32.** 945—47. April 1957. Moskau, Univ.) R. K. MÜLLER. 95

L. J. Tassie, *Oscillationen der Kerngestalt als Modell zur Betrachtung von γ-Übergängen und Elektronenanregung.* Es wird ein modifiziertes hydrodynam. Kernmodell aufgestellt, das unter Annahme von Oscillationen der Kerngestalt nichtgleichförmige Verteilung von Ladung u. D. berücksichtigt. Für mehrere Arten von Ladungsverteilung werden explizite Ausdrücke angegeben. Bei gleichförmiger Ladungsverteilung erfolgt Übergang in das Tröpfchenmodell. Die entwickelte Theorie kann in Übereinstimmung mit den Ergebnissen von FREGEAU u. HOFSTADTER (1955) die Winkelverteilung gestreuter Elektronen am 4,43 MeV - Niveau von ^{12}C voraussagen, sie ergibt aber für die Streuintensität einen 7fach zu hohen Wert. (Austral. J. Physics **9.** 407—418. Dez. 1956. Canberra, Austral. Nat. Univ., Res. School of Physic. Sci.) M. VOGELMANN. 95

Judit Németh, *Theorie der Kernreaktionen.* 1. Mitt. Übersicht. (Fizikai Szemle [Physikal. Rdsch.] **8.** 253—58. Okt. 1958. Központi Fizikai Kutató Intézet.) G. HALMI. 103

Ernest M. Henley und **Boris A. Jacobsohn,** *Zeitumkehr bei Kernwechselwirkungen.* Die durch Zeitumkehrinvarianz der Kernkräfte auferlegten Grenzen werden für Kernrkk., elast. Doppelstreuverss. (Polarisation) u. Winkelkorrelationen der von nichtorientierten Kernen emittierten γ-Strahlen untersucht. (Physic. Rev. [2] **113.** 225—33. 1/1. 1959. Seattle, Wash., Univ. of Washington.) GERHARD SCHMIDT. 103

Boris A. Jacobsohn und **Ernest M. Henley,** *γ-Winkelkorrelationstests für Zeitumkehrinvarianz bei Kernkräften.* (Vgl. vorst. Ref.) Beschreibung einer systemat. Meth. zur Durchführung von Tests der Zeitumkehrinvarianz bei Kernkräften mittels γ-Winkelkorrelationen sowie Aufstellung einer allg. Formel für die Richtung eines einzelnen Photons mit beliebiger Polarisation. (Physic. Rev. [2] **113.** 234—38. 1/1. 1959.) GERHARD SCHMIDT. 103

M. M. Popow, Ju. W. Gagarinski, M. D. Ssenin, I. P. Michalenko und **Ju.M. Morosow,** *Mittlere Energie der β-Teilchen und Zerfallskonstante von Tritium.* In einer Quarzampulle wurde, ausgehend von 4,5 g U, eine Mischung aus Hydrid u. Tritid hergestellt. Mittels eines Cu-Calorimeters wurde adiabat. die Änderung der Wärmekapazität dieser Probe gemessen u. hieraus eine Halbwertszeit für ^{3}H von 12,58 ± 0,18 Jahren erhalten. Der Mittelwert ist 12,43 ± 0,04 Jahre. Die mittlere β-Energie ergibt sich zu 5,52 ± 0,01 keV. (Атомная Энергия [Atomenergie] **4.** 296—98. März 1958.) M. WIEDEMANN. 103

S. Jannelli und **F. Mezzanares,** *Emission von ^8Li beim Zerfall von ^{12}C, ausgelöst durch ein Proton von 140 ± 6 MeV.* Bei der Unters. des Zerfalls von Kernemulsionselementen beim Beschuß mit einem Protonenbündel von 140 ± 6 MeV wurde ein 4 p-Stern gefunden. Dieses Ereignis wird dem Zerfall von ^{12}C zugeschrieben u. stellt eine Hammerspur dar entsprechend der Rk. $^8\text{Li} \rightarrow \beta^- + 2\,^4\text{He} + 15{,}5$ MeV. Die Energie- u. Impulsbilanz bestätigt den Q-Wert der vorgeschlagenen Rk. $^{12}\text{C} + \text{p} \rightarrow ^8\text{Li} + ^3\text{He} + 2\,\text{p} - 97$ MeV. (Atti Soc. Peloritana Sci. fisiche mat. natur. **3.** 67—71. 1956/57. Messina, Univ., Ist. di Fis.) C. GOTTFRIED. 103

M. E. Nahmias und **T. Yuasa,** *Der β-Zerfall in der Nachbarschaft der magischen Zahl 14.* Vff. bestätigen das anomale Verh. der Neutronen u. Protonen beim Auffüllen der Schalen zur mag. Zahl 14. (J. Physique Radium **17.** 536. Juli 1956. Paris, Coll. de France, Phys. et Chim. Nucl.) W. MENZ. 103

G. A. Bartholomew und **P. J. Campion,** *Durch Neutroneneinfang ausgelöste γ-Strahlen aus Lithium, Bor und Stickstoff.* Bei ^{7}Li konnten neue γ-Strahlen von 7,26 ± 0,03 u. 6,78 ± 0,05 MeV beobachtet werden. Bei ^{11}B wurden 6 γ-Strahlen nachgewiesen. Das Spektr. ist mit $J = 7/2^+$ für den Einfangzustand verträglich. Bei ^{15}N wurden 6 noch nicht beschriebene γ-Strahlen festgestellt. Die Einfangquerschnitte für therm. Neutronen werden für ^{6}Li zu 0,028 ± 0,008, für ^{10}B zu 0,5 ± 0,2 u. für ^{14}N zu 0,08 ± 0,02 barn geschätzt. (Canad. J. Physics **35.** 1347—60. Dez. 1957. Chalk River, Ont., AE of Canada Ltd., Phys. Div.) M. VOGELMANN. 103

P. J. Campion und **G. A. Bartholomew,** *Durch Neutroneneinfang ausgelöste γ-Strahlen aus Fluor, Magnesium, Gallium, Brom und Hafnium.* (Vgl. vorst. Ref.) Es wurden im Energiebereich oberhalb 3 MeV die Spektren der durch Neutroneneinfang erzeugten γ-Strahlen untersucht. Bei F wurden 4, bei Mg 12 neue γ-Strahlen nachgewiesen. Die meisten dieser Strahlen können in die Energieniveauschemata der Produktkerne eingeordnet werden. Die energiereichste γ-Linie von Ga bei 7,73 $\pm$ 0,02 MeV könnte bei einem direkten Grundzustandsübergang in ^{70}Ga emittiert werden, während die 7,879 $\pm$ 0,013 MeV-γ-Strahlung von Br wahrscheinlich dem Grundzustandsübergang in ^{80}Br entspricht. Bei Hf konnte keiner der beobachteten γ-Strahlen mit einem Grundzustandsübergang in eines der Isotope identifiziert werden. (Canad. J. Physics **35.** 1361—79. Dez. 1957.) M. Vogelmann. 103

Ryuzo Nakasima, *Über durch schwere Ionen induzierte Kernreaktionen.* Die von Halbert u. Mitarbeitern (C. **1957.** 5755) mitgeteilten Ergebnisse über die Rkk. ^{23}Na (^{14}N, αp) ^{32}P u. ^{23}Na (^{14}N, α 2 p) ^{31}Si werden mit Hilfe des Compoundkernmodells analysiert. Der anomal große Querschnitt für die Compoundkernbildung läßt sich durch einen Effekt der diffusen Kernoberfläche deuten. Das beobachtete Vorwärtsmaximum in der Winkelverteilung der emittierten α-Teilchen läßt auf die Ggw. eines „Schrotschuß"-Reaktionsmechanismus schließen. (Progr. theoret. Physics [Kyoto] **19.** 743—45. Juni 1958. Osaka, Osaka City Univ., Res. Inst. for Atom. Energy. [Orig.: engl.]) D. Jörchel. 103

P. M. Endt, C. H. Paris, A. Sperduto und **W. W. Buechner,** *Kernniveaus in ^{32}S, ^{34}S, ^{35}Cl und ^{37}Cl.* Zur Best. der Niveauschemata von ^{32}S, ^{34}S, ^{35}Cl u. ^{37}Cl wurden $BaCl_2$-Targets mit 7,037 MeV-Protonen beschossen u. die aus den (p, α)- u. (p, p')-Rkk. resultierenden geladenen Teilchen unter Winkeln von 90° u. 130° zum einfallenden Protonenbündel mit einem Magnet.-Spektrographen hoher Auflösung analysiert. Die Zuordnung der beobachteten Teilchengruppen zu dem jeweiligen Nuclid erfolgte aus der Messung der Energiedifferenz der unter 90 u. 130° emittierten Teilchen. Für die Rkk. ^{35}Cl (p, α) ^{32}S u. ^{37}Cl (p, α) ^{34}S wurden die Q-Werte des Grundzustandes zu 1,863 $\pm$ 0,008 bzw. 3,026 $\pm$ 0,008 MeV ermittelt. Niveaus wurden gefunden in ^{32}S bei 2,237, 3,780, 4,287, 4,465 u. 4,698 MeV, in ^{34}S bei 2,127, 3,302, 3,915, 4,073, 4,114, 4,621, 4,685 u. 4,876 MeV, in ^{35}Cl bei 1,221, 1,763, 2,645, 2,695, 3,006, (3,165), 4,058, 4,113 u. 4,174 MeV u. in ^{37}Cl bei 0,838, 1,728, (3,087), (3,105) MeV. Niveauschemata werden für ^{34}S, ^{35}Cl u. ^{37}Cl angegeben. (Physic. Rev. [2] **103.** 961—64. 15/8. 1956. Utrecht, Rijksuniv., Phys. Labor.; Cambridge, Mass., MIT, Phys. Dep. and Labor. for Nucl. Sci.) L. Wiesner. 103

R. E. Holland und **F. J. Lynch,** *Die Reaktion ^{40}Ar(p, n) ^{40}K und der Zerfall von ^{40}K.* Vff. bestimmen die Energiedifferenz, die beim Zerfall von ^{40}K zu ^{40}Ar durch Elektroneneinfang auftritt, durch Beobachtung der Neutronenspektren aus der Rk. ^{40}Ar (p, n) ^{40}K nach einem Flugzeitverf., die entsprechenden Q-Werte werden berechnet. Ferner werden die Schwellenwerte für die Erzeugung bestimmter γ-Strahlen aus dieser Rk. ermittelt; diese Schwellenwerte liefern eine weitere Reihe von Q-Werten. Werden diese Q-Werte mit den Messungen der γ-Energie kombiniert, so ergibt sich ein Massendifferenzäquivalent von 1,522 $\pm$ 0,006 MeV zwischen ^{40}Ar u. ^{40}K u. eine Energiefreigabe von 60 $\pm$ 80 keV beim Zerfall von ^{40}K zu ^{40}Ar. Dieser Befund scheint im Widerspruch mit Kenntnissen über diese Verzweigung des Zerfalls von ^{40}K zu stehen. (Physic. Rev. [2] **113.** 903—08. 1/2. 1959. Lemont, Ill., Argonne Nat. Labor.) Gerhard Schmidt. 103

E. Silva, J. Goldemberg, P. B. Smith und **L. Marquez,** *(γ, n) - und (γ, 2n)-Reaktionen in ^{93}Nb.* Vff. bestimmen den (γ, n)-Querschnitt von ^{93}Nb nach einer Restaktivitätsmeth., wobei die bestrahlten Proben mit einem NaJ(Tl)-Scintillationsspektrometer (1 in. · 1 in.) mit eigen gewählter Diskriminierung gemessen werden. Wird das Ergebnis mit der totalen Neutronenausbeutekurve kombiniert, so lassen sich die Beiträge der (γ, n)- u. (γ, 2 n)-Rkk. trennen. Das Verhältnis dieser Querschnitte wird dann in besonderer Hinsicht auf den isomeren 2,35 MeV-Zustand (13 Std.) verglichen. (Vgl. James, C. **1955.** 2594.) Diese Aktivität wird nicht gefunden, so daß Vff. eine obere Grenze für diese Aktivivität von 0,02% der 0,93 MeV-Linie bestimmen. Eine Aktivität mit 3,2% Häufigkeit wird festgestellt, die wahrscheinlich von γ-Strahlen aus der Vernichtung von Positronen herrührt. (Nuovo Cimento [10] **9.** 17—22. 1/7. 1958. São Paulo, Univ., Dep. de Fis., Fac. de Filos., Ciêno e Letras.; Rio de Janeiro, Centro Brasil. de Pesqu. Fis.) Gerhard Schmidt. 103

N. Perrin, L. Dick, R. Foucher und **H. Vartapetian,** *Anwendung der Methode der γ-γ-Koinzidenzen zur Messung von Konversionskoeffizienten.* Vff. beschreiben Messung der γ-Strahlen von 195 u. 125 keV von ^{102}Rh unter Anwendung des Korrekturfaktors. (J. Physique Radium **17.** 539—40. Juli 1956. Paris, Inst. du Radium.) W. Menz. 103

H. Meister, *Die Aktivierungsquerschnitte von ^{55}Mn, ^{63}Cu, ^{108}Pd und ^{115}In für thermische Neutronen.* Es wurden kreisscheibenförmige Folien der untersuchten Substanzen in einer Standardgeometrie mit therm. Neutronen aktiviert u. durch Vgl. der mit dem 4 π-Zählrohr gemessenen Sättigungsaktivität deren Aktivierungsquerschnitte bestimmt.

Die auf ^{197}Au mit σ_{act} = 98,7 barn bezogenen Ergebnisse werden mit den von Hughes u. a. angegebenen Werten verglichen, wobei sich innerhalb der Fehlergrenzen grundsätzliche Übereinstimmung ergibt. Die gemessenen Werte sind: ^{55}Mn 13,19 ± 0,38, ^{63}Cu 4,44 ± 0,26, ^{108}Pd 9,3 ± 0,7 u. ^{115}In 157,6 ± 4,4 barn. Ferner werden die Querschnitte einiger reiner Isotope mitgeteilt. (Z. Naturforsch. **13a.** 820—22. Okt. 1958. Göttingen, MPI für Phys.) D. Jörchel. 103

N. G. Afanassjew und **W. Ju. Gontschar,** *Messung der Spektren von γ-Strahlen und Neutronen mit Hilfe von CsJ(Tl)-, NaJ(Tl)- und Stilben-Kristallen.* Mittels Scintillatoren aus CsJ(Tl)-, NaJ(Tl)- u. Stilben-Kristallen, Photomultiplier u. Analysator mit 55 Kanälen wurden die γ-Spektren von ^{60}*Co* u. ^{137}*Cs* aufgenommen. Ferner wurden 3,1 MeV-Neutronen nach D(d, n) erzeugt u. damit durch unelast. Streuung das γ-Spektr. von *Fe* angeregt, das eine 0,85 MeV-Linie zeigte. Das Spektr. der Rückstoßprotonen dieser Neutronen wurde ebenfalls aufgenommen. (Атомная Энергия [Atomenergie] **4.** 289—92. März 1958.) M. Wiedemann. 103

R. Ballini und **R. Barloutaud,** *Die Radioaktivität von ^{159}Gd. Untersuchung der angeregten Zustände von ^{159}Tb.*(Vgl. C. **1958.** **3214.**) Ein 222 keV-γ-Übergang in ^{159}Tb ist koinzident mit zwei Übergängen, wahrscheinlich den bereits bekannten 81 u. 58 keV-Übergängen. Ein sehr schwacher Übergang von ca. 300 keV kann auch beobachtet werden. Das Verhältnis der α_K-Koeffizienten dieser beiden Übergänge u. die relativen Intensitäten von 364, 222 u. ca. 300 keV-γ (100, 2,5, 0,5) werden grob gemessen. Die mittlere Lebensdauer des 364 keV-Zustandes ist $\leqslant 5 \cdot 10^{-10}$ sec. Der 58 keV-Übergang koinzidiert hauptsächlich mit einem β-Spektr. um 950 keV. (J. Physique Radium **17.** 534—35. Juli 1956. Saclay, Serv. de Phys. Nucl., C. E. N.) W. Menz. 103

H. Vartapetian, L. Dick, R. Foucher und **N. Perrin,** *Schnelle Koinzidenzen mit NaJ(Tl)-Scintillationszählern. Bestimmung der kurzen Halbwertszeiten der angeregten Zustände in ^{131}Cs und UX_2.* Mit E. M. I. 6262 Photomultiplier, NaJ(Tl)-Kristall u. einer schnell-langsam-Koinzidenzapparatur konnten Halbwertszeiten bis zu 10^{-9} sec gemessen werden. Die Halbwertszeit des 122 keV-Zustandes von ^{131}Cs wurde mit $(4 \pm 0,3) \cdot 10^{-9}$ sec u. des 93 keV-Zustandes von UX_2 (^{234}Pa) mit $(1,8 \pm 0,3) \cdot 10^{-9}$ sec bestimmt. (J. Physique Radium **17.** 537—38. Juli 1956. Inst. du Radium, Labor. Curie.) W. Menz. 103

M. Balicki, *Die Abwesenheit eines Wachstums von α-Uran bei Bestrahlung oberhalb 430°.* Es wird gezeigt, daß aus den Ergebnissen von Plail u. Wyatt (kein Wachstum bei 450°) nicht ohne weiteres auf eine Ungültigkeit der Theorie von Seigle u. Opinsky geschlossen werden kann, da, wie aus anderen Verss. hervorgeht, > 430° eine Schwellung durch eine Vergrößerung der mit Xe u. Kr gefüllten Poren eintritt. Wegen des Erscheinens einer großen Menge von diskreten Poren bei 430°, kann > 430° kein gerichtetes Wachstum von orientierten Poly- oder von Einkristallen erwartet werden. (Nuclear Sci. Engng. **4.** 502—04. Sept. 1958. Schenectady, N. Y., Knolls Atom. Power Labor., General Electr. Co.) W. Karcher. 110

Mark T. Robinson, *Über die Chemie des Spaltprozesses in Kernbrennstoffen, die UF_4 und UO_2 enthalten.* Die Folgen der Aufrechterhaltung der Elektroneutralität in Kernbrennstoffen werden an festem UO_2 (**I**) u. an verd. Lsgg. von UF_4 (**II**) in geschmolzenen Fluoriden dargestellt. In beiden Systemen genügen Änderungen in der Wertigkeit verschied. Spaltprodd. im Laufe der Zeit zur Einhaltung der Elektroneutralität. Im Falle von **II** sind die Verhältnisse wegen der Möglichkeit, daß einige Spaltprodd. mit dem Behälter reagieren, unübersichtlicher als bei **I**. Die Bedeutung der Entfernung der Edelgase in diesem Zusammenhang wird gezeigt. (Nuclear Sci. Engng. **4.** 263—69. Sept. 1958. Oak Ridge, Tenn., Oak Ridge Nat. Labor., Solid State Div.) W. Karcher. 110

Mark T. Robinson, *Kinetik der Xenonvergiftung in begasten Kernreaktoren mit geschmolzenen Fluoridbrennstoffen.* (Vgl. vorst. Ref.) Es wird eine einfache phänomenolog. Theorie zur Beschreibung der Xe-Vergiftung eines mit einem geeigneten Inertgas begasten Kernreaktors mit geschmolzenen Fluoridbrennstoffen entwickelt. Die Theorie wird auf die Entfernung anderer Spaltprodd. ausgedehnt. Beliebig kleine Xe-Konzz. können durch angemessene Begasung des Brennstoffs erreicht werden. Das Ansteigen der Xe-Vergiftung während des Abschaltens wird dadurch verhindert. (Nuclear Sci. Engng. **4.** 270—87. Sept. 1958.) W. Karcher. 110

Mark T. Robinson, William A. Brooksbank jr., Samuel A. Reynolds, Henry W. Wright und **Thomas H. Handley,** *Das Verhalten von Spaltprodukten in geschmolzenen Fluoridreaktorbrennstoffen.* (Vgl. vorst. Reff.) Vff. untersuchten das Verh. einiger Spaltprodd. in geschmolzenen $NaF/ZrF_4/UF_4$-Kernbrennstoffen bei der Bestrahlung in Kapseln sowie bei der Konvektion in Kreisläufen (loops) innerhalb des Reaktors. Die Edelgase entweichen bei dynam. Verss. leicht aus den Brennstoffen, während bei stat. Verss. die Geschwindigkeit des Entweichens sehr gering ist. Ru u. Nb schlagen sich wahrscheinlich als Metalle an den Wänden des Brennstoffbehälters nieder. Die übrigen untersuchten Spaltprodd. (Sr, Zr, La, Ce) scheinen im Brennstoff zu verbleiben. Es wird vorgeschlagen, den beobachteten Edelmetall-Nd. zur Reduzierung der Metallkorrosion durch geschmolzene Fluoridbrennstoffe zu benutzen. (Nuclear Sci. Engng. **4.** 288—96. Sept. 1958.) W. KARCHER. 110

W. K. Barney, G. A. Sehmel und **W. E. Seymour,** *Die Verwendung von Borcarbid für die Reaktorkontrolle.* Vff. untersuchten die Verwendung von B_4C zur Kontrolle von Na-gekühlten Reaktoren. Die mechan., physikal. u. nuclearen Eigg. u. die Strahlungsresistenz von B_4C werden angegeben. Die Fähigkeit des B_4C-Gitters, das entstehende He zurückzuhalten, wird diskutiert. (Nuclear Sci. Engng. **4.** 439—48. Sept. 1958. Schenectady, N. Y., Knolls Atom. Power Labor.) W. KARCHER. 110

J. Giacobbe und **D. N. Dunning,** *Neue Entwicklungen in der Herstellung von Hafniumkontrollstäben.* Symm. Hf-Stäbe mit Y-Gestalt wurden als Reaktorkontrollstäbe verwendet. Die Verarbeitung von Hf- u. Zircaloy-Streifen durch Verschweißen in eine geeignete Form wird beschrieben. (Nuclear Sci. Engng. **4.** 467—80. Sept. 1958. Phoenixville, Pa., Superior Tube Co.; Schenectady, N. Y., Knolls Atom. Power Labor.) W. KARCHER. 110

G. W. Cunningham, A. K. Foulds, D. L. Keller und **W. E. Ray,** *Entwicklung eines zusammengesetzten Kontrollstabes.* Vff. entwickelten einen aus Hf u. ^{10}B zusammengesetzten Kontrollstab. Verwendet wurde geschmiedetes Hf u. eine 3,5%ig. Dispersion (Gewichts-%) von ^{10}B in Ti-Pulver (Ti-Umhüllung). Verss. über das mechan. u. korrosive Verh. der zusammengesetzten Kontrollstäbe lieferten günstige Ergebnisse. (Nuclear Sci. Engng. **4.** 449—57. Sept. 1958. Columbus, O., Battelle Mem. Inst.; Schenectady, N. Y., Knolls Atom. Power Labor.) W. KARCHER. 110

W. E. Ray und **C. J. Beck,** *Eine heiße Coextrusionsmethode für die Herstellung von Stäben komplexer Gestalt durch runde Düsen (dies).* Mit Hilfe dieser Meth. können Stäbe, die entlang ihrer Ausdehnung eine verschied. metallurg. Zus. besitzen, hergestellt werden; z. B. ein Y-förmiger Stab mit einer 25%ig. Dispersion von Eu_2O_3 in Ti (Vol.-%) an einem, mit reinem Ti am anderen Ende u. mit einer 10,7%ig. Dispersion von ^{10}B in Ti (0,005 in. Ti-Umhüllung) in der Mitte. Werte über die physikal. Eigg., das Korrosionsverh., den Widerstand gegenüber zykl. Erhitzen u. Abkühlen sowie über die Resistenz gegenüber Strahlungsschäden werden angegeben. (Nuclear Sci. Engng. **4.** 841—94. Sept. 1958. Schenectady, N. Y., Knolls Atom. Power Labor.) W. KARCHER. 110

W. K. Anderson und **D. N. Dunning,** *Resistenz von Keramik-Metallgemischen (cermets) der Seltenen Erden gegenüber Strahlungsschäden.* Keram. Gemische von Eu_2O_3 u. Gd_2O_3 mit rostfreiem Stahl im Gewichtsbereich 5—30% Oxyd wurden im MTR bestrahlt. Proben mit 5, 20, 25 u. 30 Gewichts-% Eu_2O_3 u. 14% Gd_2O_3 wurden über eine Zeit von 2—5 Zyklen bestrahlt. Nach der Bestrahlung von Gd_2O_3-Gemischen wurden nur geringfügige Schäden festgestellt; bei der Bestrahlung von Eu_2O_3-Gemischen sind die auftretenden Schäden anscheinend abhängig von der Bestrahlungszeit u. der Konzentration. (Nuclear Sci. Engng. **4.** 458—66. Sept. 1958. Schenectady, N. Y., Knolls Atom. Power Labor.) W. KARCHER. 110

Joseph Mattler, *Verstärkung der α-Teilchen-Scintillationen durch elektrische Felder.* An *ZnS(Mn)*-Pulverschichten wurden Elektroluminescenz u. α-Scintillationen bei Wrkg. des elektr. Feldes untersucht. Das elektr. Feld verstärkt die α-Scintillationen um einen Faktor, der in erster Näherung linear mit der angelegten Spannung wächst. Er erreicht zum Beispiel bei einer Zelle von 0,05 mm Dicke bei 200 V einen Wert von 3,3. (J. Physique Radium **17.** 758. Aug./Sept. 1956. Paris, Fac. des Sci., Labor. de Luminescence.) C. REUBER. 112

U. Pellegrini, *Ein Generator für Impulsfolgen im Bereich von Nanosekunden.* Beschreibung eines Generators für Impulsfolgen zur Unters. der elektron. App. bei erhöhtem Auflösungsvermögen (ca. $10 \cdot 10^{-9}$ sec); minimale Impulsbreite (0—5 V) u. -aufeinanderfolge 15 bzw. $25 \cdot 10^{-9}$ sec; Amplitude u. Zahl der aufgenommenen Impulse sind kontrollierbar; Schaltschemata. (Nuovo Cimento [10] **9.** 533—37. 1/8. 1958. Roma, Com. Naz. Ric. Nucl., Centro Coord. Elettronica.) R. K. MÜLLER. 112

U. Pellegrini, B. Rispoli und **A. Serra,** *Ein Koinzidenzstromkreis mit Auflösungszeit von $2{,}2 \cdot 10^{-9}$ Sekunden und Totzeit der Größenordnung von $5 \cdot 10^{-9}$ Sekunden zur eventuellen Anwendung in der Kernphysik.* Beschreibung eines neuen Koinzidenzstromkreises hoher Auflösung für Scintillations- oder ČERENKOV-Zählerversuche. Die Anordnung ist für 5—6fache Koinzidenz geeignet, die Empfindlichkeit beträgt ca. 3 V. (Nuovo Cimento [10] **9.** 171—83. 1/7. 1958. Roma, Univ., Ist. di Fis., Ist. di Fis. Nucl.) R. K. MÜLLER. 112

L. G. Leiteisen, B. M. Gluchowskoi und **I. Ja. Breido,** *Photomultiplier für Scintillations-γ-Spektrometer.* Von den untersuchten Photomultipliern FEU–29 zeigen > 4/5 eine Amplitudenauflösung R < 10%; sie wird an mit ^{137}Cs oder ^{60}Co bestrahlten NaJ(Tl)-Kristallen geprüft; bei Prüfung an anderen gut ausgebildeten Kristallen zeigen 2/3 R = 10,5—14%. (Кристаллография [Kristallographie] **2.** 290—93. 1957.) R. K. Müller. 112

Mirko M. Vojinović, *Ermüdung von Photomultipliern bei Scintillationszählern.* Die Messung der Ausbeutestabilität des Scintillationszählers wird beschrieben. Eine Instabilität der Scintillationsausbeute infolge des Ermüdungseffektes des Photomultipliers wurde beobachtet. Ergebnisse werden für verschied. Typen von Photomultipliern (RCA 5819, EMI 6260 u. 6262, DuMont 6292) wiedergegeben. (Bull. Inst. Nuclear Sci. „Boris Kidrich" **6.** 93—98. März 1956. Belgrad, Inst. of Nucl. Sci. „Boris Kidrich", Labor. of Phys., Electron. Div.) Herbert Weber. 112

B. B. Culwick, *Die Messung von Impulsen hochenergetischer geladener Teilchen in einer Diffusionsnebelkammer.* Vf. entwickelt ein opt. Syst., für welches die scheinbaren Krümmungen in der Objektebene, die durch Verzerrungen verursacht werden, einen mittleren Wert von 0,005 m^{-1} haben. Unechte Krümmungen, die durch die Gaskonvektion innerhalb der Nebelkammer erzeugt werden, sind von gleicher Größenordnung. Damit lassen sich die Impulse von 1000 MeV-Protonen mit einer Genauigkeit von 2% bei einem Magnetfeld von $1{,}3 \cdot 10^4$ Gauss für Bahnlängen von 20 cm bestimmen. Der entsprechende maximale Impuls ist $8{,}5 \cdot 10^{10}$ eV/c. (J. sci. Instruments **34.** 154—58. April 1957. Birmingham, Univ., Dep. of Phys.) G. Kurdal. 112

K. H. Barker, C. C. Butler, M. S. Coates, B. W. Petley, M. G. Sowerby und **C. A. Uttley,** *Massenmessungen in einer Magnet-Nebelkammer.* Vff. beschreiben zwei verschied. Kammern, die für die Massenbestimmung sowie für die Bahnbestimmung geladener Teilchen verwendet wurden. Die Auflösung zwischen π- u. μ-Mesonen kann als gut bezeichnet werden. Für schwere Teilchen scheinen jedoch auch diese Kammern nur befriedigende Ergebnisse zu liefern, da der Fehler, mit dem die Impulsbestimmung behaftet ist, zu groß ist. (Suppl. del Nuovo Cimento Nr. 2 (zu [10] **4**). 588—96. 1956. London, Imp. Coll., Phys. Dep.) G. Kurdal. 112

E. M. Bolze, T. W. Morris, D. C. Rahm, R. R. Rau, R. P. Shutt, A. M. Thorndike und **W. L. Whittemore,** *Eine Blasenkammer mit flüssigem Wasserstoff, die durch einen in der Flüssigkeit bewegten Kolben expandiert wird.* Für Präzisionsbestimmungen von Impuls- u. Ionisierungsdichten wurde eine 15,9 · 7 · 7,6 cm große Blasenkammer konstruiert, die mit fl. H_2 arbeitet. Als günstige Arbeitsbedingungen werden Kammertempp. von 25,3—27° K, ein Expansionsverhältnis von 3% u. eine Expansionszeit von 5 msec angegeben. Die Temperaturdifferenzen zwischen Kammerboden u. -decke lagen bei 0,1—0,01°, die empfindliche Zeit betrug 3—4 msec. (Rev. sci. Instruments **29.** 297—99. April 1958. Upton, N. Y., Brookhaven Nat. Labor.) B. Stein. 112

Bogdan C. Maglić, *Direktes Ablesen der Vertikalkomponente von Teilchenbahnen in Kernemulsion.* Beschreibung einer einfachen mechan. Anordnung, die an der Trommel für die Vertikalbewegung des Plattenhalters eines gewöhnlichen Mikroskops angebracht wird u. die direkte Messung der Differenz $|h_0—h_1|$ (Vertikalkomponente) durch Fokussierung des Anfangs (h_0) u. des Endes (h_1) der Bahn ermöglicht. (Bull. Inst. Nuclear Sci. „Boris Kidrich" **6.** 209—10. März 1956. Belgrad, Inst. of Nucl. Sci. „Boris Kidrich", Labor. of Phys.) Herbert Weber. 112

Richard B. Neal, *Entwurf von Elektronen-Linearbeschleunigern mit Strahlbelastung.* Die Bedingungen für optimale Dimensionierung eines Linearbeschleunigers hängen von der Strahlbelastung, d. h. von dem in Strahlleistung umgewandelten Anteil der Hochfrequenzleistung ab. Bei kleiner Belastung erhält man maximale Strahlenergie bei vorgegebener Länge L, wenn man das Produkt IL aus der Dämpfungskonstante I der hochfrequenten Leistung u. der Länge gleich 1,26 wählt. Bei stärkerer Belastung liegt das Optimum dagegen bei kleineren Werten des Produkts IL. Die Dämpfungskonstante I wird durch geeignete Wahl der Abmessungen der Beschleunigungsstruktur bestimmt. (J. appl. Physics **29.** 1019–24. Juli 1958. (Stanford, Calif., Univ., W. W. Hansen Labors. of Phys., Microwave Labor.) F. Lenz. 112

O. A. Waldner, O. Ss. Milowanow, G. A. Tjagunow und **A. W. Schalnow,** *Linearer Elektronenbeschleuniger auf 6 MeV.* Durch Modifizierung des Beschleunigers konnte die maximale Elektronenenergie von 4 auf 6 MeV erhöht werden. Die Größe der Öffnungen im Diaphragma wurde auf a/λ = 0,13 verkleinert, wodurch sich die Spannung auf der Achse auf 30 kV/cm erhöhte. (Атомная Энергия [Atomenergie] **4.** 285. März 1958.) M. Wiedemann. 112

W. N. Logunow und **Ss. Ss. Ssemenow,** *Über den Elektroneneinfang im Betatron.* In einem Koordinatensyst., das sich längs der Gleichgewichtsbahn mit der azimutalen

Geschwindigkeit der injizierten Elektronen bewegt, führen die Elektronen langsame Relativbewegungen aus. Theoret. Abschätzung der infolge Mehrfachstreuung der Elektronen aneinander auftretenden Verteilung der Amplituden der Schwingungen um die Gleichgewichtsbahn. (Журнал Экспериментальной и Теоретической Физики [J. exp. theoret. Physik] **33.** 1513—14. Dez. 1957. Akad. der Wiss. der UdSSR, Physik. Lebedew-Inst.) F. LENZ. 112

L. Colli, S. Micheletti und **C. Salvetti,** *Der 160keV-Deuteronen-Beschleuniger des I. N. F. N., Sektion Milano.* Der Deuteronenbeschleuniger ist bes. als Quelle für 14 MeV-Neutronen bestimmt, u. zwar auf Grund der Rk. $^2D + ^3T \rightarrow \alpha + n + 17{,}587$ MeV; er liefert einen Neutronenfluß von $5 \cdot 10^9$ n/sec im ganzen festen Winkel bei einer Beschleunigungsspannung von 150 keV. (Nuovo Cimento [10] **9.** 538—44. 1/8. 1958. Milano, Univ., Ist. di Sci. Fis., Ist. Naz. di Fis. Nucl.) R. K. MÜLLER. 112

A. N. Matveev, *Eine nichtlineare Theorie der Phasenschwingungen, die durch Strahlungsschwankungen in Synchrotrons induziert werden.* Vf. entwickelt eine nichtlineare Theorie, mit der auch die Schwingungsvorgänge mit großen Amplituden behandelt werden können. Bei Verwendung des Prinzips alternierender Gradienten lassen sich Elektronenenergien bis zu einigen GeV erzeugen. (Nuovo Cimento [10] **5.** 1782—83. 1/6. 1957. Moscow, Univ.) G. KURDAL. 112

Tihomir M. Novakov und **Milorad S. Mladjenović,** *Herstellung von dünnen β-Quellen durch Verdampfung und Kathodenzerstäubung.* (Vgl. C. **1958.** 2034.) Zur Herst. von dünnen β-Quellen werden ein Graphitofen für die therm. Verdampfung bei hoher Temp. (z. B. Verdampfung von ^{192}Ir, F. 2350°, Kp. 4800°), bei dem die Probe in eine Vertiefung in einem stromdurchflossenen Graphitstab angeordnet wird, sowie eine Zerstäubungskammer, bei der das radioakt. Material auf die Kathode aufgebracht wird, beschrieben. (Bull. Inst. Nuclear Sci. „Boris Kidrich" **6.** 69—73. März 1956. Belgrad, Inst. of Nucl. Sci. „Boris Kidrich", Labor. of Phys.) HERBERT WEBER. 112

N. G. Gussew und **Je. Je. Kowalew,** Nomogramme für die Berechnung des Schutzes gegen die γ-Strahlen von Ra, ^{60}Co, ^{137}Cs und ^{192}Ir. Moskau: Atomisdat. 1959. 2 Rbl. [russ.]
Ulrich Schindewolf, Physikalische Kernchemie. Braunschweig: Friedr. Vieweg & Sohn. 1959. (VIII + 194 S. m. 64 Abb. Periodensystem der Elemente und Nuklidkarte). = Sammlung „Die Wissenschaft" Band 113. DM 19,80.
A. A. Shuchowitzki, Die markierten Atome. Moskau: Wojenisdat. 1959. (114 S.) 1 Rbl. 75 Kop. [russ.]
—, Atlas der Neutronenquerschnitte. Moskau: Atomisdat. 1959. (376 S.) 103 Rbl. [russ.]

A₂. Optisches Verhalten der Materie.

V. A. Petukhov, *Über einen möglichen Mechanismus nicht stabiler, zu Neutroneneruptionen führenden Sonnenprozesse.* Vf. bezieht sich auf eine früher [vgl. The Airglow and the Aurorae (Pergamon Press) 1956] entwickelte Neutronenhypothese u. stellt fest, daß diese Hypothese zu einer vernünftigen Erklärung für die Richtung der von den aktiven Regionen der Sonne austretenden Korpuskularstrahlung führt. Es wird gezeigt, daß die Bldg. eines Kerns im inneren Teil der Sonne mit erhöhter Li-Konz. als eine erste Ursache nicht stabiler Prozesse aller Art u. speziell der Bldg. von Sonnenflecken angesehen werden kann. Das Auftreten harter Röntgenstrahlen in der Sonnenstrahlung läßt sich durch den Zerfall freier Neutronen erklären. (Ann. Géophysique **14.** 425—32. 1958. Joint Inst. for Nuclear Res. [U. S. S. R.]) C. GOTTFRIED. 113

S. Matsushita, *Einige Untersuchungen der oberen Atmosphäre in der Nordlichtzone.* Vf. untersuchte mit Hilfe von Magnetogrammen u. Ionogrammen die Beziehungen zwischen ionosphär. u. geomagnet. Erscheinungen in der Nordlichtzone. (Ann. Géophysique **14.** 483—91. 1958. Boulder, Colo., Univ., High Altitude Observatory.) C. GOTTFRIED. 113

V. I. Krassovsky, *Die Natur der Emissionen der oberen Atmosphäre.* Besprochen werden die im Nachthimmel u. in der Dämmerung auftretenden Banden: die OH-Banden, die Emission von atomarem H in der oberen Atmosphäre, die OI-Emissionslinie bei 5577 Å sowie die bei 6300 Å, ferner die Emission von NeI, das Kontinuum sowie die Emission von O_2. Kurz eingegangen wird auf das Nordlichtspektrum. (Ann. Géophysique **14.** 395—413. 1958. Moscow, Acad. of Sci. of the USSR, Inst. for Atmospheric Phys.) C. GOTTFRIED. 113

I. S. Shklovsky, *Elementarprozesse in der oberen Atmosphäre und ihr Zutagetreten in Emissionen.* Besprochen werden die Fluorescenz der hohen Atmosphäre durch selektive Absorption von UV-Strahlung, die Anregung der H_α-Linie im Nordlicht durch Teilchen hoher Energie sowie die Rolle des interplanetar. Gases. (Ann. Géophysique **14.** 414—24. 1958. Moscow, Acad. of Sci. of the USSR, Inst. for Atmospheric Phys.) C. GOTTFRIED. 113

E. R. Manring und **H. B. Pettit,** *Die 5577 Å Emission von [OI] in dem Nachtleuchten von Sacramento Peak, New Mexico.* (Ann. Géophysique **14.** 506—08. 1958. Bedford, Mass., L. G. Hanscom Field, Air Res. and Development Command, Geophys. Res. Center. — C. **1959.** 3707.) C. Gottfried. 113

A. L. Oscherowitsch und **A. G. Shiglinski,** *Photoelektrische Anordnung zur Registrierung der Hyperfeinstruktur von Spektrallinien.* Beschreibung eines elektrophotometr. Geräts zur Registrierung der Hyperfeinstruktur von Spektrallinien im sichtbaren Bereich ohne Kühlung des photoelektr. Sb–Cs-Verstärkers. Als Beispiel wird die Auflsg. der Hyperfeinstruktur der grünen Cd-Linie (4800 Å) gegeben. (Вестник Ленинградского Университета, Серия Физики и Химии [Nachr. Leningrader Univ.] **11.** Nr. 4. [Ser. Physik Chem.] Nr. 1. 3—8. 1956.) R. K. Müller. 114

N. I. Kalitejewski und **M. P. Tschaika,** *Optische Schemata zur Untersuchung der Hyperfeinstruktur der Spektrallinien nach der photoelektrischen Methode.* (Vgl. vorst. Ref.) Unter Benutzung des Fabry-Pérot-Standards wird ein opt. Syst. hoher Dispersion entwickelt, mit dem die Linie 4800 Å des Cd in ihre 5 Komponenten mit den Frequenzen — 266, — 60, 0, + 127, + 137 ($\cdot 10^{-3}$ cm^{-1}) zerlegt werden kann. (Вестник Ленинградского Университета, Серия Физики и Химии [Nachr. Leningrader Univ.] **11.** Nr. 4. [Ser. Physik Chem.] Nr. 1. 9—16. 1956.) R. K. Müller. 114

B. A. Weklenko, *Über die Greensche Funktion der Gleichung der Strahlungsdiffusion.* Bei der Strahlungsdiffusion stellt die Greensche Funktion f (**r**, t) dV die Wahrscheinlichkeit dar, daß zur Zeit t ein angeregtes Atom in der Umgebung des Punktes **r** verweilt, wenn bei t = 0 nur ein angeregtes Atom sich im Punkt **r** = 0 befindet. In einem bestimmten Falle ist die Strahlungsdiffusion in erster Annäherung analog der Diffusion von Teilchen. Als weiteres Beispiel wird der für die Spektroskopie wichtige Fall der Dispersionsform einer Spektrallinie behandelt, bei dem die der Diffusion bei Frequenzwechsel der Photonen entsprechende Funktion erheblich langsamer abnimmt. Analoges gilt für die Dopplersche Form einer Spektrallinie. (Журнал Экспериментальной и Теоретической Физики [J. exp. theoret. Physik] **33.** 817—19. Sept. 1957. Moskau, Energet. Inst.) R. K. Müller. 114

A. W. Ssokolow und **W. I. Tscherepanow,** *Berichtigung zu den Arbeiten: Dispersionsformeln der Quantenoptik von Metallen in der Mehrelektronentheorie.* (Vgl. C. **1956.** 8801. **1958.** 320.) Statt der in den früheren Arbeiten verwendeten Mehrelektronen-Wellenfunktion werden zweckmäßigerweise die mit Wahl der Koordinaten des Schwerezentrums des Syst. R (X, Y, Z) u. der entsprechenden Zahl relativer Koordinaten erhaltenen Wellenfunktionen verwendet. Die umgeformten Gleichungen für ε (ω) u. σ (ω) werden mitgeteilt. (Журнал Экспериментальной и Теоретической Физики [J. exp. theoret. Physik] **32.** 949—50. April 1957. Akad. der Wiss. der UdSSR, Ural-Zweigstelle, Inst. für Metallphysik u. Ural-Univ.) R. K. Müller. 114

E. M. Andersson, S. A. Busska, R. O. Grinberg und **A. K. Ssaulgosha,** *Wahrscheinlichkeiten der optischen Übergänge der Nebenserien des Natriums.* Es werden die absol. Werte der Wahrscheinlichkeiten der opt. Übergänge 3 $^2P_{\frac{1}{2},\frac{3}{2}} \rightarrow$ n $^2D_{\frac{3}{2},\frac{5}{2}}$ in der 1. Nebenserie u. 3 $^2P_{\frac{1}{2},\frac{3}{2}} \rightarrow$ n $^2S_{\frac{1}{2}}$ in der 2. Nebenserie des Na u. der Wahrscheinlichkeit von Übergängen zwischen den verschied. angeregten Zuständen des Na-Atoms berechnet u. in Tabellen die Ergebnisse dargestellt. (Вестник Ленинградского Университета, Серия Физики и Химии [Nachr. Leningrader Univ.] **11.** Nr. 4. [Ser. Physik Chem.] Nr. 1. 27—31. 1956.) R. K. Müller. 118

Je. F. Gross und **B. Ss. Rasbirin,** *Wasserstoffähnliche Linienserien im Spektrum eines Cadmiumsulfidkristalls am Rande der Grundabsorption.* (Vgl. C. **1958.** 321. **1959.** 11466.) Die nach ν_n = 20875 — (2454/n^2) (n = 3, 4, 5, 6 bei T = 4,2° K) berechneten starken Linien im Absorptionsspektr. von CdS werden den Excitonen im Kristallgitter zugeschrieben. In der zur opt. Achse senkrechten Fläche ist der CdS-Kristall „isotrop"; bei Anregung mit polarisiertem Licht mit einem in dieser Fläche liegenden elektr. Vektor kann das Anregungsspektr. der Excitonen H-ähnlich sein. (Журнал Технической Физики [J. techn. Physik] **27.** 1398—99. Juni 1957. Leningrad, Akad. der Wiss. der UdSSR, Physik.-techn. Inst.) R. K. Müller. 118

H. Pick, *Farbzentren in Alkalihalogeniden.* Zusammenfassender Bericht über die Störzentren in Alkalihalogenidkristallen, bes. über Erzeugung u. physikal. Verh. von F- u. F'-Zentren. (Suppl. del Nuovo Cimento Nr. 2 (zu [10] **7**). 498—522. 1958. Stuttgart, TH.) J. Rudolph. 119

Masayasu Ueta und **Masamitsu Hirai,** *Die Entfärbung von Farbzentren in KCl-Kristallen mit U-Zentren.* In KCl-Kristallen, die nach additiver Verfärbung u. anschließender Erhitzung in H_2, ca. 5 · 10^{17} U-Zentren besaßen, wurden durch UV-Einstrahlung die U-Zentren z. T. in F-Zentren umgewandelt. Opt. Bleichung bei 20° durch Einstrahlung in die F-Bande erzeugt zunächst M-Zentren, dann unter Erniedrigung der M-Bande R-Zentren; bei längerer Bestrahlung schließlich verschwinden sowohl F-, M- u. R-Zentren. Ein KCl-Kristall mit U-, F- u. M-Zentren zeigt bei therm. Ausbleichung bei 20° eine gleichmäßige Abnahme der F- u. M-Zentren bis zum Verschwinden der M-Zentren; nach Verschwinden der M-Zentren hört die Abnahme der F-Bande auf, d. h. F-Zentren sind bei 20° nur instabil, wenn M-Zentren vorhanden sind. Kristalle mit U-, F- u. M-Zentren zeigen bei — 18° (M- u. F-Zentren stabil) eine Abnahme der M-Zentren durch UV-Einstrahlung in die U-Bande, was auf eine lokale Erwärmung infolge Energieabgabe bei Rückgang der angeregten U-Zentren in den Grundzustand zurückgeführt wird. Verschied. Rkk. zwischen den Zentren werden kurz diskutiert. (Physics Chem. Solids **2**. 83—84. März 1957. Sendai, Univ. of Tohoku, Dep. of Phys.) J. Rudolph. 119

A. F. Jatzenko, *Optisches Transmissionsspektrum von Bariumtitanat.* An einem Einkristall von seignetteelektr. (tetragonalem) $BaTiO_3$ (Dicke 0,25 mm) u. $BaTiO_3$-Pulver (auf KCl in ca. 10 μ Dicke aufgestäubt) werden Messungen der Durchlässigkeit für das Spektralgebiet 0,2—25 μ durchgeführt. Der Kristall zeigt eine breite, das gesamte UV-Gebiet umfassende Absorptionsbande (Elektronenübergang mit Aktivierungsenergie ca. 3,0 eV), gute Durchlässigkeit im Sichtbaren u. nahen IR bis 6 μ u. eine schwache Absorptionsbande bei ca. 8,0 μ. Das Pulver streut bei < 5 μ u. zeigt eine Absorptionsbande bei ca. 15—18 μ. Nichtseignetteelektr. (kub.) $BaTiO_3$ zeigt ein ähnliches Spektr., bei *$SrTiO_3$* (Pulver) ist die Bande etwas nach kürzeren Wellen verschoben. Die Absorption um 16—17 μ wird den Schwingungen des Ti-Ions im O-Oktaeder, die schwache Absorptionsbande des Monokristalls dem 1. Oberton der Grundschwingungen zugeschrieben. (Журнал Технической Физики [J. techn. Physik] **27.** 2422—24. Okt. 1957. Rostow, Univ.) R. K. Müller. 119

I. W. Tananajew und **Ja. L. Kogan,** *Untersuchung der Bildung von Silberchlorid und -bromid durch die Lichtextinktionsmethode.* Die früheren Verss. mit AgJ-Suspensionen (vgl. C. **1958.** 10881) wurden in gleicher Art mit AgBr- u. AgCl-Suspensionen fortgesetzt, u. zwar wurden isomol. Gemische von $AgNO_3 + KBr$ u. $AgNO_3 + KCl$ in wss. Suspension (unter Zusatz von 0,02% Gelatine zwecks Stabilisierung der AgBr-Ndd.) untersucht. Das Extinktions(absorptions)max. trat beim Verhältnis Ag : Br u. Ag : Cl = 1 auf, so daß das Verf. zur Best. der Zus. der Suspensionen dienen kann. Suspensionen von AgBr werden bei Zusatz von 0,7 Mol NH_3/Liter prakt. völlig aufgehellt, während AgJ-Suspensionen erst von 2 Mol NH_3/Liter an maximale Extinktion aufweisen, so daß man Jodide in Ggw. von Bromiden turbidimetr. best. kann. Es wurden die mol. Extinktionskoeffizienten für AgBr (maximal 215) u. AgCl (maximal 143) bestimmt (AgJ: maximal 248). (Журнал Аналитической Химии [J. analyt. Chem.] **13.** 11—17. Jan./Febr. 1958. Moskau, Ingenieur-physik. Inst.) A. v. Wilpert. 119

G. W. Skrotzki und **W. F. Sachartschenko,** *Zur Theorie des Kerr- und Faraday-Effektes bei Radiofrequenzen.* (Известия Академии Наук СССР, Серия Физическая [Nachr. Akad. Wiss. UdSSR, physik. Ser.] **21.** 1297—1301. Sept. 1957.) G. Schoffa. 119

N. N. Neprimerow, *Einige magnetooptische Erscheinungen bei Mikrowellen.* Vf. untersucht bei 9375 MHz im Magnetfeld 0—9000 Gauß den Kerr-Effekt an verschieden dicken Proben des *Magnetits, Ni–Zn-Ferrits* u. Ge. Der Anteil des Faraday-Effekts wird gemessen u. abgezogen. Die Meßanordnung u. ein speziell für diese Zwecke gebauter Magnet werden beschrieben. Die Deutungen der Messungen leiden am Mangel einer umfassenden Theorie des Kerr-Effekts. (Известия Академии Наук СССР, Серия Физическая [Nachr. Akad. Wiss. UdSSR, physik. Ser.] **21.** 1288—92. Sept. 1957. Kasan, Uljanow-Lenin-Univ.) G. Schoffa. 119

David A. Dows, *Über die Entstehung charakteristischer Gruppenfrequenzen in Infrarotspektren.* Vf. geht von der mathemat. Behandlung einfacher Schwingungen in zweiatomigen Moll. (CH, CO) aus, kommt unter Berücksichtigung der Komplikationen durch auftretende Schwingungskopplungen zu Frequenzen in mittelgroßen (CO_2, CH_3Cl) u. schließlich zur Aufklärung der beobachteten charakterist. Schwingungen von Atomgruppen in großen Molekülen. (J. chem. Educat. **35.** 629—33. Dez. 1958. Los Angeles, Calif., Univ. of Southern California.) K. Blumrich. 120

Otto Vohler, *IR-Absorptionsmessungen an verschiedenartigen Kobaltcarbonyl-Verbindungen.* 89. Mitt. *über Metallcarbonyle.* (88. vgl. C. **1959.** 15284.) Vf. untersuchte die IR-Spektren nachst. Kobaltcarbonylverbb.: $[Co(CO)_4]_2$, $(OC)_3Co \cdot C_6H_5{—}CC{—}C_6H_5 \cdot Co(CO)_3$, $[Co(C_6H_5 \cdot CO \cdot CO \cdot C_6H_5)_{1/4}][Co(CO)_4]_2$, $[Co(C_6H_5 \cdot CN)_6][Co(CO)_4]_2$, $[Co(C_6H_5 \cdot CN)_{1,9}][Co(CO)_4]_2$, $[Co(H_2N \cdot CH_2 \cdot CH_2OH)_3][Co(CO)_4]_2$, $[Co\,py_6][Co(CO)_4]_2$, $(OC)_3Co \cdot (C_6H_5{—}CC{—}H) \cdot Co(CO)_3$, $[Co(CH_3 \cdot CN)_6][Co(CO)_4]_2$, $[Co(CH_3 \cdot CN)_{1/6}][Co(CO)_4]_2$, $\{Co[HN(CH_2 \cdot CH_2OH)_2]_2\}[Co(CO)_4]_2$, $\{Co[N(CH_2 \cdot CH_2OH)_3]_2\}[Co(CO)_4]_2$, $\{Co[HN$-

$(CH_2)_2]_6)$ $[Co(CO)_4]_2$. Ein Vgl. der IR-aktiven C–O-Valenzschwingungsfrequenzen ermöglicht die Unterscheidung echter Substitutionsprodd. vom Typ $(OC)_3CoRC_2R'Co(CO)_3$ u. ionogener Tetracarbonylcobaltate. Nach diesen Unterss. stellen die weniger stabilen Reaktionsprodd. von Kobaltcarbonyl mit Ketonen u. Nitrilen Übergangsglieder dar, in denen die ionogene Struktur präformiert ist. (Chem. Ber. **91**. 1161—64. 30/6. 1958. München, TH, Anorg.-Chem. Labor.) W. KUCHEN. 120

M. Bloom, L. B. Robinson und **G. M. Volkoff**, *Berechnung der Frequenzen und relativen Intensitäten der Kernspinresonanzlinien in Kristallen.* Zur Deutung der experimentellen Spektren (vgl. nachst. Ref.) wurden frühere Rechnungen (C. **1955**. 11163) über die Abhängigkeit der Energieniveaus u. der Frequenzen der Kernspinresonanzlinien der ^{27}Al-Kerne in einem $LiAl(SiO_3)_2$-Einkristall vom äußeren Magnetfeld H_0 auf einen größeren H_0-Bereich u. allgemeinere Kristallorientierungen in bezug auf H_0 erweitert. Dazu wurden modifizierte BLOCH-Gleichungen aufgestellt, die das Verh. des Magnetisierungsvektors eines Zweiniveaussyst. beschreiben, wenn durch ein oscillierendes Magnetfeld Übergänge induziert werden. Bes. wird die unterschiedliche H_0-Abhängigkeit der Signalstärken in Kreuzspul- u. Einzelspulspektrometern berechnet. (Canad. J. Physics **36**. 1286—94. Okt. 1958. Vancouver, B. C., Univ. of British Columbia, Dep. of Phys.) D. JÖRCHEL. 121

L. B. Robinson, *Das Kernspinresonanzspektrum von ^{27}Al in Spodumen.* (Vgl. vorst. Ref.) Das Spektr. des ^{27}Al in einem $LiAl(SiO_3)_2$-Einkristall wurde in einem hinreichend großen Bereich der äußeren Magnetfeldstärke H_0 gemessen ($0 \leqslant R \equiv 4\,\mu H_0/eQ\Phi_{zz} < 2$; R ist das Verhältnis der magnet. Dipolenergie zur elektr. Quadrupolwechselwirkungsenergie), um zum ersten Mal den allmählichen Übergang vom reinen Quadrupolspektr. ($R = 0$) zum — leicht durch Quadrupolwechselwrkgg. gestörten — ZEEMAN-Spektr. ($R \gg 1$) zu verfolgen. Die Ergebnisse stimmen mit der Theorie (l. c.) gut überein. (Canad. J. Physics **36**. 1295—1307. Okt. 1958.) D. JÖRCHEL. 121

A₃. Elektrizität. Magnetismus. Elektrochemie.

R. N. Gurshi, *Zur Theorie der Absorption elektromagnetischer Wellen in Metallen im infraroten Spektralgebiet.* (Vgl. C. **1959**. 1686.) Die Absorption von elektromagnet. Wellen in Metallen im IR-Bereich des Spektr. wird nach der Meth. der quantenkinet. Gleichung behandelt. Bei der Ableitung der Gleichungen werden die Quanteneigg. des elektromagnet. Feldes u. der anomale Skineffekt berücksichtigt. (Журнал Экспериментальной и Теоретической Физики [J. exp. theoret. Physik] **33**. 660—68. Sept. 1957. Akad. der Wiss. der UdSSR, Physik. Lebedew-Inst.) R. K. MÜLLER. 130

I. Sch. Model, *Messung hoher Temperaturen in starken Stoßwellen in Gasen.* Bei der photograph. Meth. der Messung hoher Tempp. in starken Stoßwellen wird die Dichte des photograph. Bildes der Front der Stoßwelle mit derjenigen des Temp.-Standards in einem engen Wellenlängenbereich verglichen. Auf diese Weise kann gleichzeitig die Temp. T u. die Geschwindigkeit V der Stoßwelle gemessen werden. Bei V = 6,4 (km/sec) ist in Luft T = 7480 (° K), bei V = 7,1 9270, bei V = 8,05 10900. Die an der Wellenfront in schweren inerten Gasen ermittelten T sind niedriger als berechnet, offenbar infolge Abschirmung der heißeren Front durch die undurchlässig gewordene Gasschicht. (Журнал Экспериментальной и Теоретической Физики [J. exp. theoret. Physik] **32**. 714—26. 1 Tafel. April 1957. Akad. der Wiss. der UdSSR, Inst. für chem. Physik.) R. K. MÜLLER. 131

R. Curran, T. M. Donahue und **W. H. Kasner**, *Ladungsübertragung für Protonen in H_2.* Vff. berichten über Messungen des Elektroneneinfang-Querschnitts von Protonen in H_2 zwischen 2,4 u. 60 keV. Die eine Folge von ident. Kondensatoren enthaltende Streukammer wurde ebenfalls zur Messung von σ_{01} u. $(\sigma_{01} + \sigma_{10})$ benutzt. Die σ_{10}-Werte stimmen mit den Ergebnissen von STIER u. BARNETT (C. **1957**. 6661) überein; die stärkste Abweichung liegt im Maximum mit $8{,}04 \cdot 10^{-16}$ cm² pro Mol. bei einer Protonengeschwindigkeit von $1{,}12 \cdot 10^8$ cm/sec vor gegenüber $8{,}14 \cdot 10^{-16}$ bei $1{,}24 \cdot 10^8$ nach STIER u. BARNETT. Die Messungen von σ_{01} u. $(\sigma_{10} + \sigma_{01})$ werden diskutiert. (Physic. Rev. [2] **114**. 490—95. 15/4. 1959. Pittsburgh, Pa., Univ. of Pittsburgh.) H. LIEPACK. 131

Yoshiyuki Takeishi, *Über den Auger-Austritt von Elektronen aus Nickel durch Edelgasionen.* Die kinet. Energieverteilung u. Ausbeute der Sekundärelektronen, die durch Edelgasionen (außer Kr^+) an einer Ni-Oberfläche entstehen, wurde annähernd berechnet, wobei der Prozeß der AUGER-Neutralisation angenommen u. als Austrittsarbeit u. Breite des Leitfähigkeitsbandes 4,84 eV bzw. 4,7 eV zugrundegelegt wurden. Die Verschiebung der Energieniveaus der Atome in der Nähe der Metalloberfläche u. die Bewegung der auftreffenden Ionen wurden nicht berücksichtigt. (J. physic. Soc.

Japan **13.** 766. Juli. 1958. Kawasaki, Japan, Tokyo Shibaura Electric Co. [Orig.: japan.; Auszug: engl.]) P. Warneck. 131

Yoshiyuki Takeishi, *Eine Mitteilung über den normalen Kathodenfall in Edelgasglimmentladungen.* Der n. Kathodenfall an Ni-Kathoden wurde in *He-*, *Ne-*, *Ar-* u. *Xe-*Gleichstromentladungen gemessen u. auch mit Hilfe der theoret. Ausbeute der Sek.-Elektronenemission (vgl. vorst. Ref.) berechnet. Der n. Kathodenfall an *W-*, *Mo-* u. *BaO-*Kathoden wurde ebenfalls berechnet u. mit bekannten experimentellen Werten verglichen. Trotz der vereinfachenden Rechnung stimmten gemessene u. theoret. Ergebnisse gut überein. (J. physic. Soc. Japan **13.** 767—68. Juli 1958. [Orig.: japan.; Auszug: engl.]) P. Warneck. 131

W. Ss. Nikolajew, I. Ss. Dmitrijew, L. N. Fatejewa und **Ja. A. Teplowa,** *Gleichgewichtsverteilung der Ladungen in einem Ionenbündel leichter Elemente.* Experimentelle Unters. der Gleichgewichtsverteilung der Ladungen i von Ionen der Ordnungszahlen 5 bis 10 nach Durchgang durch H_2, *Luft*, *Ar* u. *Celluloidfolien* im Geschwindigkeitsintervall von 3,5 bis $11 \cdot 10^8$ cm/sec. Die mittlere Ionenladung $\bar{i}$ war nach Durchgang durch die Folie um 10 bis 30% höher als nach Durchgang durch Luft. Trägt man den relativen Anteil Φ_i der i-fach geladenen Ionen in Abhängigkeit von der Abweichung $i - \bar{i}$ der Ionenladung von ihrem Mittelwert auf, so liegen die Meßpunkte, auch wenn sie zu verschied. Geschwindigkeiten u. zu verschied. durchquerten Substanzen gehören, in guter Näherung auf einer einheitlichen Gauss-Kurve. (Журнал Экспериментальной и Теоретической Физики [J. exp. theoret. Physik] **33.** 1325—34. Dez. 1957. Moskau, Univ.) F. Lenz. 131

F. Meyer und **H. U. Schmidt,** *Torusartige Plasmakonfigurationen ohne Gesamtstrom durch ihren Querschnitt im Gleichgewicht mit einem Magnetfeld.* Theoret. Untersuchung. Die Frage, ob torusartige Plasmakonfigurationen ohne azimutalen Gesamtstrom im Gleichgewicht mit einem äußeren Magnetfeld möglich sind, läßt sich unter Beschränkung auf Feldfreiheit im Innern des Plasmas auf das geometr. Problem reduzieren, ob es torusartige Oberflächen mit meridional geschlossenen äquidistanten Linien gibt. Nimmt man an, daß diese in Ebenen liegen, so lassen sich in der Tat solche Flächen berechnen. (Z. Naturforsch. **13a.** 1005—15. Dez. 1958. München, Max-Planck-Inst. für Physik und Astrophysik.) F. Lenz. 131

F. Meyer, *Untersuchung der Stabilität eines gravitierenden Plasmas in gekreuzten Magnetfeldern.* Erweiterung der theoret. Unterss. von Kruskal u. Schwarzschild (C. **1950/54.** 5128 S) über die Stabilität des Gleichgewichts eines gravitierenden Plasmas, das von einem Vakuummagnetfeld getragen wird. Während diese für den Fall, daß im Plasma ein zum Vakuumfeld paralleles Magnetfeld vorhanden ist, fanden, daß Störungen in der Grenzfläche instabil sind, wird hier der Fall behandelt, daß das horizontale Vakuumfeld u. das horizontale Plasmafeld einen endlichen Winkel miteinander bilden. In diesem Fall sind Störungen mit kleiner Wellenlänge stabilisierbar. Sind also die nicht stabilisierbaren Störungen mit großer Wellenlänge von der Art der hydromagnet. Rayleigh-Taylor-Instabilität etwa durch Periodizitätsforderungen der Anordnung ausgeschlossen, so läßt sich durch die Kreuzung der Magnetfelder völlige Stabilität erreichen. (Z. Naturforsch. **13a.** 1016—20. Dez. 1958. München, Max-Planck-Inst. für Phys. und Astrophys.) F. Lenz. 131

K. Böhm und **D. Scherbaum,** *Über das Bohren mit Elektronenstrahlen.* Bericht über Verss., mit Elektronenstrahlen feine Löcher von 0,1 bis 0,2 mm Durchmesser in Rubinscheibchen von 0,5 mm Dicke zu bohren. Bei 50 μA Strahlstrom u. 60 kV Beschleunigungsspannung betrug die Bohrzeit 10 bis 15 Sekunden. Damit das Material nicht springt, ist eine Vorheizung durch den Elektronenstrahl u. eine Strahlleistung von mindestens 1,7 Watt erforderlich. (Exp. Techn. Phys. **5.** 236—37. 1957. Dresden, TH, Inst. für Experimentalphys.) F. Lenz. 131

Renaud Papoular, *Elektronenbeugung bei sehr hoher Spannung.* (Vgl. C. **1956.** 2933 u. C. **1958.** 7025.) Aufnahme von Debye-Scherrer-Diagrammen von Elektronen mit Energien bei 900 keV an *Gold*, *ZnO* u. *Glimmer*. An Glimmerproben von 0,5 bis 1,5 μ Dicke gelang auch die Aufnahme von Kikuchi-Diagrammen. (Cahiers de Physique **11.** Nr. 81. 202—16. Mai 1957. Paris, Fac. des Sci., Labor. d'Électron. et Radioélectricité.) F. Lenz. 131

Ja. A. Juchwidin, *Massenspektrometrische Analyse von Gasgemischen mit dem Apparat MAGS-2.* Der beschriebene massenspektrometr. Gasanalysator ist ein Einstrahlgerät mit Sektormagnetfeld, einem Syst. zur Einführung des Gasgemisches in die Ionenquelle im mol. Fluß u. automat. Registrierung der Massenspektren. Es wird ein Blockschema u. eine Darst. des Syst. der magnet. Ablenkung des Ionenstrahls gegeben. Vom Winkel 30° an ändert sich die Bahnlänge des Ionenstrahls bei weiterer

Winkelzunahme wenig. Eine Hochvakuumfalle eigener Konstruktion sorgt für geringes „Gedächtnis" des Geräts. Als Anwendungsbeispiel wird die Analyse von CO_2-CH_4- u. H_2-CH_4-Gemischen mitgeteilt. (Заводская Лаборатория [Betriebs-Lab.] **23**. 35—41. 1957.) R. K. MÜLLER. 131

W. A. Issupow und **O. K. Chomutetzki**, *Dielektrische Polarisation von Cadmiumpyroniobat und einigen festen Lösungen auf seiner Grundlage. Cd-Pyroniobat* (I) $Cd_2Nb_2O_7$ hat kub. Struktur vom Pyrochlortyp; sein CURIE-Punkt (CP) liegt bei — 88° (bei weniger reinem I — 93°). Teilersatz von Cd^{2+} durch Mg^{2+}, Sr^{2+}, Zn^{2+} oder $(Na_{0,5}Bi_{0,5})^{2+}$ u. von Nb^{5+} durch V^{5+} oder Ti^{4+} setzt den CP herab. Teilersatz von Cd^{2+} durch Na^+ u. Mg^{2+} bewirkt eine Aufspaltung des Maximums der Temp.-Abhängigkeit der DK., offenbar infolge der Ggw. einer für I nicht charakterist. Phase in den entstehenden festen Lsgg. bei bestimmten Temperaturen. Bei polykrist. I bei einer Temp. $<$ CP u. festen Lsgg. von $Na_2Nb_2O_6$ in I in der Tieftemperaturphase wird eine anomale Beziehung zwischen dielektr. Polarisation u. Feldspannung festgestellt, die auch eine anomale Temp.-Abhängigkeit der vollständigen u. spontanen Polarisation u. Koerzitivkraft zur Folge hat. Die Ursachen dieser anomalen Hystereseschleifen des I werden erörtert. (Журнал Технической Физики [J. techn. Physik] **27**. 2704—17. Dez. 1957. Leningrad, Akad. der Wiss. der UdSSR, Halbleiterinst.)

R. K. MÜLLER. 132

M. I. Klinger, *Zur Theorie der Überführungserscheinungen.* Vf. leitet allg. Gleichungen ab für die differentielle Thermo-EMK, die PELTIER-Wärme u. die Wärmeleitfähigkeit. Die Ergebnisse von NAKANO (C. **1959**. 9804) werden krit. besprochen. (Журнал Технической Физики [J. techn. Physik] **27**. 2780—83. Dez. 1957. Leningrad, Akad. der Wiss. der UdSSR, Halbleiterinst.) R. K. MÜLLER. 133

W. Ch. Koslowski, *Über die Stabilität der Zustände seignetteelektrischer Kristalle.* (Vgl. C. **1957**. 9280 u. **1959**. 3713.) Aus den Gleichungen der früheren Arbeiten wird abgeleitet, daß bei der nichtpolaren Kurve eines seignetteelektr. Kristalls der letzte Teil, bei der polaren Kurve der erste Teil stabil ist. Die Folgerungen für die Phasenübergänge werden dadurch bestätigt. (Журнал Технической Физики [J. techn. Physik] **27**. 1395—97. Juni 1957. Leningrad, Akad. der Wiss. der UdSSR, Halbleiterinst.)

R. K. MÜLLER. 133

W. L. Indenbom und **M. A. Tschernyschewa**, *Bedeutung der optischen Untersuchung der Domänen von Seignettesalz für die Theorie der Seignetteelektrizität.* Die Domänen-(Zwillings-)Struktur von Seignettesalz (I) kann polarisationsmkr. aus der verschied. Lage der Extinktionen beobachtet u. ihre Änderung in elektr. u. mechan. Feldern verfolgt werden. Als Parameter der Monoklinität kann außer der Polarisation auch die tangentiale Deformation dienen. Die Messung der Indicatrix benachbarter Domänen des I bietet die Unterlage für die Unters. der Thermodynamik der photoelektr. Erscheinungen. Vff. geben ein Modell des thermodynam. Potentials von I in der Nähe des CURIE-Intervalls. (Кристаллография [Kristallographie] **2**. 526—35. 1 Tafel. 1957. Akad. der Wiss. der UdSSR, Inst. für Kristallogr.) R. K. MÜLLER. 133

W. L. Indenbom und **M. A. Tschernyschewa**, *Aufstellung des thermodynamischen Potentials von Seignettesalz nach den Resultaten der optischen Untersuchung von Domänen.* (Vgl. vorst. Ref.) Aus dem Parameter η, der den Grad der Asymmetrie (monokliner Charakter) von Seignettesalz (I) kennzeichnet, u. der spezif. Wärme c_p ergibt sich beim CURIE-Punkt ($T = \Theta$) für das thermodynam. Potential Φ des I die Beziehung $\Delta c_p = \Theta (d\eta^2/dT)^2 (\partial^2\Phi/\partial(\eta^2)^2] = 2\,\Theta\,(d\eta^2/dT)^2\,C(\Theta)$; bei C = konstant kann man aus dem bekannten Sprung von c_p bei einem Θ den Sprung bei einem anderen Θ voraussagen. Aus dem Sprung von c_p beim oberen Θ (5 cal/Mol) ergibt sich C zu ca. $5 \cdot 10^7$ cal/Mol; $\eta_{max} = 1{,}4 \cdot 10^{-2}$; $\Delta\Phi = -C\,\eta^4_{max} = -2$ cal/Mol. In Abb. wird ein räumliches Modell von Φ für I gegeben. (Журнал Экспериментальной и Теоретической Физики [J. exp. theoret. Physik] **32**. 697—701. April 1957.)

R. K. MÜLLER. 133

Kazimierz F. Wojciechowski, *Thermische Elektronenemission von Legierungen.* In einer halbphänomenolog. Theorie behandelt Vf. die Anomalie der therm. Elektronenemission von bin. u. tern. Legierungen mit einer Überstruktur bei tiefen Tempp. im Gebiet der Temp. T_m des Überganges vom geordneten zum ungeordneten Zustand. Der Elektronenemissionsstrom hat bei T_m ein Maximum, wenn der Übergang ein Prozeß 1. Ordnung ist, dagegen ein Minimum bei einem Übergang 2. Ordnung. Dieses Verh. ergibt sich aus RICHARDSON-Formeln, die für den Fall des Phasenüberganges abgeleitet wurden. Für nichtkub. Kristalle ist mit einer Anisotropie der Emission zu rechnen. (Acta physica polon. **17**. 257—64. 1958. Breslau, Univ., Dep. of Exp. Phys.)

J. RUDOLPH. 134

A. F. Ioffe, *Einige Aufgaben der Weiterentwicklung der Lehre von den Halbleitern.* Übersicht über die Probleme der Halbleiter u. ihre Entwicklungsrichtungen. (Журнал Технической Физики [J. techn. Physik] **27.** 1153—60. Juni 1957. Leningrad, Akad. der Wiss. der UdSSR, Halbleiterinst.) R. K. Müller. 135

A. G. Ssamoilowitsch und **L. L. Korenblit,** *Quantentheorie der kinetischen Erscheinungen in Halbleitern.* (Vgl. C. **1956.** 14254.) Mathemat. Behandlung der durch Anlegen eines konstanten äußeren Magnetfeldes bewirkten Quanteneffekte bei Übertragungsprozessen in Halbleitern: Operator der Verteilungsfunktion; allg. Gesetze der elektr. u. der therm. Leitfähigkeit; galvano- u. thermomagnet. Erscheinungen in Ionenhalbleitern u. Halbleitern vom Atomtyp; „longitudinale" Effekte in Halbleitern; Abhängigkeit des chem. Potentials bei Halbleitern vom Magnetfeld; Effekte der Bahnquantelung u. ihre Größe. (Журнал Технической Физики [J. techn. Physik] **27.** 2673—97. Dez. 1957. Leningrad, Akad. der Wiss. der UdSSR, Halbleiterinst.) .R. K. Müller. 135

Richard Menold, *Zur Frage der Exoelektronenemission von Halbleitern.* Versuche zur Exoelektronenemission an n-leitendem ZnO (es ergab sich ein starker Einfl. einer vorherigen Röntgenbestrahlung auf die Emission) zeigen, daß der „*Maxwell*-Schwanz" der *Fermi*-Verteilung nicht die Ursache der Emission sein kann. Ebenso fallen Rekombinationsprozesse als Ursache aus. Deutung der Experimente mit Hilfe der Annahme, daß Sorptionszentren (Sauerstoff) wirksam sind. (Naturwissenschaften **46.** 138—39. 2. Febr.-H. 1959. Leverkusen, Farbenfabriken Bayer, Gruppe Verfahrenstechn.) K. Zückler. 135

Yosihisa Takeuti, *Über das Excitonenproblem in isolierenden Kristallen.* Das allg. Problem der Konfigurationswechselwrkgg. für die angeregten Zustände in idealen Isolatoren wird gelöst, indem eine in gleicher Weise wie beim Streuproblem abgeleitete Differenzengleichung gelöst wird. Es zeigt sich, daß das allg. Excitonenmodell — entsprechend den unterschiedlichen Bedingungen, unter denen die Differenzengleichung gelöst wird — in 3 Kategorien unterteilbar ist: tiefer Topf, flacher Topf u. wasserstoffähnlicher Topf. Für diese 3 Fälle wird die Struktur der Bande von Singulett- u. Triplett-Excitonen untersucht. Die abgeleitete Lösung stellt ein Zwischenmodell zwischen dem „atomaren" u. dem „Kontinuum"-Modell dar. (Progr. theoret. Physics [Kyoto] **18.** 421—36. Okt. 1957. Osaka, Univ., Inst. of Sci. and Ind. Res. [Orig.: engl.]) D. Jörchel. 135

J. C. Hensel und **Martin Peter,** *Stark-Effekt für Cyclotronresonanz in entarteten Bändern.* Vff. führen Berechnungen zur Bewegung eines Elektrons in einem einfachen Band durch, das senkrechten magnet. u. elektr. Feldern ausgesetzt ist. Die Cyclotronresonanzfrequenz wird durch das elektr. Feld nicht beeinflußt. Bei entarteten Bändern liegt jedoch eine Stark-Verschiebung der Cyclotronübergänge zwischen den tief liegenden Quantenzuständen vor. Rechnungen nach der Störungstheorie 2. Ordnung zeigen, daß unter angemessenen experimentellen Bedingungen Linienverschiebungen von $\Delta \nu/\nu_0 \sim 10\%$ auftreten können. Der Effekt ist zur Unters. der Valenzbänder von *Ge* u. *Si* geeignet. (Physic. Rev. [2] **114.** 411—17. 15/4. 1959. Murray Hill, N. J., Bell Telephone Labors.) H. Liepack. 135

W. N. Bogomolow und **W. A. Mjassnikow,** *Apparatur zur Messung des Hall-Effektes in Halbleitern.* (Vgl. C. **1958.** 10273.) Beschreibung eines Schemas zur Best. der Hall-EMK mit Wechselstrom u. einem magnet. Wechselfeld; Stromfrequenz 75, Feldfrequenz 50 Hz, Messung bei 25 Hz; für Generator u. Verstärker werden eingehende Schaltschemata gegeben. (Журнал Технической Физики [J. techn. Physik] **27.** 1209—14. Juni 1957. Leningrad, Akad. der Wiss. der UdSSR, Halbleiterinst. u. Inst. für Elektromech.) R. K. Müller. 135

L. Ss. Berman, *Verwendung des Hall-Effektes in Halbleitern zur Messung der elektrischen Leistung.* Es wird ein neuer Wattmessertyp beschrieben, bei dem die elektr. Leistung im gesamten Frequenzbereich von Gleichstrom bis zu cm-Wellen aus dem Hall-Effekt in Halbleitern bestimmt wird. *InSb* eignet sich besser als *p-Ge.* Der Hall-Effekt wird zweckmäßig durch einen Gleichstrom-Magnetverstärker verstärkt; dann kann statt des Galvanometers ein gewöhnliches Milliamperemeter als Indicatorgerät verwendet werden. Die Skala des Wattmessers ist linear, seine Empfindlichkeit ist von der Frequenz unabhängig. (Журнал Технической Физики [J. techn. Physik] **27.** 1192—96. Juni 1957. Leningrad, Akad. der Wiss. der UdSSR, Halbleiterinst.) R. K. Müller. 135

K. W. Tschmutow, W. A. Prochorow und **N. G. Alexejew,** *Anordnung zur Dosierung der Strahlungsenergie.* Beschreibung der Konstruktion u. Arbeitsweise einer App. für die Dosierung der Lichtstrahlen, bei welcher die Spannung von 220 V durch eine Se-Säule gleichgerichtet wird. Durch Auswechslung des Photowiderstandes gegen andere Widerstände kann die App. für die Dosierung der Röntgen- u. IR-Strahlen angewandt werden. (Журнал Физической Химии [J. physik. Chem.] **31.** 1898—99. Aug. 1957. Moskau, Inst. für physik. Chem. der Akad. der Wiss. der UdSSR.)

O. Lebtag. 135

W. P. Shuse, G. Je. Pikuss und **O. W. Ssorokin,** *Methode der Messung der Geschwindigkeit der Oberflächenrekombination aus der Änderung des Widerstandes eines Halbleiters im Magnetfeld.* (Vgl. C. **1958.** 5574.) Auf Grund von Unterss. an Plättchen aus Einkristallen von *p-Ge* wird gezeigt, daß bei dünnen Halbleiterproben der Widerstand in einem Magnetfeld von der Rekombinationsgeschwindigkeit auf den Flächen abhängt u. diese daher aus Messungen des Widerstandes bei verschied. Frequenzen u. Feldstärken ermittelt werden kann. Die Methodik der Messungen wird beschrieben. (Журнал Технической Физики [J. techn. Physik] **27.** 1167—73. Juni 1957. Leningrad, Akad. der Wiss. der UdSSR, Halbleiterinst.) R. K. Müller. 135

R. G. Annajew und **A. Allanasarow,** *Untersuchung der longitudinalen und transversalen galvanomagnetischen Effekte an Germaniumeinkristallen vom n-Typ entlang der kristallographischen Hauptachse.* Inhaltlich gleich mit der C. **1959.** 8044 referierten Arbeit. (Доклады Академии Наук СССР [Ber. Akad. Wiss. UdSSR] **118.** 47—50. 1/1. 1958. Inst. für Physik u. Geophysik der Turkmenischen SSR.)

G. Schoffa. 135

W. Ss. Wawilow, A. W. Spitzyn, L. Ss. Smirnow und **M. W. Tschukitschew,** *Einfluß der Bestrahlung mit schnellen Neutronen auf die Rekombination von Elektronen und Löchern in Germaniumkristallen.* (Vgl. C. **1958.** 6458.) Bei Bestrahlung von Ge-Kristallen mit schnellen Neutronen wird die Volumenrekombination beschleunigt. Die Lebensdauer der Träger ist vor der Bestrahlung 1400 $\pm$ 200, nach der Bestrahlung 420 $\pm$ 10 μsec. Ihre Best. kann zur Registrierung u. Messung der integralen Ströme schneller Neutronen dienen. (Журнал Экспериментальной и Теоретической Физики [J. exp. theoret. Physik] **32.** 702—05. April 1957. Akad. der Wiss. der UdSSR, Physik. Lebedew-Inst.) R. K. Müller. 135

W. A. Kowarski, *Strahlungslose Rekombination von Elektronen an Störzentren in n-Germanium.* Theoret. Unters. der strahlungslosen („Phononen-“)Rekombination eines Stromträgers an einem Coulombschen Störzentrum in n-Ge bei Helium-Temperaturen. Die Wechselwrkg. des Elektrons mit den akust. Gitterschwingungen wird durch sukzessive Diagonalisierung der ursprünglichen Hamilton-Funktion durch eine unitäre Transformation berücksichtigt. Die Tensornatur der effektiven Masse der Stromträger u. der allg. Ausdruck für das Deformationspotential werden in den Rechnungen berücksichtigt. (Журнал Экспериментальной и Теоретической Физики [J. exp. theoret. Physik] **33.** 1445—53. Dez. 1957. Kischinew, Landwirtschaftl. Inst.) F. Lenz. 135

S. Roy Morrison, *Langsamer Einfang von Löchern und Elektronen durch Oberflächenzustände auf Germanium und Silicium bei tiefen Temperaturen.* Vf. untersucht für n- u. p-leitendes Ge u. p-leitendes Si Feldeffekt-Abklingkurven bei Tempp. des fl. Stickstoffs. Es wird ein starkes asymm. Abklingen beobachtet, das vom Vorzeichen der induzierten Ladung abhängt. Das Abfallen ist sehr empfindlich gegenüber Beleuchtung, Temp. u. Größe u. Vorzeichen des Feldes sowie injizierten Minoritätsträgern. Es wird angenommen, daß es sich bei den Haftstellen um Oberflächenrekombinationszentren handelt. Nach einer Störung der Ladung in diesen Zuständen wird infolge der begrenzten Nachlieferung von Minoritätsträgern die Annäherung an den stationären Zustand verlangsamt. Die Ergebnisse stimmen quantitativ mit den Aussagen eines Modells überein, in dem Oberflächenschwellen-Effekte berücksichtigt werden. (Physic. Rev. [2] **114.** 437—44. 15/4. 1959. Hopkins, Minn., Honeywell Res. Center.) H. Liepack. 135

Karlheinz Seeger, *Abhängigkeit der Driftbeweglichkeit in Germanium von einem Mikrowellenfeld.* Elektronen u. Löcher in Ge wurden bei Gittertempp. zwischen 80 u. 300° K durch Mikrowellenfelder bis zu 10^4 V/cm Amplitude bei einer Mikrowellenfrequenz von 34,67 kMHz aufgeheizt. Der Einfl. der Trägerdichten wurde zwischen 10^{13} u. 10^{16} cm^{-3} untersucht. Bei starken Feldern E war die Beweglichkeit μ bezogen auf μ_0 (E = 0) proportional $E^{-\gamma}$, wobei γ zwischen 0,55 u. 1,0 lag u. für reinere Proben kleiner wurde. Eine Frequenzabhängigkeit wurde nicht beobachtet. Bei kleinen E-Werten war $(\mu_0 - \mu)$ proportional E^2. Die Abhängigkeit von $\alpha = (\mu_0 - \mu)/\mu_0 E^2$ von der Gittertemp. wurde gemessen. Im Bereich reiner Gitterstreuung war $\alpha(T) \sim \mu_0^2 T^x$ mit exp $x = (n/n_0)^{0,67}$, wobei für Elektronen $n_0 = 1,7 \cdot 10^{14}$ cm^{-3} u. für Löcher $n_0 = 1,0 \cdot 10^{14}$ cm^{-3} ist. Diese Abhängigkeit von der Trägerdichte läßt auf einen starken Einfl. der Träger-Träger-Wechselwrkg. bei der Träger-Phonon-Streuung schließen. (Physic. Rev. [2] **114.** 476—81. 15/4. 1959. Urbana, Ill., Univ. of Illinois, Electr. Engng. Res. Labor.) H. Liepack. 135

E. A. Kaner und **M. Ja. Asbel,** *Zur Theorie der Cyclotronresonanz in Metallen.* Berechnung der Oberflächenimpedanz eines Metalls im hochfrequenten elektr. u. konstanten magnet. Feld, die beide parallel zur Metalloberfläche verlaufen, für ein beliebiges Dispersionsgesetz u. beliebiges Stoßintegral. Unters. der Abhängigkeit der Oberflächenimpedanz vom Magnetfeld u. der Temp. für beliebige Magnetfelder. Diskussion der Möglichkeit, die Form der Fermi-Grenzfläche, die Elektronengeschwindigkeit auf ihr u. die Übergangswahrscheinlichkeit der Elektronen bei Stößen zu bestimmen. Vgl. der Vorhersagen der Theorie mit Experimenten über die Cyclotronresonanz in Metallen. (Журнал Экспериментальной и Теоретической Физики [J. exp. theoret. Physik] **33.** 1461—71. Dez. 1957. Akad. der Wiss. der UkrainSSR, Inst. für Radiophysik und Elektronik.) F. Lenz. 136

E. A. Kaner, *Zur Theorie der Cyclotronresonanz.* (Vgl. vorst. Ref.) Theoret. Unters. der Möglichkeit einer Cyclotronresonanz für den Fall, daß das Magnetfeld nicht parallel zur Metalloberfläche verläuft. Berechnung der Oberflächenimpedanz eines Metalls im parallelen Magnetfeld für ein beliebiges Gesetz für die Reflexion der Elektronen an der Metalloberfläche. (Журнал Экспериментальной и Теоретической Физики [J. exp. theoret. Physik] **33.** 1472—76. Dez. 1957.) F. Lenz. 136

P. G. Klemens, *Einige Streuprobleme in der Leitfähigkeitstheorie.* Herleitung einer Formel für die Streuung von Elektronen an inhomogenen Spannungsfeldern in Termen der Elektronenstreuung an niederfrequenten Gitterschwingungen, die aus dem inneren spezif. therm. Widerstand bei niedriger Temp. u. der therm. Gitterleitfähigkeit abgeleitet wurden. Das Verf. wird auf die Elektronenstreuung an Versetzungen u. Stapelfehlern angewendet. Ferner wird ein Ausdruck für die Streuung von Gitterwellen an Stapelfehlern abgeleitet. (Canad. J. Physics **35.** 441—50. April 1957. Ottawa, Nat. Res. Council, Div. of Pure Phys.) Herbert Weber. 136

B. Staliński, *Elektrische Leitfähigkeit in Lanthanhydrid LaH_2–LaH_3.* An 6 Proben des La-Hydrids ($LaH_{1,98}$ bis $LaH_{2,92}$) wurde die elektr. Leitfähigkeit bei 50—1000 Hz u. im Temperaturbereich 80—300° K gemessen. Während die Leitfähigkeit der Proben mit niedrigem Wasserstoffgehalt temperaturunabhängig ist, zeigen die übrigen Präpp. zunehmende Temperaturabhängigkeit mit einem Knick im Bereich 130—140° K. Die berechneten Aktivierungsenergien nehmen dabei zu, wobei ihre Größe der bei den Halbleitern entspricht. (Bull. Acad. polon. Sci., Cl. III **5.** 1001—04. 1957. Wroclaw, Inst. of Technol., Dep. of Inorgan. Chem.) G. Schoffa. 136

B. R. Ilschner und **C. Wagner,** *Die elektrische Leitfähigkeit von flüssigen Magnesium-Wismutlegierungen.* Ausgehend von Beobachtungen von anderen Seiten über das Auftreten der Verb. Mg_3Bi_2 in der fl. Schmelze, was im Gegensatz steht zu Beobachtungen von Schottky u. Bever an fl. In–Sb-Legierungen, die sich als nahezu ideale Lsgg. erwiesen hatten, nehmen Vff. an, daß geschmolzenes Mg_3Bi Ionenkonstitution mit gleichen relativ niedrigen Konzz. von Überschußelektronen u. Elektronenlöchern d. h. die gleiche elektron. Struktur wie festes Mg_3Bi_2 besitzt. Zur Nachprüfung dieser Annahme bestimmten Vff. die elektr. Leitfähigkeit von Legierungen mit 0 bis 12,5 Atom-% Mg sowie von solchen mit 55—62 Atom-% Mg. Im ersteren Falle änderte sich der Widerstand linear mit der Zus., u. zwar mit einer Geschwindigkeit, entsprechend einer Zunahme von 0,18% pro Erhöhung um 1 Atom-% Mg. Im zweiten Fall fiel die Leitfähigkeit innerhalb eines Zusammensetzungsbereiches von nur 3 Atom-% um wenigstens einen Faktor von 3 bis zu einem Minimum bei der Zus. Mg_3Bi_2. (Acta metallurg. [New York] **5.** 712—13. Nov. 1958. Cambridge, Mass., Inst. of Technol., Dep. of Metallurgy.) C. Gottfried. 136

F. Gaibullajew und **A. R. Regel,** *Über einige Besonderheiten der Temperaturabhängigkeit der elektrischen Leitfähigkeit der Systeme kontinuierlicher atomarer Lösungen von Ag–Au, In–Pb, Bi–Sb in festem und flüssigem Zustand.* Das Syst. der festen Lsgg. von Ag u. Au stellt eine nahezu ideale feste Lsg. dar. Das Verhältnis der elektr. Leitfähigkeit in festem u. fl. Zustand $\sigma_{f.}/\sigma_{fl.}$ ist daher prakt. unabhängig von der Zus. des Systems. Beim Syst. In–Pb nimmt $\sigma_{f.}/\sigma_{fl.}$ beim Übergang von den reinen Komponenten zur festen Lsg. stark ab, umgekehrt nimmt im Syst. Bi–Sb σ bei F. zu, u. zwar stärker als bei den reinen Komponenten. Bei hohen Tempp. nähert sich bei allen untersuchten Systemen die Abhängigkeit der σ von der Zus. den Eigg. der mechan. Gemische der Komponenten (wie bei festen eutekt. Systemen), was mit dem Überwiegen der Streuung der Elektronenwellen bei den therm. Schwingungen der Atome im Vgl. mit dem durch den Unterschied des Streuvermögens der Atome der Komponenten bedingten Effekt erklärt wird. (Журнал Технической Физики [J. techn. Physik] **27.** 2240—45. Okt. 1957. Leningrad, Pädagog. Inst.) R. K. Müller. 136

N. N. Bogoljubow und **Ss. W. Tjablikow,** *Näherungsmethoden der sekundären Quantelung in der Quantentheorie des Magnetismus.* (Vgl. C. **1957.** 7037, 13965.) Für die Berechnung des energet. Spektr. der Ferromagnetika werden Grundlagen von Näherungsmethoden erörtert, wobei zuerst ein vereinfachter „Modell"-Hamilton-Operator der charakterist. Besonderheiten des untersuchten dynam. Syst. konstruiert, dann für diesen die Näherungsmeth. formuliert wird. Bei Anwendung der Meth. auf die Theorie der Ferromagnetika wird Übereinstimmung mit der Theorie der Blochschen Spinwellen erhalten. (Известия Академии Наук СССР, Серия Физическая [Nachr. Akad. Wiss. UdSSR, physik. Ser.] **21.** 849—53. Juni 1957. Moskau, Lomonossow-Univ., Physik. Fak.) R. K. Müller. 137

Ss. W. Wonssowski, *Quantenmechanische Behandlung des Ferromagnetismus der Übergangsmetalle.* (Vgl. C. **1957.** 1860 u. **1958.** 24.) Nach Besprechung des verallgemeinerten Modells von Heitler, London u. Heisenberg u. des Modells der kollektivisierten Elektronen (im Anschluß an die Blochschen Funktionen) werden die Möglichkeiten einer genaueren quantenmechan. Berechnung des Ferromagnetismus mit Hilfe des s–d-Austauschmodells u. seiner Anwendung auf Halbmetalle erörtert. (Известия Академии Наук СССР, Серия Физическая [Nachr. Akad. Wiss. UdSSR, physik. Ser.] **21.** 854—61. Juni 1957. Ural-Zweigstelle der Akad. der Wiss. der UdSSR, Inst. für Metallphysik.) R. K. Müller. 137

L. K. Tatotschenko und **W. W. Lyndin,** *Phasenimpulsmethode zur Bestimmung des Curie-Punktes.* Zur schnellen Best. des Curie-Punktes (CP) mit Anzeige des Sprunges der magnet. Permeabilität nach der Phasenimpulsmeth. wird die Probe innerhalb des Solenoids erhitzt, dessen Induktivität von den magnet. Eigg. der Probe abhängt u. bei Erhöhung ihrer Temp. über den CP stark abnimmt; dadurch ändert sich die Phasenverschiebung zwischen Strom u. Spannung in der Kette. Vff. geben ein Blockschema u. ein Schaltschema des Indicators. Das Gerät, dessen Einzelteile näher erläutert werden, hat sich bei der Unters. der Eigg. von ferromagnet. Legierungen bewährt. (Заводская Лаборатория [Betriebs-Lab.] **23.** 61—64. 1957. Zentr. wiss. Forsch.-Inst. für Eisenmetallurgie.) R. K. Müller. 137

G. E. Tauber, *Ein verallgemeinertes Variationsprinzip für Transporterscheinungen.* Das entwickelte Prinzip berücksichtigt die Phononenverteilungsfunktionen u. das äußere Magnetfeld, ist unabhängig von der speziellen Form der Energieflächen u. für beliebige Richtungen des elektr. Feldes u. der Polarisation der Gitterschwingungen gültig. Die verschied. Transportkoeffizienten für thermoelektr. u. thermomagnet. Erscheinungen werden nach dem Ritzschen Verf. als Funktion unendlicher Determinanten ohne die Notwendigkeit einer expliziten Lösung der Transportgleichungen abgeleitet. (Canad. J. Physics **36.** 1308—18. Okt. 1958. Cleveland, O., Western Reserve Univ., Dep. of Phys.; Philadelphia, Pa., Franklin Inst. Labors.) D. Jörchel. 137

O. I. Raitschenko und **I. M. Fedortschenko,** *Über die innere Induktion von zweikomponentigen Pulverhartmetallen.* Es wird eine Meth. zur Näherungsberechnung der inneren Sättigungsinduktion von Pulverhartmetallen aus Metallen mit vollständiger gegenseitiger Löslichkeit vorgeschlagen, mit deren Hilfe die Berechnung für Hartmetalle einer beliebigen Konz. in jeder beliebigen Sinterstufe möglich ist. Hierfür wird die Konzentrationsverteilung beim gegebenen Sinterungsgrad u. die Abhängigkeit der Induktion von der Konz. eingesetzt. Die experimentellen Unterss. an Pulverhartmetallen aus 80% *Ni* + 20% *Cu* oder 20% *Ni* + 80% *Cu* bestätigen die Brauchbarkeit der Methode. (Доповіді Академії Наук Української РСР [Ber. Akad. Wiss. UkrainSSR] **1958.** 835—37. Inst. für Pulvermetallurgie u. Sonderlegierungen der Akad. der Wiss. der UkrainSSR.) O. Lebtag. 137

Ja. G. Dorfman, *Über die Bestimmung der einzelnen Komponenten der magnetischen Susceptibilität eines Halbleiters.* Die Methoden der Messung der magnet. Susceptibilität χ_e der Stromträger werden besprochen. Sie erfolgt auf Grund der Potentialdifferenzen, die an den Enden eines Stabes entstehen, wenn nur die eine Hälfte des Stabes einem Wechselfeld ausgesetzt wird, wenn der Stab in einem konstanten Magnetfeld oder ohne Feldgradient einem Temp.-Gradienten unterworfen wird u. wenn der ganze Stab sich in einem starken Wechselfeld befindet. Auf diese Weise kann man den Gesamtwert von χ_e u. die Komponenten $\chi_{e\ para}$ u. $\chi_{e\ dia}$ ermitteln. Die magnet. Susceptibilität χ_i der Atome einer Beimengung im Halbleiter kann nur gemessen werden, wenn das Atom bzw. Ion ein magnet. Moment hat, also die Susceptibilität paramagnet. ist. (Известия Академии Наук СССР, Серия Физическая [Nachr. Akad. Wiss. UdSSR, physik. Ser.] **21.** 796—800. Juni 1957. Leningrad, Hydrometeorolog. Inst.) R. K. Müller. 137

Ja. G. Dorfman, *Magnetochemie diamagnetischer Verbindungen und Rolle des Polarisationsparamagnetismus.* (Vgl. vorst. Ref.; vgl. auch C. **1959.** 5416.) Die Susceptibilität eines Salzes setzt sich aus der kation. u. anion. diamagnet. u. der paramagnet.

Komponente zusammen: $\chi_{Salz} = \chi_{d.kat} + \chi_{d.an} + \chi_p$. Man kann annehmen, daß die Anomalien von χ_d bei isomorphen festen Lsgg. durch χ_p, also den Polarisationsparamagnetismus von VAN VLECK bedingt sind u. daß auch bei den einfachsten Ionenkristallen der Diamagnetismus durch die Wrkg. des Kristallfeldes zu ca. 10% unterdrückt wird. Bei CCl_4 ergibt sich $\chi_{CCl_4} = -67 \cdot 10^{-6}$ (je Mol bei Zimmertemp.) aus χ_d = ca. $-86{,}4 \cdot 10^{-6}$ u. χ_p = ca. $+19 \cdot 10^{-6}$. Bei CBr_4 u. CJ_4 ist eine Zunahme der summar. χ_d-Werte bei steigender Temp. zu erwarten. (Известия Академии Наук СССР, Серия Физическая [Nachr. Akad. Wiss. UdSSR, physik. Ser.] **21.** 817—20. Juni 1957.) R. K. MÜLLER. 137

G. W. Skrotzki und **L. W. Kurbatow,** *Thermomagnetische Theorie der Relaxations- und Resonanzerscheinungen in Zweispinsystemen.* Die Vorstellung eines Magnetikums als „Syst. von Spins", die mit dem Gitter schwach reagieren, ermöglicht es, mit den Mitteln der Thermodynamik die Form der Differentialgleichungen zu finden, denen die Magnetisierbarkeit einer in einem zeitlich veränderlichen Magnetfeld befindlichen Substanz unterworfen ist. Dies geschieht für Substanzen mit reinem Spinmagnetismus, für den Fall schwacher Wechselfelder, zur Best. der Relaxationszeiten (mit Betrachtung von 4 Sonderfällen), in Anwendung auf paramagnet. Stoffe, wobei die Magnetisierung durch 1 oder 2 Spins bes. behandelt wird, u. für den Fall eines period. u. eines dazu senkrechten konstanten Feldes. (Известия Академии Наук СССР, Серия Физическая [Nachr. Akad. Wiss. UdSSR, physik. Ser.] **21.** 833—43. Juni 1957. Polytechn. Inst. des Urals u. Swerdlowsk, Med. Inst.) R. K. MÜLLER. 137

S. Ssemadeni, *Einige Bemerkungen zur Theorie der Blochschen Spinwellen.* In der Theorie der Spinwellen nach BLOCH [1930] stellt Vf. 2 Fehler fest u. entwickelt eine Gleichung für die spontane Magnetisierung, die für das zwei- u. das dreidimensionale Gitter endlich ist. Es wird eine verbesserte Formulierung der BLOCHschen Gleichung gegeben. (Известия Академии Наук СССР, Серия Физическая [Nachr. Akad. Wiss. UdSSR, physik. Ser.] **21.** 862—64. Juni 1957. Poln. Akad. der Wiss., Physik. Inst.) R. K. MÜLLER. 137

G. Zofta, *Dispersionsformel für die Spinwellen in einem Ferromagnetikum.* Ausgehend von der Spinpräzessionswelle u. den Spinwellen in einem Ferromagnetikum u. einem Antiferromagnetikum, gibt Vf. eine verallgemeinerte Form der Gleichungen von KEFFER, KAPLAN u. YAFET (C. **1954.** 5013); daraus ergibt sich eine Ähnlichkeit der Antiferromagnetika mit den Ferromagnetiken. (Известия Академии Наук СССР, Серия Физическая [Nachr. Akad. Wiss. UdSSR, physik. Ser.] **21.** 865—68. Juni 1957. Poln. Akad. der Wiss., Physik. Inst.) R. K. MÜLLER. 137

N. W. Bashanowa, *Über den Hall-Effekt in Ferromagnetica.* An *Fe–Ni*-Legierungen der Invargruppe wird der HALL-Effekt im Gebiet des Paraprozesses (der wahren Magnetisierung der Ferromagnetica) untersucht. Nach Erreichen techn. Sättigung nimmt hier die EMK weiter linear mit der Magnetisierung zu. Wenn die auf techn. Sättigung bezogenen Größen mit Index t, die auf die wahre Magnetisierung (I) bezogenen mit Index i bezeichnet werden u. R die HALL-Konstante, E die EMK ist, gilt für die Beziehung zum Magnetfeld H in der Nähe des CURIE-Punktes $H = aE_i + bE_i^3$ mit $a = \alpha/R_i$ u. $b = \beta/R_i^3$; $E = R_t I_t + R_i I_i$. Die Berechnungen werden durch die Verss. bestätigt. (Журнал Экспериментальной и Теоретической Физики [J. exp. theoret. Physik] **33.** 567—70. Sept. 1957. Moskau, Transporting.-Inst.) R. K. MÜLLER. 137

G. Ss. Krintschik, *Ferromagnetismus der Leitfähigkeitselektronen.* (Vgl. C. **1958.** 13963.) Im Rahmen der Zonentheorie wird ein Modell des Ferromagnetismus der s-Elektronen behandelt. Aus dem Modell werden für die Magnetisierung der s-Elektronen entwickelt: nach dem HALL-Effekt bestimmte Zahlen der Leitfähigkeitselektronen; magnet. Atommomente reiner Metalle u. bin. Ni-Legierungen; temperaturunabhängiger Paramagnetismus der Ni-Legierungen; Faktor der spektroskop. Aufspaltung. Das negative Austauschintegral für die d-Elektronen wird behandelt für α- u. γ-Fe, α- u. γ-Übergang u. CURIE-Punkt (CP) im Syst. Fe–Co. Abhängigkeit des CP von der Fe-Konz. im Syst. Fe–Ni, Verschiebung des CP bei allseitiger Kompression. Zur experimentellen Nachprüfung des Modells werden der g-Faktor oberhalb und unterhalb CP u. für Ni–Mn-Legierungen, die paramagnet. Susceptibilität der Legierung Ni–Mn u. der Ferromagnetismus der γ-Phase von Fe–Co-Legierungen untersucht. (Известия Академии Наук СССР, Серия Физическая [Nachr. Akad. Wiss. UdSSR, physik. Ser.] **21.** 869—78. Juni 1957. Moskau, Lomonossow-Univ., Phys. Fak.) R. K. MÜLLER. 137

G. Ss. Krintschik, *Magnetooptische Eigenschaften von Ferromagnetica im Infrarotgebiet.* (Vgl. vorst. Ref.; vgl. auch C. **1959.** 7702.) Vf. untersucht die Reflexion der IR-Strahlung (1—10 μ) von poliertem techn. Eisen in Abhängigkeit von der Magnetisierung. Am magnet. gesätt. Eisen findet man Abhängigkeit von der Wellenlänge. Die

Intensität der Absorption ändert sich mit der Größe der Magnetisierung. (Известия Академии Наук СССР, Серия Физическая [Nachr. Akad. Wiss. UdSSR, physik. Ser.] **21.** 1293—96. Sept. 1957.) G. Schoffa. 137

R. I. Januss und **W. P. Kartaschow,** *Über die Struktur der Scharen der symmetrischen Hystereseschleifen von Ferromagnetika.* (Известия Академии Наук СССР, Серия Физическая [Nachr. Akad. Wiss. UdSSR, physik. Ser.] **21.** 1255—61. Sept. 1957.) G. Schoffa. 137

M. A. Kriwoglas, *Über die magnetische Streuung von thermischen Neutronen in der Nähe des Curie-Punktes eines Ferromagnetikums oder Antiferromagnetikums.* Thermodynam. Theorie der anomalen Streuung der Neutronen in der Nähe der Curie-Temp. in ferromagnet. u. antiferromagnet. Stoffen. (Доклады Академии Наук СССР [Ber. Akad. Wiss. UdSSR] **118.** 51—54. 1/1. 1958. Inst. für Metallphysik der Akad. der Wiss. der UdSSR.) G. Schoffa. 137

G. Ss. Ssanjal, *Messung der Anfangspermeabilität von Ferromagnetica im Gebiet der Zentimeterwellen.* Die Anfangspermeabilität wird mit einer ausführlich beschriebenen Mikrowellen-App. als Frequenzverschiebung gemessen. Sie betrug bei Meßfrequenz von 9386 MHz bei der Messung des weichen Eisens (Permeabilität $\mu = 4{,}5$) 150 kHz. Die Genauigkeit der Messung war $\pm$ 20 kHz. Die Frage der Abhängigkeit der Anfangspermeabilität von der Meßfrequenz wird an Hand der vorliegenden Literatur ausführlich diskutiert. (Известия Академии Наук СССР, Серия Физическая [Nachr. Akad. Wiss. UdSSR, physik. Ser.] **21.** 1302—09. Sept. 1957. Indisches Inst. für Technol.) G. Schoffa. 137

I. Je. Dsjaloschinski, *Über die magnetische Struktur der Fluoride der Übergangsmetalle.* Die in einer früheren Arbeit (C. **1959.** 11475) entwickelte Meth. zur theoret. Unters. des Ferromagnetismus schwacher Antiferromagnetika wird hier auf die Diskussion der magnet. Struktur von MnF_2, CoF_2, FeF_2 u. NiF_2 angewandt. Es wird gezeigt, daß diese Kristalle, die ein tetragonales Gitter mit der Symmetrie der Raumgruppe D_{4h}^{14} bilden, schwachen Ferromagnetismus besitzen können. (Журнал Экспериментальной и Теоретической Физики [J. exp. theoret. Physik] **33.** 1454—56. Dez. 1957. Akad. der Wiss. der UdSSR, Inst. für physik. Probleme.) F. Lenz. 137

B. W. Getling, *Zur Methodik der Messung der relativen magnetischen Viscosität hochkoerzitiver Legierungen.* Für die Messung der relativen magnet. Viscosität wird ein ballist. Gerät verwendet (schemat. Abb.), das die Kontaktschlußzeit oscillograph. aufnimmt. Das mehrschichtige Solenoid muß 10—15mal so lang sein wie die Probe. Die Spule muß ca. 10000 Windungen aufweisen. Die Meth. ist einfacher als die bisher üblichen. Ihre Anwendung wird am Beispiel der Unters. *Al*-haltiger *Fe*- u. *Ni*-Legierungen (z. B. Fe–Ni–Al 40:30:30) erläutert. (Заводская Лаборатория [Betriebs-Lab.] **23.** 42—48. 1957. Moskau, Stahlinst.) R. K. Müller. 137

W. F. Iwlew, W. L. Iljuschenko und **L. I. Assejewa,** *Untersuchung der irreversiblen Sprünge der Ummagnetisierung von Ferromagnetika.* Die Unters. der Zahl der Sprünge an verschied. Eisenproben bei verschied. Tempp. zeigte, daß bei allen Proben bei etwa 500° ein Maximum vorliegt. Die Zahl der Sprünge hängt außerdem vom Winkel zwischen den kristallograph. Achsen u. der Richtung des Magnetfeldes ab, d. h. die Sprünge u. somit die Magnitostriktion sind anisotrop. (Известия Академии Наук СССР, Серия Физическая [Nachr. Akad. Wiss. UdSSR, physik. Ser.] **21.** 1250—54. Sept. 1957. Krasnojarsk, Pädagog. Inst.) G. Schoffa. 137

N. P. Grashdankina und **I. G. Fakidow,** *Beziehungen zwischen den magnetischen und elektrischen Eigenschaften von Chromsulfiden.* Die elektr. Leitfähigkeit der Chromsulfide im verschied. Verhältnis (CrS_n, S = 50 — 60%) wird im Bereich 1,8—1000° K untersucht. Es wird Abhängigkeit von der Menge des Schwefels mit einem Minimum bei 54% nachgewiesen. Das Verhältnis des S zum Ni beeinflußt auch erheblich die Temperaturabhängigkeit der Leitfähigkeit. Sie unterscheidet sich auch beim ferromagnet. $CrS_{1,17}$ wesentlich von der im gleichen, aber nichtferromagnet. Präparat. (Известия Академии Наук СССР, Серия Физическая [Nachr. Akad. Wiss. UdSSR, physik. Ser.] **21.** 1116—22. Aug. 1957. Inst. für Metallphysik, Ural-Filiale der Akad. der Wiss. der UdSSR.) G. Schoffa. 137

W. Je. Rode, *Kinetik der Hyperfeinstrukturumwandlungen der Legierung Fe_3Al.* Die Veränderungen in der Struktur der Fe_3Al-Legierung wird durch Röntgenogramme verfolgt, dabei werden die Veränderungen der Elektroleitfähigkeit, der Sättigungsmagnetisierung, der Koerzitivkraft, der Anisotropie und der Gitterparameter bei verschied. Tempp. gemessen. Die Ergebnisse werden in zahlreichen Diagrammen wiedergegeben, von denen die wesentlichsten sind: 1. Die Sättigungsmagnetisierung hängt linear von der Strukturumwandlung ab, d. h. $\Delta J \sim \sigma$; 2. der elektr. Widerstand ist proportional dem Quadrat der Strukturumwandlung, d. h. $\Delta \varrho \sim \sigma^2$. (Известия Академии

Наук СССР, Серия Физическая [Nachr. Akad. Wiss. UdSSR, physik. Ser.] **21.** 1234—38. Sept. 1957. Moskau, Univ., Physikal. Fak.) G. SCHOFFA. 137

N. N. Buinow, L. I. Podresow und **M. F. Komarowa,** *Untersuchung des Zerfalls in der Legierung Ni–Be.* Durch Röntgenstrukturanalyse, Elektronenmikroskopie, Härtebestimmungen u. Messungen der Koerzitivkraft wurde festgestellt, daß der Zerfall in den Legierungen *Ni–Be, Al–Cu, Al–Ag* und *Al–Zn* in zwei Stufen verläuft. Im ersten Stadium erscheinen mit der legierenden Komponente angereicherte Zonen u. Spannungen mit Verformungen. In diesem Stadium verfestigt sich die Legierung. Die Koerzitivkraft ändert sich dabei sehr geringfügig. Im zweiten Stadium gehen die Zonen in die β-Phase über. Dabei nimmt die Koerzitivkraft von einigen bis 80 Oe zu. Für die Erhöhung der Koerzitivkraft sind somit nicht die Spannungen mit Deformationen, sondern die β-Phase maßgebend. (Известия Академии Наук СССР, Серия Физическая [Nachr. Akad. Wiss. UdSSR, physik. Ser.] **21.** 1220—24. Sept. 1957. Ural-Filiale der Akad. der Wiss. der UdSSR, Inst. für Metallphysik.) G. SCHOFFA. 137

R. M. Bozorth, H. J. Williams und **Dorothy E. Walsh,** *Magnetische Eigenschaften einiger Orthoferrite und Cyanide bei tiefen Temperaturen.* Die magnet. Eigg. mehrerer Orthoferrite der Seltenen Erden u. einiger Hexacyanide der Eisengruppe werden im Bereich 1,3—300° K untersucht u. festgestellt, daß einige ferromagnet., andere antiferromagnet. u. einige paramagnet. Verh. im Magnetfeld zeigen. Die Verbb. $GdVO_3$, $GdFeO_3$ u. $ErFeO_3$ sind antiferromagnet. mit dem NÉELschen Punkt bei 7,5°, 2,5° u. 4,5° K. Die Verbb. $NdFeO_3$, $SmFeO_3$, $YFeO_3$, $NdVO_3$, $PrVO_3$ u. $SmVO_3$ zeigen bei Tempp. unterhalb 15° K eine starke Zunahme des Ferromagnetismus, $GdTiO_3$ ist ferromagnet. mit 0,54 B.M. Zahlreiche Hexacyanide vom Typ $A[B(CN)_6]$ sind bei magnet. Moment zwischen 1 u. 4 B.M. ferromagnet. mit einem CURIE-Punkt zwischen 3° u. 50° K. (Engl. Übersetzung der Arbeit in Bell Telephone System, Technical Publications, Monograph 2591.) (Известия Академии Наук СССР, Серия Физическая [Nachr. Akad. Wiss. UdSSR, physik. Ser.] **21.** 1072—82. Aug. 1957. Murray Hill, N. J., Bell Telephone Labors.) G. SCHOFFA. 137

L. A. Fomenko, *Magnetische Radiofrequenzspektren gemischter Ferrite.* (Vgl. C. **1959.** 16.) Die *Ni–Zn-, Ni–Zn–Cu-, Ni–Zn–Be-, Ni–Zn–Mg-, Li–Zn-* u. *Mn–Zn-*Ferrite werden auf die Hochfrequenzsusceptibilität zwischen 0,2 u. 60 MHz bei Anfangspermeabilität 30—2000 $GsOe^{-1}$ untersucht. Weiterhin wird der Einfl. der Schmelztemp. auf die Anfangspermeabilität u. der Temp. der Probe auf den Verlustwinkel an zahlreichen Proben untersucht. (Известия Академии Наук СССР, Серия Физическая [Nachr. Akad. Wiss. UdSSR, physik. Ser.] **21.** 1310—17. Sept. 1957.) G. SCHOFFA. 137

A. Bose, *Paramagnetische Eigenschaften einiger Salze der Elemente der Eisengruppe.* (Vgl. C. **1954.** 8288 u. **1958.** 628.) Zusammenfassende Darst. von Arbeiten über die Meßmeth. bei der Unters. der paramagnet. Eigg. u. die Auswertung der Ergebnisse, die Änderung der Orientierung der magnet. Hauptachsen, der Anisotropie des Cu^{2+}, der Kristallfeldkonstante, der Anisotropie in Ni^{2+}-Salzen mit der Temp., die Berechnung der Konstante der Spin-Bahn-Wechselwrkg. für Ni^{2+} u. die Änderung des anisotropen Kristallfeldes mit der Temperatur. (Известия Академии Наук СССР, Серия Физическая [Nachr. Akad. Wiss. UdSSR, physik. Ser.] **21.** 802—16. Juni 1957. Kalkutta, Ind. Assoc. Developm. Sci.) R. K. MÜLLER. 137

D. I. Wolkow und **W. I. Tschetschernikow,** *Temperaturabhängigkeit der paramagnetischen Susceptibilität von Legierungen auf Nickelbasis.* Für das reine Ni u. seine Legierungen mit Cu, Zn, Al, Si, Sn, Mo u. Cr im verschied. Konzentrationsverhältnis wurde im Bereich 100°—1200° die magnet. Susceptibilität gemessen. Sie hing von der Menge des hinzugefügten Metalls ab. Der Temperaturverlauf konnte nach Hinzunahme eines temperaturunabhängigen Gliedes mit dem CURIE-WEISSschen Gesetz beschrieben werden. Die Größe des temperaturunabhängigen Paramagnetismus nimmt in der Reihenfolge Ni–Cu, Ni–Zn, Ni–Al, Ni–Si, u. Ni–Sn, Ni–Mo u. Ni–Cr zu. Die CURIE-Konstante C nimmt mit der Erhöhung der Konz. u. der Valenz zu. Der starke temperaturunabhängige Paramagnetismus rührt von den s-Elektronen her, die neben den d-Elektronen bei der Erklärung der magnet. Eigg. solcher Legierungen berücksichtigt werden müssen. Die Magnetisierung bei verschied. Feldstärken hängt ebenfalls von der Zus. der Legierung ab u. wird näher untersucht. (Известия Академии Наук СССР, Серия Физическая [Nachr. Akad. Wiss. UdSSR, physik. Ser.] **21.** 1111—15. Aug. 1957. Moskau, Univ., Physik. Fakultät.) G. SCHOFFA. 137

Henry L. Richter, *Magnetische Kernresonanz.* Vereinfachte Darst. des Phänomens u. seiner Benutzung in Chemie u. Physik: Absorption von Energie durch Atomkerne mit Spin (nur bei ungerader Ordnungszahl; für Unterss. bes. geeignet ist H^+) im Radiofrequenzbereich u. magnet. Feld. Die Resonanz-(Absorptions-)Frequenz ist der lokalen Feldstärke u. einem jeder Kernart eigenen g-Faktor proportional. Sie wird durch die Elektronenhüllen (chem. Verschiebung) u. durch magnet. Inhomogenitäten beeinflußt u. durch Überlagerung schwacher Magnetfelder von Nachbarkernen aufgespalten (s. Diskussion im Original). — Apparatschema u. Arbeitsweise zur Beobachtung magnet. Kernresonanzfrequenzen, ihrer Verschiebung u. Aufspaltung. Anwendungen: Best. der g-Faktoren von Kernarten; genaue Messung von magnet. Feldstärken bei bekanntem g; Messen von Relaxationszeiten für Kernspins in Gittern; chem. Identifizierung (auch isotoper Kerne); Ermitteln von Bindungstypen, funktionellen Gruppen u. Reaktionsgeschwindigkeiten; Unters. u. Best. von Kristallstrukturen u. von Übergängen fester Phasen. — 19 Literaturangaben. (J. chem. Educat. **34.** 618—23. Dez. 1957. Pasadena, Calif., California Inst. of Technol.) K. Blumrich. 137

M. Ja. Asbel und **I. M. Lifschitz,** *Zur Theorie der paramagnetischen Elektronenresonanz in Supraleitern.* (Vgl. C. **1959.** 14 u. 4698.) Für die paramagnet. Resonanz bei Supraleitern spielen nur die n. Elektronen eine Rolle, da die supraleitenden Elektronen nicht diffundieren. Das konstante Magnetfeld klingt mit der Tiefe (δ_0) ab nach $H = H_0 e^{-z}/\delta_0$, u. zwar bei $z \gg \delta_0$ langsamer, als aus der gewöhnlichen Theorie von London zu erwarten ist. (Журнал Экспериментальной и Теоретической Физики [J. exp. theoret. Physik] **33.** 792—94. Sept. 1957. Akad. der Wiss. der UkrainSSR, Physik.-techn. Inst.) R. K. Müller. 137

I. W. Alexandrow und **N. D. Ssokolow,** *Wasserstoffbindung und magnetische Protonenresonanz.* (Vgl. C. **1959.** 13746.) Die Verschiebung $\Delta\sigma$ der Konstanten σ der magnet. Abschirmung des Protons bei Bldg. einer H-Bindung kann aus mehreren Komponenten zusammengesetzt sein. Diese werden für den Fall O — H ··· O im einzelnen geschätzt. Die Änderung des Polaritätsgrades der O–H-Bindung bewirkt $\Delta\sigma_1 = -4{,}5 \cdot 10^{-6}$, die Dehnung der O-H-Bindung $\Delta\sigma_2 = -0{,}5 \cdot 10^{-6}$, der Einfl. der Donator-Acceptor-Bindung H ··· O $\Delta\sigma_3 = +2{,}5 \cdot 10^{-6}$, die Wrkg. des elektr. Dipolfeldes $\Delta\sigma_4 = 0{,}5 \cdot 10^{-6}$, der Einfl. des unvollendeten Elektronenpaares des O-Atoms (Achse senkrecht zu H^+ ··· O) $\Delta\sigma_5 = +0{,}2 \cdot 10^{-6}$ bis $-0{,}2 \cdot 10^{-6}$. Außer $\Delta\sigma_5$ sind also alle Komponenten von etwa gleicher Größenordnung. Die Ergebnisse bestätigen die Annahme einer erheblichen Zunahme der Polarität der A–H-Bindung bei Bldg. einer H-Brücke u. der Bldg. einer Donator-Acceptor-Bindung A–H ··· B. (Доклады Академии Наук СССР [Ber. Akad. Wiss. UdSSR] **124.** 115—18. 1/1. 1959. Akad. der Wiss. der UdSSR, Inst. für chem. Phys.) R. K. Müller. 137

C. Gorter, *Neue Errungenschaften auf dem Gebiete der paramagnetischen Relaxation.* Allgemeiner Überblick über den gegenwärtigen Stand der Theorie der paramagnet. Relaxation u. ihre Grenzen. Bes. wird auf die theoret. noch nicht völlig geklärten Relaxationsprozesse bei Tempp. des fl. Wasserstoffs u. des fl. Heliums eingegangen. (Известия Академии Наук СССР, Серия Физическая [Nachr. Akad. Wiss. UdSSR, physik. Ser.] **21.** 1083—87. Aug. 1957. Leiden, Kamerlingh Onnes Labor.) G. Schoffa. 137

L. C. Van Der Marel, J. Van Den Broek und **C. J. Gorter,** *Paramagnetische Relaxation in einigen verdünnten und nichtverdünnten Salzen des Chroms, Kupfers und Mangans bei sehr tiefen Temperaturen.* (Vgl. vorst. Ref.) In Fortsetzung früherer Arbeiten (vgl. C. **1950/54.** 694 S. u. **1959.** 10135), in welcher in gleicher Weise Eisenammonium-Alaune untersucht wurden, wird hier über die paramagnet. Relaxation in Cr-, Cu- u. Mn-Alaun bei Tempp. des fl. He berichtet. Die Ergebnisse zeigten, daß die Relaxation mit der Formel von Casimir u. Du Pré (Physica **5.** [1938]. 507) richtig beschrieben wird. Die Relaxationsparameter dieser Salze sind denen bei Fe-Ammonium-Alaun sehr ähnlich. (Physica [Utrecht] **24.** 101—15. Febr. 1958.) G. Schoffa. 137

M. F. Deigen, *Theorie der paramagnetischen Resonanz der F-Zentren in Ionenkristallen.* (Vgl. C. **1959.** 6025 u. 11467.) Für die hyperfeine Wechselwrkg. eines lokalisierten Elektrons mit magnet. Kernmomenten, die in einem Abstand vom Symmetriezentrum der Wellenfunktion des Elektrons angeordnet sind, wird eine Theorie entwickelt. Es ergibt sich eine Hyperfeinstruktur der energet. Niveaus des Elektrons. Bei der Berechnung werden „ausgeglichene“ u. detaillierte Wellenfunktionen verwendet. Aus den erhaltenen Gleichungen läßt sich eine Theorie der paramagnet. Absorption durch F-Zentren ableiten. Als Beispiel werden Form u. Breite der Absorptionsbanden in KCl- u. NaCl-Kristallen behandelt. Die theoret. berechnete Halbbreite der Absorptionsbande stimmt größenordnungsmäßig mit dem experimentellen Wert überein. (Журнал Экспериментальной и Теоретической Физики [J. exp. theoret. Physik] **33.** 773—79. Sept. 1957. Akad. der Wiss. der UkrainSSR, Physik. Inst.) R. K. Müller. 137

A. Lösche, *Anwendung der paramagnetischen Resonanz (Kerninduktion) zur Untersuchung der Struktur von Seignettesalz und Epoxydharzen.* Mit einem Autodyngerät wird die Kernresonanz in Seignettesalz u. in Epoxydharzen untersucht. Durch die Drehung der Kristalle des Seignettesalzes im Magnetfeld wird die Lage der Protonen für alle 16 Moll. der Einzelzelle bestimmt. Die Ergebnisse sind: $\varphi_{A7} = \pm 6^0$, $\delta_{A7} = \pm 7^0$, $\varphi_{A8} = \pm 65^0$, $\delta_{A8} = \pm 23^0$, $\varphi_{A9} = \pm 35^0$, $\delta_{A9} = \pm 33^0$, $\varphi_{A10} = \pm 30^0$, $\delta_{A10} = \pm 62^0$. Da die Epoxydharze nicht als Monokristalle gemessen werden konnten, wurde nur ΔH^2 bestimmt. Ursprünglich sehr schmale Linien verbreiteten sich nach einer Std. bis ca. $\Delta H^2 = 1{,}3$ Gauß², blieben dann ca. 20 Std. unverändert u. verbreiteten sich dann schnell über $\Delta H^2 = 10$ Gauß². Vf. nimmt an, daß bei Verhärtung des Epoxydharzes die Beweglichkeit der langen Ketten von Anfang an herabgesetzt ist. Die Bzl.-Ringe werden unbeweglich nach 1 Std., die Methylgruppen jedoch erst nach 24 Stunden. (Известия Академии Наук СССР, Серия Физическая [Nachr. Akad. Wiss. UdSSR, physik. Ser.] **21.** 1064—71. Aug. 1957. Leipzig, Univ., Physik. Inst.) G. Schoffa. 137

Ss. A. Altschuler, M. M. Saripow und **L. Ja. Schekun,** *Paramagnetische Resonanzabsorption von Ultraschall in einigen Salzen der Elemente der Seltenen Erden.* (Vgl. C. **1958.** 7040.) Nach der früher gegebenen Gleichung werden die Ultraschallabsorptionskoeffizienten σ_l/ν^2 für longitudinale Wellen bei den Äthylsulfaten von Elementen der Seltenen Erden berechnet (Tabelle). Die höchste Absorption zeigt Eu^{3+} in angeregtem Zustand, dann folgen Ho^{3+}, Tb^{3+} u. Tm^{3+} (Grundzustand). Bzgl. der Lage u. der Intensität der Resonanzlinien steht der durch die Übergänge zwischen den Subniveaus der Hyperfeinstruktur bedingte Effekt der paramagnet. Resonanzabsorption zwischen den Erscheinungen der paramagnet. Elektronen- u. Kernresonanz. Die Auswahlregeln für den akust. Effekt sind dieselben wie für die gewöhnliche paramagnet. Resonanz. Für Pr^{3+} ist $F_{\alpha\beta} = 10^{-4}$ cm^{-1}, für Ho^{3+} kann $F_{\alpha\beta} = 0{,}75$ cm^{-1} angenommen werden; für $\sigma_l = \sigma_t$ ergibt sich bei Pr^{3+} $2 \cdot 10^{-20}$, bei Ho^{3+} $1{,}5 \cdot 10^{-16}\ \nu^2 \cdot$ cm^{-1}. (Известия Академии Наук СССР, Серия Физическая [Nachr. Akad. Wiss. UdSSR, physik. Ser.] **21.** 844—48. Juni 1957. Kasan, Uljanow-Lenin-Univ.) R. K. Müller. 137

A. I. Kuruschin, *Paramagnetische Absorption durch Gadoliniumsalze in parallelen Feldern bei ultrahohen Frequenzen.* (Vgl. C. **1958.** 2934.) Die Abhängigkeit der paramagnet. Absorption von der Größe eines dem Hochfrequenzfeld (z. B. 9377 MHz) parallelen Feldes wird für Gd-Salze bei Zimmertemp. gemessen. Die experimentellen Kurven entsprechen der Theorie der Spinabsorption. Es werden gemessen (b/C = Konstante des inneren Feldes, τ_s = Zeit der isothermen Spinrelaxation der Magnetisierung) bei $Gd_2(SO_4)_3 \cdot 8\,H_2O$: b/C $\cdot\ 10^{-4}$(Oe^{-2}) 3,4; $\tau_s \cdot 10^9$ (sec) 0,25; bei GdF_3 6,0; 0,16; bei $GdCl_3 \cdot 6\,H_2O$ 3,1; 0,13; bei $GdBr_3 \cdot 6\,H_2O$ 5,2; 0,17; bei $GdJ_3 \cdot 6\,H_2O$ 1,0; 0,9. Bei $GdJ_3 \cdot 6\,H_2O$ wird ein bes. starker Effekt der paramagnet. Resonanz beobachtet. (Журнал Экспериментальной и Теоретической Физики [J. exp. theoret. Physik] **32.** 727—30. April 1957. Molotow, Univ.) R. K. Müller. 137

G. R. Murray jr. und **J. S. Waugh,** *Kernresonanzuntersuchung der Struktur und Molekülschwingungen in einigen Kobaltkomplexsalzen.* Vff. messen die Linienbreiten u. 2. Momente der Protonen- u. ^{19}F-Resonanzen in den Komplexsalzen $Co(NH_3)_6X_3$ ($X = Cl, Br, J, NO_3, BF_4$ u. PF_6) im Temp.-Bereich 90—400° K. Bei den Halogeniden u. dem Nitrat werden bei ~ 200° K ungewöhnliche u. sehr breite bandenähnliche Übergänge beobachtet, die offensichtlich durch Überlagerung einer Tief- u. einer Hochtemp.-Linie entstehen. Das Verh. der Resonanzspektren wird durch Annahme zweier verschied. Kristallstrukturen oberhalb u. unterhalb des Übergangspunktes gedeutet. Von den untersuchten Salzen zeigt nur das Fluoroborat einen einzelnen Linienübergang. Die Energie zur Überwindung der Potentialschwelle für die Reorientierung des Kations im Gitter wird zu $\cong$ 12 kcal/Mol, der Häufigkeitsfaktor zu $\cong 10^{-14}$ sec berechnet. Die Ergebnisse zeigen, daß unterhalb des Überganges die einzig bemerkenswerte Rotationsschwingung die Reorientierung der NH_3-Gruppen um die C–Bindung ist, während oberhalb derselben das ganze Hexamminkobalt(III)-Ion Schwankungen um seinen Gitterplatz ausführt. (J. chem. Physics **29.** 207—13. Juli 1958. Cambridge, Mass., MIT, Dep. of Chem. and Res. Labor of Electronics.) K. Frenkler. 137

Taiichiro Haseda, *Paramagnetische Relaxation im Co–Fe–NH_4–Tutton-Salz.* Bei Tempp. des fl. He wird die paramagnet. Relaxation im $CoNH_4$-Tutton-Salz untersucht, in dem ein Teil der Co^{2+}-Ionen durch Fe^{2+}-Ionen ersetzt wurde. Die in der Co-Verb. gefundene Anomalie der Abhängigkeit zwischen ϱ_{SL} u. dem äußeren Feld H_c verändert sich mit der zunehmenden Konz. der Fe^{2+}-Ionen. Die Wechselwrkgg. zwischen den Co^{2+}- u. Fe^{2+}-Ionen scheinen bei den Relaxationsprozessen eine maßgebende Rolle zu spielen. (Physica [Utrecht] **24.** 93—100. Febr. 1958. Sendai, Tohoko Univ., Res. Inst for Iron, Steel and other Metals.) G. Schoffa. 137

O. W. Masurin, G. A. Pawlowa, Je. Ja. Lew und **Je. K. Leko,** *Silicatgläser mit Elektronenleitfähigkeit.* (Vgl. C. **1958.** 13960.) Bei den untersuchten Borosilicatgläsern besteht eine lineare Beziehung zwischen log ϱ (ϱ = spezif. Widerstand) u. 1/T (bestimmt nach der Meth. von TUBAND). Aus der Best. von ϱ bei 150 u. 300° ergeben sich die Aktivierungsenergien ΔE (eV) bei folgenden Zuss.: 40 (Mol-%) SiO_2, 10 B_2O_3, 10 Al_2O_3, 30 CaO, 10 Fe_2O_3: $\Delta E = 1{,}60$; 45, 10, 10, 30, 5: $\Delta E = 1{,}34$; 45, 20, 5, 20, 10: $\Delta E = 1{,}54$. Es handelt sich danach um Gläser mit prakt. reiner Elektronenleitfähigkeit (Versuchsfehler 1—2%), deren Größe stark von der Zus., bes. vom Geh. an Fe_2O_3 abhängt. (Журнал Технической Физики [J. techn. Physik] **27.** 2702—03. Dez. 1957.) R. K. MÜLLER. 138

Richard W. Laity und **Frederick R. Duke,** *Überführungszahlen in reinen geschmolzenen Salzen. Bleichlorid, Bleibromid, Thallium(I)-chlorid und Silbernitrat.* Mit Hilfe einer schon beschriebenen App. (C. **1955.** 10197) wurden für die geschmolzenen Salze $PbBr_2$, $PbCl_2$, TlCl, $AgNO_3$ die Überführungszahlen gemessen. TlCl unterliegt im geschmolzenen Zustand langsamer Hydrolyse oder Rk. mit O_2. — Zur Behinderung der Bldg. eines „Silberbaumes" wurde dem elektrolysierenden Strom ein 60-periodiger Wechselstrom von 350 mA überlagert. — Das Anion im $PbCl_2$ transportiert 3/4 des Stromes, im $AgNO_3$ 1/4. Eine Temp.-Abhängigkeit ist mit Ausnahme des $PbBr_2$ nicht zu beobachten. Eine Theorie der Leitfähigkeit in geschmolzenen Salzen kann noch nicht gegeben werden. (J. electrochem. Soc. **105.** 97—99. Febr. 1958. Ames, Io., Iowa State College, Inst. for Atom. Res. and Dep. of Chem.) FRIEDRICH WOLF/Berlin. 138

Jouko Koskikallio, *Protonenübergangsgleichgewicht in Methanol–Wasser-Mischungen.* 1. Mitt. *Die EMK der Zelle $H_2/HCl, CH_3OH/AgCl, Ag$.* Aus der Betrachtung sämtlicher Gleichgewichte einer Lsg. von HCl in Methanol mit einem geringen Zusatz an W. u. der Annahme vollständiger Dissoziation des HCl ergibt sich für die Gleichgewichtskonstante der Protonenverteilung $K = a_{H_3O^+} \cdot a_{CH_3OH}/a_{CH_3OH_2^+} \cdot a_{H_2O} = 137$ bei 25°. Zur Berechnung von K' diente die vereinfachte Gleichung $p_{HCl}/p'_{HCl} = K' (m'_{H_2O}/m_{CH_3OH}) + (m'_{CH_3OH}/m_{CH_3OH})$, bei der K' = K wird, wenn die Konzz. an W. u. Säure Null werden. Aus EMK-Messungen mit $p_{H_2} = 1$ atm in trockenem Methanol (EMK = E) u. in Methanol–W.-Mischungen (EMK = E') bei gleicher HCl Konz. läßt sich über die Gleichung $\log p_{HCl}/p'_{HCl} = (E'—E)/0{,}059155$ der K'-Wert u. durch Extrapolation der K-Wert berechnen. Die EMK-Werte der Zelle für verschied. HCl-Konzz. in absol. Methanol gehorchen bei 25° der Gleichung $E = -0{,}0099 - 0{,}11831 \log m_{HCl} + (0{,}227 \sqrt{c_{HCl}}/1 + 1{,}5 \sqrt{c_{HCl}}) - 0{,}041\, c_{HCl}$. (Suomen Kemistilehti **30.** B 38—42. 1957. Helsinki, Univ., Inst. of Chem.) K. ROSS. 140

Jouko Koskikallio, *Protonenübergangsgleichgewicht in Methanol–Wasser-Mischungen.* 2. Mitt. *Der Einfluß von Wasser auf die EMK der Zelle $H_2/HCl, CH_3OH, H_2O/AgCl, Ag$.* (1. vgl. vorst. Ref.; 3. vgl. C. **1959.** 11514.) Die K'-Werte für konstante W.- aber verschied. HCl-Konzz. nehmen mit steigender HCl-Konz. etwas ab. Dagegen ändert sich K' stark mit der W.-Konzentration. Durch Extrapolation auf HCl- u. W.-Konz. Null wurde $K = 137 \pm 4$ bei 25° gefunden. Ein Vgl. mit K-Werten anderer Autoren für verschied. Alkohole illustriert die starke Protonenaffinität des W. im Vgl. zum Alkohol. (Suomen Kemistilehti **30.** B 43—45. 1957.) K. ROSS. 140

Bogdan Chwalisz, *Aktive Massen und elektrochemische Prozesse im Silber–Zink-Akkumulator.* Übersicht. — 30 Literaturangaben. (Wiadomości chem. **11.** 157—76. März 1957. Poznań, Centr. Labor. Akumalat. i. Ogniw.) F. URBAN. 140

N. N. Ssewrjukow, *Elektrolyse wäßriger Lösungen von Natriumthiostannat.* Um höhere Ausbeuten an Sn bei der Elektrolyse von Na_4SnS_4-Lsgg. zu erhalten, muß die Konz. von überschüssigem Alkali, Polysulfiden u. 3-wertigem As im Elektrolyt möglichst klein sein. Bei Elektrolyten mit sich auflösender Anode sind höhere Ausbeuten an Sn schon bei Tempp. um 50° u. Stromdichten bei 300 A/m² erreichbar, wenn die Na_4SnS_4-Konz. im Elektrolyt hinreichend groß ist. Bei Elektrolysen von Na_4SnS_4-Lsgg. mit unlösl. Anode werden letztlich Polysulfide erhalten, deren Diffusion zur Kathode wahrscheinlich durch Anwendung von Diaphragmen verhindert werden kann. In diesem Falle kann eine Soda-Lsg. als Anolyt dienen. (Журнал Прикладной Химии [J. angew. Chem.] **31.** 1067—75. Juli 1958.) WOLFGANG MÜLLER. 141

L. Ssusski, *Mechanismus des Kathodenprozesses bei der Elektrolyse des geschmolzenen Gemisches $NaCl–CaCl_2$ an der Eisenkathode.* Die Hypothese der Existenz niedrigerwertiger Ionen in geschmolzenen Chloriden (C. **1959.** 8051) wurde zur Unters. des Mechanismus von Kathodenprozessen ($Ca^+ + e^- = Ca$, $2\,Na^+ + e^- = Na_2^+$, $Na_2^+ + e^- = 2\,Na$ [fest bzw. fl.], $Ca^{2+} + 2\,e^- = Ca$) bei der Elektrolyse geschmolzener $NaCl/CaCl_2$-Gemische herangezogen. — Die Potentiale der Kathoden-Rkk. $Ca^+ + e^- = Ca$ u. $2\,Na^+ + e^- = Na_2^+$ wurden theoret. zu den Aktivitäten von $CaCl_2$ bzw. NaCl im Gemisch in Beziehung gesetzt. Die Aktivitäten der Salze wurden aus dem Phasendiagramm des $NaCl/CaCl_2$-Syst. berechnet. — Die empir. Werte E = f (a) stimmen gut mit den theoret. erhaltenen überein. Das Zers.-Potential von fl. Na an der Kathode ist für alle

Gemische im untersuchten Konz.-Bereich (20—80 Mol.% $CaCl_2$ in der Schmelze) konstant. (Журнал Физической Химии [J. physik. Chem.] **32.** 1785—95. Aug. 1958. Krakau, Bergbaumetallurg. Akad.) WOLFGANG MÜLLER. 141

D. N. Gritzan und **D. Ss. Schun,** *Periodische Erscheinungen bei der Elektrofällung von Metallen.* 4. Mitt. *Einfluß von Anionen auf die periodischen Erscheinungen bei Elektrofällung von Cadmium in Gegenwart von oberflächenaktiven Substanzen.* (Vgl. C. **1954.** 5461; C. **1956.** 9632.) Die Periodizität der Fällung von 0,1 n *$CdSO_4$* (**I**)-Lsg. wird durch Zusatz von *Na_2SO_4* (**II**) nicht wesentlich verändert. Die Stromdichte, bei welcher die Periodizität auftritt, wird jedoch dadurch gesenkt. Bei Zusatz eines 15-fachen **II**-Überschusses hören die period. Schwankungen des Kathodenpotentials auf. Wird die Stromdichte auf 3,0 mA/cm² gesenkt, so kehrt die Periodizität wieder. Bei Zusatz von Na- oder K-Halogenid werden bei einer bestimmten Konz. des zugesetzten Salzes die period. Prozesse völlig unterdrückt. Die hierfür erforderlichen Konzz. von *KCl*, *KJ* u. *KBr* verhalten sich wie 40:3:5. Bei Zusatz von 15 mMol *CH_3COOK*/Liter zur 0,1 n **I**-Lsg. verschwinden die period. Prozesse. Die period. Elektrofällung von **I** u. *$Cd(NO_3)_2$* (**III**) zeigt keine Unterschiede. Während in Ggw. von *α-Naphthol*, *β-Naphthol*, *Hydrochinon* oder *Phenol* **I** period. gefällt wird, beobachtet man dies bei **III** nicht. Nach ihrer Fähigkeit, die period. Fällung zu unterdrücken, bilden die Anionen die folgende Reihe: $SO_4^{2-} < NO^- < Cl^- < CH_3COO^- < Br^- < J^-$. Eine period. Fällung von Cd erfolgt aus Lsgg. von Halogeniden u. Acetat nicht. Dies erklärt sich aus der zerstörenden Wrkg. der oberflächenakt. Anionen auf den Adsorptionsfilm der organ. Substanz. (Украинский Химический Журнал [Ukrain. chem. J.] **23.** 437—42. 1957. Charkow, Gorki-Univ.) O. LEBTAG. 141

R. B. Golubzowa, *Untersuchung der Bedingungen zur Isolierung von Zementit aus Eisen–Kohlenstoff-Legierungen.* Als günstigste Zus. des Elektrolyten bei der elektrolyt. Isolierung von Zementit aus Fe–C-Legierungen wird 5 ml HCl (D. 1,19), 5 g Citronensäure u. 1000 ml H_2O festgestellt. Eine Erhöhung der Citronensäuremenge im Elektrolyten zeigt keinen Einfl. auf das Ausbringen an anod. Pulver u. auf dessen chem. Zusammensetzung. In allen Verss. entspricht das ermittelte Verhältnis des Fe zum C dem theoret. Wert vom Fe (Gew.-%)/C (Gew.-%) = 13,94. Bei einer Erhöhung der Stromdichte von 0,03 auf 0,07 A/cm² findet eine teilweise Oxydation der Carbidphase statt, wie sich offenbar aus der Verringerung des Fe/C-Verhältnisses von 3,0 auf 2,71 ergibt. Bei einer Stromdichte von 0,1 A/cm² wird dieses Verhältnis auf 2,28 verringert. Die geeignetste Stromdichte wird zu 0,03—0,05 A/cm² ermittelt. Eine Behandlungsdauer von 1,5 Std. ergab keine Zers. der Carbidphase. Es werden Angaben über die Behandlung des elektrolyt. gewonnenen Fe_3C-Pulvers für mikrochem. u. röntgenograph. Unters.-Methoden gemacht. Durch diese analyt. Verff. wird die Ggw. von reinem Zementit nachgewiesen. (Доклады Академии Наук СССР [Ber. Akad. Wiss. UdSSR] **124.** 91—93. 1/1. 1959. Baikow-Inst. für Metallurgie der Akad. der Wiss. der UdSSR.) H. HOCHSTEIN. 141

A. M. Oserow und **I. N. Jeremina,** *Anwendung eines asymmetrischen Wechselstromes bei der Elektrofällung von Metallen.* Eine Änderung von Struktur u. Qualität von Metall-Ndd. kann nicht nur durch Abänderung der physikal.-chem. Elektrolysebedingungen, sondern auch durch Änderung der elektr. Bedingungen im Elektrolysebad erreicht werden. Der Einfl. von asymm. Wechselstrom auf Struktur u. Eigg. der kathod. Ndd. bei der Elektrofällung von *Cu*, *Ni* u. *Cd* aus Sulfatbädern wird untersucht. Bei Perioden von 1 u. 30 Sek. liegen die optimalen Fällungsbedingungen für Cu beim Verhältnis $t_{gleich}/t_{period.} = 1,7—4,1$; für Ni bei $t_{gleich}/t_{period.} = 4,1$. Bei der Fällung von Cd mit asymm. Wechselstrom wird prakt. kein Einfl. auf die Struktur des kathod. Nd. beobachtet. (Журнал Прикладной Химии [J. angew. Chem.] **31.** 1058—67. Juli 1958.) WOLFGANG MÜLLER. 141

N. D. Tomaschow und **Ju. N. Michailowski,** *Untersuchung der Kinetik von Elektrodenprozessen unter Adsorptionsfeuchtigkeitsfilmen.* Die untersuchten Elektroden bestanden in 20—50 μ dicken Folien aus *Cu*, *Zn*, *Fe* oder *Al*, die zwischen zwei 1,5 mm dicke polierte Glasplatten eingeklebt u. in einen Exsiccator gebracht wurden, in welchem durch dest. W. oder Lsgg. von NaCl oder $Ca(NO_3)_2$ eine konstante Feuchtigkeit aufrechterhalten wurde. Als Elektrolyt diente der Adsorptionsfilm von W. an den Enden der Elektroden u. am Glas zwischen ihnen. Es zeigte sich, daß bei allen untersuchten Metallen beim Verweilen in feuchter Luft das Potential nach positiven Werten verschoben wird, bedingt durch die zunehmende anod. Polarisation der Mikroanoden während der atmosphär. Korrosion unter der Adsorptionsschicht. Hierbei ist das Potential von Zn positiver als das von Al. Aus den kathod. u. anod. Polarisationskurven geht hervor, daß die Polarisation an Cu gering ist. Die anod. Polarisation dagegen ist bei allen Metallen sehr stark. Mit der Zeit nimmt sie zu. Bes. stark nimmt die anod. Polarisation bei

Abnahme der relativen Luftfeuchtigkeit zu. Die im Vgl. zur kathod. Polarisation stärkere Zunahme der anod. Polarisation bei abnehmender Luftfeuchtigkeit zeigt, daß die anod. Passivierung hierbei eine größere Rolle spielt als die Verzögerung der Ionenhydratation als Folge eines Mangels an Moll. des Wassers. (Доклады Академии Наук СССР [Ber. Akad. Wiss. UdSSR] **110.** 1026—29. 21/10. 1956. Inst. für physik. Chem. der Akad. der Wiss. der UdSSR.) O. Lebtag. 142

James P. Hoare und **Sigmund Schuldiner,** *Zum Mechanismus wasserstofferzeugender Reaktionen an Palladium.* 4. Mitt. *Elektrochemische Kinetik des Systems α-Palladium–Wasserstoff in sauren Lösungen.* (3. vgl. C. **1957.** 9000.) Es wird das anod. u. kathod. Verh. des Syst. α-Pd–H untersucht. Die unerwünschte Anreicherung von H in Pd wird mit Hilfe einer zwischen den Pt-Elektroden angeordneten Pd-Bielektrode vermieden; hierdurch wurde ein H/Pd-Verhältnis von 0,03 erreicht. Gemessen wurden kathod. u. anod. Polarisation an der Bielektrode bei p_H-Werten von 0—1,7 u. verschied. Stromdichten (Pt/H_2-Elektrode in gleicher Lsg., H_2SO_4, Na_2SO_4). Die Ergebnisse werden mit Rk.-Mechanismen an u. in der Bielektrode in Beziehung gebracht. Die Dicke der Bielektrode (0,0025—0,01 cm) ist prakt. ohne Einfluß. Die katalyt. Aktivität bzgl. H-erzeugender Rkk. ist an α-Pd. entschieden kleiner als an β-Pd. Als Geschwindigkeitskonstanten für die Wasserstoff-Bldg. (Gesamt-Rk.) werden angegeben: — (di/dη) = 4,07 — 1,96 p_H, für β-Pd, u. — (di/dη) = 0,134 — 0,061 p_H, für α-Pd (i in mA/cm², η in Volt). Der Anteil j der Protonen am Gesamtstromtransport i betrug j = 0,7 i u. war p_H-unabhängig. (J. electrochem. Soc. **104.** 564—68. Sept. 1957. Washington, D. C., U. S. Naval Res. Labor.) H. Polack. 142

A. P. Toropow und **A. M. Jakubow,** *Über die Wahl der Grundlösung bei der Anodenpolarographie in nichtwäßrigen Lösungsmitteln.* Untersucht wurden die Lsgg. von 77 anorgan. u. organ. Verbb. in Aceton, Essigsäure, Nitrobenzol, A., *Methylalkohol* (I), Butylalkohol, Isopropylalkohol, Pyridin, Acetonitril oder Acetessigester auf ihre Beeinflussung der Hg-Tropfelektrode. Aus den Angaben über Konz., Zersetzungspotential u. Halbwellenpotential geht hervor, daß als aussichtsreichste Stoffe für die Anwendung als Grundlsg. bei der anod. Polarisation die Lsg. von KOH in A. u. **I**, von NaJ in Acetonitril u. von Tetramethylammoniumjodid in Pyridin anzusehen sind. Aus den anod. Polarogrammen von KOH in **I** geht hervor, daß bei Zusatz von 10—100, 250 oder 500 ml W. je 1 Liter das Halbwellenpotential eine nur geringe Veränderung erfährt: 1,6 bzw. 1,4 bzw. 1,3 Volt. Selbst beim höchsten W.-Zusatz beobachtet man keine Oxydation der Hg-Tropfelektrode. (Журнал Физической Химии [J. physik. Chem.] **30.** 1702—06. Aug. 1956. Taschkent, Mittelasiat. Lenin-Univ.) O. Lebtag. 142

K.S.Rajagopalan und Y. V. P. Ramanchandra Row, *Wirkung von Korrosions-Inhibitoren unter Stromfluß.* Vff. beschreiben Unters. in der *Hull*-Zelle durch Anbringung eines Kathodenbleches bestimmter Form in bestimmter Neigung zur Anode herrschen bei konstantem Gesamtstrom an der Kathodenoberfläche örtlich verschiedene, berechenbare Stromdichten) an Weicheisen in H_2SO_4 unter Zusatz von Gelantine u. Chinolin als Inhibitoren bei 0,5 A Gesamtstrom u. ohne Stromfluß. Es zeigte sich, daß bei Stromfluß Chinolin, ohne Stromfluß jedoch Gelatine bessere Inhibitorenwirkung besitzt. Die Vers., dienen zur Unters. der Wirksamkeit von Inhibitoren in Reinigungsbädern oder für Fälle gleichzeitiger Anwendung von Inhibitoren u. kathod. Schutz. (Naturwissenschaften **46.** 318—19. 1. Mai-H. 1959. Karaikudi, South India, Central Electrochem. Res. Inst.) W. Simon 143

G. P. Tschernowa und **R. M. Altowski,** *Elektrochemische Schutzwirkung von Kathodenüberzügen.* Die Unters. der Korrosionsfestigkeit der nichtrostenden Stähle 1 Chl 3 (13% Cr) u. 1 Chl 8 N 9 (18% Cr, 9% Ni) nach Auftragen von *Cu* oder *Pt* (ca. 0,05—2 μ) ergab, daß in 0,1 u. 0,5%ig. H_2SO_4 bei einer für die Passivierung nicht ausreichenden Cu-Menge die Korrosion von Stahl 1 Chl 3 beschleunigt wird. Bei ausreichender Cu-Menge wird die Korrosion stark unterdrückt. Bei geringerer H_2SO_4-Konz. nimmt die Menge des für die Passivierung ausreichenden Cu ab. Mit Pt wird die Passivierung mit geringerer Auftragmenge erreicht. In 0,5%ig. HCl wird durch den Pt- oder Cu-Überzug die Korrosion stark beschleunigt. Mit zunehmender Pt- oder Cu-Menge auf der Kathode wird die Korrosion beschleunigt. Die Korrosion von platiniertem Stahl 1 Chl 8 N 9 wird in 30%ig. H_2SO_4 völlig unterdrückt, in 15%ig. HCl stark beschleunigt. Sehr geringe Pt-Mengen bewirken keine Passivierung des Stahls. Während das Cu zu Beginn des Vers. als Kathode, dann als Anode auftritt, bleibt Pt immer als Kathode wirksam. In den Ergebnissen sehen Vff. eine Bestätigung des elektrochem. Mechanismus der Schutzwrkg. von Kathodenüberzügen. Unter den die anod. Passivierung begünstigenden Verhältnissen ist ein elektrochem. Schutz von leicht passivierbaren Metallen auch durch solche Überzüge möglich, welche die Oberfläche nicht lückenlos besetzen. Es ist wahrscheinlich, daß ein ähnlicher kathod. Schutz möglich ist. (Доклады Академии Наук СССР [Ber. Akad. Wiss. UdSSR] **110.** 1030—33. 21/10. 1956. Inst. für physik. Chem. der Akad. der Wiss. der UdSSR.) O. LEBTAG. 143

N. A. Ismailow, Die Elektrochemie der Lösungen. Lehrbuch für Chemiestudenten. Charkow: Verlag der Charkower Univ. 1959. (958 S. m. Zeichng.) 17 Rbl. 80 Kop. [russ.]

Robert Anthony Robinson and **Robert Harold Stokes,** Electrolyte solutions: the measurement and interpretation of conductance, chemical potential and diffusion in solutions of simple electrolytes. 2nd ed. London: Butterworths Scientific Publications. 1959. (XV + 559 S. m. Abb., Taf. u. Diagr.) 65 s.

A$_4$. Thermodynamik. Thermochemie.

B. I. Dawydow, *Ursachen der thermodynamischen Irreversibilität.* Die Nichtumkehrbarkeit in der Thermodynamik wird durch die Fluktuationstheorie von BOLTZMANN nur spekulativ erklärt. Quelle aller therm. Energie sind Kernprozesse. Solche finden im Weltall vielfach statt, aber fast keine umgekehrten Prozesse, bei denen die innere Energie der Kerne zunimmt. Dadurch erfolgt in breitestem Maßstab ein Prozeß allmählicher Dissipation von Kernenergie. Das Gesetz der Entropiezunahme kennzeichnet den gerichteten Charakter der Thermodynamik. Die für Nichtumkehrbarkeit in der Mechanik erforderlichen Anfangsbedingungen stellen einerseits die Existenz zerfallender schwerer Kerne, andererseits die Möglichkeit weiterer Thermokernsynthesen dar. Beide führen zu kontinuierlichem Auftreten von Teilchen mit hoher kinet. Energie, die sich dann unter allen Freiheitsgraden der umgebenden makroskop. Mol.-Systeme verteilt. Es kommt hinzu, daß um uns viel häufiger Kernenergie entwickelt als absorbiert wird. (Журнал Экспериментальной и Теоретической Физики [J. exp. theoret. Physik] **33.** 811—12. Sept. 1957.) R. K. MÜLLER. 146

F. J. Lockett, *Einfluß der thermischen Eigenschaften eines Festkörpers auf die Geschwindigkeit der Rayleigh-Wellen.* Vf. behandelt theoret. die Fortpflanzung von *Rayleigh*-Wellen in einem isotropen thermoelast. Festkörper. (J. Mechanics Physics Solids **7.** 71—75. Nov. 1958. Glasgow, Univ., Dep. of Mathem.) C. GOTTFRIED. 146

R. Schnurmann, *Molekularstrahlen.* Kurze Darst. der experimentellen Technik, der Anwendungsgebiete u. der Ergebnisse der Molekularstrahl-Physik. Ausblick auf zukünftige Möglichkeiten. (Research **10.** 185—97. Mai 1957. Manchester, Manchester Oil Refinery Ltd.) F. LENZ. 146

J. Thomson, *Instrumenttransducers.* Unter „transducer" versteht Vf. eine Vorrichtung, in der Energie von einer Form in eine andere geändert wird. Vf. zählt die verschied. Energieformen auf — Kernenergie, Atomenergie, elast. u. Wärmeenergie, stat. u. strahlende elektromagnet Energie, mkr. u. makroskop. kinet. Energie — u. zeigt in einer Aufstellung die möglichen Umwandlungen von einer Energieform in die andere. (J. sci. Instruments **34.** 217—21. Juni 1957. Chislehurst, Kent, British Sci. Instrument Res. Assoc.) C. GOTTFRIED. 146

José Luis Azpiazu, *Untersuchung der Verluste bei adiabatischen Ausdehnungen und Kompressionen mit Reibung von Gasen und Dämpfen.* Die realen Verluste bei der Expansion u. Kompression von Gasen u. Dämpfen werden mit den nach dem Diagramm von CLAPEYRON u. dem Entropiediagramm dargestellten für ideale Gase verglichen. Der reale Verlust ist nicht vollständig aus der Reibungswärme zu erklären. (Dyna [Bilbao] **32.** 700—05. Nov. 1957.) R. K. MÜLLER. 149

Herman Bieber und **Ernest J. Henley,** *Grundlagen thermodynamischer Phasendiagramme.* Die Vff. unterscheiden zwischen Eigg., die massenunabhängig sind, wie Temp. oder Druck („intensive" Eigg.) u. solchen, die nur auf Quantitäten (Gewicht, g-Mole) bezogen einen Sinn haben, wie Vol. oder Energieinhalt („extensive" Eigg.) u. besprechen als Beispiele der 3 Kombinationstypen solcher Größen die Diagramme für Druck–Temp., Druck–Enthalpie u. innere Energie–Vol. des W. bzgl. der Bedeutung der Kurven u. Punkte (Phasengrenzen, Tripelpunkt, krit. Punkt, Kurven konstanter, nicht als Koordinaten gewählter Eigg. usw.). (J. chem. Educat. **35.** 616—18. Dez. 1958. Linden, N. J., Esso Res. and Engng. Co.; Hoboken, N. J., Stevens Inst. of Technol.) K. BLUMRICH. 150

A. I. Lichter, Ju. N. Rjabinin und **L. F. Wereschtschagin,** *Phasendiagramm des Cers.* Die Druck (p)–Temp. (T)-Beziehung des Überganges in Ce wird in einer für Drucke bis 30000 kg/cm^2 verwendbaren App. (Abb.) zwischen — 185^0 u. + 100^0 untersucht. Aus der Abhängigkeit der Verschiebung der Kolben des Piezometers vom Druck im Preßzylinder bei Druckanstieg u. -abfall wird das Phasendiagramm p–T konstruiert. Dabei ergeben sich folgende Drucke (kg/cm^2): bei — 150^0 (extrapoliert) 1, — 71^0 3550, + 4^0 7150, 17^0 7600, 20^0 8100, 94,5^0 11100. Die Änderung von p beträgt 43 kg/cm^2 · Grad. Die Übergänge bei 1 at u. tiefer Temp. u. bei gewöhnlicher Temp. u. hohem Druck sind identisch. (Журнал Экспериментальной и Теоретической Физики

[J. exp. theoret. Physik] **33.** 610—13. Sept. 1957. Akad. der Wiss. der UdSSR, Labor. für Höchstdruckphysik.) R. K. MÜLLER. 150

Carl W. Garland, *Elastische Eigenschaften und spezifische Wärme fester Stoffe.* Übersicht über den derzeitigen Stand der Theorie der Gitterwärmekapazität fester Stoffe, bes. der Beziehungen zwischen C_v u. den Frequenzen therm. Gitterschwingungen (EINSTEIN) u. deren Abhängigkeit von meßbaren elast. Eigg. der Stoffe, aus denen sich die Atomkraftkonstanten für die Gitter ableiten lassen: Beschränkt gültige Theorie von DEBYE u. allg., jedoch mit großen mathemat. Schwierigkeiten anwendbare Theorie von BORN. — Bisherige Anwendungen auf Cu u. Ag. (J. chem. Educat. **34.** 597—600. Dez. 1957. Cambridge, Mass., MIT.) K. BLUMRICH. 151

Willy Oelsen und **Karl Friedrich Golücke,** *Zur thermodynamischen Analyse.* 11. Mitt. *Calorimetrie und Thermodynamik der Wismut–Zinn-Legierungen. Ein Vergleich zwischen dem Wasser-, dem Trockeneis- und dem Luftcalorimeter.* (10. vgl. C. **1959.** 9494.) Die Bi–Sn-Legierungen mischen sich im fl. Zustand völlig, die festen Lsgg. bestehen jedoch aus zwei Mischphasen. Die Voraussetzungen für den einfachsten Fall der thermodynam. Analyse sind demnach nicht gegeben. Es wird gezeigt, daß trotzdem mit Hilfe der thermodynam. Analyse Aussagen über die thermodynam. Größen des fl., sogar des festen Zustandes gemacht werden können. Die Proben wurden in zwei W.-Calorimetern, dem Luft- u. dem Trockeneiscalorimeter gemessen. Ein Vgl. der Meßergebnisse zeigt, daß auch mit dem Trockeneiscalorimeter, bes. aber mit dem Luftcalorimeter. befriedigende Ergebnisse erzielt werden können. Das Zustandsschaubild Bi–Sn ergibt sich aus den Tempp. des Beginns der Erstarrung der Schmelzen u. der Erstarrung der eutekt. Restschmelzen der Kurven $\vartheta = \psi$ (t) der vier Meßreihen u. den Bildern der quantitativen therm. Analyse mit hoher Genauigkeit. Es wurde versucht, die spezif. Wärmen der Schmelzen zu ermitteln. Die Mischungswärmen für den fl. Zustand werden bei richtiger Deutung der calorimetr. Ergebnisse, zu $\mathfrak{H}_{x,T_{Bi}}^{fl.} \simeq 0$ gefunden. Darüber hinaus liefern die Wärmeinhalte der Bi–Sn-Legierungen aber auch Werte für die Bildungswärmen $\mathfrak{H}_{x,\mathfrak{b}}^{fest}$ der Mischkristalle. Auch die Auswertung im Hinblick auf die Bildungspotentiale ergibt sich nicht nur eine gute Übereinstimmung der Werte aus den verschied. Calorimetern, sondern das Ergebnis $\mathfrak{P}_{x,T_{Bi}}^{fl} \simeq \mathfrak{S}_{x,ideal}$ stimmt auch in erster Näherung mit den elektromotor. Kräften überein. Entsprechend den Ergebnissen: $\mathfrak{H}_{x,T_{Bi}}^{fl} \simeq 0$ und $\mathfrak{P}_{x,T_{Bi}}^{fl} \simeq \mathfrak{S}_{x,ideal}$ wird auch durch die Auswertung der Wärmeinhaltskurven im Hinblick auf die Vermischungsentropie, in Übereinstimmung mit den Messungen des Temp.-Beiwertes der elektromotor. Kräfte, $\mathfrak{S}_{x,T_{Bi}} \simeq \mathfrak{S}_{x,ideal}$ gefunden. (Arch. Eisenhüttenwes. **29.** 689—98. Nov. 1958. Clausthal, Bergakad.) H. HOCHSTEIN. 155

James D. Ray und **Richard A. Ogg jr.,** *Thermodynamische Eigenschaften von Nitrylchlorid.* Mittels calorimetr. Messungen wurde die Bildungswärme von gasförmigem NO_2Cl aus den Elementen bei 25° zu 3,12 ± 0,16 kcal/Mol (endotherm.) vermittels der Rkk. $NO_2Cl + NO = NOCl + NO_2$ u. $NOCl + N_2O_5 = NO_2Cl + 2\,NO_2$ bestimmt. Aus den Gleichgewichtskonstanten der Rkk. $2\,NO_2 + Cl_2 = 2\,NO_2Cl_2$ u. $NO_2 + NOCl = NO + NO_2Cl$ wurde die Entropie von NO_2Cl bei 25° zu 65,46 ± 0,6 Entropieeinheiten berechnet. (J. chem. Physics **31.** 168—71. Juli 1959. Minneapolis, Minn., Univ. of Minnesota, Dep. of Chem.; Stanford, Calif., Stanford Univ., Dep. of Chem.) H. HOFMANN. 156

Edgar F. Westrum jr. und **Norman E. Levitin,** *Ammoniak-Triboran. Molwärme, Umwandlungswärme und thermodynamische Eigenschaften von 5 bis 317° K.* Die Molwärme von reinem $NH_3B_3H_7$ (> 99,8%ig) wird im Temp.-Bereich 5—317° K durch adiabat. Calorimetrie bestimmt u. zur Berechnung thermodynam. Größen benutzt. Bei 300° K ist $C_p = 38{,}22$ cal · Grad^{-1} · Mol^{-1}, $S^0 = 39{,}895$ cal · Grad^{-1} · Mol^{-1}, $H^0 - H_0^0 = 6807{,}8$ cal · Mol^{-1}, $-(F^0 - H_0^0)/T = -17{,}202$ cal · Grad^{-1} · Mol^{-1}. Bei 297,10 ± 0,04° K tritt eine Umwandlung auf, die wahrscheinlich 1. Ordnung ist; die mol. Umwandlungsenthalpie beträgt 1233 cal · Mol^{-1}, das Entropieinkrement 4,15 cal · Grad^{-1} · Mol^{-1}. Eine geringe Anomalie der Molwärme bei ca. 11° K wird einer weiteren, nicht näher charakterisierten Umwandlung mit einem Entropieinkrement von ca. 0,01 cal · Grad^{-1} · Mol^{-1} zugeschrieben. Aus Dampfdruckmessungen von ALTON, BROWN, CARTER u. TAYLOR folgen für 300° K der Sublimationsdruck zu 5,46 · 10^{-4} Torr, die entspr. Enthalpie zu 17,1 ± 0,1 kcal · Mol^{-1} u. nachst. thermodynam. Standardwerte (ideales Gas, 300° K, 1 at): $H^0 - H_0^0 = 23{,}9 \pm 0{,}2$ kcal · Mol^{-1}, $S^0 = 68{,}8$ cal · Grad^{-1} · Mol^{-1}, $-(F^0 - H_0^0)/T = -10{,}9$ cal · Grad^{-1} · Mol^{-1}. (J. Amer. chem. Soc. **81.** 3544—47. 20/7. 1959. Ann Arbor, Mich., Univ. of Michigan, Dep. of Chem.) A. BLASCHETTE. 156

Norman E. Levitin, Edgar F. Westrum jr. und **James C. Carter,** *Trimethylamin-Triboran. Molwärme, Umwandlungswärme und thermodynamische Eigenschaften von 5 bis 350° K.* (Vgl. vorst. Ref.) Die Molwärme von reinem $(CH_3)_3NB_3H_7$ wird im Temp.-

Bereich 5—350° K durch adiabat. Calorimetrie bestimmt. Bei 298,15° K ist $C_p = 51,98$ cal · Grad^{-1} · Mol^{-1}, $S^0 = 54,596$ cal · Grad^{-1} · Mol^{-1}, $H^0 - H^0_0 = 8732,0$ cal · Mol^{-1}, $-(F^0 - H^0_0)/T = -25,309$ cal · Grad^{-1} · Mol^{-1}. Bei 209,6° K tritt eine scharfe Umwandlung vom Lambda-Typ auf; die mol. Umwandlungsenthalpie beträgt ca. 843,4 cal · Mol^{-1}, das Entropieinkrement 4,0 cal · Grad^{-1} · Mol^{-1}. Vff. beschreiben die Darst. der Verb. in 20 g-Mengen durch Rk. von B_4H_{10} mit Tetrahydropyran, $C_5H_{10}O$, zu B_2H_6 u. $C_5H_{10}O \cdot B_3H_7$ u. anschließender Verdrängung des $C_5H_{10}O$ durch $(CH_3)_3N$. (J. Amer. chem. Soc. **81**. 3547—50. 20/7. 1959.) A. Blaschette. 156

P. J. Slootmaekers und **A. van Tiggelen**, *Flammen von Fluor und Chlor.* Untersucht wurden die Flammen der Gemische: 1) CH_4/F_2 (verdünnt mit N_2), 2) H_2/F_2, 3) CO/F_2 (beide verdünnt mit Ar) u. 4) Cl_2/H_2. Rkk. zwischen Halogenen u. H_2 zeichnen sich durch bes. einfachen Reaktionsmechanismus aus; zuerst tritt ein Kettenverlängerungsschritt auf, in dem ein Halogenatom X mit H_2 reagiert, dem dann eine Rk. zwischen H u. X_2 folgt. Kettenverzweigung tritt auf, wenn X_2 in 2 Atome beim Zusammenstoß mit einem aktivierten HX*-Mol. dissoziiert, welches bei seiner Bldg. durch Kettenverlängerung frei gewordene Energie nach $H + X_2 \rightarrow HX^* + X$ enthält. Bei 3) tritt keine spontane Entzündung auf, wenn alle Metalle (Cu), die mit dem Gemisch in Verbindung stehen, sauber gehalten werden. Die Flammengeschwindigkeit v_0 wurde nach der klass. Bunsenbrennermeth. mit Schlierenaufnahmen durchgeführt. Flammen von 4) zeigen keinen inneren Konus, die gesamte Flamme ist fahl grünblau, 2) hat fast farblose Flammen, die von 3) sind hellblau ohne erkennbaren inneren Konus, die von 1) haben einen violettblauen Konus, die äußere Zone ist farblos außer bei CH_4-reichen Gemischen, bei denen sie wegen der C-Bldg. helleuchtend erscheinen. Cl_2-reiche, z. T. auch F_2-reiche Flammen neigen zur Zellenbldg., so daß die Best. von v_0 ungenau wird. Eine Best. der Flammentemp. T_f mit der Na-Linienumkehrmeth. ist bei 1) u. 4) unmöglich, da das Na-Dublett im Konus nicht emittiert wird. Besser eignet sich Li zur Lichtemission. Das Hauptverbrennungsprod. von 3) ist COF_2, das selbst bei Tempp. um 3000° K sehr stabil ist; als Gleichgewichtskonstante wurde $K_p = 10^{-16} - 10^{-17}$ ermittelt, d. h., COF_2 kann wie CO als inertes Gas aufgefaßt werden. Die Flammen von 3) haben die kleinsten v_0-Werte trotz sehr hoher T_f. Als Aktivierungsenergie E für den Kettenverzweigungsprozeß wurde bestimmt bei 2) 11, bei 4) 10, bei 3) ca. 18, bei 1) 9,5 kcal, wenn die Rkk. als solche erster Ordnung angenommen werden; bei Rkk. zweiter Ordnung läge E um ca. 4 kcal niedriger. Bei allen CO-haltigen Flammen wird v_0 durch Spuren W.-Dampf wesentlich erhöht. Der relativ kleine Wert von E bei 1) ist durch die exotherme Neben-Rk. $CH_3 + F_2 \rightarrow CH_2 + F + HF$ zu erklären, wie sie ähnlich wohl auch bei 2) u. 4) auftritt, u. zwar durch Dissoziation eines X_2-Mol., wenn es mit einem aktivierten HX*-Mol. zusammenstößt. (Bull. Soc. chim. belges **67**. 135—46. März/April 1958. Louvain, Univ., Labor. for Inorg. Chem.) E. Roeder. 157

A. I. Achijeser, M. I. Kaganow und **G. Ja. Ljubarski**, *Über die Absorption von Ultraschall in Metallen.* Wenn bei der Absorption von US in Metallen ω die Frequenz, τ die Relaxationszeit, s die Schallgeschwindigkeit, v die Grenzelektronengeschwindigkeit ist u. $\omega\tau \ll s/v$ ist, ist der Absorptionskoeff. proportional $\omega^2\tau$; bei $\omega\tau \gg s/v$ ist er proportional ω u. unabhängig von τ, also von der Temperatur. (Журнал Экспериментальной и Теоретической Физики [J. exp. theoret. Physik] **32**. 837—41. April 1957. Akad. der Wiss. der UkrainSSR, Phys.-techn. Inst.) R. K. Müller. 159

I. A. Jakowlew, T. Ss. Welitschkina und **K. N. Baranski**, *Schallabsorption bei der Phasenumwandlung in Seignettesalz.* Es wird experimentell nachgewiesen, daß die von Landau u. Chalatnikow (C. **1955**. 2137) vorausgesagte anomale Schallabsorption in Seignettesalz bei der Phasenumwandlung 2. Art für die transversale Schallwelle tatsächlich eintritt; die Schallabsorption nimmt in beiden Phasen mit Annäherung der Temp. an den λ-Punkt zu. (Журнал Экспериментальной и Теоретической Физики [J. exp. theoret. Physik] **32**. 935—36. April 1957. Moskau, Univ.) R. K. Müller. 159

S. Flügge, Hrsg. Handbuch der Physik — Encyclopedia of Physics. Dritter Band/Zweiter Teil: Prinzipien der Thermodynamik und Statistik — Principles of Thermodynamics and Statistics. Berlin, Göttingen, Heidelberg: Springer-Verlag. 1959. (VII + 678 S. m. 25 Abb.) 8°. DM 160,—.

Gordon J. van Wylen, Thermodynamics. New York: Wiley. 1959. (590 S. m. Abb. u. Diagr.) 8° $ 7.95.

A$_5$. Kolloidchemie. Grenzschichtforschung.

J. Mering und **A. Oberlin**, *Alterung von Magnesiumhydroxydsolen (Elektronenmikroskopische und Elektronenbeugungsuntersuchung).* Zur Darst. von $Mg(OH)_2$-Solen wurde einer 0,01n Lsg. von $MgCl_2$ eine äquivalente Menge 0,01n NaOH-Lsg. unter Rühren zugesetzt. Die Suspension wurde durch Zentrifugieren mit doppelt dest. W. von $p_H 7$ gewaschen u. sofort, sowie nach einer Alterung von 3, 5, 16 u. 31 Tagen elektronenmkr. u. mittels Elektronenbeugung untersucht. Der frische Nd. bestand aus einzelnen hexagonal begrenzten Teilchen, die einen Durchmesser von etwa 800 Å u. eine mittlere Dicke von 50 Å hatten. Während der Alterung bessert sich laufend die gegenseitige Orientierung der Primärteilchen, die sich nach u. nach unter Bldg. eines Pseudoeinkristalls assoziieren. Wird der 31 Tage gealterte Nd. 12 Std. unter Rückfluß gekocht, dann bilden sich etwa 5 μ große u. gut ausgebildete hexagonale Platten, die nur noch mit dem Lichtmikroskop untersucht werden können. (Bull. Soc. franç. Minéralog. Cristallogr. **80.** 158—65. April/Juni 1957. Paris, Fac. des Sci., Labor. de Minéral.) C. GOTTFRIED. 162

Ss. A. Nikitina und **A. B. Taubman,** *Über die Rolle der Adsorptionskinetik bei der Benetzung von Staubteilchen durch Tropfen von Lösungen der oberflächenaktiven Substanzen.* Nach der Meth. der Tropfenzählung wurde der dynam. Wert σ_d der Oberflächenspannung bei $\tau = 2$ Sek. u. nach der Meth. des hängenden Tropfens bei $\tau = 2$ Min. der stat. Wert σ_s der Oberflächenspannung von oberflächenakt. Stoffen untersucht. Es zeigte sich, daß die Isothermen von σ_d u. σ_s mit zunehmender Konz. sich rasch einander nähern u. bei 0,08—0,1% Benetzungsmittel DB (I = Polyäthylenglykoläther von alkyliertem Phenol) u. 0,22—0,25% Aerosol OT (II = Na-Salz von Sulfobernsteinsäuredioctylester) prakt. miteinander übereinstimmen. Dies entspricht der krit. Konz. der Micellenbildung. Beim Benetzungsmittel PO-10 ist der Unterschied zwischen σ_d u. σ_s so groß, daß er selbst bei einer Konz. von 4% nicht verschwindet. Die Geschwindigkeit der Bldg. der Adsorptionsschichten ist sehr gering. Die staubeinfangende Wrkg. ist auch gering. Die Kurven effektive Wrkg. des Benetzungsmittels auf Quarzstaub aufgetragen gegen $\sigma_d - \sigma_s$ für **I**, **II**, OP-10, Sulfonol, Dodecylaminacetat u. raffiniertes Alkylarylsulfonat zeigen, daß **I** u. **II** die stärkste Wrkg. aufweisen. (Доклады Академии Наук СССР [Ber. Akad. Wiss. UdSSR] **116.** 113—16. 1/9. 1957. Inst. für physik. Chem. der Akad. der Wiss. der UdSSR, Abt. für disperse Systeme.) O. LEBTAG. 166

M. G. Tschernjak und **G. G. Naiduss,** *Untersuchung der Benetzbarkeit einiger Materialien durch geschmolzenes Glas.* Für 2 Gläser der Zus. 54,49(%) SiO_2, 10,83 B_2O_3, 11,40 Al_2O_3, 16,77 CaO, 4,38 MgO, 0,21 (Fe_2O_3 + TiO_2), 1,73 Na_2O (I) u. 74,27 SiO_2, 1,36 Al_2O_3, 6,97 CaO, 0,90 MgO, 0,15 (Fe_2O_3 + TiO_2), 15,70 Na_2O, 0,62 SO_3 (**II**) wird bei 1080—1200° (I) bzw. 950—1100° (**II**) der Benetzungswinkel Θ gegenüber verschied. Materialien gemessen. Für die untersuchten Metalle ergibt sich die Reihenfolge 93(%) Pt + 7 Rh < 100 Pt < 75 Pt + 25 Pd < 25 Pt + 75 Pd < 100 Pd. An geschmolzenem Quarz u. einer Spezialkeramik (Al_2O_3) nimmt bei **I** Θ mit steigender Temp. wesentlich stärker ab als an den Metallen, bei **II** ist die Abnahme von gleicher Größenordnung wie bei den Metallen. An 99 Pt + 1 Cr verhält sich Θ etwa wie bei reinem Pt, die Legierung 5 Pt + 95 Ni oxydiert sich bei den angewandten Tempp. stark. (Журнал Технической Физики [J. techn. Physik] **27.** 2268—72. Okt. 1957. Moskau, Unions-wiss. Forsch.-Inst. für Glasfasern.) R. K. MÜLLER. 166

Ss. I. Popel, O. A. Jessin, G. F. Konowalow und **N. Ss. Smirnow,** *Einfluß des Schwefels auf die Zwischenphasenspannung an der Grenze Metall–Schlacke.* Vff. untersuchten den Einfl. von S (zugesetzt in Form von FeS) auf die dynam. Spannung σ_{dyn} u. die Spannung σ im Gleichgewicht beim Übergang des S aus reinem *Fe* in die Schlacken 1 u. 2 (34,9 bzw. 47% CaO, 34,6 bzw. 27% SiO_2, 0,0 bzw. 23% Al_2O_3, 27,2 bzw. 1,0% FeO, 0,5 bzw. 0,1% MgO) u. umgekehrt. S wurde in das Metall bzw. in die Schlacke oder in beide Phasen eingeführt. Bei geringem S-Geh. in beiden Phasen betrug an der Grenze Fe–Schlacke 1 σ 650 Erg/cm². Mit steigendem S-Geh. nahm σ ab. An der Grenze Fe–Schlacke 2 nahm σ bei Erhöhung der S-Geh. von 0,025 auf 2% von 1015 auf 500 Erg/cm² ab. Die Werte σ_{dyn} waren geringer als die σ-Werte. So betrug σ_{dyn} beim Übergang von S aus der Schlacke 2 in Stahl **470**, σ dagegen 515 Erg/cm². Beim S-Übergang in die Schlacke 1 betrug σ_{dyn} 440 Erg/cm² gegenüber $\sigma = 510$ Erg/cm². (Доклады Академии Наук СССР [Ber. Akad. Wiss. UdSSR] **112.** 104—06. 1/1. 1957. Swerdlowsk, Uraler Polytechn. Kirow-Inst.; Polewskoje, Hütte „Ssewerski".) O. LEBTAG. 166

I. I. Abrikossowa, *Messung der molekularen Anziehung zwischen festen Körpern verschiedener Natur.* (Vgl. C. **1958.** 9422.) Die mol. Anziehung wird statt an Quarz, bei dem die Anziehung geringer ist, an einer Platte u. einer Linse aus einem *TlBr–TlJ*-Mischkristall (42,5 : 57,5) untersucht, bei dem die Anziehung ca. 5mal stärker ist. Etwa 4mal stärker als Körper aus reinem Quarz ziehen sich solche aus Quarzglas mit aufgedampftem Cr an. Die Kurven der Anziehungskraft in Abhängigkeit vom Abstand entsprechen innerhalb der Fehlergrenzen gut der Theorie. (Журнал Экспериментальной и Теоретической Физики [J. exp. theoret. Physik] **33.** 799—801. Sept. 1957. Akad. der Wiss. der UdSSR, Inst. für phys. Chem.) R. K. MÜLLER. 166

I. F. Karpowa, L. A. Ignatjewa und **N. M. Russakowa,** *Struktur und elektrokinetische Eigenschaften von Fällungsmembranen.* Auf Kollodiumfilmen verschied. Porenradien werden Membranen von $Cu_2[Fe(CN)_6]$ u. $Fe_4[Fe(CN)_6]_3$ in einem Plexiglasrahmen niedergeschlagen; sie haben einen mittleren Porenradius von r = 1—12 mμ. Bei ihrer Anwendung zur Best. der Überführungszahl von Cl^- nach einer analyt. u. einer Diffusionsmeth. ergibt sich deren Abnahme mit abnehmendem r. Beim Vgl. mit reinen Kollodiummembranen zeigen sie höhere elektrochem. Aktivität. Sie sind nach Behandlung mit $K_4[Fe(CN)_6]$-Lsg. oder mit W. etwa gleich durchlässig für K^+, nach Behandlung mit $CuSO_4$-Lsg. weniger durchlässig. Wenn man statt Kollodium keram. oder Glasdiaphragmen als Unterlage verwendet, werden keine reproduzierbaren Membranen erhalten. (Вестник Ленинградского Университета, Серия Физики и Химии [Nachr. Leningrader Univ.] **11.** Nr. 4. [Ser. Physik Chem.] Nr. 1. 117—26. 1956.)

R. K. MÜLLER. 168

M. P. Wolarowitsch und **N. I. Malinin**, *Untersuchung der rheologischen Eigenschaften von Torfen mit erniedrigtem Feuchtigkeitsgehalt.* Es wurden vollständige Diagramme der rheolog. Eigg. von 2 Torfsorten mit 80,3 u. 72,1% W. u. Zersetzungsgraden von 60 u. 30% aufgenommen, welche die Kinetik der zeitlichen Deformation bei gleichmäßiger Belastung u. nachfolgender Entlastung darstellen. Dabei wurden 2 Typen der rheolog. Diagramme festgestellt. Diagramm 1 wurde bei plast. Torfen beobachtet, welche die Fähigkeit zeigten, starke Deformationen bei relativ hohen Geschwindigkeiten u. Spannungen oberhalb der stat. Grenzschubspannung ohne Änderung ihres Gefüges auszuhalten. Halbfeste Torfe, deren rheolog. Diagramme zum Typus 2 gehören, zeigen kein nennenswertes plast. Fließen. Ihre Zerstörung erfolgt unter Vernichtung des Gefüges u. Trennung in 2 oder mehr Teile. Es wurde eine Gleichung für die elast. Nachwrkg. von Torfen mit erniedrigtem W.-Geh. aufgestellt. Für Torfe vom Typ 1 konnte die Viscosität nach SCHWEDOFF bei geringer Geschwindigkeit u. auch die plast. Viscosität nach BINGHAM bei hohen Geschwindigkeiten berechnet werden. Die Deformationseigg. von Torf lassen sich durch 7 strukturmechan. Charakteristiken kennzeichnen. (Коллоидный Журнал [Kolloid-J.] **20.** 311—17. Mai/Juni 1958. Moskau, Torf-Inst., Lehrstuhl für Physik.)

J. v. SCHROEDER. 173

Nishio Hirai, *Spinnbarkeit.* 4. Mitt. (3. vgl. C. **1950/54.** 4438 S.) In Ggw. von Glycerin (**I**) werden prim. Alkohole wie CH_3OH, A., Octylalkohol, Diäthylenglykol usw. bei tieferen Temppp. spinnbar. Für jeden Alkohol wird die Temp. der Spinnbarkeit durch Extrapolation auf 0% **I** ermittelt. Ferner werden die Temp.-Bereiche der Spinnbarkeit ermittelt für Dimethylphthalat, Diäthylphthalat, Dibutylphthalat, Dioctylphthalat u. Trikresylphosphat. — 14 Diagramme. (J. chem. Soc. Japan, pure Chem. Sect. [Nippon Kagaku Zassi] **76.** 531—34. Mai 1955. Okayama Univ. [Orig.: japan.])

L. SCHULER. 173

G. L. Starobinetz und **L. A. Lurje**, *Struktur der Adsorptionsschicht an der Grenze konzentrierte nichtwäßrige Lösungen–Luft.* Zwecks experimenteller Bestätigung der polymol. Adsorption an der Phasengrenze wss. Lsg.–Luft auf Grund der aus dem Partialdruck des Dampfes errechneten thermodynam. Aktivität der Komponenten u. Klärung der Frage, welche thermodynam. u. mol. Eigg. der Lsgg. eine polymol. Adsorption begünstigen, wurde die Adsorption in den Systemen CCl_4–*Methylalkohol* (**I**), CCl_4–A., Chlf.–A., Bzl.–Chlf., *p-Dichlorbenzol* (**II**)–*Essigsäure* (**III**), **II**–*Propionsäure* (**IV**), **II**–*Buttersäure* (**V**), *Dioxan* (**VI**)–A., **VI**–**I** u. **VI**–*n-Butylalkohol* (**VII**) untersucht. Die Berechnungen erfolgten mit Hilfe der GIBBSschen Gleichung. Für die Systeme **II**–**III**, **II**–**IV**, **II**–**V**, **VI**–A., **VI**–**I** u. **VI**–**VIII** wurden die DKK u. die DD. der Lsgg. gemessen u. mit Hilfe der Gleichung von ONSAGER-KIRKWOOD die dieelektr. Polarisation u. der Korrelationsfaktor der oberflächenakt. Komponente berechnet. Die polymol. Adsorption tritt dort ein, wo die Moll. der oberflächenakt. Komponente eine lineare Polymerisation aufweisen u. wo die mol. Wechselwrkg. A—B gering ist im Vgl. zu der von A—A oder B—B. In den Systemen CCl_4–**I**, CCl_4–A., **VI**–A., **VI**–**I** u. **VI**–**VIII** weist die Adsorptionsschicht an der Grenze Lsg.–Luft „anomale" Eigg. auf, die bei den übrigen Systemen nicht auftreten. Aus dem Vgl. der thermodynam. u. dielektr. Eigg. folgt, daß hier die Adsorptionsschichten aus linear assoziierten Mol.-Gruppen aufgebaut sind. Damit lassen sich die anomal hohen Maxima der Adsorptionsisothermen, ihre Verschiebung in der homologen Reihe u. die stärkere Adsorption bei den Isoalkoholen im Vgl. zu den n. Alkoholen des gleichen Mol.-Gew. erklären. Ein Näherungskriterium der Monomolekularität der Adsorptionsschicht ist die Gleichheit des thermodynam. u. des Oberflächenpotentials. Je größer die Differenz zwischen dem thermodynam. u. Oberflächenpotential ist, desto tiefer ist die Adsorptionsschicht. Die maximale Adsorption u. die maximale überschüssige freie Bildungsenergie der Lsg. verändern sich in der homologen Reihe symbat. (Журнал Физической Химии [J. physik. Chem.] **31.** 1510—20. Juli 1957. Minsk, Weißruss. Lenin-Univ.)

O. LEBTAG. 176

Manfred J. D. Low, *Verstärkte Oberflächenreaktionen.* 2. Mitt. *Sauerstoffadsorption an verschiedene Metalle.* (1. vgl. C. **1957.** 12674.) Der Einfl. von Hochfrequenzgasentladungen auf die O_2-Adsorption der Metalle Au, Al, Fe, Mo, Co, Cu, Mg wird untersucht. Diese waren teilweise mit Oxydfilm bedeckt. Zum Entgasen wurden sie mit Ausnahme von Au 16 Std. bei 400° evakuiert; Au benötigte 170 Stunden. Der Einfl. der Entladung ist auf einigen Kurven deutlich erkennbar. Vf. gibt einen Rk.-Mechanismus an, der eine Ketten-Rk. darstellt; der starke Einfl. der geringfügigen Aktivierungsstörung in der Gasphase macht eine solche wahrscheinlich. (J. electrochem. Soc. **105.** 103—05. Febr. 1958. New York, N. Y., New York Univ., Nichols Labor.)

FRIEDRICH WOLF/Berlin. 176

J. Moreau, G. Henry und **J. Plateau,** *Sichtbarmachen von Adsorptionserscheinungen an der Oberfläche und an den Korngrenzen der Metalle.* Elektronenmkr. Aufnahmen der Oberfläche von in H_2 u. Wasserdampf auf hohe Temp. erhitzten Metallen (Cu, Fe, Ni–Cr- u. Fe–Cr-Legierungen) zeigten Oxydbeläge u. auch nach deren Red. vorhandene Streifungen, die auch an Bruchflächen eines spröden Handels-Ni (erhalten durch langsames Kühlen von über 1000° unter 800°) u. eines brüchigen, 0,013% O enthaltenden Fe nachweisbar waren (Mikrofraktographie = Elektronenmikroskopie eines C-Filmabdrucks nach SMITH u. NUTTING). Diese Erscheinungen werden auf eine die Energie in der Korngrenzschicht vermindernde Chemisorption von Verunreinigungen zurückgeführt u. dürften mit der Sprödigkeit zusammenhängen. (Bull. Microscopie appl., [2]. **8.** 109—16. Okt. 1958. Saint Germain-en-Laye, Inst. de Rech. de la Sidérurgie.)

K. BLUMRICH. 176

W. A. Lunenok-Burmakina, *Elektrochemische Adsorption von Ionen an Kohle aus nichtwäßrigen Lösungen bei verschiedenen Elektrolytkonzentrationen.* Durch Unters. des Einfl. von *Aceton* (**I**) u. *Äthylacetat* (**II**) auf die Adsorption von Li^+, Ca^{2+}, Sr^{2+} u. Cl^- durch platinierte Kohle in H_2-Atmosphäre wird gezeigt, daß durch Zusatz von **I** die Adsorption der Kationen sowohl aus 0,1 n wie aus 0,01 n LiCl-Lsg. stark intensiviert wird, bes. aus der konzentrierteren Lösung. In 0,1—0,01 n Lsg. beobachtet man den gleichen Einfl. von **I** auf die Adsorption von Ca^{2+} u. Sr^{2+}. Dieser Einfl. ist jedoch schwächer als gegenüber Li^+, bedingt durch die stärkere Senkung des Aktivitätskoeffizienten. Die Adsorption von Sr^{2+} aus stark verd. (0,00005 n) $SrCl_2$-Lsgg. wird durch **I** u. **II** vermindert. Dies ist dadurch bedingt, daß hierbei die durch das Eindringen der organ. Substanz verursachte Abnahme der Doppelschicht auf der Kohleoberfläche größer ist als der Einfl. des Adsorptionspotentialsprunges, der in der verd. Lsg. stark vermindert ist. (Украинский Химический Журнал [Ukrain. chem. J.] **23.** 431—36. 1957. Pissarshewski-Inst. für physik. Chem. der Akad. der Wiss. der UkrainSSR.) O. LEBTAG. 176

F. A. Slissarenko, Je. M. Timofejewa, Ss. I. Ssorokin und **W. A. Sabelin,** *Beurteilung der Struktur einiger Wacken des Wolga-Gebietes aus der Sorption von Dämpfen des Wassers und Benzols.* Aus den Sorptions- u. Desorptionsisothermen von 5 verschied. Wacken des Wolga-Gebietes geht hervor, daß die Sorption der W.-Dämpfe nach der S-Form erfolgt, die charakterist. für die Capillarkondensation während der Sorption ist. Die Capillarkondensation wird auch durch das breite Gebiet der Hysterese bestätigt. Nach den Verteilungskurven der Porenvoll. gehören 4 Proben zu den homogenporigen Sorbenten des 2. Strukturtyps, eine Probe zu den Sorbenten mit gemischter Porigkeit. Die hohe Aktivität der untersuchten Wacken als Bleichmittel beruht auf der großen Zahl von Übergangsporen. Ein Vgl. der Sorption der W.-Dämpfe an der gleichen Probe in Pulver- oder Körnerform zeigt, daß am Pulver für das Vol. der Übergangsporen u. die Gesamtporigkeit erhöhte Werte erhalten werden. Ausgehend von der Annahme, daß der Beginn der Sorptionshysterese dem Beginn der Capillarkondensation entspricht, läßt sich die spezif. Oberfläche des Gerüstes nach der Größe der Sorption zu Beginn der Hysterese ermitteln. Es wird bestätigt, daß die nahe beieinander liegenden Werte für die spezif. Oberfläche des Gerüstes u. des Adsorptionsfilms die hohe Sorptionsaktivität des natürlichen Sorbenten bestimmen. (Журнал Прикладной Химии [J. angew. Chem.] **30.** 1127—35. Aug. 1957. Saratow, Pädagog. Inst.) O. LEBTAG. 176

Eric John Singh und **Arun K. Dey,** *Chromatographische Untersuchung anionischer Komplexe.* 2. Mitt. *Metalltartratkomplexe.* (1. vgl. C. **1958.** 14263.) Vff. untersuchten die Diffusion der *Tartrat* (**I**)-Komplexe von Cu^{2+}, Ni^{2+}, Co^{2+} u. Cd^{2+} durch Filterpapierstreifen nach der aufsteigenden Meth. mit 50- u. 60%ig. A. als Lösungsm. in Abhängigkeit vom Verhältnis Metall: **I.** In 50%ig. A. sind die R_F-Werte höher. Bei Cu, Ni u. Co nehmen sie mit steigendem **I**-Geh. zunächst ab bis zu den Verhältnissen 1 : 0,8 (Cu), 1 : 1,6 (Ni) u. 1 : 2,0 (Co), dann steigen sie wieder u. werden konstant ab 1 : 2,4 (Cu), 1 : 1,8 (Ni) u. 1 : 2,8 (Co). Bei Cd nimmt der R_F-Wert ab u. wird ab 1 : 5,2 konstant. Schwanzbldg. tritt auf bei Co bis 1 : 4,8 u. Cd bis 1 : 4,0. In 60%ig. A. ändern sich die R_F-Werte bei kleinen **I**-Gehh. bis 1 : 1,4 (Cu u. Cd) bzw. 1 : 0,8 (Ni u. Co) nicht oder nur wenig, dann nehmen sie bis zu den höchsten **I**-Konzz. hin ab. Bei Cd ist R_F = 0 ab

1 : 2,0. (Z. analyt. Chem. **165.** 81—84. 1959. Allahabad, India, Univ. of Allahabad, Chem. Labor.) F. UMLAND. 177

G. L. Natansson, *Diffusionsfällung von Aerosolen auf einem umströmten Zylinder bei kleinen Einfangkoeffizienten.* Es wird gezeigt, daß bei geringen Werten des Einfangkoeff. ε die Formeln zur Berechnung der Zahl der im viscosen Strom auf einem zur Strömung senkrechten Zylinder durch Diffusion sich absetzenden Aerosolteilchen aus der Differentialgleichung der Diffusion nach der von LEWITSCH (Physikal.-chem. Hydrodynamik, Moskau. 1952) entwickelten Meth. abgeleitet werden können. Die erhaltene Gleichung für ε unterscheidet sich von der Gleichung von LANGMUIR dadurch, daß der Zahlenkoeff. statt 1,36 nun 2,32 beträgt. (Доклады Академии Наук СССР [Ber. Akad. Wiss. UdSSR] **112.** 100—03. 1/1. 1957. Wiss. Physik.-Chem. Karpow-Forsch.-Inst.) O. LEBTAG. 180

G. L. Natansson, *Kritische Bedingungen der trägen Fällung von Aerosolen bei viscosem Umfließen von Zylindern und Kugeln.* (Vgl. vorst. Ref.) Ist $P = 2 R^2\gamma_1 v_0/9 \eta a$, wo R = Radius des Teilchens, γ_1 = Teilchendichte, v_0 = Geschwindigkeit des ungestörten auffallenden Stromes, η = Viscosität des Mediums, a = lineare Größe des Hindernisses, so werden für P_{krit} folgende Werte durch mathemat. Ableitungen erhalten: 4,3 ± 0,1 für das Umfließen eines Zylinders, 1,15 ± 0,01 für das zähe Umfließen einer Kugel u. 1,214 für das STOKESsche Umfließen einer Kugel. (Доклады Академии Наук СССР [Ber. Akad. Wiss. UdSSR] **116.** 109—12. 1/9. 1957.) O. LEBTAG. 180

A₆. Strukturforschung.

W. W. Tarassow, *Über den Temperaturfaktor $e^{-2\mu}$ für die Intensität der Braggschen Maxima bei Kettenkristallen.* (Vgl. C. **1955.** 9738. **1956.** 349. **1958.** 933.) Im Anschluß an die Gesetze der Verteilung der Zahl der Eigenfrequenzen über das Elastizitätsspektr. bei kettenförmigen u. geschichteten Kristallen wird eine allg. Gleichung für den Temperaturfaktor von DEBYE-WALLER bei Kettenkristallen abgeleitet. Ihre Nachprüfung an Beispielen der Literatur ergibt gute Übereinstimmung. (Журнал Технической Физики [J. techn. Physik] **27.** 2398—2403. Okt. 1957. Moskau, Chem.-technol. Mendelejew-Inst.) R. K. MÜLLER. 181

Ss. T. Konobejewski, *Über die Vorstellung von Atomen in Kristallen in Form symmetrischer Figuren.* Bei der Strukturanalyse von Kristallen weichen die bisherigen Berechnungen der Intensitäten bis zu 10—20% von den Meßwerten ab. Vf. führt dies darauf zurück, daß bei den Berechnungen die Anisotropie der Elektronenverteilung in den Atomen, also die „Form" des Atoms übersehen wurde. Berücksichtigt man die anisotrope Verteilung der Elektronendichte, dann erhält man Korrekturen der Intensität der verschied. Interferenzen, aus deren Intensität sich nach einem angegebenen Verf. die Anisotropiekoeffizienten berechnen lassen. (Кристаллография [Kristallographie] **2.** 447—55. 1957.) R. K. MÜLLER. 181

T. I. Pawlow, *Elektrische Methode der Messung der Zementationstiefe und der Dicke von nichtmagnetischen Überzügen.* Die mit einer WHEATSTONEschen Brücke gemessene Potentialdifferenz nimmt bei Stahl mit der Zementationstiefe u. steigendem C-Geh. der Oberflächenschicht ab und kann als Maß für diese Änderungen verwendet werden. Beispiele werden in Diagrammen dargestellt. (Заводская Лаборатория [Betriebs-Lab.] **23.** 67—69. 1957. Kuibyschew, Ind.-Inst.) R. K. MÜLLER. 181

I. N. Kidin und **A. W. Panow,** *Anwendung des Kapazitätsdilatometers zur Untersuchung von Phasenumwandlungen bei schnellem Erhitzen.* Das beschriebene Gerät (Abb.) nimmt die Längenänderung einer Probe bei Erhitzungsgeschwindigkeiten von 1—10000°/sec auf. Der Generatorblock enthält 2 Generatoren für Hochfrequenzschwingungen (ca. 10 MHz) in einem gemeinsamen Al-Mantel; ihre Frequenzdifferenz bei Änderung des Abstandes der Umkleidungen des Meßkondensators wird gemessen. Das Gerät wird dazu benutzt, die Abnahme der Austenitbldg. an den Grenzen der Mosaikblöcke bei raschem Erhitzen zu prüfen u. zu bestätigen. Bei gehärtetem Fe mit 0,02% C findet sich an der Grenze der Mosaikblöcke die kleinste C-Konz. (0,18—0,20%), bei 0,07% Gesamt-C die höchste C-Konz. (0,25%). Die dilatometr. Meth. zeigt bei 830—850° Maxima, die in der therm. Kurve nicht erkennbar sind. (Заводская Лаборатория [Betriebs-Lab.] **23.** 48—52. 1957. Moskau, Stahlinst.) R. K. MÜLLER. 181

Bernard Gauthé, *Beitrag zur Untersuchung der Energieverluste der Elektronen bei ihrem Durchgang durch dünne Metallschichten; Vergleich mit den Ergebnissen der Röntgenstrahlenspektroskopie.* Nach einer ausführl. Beschreibung der theoret. u. method. Grundlagen berichtet Vf. über Messung der Energieverluste von Elektronen beim Durchgang durch dünne Schichten von *Cu, Au, Ni, Pt, Ag, Pd, Ge* u. *Be*. Die Ergebnisse werden

mit Daten aus der Literatur verglichen, die durch Röntgenspektroskopie erhalten wurden. (Ann. Physique [13] 3. 915—64. Nov./Dez. 1958. Paris, Univ., Fac. des Sci.)
C. Gottfried. 181

W. Hubig, *Durchstrahlungsbildwandler für Korpuskularstrahlen.* Beschreibung eines Bildwandlers für Ionen- u. Elektronenbilder. Das Primärbild fällt auf eine mit Ag bedampfte Kollodiumfolie von 0,2 μ Dicke. Die dabei ausgelösten, auf der anderen Seite der Folie austretenden Elektronen werden durch ein Immersionsobjektiv zur vergrößerten Sekundärabb. verwandt. Dies Verf. ist bes. im Hinblick auf die Registrierung von ionenmkr. Abbildungen (z. B. mit Li^+-Ionen, vgl. Möllenstedt u. Hubig, C. **1959.** 3047) wichtig, weil deren direkte Registrierung durch Leuchtschirme oder Photoplatten noch nicht befriedigend gelöst ist. (Optik **15.** 538—49. Sept. 1958. Tübingen, Univ., Inst. für exp. u. angew. Physik.)
F. Lenz. 181

G. D. Archard und **T. Mulvey,** *Magnetische Ablenkung von Elektronenstrahlen ohne Astigmatismus.* Der im allgemeinen bei magnet. Ablenkung von Elektronenbündeln auftretende Astigmatismus kann durch geeignete Wahl der Polschuhform zum Verschwinden gebracht werden. Verschied. derartige Ablenksysteme werden vorgeschlagen, in welchen als Ablenkelement ein kreisförmiger Polschuh mit halbkreisförmiger Aussparung verwandt wird. Der Durchmesser des „Kreises der kleinsten Verwirrung" des Elektronenbündels wird für verschied. solche Ablenksysteme ausgemessen, die zur Strahlführung bei der Rückstrahl-Elektronenmikroskopie entworfen wurden. (J. sci. Instruments **35.** 279—83. Aug. 1958. Aldermaston, Berks., Assoc. Electr. Ind. Ltd.)
F. Lenz. 181

G. Haufe, *Korrektur des Öffnungsfehlers bei elektrostatischen Linsen durch Raumladung.* Beschreibung einer elektrostat. Einzellinse, die im Innern ihrer nach innen aufgeschlitzten Mittelelektrode eine ringförmige Kathode zur Erzeugung einer stationären rotationssymm. Raumladungswolke enthält. Die Raumladungswrkg. kann durch Variation der Kathodenheizung u. der Spannung gegen die Mittelelektrode geregelt werden. Ihr Einfl. auf die elektronenopt. Eigg. der Linse (Brennweite, Bildfehler 3. Ordnung) wird durch Auswertung von Schattenabbildungen eines Drahtnetzes untersucht. Der Einfl. auf den Öffnungsfehler ist nach Vorzeichen u. Betrag zur Kompensation des Öffnungsfehlers der raumladungsfreien elektrostat. Linse geeignet. In den bisherigen Verss. ist eine die Abbildungsgüte störende Wrkg. durch Streuung der abbildenden Elektronen an den Teilchen der Raumladungswolke nicht festzustellen. (Optik **15.** 521—37. Sept. 1958. Dresden, TH, Inst. für Experimentalphysik.)
F. Lenz. 181

F. Lenz, *Stigmatische Abbildung in nicht rotationssymmetrischen Elektronenlinsen.* In elektr. u. magnet. Elektronenlinsen mit gestörter Rotationssymmetrie, deren Feld sich als Überlagerung eines rotationssymm. Feldes u. einer kleinen, nicht rotationssymm. Störung auffassen läßt, treten zusätzlich zu den Bildfehlern 3. Ordnung der rotationssymm. Linse ein paraxialer Astigmatismus u. eine paraxiale Verzeichnung auf. In Feldern mit derart gestörter Rotationssymmetrie gibt es immer einen Punkt in der Objektebene, für den der paraxiale Astigmatismus u. der Astigmatismus 3. Ordnung einander derart aufheben, daß der Punkt stigmat. abgebildet werden kann. (Optik **15.** 393—97. Juli 1958. Aachen, TH.)
F. Lenz. 181

W. E. Meyer, *Raumladungsfehler und Auflösungsvermögen bei Elektronenmikroskopen.* Abschätzung des Einfl. der Eigenraumladung des Elektronenstrahlbündels auf das Auflösungsvermögen der elektronenmkr. Abbildung. Die negative Raumladung wirkt im selben Sinne wie der Öffnungsfehler. Sie kann unter den in elektrostat. u. magnet. Elektronenmikroskopen üblichen Bedingungen einen durchaus mit dem des Öffnungsfehlers vergleichbaren schädlichen Einfl. auf das Auflösungsvermögen haben. (Optik **15.** 398—406. Juli 1958. Darmstadt, TH, Inst. für theoret. Physik; jetzt Aachen, Allg. Dtsch. Philips-Ind. GmbH., Zentrallabor.)
F. Lenz. 181

Ju. B. Malewski und **G. F. Darowski,** *Methode zur Untersuchung eines bestimmten Gebietes im Elektronenmikroskop.* Zur elektronenmkr. Unters. einer bestimmten Stelle eines Metallschliffs wird diese mit einem Tropfen 0,5—1%ig. Lsg. von Kollodium in Amylacetat markiert. Der Kollodiumabdruck wird mit nichttrocknendem Leim (100 ml 10%ig. wss. Lsg. von Speisegelatine + 300 ml Glycerin) auf den Objektträger gebracht. Die Einstellung des Objektivs erfolgt mit einer Führungsbuchse, die auf die zu beobachtende Stelle gesetzt wird. Als Anwendungsbeispiel werden Aufnahmen einer Schweißnahtstelle gezeigt. (Заводская Лаборатория [Betriebs-Lab.] **23.** 702—04. 1957. Akad. der Wiss. der UkrainSSR, Paton-Inst. für Elektroschweißen.)
R. K. Müller. 181

W. Pickler, *Aufbau und Anwendung einer elektronenoptischen Bank.* Bericht über den Aufbau einer elektronenopt. Bank, die hauptsächlich zur Unters. der paraxialen

Kenngrößen u. der wichtigsten Aberrationen elektrostat. Elektronenlinsen verwandt wird. (Exp. Techn. Phys. **5.** 235. 1957. Jena, VEB Carl Zeiss.) F. LENZ. 181

A. Franks, *Eine abgeänderte Röntgenpulverkamera.* Beschreibung der Kamera, bei der gegenüber der üblichen Kamera die Kreisförmigkeit des Films u. ihre Konzentrizität mit der Drehachse des Präparathalters verbessert worden ist. (J. sci. Instruments **35.** 427. Nov. 1958. Teddington, Nat. Phys. Labor.) C. GOTTFRIED. 181

Marc Montel, *Reflexion und Fokusierung von Röntgenstrahlen durch Spiegel.* Vf. bespricht ausführl. die theoret. u. prakt. Grundlagen der Röntgenstrahlenmikroskopie. (Ann. Physique [13] **3.** 859—914. Nov./Dez. 1958. Paris, Univ., Fac. des Sci.) C. GOTTFRIED. 181

G. Becherer und **G. Lennig,** *Ein Zählrohrgerät für die Aufnahme von Röntgenstrahl-Beugungs-Diagrammen.* Beschreibung eines Zählrohrgerätes, das an stabilisierten Röntgenanlagen die Verwendung der Integratormeth. u. an nichtstabilisierten Anlagen die Verwendung der Monitormeth. gestattet. (Exp. Techn. Phys. **5.** 206—17. 1957. Halle, Martin Luther-Univ., Inst. für exp. Phys., Abt. Röntgenphys.) F. LENZ. 181

O. B. Firssow, *Berechnung des Wechselwirkungspotentials von Atomen.* (Vgl. C. **1958.** 9402.) Auf Grund der Annahme des Wechselwirkungspotentials der Atome als Summe der COULOMBschen Wechselwrkg. der Atomkerne u. der Änderung der Energie der Elektronen bei Annäherung der Kerne (berechnet nach einem statist. Modell) ergibt sich bei Atomabständen $< 10^{-8}$ cm für das Potential die Gleichung

$$U(R) = (Z_1Z_2e^2/R) \cdot \chi\,([\sqrt{Z_1} + \sqrt{Z_2}]^{2/3}R/a),$$

wobei Z_1e u. Z_2e die Kernladungen sind, χ (x) die Abschirmfunktion von THOMAS-FERMI ist. (Журнал Экспериментальной и Теоретической Физики [J. exp. theoret. Physik] **33.** 696—99. Sept. 1957.) R. K. MÜLLER. 182

W. C. Levengood und **T. S. Vong,** *Beobachtungen über verzögerte elastische Effekte in Glas.* Durch Aufpressen einer kleinen Stahlkugel auf eine gereinigte Glasoberfläche wurden auf der Oberfläche kreisförmige Eindrücke erzeugt, die nach Entlastung eine Tiefe von ca. 0,1 μ hatten u. sich nach der Entlastung allmählich erholten. Bei der interferenzmkr. Unters. dieser Erholung wurde die folgende Beziehung festgestellt: $\log d = m \log t + K$, wo d die Tiefe des Eindrucks, t die nach der Entlastung verstrichene Zeit u. m u. K Konstanten bedeuten. Aus dieser Gleichung folgt, daß das Glas viscosem Fließen bei Zimmertemp. unterliegt u. daß die Eindrücke keine endliche Erholungszeit haben. Dieser Eindruckseffekt wurde bei Belastungen von $1 \cdot 10^5$ — $5 \cdot 10^5$ lb/in.^{2} gefunden. (J. opt. Soc. America **49.** 61—66. Jan. 1959. Muncie, Ind., Ball Brothers Res. Corp.) C. GOTTFRIED. 186

Jacqueline Longuet-Escard und **Jacques Mering,** *Statistische Daten über die regellose Packung von Nickelhydroxydteilchen.* (Vgl. C. **1959.** 32.) In Fortsetzung einer früheren Unters. (vgl. C. **1959.** 2377) konnten Vff. durch Wahrscheinlichkeitsrechnungen unter Zugrundelegung der l. c. entwickelten Fouriertransformierten statist. Parameter für die Dimensionen der sek. koll. $Ni(OH)_2$-Teilchen herleiten. Aus einer Diskussion dieser Parameter konnte geschlossen werden, daß die sek. Teilchen Stapel von 2 Primärteilchen sind, die sich rein zufällig vereinigen. (C. R. hebd. Séances Acad. Sci. **246.** 790—92. Labor. central des Services chim. de l'Etat.) C. GOTTFRIED. 186

R. Smoluchowski, *Strahlungseffekte in Festkörpern.* Zusammenfassender Bericht über die Theorie der Wrkg. energiereicher Strahlung auf die Gittereigg. von Festkörpern sowie über die verschied. Erscheinungsformen der Strahlungswrkg. auf Metalle, Elemente, Halbleiter u. Ionenkristalle. (Suppl. del Nuovo Cimento Nr. 2 (zu [10] **7**). 523—43. 1958. Pittsburgh, Pa., Carnegie Inst. of Technol.) J. RUDOLPH. 190

I. Je. Balygin, *Über einige Besonderheiten des Dendritwachstums bei Steinsalzkristallen bei 200 und 300°* (Vgl. C. **1957.** 9290.) In einem NaCl-Kristall auf einer mit Al-Folie bedeckten polierten Al-Fläche wird nach Berührung mit einer Mo-Nadel bei 12 kV u. 200° nach ca. 20 Std. Dendritbldg. beobachtet, deren Intensität bei 300° noch wesentlich verstärkt ist. Zwischen Metallspitzen unter 12 kV bei 300° angeordneter NaCl-Kristalle tritt Dendritbldg. in fadenförmigen Gebilden ein, bei 18—20 kV auch geringe Na-Ausscheidung an der Kathode; jedoch erfolgt die Dendritbldg. in etwa senkrecht zu den Spitzen liegenden Flächen. Die Ursachen dieser Erscheinungen werden erörtert. (Журнал Технической Физики [J. techn. Physik] **27.** 1229—32. Tafel. Juni 1957.) R. K. MÜLLER. 190

Georges Kulbicki, *Hochtemperaturphasen in Montmorilloniten.* An verschiedenen natürl. Montmorilloniten (I) sowie an *H-, Li-, Na-, K-, Cs-, Mg-, Ca-, Ba-, Al-, Cu-* u. *Fe-Montmorilloniten* verfolgte Vf. kontinuierl. röntgenograph. das Verh. beim Erhitzen bis 1400°. Bei **I** tritt als erstes kristallines Prod. zwischen 900 u. 1200° *β-Quarz* auf, der sich in *β-Cristobalit* umwandelt u. allmählich bei weiterem Erhitzen bis 1400° verschwindet. Anschließend schmilzt der Ton. Bei einigen I-Proben bildet sich > 1200° *Cordierit*, während gleichzeitig β-Cristobalit verschwindet. In einer Probe wurde *Anorthit*, in einigen anderen *Mullit* nachgewiesen. Der Mullit wächst gleichzeitig mit β-Cristobalit u. schmilzt nicht mit dem Rest der Probe. Bei dem H-Ton scheint die Bldg. von β-Cristobalit leichter zu sein als bei I; Anorthit u. Cordierit treten erst bei höheren Tempp. auf. Die Alkalikationen verzögern oder verhindern sogar Kristallisation, u. zwar ist dieser Effekt umso größer, je größer das Kation ist. Ca entwickelt mehr β-Quarz u. Anorthit als I. Mit Mg beginnt die Bldg. von β-Quarz von 900°; β-Cristobalit tritt gleichzeitig auf. Bei dem Ba-Ton ersetzt *Celsian* den Anorthit; außerdem wurde ein *Ba*-haltiger *Cordierit* nachgewiesen. Mit Al erfolgt die Bldg. von β-Quarz in zwei Stufen, mit Beginn bei 950° u. 1150°. Fe u. Cu begünstigen die Bldg. von β-Cristobalit, β-Quarz tritt nur kurz als intermediäre Phase auf. (Nat. Acad. Sci.—Nat. Res. Council, Publ. Nr. **566.** 144—58. 8/10. 1956. Urbana, Ill., Univ.) C. GOTTFRIED. 190

Pascal Levesque, Lawrence Gerlach und **J. E. Zneimer,** *Kornwachstum in Nickelferriten.* Ein stöchiometr. Gemisch von pulverisiertem NiO u. Fe_2O_3 wurde 1 Std. auf 1050° erhitzt, erneut pulverisiert u. unter einem Druck von 20000 lb/in.² zu Scheiben gepreßt. An diesen Proben wurde das isothermale Kornwachstum beim Erhitzen auf 1300°, 1350° u. 1400° u. Erhitzungszeiten von 15—235 Min. untersucht. Die Versuchsergebnisse lassen sich durch die empir. Gleichung $D = D_1t^n$ wiedergeben, wo D die mittlere Korngröße in μ, D_1 die Korngröße nach einer Erhitzungszeit von 1 Min., t die Sinterzeit u. n die Neigung der Kurve log D gegen log t bedeutet. Bei den 3 Tempp. ergaben sich die folgenden Gleichungen: bei 1300° $D = 0{,}702\ t^{0{,}200}$, bei 1350° $D = 0{,}779 t^{0{,}264}$ u. bei 1400° $D = 1{,}01\ t^{0{,}388}$. Die Aktivierungsenergie für den Kornwachstumsprozeß beträgt ca. 90 kcal/Mol. Weiter wurde beobachtet, daß sich bei überschüssigem NiO ein Mehrphasenmaterial bildet u. daß bei überschüssigem Fe_2O_3 diskontinuierliches Kornwachstum eintritt. (J. Amer. ceram. Soc. **41.** 300—03. 1/8. 1958. Waltham, Mass., Raytheon Manufacturing Co., Res. Div.) C. GOTTFRIED. 190

L. C. Lovell, J. H. Wernick und **K. E. Benson,** *Versetzungsätzgrübchen in Tellur.* Vff. ätzten (10$\bar{1}$0)-Spaltflächen von Te, das mit Hilfe der Zonenschmelzmeth. gereinigt worden war, mit einem Gemisch von 3 (Teilen) 40%ig. HF, 5 konz. HNO_3 u. 6 Eisessig an u. untersuchten mkr. die entstandenen Ätzfiguren. Auf allen untersuchten Gleitebenen wurden Ätzgrübchen gefunden; eine Auszählung ergab eine mittlere D. von $5{,}0 \cdot 10^5$. Die Grübchen sind in gleichförmigen Geraden angeordnet, die parallel zueinander verlaufen u. angenähert der [0001]-Richtung folgen. Um festzustellen, ob diese Grübchen an Versetzungsstellen liegen, wurde eine Spaltfläche zuerst mit einer Nadel kurz belastet u. hierauf angeätzt. Um diese Eindruckstelle konnten Gleitspuren festgestellt werden, u. weiter war die Anzahl der Grübchen um diese Störstelle wesentlich größer als an den nicht verformten Oberflächengebieten. Dieselben Beobachtungen wurden nach Kratzen der Oberfläche angenähert senkrecht zur [0001]-Richtung gemacht. In einem weiteren Vers. wurde die Probe bei einer Temp. nahe dem F. um die [10$\bar{1}$0]-Achse gebogen u. angeätzt. Die Verteilung der Ätzgrübchen war ähnlich, wie sie VOGEL (vgl. C. **1957.** 11796) an einem gebogenen Ge-Stab beobachtet hatte, was auf Versetzungen zurückgeführt werden konnte. (Acta metallurg. [New York] **6.** 716—20. Nov. 1958. Murray Hill, N. J., Bell Telephone Labors., Inc.)
C. GOTTFRIED. 190

B. Ja. Piness, *Über das Diffusionskriechen fester Körper.* Vf. stellt fest, daß das Diffusionskriechen (Dkr) bei festen Körpern bei allen Arten des gespannten Zustandes erfolgen muß, außer bei allseitiger Kompression oder allseitigem Zug. Wenn eine der n. Hauptbeanspruchungen einen Gradienten aufweist oder ein Gradient des allseitigen Druckes vorliegt, muß ein Strom „orientierter Selbstdiffusion" der Atome auftreten, der dem Dkr entspricht. Der das Kriechen bei reinem Schub oder für einen „nicht komprimierbaren" Körper kennzeichnende 1. Viscositätskoeff. ist von gleicher Größenordnung u. wird durch eine Gleichung gleicher Art ausgedrückt wie der 2. Viscositätskoeff., der im wesentlichen dem Effekt der „orientierten Selbstdiffusion" bei Einw. eines Druckgradienten entspricht. (Журнал Технической Физики [J. techn. Physik] **27.** 2314—20. Okt. 1957. Charkow, Gorki-Univ.) R. K. MÜLLER. 190

B. I. Boltaks und **B. T. Platschenow,** *Selbstdiffusion in Selen.* Der Selbstdiffusionskoeff. D (cm²/sec) wird an krist. (hexagonalem) Se (Se_{kr}) bei 35—140°, an amorphem Se (Se_{am}) bei 35—56° bestimmt. Die Temperaturabhängigkeit von D ergibt sich aus den Gleichungen $D_{Se \to Se_{kr}} = 7{,}6 \cdot 10^{-10} \exp(-0{,}14/kT) + 1{,}4 \cdot 10^{-4} \exp(-0{,}51/kT)$ u. $D_{Se \to Se_{am}} = 6{,}3 \cdot 10^{25} \exp(-2{,}3/kT)$. Die bestimmten Werte sind: Se_{kr} 35° 3,8 ($\cdot 10^{-12}$), 40° 4,1, 50° 6,3, 81° 8,9, 100° 21,1, 140° 88,5; Se_{am} 35° 7,7, 40° 24,0, 46° 320,0, 56° 2200,0.

Die therm. Ausdehnungskoeffizienten sind 147,8 (Se_{kr}) bzw. 111 (Se_{am}). (Журнал Технической Физики [J. techn. Physik] **27.** 2229—31. Okt. 1957. Leningrad, Halbleiter-Inst. der Akad. der Wiss. der UdSSR.) R. K. MÜLLER. 190

H. Rabaud und **R. Gay,** *Verfeinerung der Kristallstruktur des Lithiumhydroxydhydrats, $LiOH \cdot H_2O$.* Mit Hilfe der Meth. von COCHRAN (vgl. C. **1956.** 9403) verfeinerten Vff. die von PEPINSKY (vgl. Physic. Rev. [2] **55.** [1939.] 1115) festgelegte Struktur von $LiOH \cdot H_2O$. Die Verb. kristallisiert monoklin mit der Elementarzelle a = 7,37 Å; b = 8,26 Å; c = 3,19 Å; β = 110°18'; Raumgruppe ist C_{2h}^3 — C 2/m; Z = 4. In dem Gitter liegen 4 Li in ± (0y$^1/_2$) u. ± ($^1/_2$, y + $^1/_2$, $^1/_2$) mit y = 0,348; 4 O_I in ± (x 0 z) u. ± ($^1/_2$ + x, $^1/_2$, z) mit x = 0,286 u. z = 0,396 u. 4O_{II} in ± (0 y 0) u. ± ($^1/_2$, $^1/_2$+ y, 0) mit y = 0,206. Die Abstände betragen Li — O_I = 1,96 Å; Li — O_{II} = 1,98 Å. Li liegt angenähert im Mittelpunkt eines verzerrten Tetraeders. Je 2 Tetraeder haben eine gemeinsame Kante. Die so gebildeten Gruppen bilden, durch gemeinsame O-Ecken verknüpft, unendliche Ketten parallel der C-Achse. Die Ketten sind unter sich durch H-Bindungen miteinander verknüpft, wobei der Abstand O_I — O_{II} 2,65 Å beträgt. Die Lagen der H-Atome werden diskutiert. (Bull. Soc. franç. Minéralog. Cristallogr. **80.** 166—80. April/Juni **1957.** Bordeaux, Fac. des sci., Centre de phys.-chim. structurale.) C. GOTTFRIED. 195

Edward C. Jonas, *Experimentelle Strukturfaktorkurven von Montmorilloniten.* Vf. untersuchte röntgenograph. orientierte Blättchen von 4 verschiedenen Montmorilloniten, die mit einem Überschuß von *Propylenglykol, Äthylenglykol, Diäthylenglykolmonoäthyläther* u. *Glycerin* behandelt worden waren. Ausgemessen wurden die Flächen unter den Maxima der *00 l*-Interferenzen, die hierauf graph. gegen sin ϑ/λ aufgetragen wurden. Es wurde angenommen, daß die beobachtete Intensität für die Komplexe gleich der des Tons plus oder minus der des organ. Teils des Komplexes ist, u. ferner, daß der Beitrag des organ. Teils des Komplexes der gleiche für jeden Ton bei irgendeinem Wert von sin ϑ/λ ist. Auf diese Weise ließ sich der Beitrag des organ. Teils des Komplexes festlegen. (Nat. Acad. Sci.—Nat. Res. Council, Publ. Nr. **566.** 295—307. 8/10. 1956. Austin, Tex., Univ.) C. GOTTFRIED. 195

Bertil Aronsson, *Die Kristallstruktur von Ru_7B_3.* Einkristallaufnahmen an Ru_7B_3 ergaben hexagonale Symmetrie u. die Elementarzelle a = 7,467 Å; c = 4,713 Å. Raumgruppe ist $P6_3$ mc; Z = 2. Die Strukturdiskussion gab die folgende Anordnung: 6 Ru_I in 6 (c) mit x = 0,456$_3$; z = 0,318; 6 Ru_{II} in 6 (c) mit x = 0,121$_9$; z = 0,000; 2 Ru_{III} in 2(c) mit x = $^1/_3$; z = 0,818 u. 6 B in 6 (c) mit x = 0,18 u. z = 0,58$_0$. Das Gitter ist hauptsächlich aufgebaut aus Metalltetraedern. Daneben sind Metalloktaeder vorhanden, die mit ihren Werten in 00$^1/_4$ u. 00$^3/_4$ liegen u. in der c-Richtung gemeinsame Flächen haben. Der mittlere Abstand Ru–Ru beträgt 2,76 Å u. ist damit um ca. 0,10 Å länger als in Ru. Die B-Atome haben in trigonal-prismat. Anordnung 6 Ru-Nachbarn in einem mittleren Abstand von 2,16 Å. Es wird darauf hingewiesen, daß die gefundene Struktur der von WESTGREN (vgl. Jernkontorets Ann. **119.** [1935.] 231) gefundenen Struktur von Cr_7C_3 sehr ähnlich ist. (Acta chem. scand. **13.** 109—14. 1959. Uppsala, Univ., Inst. of Chem.) C. GOTTFRIED. 195

K. P. Imschennik und **W. A. Landa,** *Anwendung der elektronographischen Methode zur Untersuchung von Oxydfilmen auf der Oberfläche von Hartlegierungen.* In Hartlegierungen von WC (WK 8) oder dessen festen Lsgg. in TiC (T 5 K 10, T 15 K 6, T 30 K 4, T 60 K 6) ist nach Oxydation bei 1000° WO_3 u./oder TiO_2 elektronograph. als Oberflächenschicht nachzuweisen. Während WO_3 die Benetzbarkeit durch Lot fördert, wirkt TiO_2 ihr entgegen, woraus die schlechte Lötbarkeit Ti-reicher Hartlegierungen erklärlich wird. (Заводская Лаборатория [Betriebs-Lab.] **23.** 699—701. 1957. All-unions wiss. Instrumente-Forsch.-Inst.) R. K. MÜLLER. 196

Ju. M. Winogradow und **W. D. Selenowa,** *Über die Anwendung der Röntgenstrukturanalyse bei der Untersuchung der Sulfidierung von Stählen.* An der Oberfläche sulfidierter Stähle können α-Fe, FeS, Fe_3N (ε-Phase), Fe_4N (γ-Phase), Fe_3O_4, Fe_2O_3 u. FeO auftreten. Für diese Phasenkomponenten wird ein Schema der Röntgenogramme gegeben. Im Vgl. mit Verschleißproben werden Röntgenstrukturaufnahmen von Stahl nach Sulfidierung in 8 verschied. Bädern ausgeführt. Die Proben mit höchster Verschleißfestigkeit (VF), die bei 1std. Behandlung bei 560° in einem Bad aus 100 g (55% Na_2SO_4 + 45% KCl) + 2 g NaCNS + 6 g $Na_2S_2O_3$ erhalten werden, haben eine aus grobkrist. FeS bestehende Oberflächenschicht. Geringere VF hat eine 3 Std. in 25% KCNS + 75% $Na_2S_2O_3$ bei 220° behandelte Probe, deren Oberfläche neben wenig Sulfiden deutlich α-Fe enthält. Ähnlich verhält sich eine 1 Std. bei 560° in 100 g (30% $BaCl_2$ + 42% $CaCl_2$ + 28% NaCl) + 3,5 g NaCNS + 10 g $Na_2S_2O_3$ behandelte Probe, deren Oberfläche vor allem Nitride neben wenig FeS aufweist. Die Ggw. von FeS scheint für gute VF maß-

gebend zu sein. (Заводская Лаборатория [Betriebs-Lab.] **23.** 697—99. 1957. Allunions-wiss. Forsch.- u. Konstrukt.-Inst. für chem. Maschinenbau.)
R. K. MÜLLER. 196

Frank B. Cuff jr. und **Nicholas J. Grant,** *Eine Seigerungs-Unterstruktur in Aluminium.* Eine feine, etwa 1μ betragende Struktur, die auf der Oberfläche von chem. poliertem Al beobachtet wird, wird untersucht. Auf Grund verschied. Beobachtungen der Al-Oberfläche sowohl im geglühten Zustand als auch nach einer Verformung wird angenommen, daß diese feine Struktur die an der Oberfläche zutage tretende Anzeige eines darunter liegenden dreidimensionalen Netzwerkes ist. Ein physikal. Modell für die Existenz dieser Strukturen wird vorgeschlagen, das auf der Seigerung der verunreinigenden Atome basiert. (J. Inst. Metals **87.** 248—54. April 1959. Cambridge, Mass., MIT.)
H. HO HSTEIN. 197

R. C. Gifkins, *Die Rekristallisation von Blei während des Kriechens.* Stranggepreßte Proben hoher Reinheit von handelsüblichem oder elektrolyt. Pb, das durch H_2 red. u. im Vakuum gegossen ist, werden geglüht u. bei Spannungen von 300—500 lb./in.^{2} bei Raumtemp. unter direkter Belastung geprüft. Die Abhängigkeit von R, nämlich der Kriechspannung, bei welcher die Rekristallisation beginnt, wurde unter verschied. Bedingungen untersucht. Metallograph. Beobachtungen werden während der Prüfung u. nach der Rekristallisation ausgeführt. Die mit der Rekristallisation verbundene Beschleunigung des Kriechens rührt nachweislich vom prim. Kriechen der neuen Körner u. nicht vom effektiven Rekristallisationsprozeß her. Obschon die Rekristallisation aus der Keimbldg. u. dem Wachsen zu bestehen scheint, sind seine Kennzeichen überwiegend die eines ausgesprochenen Kornwachstums. Es wird angenommen, daß die Keime sich in der Nähe der Korngrenzen bilden, zu welchen Verunreinigungen, bes. O, während des Glühens hin seigern. Diese u. auch frühere Beobachtungen werden unter Bezugnahme auf einen allg. Mechanismus erörtert. (J. Inst. Metals **87.** 255—61. April 1959. Melbourne, Australia, Univ.)
H. HOCHSTEIN. 197

K. A. Ossipow, *Die Grenz- und Wechselwerte der Aktivierungsenergie des Kriechens und anderer Vorgänge in festen Metallen.* Auf Grund theoret. Überlegungen entwickelte Vf. einen Ausdruck zur Berechnung der Aktivierungsenergie für verschiedene Vorgänge, bei denen in festen Metallen Atomumgruppierungen stattfinden, wie Diffusion, Erholung u. Rekristallisation, plast. Verformung, viscoses Fließen an den Korngrenzen sowie Wanderung der Versetzungen. Die für *Al, Cu* u. *Ag* berechneten Werte werden mit Daten aus der Literatur verglichen. (Neue Hütte **3.** 619—22. Okt. 1958. Moskau.)
C. GOTTFRIED. 197

Yuzo Tomono und **Akira Ikushima,** *Diffusion von Eisen in Kupfereinkristallen.* Die Eindringtiefe von Fe in Cu-Einkristallen wurde mit ^{55}Fe als Indicator im Temp.-Bereich von 1130—1320° K gemessen. Für den Diffusionskoeff. $D = D_0 \cdot \exp(-Q/RT)$ erhält man $\log_{10} D_0 = 6{,}21 \pm 0{,}87$ (D_0 in cm^2/sec) u. $Q = 93020 \pm 4820$ cal/Mol. (J. physic. Soc. Japan **13.** 762—63. Juli 1958. Tokyo, Univ., Dep. of Physics. [Orig.: japan.; Auszug: engl.])
H. K. HOFMEISTER. 197

J. Wegst und **K. Schubert,** *Über das Achsverhältnis hexagonal dichtest gepackter Messing-artiger Legierungsphasen.* An Hand eigener früherer Unterss. u. Verss. von anderen Seiten zeigen Vff., daß neben den ε-Phasen auch bei den δ-Phasen das Achsenverhältnis c/a mit ansteigender Valenzelektronenkonz. ansteigt u. größer als 1,633 werden kann. (Acta metallurg. [New York] **6.** 720—21. Nov. 1958. Stuttgart, MPI für Metallforsch.)
C. GOTTFRIED. 197

A. R. C. Westwood und **T. Broom,** *Reckalterung von Aluminium und Aluminium-Magnesium-Legierungen bei der Temperatur der flüssigen Luft.* In Fortsetzung früherer Unterss. (vgl. C. **1958.** 5305) bestimmten Vff. an polykristallinem reinstem Al u. Al–Mg-Legierungen mit 0,13—3,12% Mg die Fließspannung nach Verformung bei 78 u. 90° K u. nachfolgender Alterung bei derselben Temperatur. Es wurde, wie bereits l. c. gefunden, eine Erhöhung der Fließspannung gemessen. Hieraus wird geschlossen, daß bei der durchgeführten Behandlung eine Art Reckalterung auftritt. Die Aktivierungsenergie für diesen Prozeß beträgt 0,1 eV. Es wird als wahrscheinlich angesehen, daß die bei dem reinsten Al beobachtete Reckalterung durch die Wanderung von Zwischengitteratomen zu Versetzungen hin verursacht wird. Bei den Al–Mg-Legierungen kommt noch ein zusätzlicher Beitrag hinzu, der von einer lokalen Unordnung der gelösten Atome herrührt. (Acta metallurg. [New York] **5.** 77—82. Febr. 1957. Birmingham, Univ., Dep. of Ind. Metallurgy.)
C. GOTTFRIED. 197

Ju. Ss. Terminassow und **W. F. Mindukschew,** *Röntgenographische Untersuchung der Verzerrungen des Metallgefüges bei statischen und dynamischen Kompressionen bei Zimmertemperatur und tiefer Temperatur.* Nach stat. u. dynam. Kompression bei gewöhnlicher Temp. u. bei der Temp. des fl. N_2 werden Proben von *Duralumin* u. von *Cu* metallograph. untersucht. Dabei zeigt sich, daß die Deformation bei tiefer Temp. den Einfl. der therm. Erholung wesentlich herabsetzt; sie führt zu einer stärkeren Zerkleinerung der Kristallblöcke u. zu höheren Kristallitspannungen als die bei 20° erzielte Deformation, der Einfl. der Deformationsgeschwindigkeit fällt weitgehend weg, wodurch wesentlich kleinere Unterschiede im Verh. bei stat. u. dynam. Deformation als bei gewöhnlicher Temp. entstehen. Die Strukturverzerrungen bei dynam. Deformation bei tiefer Temp. kommen den bei stat. Deformation bei gewöhnlicher Temp. erreichten nahe. (Кристаллография [Kristallographie] 2. 514—18. 1957. Leningrad, Ing.-ökonom. Molotow-Inst.) R. K. MÜLLER. 197

C. W. Haworth und **W. Hume-Rothery**, *Der Aufbau von Molybdän-Rhodium- und Molybdän-Palladium-Legierungen.* Zwei Laboratoriumsöfen werden beschrieben, in welchen 1—5 g schwere Proben im Vakuum oder in einer Ar-Atmosphäre bei Tempp. bis zu 2700° erhitzt u. dann in einer Cu-Kokille oder in Siliconöl abgeschreckt werden können. Diese Öfen werden zur Messung der FF. von Rh, Cr, Ir u. Mo sowie zur Best. der Gleichgewichtsdiagramme von Mo-reichen Legierungen in den Systemen Mo–Rh u. Mo–Pd benutzt, deren Liquiduskurven durch die Abschreckmeth. von HUME-ROTHERY u. POOLE ermittelt wurden. Im Syst. Mo–Rh wird E. von Mo durch Zusatz von Rh erniedrigt, u. die Liquiduskurve sinkt auf einen eutekt. Punkt bei 40 At.-% Rh u. 1940°. Bei dieser Temp. sind die festen Phasen im Gleichgewicht mit der Fl., einer prim. Mischkristallbldg. von Rh in Mo mit 20 Atom-% Rh u. einer Zwischenphase ε mit einer dichtest gepackten hexagonalen Struktur. Die Löslichkeit von Rh in Mo nimmt schnell mit abnehmender Temp. ab. Im Syst. Mo–Pd beträgt die maximale Löslichkeit von Pd in festem Mo nur etwa 6 At.-% bei 1740°, bei welcher Temp. eine dichtest gepackte hexagonale ε-Phase durch eine peritekt. Rk. gebildet wird; diese Phase zers. sich unterhalb von 1400°. (J. Inst. Metals **87.** 265—72. April 1959. Oxford, Univ.) H. HOCHSTEIN. 197

P. S. Rudman und **B. L. Averbach**, *Röntgenographische Bestimmungen der Ordnung und Atomgrößen in Co-Pt-Mischkristallen.* Mit Hilfe der Röntgenintensitätsmessungen u. Messungen des tetragonalen Achsenverhältnisses c/a wurde die in der Legierung *CoPt* im Gleichgewicht vorliegende Fernordnung an von verschied. Glühtempp. abgeschreckten Pulverpreßlingen untersucht. Die krit. Temp. wurde zu 833 ± 2° festgelegt; die Fernordnung verschwindet beim Erhitzen diskontinuierlich bei einem Fernordnungsparameter von 0,78. Aus Messungen der diffusen Röntgenstreuung von mehreren CoPt-Legierungen, die von der regellosen Phase abgeschreckt worden waren, wurden die lokale Ordnung u. die Größeneffektkoeffizienten erhalten. Hierbei ergab sich eine Bevorzugung ungleichartiger nächster Nachbarn. Es wurde gefunden, daß die Verwendung der quasichem. Theorie (vgl. hierzu ZERNICKE, Physica **7.** [1940.] 565) bei der Best. der thermodynam. Eigg. der festen Lsg. aus den Daten der lokalen Ordnung nicht möglich ist; es hat den Anschein, daß die Verformungsenergie infolge der Größen- u. Formverzerrungen der Atome in der Lsg. in der quasichem. Theorie vernachlässigt worden ist. Es wird eine neue Meth. beschrieben zur Feststellung der Atomabmessungen aus der durch den Größeneffekt bedingten diffusen Streuung. Dabei werden mit Hilfe einer elast. Theorie aus den Gitterparametern u. den Kompressionsmoduln die mittleren Abmessungen der Atome in einer Lsg. bestimmt. Das Ergebnis wurde dann mit den gemessenen Größeneffektkoeffizienten kombiniert, wodurch die Verzerrung der Atome in einem Mischkristall erhalten wird. Anwendungen der Methoden auf ungeordnete Co-Pt-Mischkristalle standen in guter Übereinstimmung mit den Beobachtungen. (Acta metallurg. [New York] **5.** 65—73. Febr. 1957. Cambridge, Mass., MIT, Dep. of Metallurgy.) C. GOTTFRIED. 197

Hermann Schenck, Martin G. Frohberg und **Hans Graf**, *Untersuchung über die Beeinflussung der Gleichgewichte von Stickstoff mit flüssigen Eisenlösungen durch den Zusatz weiterer Elemente.* 1. Mitt. Untersucht werden die Gleichgewichtsverhältnisse fl. Eisenlsgg., die außer N noch ein drittes Element enthalten. Die Schmelzen wurden in Magnesittiegeln im TAMMANN-Ofen bei 1550, 1600 oder 1650° u. unter einem N_2-Druck von 1 at hergestellt. Es zeigte sich, daß Sb, As, Co, Cu, Ni, O, S u. Sn den N aus der Eisenlsg. verdrängen u. somit seine Aktivität erhöhen, während Mo sich umgekehrt verhält. Auf die Rolle von O in fl. Fe–N-Lsgg. wird bes. eingegangen. Aus den Vers.-Ergebnissen u. den Angaben des Schrifttums werden die Wirkungsparameter der genannten Elemente ermittelt. Ein einfacher Zusammenhang zwischen Wirkungsparameter u. Ordnungszahl des Zusatzelementes konnte nicht festgestellt werden. (Arch. Eisenhüttenwes. **29.** 673—76. Nov. 1958. Aachen, TH.) H. HOCHSTEIN. 197

Je. F. Petrowa, M. I. Lapschina und **L. A. Schwarzman**, *Löslichkeit von Kohlenstoff im α-Eisen.* Beschrieben wird eine Vers.-Anordnung, in welcher Fe unter einem CO-Strom aufgekohlt u. gemäß der Gleichung $C + CO_2 \rightleftharpoons 2\,CO$ die in ihm gelöste C-Menge ermittelt wird. Die Gesetzmäßigkeiten für die Löslichkeit von C im α-Fe in Abhängigkeit von der Temp. werden behandelt. Es wird ein Vgl. der berechneten Werte mit Angaben aus dem Schrifttum angestellt. Die Ergebnisse der Löslichkeit von C im Fe in Ggw. von Zementit oder Austenit werden erörtert. Sie führen prakt. zu ein u. demselben Wert der C-Konz. im tern. Punkt bei 723°. Dies wird als eine ausreichende Bestätigung für die Richtigkeit der mittels der thermodynam. Meth. gefundenen Werte angesehen. (Доклады Академии Наук СССР [Ber. Akad. Wiss. UdSSR] **121.** 1021 bis 1024. 21/8. 1958. Inst. für Metallkunde u. Metallphysik des Zentralen Wiss. Forsch.-Inst. für Eisenhüttenkunde.) H. HOCHSTEIN. 197

Je. L. Galperin und **Ju. Ss. Terminassow,** *Veränderung der Kristallstruktur von Stahl bei Kalt- und Wärmebehandlung.* Die röntgenmetallograph. Unters., Best. der Mikrohärte u. der Elastizitätskonstanten von Stahl 55 C_2 u. Stahl 20 ergeben weitgehend übereinstimmende Werte der Mikroverzerrungen des Kristallgitters. Für die Berechnung der Größe der Blöcke eignet sich am besten die Funktion $1/(1 + k^2x^2)^2$. Aus dem Fehlen von Gesetzmäßigkeiten der Änderung der Interferenzlinien in den Röntgenaufnahmen deformierter Proben kann man darauf schließen, daß die stat. Gitterverzerrungen nicht durch die Größe $\sqrt{\bar{u}^2_{st.}}$ ($\bar{u}_{st.}$ = stat. Verzerrungen 3. Art) zu definieren sind. Die Verfestigung von Stahl 55 C_2 erfolgt vor allem durch Bldg. einer submikroheterogenen Struktur infolge Zerkleinerung von Blöcken der α-Phase u. Entstehung erheblich verzerrter Grenzgebiete; die maximale Abnahme der Bindungskräfte bei Bldg. einer festen Lsg. übersteigt nicht 6—8%. Beim Anlassen von gehärteten Proben auf 400° entsteht ein Carbid mit hexagonalem Gitter (a = 2,72, c = 4,35 Å), das oberhalb 400° in Zementit übergeht. (Кристаллография [Kristallographie] **2.** 519—25. 1957.) R. K. MÜLLER. 197

Albert Kochendörfer und **Gerhard Otto,** *Einfluß einer Zugbeanspruchung auf die Austenit–Martensit-Umwandlung in Eisen–Nickel-Einkristallen.* Große einheitlich orientierte Martensitbereiche wurden in Fe–Ni-Einkristallen mit 30% Ni durch langsame Abkühlung auf die Temp. der fl. Luft unter Aufrechterhaltung eines Temp.-Gefälles von 10—20° über die Probenlänge u. unter der Wrkg. einer Zugbeanspruchung von etwa 75% der jeweiligen Streckgrenze erzeugt. Die dafür verwendeten austenit. Einkristalle wurden in einem Vakuum-Hochfrequenzofen erschmolzen. Die Kristalle wurden, um den Einfl. der Einspannungen bei der Umwandlung möglichst gering zu halten, auf Zugprobenform abgedreht, zur Beseitigung der gestörten Oberflächenschicht elektrolyt. abpoliert u. zusätzlich bei 1200° geglüht. Die umgewandelten Kristalle zeigen allg. größere Bereiche mit vorwiegend einheitlich orientierten Martensitnadeln. Dabei wechseln wenige Bereiche verschied. Orientierung über die Kristallänge miteinander ab. Dieses Gefüge bildet sich bei einem Martensitpunkt von ca. —30° im wesentlichen schon bei einer Spannung von ca. 20 kg/mm² u. einer Abkühlung von ca. —45° aus. Bei weiterer Abkühlung werden nur die Zwischenräume zwischen den langen Nadeln mit weiteren Nadeln gleicher oder anderer Orientierung ausgefüllt. Durch eine genügend große Spannung werden also unter den vorgebildeten Keimen bestimmte begünstigt u. bevorzugt wachstumsfähig, u. es treten nur wenige Orientierungen mit langen Nadeln auf. Bei einer Umwandlung ohne oder mit zu geringer Spannung entstehen bei tieferen Tempp. zahlreiche Martensitorientierungen mit vergleichbarer Häufigkeit. (Arch. Eisenhüttenwes. **29.** 709—14. Nov. 1958. Düsseldorf, MPI für Eisenforsch.) H. HOCHSTEIN. 197

Friedrich Erdmann-Jesnitzer und **Peter Hammer,** *Untersuchungen zur elektrolytischen Überführbarkeit von Kohlenstoff, Chrom und Nickel in austenitischem Chrom–Nickel-Stahl.* Elektrolyt. Überführungsverss. für C, Cr u. Ni wurden in Drahtabschnitten aus austenit. Cr–Ni-Stahl für den festen Zustand durchgeführt, wobei die Drahtabschnitte entweder mit entsprechenden Drahtabschnitten aus Armco-Eisen oder vorher aufgekohltem Armco-Eisen stumpf verschweißt wurden. Die Verss. bei etwa 1000° wurden mit einer Stromdichte von 1200 A/cm² u. unter Ar als Schutzgas durchgeführt. Bei einer Vers.-Temp. von etwa 80° u. einer Stromdichte bis zu 3000 A/cm² wurde die JOULEsche Wärme weitgehend abgeführt. Bei diesen Vers.-Tempp. lagen der Cr–Ni-Stahl beide Male als γ-Fe, das Armco-Eisen oder das aufgekohlte Armco-Eisen einmal als γ-, das zweite Mal als α-Fe vor. Die Vers.-Dauer bei 1000° betrug 2—50 Stunden. Das Wanderungsvermögen des C in austenit. Cr–Ni-Stahl wurde schliffbildlich sowie durch Mikrohärtemessungen, das Wanderungsvermögen des Cr u. Ni auch spektralanalyt. erfaßt. Der Nachweis einer elektrolyt. Überführbarkeit von Cr u. Ni im γ-Fe konnte im Vers. nicht erbracht werden. Die Diffusionsbeiwerte waren für beide im austenit. Stahl anoden- u. kathodenseitig gleich. Für Verss. bei 1000° sowie solche bei 80° war eine Stauung von C im aufgekohlten Armco-Eisen vor dem austenit. Cr–Ni-Stahl in Richtung zur Kathode feststellbar. Es wird angenommen, daß die Eintrittsmöglichkeit des C u. die Diffusion im austenit. Cr–Ni-Stahl die geschwindigkeitsbestimmenden Größen sind. Daß bei 80° der stark unterschiedliche Diffusionsbeiwert D des C im α-Fe gegenüber dem γ-Fe die Stauung des C vor dem Austenit ursächlich bewirken kann, wird erwähnt. Bei Tempp. über 1000° wird bes. die durch Cr stark herabgesetzte Diffusionsmöglichkeit des C im Cr–Ni-Stahl für diese Stauung wirksam sein, was als wesentlicher Einfl. auch für Tempp. angenommen wird, bei denen Fe_3C u. α-Fe neben austenit. Cr–Ni-Stahl auftreten. Es wird gezeigt, daß im elektrolyt. Überführungsvers. zumindest anfänglich eine Wanderung des C auch im austenit. Cr–Ni-Stahl erfolgt, u. daraus geschlossen, daß in diesem echt gelöster u. nicht als Carbid abgebundener C entsprechend früheren Ergebnissen für unlegiertes α- sowie γ-Fe in Ionenform vorliegen kann. Zur Erklärung des C-Staus im aufgekohlten Armco-Eisen vor dem zur Kathode hin liegenden Austenit des Cr–Ni-Stahles bei Tempp., bei denen beide Werkstoffe z. B. austenit. sind, wird angenommen, daß im unlegierten Stahl die übliche elektrolyt. Überführung mit einseitiger Anreicherung erfolgt, jedoch zufolge der Veränderung der Aktivität des austenit. Cr–Ni-Stahles durch Ni u. bes. Cr der C am Eintritt in das so legierte γ-Fe gehindert wird. Für Ni ergab sich im aufgekohlten Armco-Eisen ein höherer Diffusionsbeiwert, d. h. C setzt die Aktivität des Ni in Fe herab. (Arch. Eisenhüttenwes. **29.** 699 bis 707. Nov. 1958. Freiberg/Sa., Bergakad.) H. HOCHSTEIN. 197

M. A. Wedenejewa, A. W. Panow und **N. D. Tomaschow,** *Bestimmung der interkristallinen Korrosion durch Messung der inneren Reibung.* (Vgl. C. **1950/54.** 2998 S.) Bei der interkrist. Korrosion (IK) von Stahl in sd. $CuSO_4$–H_2SO_4-Lsg. nimmt die mit einem Vibrator (10—200 Hz) gemessene innere Reibung mit der Verweilzeit im Korrosionsbad zunächst langsam, dann, von einem bestimmten Punkt an, steil zu, völlig parallel mit der für die Erzeugung der Resonanzfrequenz einer Schwingungsamplitude 3 mm erforderlichen Spannung. Mit zunehmendem C-Geh. des Stahls nimmt die Neigung zu IK zu, bei Einführung von Ti ab. Härtung von 1080—1100° bewirkt keine Neigung zu IK, wohl aber Anlassen auf 650°. Die Reibungsmessung ist empfindlicher als die des elektr. Widerstandes. (Заводская Лаборатория [Betriebs-Lab.] **23.** 64—67. 1957. Moskau, Stahlinst.) R. K. MÜLLER. 200

W. D. Lissitzyn, *Bestimmung der Mikrohärte eines Metalls im Moment des gespannt-verformten Zustands.* Bei Zug-, Druck- u. Biegebeanspruchung von Metallen wird durch Best. der Mikrohärte (MH) an Ort u. Stelle die plast. Zone ermittelt, zum Vgl. wird die MH im entspannten Zustand bestimmt; beide Werte werden gegen die Spannung (kg/mm^2) bzw. gegen die Verformung aufgetragen. Im Ausgangszustand beträgt die MH bei *Al* 22, *α-Messing* 70, *Ferrit* 98, *Austenit* 162 kg/mm^2; die Belastung bei der MH-Best. beträgt 10, 20, 50 bzw. 100 g. Die Ergebnisse sind graph. dargestellt. (Заводская Лаборатория [Betriebs-Lab.] **23.** 711—15. 1957.) R. K. MÜLLER. 200

Ju. N. Rjabinin, L. D. Liwschitz und **L. F. Wereschtschagin,** *Plastizität von Messing bei extrem hohen Drucken.* An Messing mit 39,5(%) Zn, 0,16 Pb, 0,05 Fe, Rest Cu wird das Verh. bei Drucken bis 30000 kg/cm^2 untersucht. Die wahre Verformung nimmt bis zu 4000 kg/cm^2 linear zu, bleibt aber dann bis zum Höchstdruck prakt. konstant. Wenn der Querschnitt vor der Verformung S_0, beim Druck p S_p ist, nimmt S_0/S_p von 1 auf 4000 kg/cm^2 von 1,4 auf 3,86 zu u. beträgt dann bis 30000 kg/cm^2 5,19. Ob es sich bei diesem Verh. um eine für Messing allein charakterist. Erscheinung handelt, ist noch zu klären. (Журнал Технической Физики [J. techn. Physik] **27.** 2321—25. Okt. 1957. Moskau, Labor. für Höchstdruckphysik der Akad. der Wiss. der UdSSR.)
R. K. MÜLLER. 200

W. T. Read jr., *Versetzungstheorie der plastischen Biegung.* Unter Bezugnahme auf Unterss. von NYE (vgl. C. **1956.** 11639) diskutiert Vf. theoret. die Verteilung von Versetzungen in einem plast. verformten Kristall, u. zwar für den Fall, daß die innere Spannung nicht verschwindet, was immer dann der Fall ist, wenn der Kristall nach der Verformung nicht sorgfältig angelassen wird. (Acta metallurg. [New York] **5.** 83—88. Febr. 1957. Murray Hill, N. J., Bell Telephone Labors., Inc.) C. GOTTFRIED. 200

W. W. Webb, *Die Wechselwirkung von gelösten Atomen mit Versetzungswänden.* Auf Grund theoret. Überlegungen kommt Vf. zu dem Ergebnis, daß man die Wechselwirkung von Kleinwinkelkorngrenzen mit gelösten Atomen angenähert auf der Grundlage der Versetzungstheorie abschätzen kann. Eine Behandlung der Dilatationswechselwirkungen, die auf der elast. Kontinuumstheorie erster Ordnung basiert, lieferte theoret. Ergebnisse, die mit verfügbaren experimentellen Daten in Übereinstimmung standen. (Acta metallurg. [New York] **5.** 89—96. Febr. 1957. Niagara Falls, N. Y., Union Carbide and Carbon Corp., Electro Metallurgical Co., Metals Res. Labor.) C. GOTTFRIED. 200

H. J. Logie, *Die Streckgrenze von teilweise geordneten flächenzentriert-kubischen Strukturen.* Vf. weist zunächst darauf hin, daß teilweise geordnete kub.-flächenzentrierte Legierungen eine Abhängigkeit der Streckgrenze von der Größe der geordneten Bereiche zeigen, wobei die Streckgrenze ein Maximum durchläuft. Bei der theoret. Diskussion der

Zunahme der Unordnung beim Fortschreiten des Gleitprozesses wurde ein Ausdruck für die Streckgrenze in Abhängigkeit von der Bereichsgröße erhalten, der in guter Übereinstimmung mit experimentellen Daten steht. Es ergab sich, daß bei diesem Prozeß die Ausdehnung der ungeordneten Zone zwischen den geordneten Bereichen eine wesentliche Rolle spielt. Übereinstimmung zwischen Theorie u. Experiment erhält man für eine Dicke der ungeordneten Schicht von etwa 2 Atomebenen. (Acta metallurg. [New York] 5. 106—09. Febr. 1957. Johannesburg, Univ. of Witwatersrand.) C. GOTTFRIED. 200

N. D. Ssobolew, *Über die Natur der Anfangszerstörung.* Aus einer Übersicht über neuere Arbeiten, die den Übergang vom Spannungszustand über die Bldg. der ersten Mikrorisse bis zur Ausbldg. makroskop. Risse u. zum schließlichen Bruch behandeln, ergibt sich, daß im einen Falle Dehnungsspannungen, im anderen tangentiale Spannungen die entscheidende Rolle spielen. Das Bild der schließlich eintretenden Zerstörung kann nicht immer als Grundlage für die Beurteilung des Charakters der Zerstörung dienen. Die Best. der Art der Anfangszerstörung erfolgt am zuverlässigsten durch quantitativen Vgl. der wahren Spannungen im Augenblick des Auftretens der Anfangsrisse bei verschied. Beanspruchung, wenn der Ausgangsspannungszustand nicht stark verzerrt ist. (Журнал Технической Физики [J. techn. Physik] **27.** 2273—79. Okt. 1957. Moskau, Ing.-phys. Inst.) R. K. MÜLLER. 200

A. I. Lichter und **A. K. Kikoin,** *Einfluß der Neutronenbestrahlung auf die Kompressibilität von Metallen.* Nach Bestrahlung mit schnellen Neutronen ($1{,}07 \cdot 10^{19}$ n/cm²) ist die bis ca. 15000 kg/cm² untersuchte Kompressibilität von *Al* u. *Mg* bei Raumtemp. innerhalb ca. 5% Fehlergrenze unverändert. (Журнал Экспериментальной и Теоретической Физики [J. exp. theoret. Physik] **32.** 945. April 1957. Akad. der Wiss. der UdSSR, Inst. für Metallphysik der Ural-Zweigstelle u. Labor. für Höchstdruckphysik.) R. K. MÜLLER. 200

M. Ja. Popereka, *Bestimmung der inneren Spannungen in elektrolytischen Überzügen aus der Biegung einer flachen Kathode.* Die bisherigen Verss. zur Best. der inneren Spannungen in elektrolyt. Metallüberzügen auf freihängenden Kathoden sind widersprechend, weil sie auf falschen Annahmen beruhen. Die elast. Linie einer gebogenen flachen Kathode ist eine kub. Parabel. Wenn d die Dicke der Kathode, t die des Überzugs, y_0 die Biegung am freien Ende, E_k die Biegefestigkeit, E_n der Elastizitätsmodul des Überzugsmetalls ist, gilt für die Anfangsspannung: $\sigma_0 = (y_0 c/3^{1/2}) [(3 E_k E_n d^3/t) + (E_k^2 d^4/t^2)]^{1/2}$, wobei c aus der Länge A des freien u. L des bedeckten Teils der Kathode errechnet wird, bei vollständiger Bedeckung (A = 0) ist c = 1/2 L². Beispiele bei *Ni*-Überzügen auf Stahl u. Cu werden graph. dargestellt; sie zeigen die Zuverlässigkeit der neuen Berechnungsweise. (Заводская Лаборатория [Betriebs-Lab.] **23.** 720—25. 1957. Kasach. landwirtsch. Inst.) R. K. MÜLLER. 200

T. L. Johnston, R. J. Stokes und **C. H. Li,** *Einflüsse der Umgebung auf das Bruchverhalten von Germanium.* Vff. nehmen Bezug auf Unterss. von BREIDT JR. u. Mitarbeitern (vgl. C. **1959.** 4396), die beim Messen der Bruchspannung von Ge in einem Gemisch von HF u. HNO_3 eine Bruchfestigkeit von 48 kg/mm² gemessen hatten, gegenüber einem Wert von 7 kg/mm² beim Messen in Luft. Vor dem Bruch war keine plast. Verformung festzustellen. Vff. führten analoge Verss. in CP-4-Lsg., HF u. Luft durch. Zur Unters. gelangten Ge-Kristalle vom n-Typ mit einer Versetzungsdichte von 10^4/cm²; sie waren so orientiert, daß die ($1\bar{1}1$)-Ebene parallel zu der Ebene maximaler aufgelöster Scherspannung lag. In der CP-4-Lsg. wurde eine Bruchfestigkeit von 300 kg/mm² gemessen. Beim Bruch selbst zersprang der Kristall in eine große Anzahl kleiner Stückchen, von denen jedes mit einem regelmäßigen Netzwerk von Oberflächensprüngen bedeckt war, die meistens den (111)-Spaltebenen folgten. Neben diesen Oberflächensprüngen wurden mechan. Zwillinge festgestellt. Messungen in mit der gleichen Menge W. verdünnter CP-4-Lsg. zeigten ähnliche Brucheigg. wie in konz. CP-4-Lösung. HF erniedrigt die Bruchfestigkeit von Ge, wahrscheinlich infolge Red. in der Oberflächenenergie. (Acta metallurg. [New York] **6.** 713—16. Nov. 1958. Hopkins, Minn., Minneapolis-Honeywell Res. Center.) C. GOTTFRIED. 200

Fritz Günther und **Lothar Illgen,** *Beitrag zur Druckfestigkeit von Salzgesteinen.* Vff. untersuchten den Einfl. der Verformungsgeschwindigkeit auf die Druckfestigkeit von polykristallinem *Steinsalz.* Es wurde gefunden, daß bei sehr kleinen Verformungsgeschwindigkeiten von 0,005 bis etwa 0,05 mm pro Min. die Überlagerung der elast. u. plast. Deformation aus den erhaltenen Kurven deutlich sichtbar ist, wobei der Übergang kontinuierlich ist. Die lineare Beziehung zwischen Druckspannung u. Stauchung hat anscheinend um so mehr Gültigkeit, je größer die Verformungsgeschwindigkeit ist. Die Stauchung bis zur Höchstlast sinkt mit steigender Verformungsgeschwindigkeit, das vormals gut plast. Steinsalz wird „spröder". Die Gesamtstauchung sinkt ebenfalls mit steigender Geschwindigkeit. Bei Einhaltung einer konstanten Geschwindigkeit ergab sich eine lineare Beziehung zwischen Druckfestigkeit u. Probendurchmesser. Die Untersuchungsergebnisse konnten die Theorie von KEGEL (vgl. C. **1958.** 10596) nicht in vollem Umfang bestätigen. (Bergakademie [Freiberg] **10.** 282—91. Mai/Juni 1958. Freiberg, Bergakad., Inst. für Metallkunde u. Materialprüf.) C. GOTTFRIED. 200

A_7. Gleichgewichte. Kinetik.

Julian B. Andelman, Guenther K. Hoeschele und **Harry P. Gregor,** *Metall-Polyelektrolyt-Komplexe.* 6. Mitt. *Darstellung und Eigenschaften eines neuen Polychelatpolyvinylmethylglyoxims.* (5. vgl. C. **1959.** 5826.) Eine Lsg. von 35 g *Polyvinyläthylketon* (I) in 120 ml A., der 2% konz. HCl enthielt, wurde 1 Std. bei 40—50° mit gasförmigem Äthylnitrit behandelt, nach einer weiteren Std. mit 700 ml W. verd. u. das gelbbraune Rk.-Prod. abfiltriert. Die Rk. wurde wiederholt. Man erhielt ein Prod., in dem 67,4% der monomeren Einheiten in die Formen **II** u. **III** umgewandelt waren. Eine Mischung von 5 g dieses zusammengesetzten Polymeren (**I, II** u. **III**) mit 5 g $NH_2OH \cdot HCl$ u. 10,8 g wasserfreiem Na-Acetat in 100 ml absol. A. wurde 5 Std. unter Rückfluß gekocht. Nach Abkühlen wurde in W. eingegossen u. der braune Nd. (Formen **IV, V** u. **VI** neben unverändertem **I, II** u. **III** an der gleichen Polymerenkette) abzentrifugiert, mit W. gewaschen u. im Vakuum getrocknet. Aus dem N-Geh. wurde eine Oximbldg. zu 84,7%

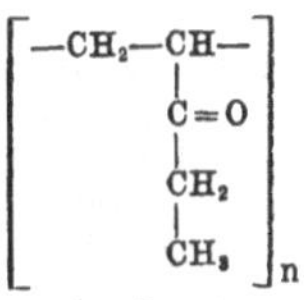
I

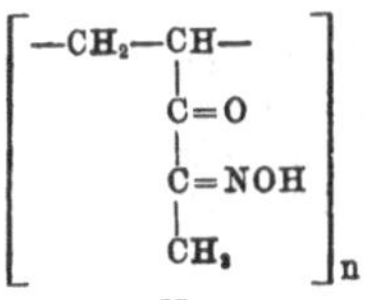
II

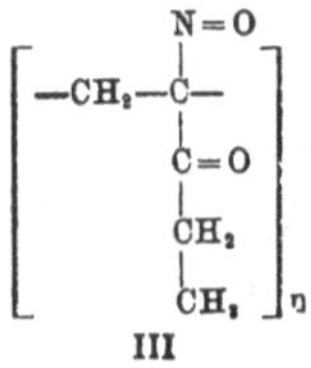
III

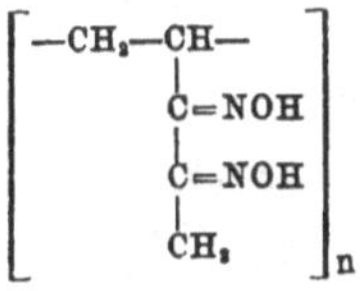
IV

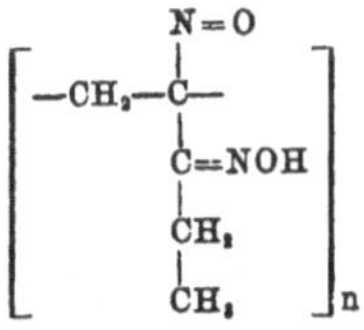
V

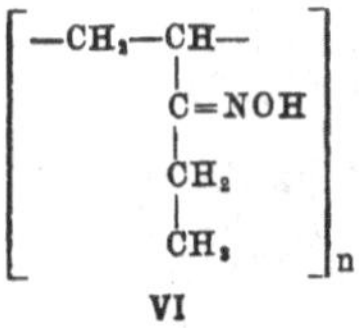
VI

der Theorie berechnet, so daß **IV—VI** gegenüber **I—III** überwiegen. Das Prod. ist lösl. in A., Dimethylformamid, Pyridin, Aceton, Tetrahydrofuran u. Dioxan (**VII**)-W.-Mischungen mit $<$ 50% Wasser. Es bildet Metallchelate, die gewöhnlich aus allen Mischungen **VII**-W. ausfallen. Aus potentiometr. Titrationen mit 0,01 n NaOH in 0,1 n $NaNO_3$-Lsg. in **VII**-W.-Mischungen (4 : 1) bei Ggw. u. bei Abwesenheit von Metallionen wurden Säuredissoziations- u. Chelatbildungskonstanten nach einer modifizierten BJERRUM-Meth. ermittelt u. mit denen des *Dimethylglyoxims* (**VIII**) verglichen. Für die Rechnung wurde willkürlich angenommen, daß nur das *Polyvinylmethylglyoxim* **IV**, als chelatbildende, schwache einbasige Säure vorkommt. Tatsächlich sind saure u. chelatbildende Eigg. auch von den Formen **II** u. **III** in der Enolform u. von Form **V** zu erwarten. Der Einfl. dieser Vereinfachung auf die erhaltenen Konstanten wird ausführlich diskutiert. Auf dieser Grundlage wurde gefunden, daß **IV** u. das monomere Analogon **VIII** UO_2^{2+} etwa gleich fest binden. Nd^{3+} u. Pr^{3+} werden von **IV** schwächer als UO^{2+} gebunden. Die Bindung von Ni^{2+} ist schwach im Vgl. zu UO_2^{2+}, aber stärker als die der Kationen der Seltenen Erden. (J. physic. Chem. **63.** 206—10. Febr. 1959. New York), N. Y., Polytechn. Inst. of Brooklyn, Dep. of Chem.) F. UMLAND. 223

S. K. Siddhanta und **S. N. Banerjee,** *Einige aliphatische Monocarboxylatkomplexe zweiwertiger Metalle in wäßriger Lösung.* 3. Mitt. *Bleiacetato- und Bleipropionatokomplexe.* (2. vgl. J. Indian chem. Soc. **35.** [1958.] 279.) Genaue Unterss. der Vff. zeigen, daß die BJERRUMsche Meth. zur Best. von Dissoziationskonstanten in Stufengleichgewichten bei Änderung der Liganden unzureichend ist. Es werden Änderungen der Meth. abgeleitet u. auf den Fall des Bleiacetat- und Bleipropionatkomplexes angewandt. Die Durchführung der Messung geschah wie l. c. Für Bleiacetat ergibt sich $k_1 = 31{,}2 \cdot 10^{-3}$ u. $k_2 = 3{,}31 \cdot 10^{-3}$ bei 31—34,5°. Für Bleipropionat $k_1 = 51{,}1 \cdot 10^{-3}$ u. $k_2 = 4{,}57 \cdot 10^{-3}$ bei 21—30° in guter Übereinstimmung mit den von PRASAD und ADITYA berechneten

Werten. (J. Indian chem. Soc. **35.** 323—30. Mai 1958. Kharagpur, Indian Inst. of Technol., Appl. Chem. Dep.) K.-H. Birr. 223

S. K. Siddhanta und **S. N. Banerjee,** *Einige aliphatische Monocarboxylatkomplexe zweiwertiger Metalle in wäßriger Lösung.* 4. Mitt. *Kobaltmonoacetatokomplex.* (3. vgl. vorst. Ref.) Vff. bestimmen nach den l. c. mitgeteilten Methoden die Dissoziationskonstante des $CoAc^+$-Ions zu $K = 30{,}2 \cdot 10^{-3}$ bei 29—31°. (J. Indian chem. Soc. **35.** 339—42. Mai 1958.) K.-H. Birr. 223

S. K. Siddhanta und **S. N. Banerjee,** *Einige aliphatische Monocarboxylatkomplexe zweiwertiger Metalle in wäßriger Lösung.* 5. Mitt. *Kobaltacetatokomplexe.* (4. vgl. vorst. Ref.) Vff. wenden die in vorvorst. Ref. beschriebenen Modifikation der Bjerrumschen Meth. zur Best. der Dissoziationskonstante auf den Kobaltkomplex an. Folgende beiden Konstanten werden für die Rkk. erhalten: $CoAc_2 \rightleftharpoons CoAc^+ + Ac^-$, $k_1 = 260 \cdot 10^{-3}$ u. $CoAc^+ \rightleftharpoons Co^{2+} + Ac^-$, $k_2 = 30{,}2 \cdot 10^{-3}$ bei 29—31°. Im Gegensatz zu den Arbeiten von Bardhan u. Aditya (J. Indian chem. Soc. **32.** [1955.] 109) wird festgestellt, daß die erste Stufe der Dissoziation unvollständig ist. (J. Indian chem. Soc. **35.** 343—48. Mai 1958.) K.-H. Birr. 223

S. K. Siddhanta und **S. N. Banerjee,** *Einige aliphatische Monocarboxylatkomplexe zweiwertiger Metalle in wäßriger Lösung.* 6. Mitt. *Manganmonoacetatokomplex.* (5. vgl. vorst. Ref.) Vff. bestimmen nach den in vorst. Referaten beschriebenen Methoden die thermodynam. Dissoziationskonstante K für die Rk.: $MnAc \rightleftharpoons Mn^{2+} + Ac^-$ zu $K = 60{,}3 \cdot 10^{-3}$ bei 28,3—30°. (J. Indian chem. Soc. **35.** 349—51. Mai 1958.) K.-H. Birr. 223

S. K. Siddhanta und **S. N. Banerjee,** *Einige aliphatische Monocarboxylatkomplexe zweiwertiger Metalle in wäßriger Lösung.* 7. Mitt. *Manganacetatokomplexe.* (6. vgl. vorst. Ref.) Unter Berücksichtigung der Aktivitätskoeffizienten der einzelnen Ionen gelingt es Vff., mit Hilfe der modifizierten Bjerrumschen Meth. die Dissoziationskonstanten der folgenden Rkk. zu bestimmen: $MnAc_2 \rightleftharpoons MnAc^+ + Ac^-$, $k_1 = 210{,}0 \cdot 10^{-3}$; $MnAc^+ \rightleftharpoons Mn^{2+} + Ac^-$, $k_2 = 50{,}0 \cdot 10^{-3}$. (J. Indian chem. Soc. **35.** 419—23. Juni 1958.) K.-H. Birr. 223

S. K. Siddhanta und **S. N. Banerjee,** *Einige aliphatische Monocarboxylatkomplexe zweiwertiger Metalle in wäßriger Lösung.* 8. Mitt. *Nickelmonoacetatokomplex.* (7. vgl. vorst. Ref.) Die Dissoziationskonstante für die Rk. $NiAc^+ \rightleftharpoons Ni^{2+} + Ac^-$ ergibt sich zu $K = 75{,}9 \cdot 10^{-3}$ bei 21,3—22,0°. (J. Indian chem. Soc. **35.** 423—26. Juni 1958.) K.-H. Birr. 223

S. K. Siddhanta und **S. N. Banerjee,** *Einige aliphatische Monocarboxylatkomplexe zweiwertiger Metalle in wäßriger Lösung.* 9. Mitt. *Nickelacetatokomplexe.* (8. vgl. vorst. Ref.) Mit Hilfe der Bjerrumschen Meth. bestimmen Vff. die beiden Dissoziationskonstanten für die Rkk.: $NiAc_2 \rightleftharpoons NiAc^+ + Ac^-$, $k_1 = 384 \cdot 10^{-3}$ u. $NiAc^+ \rightleftharpoons Ni^{2+} + Ac^-$, $k_2 = 50 \cdot 10^{-3}$. (J. Indian chem. Soc. **35.** 426—31. Juni 1958.) K.-H. Birr. 223

S. V. R. Mastrangelo, *Löslichkeitsgleichung für Nichtelektrolyte mit spezifischer Wechselwirkung.* Vf. leitet eine Gleichung für die Löslichkeit von Zweikomponenten-Systemen ab, die eine oder mehrere Möglichkeiten von Wechselwirkungen pro Mol. besitzen. Mit Hilfe der Gleichung ist es möglich, die Zahl der möglichen Wechselwirkungen pro Mol. u. die Gleichgewichtskonstante K vorauszusagen. Es wird gezeigt, daß für die Löslichkeitsdaten der Systeme *Chlorfluormethan* bzw. *Äthan/Tetraäthylenglykoldimethyläther* u. *Chlf./Aceton* gute Übereinstimmung mit experimentellen Daten besteht. (J. physic. Chem. **63.** 608—11. April 1959. Wilmington, Del., E. I. du Pont de Nemours and Co., Org. Chem. Dep., Jackson Labor.) W. Niemitz. 224

W. N. Podtschainowa, *Über die Löslichkeit der Tetrarhodanodiamminochromate des Kupfers und Silbers.* Zwecks Best. der Löslichkeit der *Reineckate* (I) von Cu u. Ag wurden diese Salze nach üblichen Verff. hergestellt. Die Best. der Löslichkeit erfolgte einesteils direkt (10—12std. Schütteln der Einwaage mit dest. W. bzw. HCl u. Best. des Cu-Geh. im eingedampften Rückstand), anderseits durch Best. der Aktivität des Rückstandes, wobei die I einen Zusatz an ^{51}Cr bzw. ^{110}Ag erhalten hatten. Die direkte Best. ergab für das Cu-I folgende Werte: in reinem W. (5,98—6,20, im Mittel 6,06) $\cdot 10^{-5}$; in 0,01 n HCl (6,40—7,31, im Mittel 6,78) $\cdot 10^{-5}$ Mol/Liter; Löslichkeitsprod. in wss. Lsg. (3,58—3,84, im Mittel 3,67) $\cdot 10^{-9}$. Aus der Strahlungsaktivität des Rückstandes 4,75 $\cdot 10^{-5}$ Mol/Liter, $Ag[Cr(NH_3)_2(CNS)_4]$ (mit ^{110}Ag): 1,71 $\cdot 10^{-7}$ Mol/Liter. Sämtliche Werte wurden bei 15° gemessen. (Журнал Аналитической Химии [J. analyt. Chem.] **13.** 193—95. März/April 1958. Ural. Polytechn. Kirow-Inst.) A. v. Wilpert. 224

Hiroshi Miyamoto, *Löslichkeit des Silberbromats in Mischungen aus n-Propylalkohol und Wasser.* (Vgl. C. **1958.** 9430.) Die Löslichkeit des $AgBrO_3$ in Gemischen aus n-Propylalkohol u. W. wird bei 20—30° bestimmt. Die DKK der Lösungsmittelgemische variierten von 80—65. Ihre reziproken Werte sind dem Logarithmus der Löslichkeit annähernd proportional. (J. chem. Soc. Japan, pure Chem. Sect. [Nippon Kagaku Zassi] **79.** 1314—18. Nov. 1958. Mito, Ibaragi-Daigaku. [Orig.: japan.]) E. MAEKAWA. 224

Gordon G. Hammes und **Luther E. Erickson,** *Kinetische Untersuchungen von Systemen beim Gleichgewicht.* Besprechung von Methoden zur Best. sehr großer Reaktionsgeschwindigkeiten: Störung des Systemgleichgewichts durch äußere period. oder einfache Impulse (Druck [Schall], elektr. Feld, Temp. [Hochspannungsimpulse]) u. Best. der Relaxationszeit (r) auf verschied. Weise — mathemat. Ableitung für Geschwindigkeitskonstanten einfacher Rkk., Anwendung auf Rkk. schwacher Elektrolyte [Leitfähigkeitsbest.]. — Messungen der magnet. Kernresonanz (Prinzip u. kinet. Zusammenhänge). Die „chem. Verschiebung" der Resonanzfrequenz durch die Elektronenhüllen oder ihre Aufspaltung durch die lokalen magnet. Felder benachbarter Kerne verschwindet bei entsprechend großer, z. B. durch Erhöhen der Temp. oder der Katalysatorkonz. gesteigerter Reaktionsgeschwindigkeit. Dadurch kann r und die Geschwindigkeitskonstante ermittelt werden. (J. chem. Educat. **35.** 611—14. Dez. 1958. Madison, Wis., Univ. of Wisconsin.) K. BLUMRICH. 225

N. V. Riggs, *Kinetische Behandlung zweistufiger Folgereaktionen zweiter Ordnung mit einem gemeinsamen Faktor.* Im Syst. $A + B \xrightarrow{K_1} AB$; $AB + B \xrightarrow{K_2} BAB$ wird $k_2/k_1 = K$ gesetzt. Die üblichen kinet. Betrachtungen führen nach Eliminierung der Zeit t zu Ausdrücken für die maximal gebildeten Mole AB, bezogen auf die eingesetzten Mole A, (a), bei $K = 1$ und $K \neq 1$: $[AB]_{max}/a = e^{-1}$ bzw. $[AB]_{max}/a = K^{K/(1-K)}$. Entsprechende Ausdrücke ergeben sich für y_{max}/a u. x_{max}/a (maximal verbrauchte Mole B und A pro eingesetztem A). Die Auflösung der Gleichung $dy_{max}/dK = 0$ liefert das Maximum bei $K = 0{,}1164$ mit $y_{max}/a = 1{,}0714$. Zur Erzielung maximaler Ausbeuten an AB sind also unabhängig vom K-Wert nie mehr als ca. 1,07 Mole B erforderlich. Des weiteren werden Geschwindigkeitsgleichungen mit $K = 0$, $K = 1/2$ u. $K \gg 1$ diskutiert. Die gefundenen Gleichungen stehen in Einklang mit beobachteten Werten. (Austral. J. Chem. **11.** 86—90. Febr. 1958. Armidale, N. S. W., Univ. of New England, Dep. of Org. Chem.) H. POLACK. 225

R. D. Brown und **B. A. W. Coller,** *Kinetische Behandlung von Folgereaktionen zweiter Ordnung unter Berücksichtigung einer konkurrierenden Reaktion.* Vff. erweitern die Meth. von WIDEQVIST (vgl. C. **1958.** 951) für den Fall einer dritten, konkurrierenden Reaktion. Mit Hilfe einer Substitution $(b - x - y - w)\,dt = dT$ und unter Benutzung der Funktionen F (T) u. G (T) nach WIDEQVIST ergeben sich integrierte Geschwindigkeitsgleichungen, die eine konkurrierende Reaktion nullter, 1. u. 2. Ordnung berücksichtigen. (Austral. J. Chem. **11.** 90—92. Febr. 1958. Melbourne, Univ., Dep. of Chem.) H. POLACK. 225

G. P. Belonowskaja, B. A. Dolgoplossk und **Je. I. Tinjakowa,** *Oxydations-Reduktions-Systeme zur Initiierung radikalischer Prozesse.* 1. Mitt. *Umkehrbare Systeme unter Beteiligung von Hydroperoxyden, Dienolen und Salzen von Metallen, die in mehreren Wertigkeitsstufen auftreten.* (2. vgl. C. **1959.** 2825.) Vff. untersuchen den Verlauf der in Systemen mit *Isopropylbenzol-Hydroperoxyd* (**I**), *Dihydroxymaleinsäure* (**II**) bzw. *Ascorbinsäure* (**III**) u. Metallsalzen in wss. Lsg. bzw. Emulsion ablaufenden Rkk. in Abhängigkeit vom p_H u. von der Temp. durch Verfolgung der Gehh. an Hydroperoxyd (durch Titration des aus KJ ausgeschiedenen J_2 mit Thiosulfat) u. Dienol (durch Titration mit KJ_3-Lsg.) in Abhängigkeit von der Zeit. Die Lsgg. enthalten (unter strengem O_2-Ausschluß) Oxydations- u. Red.-Mittel in äquimol. Mengen u. Konzz. von 0,15%. Bei 0° verläuft die Rk. zwischen **I** u. **II** am langsamsten bei p_H 7; die zwischen **I** u. **III** besitzt erst bei $p_H \geq 10{,}5$ eine merkliche Geschwindigkeit. In sauren Lsgg. finden beide Rkk. bei —15° u. —35° überhaupt nicht statt. Durch Zusatz von Metallsalzen kann die Rk.-Geschwindigkeit erheblich gesteigert werden, wobei in saurem Medium *Fe*-Salze, in alkal. *Cu*-Salze am wirksamsten sind. Durch Variation der Fe- bzw. Cu-Konz. läßt sich die Rk.-Geschwindigkeit weitgehend regulieren. Bei —15° u. —35° ist die katalyt. Wrkg. solcher Zusätze bes. auffallend. In bes. Verss. werden die Rkk. von **I** mit Fe(II) u. **II** mit Fe(III) verfolgt, die bei 0° prakt. momentan ablaufen. Die Rk.-Geschwindigkeit in wss. Emulsionen, bei denen sich **I** in der organ. Phase befindet, ist wesentlich geringer als in W., unterliegt jedoch den gleichen Einfll. wie in homogenem wss. Medium. Die Auslösung von Polymerisationsprozessen scheint nur auf der Rk. von **I** mit Fe(II) bzw. Cu(I) zu beruhen; die Rk. von Fe(III) bzw. Cu(II) mit **II** bzw. **III** dient nur zur Red. der Metallionen in die ursprüngliche Oxydationsstufe. Mit Hilfe von *Sn*-Salzen wird wegen der unter den angewandten Bedingungen fehlenden Reduzierbarkeit durch Dienole kein derartiges reversibles Syst. erhalten. Aus **I** u. **II** (bzw. **III**) ohne Metallsalze bestehende Systeme vermögen bei 0° keine Polymerisation mehr auszulösen, wohl aber bei Zusatz von 0,02% (gegenüber I) Fe(II)-Salz. Das Syst. aus I u. III bedarf zur Erzielung gleicher Initiierungs-Wrkg. (Beispiel: Polymerisation von *Divinyl* mit *Styrol*) wesentlich geringerer Metallsalzmengen als das aus I u. II. Vergrößerung der Metallsalz-Konz. führt oberhalb eines bestimmten Wertes nicht zur Erhöhung der Polymerisationsgeschwindigkeit, sondern infolge zu schnellen Verbrauches der Komponenten des Initial-Syst. zu deren Verminderung u. in einigen Fällen zur völligen Inhibierung des Polymerisationsprozesses. (Известия Академии Наук СССР, Отделение Химических Наук [Nachr. Akad. Wiss. UdSSR, Abt. chem. Wiss.] **1956**. 1478—86. Dez. Inst. für hochmol. Verbb. der Akad. der Wiss. der UdSSR.) H.-J. OSTMANN. 225

A. B. Kutschkarew und **N. I. Schuikin**, *Über den Reaktionsmechanismus der Hydratation und Dehydratation in Gegenwart von Zinkhalogeniden.* Es wird gezeigt, daß bei der Hydratation von Olefinen u. der Dehydratation von Alkoholen in Ggw. von Zn-Halogeniden ZnX_2 (X = *Cl*, *Br*) als Katalysatoren sich als Zwischenprodd. Komplexe bilden, die anschließend in Abhängigkeit von den jeweiligen Bedingungen in die Endprodd. der Rk. zerfallen. Sowohl bei der Rk. von Zn-Halogeniden u. Alkoholen als auch derjenigen zwischen den Hydroxosäuren der Zn-Salze (allg. Formel $ZnX_2 \cdot nH_2O$) u. den diesen Alkoholen entsprechenden ungesätt. KW-stoffen bilden sich die gleichen Zwischenstufen. Daraus wird auf das Vorliegen eines Gleichgewichtes zwischen den Rkk. der Olefin-Hydratation u. der Alkohol-Dehydratation geschlossen. Bei Umsetzungen von Olefinen mit ZnX_2 in Ggw. von Feuchtigkeit oder mit ZnX_2-Hydraten konnten in einigen Fällen krist. Verbb. isoliert werden: $C_5H_{10} \cdot 2\,ZnCl_2 \cdot H_2O$, $C_6H_{12} \cdot 2\,ZnBr_2 \cdot H_2O$ u. $(C_5H_{10})_2 \cdot ZnBr_2 \cdot 2\,H_2O$. Der Rk.-Mechanismus wird folgendermaßen formuliert: $ZnX_2 + 2\,C_5H_{11}OH \rightleftharpoons [ZnX_2(C_5H_{11}O)_2]H_2$ (bei der Dehydratation von *tert. Amylalkohol*; bei der Hydratation von *2-Methylbuten-(2)* als $[ZnX_2(OH)_2]H_2 \cdot 2\,C_5H_{10}$ formuliert) $\rightleftharpoons 2\,C_5H_{10} + [ZnX_2(OH)_2]H_2$, $[ZnX_2(OH)_2]H_2 \rightleftharpoons ZnX_2 + 2\,H_2O$. Die untersuchten Rkk. sind in ihrem Verlauf demnach sehr ähnlich. (Известия Академии Наук СССР, Отделение Химических Наук [Nachr. Akad. Wiss. UdSSR, Abt. chem. Wiss.] **1956**. 1469—77. Dez. Zelinsky-Inst. für org. Chem. der Akad. der Wiss. der UdSSR.) H.-J. OSTMANN. 227

K. G. Mijesserow, *Katalytische Aktivität und Acidität von mit Aluminiumsalzlösungen bearbeitetem Silicagel.* Bei der Aktivierung von katalyt. inakt. Kieselgel mit Al_2O_3 werden Oberfläche u. Porositätscharakter des Gels nicht verändert. Die erreichte Aktivierung muß also mit einer Änderung der Acidität des Gels in Verb. stehen. Die nach verschied. Verff. mit $Al(NO_3)_3$- oder $AlCl_3$-Lsgg. behandelten SiO_2-Gele werden auf ihre katalyt. Eignung zur Umwandlung von Cyclohexen in gesätt. KW-stoffe untersucht. Die durch die Behandlung mit Al^{3+} nicht veränderte hydrolyt. Acidität hat keinen Einfl. auf die Aktivität, während die Aktivität bei steigender Austausch-Acidität des Gels bis zu einem Grenzwert anwächst u. dann unverändert bleibt. Die größte Aktivität besitzen Gele, bei denen die H^+-Ionen in allen hydrolyt. OH-Gruppen durch Al^{3+}-Ionen ersetzt sind. Alle „akt." Al^{3+}-Ionen im Gel sind bei höheren Tempp. unter den Bedingungen der katalysierten Rk. gleichwertig. In Form von Al_2O_3 in das Gel aufgenommenes Al erhöht die katalyt. Aktivität kaum; daher ist die Aktivierung mit Al^{3+}-Salzlsgg. viel wirksamer als diejenige durch eingeführtes Al_2O_3, u. die Aktivierung mit Salzlsgg. wiederum ist da am stärksten, wo die chem. Bindung des gesamten eingeführten Al an das Gel erreicht wird, wie im Falle der Behandlung von SiO_2-Gel mit teilweise durch NaOH neutralisierter $AlCl_3$-Lsg. im Gegensatz zur Einbringung des Al in Form von $Al(NO_3)_3$-Lsg., wobei ein Teil des Al auch als Oxyd gebunden wird. (Известия Академии Наук СССР, Отделение Химических Наук [Nachr. Akad. Wiss. UdSSR, Abt. chem. Wiss.] **1956**. 1180—84. Okt. Öl-Inst. der Akad. der Wiss. der UdSSR.) H.-J. OSTMANN. 227

Alfons Krause und **Aleksandra Binkówna**, *Über die katalytische Aktivität einiger heterogener Katalysatoren und die Größe ihrer Oberfläche.* Während die katalyt. Aktivität von Fe-Hydroxyden bei der H_2O_2-Zers., der peroxydativen Oxydation von *HCOOH* u. der peroxydativen *Indigocarmin*-Entfärbung in der Reihenfolge 1) röntgenamorphes Ortho-$Fe(OH)_3$, 2) γ-FeOOH, 3) α-$Fe_2O_3 \cdot H_2O$ (Goethit) abnimmt, steigt ihre BET-Oberfläche, das scheinbare Vol. u. die Sorptionsfähigkeit. Demnach ist die Wrkg. dieser Katalysatoren eine Funktion der Zahl der akt. OH-Gruppen u. der inneren Oberfläche, deren Größe im Gegensatz zur BET-Oberfläche in der angegebenen Reihenfolge fällt. (Roczniki Chem. [Ann. Soc. chim. Polonorum] **31**. 801—08. 1957. Poznań, Uniw. A. Mickiewicza, Zakł. Chem. nieorgan.) F. URBAN. 227

L. A. Nikolajew, *Über den Mechanismus der Katalasewirkung von Kupferammoniakat.* (Vgl. C. **1955**. 5019.) Die Zers. von H_2O_2 bei Zugabe von ammoniakal. Cu^{2+}-Lsg. (I) erfolgt mit Induktionsperiode 0 oder $>$ 0,25 sec, auch in gepufferter Lsg.; sie wird durch ca. 1 ml 20%ig. NH_4OH auf 40 ml 0,1—0,2 mol. H_2O_2-Lsg. (0,002 mg Cu^{2+}/ml) gehemmt. Bei p_H 11—12,5 zeigt sie ein flaches Maximum. Die Aktivierungsenergie beträgt 14,8 kcal/Mol. Zusatz von Methylmethacrylat hemmt die H_2O_2-Zers. mit Cu^{2+} ohne NH_3, ist aber bei I ohne Wrkg., woraus geschlossen wird, daß der Radikal-Ketten-Mechanismus mit Cu^{2+} durch die Ggw. von I in einen anderen Mechanismus übergeht. Es wird angenommen, daß bei der Katalyse mit I die Bldg. eines Zwischenprod., etwa $(NH_3)_4Cu^{2+} \cdot HO_2^- \cdot H_2O_2$, eine Rolle spielt. (Журнал Физической Химии [J. physik. Chem.] **31.** 1387—94. Juni 1957. Moskau, Inst. für Eisenbahntransportwesen.)

R. K. MÜLLER. 227

John Shipley Rowlinson, Liquids and liquid mixtures. London: Butterworths Scientific Publications. 1959. (IX + 360 S. m. Taf. u. Diagr.) = Modern aspects of chemistry series, ed. by F. C. Tompkins. 75 s.

A_8. Präparative und anorganische Chemie. Komplexverbindungen. Metallorganische Verbindungen.

M. Odehnal, *Über die Entstehung des höheren Jodoxyds bei der Dehydratation der Perjodsäure.* Bei der Unters. der Dehydratation der *Paraperjodsäure* (**I**) wurden folgende Ergebnisse erreicht. In der ersten Phase der Dehydratation verliert **I** 2 Moll. W. u. ergibt über mögliche Zwischenstufen *Metaperjodsäure* (**II**). Die Dehydratation zu **II** wird nur in geringem Maße von einer Zers. zu einer Verb. des J (**V**) begleitet. Das Molverhältnis $H_2O : J_2O_7 = 1{,}0$ wird bei 117° u. 1 mm Hg in etwa 10 Std., bei 10^{-3} mm Hg während 7 Std. erreicht. Während der weiteren Dehydratation sinkt das Molverhältnis $H_2O : J_2O_7$ unter 1,0. Bei 117° 1 mm Hg (bzw. bei 10^{-3} mm Hg bereits bei 100°) nähert sich das Molverhältnis $H_2O : J_2O_7$ (Maximalwert) nach einer längeren Dehydratation den Werten von 0,2 bis 0,3, durch die Dehydratation bei 117° im Vakuum bei 10^{-3} mm Hg können prakt. wasserfreie Präpp. erhalten werden. Diese Feststellung beweist, daß in den gewonnenen Prodd. J_2O_7 im Gemisch bzw. als Verb. mit J_2O_5 oder mit wasserfreier Jodsäure vorliegt. Die weitere Dehydratation wird von einer weitergehenden Zers. begleitet. Das Molverhältnis $J_2O_5 : J_2O_7$ nähert sich nach längerem Erhitzen dem Wert 1,0 u. ändert sich danach verhältnismäßig wenig; dies könnte auf die Entstehung einer Verb. $J_2O_5 \cdot J_2O_7$ deuten. Es wurde auf die Analogie zu den Sb-Salzen hingewiesen. (Spisy vydávané přírodovědeckou Fak. Masarykovy Univ. [Publ. Fac. Sci. Univ. Masaryk] **1958.** 19—32. Brno, Masarykova univ.)

J. SCHNEIDER. 249

Shigeru Ohashi und **John R. Van Wazer,** *Struktur und Eigenschaften der kondensierten Phosphate.* 14. Mitt. *Calciumpolyphosphate.* (13. vgl. C. **1957.** 9824.) Vff. untersuchten folgende Calciumphosphate papierchromatograph. u. teilweise auch mit Hilfe der Lichtstreumeth.: *Trömelit* (**I**), *α*- (**II**), *β*- (**III**), *γ*-(**IV**), *δ-Calcium„metaphosphat"* (**V**), *„Tetracalciumdihydrogenhexaphosphat"* (**VI**), $4\ CaO \cdot H_2O \cdot 3\ P_2O_5$, *Na-Ca-Metaphosphat* (**VII**), $Na_4Ca(PO_3)_6$, sowie glasige Calciumphosphate. Die Substanzen wurden meist mit Hilfe von auf p_H 7,0—7,3 eingestellter 3%iger Lsg. von Dinatriumäthylendiamintetraacetatdihydrat aufgelöst, was in manchen Fällen über eine Woche dauerte. Die dabei auftretende hydrolyt. Spaltung wurde berücksichtigt. **I** ist ein krist. *Pentaphosphat* $Ca_7(P_5O_{16})_2$. Die Tatsache, daß **I** einem Gebiet fester Lsg. mit Ca-Metaphosphat wie auch Ca-Diphosphat entspricht, zeigt, daß eine kleine Menge Polyphosphate anderen Kondensationsgrades das Pentaphosphat im Gitter ersetzen können. **VI** ist ein saures Triphosphat $Ca_2HP_3O_{10}$. **II, III, IV** u. **V** sind langkettige Ca-Polyphosphate. Der durchschnittliche Kondensationsgrad von **II** u. **III** liegt bei etwa 10000, bei **IV** u. **V** bei etwa 200—600. Es liegt in allen Fällen eine Verteilung verschiedener Kondensationsgrade wie beim KURROLschen Salz u. bei organ. Hochpolymeren vor. **IV** u. **V** enthalten nachweisbare Mengen H_2O (Endgruppenabsättigung). **VII** ist *Na–Ca-Trimetaphosphat* $Na_4Ca[(PO_3)_3]_2$, Ca-Phosphatgläser der stöchiometr. Zus. $Ca_{\frac{n+2}{2}}P_nO_{3n+1}$ (n = 5,7 bis ca. 20) sind völlig analog aufgebaut wie die Na-Phosphatgläser (vgl. PARKS u. VAN WAZER, C. **1958.** 10298): Verteilung der Kondensationsgrade, die von der theoret. u. der unter Annahme des Modells der starren Stäbe errechneten abweicht. (J. Amer. chem. Soc. **81.** 830—32. 20/2. 1959.)

W. DEWALD. 283

L. I. Sacharkin und **O. Ju. Ochlobysstin,** *Umlagerung von Aluminiumtrialkylen.* Triisopropylaluminium (**I**) u. Tris-[sek.-buty]-aluminium (**II**) werden beim Erhitzen (30 Std. auf 110—130°) fast quantitativ zu *Tri-n-propyl-* bzw. *Tri-n-butyl-aluminium* umgelagert. Bei der Umlagerung von **II** entstehen wenig *Buten-(2)* u. *Di-n-butylaluminiumhydrid.* Bei der Darst. von **I** u. **II** nach PITZER u. GUTOWSKY [1946] aus Diisopropyl- u. Di-sek.-butylquecksilber u. Al entstehen somit neben **I** u. **II** noch die isomeren Tri-n-alkylaluminiumverbindungen. Die Gemische lassen sich durch Dest. trennen. Die Organoaluminiumverbb. wurden über die entspr. Alkylquecksilberhalogenide identifiziert: *n-Propylquecksilber (II)-chlorid,* F. 145°. — *Isopropylquecksilber(II)-chlorid,* F. 94—96°.

— *n-Propylquecksilber (II)-bromid*, F. 135°. — *Isopropylquecksilber (II)-bromid*, F. 95—96°.— *n-Butylquecksilber (II)-bromid*, F. 136°. — *sek.-Butylquecksilber (II)-bromid*, F. 39°. (Известия Академии Наук СССР, Отделение Химических Наук [Nachr. Akad. Wiss. UdSSR, Abt. chem. Wiss.] **1958.** 1278. Okt. Inst. für metallorg. Verbb. der Akad. der Wiss. der UdSSR.) HELMUT SCHÄFER. 294

V. Caglioti, *Aktuelle Probleme in der Chemie der Tonmineralien.* An Hand der vorliegenden Literatur bespricht Vf. die Struktur u. Synthese von Tonmineralien, den Ursprung der sauren Funktion in einigen Si-Al-Gelen, die Ionenaustauschkapazität, den Ursprung der negativen Ladung sowie die orientierte Adsorption organ. Substanzen an die Mineralien. (Agrochimica [Pisa] **2.** 1—25. Dez. 1957. Roma, Univ., Ist. di Clin. Generale.) C. GOTTFRIED. 294

U. Grant Whitehouse und **Ronald S. McCarter,** *Diagenetische Veränderung von Tonmineraltypen in künstlichem Seewasser.* Unter diagenet. Veränderungen werden solche Veränderungen verstanden, bei denen zwischen Ausgangsmaterial u. behandeltem Material deutliche Unterschiede in der chem. Zus., der Gitterstruktur u. dem Kristallhabitus festzustellen waren. Unterschiede in den austauschfähigen Ionentypen oder in der Kationenaustauschkapazität wurden nicht als diagenet. Veränderungen angesehen. In den Verss. wurden *kaolinit.*, *montmorillonit.* u. *illit. Tone* verschied. Fundorte in künstl. Seewasser bis zu 60 Monaten suspendiert u. die Reaktionsprodd. chem., röntgenograph., elektronenmkr. u. mittels DTA untersucht; außerdem wurden die Kationenaustauschkapazitäten u. die scheinbaren DD. gemessen u. die Beobachtungen bzw. Meßergebnisse mit den Untersuchungsergebnissen der Ausgangs- bzw. Bezugsstofe verglichen. Diagenet. Veränderungen wurden nur bei den montmorillonit. Tonen beobachtet; die entstandenen Prodd. waren vom illit. oder chlorit. Typ. Nach 4 Jahren wurden 18,2 Gew.-% chlorit. Ton u. 4,4 Gew.-% illit. Ton abgetrennt. Das chlorit. Material entwickelt sich scheinbar durch anfängliche Bldg. eines mit Mg angereicherten Montmorillonits, der dem Hectorit ähnlich ist. Die Veränderung des Montmorillonits ist mehr von dem Mg/K-Verhältnis in dem Seewasser abhängig als von der gesamten Salzkonzentration. Zahlreiche Tabellen, Diagramme u. elektronenmkr. Aufnahmen sind beigegeben. (Nat. Acad. Sci.—Nat. Res. Council, Publ. Nr. **566.** 81—119. 8/10. 1956. Texas, Coll. Stat., Agricultural and Mechan. Coll. of Texas.) C. GOTTFRIED. 294

Joe L. White, *Schichtladung und interlamellare Ausdehnung in einem Muskovit.* In Fortsetzung früherer Unterss. (vgl. C. **1959.** 11502) behandelte Vf. die 1,0—0,2 μ-Fraktion eines Muskovits bei 300° mit geschmolzenem $LiNO_3$, u. zwar von 0,3—36 Stunden. Nach jeder Rk. wurde das überschüssige $LiNO_3$ durch Waschen mit W. entfernt u. hierauf die lufttrockenen, mit Li-gesättigten Blättchen röntgenograph. untersucht. Außerdem wurde die K-, Li- u. Kationenaustauschkapazität nach der l. c. beschrieben Meth. bestimmt. Röntgenograph. wurden speziell die 001- u. 002-Interferenzen untersucht. Es wurde gefunden, daß eine geringe Gitteraufweitung auftrat, wenn die Schichtladung von 238 auf 201 Milliäquivalente pro 100 g reduziert wurde. Diese Aufweitung ist der schnelleren Rk. des $LiNO_3$ mit der feineren Fraktion des Glimmers zuzuschreiben. Wenn die Schichtladung weiter auf 163 Milliäquivalente /100 g reduziert war, war der Netzebenenabstand auf 11,8 Å gestiegen. Dieser Netzebenenabstand blieb bei weiterer Red. der Schichtladung auf 104 Milliäquivalente nach 36-stündiger Reaktionsdauer konstant. Die Verss. ergaben eine direkte Abhängigkeit zwischen der interlamellaren Ausdehnung u. einem krit. Wert der Oberflächendichte der Ladung von $6{,}7 \cdot 10^4$ elektrostat. Einheiten pro cm^2. Vor Beginn der Rk. lag dieser Wert bei $9{,}8 \cdot 10^4$ elektrostat. Einheiten pro cm^2. (Nat. Acad. Sci.—Nat. Res. Council, Publ. Nr. **566.** 289—94. 8/10. 1956. Lafayette, Ind., Purdue Univ., Agricult Experiment Stat.) C. GOTTFRIED. 294

Fred A. Mumpton und **Rustum Roy,** *Neue Daten über Sepiolith und Attapulgit.* Zur mögl. Synthese von Attapulgit u. Sepiolith wurden Gele der Zus. 69,0 SiO_2 : 9,2 Al_2O_3 : 21,8 MgO (für Attapulgit) (**I**) u. 59,6 SiO_2 : 2,3 Al_2O_3 : 38,1 MgO (für Sepiolith) (**II**) unter Wasserdrucken von 10000—25000 lb./in² bis 3 Wochen auf etwa 200° erhitzt. Unter diesen Bedingungen bildeten sich nur *Montmorillonit* u. *Saponit.* Oberhalb 350° waren *Talk*, SiO_2 u. *Chlorit*-Phasen stabil. Beim Erhitzen von **I**- u. **II**-Gelen auf etwa 300° unter einem Wasserdruck von 20000 lb./in² u. Abschrecken nach 8 u. 24 Std. bildeten sich nur montmorillonoide Phasen. Unter gleichen hydrothermalen Bedingungen wurden natürlicher Attapulgit u. Sepiolith untersucht. Bei 200° u. einem Wasserdruck von 20000 lb./in² entstanden Montmorillonit bzw. Saponit. Es wurden hierauf natürlicher Attapulgit u. Sepiolith 24 Std. im trocknen Zustand erhitzt u. die Prodd. röntgenograph. untersucht. Beide Mineralien wurden bis etwa 400° nicht verändert; oberhalb dieser Temp. verschwanden allmählich alle Interferenzen, bis bei etwa 700° die Probe röntgenamorph erschien. Bei weiterem Erhitzen auf 1150° bildeten sich bei Sepiolith *Cristobalit* u. *Enstatit*, bei Attapulgit Cristobalit u. *Cordierit*. (Nat. Acad. Sci.—Nat. Res. Council, Publ. Nr. **566.** 136—43. 8/10. 1956. University Park, Pa., Pennsylvania State Univ., Coll. of Mineral Ind.) C. GOTTFRIED.294

Sadao Taki, *Thermische Zersetzung des Ammoniumtitanylsulfats.* Die therm. Zers. von $(NH_4)_2SO_4 \cdot TiOSO_4 \cdot 2\,H_2O$ (I) u. von $(NH_4)_2SO_4 \cdot TiOSO_4 \cdot H_2O$ (II) wird thermogravimetr. durch Röntgenanalyse u. DTA untersucht. Die Abspaltung des Kristallwassers verläuft radial von der Oberfläche nach dem Inneren des Teilchens u. zwar an der Grenzfläche zwischen wasserfreiem $(NH_4)_2SO_4 \cdot TiOSO_4$ u. dem Hydrat. Die Aktivierungsenergie der Wasserabspaltung beträgt bei **I** 5,29 u. 19,87 u. bei **II** 5,17 kcal/Mol. Nach der Wasserabspaltung verlaufen die therm. Zerss. wie folgt: **II** $(NH_4)_2SO_4 \cdot TiOSO_4 \rightarrow (NH_4)_2SO_4 \cdot 4\,TiOSO_4 \rightarrow TiOSO_4 \rightarrow TiO_2$ u. bei **I**: $(NH_4)_2SO_4 \cdot TiOSO_4 \rightarrow 3\,(NH_4)_2SO_4 \cdot 4\,TiOSO_4 \rightarrow (NH_4)_2SO_4 \cdot 2\,TiOSO_4 \rightarrow (NH_4)_2SO_4 \cdot 4\,TiOSO_4 \rightarrow TiOSO_4 \rightarrow TiO_2$. (J. chem. Soc. Japan, pure Chem. Sect. [Nippon Kagaku Zassi] **79.** 1210—15. Okt. 1958. Kôhu, Yamanasi-Daigaku. [Orig.: japan.]) E. MAEKAWA. 321

H. Rösch und **E. Hellner,** *Hydrothermale Untersuchungen am System PbS–As_2S_3.* Zu den reinen Blei–Arsen-Spießglanzen gehören die folgenden Mineralien: *Sartorit*, $PbS \cdot As_2S_3$, *Baumhauerit*, $3\,PbS \cdot 2\,As_2S_3$, *Rathit I* 13 (14) $PbS \cdot 9\,As_2S_3$, *Rathit II*, $19\,PbS \cdot 13\,As_2S_3$, *Dufrenoysit*, $2\,PbS \cdot As_2S_3$, *Jordanit* $27\,PbS \cdot 7\,As_2S_3$, *Liveingit*, $4\,PbS \cdot 3\,As_2S_3$, *Lengenbachit*, $Pb_{36}Ag_7Cu_5As_{24}S_{78}$ u. *Gratonit*, $9\,PbS \cdot 2\,As_2S_3$. Vff. berichten über hydrothermale Syntheseverss., bei denen die H_2O-Drucke von 1—1800 atü, die Tempp. von 150 bis 600° variiert wurden. Die Reaktionsprodd. wurden röntgenograph. identifiziert. Unter den angegebenen Versuchsbedingungen konnten alle Mineralien bis auf Gratonit, Liveingit u. Lengenbachit synthet. erhalten werden. Neben den 6 Mineralien, die hydrothermal hergestellt werden konnten, wurden in mehreren Proben neue Phasen erhalten, von denen keine natürl. Vertreter bekannt waren. Es handelt sich hierbei um *Sartorit II*, Ausgangszus. $PbS : As_2S_3 = 1 : 1$ u. *Baumhauerit II*, $PbS : As_2S_3 = 1 : 8$. Diese beiden Substanzen unterscheiden sich von den natürlich vorkommenden Proben durch ihre Elementarzellen. Es wurden außerdem noch 2 weitere Phasen gefunden, deren Gitterdimensionen keine Ähnlichkeit zu der Reihe der reinen Pb–As-Spießglanze erkennen lassen. Es handelt sich dabei um eine trigonale Phase mit $PbS : As_2S_3 = 1 : 1$ mit den Gitterkonstanten a = 6,9 Å, c = 7,19 u. der Raumgruppe D_{3d}^2—$P\,\bar{3}1\,c$ sowie um eine kub. Phase, ebenfalls $PbS : As_2S_3 = 1 : 1$, der Würfelkantenlänge a = 10,6 Å u. der Raumgruppe T_d^3—$j\,\bar{4}3\,m$. (Naturwissenschaften **46.** 72. 2. Jan.-H. 1959. Marburg, Univ., Mineral. Inst.) C. GOTTFRIED. 328

A. Okáč und **M. Bartušek,** *Über einige Komplexsalze des Cyanoargentats.* Die Formulierung des Nd. von Silbercyanid als $Ag[Ag(CN)_2]$ steht im Einklang mit der Formulierung der LIEBIG-Meth. zur Best. der Cyanide. Diese Auffassung wird auch durch die potentiometr. Titration des Ag^+ in ammoniakal. Lsg. des Nd. durch J^- bestätigt. Der J^--Verbrauch entspricht genau der halben Menge des Ag im Niederschlag. Das entsprechende Diamminsalz $[Ag(NH_3)_2]\,[Ag(CN)_2]$ ist nur in trockenem NH_3 isolierbar. Aus pyridinhaltigen Lsgg. kann man mit W. das entspr. Pyridinsalz $[AgPy_2]\,[Ag(CN)_2]$ fällen. Beide Salze sind an der Luft sehr unbeständig, verlieren rasch NH_3 oder Pyridin u. gehen in das ursprüngliche $Ag[Ag(CN)_2]$ über. Die Stabilität des komplexen Ions $[Ag(CN)_2]^-$ wurde durch die Darst. nachst. Komplexsalze bestätigt: $[Cd(NH_3)_2] \cdot [Ag(CN)_2]_2$, $[Cu(NH_3)_2]\,[Ag(CN)_2]_2$ (I), $[Ni(NH_3)_2]\,[Ag(CN)_2]_2$ (II), $[NiPy_4]\,[Ag(CN)_2]_2$, $[CdPy_4]\,[Ag(CN)_2]_2$, $[CuPy_4]\,[Ag(CN)_2]_2$ u. $[ZnPy_2][Ag(CN)_2]_2$. Die Schwierigkeit, reine Salze zu bereiten, hängt von den Stabilitätskonstanten der Cyankomplexe der einzelnen Metalle ab. I u. II bilden sich schon in der ammoniakal. $Ag(Ag)CN)_2]$-Lösung. Für die WÖHLER-Verb., die durch Lösen von $Ag[Ag(CN)_2]$ in konz. $AgNO_3$-Lsg. entsteht, wurde durch eine Gesamtanalyse u. durch NO_3-Best. die Formel $Ag[Ag(CN)_2] \cdot 4AgNO_3$ nach BLOXAM u. HELWIG bestätigt u. damit die Formulierung nach WÖHLER widerlegt. (Spisy vydávané přírodovědeckou Fak. Masarykovy Univ. [Publ. Fac. Sci. Univ. Masaryk]. **1958.** 9—18. Brno, Masarykova univ.) J. SCHNEIDER. 359

W. H. Keesom, Helium. Amsterdam: Elsevier Publishing Cy. 1959. (XX + 496 S. m. 258 Abb.) hfl. 37.50.
Eugeny Mikhailovich Lifshits and E. L. Andronikashvili, A supplement to „Helium" (by **W. H. Keesom**), übersetzt aus dem Russ. New York: Consultants Bureau, London: Chapman & Hall. 1959. (V, 167 S. m. Diagr.) 60 s.

A₉. Mineralogische und geologische Chemie.

W. I. Michejew, *Röntgenometrische Bestimmungstabelle für Mineralien.* (Кристаллография [Kristallographie] **2.** 466—69. 1957. Leningrad, Bergingtitut. — C. **1958.** 6197.) R. K. MÜLLER. 372

Joseph A. Kornfeld, *Statistische Verwandtschaften der geringeren Bestandteile einiger Nontronite.* An Hand von Angaben in der Literatur u. eigenen Unterss. an einer größeren Anzahl von Nontroniten kommt Vf. zuerst zu dem Ergebnis, daß Ersatz von Al durch Fe^{+++}-Ion im Gitter charakterist. ist für Nontronit als Glied der Montmorillonitgruppe; in einigen Nontroniten ersetzt Cr in beträchtlichen Mengen das Fe^{3+}-Ion im Gitter. Aus chem. Analysen von 15 Nontroniten der verschiedensten Herkunft ergab sich, daß der Geh. an SiO_2 zwischen 30 u. 60%, der von Fe_2O_3 zwischen 25 u. 40% schwankt. Nebenbestandteile sind MgO, TiO_2, FeO, CaO, K_2O u. Na_2O. Der Geh. an Mg erwies sich als proportional dem Wert der Summe für oktaedr. Koordination, Fe^{2+} als proportional zu Ti. (Nat. Acad. Sci.—Nat. Res. Council, Publ. Nr. **566.** 174—88. 8/10. 1956. Tulsa, Okla.) C. GOTTFRIED. 372

Henry R. Hoekstra und **Joseph J. Katz,** *Die Isotopengeologie einiger Uranmineralien.* Die Best. des Verhältnisses $^{16}O/^{18}O$ in Uranerzen zeigt, daß Uraninit weniger ^{18}O als Pechblende enthält, was auf die höhere Bildungstemp. des ersteren zurückgeführt wird. Zwischen den Uranerzen u. dem sie umgebenden Milieu finden Austauschrkk. von ^{18}O u. ^{16}O statt, außerdem spielen für den ^{18}O-Geh. gewisse Verunreinigungen eine Rolle. Die Austauschrkk. sind am stärksten bei der Verwitterung der Erze. (Proc. int. Conf. peaceful Uses Atomic Energy **6.** 547—50. 1956. US Atomic Energy Comm.) F. ENSSLIN. 378

L. R. Stieff und **T. W. Stern,** *Die Erklärung der $^{206}Pb/^{238}U < ^{207}Pb/^{235}U \ll ^{207}Pb/^{206}Pb$-Altersfolge von Uranerzen.* Aus den Unterss. geht hervor, daß die natürl. Variation des Verhältnisses $^{238}U/^{235}U < 1\%$ ist. Ein großer Verlust an ^{222}Rn tritt in unverwitterten, derben Uranerzen nicht auf. Eine Verwitterung von pyrit. Uranerzen führt leichter zu einem Verlust an U als an Pb. Die Altersbest. nach $^{207}Pb/^{206}Pb$ ist am wenigsten gegen Verluste von Pb u. U anfällig. Pb-Erze, die mit U-Erzen zusammen vorkommen, enthalten große Mengen radiogenes Pb, das wahrscheinlich älter als die umgebenden U-Erze ist. Die Altersbest. nach der $^{206}Pb/^{238}U$-Meth. ist mit unverwitterten Erzen relativ genau, bei verwitterten aber nicht brauchbar. Die $^{207}Pb/^{206}Pb$-Meth. gibt meist ein zu hohes Alter u. ist mit großen Fehlerquellen behaftet. (Proc. int. Conf. peaceful Uses Atomic Energy **6.** 540—46. 1956. US Geol. Survey.) F. ENSSLIN. 378

C. Frondel, *Die Mineralogie des Thoriums.* Beschreibung der bekannten Th-Mineralien u. solcher Mineralien, die in ihrem Bau nennenswerte Mengen ThO_2 isomorph einzubauen vermögen, Vergleich mit den entsprechenden U-, Ce- u. Zr-Mineralien. Th reichert sich in den Restlsgg. der Magmen an u. wird infolge des großen Ionenradius nur wenig in Fremdmineralien eingebaut. Es kommt in Pegmatiten, hydrothermalen Gängen u. Lagerstätten zur Abscheidung. Pegmatite von Nephelinsyeniten sind bes. reich an Th u. zugleich an Seltenen Erden. (Proc. int. Conf. peaceful Uses Atomic Energy **6.** 568—77. 1956. US Geol. Survey and Harvard Univ.) F. ENSSLIN. 378

W. S. Twenhofel und **K. L. Buck,** *Die Geologie der Thoriumlagerstätten in den Vereinigten Staaten.* Seitenlagerstätten von Monazit sind durch Verwitterung monazitführender Eruptiv- u. Sedimentgesteine entstanden. Gangvorkk. von Th stehen in Verb. mit alkal. Eruptivgesteinen. Die Hauptmineralien sind Monazit, Thorit u. Thorogummit, welche gewöhnlich von Baryt, Carbonaten, Quarz u. Eisenoxyden begleitet sind. Übersicht über die Vorkk. in USA. (Proc. int. Conf. peaceful Uses Atomic Energy **6.** 562—67. 1956. US Geol. Survey.) F. ENSSLIN. 378

V. E. McKelvey, D. L. Everhart und **R. M. Garrels,** *Zusammenfassung der Hypothesen über die Entstehung von Uranlagerstätten.* Die Entstehung der Uranerze ist bedingt durch den großen Ionenradius des U, seine Mehrwertigkeit, die Löslichkeit der Uranylkomponente u. die große Stabilität des U(IV) unter red. Bedingungen. Es reichert sich daher in den Restmagmen an u. wird nicht in das Gitter der gesteinsbildenden Mineralien aufgenommen. Seine Löslichkeit bedingt verhältnismäßig große Magmenferne u. seine Trennung vom Th. Die vorzugsweise Fällung u. Anreicherung geschieht durch H_2S oder Sulfide u. Kohlematerial. (Proc. int. Conf. peaceful Uses Atomic Energy **6.** 551—61. 1956. US Geol. Survey; US Atomic Energy Comm.) F. ENSSLIN. 378

N. Varlamow, *Mineralabfolge der Zinn- und Wolframvererzung von Maniema.* W schied sich vor dem Zinnstein der mittleren u. niederen Tempp. ab. Der Zinnstein in dem Gebiet der niedrigen Tempp. wurde in den Gangspalten nach dem Scheelit gebildet. Der Zeitpunkt der Verdrängung von Scheelit durch Ferberit u. Anthoinit konnte nicht bestimmt werden. (Ann. Soc. géol. Belgique, Bull. **81.** B 275—82. April 1958.) F. ENSSLIN. 378

A. A. Garmasch, *Paragenese der späten hypogenen Sulfide in den Erzen der polymetallischen Lagerstätte von Smeinogorsk im Altai.* Bei der Erforschung der Erze des Vork. Smeinogorsk wurde festgestellt, daß *Bornit, Chalkosin* u. verschied. mit ihnen assoziierende Mineralien eine selbständige Paragenese aufweisen, die räumlich mit dem

Barytvork. in der oberen Zone des Erzkörpers zusammenhängt. Diese Paragenese ist hypogener Natur. Die festgestellte paragenet. Assoziation der Erzmineralien aus dem spätesten Stadium der Mineralbldg. bestätigt den mehrstufigen Charakter der Mineralldg. der Lagerstätte von Smeinogorsk. Die Verschiedenheit dieser Assoziation gegenüber dem Hauptkomplex der Sulfide läßt darauf schließen, daß bei der Ablagerung der Mineralien des Spätstadiums die Lsgg. eine tiefere Temp. u. ein erhöhtes O_2-Potential im Vgl. zum Hauptstadium aufwiesen. Die in der Literatur vertretene Annahme, daß die anomale Anreicherung der Smeinogorsk-Lagerstätte mit Ag mit einer intensiven, selbständigen, im wesentlichen Ag-bedingten Stufe der hydrothermalen Tätigkeit zusammenhängt, wird dadurch bestätigt. (Доклады Академии Наук СССР [Ber. Akad. Wiss. UdSSR] **120.** 1110—13. 11/6. 1958. Inst. für Mineralog., Geochem. u. Kristallchem. der seltenen Elemente der Akad. der Wiss. der UdSSR.) O. LEBTAG. 378

M. G. Djadtschenko, *Zur Mineralogie der Sedimentablagerungen und der Verwitterungsrinde kristalliner Gesteine im Gebiet zwischen der Irscha und Trostjanitza im Shitomirgebiet.* Aus der Schichtanalyse der Sedimente u. der Verwitterungsrinde der krist. Gesteine aus dem Gebiet zwischen Irscha u. Trostjanitza ergab sich die Ggw. von ca. 60 Mineralen. Dabei wurde fast kein Unterschied in der mineralog. Zus. der Sedimente u. Verwittersrinde festgestellt. Dies ist ein Beweis dafür, daß die nach Alter u. Genese verschied. Sedimente lokalen Ursprunges sind. Sie verdanken ihre Bldg. hauptsächlich den Gesteinen des Korosten-Intrusivkomplexes. Die regionale Verbreitung des Ilmenits in allen Sedimenten des untersuchten Gebietes spricht für einen direkten genet. Zusammenhang mit der Hauptserie dieses Komplexes. (Доповіді Академії Наук Української РСР [Ber. Akad. Wiss. UkrainSSR] **1958.** 879—82. Inst. für geol. Wiss. der Akad. der Wiss. der UkrainSSR.) O. LEBTAG. 378

N. I. Rafijenko, *Über die Molybdänvererzung des westlichen Transbaikalgebietes.* Die Mo-Erze im West-Transbaikalgebiet treten in ständiger Verb. mit sauren Eruptivgesteinen auf. Reine Molybdänite sind nur in geringen Mengen zu finden; viel ausgebreiteter sind deren Verbb. mit Quarz-Granat, -Sericit, -Feldspat, ferner mit Wolframit u. Scheelit. Die größten Lager befinden sich in Amolsk u. Perwomaisk. Die Granite der Mo-Fundorte enthalten neben erhöhtem Mo-Geh. noch Li, Be, B, F, S, Sc, Fe, As, Sb, Bi, Cu, Zn, Pb, Ag, Sn, V u. W. Es sind fast alle genet. Formationen in der komplizierten geol. Struktur des Westtransbaikals vertreten. (Известия Сибирского Отделения Академии Наук ССР [Nachr. sibir. Abt. Akad. Wiss. UdSSR] **1958.** Nr. 2. 9—20. Ostsibir. Zweigstelle der Akad. der Wiss. der UdSSR.) A. v. WILPERT. 378

C. I. Rich, *Muskovitverwitterung in einem in dem Virginia-Piedmont entwickelten Boden.* Röntgenograph. u. analyt. durch Best. des K_2O-Geh. untersuchte Vf. die Verwitterung des Muskovits in Vermiculit in Böden, die sich aus Wissahickon-Schiefern in dem Piedmont von Virginia entwickelt hatten. Aus den Unterss. ging hervor, daß mit fortschreitender Verwitterung der Muskovit Kalium verliert u. sich ausdehnt. (Nat. Acad. Sci.—Nat. Res. Council, Publ. Nr. **566.** 203—12. 8/10. 1956. Blacksburg, Va., Agricult. Experiment Stat.) C. GOTTFRIED. 378

Paolo Gallitelli, *Der 14 Å-Chlorit mit ausdehnbarem Gitter aus den Diabasen der Groppo Maggio im emilschen Appennin.* Vf. untersuchte opt., röntgenograph., chem. u. thermoanalyt. Chlorit aus dem obigen Vorkommen. Die Brechungsindices ergaben sich zu $\alpha' = 1{,}579 \pm 0{,}002$ u. $\gamma' = 1{,}581 \pm 0{,}002$. Pulveraufnahmen lieferten die Basisinterferenzen 14,4 Å; 7,2Å; 4,83 Å u. 3,56 Å. Aus dem Intensitätsverhältnis dieser Interferenzen kann man auf einen Smektit oder Vermiculit schließen. Nach Behandlung mit Glycerin verschiebt sich die Interferenz 14,4 Å auf 16,9 Å u. die bei 7,2 Å auf 8,8 Å, was auch auf einen Smektit schließen läßt. Nach Behandlung mit Wasserdampf dehnt sich das Gitter nur partiell von 14,4 auf 15,4 Å aus. Kochen mit NH_4NO_3 bedingt Verschiebung der 14,4 Å-Interferenz auf 12,4 Å, während durch längeres Erhitzen auf 330° das Gitter nicht verändert wird. Auf der DTA-Kurve treten 2 endotherme Maxima bei 625 u. 820° sowie ein exothermes Maximum bei 845° auf; diese Maxima sind charakterist. für die chlorit. Komponente des Minerals; Maxima bei 150, 220 u. 860° sind der Smektit-Komponente zuzuschreiben. Die chem. Analyse lieferte die folgenden Werte: SiO_2 36,54(%); Al_2O_3 12,90; Fe_2O_3 9,94; FeO 1,21; CaO 2,00; MgO 24,90; Na_2O 0,14; K_2O 0,17; H_2O^- 3,37; H_2O^+ 9,54. Das Basenaustauschvermögen beträgt 46 Milliäquivalente pro 100 g Mineral. (Atti Accad. naz. Lincei, Rend., Cl. Sci. fisiche, mat. natur. [8] **25.** 13—20. Juli/Aug. 1958. Modena, Univ., Ist. di Mineral.) C. GOTTFRIED. 380

Supriya Roy, *Coronadit aus den Manganerzen von Dongari Buzurg und Kodur, Indien.* Vf. untersuchte Coronadit aus den obigen Manganerzvorkk. u. weist darauf hin, daß dies die ersten Vork. des Minerals in Indien sind. In dem ersten Vork. tritt es zusammen mit *Psilomelan, Pyrolusit, Kryptomelan* u. *Manganit,* in dem zweiten Vork.

mit *Braunit*, *Vredenburgit*, Kryptomelan u. Psilomelan auf. Das Mineral ist pleochroit. u. stark anisotrop. Das Reflexionsvermögen in Grünlicht in Luft ist maximal 33,7% u. minimal 31,1% in verschiedenen Richtungen eines stark pleochroit. Schnittes. Das Mineral reagiert mit konz. HCl unter Bldg. von Wachstumslinien, braust mit H_2O_2 auf u. färbt sich schwarz beim Anätzen mit konz. $SnCl_2$-Lsg. u. $H_2O_2 + H_2SO_4$. Die Daten eines Pulverdiagramms sind angegeben. Aus der Art des Vork. folgt, daß sich das Mineral bei tiefer Temp. entweder aus einem Gel oder aus Lsg. zusammen mit Kryptomelan u. Psilomelan gebildet hat. (Naturwissenschaften **46.** 71. 2. Jan.-H. 1959. Calcutta, Jadavpur Univ., Dep. of Geol. Sci.) C. GOTTFRIED. 380

Fred L. Pundsack, *Dichte und Struktur von Endellit.* Unter Endellit versteht Vf. ein Mineral mit der formalen Zus. $Al_2Si_2O_5(OH)_4 \cdot 2\,H_2O$, während Halloysit die Zus. $Al_2Si_2O_5(OH)_4$ hat. Röntgenograph. unterschieden sich die beiden Mineralien dadurch, daß für Endellit ein Basisnetzebenenabstand von ca. 10,1 Å, für Halloysit von ca. 7,2 Å charakterist. ist. Alle von dem Vf. untersuchten Endellite enthielten etwas Halloysit, der reinste stammte von der Dragon Grube, Eureka in Utah. Seine chem. Zus. war SiO_2 37,70(%); Al_2O_3 33,52; Fe_2O_3 0,04; MgO 0,01; Na_2O 0,09; TiO_2 0,01; P_2O_5 0,62; H_2O 28,0. Die Analyse wurde an einem Mineral durchgeführt, das bei 100%ig. relativer Feuchtigkeit gesättigt war. Beim Entwässern über wasserfreiem $Mg(ClO_4)_2$ bis zum Gleichgewicht betrug der Gewichtsverlust 15,6 Gew.-% der Ausgangssubstanz. Die DD. wurden an 2 Proben zu 2,09 bzw. 2,10 bestimmt; die D. von Halloysit in W. beträgt 2,56. Danach läßt sich berechnen, daß die untersuchte Probe zu 97,8% aus Endellit besteht u. maximal 2,2% „Leerstellenwasser", d. h. gegenüber der Formel überschüssiges W. enthält. Bei dem Glühen wurde ein W.-Geh. von 28,0% erhalten, gegenüber einem theoret. Geh. von 24,5%. Der Glühverlustwert ergibt einen Geh. an überschüssigem W. von etwa 4,6%, verglichen mit einem Wert von 2,2%, den man aus den Dichtemessungen erhält. Der Wert von 2,2% für überschüssiges W. deutet auf einen Leerstellenbruchteil von 4,6% hin, u. der Wasserwert von 4,6% führt zu einem Leerstellenbruchteil von etwa 9,4%. Wird Endellit unter Bldg. von Halloysit entwässert, dann tritt keine merkliche Änderung in dem Gesamtvol. des Materials auf. Der gebildete massive Halloysit enthält mehr als 40% leeren Raum, der mit W. füllbar ist. (Nat. Acad. Sci.—Nat. Res. Council, Publ. Nr. **566.** 129—35. 8/10. 1956. Manville, N. J., Johns-Manville Res. Center.) C. GOTTFRIED. 380

W. D. Keller, *Glaukonitischer Glimmer in der Morrison-Formation in Colorado.* Der glaukonit. Glimmer tritt in Zwischenschichten in einem feinkörnigen Sandstein der obigen Formation auf. Interessant an dem Vork. ist, daß dieser Glaukonit nicht marinen Ursprungs ist, während sonst Glaukonite marinen Ursprungs sind. Die Identifizierung geschah röntgenograph. durch Vgl. mit einem typ. Glaukonit. Unter dem Mikroskop ist der Glimmer grün u. pleochroitisch. Die Brechungsindices für X u. Z sind angenähert 1,578 bzw. 1,600. Die chem. Analyse einer Fraktion ergab die folgenden Werte: SiO_2 49,03(%); Al_2O_3 17,93; Fe_2O_3 13,11; FeO 1,31; MgO 2,79; CaO 0,39; Na_2O 0,10; K_2O 7,84; TiO_2 1,06; P_2O_5 0,37; H_2O^+ 6,00. Die Genese des Glimmers wird diskutiert. (Nat. Acad. Sci.—Nat. Res. Council, Publ. Nr. **566.** 120—28. 8/10. 1956. Columbia, Mo., Univ.; US Geol. Survey.) C. GOTTFRIED. 380

James L. McAtee jr., *Heterogenität in Montmorillonit.* Vf. untersuchte verschied. durch Zentrifugieren erhaltene Fraktionen eines *Bentonits* von Wyoming röntgenograph. u. bzgl. ihrer Kationenaustauschfähigkeit. Der untersuchte Bentonit bestand zu ca. 85% aus Montmorillonit u. zu 15% aus Quarz, Cristobalit, Gips, Calcit u. Feldspat. Es wurde gefunden, daß sich der Bentonit wenigstens in 2 Fraktionen trennen ließ. Die eine Phase bestand im wesentlichen aus *Na-Montmorillonit*, die andere Phase aus einem *Ca-Mg-Montmorillonit*. (Nat. Acad. Sci.—Nat. Res. Council, Publ. Nr. **566.** 279—88. 8/10. 1956. Houston, Tex., Nat. Lead Co., Baroid Div.) C. GOTTFRIED. 380

O. I. Strigin, *Genetische Klassifizierung der Sulfide in den Gesteinen des Kriwoi Rog.* Die Sulfidminerale der Gesteine der Kriwoi Rog-Serie sind vertreten durch Pyrit (I), Markasit, Chalkopyrit (**II**), Pyrrhotin, Arsenopyrit, Galenit, Sphalerit (**III**) u. Molybdänit (**IV**). Am seltensten treten **III** u. **IV** auf, am häufigsten **I** u. **II**. Genet. bilden die Sulfide folgende Typen: klastogen, metamorph, hypergen u. hydrothermal. Mengenmäßig sind die metamorphen u. hydrothermalen Sulfide vorherrschend. Die hydrothermalen Sulfide sind in der früh- u. spätsomat. Periode entstanden. Die Spektralanalyse der **I** aus den Albiten sowie des Galenits u. **III** aus den Adern u. aus den Zonen der tekton. Störungen zeigt, daß als charakterist. Beimengungen Pb, As, Cu, Ag, Zn, Mo, Bi u. Sb auftreten. Dies ist nach Ansicht des Vf. ein Beweis für die genet. Verwandtschaft der Albite u. der späteren Hydrobiotit- u. Quarz-Carbonatadern. (Доповіді Академії Наук Української РСР [Ber. Akad. Wiss. UkrainSSR] **1958.** 883—86. Inst. für geol. Wiss. der Akad. der Wiss. der UkrainSSR.) O. LEBTAG. 380

Q. D. Singewald und **M. R. Brock**, *Thoriumlagerstätten in den Wet Mountains, Colorado.* Das Th kommt wahrscheinlich als Thorogummit in vielen hundert verwitterten Gängen u. Spalten praekambr. Gesteine vor. Der ThO_2-Geh. des Haufwerks schwankt zwischen 0,02 u. 12%. (Proc. int. Conf. peaceful Uses Atomic Energy **6**. 578—81. 1956. US Geol. Survey.) F. ENSSLIN. 380

Charles E. Weaver, *Eine Diskussion über den Ursprung von Tonmineralien in Sedimentgesteinen.* Auf Grund von Röntgenanalysen von Tonmineralien aus Tausenden von Sedimenten fand Vf., daß keine merkliche Übereinstimmung zwischen spezif. Tonmineralien u. spezif. Sedimenten besteht. Es wird geschlossen, daß die meisten Tonmineralien in Sedimentgesteinen gewölbeartigen Ursprungs sind u. stark den Charakter ihres Ursprungsmaterials widerspiegeln u. nur wenig in u. von den Sedimenten verändert worden sind. (Nat. Acad. Sci.—Nat. Res. Council, Publ. Nr. **566**. 159—72. 8/10. 1956. Houston, Tex., Shell Oil Co.) C. GOTTFRIED. 380

C. L. Garey, *Tonmineralverteilung in den Bodengebieten von Arkansas.* Geolog.-bodenkundl. Untersuchung. (Nat. Acad. Sci.—Nat. Res. Council, Publ. Nr. **566**. 197—202. 8/10. 1956. Fayetteville, Ark., Univ. of Arkansas, Agricult. Experiment Stat.) C. GOTTFRIED. 380

B. E. Brown und **M. L. Jackson**, *Verteilung der Tonmineralien in den Hiawatha-Sandböden von Nordwisconsin.* Mineralog.-bodenkundl. Analyse, wobei besonders die Veränderungen der Tonmineralien in Abhängigkeit von der Bodentiefe untersucht wurden. In zahlreichen Tabellen u. graph. Darstellungen sind die Versuchsergebnisse zusammengestellt. (Nat. Acad. Sci.—Nat. Res. Council, Publ. Nr. **566**. 213—26. 8/10. 1956. Madison, Wis., Univ., Dep. of Soils.) C. GOTTFRIED. 380

Andrea Alietti, *Einige Tonmineralien mit abwechselnden Schichten (interstratified clay minerals) vom Tarotal.* (Vgl. C. **1959**. 6741.) Vf. untersuchte Tonmineralien aus Talkschichten, die Serpentinmassen nahe dem Monte Chiaro durchschnitten. Es handelt sich um ein Mineral mit abwechselnden *Saponit*- u. *Talk*-Schichten (**I**), eines mit *Chlorit*- u. Saponit-Schichten (**II**) u. ferner um eines mit Chlorit- u. *Vermikulit*-Schichten (**III**). Für **I** ergab sich ein mittlerer Brechungsindex von 1,558—1,567, für **II** wurde $\gamma' = 1,570$ u. $\alpha' = 1,556$ u. für **III** ein mittlerer Index von $1,585 \pm 0,002$ gemessen. Für **I** beträgt der Netzebenenabstand 24,8 Å, entsprechend einer regelmäßigen Schichtfolge von Talk bei 9,5 Å u. von Saponit bei 14,8—15 Å. Nach Sättigung mit Glycerin steigt der Netzebenenabstand auf 27,1 Å, bedingt durch das Quellen der Saponitschichten von 14,8 auf 17,6 Å. Beim Erhitzen auf 400° wird der Saponit entwässert, u. der Netzebenenabstand beträgt 9,3 Å. Die Periode von **II** beträgt 29,4 Å, entsprechend 2 abwechselnden Schichten von ca. 14 Å. Beim Behandeln mit W.-Dampf oder Glycerin quillt das Mineral, u. die Periode verschiebt sich auf 31,6—31,7 Å. Beim Erhitzen auf 400° verschwindet die 29,4 Å-Interferenz, u. bei 550° beträgt die Periode 23,5 Å, sie entspricht abwechselnden Schichten von Chlorit u. entwässertem Saponit bei 14 u. 9,5 Å. Der große Netzebenenabstand von **III** beträgt etwa 29 Å, nach Behandlung mit Glycerin 31 Å. Nach Erhitzen auf 500° nimmt die Intensität der 29 Å-Interferenz ab, die höheren Ordnungen bleiben jedoch unverändert. Nach 2 std. Erhitzen auf 600° wurde zentrale Schwärzung des Films bis zu 25 Å beobachtet. Diesem Halo folgt eine starke Reflexion bei 13,6 Å, die sich bis 12 Å ausdehnt. Damit ist der Chlorit–Vermiculit-Typ des Minerals sichergestellt. Das Verhältnis Vermiculit:Chlorit beträgt ca. 1:3. Die chem. Analysen der Mineralien sowie die DTA-Kurven sind angegeben. (Clay Minerals Bull. **3**. 207—11. Aug. 1958. Modena, Univ., Mineral. Dep.) C. GOTTFRIED. 380

John W. Gabelman, *Uranlagerstätten in Kalkstein.* Aufzählung u. Kurzbeschreibung der Uranvorkk. in Süßwasserkalken u. marinen Kalkablagerungen. (Proc. int. Conf. peaceful Uses Atomic Energy **6**. 338—45. 1956. US Atomic Energy Comm.) F. ENSSLIN. 380

R. A. Laverty und **E. B. Gross**, *Paragenetische Untersuchungen der Uranlagerstätten des Colorado Plateaus.* Allen U-Erzen des Colorado Plateaus ist ein Geh. anorgan. Materials gemeinsam. Die meisten Muttergesteine enthalten Kalk oder Calcit sowie Linsen oder Leisten von Schlick oder Ton. Als Fällungsmittel für U waren die organ. Substanz u. Kalk notwendig. In Einzelfällen können auch Sulfide für die Fällung verantwortlich sein. Das U hat sich erst nach Beginn der Verkittung der Gesteine abgeschieden. (Proc. int. Conf. peaceful Uses Atomic Energy **6**. 533—39. 1956. US Atomic Energy Comm.) F. ENSSLIN. 380

R. C. Derzay, *Die Uran-Lagerstätte Los Ochos.* Die Lagerstätte in Saguache County, Colorado, liefert an einer Bruchzone von Granit u. Schiefern in der Morrison-Formation Pechblende u. selten sek. U-Mineralien in Tonen in fein verteilter Form. Mitvorkommende Erze sind Markasit, Ilsemannit u. Chalcocit. (Proc. int. Conf. peaceful Uses Atomic Energy **6**. 468—72. 1956. US Atomic Energy Comm.) F. ENSSLIN. 380

A. D. Weeks, *Mineralogie und Oxydation der Uranerze des Colorado Plateaus.* Die prim. V-haltigen Erze sind schwarz u. enthalten das U u. V in niedrigen Wertigkeitsstufen, sowie Cu-, Fe-, Pb- u. Zn-Sulfide, Arsenide u. Selenide. V-haltige Erze mit einem Verhältnis $V/U > 15$ enthalten V-Silicate u. kein fossiles Holz. Erze mit V/U zwischen 15 u. 1 sind im Salt Wash-Sandstein u. im Shimarump-Konglomerat u. enthalten U als Uraninit u. Coffinit zusammen mit Kohlematerial. V-freie Erze kommen in Gängen mit C-haltigem Material vor. Durch Oxydation wird zuerst V(III) zu V(IV) oxydiert u. anschließend U(IV) zu U(VI), wobei sich die Farben über schwarzblau in braun ändern. V(IV) oxydiert dann zu V(V). Stark oxydierte Erze sind Carnotit. In der stärksten Oxydationsstufe bilden sich Uranylvanadate, welche braun, rot, gelb bis farblos sind. Aus V-freien U-Erzen entstehen bei der Oxydation hydratisierte Oxyde, Carbonate, Sulfide, Phosphate, Arsenate u. Silicate. (Proc. int. Conf. peaceful Uses Atomic Energy **6.** 525—29. 1956. US Geol. Survey.) F. Ensslin. 380

John W. Grunder, *Ein Vergleich der schwarzen Uranerze von Utah, New Mexico und Wyoming.* Die sedimentären U-Erze enthalten U(VI) in Form von Uraninit u. Coffinit , welches nicht zu U(VI) oxydiert. Vgl. der Lagerstätten in Utah, New Mexico u. Wyoming. (Proc. int. Conf. peaceful Uses Atomic Energy **6.** 530—32. 1956. Univ. of Minnesota.) F. Ensslin. 380

Z. S. Altschuler, E. B. Jaffe und **F. Cuttitta,** *Die Aluminiumphosphatzone der Formation Bone Valley und ihre Uranlagerstätten.* Die $AlPO_4$-Zone überlagert einen Apatitabbau. Sie ist durch laterit. Verwitterung der Formation Bone Valley durch Grundwasser entstanden. Die Mineralien sind Carbonat- u. Fluorapatit, Crandallit, Millisit u. Wavellit. Der U-Geh. nimmt mit steigendem P_2O_5-Geh. im Gestein zu. Er beträgt im Durchschnitt 0,01 bis 0,02%. (Proc. int. Conf. peaceful Uses Atomic Energy **6.** 507—13. 1956. US Geol. Survey.) F. Ensslin. 380

L. S. Hilpert und **V. L. Freeman,** *Beschreibung der Uranlagerstätten in dem Gebiet, Gallup Laguna New Mexico.* Die U-Erze kommen in jurass. u. kretaz. Kalken u. Sandsteinen vor. 50% des geförderten Erzes entstammen den Sandsteinen von Poison Canyon u. Jackpile. Das Brurhy-Basin ist ein Hauptabbaugebiet des Colorado Plateaus. (Proc. int. Conf. peaceful Uses Atomic Energy **6.** 346—49. 1956. US Geol. Survey.) F. Ensslin. 380

Kenneth G. Bell, *Uran in Fällungen und Verdampfungsrückständen.* Der Urangeh. in marinen Kalken u. Dolomiten ist mit 0,7 bis 3,8 ppm sehr niedrig, nimmt aber in den phosphat. Sedimenten stark zu. Der Geh. in Salzen ist ebenfalls gering, so hat Sylvin 0,1 ppm U. Steinsalz, Anhydrit usw. enthalten alle unter 0,1 ppm. Tone u. organ. Stoffe können größere Mengen U binden. Durch aride u. semiaride Verwitterung von vulkan. Tuffen u. Aschen, Tonschiefern u. Ligniten durch Grundwasser wird U gelöst u. kann in Calicheartigen Lagern wieder ausgefällt werden. Bei der Ausfällung von SiO_2-Solen aus U-haltigen Wässern kann ein Teil des U an dem SiO_2-Gel adsorbiert werden. (Proc. int. Conf. peaceful Uses Atomic Energy **6.** 520—24. 1956. US Geol. Survey.) F. Ensslin. 380

J. B. Cathcart, *Verteilung und Vorkommen von Uran in der Calciumphosphatzone des Land-Pebble-Phosphatgebiets von Florida.* Aus den umfangreichen chem. Unterss. geht hervor, daß das U ausschließlich an den Apatit u. nicht an Al-Phosphate gebunden ist, u. zwar sind grobkristalline Apatite reicher an U als fein kristallisierte. Der Urangeh. selbst schwankt zwischen 0,02 u. 0,006%. (Proc. int. Conf. peaceful Uses Atomic Energy **6.** 514—19. 1956. U. S. Geol. Survey.) F. Ensslin. 380

V. E. McKelvey, *Uran in Phosphatgesteinen.* Der U-Geh. der Phosphate schwankt in weiten Grenzen. Hochprozentige marine Phosphorite u. ihre Rückstandslagerstätten enthalten über 0,01% U, wobei dieses mit dem Geh. an P_2O_5 zunimmt. Phosphatknollen im Tonschiefer enthalten über 0,01% U, ebenso solche in Sanden, wenn der P_2O_5-Geh. $< 25\%$ beträgt u. die Grundmasse kalkreich ist. Das U aus den Phosphoriten kann in der Superphosphatprod. als Nebenprod. gewonnen werden. (Proc. int. Conf. peaceful Uses Atomic Energy **6.** 499—502. 1956. Menlo Park, Calif., US Geol. Survey.) F. Ensslin. 380

V. E. McKelvey und **L. D. Carswell,** *Uran in der Phosphoria-Formation.* Die Gesteine der perm. Phosphoria-Formation enthalten 0,005 bis 0,03% U u. örtlich bis 0,06%. Das U ist an die Phosphorite gebunden u. steigt mit zunehmendem P_2O_5-Gehalt. Geringe Mengen sind auch in der organ. Substanz vorhanden. Mit dem CO_2-Geh. nimmt der U-Geh. ab. (Proc. int. Conf. peaceful Uses Atomic Energy **6.** 503—06. 1956.) F. Ensslin. 380

Carlo L. Garavelli und **Fiorenzo Mazzi,** *Erster Nachweis von Zeunerit in der Natur in den sekundären Uranmineralien des Val Rendena.* Vff. berichten, daß sie den bisher nur auf synthet. Wege erhaltenen Zeunerit, $Cu(UO_2)(AsO_4)_2 \cdot 10—16\,H_2O$, erstmals natürl. vorkommend in den sekundären U-Mineralien des Val Rendena nachweisen konnten. Die Idendifizierung erfolgte röntgenograph. u. spektrographisch. (Atti Accad. naz. Lincei, Rend., Cl. Sci. fisiche, mat. natur. [8] **25.** 75—80. Juli/Aug. 1958. Firenze, Univ., Ist. di Min., Petrografia e Geochim.) C. GOTTFRIED. 380

A. P. Pierce, J. W. Mytton und **G. B. Gott,** *Radioaktive Elemente und ihre Abkömmlinge in dem Panhandle-Feld, Texas und anderen Öl- und Gasfeldern der Vereinigten Staaten.* Das Verhältnis U zu den gesteinsbildenden Oxyden in den Rohölaschen ist 0,01, in Aschen aus Erdölextrakten aus Petroleum führenden Gesteinen 0,1, in Rohölaschen im West-Panhandle-Feld 0,1 u. in W. aus diesem Feld 0,00003. Asphaltite aus diesem Gebiet enthalten 1% U neben 3% As, je 0,1% Ni, Co, Cu u. Yttererden, Spuren bis 0,03% Ag, 0,01% V. Das U ist in Form krist. Mineralien vorhanden. Der Ra-Geh. ist in den Ausfällungen der Salzlsgg. in den Sulfaten des Sr, Ba u. Ca konz. u. beträgt $6 \cdot 10^{-8}$ g Ra/g. In den Salzlsgg. selbst ist er $7{,}3 \cdot 10^{-9}$ g Ra/Liter, u. der U-Geh. von Spuren bis $200 \cdot 10^{-6}$ g U/Liter. Ein Zusammenhang zwischen dem Ra- u. U-Geh. in den Solen besteht nicht. Ra ist als ^{226}Ra, ^{223}Ra u. ^{228}Ra vorhanden. Der Rn-Geh. in den Erzgasen der Ölfelder beträgt 200—400 $\mu\mu$cRn/Liter, in Panhandle aber 8000 bis 10000 $\mu\mu$cRn/Liter. Ein Zusammenhang zwischen Rn- u. He-Geh. konnte nicht festgestellt werden. Die höchsten Rn-Konzz. in Panhandle fallen mit dem Vork. U-reicher Asphaltite im Muttergestein zusammen. Der He-Geh. in den Erzgasen steigt mit dem Alter des das Gas erzeugenden Reservoirs. Das Verhältnis N_2 zu He geht parallel u. beträgt 30 mit einer Standardabweichung von $\pm$ 10. Ein Verhältnis < 6 wurde nie gefunden. In Panhandle ist das Verhältnis ^{3}He:^{4}He $1{,}5, \cdot 10^{-7}$, von He:Rr 10. Sowohl die Hauptmenge des He als auch des Ar stammt danach aus radioakt. Zerfall. (Proc. int. Conf. peaceful Uses Atomic Energy **6.** 494—98. 1956. US Geol. Survey.)
F. ENSSLIN. 390

W. J. Hail jr., A. T. Myers und **C. A. Horr,** *Uran in asphaltführenden Gesteinen.* In asphaltführenden Gesteinen schwankt der Urangeh. in den Aschen der extrahierten Öle zwischen 10 u. 3760 g/t. Die Urangewinnung ist abhängig von den Gewinnungsmethoden des Asphalts. Der U-Geh. in den Aschen betrug im einzelnen: Chalon Creek 0,50% U, McKittrick 0,15% U, Edna 1,9% U, Los Alamos 0,33% U, Vernal, Utah, 0,15% U, Sulphen Area, Oklahoma 0,4%U, Ellis Area, Missouri 0,4% U. Andere Asphaltgesteine enthalten in der Asche nur 0,020 bis 0,068% U. Angabe in Tabellen. (Proc. int. Conf. peaceful Uses Atomic Energy **6.** 489—93. 1956. US Geol. Survey.)
F. ENSSLIN. 390

James D. Vine, *Uranhaltige Kohlen in den Vereinigten Staaten.* U-haltige Kohlen sind in USA weit verbreitet. Die reichsten davon sind die Kreide- u. Tertiärkohlen in den nördl. Great Plains u. den Rocky Mountains: Das U. wurde mit dem Grundwasser in die Kohle gebracht u. dort durch die organ. Substanz fixiert. Sichtbare U-Mineralien sind selten zu finden (Carnotit bei Denver). Der Urangeh. schwankt zwischen 10 u. 500 g/t. (Proc. int. Conf. peaceful Uses Atomic Energy **6.** 452—57. 1956. US Geol. Survey.)
F. ENSSLIN. 390

George N. Pipiringos, *Uranhaltige Kohle im Zentralteil des Great Divide Basin, Sweetwater County, Wyoming.* Die eozänen Kohlen haben U-Gehalte von 20 bis 90 g/t. Im südlichen Teil treten Caliche-artige Abscheidungen von Schroeckingerit auf. (Proc. int. Conf. peaceful Uses Atomic Energy **6.** 484—88. 1956. US Geol. Survey.)
F. ENSSLIN. 390

N. M. Denson und **J. R. Gill,** *Uranhaltige Lignite und ihre Beziehungen zu vulkanischen Tuffen im östlichen Montana und den Dakotas.* In den Ligniten kommen sichtbar zeunerit. Autunit u. Torbernit vor. Der Urangeh. ebenso wie der Mo-Geh. nimmt von oben nach unten in den Schichten ab. Spektrograph. können noch Ni, Pb u. V nachgewiesen werden. Der Lignit hat ein hohes Absorptionsvermögen für U aus wss. Lösungen. Das U wurde aus verwitternden vulkan. Aschen u. Tuffen geliefert. Der U-Geh. beträgt 0,005 bis 0,02%, im Mittel 0,008% in der Kohle, u. in deren Asche 0,05, bis 0,1%. Eine Lagerstätte enthält Lignit mit 0,3% U. (Proc. int. Conf. peaceful Uses Atomic Energy **6.** 464—67. 1956. US Geol. Survey.) F. ENSSLIN. 390

John W. King, *Uranreiche Lignite in Harding County, South Dakota.* Die Lignite enthalten bis 8% U_3O_8, im Durchschnitt 0,25% U_3O_8. Als Mineral ist gelegentlich Meta-Autunit zu erkennen. In den Kohlen treten weiter bis 3,2% As u. 1,4% Mo auf. Die Billy Dale-Gruben lieferten Kohle mit 0,40% U_3O_8. Lomesome Pete enthält Lignit mit 0,26% U_3O_8 u. Schlick mit 0,85% U_3O_3. Die Hilltop-Grube liefert Lignit mit 0,33% U_3O_8 u. 0,04% V_2O_5 u. 3,4% $CaCO_3$. (Proc. int. Conf. peaceful Uses Atomic Energy **6.** 473—83. 1956. US Atomic Energy Comm.) F. ENSSLIN. 390

M. Weltner, *Derivatographische Untersuchung des Anthrazits vom Don.* Vf. untersuchte mittels der von PAULIK u. Mitarbeitern (vgl. C. **1959.** 3241) entwickelten derivatograph. Meth., bei der gleichzeitig automat. die Gewichtsänderung der Probe (TG-Kurve), die Geschwindigkeit des Gewichtsverlustes (DTG-Kurve) sowie die DTA-Kurve registriert werden kann, Anthrazit aus dem Dongebiet. Die Kohle enthielt 9,4(%) Asche, 90,6 Brennmaterial, 96,3 Koks, 86,9 gebundenen C u. 3,7 flüchtige Stoffe. Aus der TG-Kurve ist ersichtlich, daß bei 80° W. abgegeben wird. Diesem Maximum entspricht auf der DTA-Kurve ein endothermes Maximum bei 85°. Ein kleines, auf der DTG-Kurve bei 295° auftretendes Maximum zeigt, daß atomare Gruppen u. Strukturen, die für Cellulose u. Pflanzenrückstände charakterist. sind, auch noch in geringer Menge in dem Anthrazit vorhanden sind. Ein bei der therm. Zers. von Baumwollcellulose vorhandenes Maximum bei 300° tritt bei Anthrazit nur ganz schwach auf; ebenso konnte auf den DTG-Kurven das Versetzungsmaximum bei 350°, das für Huminsäuren charakterist. ist, nicht beobachtet werden. Das nächste Maximum auf der DTG-Kurve tritt bei 450° auf u. ist analog dem Hauptmaximum bei der Zers. bituminöser Kohlen. Dieses Maximum entspricht dem Beginn der Koksbildung. Diese Beobachtungen stimmen mit den röntgenograph. Unterss. von LERMUSIAUX u. QUINOT (vgl. C. **1958.** 1739 überein, wonach die Anthrazitstruktur Teilchen mit einem Radius von 5,7 Å enthält, die aus 84 C-Atomen bestehen, welche in 2 Schichten angeordnet sind, die einen Abstand von 3,4 Å haben; diese einzelnen Teilchen sind durch O-Brücken verknüpft. Die Entwicklung von Gasen, hauptsächlich von CO u. CO_2, zwischen 200 u. 500° kann dem Brechen dieser O-Brücken zugeschrieben werden. Oberhalb 500° tritt eine Struktur von 12 C-Atomen auf, die charakterist. für das Auftreten von Koks ist. Oberhalb 500° wird hauptsächlich H_2 abgegeben. Dieses Auftreten von H_2 wird der Depolymerisation der 84 C-Atomstruktur u. der Bldg. der 12 C-Graphitsechsecke zugeschrieben. Dieser Depolymerisation entspricht auf der DTG-Kurve ein weiteres Maximum dicht über 600°. Die DTA-Kurve zeigt, daß das Maximum bei 450°, analog dem Zersetzungsmaximum bituminöser Kohlen, u. das für die Depmolyerisation charakterist. Maximum oberhalb 500° endotherm sind. (Nature [London] **183.** 1254—56. 2/5. 1959. Budapest, Res. Inst. for Heavy Chem. Ind.) C. GOTTFRIED. 390

K. K. Selenow, *Über das Hinaustragen von gelöstem Eisen ins Ochotskische Meer durch die heißen Quellen des Vulkans Ebeko (Insel Paramuschir).* Die Thermalwässer des Vulkans Ebeko werden durch 3 Wasserläufe dem Ochotskischen Meer zugetragen. Ein namenloser Wasserlauf vom p_H 2,2 enthält 5 (mg/Liter) Fe^{2+} u. 33,6 Fe^{3+}. Der Fluß Jurjewa enthält an der Mündung ins Ochotskische Meer beim p_H 1,5 10 Fe^{2+} u. 320 Fe^{2+}. Durch ihn werden dem Meer 400—580 g Fe/Sek. zugeführt. Der Fluß Gorschkowa hat p_H 3,2 u. enthält an der Mündungsstelle 0,6 Fe^{2+} u. 4 Fe^{3+}. Er führt dem Meer 9,2 g Fe/Sek. zu. (Доклады Академии Наук СССР [Ber. Akad. Wiss. UdSSR] **120.** 1089—92. 11/6. 1958. Geol. Inst. der Akad. der Wiss. der UdSSR.) O. LEBTAG. 393

Hidetoshi Nozaki, Akito Koga und **Hiroyasu Kawasaki,** *Chemische Untersuchungen über die heißen Quellen in Beppu.* 12. Mitt. *Spezifische Eigenschaften der natürlichen heißen Quellen.* 3. Teil. *Unterdrücken der O_2-Maxima und Benzidinreaktion.* (11. bzw. 2. Teil vgl. C. **1959.** 14347.) Die Höhe der polarograph. Maxima des O_2 im W. aus sauren, H_2S-haltigen Brunnen wird durch gelöstes H_2S unterdrückt; die unterdrückende Wrkg. nimmt mit der Dauer des Stehens ab, u. die Änderung ist bes. bei höheren Tempp. schneller, wobei deutliche Unterschiede zwischen dem W. von natürlich heißen Brunnen u. künstlich erhitztem Brunnenwasser auftreten. Im W. von NaCl- u. $NaHCO_3$-haltigen Brunnen wird die Höhe der Maxima des O_2 viel weniger unterdrückt, u. die unterdrückende Wrkg. nimmt beim Stehen schneller als beim W. der H_2S-haltigen Brunnen ab, wobei die Temp. kaum die Geschwindigkeit der Abnahme beeinflußt. Die blaue Farbreaktion des Brunnenwassers bei Zusatz von Benzidin u. H_2O_2 bleibt in allen Fällen nach kurzem Stehen des W. aus. (J. chem. Soc. Japan, pure Chem. Sect. [Nippon Kagaku Zassi] **79.** 1285—87. Nov. 1958. [Orig.: japan.]) E. MAEKAWA. 393

D. S. Korzhinskii, Physicochemical basis of the analysis of the paragenesis of minerals. New York: Consultants Bureau; London: Chapman & Hall. 1959. (142 S. m. Taf. u. Diagr.) 63 s.

Edward Henry Kraus and others, Mineralogy; an introduction to the study of minerals and crystals. 5 th ed. New York: McGraw-Hill. 1959. (695 S.) $. 9,—.

Aleksandr Pavlovich Vinogradov, The geochemistry of rare and dispersed chemical elements in soils. 2 nd revised and enlarged ed. New York: Consultants Bureau; London: Chapman & Hall. 1959. (209 S. m. Taf. u. Diagr.) 80 s.

B. Allgemeine und theoretische organische Chemie.

I. M. Bassett und **R. D. Brown,** *Das Überlappungsintegral in der Molekülbahntheorie konjugierter Verbindungen.* 1. Mitt. *Allgemeine Theorie.* Um Voraussagen über die chem. Reaktivität auf Grund von MO-Berechnungen machen zu können, definieren Vff. charakterist. Größen eines π-Elektronensyst., für die auch bei Berücksichtigung des Überlappungsintegrals explicite Ausdrücke errechnet werden können. Diese Größen, die Atomladungsdichte a_μ u. die Bindungsladungsdichte $b_{\mu\nu}$, stellen die Ableitungen der Gesamt-π-Elektronenenergie des Syst. nach dem Coulomb-Parameter α_μ eines Atoms μ bzw. nach dem Resonanzparameter $\beta_{\mu\nu}$ einer Bindung zwischen den Atomen μ u. ν dar, Formeln für die numer. Berechnung der a_μ u. $b_{\mu\nu}$ werden angegeben. (Austral. J. Chem. **9.** 305—14. Aug. 1956. Melbourne, Univ., Dep. of Chem.)
G. Kresze. B 10

I. M. Bassett und **R. D. Brown,** *Das Überlappungsintegral in der Molekülbahntheorie konjugierter Verbindungen.* 2. Mitt. *Kohlenwasserstoffe.* (1. vgl. vorst. Ref.) Vff. berechnen allg. Ausdrücke für die a_μ u. $b_{\mu\nu}$ der Atome u. Bindungen in konjugiert-ungesätt. Kohlenwasserstoffen. Die Regel von der alternierenden Polarität (vgl. Coulson u. Longuet-Higgins, Proc. Roy. Soc. [London], Ser. A **192.** [1947.] 16), daß beim Ersatz eines C-Atoms in einem solchen Syst. durch ein Heteroatom die Ladungen an den benachbarten C-Atomen alternierend geschwächt bzw. verstärkt werden, wird auch nach dem Berechnungsverf. der Vff. bestätigt. (Austral. J. Chem. **9.** 315—18. Aug. 1956.)
G. Kresze. B 10

Yûmi Akimoto, *Die Elektronenstruktur von Azinen.* 1. Mitt. *Molekularstruktur und Elektronenzustände von Fluoflavin und Fluorubin.* Die längstwelligen Absorptionen, die $\pi \rightarrow \pi$-Übergängen zuzuschreiben sind, liegen bei *Fluoflavin* (**I**; *Dihydro-5.6.11.12-tetraazanaphthacen*) bei 22500/cm, für *Fluorubin* (**II**; *Dihydro-5.6.7.12.13.14-hexaazapentacen*) bei 23000; bei **II** wurde auch eine $n \rightarrow \pi$-Absorption bei 21000 beobachtet. Vf. berechnet nach der MO-Meth. die Energien der für **I** u. **II** möglichen Elektronenzustände. Mit einem Wert für das Coulomb-Integral des $>N_H$-Atoms, der zwischen $\alpha_c + 1{,}0\,\beta$ u. $\alpha_c + 1{,}35\,\beta$ liegt, können die Spektren der Verbb. gedeutet werden, falls für die Lage der beiden H-Atome in **I** die 5- u. 11-Stellung, in **II** die 6- u. 13-Stellung angenommen wird. (Bull. chem. Soc. Japan **29.** 460—64. Juni 1956. Miyagi-Prefecture, Hosokura Smelter & Refinery, Mitsubishi Metal Mining Comp. Ltd. [Orig.: engl.])
G. Kresze. B 114

Yûmi Akimoto, *Die Elektronenstruktur von Azinen.* 2. Mitt. *Allgemeine Betrachtungen über die Elektronenstruktur von Azinen und Dihydroazinen.* (1. vgl. vorst. Ref.) Vf. berechnet nach der LCAO-MO-Meth. die Energien der Elektronenzustände u. die Delokalisierungsenergie E_D für folgende Azine (**A.**) u. Dihydroazine (**D.**): *Pyrazin*; *Chinoxalin* (**I**); *Phenazin*; *5.12-Diaza-* u. *5.6.11.12-Tetraazatetracen*; *6.13-Diaza-*, *5.7·12.14-* (**II**), *6.7.12.13-Tetraaza-* (**III**) u. *5.6.7.12.13.14-Hexaazapentacen* sowie ihrer Dehydroderivv., ferner für *Naphthalin, Chinolin, Isochinolin* u. *Acridin.* Allg. ergibt sich: Die Stabilität der **D.** nimmt zu in der Folge der Molekülsymmetrie $C_{2v_x} \rightarrow C_{2h} \rightarrow V_h$. Werden beim Übergang **A.** $\rightarrow$ **D.** die E_D-Werte um $<6\%$ verringert, so sind nur die **D.**, bei $>17\%$ Verkleinerung nur die **A.** stabil, im dazwischenliegenden Intervall beide Formen. Die Dihydroderivv. von **II** u. **III** sollten die H-Atome in den Stellungen 5 u. 14 bzw. 5 u. 12 enthalten. — Das UV-Spektr. von **I** in Methanol zeigt die längstwellige $\pi \rightarrow \pi^*$-Absorption bei 31000—33000/cm. (Bull. chem. Soc. Japan **29.** 553—59. Juli 1956. [Orig.: engl.])
G. Kresze. B 114

Göran Bergson, *Elektronenspektren organischer Diselenide.* Die Verschiebung der UV-Absorption ins Kurzwellige beim Übergang von Di-n-butyl- zu Di-tert.-butyldisulfid war von Koch (C. **1950.** II. 871) auf Valenzwinkeländerungen wegen ster. Hinderung zurückgeführt worden. Bei *Di-n-butyl-* (**I**; Kp.$_{13}$ 123—125°, n_D^{25} 1,5373) u. *Di-tert.-butyldiselenid* (**II**; Kp.$_{19}$ 102—104°, aus $(CH_3)_3CMgCl$ u. Se, n_D^{25} 1,5332) sollte sich eine solche ster. Hinderung der größeren C–Se–Se–C-Abstände wegen nicht nachweisen lassen. Vf. findet aber trotzdem eine hypsochrome Verschiebung des UV-Maximums beim Übergang von **I** (312 mμ) zu **II** (286). Eine ähnliche Verschiebung tritt auch bei *Diselenodiglykolsäure*, F. 98—100° (Schulter bei 293) auf. Vf. folgert hieraus, daß ster. Gründe allein nicht für die Anomalie der UV-Spektren der tert.-Butylverbb. maßgebend sind, sondern daß vielmehr auch Hyperkonjugationseffekte eine Rolle spielen. (Ark. Kemi **9.** Nr. 2. 121—25. 1956. Uppsala, Univ., Chem. Inst., Dep. of Organ. Chem.)
G. Kresze. B 118

Yuji Minoura, *Die Ultraviolettabsorptionsspektren der Mono-, Di-, Tri- und Tetrasulfide der Dibenzyl- und Ditolylreihe.* In den UV-Spektren der Dibenzyl- (**B**) u.

Ditolylsulfide (**T**) in Heptan tritt eine Schulter im langwelligen Bereich auf. Die Lage dieser Schulter wird durch die Gleichung $\lambda_s = k_s n + \lambda_s^0$ wiedergegeben, in der n die Zahl der S-Atome bedeutet; bei den **B** gilt $\lambda_s^0 = 230$ [mμ], $k_s = 14$, bei den **T** $\lambda_s^0 = 295$, $k_s = 18$. Die Ähnlichkeit zwischen der Polyen- u. Polysulfidreihe spricht für den kettenförmigen Aufbau dieser letztgenannten Verbindungsklasse, die größeren Intensitätswerte u. langwelligen Lagen bei den **T** im Vgl. zu den **B** für eine Konjugation der S-Atome mit dem aromat. Kern. Die log ε-Werte steigen mit n. — Untersucht wurden: *Dibenzylmono-*, F. 48,5° (A.), aus Benzylchlorid (I) in A. mit Na_2S, 6 Std. bei 70°; *-di-*, F. 71° (A.), aus I in A. mit Na_2S_2, 10 Std. bei 70°; *-tri-*, F. 49° (A.), aus Benzylmercaptan mit SCl_2 in Ae. unter Eiskühlung, hellgelb; *-tetrasulfid*, F. 54° (A.), analog mit S_2Cl_2, hellgelb; *p.p'-Ditolyldi-*, F. 46° (A.), aus p-Thiokresol (II) mit HCl–$FeCl_3$ auf dem Dampfbad; *-mono,-* F. 75° (A.), aus p-Toluidin durch Diazotierung u. anschließende Rk. mit Na_2S unter 50°; *-tri-*, F. 76° (Ae. oder A.), aus II mit SCl_2 in Ae. unter Kühlung, hellgelb; *-tetrasulfid*, F. 75° (Ae. oder A.), analog mit S_2Cl_2, gelb; II, F. 43° (A.) aus dem Sulfonylchlorid mit Zn + HCl; sowie zum Vgl. *Dibenzyl*, F. 52° (A.), aus I in Bzl. mit Na. (J. Inst. Polytechn., Osaka City Univ., Ser. C **5**. 206—12. April 1956. [Orig.: engl.]; Rubber Chem. Technol. **31**. 808—14. Okt./Nov. 1958. Tokyo, Inst. of Technol.) G. Kresze. B 118

E. M. Kosower und **D. C. Remy**, *Der Einfluß einer positiven Ladung auf einen $\pi \rightarrow \pi^*$-Übergang.* Vff. messen die UV-Spektren von *Bicyclo-[4.4.0]-decen-(1)-on-(3)* (I), *3-Methyl-3-aza-bicyclo-[4.4.0]-decen-(6)-on-(8)* (II) u. dem *Methoperchlorat* (III) von II in Lösungsmitteln verschied. Polarität. Das kurzwellige Absorptionsmaximum λ_1 bei ~ 230 mμ, das dem $\pi \rightarrow \pi^*$-Übergang des $\alpha.\beta$-ungesätt. Carbonylsyst. zuzuschreiben ist, wird in allen Lösungsmitteln in der Folge I—II—III nach kürzeren Wellen verschoben (vgl. auch Georgian, Chem. and Ind. **1957**. 1480), die Steigung der Geraden, die sich beim Auftragen der zu λ_1 gehörigen Anregungsenergie gegen den Parameter Z (Standard der Lösungsmittelpolarität, vgl. Kosower, C. **1959**. 8494) ergibt, ist für III größer als für I u. II: Die positive Ladung an N-Atom in III erschwert also die Ausbldg. des Anregungszustandes, bei dem der Anteil der polaren Grenzform $\overset{+}{C}—C = C—O^-$ groß ist, u. führt zu einer geringeren Lösungsmittelabhängigkeit von λ_1. — Das langwellige Absorptionsmaximum λ_2 liegt bei III weiter zum Sichtbaren verschoben als bei I. Aus den λ_2-Werten berechnen Vff. die Dipolmomente u. Ladungsverteilungen für Grund- u. Anregungszustände. Daraus ergibt sich in guter Übereinstimmung mit dem Experiment, daß die Anregungsenergie für den $\pi \rightarrow \pi^*$-Übergang bei III um 6,2 ± 0,6 kcal/Mol höher liegt als für I, für die beobachteten Verschiebungen im UV-Spektr. ist danach vor allem die elektrostat. Abstoßung infolge der positiven Ladung am N-Atom in III verantwortlich zu machen. — III, $C_{11}H_{18}ClNO_5$, F. 196—197° (W. oder wss. A.), aus dem Methojodid von II mit $AgClO_4$, Reinigung am Ionenaustauscher Amberlite IR 45 in der Perchloratform. (Tetrahedron [London] **5**. 281—87. Febr. 1959. Madison, Wis., Univ., Dep. of Chem.) G. Kresze. B 118

Noboru Mataga, *Einfluß hochmolekularer Kationen auf die Fluorescenz- und Absorptionsspektren von Farbstoffanionen.* Vf. untersucht die Änderungen im UV-Absorptions- u. Fluorescenzspektr. von *Uranin* (I), *Eosin* (II) u. *Erythrosin* (III) unter dem Einfl. von Elektrolytzusätzen, wie *Methylamin-* (IV), *n-Propylamin-* (V), *n-Dodecylamin-* (VI), *Chitosan-* (VII) u. *Glucosaminhydrochlorid* (VIII). Bei I verursachen die Zusätze ähnliche Änderungen, so daß auf eine direkte Wechselwrkg. zwischen Farbstoffanion u. Elektrolytkation geschlossen werden kann. Nur bei VI-Zusätzen findet wahrscheinlich zusätzlich eine Bldg. gemischter Assoziate zwischen Farbstoffanion u. hochmol. VI-Kationen statt. Im Gegensatz dazu werden die Änderungen in den Spektren von II u. III bei VII-Zusätzen bei höheren Konzz. der Zusätze wieder rückgängig gemacht, während die Rückbldg. der ursprünglichen Spektr. bei IV-, V- u. VIII-Zusätzen ausbleibt. Die Wrkgg. von VII sind spezif. für einen hochmol. Elektrolyten, sie wird auf einen Konzentrationseffekt zurückgeführt, bei dem eine Anhäufung von Farbstoffanionen u. das Elektrolytkation eintritt. VI-Zusätze zu II u. III rufen ähnliche Änderungen hervor wie bei I. In allen Fällen tritt keine Metachromasiebande auf, womit erneut bestätigt wird, daß dafür die Assoziationstendenz des Farbstoffs verantwortlich ist. (J. Inst. Polytechn., Osaka City Univ., Ser. C **5**. 74—84. April 1956. [Orig.: engl.]) G. Pötzscher. B 118

R. M. Bock, Nan-Sing Ling, S. A. Morell und **S. H. Lipton**, *Ultraviolettabsorptionsspektren von Adenosin-5'-triphosphat und verwandten 5'-Ribonucleotiden.* Die UV-Spektren im p_H-Bereich 2—7 u. die aus den Spektralverschiebungen berechneten pK'-Werte sind für folgende hochgereinigte Ribonucleotide angegeben: *Adenosin-5'-tri-* pK' (Amino) 4,1, (sek.-Phosphat) 6,5, *-di-* 3,9, 6,3 u. *-monophosphat* 3,7, 6,1, *Uridin-5'-tri-* —, 6,6, (Enol) 9,5, *-di-* —, 6,5, 9,4 u. *-monophosphat* —, 6,4, 9,5, *Cytidin-5'-tri-* 4,8, 6,6, —, *-di-* 4,6, 6,4 — u. *-monophosphat* 4,5, 6,3, —, *Guanosin-5'-tri-* 3,3, 6,5, 9,3, *-di-* 2,9, 6,3, 9,6 u. *-mono'* *phosphat* 2,4, 6,1, 9,4. (Arch. Biochem. Biophysics **62.** 253—64. Juni 1956. Madison, Wis., Univ. of Wisconsin, Dep. of Biochem.; Milwaukee, Wis., Pabst Res. Labors.) G. Pötzscher. B 118

Salo Gronowitz, *Optische Spaltung und Konfiguration von Thienyl-(3)-bernsteinsäure.* (Vgl. C. **1958.** 5326.) Thienyl-(3)-bernsteinsäure (I) wurde in opt. Antipoden aufgespalten. Wie bei Thienyl-(2)-bernsteinsäure (**II**) schm. die akt. wie die inakt. Säure unter Zers.; die geschmolzenen Säuren erstarren beim Abkühlen u. schm. erneut bei 150—160°; es ist möglich, daß **I** wie **II** in mehreren Modifikationen existiert. Die absol. Konfiguration von (+)-I u. (—)-I wurde durch Zurückführung auf die Konfiguration von **II** u. Phenylbernsteinsäure (**III**) nach der Meth. der Quasi-Racemate nach Fredga bestimmt. Die Phasenanalysen wurden wegen der therm. Instabilität durch Röntgen-Pulveraufnahmen u. IR-Spektroskopie in KBr durchgeführt. Da (±)-I, (+)-I u. (—)-I dieselben FF., Pulveraufnahmen u. IR-Spektren zeigen, ist **I** eine feste Lsg. (Pseudoracemat) der Antipoden. **I** ist isomorph mit **II**; es zeigt eine Pulveraufnahme, die der von **II** ähnlich ist, u. keine F.-Depression mit **II**. Im Syst. **III—I** sind die Pulveraufnahmen eines äquimol. Gemisches von (+)-I u. (—)-III verschieden von denen von reinem (+)-I bzw. (—)-III. Ein äquimol. Gemisch von (+)-I u. (+)-III ergab Pulveraufnahmen, die denen von (+)-III sehr ähnlich sind. Das äquimol. Gemisch von (+)-I u. (—)-III ist also wahrscheinlich ein Quasiracemat, während das Gemisch von (+)-I u. (+)-III eine feste Lsg. darstellt. Ein äquimol. Gemisch von (+)-II u. (+)-I zeigt die IR-Maxima beider Verbb.; ein äquimol. Gemisch von (—)-II u. (+)-I zeigt ein IR-Spektr., das sich additiv aus dem Spektr. von rac. I u. rac. II zusammensetzt. Das IR-Spektr. eines äquimol. Gemisches von (+)-I u. (—)-III unterscheidet sich von den Spektren der Komponenten. Das Spektr. eines äquimol. Gemisches von (+)-I u. (+)-III ist nicht genau additiv aus den Spektren der Gemischkomponenten zusammengesetzt; die Abweichungen gegenüber denen in der Additivität beim Spektr. von (+)-I u. (—)-III sind so klein, daß letztere Mischung wahrscheinlich ein Quasiracemat darstellt. — Die Rotationsdispersion von II nimmt mit der Frequenz schneller zu als die von I; ihre Lösungsmittelabhängigkeit ist bei I u. II analog. — Nach den vorst. Daten besitzt I dieselbe Konfiguration wie der gleichsinnig drehenden Antipode von III. — I wird durch Kochen mit 2n NaOH zu 20% racemisiert, II unter denselben Bedingungen vollständig, III überhaupt nicht. Die Elektronenacceptorwrkg. nimmt danach in der Reihe Phenyl < Thienyl-(3) < Thienyl-(2) zu.

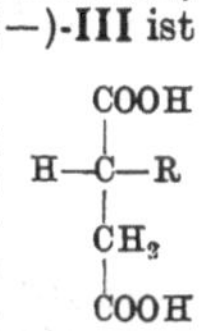

(+)-I

Versuche (FF. nach Kofler): (+)-*Thienyl-(3)-bernsteinsäure*, $C_8H_8O_4S$, F. 170 bis 173° (W.), durch Lösen von 0,1 Mol I u. 0,2 Mol Cinchonidin in 50%ig. A. u. 24std. Stehen im Kühlschrank. Nach fünfmaligem Umkrist., $[\alpha]_D^{25}$ +102,3° (97 mg in 10 cm³ alkoh. Lsg.). *Na-Salz* +40,3° (entsprechend 67,60 mg Säure, in W.), 1,5 g (Ausbeute). — (—)-*Thienyl-(3)-bernsteinsäure*, F. 170—173° (W.), durch Eindampfen der 1. Kristallisation vorst. Verb. bei Raumtemp., Isolierung der Säure (9 g), Lösen in Äthylacetat–CH_3OH u. Zugabe von (—)-α-Phenyläthylamin, $[\alpha]_D^{25}$ —102,5° (0,1036 g in 10 cm³ alkoh. Lsg.); 0,85 g. (Ark. Kemi **11.** Nr. 4. 361—71. 12/8. 1957. Uppsala, Univ., Chem. Inst., Organ. Dep., u. Royal Agric. Coll., Inst. of Organ. Chem.) H. Bertsch. B 119

R. Van Riet und **M. de Hemptinne,** *Absorptionsspektren der Vinylbromidmoleküle im Bereich von 4000 bis 17000 cm⁻¹.* Messung der Absorptionsspektren von $CH_2 = CHBr$, $CHD = CHBr$, $CHD = CDBr$, $CD_2 = CDBr$ zwischen 4000 u. 17000 cm^{-1} ergaben bes. die Werte der C—H- u. C—D-Valenzschwingungen sowie ihrer Obertöne. Die Anharmonizitätskoeffizienten sowie die Anharmonizität einiger Kombinationsschwingungen wurden daraus berechnet. Weiter wird die Unterscheidbarkeit von cis- u. trans-Formen diskutiert. (Ann. Soc. sci. Bruxelles, Sér. I **72.** 122—37. 1958. Louvain, Univ. Catholique, Labor. de Phys. nucl. et molecul.) H. C. Wolf. B 120

Gian Gualberto Gallo und **Piero Sensi,** *Die Intensität der Infrarotabsorptionsbande der C≡N-Valenzschwingung in einigen Nitrilen.* 3. Mitt. *Chlorbenzonitrile.* (2. vgl. C. **1957.** 8166). Die integralen Intensitäten (nach Ramsay, C. **1956.** 14441, berechnet, Messungen in $CHCl_3$-Lsg.) betragen für *o*- (F. 43—44°) 2400 [Liter/Mol cm²], für *m*- (F. 40—41°) 2750 u. für *p-Chlorbenzonitril* (F. 95—96°) 3980. Die Folge p > m > o steht in Übereinstimmung mit der für Substituenten von — J > + E-Typ erwarteten. (Ann. Chimica **46.** 816—20. Okt. 1956. Milano, Labor. Ric. Lepetit S.p.A.) G. Kresze. B 120

A. R. H. Cole und **R. L. S. Willix,** *Infrarotspektren von Naturstoffen.* 8. Mitt. *Charakterisierung von Carbonylgruppen und Äthylendoppelbindungen tetracyclischer Triterpenoide.* (7. vgl. C. **1958.** 1528; vgl. auch C. **1958.** 3835.) Von einer Reihe von Lanostanderivv. in CCl_4-, Chlf.- u. CS_2-Lsg. werden die IR-Spektren auf die Lage u. Intensität der C=O- u. C=C-Valenzschwingung u. der C—H-Valenz- u. -Deformationsschwingung hin untersucht: Δ^{8}-*Lanosten-3-on*, Δ^{24}-*9.19-Cyclolanosten-3-on* (*Cycloartenon*), Δ^{8}-*Lanosten-3.7-dion*, *-3.7.11-trion*, *3β-Acetoxylanostan-11-on*, Δ^{5}-*3β-Acetoxy-* u. *-3β-Hydroxylanosten-7.11-dion*, *3β-Hydroxy-* u. *3β-Acetoxylanostan-7.11-dion*, *3β-Acetoxy-7.11-dioxo-25.26.27-trisnorlanostan-24-säuremethylester*, *3β-Benzoyloxy-4.4.14-trimethyl-5α-pregnan-7.11.20-trion*, *3β-Benzoyloxy-7.11-dioxo-25.26.27-trisnorlanostan-24-säure*, *Lanostan-3.7.-11-trion*, Δ^{8}-*A-Nor-30.31-bisnorlanostan-3-on*, *3β.7β.11α-Tribenzoyloxy-* u. *3β.7β.11α-Triacetoxy-4.4.14-trimethyl-5α-androstan-17-on*, Δ^{8}-*3β-Hydroxy-* u. *-3-βAcetoxylanosten-7-on*, Δ^{8}-*3β-Acetoxylanosten-11-on*, *-7.11-dion*, Δ^{8}-*3β-Hydroxy-* u. *-3β-Benzoyloxylanosten-7.11-dion*, Δ^{8}-*3β-Benzoyloxy-7.11-dioxo-25.26.27-trisnorlanosten-24-säuremethylester*, $\Delta^{5.8}$-*3β-Acetoxylanostadien-7.11-dion*, $\Delta^{5.8}$-*Lanostadien-7.11.12-trion*, $\Delta^{5.8}$-*3β-Hydroxy-* u. *-3β-Acetoxylanostadien-7.11.12-trion*, $\Delta^{2.5.8}$-*Lanostatrien-7-on* u. *-7.11.12-trion*, $\Delta^{5.8}$-*3-Isopropyliden-A-nor-30.31-bisnorlanostadien-7.11.12-trion* (*Isolanostatrientrion*), $\Delta^{8.24}$-*3β-Acetoxylanostadien-26-al*, Δ^{7}-*Lanosten-3β-ylacetat*, Δ^{8}-*Lanosten*, Δ^{8}-*Lanosten-3β-ylacetat* u. *-3β-ol*, $\Delta^{8.24}$-*Lanostadien*, $\Delta^{8.24}$-*Lanostadien-3β-ylacetat*, Δ^{8}-*3-Isopropyliden-A-nor-30.31-bisnorlanosten* (*Isolanostadien*), $\Delta^{9,11}$-*Lanosten-3β-ol* u. *-3β-ylacetat*, Δ^{25}-*9.19-Cycloeburicen-3β-ol* (*Cyclolaudenol*) u. *-3β-ylacetat*, *9.19-Cycloeburican-3β-ylacetat*, $\Delta^{7.9,11}$-*Lanostadien*, $\Delta^{7.9,11}$-*Lanostadien-3β-ol* u. *-3β-ylacetat* u. $\Delta^{7.9,11}$-*3-Isopropyliden-A-nor-30.31-bisnorlanostadien* (*γ-Lanostatrien*). Folgende Frequenzmittelwerte (cm^{-1}) sind angegeben: 3-Ketone: ν (C=O) 1708 (CCl_4), 1699 (Chlf.); CH_2 der CO-Gruppe benachbart 1426—1427; Δ^{8}-3.7-Diketone: 1714, 1705; —; 11-Ketone: 1704, 1703; 1432—1433; 7.11-Diketone: 1709, 1703; 1431—1433; 3.7.11-Triketone: 1711, 1703; —; A-Nor-3-ketone: 1741, —; 1407; 17-Ketone: 1747, —; —; Δ^{5}-7-Ketone: 1668, 1663; —; ν (C=C) 1610 (CCl_4); Δ^{8}-7-Ketone: 1667, 1657; 1417—1420; 1584 (Chlf.); CH_2 der C=C-Gruppe benachbart 1425 bis 1427 (CCl_4); Δ^{8}-11-Ketone: 1657, 1646; 1418; 1584 (Chlf.); 1428 (CCl_4); Δ^{8}-7.11-Diketone: 1677 u. 1686, 1673; 1426—1428; $\Delta^{5.8}$-7.11-Diketone: 1673 u. 1654, 1668 u. 1648; 1426; ν (C=C) 1623 (CCl_4), 1620 (Chlf.); $\Delta^{5.8}$-7.11.12-Triketone: 1738 u. 1685 u. 1655, 1734 u. 1682 u. 1648; —; ν (C=C) 1620, (CCl_4), 1618 (Chlf.); $\Delta^{5.8.11}$-7-Ketone: 1647, —; —; ν (C=C) 1615 (CCl_4); $\Delta^{3.5.8}$-7.11.12-Triketone: 1735 u. 1684 u. 1645, —; ν (C=C) 1631 (CCl_4); Δ^{25}-26-Aldehyd: 1692, 1681; ν (C=C) 1650 (CCl_4), 1645 (Chlf.); CH_2 benachbart zu C=C 1420 (CCl_4); $\Delta^{7.9,11}$-Dien: ν (C=C) 1629 (CCl_4), CH_2 benachbart zu C=C 1432; 25.26-C=C: ν (C=C) 1673; die Frequenzen der CH_2-Gruppe benachbart zu C=C sind für 2.3-C=C 1412, 7.8-C=C 1435, 8.9-C=C 1435—1435, 9.11-C=C 1435 u. $\Delta^{3.7.9,11}$-Trien 1430 (alle CCl_4). (J. chem. Soc. [London] **1959**. 1212—18. März. Nedlands, W.Australia, Univ. of Western Australia.) G. Pötzscher. B 120

A. R. H. Cole, G. T. A. Müller und teilweise **D. W. Thornton** und **R. L. S. Willix**, *Infrarotspektren von Naturstoffen.* 9. Mitt. *Frequenzen und Intensitäten der Hydroxylabsorptionsbanden von Triterpenoiden und ähnlichen Verbindungen.* (8. vgl. vorst. Ref.) Von nachst. Verbb. in CCl_4 werden die OH-Valenzschwingungsfrequenzen, die Bandenhalbwertsbreiten $\Delta\,\nu_{1/2}$, die mol. Extinktionskoeffizienten ε_{max} u. die integrierten Intensitäten A (Liter·Mol^{-1}·cm^{-2}) bestimmt. Prim. Alkohole: $\Delta^{20,29}$-*Lupen-28-ol*, Δ^{18}-*3β-Acetoxyoleanen-28-ol*, $\Delta^{20,29}$-*3β-Acetoxylupen-28-ol*. Prim. + sek. (äquatorial); $\Delta^{20,29}$-*Lupen-3β.28-diol* (*Betulin*), *Lupan-3β.28-diol*, Δ^{12}-*Ursen-3β.28-diol* (*Uvaol*, in Chlf.). Sek. (äquatorial): Δ^{18}-*Oleanen-3β-ol* (*Morol*), Δ^{17}-*28-Noroleanen-3β-ol* (*Oleanol*), *3β-Hydroxyoleanan-12-on*, Δ^{12}-*3β-Hydroxyoleanen-28-säuremethylester* (*Methyloleanolat*), *3β-Hydroxy-12-oxooleanan-28-säuremethylester*, Δ^{12}-*3β-Hydroxyursen-28-säuremethylester* (*Methylursolat*), *13.17-Cycloursan-3β-ol* (*Phyllanthol*), *Lupan-3β-ol*, $\Delta^{20,29}$-*Lupen-3β-ol* (*Lupeol*), Δ^{8}-*Lanosten-3β-ol*, $\Delta^{9,11}$-*Lanosten-3β-ol*, $\Delta^{7.9,11}$-*Lanostadien-3β-ol*, Δ^{8}-*3β-Hydroxylanostan-7.11-dion*, *3β-Hydroxylanostan-7.11-dion*, Δ^{5}-*3β-Hydroxylanosten-7.11-dion*, Δ^{25}-*9.19-Cycloeburicen-3β-ol* (*Cyclolaudenol*), *Friedelan-3α-ol* (*Friedelinol*), *3β-* u. *7β-Acetoxy-*, *3β.7β-Diacetoxylanostan-11α-ol*. Sek. (axial): *3β-Acetoxy-19α-hydroxy-12-oxooleanan-28-säuremethylester*, Δ^{12}-*3β.28-Diacetoxyoleanen-19α-ol*, *Friedelan-3β-ol* (*Epifriedelinol*), *3β-Acetoxy-12α.13β-dihydroxyoleanan-28-säure-13-lacton*. Sek. (äquatorial + axial): *3β.19α-Dihydroxy-12-oxooleanan-28-säuremethylester*, Δ^{12}-*3β.19α-Dihydroxyoleanen-28-säuremethylester* (*Siaresinolsäuremethylester*). Tert. (äquatorial): *3α-Methylcholestan-3β-ol*. Tert. (axial): *3β-Methylcholestan-3α-ol*, *p-Menthanol-(4)* u. *Guajol*. Die charakterist. OH-Frequenzen liegen für prim. Alkohole bei 3640—3641 (cm^{-1}), für sek. mit axialem OH bei 3635—3638, mit äquatorialem $C_{(3)}$—OH 3628—3630, mit äquatorialem $C_{(11)}$—OH 3623—3635 u. für tert. mit axialem OH 3617 u. äquatorialem 3613. Der mittlere A-Wert beträgt 0,60·10^4; die Intensitäten sind additiv für mehr als eine OH-Gruppe im Molekül. (J. chem. Soc. [London] **1959**. 1218—22. März.) G. Pötzscher. B 120

A. R. H. Cole, P. R. Jefferies und **G. T. A. Müller**, *Infrarotspektren von Naturstoffen.* 10. Mitt. *Konformationen und Infrarotspektren von substituierten Cyclohexanolen.* (9. vgl. vorst. Ref.) Lage u. integrierte Intensität der OH-Valenzschwingung im IR-Spektr.

wurden für einige Methylcyclohexanole in CCl_4 bestimmt u. daraus die Konformation (e = äquatorial, a = axial) der OH-Gruppe festgelegt. In Übereinstimmung mit kinet. Befunden hat die CH_3-Gruppe eine größere Tendenz, e-Konformation einzunehmen, als die OH-Gruppe. Die Banden für e-OH liegen bei 3622,5—3623 (cm^{-1}), für a-OH bei 3627—2632. Einen ähnlichen kleinen, aber bedeutsamen Unterschied weisen die Banden der CH_3-Deformationsschwingung für e-CH_3 1376—1377 u. a-CH_3 1381 auf. Diese Unterschiede werden auf ster. Wechsel-Wrkgg. zwischen a-H-Atomen zurückgeführt. Der Mittelwert der integrierten Intensität beträgt $0{,}50 \cdot 10^4$ (Liter·Mol^{-1}·cm^{-2}). Folgende Verbb. wurden untersucht: *cis-* (a-OH) u. *trans-2-Methyl-* (e), *cis-* (e) u. *trans-3-Methyl-* (a), *cis-* (a) u. *trans-4-Methyl-* (e), *cis-* (*cis-Dihydrokryptol*, a) u. *trans-4-Isopropylcyclohexanol* (e), *Menthol* (e), *Isomenthol* (e), *Neomenthol* (a), *Isoneomenthol* (a), *cis-* (prim.) u. *trans-2-Methyl-* (prim.), *cis-3-Methylcyclohexylmethanol* (prim.) u. *trans-p-Menthanol-(4)* (tert., a). (J. chem. Soc. [London] **1959.** 1222—24. März.) G. PÖTZSCHER. B 120

A. R. H. Cole und **G. T. A. Müller,** *Infrarotspektren von Naturstoffen.* 11. Mitt. *Intramolekulare Wasserstoffbindung und Stereochemie von Triterpendiolen und verwandten Verbindungen.* (10. vgl. vorst. Ref.) Durch Unters. der IR-Spektren nachst. Verbb. in CCl_4, die Cyclohexanringe enthalten, zeigen Vff., daß das Vorhandensein oder Fehlen intramol. H-Bindungen leicht auf Grund der OH-Valenzschwingung festgestellt werden kann. Benachbarte axiale (a) OH-Gruppen sind zu weit voneinander entfernt, um H-Bindungen ausbilden zu können. Zwei äquatoriale (e) OH-Gruppen untereinander oder eine a- u. eine e-OH-Gruppe bilden H-Bindungen, deren Stärke von der Natur u. der ster. Anordnung der Gruppen abhängt. Für H-Bindungen zwischen OH- u. C=O-Gruppen erweist die Ketogruppe sich als ein wirksamerer H-Acceptor als die Aldehydgruppe. Untersuchte Verbb.: *Δ^{12}-Ursen-3α.24-* u. *-3β.24-diol, Hederageninmethylester, Δ^{12}-3α-* u. *-3β-Hydroxyursen-24-säuremethylester, Gypsogeninmethylester, β-Boswellinsäure, Hederagonsäuremethylester, Icterogeninmethylester* u. *Cerin.* (J. chem. Soc. [London] **1959.** 1224—28. März.) G. PÖTZSCHER. B 120

Sekio Mitsui und **Akira Kasahara,** *Stereochemie der Reduktion und des hydrierenden Abbaus.* 1. Mitt. *Reduktion des Flavanons.* Die Red. von *Flavanon* (I) mit Na u. A. ergibt *2'-Hydroxychalkon* (F. 87—89°) u. daneben wenig *β-4-Hydroxyflavan* (II; F. 146—148°). Durch Red. mit $LiAlH_4$, mit $NaBH_4$ oder durch katalyt. Hydrierung mit RANEY-Ni kann II aus I in hohen Ausbeuten gewonnen werden. MEERWEIN-PONNDORF-Red. des I gibt *α-4-Hydroxyflavon* (III; F. 117—118°) in ca. 85%ig. Ausbeute. Aus diesen Ergebnissen wird geschlossen, daß die 2-Phenylgruppe des II u. die 4-Hydroxylgruppe in trans-Stellung zueinander stehen u. die OH-Gruppe quasiaxial liegt, während die Phenyl- u. die Hydroxylgruppe in III in cis-Stellung stehen u. die OH-Gruppe quasiäquatorial liegt. Bei katalyt. sowie MEERWEIN-PONNDORF-Red. ist die „steric approach control" vorherrschend, während die „product development control" bei der Red. mit $LiAlH_4$ oder $NaBH_4$ die Konfiguration des Prod. bestimmt. (J. chem. Soc. Japan, pure Chem. Sect. [Nippon Kagaku Zassi] **79.** 1382—84. Nov. 1958. Sendai, Tôhoku Univ., Naturwiss. Fak. [Orig.: japan.]) E. MAEKAWA. B 123

V. Bar und **A. Weinreb,** *Einfluß von Sauerstoff auf die Übertragungs- und Fluorescenzausbeute in organischen Lösungen.* In Lsgg. von *Anthracen* (I) in *Toluol* (II) (O_2-gesätt. u. O_2-freie Lsgg.) nimmt der Löscheffekt durch gelösten O_2 auf die Fluorescenz mit abnehmender Konz. der Lsgg. zu, sowohl bei Erregung mit 2650 Å (Absorption des Lösungsm.) als auch mit 3340 Å (Absorption des I). Es zeigt sich bzgl. der Löschwrkg. des O_2, daß bei geringen Konzz. des I eine Löschung der Energieübertragung von II zum I vorherrschend ist, während bei hohen Konzz. vorwiegend eine Löschung der Fluorescenz des gelösten I wirksam ist. Der Zusatz eines inerten Lösungsm. (Cyclohexan) zu II hat keine Löschwrkg. auf die Energieübertragung in O_2-freien Lösungen. Die Beobachtungen sprechen für einen Übertragungsmechanismus über eine direkte Wechselwrkg. zwischen den angeregten Moll. des II u. den gelösten Moll. des I. (J. chem. Physics **29.** 1412—14. Dez. 1958. Jerusalem, Hebrew Univ.) J. RUDOLPH. B 125

G. Thielens, *Phenanthren-9-boronsäure, eine neue luminescierende Organoborverbindung. Phenanthren-9-boronsäure* [F. 324° (W. oder Bzl.–Xylol), aus Phenanthryl-MgBr mit Tri-n-butylborat in Bzl.–Ae. in der Kälte u. Hydrolyse; 54% (Ausbeute)] zeigt bei der Anregung mit UV-Licht (365 mμ) eine intensive Fluorescenz zwischen 430 bis 560 mμ mit einem Maximum bei 490 mμ. (Naturwissenschaften **45.** 543. 2. Nov.-H. 1959. Gent, Rijksuniv., Natuurkundig Labor.) G. PÖTZSCHER. B 125

F. P. Lossing und **J. B. deSousa,** *Untersuchung freier Radikale durch Massenspektrometrie.* 14. Mitt. *Ionisationspotentiale freier Propyl- und Butylradikale.* (12. vgl. C. **1959.** 4431.) Durch Pyrolyse der entsprechenden Alkylnitrite erzeugte Propyl- u. Butylradikale wurden in die Ionisationskammer eines Massenspektrometers geleitet u.

die Ionisationspotentiale mit der Elektronenstoßmeth. gemessen. Folgende Werte wurden gefunden: *n-Propyl-* 8,69 V, *n-Butyl-* 8,64 V, *Isobutyl-* 8,35 V, *sek.-Butyl-* 7,93 V, *tert.-Butylradikal* 7,42 V. Die Werte stimmen gut mit theoret. berechneten überein. Die therm. Zers. der Alkylradikale verläuft offenbar unter Zerfall in ein Radikal (oder H-Atom) u. in ein Olefin ohne intramol. Wanderung eines H-Atoms. (J. Amer. chem. Soc. **81.** 281—85. 20/1. 1959. Ontario, Canada, Nat. Res. Council, Div. of Pure Chem.)
R. CONRAD. B 131

Madeleine Corval, *Über die Molekülaufspaltung von markiertem Methanol durch Elektronenstoß.* Vf. untersucht den Isotopieeffekt bei der Molekülaufspaltung von $CH_3 \cdot OH$ (I), CD_3OH (II), CH_3OD (III) u. CD_3OD (IV) infolge von Elektronenstößen. Die Ergebnisse zeigen, daß folgende Verhältniszahlen gelten: [Wahrscheinlichkeit P für die Abspaltung eines Methyl-D-Atoms aus II]/[P für H (Methyl) aus I] = 0,99; [P für D (Methyl) aus II]/[P für D (Methyl) aus IV] = 0,95; [P für H (Methyl) aus II]/[P für H (Methyl) aus I] = 1,12; [P für D (Methyl) aus IV]/[P für H (Methyl) aus III] = 0,93; [P für H (Hydroxyl) aus II]/[P für H (Hydroxyl) aus I] = 0,99; [P für H (Hydroxyl) aus II]/[P für D (Hydroxyl) aus IV) = 1,5; [P für D (Hydroxyl) aus III]/[P für H (Hydroxyl) aus I] = 0,67 u. [P für D (Hydroxyl) aus IV]/[P für D (Hydroxyl) ausIII] = 0,97. Es ist also die Abtrennung eines Methyl-D-Atoms aus einem OH- oder OD-Methanol schwieriger als die Abtrennung eines Methyl-H-Atoms. Während bei Ersatz des Hydroxyl-H-Atoms durch ein D-Atom ein merklicher Isotopieeffekt ausgeübt wird, gleich, wie die Isotopensubstitution der Methylgruppe ist, ist der Einfl. einer Isotopensubstitution der Methylgruppe auf die Abspaltungswahrscheinlichkeit des Hydroxyl-H-Atoms nur gering. Es zeigt sich ferner, daß der Eintritt von D an Stelle von H in die Methylgruppe die C–O-Bindung schwächt; in den vier untersuchten Methanolen ist die C–O-Bindung in den Moll. am festesten, die nur eine Isotopenart enthalten. (C. R. hebd. Séances Acad. Sci. **247.** 2348—51. 22/12. 1958.)
K. FRENKLER. B 131

Rainer Jaenicke, *Über das dielektrische Analogon der Strömungsdoppelbrechung.* 2. Mitt. *Eine Apparatur zur Untersuchung des dielektrischen Verhaltens strömender Flüssigkeiten.* (1. vgl. C. **1957.** 948.) Ausführliche Beschreibung eines auf dem COUETTE-Zylinderprinzip u. der Resonanzmeth. beruhenden Gerätes zur Best. von Dielektrizitätskonstanten fl. Systeme in Abhängigkeit vom Strömungsgefälle. Vf. diskutiert die speziellen Anforderungen, die zur Ermittlung kleinster Dielektrizitätskonstantenänderungen erfüllt sein müssen, um reproduzierbare Daten über das Verh. von Fll. in überlagerten hydrodynam. u. elektr. Feldern zu erhalten. Mit dem neuen App. können noch Dielektrizitätskonstantenänderungen von ca. $2 \cdot 10^{-4}$-Dielektrizitätskonstanteneinheiten erfaßt werden; der Meßbereich liegt zwischen DK. = 1 u. 4,5 bei Tempp. zwischen 5 u. 40° u. Geschwindigkeitsgradienten bis ca. 10000 sec^{-1}. (Z. physik. Chem. [Frankfurt/M.] [N. F.] **19.** 315—26. März 1959. Frankfurt/M., Univ., Inst. für physikal. Chem.)
W. WAGNER. B 132

Hermann Hartmann und **Rainer Jaenicke,** *Über das dielektrische Analogon der Strömungsdoppelbrechung.* 3. Mitt. *Das dielektrische Verhalten unpolarer Flüssigkeiten im Strömungsfeld.* (2. vgl. vorst. Ref.) Mit dem neuentwickelten Dielektrizitätskonstantenmeßgerät wurden folgende niedrigmol., unpolare, höchstgereinigte Fll. untersucht (in Klammern: $Kp._{760}$; n_D^{15} $\pm 5 \cdot 10^{-5}$; $DK.^{20}$): CCl_4 (76,7°; 1,46439; 2,2363 $\pm 1 \cdot 10^{-5}$), *n-Pentan* (36,2°; 1,36069; 1,8440 $\pm$ 5—10^{-4}), *n-Octan* (125,6°; 1,41291; 1,9960 $\pm 5 \cdot 10^{-4}$), *Cyclohexan* (F. 6,6°; 80,8°; 1,43013; 2,0148 $\pm 2 \cdot 10^{-4}$), *Bzl.* (F. 5,5°; 80,2°; 1,50509; 2,2826 $\pm 2 \cdot 10^{-5}$), *Toluol* (110,8°; 1,49901; 2,3820 $\pm 1 \cdot 10^{-4}$), *Äthylbenzol* (135,3°; 1,49835; 2,4005 $\pm 5 \cdot 10^{-4}$), *o-Xylol* (144,2°; 1,50703; 2,5500 $\pm 5 \cdot 10^{-4}$), *m-Xylol* (139,5°; 1,50030; 2,3602 $\pm 5 \cdot 10^{-4}$), *p-Cymol* (176,5°; 1,49257; 2,2870 $\pm 5 \cdot 10^{-4}$), *Dekalin* (192°; 1,47283; 2,1515 $\pm 5 \cdot 10^{-4}$) u. *1.6-Dimethylnaphthalin* (263°; 1,60975; 27250 $\pm 5 \cdot 10^{-4}$). In allen Fällen ergab sich im Strömungsfeld eine vom Strömungsgefälle u. Temp. abhängige Abnahme der DK., deren Betrag im allgemeinen mit den aus Messungen der Strömungsdoppelbrechung von anderen Autoren gewonnenen Daten annähernd übereinstimmt. Zwischen DK.-Änderung u. Strömungsgradient G besteht eine lineare Beziehung, das dielektr. Strömungsverh. kann daher durch eine „dynamoelektr. Konstante" $K = -\Delta\varepsilon/G$ charakterisiert werden, die für die untersuchten Stoffe angegeben wird. Wie an Hand der Ergebnisse am Bzl. gezeigt wird, gestattet die Temperaturabhängigkeit von K Rückschlüsse auf die Flüssigkeitsstruktur. In Analogie zu den strömungsopt. Erscheinungen läßt sich auch das dielektr. Verh. unpolarer Fll. im Strömungsfeld als Orientierungsvorgang deuten, wenn man die Anisotropie der Deformationspolarisation voraussetzt. (Z. physik. Chem. [Frankfurt/M.] [N. F.] **19.** 327—47. März 1959.)
W. WAGNER. B 132

Hermann Hartmann und **Rainer Jaenicke,** *Über das dielektrische Analogon der Strömungsdoppelbrechung.* 4. Mitt. *Das dielektrische Verhalten polar-unpolarer Systeme im*

Strömungsfeld. (3. vgl. vorst. Ref.) Im Bereich niedriger Konzz. des polaren Stoffes wurden das stat. u. dynam. Verh. folgender bin. Systeme untersucht (in Klammern $Kp._{760}$; n_D^{15} $\pm 5 \cdot 10^{-5}$): *Chlorbenzol* (132°; 1,52810) — *Octan* (I); *o-Dichlorbenzol* (179°; 1,55384) — I; *m-Dichlorbenzol* (172°; 1,54965) — I; *p-Dichlorbenzol* (174°, F. 53°) — I; *α-Chlornaphthalin* (259°; 1,63517) — I; *α-Bromnaphthalin* (281°; 1,66036) — I; *Diphenylamin* (F. 54°) — *Toluol* (II); *Benzophenon* (297°; F. 48°) — II; *Benzylalkohol* (III; 205°; 1,54410) — I/II u. *Naphthalin-Benzol*. Die beobachtete lineare Konzentrationsabhängigkeit der Konstanten K (l. c.) gestattet unmittelbare Rückschlüsse von den gemessenen Polarisationsänderungen (der Größenordnung 10^{-3} Dielektrizitätskonstanteneinheiten) auf die mol. Orientierung der Dipole. Auf Grund der früher gewonnenen Ergebnisse des dielektr. Strömungsverh. der unpolaren Fll. ist es möglich, die erhaltenen Werte mit den jeweiligen Anteilen der Orientierungs- u. Deformationspolarisation in Zusammenhang zu bringen. Die im Verhältnis des jeweiligen charakterist. Anteils der Deformationspolarisation reduzierten Konstanten $K-K_0$ lassen sich dann als lineare Funktion des Dipol- bzw. Gruppenmoments darstellen. Die im Gegensatz zum Verh. der anderen Stoffe bei III beobachtete Zunahme der DK. mit wachsendem Strömungsgefälle kann mit Aufspalten prim. vorliegender Mol.-Assoziate erklärt werden. (Z. physik. Chem. [Frankfurt/M.] [N. F.] **19.** 348—66. März 1959.) W. WAGNER. B 132

L. Ötvös und **F. Sirokmán,** *Beitrag zur Frage der Beziehung zwischen Stereochemie und den Dissoziationskonstanten organischer Verbindungen.* 1. Mitt. *Basen.* An Hand von Literaturdaten wird die Beziehung zwischen dem Ausmaß der ster. Hinderung u. der Basenstärke in α-substituierten Aryl- u. Alkylaminen geprüft u. der Lösungsmitteleinfl. bei o-substituierten Anilinen auf der Grundlage zunehmender ster. Kompression untersucht. Weiter wird eine Meth. zum Nachw. von H-Brückenbindungen aufgezeigt u. ster. Effekte, die von α- u. β-ständigen Substituenten in aliphat. Aminen herrühren, diskutiert. Die gefundenen Beziehungen werden zur Konformationsanalyse einiger gesätt. Amine (*Propyl-, Isobutylamin, cis-* u. *trans-2-Aminocyclohexanol*) benutzt. (Acta Univ. Szegediensis, Acta physica chem. [N. S.] **2.** 118—26. 1956. Szeged, Univ., Inst. of Organ. Chem.) W. NIEMITZ. B 139

F. Sirokmán und **L. Ötvös,** *Beitrag zur Frage der Beziehung zwischen Stereochemie und den Dissoziationskonstanten organischer Verbindungen.* 2. Mitt. *Carbonsäuren.* (1. vgl. vorst. Ref.) Vff. berücksichtigen bei ihrer Auswertung von Literaturdaten bes. prim. ster. Einflüsse, diese bewirken danach ein Absinken der Säurestärke, wenn nichtwss. Lösungsmittel benutzt werden. Gleichzeitig läßt sich dabei zeigen, daß gewisse in der Literatur angegebenen Anomalien nur in wss. Lsgg. infolge spezif., bisher nicht genau erkannter Effekte vorkommen. Die im vorst. Ref. behandelten Methoden zur Auffindung von H-Brücken wird auf den Fall der Carbonsäuren angewandt. (Acta Univ. Szegediensis, Acta physica chem. [N. S.] **2.** 127—36. 1956.) W. NIEMITZ. B 139

Jaswant Singh, Ram Chand Paul und **Sarjit Singh Sandhu,** *Acetylchlorid als polares Lösungsmittel.* 5. Mitt. *Titrationen in Acetylchlorid.* (4. vgl. C. **1959.** **7394.**) Acetylchlorid ist als Lösungsm. für Säure-Basen-Titrationen geeignet, als Indicatoren können dabei Kristallviolett oder Benzanthron benutzt werden. *$SnCl_4$* u. schwächer sauer *$TiCl_4$* als Säuren reagieren wahrscheinlich nach der Gleichung $SnCl_4 + 2\ CH_3COCl \rightleftharpoons 2\ (CH_3 \cdot CO)^+ + SnCl_6^-$, mit beiden Verbb. können *Chinolin, α-Picolin* u. *N.N-Dimethylanilin* titriert werden. Die Basenstärke der Amine nimmt dabei in vorst. Folge ab, anders als in wss. Lösung. CCl_4 kann bei den Titrationen nicht benutzt werden. (J. chem. Soc. [London] **1959.** 845—47. Febr. Hoshiavpur, India, Panjab Univ.) G. KRESZE. B 139

S. G. Bankoff, A. J. Hajjar und **B. B. McGlothin jr.,** *Über die Natur und die Lage von Blasenkeimen beim Sieden von Oberflächen.* In Fortsetzung früherer Unterss. (vgl. Trans. Amer. Soc. mechan. Engr. **79.** [1957.] 735) über das Sieden von reinen organ. Fll. an einer reproduzierbaren Pt-Oberfläche berichten Vff. über analoge Unterss. mit *Methylalkohol* u. *Propylalkohol.* Die tabellar. wiedergegebenen Versuchsergebnisse lassen sich durch eine „Käfig"-Theorie erklären: es existieren für Dampfblasen Potentialfallen an der Oberfläche, die anfänglich mit Fl. angefüllt sind u. sich mit Dampf füllen, wenn das Sieden beginnt. Die allmähliche Zunahme der Oberflächentemp. für einen gegebenen Wärmefluß wird der progressiven Entlüftung der keimbildenden Zentren durch Verdünnung mit Dampf zugeschrieben. Außerdem ergibt sich aus den Verss., daß sich die akt. Keime auf der erhitzten Oberfläche u. nicht auf Staubteilchen in der Fl. befinden. (J. appl. Physics **29.** 1739—41. Dez. 1958. Terre Haute, Ind., Rose Polytechn. Inst.) C. GOTTFRIED. B 150

Yatendra Pal Varshni und **Hari Mohan,** *Additive Siedepunktsfunktion für Methan- und Silanderivate.* Ausgehend von den Unterss. BERNSTEINS (vgl. z. B. C. **1953.** **5474**) über die additive Zus. von Mol.-Eigg. aus Atombeiträgen, wobei auch die Wechselwrkg.

nicht miteinander verbundener Atome zu den Mol.-Eigg. beiträgt, berechnen Vff. die Kpp. von *Methan-* u. *Silan*-Derivv. als Wurzel aus der Summe der Beiträge gebundener u. nicht gebundener Atome (Beispiel CH_2Cl_2 = 2 C—H- + 2 C—Cl-Bindungsbeiträge + 1 (H—H + 1 (Cl—Cl)- + 4 (H—Cl)-Wechselwirkungsbeiträge). In Tabellen werden die Wechselwirkungsbeiträge für eine Reihe von Kombinationen XY mit X bzw. Y = H, CH_3, F, Cl, Br als Bruchteile der entsprechenden CX-Bindungsbeiträge für Methanderivv. sowie für die Kombinationen X'Y' mit X' bzw. Y' = H, CH_3, C_2H_5, C_6H_5, F, Cl, Br, J als Bruchteile der entsprechenden SiX-Bindungsbeiträge für Silanderivv. angegeben. Die Abweichungen der berechneten von den gemessenen Werten betragen bei 41 Methanderivv. $CX_{4-n}Y_n$ ± 1,87° (maximale Abweichung + 7,8 bzw. — 4,0°), bei 76 Silanderivv. $SiX_{4-n}Y_n$ ± 1,72° (maximale Abweichung + 7,8 bzw. — 6,8°). (J. Indian chem. Soc. **32.** 211—16. April 1955. Allahabad, India, Univ., Dep. of Phys.) M. SCHENK. B 150

G. A. Bottomley, C. G. Reeves und **R. Whytlaw-Gray,** *Die Isothermen von Benzoldampf zwischen 22 und 70° C.* Mit einer bereits früher (C. **1951.** I. 828) verwendeten Differentialkompressibilitätsapp. wurden gegen N_2 als Bezugsgas die PV-Daten von höchstgereinigtem *Bzl*.-Dampf bei 22, 35, 50 u. 70° u. in einem weiten Druckbereich bis ca. 80% Sättigung bei jeder Temp. ermittelt. Das Meßverf. u. spezielle Unterss. zur Ermittlung der Korrekturen für die Adsorption von Dampf an den Glas- u. Hg-Oberflächen werden beschrieben. Für die 2. Virialkoeffizienten ergaben sich bei den angeführten Tempp. folgende Werte: B = — 1525, — 1349, — 1202 u. — 1035 cm³/Mol. (Proc. Roy. Soc. [London], Ser. A **246.** 504—13. 26/8. 1958. Welwyn, Herts., The Frythe, Imp. Chem. Ind. Ltd., Akers Res. Labor.) W. WAGNER. B 150

G. A. Bottomley, T. A. Remmington und **R. Whytlaw-Gray,** *Der zweite Virialkoeffizient von Benzol bei niedrigen Drucken.* (Vorl. Mitt. vgl. C. **1958.** 7675.) Ausführliche Beschreibung von Dichtebestimmungen von *Bzl.*-Dampf bei 22° bis ca. 70% Sättigung. Die Messungen wurden nach einer Mikrowägemeth. unter Verwendung von N_2 als Vergleichsgas durchgeführt, wobei in gesonderten Verss. die Adsorption des Benzoldampfes in einzelnen Teilen der Wägevorrichtungen bestimmt wurde. Die dafür korr. Dichtewerte führen zu einem Virialkoeff. B = — 1528 ± 12 cm³/Mol bei 22°. Aus einigen gleichen Messungen bei 35° ergab sich für diese Temp. B = — 1352 ± 22 cm³/Mol. (Proc. Roy. Soc. [London], Ser. A **246.** 514—20. 26/8. 1958.) W. WAGNER. B 150

Matao Nakumura, Yoshirô Yôshihirô und **Kôichirô Higurashi,** *Sorption der Zucker durch Ionenaustauscher.* Zucker werden beim Behandeln mit stark bas. Ionenaustauschern vom OH-Typ stark, durch Austauscher von anderen Typen wenig adsorbiert. Die Adsorption kann mittels der LANGMUIRschen Isotherme ausgedrückt werden, ist jedoch wenig temperaturabhängig. Kohlenhydrate mit größerem Mol. werden leichter als die mit kleinerem Mol. adsorbiert [*Maltose* > *Rohrzucker* (I) > *Glucose* > *Arabinose*; I wird unerklärlicherweise sehr schwierig adsorbiert]. Bei 15—20° werden die adsorbierten Zucker durch W. oder Säure gut eluiert, während sie bei 40—45° nur schwierig eluiert werden. I wird ausnahmsweise auch bei höheren Tempp. leicht eluiert. (J. chem. Soc. Japan, ind. Chem. Sect. [Kōgyō Kagaku Zassi] **61.** 1150—52. Sept. 1958. Tiba, Univ. Tokyo, Seiken. [Orig.: japan.]) E. MAEKAWA. B 176

D. W. Barber, C. S. G. Phillips, G. F. Tusa und **A. Verdin,** *Chromatographie von Gasen und Dämpfen.* 6. Mitt. *Anwendung von Stearaten des zweiwertigen Mangans, Kobalts, Nickels, Kupfers und Zinks als Kolonnenflüssigkeiten bei der Gaschromatographie.* (5. vgl. C. **1957.** 4488.) Vff. bestimmen die relativen Retentionszeiten t bzgl. *Mesitylen* (I; t = 1000) an geschmolzenen Metallstearaten von Mn(II), Ni(II), Co(II), Cu(II) u. Zn(II) im Vgl. zu Apiezon von *n-Hexan, -Heptan* (**VII**), *-Octan* (**VIII**), *-Nonan, -Decan, -Undecan, -Dodecan, -Tetradecan, Bzl., Toluol, m-Xylol* (**IX**), I, *Äthylmethyl-, Diäthyl-, Butyläthyl-, Methylpentyl-, Methylhexylketon, Cyclopentanon, Cyclohexanon, 1.1-Dimethylbutanol, 1-Methylpropanol, -heptanol, Cyclohexanol, 2-Methylpropanol, -pentanol, -heptanol, Propanol, Butanol* (**X**), *Pentanol* (**XI**), *Hexanol, Heptanol, Diäthyl-* (**II**), *Dipropylamin* (**III**), *tert.-Butylamin* (**IV**), *Anilin* (**V**), *Pyridin* (**VI**). Die +-Werte an Stearaten gegen die t-Werte an Apiezon geben für jede homologe Reihe eine Gerade, deren Steigung, der Retentionsfaktor k, am größten bei Ni(II)-, am kleinsten bei Cu(II)-Stearat ist. In den homologen Reihen gibt log t, gegen die Zahl der C-Atome aufgetragen, ebenfalls eine Gerade. Starke Retention an Stearaten wird für Amine gefunden. Hier betragen die t-Werte an Apiezon bzw. Mn(II)-Stearat für: *Isopropyl-* 66 bzw. 2304, *Propyl-* 173, 3655, *n-Butyl-* 215, 6032, **IV** 79, 1550, **II** 99, 1610, **III** 276, 2134, *Di-n-butylamin* 758, 4871, *Triäthyl-* (**XII**) 187, 328, *Tripropyl-* 619, 649, *Tri-n-butylamin,* 2382, 3342, **V** 855, 2084, *N.N-Dimethylanilin* 1835, 1989, **VI** 296, 3016, *α-* 416, 1230, *β-* 535, 7460, *γ-Picolin* 540, 9670, *2.6-Lutidin* 571, 661 u. *Pyrrol* 202, 301. Die k-Werte für sek.- u. tert.-Amine an Mn-, Co-, Zn-Stearat sind proportional ihren Basendissoziationskonstanten. Aus den t-Werten an Co-Stearat werden für die Verbb. die freien Energien Δ G, die Lösungswärmen Δ H u. -entropien Δ S berechnet. Für jede homologe Reihe weisen Δ G, Δ H u. Δ S ein konstantes Inkrement pro CH_2-Gruppe auf. Endlich werden die Aktivitätskoeffizienten für **VII** 0,88, **VIII** 0,80, **IX** 0,59, **I** 0,55, **X** 0,33, **XI** 0,41, **II** 0,011, **XII** 0,15 in Co-Stearat (bei 156°) berechnet. (J. chem. Soc. [London] **1959.** 18—24. Jan. Oxford, Inorg. Chem. Labor.) G. Pötzscher. B 177

V. T. Brooks und **G. A. Collins,** *Trennung von Pyridinbasen durch Dampfphasenchromatographie.* Vff. bestimmen die gaschromatograph. Retentionsvoll. folgender Pyridinbasen an den Systemen Nujol, Trixylenylphosphat, Polyäthylenglykol 1000, Silicon M 430, Triäthanolamin oder Glycerin als stationären Phase: *Pyridin* (Kp. 115,26°) α- (Kp. 129,41°), β- (**I**; Kp. 144,14°), *γ-Picolin* (**II**; Kp. 145,36°), *2.6-* (Kp. 144,05°), *2.5-* (Kp. 157,01°), *2.4-* (Kp. 157,90°), *2.3-* (Kp. 160,8°), *3.5-Lutidin* (Kp. 172,2°), *2-* (Kp. 148,70°), *3-* (Kp. 165,0°), *4-Äthyl-* (Kp. 167,7°), *2-Methyl-6-äthylpyridin* (Kp. 160,1°), *2.4.6-* (Kp. 170,3°), *2.3.5-* (Kp. 186,8°) u. *2.3.4-Kollidin* (Kp. 192,7°). An Polyäthylenglykol findet eine teilweise, an Triäthanolamin fast völlige u. an Glycerin völlige Trennung von **I** u. **II** statt. (Chem. and Ind. **1956.** 1021. 29/9. Four Ashes, Wolverhampton, Midland Tar Distillers Ltd., Res. Dep.) G. Pötzscher. B 177

J. Metzger, *Die Stellung des organischen Chemikers zu den modernen Elektronentheorien der Valenz.* Vortrag. Nach einer Schilderung der neueren Theorien der Mol.-Struktur wird die Anwendbarkeit der daraus folgenden Anschauungen in der organ. Chemie, speziell bei der Unters. von Rkk. behandelt. (Tagungsber. Chem. Ges. DDR., Hauptjahrestag. **1955.** 59—78. 1956. Marseille, Fac. des Sci., Labor. de Chimie P. C. B.) G. Kresze. B 182

W. Treibs, *Über nichtbenzoide Aromaten.* Vortrag. Nach einer kurzen Definition des aromat. Zustands (Ggw. eines π-Elektronensextetts, ebenes Mol. u. Bindungsausgleich zu einem Zustand niedrigster Energie) werden Eigg. u. Rkk. besprochen, die bei *Tropolonen, Azulenen* u. *Ferrocen* diesen aromat. Zustand charakterisieren. (Tagungsber. Chem. Ges. DDR., Hauptjahrestag. **1955.** 95—103. 1956. Leipzig, Karl-Marx-Univ., Chem.-Inst.) G. Kresze. B 182

Hiroshi Fujiwara, *Physikalisch-chemische Untersuchungen an Isonicotinsäurehydrazidderivaten.* 4. Mitt. *Gleichgewicht der Isonicotinsäurederivate in wässerigen Lösungen.* 1. Teil. (3. vgl. C. **1959.** 9508.) Gleichgewichtsdaten für die Hydrolyse von *Furfurylidenisonicotinsäurehydrazid* (**I**) zu Isonicotinsäurehydrazid (**II**) u. Furfurol (**III**) sowie für die von *1-Benzoyl-2-furfurylidenhydrazin* (**IV**) zu Benzoylhydrazin (**V**) u. **III** werden in wss. Lsgg. von verschied. p_H-Werten gemessen. Die Addition des Protons an den Stickstoff im Pyridinring hat keinen direkten Einfluß auf die Gleichgewichtskonstanten, jedoch einen relativ großen Einfl. auf die ion. Dissoziation der Azomethingruppe. (J. pharmac. Soc. Japan [Yakugakuzasshi] **78.** 1034—40. Sept. 1958. Ôsaka, Takeda Pharm. Ind. [Orig.: japan.; Auszug: engl.]) E. Maekawa. B 221

Hiroshi Fujiwara, *Physikalisch-chemische Untersuchungen über Isonicotinsäurehydrazidderivaten.* 5. Mitt. *Gleichgewicht der Isonicotinsäurederivate in wässeriger Lösung.* 2. Teil. (4. vgl. vorst. Ref.) Gleichgewichtskonstanten der Hydrolyse des *p-Amino-* sowie des *p-Dimethylaminobenzylidenisonicotinsäurehydrazids* zu p-Amino- sowie p-Dimethylaminobenzaldehyd u. Isonicotinoylhydrazin werden in wss. Lsgg. bei verschied. p_H-Werten gemessen u. durch folgende Gleichung gut wiedergegeben: $K = K_0 \{1 + [H^+]/K_A\} \{1 + [H^+]/K_B\}/\{1 + [H^+]/K_S\}$, wobei K_0 die Konstante des nichtionisierten freien Amins, u. K_S, K_A u. K_B Ionendissoziationkonstanten folgender Rkk. sind: (K_S) $RCONHN{=}CHR' + H^+ \rightleftharpoons RCONHN^+H{=}CHR'$, $R' = -C_6H_4-NH_2(p)$ oder. $-C_6H_4-N(CH_3)_2(p)$; (K_A) $RCONHNH_2 + H^+ \rightleftharpoons RCONHN^+H_3$, R = N 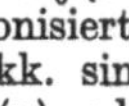 —; (K_B) $OCHC_6H_4-NR''_2 + H^+ \rightleftharpoons OCHC_6H_4-N^+HR''_2$, $R'' = H$ oder CH_3. (J. pharmac. Soc. Japan [Yakugakuzasshi] **78.** 1040—44. Sept. 1958. [Orig.: japan.; Auszug: engl.]) E. Maekawa. B 221

Roger Cohen-Adad, *30°-Isothermen des Systems Wasser–Harnstoff–Silbernitrat.* Eine Unters. des fest–fl.-Syst. *W.–Harnstoff* (**I**)–*$AgNO_3$* bei 30° läßt das Vorhandensein von insgesamt 5 Anlagerungsverbb. erkennen, u. zwar neben den bereits bekannten 2 $AgNO_3$–**I** u. $AgNO_3$–**I** eine Verb. der Formel $AgNO_3$–2 **I**, die sowohl als Anhydrid wie auch als Hydrat mit 4 oder 6 H_2O auftreten kann. Die Anomalie in der Leitfähigkeit von $AgNO_3$ bei großem **I**-Überschuß wird auf die Bldg. eines komplexen Ions der Formel $[2\,I\cdot Ag]^+$ zurückgeführt. (C. R. hebd. Séances Acad. Sci. **244.** 2711—13. 27/5. 1957. Alger, Fac. des Sci., Labor. de Chim. gén.) W. Niemitz. B 223

A. S. Gupta und **J. S. Aggarwal,** *Harnstoffkomplexbildung von Fettsäuren unter verschiedenen Bedingungen.* (Vgl. C. **1957.** 5240.) Vff. haben die Ausbeute bei der Komplex-(**K**)bldg. von *Harnstoff* in methanol. Lsg. mit Fettsäuren (**F**, *Stearin-*, F. 69°; *Palmitin-*,

F. 61,5°; *Myristin-*, F. 52,5°; *Laurin-*, F. 43°; *Öl-*, u. *Linolsäure*) sowie bei der Wiedergewinnung der Säuren bei Variation der Bedingungen untersucht. Maximale Ausbeuten an den K wurden beim Zusammengeben der Komponenten bei 15°, vor allem bei den ungesätt. **F**, erzielt, bei höherer Bildungstemp. sanken die Ausbeuten, bei niedrigerer fielen die freien **F** neben den **K** aus. Zur fast quantitativen Wiedergewinnung der **F** aus den **K** ist es notwendig, die Lösungsmittel vorher vollständig zu entfernen. (J. sci. ind. Res. [New Delhi], Sect. B **15.** 473—75. Aug. 1956. Poona, India, Nat. Chem. Labor.) G. KRESZE. B 223

Kerstin M. Lindahl, *Die Bildung eines ätherlöslichen Komplexes zwischen Phosphatid und Histamin.* Durch Verteilung von *Histamin* (I) zwischen wss. Puffer-Lsgg. u. Lsgg. von *Lecithin* oder *Cephalin* in Ae. wird gezeigt, daß I mit beiden Verbb. Komplexe bildet. Die Komplexbldg. sinkt mit fallendem p_H, was darauf hinweist, daß eine freie Phosphorsäuregruppe bei der Komplexbldg. eine Rolle spielt. (Ark. Kemi **9.** 495—97. 1956. Uppsala, Univ., Inst. of Zoophysiol.; Edinburgh, Univ., Pharmacol. Dep.) G. PÖTZSCHER. B 223

Jack Hine, *Polare Effekte bei Geschwindigkeiten und Gleichgewichten.* Vf. zeigt, daß die einfache HAMMETTsche Gleichung $\log K^x/K_0^x = \varrho_x \cdot \sigma$ (K = Gleichgewichtskonstanten oder Geschwindigkeitskonstanten einer Rk. $ArX_1 \rightleftharpoons ArX_2$ für die m- bzw. p-substituierten bzw. für die unsubstituierten Verbb.) nicht mit gleichen Werten für die Reaktionskonstante ϱ_x bei m- u. p-Derivv. streng gültig sein kann. Die Differenz zwischen den ϱ_x^m- u. ϱ_x^p-Werten ist von den σ-Werten für X_1 u. X_2 abhängig, Vf. führt als Konstanten, die nur mit der Temp. u. dem Lösungsm. variieren, jedoch von der Art der Rk. unabhängig sind, die Werte $\varrho_x^p/(\sigma_{p-x_1} - \sigma_{p-x_2}) = \tau_p$ u. $\varrho_x^m/(\sigma_{m-x_1} - \sigma_{m-x_2}) = \tau_m$ ein. Aus den Dissoziationskonstanten der Benzoldicarbonsäuren, Phenylendiamine u. der Dihydroxybenzole folgt übereinstimmend für $\tau_m = 3{,}01 \pm 0{,}35$ u. $\tau_p = 2{,}94 \pm 0{,}07$. Die τ-Werte messen die Differenz der Wirksamkeit, mit der der Einfl. von Substituenten zum Reaktionszentrum bei der Hin- bzw. Rück-Rk. oder zum Ausgangsprod. u. Übergangszustand hingeleitet wird. (J. Amer. chem. Soc. **81.** 1126—29. 5/3. 1959. Atlanta, Ga., Inst. of Technol., School of Chem.) G. KRESZE. B 225

V. S. Padmanabhan, *Die Rolle der Lösungsmittel bei chemischen Reaktionen.* 2. Mitt. *Die Reaktion zwischen Anilin und Methyljodid in verschiedenen Lösungsmitteln.* (1. vgl. Proc. Indian Acad. Sci., Sect. A **40.** [1954.] 132; vgl. C. **1957.** 13940.) Bestimmt werden sollte der Einfl. der physikal. Eigg. der Lösungsmittel auf die Reaktionsgeschwindigkeit. Untersucht wurde das Syst. *Anilin–Methyljodid* in den Lösungsmitteln Aceton, A., Nitrobenzol u. CCl_4 zwischen 40 u. 60°. Bei den Verss. wurden die Fehler durch Weiteralkylierung sowie durch Kristallisation der Prodd. möglichst niedrig gehalten. Die beobachteten Änderungen der Reaktionsgeschwindigkeitskonstanten sowie der ARRHENIUS-Parameter (berechnet aus den Geschwindigkeitskonstanten für eine Rk. 2. Ordnung, extrapoliert auf den Reaktionsbeginn, Daten in den ersten drei Lösungsmitteln: $E_A = 13{,}23$; 15,37 u. 15,83 kcal/Mol; log PZ 5,59; 7,35, 7,80) zeigen keine Beziehung zur DK. des Mediums. (Proc. Indian Acad. Sci., Sect. A **43.** 368—82. Juni 1956. Tambaram, Madras Christian Coll., Chem. Dep.) S. v. SCHIESZL. B 225

R. D. Brown und **M. L. Heffernan,** *Die Chemie von Pyridin, Pyrimidin und Pyrazin.* (Vgl. C. **1958.** 12643.) Nach der MO-Meth. berechnen Vff. die relativen Reaktivitäten der einzelnen Stellungen in *Pyridin* (I), *Pyrimidin* (II) u. *Pyrazin* (III; Verf. vgl. Austral. J. Chem. **8.** [1955.] 100). Dabei werden für die Elektronegativitätsparameter der N-Atome 2 verschied. Werte eingesetzt, je nachdem, ob Rkk. der freien Basen oder der konjugierten Säure betrachtet werden. In I wird danach für die 3-Stellung bei elektrophiler Substitution die höchste Reaktivität (vergleichbar mit der des Bzl.) errechnet, bei nucleophiler Substitution sollte die Reaktivitätsfolge $2 > 4 > 3$, bei radikal. Angriff $4 > 3$ sein. Für II wird bei elektrophiler Rk. die Folge $5 > 4 > 2$, bei nucleophiler Rk. $2 > 4 > 5$, bei radikal. Rk. $4 > 2 > 5$ vorausgesagt. Bei III entspricht die Reaktivität bei ion. Rkk. der der α-Stellung des I, Radikalangriff sollte leichter als bei Bzl. erfolgen, die konjugierte Säure sollte viel reaktiver als die freie Base sein. Außer für Radikal-Rkk. stimmen die Berechnungen, soweit prüfbar, mit der Erfahrung überein. (Austral. J. Chem. **9.** 83—88. Febr. 1956. Melbourne, Univ., Dep. of Chem.) G. KRESZE. B 225

G. Fodor, J. Toth, I. Koczor und **Irene W. Vincze,** *Anwendung der Elektronentheorie und der allgemeinen stereochemischen Gesetze in der organischen Synthese.* (Vortrag.) Am Beispiel der Synth. von *Tropen-(6)-ol-(3)* u. *Acetylscopin* zeigen Vff. die zweckmäßige Anwendung der Kenntnisse über Mechanismus u. Stereochemie von Rkk. bei der Darst. ster. einheitlicher Produkte. (Tagungsber. Chem. Ges. DDR., Hauptjahrestag. **1955.** 105—11. 1956. Szeged, Univ., Inst. für Organ. Chemie.) G. KRESZE. B 225

Andrée Goudot, *Theoretische Untersuchung der Transaminierung mittels der Molekülzustandsmethode.* Vf. untersucht mittels der MO-Meth. die durch Cu^{2+} u. Ni^{2+}

katalysierte Transaminierung zwischen *Pyridoxamin* u. *Brenztraubensäure.* In Übereinstimmung mit den spektroskop. Ergebnissen ergibt sich, daß der Ni-Übergangskomplex stabiler als der Cu-Komplex ist. Die Übertragung der Ladungen vollzieht sich über das aktivierende Metallion. (C. R. hebd. Séances Acad. Sci. **248.** 971–74. 16/2. 1959.)
K. FRENKLER. B225

William E. Truce und **William J. Ray jr.,** *Umlagerungen von Arylsulfonen.* 3. Mitt. *Die Kinetik der Reaktion von o-Methyldiarylsulfonen mit n-Butyllithium.* (2. vgl. C. **1959.** 15659.) Die Reaktionsgeschwindigkeitskonstanten der Umlagerung von *Phenyl-2.6-xylyl-* (I), *Mesitylphenyl-* (II), *Phenyl-2.4-xylyl-* (III), *Phenyl-o-tolyl-* (IV) u. *Dimesitylsulfon* (V) zu den entsprechenden o-Benzylbenzolsulfinsäuren wurden bestimmt. Die Umlagerung von **IV** u. **III** ist eine Rk. 1. Ordnung. Die Umlagerung von **I** u. **III** erfolgt in 2 Stufen; die 1. Stufe verläuft bis zu einer 20–25%ig. Umsetzung u. ist so schnell, daß die Geschwindigkeitskonstante nicht gemessen werden konnte; die 2. Stufe verläuft langsamer nach einer Rk. 1. Ordnung. Bei den Verbb. **I** u. **II** ist wegen der 2 o-ständigen Methylgruppen eine Rotation um die S–C-Bindung nicht ohne weiteres möglich; erfolgt die Metallierung hier an einer Methylgruppe, die dem wandernden Benzolring benachbart ist, so kann unmittelbar Umlagerung erfolgen (1., schnell erfolgender Reaktionsschritt). Die zweite Stufe der Umlagerung ist, wie Vff. annahmen, die geschwindigkeitsbestimmende Umlagerung der Moll., deren von dem wandernden Benzolring abgewandte Methylgruppe metalliert ist, zu solchen mit dem Benzolring benachbarter metallierter Methylgruppe u. deren schnelle Umlagerung. Bei **V** erfolgt die 1. Reaktionsstufe ebenso schnell wie bei **I** u. **II**; die zweite Stufe verläuft, da die Rotation um die C–S-Bindung durch 2 weitere Methylgruppen noch stärker behindert wird, nur 0,014mal so schnell wie bei **I** u. **II**. Die Umlagerung von **I** u. **II** verläuft schneller als die Umlagerung von **III** u. **IV**. Unter Berücksichtigung der Unterss. von BUNNETT u. OKAMOTO (C. **1958.** 2678) wird angenommen, daß die zusätzliche Methylgruppe die Enthalpie von **I** u. **II**, nicht aber die Enthalpie des Übergangszustandes erhöht; die abstoßenden Kräfte zwischen Sulfongruppe u. Methylgruppe führen zu Spannungen, zur Abnahme des C–S–C-Valenzwinkels, u. bringen die an der Umlagerung beteiligten Gruppen näher zueinander. Geschwindigkeitskonstanten der Rk. von o-Methyldiarylsulfon mit n-Butyllithium: **I** 0,31 [min^{-1}], **II** 0,26, **III** 0,025, **IV** 0,018, **V** 0,0038. (J. Amer. chem. Soc. **81.** 484–87. 20/1. 1959. Lafayette, Ind., Purdue Univ., Dep. of Chem.)
H. BERTSCH. B 225

Robert L. Letsinger und **Peter T. Lansbury,** *Peri-substituierte Naphthaline.* 1. Mitt. *Neue Umlagerungsreaktionen von substituierten Naphthopyranen.* Die Dehydratisierung von 1.8-Bis-[phenylhydroxymethyl]-naphthalin in HCOOH in Ggw. von p-Toluolsulfonsäure oder mit PBr_3 verläuft n. unter Bldg. von *1.3-Diphenyl-1H.3H-naphtho-[1.8:c.d]-pyran* (I). Bei der Behandlung mit Phenyl-Li u. Säure geht I in *1.2-Diphenylacenaphthylen* über, das auch aus 2.2-Diphenylacenaphthenol-(1) durch Dehydratisierung zugänglich ist. In schwach saurem alkoh. Medium findet wie bei I bei 1-Hydroxy-3.3-diphenyl-1H.3H-naphtho-[1.8:c.d]-pyran nur eine Acetalbldg. an der potentiellen Aldehydgruppe statt, im stark sauren Medium dagegen tritt Umlagerung zu *8-Benzhydrylnaphthoesäure-(1)* ein. Es wird angenommen, daß im Übergangszustand dabei eine Hydridionenverschiebung stattfindet. Auch 1-Methylen-3.3-diphenyl-1H.3H-naphtho-[1.8:c.d]-pyran lagert sich in saurem Medium um, Reaktionsprod. ist *3.3-Diphenylperinaphthanon-(1)*, dessen Struktur sich auf Grund des IR-Spektr. u. der Unterschiede in den physikal. Eigg. gegenüber [*8-Benzhydrylnaphthyl-(1)*]-*methylketon* ergibt.

V e r s u c h e: *1.8-Bis-[phenylhydroxymethyl]-naphthalin*, $C_{24}H_{20}O_2$, F. 199–200° (80%ig. A.), durch 20std. Zugabe von 1.8-Dibenzoylnaphthalin in Ae. zu $LiAlH_4$ in sd. Ae. im Soxhlet; 96% (Ausbeute). — *1.3-Diphenyl-1H.3H-naphtho-[1.8:c.d]-pyran* (I), $C_{24}H_{18}O$, F. 201,5–202° (A.–Aceton), a) durch 2tägiges Erhitzen von vorst. Verb. in 90%ig. HCOOH in Ggw. von p-Toluolsulfonsäure auf dem Dampfbad; 92%; b) durch Zugabe von I zu 70° heißem PBr_3 in Ggw. von Pyridin, 2 Std. bei 55°; 85%. — *2.2-Diphenylacenaphthenol-(1)*, $C_{24}H_{18}O \cdot {}^1/_3\, H_2O$, F. 119,5°, aus 2.2-Diphenylacenaphthenon-(1) (F. 173–174°, aus 1.2-Diphenylacenaphthendiol; 93%) mit $LiAlH_4$ im Soxhlet; 90%. — *1.2-Diphenylacenaphthylen*, F. 161,3° (Aceton), a) durch 15 Min. Erhitzen von vorst. Verb. mit p-Toluolsulfonsäure in 98%ig. HCOOH auf dem Dampfbad; 90%; b) aus, 1.2-Dichlor-1.2-diphenylacenaphthen (F. 186–188°) mit $LiAlH_4$ in Tetrahydrofuran, ca. 12std. Kochen; 62%; c) durch ca. 12std. Kochen von I mit Phenyl-Li in Ae. unter N_2, Hydrolyse mit verd. H_2SO_4 u. 15 Min. Erwärmen des Rückstandes mit HCOOH in Ggw. von p-Toluolsulfonsäure; 16%. — *1-Hydroxy-3.3-diphenyl-1H.3H-naphtho-[1.8:c.d]-pyran*, $C_{24}H_{18}O_2$, F. 166–167,5° (PAe.), durch Zugabe von 3.3-Diphenyl-1.8-naphthalid (II; F. 205–206°) in Tetrahydrofuran zu $LiAlH_4$ im gleichen Lösungsm.,

1std. Kochen u. 12std. Stehen mit NaOH; 76%. *Methylacetal*, $C_{25}H_{20}O_2$, F. 183—184° (Methanol), durch 30 Min. Kochen in Methanol mit 2 Tropfen H_2SO_4; 83%. *Äthylacetal*, $C_{26}H_{22}O_2$, F. 197,5—198,5°, analog in A.; 86%. — *8-Benzhydrylnaphthoesäure-(1)*, $C_{24}H_{18}O_2$, F. 233° (Essigsäure oder Aceton–A.), a) durch 30 Min. Erhitzen von vorst. Verb. mit J_2 in Eisessig auf dem Dampfbad; 100%; b) analog ohne J_2 in Eisessig in Ggw. von H_2SO_4 oder in CHOOH; >90%; c) aus vorst. Äthylacetal wie b); 92%; d) durch Erhitzen von 2.2-Diphenylacenaphthenonhydrazon [$C_{24}H_{18}N_2$, F. 217—218° (A.–Aceton), aus dem Keton durch 2std. Kochen mit $N_2H_4 \cdot H_2O$; 97%] mit KOH in Äthylenglykol auf 180—200°; 93%. — *1-Methylen-3.3-diphenyl-1H.3H-naphtho-[1.8:c.d]-pyran*, $C_{25}H_{18}O$, F. 227,5—229° (Dioxan–A.), aus II mit CH_3MgJ in Ae., 7std. Kochen u. Hydrolyse mit verd. H_2SO_4 (mit NH_4Cl entsteht ein Gemisch von Methylhydroxy- u. Methylenverb.); 71%. — *3.3-Diphenylperinaphthanon-(1)*, $C_{25}H_{18}O$, F. 200,5—201° (A.–Aceton), durch 16std. Kochen von vorst. Verb. in Essigsäure in Ggw. von H_2SO_4 u. Eingießen in Eis; 94%. *2.4-Dinitrophenylhydrazon*, $C_{31}H_{22}N_4O_4$, F. 269—271° (Zers.), hellrote Nadeln. — *[8-Benzhydrylnaphthyl-(1)]-methylketon*, $C_{25}H_{20}O$, F. 164—165° (A.), durch Zugabe von 8-Benzhydrylnaphthoesäure-(1)-methylester (F. 167—167,5°) zu CH_3–Li in Ae., 5std. Kochen; 92%. Gibt keine Hydrazonderivate. (J. Amer. chem. Soc. **81**. 935—39. 20/2. 1959. Evanston, Ill., Northwestern Univ., Dep. of Chem.)

G. Pötzscher. B 225

Peter T. Lansbury und **Robert L. Letsinger**, *Peri-substituierte Naphthaline*. 2. Mitt. *Eine Umlagerung unter 1.5-Arylwanderung*. (1. vgl. vorst. Ref.) Ausführliche Wiedergabe der C. **1956**. 13082 referierten Arbeit. Nachzutragen ist: 1. 8-Benzhydryl- (I) bzw. 8-[Bis-(p-methoxyphenyl)-methyl]-naphthoylchlorid-(1) (IV) reagieren mit Alkoholen in n. Rk. zu den entsprechenden Estern der beiden Naphthoesäuren, erst in Ggw. von $SnCl_4$ findet eine Umlagerung statt. 2. *1-Phenylhydroxymethyl-8-benzoylnaphthalinhemiketal* [III; *1.8-(α.γ-Diphenyl-α-hydroxy-β-oxatrimethylen)-naphthalin*], das Umlagerungsprod. von I oder der freien Säure, wird auch durch Isomerisierung von 1-Hydroxy-3.3-diphenyl-1H.3H-naphtho-[1.8:c.d]-pyran (II) mit konz. H_2SO_4 gebildet. 3. II reagiert nicht mit $LiAlH_4$, Phenyl-Li u. 2.4-Dinitrophenylhydrazin, während III von diesen Reagentien angegriffen wird.

Versuche: *1-Phenylhydroxymethyl-8-benzoylnaphthalinhemiketal* [III; *1.8-(α.γ-Diphenyl-α-hydroxy-β-oxatrimethylen)-naphthalin*], $C_{24}H_{18}O_2$, F. 137—137,5° (Bzl.–PAe.), a) durch 90 Min. Kochen von I mit $SnCl_4$ in CS_2; 90% (Ausbeute); b) durch 2std. Erhitzen von 8-Benzhydrylnaphthoesäure-(1) mit konz. H_2SO_4 auf dem Dampfbad; 20%; c) durch 45 Min. Stehen von II mit konz. H_2SO_4 bei 0°; 67%. *Äthylhemiketal*, $C_{26}H_{22}O_2$, F. 203,5—204,5° (A.–Aceton), durch 30 Min. Kochen in A. mit 2 Tropfen H_2SO_4; 71%. *2.4-Dinitrophenylhydrazon*, $C_{30}H_{22}N_4O_5$, F. 215—218° (Zers.), fahlgelbe Kristalle aus A.–Aceton. — *1-Phenylhydroxymethyl-8-[diphenylhydroxymethyl]-naphthalin(?)*, $C_{30} \cdot H_{24}O_2$, F. 215—217° (A.), durch 8std. Kochen von III mit Phenyl-Li in Ae.; 42%. — *1.8-Dibenzoylnaphthalin*, F. 188,5—189,5° (A.–Aceton), durch 1std. Erhitzen von III mit CrO_3 in Eisessig auf dem Dampfbad; 45%. — *1.8-Bis-[phenylhydroxymethyl]-naphthalin*, F. 199,5—200,5°, durch 12std. Kochen von III mit $LiAlH_4$ in Ae.; 60%. — *8-Benzhydrylnaphthoesäure-(1), Äthylester*, $C_{26}H_{22}O_2$, F. 119°, aus I mit A.; 92%. *Methylester*, F. 167—167,5°, analog; 77%. — *1-[α-Hydroxy-p-anisyl]-8-p-anisoylnaphthalinhemiketal [1.8-(α.γ-Bis-[p-methoxyphenyl]-α-hydroxy-β-oxatrimethylen)-naphthalin]*, $C_{26}H_{22}O_4$, F. 142—143° (Chlf.–Petroleumhexan), durch 1std. Erhitzen von IV mit $SnCl_4$ in CS_2; 87%. — *1.8-Di-p-anisoylnaphthalin*, F. 214,5—216,5° (A.), durch 1std. Erhitzen von vorst. Verb. mit CrO_3 in Eisessig auf dem Dampfbad; 47%. (J. Amer. chem. Soc. **81**. 940—43. 20/2. 1959.)

G. Pötzscher. B 225

O. K. Bogdanowa, A. A. Balandin und **A. P. Schtscheglowa**, *Einfluß des Molekülbaus von Alkoholen auf die Kinetik ihrer Dehydrierung*. 1. Mitt. *C_2—C_3-Alkohole*. Die Kinetik der Dehydrierung von *A.*, *Propanol* (I), *Isopropanol* (II) u. *Allylalkohol* (III) an einem nicht näher bezeichneten Oxydkatalysator (K) wurde nach der Strömungsmeth. untersucht. Die Alkoholdämpfe wurden bei Tempp. zwischen 270 u. 425° u. bestimmter Strömungsgeschwindigkeit über den in einem Quarzrohr befindlichen K geleitet. Die gebildeten *Aldehyde* bzw. *Aceton* (IV) wurden isoliert, u. diese, sowie die ungesätt. KW-stoffe u. H_2 bestimmt. Die Menge des freigesetzten H_2 diente als Maß für die Reaktionsgeschwindigkeit. Der K bewirkt neben Dehydrierung nur in geringem Maß Dehydratisierung; bei den Verss. mit A., II u. III erhöht sich die Olefinmenge geringfügig mit der Reaktionstemperatur. Aus den Dehydrierungsgeschwindigkeiten bin. Gemische der Alkohole u. der entsprechenden Aldehyde (bzw. IV) sowie der Alkohole u. H_2 wurden die relativen Adsorptionskoeffizienten z der Reaktionsprodd. berechnet: $z = (m_0/m - 1)/(100/p - 1)$ [m_0 u. m = Geschwindigkeit der H_2-Abspaltung bei gleichen mol. Strömungsgeschwindigkeiten für die Ausgangssubstanz (m_0)

u. für ein Gemisch von p % Ausgangssubstanz mit der Substanz, für die z bestimmt wird (m)]. z stellt ein Maß für die Verdrängung des Alkohols durch sein Dehydrierungsprod. von der **K**-Oberfläche dar. H_2 hemmt die Dehydrierung durch Blockierung der K-Oberfläche nicht ($z_{H_2} = 0$). Der Wert von z nimmt mit steigender Temp. ab. Die freie Energie der Verdrängung des Alkohols durch den Aldehyd (bzw. **IV**) von der K-Oberfläche wurde berechnet ($\Delta F = -RT \ln z$), ferner die Änderung des Wärmeinhalts (ΔH) u. der Entropie (ΔS). Die Aktivität des **K** hängt stark von der Struktur des Alkohols ab. Sek. Alkohole werden leichter als prim. dehydriert, I bedeutend leichter als **III**. (Известия Академии Наук СССР, Отделение Химических Наук [Nachr. Akad. Wiss. UdSSR, Abt. chem. Wiss.] **1957**. 787–94. Juli. Zelinsky-Inst. der Akad. der Wiss. der UdSSR für organ. Chemie.) O. DOLD. B 225

O. K. Bogdanowa, A. A. Balandin und **A. P. Schtscheglowa,** *Einfluß des Molekülbaus von Alkoholen auf die Kinetik ihrer Dehydrierung.* 2. Mitt. *C_4—C_8-Alkohole.* (1. vgl. vorst. Ref.) Nach der im vorst. Ref. beschriebenen Meth. wurde die Kinetik der Dehydrierung von *Butanol* (**I**), *Isoamyl-* (**II**) u. *β-Phenyläthylalkohol* (**III**) an einem Oxydkatalysator (**K**) bei Tempp. zwischen 320 u. 410° untersucht. Der **K** wirkte auf **I—III** fast ausschließlich dehydrierend ein; bei den Verss. mit **I** u. **II** wurden nur sehr wenig, bei **III** gar keine ungesätt. KW-stoffe gefunden. Der relative Adsorptionskoeff. z (l. c.) nimmt bei **I—III** bei steigender Temp. ab. Für die Verdrängung der Alkohole durch den entsprechenden Aldehyd von der **K**-Oberfläche wurde die freie Energie (ΔF), die Veränderung des Wärmeinhalts (ΔH) u. der Entropie (ΔS) berechnet. Nach einer von BALANDIN [1942] beschriebenen Meth. wurden die Geschwindigkeitskonstanten k der Dehydrierung von **I—III**, A., Propanol (**IV**), Isopropanol (**V**) u. Allylalkohol (**VI**) u. daraus die Aktivierungsenergien, die freien Energien (ΔF) u. die Entropieänderungen (ΔS) der Dehydrierung berechnet. log k gegen 1/T aufgetragen, ergibt für die erwähnten Alkohole, der ARRHENIUSschen Gleichung entsprechend, eine Gerade. Die Dehydrierungsgeschwindigkeit nimmt in dem untersuchten Temperaturbereich in folgender Reihe ab: **V** > **II** > **I** > **IV** > **III** > A. > **VI**. (Известия Академии Наук СССР, Отделение Химических Наук [Nachr. Akad. Wiss. UdSSR, Abt. chem. Wiss.] **1957**. 795–800. Juli.) O. DOLD. B 225

E. Abel, *Über einen Hinweis betreffend Autoxydation von Acetaldehyd und Benzaldehyd.* Unter Berücksichtigung der Arbeiten von KUHN u. MEYER [1928] u. von POETHKE u. ANDRISS (C. **1950**. II. 2297) weist Vf. darauf hin, daß die Autoxydation von *Acet-* u. *Benzaldehyd* einer Schwermetallkatalyse unterliegt u. wahrscheinlich nach dem für anorgan. Systeme angenommenen Mechanismus verläuft (RH = Aldehyd; X = Katalysator): $O_2 + X \rightleftharpoons \overset{(-)}{O}\cdot O\cdot X^{(+)}$; $RH + \overset{(+)}{X}\cdot O\cdot O^{(-)} \rightarrow R + H^+ + X + O\cdot O^- \rightarrow R + HO_2 + X \rightarrow$ Persäure + X. (Mh. Chem. **87**. 547–51. 1956. London, Hamilton Terrace.) G. PÖTZSCHER. B 225

J. H. de Boer, J. P. Fortuin und **H. I. Waterman,** *Die Flüssigphasenoxydation von Cumol mit gasförmigem Sauerstoff, katalysiert durch metallisches Kupfer. Cumol* (**I**) wird an metall. Kupfer ohne Induktionsperiode zu Cumolhydroperoxyd (**II**) oxydiert. Vff. schlagen für diese Rk. auf Grund von kinet. Unterss. folgenden Mechanismus vor: O_2 nimmt ein Elektron aus dem Metall auf u. wird als Mol.-Ion mit Radikalcharakter chemisorbiert. Nach $[Cu]O_2^-\cdot + RH \rightarrow [Cu]O_2^-H + R\cdot$ bildet sich ein KW-stoffradikal als Startradikal der Kette. Die hohe Ausbeute an **II** aus **I** ohne Bldg. von α.α'-Dimethylphenylcarbinol (im Falle der Autoxydation) unterstützt den geforderten Mechanismus. (Proc., Kon. nederl. Akad. Wetensch., Ser. B **61**. 170–75. 1958. Delft, TU, Labor. of Chem. Engng.) D. PALM. B 225

Sameer Bose, *Saure Hydrolyse von Acetamid.* Vf. bestimmte die Geschwindigkeit der durch HNO_3 u. HCl katalysierten Hydrolyse von *Acetamid.* In beiden Fällen erreicht die Reaktionsgeschwindigkeit in 3,0 n saurer Lsg. ein Maximum. Die Lage dieses Maximums wird bei teilweisem Ersatz des W. durch Methanol u. A. nicht, durch Aceton ins schwächer saure Gebiet verschoben. Ein Reaktionsmechanismus wird diskutiert. (J. Indian chem. Soc. **35**. 91–94. Febr. 1958. Jabalpur, Mahakoshal Mahavidyalaya, Dep. of Chem.) A. SCHMIDPETER. B 225

R. W. Kudrjawzew und **D. N. Kurssanow,** *Anwendung von schwerem Sauerstoff zur Untersuchung des Mechanismus der alkalischen Umesterung von Säureestern.* Durch Umesterung von $^{18}O_{(OC_2H_5)}$-Propionsäureäthylester mit n-Butanol in Ggw. von Na-Butylat wird festgestellt, daß die alkal. Umesterung wie auch die alkal. Hydrolyse unter Spaltung der Acyl—O-Bindung verläuft.

V e r s u c h e: *$^{18}O_{(OC_2H_5)}$-Propionsäureäthylester*, $Kp._{732}$ 98°; zu 26 g absol. ^{18}O-A. u. 45,5 g wasserfreiem Pyridin läßt man unter Rühren 52,6 g Propionylchlorid zutropfen, gibt nach beendeter Rk. (2—2½ Std.) W. hinzu, trennt den Ester ab u. dest.; $D.^{20}_{4}$

0,8902; n_D^{20} 1,3840; 5,3 g geben beim Erhitzen in 20,3 g n-Butanol in Ggw. von 0,2 g Na-Butylat *^{18}O-Äthanol* u. *Propionsäure-n-butylester* [Kp. 145°, $D.^{20}_4$ 0,8741, n_D^{20} 1,4014], dessen Aktivität weniger als $^1/_3$ der des ^{18}O-A. beträgt. (Журнал Общей Химии [J. allg. Chem.] **27** (89). 1686—87. Juni 1957. Inst. für metallorgan. Verbb. der Akad. der Wiss. der UdSSR.) C. Kozák. B 225

J. Miller, *Elektrophile und nucleophile Substitution am Benzolkern und die Hammett-Gleichung.* Vf. prüft die Anwendbarkeit der Hammettschen Gleichung der Substitutitions-Rkk. am aromat. Kern. Ausgewertet werden frühere Unterss. über die Kinetik folgender Umsetzungen: (S_N-Rkk.) Fluorbenzole + OCH_3^- in CH_3OH; 4-substituierte 1-Chlor-2-nitrobenzole + OCH_3^- bei 50° in CH_3OH (neu angegeben: Geschwindigkeitskonstante von *4-Chlor-3-nitroazobenzol,* log k = −2,981), 4-substituierte 1-Chlor-2.6-dinitrobenzole + OCH_3^- in CH_3OH bei 0° (neu: *4-Brom-* log k = −3,246; *4-[N.N-Dimethylcarbamyl]-* −2,492; *4-Phenyl-* −4,207) u. (S_E-Rk.) substituierte Benzole mit Br_2 bzw. Cl_2 in Essigsäure. Sowohl bei den S_N- als auch bei den S_E-Rkk. ist die Hammettsche Gleichung anwendbar bei Elektronenacceptorsubstituenten, bes. bei der S_E-Rk. treten jedoch starke Abweichungen für Gruppen auf, die stat. oder dynam. +E-Effekte besitzen. Vf. berechnet daher für diese Gruppen spezielle σ^{**}-Werte, die eine Anwendung der Hammettschen Gleichung auch bei Kernsubstitutionen ermöglichen sollen. Werte von σ^{**} (S_N-Rkk.): *p-CH_3* −0,256; *p-OCH_3* −0,596; *p-NH_2* −0,865; (S_E-Rkk.): *p-$N(CH_3)_2$* −2,211; *p-OH* −1,338; *p-OCH_3* −1,111; *p-OC_6H_5* −0,896; *p-$NHCOCH_3$* −1,032; *p-CH_3* −0,374; *p-$C(CH_3)_3$* −0,318; *p-C_6H_5* −0,386; *p-F* −0,091; *p-Cl* +0,045; *p-Br* +0,068. (Austral. J. Chem. **9.** 61—73. Febr. 1956. Nedlands, Western Australia, Univ., Dep. of Chem.) G. Kresze. B 225

Donald R. Campbell, John O. Edwards, Jane Maclachlan und **Katalin Polgar,** *Untersuchungen über die Oxydation von p-methoxysubstituierten Stilbenen mit Perbenzoesäure.* Die Oxydation von *trans-p-Methoxystilben* (III) mit Perbenzoesäure (I) in Bzl. u. Chlf. in Ggw. von ^{14}C-Benzoesäure (^{14}C-II) wurde kinet. untersucht u. ein Mechanismus angenommen, bei dem zuerst in schneller nichtsäurenkatalysierter Rk. das Epoxyd entsteht, daß sich dann langsamer mit gebildeter II zu dem entsprechenden *threo-Glykolmonobenzoat* umsetzt. Für diese Auffassung sprechen die folgenden Ergebnisse: a) der Verlust an I entspricht der Zunahme an II im ersten, schnelleren Teil der Rk.; dann nimmt die Konz. an II ab, was bei analogen Verss. mit *trans-Stilben* (**VII**) u. *trans-p-Methylstilben* (**VIII**), die nur Epoxyde u. keine Glykolester bilden, nicht beobachtet wird; b) der 2. Teil der Rk. verläuft langsam wie auch die Umsetzung von *trans-p-Methoxystilbenoxyd* (**IV**) mit **II**; c) die Bldg. von **IV** als Zwischenprod. ist wahrscheinlich, da als Nebenprod. der Oxydation *p-Methoxybenzylphenylketon* (**V**) isoliert werden kann, das auch bei der Rk. von **IV** mit **II** entsteht; **V** bildet sich durch Umlagerung von **IV**. Bei der Oxydation von *trans-p.p'-Dimethoxystilben* (**VI**) findet sich analog als Nebenprod. *Desoxyanisoin.* Geschwindigkeitskonstanten der Rk. mit I in Bzl. bei 25°: **VII** k_1 0,40 ($\cdot 10^{-3}$ Liter/Mol·sec); **VIII** 0,86; **III** 1,9; **VI** 7,4; u. *cis-p-Methoxystilben* 2,0. Die angegebenen Zahlen sind Mittelwerte der einzelnen Bestimmungen, die durch Titration von II erhalten wurden. Die durch Best. von I erhaltenen k-Werte weichen nur geringfügig davon ab. Für die Rk. von **IV** mit II in Bzl. bei 25° wurde k = $1{,}5 \cdot 10^{-5}$ Liter/Mol·sec erhalten. Die log k-Werte erfüllen die Hammettsche Beziehung bei Verwendung der σ^+-Werte. Unterss. mit C^{14}-II ergaben, daß zwischen I u. den Benzoationen prakt. kein Austausch stattfindet; daher ist bei der Oxydation das Auftreten freier OH^+-Ionen unwahrscheinlich.

Versuche: *trans-p-Methoxystilben* (III), $C_{15}H_{14}O$, F. 135—136°, nach Meerwein, Büchner u. Van Emster [1939] aus p-Anisidin u. Zimtsäure. — *trans-p.p'-Dimethoxystilben* (**VI**), $C_{16}H_{16}O_2$, F. 213—214°, nach Tadros, Ekladius u. Sakla (C. **1954.** 10690) aus Anisaldehyd u. Äthylenglykol. — *trans-p-Methoxystilbenoxyd* (**IV**), F. 81 bis 82°, aus III. — *1.2-Diphenyl-threo-glykolmonobenzoat,* F. 119—120°, aus **III** mit I in trockenem Bzl. (bzw. mit W. gesätt.), 2 Wochen stehen bei 25°; 65,2% (bzw. 56,8% Ausbeute). Daneben *p-Methoxybenzylphenylketon* (**V**), F. 95—96°; 5,94% (bzw. 18,50%). *Oxim,* F. 130—131°. — *1.2-Bis-[p-methoxyphenyl]-glykolmonobenzoat,* F. 117—122°, durch Oxydation von 2,024 g **VI** mit I in Bzl.; 0,734 g. Daneben *p-Methoxybenzyl-p-methoxyphenylketon* (*Desoxyanisoin*), F. 106—108°; 0,604 g. *Oxim,* F. 123—124°. — *trans-Stilbenoxyd,* F. 68—69°, aus **VII** mit I; 94%. — *trans-p-Methylstilbenoxyd,* F. 120°, analog; 95%. (J. Amer. chem. Soc. **80.** 5308—12. 5/10. 1958. Providence, R. I., Brown Univ., Metcalf Chem. Labor.) W. Schramm. B 225

A. N. Bose und **Cyril Hinshelwood,** *Katalytischer Einfluß gewisser Fremdgase auf die thermische Zersetzung von Di-tert.-butylperoxyd.* Die katalyt. Zers. von *Di-tert.-butylperoxyd* (I) wird durch SiF_4 beschleunigt (vgl. auch Birss, Proc. Roy. Soc. [London], Ser. A **247.** [1958.] 381). CCl_4 beschleunigt die Zers. stärker als SiF_4, die Zus. der Reaktionsprodd.

(CH_4/C_2H_6) ist anders als bei der durch SiF_4 katalysierten Reaktion. Die Wirksamkeit der Fluoride nimmt in der folgenden Reihe ab: $SiF_4 > SF_6 > CF_4$, also invers zu der Leichtigkeit mit der die Verbb. Fluor abgeben. Vff. diskutieren den Mechanismus dieser Umsetzung als einer unimol. Rk., sie geben die Geschwindigkeitskonstante $k_{n,x}$ der Zerss. von I unter dem katalyt. Einfl. von SiF_4 für einen gegebenen Druck n des Peroxyds u. des Fluorids x an, $k_{n,x}$ steigt bis zu einem Grenzwert $k_{n,\infty}$ an. Dieser Wert ist für verschied. Werte von n unterschiedlich. Die Aktivierungsenergie der Rk. beträgt 27 ± 1 kcal/Mol, die der nichtkatalysierten Rk. 37 kcal. Aceton, n-Hexan u. N_2 beeinflussen die Zers. von I nicht. (Proc. Roy. Soc. [London], Ser. A **249.** 173—79. 1/1. 1959.) K.-H. Birr. B 225

J. C. Bevington, J. Toole und **L. Trossarelli,** *Untersuchung des Anisoyloxyradikals durch Isotopenmarkierung.* Die radikalkatalysierte Polymerisation von *Styrol* (I) mit $^{14}C_{(OCH_3)}$-Anisoylperoxyd (II) als Katalysator, wird untersucht. Durch Hydrolyse des Polymeren u. Vgl. dessen Radioaktivität mit II u. den Hydrolysenprodd. kann die Einbaugeschwindigkeit (Konstante k_2) des Anisoyloxyradikals (III) in das Polymere u. die Geschwindigkeit des konkurrierenden Zerfalls (Konstante k_1) von III in p-Methoxyphenylradikale bestimmt werden. Bei 60° ist $k_1/k_2 = 0{,}022$ [Mol/Liter], bei 80° 0,053. Die Geschwindigkeit der Start-Rk. bei 80° ist $I = 13{,}9 \cdot 10^{-5} \cdot [II]$ [Liter/Mol·sec^{-1}], bei 60° $I = 10{,}86 \cdot 10^{-6} \cdot [II]$. Die Dissoziationsgeschwindigkeitskonstante von II in III beträgt $k_D^{80°} = 6{,}95 \cdot 10^{-5} \cdot [sec^{-1}]$ u. $k_D^{60°} = 5{,}43 \cdot 10^{-6} \cdot sec^{-1}$. Die Halbwertszeit von III in einer vollkommen inerten Atmosphäre ist ca. 10^{-2} bzw. ca. 10^{-3} sec bei 60 bzw. 80°. Benzoylradikale (Bevington, C. **1959.** 821) sind unbeständiger als III. (Trans. Faraday Soc. **54.** 863—67. Juni 1958. Birmingham, Univ., Chem. Dep.) D. Palm. B 225

D. H. Volman, June C. Chen und **L. W. Swanson,** *Ein olefinischer Radikalfänger für freie Radikale für photochemische Untersuchungen an wässerigen Lösungen: Anwendung auf die Photolyse von Wasserstoffperoxyd und Aceton bei 2537 Å.* Die Quantenausbeute der Photolyse (2537 Å) von H_2O_2 in wss. Lsgg. (0,94 ± 0,06) sinkt in Ggw. von *Allylalkohol* (I) auf 0,54 ± 0,05 bei 0,001 Mol/Liter I; die H_2O_2-Zersetzungsgeschwindigkeit ändert sich nicht zwischen 0,001 u. 1 mol. I. Reaktionsprodd. sind wahrscheinlich 3 isomere Tetrahydroxyhexane. Auch bei der Photolyse von *Aceton* wirkt I als Radikalfänger, mit steigendem I-Geh. sinken die Ausbeuten an CH_4, C_2H_6, CO u. Essigsäure. (J. Amer. chem. Soc. **81.** 756—57. 5/2. 1959. Davis, Calif., Univ. of California, Dep. of Chem.) G. Pötzscher. B 226

H.-H. Perkampus, *Anwendung der Festkörperspektroskopie dünner Filme zur Untersuchung der Reaktion von Aromaten mit Sauerstoff.* 2. Mitt. (1. vgl. C. **1958.** 12055.) Vf. untersucht die Photooxydation von aromat. KW-stoffen durch Festkörperspektroskopie an dünnen Filmen. Bei Sublimation von *Anthracen* (I) in trockenem O_2 bei Anregung mit einer Hg-Lampe ergibt sich im Spektr. ein temperaturabhängiger Effekt, der auf eine lockere O_2-Anlagerung zurückzuführen ist. In Ggw. von W. neben O_2 reagiert I bei Anregung sofort u. liefert bei —180° ein neues Absorptionsspektr., das sich bei ca. —150° in seiner Struktur, nicht aber in seiner Lage ändert. Die Umwandlungsgeschwindigkeit kann verfolgt werden; die Aktivierungsenergie der Umwandlung beträgt ca. 2—10 kcal/Mol, woraus auf eine Stereoisomerisierung des Photooxyds geschlossen wird. Daneben wird bei I in feuchtem O_2 auch eine Dunkel-Rk. beobachtet, die bei —180° direkt das Spektr. des isomerisierten stabileren Photooxyds ergibt. Bei *Tetracen* u. *1.2-Benzanthracen* wird merkwürdigerweise keine erhöhte Reaktionsfähigkeit beobachtet. Es ergibt sich nur das Vorhandensein dissoziabler Reaktionsprodukte. (Z. Elektrochem., Ber. Bunsenges. physik. Chem. **62.** 1152—56. Dez. 1958. Hannover, TH, Inst. für Physikal. Chem. u. Elektrochem.) S. Krien. B 226

T. Slover und **L. R. Dugan jr.,** *Einfluß energiereicher Strahlung auf die Oxydation von Ölsäure und Methyloleat.* 2. Mitt. *Orte des Sauerstoffangriffs.* (1. vgl. C. **1957.** 7000.) Der Verlauf der Autoxydation von *Ölsäure* oder *Methyloleat* bei 7,5 u. 56° wird durch γ-Strahlen (^{60}Co-Quelle) nicht beeinflußt. Weder bei den zuerst entstehenden 8-, 9-, 10- u. 11-Hydroperoxyoleaten noch bei den durch Kettenspaltung erhaltenen Prodd. wurden andersartige Stoffe gefunden. Säulenchromatograph. Identifizierung der Mono- u. Dicarbonsäuren. (J. Amer. Oil Chemists' Soc. **34.** 333—35. Juli 1957. Chicago, Ill., Univ., American Meat Inst. Foundation.) H. Otterbach. B 226

B. Suryanarayana und **Alfred P. Wolf,** *Chemische Effekte der Kernumwandlung $^{12}C(n, 2n)^{11}C$ in Benzol: Einfluß der Phase, der Temperatur und von Radikalfängern.* Vff. haben die Verteilung der bei der Bestrahlung von C_6H_6 mit schnellen Neutronen gebildeten ^{11}C-Aktivität untersucht. Als Neutronenquelle diente die ^{7}Li(d, n)^{8}Be-Reaktion. Bestrahlt wurde fl. C_6H_6 bei Zimmertemp., festes bei 0°, —78° u. —195°, fl. C_6H_6 in Ggw. von 1.3.5-Trinitrobenzol u. 1.1-Diphenyl-2-pikrylhydrazyl u. festes Bzl. (—78°) mit Hydrochinon als Radikalfänger. Als ein Reaktionsprod. wurde ^{11}C-Toluol mit Hilfe

einer Trägermeth. isoliert. Ergänzend wurde auch der Einfl. von 2-Methylpyrazin auf die Aktivitätsverteilung untersucht. Die Reaktionsprodd. wurden durch Verteilungschromatographie in der Gas- u. der fl. Phase getrennt. Es zeigt sich, daß 4,5 bzw. 2,2% der gebildeten Aktivität im Bzl. bzw. Toluol verbleiben. Durch die Radikalfänger wird nur die C_6H_6-Aktivität verringert, in gleicher Weise wirkt der Übergang von der fl. zur festen Phase. Mit fallender Temp. nimmt dann die ^{11}C-Aktivität des Bzl. weiter ab. Vff. geben ein Reaktionsschema für die Bldg. des Toluols auf Grund heißer u. therm. Prozesse. Die letzteren werden durch Diffusionsvorgänge beherrscht. (J. physic. Chem. **62.** 1369—73. Nov. 1958. Upton, Long Island, N. Y., Brookhaven Nat. Labor., Chem. Dep.)
H. U. Woelk. B 226

Monique Brun und **Roger Montarnal,** *Kinetische Untersuchung der strahlenchemischen Oxydation des Cyclohexens.* Vff. zeigen, daß die Oxydation des fl. *Cyclohexens* (I) unter der Einw. von 200 kV-Röntgenstrahlen bei Tempp. zwischen 28 u. 49° nach dem klass. Kettenoxydationsmechanismus verläuft. Die Reaktionsgeschwindigkeit ist linear von der Wurzel der Intensität der Strahlung abhängig. Aus der Temperaturabhängigkeit der Geschwindigkeitskonstanten wird für die Aktivierungsenergie der Rk. der Wert 8100 cal erhalten. Es wird ferner der Einfl. von CCl_4 als Sensibilisator auf die Oxydation des I untersucht. (C. R. hebd. Séances Acad. Sci. **247.** 2361—64. 22/12. 1958.)
K. Frenkler. B 226

Roland Muxart, *Bildung von ^{14}C-5.6-Benzanthracen und ^{14}C-5.6-Benzacridin durch Neutronenbestrahlung von 5.6-Benzacridin.* Bei der Neutronenbestrahlung von *5.6-Benzacridin* (I) entsteht neben ^{14}C-I (**Ia**) auch ^{14}C-Benzanthracen (II), das Aktivitätsverhältnis beider Prodd. beträgt (**Ia** : II =) 17 : 1 bis 20 : 1. Vf. nimmt an, daß im Verlauf der Kern-Rk. $^{14}N(n, p)^{14}C$ unter dem Einfl. des Rückstoßes bei der Protonenemission auch das entstandene ^{14}C-Atom aus dem Mol. ausgestoßen wird u. dann, nach Verlust seiner kinet. Energie, ein C-Atom oder ein N-Atom in einem anderen I-Mol. ersetzen kann. Die Aktivitätsverhältnisse sind in Übereinstimmung mit einem statist. Ersatz der einzelnen Atome in I durch das ^{14}C-Atom. (C. R. hebd. Séances Acad. Sci. **242.** 2457—58. 14/5. 1956.)
G. Kresze. B 226

Heinrich Noller und **Agathe Hässler,** *Untersuchung des Einflusses der Diffusion bei der heterogenen Katalyse mit Ionenaustauschharzen.* Inhaltlich im wesentlichen ident. mit der C. **1959.** 1078 referierten Arbeit. (J. Chim. physique Physico-Chim. biol. **55.** 255—62. April 1958. München, Univ.)
E. Klever. B 227

A. F. D'Alessandro und **A. Farkas,** *Die Kinetik der katalytischen Oxydation von Naphthalin.* Vff. untersuchten die Dampfphasenoxydation von *Naphthalin* (I) mit überschüssiger Luft an verschied. V_2O_5-haltigen Katalysatoren. An einem V_2O_5-Blockkatalysator von ebenmäßig regulärer Oberflächenbeschaffenheit wurden Reaktionsgeschwindigkeiten gemessen. Die Geschwindigkeitskonstanten erster Ordnung (für die Gesamt-Rk.) lagen zwischen 0,56 [sec^{-1}] (340°) u. 32,9 (475°); die Aktivierungsenergie betrug 29 kcal/Mol. — Die mathemat. Auswertung zeigte, daß aus I in simultanen Reaktionsschritten *Naphthochinon* (II), *Phthalsäureanhydrid* (III) u. verschied. höhere Oxydationsprodd. (charakterisiert als „CO_2“) entstanden. Dabei waren die Mol-Verhältnisse 0,4 II : 0,4 III : 0,2 „CO_2“. II ging außerdem in Folge-Rk. teilweise in III über. — Diese Reaktionsverzweigung beim Primärschritt trat bei verschied. V_2O_5-Katalysatoren auf, jedoch war der Anteil der Prodd. verschieden. — Bei einem fluidisierten V_2O_5–K_2SO_4-Katalysator wurde dagegen eine einfache Reaktionsfolge (Rkk. 1. Ordnung) gefunden: I → II → III → „CO_2“. Bei dem festen Katalysator wurde die Reaktionsgeschwindigkeit erst ab ca. 450° von Transporterscheinungen beeinflußt, darunter war sie nur von chem. Faktoren abhängig. (J. Colloid Sci. **11.** 653—70. Aug./Okt. 1956. Glenolden, Pa., Allied Chem. & Dye Corp., Barrett Div.)
E. Dehmlow. B 227

C. Präparative organische Chemie. Naturstoffe.

Walter T. Moreland jr., *Triäthylaminsalze bei der Darstellung von Estern aus aktiven Halogenverbindungen.* Die allg. Anwendbarkeit der Darst. von *Estern* aus dem Triäthylaminsalz der entsprechenden Säure u. Halogenverbb. in verschied. Lösungsmitteln durch Stehen bei n. Temp. oder bei weniger reaktiven Halogenverbb. durch Kochen in Ggw. von NaJ als Katalysator in guten Ausbeuten u. hoher Reinheit wird beschrieben.

Versuche: *3.21-Dihydroxy-Δ^5-pregnen-20-on-21-acetat,* F. 185—186° (Aceton), $[\alpha]_D^{25}$ +45° (c = 1,0; A.), durch Zugabe von 3-Hydroxy-21-jod-Δ^5-pregnen-20-on zu Essigsäure u. Triäthylamin (I) in Aceton, $^3/_4$std. Kochen u. Verdünnen mit W.; 88,5% (Ausbeute). — Durch Zugabe der Halogenverb. zu einer Lsg. der entsprechenden Säure u. I in Aceton, 1std. Stehen bei n. Temp. u. Verdünnen mit W. wurden folgende Ester

erhalten: *Benzoesäurephenacylester*, F. 119—121°; 85%. — *Benzilsäurephenacylester*, F. 121—125°; 87%. — *Salicylsäurephenacylester*, F. 106—108°; 86%. — *Essigsäure-p-phenylphenacylester*, F. 109—111°; 86%. — *Benzoesäure-p-phenylphenacylester*, F. 168 bis 170°; 93%. — Wie vorst. u. 2std. Kochen in Ggw. von NaJ: *Essigsäure-p-nitrobenzylester*, F. 78—79°; 54%. — *Benzoesäure-p-nitrobenzylester*, F. 85—87°; 68%. — *Benzoesäurephenacylester*, durch 1std. Rk. von 0,02 Mol Phenacylbromid mit Benzoesäure (II) u. I in verschied. Lösungsmitteln bei verschied. Tempp.: a) mit 0,175 Mol II u. 0,109 Mol I in 50 cm³ Aceton bei 25° 85%; b) mit 0,0216 Mol II u 0,0202 Mol I in 25 cm³ Aceton bei 25° 92%; c) mit 0,0216 Mol II u. 0,109 Mol I in 25 cm³ Aceton bei 25° 90%; d) mit 0,0216 Mol II u. 0,0202 Mol I in 25 cm³ Bzl. bei 80° 85%; e) mit 0,0216 Mol II u. 0,0202 Mol I in 25 cm³ Methanol bei 64° 94%; f) mit 0,0216 Mol II u. 0,0202 Mol I in 25 cm³ A. bei 78° 94%; g) mit 0,0216 Mol II u. 0,0202 Mol I in 25 cm³ Propanol-(2) bei 82° 92%. (J. org. Chemistry **21**. 820—21. Juli 1956. Groton, Conn., Chas. Pfizer & Co., Inc.)
W. LIEBSCHER. 460

S. Bitny-Szlachto und **D. Shugar**, *Quantitative Färbung mit radioaktiven Indicatoren. Darstellung von* ^{35}*S-markierten Thiazinfarbstoffen.* p-Aminodimethylanilin bzw. p-Phenylendiamin werden mittels der LAUTH-Rk. mit $H_2{}^{35}S$ zu ^{35}*S-Methylenblau* bzw. ^{35}*S-Thionin* umgesetzt, die bei der quantitativen Säureschnellfärbung an Stelle von ^{14}C-Kristallviolett Verwendung finden.

V e r s u c h e: ^{35}*S-Methylenblau*, aus p-Aminodimethylanilin mit $Na_2{}^{35}S \cdot 9H_2O$, 10%ig. Zn-Acetat, konz. HCl u. 2%ig. $FeCl_3$ (30 Min.) u. Zugabe von NaCl u. 50%ig. $ZnCl_2$; 85—90% (Ausbeute). — ^{35}*S-Thionin*, aus p-Phenylendiamin in 2n HCl, Na_2S u. $Ba^{35}S$ oder $Na_2{}^{35}S$ in n-HCl u. 2%ig. $FeCl_3$ (20 Min.), Absaugen des H_2S-Überschusses u. Aussalzen. — Die R_F-Werte der Farbstoffe sind angegeben. (Bull. Acad. polon. Sci., Sér. Sci. biol. **6**. 129—32. 1958. Polish Acad. of Sci., Inst. of Biochem. and Biophysics.)
G. BACH. 480

Jean-Paul Pélissier, *Über die Dehydratisierung von α-Acetylenalkoholen.* Bei der direkten Einw. von wasserfreiem $CuSO_4$ auf α-Acetylenalkohole (I) lassen sich folgende Alkenine in guter Ausbeute darstellen: *3-Methylpenten-(3)-in-(1)*, C_6H_8, $Kp._{760}$ 66—67°, aus Methyläthyläthinylcarbinol [aus Methyläthylketon u. Acetylen (II)]; $D.^{20}{}_4$ 0,739; $n_D{}^{20}$ 1,431; 70% (Ausbeute). — *1-Äthinylcyclohexen-(1)*, C_8H_{10}, $Kp._{10}$ 50°, aus 1-Äthinylcyclohexanol-(1) (aus Cyclohexanon u. II); $D.^{20}{}_4$ 0,855; $n_D{}^{20}$ 1,489; 45%. — Die bei Verwendung anderer wasserentziehender Mittel häufig eintretende RUPEsche Umlagerung der I in ungesätt. Ketone wird hierbei nicht beobachtet. (C. R. hebd. Séances Acad. Sci. **243**. 851—52. 17/9. 1956.) J. BUDDRUS. 530

G. Verdejo Vivas, *Äthanol, eine Quelle für Butadien.* 2. Mitt. (1. vgl. Ion [Madrid] **14**. [1954.] 583.) Übersicht über neuere Verff., Katalysatoren, Ausbeuten u. Nebenprodukte. — 14 Literaturhinweise. (Ion [Madrid] **15**. 203—11. April 1955.)
J. ALTPETER. 560

Robert Nahum, *Reduktion von Crotonaldehyd mit Natriumamalgam: 3-Methylheptandiol-(1.4).* Bei der Einw. von Na-Amalgam/W. auf Crotonaldehyd bei 0° entsteht *3-Methylheptandiol-(1.4)* (I), $C_8H_{18}O_2$, $Kp._3$ 115°; 50% (Ausbeute. *Diphenylurethan*, $C_{22}H_{28}N_2O_4$, F. 104°). Daneben entsteht *α-Hydroxy-β'-methyl-α'-propenyltetrahydrofuran* (II, $Kp._7$ 85—86°; 40%), das bei weiterer Einw. von Na-Amalgam ein *Glykol vom Kp.*$_5$ *115°* (*Diphenylurethan*, $C_{22}H_{28}N_2O_4$) liefert. Als drittes Reaktionsprod. wird *4.5-Dimethylcyclopenten-(1)-aldehyd* (III), $C_8H_{12}O$, $Kp._5$ 62—63°, isoliert. — Bei der Ausführung der Rk. in A. wird vermutlich *β-Äthoxybutyraldehyd*, $C_6H_{12}O_2$, $Kp._{15}$ 70°, erhalten. — Die Spektren von **I, II** u. **III** werden angegeben. (C. R. hebd. Séances Acad. Sci. **243**. 849—51. 17/9. 1956.) J. BUDDRUS. 570

Richard Wegler und **Kurt Bodenbenner,** *Über N.N-Dialkylsulfamidsäurechloride. Di-n-butylsulfamidsäurechlorid* (I) u. *Morpholin-N-sulfonylchlorid* lassen sich aus Di-n-butylamin bzw. Morpholin u. SO_2Cl_2 nach BEHREND [1881, 1884] nur in ca. 40 bzw. 20%ig. Ausbeute darstellen. Durch Behandeln sek. N-Chloramine mit überschüssigem SO_2 entstehen dagegen in zufriedenstellender Ausbeute *Dialkylsulfamidsäurechloride*; die Rk. ist exotherm. Die *N-Chloramine* wurden durch Rk. von Aminhydrochloriden mit NaOCl dargestellt; die anfallenden CCl_4-Lsgg. der N-Chloramine wurden nicht aufgearbeitet, sondern nach Trocknen bei 0° mit SO_2 behandelt u. 1—2 Tage stehengelassen; die Ausbeute wird durch Einleiten von 0,02—0,17 Mol Cl_2 neben SO_2 u. 1—2std. Kochen verbessert. Die dargestellten Verbb. färben sich beim Stehen gelb u. spalten bei ca. 200° SO_2 unter Verharzung ab; I zers. sich bei ca. 170° in heftiger exothermer Reaktion. *N.N-Dialkylsulfamidsäurechloride* entstehen auch durch Einleiten von Cl_2 in eine Lsg. von Thionamidsäuren in CCl_4, wobei gleichzeitig SO_2-Abspaltung u. Ammoniumchloridbldg. erfolgt. Analog lassen sich auch *N.N-Dialkylsulfamidsäurebromide* darstellen. Die

Zers. der einen Hälfte der eingesetzten Thionamidsäure wird durch Zusatz einer tert. Base als säurebindendes Mittel vermieden. Die Isolierung der Thionamidsäuren kann durch Einleiten von 1 Äquivalent SO_2 in eine Lsg. des sek. Amins in Ggw. oder Abwesenheit einer tert. Base u. folgendes Einleiten von Cl_2 umgangen werden. Der Reaktionsmechanismus wird diskutiert.

Versuche: *Piperidin-N-sulfonylchlorid* (II), $Kp._{0,15}$ 72—76°, durch Neutralisieren von 1 Mol Piperidin mit wss. HCl (1 : 1), Zutropfen zu 400 cm³ CCl_4 u. 1 Mol wss. NaOCl-Lsg. bei —2 bis 0° innerhalb 25 Min. unter Rühren, Trocknen der organ. Phase, Einleiten von 3,8 Mol SO_2 u. 4—5 g Cl_2 in die erhaltene Lsg. von *N-Chlorpiperidin* (91% Ausbeute) bei 0°, Stehen über Nacht bei Raumtemp., 90 Min. Kochen im SO_2-Strom, Einrühren in W., Extraktion mit $NaHCO_3$-Lsg. u. Dest. der organ. Phase; n_D^{20} 1,4930; 75%. — *Pyrrolidin-N-sulfonylchlorid*, $Kp._{0,4}$ 67°, a) durch Zutropfen von 5 Mol Pyrrolidinhydrochlorid in W. zu 5 Mol wss. NaOCl-Lsg. u. CCl_4 bei —5 bis —2° innerhalb 45 Min.; 15 Min. Rühren, Einleiten von 5 Mol SO_2 in die getrocknete organ. Phase innerhalb 100 Min. unter Kühlen mit Eis-NaCl, Erwärmenlassen auf 32° innerhalb 1 Std. unter SO_2-Entw., 150 Min. Stehen bei 10°, 16std. Stehen, Einleiten von 5,6 Mol SO_2, 24std. Stehen u. Aufarbeitung analog **II**; n_D^{20} 1,4879; 72%; b) analog **II**; 81%; c) durch Einleiten von 2,17 Mol SO_2 u. dann 2,14 Mol Cl_2 in eine Lsg. von 1 Mol Pyrrolidin u. 1 Mol Pyridin in CCl_4; 78%. — *Morpholin-N-sulfonylchlorid*, $Kp._{0,5}$ 85°, a) durch Zutropfen von 5 Mol Morpholinhydrochlorid in W. zu 5 Mol wss. NaOCl-Lsg. u. CCl_4 bei —5 bis +2° unter Rühren, Phasentrennung, Einleiten von 5,6 Mol SO_2 u. dann 0,56 Mol Cl_2 in die erhaltene Lsg. von *N-Chlormorpholin* (82%), 24std. Stehen, 1—2std. Kochen im SO_2-Strom u. Aufarbeitung analog **II**; n_D^{20} 1,4932; 70%; b) analog a) u. 2tägiges Stehen der Lsg. von N-Chlormorpholin nach Einleiten von SO_2; 62%; c) durch Einleiten von 0,92 Mol SO_2 u. dann von Cl_2 in eine Lsg. von 1 Mol Morpholin in CCl_4 unter Kühlen; 33%. — *N.N-Dicyclohexylsulfamidsäurechlorid*, F. 117—118° (Acetonitril), durch Einleiten von 1,56 Mol SO_2 u. dann von 2 g Cl_2 in eine Lsg. von 1,42 Mol N-Chlordicyclohexylamin in CCl_4, Stehen über Nacht, Verdünnen mit CCl_4, Filtrieren, Eindampfen im Vakuum, Lösen in Bzl., Filtrieren u. Eindampfen; 75%. — *N.N-Diäthylsulfamidsäurechlorid*, $Kp._{10}$ 91°, a) durch Einleiten von 1,07 Mol SO_2 u. dann von 0,52 Mol Cl_2 in eine Mischung von 1 Mol Diäthylamin u. Cl_2 unter Rühren u. Kühlen, Gießen in Eiswasser u. Extraktion mit CCl_4; n_D^{20} 1,4552; 41%; b) durch Einleiten von 2 Mol SO_2 u. dann von 1 Mol Cl_2 in eine Mischung von 1 Mol Diäthylamin, 1 Mol Pyridin u. CCl_4 unter Rühren u. Kühlen u. Aufarbeitung wie bei a); 82%; c) durch 16std. Stehen des N-Chloramins mit überschüssigem SO_2 in CCl_4; 62%; d) analog c) durch 2tägiges Stehen; 31%; e) analog **II**; 63%. — *N.N-Di-n-butylsulfamidsäurechlorid* (I), $Kp._1$ 90—95°, a) analog **II**; n_D^{20} 1,4600; 75%; b) analog **II** u. 2tägiges Stehen des erhaltenen N-Chloramins mit überschüssigem SO_2 in CCl_4; 79%; c) durch Einleiten von 1,07 Mol SO_2 u. dann von 0,52 Mol Cl_2 in eine Lsg. von Di-n-butylamin in CCl_4 unter Rühren u. Kühlen; 37%. (Liebigs Ann. Chem. **624**. 25—29. 1959. Leverkusen, Farbenfabriken Bayer Akt.-Ges., Wiss. Hauptlabor.) H. BERTSCH. 600

I. F. Spasskaja, W. Ss. Etliss und **G. A. Rasuwajew**, *Chlorierung von Olefinchlorhydrinen.* Bei der Chlorierung von Äthylenchlorhydrin unter Bestrahlung mit UV-Licht a) 6½ Std. bei 30—40°, b) 25 Std. bei 60—70°, c) 9 Std. bei 90—100°, d) 3½ Std. bei 30—40° in Ggw. von 1% W., e) 4 Std. bei 50—60° in Ggw. von Marmor u. f) 4½ Std. bei 70—80° in Ggw. von 0,5% Acetylcyclohexansulfonylperoxyd bildet sich ein Gemisch von: *Dichloracetaldehyd* (I), $C_2H_2Cl_2O$, Kp. 89,5—90,5°; c) 42,7 g (Ausbeute bezogen auf 100 g Reaktionsprod.); f) 34 g. *Dichloracetylchlorid*, C_2HCl_3O, Kp. 107—108°; n_D^{20} 1,4600; b) 17,7 g. auch aus 28,2 g I durch 13std. Chlorieren bei 53° u. Stehenlassen über Marmor; 7,5 g [*Dichloracetamid*, $C_2H_3Cl_2NO$, F. 98° (Bzl.)]. *β-Chloräthyldichloracetat*, $Kp._5$ 75—78°; n_D^{20} 1,4722; a) 14,4 g; b) 37,4 g; c) 40 g; d) 11 g; e) Spuren u. f) 20,5 g. *Chloracetaldehyd-bis-[β-chloräthylacetal]*, $Kp._8$ 124—127°; $D._4^{20}$ 1,3250; n_D^{20} 1,4784. — Die Chlorierung von Propylenchlorhydrin a) 14½ Std. bei 30—40° u. b) 15½ Std. bei 95—100° liefert ein Gemisch von: *Monochloraceton* (II) u. *Dichloraceton* (III), das nicht getrennt wurde, $Kp._{754}$ 102—126°; a) 53,5% II u. 46,5% III; b) 45,8% II u. 54,3% III, sowie *1.1.3-Trichloraceton*, $C_3H_3Cl_3O$, $Kp._3$ 60—63°; n_D^{20} 1,4900; a) 21,7 g, b) 37,3 g. (Журнал Общей Химии [J. allg. Chem.] **28** (**90**). 3004—08. Nov. 1958.) H. KÜHNE. 650

G. Gamboni und **H. Schinz**, *Über cis-Nonen-(2)-al.* Vff. versuchten, in Analogie zu SONDHEIMERS Verss. (C. **1954**. 2152) Nonin-(2)-al (I) in cis-Nonen-(2)-al (cis-II) überzuführen. I wurde durch Umsetzung der GRIGNARD-Verb. von Octin-(1) mit Orthoameisensäureester u. saure Hydrolyse des gebildeten *Nonin-(2)-aldiäthylacetals* erhalten. Bei der partiellen Hydrierung des **I**-*Semicarbazons* entsteht das *cis*-**II**-*Semicarbazon* (*cis*-**III**). Freies cis-II konnte nicht erhalten werden, da bei der Behandlung von cis-III mit Formaldehyd Isomerisierung eintritt. Partielle Hydrierung von I führte zu einem Gemisch aus I u. *trans*-II.

Versuche: *Octin-(1)*, Kp.$_{720}$ 123—126°, aus n-Hexylbromid u. Na-Acetylid in fl. NH_3 nach Campbell u. Mitarbeitern (J. Amer. chem. Soc. **63.** [1941.] 216. 2683). — *Nonin-(2)-aldiäthylacetal*, $C_{13}H_{24}O_2$, Kp.$_{11}$ 128—129°, durch 6std. Erwärmen von Orthoameisensäuretriäthylester mit der Grignard-Verb. aus C_2H_5MgBr u. vorst. Verb. in absol. Ae. u. Hydrolyse mit 50%ig. Essigsäure; $D.^{20}{}_4$ 0,8711; $n_D{}^{20}$ 1,4378; 70% (Ausbeute). — *Nonin-(2)-al* (I), $C_9H_{14}O$, Kp.$_{11}$ 91—92°, durch Hydrolyse vorst. Verb. mit 4n H_2SO_4 bei 100° u. fortlaufendes Abblasen von I mit Wasserdampf unter N_2; $D.^{19}{}_4$ 0,8702; $n_D{}^{19}$ 1,4546; 85%. 2,5 g in 30 ml Methanol geben durch partielle Hydrierung in Ggw. von 10 g 7,8%ig. Pd/$CaCO_3$ u. Dest. eine Fraktion vom Kp.$_{13}$ 85—93° ($n_D{}^{22}$ 1,4455; 0,67 g), aus der nur *trans*-II als *trans*-III isoliert werden konnte. I-*Semicarbazon*, $C_{10}H_{17}$·N_3O, F. 87—88° (Ae.-PAe.). — *cis-Nonen-(2)-alsemicarbazon* (*cis*-III), $C_{10}H_{19}N_3O$, F. 141° (Methanol), durch partielle Hydrierung vorst. I-Semicarbazons in Methanol in Ggw. von vorhydriertem Pd/$CaCO_3$. Gibt beim Erwärmen mit 38%ig. CH_2O-Lsg. auf dem Wasserbad u. Abtreiben mit Wasserdampf 75% *trans-Nonen-(2)-al* [*trans*-II; Kp.$_{11}$ 88 bis 90°, $D.^{20}{}_4$ 0,8465; $n_D{}^{20}$ 1,4534. *Semicarbazon* (*trans*-III), F. 164°]. (Helv. chim. Acta **41.** 1603—05. 15/10. 1958. Zürich, ETH, Organ.-chem. Labor.) R. Hoszbach. 670

I. N. Nasarow, Ss. M. Makin, W. B. Motschalin, D. W. Nasarowa, W. P. Winogradow, B. K. Krupzow, I. I. Nasarowa und **O. A. Schawrygina**, *Synthese von Analoga von Methylheptenon und Methylheptadienon.* Es werden Analoge von *2-Methylhepten-(2)-on-(6)* u. *2-Methylheptadien-(2.4)-on-(6)* nach 3 Methoden dargestellt: So z. B. wird *2.2.3-Trimethylocten-(3)-on-(7)* a) durch Einw. von HBr auf Methyl-tert.-butylvinylcarbinol (I) bei 0—20°, Kondensation des gebildeten *2-tert.-Butyl-4-brombuten-(2)* mit Na-Acetessigester zu *2-tert.-Butyl-5-carbäthoxyhepten-(2)-on-(6)* u. anschließende Verseifung u. Decarboxylierung, b) durch Rk. von I mit Acetessigester bei 140—190° u. c) durch Rk. von I mit Diketen in Ggw. von wenig Triäthylamin oder Piperidin zu I-*Acetoacetat* u. dessen Pyrolyse bei 160—190° erhalten. *Allylaceton* u. *Crotylaceton* ließen sich nur nach der Meth. a) darstellen.

Versuche: *Dimethylisopropenylcarbinol*, $C_6H_{12}O$, Kp. 115—116°; zu Methyllithium (9,1 g Li, 91 g Methyljodid) in 400 ml Ae. gibt man bei —10° in 2 Std. 25 g Methylmethacrylat in 70 ml Ae., kocht 40 Min. u. zers. mit Eiswasser; $D.^{20}{}_{20}$ 0,8437; $n_D{}^{20}$ 1,4320; 20,3 g (Ausbeute). *Acetoacetat*, $C_{10}H_{16}O_3$, Kp.$_2$ 68—69°; durch Zugabe von 15 g Diketen in 15 Min. bei 60—70° zu 15 g vorst. Verb. in Ggw. von Triäthylamin u. 2½std. Erhitzen auf 80°; $D.^{20}{}_{20}$ 0,9915; $n_D{}^{20}$ 1,4479; 26,2 g. — *2.3-Dimethylhepten-(2)-on-(6)* (II), Kp.$_{15}$ 78—80°; nach a) durch Zugabe von 415 g 2.3-Dimethyl-4-brombuten-(2) unter Kühlung zu Na-Acetessigester (1100 ml Methanol, 60 g Na, 365 g Acetessigester) in 85 Min., 3std. Rühren bei 65°, Abdest. des Methanols im Vakuum, 3std. Erhitzen des Rückstandes mit einer Lsg. von 120 g NaOH in 800 ml W. auf 70°, Ansäuern des erkalteten Reaktionsgemisches mit HCl u. Extrahieren mit Ae.; $D.^{20}{}_{20}$ 0,8688; $n_D{}^{20}$ 1,4500; 278 g; nach c) durch ³/₄std. Erhitzen von 18,4 g vorst. Acetoacetats auf 170—175°; 8,4 g. — *Crotylaceton*, Kp.$_{60}$ 75—77°; analog II nach a) aus Crotylbromid u. Na-Acetessigester; $D.^{20}{}_4$ 0,8442; $n_D{}^{20}$ 1,4292; 63%. — *3-Methylocten-(3)-on-(7)*, Kp.$_{11}$ 75 bis 77°; $D.^{20}{}_4$ 0,8603; $n_D{}^{20}$ 1,4420; nach a) 73, nach c) 62%. *Semicarbazon*, F. 113—114°. *2.4-Dinitrophenylhydrazon*, F. 60—61°. — *2.3-Dimethylocten-(3)-on-(7)*, Kp.$_{10}$ 85—87°; $D.^{20}{}_4$ 0,8570; $n_D{}^{20}$ 1,4445; a) 76, c) 60%. *Semicarbazon*, F. 124°. *2.4-Dinitrophenylhydrazon*, F. 58°. — *2.2.3-Trimethylocten-(3)-on-(7)*, Kp.$_{16}$ 96—98°; $D.^{20}{}_4$ 0,8557; $n_D{}^{20}$ 1,4488; a) 70, b) 60, c) 72%. *Semicarbazon*, F. 158—159°. *2.4-Dinitrophenylhydrazon*, F. 94—96°. — *2-Methyl-3-isopropylocten-(3)-on-(7)*, Kp.$_{25}$ 120°; $D.^{20}{}_4$ 0,8496; $n_D{}^{20}$ 1,4466; nach a) 82, b) 70, c) 80%. *Semicarbazon*, F. 148°. *2.4-Dinitrophenylhydrazon*, F. 84°. — *1-Cyclohexylidenpentanon-(4)*, Kp.$_1$ 64—66°; nach b) durch 7std. Erhitzen von 207 g 1-Vinylcyclohexanol-(1) u. 224 g Acetessigester bei langsamer Temperatursteigerung von 134 auf 198° u. fraktionierte Dest.; $D.^{20}{}_4$ 0,9848; $n_D{}^{20}$ 1,4780; 194 g; nach a) 68, c) 71%. *2.4-Dinitrophenylhydrazon*, F. 78°. — *1-Cyclopentylidenpentanon-(4)*, Kp.$_2$ 73 bis 75°; $D.^{20}{}_4$ 0,9250; $n_D{}^{20}$ 1,4790; nach b) 40, c) 16%. *2.4-Dinitrophenylhydrazon*, F. 90°. — *3-Methyloctadien-(3.5)-on-(7)*, Kp.$_{10}$ 93—94°; $D.^{20}{}_4$ 0,8943; $n_D{}^{20}$ 1,5161; c) 61%. *Semicarbazon*, F. 164°. — *2.3-Dimethyloctadien-(3.5)-on-(7)*, Kp.$_{11}$ 103—104°; $D.^{20}{}_4$ 0,8904; $n_D{}^{20}$ 1,5166; c) 59%. *Semicarbazon*, F. 161°. — *2.2.3-Trimethyloctadien-(3.5)-on-(7)*, Kp.$_1$ 78—80°; $D.^{20}{}_4$ 0,8930; $n_D{}^{20}$ 1,5160; b) 69, c) 60%. *Semicarbazon*, F. 194°. *2.4-Dinitrophenylhydrazon*, F. 186°. — *2-Methyl-3-isopropyloctadien-(3.5)-on-(7)*, Kp.$_{0,2}$ 66 bis 67°; $D.^{20}{}_4$ 0,8783; $n_D{}^{20}$ 1,4925; b) 56, c) 62%. *Semicarbazon*, F. 147°. *2.4-Dinitrophenylhydrazon*, F. 203°. — *1-Cyclohexylidenpenten-(2)-on-(4)*, Kp.$_1$ 98—100°; $n_D{}^{20}$ 1,5290; b) 37, c) 38%. *2.4-Dinitrophenylhydrazon*, F. 183°. — *1-Cyclopentylidenpenten-(2)-*

on-(4), $Kp._1$ 75—77°; n_D^{20} 1,5258; b) 13, c) 14%. *2.4-Dinitrophenylhydrazon*, F. 198°. — *Methyläthylvinylcarbinolacetoacetat*, $Kp._{0,5}$ 62—63°; $D.^{20}_4$ 0,9809; n_D^{20} 1,4429; 82%. — *Methylisopropylvinylcarbinolacetoacetat*, $Kp._{0,5}$ 70—72%; $D.^{20}_4$ 0,9760; n_D^{20} 1,4478; 81%. — *Methyl-tert.-butylvinylcarbinolacetoacetat*, $Kp._4$ 90—91°; $D.^{20}_4$ 0,9736; n_D^{20} 1,4552; 83%. — *Diisopropylvinylcarbinolacetoacetat*, $Kp._{1,5}$ 87—88°; $D.^{20}_4$ 0,9773; n_D^{20} 1,4586; 80%. — *1-Vinylcyclohexanol-(1)-acetoacetat*, $Kp._1$ 100—103°; n_D^{20} 1,4730; 89%. — *1-Vinylcyclopentanol-(1)-acetoacetat*, $Kp._1$ 87°; n_D^{20} 1,4571; 78%. — *Methyläthyläthinylcarbinolacetoacetat*, $Kp._1$ 73—74°; $D.^{20}_4$ 1,0150; n_D^{20} 1,4488; 85%. — *Methylisopropyläthinylcarbinolacetoacetat*, $Kp._1$ 77—78°; $D.^{20}_4$ 1,0046; n_D^{20} 1,4511; 87%. — *Methyl-tert.-butyläthinylcarbinolacetoacetat*, $Kp._4$ 90—91°; $D.^{20}_4$ 0,9940; n_D^{20} 1,4560; 82%. — *Diisopropyläthinylcarbinolacetoacetat*, $Kp._{1,5}$ 89—90°; $D.^{20}_4$ 0,9070; n_D^{20} 1,4616; 82%. — *1-Äthinylcyclohexanol-(1)-acetoacetat*, $Kp._1$ 99—100°; n_D^{20} 1,4785; 84%. — *1-Äthinylcyclopentanol-(1)-acetoacetat*, $Kp._1$ 90—91°; n_D^{20} 1,4782; 92%. (Доклады Академии Наук СССР [Ber. Akad. Wiss. UdSSR] **114**. 1242—45. 21/6. 1957. Zelinsky-Inst. für organ. Chem. der Akad. der Wiss. der UdSSR; Moskau, Lomonossow-Inst. für chem. Feintechnol.) C. KOZÁK. 710

Hellmut Bredereck, Rudolf Gompper, Heinz Rempfer, Kurt Klemm und **Hans Keck**, *Formamidreaktionen*. 12. Mitt. *Alkylierungs- und Acylierungsreaktionen an Formamid: Tris-[formylamino]-methan*. (11. vgl. C. **1959**. 13476.) Die Rk. von Benzolsulfonsäure (**IV**)-n-butylester, n-Octyl- (**VIII**), β-Phenyläthyl- bzw. Benzyltosylat (**VII**) mit Formamid (**II**) führt analog zur Rk. mit Alkylhalogeniden über die entsprechenden Formiminoestersalze zu *n-Butyl-*, *n-Octyl-*, *β-Phenyläthyl-* bzw. *Benzylformiat*. Beim Vers., das intermediäre methylschwefelsaure Salz des Formiminomethylesters durch Rk. von **II** mit $(CH_3)_2SO_4$ zu erhalten, erfolgte aber unter Weiter-Rk. mit **II** u. Abspaltung von Methylformiat Bldg. von *Formamidin* (**III**)-*methylsulfat*. Entsprechend diesem Reaktionsschema setzt sich Formiminoäthylesterhydrochlorid (**IX**) mit 1 Mol **II** zu *Ameisensäureäthylester* u. **III**-*Hydrochlorid* um, das ins *Pikrat* übergeführt wurde. Bei Umsetzung von 5—10 Mol **II** mit $(CH_3)_2SO_4$ geht die Rk. über **III** hinaus u. entsprechend der vorläufigen Mitt. (vgl. C. **1958**. 10656) entsteht *Tris-[formylamino]-methan* (**I**). In Ergänzung werden folgende Alkylierungs- bzw. Acylierungsmittel, die mit **II I** liefern, genannt: Diäthyl-, Diisopropylsulfat (**X**), **IV**-Methyl-, -Äthyl-, -Isopropyl-, -Benzylester, p-Toluolsulfonsäure (**XI**)-Methyl-, -Äthyl-, -Isopropylester, Äthyljodid, Isopropylbromid (**XIV**), Allylbromid (**XII**), Triäthyloxoniumfluoroborat (**XIII**), Benzoylchlorid (**V**), Acetylchlorid, Chlorameisensäureäthylester, $POCl_3$, PCl_3 u. SO_2Cl_2. n-Octylbromid gibt mit **II** bei 60° keine Umsetzung. Bei der Umsetzung von **II** mit **V** bildet sich intermediär *O-Benzoylisoformamidhydrochlorid*, das sich beim Arbeiten in Ae. isolieren ließ u. das sich zu *Benzoesäure* (**VI**), HCN u. HCl zers. bzw. mit weiterem **II I** u. **III** liefern kann. Die Rk. von 10 Mol **II** mit 1 Mol **V** bei 50° (4 Std.) liefert 92% **VI**, 49% NH_4Cl, 33% **I** u. 16% **III**. Bei 65° (5 Std.) entstanden 43% **I**.

Versuche: *Benzylformiat*, $C_8H_8O_2$, $Kp._{14}$ 85—88°, a) durch 10std. Erhitzen von Benzylbromid u. **II** auf 140—150° unter Feuchtigkeitsausschluß, Gießen in W. u. Ausäthern; n_D^{20} 1,5128; 27,5% (Ausbeute); b) analog aus Benzyljodid in 7 Std.; 15,2%; c) durch 20std. Rühren von **VII** mit **II** bei 35°; n_D^{20} 1,5098; 68%. — *Formylbenzylamin*, C_8H_9NO, F. 61—62° (PAe.), a) neben vorst. Verb. nach a), verunreinigt mit *Formyldibenzylamin*; 44,5%; b) neben vorst. Verb. nach b); 47,6%. — *n-Butylformiat*, Kp. 105 bis 106°, durch 18std. Rühren von **IV**-n-Butylester u. **II** bei 70° u. 4std. Erhitzen auf 90°; n_D^{20} 1,3910; 58%. — *n-Octylformiat*, $C_9H_{18}O_2$, $Kp._{20}$ 87—89°, aus **VIII** u. **II** bei 145—150° in 7 Std.; 84% (daneben 86% *NH_4-p-Toluolsulfonat*). — *β-Phenyläthylformiat*, $Kp._{14}$ 86 bis 90° (verunreinigt mit 20% β-Phenyläthylalkohol), analog in 5 Std. bei 120—130°; 75,8%. — *Formamidin* (**III**), *Methylsulfat*, $CH_5N_2 \cdot CH_3SO_4$, F. 105° (absol. CH_3OH), durch 3std. Erwärmen von 126 g $(CH_3)_2SO_4$ u. 90 g **II** unter Feuchtigkeitsausschluß auf 50—60° u. Einengen; 65%. *Pikrat*, F. 246—248° (Zers.; A.), durch 3tägiges Stehen von 10,9 g **IX** u. 4,5 g **II** bei Raumtemp., Abgießen des Äthylformiats u. Versetzen mit Pikrinsäure. — *Tris-[formylamino]-methan* (**I**), $C_4H_7N_3O_3$, F. 165° (W.), a) durch 2std. Erwärmen von 15,4 g $(C_2H_5)_2SO_4$ u. 45 g **II** auf 70—80° u. Abdest. von Äthylformiat; 69%; b) analog mit **X** in 1 Std.; 73%; c) mit $(CH_3)_2SO_4$ in 7 Std.; 36%; d) durch ½std. Rühren von **XI**-Methylester u. **II** bei Raumtemp., 4std. Erhitzen auf dem Wasserbad unter Abdest. von Methylformiat u. Zugeben von CH_3OH; 46,2%; e) aus **XI**-Äthylester u. **II** bei 60° in 4 Std.; 41,5%; f) aus **XI**-Isopropylester u. **II** in 10 Std. bei Raumtemp. u. 5 Std. bei 50—60°; 65%; g) durch 20 Min. Zutropfen von Orthoameisensäuretriäthylester zu **II** in Ggw. von H_2SO_4 bei 100°, 1std. Rühren u. Einengen; 32,5%; h) durch 2tägiges Stehen von 10,9 g **IX** mit 22,5 g **II** bei Raumtemp., 5std. Erwärmen auf 60—70° u. Zugeben von CH_3OH; 17,2%; i) durch 3std. Erwärmen von **III**-Methylsulfat mit **II** auf 60—80°; 22%; j) durch 30std. Stehen von **XII** u. **II** bei 30—40°; 18%; k) aus **II**

u. **XIII** bei Raumtemp.; 62%; l) durch Zutropfen von 28 g **V** zu 90 g **II** bei 35—40°, 5std. Erwärmen auf 65° u. Ausäthern; 42,5%; m) aus **II** u. $ClCOOC_2H_5$ in 5 Std. bei Raumtemp. u. 3 Std. bei 50—60°; 31%; n) aus **II** u. CH_3COCl bei 60—70° in 5 Std.; 38%; o) aus **II** u. $POCl_3$ in 4 Std. bei 60—70°; 49%; p) aus **II** u. PCl_3 in 4 Std. bei 60°; 52%; q) mit SO_2Cl_2; 32%; r) mit **IV**-Äthylester; 15,8%; s) mit **IV**-Methylester; 13,8%; t) mit **IV**-Isopropylester; 17,3%; u) mit **IV**-Benzylester; 10,3%; v) mit C_2H_5J; 7%; w) mit **XIV**; 8%. (Chem. Ber. **92**. 329—37. 14/2. 1959. Stuttgart, TH, Inst. für organ. Chem. u. Organ.-chem. Technol.) R. PASEDAG. 810

Hellmut Bredereck, Rudolf Gompper und **Dieter Hayer,** *Formamidreaktionen.* 13. Mitt. *Imidazole aus α-Diketonen.* (12. vgl. vorst. Ref.) Die Umsetzung von Benzil (I) mit CH_2O bzw. Aldehyden u. Formamid (II) führt zu *4.5-Diphenylimidazol* (**IV**) bzw. 2-substituierten Derivaten. Analog reagieren substituierte Benzile, wobei oft Dimethylformamid als zusätzliches Lösungsm. verwendet wurde. Offenbar wird bei den Reaktionstempp. von 180—200° **II** zu NH_3 gespalten. An Stelle von CH_2O kann in der Rk. auch $HCOOH/NaHSO_3$ bzw. $Na_2S_2O_4$ verwendet werden. Im Gegensatz zur Umsetzung mit CH_2O wird hier intermediär *Benzoin* (**III**) gebildet. Die katalyt. Wrkg. des $NaHSO_3$ wird durch Red. des HSO_3^- zum Sulfid, Red. von **I** zu **III** unter Übergang des Sulfids in S u. erneute Red. des S zu Sulfid durch **II**/HCOOH erklärt. Bei Abwesenheit von $NaHSO_3$ entsteht **IV** aus **I**, **II** u. HCOOH in stark verminderter Ausbeute. Entsprechend dem Reaktionsmechanismus konnten S u. H_2S nachgewiesen werden. Schließlich kann $NaHSO_3$ durch S oder Na_2S ersetzt werden. 2.2'- bzw. 4.4'-Dinitrobenzil, Diacetyl, Pyridil, Isatin, Parabansäure u. Pyridoin konnten nicht in die Imidazole übergeführt werden. Bei der Umsetzung von Phenanthrenchinon resultierte nur *Phenanthrenhydrochinon.*

Versuche: Imidazole: *4.5-Diphenyl-* (**IV**), F. 231° (Butylacetat), a) durch 2½std. Kochen von **I**, Paraformaldehyd (**V**) u. **II** u. Gießen in W.; 67% (Ausbeute); b) durch 3std. Kochen von **I**, HCOOH u. **II** in Ggw. von $NaHSO_3$, Gießen in W. u. Alkalisieren mit NaOH; 77,9%. — *4.5-Bis-[2-chlorphenyl]-*, $C_{15}H_{10}Cl_2N_2$, F. 237°, a) aus 2.2'-Dichlorbenzil, **V** u. **II** in Dimethylformamid; 45,3%; b) mit $HCOOH/NaHSO_3$ in 3 Std.; 40%. — *4.5-Bis-[4-bromphenyl]-*, $C_{15}H_{10}Br_2N_2$, F. 261°, a) durch 3std. Kochen von 4.4'-Dibrombenzil, **V** u. **II** in Dimethylformamid; 42%; b) mit $HCOOH/NaHSO_3$; 36,2%. — *4.5-Bis-[4-methoxyphenyl]-*, F. 184°, aus Anisil, **V** u. **II** in 2½ Std.; 52%. — *2.4.5-Triphenyl-*, F. 274°, durch 3std. Kochen von **I**, Benzaldehyd u. **II**; 61,5%. *Pikrat,* F. 234°. — *2-Phenyl-4.5-bis-[4-bromphenyl]-*, $C_{21}H_{14}Br_2N_2$, F. 297°, mit **II** in Dimethylform amid in 4 Std.; 36,5%. — *4.5-Diphenyl-2-[2-chlorphenyl]-*, $C_{21}H_{15}ClN_2$, F. 192°, aus **I** 2-Chlorbenzaldehyd u. **II** in 3 Std.; 20,1%. — *4.5-Diphenyl-2-[3.4-dichlorphenyl]-*, $C_{21}H_{14}Cl_2N_2$, F. 243°, aus **I**, 3.4-Dichlorbenzaldehyd u. **II** in 2 Std.; 51,8%. — *4.5-Diphenyl-2-[4-diäthylaminophenyl]-*, $C_{25}H_{25}N_3$, F. 250°, aus **I**, 4-Diäthylaminobenzaldehyd u. **II** in 3 Std.; 26,7%. — *4.5-Bis-[4-phenoxyphenyl]-*, $C_{27}H_{20}N_2O_2$, F. 214°, durch 2½std. Kochen von 4.4'-Diphenoxybenzil, **II**, HCOOH u. $NaHSO_3$ in Dimethylformamid; 43,5%. — *4.5-Bis-[4-phenylmercaptophenyl]-*, $C_{27}H_{20}N_2S_2$, F. 174°, aus 4.4'-Bis-[phenylmercapto]-benzil, **II**, HCOOH u. $NaHSO_3$ in Dimethylformamid in 3 Std.; 33%. — *4.5-Bis-[2-methoxyphenyl]-*, $C_{17}H_{16}N_2O_2$, F. 193°, aus 2.2'-Dimethoxybenzil, **II**, Dimethylformamid, HCOOH u. $NaHSO_3$ in 2½ Std.; 57,2%. — *Benzoin* (**III**), F. 133° (A.), durch 15 Min. Rühren von **I**, **II**, HCOOH u. $NaHSO_3$ bei 80—90°; 95%. (Chem. Ber. **92**. 338—43. 14/2. 1959.) R. PASEDAG. 810

Hellmut Bredereck, Rudolf Gompper, Kurt Klemm und **Heinz Rempfer,** *Formamidreaktionen.* 14. Mitt. *Reaktionen von Säureamid–Acylhalogenid-Addukten: Darstellung substituierter Amidine und Amidrazone.* (13. vgl. vorst. Ref.) Dem *Addukt* (I) aus $POCl_3$ u. Dimethylformamid (**II**), das bei vorsichtigem Arbeiten aus Ae. isoliert werden konnte, wird auf Grund seines IR-Spektr., bes. der Banden bei 1160 u. 1039 cm^{-1} (P–O–C-Banden?), die Konst. $[(CH_3)_2N{=}CH{-}O{-}POCl_2]^+Cl^-$ zugeordnet. **I** liefert mit Anilin (**III**) in Ae. (auch ohne Isolierung) über das *Hydrochlorid N.N-Dimethyl-N'-phenylformamidin* (**IV**). Diese Amidinsynth. wurde auch mit p-Toluidin, α-Naphthylamin, Benzylamin, β-Phenyläthylamin, Cyclohexylamin u. n-Butylamin, ferner auch mit anderen höheren N-disubstituierten Säureamiden bei 60—70°, z. B. N.N-Dimethylacet-, -caprin- u. -benzamid bzw. Methylformanilid (N-Methyl-N-phenylformamid), durchgeführt. Die günstigste Amidinausbeute liegt bei einem Mol-Verhältnis von **III** : $POCl_3$: **II** wie 1 : 1,2 : 3, wobei offensichtlich die nach Zers. von **I** mit **III** entstehende Dichlorphosphorsäure bzw. deren Kondensationsprodd. nochmals mit **II** unter Komplexbldg. reagieren u. das im Überschuß vorliegende **III** in **IV** überführen. Hydratisiertes $POCl_3$ liefert 76% **IV**. Die Umsetzung des *Adduktes* aus **II** u. Benzoylbromid (**VI**) mit **III** führt zur Bldg. von **IV** u. unter Zerfall des Adduktes zu *Benzanilid.* Bei einem Überschuß an **II** wird der Zerfall zurückgedrängt. Die gegenüber **I** größere Zerfallsneigung wird auf die größere Bindungsenergiedifferenz zwischen der P—Cl- u. P—O-Bindung gegenüber der C—Cl- u. C—O-Bindung zurückgeführt. Die Rk. von **I** mit Phenyl- (**VIII**) bzw. Benzylhydrazin führt zu *N*[3].*N*[3]-*Dimethyl-N*[1]-*formyl-N*[1]-*phenyl-* bzw. *-N*[1]-*benzylformamidrazon*, wahrscheinlich unter intermediärer Bldg. der entsprechenden Formamidrazone, die mit weiterem **I** zu den Salzen $[(CH_3)_2N{=}CH{-}N(R)\cdot NH{=}CHN\cdot(CH_3)_2]^{2+}\cdot 2Cl^-$ (oder $2PO_2Cl_2^-$) (R = Phenyl oder Benzyl) reagieren können, die hydrolysiert werden. N-Methyl-N-phenylhydrazin gibt mit **I** infolge Fehlens der NH-Gruppe nur *N*[1].*N*[3].*N*[3]-*Trimethyl-N*[1]-*phenylformamidrazon.* Die Formylformamidrazone liefern mit Phenyl-MgBr (**V**) neben wenig *Benzhydrol* vorwiegend *Benzaldehyd*, der aus **IV** u. **V** nur in Spuren entsteht. Monomethylformamid u. **II** werden von Alkylierungsmitteln, außer von tert.-Oxoniumsalzen, nicht angegriffen. Phenylformamid (**IX**; Formanilid), Form-p-toluidid, -p-anisidid u. -p-nitranilid setzen sich mit $(CH_3)_2SO_4$, Benzolsulfonsäure (**X**)-Methyl- u. -Isopropylester zu den *Salzen* der entsprechenden *substituierten N.N'-Diphenylformamidine* um. Intermediär entstehen Arylformimidoestersalze.

V e r s u c h e: *Addukt aus* **II** *u.* $POCl_3$ (**I**), $C_3H_7Cl_3NO_2P$, durch langsames Eintropfen von $POCl_3$ in absol. Ae. zu **II** in absol. Ae. bei 15—16°; 100% (Ausbeute). — F o r m a m i d i n e: *N.N-Dimethyl-N'-phenyl-* (**IV**), $C_9H_{12}N_2$, Kp.$_{10}$ 119—122°, Kp.$_{0,1}$ 78 bis 80°, a) durch Zutropfen von **III** in absol. Ae. zu **I** u. Behandeln des *Hydrochlorids* ($C_9H_{12}N_2\cdot HCl$, F. 239—241° [A.]; 40%) mit wss. NaOH/Bzl. bei 0°; n_D^{20} 1,5953—1,5958; 74%; b) durch Stehen von 27,4 g **II** mit 23,1 g $POCl_3$ in absol. Bzl. über Nacht bei Raumtemp., Zutropfen von **III** in absol. Bzl. bei 35° u. 3—4std. Rühren; 85%; c) mit hydratisiertem $POCl_3$; 76,0%; d) aus **II**, **VI** u. **III** in Bzl.; 32,4% (daneben 19,5% *Benzanilid*, F. 163°). *Pikrat*, $C_9H_{12}N_2\cdot C_6H_3N_3O_7$, F. 162—164° (Zers.; A.). — *N.N-Dimethyl-N'-[p-tolyl]-*, $C_{10}H_{14}N_2$, Kp.$_{0,15}$ 94°, Kp.$_{0,001}$ 67°; n_D^{20} 1,5855; 56%. *Hydrochlorid*, $C_{10}H_{14}N_2\cdot HCl$, F. 242—244° (Zers.). *Pikrat*, $C_{10}H_{14}N_2\cdot C_6H_3N_3O_7$, F. 150—152° (Zers.). *Dichlorphosphorsäuresalz*, $C_{10}H_{14}N_2\cdot HPO_2Cl_2$, F. 169—171° ($CH_3OH$), neben der Base als unlösl. Anteil; 15,4%. — *N.N-Dimethyl-N'-[α-naphthyl]-*, $C_{13}H_{14}N_2$, F. 40°, Kp.$_{0,3}$ 159 bis 160°, Kp.$_{0,005}$ 119—121°, in 6 Std. bei 35°; n_D^{20} 1,6690; 73%. *Pikrat*, $C_{13}H_{14}N_2\cdot C_6H_3N_3O_7$, F. 212—214° (Zers.). — *N.N-Dimethyl-N'-benzyl-*, $C_{10}H_{14}N_2$, Kp.$_{0,5}$ 82°, in Ae. in 7 Std. bei 30° u. 2 Tage bei Raumtemp.; n_D^{20} 1,5452; 70%. *Pikrat*, $C_{10}H_{14}N_2\cdot C_6H_3N_3O_7$, F. 131—135° (Zers.). — *N.N-Dimethyl-N'-[β-phenyläthyl]-*, $C_{11}H_{16}N_2$, Kp.$_{0,38}$ 91°, Kp.$_{0,01}$ 74—76°, in Ligroin; n_D^{20} 1,5349; 82%. *Pikrat*, $C_{11}H_{16}N_2\cdot C_6H_3N_3O_7$, F. 141—142° (Zers.). *4.4'-Dichlordiphenyldisulfimid* (**VII**)-*Salz*, $C_{11}H_{16}N_2\cdot C_{12}H_9Cl_2NO_4S_2$, F. 109—111° (Bzl.). — *N.N-Dimethyl-N'-cyclohexyl-*, $C_9H_{18}N_2$, F. 40—43° (sublimiert bei 45°/0,1 mm), Kp.$_{12}$ 84—86°, in PAe.; 63%. **VII**-*Salz*, $C_9H_{18}N_2\cdot C_{12}H_9Cl_2NO_4S_2$, F. 141° (Essigester). — *N.N-Dimethyl-N'-n-butyl-*, $C_7H_{16}N_2$, Kp.$_{12}$ 56°, in PAe.; n_D^{20} 1,4510; 45%. — *N.N-Dimethyl-N'-phenylacetamidin*, $C_{10}H_{14}N_2$, Kp.$_{0,005}$ 75—76°, in Bzl. in 6 Std. bei 65—70°; n_D^{20} 1,5775; 58%. **VII**-*Salz*, $C_{10}H_{14}N_2\cdot C_{12}H_9Cl_2NO_4S_2$, F. 116 bis 117° (Zers.; Bzl.). — *N.N-Dimethyl-N'-phenylcaprinamidin*, $C_{18}H_{30}N_2$, Kp.$_{0,1-0,2}$ 139 bis 168°, Kp.$_{0,006}$ 158°, in Bzl.; n_D^{20} 1,5168; 56%. **VII**-*Salz*, $C_{18}H_{30}N_2\cdot C_{12}H_9Cl_2NO_4S_2$, F. 120° (Zers.; Bzl./Ae.). — *N.N-Dimethyl-N'-phenylbenzamidin*, $C_{15}H_{16}N_2$, F. 70 bis 72° (PAe.), Kp.$_{0,2}$ 128—130°, in Bzl.; 55%. **VII**-*Salz*, $C_{15}H_{16}N_2\cdot C_{12}H_9Cl_2NO_4S_2$, F. 165 bis 166° (Essigester). — *N-Methyl-N.N'-diphenylformamidin*, $C_{14}H_{14}N_2$, Kp.$_{0,3}$ 146 bis 147°, in Bzl.; n_D^{20} 1,6555; 56%. *Pikrat*, $C_{14}H_{14}N_2\cdot C_6H_3N_3O_7$, F. 151—154° (Zers.). — *N*[3].*N*[3]-*Dimethyl-N*[1]-*phenyl-N*[1]-*formylformamidrazon*, $C_{10}H_{13}N_3O$, F. 77—79° (Ligroin), Kp.$_{0,01-0,001}$ 124—134° (Zers.), aus **II**, $POCl_3$ u. **VIII** in absol. Bzl. in 30 Std.; 52%. *Pikrat*, $C_{10}H_{13}N_3O\cdot C_6H_3N_3O_7$, F. 148—149° (Zers.). — *Benzaldehyd*, Kp. 175—181°, durch Zutropfen vorst. Verb. in absol. Bzl. zu **V** in Bzl. bei Raumtemp., 3std. Kochen, Stehen über Nacht, Zers. mit Eis/verd. HCl u. Extrahieren mit Bzl.; 70% (daneben 21,8% *Benzhydrol*, F. 66°). — *N*[3].*N*[3]-*Dimethyl-N*[1]-*benzyl-N*[1]-*formylformamidrazon*, $C_{11}H_{15}N_3O$, F. 61° (Ligroin), Kp.$_{0,002}$ 123—126°; 68,3%. *Pikrat*, $C_{11}H_{15}N_3O\cdot C_6H_3N_3O_7$, F. 166—167°. **VII**-*Salz*, $C_{11}H_{15}N_3O\cdot C_{12}H_9Cl_2NO_4S_2$, F. 119—120° (Essigester). — *N*[1].*N*[3].*N*[3]-*Trimethyl-N*[1]-*phenylformamidrazon*, $C_{10}H_{15}N_3$, Kp.$_{0,001}$ 77—78°, in Bzl.; n_D^{20} 1,5801; 71%. *Pikrat*, $C_{10}H_{15}N_3\cdot C_6H_3N_3O_7$, F. 184—187° (Zers.). **VII**-*Salz*, $C_{10}H_{15}N_3\cdot C_{12}H_9Cl_2NO_4S_2$, F. 168—170° (Bzl.). — *N.N'-Diphenylformamidin*, $C_{13}H_{12}N_2$, F. 138°, a) durch 3std. Erwärmen von **IX** mit $(CH_3)_2SO_4$ in absol. Bzl. auf dem Wasserbad u. Behandeln des *Methylsulfats* ($C_{13}H_{12}N_2\cdot CH_4O_4S$, F. 181—182°; 78%) mit konz. KOH; b) aus **IX** u. **X**-Methylester in Tetrahydrofuran über das *Benzolsulfonat*; 36%. *Pikrat*, F. 191—192° (A.). — *N.N'-Bis-[p-tolyl]-formamidin*, F. 140—141°, a) mit $(CH_3)_2SO_4$; 77%; b) mit **X**-Isopropylester in Bzl.; 95,3%. — *N.N'-Bis-[4-methoxyphenyl]-formamidin*, $C_{15}H_{16}N_2O_2$, F. 110—112°, mit $(CH_3)_2SO_4$ in Bzl.; 92%. *Methylsulfat*, F. 178 bis 179° (A.). — *N.N'-Bis-[p-nitrophenyl]-formamidin*, F. 234—235°, mit $(CH_3)_2SO_4$ in sd. Nitrobenzol-Bzl.-Gemisch in 5 Std.; 98%. (Chem. Ber. **92**. 837—49. 1959.)

R. Pasedag. 810

Hellmut Bredereck, Rudolf Gompper und **Diethelm Bitzer**, *Formamidreaktionen. 15. Mitt. Über N-Trityl- und N-Xanthylcarbonsäure- und -thiocarbonsäureamide.* (14. vgl. vorst. Ref.) Die Rk. von 4 Mol Formamid (II) mit Tritylchlorid (I) bei 100° (15 Min.) führt in quantitativer Ausbeute zu *N-Tritylformamid* (III). Es wird ein Reaktionsmechanismus diskutiert, bei dem das Tritylcarbeniumion mit **II** in einer Gleichgewichtsfolge **III** u. protonisiertes **II** liefert, das irreversibel zu CO u. Ammoniumsalz zerfällt. Da bei höheren Säureamiden die Ammoniumsalzbldg. nur mit weiterem Säureamid erfolgen kann, werden entsprechend diesem Mechanismus gute Ausbeuten an höheren *N-Tritylamiden* nur mit großem Säureamidüberschuß (10—16 Mol) u. verlängerter Reaktionszeit (4—6 Std.) erhalten. Ferner konnten bei der Darst. von *N-Tritylacet-*, *-propion-* u. *-isobutyramid Diacetamid, Dipropionamid* u. *Diisobutyramid* isoliert werden. Aus **II** u. α-Naphthyldiphenylchlormethan wurde analog *N-[α-Naphthyldiphenylmethyl]-formamid* erhalten. **II** kann auch mit Tritylperchlorat (**IV**), Tritylcarbinol (**V**), Tritylmethyl- (**VII**) u. -äthyläther (**VIII**) zu **III** umgesetzt werden. Substituierte Amide reagieren nicht mit **I** oder **IV**. Tris-[biphenylyl]- bzw. Tris-[p-methoxyphenyl]-carbinol liefert mit **II** infolge der stark erhöhten Stabilität der Carbeniumionen u. der Red. durch die beim **II**-Zerfall frei werdende HCOOH *Tris-[biphenylyl]-* bzw. *Tris-[p-methoxyphenyl]-methan.* Xanthydrol (**VI**) gibt in der Schmelze mit Säureamiden glatt die *N-Xanthylsäureamide.* Auch Dixanthyläther (**X**) setzt sich bei 140° mit **II** unter intermediärer Bldg. des Xanthyliumions zu *N-Xanthylformamid* um. Tetramethyl-p.p'-diaminobenzhydrol (MICHLERs Hydrol) ist weder mit **II** noch mit Acetamid (**IX**) zur Rk. zu bringen. Die Umsetzung von **I** oder **V** mit Thiosäureamiden in absol. Pyridin führte zu *N-Tritylthiosäureamiden*, während in Aceton, Chlf., Bzl., Dimethylformamid u. a. bzw. in der Schmelze keine Tritylierung gelang. Thiobenzanilid, N-Methylbenzamid, N-monosubstituierte Amide u. p-Nitrothiobenzamid reagieren nicht. Die N-Tritylthioamide sind gegen 10%ig. alkoh. KOH stabil, werden mit W. zu **V** hydrolysiert u. wurden durch ihre UV- u. IR-Spektren charakterisiert. **VI** gibt nur in Xylol bei 80° in Ggw. von $ZnCl_2$ *N-Xanthylthiosäureamide*, die sich in konz. H_2SO_4 lösen u. aus dieser Lsg. zurückgewonnen werden können u. die durch ihre IR-Spektren charakterisiert werden.

Versuche: *N-Tritylformamid* (**III**), F. 206° (Aceton), a) durch 6std. Erhitzen von **V** mit **II** auf 170°; 85% (Ausbeute); b) aus **II** u. **VII** in 8 Std. bei 180°; 42%; c) aus **VIII** u. **II**; 36%; d) mit **IV**; 95%. — *N-Tritylacetamid*, F. 212° (A.), a) durch 4std. Erhitzen von 38,4 g **IX** mit 11,2 g **I** auf 209—216°; 96%; b) analog aus 4,8 g **IX** u. 11,2 g **I**; 32%; c) durch 1std. Kochen von 11,2 g **I**, 14,4 g **IX** u. Na-Acetat; 93%. — *Diacetamid*, F. 76° (Bzl.), neben vorst. Verb.; lange Nadeln; 17%. — *N-Tritylpropionamid*, $C_{22}H_{21}NO$, F. 199° (A.), aus **I** u. Propionamid bei 214—222°; 84%. — *Dipropionamid*, F. 149—150°, analog vorst. durch 6std. Kochen, 8 Min. Rühren mit W. bei 80—85°; 73%. — *N-Tritylisobutyramid*, $C_{23}H_{23}NO$, F. 193—194° (A.), neben nachst. Verb.; lange Nadeln; 84%. — *Diisobutyramid*, $C_8H_{15}NO_2$, F. 173° (A.), durch 6std. Kochen von **I** mit Isobutyramid; 83%. — *N-[α-Naphthyldiphenylmethyl]-formamid*, $C_{24}H_{19}NO$, F. 249—250° (Xylol), in 5 Std. bei 180°; 88%. — *Tris-[biphenylyl]-methan*, F. 241° (Dimethylformamid), in 5 Std. bei 180—200°; 83%. — *Tris-[p-methoxyphenyl]-methan*, F. 54° (Xylol), lange Nadeln; 80%. — *N-Xanthylformamid*, $C_{14}H_{11}NO_2$, F. 191° (Xylol), a) durch 3std. Erhitzen von **II** mit **VI** auf 140° u. 10 Min. Rühren mit W.; feine, lange Nadeln; 86%; b) aus **II** u. **X** in 45 Min. bei 180°; 81%. — *N-Xanthylbenzamid*, F. 224° (Xylol), durch 5—10 Min. Schmelzen von **VI** u. Benzamid; 91%. — *N-Xanthylacetamid*, F. 238°, aus **VI** u. **IX**; 95%. — *N-Xanthylisobutyramid*, F. 113°; 88%. — *N-Xanthyl-p-nitrobenzamid*, F. 231—233°, aus **VI** u. p-Nitrobenzamid; 79%. — *N-Tritylthioacetamid*, $C_{21}H_{19}NS$, F. 164° (Bzl.-PAe.), durch 1std. Erhitzen von Thioacetamid u. **I** in absol. Pyridin auf dem Wasserbad u. Gießen in Eiswasser; hellgelbe Kristalle; 39%. — *N-Tritylthiobenzamid*, $C_{26}H_{21}NS$, F. 141—142° (Xylol–PAe.), durch 45 Min. Erhitzen von **I** u. Thiobenzamid (**XI**) in absol. Pyridin auf dem Wasserbad, Gießen in Eiswasser, Lösen des Sirups in Bzl. u. Ausschütteln mit $KHSO_4$; 31,8%. — *N-Trityl-4-methylthiobenzamid*, $C_{27}H_{23}NS$, F. 146° (Xylol/PAe.), mit 4-Methylthiobenzamid; gelbe Kristalle; 36%. — *N-Trityl-4-methoxythiobenzamid*, $C_{27}H_{23}NOS$, F. 151° (CH_2Cl_2), mit 4-Methoxythiobenzamid; gelbe Kristalle; 37%. — *N-Tritylphenylthioacetamid*, $C_{27}H_{23}NS$, F. 182—183° (Xylol), mit Phenylthioacetamid; gelbe Kristalle; 30%. — *N-Xanthylthiobenzamid*, $C_{20}H_{15}NOS$, F. 161—162° (Xylol), durch 5—10 Min. Rühren von **VI** u. **XI** in absol. Xylol in der Kälte, 2std. Rühren mit $ZnCl_2$ bei 80° u. Zugeben von Ligroin; gelbe Kristalle; 92%. — *N-Xanthyl-4-methylthiobenzamid*, $C_{21}H_{17}NOS$, F. 189—190° (Xylol), analog vorst. Verb. in 3 Std.; gelbe Nadeln; 87%. — *N-Xanthyl-4-methoxythiobenzamid*, $C_{21}H_{17}NO_2S$, F. 169° (Xylol); 94%. (Chem. Ber. **92**. 1139—48. 2/5. 1959.)

R. PASEDAG. 810

Hellmut Bredereck, Rudolf Gompper und **Kurt Klemm,** *Säureamidreaktionen.* 16. Mitt. *Selbstkondensation N.N-disubstituierter Säureamide.* (15. vgl. vorst. Ref.) Die Rk. von N.N-Dimethylacetamid (**V**) mit $POCl_3$ in Bzl. bei 70° führt unter Selbstkondensation des gebildeten *Adduktes* in guter Ausbeute zu *Acetessigsäuredimethylamid* (**I**). Hierbei handelt es sich um den nucleophilen Angriff des Carbeniat-$C_{(\alpha)}$-Atoms auf das Zentral-C-Atom des Komplexes. Entsprechend entstehen aus N.N-Dimethylpropionsäure-, -butyr-, -valeriansäure-, -capronsäure- bzw. -caprinsäureamid *α-Propionylpropionsäure-*, *α-Butyrylbuttersäure-* (**II**), *α-Valerylvaleriansäure-* (**III**), *α-Caproylcapronsäure-* (**IV**) bzw. *α-Caprinylcaprinsäure-N.N-dimethylamid.* **I** wird zum Konstitutionsbeweis auch aus Diketen (**VI**) u. $(CH_3)_2NH$ in absol. Ae. synthetisiert. Analog reagieren Butyryläthyl- u. Valerylpropylketen. **II, III** bzw. **IV** liefern ferner bei der Ketonspaltung *Heptanon-(4)*, *Nonanon-(5)* bzw. *Undecanon-(6)*.

Versuche: N.N-Dimethylamide: *Acetessigsäure-* (**I**), $C_6H_{11}NO_2$, $Kp._{10}$ 109°, a) durch 6—7std. Kochen von **V** mit $POCl_3$ in absol. Bzl., Einengen, 2std. Erwärmen auf 70—80°, 1std. Stehen mit Bzl./verd. NaOH bei Raumtemp. u. Eintragen von Na_2CO_3; n_D^{20} 1,4710; 75% (Ausbeute); b) durch 1½—2std. Zutropfen von **VI** zu fl. $(CH_3)_2NH$ bei —20 bis —10° in absol. Ae., 3std. Rühren u. 2std. Kochen; 84%. — *α-Propionylpropionsäure-*, $C_8H_{15}NO_2$, $Kp._{0,12}$ 51—53°, nach a); n_D^{20} 1,4612; 52%. — *α-Butyrylbuttersäure-* (**II**), $C_{10}H_{19}NO_2$, $Kp._{12}$ 130—135°, $Kp._{0,04}$ 78—79°, $Kp._{0,001}$ 63°, a) nach a); n_D^{20} 1,4592; 62%; b) nach b) bei —30°; 78%. — *α-Valerylvaleriansäure-* (**III**), $C_{12}H_{23}NO_2$, $Kp._{0,05}$ 100°, a) nach a); n_D^{20} 1,4598; 61%; b) nach b); 88%. — *α-Caprinylcaprinsäure-*, $C_{22}H_{43}NO_2$, $Kp._{0,005}$ 156—157°, nach a); n_D^{20} 1,4632; 57% (daneben *Di-n-nonylketon* [*Caprinon*], F. 59° [CH_3OH], weiche Blättchen). — *α-Caproylcapronsäure-* (**IV**), $C_{14}H_{27}NO_2$, $Kp._{0,01}$ 105—117°, $Kp._{0,005}$ 99—101°, nach a); n_D^{20} 1,4614; 58%. — *Heptanon-(4)*, $C_7H_{14}O$, $Kp._{760}$ 142—144°, durch 3½std. Erhitzen von **II** mit 50%ig. H_2SO_4 auf 160—180°, Gießen in Eiswasser, Ausäthern u. Neutralisieren der Ae.-Lsg. mit Na_2CO_3; 84%. *2.4-Dinitrophenylhydrazon*, $C_{13}H_{18}N_4O_4$, F. 71 bis 72° (A.). — *Nonanon-(5)*, $C_9H_{18}O$, $Kp._{12}$ 69—70°, aus **III**; n_D^{20} 1,4197; 74%. — *Undecanon-(6)*, $C_{11}H_{22}O$, $Kp._{12}$ 98—99°, aus **IV**; n_D^{20} 1,4281; 77%. (Chem. Ber. **92.** 1456—60. 1/6. 1959.) R. Pasedag. 810

A. S. Bailey, V. D. Brice, M. G. Horne und **N. Polgar,** *Zwischenprodukte für die Synthese optisch-aktiver methylsubstituierter langkettiger Säuren.* 4. Mitt. (3. vgl. C. **1958.** 8889.) L(+)-5-Acetoxy-4-methylpentansäure (**I**), deren Konst. durch Hydrolyse u. $KMnO_4$-Oxydation zu (—)-*α-Methylglutarsäure* bestätigt wurde, lieferte bei der Elektrolyse (anod. Kupplung) mit Stearinsäure (**II**) *1-Acetoxy-2-methylheneikosan.* Die entsprechende 1-Jodverb. lieferte durch Kondensation mit Na-Methylmalonsäurediäthylester, Hydrolyse u. Decarboxylierung *2(DL).4(D)-Dimethyltrikosansäure.* Elektrolyse des Gemisches von D(—)-β-Methylglutarsäuremonomethylester (**III**) u. **II** u. Hydrolyse ergaben *L(—)-3-Methylheneikosansäure,* deren Ag-Salz mit Br_2 abgebaut wurde. Das erhaltene Bromid diente zur Kondensation mit Methylmalonsäurediäthylester (**IV**), wobei *2(DL).4(L)-Dimethyldokosansäure* erhalten wurde.

Versuche: (±)-*α-Methylglutarsäure,* F. 76° (Ae.–PAe.), aus β-Jodpropionsäureäthylester u. **IV**, Hydrolyse u. Decarboxylierung; *p-Bromphenacylester,* F. 95,5° (A.). (—)-*Verb.*, F. 81° (Ae.–PAe.), durch Hydrolyse von **I** mit wss. NaOH u. Einw. von 5%ig. wss. $KMnO_4$ unter 4°; $[\alpha]_D^{17,5}$ —21,25° (c = 8,37 in W.); *p-Bromphenacylester,* $C_{22}H_{20}Br_2O_6$, F. 108° (A.). — *D(+)-2-Methylheneikosanol-(1)*, $C_{22}H_{46}O$, F. 54,5° (Methanol) durch Elektrolyse von **I** u. **II** in Na-Methylat–Methanol (3½ Std. bei 2,5 A [→ *1-Acetoxy-2-methylheneikosan,* $Kp._{0,1}$ 165°; $[\alpha]_D^{13}$ +1,17° (c = 11,12 in Ae.)] u. 4std. Hydrolyse mit sd. 10%ig. wss.-äthanol. KOH; $[\alpha]_D^{20}$ +5,49° (c = 10,24 in Chlf.). — *2(DL).4(D)-Dimethyltrikosansäure,* $Kp._{0,05}$ 180° (Badtemp.), aus vorst. Verb. über das p-Toluolsulfonat ($C_{29}H_{52}O_3S$, F. 43°), Kochen mit wasserfreiem NaJ in Aceton (24 Std.), 6½std. Kochen des rohen Jodids mit **IV** in absol. A., Ansäuern u. 8½std. Kochen mit KOH in wss. A., Ansäuern u. Decarboxylieren bei 170° (Badtemp., 1½ Std.); *Methylester,* $C_{26}H_{52}O_2$; $[\alpha]_D^{19}$ —5,10° (Chlf.). — *L(—)-3-Methylheneikosansäure,* $C_{22}H_{44}O_2$, F. 56,9° (Essigsäure), durch 3std. Elektrolyse von **II** u. **III** in Methanol–PAe. in Ggw. von $KOCH_3$ bei 2 A u. Hydrolyse des Esters ($Kp._{0,04}$ 150—154°); $[\alpha]_D^{10}$ —3,8° (c = 3,0 in Chlf.); *Amid,* $C_{22}H_{45}NO$, F. 92° (A.). — *2(DL).4(L)-Dimethyldokosansäure,* F. 54,7° (PAe.), aus dem K-Salz vorst. Säure durch Einw. von Br_2 in Äthylbromid auf das Ag-Salz u. Rk. mit **IV**; *p-Bromphenacylester,* $C_{32}H_{53}BrO_3$, F. 74° (A.). (J. chem. Soc. [London] **1959.** 661—63. Febr. Oxford, Univ., Dyson Perrins Labor.) B. Gnauck. 810

R. Brettle und **N. Polgar,** *Zwischenprodukte für die Synthese optisch-aktiver methylsubstituierter langkettiger Säuren.* 5. Mitt. (4. vgl. vorst. Ref.) Aus α-Methylacrylsäuremethylester (**I**) wurde *β-Methoxy-α-methylpropionsäure* (**II**) dargestellt, die mit Chinin (**IV**) opt. gespalten wurde. Die Konfiguration wurde durch Überführung des

(—)-Enantiomeren in *D*(—)-*γ-Methoxy-β-methylbuttersäure*, die auch aus L(+)-2-Methylpenten-(4)-säure erhalten wurde, geprüft. Die Hydrierung von L(+)-II mit $LiAlH_4$ führte zu (—)-*3-Methoxy-2-methylpropanol-(1)* (III), das mit $SOCl_2$ (+)-*1-Chlor-3-methoxy-2-methylpropan* ergab.

Versuche: *β-Methoxy-α-methylpropionsäure* (II), $Kp._{24}$ 114°, aus I nach BIEBER (Ann. Chimie 9. [1954.] 674) über den Methylester (Kp. 148—149°; 43% [Ausbeute]) u. Hydrolyse; *p-Bromphenacylester*, F. 63,5° (wss. A.). Spaltung durch Lösen mit **IV** in heißem Aceton, Kristallisation des Salzes aus Aceton u. Zers. mit 2n HCl: (+)-II, $C_5H_{10}O_3$; $D.^{19}{}_{19}$ 1,04; $[\alpha]_D{}^{19}$ +14,4°; aus den Mutterlaugen (—)-II. — (—)-*3-Methoxy-2-methylpropanol-(1)* (III), Kp. 154—156°, durch Red. von (+)-II mit $LiAlH_4$ in sd. Ae., $n_D{}^{21}$ 1,4160; $[\alpha]_D{}^{23}$ —2,47°; $D.^{23}{}_{23}$ 0,915. (±)-*Verb.*, Kp. 154—156°; *3.5-Dinitrobenzoat* $C_{12}H_{14}N_2O_7$, F. 63,5° (wss. A. oder PAe.). — (+)-*1-Chlor-3-methoxy-2-methylpropan*, Kp. 125°, durch Einw. von $SOCl_2$ auf III in Ggw. von Pyridin; $D.^{24}{}_{20}$ 0,963; $[\alpha]_D{}^{24}$ +13,2°. — *5-Methoxy-4-methylpenten-(1)*, $C_7H_{14}O$, Kp. 109°, durch 7 std. Kochen von 2-Methylpenten-(4)-ol-(1) [**VI**, aus (±)-2-Methylpenten-(4)-säure (**V**) nach FRAY u. POLGAR (J. chem. Soc. [London] **1956**. 2036)] mit CH_3J u. Ag_2O. — D(—)-*γ-Methoxy-β-methylbuttersäure*, $C_6H_{12}O_3$, $Kp._{20}$ 124—128°, a) aus L(+)-**V** über L(—)-**VI** u. Methylierung wie vorst., Oxydation mit $NaJO_4$ + $KMnO_4$ in wss. Na_2CO_3 u. 21 std. Stehen bei n. Temp.; b) durch Zugabe von absol. Pyridin zum (+)-Enantiomeren von **III** u. p-Toluolsulfonylchlorid, 7 std. Kochen des Sulfonats mit wasserfreiem NaJ in absol. Aceton, Zugabe des Jodids in A. zu heißem wss. KCN, 16½ std. Kochen, 8 std. Kochen des Cyanids mit konz. H_2SO_4/wss. Essigsäure; $n_D{}^{18}$ 1,4258; $[\alpha]_D{}^{22}$ —8,7° (c = 17,8 in Ae.); *S-Benzylthiuroniumsalz*, $C_{14}H_{22}N_2O_3S$, F. 141,5° (W.). (J. chem. Soc. [London] **1959**. 664—67. Febr.) B. GNAUCK. 810

Yoshiyuki Toyama und **Katsuhito Suzuki**, *Durch Zersetzung der Peroxyde von Methylestern hochungesättigter Säuren gebildete flüchtige Stoffe.* (Vgl. J. chem. Soc. Japan, ind. Chem. Sect. [Kōgyō Kagaku Zassi] **56**. [1953.] 972.) 2 Methylester (je 100 g) von 2 *hochungesätt. Säuren* (JZ. 193,6 bzw. 330,9) aus Sardinenöl (vgl. l. c.) werden bei 0—15 bzw. 15—20° durch Schütteln mit Luft oxydiert, die Prodd. im N_2-Strom 1 Std. bei 90—100° zers., die Zersetzungsprodd. in Sodalsg., 2.4-Dinitrophenylhydrazin- u. $NaHSO_3$-Lsg. abgefangen u. mittels ihrer UV-Spektren u. FF. identifiziert. Gefunden werden (R_F-Werte an Papier mit wss. Butanol) als Hydroxamsäuren: *Ameisen-* (0,31; violett), *Essig-* (0,63—0,64; violett) u. *Propionsäure* (0,73; violett); als 2.4-Dinitrophenylhydrazone: *Form-* (F. 164,8—165,3°), *Acet-* (F. 168,5°), *Propion-* (F. 155°), *n-Butyr-* (F. 122°), *Valer-* (F. 98°), *Capron-* (F. 104°), *Croton-* (F. 187 bis 188°), *Penten-(2)-* (F. 163°) u. *Hexen-(2)-aldehyd* (F. 145—145,4°). (J. chem. Soc. Japan, ind. Chem. Sect. [Kōgyō Kagaku Zassi] **58**. 52—54. Jan. 1955. Nagoya Univ. [Orig.: japan.]) L. SCHULER. 810

Ian Bell, E. R. H. Jones und **M. C. Whiting**, *Die Synthese von drei natürlich vorkommenden Polyacetylenestern.* Die Struktur des cis-Esters von *Lachnophyllum gossypinum* u. von zwei Estern der *Compositae*-Familie wird durch die Synth. u. den Vgl. der UV- u. IR-Spektren bewiesen. *cis-Decen-(2)-diin-(4.6)-säure-(1)-methylester* (F. 31—32°; *freie Säure*, F. 72—74°), *cis.cis-Decadien-(2.8)-diin-(4.6)-säure-(1)-methylester* (F. 34—35°; *freie Säure*, F. 96,5—99,5°) u. *cis-Decen-(2)-triin-(4.6.8)-säure-(1)-methylester* [F. 114—115°; *freie Säure*, F. 150° (Zers.)] werden durch Umsetzung von cis-1-Chlorpenten-(2)-in-(4) mit K-Acetat, Hydrolyse des Acetats zu *cis-Penten-(2)-in-(4)-ol-(1)* (F. 42,5°), oxydative Kupplung mit Pentin-(1), cis-Penten-(2)-in-(4) bzw. Pentadiin-(1.3) in Ggw. von H_2O_2 u. CuCl, Oxydation zu den entsprechenden Aldehyden mit MnO_2, Oxydation der Aldehyde mit Chromsäure zu den entsprechenden Säuren u. Verestern dargestellt. (Chem. and Ind. **1956**. 548—49. 23/6. Oxford, Univ. of Oxford, Dyson Perrins Labor.) W. LIEBSCHER. 810

A. L. Mndshojan und **A. A. Grigorjan**, *Untersuchung auf dem Gebiet der Derivate zweibasischer Carbonsäuren.* 16. Mitt. *Pyridyl-(2)- und 4-Methylthiazolyl-(2)-amide zweibasischer Carbonsäuren.* (15. vgl. C. **1959**. 14689.) Zur Unters. der pharmakol. Eigg., bes. der Wrkg. als Bakterienwuchsstoffe, werden [*Pyridyl-(2)*]- u. [*4-Methylthiazolyl-(2)*]-*amide zweibas. Carbonsäuren* dargestellt u. untersucht. Die Darstellungsmethoden u. die Ergebnisse der pharmakol. Prüfung werden gesondert veröffentlicht. — *Bernsteinsäure-bis-[pyridyl-(2)-amid]*, $C_{14}H_{14}N_4O_2$, F. 193—195°; 37% (Ausbeute). — *Glutarsäure-bis-[pyridyl-(2)-amid]*, $C_{15}H_{16}N_4O_2$, F. 165°; 96%. — *Adipinsäure-bis-[pyridyl-(2)-amid]*, $C_{16}H_{18}N_4O_2$, F. 172°; 92%. — *Korksäure-bis-[pyridyl-(2)-amid]*, $C_{18}H_{22}N_4O_2$, F. 149 bis 150°; 84,4%. — *Azelainsäure-bis-[pyridyl-(2)-amid]*, $C_{19}H_{24}N_4O_2$, F. 122—123°; 92,7%. — *Sebacinsäure-bis-[pyridyl-(2)-amid]*, $C_{20}H_{26}N_4O_2$, F. 127°; 92,4%. — *Bernsteinsäuremethylester-[pyridyl-(2)]-amid*, $C_{10}H_{12}N_2O_3$, F. 82—83°; 90%. — *Adipinsäure-*

methylester-[pyridyl-(2)]-amid, $C_{12}H_{16}N_2O_3$, F. 61—62°; 80,4%. — *Adipinsäureäthylester-[pyridyl-(2)]-amid*, $C_{13}H_{18}N_2O_3$, F. 78—79°; 83%. — *Bernsteinsäure-[pyridyl-(2)]-amid*, $C_9H_{10}N_2O_3$, F. 152°; 90%. — *Bernsteinsäure-bis-[4-methylthiazolyl-(2)-amid]*, $C_{12}H_{14}N_4O_2S_2$, F. 210—212°; 54%. — *Glutarsäure-bis-[4-methylthiazolyl-(2)-amid]*, $C_{13}H_{16}N_4O_2S_2$, F. 205°; 90%. — *Adipinsäure-bis-[4-methylthiazolyl-(2)-amid]*, $C_{14}H_{18}N_4O_2S_2$, F. 235°; 94,8%. — *Korksäure-bis-[4-methylthiazolyl-(2)-amid]*, $C_{16}H_{22}N_4O_2S_2$, F. 200—202°; 90%. — *Azelainsäure-bis-[4-methylthiazolyl-(2)-amid]*, $C_{17}H_{24}N_4O_2S_2$, F. 158—159°; 96,2%. — *Sebacinsäure-bis-[4-methylthiazolyl-(2)-amid]*, $C_{18}H_{26}N_4O_2S_2$, F. 149—150°; 94,2%. — *Bernsteinsäuremethylester-[4-methylthiazolyl-(2)]-amid*, $C_9H_{12}N_2O_3S$, F. 210 bis 212°; 54%. — *Adipinsäuremethylester-[4-methylthiazolyl-(2)]-amid*, $C_{11}H_{16}N_2O_3S$, F. 78—79°; 71,4%. — *Adipinsäureäthylester-[4-methylthiazolyl-(2)]-amid*, $C_{12}H_{18}N_2O_3S$, F. 99—100°; 87%. (Доклады Академии Наук Армянской ССР [Ber. Akad. Wiss. ArmenSSR] **22.** 215—19. 1956. Labor. für pharmazeut. Chem. der Akad. der Wiss. der ArmenSSR.) G. Froelich. 820

Kazunori Sayama, Toshihiro Takata und **Masakazu Taniyama,** *Untersuchungen über die Nebenprodukte bei der Synthese von Adiponitril. Über ω-Hydroxy-n-valeronitril.* Wiederholte Behandlung von 1.4-Dichlorbutan mit NaCN führt neben *Adipodinitril* u. niedrigsd. Bestandteilen ($Kp._9$ 83—145°) zu *ω-Hydroxy-n-valeronitril* ($Kp._{24}$ 93°; $D.^{20}_4$ 0,9142), das durch Hydrolyse mit 60%ig. H_2SO_4, papierchromatograph. Nachw. als *Benzoylverb.* u. Hydrierung zu *ω-Amino-n-pentanol* charakterisiert wurde. (J. chem. Soc. Japan, ind. Chem. Sect. [Kōgyō Kagaku Zassi] **58.** 112—13. 5/2. 1955. Tokushima, Tōhō Rēyon Kabushiki Kaisha, Kenkyūsho. [Orig.: japan.]) F. Mossner. 850

G. D. Meakins und **R. Swindells,** *Die Struktur zweier Säuren aus Olivenblättern.* Aus den Blättern der Olive, des japan. Liguster (vgl. Passerini, Ridi u. Ceccherelli, C. **1952.** 3187) u. aus dem Cutin der amerikan. Agave (vgl. Matic, Biochem. J. **63.** [1956.] 168) konnten *9.10.18-Trihydroxyoctadecansäure* (**I**) u. *10.16-Dihydroxyhexadecansäure* (**II**) isoliert werden, die aus Olivenblättern als *Methylester* (**V** u. **IV**)-Gemisch chromatograph. getrennt wurden. Der Strukturbeweis wurde nach Matic (l. c.) durchgeführt. Aus **I** entsteht durch Red. mit P/HJ u. anschließende Einw. von Zn u. HCl in Methanol *Stearinsäuremethylester*, aus **II** *Palmitinsäuremethylester*. Durch Behandlung des **I**-Methylesters (**V**) mit Chromsäure in Aceton bei 20° bildet sich *9.10-Dioxooctadecandisäuremonomethylester* (**III**), während in Essigsäure bei 40° *Azelainsäure* u. ihr *Monomethylester* entstehen. Die beiden Verbb. wurden in *Azelainsäuredimethylester* übergeführt u. gaschromatograph. identifiziert. Durch analoge Oxydation des **II**-Methylesters (**IV**) entsteht *7-Oxohexadecandisäure-16-monomethylester* bzw. unter Spaltung des Mol. *Adipin-* u. *Pimelinsäure* sowie *Azelain-* u. *Sebacinsäuremonomethylester*.

Versuche (FF. korr.): *10.16-Dihydroxyhexadecansäuremethylester* (**IV**), $C_{17}H_{34}O_4$, F. 68—69°, durch ½std. Kochen von zerkleinerten Olivenblättern (200 g) mit 2 Litern 5%ig. NaOH unter Rühren; das Filtrat wird mit 4n HCl angesäuert, der unlösl. Anteil abzentrifugiert u. 12 Std. mit Ae. extrahiert; nach Eindampfen der äther. Lsg. Schütteln des dunkelgrünen Gummis (ca. 18 g) mit 1 Liter 5%ig. wss. Na_2CO_3, Ansäuern, Verestern von 5 g des Säuregemisches mit CH_2N_2 in Ae., Adsorption der eingeengten Lsg. an Al_2O_3 u. Eluieren mit Ae.; Nadeln aus PAe./Essigester; 1,1 g (Ausbeute). — *9.10.18-Trihydroxyoctadecansäuremethylester* (**V**), $C_{19}H_{38}O_5$, F. 80—82° (PAe./Essigester), a) neben **IV** durch Eluieren mit Ae.-Methanol (9 : 1); 1 g (nicht rein); b) aus der Säure u. CH_2N_2 in Ae./Methanol. — *10.16-Dihydroxyhexadecansäure* (**II**), $C_{16}H_{32}O_4$, F. 95—98° (wss. Methanol), aus **IV** u. äthanol. KOH. — *9.10.18-Trihydroxyoctadecansäure* (**I**), $C_{18}H_{36}O_5$, F. 99—102° (Methanol), aus 1 g **V** u. äthanol. KOH; 0,8 g. — *Stearinsäuremethylester*, F. 36—38° (Aceton), durch 16std. Kochen von 200 mg **I** mit 6 ml HJ (D. 1,7) u. 70 mg rotem P, Verdünnung mit W., Extrahieren mit Ae. u. 6std. Kochen des Rückstands in Methanol mit 10n HCl u. Zn; 150 mg. *Freie Säure*, F. 67—69°. — *Palmitinsäuremethylester*, wie vorst. Verb. aus **II**; 170 mg. *Freie Säure*, F. 60—63°. — *9.10-Dioxooctadecandisäuremonomethylester* (**III**), $C_{19}H_{32}O_6$, F. 80—83°, aus 400 mg **V** u. einem geringen Überschuß an 8n Chromsäure in Aceton bei 20° (2 Min.); gelbe Platten aus Essigester; 85 mg. — *7-Oxohexadecandisäure-16-methylester*, $C_{17}H_{30}O_5$, F. 64—66°, ebenso aus **IV** (5 Min.); Platten aus Essigester; 240 mg. *Dimethylester*, $C_{18}H_{32}O_5$, F. 40 bis 43°, mit CH_2N_2. *Freie Disäure*, $C_{16}H_{28}O_5$, F. 110—112°, durch Verseifung beider Ester. — *Azelainsäure*, F. 103—106°, neben **III** aus der Essigestermutterlauge; 100 mg. *Dimethylester*, a) aus 70 mg **V** u. 90 mg Chromsäure in 3 ml Essigsäure bei 40° (24 Std.), Verdünnen mit W., Extrahieren mit Ae., Trennen mit Pentan in einen lösl. u. unlösl. Anteil u. anschließende Methylierung beider Anteile mit CH_2N_2; b) durch analoge Oxydation von **IV** u. Methylierung der pentanlösl. Fraktion neben *Sebacinsäuredimethylester*; aus dem pentanunlösl. Anteil *Adipinsäure-* u. *Pimelinsäuredimethylester*. (J. chem. Soc. [London] **1959.** 1044—47. März. Manchester, Univ.) D. Holzner. 850

Roger Stevens, *Lävulinsäure. 2. Mitt. Einige Derivate von Lävulinsäure-2-aminoäthylester.* Bei der azeotropen Veresterung von Lävulinsäure (I) mit Äthanolamin wurde ein nicht destillierbares Harz erhalten, dessen Hydrierung zu *1-[β-Hydroxyäthyl]-5-methylpyrrolidon-(2)* führte. Dagegen konnten bei Verwendung von 2-Dimethylaminoäthanol (II), 2-Diäthylaminoäthanol (III) u. N-[β-Hydroxyäthyl]-phthalimid (IV) die entsprechenden Ester von I erhalten werden.

Versuche: Lävulinsäureester: *2-Dimethylaminoäthylester.* $C_9H_{17}NO_3$, Kp.$_{30}$ 156—158°, durch 24std. azeotrope Dest. von I mit II; n_D^{23} 1,4395; 33% (Ausbeute). — *2-Diäthylaminoäthylester,* $C_{11}H_{21}NO_3$, Kp.$_{30}$ 172—176°, analog aus I u. III; n_D^{27} 1,4435; 46%. — *2-Phthalimidoäthylester,* $C_{15}H_{15}NO_5$, F. 90—93°, durch 48std. azeotrope Dest. von I u. IV u. Umkristallisieren des Rückstandes aus A.; 62%. (J. org. Chemistry **23**. 301. Febr. 1958. Trinidad, B. W. I., Imp. Coll. of Tropical Agricult., British West Indies Sugar Res. Scheme.) S. Singer. 870

Kazuyuki Mihara und **Kyo Takaoka,** *Darstellung von Ricinolsäurederivaten. 1. Mitt. 12-Ketoölsäuremethylester aus Ricinolsäuremethylester durch Oppenauer-Oxydation.* Ricinolsäuremethylester (I) wird mit der 80—110fachen Menge Aceton in Bzl. durch 15—25std. Kochen in Ggw. von Al-Isopropylat (II) oder Al-Phenolat (III) in ca. 70%ig. Ausbeute zu *12-Ketoölsäuremethylester* oxydiert, der beim Verseifen in die *freie Säure,* F. 40,5—41,5°, übergeht. Bei der Oxydation von I mit Cyclohexanon (IV) in Ggw. von II, mit IV in Ggw. von II in Toluol (V) u. Xylol (VI) oder mit IV in Ggw. von III in V u. VI finden Neben-Rkk. statt, wobei Gemische aus cis–trans-Isomeren entstehen. Die aus den gemischten Prodd. hergestellten *Oxime* geben bei der Beckmannschen Umlagerung u. anschließender Hydrolyse *Heptansäure* (*p-Phenylphenacylester,* F. 62°) u. *Dodecen-(3)-säure* (F. 102—104°). (J. chem. Soc. Japan, pure Chem. Sect. [Nippon Kagaku Zassi] **79.** 282—88. März 1958. Tokyo-Setagaya, Musasi-Kôdai. [Orig.: japan.])
E. Maekawa. 870

Wilhelm Thoma und **Heinrich Rinke,** *Synthesen mit Pyrokohlensäureestern.* Durch Rk. symm. Pyrokohlensäureester mit Carbonsäuren bei Tempp. bis 120° wurden unter CO_2-Entw. u. Bldg. von Alkohol *Carbonsäureester* erhalten; nur bei schwerlösl. Carbonsäuren wurden Lösungsmittel wie A., Dioxan oder Chlorbenzol verwendet. Diese Veresterungsmeth. ist bes. für Carbonsäuren, die sich unter der Wrkg. saurer Katalysatoren verändern, wie Carbonsäuren mit tert. N-, Amid-, Urethan- oder Harnstoffgruppen bzw. Carbonyl-, Olefin- oder Acetylenbindungen, geeignet. Da keine Acetalisierung oder Hydrolyse eintritt, konnten nach obiger Meth. *Brenztraubensäureester, 4-Formylphenoxyessigsäureester, [Carbobenzoxy-ε-aminocaproyl]-ε-aminocapronsäureester* u. *N-Benzyliden-4-aminobenzoesäureester* dargestellt werden. Durch Rk. von Pyrokohlensäureestern mit Hydroxysäuren wurden Gemische von Ester, Lacton u. Kondensationsprodd. erhalten. Pyrokohlensäureester sind im Gegensatz zu Diazoalkanen wenig flüchtig u. unbeschränkt lagerfähig. Alkali- oder Erdalkalisalze von Carbonsäuren können in wss. oder wss.-alkoh. Lsg. mit Pyrokohlensäureestern schon bei 20—50° zu Estern umgesetzt werden; um einheitliche Prodd. zu erhalten, muß der dem Alkyl des Esters entsprechende Alkohol als Lösungsmittel verwendet werden. Unter diesen Bedingungen wurden in manchen Fällen, bes. in W., *Carbonsäurekohlensäureanhydride* gebildet; in Ggw. von Alkoholen u. bei Verlängerung der Reaktionsdauer setzen sich diese zum Ester um. Durch Rk. von Na-Benzoat mit Pyrokohlensäurediäthylester (I) bei 25° entstanden 30% *Benzoesäureäthylester* u. 40% *Benzoesäureanhydrid*; ähnlich verhält sich 2-Äthylcapronsäure. Durch Einw. von I auf Sorbinsäure-Na konnte *Sorbinsäurekohlensäureäthylesteranhydrid* erhalten werden, das auch aus Sorbinsäure u. Chlorkohlensäureäthylester in Ggw. von Triäthylamin dargestellt werden konnte. Die Rk. von I mit Zimtsäure führt zur Bldg. von *Zimtsäureanhydrid.* Durch Rk. von arylkohlensauren Salzen mit Chlorkohlensäureestern lassen sich *gemischte Pyrokohlensäureester* darstellen; schwerflüchtige Chlorkohlensäureester wurden in Lösungsmitteln umgesetzt. Der Geh. an Pyrokohlensäureestern läßt sich durch Rk. mit Diisobutylamin in CH_3OH oder Chlorbenzol u. Rücktitration der Base mit HCl gegen Bromphenolblau bestimmen. Bei der Umsetzung gemischter Pyrokohlensäureester mit Aminen beteiligt sich nur der größere Rest unter Carbamidesterbildung. Durch Rk. von β-Chloräthyläthylpyrocarbonat mit NH_3 erhält man *Carbamidsäure-β-chloräthylester*; Phenyläthylpyrocarbonat reagiert mit Anilin zu *N-Phenylcarbamidsäurephenylester* u. Butandiol-(1.4)-bis-[äthylpyrocarbonat] zu *Butandiol-(1.4)-bis-[N-phenylcarbamat].* Durch Behandlung mit Benzyläthylpyrocarbonat kann in Aminosäuren u. Peptide der Carbobenzoxyrest eingeführt werden, infolge der hohen Reaktionsgeschwindigkeit mit Aminen tritt bei der Rk. äquivalenter Mengen keine Veresterung der Carboxylgruppen ein. Carbobenzoxyaminosäuren oder deren Na-Salze reagieren in W. mit I bei schwach erhöhter Temp.; die Reaktionsprodd. setzen sich mit Aminosäureestern oder aminosauren Salzen zu Peptiden um.

Die Veresterung von Carbonsäuren erfolgte durch Eintragen von 1 Mol Carbonsäure in 1,05—1,5 Mol Pyrokohlensäureester (gegebenenfalls in Pyrokohlensäureester als Lösungsm.) bei 20—40°, Erhitzen auf 50—80° bis zur Beendigung der CO_2-Entw. u. Abdest. des abgespaltenen Alkohols u. von Dialkylcarbonat.

Versuche: *4-Formylphenoxyessigsäureäthylester*, $C_{11}H_{12}O_4$, F. 41—42°, durch Zugabe von 4-Formylphenoxyessigsäure zu I bei 40° innerhalb 10 Min., 3std. Erhitzen auf 80°, Zugabe von I u. 2std. Erhitzen auf 80°; $Kp._{0,2}$ 130—135°; 92,5% (Ausbeute). — *Harnstoff-N.N'-bis-[n-heptyl-(7)-säuremethylester]*, $C_{17}H_{32}N_2O_5$, F. 99—100° (CH_3OH), durch 2std. Erhitzen von *Harnstoff-N.N'-bis-[n-heptansäure]* [F. 173° (Eisessig), aus ω-Aminoheptansäure u. $COCl_2$], mit Pyrokohlensäuredimethylester im Wasserbad, Zugabe von weiterem Ester, 1std. Erwärmen u. Abdest. des CH_3OH im Vakuum; 100%. — *Benzoesäureäthylester*, $Kp._{12}$ 0,5°, a) durch Zutropfen von 70 g I zu 57,6 g Na-Benzoat in W. innerhalb 90 Min. bei 25° unter Rühren, Zugabe von 5%ig. $NaHCO_3$-Lsg. u. Ae.-Extraktion; 19 g; daneben *Benzoesäureanhydrid* (F. 41°); b) durch Zutropfen von 70 g I zu 57,6 g Na-Benzoat in 50%ig. A. bei 50° innerhalb 3 Std., 1std. Rühren bei 50°, Zutropfen von 20 g I, Zugabe von wss. $NaHCO_3$-Lsg. u. Ae.-Extraktion; 60%. — *Pyrokohlensäurebenzyläthylester*, durch portionsweise Zugabe von 170 g äthylkohlensaurem Na zu 510 g Carbobenzoxychlorid bei 50°, 4std. Rk., Kühlen mit Eis–NaCl, Schütteln mit Eiswasser u. Entfernen des überschüssigen Chlorkohlensäureesters durch mehrmalige Dest. im Dünnschichtverdampfer bei 55—60°/0,25 Torr; der Rückstand ist 75%ig.; 75%. — *Pyrokohlensäuretetrahydrofurfuryläthylester*, durch 6std. Erwärmen von 80 g äthylkohlensaurem Na mit 87 g Tetrahydrofurfurylchlorcarbonat auf 40° in Aceton, Filtrieren u. Abdest. des Acetons; 95%ig.; 81,5%. — *N-Carbobenzoxyglykokoll*, F. 119° (wss. A.), durch Lösen von 0,1 Mol Glykokoll in 10%ig. NaOH, Zugabe von 0,1 Mol vorvorst. Verb., 2std. Rühren bei 20° u. Ansäuern mit verd. HCl; 60%. — *Brenztraubensäureäthylester*, Kp. 140—142°, 91%. — *[N-Carbobenzoxy-ε-amioncaproyl]-ε-aminocapronsäureäthylester*, F. 66°; 95%. — *N-Benzyliden-4-aminobenzoesäureäthylester*, F. 46°; 95%. — *Isonicotinsäureäthylester*, $Kp._{13}$ 103—105°; ca. 100%. — *Pyridindicarbonsäure-(2.3)-diäthylester*, $Kp._{0,2}$ 125°; 84%. — *β-[Indolyl-(1)]-propionsäureäthylester*, $Kp._{0,09}$ 107°; 93%. — *Trichloressigsäureäthylester*, $Kp._{15}$ 62°; 87%. — *Dihydromuconsäurediäthylester*, $Kp._{16}$ 132—135°; 88%. — *N.N'-Dimethyl-N.N'-bis-[p-carbomethoxyphenyl]-harnstoff*, F. 136°; ca. 100%. — *Pyrokohlensäure, Äthylmethylester*, $Kp._{0,7}$ 40°; >99,9%ig.; 73%. *β-Chloräthyläthylester*, >98%ig.; 79%. *Allyläthylester*, $Kp._{0,1}$ 50°, 95%ig.; 44%. *β-Methoxyäthyläthylester*, 94%ig.; 72%. *Phenyläthylester*, 77%ig.; 37%. *Cyclohexyläthylester*, 89%ig.; 65%. *2.4-Dichlorphenyläthylester*, 41%ig. 70%. *3.4-Dichlorbenzyläthylester*, 58%ig.; 86%. — *Butandiol-(1.4)-bis-[äthylpyrocarbonat]*, 95%ig.; 93%. (Liebigs Ann. Chem. **624**. 30—36. 1959. Leverkusen, Farbenfabriken Bayer AG, Wiss. Hauptlabor.)
H. Bertsch. 880

G. Zigeuner und **W. Hoselmann**, *Zur Kenntnis der Harnstoff–Formaldehyd-Kondensation.* 17. Mitt. *über die Reaktion von Harnstoff und Formaldehyd in Butanol.* (16. vgl. C. **1959**. 9867.) Beim Erhitzen äquimol. Mengen Harnstoff (I) u. Formaldehyd (II) in Butanol in Ggw. von Alkali auf 80° erhielten Vff. im Gegensatz zu Fahrenhorst (vgl. Kunststoffe **45**. [1955.] 43), der über die Bldg. eines Adduktes I·II berichtet, neben großen Mengen *Monomethylolharnstoff*, *α.α'-Diureidodimethyläther* (III) u. ein *Dimethylenätherkondensat* vom F. 242° (IV). Die Struktur von III wurde durch nachst. Rkk. sichergestellt: a) Einw. von Methanol u. HCl auf III führte zum *Monomethylolharnstoffmethyläther* (V), b) Einw. von II u. Alkali u. anschließend Methanol/HCl zu *Dimethylolharnstoffdimethyläther* (VI) u. *Dimethylolurondimethyläther* (VII). IV konnte durch Behandlung nach a) nur teilweise zu V u. VI abgebaut werden, Behandlung nach b) führte zu VI u. VII neben nicht identifizierbaren Produkten. Vermutlich liegt in IV ein Gemisch aus Dimethylenätherprodd. vor, in denen 2—4 I-Reste durch $-CH_2-O-CH_2$-Brücken verknüpft sind. Eine orientierende papierchromatograph. Trennung (aufsteigend, Lösungsm. Butanol/A./W. 38:8:9, Nachbehandlung mit A./Aceton 1:1 u. ClO_2, Entw. mit Benzidin/Essigsäure) zeigte, daß das Rohprod. von III ein Gemisch aus 2, IV ein Gemisch aus 5 Verbb. darstellt. (Mh. Chem. **88**. 159—60. 15/2. 1957. Graz, Univ., Inst. für Organ. u. Pharmazeut. Chemie.) W. Wirtz. 880

Horst Böhme, Reinhold Broese, Alfred Dick, Fritz Eiden und **Detlef Schünemann,** *Über Darstellung und Umsetzungen von Acylamidochlormethanen.* Durch Anlagerung von CH_2O an Säureamide zu *Acylamidomethanolen* u. folgende Behandlung mit PCl_5 unter Ae. wurden *Acylamidochlormethane* dargestellt. Das so aus Benzamidomethanol (II) erhaltene *Benzamidochlormethan* (I) zers. sich an der Luft u. reagiert mit sek. Aminen zu *Aminomethylamiden*, z. B. mit Piperidin zu *Benzamidopiperidinomethan*. Durch Red. von I mit $LiAlH_4$ wurde *Methylbenzylamin* erhalten. Die Rk. von I mit Alkoholaten liefert *Amidomethyläther*, mit Benzylalkohol *[Benzamidomethyl]-benzyläther*. Mit β-Dicarbonylverbb., die nur ein acides H-atom enthalten, reagiert I analog Phthalimidochlormethan (vgl. C. **1959.** 13785). Die Rk. der Na-Verbb. von Methyl- bzw. Äthylmalonsäurediäthylester (**III**) ergab (*Benzamidomethyl*]-*methyl-* bzw. *-äthylmalonester*; diese konnten zu den *Dicarbonsäuren* hydrolysiert werden. Durch Erhitzen von [*Benzamidomethyl*]-*äthylmalonsäure* mit Pyridin erfolgte Decarboxylierung zu *α-Benzamidomethylbuttersäure.* Analog reagiert I mit Na-Verbb. monoalkylierter β-Ketocarbonsäureester zu Benzamidomethylderivv., z. B. *α-Methyl-* bzw. *α-Isopropyl-α-benzamidomethylacetessigsäureäthylester* bzw. *1-[Benzamidomethyl]-cyclohexanon-(2)-carbonsäure-(1)-ester.* Durch Umsetzung von I mit Na-Methylcyanessigester entstand *Methylbenzamidomethylcyanessigester.* α-Phenylacetessigsäurenitril (**IV**) ergab *α-Benzamidomethyl-α-phenylacetessigsäurenitril,* das mit verd. H_2SO_4 in *α-Benzamidomethyl-α-phenylacetessigsäureamid* übergeführt wurde. Die Rk. von I mit Na-Acetylaceton ergab *meso-Bis-[benzamidomethyl]-acetylaceton,* während Benzoylaceton mit I zu *meso-Benzamidomethylbenzoylaceton* reagierte. Na-Acetessigester wurde durch Einw. von I in *α-Benzamidomethylacetessigsäureäthylester* übergeführt. Na-Malonsäuredimethylester ergab analog *Bis-[benzamidomethyl]-malonsäuredimethylester*; durch Verseifen u. Erhitzen mit Pyridin–Piperidin wurde daraus *Bis-[benzamidomethyl]-essigsäure* dargestellt. **II** konnte durch Einw. von PBr_5 in *Benzamidobrommethan* übergeführt werden. 2.4-Dichlorbenzamid wurde über die Hydroxymethylverb. in *[2.4-Dichlorbenzamido]-chlormethan* u. weiter in *Methyl-[2.4-dichlorbenzamidomethyl]-malonsäurediäthylester* übergeführt. Durch Rk. von Trichloracetamidochlormethan (**VII**) mit **III** entstand *[Trichloracetamidomethyl]-äthylmalonsäureester*; die Rk. mit **IV** in Dioxan ergab *α-Trichloracetamidomethyl-α-phenylacetessigsäurenitril,* während in A. unter DIECKMANN-Spaltung *Trichloracetamidomethylphenylacetonitril* entstand; Na-Benzoylaceton lieferte *α-Trichloracetamidomethyl-α-benzoylaceton. Acetamidomethanol* (**V**) ließ sich nicht wie oben darstellen; durch Schmelzen von Acetamid mit Paraformaldehyd konnte aber **V** erhalten werden. Die Konst. von **V** wurde durch Umsetzung mit β-Naphthol zu *1-Acetamidomethylnaphthol-(2)* bewiesen. Die Überführung von **V** in *Acetamidochlormethan* (**VI**) gelang mit PCl_5 in absol. Dioxan. **VI** zers. sich bei der Dest., reagierte jedoch mit Malonsäureestern u. Cyansäureestern normal. Analog konnten die *Hydroxymethyl-* u. *Chlormethylderivv.* von Formamid, Propionamid u. Monochloracetamid dargestellt werden, die mit Malonestern umgesetzt wurden. **V** u. *Propionamidomethanol* wurden durch Rk. mit PBr_5 in *Acylamidobrommethane* übergeführt, die ebenfalls nicht unzers. dest. werden konnten.

Versuche: *Benzamidochlormethan* (I), C_8H_8ClNO, F. 87—88° (CCl_4-Acetonitril–PAe.), durch Zugabe von PCl_5 unter Ae. zu II in Ae. unter Kühlen mit Eis–NaCl, Schütteln, 2std. Stehen u. Filtrieren; 78% (Ausbeute). — *Methylbenzylaminhydrochlorid,* $C_8H_{11}N\cdot HCl$, F. 183—184° (Acetonitril–Ae.), durch Zugabe von $LiAlH_4$ in Ae. zu I in Ae. unter Rühren, 30 Min. Rühren bei Raumtemp., 10 Min. Erwärmen auf dem Wasserbad, Kühlen mit Eis–NaCl, Zutropfen von W., Zugabe von KOH, Dekantieren, Ae.-Extraktion u. Behandeln mit HCl. — *[2.4-Dichlorbenzamido]-methanol,* $C_8H_7Cl_2NO_2$, F. 126°, durch Erwärmen von 2.4-Dichlorbenzamid u. $Ba(OH)_2$ mit 35%ig. CH_2O-Lsg. auf dem Wasserbad bis zur Lsg., mehrstd. Stehen, portionsweise Zugabe von W. bis zur bleibenden Trübung, mehrtägiges Stehen u. Umkristallieren aus A. unter Fällung von Ba^{2+} mit CO_2; 75%. — *[2.4-Dichlorbenzamido]-chlormethan,* $C_8H_6Cl_3NO$, grünliche Fl., durch Zutropfen von PCl_5 in Dioxan zu 11 g vorst. Verb. in absol. Dioxan unter Rühren u. Kühlen mit Eis–NaCl, mehrstd. Stehen bei Raumtemp., Einengen bei 40° im Vakuum u. Absaugen flüchtiger Anteile bei 40°/0,1 Torr; zers. sich bei der Dest.; 11,9 g. — *Acetamidomethanol* (**V**), Fl., durch 10—20 std. Erhitzen von 30 g Paraformaldehyd mit 59 g Acetamid auf 120°; zers. sich beim Destillieren. — *1-Acetamidomethylnaphthol-(2),* $C_{13}H_{13}NO_2$, F. 160° (CH_3OH), durch mehrtägiges Stehen von 8,9 g **V** u. 14,4 g β-Naphthol in alkoh. HCl; 95%. — *Benzamidopiperidinomethan,* $C_{13}H_{18}N_2O$, F. 127—128° (Bzl.–PAe.), durch 10 Min. Erwärmen von I mit Piperidin in Ae. u. Filtrieren; 72%. — *Benzamidomethylbenzyläther,* $C_{15}H_{15}NO_2$, F. 77—78° (wss. A.), durch Zugabe von I zu einer Lsg. von Na-Benzylat in Ae. unter Rühren u. Kühlen, 30 Min. Erwärmen auf dem Wasserbad, Filtrieren u. Einengen; 54%. — *[Benzamidomethyl]-äthylmalonsäurediäthylester,* $C_{17}H_{23}NO_5$, F. 52° (wss. A.), durch 30 Min. Erwärmen von III-Na in Ae. mit I auf dem Wasserbad; $Kp._{0,01}$ 130—138° (Bad); 72%. *Freie Säure,* $C_{13}H_{15}NO_5$, F. 153° (Zers.; Essigester), durch 3 std. Kochen des Esters mit KOH in ca. 50%ig. wss. A., Kühlen, Neutralisieren mit H_2SO_4, Eindampfen, Extraktion mit absol. A., Eindampfen des Extrakts u. Behandeln mit verd. H_2SO_4; 73%. — *α-[Benzamidomethyl]-buttersäure,* $C_{12}H_{15}NO_3$, F. 135° (W.), durch 3 std. Erhitzen vorst. Säure mit Pyridin auf 100°, Kühlen, Zugabe von verd. H_2SO_4, Kühlen mit Eis u. Filtrieren; 81%. — *Bis-[benzamidomethyl]-malonsäuredimethylester,* $C_{21}H_{22}N_2O_6$, dimorph, F. 127° (wss. A.), F. 52° (durch Schmelzen u. Wiedererstarren), durch Rk. von Na-Malonsäuredimethylester mit I in Ae., Abtrennen des NaCl u. Abdest.

des Malonsäuredimethylesters; 81%. *Freie Säure*, $C_{19}H_{18}N_2O_6 \cdot 2\,H_2O$, F. 149° (Zers.; wss. A.), durch 3std. Kochen des Esters mit wss.-alkoh. KOH, Kühlen, Filtrieren, Lösen des Nd. in W. u. Ansäuern mit verd. H_2SO_4 unter Eiskühlung; 49%. — *Bis-[benzamidomethyl]-essigsäure*, $C_{18}H_{18}N_2O_4$, F. 168° (A.), durch 3std. Erhitzen vorst. Säure mit Pyridin in Ggw. von Piperidin auf 100°, Kühlen, Zugabe von verd. H_2SO_4 u. Kühlen mit Eis; 75%. — *1-[Benzamidomethyl]-cyclohexanon-(2)-carbonsäure-(1)-äthylester*, $C_{17}H_{21}NO_4$, F. 109° (PAe.), durch Rk. von Cyclohexanon-o-carbonsäureäthylester mit Na unter Dioxan, portionsweise Zugabe von **I**, 3std. Erwärmen auf dem Wasserbad, Abtrennen von NaCl u. Dioxan u. Auskochen des Rückstandes mit W. oder PAe.; 84%. — *Methyl-[benzamidomethyl]-cyanessigsäureäthylester*, $C_{14}H_{16}N_2O_3$, F. 80—81° (CCl_4), aus Na-Methylcyanessigester u. **I** in Ae. u. Dest. bei 210° (Bad)/0,1 Torr; 48%. — *Acetamidomethylcyanessigsäureäthylester*, $C_8H_{12}N_2O_3$, Kp.$_{0,01}$ 80—90° (Bad), aus Na-Cyanessigsäureäthylester u. **VI** in Dioxan. — *α-Benzamidomethyl-α-phenylacetessigsäurenitril*, $C_{18}H_{16}N_2O_2$, F. 139° (Bzl.), aus Na-**IV** u. **I** in Ae.; 79%. — *α-Benzamidomethyl-α-phenylacetessigsäureamid*, $C_{18}H_{18}N_2O_3$, F. 188° (Aceton), durch Zugabe vorst. Verb. zu konz. H_2SO_4 bei 0—20°, Zugabe von W., 2std. Erhitzen unter Rühren auf dem Wasserbad u. Filtrieren; 60%. — *α-Trichloracetamidomethyl-α-phenylacetessigsäurenitril*, $C_{13}H_{11}Cl_3N_2O_2$, F. 112° (Aceton), durch 3std. Erwärmen von Na-**IV** u. **VII** in Dioxan auf 50—60°; 57%. — *Trichloracetamidophenylacetonitril*, $C_{11}H_9Cl_3N_2O$, F. 132—133° (A.), analog vorst. Verb. in absol. A.; 58%. — *meso-[Benzamidomethyl]-benzoylaceton*, $C_{18}H_{17}NO_3$, F. 112—113° (CH_3OH), aus Na-Benzoylaceton u. **I** in Ae.; 51%. — *meso-Bis-[benzamidomethyl]-acetylaceton*, $C_{21}H_{22}N_2O_4$, F. 148° (wss. A.), aus Na-Acetylaceton u. **I** in Ae.; 60%. — *meso-[Trichloracetamidomethyl]-benzoylaceton*, $C_{13}H_{12}Cl_3NO_3$, F. 93° (A.), aus Na-Benzoylaceton u. **VII** durch 3std. Erwärmen in Dioxan auf 50°; 51%. — *Formamidochlormethan*, C_2H_4ClNO, Fl., wie oben in Dioxan, Einengen bei 15 Torr u. Entfernen flüchtiger Anteile bei 40°/0,1 Torr., nicht destillierbar. — *Acetamidochlormethan*, C_3H_6ClNO, Fl., aus **V** u. PCl_5 in Dioxan; nicht destillierbar. — *Chloracetamidochlormethan*, $C_3H_5Cl_2NO$, Fl., wie oben in Ae.–Dioxan; nicht destillierbar. — *Propionamidochlormethan*, C_4H_8ClNO, Fl., wie oben in Dioxan; nicht destillierbar. — *Acetoamidobrommethan*, C_3H_6BrNO, Fl., wie oben in Dioxan, Einengen bei 12 Torr, Ae.-Extraktion u. Entfernen flüchtiger Anteile bei 40°/0,1 Torr. — *Propionamidobrommethan*, C_4H_8BrNO, wie oben. — *Benzamidobrommethan*, C_8H_8BrNO, F. 105—107° (gelbliche Kristalle aus Dioxan–Ae.), wie oben in Ae.; 80%. — *[Formamidomethyl]-methylmalonsäurediäthylester*, $C_{10}H_{17}NO_5$, Kp.$_{0,01}$ 80° (Bad), in Dioxan. — *[Acetamidomethyl]-malonsäurediäthylester*, $C_{10}H_{17}NO_5$, Kp.$_{0,01}$ 80—85° (Bad); in Dioxan. — *[Acetamidomethyl]-methylmalonsäurediäthylester*, $C_{11}H_{19}NO_5$, Kp.$_{0,01}$ 80—85° (Bad), in Dioxan–Acetonitril. — *[Chloracetamidomethyl]-methylmalonsäurediäthylester*, $C_{11}H_{18}ClNO_5$, Kp.$_{0,01}$ 70—80° (Bad); in Dioxan. — *[Benzamidomethyl]-methylmalonsäurediäthylester*, $C_{16}H_{21}NO_5$, F. 69° (Isoamyläther), in Äther. — *[2.4-Dichlorbenzamidomethyl]-methylmalonsäurediäthylester*, $C_{16}H_{19}Cl_2NO_5$, F. 47—48°, Kp.$_{0,01}$ 120—140° (Bad), in Dioxan. — *α-[Benzamidomethyl]-acetessigsäureäthylester*, $C_{14}H_{17}NO_4$, F. 56° (wss. A.), in Ae. u. Entfernen flüchtiger Anteile bei 120°/0,05 Torr. — *α-[Benzamidomethyl]-α-methylacetessigsäureäthylester*, $C_{15}H_{19}NO_4$, in Ae. u. Entfernen flüchtiger Anteile bei 120/0,05 Torr; salbenartig, nicht destillierbar. — *α-[Benzamidomethyl]-α-isopropylacetessigsäureäthylester*, $C_{17}H_{23}NO_4$, gelbe Fl., in Ae. u. Entfernen flüchtiger Anteile bei 120/0,01 Torr; nicht destillierbar. (Chem. Ber. **92.** 1599 bis 1607. 1959. Marburg/Lahn, Univ., Pharmazeut.-Chem. Inst.) H. Bertsch. 900

Bertil Hansen, *Die Addition von Dimethylamin an Propylensulfid.* Durch Rk. von Dimethylamin mit Propylensulfid in Ae. wurde *2-Dimethylaminopropanthiol* (**I**) erhalten. Durch Kochen von 2-Dimethylaminopropylchloridhydrochlorid oder 1-Dimethylaminopropyl-(2)-chloridhydrochlorid mit Thioharnstoff in A. wurde dasselbe Isothiuroniumsalz erhalten, das durch Hydrolyse *1-Dimethylaminopropanthiol-(2)* (**II**) lieferte (vgl. nachst. Ref.). Durch Rk. von **I** mit Acetanhydrid u. dann mit CH_3Br wurde Acetyl-*α-methylthiocholinbromid* erhalten, das auch durch Rk. von Propylensulfid mit Acetylbromid zu *1-Acetylmercaptopropyl-(2)-bromid* u. Umsetzung mit Trimethylamin nach Davies Hausen u. Savige (C. **1951.** II. 1869) dargestellt wurde. Beim Vers., die Struktur von **I** u. **II** durch Entschwefelung mit Raney-Ni, Überführung der entstandenen Amine in die Pikrate u. Vgl. mit den durch Rk. von Dimethylamin mit n-Propyljodid bzw. Isopropyljodid u. folgende Rk. mit Pikrinsäure dargestellten Verbb. zu beweisen, wurde nur das n-Propylderiv. gebildet, da bei der Hydrogenolyse Isomerisierung eintrat. Durch Behandlung der aus **I** u. **II** dargestellten Acetylmethylthiocholinjodide mit Raney-Ni wurde weder n-Propyl- noch Isopropyltrimethylammoniumjodid erhalten; die quartäre Ammoniumgruppe muß durch Raney-Ni abgebaut worden sein. Analog verhielten sich Cholinjodid u. Acetylcholinjodid. Die IR-Spektren von Acetylthiocholinjodid, Acetylmethylthiocholinjodid aus **I** bzw. S-[Dimethylaminopropyl]-isothiuroniumchloridhydrochlorid, N-[β-Acetoxyäthyl]-, N-Äthyl-. N-[1-Acetoxypropyl-(2)]-. N-[2-Acetoxypropyl]-, N-Isopropyl- u. N-n-Propyltrimethylammoniumjodid sind angegeben u. bestätigen die Strukturzuordnung für I. Es wird angenommen, daß die Bldg. von I aus Dimethylamin u. Propylensulfid über ein cycl. Sulfoniumzwischenprod. verläuft.

Versuche: *Propylensulfid*, Kp. 74—76°, aus Propylenoxyd u. Thioharnstoff. — *2-Dimethylaminopropanthiol* (I), $Kp._{88}$ 71°, durch Rk. von Dimethylamin mit vorst. Verb. in Ae.; n_D^{25} 1,4538, $D.^{25}$ 0,8693. *Hydrochlorid*, $C_5H_{14}ClNS$, F. 167° (Isopropanol–PAe.). *Pikrat*, $C_{11}H_{16}N_4O_7S$, F. 84,5° (Isopropanol - PAe.). —*1-Dimethylamino-2-chlorpropanhydrochlorid*, F. 185°. — *2-Dimethylamino-1-chlorpropanhydrochlorid*, F. 102°, durch Red. von α-Dimethylaminopropionsäureäthylester mit $LiAlH_4$ u. Rk. mit $SOCl_2$. — *1-Dimethylaminopropyl-(2)-isothiuroniumchloridhydrochlorid*, $C_6H_{17}Cl_2N_3S$, F. 152°, a) durch Kochen von vorvorst. Verb. mit Thioharnstoff in absol. A.; b) analog a) aus vorst. Verb.; 54%. — *1-Dimethylaminopropanthiol-(2)* (II), $C_5H_{13}NS$, $Kp._{70}$ 78,5°, durch Hydrolyse vorst. Verb.; n_D^{25} 1,4684; $D.^{35}$ 0,9046. *Hydrochlorid*, $C_5H_{14}ClNS$, F. 114—115° (durch Fällen aus der Lsg. in absol. A.–PAe. mit Ae.). *Pikrat*, $C_{11}H_{16}N_4O_7S$, F. 168° (absol. A.). — *Acetyl-α-methylthiocholinbromid*, F. 187°, durch Rk. von I mit Acetanhydrid u. CH_3Br. — *Acetyl-β-methylthiocholinbromid*, F. 168°, durch Rk. von II mit Acetanhydrid u. CH_3Br. — *Dimethyl-n-propylamin*, *Pikrat*, $C_{11}H_{16}N_4O_7$, F. 109° (W.), a) durch portionsweise Zugabe von Raney-Ni zu I oder II in absol. A. bis zur Beendigung der Gasentw., Filtrieren, Zugabe von gesätt. alkoh. Pikrinsäure u. Eindampfen im Vakuum unterhalb 40°; ca. 50%; b) durch Zugabe von 3 Mol Dimethylamin zu 1 Mol Propyljodid in Ae. bei —10°, langsames Erwärmen auf Raumtemp., 6tägiges Stehen, Filtrieren, portionsweise Zugabe von Acetanhydrid bis zur Beendigung der exothermen Rk., Fällen mit HCl, Filtrieren, Lösen in heißer wss. Pikrinsäurelsg. u. Kühlen. — *Dimethylisopropylamin*, *Pikrat*, $C_{11}H_{16}N_4O_7$, F. 239° (W.) analog vorst. Verb. nach b). (Acta chem. scand. **13.** 151—58. 1959. Sundbyberg, Res. Inst. of Nat. Defence, Dep. 1.) H. Bertsch. 920

Bertil Hansen, *Die Darstellung von Thiocholinestern. 2. Mitt. α- und β-Methylthiocholinester.* (1. vgl. C. **1958.** 984; vgl. auch vorst. Ref.) *1-Dimethylaminopropanthiol-(2)* (I) wurde durch Rk. von 1-Dimethylamino-2-chlorpropanhydrochlorid mit Thioharnstoff u. alkal. Hydrolyse dargestellt; der F. des intermediären *Isothiuroniumchloridderiv.* stieg trotz wiederholten Umrkistallisierens nicht über 154°; der von Renshaw u. Mitarbeitern (J. Amer. chem. Soc. **60.** [1938.] 1765) angegebene F. 201—202° wird angezweifelt. Verss., *2-Dimethylaminopropanthiol-(1)* (II) analog I darzustellen, ergaben I. α- u. *β-Methylthiocholinhalogenidester* wurden in guter Ausbeute durch Veresterung von I bzw. II mit Acetanhydrid u. Quaternisierung mit Methylhalogenid erhalten. *α-Methylthiocholinester* wurden auch durch Addition von Säurebromiden an Propylensulfid zu 2-Brom-n-propylthiolestern u. Quaternisierung mit Trimethylamin dargestellt. Alle dargestellten α-Methylthiocholinverbb. krist., während einige β-Methylanaloge nicht in krist. Form erhalten werden konnten. Die aliphat. Ester des α-Methylthiocholins schmelzen höher als die entsprechenden β-Methylderivv.; die dargestellten Verbb. sind hygroskop. u. werden beim Stehen an der Luft hydrolysiert. Die Identität des von Iwin (C. **1959.** 1082) dargestellten Acetyl-α-methylthiocholinjodids wird wegen des hohen F. u. falscher Analysendaten angezweifelt.

Versuche: *Propylensulfid*, Kp. 74—76°, aus Propylenoxyd u. Thioharnstoff (vgl. l. c.); 58% (Ausbeute). — *2-Brompropanthiol-(1)*, *Acetat*, C_5H_9BrOS, $Kp._6$ 72—73°, aus vorst. Verb. u. Acetylbromid; 73%. *Propionat*, $C_6H_{11}BrOS$, $Kp._9$ 93—96°, analog; 66%. *n-Butyrat*, $C_7H_{13}BrOS$, $Kp._9$ 99,5—100,5°, analog; 53%. *n-Valerat*, $C_8H_{15}BrOS$, $Kp._{10}$ 125—126,5°, analog; 53%. — *α-Methylthiocholinbromid*, *Propionat*, $C_9H_{20}BrNOS$, F. 154° (Aceton–PAe.), durch Rk. vorst. Propionats im absol. Aceton mit Trimethylamin; 63%. *n-Butyrat*, $C_{10}H_{22}BrNOS$, F. 170° (Aceton–PAe.), analog; 54%. *n-Valerat*, $C_{11}H_{24}BrNOS$, F. 179° (Aceton–PAe.), analog in Aceton–PAe.; 67%. — *2-Dimethylaminopropanthiol-(1)* (II), $C_5H_{13}NS$, $Kp._{88}$ 71°, durch Zugabe von Dimethylamin zu Propylensulfid in Ae. bei 0° u. 2tägiges Stehen bei Raumtemp.; n_D^{25} 1,4538, $D.^{25}$ 0,8693; 69%. — *1-Dimethylamino-2-chlorpropanhydrochlorid*, F. 185°, durch Addition von Dimethylamin an Propylenoxyd u. Rk. des erhaltenen *1-Dimethylaminopropanols-(2)* mit $SOCl_2$. — *S-[1-Dimethylaminopropyl-(2)]-isothiuroniumchloridhydrochlorid*, $C_6H_{17}Cl_2N_3S$, F. 154° (n-Propanol), durch 65std. Kochen vorst. Verb. mit Thioharnstoff in absol. A., Kühlen, Zugabe von Äthylacetat bis zur Trübung, 2tägiges Stehen u. Filtrieren; 52%. — *1-Dimethylaminopropanthiol-(2)* (I), $Kp._{70}$ 78,5°, durch Zugabe von Ae. zu vorst. Verb. in W. im Extraktionsapp., portionsweise Zugabe von wss. NaOH unter Kühlen u. Extraktion; n_D^{25} 1,4684, $D.^{20}$ 0,9046; 64%. *Acetat*, $Kp._{11}$ 76—82°, durch Rk. von I mit Acetanhydrid. *Propionat*, $Kp._{10}$ 78—88°, analog. *n-Butyrat*, $Kp._{1,8}$ 74—85°. *Isobutyrat*, $Kp._{12}$ 86—92°. *n-Valerat*, $Kp._{0,3}$ 67—82°. *Benzoat*, $Kp._{0,03}$ 120—125°. — *2-Dimethylaminopropanthiol-(1)* (II), II-*Acetat*, $Kp._{11}$ 64,5—66°, analog vorst. Verb. aus II. II-*Propionat*, $Kp._{12}$ 67—81°. II-*n-Butyrat*, $Kp._9$ 80—88°. II-*Isobutyrat* $Kp._{10}$ 85—94°. II-*n-Valerat*, $Kp._{0,07}$

53—60° II-*Benzoat*, Kp.$_{0,01}$ 88—96°. — *α-Methylthiocholinbromidacetat*, $C_8H_{18}BrNOS$, F. 188° (Aceton–PAe.), a) durch Rk. von 2-Brompropanthiol-(1)-acetat mit Trimethylamin in absol. Aceton; 63%; b) durch Quaternisierung von II-Acetat mit Methylbromid. — *β-Methylthiocholinbromid, Acetat*, $C_8H_{18}BrNOS$, F. 168° (Aceton–absol. A.), analog vorst. Verb. nach b) *n-Butyrat*, $C_{10}H_{22}BrNOS$, F. 164°; 67%. *Isobutyrat*, F. 140°; 32%. — *α-Methylthiocholinjodid, Acetat*, $C_8H_{18}JNOS$, F. 164° (Aceton–PAe.), analog; 50%. *Propionat*, $C_9H_{20}JNOS$, F. 155°; 61%. *n-Butyrat*, $C_{10}H_{22}JNOS$, F. 130° (Aceton–PAe.); 62%. *Isobutyrat*, F. 158° (Aceton–PAe.); 82%. *Valerat*, $C_{11}H_{24}JNOS$, F. 152°; 62%. *Benzoat*, $C_{13}H_{20}JNOS$, F. 136° (Aceton–PAe.); 54%. — *β-Methylthiocholinjodid, Acetat*, F. 150°, analog; 70%. *Propionat*, F. 132°; 65%. *Valerat*, F. 74°; 31%. *Benzoat*, F. 194°; 76%. (Acta chem. scand. **13**. 159—62. 1959.) H. BERTSCH. 920

O. Ju. Ochlobysstin und **L. I. Sacharkin**, *Einwirkung von Aluminiumtrialkylverbindungen auf Phosphortrichlorid.* Durch Einw. von PCl_3 auf Aluminiumtrialkylverbindungen (I) lassen sich je nach dem angewandten Mengenverhältnis *Alkyldichlor-*, *Dialkylchlor-* u. *Trialkylphosphine* darstellen. Die Ausbeuten an Trialkylphosphinen betragen nur ca. 30%. Bei Anwendung äquimol. Mengen I u. PCl_3 entstehen hauptsächlich *Dialkylchlorphosphine.* Bei Verwendung eines Überschusses an PCl_3 werden in befriedigender Ausbeute *Alkyldichlorphosphine* erhalten. Die Ausbeuten sind bes. gut, wenn Ae. oder Pyridin als Lösungsm. verwendet werden, mit denen I Komplexe bilden.

V e r s u c h e: *Äthyldichlorphosphin*, Kp. 112°, durch Zugabe von 20 g Triäthylaluminium in 25 ml Ae. zu 110 ml PCl_3 (Temperaturanstieg auf 50—55°); $D.^{20}_4$ 1,2600; n_D^{25} 1,4930; 61,5% (Ausbeute). — *n-Propyldichlorphosphin*, Kp. 133°, analog vorst. aus 23 g Tri-n-propylaluminium-Ätherat u. 55 ml PCl_3; $D.^{20}_4$ 1,1854; n_D^{20} 1,4860; 50,6%. Gibt bei 2std. Kochen mit S in Ggw. von $AlCl_3$ *n-Propylthiophosphonsäuredichlorid*, $C_3H_7Cl_2PS$, Kp.$_9$ 62—63°; $D.^{20}_4$ 1,2832; n_D^{20} 1,5290. *n-Propylthiophosphonsäuredianilid*, F. 133° (A.–W.). — *Isopropyldichlorphosphin*, $C_3H_7Cl_2P$, Kp.$_{745}$ 130°, aus 22,5 g Triisopropylaluminium–Ätherat u. 63 ml PCl_3; $D.^{20}_4$ 1,1922; n_D^{20} 1,4887; 43,1%. Daraus *Isopropylthiophosphonsäuredichlorid*, $C_3H_7Cl_2PS$, Kp.$_{10}$ 63—64°; $D.^{20}_4$ 1,2956; n_D^{20} 1,5322. *Isopropylthiophosphonsäuredianilid*, $C_{15}H_{19}N_2PS$, F. 114° (Bzl.–Heptan). — *Isobutyldichlorphosphin*, $C_4H_9Cl_2P$, Kp.$_9$ 35—36°, Kp.$_{740}$ 148—149°, a) aus 32,5 g Triisobutylaluminium (II) u. 120 ml PCl_3 bei 60—70°; $D.^{20}_4$ 1,1268; n_D^{20} 1,4818; 17,6%; b) aus 94 g II in 50 ml Ae. u. 300 g PCl_3 bei 65—70°; 33%; c) aus 26,5 g II in 11 ml Pyridin u. 71 ml PCl_3; 36%. — *n-Butyldichlorphosphin*, Kp.$_9$ 38,5—39°, Kp. 153—155°, aus 27,2 g Tri-n-butylaluminium–Ätherat u. 82,5 g PCl_3; $D.^{20}_4$ 1,1416; n_D^{20} 1,4868; 57,4%. — *n-Hexyldichlorphosphin*, Kp.$_9$ 83—84°; $D.^{20}_4$ 1,0670; n_D^{20} 1,4820; 42,5%. — *Triäthylphosphin*, Kp. 129 bis 130°, zu 28,5 g Triäthylaluminium gibt man 33,2 g PCl_3, rührt 3 Std. bei 80°, zers. mit überschüssiger wss. NaOH u. extrahiert mit Ae.; n_D^{16} 1,4575; 30%. *CS_2-Additionsverb.*, F. 121° (A.), rote Nadeln. — *Diisobutylphosphinsäure*, $C_8H_{19}O_2P$, Kp.$_{0,4}$ 140—141°, F. 43—45° (Pentan), zu 45 g II in 50 ml Heptan gibt man 23 g PCl_3 in Heptan (exotherme Rk.), dest. Heptan im Vakuum ab, zers. mit NaOH, versetzt mit 30%ig. H_2O_2, extrahiert mit 20%ig. NaOH, filtriert, säuert an u. extrahiert mit Bzl.; 13,2 g. (Известия Академии Наук СССР, Отделение Химических Наук [Nachr. Akad. Wiss. UdSSR, Abt. chem. Wiss.] **1958**. 1006—08. Aug. Inst. für metallorg. Verbb. der Akad. der Wiss. der UdSSR.) E. FÖRSTER. 980

Jan Michalski, *Einwirkung von Schwefelwasserstoff auf die Chloride organischer Säuren des 3- und 5-wertigen Phosphors. Synthese einiger neuer Typen von organischen Thiophosphorsäureanhydriden. Eine neue Synthese für Dialkylthiophosphite und ihre Analoga.* Beim Einleiten von H_2S in die Lsg. eines Dialkylphosphinsäurechlorids in Ggw. eines tert. Amins bei 0—15° entsteht ein *symm. Dialkylthiopyrophosphonsäuredialkylester.* Aus Phosphorigsäurechloriddialkylester u. H_2S bildet sich *Dialkylthiophosphit.* Phosphorsäure-bis-[dialkylamid]-chlorid reagiert nur schwer mit H_2S. Die dargestellten Thiopyrophosphonate hemmen die Wrkg. der Cholinesterase.

Versuche: s y m m. D i ä t h y l t h i o p y r o p h o s p h o n s ä u r e d i a l k y l e s t e r: *-äthyl-*, Kp.$_{0,8}$ 120°, durch Einleiten von H_2S in die neutrale Lsg. von Äthylphosphonsäurechloridäthylester in Ggw. von Triäthylamin oder Pyridin; $D.^{25}_5$ 1,1478, n_D^{25} 1,4652; 82% (Ausbeute). — *-n-propyl-*, Kp.$_{0,5}$ 128°, analog vorst. Verb.; $D.^{25}_4$ 1,0955, n_D^{25} 1,4636; 84%. — *n-butyl-*, Kp.$_{0,04}$ 97°, $D.^{25}_4$ 1,0681, n_D^{25} 1,4609; 86%. — B i s - [d i a l k y l p h o s p h o r y l] - s u l f i d e: *-diäthyl-*, Kp.$_{0,5}$ 140°, analog; $D.^{25}_4$ 1,1127; n_D^{25} 1,5056; 55%. — *-äthyl-n-butyl-*, Kp.$_{0,7}$ 164—166°, n_D^{25} 1,4922; 82%. — *symm.-Thiopyrophosphorsäuretetrakis-[dimethylamid]*, Kp.$_{0,03}$ 94°, $D.^{25}_4$ 1,1443, n_D^{25} 1,4675; 16%. — M o n o t h i o l p h o s p h o r i g s ä u r e d i a l k y l e s t e r: *-äthyl-*, Kp.$_{15}$ 73°, analog; $D.^{20}_4$ 1,0758, n_D^{20} 1,4632; 96%. — *-n-butyl-*, Kp.$_{18}$ 133—134°, n_D^{20}, 1,4626; 95%. — *Äthylthiolphosphorigsäuremono-n-butylester*, Kp.$_{15}$ 107—108°, $D.^{20}_4$

0,9030; n_D^{25} 1,4840; 50%. (Roczniki Chem. [Ann. Soc. chim. Polonorum] **29.** 960—63. 1955. Łódź, Polytechn., Kat. Chem. organ.) F. URBAN. 980

Jan Moszew und **Jan Mikulski**, *Über einige Ketoderivate der Phenoxyessigsäure.* Phenoxyessigsäuren: *2-Acetyl-* (I), $C_{10}H_{10}O_4$, F. 119—120°, durch 2std. Zugabe von wss. NaOH zu einem Gemisch aus 2-Acetylphenol (II) u. Chloressigsäure (III) bei 70° u. weiteres 3std. Erwärmen; aus W. Nadeln; 35% (Ausbeute). *Äthylester*, $C_{12}H_{14}O_4$, Kp.$_{13}$ 168—171°, durch 5std. Erwärmen von II mit Na in A. u. anschließendes Zutropfen von Bromessigsäureäthylester (IV). — *4-Chlor-2-acetyl-*, $C_{10}H_9ClO_4$, F. 178—179°, a) durch 2std. Erwärmen von I mit Sulfurylchlorid in Eisessig; aus A. Nadeln; 42%; b) durch 2std. Zusatz von wss. NaOH zu dem Gemisch aus 4-Chlor-2-acetylphenol (V) u. III bei 70° u. weiteres 2std. Erwärmen; aus A. Nadeln; 50%. *Äthylester*, $C_{12}H_{13}ClO_4$, Kp.$_{16}$ 180—183°, durch 6std. leichtes Kochen von V u. IV in A.–Na–Äthylat. — *2-Chlor-4-acetyl-*, $C_{10}H_9ClO_4$, F. 155—156°, durch 2std. Zugabe von wss. NaOH zu dem Gemisch aus 2-Chlor-4-acetylphenol u. III bei 80° u. weiters 2std. Erwärmen; aus verd. A. Nadeln; 55%. (Roczniki Chem. [Ann. Soc. chim. Polonorum] **29.** 536—40. 1955. Kraków, Uniw. Jagielloński, Kat. Chem. organ.) F. URBAN. 1060

Shigeru Tsutsumi und **Yoshinobu Odaira**, *Oxydation von p-Dialkylbenzol.* 3. Mitt. *Die Bildung von Mono- und Dihydroperoxyden von p-sek.-Butylisopropylbenzol.* (1. u. 2. vgl. C. **1957.** 10454.) *Mono-* (I, Kp.$_{0,05}$ 89—90°) u. *Dihydroperoxyd* (II, F. 78—90°) von *p-sek.-Butylisopropylbenzols* (III) werden durch Oxydation von III in fl. Phase bei 95° erhalten, wobei die Ergebnisse ähnlich wie bei der Oxydation von p-Diisopropylbenzol sind. Als Initiator dienen Dibenzoylperoxyd, I oder II. I wird mit $Fe_2(SO_4)_3$ zu *p-Diacetylbenzol* oxydiert, während bei der Zers. mit verd. H_2SO_4 *Hydrochinon* erhalten wird. $Na_2S_2O_3$ red. I zu p-sek.-Butyl-α.α-dimethylbenzylalkohol. Daraus geht hervor, daß die OOH-Gruppe an der Isopropylgruppe sitzt u. die Oxydation der Isopropylgruppe gegenüber derjenigen der sek. Butylgruppe bevorzugt ist. I u. II werden durch Elementaranalyse u. IR-Spektr. charakterisiert. I reagiert mit p-sek.-Butyl-α.α-dimethylbenzylalkohol im N_2-Strom bei 95° (48 Std.) zu *Bis-[p-sek.-butyl-α.α-dimethylbenzyl]-peroxyd*, Kp.$_{0,002}$ >100°, gelbe Flüssigkeit. (J. Fuel Soc. Japan **36.** 535—40. Juni 1957. Osaka, Univ., Dep. of Appl. Chem. [Orig.: japan.; Auszug: engl.]) F. ROSENDAHL. 1070

P. M. Kotschergin, L. Ss. Blinowa, R. M. Titkowa und **A. M. Grigorowski**, *Ein neues Verfahren zur Darstellung von p-Nitrobenzaldehyd.* Durch Nitrierung von Benzylalkohol (I) u. alkal. Hydrolyse dabei erhaltenen *p-Nitrobenzylnitrats* (II) oder des Gemisches von *o-*, *m-* u. *p-Nitrobenzylnitrat* (ca. 80% II) wird *p-Nitrobenzaldehyd* erhalten. Die Ausbeute beträgt 45—55%, bezogen auf I.

Versuche: *p-Nitrobenzylnitrat* (II), F. 67—68° (Methanol), man rührt 8,5 Mol stickoxydfreie HNO_3 u. 1 Mol I 3½—4 Std. bei +5 bis —5° u. gießt auf Eiswasser. Nach Abtrennen des festen II von den fl. o- u. m-Isomeren 48—55% (Ausbeute). — *p-Nitrobenzaldehyd*, F. 105—106° (Methanol), man behandelt II oder das Isomerengemisch (o- u. m-Isomeres werden unter den Reaktionsbedingungen nicht hydrolysiert) in Methanol, A. oder Butanol bei 10—15° mit der theoret. Menge 42%ig. wss. NaOH; 94—99%. (Медицинская Промышленность СССР [Med. Ind. UdSSR] **12.** Nr. 6. 22—24. Juni 1958. Wiss. Chem.-Pharmazeut. Unions-Ordshonikidse-Forschungsinst.) HELMUT SCHÄFER. 1120

Viktor Ettel und **Jan Pospíšil**, *Oxydation des Brenzcatechins.* 2. Mitt. *Der Verlauf der Oxydation des Brenzcatechins im alkalischen Medium.* (1. vgl. C. **1958.** 4154.) Die optimalen Bedingungen der Oxydation von Brenzcatechin (I) zu *2.5-Dihydroxybenzochinon-(1.4)* (II) werden untersucht. In wss. alkal. Lsg. entstehen aus I nur Huminsäuren. In alkal. wss.-alkoh. Lsg. kann dagegen in guter Ausbeute *Di-K-2.5-dihydroxybenzochinon-(1.4)* (III) erhalten werden. Je größer die KOH-Konz. (>175 g/Liter), um so größer ist die Ausbeute an III. Als Oxydationsmittel eignet sich am besten O_2; H_2O_2 u. $K_2S_2O_8$ geben viel kleinere Ausbeuten, da diese, sowie andere Verbb. mit akt. O, die Bldg. von Huminsäuren katalysieren. Benzochinon-(1.2) gibt unter gleichen Bedingungen weit weniger II; Hydrochinon u. Hydroxyhydrochinon geben nur Huminsäuren. Demnach kann 2-Hydroxybenzochinon-(1.4) kein Zwischenprod. der II-Bldg. sein. Die Huminsäuren aus I haben einen etwas größeren O-Geh., als der Formel ($C_6H_4O_2$) entspricht, was vielleicht auf die Teilnahme von II an der Huminsäurebldg. zurückzuführen ist.

Versuche: Die Lsg. von KOH in wss. A. oder Methanol wird unter Rühren mit O_2 gesätt. u. zugleich langsam eine 10%ig. wss.-alkoh. Lsg. von I zugetropft; der Einfl. des Verhältnisses W.:A., der Qualität des benutzten Alkohols, der Konz. von KOH u. a. wird graph. dargestellt. Optimale Bedingungen für die Darst. von *2.5-Dihydroxybenzochinon-(1.4)* (II): 225 g KOH/Liter, 75%ig. wss. A. oder Methanol, 40°;

63,0—72,2% (Ausbeute). — Hydrochinon, Resorcin, Pyrogallol u. Hydroxyhydrochinon geben unter denselben Bedingungen nur Huminsäuren. — Unter gleichen Bedingungen wird die Bldg. der Verbb. mit akt. O jodometr. untersucht. Je wasserhaltiger der benutzte Alkohol ist, um so mehr Verbb. mit akt. O u. um so weniger II wird gebildet. — Die unter gleichen Bedingungen untersuchte H_2O_2-Zers. beweist eine Zunahme der H_2O_2-Zersetzungsgeschwindigkeit mit zunehmender Alkoholkonzentration. Bei der Oxydation von I in methanol. KOH mit $K_2S_2O_8$ bei 20° werden maximal 12% III gebildet. — Bei der Oxydation von I mit H_2O_2 in methanol. KOH bei 20° werden maximal 31,4% III gebildet. — Durch Oxydation von I mit Ag_2O gebildetes *Benzochinon-(1.2)* wird wie vorst. in äther. Lsg. mit O_2 oxydiert; es entstehen 21,0% III. — Benzochinon-(1.2) zers. sich in methanol. KOH in Ggw. von N_2 unter Bldg. von huminsäureartigen Verbb. u. wenig CO_2. — III wird bei 20° 120 Std. mit O_2 gesätt. u. der III-Geh. colorimetr. kontrolliert. Es konnte maximal eine 0,5%ig. Abnahme des III-Geh. festgestellt werden. Wenn Huminsäuren aus der Oxydation von I zugesetzt wurden, steigt die III-Abnahme auf 5%. Die Oxydation von III zu Huminsäuren verläuft demnach autokatalytisch. — Aus wss. saurer Lsg. von II werden nach 20 Tagen uneinheitliche amorphe braune Verbb. abgeschieden. — Rohes III wird bei 20—40° abgesetzt, die Mutterlauge auf 10° abgekühlt; die ausgeschiedene Substanz wird in W. gelöst u. mit HCl angesäuert. Bei der Oxydation von I mit O_2 können nur wenig unlösl. Huminsäuren erhalten werden, im Gegensatz zur Rk. von I mit H_2O_2 oder $K_2S_2O_8$ u. der Oxydation von Benzochinon-(1.2) mit O_2. Die Säuren wurden durch 10tägige Methanolextraktion in 2 Fraktionen getrennt. Diese wurden durch Elementaranalysen u. Neutralisationsäquivalente charakterisiert. (Chem. Listy **51**. 1153—58. Juni 1957. [Orig.: tschech.]; Collect. czechoslov. chem. Commun. **22**. 1624—31. Okt. 1957. [Orig.: deutsch]. Praha, Vys. škola chem.-technolog., Katedra org. technol.) J. PLEŠEK/Prag. 1190

Ken'ichi Fukui, Hisao Kitano, Taichirô Ôsaka, Yoshiaki Inamoto und **Hiroshi Shirai**, *Untersuchungen über aromatische Fluorverbindungen.* 4. Mitt. *Darstellung fluorhaltiger Toluole und ihrer Derivate.* (3. vgl. C. **1959**. 12823.) Fluortoluole werden über *Fluorbenzylchloride* direkt zu *Fluorbenzalchloriden* chloriert. Fluorbenzylalkohole geben mit PBr_3 *Fluorbenzylbromide*, die mit KF in *Fluorbenzylfluoride* übergehen. Aus Fluorbenzylhalogeniden bzw. Fluorbenzalchloriden werden *Fluorbenzylalkohole, Fluorbenzaldehyde* u. *Fluorbenzoesäuren* dargestellt.

V e r s u c h e: F l u o r t o l u o l e, aus den entsprechenden Toluidinen in HCl durch Diazotieren mit $NaNO_2$ bei O_2, Zusatz von $NaBF_4$ u. Erhitzen der Komplexe: *o*- (I), Kp. 113—114°; 58% (Ausbeute). *m*- (II), Kp. 114—115°; 69%. *p*- (III), Kp. 116 bis 117°; 67%. — F l u o r b e n z y l c h l o r i d e, aus vorst. Verbb. durch Einleiten von Cl_2 unter UV-Bestrahlung in Ggw. von PCl_3: *m*-, Kp.$_{15}$ 67—60°; 69%. *p*-, Kp.$_{15}$ 68 bis 69°; 72%. — F l u o r b e n z y l a l k o h o l e, aus vorst. Verbb. durch 20std. Kochen mit 10%ig. Na_2CO_3: *m*-, Kp.$_{15}$ 67—68°; 69%. *p*- (IV), Kp.$_{15}$ 68—69°; 72. — F l u o r b e n z y l b r o m i d e, aus vorst. Verbb. in Pyridin mit PBr_3 in Bzl. (über Nacht stehen u. 1 Std. kochen): *m*-, Kp.$_{15}$ 84—85°; 62%; gibt *m-Fluorbenzyl-p'-nitrobenzoat*, F. 86%. *p*-, Kp.$_{15}$ 85—86°; 57%; gibt *p-Fluorbenzyl-p'-nitrobenzoat*, F. 98—99°. — *Benzylfluorid*, Kp. 140°, Kp.$_{30}$ 55—56°, aus Benzylchlorid oder -bromid in Dimethylformamid mit KF (80 Std. bei 150—155°); 70%. — F l u o r b e n z a l c h l o r i d e, aus den entsprechenden Fluortoluolen durch Einleiten von Cl_2 unter UV-Bestrahlung in Ggw. von PCl_3: *m*-, Kp.$_{15}$ 80—82°; 74%. *p*-, Kp.$_{15}$ 81—83°; 68%. — *m-Fluorbenzaldehyd*, Kp.$_{15}$ 70—72°, aus vorst. m-Verb. durch 6std. Kochen mit $CaCO_3$ in W. u. Wasserdampfdest.; n_D^{25} 1,5160; 70—75%. *Semicarbazon*, F. 212°. *2.4-Dinitrophenylhydrazon*, F. 268°. — *p-Fluorbenzaldehyd*, Kp.$_{15}$ 71—73°, F. —10°, aus vorvorst. p-Verb. analog vorst. Verb.; n_D^{25} 1,5183; 70—75%; gibt mit 50%ig. KOH bei Raumtemp. (30 Std.) IV u. *p-Fluorbenzoesäure. Semicarbazon*, F. 216°. *2.4-Dinitrophenylhydrazon*, F. 278°. — F l u o r p h e n y l m e t h y l c a r b i n o l e, aus vorvorst. bzw. vorst. Verb. mit CH_3MgJ in Ae.: *m*-, Kp.$_{20}$ 104—106°, n_D^{25} 1,4968; 72—75%. *p*-, Kp.$_{20}$ 105 bis 107°, n_D^{25} 1,4980; 72—75%. — *m-Fluoracetophenon*, Kp.$_{15}$ 86—87°, aus vorst. m-Verb. in Eisessig mit CrO_3 <10°; n_D^{25} 1,5060; 84—88%. *Semicarbazon*, F. 220°. *2.4-Dinitrophenylhydrazon*, F. 210°. — *p-Fluoracetophenon*, F. —3°, Kp.$_{15}$ 87—88°, analog vorst. Verb.; n_D^{25} 1,5083; 84—88%. *Semicarbazon*, F. 219°. *2.4-Dinitrophenylhydrazon*, F. 235°. — *o-Fluorbenzoesäure*, F. 123°, aus I durch 4std. Kochen mit $KMnO_4$ in W.; 73%. *Chlorid*, Kp.$_{15}$ 66—67°, mit PCl_5; 91%. *Amid*, F. 117°. *N-Cyclohexylamid*, F. 132°. *m'-Fluoranilid*, F. 95°. *p'-Chloranilid*, F. 125°. *o'-Methoxyanilid*, F. 114°. *N-[α-Phenyläthyl]-amid*, F. 97°. *p'-Phenoxyanilid*, F. 109°. *o'-Trifluormethylanilid*, F. 54°. *m'-Trifluormethylanilid*, F. 104°. *p'-Trifluormethylanilid*, F. 152°. *2'-Chlor-5'-trifluormethylanilid*, F. 103°. *2'-Nitro-5'-trifluormethylanilid*, F. 144°. *N-Carboxymethylanilid*, F. 100°. *Morpholid*, F. 77°. — *m-Fluorbenzoesäure*, F. 124°, analog vorst. Verb. aus II; 80%.

Chlorid, Kp.$_{15}$ 68—69°; 82%. *Amid*, F. 129°. *N-Cyclohexylamid*, F. 134°. *N-Benzylamid*, F. 125°. *p'-Methylanilid*, F. 123°. *m'-Fluoranilid*, F. 130°. *p'-Chloranilid*, F. 161°. *o'-Methoxyanilid*, F. 62°. *N-[α-Phenyläthyl]-amid*, F. 108°. *o'-Trifluormethylanilid*, F. 109°. *m'-Trifluormethylanilid*, F. 88°. *p'-Trifluormethylanilid*, F. 135°. *2'-Chlor-5'-trifluormethylanilid*, F. 155°. *N-Carboxymethylanilid*, F. 151°. *Morpholid*, F. 52°. — *p-Fluorbenzoesäure*, F. 186°, analog vorvorst. Verb. aus **III**; 78%. *Chlorid*, Kp.$_{15}$ 69—70°; 86%. *Amid*, F. 155°. *N-[α-Naphthyl]-amid*, F. 181°. *p'-Methylanilid*, F. 176°. *p'-Chloranilid*, F. 171°. *p'-Jodanilid*, F. 201°. *N-[α-Phenyläthyl]-amid*, F. 131°. *p'-Phenoxyanilid*, F. 168°. *m'-Trifluormethylanilid*, F. 135°. *p'-Trifluormethylanilid*, F. 156°. *2'-Chlor-5'-trifluormethylanilid*, F. 153°. *N-Carboxymethylanilid*, F. 182°. (J. chem. Soc. Japan, pure Chem. Sect. [Nippon Kagaku Zassi] **79**. 1428—32. Nov. 1958. Kyōto, Univ., Techn. Fak. [Orig.: japan.]) E. MAEKAWA. 1210

Louis A. Carpino, Chester A. Giza und **Barbara A. Carpino**, *O-Acylhydroxylamine.* 1. Mitt. *Synthese von O-Benzoylhydroxylamin.* Die Rk. von Azidoameisensäure-tert.-butylester (I) mit $NH_2OH \cdot HCl$ in NaOH führt zu *N-Hydroxycarbaminsäure-tert.-butylester* (V), der mit weiterem **I** *N-tert.-Butyloxycarbonyloxycarbaminsäure-tert.-butylester* u. mit Benzoylchlorid (**IV**) in Ggw. von $(C_2H_5)_3N$ *N-Benzoyloxycarbaminsäure-tert.-butylester* gibt. Letzterer wird mit HCl zu *O-Benzoylhydroxylamin* (**II**)-*Hydrochlorid* gespalten, das sich langsam zu *O-Benzoylbenzhydroxamsäure* zers. u. mit $NaHCO_3$ **II** liefert. **II** lagert sich langsam in *Benzhydroxamsäure* um, ist aber in CH_2Cl_2-Lsg. stabiler. **II** setzt sich mit Aceton (**III**) zu *O-Benzoylacetonoxim* um, das zum Vgl. aus **III**-Oxim u. **IV** synthetisiert wurde. Bei der HCl-Spaltung des *O-[p-Toluolsulfonyl]-deriv.* von **V** (Cl_2-Entw.) wurde nur *NH_4-p-Toluolsulfonat* isoliert. **V** konnte ebenfalls in das *O-Acetylderiv.*, nicht aber in das O-Trifluoracetylderiv. übergeführt werden. Die IR-Maxima der Verbb. sind tabellar. angegeben.

Versuche: *Azidoameisensäure-tert.-butylester* (I), Kp.$_{70}$ 73—76°, durch 50 bis 60 Min. Zugeben von wss. $NaNO_2$ zu Carbazinsäure-tert.-butylester in wss. Essigsäure bei 9—13°, 30 Min. Rühren bei 0°, Zugeben von W. u. Ausäthern; hellgelb, n_D^{24} 1,4236; 82—87% (Ausbeute). — *N-Hydroxycarbaminsäure-tert.-butylester* (V), $C_5H_{11}NO_3$, F. 58 bis 59° (Ligroin), durch 40—50 Min. Zugeben von wss. NaOH zu **I** u. $NH_2OH \cdot HCl$ in W. bei 5—10°, 1 std. Rühren bei 0°, Zugeben von W., Ausäthern, Ansäuern der wss. Lsg. mit 6n HCl u. Ausäthern; Nadeln; 77,5%. — *N-tert.-Butyloxycarbonyloxycarbaminsäure-tert.-butylester*, $C_{10}H_{19}NO_5$, F. 67—69° (Ligroin), durch 40 Min. Rühren von **V** u. **I** in wss. NaOH u. Ansäuern mit wss. HCl (1:1); Nadeln; 88%. — *N-Benzoyloxycarbaminsäure-tert.-butylester*, $C_{12}H_{15}NO_4$, F. 82—84° (Ligroin), durch 4 std. Rühren von **V** u. $(C_2H_5)_3N$ mit **IV** in CH_2Cl_2 bei 0° u. Zugeben von W.; 94%. — *O-Benzoylhydroxylamin* (**II**), aus dem Hydrochlorid mit wss. $NaHCO_3$ u. Extrahieren mit CH_2Cl_2; Öl; 76%. *Hydrochlorid*, $C_7H_8ClNO_2$, F. 70—100° (Zers.; CH_3OH–Nitromethan), durch 5—7 Min. Einleiten von HCl in eine Lsg. vorst. Verb. in Nitromethan; kleine Nadeln; 82%. — *O-Benzoylbenzhydroxamsäure*, F. 164—166°, durch mehrstd. Stehen einer wss. Lsg. von **II**-Hydrochlorid. — *O-Benzoylacetonoxim*, F. 43—44°, aus **II** u. **III**. — *Benzhydroxamsäure*, F. 128,5—130,5° (Nitromethan u. A.), durch Stehen von **II** über Nacht; 40%. — *N-p-Toluolsulfonyloxycarbaminsäure-tert.-butylester*, $C_{12}H_{17}NO_5S$, F. 97° (Zers.; Bzl.–Ligroin), durch 25 Min. Stehen von **V**, $(C_2H_5)_3N$ u. p-Toluolsulfonylchlorid in Dimethylformamid bei 0°; 37%. — *NH_4-p-Toluolsulfonat*, $C_7H_{11}NO_3S$, F. 345—347° (Nitromethan), durch 10—15 Min. Stehen von 1,0 g vorst. Verb. in Nitromethan mit HCl; 0,45 g. — *N-Acetoxycarbaminsäure-tert.-butylester*, $C_7H_{13}NO_4$, Kp.$_{2,8}$ 90°, mit Acetylchlorid in Ae.; n_D^{26} 1,4280; 66—80%. (J. Amer. chem. Soc. **81**. 955—57. 20/2. 1959. Amherst, Mass., Univ., Dep. of Chem.) R. PASEDAG. 1210

G. Cavina und **E. Cingolani**, *Über einige Hydroxyformylbenzoesäuren.* Zur Darst. von *2-Hydroxy-3-* (**I**) u. *-5-formylbenzoesäure* (**II**) ist die Formylierung von Salicylsäure mit Hexamethylentetramin am geeignetsten; die REIMER-TIEMANN-Synth. wird vorteilhaft zur Synth. von *3-Hydroxy-4-formylbenzoesäure* (**III**) angewandt, während das Trichloressigsäure–Alkali-Verf. für *4-Hydroxy-5-formylbenzoesäure* (**IV**) das günstigste ist. Der Reaktionsmechanismus wird diskutiert; die Absorptionsspektren werden angegeben. Die Zus. von **I**—**II**-Gemischen wird spektroskop. bestimmt. Zur pharmakol. Prüfung wurden die *Thiosemicarbazone* u. *Isonicotinoylhydrazone* der Hydroxyformylbenzoesäuren u. ihrer Methylester dargestellt. Die Oxydation von **I** mit alkal. H_2O_2 liefert *2.3-*, von **II** *2.5-* (**V**), von **III** u. **IV** *3.4-Dihydroxybenzoesäure.* Durch ELBS-Oxydation wird aus **I** *2.5-Dihydroxy-3-formylbenzoesäure* erhalten; aus **II** entsteht entgegen den Erwartungen auch mit alkal. $K_2S_2O_8$ **V**. Die Prodd. der ELBS-Oxydation von **III** u. **IV** ließen sich nicht identifizieren.

Versuche: *2-Hydroxy-3-formylbenzoesäure* (I), F. 177—179° (W.), aus 100 g Salicylsäure a) mit Hexamethylentetramin nach DUFF u. BILLS (J. chem. Soc. [London]

1934. 1305); 9,8 g (Ausbeute); b) mit Chlf. nach REIMER-TIEMANN; 7,3 g; c) mit Trichloressigsäure in alkal. Lsg. nach VAN ALPHEN [1927], ARMSTRONG u. RICHARDSON (J. chem. Soc. [London] **1933.** 496); 8,4 g. *2.4-Dinitrophenylhydrazon*, F. ca. 310° (Zers.; Essigsäure); orangefarbene Nadeln. *Thiosemicarbazon*, $C_9H_9N_3O_3S$, F. 250—252° (Zers.; A.); gelbe Nadeln. *Isonicotinoylhydrazon*, $C_{14}H_{11}N_3O_4$, F. 296—298° (Zers.); gelbe Nadeln. *Methylester*, F. 87° (verd. A.); rhomb. Schuppen. *2.4-Dinitrophenylhydrazon*, F. 292 bis 293° (Essigsäure); gelbe Nadeln. *Thiosemicarbazon*, $C_{10}H_{11}N_3O_3S$, F. 234—236° (Zers.; A.); Schuppen. *Isonicotinoylhydrazon*, $C_{15}H_{13}N_3O_4$, F. 203—205° (Zers.; A.); gelbe Prismen. — *2-Hydroxy-5-formylbenzoesäure* (**II**), F. 248° (A.), neben **I** nach a), b) bzw. c); 16, 9,5 bzw. 10,2 g. *2.4-Dinitrophenylhydrazon*, Zers. bei ca. 320° (Essigsäure); rote Prismen. *Thiosemicarbazon*, $C_9H_9N_3O_3S$, F. 274—276° (Zers.); Nadeln. *Isonicotinoylhydrazon*, $C_{14}H_{11}N_3O_4$, F. 307—309° (Zers.); gelbe Nadeln. *Methylester*, F. 81—83° (verd. A.); Prismen. *2.4-Dinitrophenylhydrazon*, F. 262—263° (Essigsäure); rote Nadeln. *Thiosemicarbazon*, $C_{10}H_{11}N_3O_3S$, F. 210—213° (Zers.; A.); Prismen. *Isonicotinoylhydrazon*, $C_{15}H_{13}N_3O_4$, F. 185—186° (Zers.; A.); Nadeln. — *3-Hydroxy-4-formylbenzoesäure* (**III**), aus m-Hydroxybenzoesäure analog **I** nach b) bzw. c); 7,5 bzw. 7,2%. *2.4-Dinitrophenylhydrazon*, F. 306—307° (Zers.; Essigsäure), orangefarbene Nadeln. *Thiosemicarbazon*, $C_9H_9N_3O_3S$, F. $>345°$; Nadeln. *Isonicotinoylhydrazon*, $C_{14}H_{11}N_3O_4$, F. $>335°$ (Zers.); gelbe Prismen. *Methylester*, $C_9H_8O_4$, F. 136—137° (verd. A.), Prismen. *2.4-Dinitrophenylhydrazon*, F. 309—310° (Essigsäure); gelbe Prismen. *Thiosemicarbazon*, $C_{10}H_{11}N_3O_3S$, F. 254—255° (A.); gelbliche Nadeln. *Isonicotinoylhydrazon*, $C_{15}H_{13}N_3O_4$, F. 252—254° (Zers.; A.); gelbliche Prismen. — *4-Hydroxy-5-formylbenzoesäure* (**IV**), F. 243° (wss. A.), aus p-Hydroxybenzoesäure analog **I** nach b) bzw. c); 14 bzw. 13,2%. *2.4-Dinitrophenylhydrazon*, F. 327—329° (Zers.; Essigsäure); orangerote Nadeln. *Thiosemicarbazon*, $C_9H_9N_3O_3S$, F. $>335°$; Prismen. *Isonicotinoylhydrazon*, $C_{14}H_{11}N_3O_4$, F. 298 bis 301° (Zers.); cremefarbene Nadeln. *Methylester*, $C_9H_8O_4$, F. 80—81° (verd. A.); Nadeln. *2.4-Dinitrophenylhydrazon*, F. 273—274° (Essigsäure); gelbe Prismen. *Thiosemicarbazon*, $C_{10}H_{11}N_3O_3S$, F. 295—298° (A.); Nadeln. *Isonicotinoylhydrazon*, $C_{15}H_{13}\cdot N_3O_4$, F. 231—232° (A.); Schuppen. — *3.4-Dihydroxybenzoesäure*, F. 198—200° (W.), durch Zugabe von 6%ig. H_2O_2 zu **III** oder **IV** in n-NaOH, 20 std. Stehen, Ansäuern mit n-HCl u. Ausäthern; 55%. — *2.3-Dihydroxybenzoesäure*, F. 203—204°, aus **I** durch H_2O_2-Oxydation nach HORII u. Mitarbeitern (J. pharmac. Soc. Japan [Yakugakuzasshi] **72.** [1952.] 1520). — *2.5-Dihydroxybenzoesäure* (**V**), $C_7H_6O_4$, F. 199—200° (W.), a) aus **II** analog vorvorst. Verb.; 65%; b) durch Zutropfen von alkal. $K_2S_2O_8$-Lsg. zu 2 g **II** in 5%ig. NaOH unter Durchleiten von N_2, 12 std. Stehen, Ansäuern mit konz. HCl, 1 std. Kochen u. Ausäthern; 0,25 g (roh). — *2.5-Dihydroxy-3-formylbenzoesäure*, $C_8H_6O_5$, F. 248 bis 251° (W.), analog vorst. Verb. nach b) aus 2 g **I**; gelbe Kristalle; 0,45 g. — *Salicylaldehyd*, neben **I** nach c) durch Ansäuern der Reaktionslsg. u. Ätherextraktion. *p-Nitrophenylhydrazon*, F. 235°. — *p-Hydroxybenzaldehyd*, F. 166°, neben **IV**. (Rend. Ist. super. Sanità **18.** 750—65. 1955. Roma, Ist. Super. di Sanità, Labor. di biol.)

H.-E. TOUSSAINT. 1260

Nicola Gallo und **Aurelio De Chirico**, *Untersuchungen über Isodiazotate.* 3. Mitt. (2. vgl. C. **1958.** 8026.) Bei der Umsetznug von Na-p-Nitrophenylisodiazotat (**I**) mit Salzen organ. Basen entstehen nicht immer die entsprechenden Isodiazotate; vielmehr entstehen in manchen Fällen *p-Nitrophenylderiv. der Basen* oder *Diazoaminoderivate.* Während bei den Rkk. mit Chinin, Atropin, Veratrin, Spartein, Hydroxylamin, p-Nitrophenylhydrazin, Benzoldiazoniumbase, Nitron, Äthylendiamin u. 4-Phenylimidazol *Isodiazotate* entstehen, führt die Umsetzung von Cinchonin zu einem *Nitrophenylderiv.* u. die von Piperidin u. Piperazin zu *p-Nitrophenyldiazoaminoderivaten.*

Versuche: p-Nitrophenylisodiazotate: *Chinin-*, $C_{26}H_{29}N_5O_5$, F. 192° (Zers.; A.); braunes Pulver. — *Atropin-*, $C_{23}H_{28}N_4O_6$, F. 100°; gelbe Nadeln. — *Spartein-*, $C_{21}H_{31}N_5O_3$, F. 211° (CH_3OH); braune Mikrokristalle. — *Veratrin-*, $C_{38}H_{54}\cdot N_4O_{12}$, F. 127° (A.); braune Nadeln. — *Hydroxylamin-*, $C_6H_8N_4O_4$, F. 70° (Zers.; A.); gelbe Blättchen. — *p-Nitrophenylhydrazin-*, $C_{12}H_{12}N_6O_5 \cdot 1^1/_2\ H_2O$, F. 125°; rote Mikrokristalle. — *Benzoldiazonium-*, $C_{12}H_9N_5O_3$, F. 147° (A.); gelbe Mikrokristalle. — *Nitron-*, F. 152° (Zers.; Bzl.); grüne Nadeln. — *Äthylendiamin-bis-*, *$1^1/_2$*-Hydrat, $C_{14}H_{18}N_8O_6$, F. 130° (A.); goldgelbe Nadeln. — *4-Phenylimidazol-*, $C_{15}H_{13}N_5O_3$, F. 115° (Zers.; A.); rote Kristalle. — *p-Nitrophenylcinchonin*, $C_{25}H_{25}N_3O_3$, F. 210°, aus Cinchoninhydrochlorid u. **I** in wss. Alkohol; braune Kristalle. — *N-[p-Nitrophenyldiazo]-piperidin*, $C_{11}H_{14}N_4O_2$, F. 96° (Aceton), aus Piperidinhydrochlorid u. **I** in W.; rotbraune Prismen. — *p-Nitrophenyldiazopiperazin*, $C_{10}H_{13}N_5O_2$, F. 138° (A.), aus Piperazinhydrochlorid u. **I** in W.; tabakfarbene Nadeln neben *Piperazin-p-nitrophenylisodiazotat*, $C_{10}H_{15}N_5O_3$, F. 244°; gelbe Kristalle. (Gazz. chim. ital. **87.** 131—36. Febr. 1957. Bari, Univ., Ist. di Chim. generale.)

WALTER SIMON. 1310

C. C. Shen, B. W. Zsou, F. P. Pan, J. Y. Zsou, Z. G. Yu und **T. F. Wang,** *Reduktion von DL-p-Nitro-α-acetylamino-β-hydroxypropiophenon durch Aluminiumchloralkoholate.* Für die Red. von DL-p-Nitro-α-acetylamino-β-hydroxypropiophenon (I) zu *DL-threo-1-[p-Nitrophenyl]-2-acetamidopropandiol-(1.3)* erwies sich Al-Chlorisopropylat am geeignetsten. Das für die Synth. von Chloramphenicol benötigte DL-threo-1-[p-Nitrophenyl]-2-aminopropandiol-(1.3) wird in 70%ig. Ausbeute (bezogen auf I) erhalten.

Versuche: *Al-Chlorisopropylat*, $C_6H_{14}AlClO_2$, man gibt zu Al-Isopropylat (11 g Al u. 229 ml Isopropanol) 29 g $AlCl_3$, kocht $1^1/_2$ Std. u. kühlt auf 15° ab. — *DL-threo-1-[p-Nitrophenyl]-2-aminopropandiol-(1.3)*, F. 140—142° (W.), man gibt zu der heißen Lsg. von Al-Isopropylat 8 g $AlCl_3$ u. bei 60° 50,4 g I, rührt 6 Std. bei 60°, dampft im Vakuum ein, erhitzt 1 Std. mit 309 ml 20%ig. HCl auf 70—75°, läßt 2 Std. stehen u. filtriert das Hydrochlorid bei 5° ab; dieses wird bei 34—36° mit NaOH zers.; 69—70% Ausbeute. (Медицинская Промышленность СССР [Med. Ind. UdSSR] **12**. Nr. 6. 19—22. Juni 1958. Volksrepublik China, Nordöstl. Pharmazeut. Werk.)

HELMUT SCHÄFER. 1320

E. Buncel und **A. G. Davies,** *Nucleophile Umlagerungen von Silicium an Sauerstoff.* Während C → O- u. Si → C-Umlagerungen bekannt sind, werden bei der Unters. von *Organoperoxysilanen* Beispiele von Si → O-Umlagerungen (vgl. C. **1959**. 14066) gefunden. Die Synth. von *Acylperoxysilanen* wird durch Umsetzung von Perbenzoesäure (I) mit Trimethylchlorsilan in Ggw. von NH_3 versucht. Statt Benzoylperoxytrimethylsilan bildet sich aber *Benzoyloxymethoxydimethylsilan,* $Kp._{0,01}$ 33—35°, das auch aus Dimethylmethoxychlorsilan u. Benzoesäure dargestellt werden kann. Die Rk. zwischen Dimethylphenylchlorsilan u. **I** gibt analog *Benzoyloxyphenoxydimethylsilan.* Die Phenylgruppe wandert leichter als die Methylgruppe. Analog gibt *Dimethylphenylchlorsilan* mit H_2O_2 in Ggw. von Säure *Phenol,* wahrscheinlich durch Umlagerung von intermediär gebildetem *Dimethylphenylsilylhydroperoxyd.* Bei einigen in der neueren Literatur angeführten Peroxyden wird ebenfalls das Auftreten des hier diskutierten Mechanismus einer nucleophilen 1.2-Umlagerung vermutet. (Chem. and Ind. **1957**. 492. 20/4. London, Univ. Coll., William Ramsey and Ralph Forster Coll.) H. CIERPKA. 1380

K. A. Andrianow und **N. W. Delasari,** *Synthese einiger siliciumorganischer und titansiliciumorganischer Verbindungen.* Das durch Rk. von Dimethylphenylchlorsilan (I) mit K-Acetat erhaltene *Dimethylphenylacetoxysilan* gibt bei der Hydrolyse mit NH_4OH *Dimethylphenylsilanol.* Dieses reagiert mit $TiCl_4$ in Ggw. von NH_3 zu *Tetrakis-[dimethylphenylsiloxy]-titan.* Analog wird aus Methyldiphenylchlorsilan über *Methyldiphenylacetoxysilan* u. *Methyldiphenylsilanol Tetrakis-[methyldiphenylsiloxy]-titan* dargestellt.

Versuche: *Dimethylphenylchlorsilan* (I), $C_8H_{11}ClSi$, $Kp._{33}$ 97—100°; aus Phenyl-MgBr (12 g Mg, 87 g Brombenzol) in 250 ml Ae. u. 77 g Dimethyldichlorsilan in 70 ml Ae.; 63,7 g (Ausbeute). — *Methyldiphenylchlorsilan,* $C_{13}H_{13}ClSi$, $Kp._{10}$ 146—153°; analog Vorst. aus Phenyl-MgBr (24 g Mg, 157 g Brombenzol) u. 191 g Methylphenyldichlorsilan; 125,1 g. — *Methyldiphenylacetoxysilan,* $C_{15}H_{16}O_2Si$, $Kp._2$ 132—135°; durch Zutropfen von 23,25 g vorst. Verb. zu 9,8 g K-Acetat in 100 ml Toluol bei 18—28° u. 18—20 std. Erhitzen auf 70—80°; $D._4^{20}$ 1,0756; n_D^{20} 1,5530; 12,9 g. — *Dimethylphenylacetoxysilan,* $C_{10}H_{14}O_2Si$, $Kp._7$ 92—95°; analog Vorst. aus 63,68 g I u. 42 g K-Acetat in 150 ml Toluol; $D._4^{20}$ 1,0065; n_D^{20} 1,4907; 57,2 g. — *Methyldiphenylsilanol,* $C_{13}H_{14}OSi$, $Kp._2$ 130—134°; zu 100,5 ml 15%ig. NH_4OH u. 120 ml Ae. läßt man bei 0° in 30—40 Min. 96,6 g vorvorst. Verb. in 100 ml Ae. zutropfen, rührt noch 40—50 Min., trennt die Ätherschicht ab u. fraktioniert; $D._4^{20}$ 1,0829; n_D^{20} 1,5812; 54,3 g. — *Dimethylphenylsilanol,* $C_8H_{12}OSi$, $Kp._7$ 192—197°; analog aus 57 g vorvorst. Verb. u. 80 ml 15%ig. NH_4OH; $D._4^{20}$ 0,9848; n_D^{20} 1,5108; 29,0 g. — *Tetrakis-[methyldiphenylsiloxy]-titan,* $C_{52}H_{52}O_4Si_4Ti$, $Kp._6$ 370—374°; zu 12,84 g Methyldiphenylsilanol in 180 ml Bzl. gibt man bei 0—2° unter Durchleiten von NH_3 2,8 g $TiCl_4$ in 20 ml Bzl., leitet noch $^1/_2$ Std. NH_3 ein u. treibt in 3 Std. durch Erhitzen überschüssiges NH_3 ab; $D._4^{20}$ 1,1248; n_D^{20} 1,5960; 4,0 g. — *Tetrakis-[dimethylphenylsiloxy]-titan,* $C_{32}H_{44}O_4Si_4Ti$, $Kp._7$ 274—275°; zu einer 25%ig. Lsg. von 24 g vorvorst. Verb. in Bzl. gibt man 1,64 g $TiCl_4$ in 10 ml Bzl. (Selbsterwärmung) u. darauf bis zur neutralen Rk. weiter $TiCl_4$, filtriert NaCl ab u. dest.; $D._4^{20}$ 1,0533; n_D^{20} 1,5392; 2,7 g. (Доклады Академии Наук СССР [Ber. Akad. Wiss. UdSSR] **122**. 393—96. 21/9. 1958. Inst. für metallorgan. Verbb. der Akad. der Wiss. der UdSSR.)

W. KURTZMANN. 1380

M. Palgi, *Synthese einiger isomerer Methoxyallyldiäthylaminoäthoxybenzole.* Durch Alkylierung der entsprechenden Methoxyallylphenole mit 2-Chlortriäthylamin (I) in absol. A. in Ggw. von Na-Äthylat unter N_2 werden einige *Methoxyallyl-[β-diäthylaminoäthoxy]-benzole* erhalten, die blutstillende Wrkg. besitzen. Ausbeute u. Reinheit der

Verbb. sind besser als nach den bisher in der Literatur beschriebenen Alkylierungsverfahren.

V e r s u c h e: *2-Chlortriäthylamin* (I), $Kp._{30}$ 58—60°, durch Chlorieren von β-Diäthylaminoäthanol in Chlf. oder Bzl. bei —5 bis 0° mit $SOCl_2$; $D._4^{22,5}$ 0,9166; $n_{D4}^{22,5}$ 1,4358. — *2-Methoxy-6-allylphenol*, $Kp._{12}$ 111—113°, aus Guajacol u. Allylbromid; $D.^{18}_4$ 1,0554; n_D^{18} 1,5345; 65% (Ausbeute). — *2-Methoxy-6-propenylphenol*, $Kp._3$ 106—109°, F. 74° (Bzl.), durch $3^1/_2$std. Erhitzen vorst. Verb. mit wss. KOH auf 170° unter N_2; 45%. — *2-Methoxy-4-allylphenol* (*Eugenol*), $Kp._{12}$ 122—124°, aus Nelkenöl; 70%. — *2-Methoxy-4-propenylphenol*, $Kp._8$ 128—130°, durch 10 Min. Erhitzen von Eugenol mit wss. KOH auf 220° unter N_2; $D.^{18}_4$ 1,0848; n_D^{18} 1,5732; 85%. — *p-Methoxyphenylallyläther*, $Kp._{10}$ 120°, aus p-Methoxyphenol u. Allylbromid unter N_2; $D.^{18}_4$ 1,0534; n_D^{28} 1,5288; 87%. — *4-Methoxy-2-allylphenol*, $Kp._8$ 143—144°, durch $^1/_2$std. Erhitzen vorst. Verb. auf 245 bis 250°; $D.^{16}_4$ 1,0865; n_D^{16} 1,5502; 60%. — *o-Nitrophenylallyläther*, $Kp._3$ 123—125°, aus o-Nitrophenol u. Allylbromid; $D.^{17}_4$ 1,1926; n_D^{17} 1,5550; 90%. — *2-Nitro-6-allylphenol*, $Kp._3$ 103—105°, durch 5std. Erhitzen vorst. Verb. auf 180° unter N_2; $D.^{16}_4$ 1,2148; n_D^{16} 1,5800; 65—70%. — *2-Nitro-1-methoxy-6-allylbenzol*, $Kp._3$ 110—114°, durch Methylierung vorst. Verb. mit $(CH_3)_2SO_4$; $D.^{18}_4$ 1,1480; n_D^{18} 1,5244; 75—80%. — *1-Amino-2-methoxy-3-allylbenzol*, $Kp._3$ 100—104°, durch Red. vorst. Verb. mit Na_2S_2 in A.; $D.^{18}_4$ 1,0394; n_D^{18} 1,5550; 65%. — *2-Methoxy-3-allylphenol*, $Kp._{12}$ 119—120°, durch Diazotieren vorst. Verb. u. Zugabe der Diazoniumsalzlsg. zu einer Lsg. von $CuSO_4$, $(NH_4)_2SO_4 \cdot Na_2SO_4$ in verd. H_2SO_4 bei 105—110° unter N_2; $D^{16}._4$ 1,0762; n_D^{16} 1,5370; 50%. — *Darst. der Methoxyallyl-[β-diäthylaminoäthoxy]-benzole*: Durch 8—10std. Kochen der entsprechenden Methoxyallylphenole mit **I** (25% Überschuß) in absol. A. in Ggw. von Na-Äthylat unter N_2, Abdestillieren des A., Verdünnen mit W., Ausäthern, Ausziehen der Ätherschicht mit 10%ig. HCl, Zugabe von Alkali, Ausäthern u. Destillieren: *2-Methoxy-6-allyl-1-[β-diäthylaminoäthoxy]-benzol*, $Kp._{2-3}$ 141—144°, $D._4^{2,45}$ 0,9842; $n_D^{24,5}$ 1,5075; 60%. — *2-Methoxy-6-propenyl-1-[β-diäthylaminoäthoxy]-benzol*, $Kp._3$ 120—124°; $D.^{24}_4$ 0,9852; n_D^{24} 1,5265; 25%. — *2-Methoxy-4-allyl-1-[β-diäthylaminoäthoxy]-benzol*, $Kp._{2-3}$ 150—153°; $D.^{23}_4$ 0,9817; n_D^{23} 1,5128; 50%. — *2-Methoxy-4-propenyl-1-[β-diäthylaminoäthoxy]-benzol*, $Kp._2$ 159—161°; $D._4^{20}$ 0,9956; n_D^{20} 1,5258; 61%. — *4-Methoxy-2-allyl-1-[β-diäthylaminoäthoxy]-benzol*, $Kp._3$ 144—148°; $D.^{17}_4$ 0,9918; n_D^{17} 1,5160; 40%. — *2-Methoxy-3-allyl-1-[β-diäthylaminoäthoxy]-benzol*, $Kp._3$ 142—145°; $D.^{18}_4$ 0,9698; n_D^{18} 1,5050; 20%. (Журнал Общей Химии [J. allg. Chem.] **28** (**90**). 2239—42. Aug. 1958. Tartusk, Univ.) G. FROELICH. 1720

I. N. Nasarow und **I. I. Saretzkaja**, *Struktur der Verbindungen, die bei der Hydratisierung von Divinylacetylenkohlenwasserstoffen entstehen.* Bei der Hydratisierung von Vinyl-Δ^1-cyclohexenylacetylen (I) in 80%ig. Methanol bei 65—67° in Ggw. von $HgSO_4$ u. H_2SO_4 entstehen 80% *Propenyl-Δ^1-cyclohexenyl-* (**II**) u. 20% *β-Methoxypropyl-Δ^1-cyclohexenylketon* (**III**). **II** gibt bei der Ozonolyse *Adipinsäure*, *Essig-* u. *Ameisensäure*. Bei der Rk. von **II** mit 2.4-Dinitrophenylhydrazin werden 2 isomere *2.4-Dinitrophenylhydrazone* [*trans*-**II**-*2.4-Dinitrophenylhydrazon* (**IV**) u. *cis*-**II**-*2.4-Dinitrophenylhydrazon* (**V**)] im Molverhältnis 10 : 1 erhalten, die beide das gleiche Absorptionsmaximum im UV besitzen. Daneben werden aus der Mutterlauge geringe Mengen *1-Methyl-4.5.6.7-tetrahydroindanon-(3)* (**VI**) u. *β-[2.4-Dinitrophenylhydrazino]-propyl-Δ^1-cyclohexenylketon* (**VII**)-*2.4-dinitrophenylhydrazon* isoliert. **II** stellt somit ein Gemisch des cis- u. trans-Isomeren dar. Unter milderen Bedingungen (10 Min. Erhitzen auf 65—72° in Abwesenheit von H_2SO_4) erhält man ebenfalls **II** u. daraus **IV** u. **V** im Molverhältnis 3 : 1. **II** wird auch durch Abspaltung von Methanol aus **III** mittels p-Toluolsulfonsäure (**VIII**) erhalten. Das hierbei erhaltene **II** gibt **IV** u. **V** im Verhältnis 1 : 1. Um eine Isomerisierung des bei der Hydratisierung von I entstehenden *Allyl-Δ^1-cyclohexenylketons* (**X**) zu verhindern, wurde I unter sehr milden Bedingungen hydratisiert (2 Min. bei 65—70° ohne H_2SO_4). Es wurde hierbei wenig einer Verb. erhalten, der nicht mit Sicherheit die Struktur **X** zugesprochen werden kann. Das *2.4-Dinitrophenylhydrazon* dieser Verb. zeigte mit **IV** u. **V** F.-Depression. Die Struktur von **II** wird außerdem durch eine unabhängige Synth. aus Δ^1-Cyclohexenyllithium u. Crotonaldehyd u. Oxydation des erhaltenen Propenyl-Δ^1-cyclohexenylcarbinols (**IX**) bewiesen. Die Bldg. von **X** wurde hierbei nicht festgestellt. Verss., **II** durch Dehydratisierung von 1-[Δ^1-Cyclohexenyl]-butin-(1)-ol-(3) [aus Δ^1-Cyclohexenylacetylenyl–MgBr u. Acetaldehyd] zu erhalten, mißlangen. Bei der Rk. entstand immer **VI**. Verss., **X** durch Oxydation von Allyl-Δ^1-cyclohexenylcarbinol (aus Allyl–MgBr u. Δ^1-Tetrahydrobenzaldehyd) mit MnO_2 zu erhalten, mißlangen ebenfalls. Bei der Oxydation von Allyl-Δ^3-cyclohexenylcarbinol (**XI**) mit CrO_3 in Dioxan entsteht *Allyl-* (**XII**) u. infolge teilweiser Isomerisierung *Propenyl-Δ^3-cyclohexenylketon* (**XIII**). Analog I verhalten sich bei der Hydratisierung Vinylisopropenylacetylen (**XIV**) u. 5-Methylheptadien-(1.5)-in-(3) (**XV**) in Methanol. Aus **XIV**

entstehen durch Addition von Methanol an prim. gebildetes Propenylisopropenylketon (**XVI**), *β-Methoxypropylisopropenyl-* (**XVII**), *β-Methoxyisopropylpropenyl-* (**XVIII**) u. *β-Methoxypropyl-β'-methoxyisopropylketon* (**XIX**), die in Ggw. von **VIII** unter Abspaltung von Methanol vorwiegend *trans*-**XVI** neben wenig *cis*-**XVI** liefern. Diese geben nach Hydrierung *Propylisopropylketon* u. bei Einw. von H_3PO_4 *1.3-Dimethyl-Δ^1-cyclopentenon-(5)*. *cis*-**XVI** wird beim Erhitzen in Ggw. von Jod zu *trans*-**XVI** isomerisiert. Aus **XV** erhielten Vff. gleichfalls *trans-* u. *cis-Isomere* von *5-Methylheptadien-(2.5)-on-(4)* (**XX**).

Versuche: *Propenyl-Δ^1-cyclohexenylketon* (**II**), Kp.$_{24}$ 132,5—133°; man erhitzt 118 g **I** $^1/_2$ Std. in 300 ml 80%ig. Methanol in Ggw. von 12 g $HgSO_4$ u. 2 g konz. H_2SO_4 auf 65—67°, dest. Methanol im Vakuum bei < 50° ab, verd. mit 50 ml W., neutralisiert mit Soda, extrahiert mit Ae., dampft die äther. Schicht ein u. fraktioniert mehrfach; D.$^{20}_4$ 0,9769; n_D^{20} 1,5165; ca. 85 g (Ausbeute). Daneben *β-Methoxypropyl-Δ^1-cyclohexenylketon* (**III**), Kp.$_7$ 112—114°; n_D^{20} 1,4870.— *trans-Propenyl-Δ^1-cyclohexenylketon-2.4-dinitrophenylhydrazon* (**IV**), $C_{16}H_{18}N_4O_4$, F. 168—169° (A.–Essigester-Gemisch 1 : 1), aus **II** u. 2.4-Dinitrophenylhydrazin in A. u. Dioxan in Ggw. von HCl; orangeleuchtende Prismen. Daneben aus dem Filtrat nach 4tägigem Stehen *cis-Propenyl-Δ^1-cyclohexenylketon-2.4-dinitrophenylhydrazon* (**V**), $C_{16}H_{18}N_4O_4$, F. 189—190°, dunkelorangefarbene Prismen. — *β-[2.4-Dinitrophenylhydrazino]-propyl-Δ^1-cyclohexenylketon* (**VII**)*-2.4-dinitrophenylhydrazon*, $C_{22}H_{24}N_8O_8$, F. 250—251° (Zers.), durch Einengen des **V**-Filtrates, leuchtend gelb; 15 mg. — *1-Methyl-4.5.6.7-tetrahydroindanon-(3)* (**VI**)*-2.4-dinitrophenylhydrazon*, $C_{16}H_{18}N_4O_4$, F. 246—247° (A.–Bzl. 10 : 1), nach Eindampfen der restlichen Lsg.; **VI** (Kp.$_9$ 121—123°) auch aus 5 g **II** in 75 g 93%ig. Methanol u. 2 ml konz. HCl (4 Std. bei 80°); 4,5 g. Bei der Rk. von **II** mit 2.4-Dinitrophenylhydrazin in Methanol erhält man neben **IV** u. **V** noch **III**-*2.4-dinitrophenylhydrazon*, $C_{17}H_{22}N_4O_5$, F. 118—119° (A.), das auch aus **IV** oder **V** mit Methanol in Ggw. von konz. HCl erhalten wird; gibt bei $^3/_4$std. Erhitzen mit **VIII** auf 100°/45 mm u. nachfolgender Dest. im Vakuum **II**. **II** wird auch aus 50 g **I** in 130 g 80%ig. Methanol in Ggw. von 5 g $HgSO_4$ bei 20—60° u. 10 Min. Rühren bei 63—65° erhalten; dieses Präp. von **II** gibt mit 2.4-Dinitrophenylhydrazin analog Vorstehendem neben **IV** u. **V** **X** (?)-*2.4-Dinitrophenylhydrazon* (F. 157—158°), die durch Kristallisation aus A.–Essigester u. dann A.–Bzl. getrennt werden, u. beim Eindampfen des Filtrates *β-Äthoxypropyl-Δ^1-cyclohexenylketon-2.4-dinitrophenylhydrazon*, $C_{18}H_{24}N_4O_5$, F. 126—127° (A.); dunkelrot; 100 mg. **II** wurde ferner durch Erhitzen von 75 g **I** in 170 g 80%ig. Methanol mit 7 g H_2SO_4 bei 65° dargestellt. — *Allyl-Δ^1-cyclohexenylketon* (?) (**X**), Kp.$_3$ 85—85,5°, aus 100 g **I** in 250 g 80%ig. Methanol mit 10 g H_2SO_4 (20 Min. bei 20—70°); D.$^{20}_4$ 0,9715; n_D^{20} 1,5105; 2 g. *2.4-Dinitrophenylhydrazon*, F. 157 bis 158°. — *Propenyl-Δ^1-cyclohexenylcarbinol* (**IX**), Kp.$_3$ 85—87°, zu 7,8 g Li in 1 Liter absol. Ae. gibt man in 3 Std. 61 g Δ^1-Cyclohexenylchlorid in 30 ml Ae. u. nach Stehen über Nacht in 1$^1/_2$ Std. 37 g Crotonaldehyd; dann rührt man 7 Std. unter N_2 u. am folgenden Tag noch 6 Std. bei Zimmertemp. u. zers. mit 500 ml gesätt. NH_4Cl; n_D^{20} 1,5008; 21 g. 17,7 g **IX** geben bei der Oxydation mit 126 g MnO_2 unter N_2 bei Zimmertemp. (34 Std. Schütteln) 6 g **II** [Kp.$_{24}$ 131—131,5°; D.$^{20}_4$ 0,9755]. Daraus werden **IV** u. **V** im Molverhältnis 3 : 1 erhalten. — *Allyl-Δ^3-cyclohexenylcarbinol* (**XI**), $C_{10}H_{16}O$, Kp.$_7$ 96 bis 97°, zu Allyl-MgBr (31 g Mg in 350 ml absol. Ae. u. 10 g Allylbromid in Ggw. von Jod) gibt man in 6 Std. ein Gemisch von 55 g Δ^3-Tetrahydrobenzaldehyd u. 80 g Allylbromid in 400 ml absol. Ae. (exotherme Rk.), rührt 1 Std. u. zers. mit 250 ml Eiswasser; D.$^{20}_4$ 0,9546; n_D^{20} 1,4940; 65 g. Daraus (6 g) durch Hydrierung *Propylcyclohexylcarbinol*, $C_{10}H_{20}O$, Kp.$_{13}$ 105°; D.$^{20}_4$ 0,9067; n_D^{20} 1,4655; 5,6 g. — *Propylcyclohexylketon*, Kp.$_{12}$ 92,5 bis 93°, aus 3,5 g vorst. Verb. u. K_2CrO_7 in Essigsäure; n_D^{20} 1,4545; 2,5 g. *Semicarbazon*, F. 154—155° (Methanol). — *Allyl-Δ^3-cyclohexenylketon* (**XII**), Kp.$_9$ 94—98°, zu 9,5 g **XI** in 200 ml Dioxan gibt man in 4 Std. bei 10—15° 5,9 g $K_2Cr_2O_7$ in 180 ml 2n H_2SO_4 u. rührt 1 Std. bei 10—15°. *2.4-Dinitrophenylhydrazon*, $C_{16}H_{18}N_4O_4$, F. 83—84°, leuchtend orangefarben. Daneben aus dem Filtrat *Propenyl-Δ^3-cyclohexenylketon* (**XIII**)*-2.4-dinitrophenylhydrazon*, $C_{16}H_{18}N_4O_4$, F. 125—126° (aus A.–Äthylacetat-Gemisch); dunkelrot. Beim Umkrist. aus Methanol erhält man neben **XII**-2.4-Dinitrophenylhydrazon noch *β-Methoxypropyl-Δ^3-cyclohexenylketon-2.4-dinitrophenylhydrazon*, $C_{17}H_{22}N_4O_5$, F. 73 bis 75°, aus A. gelbe Nadeln. — *Δ^1-Tetrahydrobenzaldehyd* (**XXI**), Kp.$_5$ 51—52°, durch Bromierung u. nachfolgende Dehydrobromierung von Hexahydrobenzaldehyd [Kp.$_{25}$ 62 bis 63°, durch Hydrierung von Δ^3-Tetrahydrobenzaldehyd (**XXII**) in Ggw. von Pd/$CaCO_3$; n_D^{20} 1,4512; *2.4-Dinitrophenylhydrazon*, F. 172°; *Semicarbazon*, F. 166—167°] nach Heilbron u. Jones [1949]; n_D^{20} 1,4910. *2.4-Dinitrophenylhydrazon*, F. 219°. Verss., **XXI** durch Isomerisierung von 3,3 g **XXII** in 40 ml Bzl. in Ggw. von 2 ml konz. HCl u. 2 ml Eisessig durch 1 std. Erhitzen auf 100° zu erhalten, mißlangen. Nach 7std. Erhitzen erhält man das *Trimere von* **XXII**, F. 175—176°. — *Allyl-Δ^1-cyclohexenylcarbinol*,

$C_{10}H_{16}O$, Kp.$_8$ 97—98°, zu 6 g Mg u. 2 g Allylbromid in 100 ml absol. Ae. gibt man in 3$^1/_2$ Std. 10 g **XXI** u. 15 g Allylbromid in 150 ml absol. Ae., rührt 1 Std. u. zers. mit Eiswasser; D.$^{20}_4$ 0,9495; n_D^{20} 1,4925; 10,5 g. — *Äthylallylketon*, Kp. 126—128°, zu 34 g Zn u. 29 g Propionitril in 100 ml Bzl. gibt man bei 5—6° 32 g Allylbromid in Ggw. von Jod, dann weitere 33 g Allylbromid (Temperaturanstieg auf 22°), rührt 5 Std. u. zers. mit Eis u. 20%ig. H_2SO_4; D.$^{20}_4$ 0,8466; n_D^{20} 1,4235; 10 g; *2.4-Dinitrophenylhydrazon*, $C_{12}H_{14}N_4O_4$, F. 118—119°. Daneben *Äthylpropylketon*; 6 g; u. *Äthylpropenylketon*, Kp. 136—137°; D.$^{20}_4$ 0,8537; n_D^{20} 1,4385; *Semicarbazon*, F. 155—156°. *2.4-Dinitrophenylhydrazon*, $C_{12}H_{14}N_4O_4$, F. 141—142° (Äthylacetat); dunkelrot. Bei der Darst. vorst. 2.4-Dinitrophenylhydrazons wird außerdem ein *Anlagerungsprod. von 2.4-Dinitrophenylhydrazin an das 2.4-Dinitrophenylhydrazon des Äthylpropenylketons* erhalten, $C_{18}H_{20}N_8O_8$, F. 168° (A.-Äthylacetat). — *1-[Δ^1-Cyclohexenyl]-butin-(1)-ol-(3)*, Kp.$_5$ 105 bis 106°, zu Äthyl-MgBr (36 g Äthylbromid u. 7,8 g Mg) in 300 ml absol. Ae. gibt man bei 16—22° 35 g Δ^1-Cyclohexenylacetylen in 75 ml absol. Ae., rührt 6 Std. bei 30—35° (bis zum Abklingen der Äthanentw.) u. versetzt die auf 7° gekühlte Lsg. in $^1/_2$ Std. mit 15 g Acetaldehyd. Nach 24std. Stehen wird 4 Std. bei 10—15° gerührt u. mit konz. NH_4Cl zers.; n_D^{15} 1,5240; 30 g. Bei Zugabe von 22,5 g dieser Verb. zu 1 g HgO u. 1 ml BF_3-Ätherat in 2 ml Isopropanol u. 25 ml absol. Isopropanol in 1 Std. u. 2std. Rühren bei 30—35° erhält man nach Dest. im Vakuum 19 g **VI** [*2.4-Dinitrophenylhydrazon*, F. 240 bis 241°]. — *Hydratisierung von Vinylisopropenylacetylen* (**XIV**): Man erhitzt 300 g **XIV** in 400 g Methanol in Ggw. von 10 g $HgSO_4$ 2 Std. auf 60—62°, gibt nach je 2 Std. 2mal je 10 g $HgSO_4$ hinzu, erhitzt 2 Std. auf 60—65°, filtriert u. fraktioniert mehrfach: *Propenylisopropenylketon* [**XVI**; Kp.$_{16}$ 55°; D.$^{20}_4$ 0,8871; n_D^{20} 1,4735; gelbe Fl.; *2.4-Dinitrophenylhydrazon*, F. 157—158°, $C_{13}H_{14}N_4O_4$, dunkelorange. Daneben aus dem Filtrat ein *2.4-Dinitrophenylhydrazinadditionsprod.*, $C_{19}H_{20}N_8O_8$, F. 239—240° (Zers.)]; *β-Methoxypropylisopropenylketon* [**XVII**; Kp.$_{13}$ 66—67°; D.$^{20}_4$ 0,9258; n_D^{20} 1,4410; polymerisiert leicht; *2.4-Dinitrophenylhydrazon*, $C_{14}H_{18}N_4O_5$, F. 107—108°, gelbe Nadeln]; *β-Methoxypropyl-β'-methoxyisopropylketon* [**XIX**; Kp.$_{18}$ 99—100°; D.$^{20}_4$ 0,9468; n_D^{20} 1,4260; 4 g] u. *β-Methoxyisopropylpropenylketon* [**XVIII**; Kp.$_{16}$ 89—90°; D.$^{20}_4$ 0,9374; n_D^{20} 1,4455; 10 g; *2.4-Dinitrophenylhydrazon*, $C_{14}H_{18}N_4O_5$, F. 104—105°, dunkelrot]. 58 g eines Gemisches von **XVII**, **XVIII** u. **XIX** geben nach 2std. Erhitzen im Vakuum (85 bis 100 mm) bei 100° in Ggw. von 0,1 g **VIII** 18 g **XVI**. — *1.3-Dimethyl-Δ^1-cyclopentenon-(5)*, Kp.$_{12}$ 55—56°, 55 g 2-Methylhexen-(1)-in-(3)-ol-(5) (Kp.$_{14}$ 72°, aus Isopropenylacetylenyl-MgBr u. Acetaldehyd) in 100 g Aceton werden mit 5,5 g $HgSO_4$ 6 Std. auf 60—62° erhitzt, danach dest. man Aceton im Vakuum ab u. fraktioniert; n_D^{20} 1,4680; 8 g. *2.4-Dinitrophenylhydrazon*, F. 209—210°. Daneben 6 g **XVI**. In absol. Methanol erhält man aus 39 g 2-Methylhexen-(1)-in-(3)-ol-(5) 38 g eines Gemisches aus **XVII**, **XVIII** u. **XIX**; in absol. Isopropanol erfolgt bei 2$^1/_2$std. Erhitzen auf 40—45° u. in absol. Ae. bei 7std. Erhitzen auf 35—37° fast keine Isomerisierung. — *cis-Propenylisopropenylketon* (*cis*-**XVI**), $C_7H_{10}O$, Kp.$_{19}$ 45—47°, durch Erhitzen von 2 kg eines Gemisches von **XVII**, **XVIII** u. **XIX** in Ggw. von 3,5 g **VIII** im Vakuum auf 100—110° u. fraktionierte Dest. im Vakuum; gelbe Fl.; 8 g. Daneben 850 g **XVI**; cis-**XVI** polymerisiert in 13 Tagen zu einem glasartigen Prod. u. gibt beim Erhitzen mit 2.4-Dinitrophenylhydrazin ein *2.4-Dinitrophenylhydrazon*, F. 155—156°. — *Propylisopropylketon*, Kp. 135—137°, durch Hydrierung von 1,1 g cis-**XVI** in 5 ml absol. Ae. in Ggw. von Pt; n_D^{20} 1,4080; 0,9 g. *Semicarbazon*, F. 120—121°. — *trans-Propenylisopropenylketon* (*trans*-**XVI**), Kp.$_{20}$ 57—58°, durch 1std. Erhitzen von cis-**XVI** auf 100° in Ggw. von Jod u. Pyrogallol; n_D^{20} 1,4705. *2.4-Dinitrophenylhydrazon*, F. 155—156°. — *Hydratisierung von 5-Methylheptadien-(1.5)-in-(3)* (**XV**): Man erhitzt 128 g in 260 g 80%ig. Methanol mit 5 g $HgSO_4$ 45 Min. auf 65—67°, dest. Methanol bei $<$ 30° im Vakuum ab u. arbeitet wie bei **I** beschrieben auf. Nach Fraktionierung des Reaktionsgemisches erhält man: *cis-5-Methylheptadien-(2.5)-on-(4)* [*cis*-**XX**, Kp.$_{21}$ 76,5—77,5°; D.$^{20}_4$ 0,886; n_D^{20} 1,4720; gelbe Fl.; 25 g; *2.4-Dinitrophenylhydrazon*, $C_{14}H_{16}N_4O_4$, F. 158—159° (A. u. Äthylacetat); dunkelrot; daneben *2.4-Dinitrophenylhydrazinadditionsprod. an cis*-**XX**, F. 250° (gelb) u. *2-Äthoxy-5-methylhepten-(5)-on-(4)-2.4-dinitrophenylhydrazon*, $C_{16}H_{22}N_4O_5$, F. 117—118°]; *trans-5-Methylheptadien-(2.5)-on-(4)* [*trans*-**XX**, Kp.$_{22}$ 90—91°; D.$^{20}_4$ 0,9034; n_D^{20} 1,4870; gelbe Fl.; 10 g; auch durch 2std. Erhitzen von 5 g cis-**XX** in Ggw. von Pyrogallol u. Jod auf 100°; 3 g; *2.4-Dinitrophenylhydrazon*, F. 158—159°, orangefarben; geht beim Erhitzen auf 140° in cis-**XX**-2.4-Dinitrophenylhydrazon über]. — In Ggw. von $HgSO_4$ u. H_2SO_4 führt die Hydratisierung von **XV** hauptsächlich zum trans-Isomeren. Bei 13std. Erhitzen mit $HgSO_4$ u. H_2SO_4 gibt **XV** neben cis-**XX** u. *2-Methoxy-5-methylhepten-(5)-on-(4)* geringe Mengen *2-Methyl-2-äthyltetrahydropyron-(4)* [*Semicarbazon*, $C_9H_{17}N_3O_2$, F. 193—194° (A.)]. (Журнал Общей Химии [J. allg. Chem.] **27** (**89**). 624—46. März 1957. Inst. für organ. Chem. der Akad. der Wiss. der UdSSR.) W. KURTZMANN. 1960

William E. Truce und **William J. Ray jr.**, *Umlagerungen von Arylsulfonen.* 2. Mitt. *Synthese und Umlagerung einiger o-Methyldiarylsulfone zu o-Benzylbenzolsulfinsäuren.* (1. vgl. J. Amer. chem. Soc. **80.** [1958.] 3625; 3. vgl. C. **1959.** 15629.) Durch Rk. von o-Tolyl-Li mit Diphenyldisulfid u. Oxydation bzw. Rk. von o-Toluolsulfonylchlorid mit Bzl. nach FRIEDEL-CRAFTS wurde *Phenyl-o-tolylsulfon* (I) dargestellt; die erste Meth. ergab I in guter Ausbeute. *Phenyl-2.4-xylylsulfon* (II) wurde durch FRIEDEL-CRAFTS-Rk. von 2.4-Dimethylbenzolsulfonylchlorid mit Bzl. erhalten. Die Rk. von 2.6-Dimethylphenyl-Li mit Benzolsulfenylchlorid u. folgende Oxydation ergab *Phenyl-2.6-xylylsulfon* (III). Durch Kochen mit einem 5%ig. Überschuß an Butyl-Li in Ae. wurden Dimesitylsulfon (IV) u. III quantitativ zu den entsprechenden *o-Benzylbenzolsulfinsäuren* umgelagert, während I u. II in 65—70%ig. Ausbeute die entsprechenden Sulfinsäuren ergaben. Es wird angenommen, daß I u. II teilweise nicht an der Methylgruppe, sondern an der freien o-Stellung des Benzolringes metallisiert werden, weshalb keine vollständige Umlagerung eintreten kann. Die ster. Verhältnisse der Rk. werden diskutiert. *2-Benzyl-4-methylbenzolsulfinsäure* u. *2-Benzylbenzolsulfinsäure* (V) wurden durch Ersatz der Aminogruppe in 2-Benzyl-4-methylanilin bzw. 2-Benzylanilin durch die Sulfinsäuregruppe nach GATTERMANN dargestellt. Die Sulfinsäuren wurden durch ihre HgCl-Derivv. charakterisiert.

V e r s u c h e: *Phenyl-o-tolylsulfid*, $Kp._{0,5}$ 107—125°, durch Rk. von 0,314 Mol o-Bromtoluol mit Li in Ae., Filtrieren, Zutropfen von 0,307 Mol Diphenyldisulfid in Bzl. innerhalb 1 Std. unter Kochen u. Rühren u. Abdestillieren des Lösungsm. bis zu einer Dampftemp. von 67°, 1 std. Kochen u. Hydrolyse mit HCl u. Eis. *Sulfon* (I), F. 79,5—80,5°, durch Kochen des rohen Sulfids mit H_2O_2 in Essigsäure, Gießen in Eis u. Filtrieren; 69% (Ausbeute). — *Phenyl-2.4-xylylsulfon* (II), F. 86—87° (PAe.), durch Zugabe von 0,223 Mol $AlCl_3$ zu 0,218 Mol 2.4-Dimethylbenzolsulfonylchlorid in Bzl. innerhalb 30 Min., 2std. Kochen unter Rühren, Hydrolyse mit HCl u. Eis u. Benzolextraktion; $Kp_{0,2}$ 150—155°; 71%. — *Phenyl-2.6-xylylsulfid*, $Kp._1$ 112—122°, durch Rk. von 0,47 Mol 2.6-Dimethylbrombenzol mit Li in Ae., Filtrieren, Zutropfen von 0,468 Mol Benzolsulfenylchlorid in Ae., 10 Min. Kochen, Hydrolyse mit verd. HCl u. Eis u. Extraktion der organ. Phase mit 4%ig. NaOH *Sulfon* (III), $C_{14}H_{14}O_2S$, F. 101 bis 102° (CH_3OH), durch Oxydation mit H_2O_2 in Essigsäure; 66%. — *2-Benzylbenzolsulfinsäure* (V), F. 70—72° (Zers.; Ae.-PAe.), durch 4std. Kochen von I mit einem 5%ig. Überschuß an Butyl-Li in Ae. (vgl. l. c.), Ansäuern nach Hydrolyse mit W. u. Ae.-Extraktion; 65—70%. *Fe(III)-Salz*, durch Red. von 2-Benzoylanilin zu *2-Benzylanilin* [F. 52—53° (PAe.)] mit Na in A., Zutropfen in Ae. zu heißer 30%ig. H_2SO_4, Kühlen, Diazotieren mit wss. $NaNO_2$-Lsg., Zugabe von kalter 60%ig. H_2SO_4, Kühlen auf — 5°, Zugabe von SO_2, langsames Erwärmen auf 10° unter portionsweiser Zugabe von Cu-Pulver unter Rühren, Filtrieren, Isolieren von V durch alkal. Extraktion u. Ausfällen aus der wss. neutralen Lsg. mit $FeCl_3$. — *2-Chlormercuridiphenylmethan*, $C_{13}H_{11}ClHg$, F. 147—148° (CH_3OH), durch Lösen von V–Fe-Salz in heißer wss. Base, Filtrieren, Neutralisieren, Behandeln mit heißer $HgCl_2$-Lsg. u. Filtrieren in der Wärme. — *2-Benzyl-4-methylbenzolsulfinsäure*, F. 81—83° (Ae.-PAe.), analog V aus II; 65—70%. *Fe(III)-Salz*, analog V–Fe-Salz aus 2-Benzyl-4-methylanilin; 79%. — *2-Chlormercuri-4-methyldiphenylmethan*, $C_{14}H_{13}ClHg$, F. 147—148° (CH_3OH), wie oben aus vorst. Verbindung. — *2-Benzyl-6-methylbenzolsulfinsäure*, F. 92—94° (wss. Aceton), analog V aus III; 98%. — *2.4-Dimethyl-6-[2.4.6-trimethylbenzyl]-benzolsulfinsäure*, analog V aus IV; 95%. (J. Amer. chem. Soc. **81.** 481—84. 20/1. 1959. Lafayette, Ind., Purdue Univ., Dep. of Chem.) H. BERTSCH. 2290

Mitsuo Okazaki, Tatsuo Tanaka und **Setsuro Taniguchi**, *Untersuchungen über Derivate von 4-Aminonaphthalimid.* 1. Mitt. *Synthese von 5-Nitroacenaphthen.* Vff. führen die Nitrierung von Acenaphthen (I) bei verschied. Konzz. der Reaktionspartner zwischen 14 u. 70° bei verschied. langen Raktionszeiten durch. Als günstigstes Verf. wird empfohlen: *5-Nitroacenaphthen*, $C_{12}H_9NO_2$, F. 102,5—103°, durch langsames (1 Std.) Zutropfen von HNO_3 (D. 1,40) zu der Suspension von feinkrist. I (F. 93,5—94°) in Eisessig bei 22—27° unter starkem Rühren, weiteres 1 std. Rühren bei 25°, allmähliches Erwärmen auf 68° u. Kühlen; aus A. u. Ligroin gelbe Nadeln; 88,8% (Ausbeute). (J. Soc. org. synth. Chem., Japan **14.** 344—46. Mai 1956. Tokyo, Univ. [Orig.: japan.]) L. SCHULER. 2750

Mitsuo Okazaki, Yasuo Suhara, Shigeo Uemura, Masayuki Fujiyama, Kazuhiko Oda, Tatsuo Tanaka, Setsuro Taniguchi und **Yoshikuni Watanabe**, *Untersuchungen über Derivate von 4-Aminonaphthalimid.* 4. Mitt. *Synthese von 4-Nitronaphthalalkyl- und -arylimiden.* (3. vgl. J. Soc. org. synth. Chem., Japan **14.** [1956.] 398; 1. vgl. vorst. Ref.) 4 - N i t r o n a p h t h a l s ä u r e a l k y l - bzw. - a r y l i m i d e: *-methyl-* (I), $C_{13}H_8N_2O_4$, F. 208—209°, a) durch 5std. Kochen von *4-Nitronaphthalimid-Na* [aus 1%ig. NaOH u. 4-Nitronaphthalimid (F. 285—286°); 99,2% (Ausbeute)] mit Methylp-tosylat in o-Dichlorbenzol (II) in Ggw. von wasserfreiem Na_2CO_3; aus A. u. Eisessig gelbe Nadeln; 84%; b) durch 1 std. Stehen von 4-Nitronaphthalsäureanhydrid (III; F. 227—228°) mit 10%ig. wss. Methylaminlsg.; 96%. — *-äthyl-*, $C_{14}H_{10}N_2O_4$, F. 187,5 bis 188,5°, analog I nach a); aus Eisessig blaßgelbe Nadeln; 90%. — *-n-propyl-*, $C_{15}H_{12}\cdot N_2O_4$, F. 135,5—136,5°, analog mit *n-Propyl-p-tosylat* (IV; Kp.$_4$ 148—149°, aus p-Tosylchlorid u. n-Propanol in Ggw. von 5n NaOH in 1$^1/_2$ Std.); aus A. blaßgelbe Nadeln; 30%. — *-isopropyl-*, F. 253,5—255°, durch 2 std. Kochen von III mit *Isopropylaminhydrochlorid* [durch Überführen von Aceton in wss. NaOH in *Acetoxim* (F. 60—61°; 38%) u. dessen 1$^1/_2$ std. Red. mit 4%ig. Na-Amalgam in A.-Eisessig bei 15—25°; 84%] in Eisessig in Ggw. von wasserfreiem Na-Acetat; aus Eisessig blaßgelbe Nadeln; 81%. — *-n-butyl-*, $C_{16}H_{14}N_2O_4$, *α-Form*, F. 103,5—104,5, neben *β-Form*, F. 98—98,5°, a) analog I nach a) mit *n-Butyl-p-tosylat* (Kp.$_6$ 160°, analog IV; 34,2%); aus A. blaßgelbe Nadeln; 35%; b) analog I nach b) mit n-Butylamin (Kp. 77—78°); λ_{max} (für α- bzw. β-Form) 233, 348 mμ; aus Methanol blaßgelbe Nadeln; 100%. — *-isoamyl-*, $C_{17}H_{16}\cdot N_2O_4$, F. 134—135°, analog I nach b) mit *Isoamylamin* [Kp. 95—97°, durch Oxydation von Isoamylalkohol (Kp. 131—132°) mit Na-Chromat in H_2SO_4 zu *Isovaleraldehyd* (Kp. 91—93°; 77%), dessen Überführung in das *Oxim* (Kp.$_{28}$ 80—82°; 70%) u. dessen Red. mit Na in absol. A.; 27%]; aus Methanol blaßgelbe Nadeln; 90%. — *-β-hydroxyäthyl-*, $C_{14}H_{10}N_2O_5$, F. 155,5—156,5°, analog I nach b); aus A. blaßgelbe Kristalle; 93%. *O-Acetylderiv.*, $C_{16}H_{12}N_2O_6$, F. 158—159°, aus 1 g Imid durch 1 std. Kochen in Eisessig-Acetanhydrid; blaßgelbe Nadeln; 0,9 g. — *-cyclohexyl-*, $C_{18}H_{16}N_2O_4$, F. 209,5 bis 210,5°, durch 1 std. Kochen von III mit *Cyclohexylamin* [Kp. 133—134°, durch Red. von Cyclohexanonoxim (F. 88—89°) mit Na in absol. A. u. Reinigung über das *Hydrochlorid* (F. 203—204°, aus A. Blättchen; 89,6%); 74%] in II; aus Eisessig blaßgelbe Nadeln; 83%. — *-phenyl-*, $C_{18}H_{10}N_2O_4$, F. 280—282°, durch Kochen von III mit Anilin; blaßgelbe Nadeln aus Eisessig; 100%. — *-o-tolyl-*, $C_{19}H_{12}N_2O_4$, F. 230—231°, analog vorst. Verb. in Eisessig; Nadeln aus Eisessig; 91%. — *-p-tolyl-*, F. 246—247°, analog; Nadeln aus Eisessig; 82%. — *-o-chlorphenyl-*, $C_{18}H_9ClN_2O_4$, F. 207—208°, aus II blaßgelbe Nadeln; 85%. — *-p-chlorphenyl-*, F. 274—275°, in II; aus Eisessig blaßgelbe Nadeln; 98%. — *-p-methoxyphenyl-*, $C_{19}H_{12}N_2O_5$, F. 249—251°, in Eisessig; aus Eisessig blaßgelbe Nadeln; 93%. — *-xylyl-*, F. 235—236°, analog; blaßgelbe Nadeln; 75%. (J. Soc. org. synth. Chem., Japan **14**. 455—61. Juli 1956. [Orig.: japan.]) L. SCHULER. 2750

Mitsuo Okazaki, Yasuo Suhara, Kazuhiko Oda und **Takeshi Nishi**, *Untersuchungen über Derivate von 4-Aminonaphthalimid. 6. Mitt. Untersuchungen von 4-Acetylaminonaphthalalkyl- und -arylimiden.* (5. vgl. C. **1959**. **4452**; 4. vgl. vorst. Ref.) Die Imide lösen sich in organ. Lösungsmitteln mit starkblauer Fluorescenz, die Lsgg. haben bleichende Wrkg. auf Celluloseacetat, Vinylon, Nylon u. PVC.

Versuche: 4-Acetamidonaphthalsäurealkyl- bzw. -arylimide (λ_{max} in A.): *-methyl-*, $C_{15}H_{12}N_2O_3$, F. 279—281°, durch 1 std. Kochen von 4-Aminonaphthalsäuremethylimid (F. 338—340°; λ_{max} 228, 257, 275 u. 435 mμ) mit Acetanhydrid u. Eisessig; aus Eisessig blaßgelbe Nadeln; λ_{max} 239 u. 365 mμ; 84,4% (Ausbeute). — *-äthyl-*, $C_{16}H_{14}N_2O_3$, F. 273—274°, analog vorst. Verb. aus 4-Aminonaphthalsäureäthylimid (F. 279—280°; λ_{max} 228, 258, 273 u. 435 mμ); aus Eisessig Nadeln; λ_{max} 239 u. 365 mμ; 92,7%. — *-n-propyl-*, $C_{17}H_{16}N_2O_3$, F. 251—252°, aus 4-Aminonaphthalsäure-n-propylimid (F. 247—249°); aus Eisessig Nadeln; λ_{max} 239 u. 365 mμ; 89%. — *-isopropyl-*, F. 266—267°, aus 4-Aminonaphthalsäureisopropylimid (F. > 350°); aus Eisessig blaßgelbe Nadeln; λ_{max} 241 u. 365 mμ; 98,6°. — *-n-butyl-*, $C_{18}H_{18}N_2O_3$, F. 235—236°, aus 4-Aminonaphthalsäure-n-butylimid (F. 185—186°; λ_{max} 228, 259, 275 u. 435 mμ); Nadeln aus Eisessig; λ_{max} 241 u. 365 mμ; 93%. — *-isoamyl-*, $C_{19}H_{20}N_2O_3$, F. 224—225°, aus 2,82 g 4-Aminonaphthalsäureisoamylimid (F. 166,5 bis 167,5°; λ_{max} 228, 259, 275 u. 435 mμ) neben *N.N-Diacetyl-4-aminonaphthalsäureisoamylimid* ($C_{21}H_{22}N_2O_4$, F. 129—130°; aus A. Nadeln; 0,91 g); aus Eisessig Nadeln; λ_{max} 241 u. 365 mμ; 69,4%. — *-cyclohexyl-*, $C_{20}H_{20}N_2O_3$, F. 235—236°, aus 4-Aminonaphthalsäurecyclohexylimid (F. 239—242°; λ_{max} 228, 259, 275 u. 435 mμ); aus A. Nadeln; λ_{max} 241 u. 363 mμ; 82%. — *-β-acetoxyäthyl-*, $C_{18}H_{16}N_2O_5$, F. 222—223°, aus 4-Aminonaphthalsäure-β-hydroxyäthylimid (F. 258—260°; λ_{max} 228, 259, 273 u. 435 mμ); aus Eisessig blaßgelbliche Nadeln; λ_{max} 240 u. 365 mμ; 96%. — *-phenyl-*, $C_{20}H_{14}N_2O_3$, F. ca. 292° (Zers.), aus 4-Aminonaphthalsäurephenylimid (F. 302—304°; λ_{max} 267 u. 436 mμ); aus Eisessig blaßgelbe Nadeln; λ_{max} 238 u. 366 mμ; 92%. — *-o-tolyl-*, $C_{21}H_{16}\cdot N_2O_3$, F. 286—288°, aus 4-Aminonaphthalsäure-o-tolylimid (F. 298—300°); aus Eisessig u. o-Dichlorbenzol blaßgelbe Nadeln; λ_{max} 238 u. 367 mμ; 72%. — *-p-tolyl-*, $C_{21}H_{16}N_2O_3$, F. 323—324°, aus 4-Aminonaphthalsäure-p-tolylimid (F. 339—341°; λ_{max} 273 u. 435 mμ); aus Eisessig blaßgelbe Nadeln; λ_{max} 238 u. 366 mμ; 88%. — *-o-chlor-*

phenyl-, $C_{20}H_{13}ClN_2O_3$, F. 273—275°, aus 4-Aminonaphthalsäure-o-chlorphenylimid (F. 289—291°; λ_{max} 275 u. 435 mμ); aus Eisessig blaßgelbe Nadeln; λ_{max} 238 u. 365 mμ; 89%. — *-p-chlorphenyl-*, F. > 360°, aus 4-Aminonaphthalsäure-p-chlorphenylimid (F. > 360°); aus Eisessig blaßgelbe Nadeln; λ_{max} 238 u. 365 mμ; 93%. — *-xylyl-*, F. 195 bis 197°, aus 4-Aminonaphthalsäurexylylimid (F. 252—254°; λ_{max} 256, 273 u. 436 mμ); blaßgelbe Nadeln aus A.; λ_{max} 238 u. 363 mμ; 75%. (J. Soc. org. synth. Chem., Japan **14.** 558—64. Sept. 1956. [Orig.: japan.]) L. Schuler. 2750

M. Kamel und **R. Wizinger**, *Über die Konstitution des Phenanthrenrots.* Durch Synth. von *Phenanthrenrot* (**I**) aus Phenanthrenchinon (**II**) u. 1-Naphthylhydrazin-4-sulfonsäure (**III**) im Mol-Verhältnis 1 : 1 u. 1 : 2 sowie durch analoge Umsetzung von **II** mit Phenylhydrazin-4-sulfonsäure (**IV**) wird bewiesen, daß **I** nicht, wie bisher angenommen, als Dihydrazon, sondern als *Monohydrazon* bzw. *Monoazofarbstoff* vorliegt.

Versuche: *9-Hydroxy-10-[4'-sulfobenzolazo]-phenanthren, Dihydrat* (**V**), $C_{20}H_{14}\cdot N_2O_4S\cdot 2H_2O$, F. 178° (A.–Ae.), durch 1 std. Kochen von **II** u. **IV** in W., Eindampfen u. Umkristallisieren des Rückstandes aus A. u. Ae.; das Mol-Verhältnis 1 : 1 u. 1 : 2 liefert gleiche Ausbeuten an **V**; rote Kristalle, in konz. H_2SO_4 violette Halochromie. — *9-Acetamido-10-hydroxyphenanthren,* F. 223° (flache Nadeln aus Eisessig), durch Erwärmen von **V** mit $SnCl_2$ in Eisessig/HCl u. ½ std. Erhitzen der ausgeschiedenen Kristalle mit Acetanhydrid u. Na-Acetat. — *Phenanthrenrot* (**I**; *9-Hydroxy-10-[4'-sulfonaphthyl-(1')-azo]-phenanthren, Na-Salz*), aus **II** u. **III** wie **V**; das Mol-Verhältnis 1 : 1 u. 1 : 2 liefert die gleiche Ausbeute an **I**. *Ba-Salz,* $(C_{24}H_{15}N_2O_4S)_2Ba$, dunkelrotes Pulver, in konz. H_2SO_4 blaue Halochromie. (Helv. chim. Acta **42.** 128—30. 2/2. 1959. Basel, Univ., Inst. für Farbenchem.) G. Lützel. 2850

Eylif Dynesen, *Darstellung von Reten-3-essigsäure durch die Willgerodt-Kindler-Reaktion.* Durch Modifizieren der Willgerodt-Kindler-Rk. erhält man aus 3-Acetylreten, S u. Morpholin (Mol-Verhältnis 1 : 2,5 : 2) *Reten-3-thioessigsäuremorpholid* (**I**). Durch chromatograph. Reinigung des krist. Rohprod. konnte außerdem *Reten-3-essigsäuremorpholid* (**II**) u. *Reten-3-glyoxylsäuremorpholid* (zusammen ca. 10% des Rohprod.; starke UV-Absorption bei 320—340 mμ) isoliert werden. Letzteres geht mit alkoh. KOH in *Reten-3-glyoxylsäure* (**III**) u. *Reten-3-carbonsäure* (**IV**) über. Hydrolyse von **I** in einem H_2SO_4–Essigsäure-Gemisch ergibt nur unreine *Reten-3-essigsäure* (**V**), während durch kurzes Kochen mit alkoh. KOH fast reines **II** in ca. 70%ig. Ausbeute erhalten wird. Bei weiterer Hydrolyse mit KOH in n-Propanol werden insgesamt 60% **V** gewonnen. Aus der bei der partiellen alkal. Hydrolyse von **I** in A. erhaltenen Mutterlauge ließen sich **III** (als *Phenylhydrazon, Methylester* u. dessen *2.4-Dinitrophenylhydrazon*) u. **IV** isolieren.

Versuche: *3-Acetylreten,* nach Dodd, Schramm u. Elderfield (J. org. Chemistry **11.** [1946.] 253), jedoch mit Essigsäureanhydrid; 61% (Ausbeute). — *Reten-3-thioessigsäuremorpholid* (**I**), $C_{24}H_{27}NOS$, F. 120—121,5°, aus 16,6 g vorst. Verb., S u. Morpholin unter Rückfluß (5 Std.); hellgelbe Kristalle, Reinigung durch Chromatographie in PAe./CCl_4 (3 : 2) an Al_2O_3 u. Eluieren mit Bzl.; 7,2 g. — *Reten-3-essigsäuremorpholid* (**II**), $C_{24}H_{27}NO_2$, F. 187—188,5° (n-Propanol), a) durch 4 Min. langes Kochen von **I** mit KOH in wss. A.; 78%; b) neben **I** durch Eluieren der unteren Schicht mit sd. A.; 0,2 g; c) wie **I** ohne dessen Isolierung, Zugeben von wss.-alkoh. KOH zur Reaktionsmischung u. 8 Min. langes Kochen; 70,2%. — *Reten-3-essigsäure* (**V**), $C_{20}H_{20}O_2$, F. 210—212,5° (sublimiert; n-Propanol oder A.–Aceton), durch 5½ bzw. 4 std. Kochen von **II** mit KOH in wss. n-Propanol; 78,8 bzw. 61,2% (letztere Ausbeute bezogen auf 3-Acetylreten). — *Reten-3-carbonsäure* (**IV**), $C_{19}H_{18}O_2$, F. 242—244° (sublimiert; Bzl.), a) durch 2 std. Kochen der bei der partiellen Hydrolyse von rohem **I** erhaltenen braunen Mutterlauge mit KOH; 0,3 g; b) bei der alkal. Hydrolyse nachst. Verb. aus der Mutterlauge. — *Reten-3-glyoxylsäuremorpholid,* $C_{24}H_{25}NO_3$, F. 176—178° (A.), neben **I** durch Eluieren der oberen Schicht mit sd. A.; 0,4 g. — *Reten-3-glyoxylsäure* (**III**), $C_{20}H_{18}O_3$, F. 148—151° (Bzl.–Hexan), aus 0,3 g vorst. Verb. u. 0,2 g KOH in A. unter Rückfluß (ca. 1 Std.) neben **IV**; 0,1 g. *Phenylhydrazon,* $C_{26}H_{24}N_2O_2$, F. 166—168,5°, gelbe Kristalle aus Eisessig. *Methylester,* $C_{21}H_{20}O_3$, F. 101—102° (A.), aus 0,6 g **III** u. 25 ml Methanol in Ggw. von konz. H_2SO_4 unter Rückfluß (8 Std.); 0,08 g. *2.4-Dinitrophenylhydrazon des Methylester,* $C_{27}H_{24}N_4O_6$, F. 293—294,5°, aus Xylol orangerote Kristalle. (Acta chem. scand. **13.** 360—64. 1959. Aarhus, Univ., Chem. Inst.) D. Holzner. 2850

J. F. Garden und **R. H. Thomson**, *Hydroxybenzotropone.* 4. Mitt. *1.2.3.4-Tetrahydro-5.8-dimethoxy-2.3-methylen-1.4-dioxonaphthalin.* (3. vgl. C. **1959.** 4136.) Das aus dem Di(oder Mono)-enolacetat des 3'.6'-Dimethoxy-5-brom-1.2-benzocyclohepten-(1)-dions-(3.7) mit alkoh. KOH erhaltene Diketon (vgl. 1. Mitt., C. **1959.** 4134) ist weder als 3'.6'-Dimethoxy-1.2-benzocycloheptadien-(1.4)-dion-(3.7) (**I**) noch als 4.7-Dimethoxy-indandion-(1.3) (**II**), sondern vielmehr als *1.2.3.4-Tetrahydro-5.8-dimethoxy-2.3-methylen-*

1.4-dioxonaphthalin (III) zu formulieren. Es entsteht wahrscheinlich bei der Aufarbeitung durch Umlagerung von prim. gebildetem I. Authent. III wurde nach der Meth. von Buchanan u. Sutherland (C. **1957.** 7024) aus 3'.6'-Dihydroxy-1.2-benzocyclohepten-dion-(3.7) durch Dibromierung, Einw. von NaJ u. nachfolgende Methylierung gewonnen. Es liefert mit HBr in Eisessig Spuren von *Naphthazarin.* II konnte durch Kondensation von 3.6-Dimethoxyphthalsäure (IV)-dimethylester mit Essigester oder durch $NaOCH_3$-Einw. auf 3.6-Dimethoxyphthaloylessigsäure (*Enollacton*) erhalten werden. Letztere Verb. entsteht aus dem IV-*Anhydrid,* Acetanhydrid u. K-Acetat; sie geht, ebenso wie II, unter alkal. Bedingungen leicht in *2-Acetyl-3.6-dimethoxybenzoesäure* (isoliert als *Lactol*) über. Ein Vers., II aus Malonsäure u. Hydrochinondimethyläther zu gewinnen, führte nur zu *2.5-Dimethoxyacetophenon.* — Die UV-Spektren der dargestellten cycl. Diketone werden unter besonderer Berücksichtigung ster. Effekte (Hinderung der Coplanarität von Benzolring u. C=O-Funktionen) neu interpretiert.

Versuche: *3.6-Dimethoxyphthaloylessigsäure,* $C_{12}H_{10}O_6$, F. 264° (Dioxan), durch Erhitzen des IV-Anhydrids, K-Acetats u. Acetanhydrids (2 Std. auf 100°, 3 Std. auf 150—155° Badtemp.); gelb; 39% (Ausbeute). — *4.7-Dimethoxyindandion-(1.3)* (II), $C_{11}H_{10}O_4$, F. 201° (CH_3OH), a) aus vorst. Verb. u. $NaOCH_3$ in CH_3OH (2 Std. bei Raumtemp. stehenlassen, 5 Std. auf dem Dampfbad erhitzen); 81%; b) durch 6std. Erhitzen von 1,7 g IV-Dimethylester mit Äthylacetat, Na u. etwas A., 280 mg; sublimiert bei 150°/0,1 mm. *Dioxim,* $C_{11}H_{12}N_2O_4$, F. 295—298° (Zers.; Dimethylformamid). *Benzyliden-deriv.,* $C_{18}H_{14}O_4$, F. 218° (CH_3OH). — *3-Hydroxy-4.7-dimethoxy-3-methylphthalid,* $C_{11}H_{12}O_5$, F. 200° (W.), durch 1std. Kochen von 0,3 g II mit 2n NaOH u. Ansäuern; 160 mg; oder durch Erwärmen vorvorst. Säure mit wss. $NaHCO_3$. — *2.5-Dimethoxy-acetophenon,* F. 21°, $Kp._{0,05}$ 140—145° (Badtemp.), aus Hydrochinondimethyläther, Malonsäure u. Trifluoracetanhydrid (6 Std. bei 50—60°). *2.4-Dinitrophenylhydrazon,* F. 172°. — *4.6-Dibrom-3'.6'-dihydroxy-1.2-benzocycloheptendion-(3.7),* $C_{11}H_8Br_2O_4$, F. 180° (PAe.), aus 3'.6'-Dihydroxy-1.2-benzocycloheptendion-(3.7) u. Br_2 in Eisessig (48 Std. bei Raumtemp.); gelb; 58%. — *1.2.3.4-Tetrahydro-5.8-dihydroxy-2.3-methylen-1.4-dioxonaphthalin,* $C_{11}H_8O_4$, F. 173° (PAe.), durch 2std. Kochen vorst. Verb. mit NaJ in Aceton; leuchtend gelb; 66%; bildet eine stabile, orangefarbene Lsg. in wss. Na_2CO_3. *Dimethyläther* (III), $C_{13}H_{12}O_4$, F. 163° (CH_3OH oder Äthylacetat/PAe.), a) aus der Dihydroxyverb., Dimethylsulfat u. K_2CO_3 in sd. Aceton; 80%; b) aus 3'.6'-Dimethoxy-1.2-benzocycloheptendion-(3.7) mit Br_2 u. dann mit NaJ wie die Dihydroxyverb.; 34%; c) aus 3-Acetoxy-3'.6'-dimethoxy-1.2-benzocycloheptadien-(1.3)-on-(7) durch Einw. von N-Bromsuccinimid u. dann von methanol. KOH (vgl. Sorrie u. Thomson, l. c.) u. chromatograph. Reinigung; farblos; löst sich in heißer wss. NaOH ohne chem. Veränderung (Enolisierung). — *Verb.* $C_{12}H_{10}O_4$ (?), F. 131° (Äthylacetat/PAe.), entsteht in Spuren neben III nach Meth. c); goldgelb; löst sich in kaltem wss. Na_2CO_3 blaßgelb u. in konz. HCl orangegelb. (J. chem. Soc. [London] **1957.** 2851—54. Juli. Old Aberdeen, Scotland, Univ.) H. Pracejus. 2950

I. N. Nasarow und **Ss. I. Sawjalow,** *Synthese von Steroiden und verwandten Verbindungen.* 40. Mitt. *Synthese von Steroidanaloga, die nicht den Ring B oder C enthalten.* (39. vgl. C. **1958.** 14306.) Die Rk. von 6-Methoxynaphthyl-(2)-MgBr (I) mit 1-Methoxy-cyclohexen-(1)-on-(3) (II; Dihydroresorcinmethyläther) führt in geringer Ausbeute zu *1-[6-Methoxynaphthyl-(2)]-cyclohexen-(1)-on-(3)* (III); in größerer Menge fällt *Nerolin* an. Die Umsetzung von I mit 1-Methoxy-2-methylcyclohexen-(1)-on-(3) liefert kein tricycl. Keton mehr, sondern allein Nerolin u. *2-Methyldihydroresorcin.* III läßt sich durch $AlCl_3$ zu *1-[6-Hydroxynaphthyl-(2)]-cyclohexen-(1)-on-(3)* demethylieren, das ein Modellanalogon des Homoäquilenins darstellt. Aus p-Methoxyphenyl-MgBr (IV) u. II wird *1-[p-Methoxyphenyl]-cyclohexen-(1)-on-(3)* erhalten. Mit 1-Methoxy-6-keto-2.3.4.6.7.8-hexahydronaphthalin liefert p-Methoxy-o-tolyl-MgBr *6-[p-Methoxy-o-tolyl]-1-keto-1.2.3.4.7.8-hexahydronaphthalin* (V), das über S zu *6-[p-Methoxy-o-tolyl]-tetralon-(1)* dehydriert wird. Durch Erhitzen von *β*-[3-Methoxyphenyl]-äthylbromid (VI) mit 5-Methoxytetralon-(2) (VII) in Ggw. von K-tert.-Butylat wird *1-[β-(3-Methoxyphenyl)-äthyl]-5-methoxytetralon-(2)* erhalten; dieses wird durch Polyphosphorsäure zu *1.8-Dimethoxy-5.6.11.12-tetrahydrochrysen* cyclisiert, aus dem durch Dehydrieren über Pd/Kohle *1.8-Dimethoxychrysen* gewonnen wird.

Versuche (mit **L. F. Kudrjawzew**): *1-[6-Methoxynaphthyl-(2)]-cyclohexen-(1)-on-(3)* (III), $C_{17}H_{16}O_2$, F. 137—138° (Methanol), durch 2—3std. Stehen von I mit II in Bzl.-Ae., Zers. mit Eis u. verd. HCl u. 1std. Erwärmen auf 50—60°; 7% (Ausbeute; neben *Nerolin,* F. 70—71°). *Oxim,* F. 182—183°. *1-[6-Hydroxynaphthyl-(2)]-cyclohexen-(1)-on-(3),* F. 211—213° (A.), durch Kochen von III mit $AlCl_3$ in Xylol; 50%. — *1-[p-Methoxyphenyl]-cyclohexen-(1)-on-(3),* $Kp._2$ 180—185°, F. 85—86° (wss. A.), analog III aus 2,5 g II u. IV; 1,6 g. *Semicarbazon,* F. 216—218°. — *1-[p-Hydroxyphenyl]-cyclohexen-(1)-*

on-(3), F. 157—159° (wss. A.), aus vorst. Verb. u. $AlCl_3$; 50%. — *6-[p-Methoxy-o-tolyl]-tetralon-(1)*, F. 88—89° (n-Heptan), durch 1/4std. Erhitzen von **V** mit S auf 200—210°. *Semicarbazon*, $C_{19}H_{21}N_3O_2$, F. 246—247° (Zers.). — *6-[2-Methyl-4-hydroxyphenyl]-etralon-(1)*, $C_{17}H_{16}O_2$, F. 165—167° (wss. Methanol), durch 5 Min. langes Kochen vorst. Verb. mit $AlCl_3$ in Xylol; 53%. — *6-[p-Acetoxyphenyl]-tetralon-(1)*, $C_{18}H_{16}O_3$, F. 138 bis 139° (Bzl.–Isooctan), durch ½std. Kochen von 6-[p-Hydroxyphenyl]-tetralon-(1) mit Essigsäureanhydrid; 67%. — *1-[β-Phenäthyl]-5-methoxytetralon-(2)* (**VIII**), $C_{19}H_{20}O_2$, $Kp._1$ 205—220°, durch 1std. Erhitzen von **VII** mit β-Phenäthylbromid u. K in tert.-Butanol unter N_2 auf dem Wasserbad; n_D^{20} 1,5840; 51%. — *1-Methoxy-5.6.11.12-tetrahydrochrysen* (**IX**), $C_{19}H_{18}O$, $Kp._1$ 210—220°, durch 5std. Erwärmen von 4 g **VIII** mit 40 g Polyphosphorsäure auf 60—70° u. Ausziehen mit Chlf.; n_D^{20} 1,6492; 2,6 g. — *1-Methoxychrysen*, $C_{19}H_{14}O$, F. 176—178° (Bzl.–PAe.), durch 1/4std. Erhitzen von 1 g vorst. Verb. mit Pd/Kohle auf 250—260° u. Ausziehen mit sd. Chlf.; 0,4 g. *2.7-Dinitroanthrachinonverb.*, F. 284—285° (Xylol). — *1-[β-(3-Methoxyphenyl)-äthyl]-5-methoxytetralon-(2)*, $C_{20}H_{22}O_3$, $Kp._1$ 210—225°, analog **VIII** aus **VII** u. **VI**; n_D^{20} 1,5871; 43%. — *1.8-Dimethoxy-5.6.11.12-tetrahydrochrysen*, $C_{20}H_{20}O_2$, F. 121—122° (n-Heptan), analog **IX** aus 3 g vorst. Verb.; 0,6 g. — *1.8-Dimethoxychrysen*, $C_{20}H_{16}O_2$, F. 196—198° (Bzl.–PAe.), durch 20 Min. langes Erhitzen von 2 g vorst. Verb. mit Pd/Kohle auf 230—240°; 0,8 g. (Известия Академии Наук СССР, Отделение Химических Наук [Nachr. Akad. Wiss. UdSSR, Abt. chem. Wiss.] **1958**. 1233—38. Okt. Zelinsky-Inst. für organ. Chem. der Akad. der Wiss. der UdSSR.) H.-E. TOUSSAINT. 2950

Hans-Joachim Teuber und **Helmut Lindner**, *Reaktionen mit Nitrosodisulfonat.* 20. Mitt. *Chrysenchinon-(3.6) und Dinaphthoanthrachinon.* (19. vgl. Chem. Ber. **92.** [1959.] 674.) Durch Einw. von K-Nitrosodisulfonat auf 3-Hydroxychrysen, das durch Rk. von γ-Bromcrotonsäureester mit 1-Keto-1.2.3.4-tetrahydrophenanthren nach COOK u. SCHÖNTAL (J. chem. Soc. [London] **1945.** 288) dargestellt wurde, entstand das p-chinoide *Chrysenchinon-(3.6)* (**I**). **I** ist gelb, löst sich in konz. H_2SO_4 mit stahlblauer Farbe u. scheidet sich beim Verdünnen unverändert ab; durch Red. von **I** mit $Na_2S_2O_4$ oder $SnCl_2$ wurde das blaßgelbe *Chrysenhydrochinon-(3.6)* (**III**) erhalten, das auch in Form des *Dimethyläthers* u. des *Diacetats* isoliert werden konnte. Das Diacetat ergab durch Chromsäureoxydation u. anschließende Hydrolyse das dunkelrote *3.6-Dihydroxychrysen-chinon-(1.2)* oder *-(7.8)*, gegebenenfalls handelt es sich auch um ein Gemisch der beiden Chinone. **I** liefert durch Rk. mit Acetanhydrid u. konz. H_2SO_4 eine Triacetylverb., wahrscheinlich *3.4.6-* oder *3.5.6-Triacetoxychrysen.* Mit 1-Vinylnaphthalin (**IV**) läßt sich **I** zu einem Dinaphthoanthrachinon (**II**), wahrscheinlich *Dinaphtho-[2'.1':1.2;2''.1'':5.6]-anthrachinon* kondensieren. **II** gibt mit $Na_2S_2O_4$ die für Anthrachinone charakterist. Küpe u. löst sich in konz. H_2SO_4 ohne die für Chrysenchinone typ. Blaufärbung. Das bei der Bldg. von **II** intermediär auftretende Hydrochinon konnte nicht isoliert werden. **IV** wurde durch $LiAlH_4$-Red. von Naphthyl-(1)-essigsäure zu *1-[β-Hydroxyäthyl]-naphthalin* u. folgende Wasserabspaltung mit KOH dargestellt. Die UV-Spektren von 3.6-Dihydroxy-9-methoxychrysen, **III**, **III**-Dimethyläther u. **III**-Diacetat u. das IR-Spektr. von **II** sind angegeben.

Versuche: *Chrysenchinon-(3.6)* (**I**), $C_{18}H_{10}O_2$, F. 209—210° (gelbe Kristalle aus Chlorbenzol u. Eisessig), durch Eingießen von 244 mg 3-Hydroxychrysen in Pyridin–A. (1:5) in eine mit Citronensäure u. Na_2HPO_4 auf p_H 8 gepufferte wss. Lsg. von 600 mg K-Nitrosodisulfonat unter Schütteln, 24std. Stehen u. Filtrieren; 55,1%. — *3.6-Dihydroxychrysen* (**III**), $C_{18}H_{12}O_2$, F. 246—247° (gelbliche Nadeln aus Bzl.–A.), a) durch Zugabe von $Na_2S_2O_4$ in heißem W. zu **I** in heißem Dioxan, 10 Min. Erwärmen auf dem Wasserbad, Zugabe von W., 3std. Stehen u. Filtrieren; 78,8%; b) durch Zutropfen von $SnCl_2$ in konz. HCl zu **I** in sd. Eisessig, Verdünnen mit W., 4std. Stehen u. Filtrieren; 69,4%. — *3.6-Dimethoxychrysen*, $C_{20}H_{16}O_2$, F. 204,5—205,5° (blaßgelbe Nadeln aus CH_3OH), durch Zugabe von **I** zu $Na_2S_2O_4$ u. NaOH in W.; tropfenweise Zugabe von $(CH_3)_2SO_4$ unter Schütteln, 15 Min. Stehen u. Filtrieren; 56,5%. — *3.6-Diacetoxychrysen*, $C_{22}H_{16}O_4$, F. 203—204° (Bzl.–A.), durch Erwärmen von **I** mit Zn-Staub in Pyridin–Acetanhydrid bis zum Verschwinden der Gelbfärbung, sofortiges Filtrieren, Verdünnen mit W., mehrstd. Stehen u. Filtrieren; 78,2%. — *Verb.* $C_{18}H_{10}O_4$, F. 189—192° (Zers.; dunkelrote Kristalle aus Bzl.–A.), durch Zugabe von $Na_2Cr_2O_7$ u. CrO_3 in heißem Eisessig zu vorst. Verb. in heißem Acetanhydrid, 5 Min. Erwärmen auf 95°, Kühlen, Gießen in W., 2std. Stehen, Filtrieren, Zugabe des Nd. zu n-NaOH, 10 Min. Stehen, Filtrieren, Ansäuern des Filtrats mit verd. H_2SO_4 u. Filtrieren. — *Verb.* $C_{24}H_{18}O_6$, F. 203° (Bzl.), durch Zugabe von **I** zu Acetanhydrid u. wenig konz. H_2SO_4 bei 40—50° innerhalb 90 Min. unter Rühren, 30 Min. Rühren bei 40°, Kühlen auf 25°, Gießen in Eiswasser, 10 Min. Stehen u. Filtrieren; 34,2%. — *1-[β-Hydroxyäthyl]-naphthalin*, $Kp._{13}$ 174—175°, durch 30 Min. Extrahieren von $LiAlH_4$ in eine äther. Lsg. von Naphthyl-(1)-essigsäure im

Soxhlet, Kühlen, Zutropfen von Eiswasser, dann von konz. HCl u. Dest. der Ae.-Phase; 87,8%. — *1-Vinylnaphthalin* (**IV**), $Kp._{15}$ 135°, durch Auftropfen vorst. Verb. auf KOH bei 165°/15 Torr u. Aufnehmen des Destillats in Ae.; ca. 100%. — *Verb.* $C_{30}H_{16}O_2$ (**II**), F. 405° (goldgelbe Nadeln aus Dimethylformamid), durch 3std. Kochen von **I** mit vorst. Verb. in Eisessig u. Heißfiltration; 57,2%. (Chem. Ber. **92**. 921—26. 1959. Frankfurt/M., Univ., Inst. für Organ. Chemie.) H. Bertsch. 2950

Hans-Joachim Teuber und **Helmut Lindner**, *Reaktionen mit Nitrosodisulfonat.* 21. Mitt. *Chrysendichinon-(3.6;9.12)*. (20. vgl. vorst. Ref.) Durch Grignard-Rk. von 1-Jod-5-methoxynaphthalin u. Rk. mit Äthylenoxyd wurde neben wenig *5.5'-Dimethoxybinaphthyl-(1.1')* *5-Methoxy-1-[β-hydroxyäthyl]-naphthalin* (**V**) erhalten, das durch Erhitzen mit KOH auf 190° im Vakuum zu *5-Methoxy-1-vinylnaphthalin* (**I**) dehydratisiert werden konnte. **I** gab durch Rk. mit p-Benzochinon *9-Methoxychrysenchinon-(3.6)*, das durch reduzierende Acetylierung *9-Methoxy-3.6-diacetoxychrysen*, durch Red. mit $Na_2S_2O_4$ *9-Methoxy-3.6-dihydroxychrysen* (**II**) lieferte. **II** konnte durch Erhitzen mit Pyridinhydrochlorid zu *3.6.9-Trihydroxychrysen* (**III**) entmethyliert werden. **III** wurde in das *Triacetat* übergeführt. Die Oxydation von **III** mit K-Nitrosodisulfonat ergab *Chrysendichinon-(3.6;9.12)* (**IV**). Die UV-Spektren von **IV**, Chrysenchinon-(3.6), 9-Methoxychrysenchinon-(3.6) u. Triphenylenchinon-(1.2) sind angegeben.

Versuche: *1-Jod-5-methoxynaphthalin*, F. 80° (A.), durch portionsweise Zugabe von 5-Aminonaphthol-(1) zu Acetanhydrid unter Rühren, 15 Min. Erwärmen auf dem Wasserbad, Lösen in heißem Eisessig, Kühlen, Fällen, Filtrieren, Lösen des erhaltenen *5-Acetylaminonaphthols-(1)* [F. 176° (Eisessig oder Chlf.)] in 0,5n NaOH, Filtrieren, Zugabe von $(CH_3)_2SO_4$ bei 0—20° innerhalb von 2 Std., Filtrieren, Lösen des erhaltenen *5-Acetylamino-1-methoxynaphthalins* [F. 190° (A.); 62,8% (Ausbeute)] in A., Zugabe von konz. HCl, 2std. Kochen, Abdestillieren von $^2/_3$ des A., Zugabe von W., Filtrieren, Aufnehmen des erhaltenen Hydrochlorids in CH_3OH, Zers. mit NH_4OH, Filtrieren, Lösen des *5-Methoxynaphthylamins-(1)* [F. 80° (CH_3OH); 81,5%] in wss. H_2SO_4, Zugabe von Eis, Zutropfen von wss. $NaNO_2$-Lsg. innerhalb 2 Std. bei —5 bis 0°, Zerstören des $NaNO_2$-Überschusses mit Amidosulfonsäurelsg., 15 Min. Rühren, Filtrieren, Zugabe von wss. KJ-Lsg., Rühren über Nacht, kurzes Erwärmen auf 90—95°, Kühlen, Filtrieren, 30 Min. Erhitzen des Nd. mit n-NaOH u. Na_2SO_3 auf dem Wasserbad, Kühlen u. Filtrieren; 57,9%. — *5-Methoxy-1-[β-hydroxyäthyl]-naphthalin* (**V**), F. 55° (PAe.), durch 10 Min. Stehen von Mg mit wenig J_2 in Ae., Zugabe von vorst. Verb. u. wenig CH_3J unter exothermem Sieden, 10std. Rk., Kühlen auf —5 bis —10°, Zugabe von Äthylenoxyd in —10° kaltem Ae., Erwärmen auf 20° innerhalb 2 Std., 15 Min. Kochen, Zugabe von Eis u. HCl bei 0° u. Dest.; $Kp._{5 \cdot 10^{-4}}$ 160—170°; 26,2%. Daneben *5.5'-Dimethoxybinaphthyl-(1.1')*, $C_{22}H_{18}O_2$, F. 142° (Bzl.-A.), aus dem Destillationsrückstand durch Hochvakuumsublimation bei 250°; 0,65%. — *5-Methoxy-1-vinylnaphthalin* (**I**), Fl., durch Erhitzen von **V** mit KOH auf 190—200° (Bad)/14 Torr bis zu einer Dampftemp. von 170°, Aufnehmen des Destillats in Ae. u. Eindampfen; polymerisiert sich beim Stehen; 32,8%. — *9-Methoxychrysenchinon-(3.6)*, $C_{19}H_{12}O_3$, F. 237—238° (orangerote Nadeln aus Dioxan), durch 5std. Erwärmen vorst. Verb. mit p-Benzochinon in Eisessig auf 95°, Kühlen u. Filtrieren; 48,3%. — *9-Methoxy-3.6-diacetoxychrysen*, $C_{23}H_{18}O_5$, F. 184—185° (braungelbe Kristalle aus Bzl.-A.), durch Erwärmen vorst. Verb. mit Zn-Staub, Acetanhydrid u. Pyridin auf dem Wasserbad bis zum Farbumschlag nach Hellgelb, Filtrieren, Verdünnen mit W., Stehen über Nacht u. Filtrieren. — *9-Methoxy-3.6-dihydroxychrysen* (**II**), $C_{19}H_{14}O_3$, F. 226—227° (Zers.; gelbgraue Kristalle aus Bzl.-A.), durch Zugabe von $Na_2S_2O_4$ in W. zu vorvorst. Verb. in heißem Dioxan, 15 Min. Erwärmen auf 100°, Verdünnen mit W., 2std. Stehen u. Filtrieren; 76%. — *3.6.9-Trihydroxychrysen* (**III**), Zers. ab 210°, grüngelbes Pulver, durch 3std. Erhitzen vorst. Verb. mit Pyridinhydrochlorid auf 220°, Kühlen, Zugabe von W. u. $NaHSO_3$, 3std. Stehen, Filtrieren u. Kristallisieren aus wss. Dioxan in Ggw. von wenig Na_2SO_3; 27,2%. *Triacetat*, $C_{24}H_{18}O_6$, F. 189—190°, mit Pyridin u. Acetanhydrid. — *Chrysendichinon-(3.6;9.12)* (**IV**), $C_{18}H_8O_4$, F. 227—232° (Zers.; gelbe Kristalle), durch Zugabe von **III** in Pyridin zu einer mit Na_2HPO_4 u. Citronensäure auf p_H 8 gepufferten Lsg. von K-Nitrosodisulfonat in W. unter Schütteln, 10 Min. Stehen, Zugabe von 2n Essigsäure bis p_H 6, Chloroformextraktion u. Sublimation des Extrakts bei 250°/10^{-3} Torr; 38,2%. (Chem. Ber. **92**. 927—31. 1959.) H. Bertsch. 2950

Hans-Joachim Teuber und **Helmut Lindner**, *Reaktionen mit Nitrosodisulfonat.* 22. Mitt. *Triphenylenchinon-(1.2)*. (21. vgl. vorst. Ref.) 2-Hydroxytriphenylen (**I**) reagiert in neutraler, schwach saurer oder schwach alkal. Lsg. nicht mit K-Nitrosodisulfonat (**IV**); in starkem Alkali tritt teilweise Oxydation ein, es konnte jedoch kein einheitliches Prod. isoliert werden. **I** kuppelt mit diazotierter Sulfanilsäure; der gebildete

Azofarbstoff, der als Na-Salz isoliert wurde, ergab durch reduktive Spaltung mit $SnCl_2$ oder $Na_2S_2O_4$ *1.2-Dihydroxytriphenylen* (II). II wird von IV glatt zu *Triphenylenchinon* (*1.2*) (III) dehydriert. III läßt sich zu II reduzieren. III ist ziegelrot, löst sich in konz H_2SO_4 mit grünstichigblauer Farbe u. wird beim Stehen an der Luft dunkel. Das Verh. von I gegen IV ist analog dem von 3-Hydroxypyren (V), das durch Oxydation mit IV nur je 5% Pyrenchinon-(3.8) bzw. -(3.10) liefert, während nach vorheriger Einführung einer Hydroxylgruppe in 8- bzw. 10-Stellung die beiden Chinone in 90%ig. Ausbeute erhalten werden können. Mögliche Ursachen für das Ausbleiben der Rk. von I mit IV werden diskutiert, bes. der Zusammenhang zwischen Kupplungsfähigkeit u. Fähigkeit zur Rk. mit dem FREMYschen Radikal. 4-Hydroxypyren (VI) kuppelt wie I, reagiert aber nicht mit IV; VI konnte auch in stark alkal. Lsg. nicht mit IV oxydiert werden; die ELBS-Persulfat-Rk. blieb ebenfalls aus. V kuppelt nicht, reagiert aber teilweise mit IV, während 1-Hydroxypyren in 78%ig. Ausbeute Pyrenchinon-(1.2) ergab. 3-Hydroxyphenanthren reagiert mit IV glatt zu *Phenanthrenchinon*-(*3.4*).

Versuche: *2-Hydroxytriphenylen* (I), F. 214° (CH_3OH), aus 1-[Cyclohexen-(1)-yl]-cyclohexanon-(2) u. p-Methoxyphenyl-MgBr nach RAPSON (J. chem. Soc. [London] **1941**. 15). — *1.2-Dihydroxytriphenylen* (II), $C_{18}H_{12}O_2$, F. 240—241° (Eisessig), a) durch Diazotieren von Sulfanilsäure in wss. HCl bei 5°, Zugabe von Amidosulfonsäure nach 10 Min., Zugabe zu I in wss.-alkoh. NaOH bei 70—80° unter Umschwenken, 15 Min. Erwärmen, Kühlen, Abfiltrieren, Lösen in heißem A., Ansäuern, Filtrieren, Eindampfen, Zutropfen von $SnCl_2 \cdot 2\,H_2O$ in konz. HCl zum erhaltenen Kupplungsprod. [F. 255—256° (Zers.; rote Nadeln aus Eisessig); 78,3% (Ausbeute)] in sd. Eisessig; 15 Min. Kochen, Filtrieren, Verdünnen in der Hitze mit W., Stehen über Nacht, Filtrieren, Waschen mit warmem W. u. sofortiges Kristallisieren; 61,6%; b) durch Zugabe von $Na_2S_2O_4$ in heißem W. zu dem wie oben erhaltenen Kupplungsprod. in heißem Dioxan, kurzes Kochen, 15 Min. Erwärmen im Wasserbad, Zugabe von W., 2std. Stehen, Filtrieren u. Kristallisieren aus wss. Dioxan in Ggw. von $Na_2S_2O_4$; 82,2%. — *Triphenylenchinon*-(*1.2*) (III), $C_{18}H_{10}O_2$, F. 188—190° (ziegelrote Nadeln aus Bzl.–A.), durch Zugabe von II in Pyridin zu IV u. Na_2HPO_4 in W. unter Schütteln, 15 Min. Stehen, Chloroformextraktion u. Eindampfen bei 30° im Vakuum; 56,3%. — *Phenanthrenchinon*-(*3.4*), $C_{14}H_8O_2$, F. 134° (Zers.; rote Nadeln aus Chlf.), durch Mischen einer Lsg. von 3-Hydroxyphenanthren (F. 123°) u. Na-Acetat in CH_3OH mit einer wss. Lsg. von IV unter Schütteln, 15 Min. Stehen, Filtrieren, 2—3std. Stehen des Filtrats, Chloroformextraktion, Eindampfen des Extrakts, Aufnehmen in Bzl., Behandeln mit Kohle, Einengen, Zugabe von PAe. u. Stehen über Nacht; 78%. (Chem. Ber. **92**. 932—37. 1959.) H. BERTSCH. 2950

H. J. Abendroth und **G. Henrich**, *Über ein isomeres Acetonhydrazon.* Bei der Rk. zwischen Cl_2, überschüssigem NH_3 u. Aceton (II) in der Gasphase entstehen NH_4Cl u. *3.3-Dimethyldiaziridin* (I), $C_3H_8N_2$, F. 40°. Die Verb. ist mit dem Acetonhydrazon isomer, ihre Struktur ergab sich aus chem. Rkk., IR- u. Kernresonanzspektren. I ist in W. sehr gut lösl. u. oberhalb des F. unbegrenzt mischbar. Verd. wss. Lsgg. von I zers. sich schon bei Raumtemp. unter Bldg. von II u. NH_3. Nach Zugabe von starker NaOH zu einer verd. wss. Lsg. von I erhält man 2 Phasen. Rektifikation der leichteren bei 106° ergibt reines I. I oxydiert J^- in saurer Lsg.; durch Kochen mit Mineralsäure entstehen II u. *Hydrazinsalz.* Die Rk. mit überschüssigem Benzoylchlorid in Ggw. von W. ergibt II u. *N.N'-Dibenzoylhydrazin.* N-Derivv. von I ließen sich nicht darstellen, in Ggw. von W. erfolgt Abspaltung von II oder Umlagerung in Derivv. des *Acetonhydrazons.* Aus Methyläthylketon, Methylisopropylketon u. Cyclohexanon erhält man entsprechende *Diaziridine.* (Angew. Chem. **71**. 283. 21/4. 1959. Leverkusen, Farbenfabriken Bayer A-G., Anorgan. Abt.). D. HOLZNER. 3030

Hiromu Miya und **Toshio Shimura**, *Bildung von Epoxyden aus Chlorhydrinen von Fettsäurederivaten mit Anionenaustauschern.* Behandlung von Ölsäuremethylesterchlorhydrin in A. mit stark bas. Anionenaustauschern, bes. Amberlite IRA-411, beim Kp. gibt *9.10-Epoxystearinsäuremethylester* in maximal 97,8%ig. Ausbeute. Die Rk. gelingt nicht mit schwach bas. Anionenaustauschern. (J. Oil Chemists' Soc. Japan **7**. 414—18. Nov. 1958. Yokohama, Kanagawa-Kôgyôsikenzyo. [Orig.: japan.])
E. MAEKAWA. 3030

O. Achmatowicz und **M. Leplawy**, *Die Chemie von Carbonylcyanid.* 6. Mitt. *Neue Deutung der Reaktion zwischen Carbonylcyanid und 1.1-Diphenyläthylen.* (5. vgl. C. **1959**. 2087.) Auf Grund chem. u. IR-spektroskop. Unterss. schließen Vff., daß die früher (C. **1959**. 6133) untersuchte Rk. zwischen $CO(CN)_2$ u. 1.1-Diphenyläthylen nicht 1.1-Diphenyl-2-hydroxy-2.3-dicyancyclopropan, sondern *1.1-Diphenyl-3.3-dicyan-2-oxacyclobutan* (I) liefert. Danach erfolgt die Rk. als DIELS-ALDER-Addition. I liefert beim Erhitzen mit 20%ig. H_2SO_4 in Aceton unter Abspaltung von HCN *β-Hydroxy-β.β.-di-*

phenylpropionsäure (F. 221—222°), analog entstand aus 1.1-Bis-[p-tolyl]-3.3-dicyan-2-oxacyclobutan (F. 94—95°, aus $CO(CN)_2$ u. 1.1-Bis-[p-tolyl]-äthylen) *β-Hydroxy-β.β-bis-[p-tolyl]-propionsäure* (F. 163—164°). Erhitzen von I mit Eisessig auf 60° ergab das ölige *1.1-Diphenyl-1-acetoxy-3.3-dicyanpropanol-(3)*, mit Anilin bildete sich aus dieser Verb. *3.3-Diphenyl-3-acetoxypropionanilid* ($C_{23}H_{21}NO_3$, F. 170—172°). Durch Erhitzen des Anilids mit 25%ig. H_2SO_4 entstand *β.β-Diphenylacrylanilid* (F. 133—135°). 1.1-Diphenyl-3.3-dicarbomethoxy-2-oxacyclobutan (**IV**, F. 125°) führte durch Acetolyse bei 118° zu *1.1-Dicarbomethoxy-3.3-diphenylallylalkohol* (**V**, $C_{19}H_{18}O_5$, F. 87,5—89°). Die alkal. Hydrolyse von 1.1-Dicarbomethoxy-3.3-diphenylpropanol (F. 97,5—99°), das durch Hydrierung der vorst. Verb. in Ggw. von Pd entstand, ergab die *freie Säure* ($C_{17}H_{16}O_5$, F. 165°), sie lieferte durch Decarboxylierung *α-Hydroxy-γ.γ-diphenylbuttersäure* ($C_{16}H_{16}O_2$, F. 131—133°). Aus dem Di-K-Salz von 1.1-Diphenyl-3.3-dicarboxy-2-oxacyclobutan (das früher irrtümlich als 1.1-Diphenyl-2-hydroxy-2.3-dicarboxycyclopropan bezeichnet wurde) entsteht durch HCl-Einw. als *o-1.1-Diphenyl-4-hydroxy-4-carboxy-3-keto-2-oxacyclopentan* (**II**, F. 163,5—165°). **II** ergab durch Pyrolyse *α.γ-Dihydroxy-γ.γ-diphenylbuttersäurelacton* (F. 108—110°); *Acetylderiv.*, F. 64,5—67°) u. *γ-Hydroxy-γ.γ-diphenylcrotonsäurelacton* (F. 131—132°). Durch Methylierung von **II** mit $SOCl_2$ + CH_3OH oder HCl + CH_3OH entstehen **V** u. der *Methylester* (**III**) von **II** (F. 125°). Mit Acetylchlorid erhält man aus **III** die *Acetylverb.* (F. 103—105°). Angegeben sind die IR-Spektren von **I**—**IV** zwischen 2 u. 15 μ. (Bull. Acad. polon. Sci., Sér. Sci. chim., géol., géogr. **6**. 409—15. 1958. Warsaw, Univ., Dep. of Organ. Chem.; Łódź, Inst. of Technol., Dep. of Organ. Chem.) B. Gnauck. 3040

O. Achmatowicz und **M. Leplawy**, *Die Chemie von Carbonylcyanid.* 7. Mitt. *Reaktion zwischen Carbonylcyanid und Keten.* (6. vgl. vorst. Ref.) Unter heftiger Rk. entsteht aus Keten u. $CO(CN)_2$ *1.1-Dicyan-3-keto-2-oxacyclobutan* (**I**, $C_5H_2N_2O_2$, F. 182°) in 81,6%ig. Ausbeute. Seine Struktur wurde IR-spektroskop. (Spektr. zwischen 2 u. 15 μ angegeben) u. chem. geprüft. **I** reagiert nicht mit Phenylhydrazinnitrat u. liefert bei 12std. Kochen mit A. *Diäthylmalonat* bzw. durch Einw. von Anilin in Acetonlsg. *Malondianilid.* (Bull. Acad. polon. Sci., Sér. Sci. chim., géol., géogr. **6**. 417—18. 1958.) B. Gnauck. 3040

Leonhard Birkofer und **Franz Beckmann**, *Untersuchungen über die Aufspaltung des Furanringes.* 3. Mitt. *Hydrolyse des Furfurylalkohols.* (2. vgl. C. **1958**. 10050.) Nach kurzem Erhitzen von Furfurylalkohol (**I**) mit 0,1 n HCl auf 80° lassen sich folgende Verbb. isolieren: *Di-[α-furyl]-methan* (**II**), *Difurfuryläther* (**III**), *2-Hydroxymethyl-5-furfurylfuran* (**IV**) u. *2-Hydroxymethyl-5-[5-furfurylfurfuryl]-furan* (**V**) sowie *4.5-Dihydroxy-4.5-dihydrosilvan* (**VI**), das sich hydrierend zu *Pentantriol-(1.2.4)* spalten läßt. **III** u. **IV** bzw. **V** sind Kondensationsprodd. aus 2 bzw. 3 Moll. **I**, während **II** aus **IV** durch Abspaltung von CH_2O entsteht. **VI** gibt bei der sauren Hydrolyse über *α-Hydroxylävulinaldehyd* (**VII**) u. *β-Acetylacrolein Lävulinsäure.* In einer Neben-Rk. entsteht aus 2 Moll. **VI** etwas *2(3).3'-Dihydroxy-5.5'-dimethyl-2.3.2'.3'-tetrahydrodifuryl-(3*[oder *2*]*.2')-äther*, der bei der sauren Hydrolyse ebenfalls **VII** gibt. Nach 4std. Erhitzen von **I** mit 0,01 n HCl auf 55° werden 85% **I** zurückerhalten, bei 80° ist nach 30 Min. nur wenig, nach 60 Min. kein **I** mehr nachzuweisen, wobei nach 30 Min. ein Maximum (21,9%) an reduzierender Substanz erreicht wird; mit 0,1 n HCl wird das Maximum (ca. 20%) bereits während der Aufheizperiode (11 Min.) bei 80° erreicht. Der Mechanismus der **I**-Hydrolyse wird an Hand der älteren Literatur (vgl. auch. 1. Mitt., C. **1958**. 10050) diskutiert.

Versuche: *Di-[α-furyl]-methan* (**II**), $C_9H_8O_2$, Kp.$_{10,5}$ 74,5°, durch Hydrolyse von **I** mit 0,1 n HCl (15 Min. bei 80°) u. fraktionierte Dest. des äther. Extrakts; n_D^{20} 1,5045; daneben *Difurfuryläther* (**III**), $C_{10}H_{10}O_3$, Kp.$_{0,3}$ 70°, n_D^{20} 1,5076, *2-Hydroxymethyl-5-furfurylfuran* (**IV**; *α-Naphthylurethan*, $C_{21}H_{17}NO_4$, F. 112°, aus PAe. Nadeln) u. *2-Hydroxymethyl-5-[5-furfurylfurfuryl]-furan* (**V**), $C_{15}H_{14}O_4$, F. 65,5° (Bzl.-PAe.; *Acetylderiv.*, F. 55°, aus wss. CH_3OH Nadeln), sowie aus der wss. Phase des Hydrolysats CH_2O u. *4.5-Dihydroxy-4.5-dihydrosilvan* (**VI**), $C_5H_8O_3$, F. 132—134°, aus wss. CH_3OH rhomb. Plättchen. — *Pentantriol-(1.2.4)*, $C_5H_{12}O_3$, Kp.$_{0,5}$ 125°, durch Hydrierung von **VI** in wss. CH_3OH über Ranay-Ni; $D.^{20}_4$ 1,1272, n_D^{20} 1,4689; gibt mit KJO_4 *Formaldehyd.* — *Lävulinsäuremethylester-[2.4-dinitrophenylhydrazon]*, F. 142°, aus **VI** in wss. CH_3OH mit 2.4-Dinitrophenylhydrazin in wss.-methanol H_2SO_4; aus CH_3OH orangegelbe Stäbchen; daneben *α-Methoxylävulinaldehyd-bis-[2.4-dinitrophenylhydrazon]*, $C_{18}H_{18}N_8O_9$, Zers. bei 221° (Essigester) u. *β-Acetylacrolein-bis-[2.4-dinitrophenylhydrazon]*, Zers. bei 271°, tiefrote Säulen aus Nitrobenzol–Xylol. — *Lävulinsäure*, aus **VI** mit 0,1 n HCl bei 80°; nach 20 Min. 4,4% (titrimetr. ermittelte Ausbeute), nach 4 Std. 36%, daneben (nach 1½ Std.) *2(3).3'-Dihydroxy-5.5'-dimethyl-2.3.2'.3'-tetrahydrodifuryl-(3*[oder *2*]*.2')-äther*, $C_{10}H_{14}O_5$, F. 119°, Nadeln aus Essigester; 150 mg aus 20 g **VI**. — *α-Hydroxylävulinaldehyd* (**VII**), *Bis-[2.4-dinitrophenylhydrazon]*, $C_{17}H_{16}N_8O_9$, F. 198,5° (Zers.), aus **VI** bzw. vorst. Nebenprod. in W. mit 2.4-Dinitrophenylhydrazin in verd. H_2SO_4; orangerote Rhomben aus Essigester. (Liebigs Ann. Chem. **620.** 21—31. März 1959. Köln, Univ., Chem. Inst.) E. Schikora. 3061

J. Sfiras und **A. Demeilliers,** *Diensynthesen in der Furanreihe.* 2-Methylfuran (I) reagiert mit Acrolein (II) als Dien unter Bldg. von *2.5-Vinylen-2-methyltetrahydrofuran-4-aldehyd* („M.F.A."). Der Einfl. von Temp., Reaktionszeit u. das Verhältnis I/II auf die Ausbeute wird untersucht.

Versuche: *2.5-Vinylen-2-methyltetrahydrofuran-4-aldehyd,* $Kp._{15}$ 82°, durch 5std. Erhitzen von 80 g I u. 100 g II im Autoklav auf 150° u. Reinigen über die Bisulfitverb.; riecht stechend; $D.^{15}_{15}$ 1,045; n_D^{20} 1,4758; 99% Ausbeute (*Oxim,* F. 65°. *Semicarbazon,* $C_9H_{13}N_3O_2$, F. 91°. *2.4-Dinitrophenylhydrazon,* $C_{14}H_{14}N_4O_5$, F. 113°); reagiert mit Aceton in Ggw. von BaO unter Erwärmen zu einem Harz. — *Alkohol vom $Kp._{15}$ 105 bis 120°,* durch Hydrieren der vorst. Verb. in Ggw. von Raney-Ni bei 80° u. wenig erhöhtem Druck unter Aufnahme von 1 Mol H_2. *Acetylderiv.,* $Kp._8$ 100—105°; riecht fruchtartig. (Recherches **1957.** 36. Juni. Argenteuil, S. A. Ets. Roure-Bertrand Fils et Justin-Dupont, Labor. de Rech.) H. Mühlmeister. 3061

I. G. Hinton, Frederick G. Mann und **A. Vanterpool,** *Die Reaktion von o-Chlormethylphenacylchlorid mit primären Aminen: eine neue Bildung des Isoindolinsystems.* Aus o-Chlormethylbenzoylchlorid u. CH_2N_2 wird *o-Chlormethylphenacylchlorid* (I) dargestellt. I wird durch sein IR- u. kernmagnet. Resonanzspektr. charakterisiert. *o-Brommethylphenacylbromid* wird analog erhalten, ist aber instabil. I gibt mit Anilin (II) an Stelle des erwarteten 1.2.3.4-Tetrahydro-4-oxo-2-phenylisochinolins *3-Methyl-2-phenyl-1-phenyliminoisoindolin* (III). III gibt ein stabiles *Hydrochlorid,* ist gegen heiße, verd. HCl oder H_2SO_4, sd. 40%ig. CH_2O bzw. HNO_2/HCl stabil, liefert mit sd. Eisessig/Acetanhydrid *Acetanilid* u. mit $Na_2Cr_2O_7/H_2SO_4$ *N-Phenylphthalimid.* III wird durch sein IR- u. kernmagnet. Resonanzspektr. sowie durch Vgl. seines UV-Spektr. mit dem von *2-Phenyl-1-phenyliminoisoindolin* charakterisiert. III entsteht schließlich durch Kondensation von 3-Methyl-1-oxo-2-phenylisoindolin u. II in $POCl_3$. m- u. p-Toluidin reagieren analog II. I reagiert aber nicht mit II-Hydrobromid.

Versuche: *o-Chlormethylbenzoylchlorid,* $Kp._{0,5}$ 87,5—88,5°, durch 90%ig. Chlorieren von o-Toluylchlorid (IV; Kp. 212°) bei 170—180°; 81% (Ausbeute). — *o-Chlormethylbenzoesäure,* $C_8H_7ClO_2$, F. 135—135,5°, durch 75 Min. Schütteln vorst. Verb. mit 98%ig. HCOOH bei Raumtemp.; Platten; 98%. — *o-Chlormethylphenacylchlorid* (I), $C_9H_8Cl_2O$, F. 41—42° (CH_3OH), durch 45 Min. Rühren vorvorst. Verb. mit CH_2N_2 (aus Methylnitrosoharnstoff) u. $(C_2H_5)_3N$ in Ae. unter N_2 u. Eis–Kochsalz-Kühlung, Filtrieren, Einleiten von HCl bei —2 bis 5° bis zur Beendigung der N_2-Entw. u. Einengen; Nadeln; 64%. — *o-Dichlormethylphenacylchlorid,* $C_9H_7Cl_3O$, F. 57,5—58° (wss. A.), neben I, bes. bei zu weitgehender Chlorierung von IV bei der Darst. des Ausgangsprod.; Nadeln. — *o-Brommethylbenzoylbromid,* F. 36°, aus IV u. Br_2; 63%. — *o-Brommethylphenacylbromid,* $C_9H_8Br_2O$, F. 55,5—56° (Zers.; CH_3OH, Cyclohexan oder PAe.), mit CH_2N_2 u. HBr; Nadeln; 54%. — *3-Methyl-2-phenyl-1-phenyliminoisoindolin* (III), $C_{21}H_{18}N_2$, F. 149—151° (A.), a) durch 1std. Kochen von I, II u. K_2CO_3 in A. u. Gießen auf Eis; Nadeln; 89%; b) durch 1std. Kochen von I u. II in A., Gießen in W. u. Ausfällen mit 10%ig. wss. NaOH; c) durch 3std. Erhitzen von 3-Methylphthalid (aus 2-Carboxyacetophenon u. Na-Amalgam) u. II in $POCl_3$ auf dem Wasserbad, Heißfiltration u. Zugeben von wss. verd. NaOH. *Hydrochlorid,* $C_{21}H_{18}N_2 \cdot HCl$, F. 205° (Dunkelfärbung ab 190°). — *3-Methyl-2-[p-tolyl]-1-[p-tolylimino]-isoindolin,* $C_{23}H_{22}N_2$, F. 174 bis 175° (sublimiert bei 250°/0,04 mm). — *3-Methyl-2-[m-tolyl]-1-[m-tolylimino]-isoindolin,* $C_{23}H_{22}N_2$, F. 145—155° (A.), Platten. — *N-Phenylphthalimid,* $C_{14}H_{19}NO_2$, F. 204—206° (A.), durch 30 Min. Kochen von III mit $Na_2Cr_2O_7$ in wss. H_2SO_4; seidige Nadeln. — *x-Brom-3-methyl-2-phenyl-1-phenyliminoisoindolin,* $C_{21}H_{17}BrN_2$, F. 138 bis 140° (wss. A.), durch Bromieren von III in wss. HBr. — *2-Phenyl-1-phenyliminoisoindolin,* $C_{20}H_{16}N_2$, F. 151—153° (A.), durch 3std. Kochen von 1-Oxo-2-phenylisoindolin mit II in $POCl_3$, Gießen in W. u. Neutralisieren mit 10%ig. NaOH. *Hydrochlorid,* $C_{20}H_{16}N_2 \cdot HCl$, F. 240° (Dunkelfärbung ab 233°). (J. chem. Soc. [London] **1959.** 610 bis 614. Febr. Cambridge, Univ., Chem. Labor.) R. Pasedag. 3081

Masao Nakazaki und **Sachihiko Isoe,** *Alkylierung von Tetrahydrocarbazol. (Bildung von 9-Alkyltetrahydrocarbazolen und 11-Alkyltetrahydrocarbazoleninen.)* Vff. stellen einige der genannten Verbb. sowie alkylierte Indole dar u. erörtern die Bildungsmechanismen.

Versuche: 9-Alkyltetrahydrocarbazole bzw. 11-Alkyltetrahydrocarbazolenine: *9-Methyl-* (I), F. 50—52°, aus 3 g Tetrahydrocarbazol (II) u. Methyljodid in Ggw. von Na in fl. NH_3 in 30 Min.; aus PAe. gelbe

Nadeln. *Pikrat*, $C_{13}H_{15}N \cdot C_6H_3N_3O_7$, F. 113—114°, aus A. rote Nadeln. — *11-Methyl-* (**III**), aus 3 g **II** u. Methyl-MgJ (**IV**) in Ae. in 2 Std.; gelbe Fl.; 0,4 g (Ausbeute). *Pikrat* (**V**), F. 169°, a) aus **III**; aus A. gelbe Kristalle; b) aus dem neben **I** erhaltenen Prod.; tiefgelbe Nadeln; 10 mg; c) durch 9std. Kochen von 1,7 g **II** mit Methyljodid in wss. A. u. Rk. des Prod. mit Pikrinsäure; 0,1 g. — *11-Benzyl-* (**VI**), $C_{19}H_{19}N$, F. 85—86°, Kp.$_{2,5}$ 190 bis 205°, a) analog **I** aus 5 g **II** u. Benzylchlorid (**VII**); blaßgelbes Öl; 5,8 g; b) aus 3,4 g **II** durch 1½std. Stehen u. 1std. Erwärmen mit **IV** in Ae. u. Zugabe von **VII**; 2,8 g; c) aus 2-Benzylcyclohexanon u. Phenylhydrazin nach VANDERWERF u. LEMMERMANN (Org. Syntheses **28**. [1948.] 8) *Pikrat*, F. 176—177,5°, a) analog **V** nach c) aus 1,7 g **II** über die freie Base (1 g); aus A. gelbe Prismen; b) durch 6½std. Kochen von 3 g **II** mit **VII** in wss. A. in Ggw. von KOH u. Rk. mit Pikrinsäure; 1,2 g. — *9-Benzyl-*, F. 49—50,5°, Kp.$_2$ 195°, neben **VI** nach a); aus A. Nadeln. *Pikrat*, F. 110—111°, aus A. rote Nadeln. — *9-Allyl-*, $C_{15}H_{17}N$, Kp.$_3$ 157°, aus 5 g **II** u. Allylbromid (**VIII**) analog **I**; n_D^{21} 1,6010; gelbes Öl; 2,5 g. *Pikrat*, F. 76—77°, aus A. dunkelrote Kristalle. — *11-Allyl-*, F. 57—58°, a) neben vorst. Verb.; 2,1 g; b) analog **VI** nach b) aus 3,4 g **II**; aus PAe. gelbe Kristalle; 1,5 g. *Pikrat*, F. 142—143°, analog **V** nach c) aus 0,85 g **II**; aus A. gelbe Prismen; 0,76 g. — *11-Isopropyl-*, $C_{15}H_{19}N$, F. 78—79°, a) aus 5 g **II** analog **I** neben *Indolenin* (F. 115°; 0,45 g) u. *1-Aza-8.9-benzocyclononendion* [$C_{12}H_{13}NO_2$, F. 156—157° (Ae.)]; aus PAe. schwach gelbe Kristalle; 1,1 g; b) aus 3,4 g **II** analog **VI** nach b) neben **II** [F. 114—116° (PAe.); 1,3 g]. *Pikrat*, F. 180—181°, analog **V** nach c) aus 1 g **II**, aus A. gelbe Prismen; 0,1 g. — *11-tert.-Butyl-*, $C_{16}H_{21}N$, Kp.$_{10-9}$ 89 bis 93°, aus 3,4 g **II** analog **VI** nach b); schwachgelbes Öl; n_D^{22} 1,5697; 0,6 g. *Pikrat*, F. 121° (Zers.), gelbe Kristalle. — *9-Triphenylmethyl-*, $C_{31}H_{27}N$, F. 224—225° (Ae.-Bzl.), aus 3,4 g **II** analog **VI** nach b) neben einem *Öl* (*Pikrat*, F. 153—159°), *Triphenylmethan* (**IX**; F. 94—95°; 1,3 g) u. *Triphenylcarbinol* (**X**; F. 160—161°); 0,1 g. — Rk. von 3 g **II** mit Triphenylchlormethan analog **I** → **IX** (0,1 g), **X** (0,12 g), eine *gelbe Verb. vom F. 146°* (PAe.) u. *2.3-Cyclopentenochinolon-(4)* [F. 312° (Zers.); 0,05 g]. — *11-Dichlormethyl-*, $C_{13}H_{13}Cl_2N$, F. 158°, a) durch 1std. Kochen von 1,5 g **II** mit Chlf. in A.-Na-Äthylat; aus A. Prismen; 0,3 g; b) durch Zutropfen von wss.-alkoh. KOH zur sd. Lsg. von 3 g **II** u. Chlf. in wss. A. u. folgendes ½std. Kochen; 1,45 g. *Pikrat*, F. 173°, aus A. gelbe Prismen. — I n d o l e: *N-Benzyl-*, $C_{15}H_{13}N$, Kp.$_2$ 175—179°, F. 45—46,5°, aus 4 g Indol (**XI**) u. **VII** analog **I**; aus A. Nadeln; 4,2 g. *Pikrat*, F. 80—82°, orangerote Kristalle. — *N-Allyl-*, $C_{11}H_{11}N$, Kp.$_6$ 114—116°, analog vorst. Verb. aus 4 g **XI** u. **VIII**; 2,8 g. *Pikrat*, F. 79—79,5°, orangerote Nadeln. — *3-Allyl-*, a) Kp.$_{3,5}$ 109—120°, durch Erhitzen von 4 g **XI** mit Na auf 180—200° u. 6std. Rk. des Prod. in Bzl. mit **VIII**; 2,1 g; b) Kp.$_{2,5}$ 120—124°, durch 20 Min. Rk. von **IV** mit 3 g **XI** in Ae. u. Zusatz von **VIII**; 0,7 g. *Pikrat*, F. 106—107°, aus Bzl. orangerote Kristalle. (J. chem. Soc. Japan, pure Chem. Sect. [Nippon Kagaku Zassi] **76**. 1159—68. Okt. 1955. Osaka, Städt. Univ. [Orig.: japan.])
L. SCHULER. 3081

Ss. I. Omeltschenko und **S. W. Puschkarewa**, *Untersuchung der strukturellen Besonderheiten und chemischen Umwandlungen von Carbazol und einigen Derivaten.* 2. Mitt. *Über einige Eigenschaften von 3-Aminocarbazol und seinen Derivaten.* (1. vgl. C. **1959**. 3469.) Die Methylierung von 3-Aminocarbazol (**I**) mit Dimethylsulfat führt zu *3-Dimethylaminocarbazol*, die Acetylierung in Essigsäureanhydrid je nach den Bedingungen zu einem Mono-, Di- oder Triacetylderivat. *3-Benzoylaminocarbazol* läßt sich mit Benzoylchlorid in Ggw. von $NaOC_2H_5$ erhalten. Mit Chloressigsäure geht **I** keine Rk. ein. Das mit Bromessigsäure dargestellte N-[Carbazolyl-(3)]-glycin (**II**) wandelt sich in Lsg. an

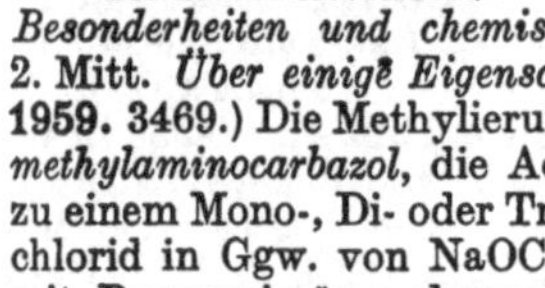

III

der Luft rasch in einen schwarzen Körper um, der vermutlich die Chinondiimidstruktur **III** besitzt. Auch **I** u. 3.6-Diaminocarbazol gehen langsam in entsprechende Substanzen über. Eine Cyclisierung von **II** gelang nicht. Das UV-Spektr. von **III** bestätigt die angenommene Struktur. Dagegen zeigt die spektroskop. Unters. von 3-Nitrocarbazol auch in alkal. Lsg., in der man Chinondiimidstrukturen vermutet hat [STEVENS, 1923], keine entsprechenden Anhaltspunkte. **I** besitzt ein sehr tiefes Absorptionsmaximum bei 312 mμ (log ε = 2,6); das Spektr. von **I**-Hydrochlorid entspricht jenem von Carbazol. Im Mol. von **I** liegt nach den Ergebnissen eine starke Wechselwrkg. zwischen dem N des Kerns u. der Aminogruppe vor.

V e r s u c h e: *3-Dimethylaminocarbazol*, $C_{14}H_{14}N_2$, F. 135—140° (A.-Ae.), durch 1¼std. Schütteln von **I** mit Dimethylsulfat in wss. NaOH; 57% (Ausbeute). — *3-Benzoylaminocarbazol*, $C_{19}H_{14}N_2O$, F. 265°, aus **I** u. Benzoylchlorid in Ggw. von $NaOC_2H_5$; 81,7%. — *N-[Carbazolyl-(3)]-glycin* (**II**), $C_{14}H_{12}N_2O_2$, F. 120° (Zers.), durch ½std. Schütteln von 1,82 g **I** mit (durch NaOH neutralisierter) Bromessigsäure in Aceton,

½ std. Erhitzen auf dem Wasserbad, 12 std. Stehen, Verdünnen mit W., Einengen u. Umfällen aus NH_4OH mit HCl; 1,2 g. — *Chinondiimidverb.* III, $C_{14}H_{10}N_2O_2$, F. 175—180°, durch 3—4 std. Stehen von II in A. an der Luft, Verdünnen mit W. u. Ausäthern; schwarz. (Журнал Общей Химии [J. allg. Chem.] **28** (**90**). 2706—10. Okt. 1958. Uraler Polytechn. Inst.) H.-E. TOUSSAINT. 3081

W. N. Michailowa und **W. W. Pigulewski,** *Synthese von 1-Phenylpyrazolidon-(3) (Phenidon) aus β-Chlorpropionsäureestern.* Durch Kondensation von Phenylhydrazin mit β-Chlorpropionsäuremethyl- oder -n-butylester im schwach bas. Medium wird *1-Phenylpyrazolidon-(3)* erhalten. Aus Acrylonitril u. HJ bzw. HBr werden *β-Jod-* u. *β-Brompropionitril* dargestellt.

Versuche: *1-Phenylpyrazolidon-(3)*, $C_9H_{10}N_2O$, F. 120—121°, man erhitzt 5 g (9,1 g) β-Chlorpropionsäuremethyl-(n-butyl)-ester u. 4,3 (5,4) g Phenylhydrazin 2½ Std. auf dem Wasserbad, filtriert Phenylhydrazinhydrochlorid ab u. erhitzt noch ca. 25 Std.; ca. 45% (18%). *Hydrochlorid*, $C_9H_{11}ClN_2O$, F. 162—163° (absol. A.). — *β-Brompropionitril*, C_3H_4BrN, Kp.$_{15}$ 81—83°, man leitet in Acrylonitril bei 0° die äquimol. Menge HBr-Gas ein, läßt über Nacht stehen, wäscht mit Na_2SO_3 u. W. u. dest.; $D.^{20}_4$ 1,6158; n_D^{20} 1,4750; 70—75%. — *β-Jodpropionitril*, C_3H_4JN, Kp.$_9$ 105—106°, analog Vorst. aus HJ u. Acrylonitril; $D.^{20}_4$ 2,0377; n_D^{20} 1,550; 35—40%. (Журнал Общей Химии [J. allg. Chem.] **28** (**90**). 3112—15. Nov. 1958. Leningrad, Inst. für Kinoingenieure.) HELMUT SCHÄFER. 3122

Jaakko Hukki und **Jorma Myry,** *Synthese von Antipyryl-(4)-alkamináthern.* Verss., durch Rk. von 4-Bromantipyrin mit Alkanolaminen Antipyryl-(4)-alkamináther darzustellen, schlugen fehl; 4-Bromantipyrin wurde durch 24 std. Kochen mit Dimethylaminoäthanol oder dessen Na-Alkoholat nicht verändert. Aus 4-Hydroxyantipyrin (I) konnte *Antipyryl-(4)-benzyläther* dargestellt werden; I reagierte jedoch mit Alkaminhalogeniden nicht unter Verätherung; die Bldg. von *N.N.N'.N'-Tetraalkylpiperazinium-dihalogeniden* zeigte, daß keine Verätherung erfolgt. Die Kondensation von I mit Alkaminhalogeniden gelang auch in Ggw. von Pyridin nicht; durch diese Rk. entstanden *Alkaminpyridiniumhalogenidhydrohalogenide.* Durch Rk. von I mit $NaNH_2$ in Toluol zur Na-Verb. u. Behandlung mit Alkaminhalogeniden in wasserfreiem Medium trat Verätherung ein. Die Verätherung gelang in optimaler Ausbeute u. Reinheit durch Kochen von I mit Alkaminhalogenidhydrohalogeniden in Aceton in Ggw. von K_2CO_3. Die dargestellten Äther wurden als Monooxalate charakterisiert. Die UV-Spektren der Äther u. von I sind angegeben. Durch Rk. von *Antipyryl-(4)-β-dimethylaminoäthyläther* (II) mit CH_3J bei Raumtemp. wurde in fast quantitativer Ausbeute *β-[Antipyryl-(4)-oxy]-äthyltrimethylammoniumjodid* erhalten, während Antipyrin selbst unter gleichen Bedingungen auch nach 3 tägigem Stehen kein Methojodid ergab.

Versuche: *4-Hydroxyantipyrin* (I), F. 182°, durch Zutropfen von Pyramidon in wss. HCl zu wss. $NaNO_2$-Lsg. unter Rühren unterhalb 0°, Stehen über Nacht im Kühlschrank, Abfiltrieren des *1-Diketobutyryl-1-phenyl-2-methyl-2-nitrosohydrazin-monohydrats*, Zugabe zu wss. $NaHSO_3$-Lsg., Stehen über Nacht u. Filtrieren; 92% (Ausbeute). — Antipyryl-(4)-äther: *β-Dimethylaminoäthyl-* (II), F. 65° (PAe.), a) durch 4 std. Erwärmen von 0,1 Mol I mit 0,1 Mol $NaNH_2$ in Toluol auf 80° unter Rühren, Zugabe von 0,12 Mol Alkaminchlorid in Toluol, 25 std. Erhitzen auf 80°, Abdampfen des Toluols im Vakuum, Aufnehmen in Chlf., Extraktion mit wss. NaOH u. Eindampfen der Chloroformlsg.; b) durch 2 tägiges Kochen von 0,1 Mol I, 0,1 Mol Alkaminchloridhydrochlorid u. 0,3 Mol K_2CO_3 in absol. Aceton unter Rühren, Kühlen, Filtrieren u. Eindampfen im Vakuum. *Monooxalat*, $C_{17}H_{23}N_3O_6$, F. 153° (A.), durch Lösen des nach b) erhaltenen rohen II in A., Zugabe von Oxalsäure u. Fällen mit Ae.; 84%. *Dihydrochlorid*, F. 180° (A.). *Methojodid*, $C_{16}H_{24}JN_3O_2$, F. 187° (Aceton–CH_3OH), durch Zugabe von 0,01 Mol II in Ae. zu 0,01 Mol CH_3J, 24 std. Stehen u. Filtrieren; 100%. — *1-Dimethylaminopropyl-(2)-*, Kristalle aus PAe. (F. $<25°$), analog II nach a) u. b). *Monooxalat*, $C_{18}H_{25}N_3O_6$, F. 170° (Aceton–CH_3OH), wie oben; 74%. — *β-Diäthylaminoäthyl-*, Fl., analog II. *Monoxalat*, $C_{19}H_{27}N_3O_6$, F. 123° (Aceton–CH_3OH), wie oben; 66%. — *γ-Dimethylaminopropyl-*, Fl., analog II. *Monooxalat*, $C_{18}H_{25}N_3O_6$, F. 158° (Aceton–CH_3OH), wie oben; 71%. — *β-Piperidinoäthyl-*, Fl., analog II. *Monooxalat*, $C_{20}H_{27}N_3O_6$, F. 156° (CH_3OH), wie oben; 69%. — *4-Benzyloxyantipyrin*, $C_{18}H_{18}N_2O_2$, F. 71—72° (PAe.-Aceton), a) durch Zugabe von 0,01 Mol Benzylchlorid u. 0,01 Mol I zu 0,01 Mol alkoh. Na-Äthylat, 4 std. Kochen, Eindampfen u. Aufarbeitung analog II; 79%; b) analog II nach b); 72%. — *4-Äthoxyantipyrin*, F. 53—54° (PAe.-Aceton), durch langsame Zugabe von 0,25 Mol $(C_2H_5)_2SO_4$ zu 0,25 Mol I in 0,1 n NaOH unter Schütteln, 30 Min. Erwärmen auf 60—70°, Chloroformextraktion u. Aufarbeitung wie II; 65%. (Acta chem. scand. **13.** 174—77. 1959. Helsinki, Lääketehdas Orion Dy.)

H. BERTSCH. 3122

A. W. Stetzenko und **A. D. Kurbatowa,** *Cyaninfarbstoffe aus 2-Methylacenaphthenothiazol.* Aus *2-Methylacenaphtheno-[5'.4':4.5]-thiazol* (I) werden über sein *Methomethylsulfat Mono-, Tri-* u. *Pentacyanine* dargestellt u. deren Absorptionsmaxima in A. gemessen.

Versuche: *5-Thioacetylaminoacenaphthen,* F. 141°, aus 3 g 5-Acetylaminoacenaphthen u. 2,1 g P_2S_5 in 100 ml Toluol durch 1 std. Kochen, Extraktion mit 2n NaOH u. Fällung mit CO_2; 37%. — *2-Methylacenaphtheno-[5'.4':4.5]-thiazol* (I), $C_{14}H_{11}NS$, F. 98° (A.), man tropft zu 0,4 g vorst. Verb. in 15 ml 8%ig. NaOH bei 0° 2,8 g $K_3[Fe(CN)_6]$ in 10 ml W. u. läßt 6 Std. stehen; hellgelbe Nadeln; 68%. *Jodmethylat,* $C_{15}H_{14}JNS$, F. 224° (A.), man erhitzt 0,5 g I u. 0,32 g Dimethylsulfat 90 Min. auf dem sd. Wasserbad u. behandelt mit wss. KJ; 70%. — *{3-Methylacenaphtheno-[5'.4':4.5]-thiazolyl-(2)}-[3-methylbenzthiazolyl-(2)]-methincyaninjodid,* $C_{23}H_{19}JN_2S_2$, F. 268—269° (A.), man kocht 0,18 g I-Methomethylsulfat, 0,17 g 2-Methylmercapro-3-methylbenzthiazoliummethylsulfat u. 0,18 g Na-Acetat in 3 ml absol. A. 1 Std.; man löst in A. u. gibt wss. KJ zu; 48%. — *Bis-{3-methylacenaphtheno-[5'.4':4.5]-thiazolyl-(2)}-trimethincyaninjodid,* $C_{31}H_{25}JN_2S_2$, F. 218° (Zers.; A.); man kocht 0,2 g I-Methomethylsulfat, 0,2 g Orthoameisensäureester u. 2 ml Acetanhydrid 10 Min. u. behandelt wie vorst.; 17%. — *{3-Methylacenaphtheno-[5'.4':4.5]-thiozolyl-(2)}-[3-methylbenzoxazolyl-(2)]-trimethincyaninjodid,* $C_{25}H_{21}JN_2OS$, F. 230° (Zers.; A.), aus 0,35 g I-Methomethylsulfat, 0,42 g 2-[ω-Acetanilidovinyl]-3-methylbenzoxazoliumjodid u. 0,35 g Na-Acetat durch 20 Min. Kochen in 4 ml Acetanhydrid; 31%. — *{3-Methylacenaphtheno-[5'.4':4.5]-thiazolyl-(2)}-[1.3.3-trimethylindoleninyl-(2)]-trimethincyaninjodid,* $C_{28}H_{27}JN_2S$, F. 240° (A.); man kocht 0,2 g I-Methomethylsulfat, 0,26 g 2-[ω-Acetanilidovinyl]-3.3-dimethylindoleninjodmethylat, 0,2 g Na-Acetat u. 4 ml Acetanhydrid 20 Min.; 42%. — *{3-Methylacenaphtheno-[5'.4':4.5]-thiazolyl-(2)}-[3-äthylbenzthiazolyl-(2)]-trimethincyaninjodid,* $C_{26}H_{23}JN_2S_2$, F. 239° (A.); man erhitzt 0,18 g I-Methomethylsulfat, 0,23 g 2-[ω-Acetanilidovinyl]-3-äthylbenzthiazoliumjodid, 0,18 g Na-Acetat u. 2 ml Acetanhydrid 25 Min. auf dem sd. Wasserbad; 43,5%. — *{3-Methylacenaphtheno-[5'.4':4.5]-thiazolyl-(2)}-[1-äthylchinolinyl-(2)]-trimethincyaninjodid,* $C_{28}H_{25}JN_2S$, F. 258—259° (A.), aus 0,35 g I-Methomethylsulfat, 0,42 g 2-[ω-Acetanilidovinyl]-chinolinjodäthylat, 0,35 g Na-Acetat u. 4 ml Acetanhydrid wie vorst.; 47,6%. — *Bis-{3-methylacenaphtheno-[5'.4':4.5]-thiazolyl-(2)}-pentamethincyaninjodid,* $C_{33}H_{27}N_2JS_2$, F. 310° (Zers.); man kocht 0,35 g I-Methomethylsulfat, 0,13 g Glutaconaldehydanilanilidhydrochlorid u. 4 ml Acetanhydrid mit 3 Tropfen Triäthylamin 7 Min., löst in A. u. fällt mit KJ; aus A. blaugrünes Pulver; 20%. — *2-[p-Dimethylaminostyryl]-acenaphtheno-[5'.4':4.5]-thiazol, Jodmethylat,* $C_{24}H_{23}JN_2S$, F. 237° (Zers.; A.); man kocht 0,2 g I-Methomethylsulfat u. 0,08 g p-Dimethylaminobenzaldehyd in 3 ml Acetanhydrid 1/4 Std. u. fällt aus A. mit KJ; 57%. (Украинский Химический Журнал [Ukrain. chem. J.] **24.** 354—57. 1958. Kiew, Schewtschenko-Univ., Lehrstuhl für org. Chem.)

HELMUT SCHÄFER. 3142

Horst Böhme, Horst Ellenberg, Otto-Erich Herboth und **Walter Lehners,** *Über α-halogenierte Amine.* 6. Mitt. *Über die Spaltung von Aminalen höherer Aldehyde mit Halogenwasserstoff und die Anlagerung von Chlorwasserstoff an Enamine.* (5. vgl. C. **1958.** 12077.) Durch Rk. von N.N'-Benzylidendimorpholin (I) mit HCl in Acetonitril–Ae. entsteht ein Gemisch von *Morpholinhydrochlorid* u. *N-[α-Chlorbenzyl]-morpholin* (II). II konnte durch Umsetzung mit Phenyl-Li in Ae. zu *N-Benzhydrylmorpholin* charakterisiert werden. Durch analoge Spaltung von N.N'-Benzylidendipiperidin (III) mit HCl, Abfiltrieren des *Piperidinhydrochlorids,* Eindampfen des Filtrats u. Rk. mit HCN wurde *N-[α-Cyanbenzyl]-piperidinhydrochlorid* erhalten. Isobutyraldehydtetramethylaminal (IV) ergab durch Spaltung mit HCl u. Rk. mit HCN *α-Dimethylaminoisovaleronitril.* Analog ließen sich andere Aminale, z. B. die des Acetaldehyds, Proipionaldehyds u. n-Butyraldehyds mit Piperidin, Morpholin oder Diäthylamin, durch HCl spalten, wobei Gemische aus α-halogeniertem Amin u. sek. Ammoniumsalz entstanden. α-Tripiperidein (V) lieferte durch Lösen in HCN *2-Cyanpiperidin* (VI). VI konnte mit $Ba(OH)_2$ in der Hitze zu *Piperidin-2-carbonsäure* verseift werden. Durch Einw. von 3 Mol HCl auf V in Ae. wurde ein Salz erhalten, das mit HCN VI, mit Phenyl-Li *2-Phenylpiperidin* lieferte. Die Einw. von HCl auf 1-Morpholinobuten-(1) in Ae. wurde eine salzartige Verb. erhalten, die mit W. *Butyraldehyd* u. *Morpholinhydrochlorid,* mit HCN *α-Morpholinovaleronitril* (VII) bildet. VII wurde auch durch HCl-Spaltung des Aminals von n-Butyraldehyd u. Morpholin u. Rk. mit HCN dargestellt. *α-Piperidinobutyronitril* wurde analog aus N-Propenylpiperidin erhalten. Alle Verss. wurden unter N_2 unter absol. Wasserausschluß durchgeführt.

Versuche: *N-[α-Chlorbenzyl]-morpholin* (II), durch Zutropfen von I in Acetonitril–Ae. zu HCl in Acetonitril bei —15°, Filtrieren, Eindampfen im Vakuum, Trocknen bei 50°/0,02 Torr u. Kristallisieren aus Acetonitril; 81%ig; 87% (Ausbeute). — *N-Benzylhydrylmorpholin, Hydrochlorid,* $C_{17}H_{19}NO \cdot HCl$, F. 230—233° (Isopropanol–Ae.), durch Zutropfen von Phenyl-Li in Ae. zu **II** in Ae. unter Kühlen, 30 Min. Kochen, Kühlen, Zers. mit Eiswasser, Ae.-Extraktion, Reextraktion mit verd. Säure, Alkalisieren, Ae.-Extraktion, Einengen, Dest., Aufnehmen der bei 90—100° (Bad)/0,01 Torr sd. Anteile (52%) in Ae. u. Fällen mit HCl. — *N-[α-Cyanbenzyl]-piperidin,* $C_{13}H_{16}N_2$, F. 62°, durch Zutropfen von **III** in Ae. zu HCl in Acetonitril analog **II**, Filtrieren, Eindampfen im Vakuum, Zugabe von HCN unter Eiskühlung, Absaugen von HCN im Vakuum, Lösen des Rückstandes in W., Alkalisieren mit KOH u. Ae.-Extraktion; Kp.$_{0,5}$ 112°; 64%. *Pikrat,* $C_{13}H_{16}N_2 \cdot C_6H_3N_3O_7$, F. 141° (Ae.). — *α-Dimethylaminoisovaleronitril,* $C_7H_{14}N_2$, Kp.$_{10}$ 54°, durch Zutropfen von HCl in Ae. zu 4 g **IV** (Kp.$_{10}$ 39,5 bis 41,0°) in Ae. bei —15°, Filtrieren, Waschen mit Ae., Lösen von 4 g des erhaltenen Gemisches von 44% α-halogeniertem Amin u. 56% Dimethylammoniumchlorid (6 g) in HCN u. Aufarbeitung wie oben; 92%. — *2-Cyanpiperidin* (**VI**), Kp.$_{12}$ 90—92°, a) durch Zugabe von **V** in Ae. zu 3 Mol HCl in Ae. unter Kühlen mit Eis–NaCl, Filtrieren, Waschen mit Ae., Trocknen über P_2O_5 bei 11 Torr, Lösen des α-halogenierten Amins (80%) in HCN u. Aufarbeitung wie oben; 95%; b) durch Zugabe von HCN zu **V** unter Kühlen mit Eis–NaCl u. Abdestillieren des HCN; 81%. *Pikrat,* $C_6H_{10}N_2 \cdot C_6H_3N_3O_7$, F. 134° (A.–PAe.), in Ae. unter Kühlung. *Hydrochlorid,* $C_6H_{10}N_2 \cdot HCl$, F. 138° (A.–PAe.), in Alkohol. — *Piperidin-2-carbonsäure,* F. 262°, durch Erhitzen von **VI** mit $Ba(OH)_2$ in W. bis zum Verschwinden des NH_3-Geruches u. Ae.-Extraktion. — *2-Phenylpiperidin,* $C_{11}H_{15}N$, Kp.$_{13}$ 118°, analog **VI** u. Zugabe von Phenyl-Li in Ae. zum erhaltenen α-halogenierten Amin in Ae. unter Rühren u. Kühlen, 12 std. Stehen u. Aufarbeitung wie oben; 49%. *Hydrochlorid,* F. 195—196° (A.–Ae.), aus Ae. gefällt. *Hydrat,* F. 60°, durch Stehen an der Luft. — *α-Morpholinovaleronitril* (**VII**), F. 32°, a) durch Zutropfen von HCl in Ae. zu 1-Morpholinobuten-(1) in Ae. bei —15°, Filtrieren u. Rk. mit HCN wie oben; Kp.$_{15}$ 134 bis 136°; 42%; b) durch Rk. von 20 g 1.1-Dimorpholinobutan mit HCl in Ae. bei —15°, Filtrieren u. Lösen des erhaltenen Gemisches von 37% α-halogeniertem Amin u. 63% Morpholinhydrochlorid (15,8 g) in HCN; 92%. *Hydrochlorid,* F. 148° (A.–PAe.). (Chem. Ber. **92**. 1608—13. 1959. Marburg/Lahn, Univ., Pharmazeut.-Chem. Inst.)

H. BERTSCH. 3200

F. E. King, J. W. Clark-Lewis und **W. F. Forbes,** *Chemie der Extrakte aus Harthölzern.* 25. Mitt. (—)-*Epiafzelechin, ein neues Glied der Catechinreihe.* (24. vgl. C. **1957**. 1684.) Aus dem Kernholz verschied. *Afzelia*-Spezies wurden nach Entfernung von Wachs mit sd. PAe. durch Extraktion mit Ae. *Kämpferol* (**I**), (+)-*Dihydrokämpferol* (**II**) u. das neue (—)-*cis-5.7.4'-Trihydroxyflavanol-(3)* [(—)-*Epiafzelechin*; **III**], isoliert. Die Konst. von **III** wurde durch die Bldg. eines *Tetraacetylderiv.*, eines *Trimethyläthers* [(—)-**IV**], durch Oxydation von (—)-**IV** zu *p-Anissäure*, Rk. des (—)-**IV**-*p-Tosylats* mit N_2H_4 zu *5.7.4'-Trimethoxy-Δ²-flaven* (**V**) u. Addition von HCl an **V** zu *5.7.4'-Trimethylapigenidinchlorid* bewiesen. Mit H_2 an Pt wurde dieses ebenso wie **V** zu *5.7.4'-Trimethoxyflavan* hydriert. Das durch Hydrierung von 5.7.4'-Trimethylpelargonidinchlorid erhaltene (±)-*5.7.4'-Trimethoxyflavanol-(3)* [(±)-**IV**] (bzw. dessen *Acetylderiv.*) gibt mit dem aus **III** dargestellten (—)-**IV** (bzw. dessen Acetylderiv.) keine F.-Depression; ebenso sind die IR-Spektren identisch. Die cis-Stellung der OH-Gruppe an $C_{(3)}$ u. damit die Zugehörigkeit zur Gruppe der Epicatechine wird durch die nach einem E_2-Mechanismus stereospezif. ablaufende trans-Abspaltung von p-Toluolsulfonsäure aus dem (—)-**IV**-Tosylat sowie die cis-Addition von H_2 an den planaren Flavyliumkern unter Bldg. von Epiverbb. bewiesen. Das von TSUJIMURA [1925] aus Tee isolierte Gallocatechin vom F. 218° gehört auf Grund der physikal. Daten in die Epireihe, das Casuarin in die Reihe des (+)-Catechins mit trans-OH an $C_{(3)}$. Im Inhalt einer Spalte in einem Afzelia-Holzstück wurde neben wenig **II** u. **III** als Hauptbestandteil das l-Rhamnosid *Afzelin* gefunden. Flavandiole-(3.4) konnten nicht nachgewiesen werden. — UV-Spektren vgl. Original.

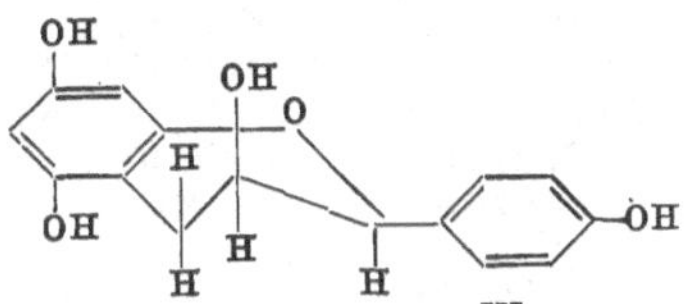

III

Versuche: *Kämpferol* (**I**), $C_{15}H_{10}O_6$, F. 279—280° (Zers.), durch Extraktion des Kernholzes von *Afzelia* mit PAe., dann Ae., Eindampfen des äther. Extraktes u. Auskochen des Extraktrückstandes mit W.; aus 50%ig. A. kleine gelbe Prismen; 0,4% (Ausbeute). R_F 0,83 (Butanol–Essigsäure–W.; 5:1:4, absteigend an WHATMAN Nr. 1), 0,54—0,55 (m-Kresol–Essigsäure–W.; 50:2:48); FeCl$_3$-Rk. grün. *Tetraacetylderiv.*, $C_{23}H_{18}O_{10}$, F. 183°, a) aus **I**; b) durch Zugeben von Acetanhydrid zu 3,6 g **II** in 10%ig. NaOH bei 0°; 1 g; aus CH_3OH Nadeln. *Tetramethyläther,* $C_{19}H_{18}O_6$, F. 161—162°, aus Methanol Nadeln. — (+)-*Dihydrokämpferol* (**II**), *Dihydrat,* $C_{15}H_{12}O_6 \cdot 2\,H_2O$, F. 222—224°

(Zers.; Natronglascapillare), F. 246° (Zers.; Pyrexglascapillare, schnelles Erhitzen), aus dem wss. Extrakt von **I**; feine Nadeln; $[\alpha]_D$ +2,5° (c = 1; A.), $[\alpha]_D$ +9° [c = 0,9; Aceton–W. (1:1)]; 0,8%. R_F 0,87; 0,72—0,73; $FeCl_3$-Rk. bräunlichrot, mit Mg u. HCl oder Zn u. HCl rosa; ist ident. mit dem Katuranin von UODA, FUKUSHIMA u. KONDO (J. agric. chem. Soc. Japan, Bull. **19**. [1943.] 467) u. der Verb. $C_{15}H_{12}O_6 \cdot 2\,H_2O$ von KING u. ACHESON (J. chem. Soc. [London] **1950**. 168). — *Afzelin*, R_F 0,82; 0,58—0,59; grünlichgelb; $FeCl_3$-Rk. grün. — (—)-*Epiafzelechin* (**III**), $C_{15}H_{14}O_5$, F. 240—243° (Zers.), durch Extraktion einer hellfarbigen Holzprobe von *Afzelia* mit PAe., dann Ae., Eindampfen des Ae.-Extraktes, Lösen des Rückstandes in heißem W. u. Einengen des Filtrats im Vakuum; aus A. Nadeln; $[\alpha]_D^{19}$ —58,9° (c = 3; A.); 0,55%. R_F 0,73—0,74; 0,40—0,43; Lsg. in CH_3OH, gibt mit wss. $FeCl_3$ grüne Farb-Rk., mit Vanillin in konz. HCl rot, mit konz. H_2SO_4 beim Erwärmen intensiv rot, mit sd. konz. HCl roter Nd. (Phlobaphen), mit sd. verd. HCl gelblichweißer Nd., mit sd. verd. NaOH gelbe Lsg. → rosa Nd. (nach Ansäuern), mit sd. CH_2O-Lsg. weißer Nd., Rk. mit Mg oder Zn u. HCl oder mit Na-Amalgam u. Ansäuern negativ, im UV schwachblaue Fluorescenz. *Tetraacetylderiv.*, $C_{23}H_{22}O_9$, F. 126—127°, aus **III** u. Na-Acetat in sd. Acetanhydrid; aus verd. Essigsäure Prismen; mit kalter H_2SO_4 rot. — (—)-*cis-5.7.4'-Trimethoxyflavanol-(3)* [(—)-**IV**], $C_{18}H_{20}O_5$, F. 110°, aus 3,3 g **III**, K_2CO_3 u. $(CH_3)_2SO_4$ in sd. Aceton; aus CH_3OH Prismen; $[\alpha]_D^{20}$ —67,4° (c = 2; A.); 76%. Mit warmer konz. H_2SO_4 rot. *Acetylderiv.*, $C_{20}H_{22}O_6$, F. 133°, aus (—)-**IV** u. sd. Acetanhydrid; aus A. Nadeln; $[\alpha]_D^{21}$ —73,8° (c = 2; Chlf.); mit warmer konz. H_2SO_4 rot. *p-Tosylat*, $C_{25}H_{26}O_7S$, F. 165° (orangefarbene Schmelze), aus (—)-**IV**, p-Tosylchlorid u. Pyridin auf dem Wasserbad (40 Min.); aus A. Nadeln; $[\alpha]_D^{20}$ —8,7° (c = 3; Chlf.); 65%. — *p-Anissäure*, F. 183—184°, aus (—)-**IV** u. $KMnO_4$ in sd. Aceton; Nadeln; 21%. — *5.7.4'-Trimethoxy-Δ^2-flaven* (**V**), $C_{18}H_{18}O_4$, F. 129—130°, aus (—)-**IV**-*p-Tosylat* u. wasserfreiem N_2H_4 im Rohr bei 132° (40 Min); aus A. Nadeln; 55%. — *5.7.4'-Trimethoxyflavyliumchlorid* (*5.7.4'-Trimethylapigenidinchlorid*), *Pentahydrat*, $C_{18}H_{17}ClO_4 \cdot 5\,H_2O$, F. 159—160° (Zers.), a) nach PRATT, ROBINSON u. WILLIAMS [1924]; 70%; b) aus **V** u. HCl-Gas in Chlf.–Bzl. (7 Tage); aus 4n HCl orangefarbene Nadeln. — (±)-*5.7.4'-Trimethoxyflavan*, $C_{18}H_{20}O_4$, F. 107 bis 108°, a) aus **V** in Eisessig u. H_2 an Pt-Schwarz bei 20° u. 760 Torr (97 Min.); b) aus vorst. Verb. in A. u. H_2 an Pt-Schwarz bei n. Druck u. Temp.; 50%; aus PAe. kleine Prismen. — *2-Hydroxy-4.6-dimethoxybenzaldehyd*, F. 70°, nach FREUDENBERG, FIKENTSCHER u. WERNER [1925], jedoch ohne Anwendung der ADAMS-Modifizierung der GATTERMANN-Rk.; Nadeln; 30%. — *3-Hydroxy-5.7.4'-trimethoxyflavyliumchlorid* (*5.7.4'-Trimethylpelargonidinchlorid*), *Dihydrat*, $C_{18}H_{17}ClO_5 \cdot 2\,H_2O \cdot \frac{1}{2}\,HCl$, Zers. bei 213—215°, aus vorst. Aldehyd, ω-Acetoxy-4-methoxyacetophenon u. HCl-Gas in Äthylacetat bei 0°, 7tägiges Stehen bei n. Temp., Zugeben von absol. Ae., Sättigen mit HCl-Gas bei 0° u. 10tägiges Stehen; glänzende schwarze Prismen; 38%. *Monohydrat*, $C_{18}H_{17}ClO_5 \cdot H_2O$, Zers. bei 197°, durch Kristallisation des Dihydrats aus 5%ig. HCl. *2½-Hydrat*, $C_{18}H_{17} \cdot ClO_5 \cdot 2\frac{1}{2}\,H_2O \cdot \frac{1}{2}\,HCl$, Zers. bei 213°, durch Kristallisation des Dihydrats aus A.-konz. HCl (1:1); rötlichorangefarbene Nadeln. *Perchlorat*, $C_{18}H_{17}ClO_9$, Zers. bei 222—225°, dunkelrote Nadeln. — (±)-*5.7.4'-Trimethoxyflavanol-(3)* [(±)-**IV**], $C_{18}H_{20}O_5$, F. u. Misch-F. mit (—)-**IV** 105°, aus vorst. 2½-Hydrat in A. u. H_2 an Pt-Schwarz bei n. Temp. u. Druck; aus verd. CH_3OH mikrokristallin; 17%. *Acetylderiv.*, $C_{20}H_{22}O_6$, F. u. Misch-F. mit dem (—)-**IV**-Acetylderiv. 123°, aus verd. CH_3OH Prismen. (J. chem. Soc. [London] **1955**. 2948—56. Aug. Nottingham, Univ.) F. HELLER. 3211

Luis Amoros-Marin und **Robert B. Carlin**, *Die Reddelien-Synthese von 2.4.6-Triarylpyridinen und ihr Mechanismus.* Beim Erhitzen von p-Chloracetophenon (**II**) mit Benzylamin (**VII**) in Ggw. von HBr entsprechend der Synth. von REDDELIEN [1920] für *2.4.6-Triphenylpyridin* (**IV**) entsteht nicht *2.4.6-Tris-[p-chlorphenyl]-pyridin* (**I**), sondern *2.6-Bis-[p-chlorphenyl]-4-phenylpyridin*, das unabhängig aus Benzaldehyd (**VIII**), **II** u. NH_4-Acetat (**III**) in Eisessig synthetisiert wurde. Aus p-Chlorbenzaldehyd (**VI**), **II** u. **III** wird **I** erhalten. Auch bei der Rk. von Acetophenon (**V**) mit p-Chlorbenzylamin (**X**) in Ggw. von HBr entsteht nur *2.6-Diphenyl-4-[p-chlorphenyl]-pyridin*, das ident. mit dem Prod. aus **V**, **VI** u. **III** ist. Daher wird die REDDELIEN-Synth. von **IV** aus **V**, **VII** u. HBr erneut untersucht. Es wird gezeigt, daß NH_3 u. wenig **V** entstehen, aber weder CH_4 noch Toluol u. daß es sich es sich bei dem Dibenzylamin von REDDELIEN um *Benzyl-α-phenyläthylamin* (**IX**) handelt. Letzteres wurde zum Vgl. aus α-Phenyläthylamin u. Benzylchlorid synthetisiert u. als *Phenylthioharnstoffderiv.* bzw. *N-Benzoylderiv.* charakterisiert. Als weitere Nebenprodd. der **IV**-Synth. wurden **VIII** u. *1.3-Diphenylbutanon-(1)* (*Dihydrodypnon*) isoliert. Letzteres ist ident. mit dem Hydrierungsprod. aus Dypnon (**XV**). Auf Grund dieser Beobachtungen wird ein neuer Grundmechanismus diskutiert, der eine Hydridionenverschiebung zwischen **VII** u. Acetophenonbenzylimin aus einem 6-Ring-Übergangszustand heraus unter Bldg. von **IX** u. **VIII** (über das

Imin), Kondensation von **VIII** mit **V** zu 1.3.5-Triphenylpentadion-(1.5), dessen Rk. mit NH_3 zu 2.4.6-Triphenyl-1.4-dihydropyridin u. dessen Dehydrierung durch das durch Selbstkondensation von **V** gebildete **XV** umfaßt. Da die Umsetzung von p-Chlorbenzal-p-chloracetophenon mit **V** bzw. mit **II** nur zu Gemischen der entsprechenden 2.4.6-Triarylpyridine führte, wurde *2.4-Diphenyl-6-[p-chlorphenyl]-pyridin* aus Benzalacetophenon (**XI**), **II** u. $FeCl_3$ in Acetanhydrid u. Umsetzung des *2.4-Diphenyl-6-[p-chlorphenyl]-pyryliumtetrachloroferrats* (*III*) mit NH_3/A. gewonnen. Aus p-Chlorbenzalacetophenon (**XII**) u. **II** wird analog *2.4-Bis-[p-chlorphenyl]-6-phenylpyridin* erhalten, wobei *2.4-Bis-[p-chlorphenyl]-6-phenylpyryliumtetrachloroferrat-*(*III*) als Zwischenprod. auftritt. Letzteres entsteht auch aus **II** u. Benzoesäureanhydrid (**XIII**) oder Benzoylchlorid (**XIV**).

Versuche (FF. korr.): *2.4.6-Triphenylpyridin* (**IV**), F. 137—138° (A.), durch 1½std. Erhitzen von **V** u. **VII** in Ggw. von 48%ig. HBr auf 110° unter azeotroper Abdest. des W., 2std. Erhitzen auf 180—240° u. Gießen in wss. A.; kleine Nadeln; 12% (Ausbeute). — *2.6-Bis-[p-chlorphenyl]-4-phenylpyridin*, $C_{23}H_{15}Cl_2N$, F. 184—185° (A.), a) aus **II**, **VII** u. HBr; Nadeln; 12%; b) durch 1std. Kochen von **VIII**, **II** u. **III** in Eisessig; 25%. — *2.6-Diphenyl-4-[p-chlorphenyl]-pyridin*, F. 128—130° (A.), a) aus **X**, **V** u. HBr; Nadeln; 7%; b) aus **VI**, **V** u. **III** in 3 Std.; 66%. — *2.4.6-Tris-[p-chlorphenyl]-pyridin* (**I**), F. 269—270° (Aceton), aus **II**, **VI** u. **III** in 1 Std.; Nadeln; 41%. — *Benzyl-α-phenyläthylamin* (**IX**), Kp.$_2$ 148—150°, neben **IV** durch Verdünnen des Filtrats mit W. u. Ausäthern (daneben im bas. Anteil noch eine Fraktion vom Kp.$_4$ 200 bis 240°). Entsprechend *Phenylthioharnstoffderiv.*, $C_{22}H_{22}N_2S$, F. 155—156°. *N-Benzoylderiv.*, $C_{22}H_{21}NO$, F. 109—111°. — *1.3-Diphenylbutanon-*(*1*), F. 71—73° (A.), neben **IV** u. **IX**; Nadeln. *Oxim*, F. 92—93°. — *2.4-Diphenyl-6-[p-chlorphenyl]-pyryliumtetrachloroferrat-*(*III*), F. 279°, durch 1std. Erhitzen von **XI**, **II** u. $FeCl_3$ in Acetanhydrid auf dem Wasserbad; 34%. — *2.4-Diphenyl-6-[p-chlorphenyl]-pyridin*, F. 138—139° (A.), durch Behandeln vorst. Verb. mit NH_4OH, Erwärmen u. Filtrieren; Nadeln; 75%. — *2.4-Bis-[p-chlorphenyl]-6-phenylpyryliumtetrachloroferrat-*(*III*), F. 265° (Aceton–Bzl.), a) aus **XII**, **II** u. $FeCl_3$; 34%; b) durch ½std. Erhitzen von **II** mit **XIII** u. $FeCl_3$ auf dem Wasserbad u. Kochen mit A.; 8%; c) durch Zugeben von $FeCl_3$ zu **II** u. **XIV** bei 0°, Stehen über Nacht bei Raumtemp. u. Kochen mit A.; 10%. — *2.4-Bis-[p-chlorphenyl]-6-phenylpyridin*, $C_{23}H_{15}Cl_2N$, F. 145—146° (PAe.), aus vorst. Verb.; Nadeln; 65%. *Pikrat*, $C_{29}H_{18}Cl_2N_4O_7$, F. 232—233° (A.), gelbe Nadeln. (J. Amer. chem. Soc. **81**. 733—36. 5/2. 1959. Pittsburgh, Pa., Carnegie Inst. of Technol., Dep. of Chem.) R. Pasedag. 3231

Richard K. Hill, Charles E. Glassick und **Leonhard J. Fliedner**, *Die Darstellung einiger β-Aryl-β-carboxypiperidone.* Die Cyanäthylierung von Phenylmalonsäurediäthylester führt zu *[2-Cyanäthyl]-phenylmalonsäurediäthylester* (**VII**), der sich katalyt. zu *2-Keto-3-phenylnipecotinsäureäthylester* hydrieren läßt. Hydrolyse u. Decarboxylierung geben *3-Phenylpiperidon-*(*2*). Aus Malonsäurediäthylester (**VIII**) u. Atropanitril (**IX**) entsteht *α-Carbäthoxy-γ-cyan-γ-phenylbuttersäureäthylester*, der durch Überführung in *γ-Cyan-γ-phenylbuttersäure* charakterisiert u. zu *2-Keto-5-phenylnipecotinsäureäthylester* red. wurde. Die Hydrolyse führt wahrscheinlich zur *cis-Säure* (**III**) mit diäquatorialer Konformation. Letztere wird zu *5-Phenylpiperidon-*(*2*) (**IV**) decarboxyliert. Die Addition eines 4fachen Überschusses von Cyanessigsäureäthylester (**X**) an Atropasäureäthylester (**XI**) bzw. Addition in alkoholfreiem Medium führt zu *α-Cyan-γ-phenylglutarsäurediäthylester* (**I**), während bei $NaOC_2H_5$-Katalyse u. äquimol. Verhältnissen *α-Phenyl-γ-cyanbuttersäureäthylester* entsteht. **I** wird katalyt. zu *6-Keto-5-phenylnipecotinsäureäthylester* hydriert. Die *freie Säure* (**VI**) hat wiederum wahrscheinlich cis-Konfiguration. Das Cyanäthylierungsprod. von Pyridyl-(2)-essigsäureäthylester (**II**) wird in A. über Raney-Ni zu *3-[Pyridyl-*(*2*)*]-piperidon-*(*2*) hydriert. Aus den Prodd. der Umsetzung von Phenylacetonitril (**XII**) mit Äthoxymethylenmalonsäurediäthylester (**XIII**) wurde nur *2-Carbäthoxy-4-cyannaphthol-*(*1*) isoliert. Die Rk. von **II** mit Äthoxymethylencyanessigsäureäthylester liefert *1.3-Dicarbäthoxychinolizonimid-*(*4*), dessen Konst. durch das IR- u. UV-Spektr. (neutral u. sauer) bestätigt wird u. das gegen saure Hydrolyse stabil ist. Beim Vers. der Cyclodehydratisierung von **III** mit HF u. Polyphosphorsäure (**V**) entsteht nur **IV**, dagegen liefert **VI** mit heißer **V** *7.8-Benzo-2.6-diketo-3-azabicyclo-[3.3.1]-nonan.*

Versuche: *2-Keto-3-phenylnipecotinsäureäthylester*, $C_{14}H_{17}NO_3$, F. 142—143° (wss. A.), durch Hydrierung von **VII** in Eisessig bei 60 lbs./sq.in. in Ggw. von PtO_2, Verdünnen mit W., Neutralisieren mit NaOH u. Ausäthern; 70% (Ausbeute). — *3-Phenylpiperidon-*(*2*), $C_{11}H_{13}NO$, F. 170—170,5° (A. u. Aceton; sublimiert bei 145°/0,5 mm), a) durch Stehen vorst. Verb. mit äthanol. KOH über Nacht, Zugeben von HCl, Abdestillieren von A. u. 2std. Kochen in Xylol; 35%; b) aus 1 Mol **X** u. 1 Mol **XI** (vgl. Darst. von **I**) u. Hydrieren des Addukts in Eisessig bei 60 lbs./sq.in. über Raney-Ni. —

α-Carbäthoxy-γ-cyan-γ-phenylbuttersäureäthylester, $C_{16}H_{19}NO_4$, Kp.$_{0,01}$ 110—114°, durch Zutropfen von **IX** zu **VIII** u. Na in absol. A. unter Eiskühlung, 6std. Stehen bei Raumtemp., Einengen, Schütteln mit verd. HCl u. Ausäthern; 90%. — *γ-Cyan-γ-phenylbuttersäure*, F. 60,5—61° (A.), durch 24std. Erwärmen vorst. Verb. mit KOH in Diäthylenglykol auf 50°, Gießen in 0,05n HCl, Extrahieren mit Chlf., Einengen u. Erhitzen auf 190°; 73%. — *2-Keto-5-phenylnipecotinsäure* (**III**), $C_{12}H_{13}NO_3$, Doppel-F. 104—105° u. 125—127° (Aceton), aus dem Äthylester mit absol. äthanol. KOH in 2 Tagen bei Raumtemp.; 71,5%. *Äthylester*, $C_{14}H_{17}NO_3$, F. 108,5—109,5° (A.), durch Hydrierung vorvorst. Verb. in Eisessig bei 60 lbs./sq.in. über Raney-Ni; 75%. — *5-Phenylpiperidon-(2)* (**IV**), $C_{11}H_{13}NO$, F. 125—125,8° (sublimiert bei 100° im Vakuum), durch 30 Min. Erhitzen von **III** auf 115°; 81%. — *α-Cyan-γ-phenylglutarsäurediäthylester* (**I**), $C_{16}H_{19}NO_4$, Kp.$_{0,03}$ 130—135°, durch 3tägiges Stehen von 4 Mol **X** mit 1 Mol **XI** u. Na in absol. A. bei Raumtemp., Einengen u. Aufnehmen in Ae.; 97%. — *5-Phenyl-6-ketonipecotinsäure* (**VI**), $C_{12}H_{13}NO_3$, F. 194—195° (Essigester), aus dem Äthylester; 54%. *Äthylester*, $C_{14}H_{17}NO_3$, F. 118—119° (Ae.), durch Hydrieren von **I** in Eisessig bei 60 lbs./sq.in. über Raney-Ni, Einengen u. 6std. Kochen in Bzl.; 92%. — *7.8-Benzo-2.6-diketo-3-azabicyclo-[3.3.1]-nonan*, $C_{12}H_{11}NO_2$, F. 201—202° (Ae.), durch 1std. Erhitzen von **VI** mit **V** auf 100°, Gießen auf Eiswasser, Neutralisieren mit NH_4OH u. Extrahieren mit Chlf.; 67%. *2.4-Dinitrophenylhydrazonhemihydrat*, $C_{18}H_{15}N_5O_5 \cdot \frac{1}{2}\ H_2O$, F. 322—323°. — *γ-Carbäthoxy-γ-[pyridyl-(2)]-butyronitril*, Kp.$_{0,2}$ 130—150°, durch 14std. Kochen von **II** mit Acrylnitril u. Na in absol. Ae.; 75%. — *3-[Pyridyl-(2)]-piperidon-(2)*, $C_{10}H_{12}N_2O$, F. 145 bis 147,5° (A.), durch Hydrieren vorst. Verb. über Raney-Ni bei 60 lbs./sq.in. u. 4std. Kochen des Filtrats; 85%. — *2-Carbäthoxy-4-cyannaphthol-(1)*, $C_{14}H_{11}NO_3$, F. 92,0 bis 92,7° (A.), durch 2 std. Kochen von 5,9 g **XII**, 5,4 g **XIII** u. Na in A., Gießen in verd. HCl u. Ausäthern; 3,0 g. — *1.3-Dicarbäthoxychinolizonimid-(4)*, $C_{15}H_{16}N_2O_4$, F. 128—129° (Aceton; Vakuumsublimation), durch Zugeben von 5,0 g **II** u. $NaOC_2H_5$ in Bzl. zu 5,12 g α-Cyan-β-äthoxyacrylsäureäthylester in Bzl. bei 10°, Stehen über Nacht bei Raumtemp., Extrahieren mit 0,6n HCl u. Neutralisieren mit K_2CO_3; orangefarben; 3,0 g. (J. Amer. chem. Soc. **81**. 737—39. 5/2. 1959. Princeton, N. J., Univ., Frick Chem. Labor.)

R. Pasedag. 3231

Th. Kaufmann und **W. Schoeneck**, *Direkte Hydrazinierung von Pyridin.* Beim 8std. Kochen von 1 Mol Pyridin (**III**) mit 3 Mol Na-Hydrazid (**IV**) in wasserfreiem N_2H_4 (Kp. 113°) unter N_2 u. Versetzen mit W. wurde in 36%ig. Ausbeute *2-Hydrazinopyridin* ($C_5H_7N_3$) erhalten. Mit dem Na-Salz von asymm.-Dimethylhydrazin (**II**) entsteht in sd. Bzl. unter N_2 in 42%ig. Ausbeute *2-[β.β-Dimethylhydrazino]-pyridin* (**I**; F. 95°; *Dihydrochlorid*, F. 134°; *Monopikrat*, F. 185°), das auch aus 2-Chlorpyridin u. **II** synthetisiert wurde. Neben **I** entstanden 2% *2.4.6-Tris-[β.β-dimethylhydrazino]-pyridin* (?; $C_{11}H_{23}N_7$, F. 154°; *Trihydrochlorid*, F. 214°). **III** konnte nicht mit Na-Phenylhydrazid umgesetzt werden. Chinolin liefert mit **IV** in N_2H_4 nicht 2-Hydrazinochinolin, sondern eine *Verb.* $C_9H_{11(9)}N_3$ vom F. 164—165° (*Monopikrat*, F. 165°) mit unbekannter Struktur. (Angew. Chem. **71**. 285. 21/4. 1959. Darmstadt, TH, Inst. für Organ. Chem.)

R. Pasedag. 3231

Jan Moszew und **Wanda Żankowska-Jasińska**, *Untersuchungen über den Verlauf der Synthese von Verbindungen der Chinolingruppe.* Am Beispiel der Rk. von 1.1-Diphenylbutanon-(3) (**I**) mit Thiocarbanilid (**II**) wird bewiesen, daß die Kondensation von Arylalkylketonen mit **II** nur zu 2.4-substituierten Chinolinen führen kann. Die theoret. noch mögliche Bldg. von 3.4-Derivv. ist wegen ster. Hinderung ausgeschlossen.

Versuche: 2-Benzhydrylmethylchinoline: *4-Anilino-*, $C_{29}H_{24}N_2$, Diäthanolat, F. 189—190°, durch Schmelzen von 10 g **I** mit 15 g **II** bei 150—290°; aus A. oder Bzl. Säulchen; 7 g (Ausbeute). *Pikrat*, $C_{35}H_{27}N_5O_7$, F. 252°, aus A. gelbe Nadeln. *Hydrochlorid*, $C_{29}H_{25}ClN_2$, F. 125—130°, Nadeln aus wss. A.-HCl. — *4-Hydroxy-*, $C_{23}H_{19}NO$, F. 252—253°, durch Erhitzen vorst. Verb. mit alkoh. KOH im Rohr auf 200°; aus A. Blättchen; 100%. *Pikrat*, $C_{29}H_{22}N_4O_8$, F. 189° aus A. gelbe Blättchen. *Hydrochlorid*, $C_{23}H_{20}ClNO$, F. 108—110°, Nadeln aus wss.-alkoh. HCl. — *4-Chlor-*, $C_{23}H_{18}ClN$, F. 253–254°, durch Rk. vorst. Verb. mit $POCl_3$; aus Eisessig Blättchen; 100%. *Pikrat*, $C_{29}H_{21}ClN_4O_7$, F. 155—156°, aus A. gelbe Nadeln. *Hydrochlorid*, $C_{23}H_{19}\cdot Cl_2N$, F. 105—106°, aus wss. A. Nadeln. — *2-Benzhydrylmethylcholin*, F. 119—121°, aus vorst. Verb. durch Zn-Staub-Dest. im CO_2-Strom bei Rotglut. *Pikrat*, F. 217°, hellgelbe Säulchen. (Roczniki Chem. [Ann. Soc. chim. Polonorum] **29**. 541—48. 1955. Kraków, Uniw. Jagielloński, Kat. Chem. organ.)

F. Urban. 3231

Amerigo Risaliti, *Untersuchungen über N-heterocyclische Azoverbindungen.* 4. Mitt. *Einwirkung von Organomagnesiumverbindungen.* (3. vgl. C. **1959**. 4468.) 2-Phenylazo- (**II**) u. 2-[p-Bromphenylazo]-chinolin (**III**) sowie 2-[p-Bromphenylazo]- (**V**) u. 2-[2′. 4′-

Dibromphenylazo]-pyridin (**VI**) reagieren mit GRIGNARD-Verbindungen. Aus den Chinolinderivv. entstehen trisubstituierte Hydrazine; sie reagieren aber weniger leicht als die entsprechenden Azopyridine. In Ggw. von Br im Phenylkern wird die Rk. behindert.

Versuche: *N-[Chinolyl-(2)]-N'.N'-diphenylhydrazin* (I), $C_{21}H_{17}N_3$, F. 208—209°, durch 1/4 std. Zufügen von 4 g **II** in trockenem Bzl. zu einer Phenyl-MgBr-Lsg. (aus 0,6 g Mg u. 3,2 g Brombenzol in absol. Ae.) unter Rühren, mehrstd. Rühren bei Raumtemp., Zers. mit 10%ig. HCl unter Kühlung, Lösen des Harzes in verd. A. u. Alkalisieren mit NH_4OH; aus Bzl. Prismen; 66% (Ausbeute). — *2-Aminochinolin*, F. 125—127°, aus 4 g I in konz. HCl durch anteilweise Zugabe von 10 g Zn-Staub, ½ std. Kochen, Zufügen von weiterer HCl u. 10 g Zn, Erhitzen, Abkühlen, Zusatz von NH_4OH bis zur alkal. Rk., Ausäthern u. vorsichtiges Behandeln mit 10%ig. HCl aus W. Plättchen [*Pikrat*, F. 253—255° (A.)] neben *Diphenylamin*, F. 50—52° (PAe.), durch Eindampfen der äther. Schicht zur Trockne, Aufnehmen des Harzes mit Ligroin u. Chromatographie in Ligroin an Al_2O_3. — *N-[Chinolyl-(2)]-N'-phenyl-N'-benzylhydrazin*, $C_{22}H_{19}N_3$, F. 128°, aus 8 g **II** in Bzl. u. Benzyl-MgCl (aus 1,2 g Mg u. 5,5 g Benzylchlorid in Ae.) wie vorst., Zers. mit 25%ig. HCl, Verdünnen mit W., Behandeln des braunen Harzes mit NH_4OH, Extrahieren mit Bzl., Chromatographie, Entw. mit Bzl. u. Eluieren der hellgelben unteren Zone mit Aceton; aus Ligroin Prismen; 50%. — *N-[Chinolyl-(2)]-N'-[p-bromphenyl]-N'-phenylhydrazin*, $C_{21}H_{16}BrN_3$, F. 167—168°, aus 8,4 g **III** in Bzl. u. Phenyl-MgBr-Lsg. (aus 0,8 g Mg u. 4,4 g Brombenzol in Ae.) wie vorst., Zers. mit 20%ig. HCl, Chromatographie in Bzl. u. Eluieren der hellbraunen Mittelzone mit Aceton; aus Ligroin Prismen; 5%. — *N-[α-Pyridyl]-N'-[p-bromphenyl]-N'-phenylhydrazin* (**IV**), $C_{17}H_{14}BrN_3$, F. 137°, aus 7,8 g **V** in Bzl. u. Phenyl-MgBr (aus 1 g Mg u. 5 g Brombenzol in Ae.) wie vorst. u. Zers. mit 20%ig. HCl; aus Ligroin Prismen; 45%. — *4-Bromdiphenylamin*, F. 58—61°, durch längeres Erhitzen von 2 g **IV** in konz. HCl u. A. mit 15 g $SnCl_2 \cdot 2\,H_2O$ im Überschuß, Alkalisieren (Kühlung) des Filtrats mit 30%ig. NaOH, Ausäthern u. Eindampfen zur Trockne; aus Ligroin Prismen neben *2-Aminopyridin* [*Pikrat*, F. 217° (A.)]. — *N-[αPyridyl]-N'-[2'.4'-dibromphenyl]-N'-phenylhydrazin*, $C_{17}H_{13}Br_2N_3$, F. 176 bis 177°, aus 8,4 g **VI** in Bzl. u. Phenyl-MgBr (aus 0,8 g Mg u. 4 g Brombenzol in Ae.) wie vorst.; Chromatographie in Bzl. u. Eluieren der mittleren, fast farblosen Zone mit Aceton; aus Ligroin Prismen; 1,9 g (19%). (Gazz. chim. ital. **87**. 120—25. Febr. 1957. Bologna, Univ., Ist. di Chim. degli Intermedi.) G. PLATZER. 3231

Martino Colonna und **Amerigo Risaliti,** *Untersuchungen über N-heterocyclische Azoverbindungen. 5. Mitt. Reaktion mit Diazomethan.* (4. vgl. vorst. Ref.) Bei der Rk. von 4-Phenylazopyridin, 2-Phenylazochinolin u. 4-Phenylazochinolin mit CH_2N_2 entstehen *4-[N.N'-Methanophenylhydrazo]-pyridin*, *2-[N.N'-Methanophenylhydrazo]-chinolin* bzw. *4-[N.N'-Methanophenylhydrazo]-chinolin*. Es handelt sich dabei um wenig stabile, farblose Verbb., die bei der alkal. Hydrolyse *Formaldehyd* abspalten. Das Prod. der Rk. von 2-Phenylazopyridin mit CH_2N_2 ist so labil, daß es nicht isoliert werden konnte. Der Mechanismus der Rk. wird diskutiert; er entspricht dem der Rk. von CH_2N_2 mit Carbonylazoverbindungen.

Versuche: *4-[N.N'-Methanophenylhydrazo]-pyridin*, $C_{12}H_{11}N_3$, F. 158—160°, aus 4-Phenylazopyridin u. CH_2N_2 in Bzl. u. Ae., 24 Std. bei 0—5°; aus Bzl./Ligroin Prismen. Gibt bei der alkal. oder sauren Hydrolyse *Formaldehyd*. — *2-[N.N'-Methanophenylhydrazo]-chinolin*, $C_{16}H_{13}N_3$, F. 152—153°, aus 2-Phenylazochinolin u. CH_2N_2 in Bzl. u. Ae., 48 Std. bei 0—5°; aus Bzl./Ligroin Prismen. Gibt beim Kochen mit 10%ig. H_2SO_4 *Azobenzol*, F. 67—69°, *Formaldehyd* u. *2-Aminochinolin*, F. 128—129°, bei der alkal. Hydrolyse *Formaldehyd*. — *4-[N.N'-Methanophenylhydrazo]-chinolin*, $C_{16}H_{13}N_3$, F. 163 bis 164°, analog vorst. Verbindung. Gibt bei der sauren Hydrolyse *4-Aminochinolin*, F. 147° (*Pikrat*, F. 274°) u. bei der alkal. Hydrolyse *Formaldehyd*. (Gazz. chim. ital. **87**. 923—30. Juli/Aug. 1957.) WALTER SIMON. 3231

I. G. Hinton und **Frederick G. Mann,** *Cyclische Ketoamine. 4. Mitt. Die Synthese und Reaktionen von 1.2.3.4-Tetrahydro-2-methyl-4-oxoisochinolin.* (3. vgl. C. **1958**. 7751.) Die Kondensation von o-Chlormethylbenzoesäureäthylester (**VII**) mit Sarkosinäthylester führt zu *N-[o-Äthoxycarbonylbenzyl]-sarkosinäthylester*, der sich mit $NaOCH_3$ in sd. Bzl. oder mit Na in sd. Xylol zu *3-Äthoxycarbonyl-1.2.3.4-tetrahydro-2-methyl-4-oxoisochinolin* (**IV**) cyclisieren läßt. Mit sd. 18%ig. HCl entsteht unter Verseifung u. Decarboxylierung *1.2.3.4-Tetrahydro-2-methyl-4-oxoisochinolin* (**II**) über das *Hydrochlorid*. **II** wird als *Methojodid* u. durch sein IR-Spektr. charakterisiert u. gibt bei der CrO_3-Oxydation *1.2.3.4-Tetrahydro-2-methyl-1.3.4-trioxoisochinolin* (**I**). Die Luftoxydation von **II** in alkal. Lsg. führt wahrscheinlich über **I** zu *N-Methylphthalimid* (**V**). **II** wird in wss.-alkal. Suspension durch $CuCl_2$ bei Raumtemp. zu *4-Hydroxy-2-methylisochinoliniumpikrat* (**VI**) bzw. durch Br_2/CCl_4 bei Raumtemp. zum entsprechenden

Bromid dehydriert. Im letzteren Fall wird beim Erwärmen I als Nebenprod. erhalten. Mit wss. Br_2 u. N-Bromsuccinimid sind die Rkk. mit II komplex, u. es konnte nur II-*Hydrobromid* isoliert werden. II gibt mit $LiAlH_4$ bzw. Phenyl-MgBr (X) *1.2.3.4-Tetrahydro-2-methyl-4-hydroxy-* bzw. *-4-hydroxy-4-phenylisochinolin.* Letzteres läßt sich zu *1.2-Dihydro-2-methyl-4-phenylisochinolin* dehydratisieren. Aus II-Hydrochlorid wird mit Phenylhydrazin (III) das *Phenylhydrazonhydrochlorid* erhalten. Letzteres wird bei der Sublimation (180—190°/0,0001 mm) oder beim Erwärmen mit Säuren zu *4-Amino-2-methylisochinoliniumchlorid* u. *Anilin* (VIII) dismutiert, während die *freie Base* äußerst luftempfindlich ist. Die gleiche Dismutation erleiden II-*2.4-Dinitrophenylhydrazon* u. II-*Semicarbazon* mit warmen Säuren. Beim Kochen von II mit III u. Na-Acetat in A. an der Luft entsteht eine orangefarbene *Verb.* $C_{22}H_{17}N_5$ unbekannter Konst. (im IR keine NH-Bande). II-Hydrochlorid reagiert weder mit N_2H_4 noch mit $(CH_3)_2NH/CH_2O$ nach Mannich. II reagiert nicht mit Malonitril u. bildet kein Cyanhydrin. II setzt sich mit Benzaldehyd (XI) zum hellgelben instabilen *3-Benzylidenderiv.* um, mit p-Dimethylaminobenzaldehyd zum stabilen, orangefarbenen *3-[p-Dimethylaminobenzyliden]-deriv.*, das eine Merocyaninstruktur besitzt u. daher ein *Diperchlorat* bildet. II gibt mit p-Nitrosodimethylanilin das instabile, dunkelrote *3-[p-Dimethylaminophenylimino]-derivat.* II ließ sich mit verschied. Diazosalzen in wss. Na-Acetat nicht kondensieren. IV wird mit CrO_3/H_2SO_4 zu V oxydiert, ohne daß I isoliert werden konnte. Die Dehydrierung von IV mit Cu(II)-Acetat führt zu *3-Äthoxycarbonyl-4-hydroxy-2-methylisochinoliniumsalzen,* die mit sd. 18%ig. (8 Std.) zu VI hydrolysiert u. decarboxyliert werden. IV liefert mit N_2H_4 oder III in A. *1.2.3.4-Tetrahydro-2-methyl-5'-oxopyrazolin-[4'.3':3.4]-isochinolin*(?) bzw. das *1'-Phenylderiv.*(?), die entsprechenden *Salze* liefern. Weder durch die IR-Spektren noch durch die kernmagnet. Resonanzspektren konnte zwischen den angegebenen u. den ebenfalls möglichen Dehydromerocyaninstrukturen unterschieden werden. N-Phenylglycin kondensiert sich nicht mit VII oder o-Brommethylbenzoesäureäthylester. Die Rk. von VII mit VIII führt nicht zu o-[Anilinomethyl]-benzoesäureäthylester, sondern zu *1-Oxo-2-phenylisoindolin* (IX). o-Chlormethylbenzonitril (XII) gibt mit VIII bei 100° ohne Lösungsm. wenig *2-Phenyl-1-phenyliminoisoindolin,* aber in sd. A. *N-[2-Cyanbenzyl]-anilin,* das mit Bromessigsäureäthylester (XIII) in sehr geringer Ausbeute *N-[2-Cyanbenzyl]-N-phenylglycinäthylester* gibt. Auch mit letzterem gelang eine Cyclisierung zum 2-Phenylanalogen von IV nicht, denn mit Na/Xylol entstanden Teere bzw. mit $NaOC_2H_5$/A. IX.

Versuche: *o-Chlormethylbenzoylchlorid,* $Kp._{14}$ 135°, durch 90%ig. Chlorierung von o-Toluylchlorid ($Kp._{14}$ 108°); 100% (Ausbeute). — *o-Chlormethylbenzoesäureäthylester* (VII), $Kp._{14}$ 140°, durch 24std. Stehen vorst. Verb. mit A.; 100%. — *Sarkosinnitril,* $Kp._1$ 96°, aus $CH_3NH_2 \cdot HCl$. *Pikrat,* $C_3H_6N_2 \cdot C_6H_3N_3O_7$, F. 147—148°, Nadeln. — *Sarkosinäthylester,* $Kp._{13}$ 46—51°, durch 10std. Kochen vorst. Verb. mit A./HCl, Filtrieren, Einengen u. Behandeln des *Hydrochlorids* mit fl. NH_3; 40%. — *N-[o-Äthoxycarbonylbenzyl]-sarkosinäthylester,* $C_{15}H_{21}NO_4$, $Kp._{10}$ 182—183°, durch 24std. Stehen vorst. Verb. mit VII in Ae. bei Raumtemp.; 100%. *Chloroplatinat,* $2\,C_{15}H_{21}NO_4 \cdot H_2PtCl_6$, F. 204,5° (Zers.). — *3-Äthoxycarbonyl-1.2.3.4-tetrahydro-2-methyl-4-oxoisochinolin* (IV), $C_{13}H_{15}NO_3$, $Kp._{0,65}$ 130°, a) durch 4std. Erhitzen vorst. Verb. mit $NaOC_2H_5$ in Bzl. unter Abdest. eines A.–Bzl.-Azeotrops, Schütteln mit W., Ansäuern gegen Kongorot mit konz. HCl u. Zugeben von $NaHCO_3$; b) durch 8std. Kochen vorst. Verb. mit Na in Xylol unter N_2 u. Extrahieren mit HCl. *Pikrat,* $C_{13}H_{15}NO_3 \cdot C_6H_3N_3O_7$, F. 128—129° (A.). *Chloroplatinatäthanolsolvat,* $2\,C_{13}H_{15}NO_3 \cdot H_2PtCl_6 \cdot 2\,C_2H_6O$, orangefarben. *Hydrochlorid,* F. 137°. *Hydrobromid,* F. 172°. — *1.2.3.4-Tetrahydro-2-methyl-4-oxoisochinolin* (II), $C_{10}H_{11}NO$, $Kp._{0,4}$ 81—83°, aus dem Hydrochlorid, hellgelb. *Hydrochlorid,* $C_{10}H_{11}NO \cdot HCl$, F. 250°, durch 12std. Kochen von IV mit 18%ig. HCl, Heißfiltration u. Einengen. *Hydrobromid,* $C_{10}H_{11}NO \cdot HBr$, F. 242—244° (Zers.; 96%ig. A.). *Perchlorat,* $C_{10}H_{11}NO \cdot HClO_4$, F. 159—164°. *Pikrat,* $C_{10}H_{11}NO \cdot C_6H_3N_3O_7$, F. 133° (A.). *Methojodid,* F. 196 bis 197° (CH_3OH). *Methopikrat,* $C_{17}H_{16}N_4O_8$, F. 207—208° (CH_3OH), gelb. — *1.2.3.4-Tetrahydro-2-methyl-1.3.4-trioxoisochinolin* (I), $C_{10}H_7NO_3$, F. 186—188° (A.), durch 30 Min. Kochen von II-Hydrochlorid mit $Na_2Cr_2O_7$/wss. H_2SO_4; Nadeln; 75%. — *N-Methylphthalimid* (V), F. 129° (sublimiert bei 130°/0,0001 mm), a) durch Einleiten von Luft in eine Lsg. von II in wss. NaOH u. Ausäthern; Nadeln; b) analog aus IV. — *4-Hydroxy-2-methylisochinoliniumpikrat* (VI), $C_{16}H_{12}N_4O_8$, F. 224—228° (A.), a) durch Umkristallisieren von II-Pikrat aus A. in Ggw. von Luft; b) durch 24std. Stehen von II mit wss. $CuCl_2$ bei Raumtemp. über das *Chlorcuprit* (aus verd. HCl). *Bromid,* F. 224—230°, durch Bromieren von II in CCl_4. Bei Verwendung von überschüssigem Br_2 entsteht nebenher I, das bei 135°/0,0001 mm absublimiert werden kann. — *1.2.3.4-Tetrahydro-4-hydroxy-2-methylisochinolin,* durch 12std. Stehen von II mit $LiAlH_4$ in Ae.; Öl. *Pikrat,* $C_{10}H_{13}NO \cdot C_6H_3N_3O_7$, F. 149—150° (A.). — *1.2.3.4-Tetrahydro-4-hydroxy-2-methyl-*

4-phenylisochinolin, $C_{16}H_{17}NO$, F. 107,5—108,5° (A.), durch Zugeben von **X** in Ae. zu **II** unter N_2, 15 Min. Stehen, Hydrolyse mit verd. HCl, Neutralisieren mit Na_2CO_3 u. Ausäthern. *Hydrochlorid*, $C_{16}H_{17}NO \cdot HCl$, F. 219° (A.). *Pikrat*, $C_{16}H_{17}NO \cdot C_6H_3N_3O_7$, F. 179° (Zers.; A.), gelb. — *1.2-Dihydro-2-methyl-4-phenylisochinolin*, durch 15 Min. Kochen vorst. Verb. in Essigsäure mit 48%ig. HBr, Einengen, Behandeln mit wss. Na_2CO_3 u. Ausäthern. *Pikrat*, $C_{16}H_{15}N \cdot C_6H_3N_3O_7$, F. 203—204° (A.), gelb. — **II**-*Phenylhydrazon*, $C_{16}H_{17}N_3$, F. 110—119° (Zers.; A. unter N_2), a) aus dem Hydrochlorid mit NaOH; b) durch Kochen von **II** mit **III** u. Na-Acetat in A. unter N_2. *Hydrochlorid*, $C_{16}H_{17}N_3 \cdot HCl$, F. 190° u. 260° (A.), aus **II**-Hydrochlorid u. **III** in A. unter N_2. *Pikrat*, $C_{16}H_{17}N_3 \cdot C_6H_3N_3O_7$, F. 173° (Zers.), gelb. *Perchlorat*, $C_{16}H_{17}N_3 \cdot HClO_4$, F. 164° (A.). *Chloroplatinat*, $2\,C_{16}H_{17}N_3 \cdot H_2PtCl_6$, F. 164° (Zers.), violettbraun. — **II**-*2.4-Dinitrophenylhydrazon*, $C_{16}H_{15}N_5O_4$, F. 213° (Zers.), durch 5tägiges Stehen von 1 g **II**-Hydrochlorid mit 2.4-Dinitrophenylhydrazin in A. unter N_2 u. 10 Min. Erwärmen; orangefarben; 1 g. — **II**-*Semicarbazon*, $C_{11}H_{14}N_4O$, F. 207—209° (A.). — *Verb.* $C_{22}H_{17}N_5$, F. 213° (A.), durch 24std. Kochen von 5 g **II**-Hydrochlorid mit **III** u. Na-Acetat in A. an der Luft; orangefarbene Nadeln; 1,1 g. — *4-Amino-2-methylisochinoliniumchlorid*, a) durch 2std. Kochen von **II**-Phenylhydrazonhydrochlorid mit äthanol. HCl; b) aus **II**-2.4-Dinitrophenylhydrazon; c) aus **II**-Semicarbazon in 40 Min.; *Pikrat*, $C_{16}H_{13}N_5O_7$, F. 220 bis 221° (A.), a) aus dem Chlorid; b) durch 6std. Schütteln von **II**-Hydrochlorid mit N-Methyl-N-phenylhydrazin in A. unter N_2, Verdünnen des dunkelgrünen Filtrats mit Ae. u. Behandeln des gelben Pulvers [F. 285° (Zers.; A.–Ae.)] mit äthanol. Na-Pikrat; c) aus **II**-Hydrochlorid mit N-Äthyl-N-phenylhydrazin. *Hydrogensulfat*, $C_{10}H_{12}N_2O_4S$, F. 225—227° (97%ig. A.), aus **II**-Phenylhydrazonhydrochlorid mit 10%ig. H_2SO_4; Nadeln. Gibt mit $Na_2Cr_2O_7/H_2SO_4$ **I**. *Acetat*, mit Eisessig. *Jodid*, durch 5 Min. Kochen von 4-Aminoisochinolin [F. 106—108° (Bzl.), aus 4-Bromisochinolin ($Kp._{13}$ 149°) mit NH_4OH u. $CuSO_4$] mit CH_3J in CH_3OH; gelb. *Perchlorat*, $C_{10}H_{11}ClN_2O_4$, F. 183—184° (A.), hellgelb. — *3-Benzyliden-1.2.3.4-tetrahydro-2-methyl-4-oxoisochinolin*, $C_{17}H_{15}NO$, durch 16std. Schütteln von **II** mit **XI** in 10%ig. NaOH u. A. unter N_2, Lösen in A. u. Ausfällen mit W.; hellgelbe Nadeln aus W.–A. (1:1); 60%. *Pikrat*, $C_{17}H_{15}NO \cdot C_6H_3N_3O_7$, F. 197° (A.), hellgelbe Platten. *Hydrochlorid*, F. 210°. — *3-[p-Dimethylaminobenzyliden]-1.2.3.4-tetrahydro-2-methyl-4-oxoisochinolin*, $C_{19}H_{20}N_2O$, F. 125—132° (W.–A. 9:1), in 5 Tagen unter N_2; orangefarbene Kristalle. *Diperchlorat*, $C_{19}H_{20}N_2O \cdot 2\,HClO_4$, aus A. Nadeln. — *3-[p-Dimethylaminophenylimino]-1.2.3.4-tetrahydro-2-methyl-4-oxoisochinolin*, rote Kristalle. — *3-Äthoxycarbonyl-4-hydroxy-2-methylisochinoliniumperchlorat*, $C_{13}H_{14}ClNO_7$, F. 157—158° (A.), durch Schütteln von **IV** mit wss. Cu(II)-Acetat u. Zugabe von 60%ig. $HClO_4$. *Pikrat*, $C_{19}H_{16}N_4O_{10}$ F. 172°, (A.). — *1.2.3.4-Tetrahydro-2-methyl-5'-oxopyrazolino-[4'.3':3.4]-isochinolin(?)*, $C_{11}H_{11}N_3O$, F. 290° (Zers.), durch 30 Min. Kochen von **IV** mit 65%ig. wss. N_2H_4 in A.; rot. *Hydrochlorid*, F. 266° (A.), hellgelb. — *1.2.3.4-Tetrahydro-2-methyl-1'-phenyl-5'-oxopyrazolino-[4'.3':3.4]-isochinolin(?)*, $C_{17}H_{15}N_3O$, F. 234° (A.), durch 4std. Kochen von **IV** mit **III**, dunkelrot. *Hydrochlorid*, $C_{17}H_{15}N_3O \cdot HCl$, F. 231° (äthanol. HCl), feine gelbe Nadeln. *Pikrat*, $C_{17}H_{15}N_3O \cdot C_6H_3N_3O_7$, F. 229° (äthanol. Pikrinsäure). *Methojodid*, $C_{18}H_{18}JN_3O$, F. 245° (Zers. ab 233°; CH_3OH). — *1.3-Diphenylpyrazolon-(5)*, $C_{15}H_{12}N_2O$, F. 135—138° (A.), durch Erwärmen von **III** mit Benzoylessigsäureäthylester u. Gießen in Äther. — *1-Oxo-2-phenylisoindolin* (**IX**), F. 160—165°, durch 5std. Stehen von **VII** mit **VIII** bei Raumtemp. u. Extrahieren des Nd. mit Äther. — *2-Phenyl-1-phenyliminoisoindolin*, $C_{20}H_{16}N_2$, F. 123—130° (A.) bzw. 150—153°, durch Erhitzen von **XII** (F. 54,5°) u. **VIII** auf dem Wasserbad u. Neutralisieren mit 10%ig. wss. NaOH; Nadeln. *Hydrochlorid*, F. 237—239°. — *N-[2-Cyanbenzyl]-anilin*, F. 114 bis 121°, durch 1std. Kochen von **XII** mit **VIII** in A., Ausfällen des *Hydrochlorids* mit Ae. u. Behandeln mit 10%ig. wss. NaOH; 75%. — *N-[2-Cyanbenzyl]-N-phenylglycinäthylester*, $C_{18}H_{18}N_2O_2$, F. 114,5—115,5° (50%ig. wss. A.), durch 30 Min. Erhitzen von 60 g vorst. Verb. mit **XIII** auf dem Wasserbad unter A.-Zugabe nach 10 Min., Gießen in Ae., Dekantieren, Lösen in W. u. Alkalisieren mit 10%ig. wss. NaOH; 2,5 g. 4std. Kochen mit $NaOC_2H_5$/A. unter $N_2 \rightarrow$ **IX**. *Perchlorat*, $C_{18}H_{18}N_2O_2 \cdot HClO_4$, F. 132—134° (A.). *Pikrat*, $C_{18}H_{18}N_2O_2 \cdot C_6H_3N_3O_7$, F. 167—170° (A.). — *x-Brom-N-[2-cyanbenzyl]-N-phenylglycinäthylester*, $C_{18}H_{17}BrN_2O_2$, F. 157—159° (sintert ab 145°), durch Zugeben von Br_2–W. zu vorst. Verb. in A. u. Verdünnen mit wss. Na_2CO_3. (J. chem. Soc. [London] **1959**. 599—610. Febr. Cambridge, Univ., Chem. Labor.) R. Pasedag. 3231

Rudolf Lukeš, Oldřich Štrouf und **Miloslav Ferles**, *Über die Methylierungsspaltung der quartären bicyclischen Basen mit dem Stickstoff an der Ringbrücke.* 2. Mitt. *Die Spaltung von 7-Methyl-1-azabicyclo-[1.2.2]-heptanmethohydroxyd.* (1. vgl. C. **1957**. 7036.) 4-Acetylpyridinbrommethylat wird zu *1-Methyl-4-[1'-hydroxyäthyl]-piperidin* (**I**) hydriert, diese Verb. mit HBr in *1-Methyl-4-[1'-bromäthyl]-piperidin* übergeführt u. dann mit K_2CO_3-Lsg. *7-Methyl-1-azabicyclo-[1.2.2]-heptanbrommethylat* (**II**) dargestellt.

Beim HOFMANNschen Abbau von **II** wird nur *1-Methyl-4-vinylpiperidin* (**III**; IR-Spektr. vgl. Original) isoliert. Zu demselben Resultat führt auch die Methylierungsspaltung von aus 1-Chlor-4-äthylpiperidin durch LÖFFLER-FREYTAG-Rk. gewonnenem *7-Methyl-1-azabicyclo-[1.2.2]-heptan* (vgl. C. **1955.** 11389). Zum Vgl. wird auf zwei Wegen *1-Methyl-4-äthylpiperidin* dargestellt, das auch bei der Hydrierung von **III** erhalten wird.

Versuche: *4-Acetylpyridinbrommethylat*, $C_8H_{10}BrNO$, F. 183—184° (A.), aus 4-Acetylpyridin (F. 15,5°) u. Methylbromid in A. bei Zimmertemp. durch 3tägiges Stehen; 96,6% (Ausbeute). — *1-Methyl-4-[1'-hydroxyäthyl]-piperidin* (I), $C_8H_{17}NO$, Kp.$_{15}$ 111—112° aus nachst. *Hydrobromid* in üblicher Weise; $D.^{20}_4$ 0,9559; n_D^{20} 1,4736; 82,7%. *Hydrobromid*, $C_8H_{18}BrNO$, F. 144—145° (A.), aus vorst. Verb. durch Hydrieren in Ggw. von PtO_2; fast 100% *Pikrat*, $C_{14}H_{20}N_4O_8$, F. 177,5—178° (A.). — *7-Methyl-1-azabicyclo-[1.2.2]-heptanbrommethylat* (II), F. 304—305°, aus **I** u. azeotrop. HBr bei 100° durch ständige Sättigung mit HBr-Gas (8 Std.), Abdest. der überschüssigen wss. HBr im Vakuum, Alkalisieren mit K_2CO_3 bei 0°, Ätherextraktion u. folgendes Erwärmen des mit Bzl. verd. Ätherextrakts; 70,5%. *Pikrat*, $C_{14}H_{18}N_4O_7$, F. 333—335° (Zers.; W.). — *1-Methyl-4-vinylpiperidin* (III), $C_8H_{15}N$, Kp.$_{743}$ 146—146,5°, aus **II** oder 7-Methyl-1-azabicyclo-[1.2.2]-heptanjodmethylat durch Vermischen mit einer wss. Suspension von Ag_2O, Versetzen des Filtrats mit wenig wss. $Ba(OH)_2$-Lsg., Eindampfen bei 340° zur Trockene (Zers.), Versetzen mit wenig W. u. trockene Dest., bis das Destillat nicht mehr alkal. reagiert, u. Neutralisation des Destillats mit HCl; $D.^{20}_4$ 0,8365; n_D^{20} 1,4548; 50%. *Pikrat*, $C_{14}H_{18}N_4O_7$, F. 145,5—146°; aus A. Blättchen. — *1-Methyl-4-äthylpiperidin*, $C_8H_{17}N$, Kp.$_{740}$ 153—154,5°, a) aus 5 g 4-Äthylpyridin durch Hydrierung in 100 ml Methanol in Ggw. von RANEY-Ni bei 140—185° (6 Std. bei 145 at) u. Trennen des Reaktionsgemisches mit p-Toluolsulfochlorid; 2,7 g; b) aus 4-Äthylpiperidinhydrochlorid u. Paraformaldehyd (7 Std. bei 180—200°) u. Trennung mit p-Toluolsulfochlorid; c) durch katalyt. Hydrierung von **III** in Ggw. von PtO_2; 99,6%. *Pikrat*, $C_{14}H_{20}N_4O_7$, F. 185—186° (A.). (Chem. Listy **51.** 923—26. Mai 1957 [Orig.: tschech.]; Collect. czechoslov. chem. Commun. **23.** 326—30. Febr. 1958 [Orig.: deutsch]. Praha, Vys. škola chem.-technol., Katedra org. chem.) J. PLEŠEK/Prag. 3231

Luca Renzi, *Untersuchungen in der Reihe des Benzodioxans.* 9. Mitt. *Von Benzo-1.4-dioxan abgeleitete Ester mit Aminoalkoholen.* (8. vgl. Gazz. chim. ital. **87.** [1957.] 1303; 7. vgl. MARINI-BETTÒLO u. Mitarbeiter, C. **1959.** 6800.) Vff. stellten eine Reihe von *ω-Dialkylaminoalkylestern* der *Benzo-1.4-dioxan-2-carbonsäure* (I) dar u. führten sie in quartäre Salze über.

Versuche: *Benzo-1.4-dioxan-2-carbonsäure* (I), F. 119°, aus 2-Hydroxymethylbenzo-1.4-dioxan u. $KMnO_4$. *Methylester*, F. 43° (Bzl.-PAe.), durch 8—10std. Kochen von I in Methanol unter Einleiten von HCl-Gas u. Gießen in Eiswasser. *β-Diäthylaminoäthylester*, $C_{15}H_{21}NO_4$, Kp.$_{0,15}$ 132°, a) durch Erhitzen des I-Methylesters mit β-Diäthylaminoäthanol unter Abdest. des gebildeten Methanols; b) durch 2—3std. Erwärmen von I mit β-Diäthylaminoäthylchlorid in Isopropanol auf 60—70°, 3std. Kochen, Einengen, Alkalisieren mit wss. K_2CO_3 u. Ausziehen mit Chloroform. *β-Dimethylaminoäthylester*, Kp.$_{0,15}$ 130°, analog (*Jodmethylat*, $C_{14}H_{20}JNO_4$, F. 164—166°, durch ½std. Erhitzen mit Methyljodid in Aceton. *Jodäthylat*, $C_{15}H_{22}JNO_4$, F. 195—196°). *β-Amino-β-methylpropylester*, $C_{13}H_{17}NO_4$, Kp.$_{0,2}$ 152°. *γ-Diäthylaminopropylester*, $C_{16}H_{23}NO_4$, Kp.$_{0,5}$ 160°. *β-Diäthylaminopropylester*, $C_{16}H_{23}NO_4$, Kp.$_{0,2}$ 124°. *1-Dimethylaminopropyl-(2)-ester*, $C_{14}H_{19}NO_4$, Kp.$_{0,3}$ 120° (*Jodmethylat*, $C_{15}H_{22}JNO_4$, F. 168—170°). *β-Methylamino-β-methylpropylester*, $C_{14}H_{19}NO_4$, Kp.$_{0,15}$ 133°. (Gazz. chim. ital. **88.** 214—18. Febr. 1958. Roma, Ist. Super. di Sanità, Labor. di Chim. terapeut.) H.-E. TOUSSAINT. 3252

Claude Hennart und **Eugéne Merlin,** *Beitrag zur Synthese des 4.6-Dichlorpyrimidins. 4.6-Dichlorpyrimidin* wird aus 4.6-Dihydroxypyrimidin mit $POCl_3$/Pyridin nach einem verbesserten Verf. dargestellt.

Versuche: *4.6-Dihydroxypyrimidin*, durch 2std. Kochen von $NaOC_2H_5$, Malonamid u. Ameisensäureäthylester in absol. A., Stehen über Nacht, Lösen in W. u. Zugeben von HCl; 44% (Ausbeute). — *4.6-Dichlorpyrimidin*, $C_4H_2Cl_2N_2$, durch 2std. Kochen vorst. Verb. mit $POCl_3$ in Pyridin, Einengen u. Vakuumsublimation; Nadeln; 81%. (Bull. Soc. chim. France **1959.** 741—42. Mai. Villiers-Saint-Georges, Saint-et-Marne, Orgafrance, Labor.) R. PASEDAG. 3272

Tadashi Sasaki, *Untersuchungen über katalytische reduzierende Aminolyse.* 2. Mitt. *Reduzierende Aminolyse von Aminoalkoholen.* (1. vgl. C. **1959.** 8880.) Äthanolamin gibt bei 12std. Erhitzen unter 900 lbs./sq.in. H_2 in Ggw. von RANEY-Ni im Autoklaven auf 220—250° 27% (Ausbeute) *N.N'-Diäthylpiperazin* (Kp.$_{760}$ 150—152°, $n_D^{25,5}$ 1,4554; *Dipikrat*, $C_8H_{18}N_2 \cdot 2\,C_6H_3N_3O_7$, F. 250°, Nadeln aus Essigester), daneben 6% *Diäthanolamin.* In Ggw. von konz. NH_4OH werden unter ähnlichen Bedingungen in 4 Std. 45%

Piperazin u. 12,8% *Äthylendiamin* erhalten. Isopropanolamin gibt analog in Abwesenheit von NH_3 35% *2.5-Dimethylpiperazin* (I), F. 114—115°, u. 13,5% *Triisopropylendiamin* [*Dipikrat*, $C_9H_{18}N_2 \cdot 2\,C_6H_3N_3O_7$, F. 250° (Eisessig)], in Ggw. von NH_3 56% I (*Dinitrosoverb.*, F. 95—96°) u. 27% *Propylendiamin* (II). Aus 2-Methyl-2-aminopropanol wird entsprechend in 20 Std. *2.2.5.5-Tetramethylpiperazin* (F. 85—87°, $Kp._{760}$ 168—170°; *Nitrosoverb.*, F. 208°) hergestellt, in Ggw. von NH_3 wird eine fast quantitative Ausbeute in 3 Std. erreicht. II gibt bei 1½—2½std. Hydrierung in Ggw. oder in Abwesenheit von NH_3 wenig *trans*-I. (J. Soc. org. synth. Chem., Japan **16**. 614—20. Nov. 1958. Kyôto, Univ. Seikatukagaku-Ken. [Orig.: japan.; Auszug: engl.]) E. MAEKAWA. 3272

Tadashi Sasaki, *Untersuchungen über katalytische reduzierende Aminolyse.* 3. Mitt. *Katalytische reduzierende Aminolyse von N-Methylaminoalkoholen.* (2. vgl. vorst. Ref.) N-Methyläthanolamin gibt in Methanol durch 5std. Erhitzen unter 760 lbs./sq.in. H_2 in Ggw. von RANEY-Ni im Autoklaven auf 175—200° 15% (Ausbeute) *N.N.N'.N'-Tetramethyläthylendiamin* (I), 6% *N.N'-Dimethylpiperazin* (II), 10% *N-Methylpiperazin* (III), 1% *N.N-Dimethyläthanolamin* u. 8% *N-Methyldiäthanolamin*, unter Zusatz von Methylamin (IV) 15% *N.N'-Dimethyläthylendiamin*, 16% *N.N.N'-Trimethyläthylendiamin*, 4% I, 4% II u. 9% III. Aus N-Methylisopropanolamin werden analog in 3 Std. bei 180—200° 5% *N.N-Dimethylisopropanolamin*, 3% *N.N'-Dimethylpropylendiamin-(1.2)*, 20% *1.2.4.5-Tetramethylpiperazin*, 6% *1.2.5-Trimethylpiperazin* u. *N-Methyldiisopropanolamin* hergestellt, wobei ein Zusatz von IV die Ausbeute an Piperazinderivv. erniedrigt. (J. Soc. org. synth. Chem., Japan **16**. 620—24. Nov. 1958. [Orig.: japan.; Auszug: engl.]) E. MAEKAWA. 3272

Jadwiga Schoen, *Untersuchungen über die Kondensation von N.N'-Diarylthioharnstoffderivaten mit Cyclohexanon. Synthese von neuen Verbindungen des Typs 1.3-Diaryl-2.4-dithioketooktahydrochinazolin.* Die Kondensation von N.N'-Diarylthioharnstoff mit hydroaromat. Ketonen bei 150—300° liefert ein *9-Arylamino-1.2.3.4-tetrahydroacridin* u. ein *1.3-Diaryl-2.4-dithioketo-1.2.3.4.5.6.7.8-oktahydrochinazolin.* Bei tiefer Reaktionstemp. ist das Chinazolinderiv. Hauptprodukt. Der Reaktionsverlauf wird am Beispiel der Kondensation von Phenylisothiocyanat (I) mit Cyclohexanonanil (II) zum gleichen Chinazolinderiv. derart gedeutet, daß zunächst Zerfall des Thioharnstoffs in Arylamin u. Arylisothiocyanat erfolgen soll. Diese lagern sich an die Enolform des cycl. Ketons, worauf ein weiteres Isothiocyanatmol. den Ring unter Abspaltung von Arylamin schließt. Durch Behandlung des Dithioketooktahydrochinazolins mit HgO werden die S-Atome nacheinander durch O-Atome ersetzt. Die zunächst entstehenden 2-Thioketo-4-keto-oktahydrochinazoline werden auch durch Kondensation von Tetrahydroanthranilsäureäthylester (III) mit Diarylthioharnstoff erhalten. HgO-Behandlung führt auch hier zu S-freien 2.4-Diketooktahydrochinazolinen, die beim Erhitzen mit PbO im CO_2-Strom Arylamin u. Diarylamin liefern.

Versuche: 2.4-Dithioketo-1.2.3.4.5.6.7.8-oktahydrochinazoline: *1.3-Diphenyl-* (IV), $C_{20}H_{18}N_2S_2$, F. 289—290°, a) durch Erhitzen von 49 g N.N'-Diphenylthioharnstoff (V) mit 20 g Cyclohexanon zunächst 45 Std. auf 150—155°, dann in 2 Std. auf 300° neben *9-Phenylamino-1.2.3.4-tetrahydroacridin* [F. 235—236° (A.); 5 g]; gelbe Säulen aus Essigsäure; 3—4 g (Ausbeute); b) durch Rk. von 17 g I mit 21 g II bei 120—130° neben einer *Verb. vom F. 247—248°* [gelbgrüne Nadeln]; 8 g. — *1.3-Bis-[p-tolyl]-*, $C_{22}H_{22}N_2S_2$, F. 254—255° analog vorst. Verb.; gelbe Säulen aus Essigsäure. — *1.3-Bis-[p-methoxyphenyl]-*, $C_{22}H_{22}N_2O_2S_2$, F. 288—289°, analog; aus Bzl. gelbe Nadeln. — 2 (oder 4)-Thioketo-4-(oder 2)-keto-1.2.3.4.5.6.7.8-oktahydrochinazoline: *1.3-Diphenyl-* (VI), $C_{20}H_{18}N_2OS$, F. 269 bis 271° durch Auflösen von IV mit HgO in heißer konz. Essigsäure; aus A. hellgelbe Säulen. — *1.3-Bis-[p-tolyl]-*, $C_{22}H_{22}N_2OS$, F. 210—211°, analog vorst. Verb.; aus A. hellgelbe Nadeln. — *1.3-Bis-[p-methoxyphenyl]-*, $C_{22}H_{22}N_2O_3S$, F. 239—240°, aus A. grüngelbe Stäbchen. — 2.4-Diketo-1.2.3.4.5.6.7.8-oktahydrochinazoline: *1.3-Diphenyl-*, $C_{20}H_{18}N_2O_2$, F. 191—193°, durch längeres Erhitzen von VI mit HgO; aus wss. A. Blättchen. — *1.3-Bis-[p-tolyl]-*, $C_{22}H_{22}N_2O_2$, F. 211—212,5°, analog vorst. Verb.; aus wss. A. Säulen. — *1.3-Bis-[p-methoxyphenyl]-*, $C_{22}H_{22}N_2O_4$, F. 197,5—198,5°, aus wss. A. Säulen. — 2-Thioketo-4-keto-1.2.3.4.5.6.7.8-oktahydrochinazoline: *3-Phenyl-* (VII), $C_{14}H_{14}N_2OS$, F. 308—309°, a) durch 2std. Erhitzen von 1,7 g III u. 2,5 g V auf 150—155°, dann im Laufe von 45 Min. auf 180—185°; Nadeln aus Bzl.; 0,9 g; b) aus 1 g III u. 1,4 g I bei 140—180°; 1,1 g. — *3-[p-Tolyl]-*, $C_{15}H_{16}N_2OS$, F. 316—318°, analog vorst. Verb.; aus A. hellgelbe Säulen. — *3-[p-Methoxyphenyl]-*, $C_{15}H_{16}N_2O_2S$, F. 276—278°, aus A. Säulen. — 2.4-Diketo-1.2.3.4.5.6.7.8-oktahydrochinazoline: *3-Phenyl-*, $C_{14}H_{14}N_2O_2$, F. 265—266°, durch Oxydation von VII mit alkal. $KMnO_4$-Lsg. bei n. Temp.; aus Bzl. Nadeln. — *3-[p-Tolyl]-*, $C_{15}H_{16}N_2O_2$, F. 304—305°, analog vorst. Verb.; aus wss. A. Nadeln. — *3-[p-Methoxyphenyl]-*, $C_{15}H_{16}$-

N_2O_3, F. 249—250°, aus W. Säulen. (Roczniki Chem. [Ann. Soc. chim. Polonorum] **29.** 549—66. 1955. Kraków, Uniw. Jagielloński, Kat. Chem. organ.) F. URBAN. 3272

Morton Goldweber und **Harry P. Schultz,** *Chinoxalinuntersuchungen.* 6. Mitt. *Darstellung und physikalische Eigenschaften einiger 2-Hydroxy-3-alkylchinoxaline.* (5. vgl. C. **1956.** 12562.) Durch Rk. von o-Phenylendiamin (I) mit α-Halogensäuren entstanden Gemische aus *2-Hydroxy-3-alkyl-3.4-dihydrochinoxalinen* u. *2-Hydroxy-3-alkylchinoxalinen*, von denen erstere durch bas. H_2O_2 zu letzteren oxydiert wurden. Versuche: 2-Hydroxy-3-alkylchinoxaline, durch 8std. Erwärmen von I u. der entsprechenden α-Halogensäure auf dem Wasserbad, Zusatz von 8%ig. NaOH u. 30%ig. H_2O_2 u. 4std. Erwärmen; *3-n-Propyl-*, F. 184—185°; 15% (Ausbeute). — *3-Isopropyl-*, F. 233—234°; 14%. — *3-n-Butyl-*, F. 154—155°; 34%. — *3-n-Amyl-*, F. 151—152°; 8%. — *3-n-Hexyl-*, F. 140—141°; 31%. — Die UV-Absorptionsmaxima der Verbb. in 0,1n NaOH, 0,1n HCl u. A. sind angegeben. (J. Amer. chem. Soc. **76.** 287—88. 5/1. 1954. Coral Gables, Fla., Univ. of Miami, Dep. of Chem.) H. LEHWALD. 3272

John Drumheller und **Harry P. Schultz,** *Chinoxalinuntersuchungen.* 7. Mitt. *Ein Chinoxalinanalogon von Pteroinsäure.* (6. vgl. vorst. Ref.) 2-Hydroxychinoxalin wurde nach GOWENLOCK u. Mitarbeitern (C. **1946.** II. 569) in *2-Chlorchinoxalin* (I) verwandelt, nachdem die direkte Synth. von I aus Chloral u. o-Phenylendiamin in A., Bzl. u. CCl_4 erfolglos u. die in wss. Lsg. nur in 2%ig. Ausbeute verlief. Die Kondensation von I mit p-Aminobenzoesäureäthylester in sd. verd. HCl (½ Std.) gab *4-[Chinoxalyl-(2)-amino]-benzoesäureäthylester* [$C_{17}H_{15}N_3O_2$, F. 220—221°, gelbe Nadeln aus wss. A.; 38,4% (Ausbeute)], der zur *freien Säure* ($C_{15}H_{11}N_3O_2$, Zers. bei 340° orangefarbenes Pulver, 86%) verseift wurde. Diese besitzt gegenüber *Str. faecalis* weniger als 0,01% der Aktivität von Folsäure. — Die UV-Absorptionsmaxima der Prodd. sind angegeben. (J. Amer. chem. Soc. **77.** 6637—38. 20/12. 1955.) H. LEHWALD. 3272

Warner Christie, Wilmer Rohde und **Harry P. Schultz,** *Chinoxalinuntersuchungen.* 8. Mitt. *Dekahydrochinoxalin.* (7. vgl. vorst. Ref.) Bei der Hydrierung von Chinoxalin (I) in Essigsäure über PtO_2, in HCl über $PdCl_2$/Kohle u. in HCl über PtO_2 entstehen keine isolierbaren Verbb., es tritt überwiegend Verharzung ein. In absol. alkoh. HCl über PtO_2 wird nur ein Atom H aufgenommen, es entsteht eine blaue *merochinoide Verb.*, die sich an der Luft entfärbt. Wird dagegen die Hydrierung über RANEY-Ni in alkoh. Alkali durchgeführt, so bildet sich *1.2.3.4-Tetrahydrochinoxalin* (III), das bei der Weiterhydrierung in absol. alkoh. HCl über PtO_2 in *Dekahydrochinoxalin* (II; wahrscheinlich das *cis-Isomere*) übergeht. Wird die Nachhydrierung von III in Ggw. von wenig W. vorgenommen, so entsteht neben 65% II 35% *N-Cyclohexyläthylendiamin*, während in wss. HCl auch neutrale Prodd., u. a. *Cyclohexanol*, gebildet werden. II ist ident. mit der von BECK u. Mitarbeitern (C. **1953.** 1484) isolierten Verb., dagegen nicht ident. mit 2.3-Tetramethylenpiperazin von MOUSSERON u. COMBES (vgl. C. **1947.** 987), welches wahrscheinlich trans-II ist.

Versuche: *1.2.3.4-Tetrahydrochinoxalin* (III), F. 99—99,5° (PAe.), durch 4std. Hydrieren von I in alkoh. KOH über RANEY-Ni bei 30° u. 80 lbs./sq.in.; 86% (Ausbeute). — *Dekahydrochinoxalin* (II), $C_8H_{16}N_2$, F. 152,5—153°, $Kp._{761,5}$ 228—228,5°, aus III durch 4std. Hydrieren über PtO_2 in absol. alkoh. 3n HCl bei 60° u. 50—80 lbs./sq.in.; über das *Dihydrochlorid* [F. 385—390° (Zers.; A.); 99%]; 12,5%. *Dipikrat*, $C_{20}H_{22}N_8O_{14}$, F. 301—303° (Zers.; W.). *N.N'-Dinitrosoderiv.*, $C_8H_{14}N_4O_2$, F. 110—111° (wss. A.). — *N-Cyclohexyläthylendiamin*, $C_8H_{18}N_2$, Kp. 188—189°, $Kp._5$ 93°, aus III durch 5std. Hydrieren in alkoh. HCl über PtO_2 bei 50° u. 50—80 lbs./sq.in.; Reinigung über das *Dipikrat* [$C_{20}H_{24}N_8O_{14}$, F. 192—194° (sd. W.); gelbe Nadeln aus W.; 27%] u. *Dihydrochlorid* [F. 211—213° (absol. A.)]; $D.^{25}_4$ 0,9190, n_D^{25} 1,4800; neben 62% II-Dipikrat. (J. org. Chemistry **21.** 243—45. 17/2. 1956.) H. LEHWALD. 3272

Richard van Dusen und **Harry P. Schultz,** *Chinoxalinuntersuchungen.* 9. Mitt. *Die Darstellung von 3-Methyl-6- und -7-bromchinoxalinolen-(2).* (8. vgl. vorst. Ref.) Die Rk. von 2-Nitro-4-bromanilin mit dl-α-Brompropionsäure ergab nur weniger als 1% *N-[2-Nitro-4-bromphenyl]-dl-α-alanin* (I). I wurde in besserer Ausbeute durch Kondensation von dl-α-Alanin (II) mit 2.5-Dibromnitrobenzol erhalten. Die reduktive Cyclisierung von I mit alkoh. HCl u. Fe, mit $Fe(OH)_2/NH_4OH$ oder (am besten) durch katalyt. Hydrierung über RANEY-Ni führte zu *3-Methyl-3.4-dihydro-7-bromchinoxalinol-(2)*, das nicht isoliert wurde, sondern unmittelbar mit H_2O_2 zu *3-Methyl-7-bromchinoxalinol-(2)* oxydiert wurde. Wurde die reduktive Cyclisierung von I mit Pd- u. Pt-Katalysatoren durchgeführt, so wurde unter Br-Abspaltung nur *3-Methylchinoxalinol-(2)* erhalten. Analog entsteht aus 2.4-Dibromnitrobenzol u. II *N-[2-Nitro-5-bromphenyl]-dl-α-alanin* u. hieraus durch reduktive Cyclisierung u. anschließende Oxydation *3-Methyl-6-bromchinoxalinol-(2)*.

Versuche: *N-[2-Nitro-4-bromphenyl]-dl-α-alanin* (I), $C_9H_9BrN_2O_4$, F. 162 bis 164°, durch 42std. Kochen von 2.5-Dibromnitrobenzol, II u. $NaHCO_3$ in wss. A., Eindampfen, Digerieren mit 10%ig. NaOH, Verdünnen mit W. u. Einstellen mit HCl auf p_H 4; aus Bzl. gelbe Platten; 13% (Ausbeute). — *3-Methyl-7-bromchinoxalinol-(2)*, $C_9H_7BrN_2O$, F. 291—293° (Zers.), durch ½std. Hydrieren von I in A. über RANEY-Ni bei 25°/60 lbs./sq.in., Eindampfen des Filtrats, 1std. Erwärmen des Rückstandes mit 30%ig. H_2O_2 in 10%ig. NaOH, Einstellen des Filtrats auf p_H 4 mit 20%ig. HCl u. Sublimation des Nd. bei 195°/1 mm; aus A. Platten; 21%. — *2.4-Dibromacetanilid*, F. 145—147° (A.), durch 1std. Zutropfen von Br_2 zu einer gerührten, wss. Lsg. aus Acetanilid u. $NaHCO_3$ bei 25° u. 1std. Erwärmen des gebildeten u. isolierten *N-4-Dibromacetanilids* mit sd. W.; 67%; gibt durch Hydrolyse 71% *2.4-Dibromanilin*. — *2.4-Dibromnitrobenzol*, F. 61—62° (A./Bzn.), durch Nitrieren von m-Dibrombenzol nach HAMMOND u. MODIC (C. **1955**. 8109); 74%. — *N-[2-Nitro-5-bromphenyl]-dl-α-alanin*, $C_9H_9 \cdot BrN_2O_4$, F. 175—177°, wie bei I aus vorst. Verb. u. II; aus Bzl. Nadeln; 36%. — *3-Methyl-6-bromchinoxalinol-(2)*, $C_9H_7BrN_2O$, F. 260—262° (Zers.), durch RANEY-Ni-Hydrierung vorst. Verb. u. Oxydation mit H_2O_2 wie oben; aus A. Nadeln; 11,4%. (J. org. Chemistry **21**. 1326—27. Nov. 1956.) H. LEHWALD. 3272

V. Rosnati und **M. Marotta**, *Synthese und pharmakologische Eigenschaften einiger Chinoxalinderivate.* Durch Rk. von 2.3-Bis-[brommethyl]-chinoxalin (I) mit sek. aliphat. u. cycl. Aminen stellten Vff. eine Reihe von 2.3-disubstituierten *Chinoxalinen* dar. Mit prim. Aminen werden polymere Prodd. erhalten. Bei der Rk. von I mit Morpholin entsteht neben dem zu erwartenden *2.3-Bis-[morpholinomethyl]-chinoxalin* (III) in geringer Menge *Chinoxalino-[2″.3″:3.4]-pyrrolinspiro-[1;4′]-morpholiniumbromid*; analoge Spiroverbb. werden auch mit Piperidin u. Pyrrolidin erhalten. Die dargestellten Chinoxalinderivv. liefern mit Alkyljodiden in absol. Ae. u. in der Kälte leicht *Mono-* u. in CH_3OH in der Wärme *Bis-jodalkylate*. Durch längeres Erhitzen mit den entsprechenden Alkyljodiden wurden in II auch die beiden N-Atome des Chinoxalinkerns quaternisiert, man erhielt die entsprechenden *Tetrakisjodalkylate*. Bei der pharmakol. Überprüfung der dargestellten Verbb. konnte man keine charakterist. pharmakodynam. Wrkg. des Chinoxalinsyst. feststellen.

Versuche: Chinoxaline: *2.3-Bis-[dimethylaminomethyl]-* (II), $C_{14}H_{20}N_4$, Kp.$_{0,4}$ 115°, durch Zugabe von Dimethylamin zu I in Bzl. u. 1std. Erhitzen auf dem Wasserbad; 90% (Ausbeute). *Pikrat*, $C_{20}H_{23}N_7O_7$, F. 173—175° (Zers.). *Monojodmethylat*, $C_{15}H_{23}JN_4$, F. 207°. *Bis-jodmethylat*, $C_{16}H_{26}J_2N_4$, F. 213°. *Bis-brommethylat*, $C_{16}H_{26}Br_2N_4$, F. 218°. — *2.3-Bis-[diäthylaminomethyl]-*, $C_{18}H_{28}N_4$, Kp.$_{0,7}$ 148°, analog II. *Monojodäthylat*, $C_{20}H_{33}JN_4$, F. 174°. *Bis-jodäthylat*, $C_{22}H_{38}J_2N_4$, F. 140°. *Monojodmethylat*, $C_{19}H_{31}JN_4$, F. 130°. *Bis-jodmethylat*, $C_{20}H_{34}J_2N_4$, F. 180°. — *2.3-Bis-[morpholinomethyl]-* (III), $C_{18}H_{24}N_4O_2$, F. 104—105° (PAe.), durch ¼std. Stehen von I mit Morpholin in Chlf. bei 0°; 74% [daneben entsteht *Chinoxalino-[2″.3″:3.4]-pyrrolinspiro-[1;4′]-morpholiniumbromid*, $C_{14}H_{16}BrN_3O$, F. 263—265° (Zers.; absol. A.)]. *Monojodmethylat*, $C_{19}H_{27}JN_4O_2$, F. 239°, durch 12std. Kochen mit einem großen Überschuß an CH_3J; 8%. *Bisjodmethylat*, $C_{20}H_{30}J_2N_4O_2$, F. 183°, durch Kochen in C_2H_5OH. *Tetrakisjodmethylat*, $C_{22}H_{36}J_4N_4O_2$, F. 184°, in wss. A. durch 48std. Erhitzen. *Tetrakisjodäthylat*, $C_{26}H_{44}J_4N_4O_2$, F. 188—190°, vorst. Verb. analog. — *2.3-Bis-[piperidinomethyl]-*, $C_{20}H_{28}N_4$, F. 88° [daneben entsteht *Chinoxalino-[2″.3″:3.4]-pyrrolinspiro-[1;1′]-piperidiniumbromid*, $C_{15} \cdot H_{18}BrN_3$, F. 275°. *Pikrat*, $C_{21}H_{20}N_6O_7$, F. 244° (Zers.)]. *Monojodmethylat*, $C_{21}H_{31}JN_4$, F. 180°. *Bis-jodmethylat*, $C_{22}H_{34}J_2N_4$, F. 185°. — *2.3-Bis-[pyrrolidinomethyl]-*, $C_{18}H_{24}N_4$, F. 101° [daneben entsteht *Chinoxalino-[2″.3″:3.4]-pyrrolinspiro-[1:1′]-pyrrolidiniumbromid*, $C_{14}H_{16}BrN_3$, F. 235° (Zers.)]. *Bisjodmethylat*, $C_{20}H_{30}J_2N_4$, F. 195°. (Rend. Ist. super. Sanità **18**. 782—89. 1955. Roma, Ist. Super. di Sanità, Labor. di Chim. terapeut.) H.-E. TOUSSAINT. 3272

Daniela Gürne und **Tadeusz Urbański**, *Über aliphatische Nitroverbindungen.* 32. Mitt. *Synthese und Abbau von 3-Benzylderivaten des Tetrahydro-1.3-oxazins.* (31. vgl. C. **1959**. 9909.) Durch Kondensation von CH_2O, Benzylamin u. Nitroparaffinen im Mol-Verhältnis 3:1:1 werden 5-substituierte *5-Nitro-3-benzyltetrahydro-1.3-oxazine* (**A**) erhalten. Die Ausbeuten an **A** werden erhöht, wenn an Stelle der Nitroparaffine ihre durch Aldolkondensation mit 2 Mol CH_2O erhaltenen *2-Nitro-2-alkylpropandiole-(1.3)* (**B**) verwendet werden. Das mit Nitromethan erhaltene *5-Nitro-3-benzyltetrahydro-1.3-oxazin* (I) wird in 5-Stellung durch überschüssiges CH_2O hydroxymethyliert, die Methylolgruppe wird durch CH_3ONa leicht abgespalten. Die **A** lassen sich stufenweise abbauen: mit verd. HCl wird 1 Mol CH_2O frei, wobei *Nitroaminoalkohole* $O_2N(R)C(CH_2OH) \cdot CH_2NHCH_2C_6H_5$ (**C**) entstehen. I wird erst unter UV-Licht von HCl angegriffen. Der weitere Abbau mit CH_3ONa führt unter Abspaltung von 1 Mol CH_2O zu *Aminonitro-*

verbb. $O_2N(R)CHCH_2NHCH_2C_6H_5$ (**D**), die eine positive Pseudonitrol-Rk. geben u. mit HNO_2 N-Nitrosoverbb. mit positiver LIEBERMANN-Rk. bilden. Die **C** u. **D** können mit CH_2O wieder in die **A** übergeführt werden. Die **C** werden auch direkt durch Umsetzung der **B** mit Benzylamin u. die **D** durch Rk. der Nitroparaffine mit N-Methylolbenzylamin oder durch Rk. von 2-Nitroalkoholen mit Benzylamin gebildet. Diese Rkk. beweisen die Struktur der **A**. Die dargestellten Verbb. wirken auf saprophyt. Mycobacterium-Stämme in vitro bakteriostatisch.

Versuche: Folgende 5-Alkyl-5-nitro-3-benzyltetrahydro-1.3-oxazine (**A**) wurden durch Rk. von 0,1 Mol **B**, 0,15 Mol 30%ig. CH_2O u. 0,1 Mol Benzylamin in Ggw. von 0,5 g $NaHCO_3$ bei n. Temp. u. 2std. Erwärmen der Mischung auf 60° erhalten: *5-Methyl-*, $C_{12}H_{16}N_2O_3$, F. 66—68°; 65% (Ausbeute). *Hydrochlorid*, $C_{12}H_{17}ClN_2O_3$, F. 196—198°. — *5-Äthyl-*, $C_{13}H_{18}N_2O_3$, F. 68—70°; 58%. *Hydrochlorid*, $C_{13}H_{19}ClN_2O_3$, F. 198—200°. — *5-n-Propyl-*, $C_{14}H_{20}N_2O_3$, F. 46—48°; 55%. *Hydrochlorid*, $C_{14}H_{21}ClN_2O_3$, F. 175—178°. — Durch Ringspaltung der **A** mit verd. HCl oder wss.-alkoh. HCl in der Hitze werden folgende N-[1-Hydroxy-2-nitro-2-alkylpropyl]-benzylaminhydrochloride (**C**) erhalten: *unsubstituiert*, $C_{10}H_{15}ClN_2O_3$, F. 150° (Zers.). *N.O-Diacetylderiv.*, $C_{14}H_{18}N_2O_5$, F. 115 bis 118°. — *-2-methyl-*, $C_{11}H_{17}ClN_2O_3$, F. 102—104°. *N.O-Dibenzoylderiv.*, $C_{25}H_{24}N_2O_5$, F. 112—114°. — *-2-Hydroxymethyl-*, $C_{11}H_{17}ClN_2O_4$, F. 177° (Zers.). — *N.O.O-Triacetylderiv.*, $C_{17}H_{22}N_2O_7$, F. 98—100°. — *-2-äthyl-*, $C_{12}H_{19}ClN_2O_3$, F. 150—152°. *N.O-Dibenzoylderiv.*, $C_{26}H_{26}N_2O_5$, F. 105—107°. — *-2-n-propyl-*, $C_{13}H_{21}ClN_2O_3$, F. 135—137°. *N.O-Dibenzoylderiv.*, $C_{27}H_{28}N_2O_5$, F. 90—93°. — Folgende *N-[1-Nitro-1-alkyläthyl]-benzylaminhydrochloride* (**D**) wurden durch Umsetzung der **C** mit 2%ig. methanol. CH_3ONa-Lsg. in Ae. über das *Na-Salz* oder direkt mit der berechneten Menge CH_3ONa erhalten: *unsubstituiert*, $C_9H_{13}ClN_2O_2$, F. 147° (Zers.). *N-Acetylderiv.*, $C_{11}H_{14}N_2O_3$, F. 193 bis 195°. — *-1-methyl-*, $C_{10}H_{15}ClN_2O_2$, F. 148—150°. *N-Tosylderiv.*, $C_{17}H_{20}N_2O_4S$, F. 82 bis 84°. *Na-Salz*, $C_{10}H_{13}N_2NaO_2 \cdot CH_3OH$, F. ca. 150° (Zers.). — *-1-äthyl-*, $C_{11}H_{17}ClN_2O_2$, F. 150—151°. *N-Tosylderiv.*, $C_{18}H_{22}N_2O_4S$, F. 88—89°. *Na-Salz*, $C_{11}H_{15}N_2NaO_2 \cdot CH_3OH$, F. ca. 170° (Zers.); *-1-n-propyl-*, $C_{12}H_{19}ClN_2O_2$, F. 152—154°. *N-Tosylderiv.*, $C_{19}H_{24} \cdot N_2O_4S$, F. 110—112°. *Na-Salz*, $C_{12}H_{17}N_2NaO_2 \cdot CH_3OH$, F. ca. 170° (Zers.). (Roczniki Chem. [Ann. Soc. chim. Polonorum] **31**. 855—67. 1957.) F. URBAN. 3282

Daniela Gürne und **Tadeusz Urbański**, *Über aliphatische Nitroverbindungen.* 33. Mitt. *Synthese und Abbau von 3-Cyclohexylderivaten des Tetrahydro-1.3-oxazins.* (32. vgl. vorst. Ref.) Nitroparaffine kondensieren mit CH_2O u. Cyclohexylamin zu *5-Nitro-5-alkyl-3-cyclohexyltetrahydro-1.3-oxazinen* (**A**). Eine höhere Ausbeute an **A** wird durch Anwendung von 2-Nitro-2-alkylpropandiolen-(1.3) (**B**) an Stelle der Nitroverb. u. 2 Mol CH_2O erzielt. Die **A** werden durch Einw. wss.-alkoh. HCl unter Abspaltung von CH_2O in *N-[1-Hydroxy-2-nitro-2-alkylpropyl]-cyclohexylamine* (**C**) übergeführt, deren FF. höher liegen als die der entsprechenden **A**, was auf die Existenz von H-Brücken zwischen den N- u. O-Atomen im Mol. schließen läßt. Die Ringspaltungs-Rk. ist umkehrbar. Die **C** bilden *N-Nitrosoverbb.*, die in der Kälte positive LIEBERMANN-Rk. geben. Die **C** werden auch durch Kondensation der **B** mit Cyclohexylamin erhalten. 2-Nitro-2-methylpropandiol-(1.3) reagiert dabei so heftig, daß unter Ringschluß *1.3-Dicyclohexyl-5-nitro-5-methylhexahydropyrimidin* entsteht. Die direkte Synth. der **C** muß in diesem Fall von 2-Nitropropanol u. N-Hydroxymethylcyclohexylamin ausgehen. Der weitere Abbau der **C** mit CH_3ONa liefert *N-[1-Nitro-1-alkyläthyl]-cyclohexylamine* (**D**) über die *Na-Salze*. Durch Umsetzung der **D** mit CH_2O entstehen wieder die **A**. Die **D** bilden *N-Nitrosoverbb.*, die auf Grund der positiven LIEBERMANN-Rk. eine sek. Nitrogruppe enthalten müssen. Die **D** werden auch durch Rk. von Nitroparaffinen mit N-Hydroxymethylcyclohexylamin gebildet.

Versuche: Folgende 5-Alkyl-5-nitro-3-cyclohexyltetrahydro-1.3-oxazine (**A**) wurden durch Rk. von 0,1 Mol **B** mit 0,15 Mol 30%ig. CH_2O u. 0,1 Mol Cyclohexylamin bei n. Temp. in Ggw. von 0,5 g $NaHCO_3$ u. 3std. Erwärmen auf 65° erhalten: *5-Methyl-*, $C_{11}H_{20}N_2O_3$, F. 50—51°; 30% (Ausbeute). *Hydrochlorid*, $C_{11}H_{21}ClN_2O_3$, F. 182° (Zers.). — *5-Äthyl-*, $C_{12}H_{22}N_2O_3$, F. 59—60°; 55%. *Hydrochlorid*, $C_{12}H_{23}ClN_2O_3$, F. 187° (Zers.). — *5-n-Propyl-*, $C_{13}H_{24}N_2O_3$, F. 69—70°; 60%. *Hydrochlorid*, $C_{13}H_{25}ClN_2O_3$, F. 179° (Zers.). — Durch Hydrolyse der **A** mit wss.-alkoh. HCl in der Wärme wurden folgende N-[1-Hydroxy-2-nitro-2-alkylpropyl]-cyclohexylamine (**C**) dargestellt: *-2-methyl-*, $C_{10}H_{20}N_2O_3$, F. 68—70°. *Hydrochlorid*, $C_{10}H_{21}ClN_2O_3$, F. 169° (Zers.). — *N.O-Dibenzoylderiv.*, $C_{24}H_{28}N_2O_5$, F. 106 bis 107°. — *-2-äthyl-*, $C_{11}H_{22}N_2O_3$, F. 77—79°. *Hydrochlorid*, $C_{11}H_{23}ClN_2O_3$, F. 170° (Zers.). *N.O-Dibenzoylderiv.*, $C_{25}H_{30}N_2O_5$, F. 101—102°. — *-2-n-propyl-*, $C_{12}H_{24}N_2O_3$, F. 79—81°. *Hydrochlorid*, $C_{12}H_{25}ClN_2O_3$, F. 167° (Zers.). *N.O-Dibenzoylderiv.*, $C_{26}H_{32} \cdot$

N_2O_5, F. 140—142°. — Durch weiteren Abbau der **C** mit stöchiometr. Mengen 2%ig. CH_3ONa bei 0° werden über die *Na-Salze* N-[1-Nitro-1-alkyläthyl]-cyclohexylamine (II) erhalten u. als Hydrochloride isoliert: *-1-methyl-*, $C_9H_{19}\cdot ClN_2O_2$, F. 148° (Zers.). *N-Nitrosoverb.*, $C_9H_{17}N_3O_3$, F. 61—63°. — *-1-äthyl-*, $C_{10}H_{21}\cdot ClN_2O_2$, F. 160° (Zers.). *N-Nitrosoverb.*, $C_{10}H_{19}N_3O_3$, F. 95—97°. — *-1-n-propyl-*, $C_{11}H_{23}\cdot ClN_2O_2$, F. 182° (Zers.). *N-Nitrosoverb.*, $C_{11}H_{21}N_3O_3$, F. 97—99°. (Roczniki Chem. [Ann. Soc. chim. Polonorum] **31**. 869—78. 1957.) F. URBAN. 3282

Masao Nakazaki, *Die Struktur von „Planchers Base" und der Mechanismus der Ringerweiterung von Pyrrolen und Indolen.* Ausführliche Erörterung der Bldg. von „*Planchers Base*" (I) u. der Ringerweiterung verwandter Verbindungen.

Versuche: *1.2.3.4.5.6-Hexahydro-6-chlormethylen-1-benzazocinon-(2)* (I; „*Planchers Base*"), $C_{12}H_{12}ClNO$, F. 208°, durch 2std. Kochen von 3 g Dihydropentindol in A., W. u. Chlf. auf dem Wasserbad u. allmähliches Einrühren einer Lsg. von KOH in W.-A.; Prismen aus Methanol; 1,2 g (Ausbeute). — *6-Chlor-5-[o-benzamidophenyl]-hexen-(5)-säure*, $C_{19}H_{18}ClNO_3$, F. 111—112,5°, durch 6std. Kochen von I mit 2n HCl u. Benzoylierung der freien Aminosäure (0,7 g); aus verd. A. Nadeln; 0,3 g. — *N-Benzoylanthranilsäure*, $C_{14}H_{11}NO_3$, F. 172—175° (Bzl.), durch 11std. Oxydation von 0,898 g vorst. Verb. mit $KMnO_4$ in 0,5n NaOH bei 20° neben *Bernsteinsäure* [$C_4H_6O_4$, F. 183—184° (Ae.); 0,16 g]; 0,093 g. — *γ-[Indolyl-(3)]-buttersäuremethylester*, $C_{13}H_{15}NO_2$, F. 70,5—71° (Bzl.-PAe.), durch 40 Min. Erhitzen von 1,6 g I mit 50%ig. KOH auf 200° u. Veresterung des Prod. mit Diazomethan in Bzl.-Ae.; 0,049 g. — *2.3-Cyclopentenochinolon-(4)*, $C_{12}H_{11}NO$, F. 326—329° (A.-Ae.), durch Chromatographie von 1 g Tetrahydrocarbazol im diffusen Tageslicht an Al_2O_3 mit Bzl.; 0,28 g. (J. chem. Soc. Japan, pure Chem. Sect. [Nippon Kagaku Zassi] **76**. 1169—72. Okt. 1955. Osaka, Städt. Univ. [Orig.: japan.])
L. SCHULER. 3380

Josef Pacák und **Miloslav Černý,** *Anwendung des Metaphosphorsäureäthylesters zur Darstellung von Isopropylidenderivaten nichtsubstituierter Monosaccharide.* Metaphosphorsäureäthylester (I) ist allen bisher verwendeten Kondensationsmitteln bei der Darst. von Isopropylidenderivv. der Zucker, bes. *1.2; 5.6-Diisopropyliden-D-glucofuranose* (III) aus D-Glucose u. Aceton (II) in bezug auf Reproduzierbarkeit u. Reaktionszeit überlegen. I zeigt eine gute Dehydratisierungswrkg., ist in II lösl. u. ist weniger aggressiv als H_2SO_4. Die Rk. verläuft sowohl in der Wärme (Wasserbad), als auch, wesentlich langsamer, bei n. Temperatur. Die von der Konz. von I in II abhängige Bldg. von Nebenprodd. sowie der Einfl. verschied. Reaktionsbedingungen auf die Ausbeute an III wird untersucht.

Versuche: *Metaphosphorsäureäthylester* (I), a) aus 4500 ml Ae. u. 600 g P_2O_5 durch ca. 45std. Kochen, Versetzen mit Chlf., 5std. Kochen, Fällen mit Ae. u. Erhitzen des gelben Sirups bei 60° im Vakuum; n_D^{18} 1,442; 330 g (Ausbeute); b) aus 2000 ml Ae. u. 500 g P_2O_5 bei n. Temp. durch 5 Wochen langes Stehen, Kochen mit Chlf. u. Fällen mit Ae.; 420 g; c) nach STEINKOPF u. SCHUBART [1921]. — Isopropylidenderivv., durch Rk. von I in wasserfreiem II mit dem feinzerriebenen Zucker, Zugabe von 100 ml wss. K_2CO_3-Lsg. (3:7) zu ca. 300 ml Lsg. von <50 g I in II, Schütteln, Abtrennen der wss. Phase, Ausschütteln mit Chlf., Zufügen von $BaCO_3$ u. Abfiltern der Ba-Salze: *1.2; 5.6-Diisopropyliden-D-glucofuranose* (III), F. 106—109° (Ae.-PAe.), a) aus 30 g I, 300 ml II u. 10 g wasserfreier D-Glucose unter zeitweiligem Schütteln u. 3—4std. Kochen; 56% (Ausbeute); b) aus 1 g 1.2-Isopropyliden-D-glucofuranose, 1,5 g I u. 30 ml II (1 Std.); 70%. — *1.2;3.4-Diisopropyliden-D-galaktopyranose*, Kp.$_{10}$ 155°; aus 40 g I, 300 ml II u. 10 g D-Galaktose durch 4std. Schütteln; Fl.; $[\alpha]_D^{18}$ —65,6° (c = 1,28; Pyridin); 49%. — *1.2;4.5-Diisopropyliden-D-fructopyranose*, F. 116—118° (PAe.), durch 10 Min. langes Kochen von 12 g I, 300 ml II u. 10 g D-Fructose; $[\alpha]_D^{18}$ —160° (c = 1,03; W.); 36% neben *2.3;4.5-Diisopropyliden-D-fructopyranose*. — *2.3;4.6-Diisopropyliden-L-sorbofuranose*, Kp.$_4$ 120—130°, aus 10 g L-Sorbose u. 20 g I in II durch ½std. Kochen; gelber Sirup; 31%. — *1.2;3.4-Diisopropyliden-D-arabinopyranose*, F. 37—40°, aus 3 g I, 30 ml II u. 1 g D-Arabinose durch 1½std. Kochen; 83%. (Chem. Listy **51**. 1165—70. Juni 1957. Praha, Karlova univ., Katedra org. chem. matemat.-fysik. fak.)
K. MAYER/Prag. 3400

Takashi Mizuno, *Kohlenhydrate in Pollen von Cryptomeria japonica D. Don.* In Pollen von *Cryptomeria japonica* D. DON wurden als freie Saccharide *Glucose, Fructose, Saccharose* (I), *Raffinose* u. *Stachyose* papierchromatograph. nachgewiesen. Von diesen wurde I krist. isoliert u. identifiziert. Die heißwasserlösl. Polysaccharide bestehen vermutlich aus *Galaktan* u. *Araban* oder sind aus diesen zusammengesetzte Polysaccharide, die Hemicellulosen bestehen aus *Ribose, Galaktose* u. wenig *Rhamnose* u. *Arabinose.* Die Cellulose gibt mit einem Gemisch aus Acetanhydrid, Eisessig u. konz. H_2SO_4 *Oktaacetylcellobiose*, $C_{12}H_{14}O_{11}(CH_3CO)_8$, F. 221°, $[\alpha]_D^{28}$ +42,11° (c = 0,1; Chlf.), ist also α-Cellulose. (J. chem. Soc. Japan, pure Chem. Sect. [Nippon Kagaku Zassi] **79.** 192—95. Febr. 1958. Sizuoka-Banda, Univ., Landw. Fak. [Orig.: japan.]) E. MAEKAWA. 3400

H. H. Schlubach und **K. Repenning,** *Zur Acetylierung von Kohlenhydraten.* Die Acetylierung von Kohlenhydraten mit Acetanhydrid wird in Dimethylformamid (I) als Lösungsm. mit einem geringen Zusatz von trockenem Pyridin vorgenommen. Dadurch können die Peracetylverbb. in einer Operation in Ausbeuten von 86—95% dargestellt werden. Vff. erhielten so bei n. Temp. in 24—28 Std. *Oktaacetylsaccharose* [86% (Ausbeute)]; *Hendekaacetylraffinose* (93%) bzw. *Triacetylinulin* (95%). (Angew. Chem. **71.** 193—94. 7/3. 1959. München, Univ., Physiol.-chem. Inst.) K. F. MÜLLER. 3400

A. Lindenmann, *Reduktive N-Alkylierung von Nortropanderivaten.* (*Über Synthesen von 6-Alkoxytropanderivaten.*) 10. Mitt. *über Alkaloidsynthesen.* (9. vgl. C. **1959.** 10582.) Die Synth. von *N-Alkyl-6-alkoxynortropinen* (**A**) gelingt aus den durch Kondensation von Alkoxysuccindialdehyden mit Acetondicarbonsäure (I) u. NH_4Cl oder NH_3 erhaltenen *6-Alkoxynortropinonen,* die entweder zu den sek. Alkoholen red. u. anschließend mit Aldehyden in Ggw. von RANEY-Ni u. H_2 reduktiv alkyliert oder direkt mit Aldehyden, H_2 u. RANEY-Ni unter Druck u. erhöhter Temp. alkylierend hydriert werden können. Die Methylierung von Nortropinon (**IV**) selbst gelingt ohne gleichzeitige Hydrierung der Ketogruppe. Die Ausbeuten bei der reduktiven N-Alkylierung nehmen mit zunehmender Größe des einzuführenden Substituenten ab. Es wird festgestellt, daß sich bei asymm. Quaternisierung der **A** dieselben Stereoisomeren bilden, die auch durch Quaternisierung der durch direkte Kondensation hergestellten Tropine erhalten werden. Diese Tatsache bestätigt die Vermutung, daß die zuerst eingebauten Substituenten am N mit weit größerer Häufigkeit die N_a-Stellung (gegen den Piperidinring gerichtet) u. die bei der Quaternisierung zuletzt eingetretenen Substituenten die N_b-Lage (gegen den Pyrrolidinring gerichtet) einnehmen.

Versuche: *6-Methoxynortropinon* (**II**), $Kp._{0,02}$ 102—104°, durch 3tägiges Stehen des Gemischs aus der salzsauren Lsg. von *Methoxysuccindialdehyd* (durch ½std. Erhitzen von 2.3.5-Trimethoxytetrahydrofuran in 0,1n HCl auf 70—75°) u. einer Lsg. von **I**, NH_4Cl u. krist. Na-Acetat in W., das mit konz. HCl auf p_H 4,0 eingestellt worden war, bei 20—25°, Zugabe von K_2CO_3 (mit Lackmus alkal.), Sättigen mit NaCl u. Extrahieren mit Chlf.; gelbes Öl. *Pikrat,* $C_{14}H_{16}N_4O_9$, F. 200—201° (Zers.; bei 190° Dunkelfärbung; Methanol). — *6-Methoxynortropin* (**III**), *Carbamat,* $C_8H_{15}NO_2 \cdot \frac{1}{2} CO_2$, F. 119 bis 121° (Zers.; Methanol/Ae.), a) durch 5std. Hydrieren von **II** in absol. Methanol über RANEY-Ni bei 40—45°/60 at, Eindampfen im Vakuum, Aufnehmen in Methanol/Ae. u. Einleiten von trockenem CO_2-Gas; b) durch Eintropfen einer Lsg. von $K_3Fe(CN)_6$ in W. zu 6-Methoxytropin in 25%ig. NaOH innerhalb von 35 Min. bei 10—15° unter Rühren, 24std. Rühren bei Zimmertemp. [dunkelrot → gelbrot (2½ Std.) → hellgelb (24 Std.)], Sättigen mit NaCl, Extrahieren mit Chlf., Einengen im Vakuum, Aufnehmen des Rückstands mit 2n HCl, 10 Min. langes Erwärmen im Wasserbad auf 70°, Sättigen mit NaOH, Extrahieren mit Ae., Abdampfen des Ae., Aufnehmen des Rückstands in absol. Methanol, Zugabe von Ae. u. Einleiten von trockenem CO_2-Gas. — *6-Methoxytropin, Hydrochlorid,* $C_9H_{18}ClNO_2$, F. 204—206° (Zers.; Methanol/Ae.), durch Zugabe von **III** in Methanol zu einem durch ½std. Erwärmen einer Ni/Al-Legierung mit 40%ig. KOH auf dem Wasserbad erhaltenen RANEY-Ni-Katalysators, Einleiten von CH_2O mit Hilfe eines N_2-Stroms unter Kühlung, 24std. Hydrieren bei Zimmertemp. u. Normaldruck, Eindampfen u. Behandeln des öligen Rückstands mit methanol. HCl; 73% (Ausbeute). — *6-Äthoxynortropinon,* $Kp._{0,01}$ 95—105°, analog **II** aus Äthoxysuccindialdehyd, **I** u. NH_4Cl; gelbes Öl, das beim Stehen dunkel wird. *Pikrat,* $C_{15}H_{18}N_4O_9$, F. 174—175° (Zers.; Dunkelfärbung bei 165°; Methanol). — *6-Äthoxynortropin,* $Kp._{0,02}$ 98—115°, analog **III** nach a) u. b); gelbes Öl. — *6-Äthoxytropin,* analog 6-Methoxytropin. *Brommethylat,* $C_{11}H_{22}BrNO_2$, F. 226—227° (Zers.; Methanol). — *N-Butyl-6-methoxynortropin,* $Kp._{0,25}$ 110—115°, durch 24std. Hydrieren von **III** in absol. Methanol u. n-Butyraldehyd mit RANEY-Ni bei Zimmertemp. u. Normaldruck. *Brommethylat,* $C_{13}H_{26}BrNO_2$, F. 177—178° (Zers.; Methanol/Ae.). — *N-Benzyl-6-methoxynortropin,* $Kp._{0,02}$ 118—133°, durch 20std. Hydrieren von **III** in absol. Methanol u. frisch dest. Benzaldehyd bei Zimmertemp. u. Normaldruck; gelbliches Öl. *Pikrat,* $C_{21}H_{24}N_4O_9$, F. 192—193° (Zers.; verd. A.). — *6-Methoxypseudonortropin,* $Kp._{0,4}$ 110—120°, durch Zugabe von Na zu einer sd. Lsg. von **II** in absol. A., Dest. mit Wasserdampf, Sättigen mit NaCl u. Extrahieren mit Chloroform. — *6-Methoxypseudotropin,* $C_9H_{17}NO_2$, $Kp._{0,7}$ 118—121°, durch reduktive Alkylierung vorst. Verb. mit CH_2O in Ggw. von RANEY-Ni u. H_2. *Brommethylat,* $C_{10}H_{20} \cdot BrNO_2$, F. 271—274° (Zers.; Methanol/Ae.). — *Tropin,* durch 19std. Hydrieren von Nortropin u. CH_2O in absol. Methanol in Ggw. von RANEY-Nickel. *Hydrochlorid,* $C_8H_{16}ClNO$, F. 280° (Zers.; A./Ae.). — *N-Butylnortropin, Hydrochlorid,* $C_{11}H_{22}ClNO$,

F. 201—203° (Zers.; Methanol/Ae.), durch 7 std. Hydrieren von **IV** u. n-Butyraldehyd in absol. Methanol über RANEY-Ni bei 45° u. 60 at, Behandeln der Fraktion vom Kp.$_{0,6}$ 96 bis 99° mit HCl u. fraktionierte Kristallisation; daneben ca. 40% *N-Butylnortropinon-hydrochlorid*, das nachhydriert werden kann. — *N-Benzylnortropin*, $C_{14}H_{19}NO$, Kp.$_{0,02}$ 140—145°, durch 7 std. Hydrieren von **IV** u. Benzaldehyd in absol. Methanol über RANEY-Ni bei 45°/60 at, verunreinigt mit etwas *N-Benzylnortropinon*, das nachhydriert werden kann. — *Tropinon*, Kp.$_{13}$ 110—115°, durch Einleiten von CH_2O mit Hilfe eines trockenen N_2-Stroms in eine gekühlte Lsg. von **IV** in absol. Methanol, Zugabe von RANEY-Ni u. 18 std. Schütteln des Gemischs bei Zimmertemp. u. Normaldruck mit H_2; hellgelbes, dünnfl. Öl. *Hydrochlorid*, F. 188—190° (Zers.; A./Ae.) (Helv. chim. Acta **42**. 490—95. 16/3. 1959. Basel, Sandoz, Pharmazeut.-chem. Labor.) U. KRÜGER. 3500

R. Süess, *Synthesen in der Tropanreihe: Stereoisomere 6-Hydroxy-7-äthylmercapto-tropanone-(3) und 6-Äthylmercaptotropanon-(3)*. **11.** Mitt. *über Alkaloidsynthesen*. (10. vgl. vorst. Ref.) Die Darst. von in 6- bzw. 7-Stellung mit schwefelhaltigen Gruppen substituierten *Tropinonen* wird beschrieben. Das durch Anlagerung von HBr an die Doppelbindung von 2.5-Diäthoxy-2.5-dihydrofuran erhaltene u. schon bei 0° unbeständige *2.5-Diäthoxy-3-bromtetrahydrofuran* läßt sich direkt mit alkoh. $NaSC_2H_5$-Lsg. zu *2.5-Diäthoxy-3-äthylmercaptotetrahydrofuran* umsetzen, das bei der sauren Hydrolyse den *Äthylmercaptobernsteinsäuredialdehyd* (**I**) ergibt. Die Kondensation von **I** mit Methylamin (**IV**) u. Acetondicarbonsäure (**V**) führt zu *7-Äthylmercaptotropanon-(3)*. Durch Umsetzung von 2.5-Diäthoxy-3-hydroxy-4-bromtetrahydrofuran (**II**) mit $NaSC_2H_5$ kann *3-Hydroxy-4-äthylmercapto-2.5-diäthoxytetrahydrofuran* (**III**) gewonnen werden. Da bereits **II** ein Gemisch verschied. diastereoisomerer Formen darstellt, handelt es sich bei **III** vermutlich auch um ein ster. uneinheitliches Produkt. **III** wird durch Erwärmen in verd. HCl in *α-Hydroxy-α'-äthylmercaptosuccindialdehyd* übergeführt, der durch Kondensation mit **IV** u. **V** ein schwefelhaltiges, bas. Prod. liefert, das sich durch Chromatographie an Al_2O_3 in die beiden stereoisomeren *6-Hydroxy-7-äthylmercaptotropanone-(3)* (**VIa** u. **VIb**) trennen läßt. Neben den Unterschieden in ihren physikal. Daten weisen die beiden Stereoisomeren ein verschied. chem. Verh. auf: So bildet **VIa** mit HCl, HBr u. Pikrinsäure krist. *Salze*, während die entsprechenden Salze von **VIb** nicht krist. erhalten werden konnten. **VIb** liefert dagegen ein gut krist. *p-Nitrobenzoat*, während Verss., das p-Nitrobenzoat von **VIa** zu erhalten nur zu undefinierten Ölen führten. Von **VIa** u. **VIb** können die *Methojodide* in krist. Form dargestellt werden. Die IR-Spektren von **VIa** u. **VIb** zeigen, daß der Unterschied zwischen beiden Verbb. in der räumlichen Lage der HO-Gruppe besteht, u. zwar befindet sich vermutlich die HO-Gruppe in **VIb** in β-Stellung, d. h. HO-Gruppe u. Stickstoffbrücke befinden sich zueinander in cis-Stellung, da im IR-Spektr. eine Beeinflussung der HO-Schwingung zu erkennen ist, die mit der Ausbldg. einer Wasserstoffbrücke zum N-Atom erklärt werden kann. In **VIa** befindet sich die HO-Gruppe demnach in α-Stellung.

Versuche: *7-Äthylmercaptotropanon-(3)*, Kp.$_{0,1}$ 98—105° (Luftbadtemp.), durch Einleiten von trockenem HBr-Gas bei —50° in absol. Ae., Zugabe einer Lsg. von 2.5-Diäthoxy-2.5-dihydrofuran in Ae. u. anschließend einer Lsg. von Na u. C_2H_5SH in A., 12 std. Stehen bei Zimmertemp., 2½ std. Kochen, Zugabe von Ae. u. 70%ig. $CaCl_2$-Lsg., fraktionierte Dest. des aus der äther. Schicht erhaltenen dunkelgefärbten Öls, Hydrolyse der 3. Fraktion (Kp.$_{0,5}$ 98—109°) mit 0,3 n HCl auf dem sd. Wasserbad innerhalb von 30 Min., Zugabe des so erhaltenen honiggelben Hydrolysats zu **V** u. **IV**-Hydrochlorid u. Na-Acetat in W., Einstellen der Lsg. mit 4 n NaOH auf p_H 4,2, nach 117 Std. Sättigen mit NaCl, Zugabe von gesätt. K_2CO_3-Lsg., Extrahieren mit Chlf. u. fraktionierte Dest. des aus dem Chloroformextrakt erhaltenen dunklen Öls; gelbgefärbtes, viscoses Öl (*Pikrat*, $C_{16}H_{20}N_4O_8S$, F. 154—156°, aus A. feine, kanariengelbe Nadeln), daneben aus der 1. Fraktion (Kp.$_{1,5-0,8}$ 66—78°) unverändertes 2.5-Diäthoxy-2.5-dihydrofuran u. aus der 2. Fraktion (Kp.$_{0,8-0,5}$ 81—98°) durch Hydrolyse u. Kondensation mit **V** u. **IV**-Hydrochlorid *6-Äthoxytropanon-(3)* (Kp.$_{0,25}$ 95—105°, Luftbadtemp.), das als *Hydrochlorid* identifiziert wird. — *2.5-Diäthoxy-3-hydroxy-4-äthylmercaptotetrahydrofuran* (**III**), Kp.$_{0,2}$ 91—98°, durch tropfenweise Zugabe einer Lsg. von **II** in A. zu Na u. C_2H_5HS in A. bei —10 bis 0° unter Rühren, 12 std. Stehen, ½ std. Erhitzen zum Sieden, Einengen bei vermindertem Druck, Versetzen mit 70%ig. $CaCl_2$-Lsg., Extrahieren mit Ae. u. fraktionierte Dest. des aus dem Ae.-Extrakt erhaltenen Rückstands; leicht gefärbtes, klares Öl von unangenehmem Geruch. *p-Nitrophenylhydrazon*, F. unscharf zwischen 70 u. 100°; orangefarben; 79% (Ausbeute, auf Äthylmercaptohydroxysuccindialdehyd-bis-p-nitrophenylhydrazon bezogen). — *6α-Hydroxy-7-äthylmercaptotropanon-(3)* (**VIa**), $C_{10}H_{17}NO_2S$, F. 82—84°, durch 25 Min. langes Erhitzen von **III** mit 0,4 n HCl auf dem Wasserbad u. Zugabe des so erhaltenen honiggelben Hydrolysats zu **IV**-Hydrochlorid, **V** u. Na-Acetat in W., Einstellen mit 4n NaOH auf p_H 4,2, 48std. Rühren bei Zimmertemp., Sättigen mit NaCl, Zugabe von konz. K_2CO_3-Lsg., Extrahieren mit Chlf., Eindampfen bei leicht vermindertem Druck, Aufziehen des erhaltenen dunkelgefärbten Öls an Al_2O_3 „MERCK" in benzol. Lsg., Eluieren mit Bzl., Bzl./Ae. u. Ae. u. Umkristallisieren der mit Bzl. erhaltenen Fraktionen; aus Ae. flache Prismen; pK_s 5,4. *Jodmethylat*, $C_{11}H_{20}JNO_2S$, F. 165—167° (Braunfärbung), aus A. Plättchen u. Nadeln. *Hydrobromid*, $C_{10}H_{18}BrNO_2S$, F. 156—158° (Zers.), aus A./Ae. Prismen. — *6β-Hydroxy-7-äthylmercaptotropanon-(3)* (**VI b**), $C_{10}H_{17}NO_2S$, F. 116 bis 118°, Misch-F. mit **VI a** 58—73°, neben **VI a** aus den mit Bzl./Ae. u. mit Ae. eluierten Fraktionen; aus Aceton/PAe. Nadeln; pK_s 4,9. *Jodmethylat*, $C_{11}H_{20}JNO_2S$, F. 171—173° (A., Braunfärbung), Misch-F. mit **VI a**-Jodmethylat 152—153° (Zers.). *p-Nitrobenzoat*, $C_{17}H_{20}N_2O_5S$, F. 103—104°, aus A. Prismen. Von **VI a** u. **VI b** sind die IR-Spektren in Nujol angegeben. (Helv. chim. Acta **42**. 495—501. 16/3. 1959.) U. KRÜGER. 3500

D. Beke, *Beiträge zur Tautomerie der heterocyclischen, pseudobasischen Aminocarbinole. Kotarnin* (**I**), *Berberin* (**II**) u. *Sanguinarin* (**III**) besitzen nach eingehender Unters. cycl. Struktur; von den drei möglichen tautomeren Formen (cycl. Aminocarbinolform, quartäres Ammoniumsalz u. acycl. Aminoaldehydform) liegen gleichzeitig nur die anionotropen Formen vor. Die von der hypothet. Aminoaldehydform ableitbaren, offenkettigen Derivv. entstehen über eine nachträgliche Ringspaltung. Die Kondensationsprodd. von **I**, **II** u. **III** mit Hydroxylamin, Phenylhydrazin, aromat. Aminen, Säureamiden u. a. erleiden bei der katalyt. Hydrierung Hydrogenolyse, wobei die entsprechenden Dihydroverbb. entstehen. Auch die UV-u. IR-Spektren sprechen für die Ringstruktur. Von der Aminocarbinolform leiten sich die Kondensationsprodd. von **I** mit $NaHSO_3$ u. H_2SO_3 ab. In Lsg. liegt das Gleichgewicht auf der Seite der quartären Ammoniumsalze. Die Ringstruktur der in der Literatur als offenkettig beschriebenen *1-Hydrokotarnylessigsäure* (**IV**) konnte durch Bromierung (Substitution in 5-Stellung) u. spektroskop. bewiesen werden. Aus dem **IV**-Methylester wurde mit CH_3J das von AHLERS [1905] beschriebene *Jodmethylat* (F. 119°) erhalten; es erwies sich ebenfalls als cyclisch. Unter Aufnahme von 2 Mol CH_3J entsteht sowohl aus dem **IV**-Methylester als auch aus dem cycl. Jodmethylat das offenkettige *[6-Methoxy-4.5-methylendioxy-2-(β-dimethylaminoäthyl)-zimtsäuremethylester]-jodmethylat* (F. 199—200°). Für die beiden Kondensationsprodd. von **I** mit Aceton (1:1 bzw. 2:1; F. 83 bzw. 162°) konnte ebenfalls cycl. Struktur nachgewiesen werden. **III** gibt auch bei der Alkylierung oder Acylierung keine Derivv., die sich von der Aminoaldehydform ableiten. Die Ergebnisse werden elektronentheoret. gedeutet. (Periodica polytechn. [Budapest], chem. Ingenieurwes. **1**. 51—66. 1957. Budapest, Techn. Univ., Organ. Chem. Inst.) N. SEILER. 3500

T. R. Govindachari, K. Nagarajan und **S. Rajappa,** *Struktur von Gentianin.* Vorl. Mitt. zu der C. **1958**. 3888 referierten Arbeit. (Chem. and Ind. **1956**. 1017. 29/9.) I. SPAETH. 3500

E. W. Warnhoff und **W. C. Wildman,** *Die Struktur von Caranin.* Vorl. Mitt. zu der C. **1957**. 13989 referierten Arbeit. (Chem. and Ind. **1956**. 348. 5/5.) I. SPAETH. 3500

Ken'ichi Takeda und **Katsumi Kotera,** *Die Stereochemie von Dihydrolycorin.* Vorl. Mitt. zu der C. **1958**. 14056 referierten Arbeit. (Chem. and Ind. **1956**. 347. 5/5.) I. SPAETH. 3500

J. D. Cocker und **T. G. Halsall,** *Darstellung eines Zwischenproduktes für die Synthese bicyclischer Diterpene.* Vorl. Mitt. zu der C. **1958**. 5970 referierten Arbeit. (Chem. and Ind. **1956**. 1275—76. 3/11.) I. SPAETH. 3600

S. Bory und **P. Dietrich,** *Synthese von 1.2.4.6-Tetramethylnaphthalin.* 23. Mitt. *über terpenartige Substanzen.* (22. vgl. C. **1959**. 15054; vgl. auch Liebigs Ann. Chem. **603**. [1957.] 8.) Von STOLL u. Mitarbeitern (C. **1959**. 2471) war bei der Pd-Dehydrierung des aus Ambrinol (**I**) mit Br_2 u. Methyl-MgBr erhaltenen Deriv. **II** *1.2.4.6-Tetramethylnaphthalin* gefunden worden, dessen Darst. auf einem unabhängigen Wege beschrieben werden kann: *α.β-Dimethyl-β-[p-tolyl]-propionsäure*, $C_{12}H_{16}O_2$, F. 131—132°, nach RUPE u. Mitarbeitern [1914]. — *β.γ-Dimethyl-γ-[p-tolyl]-buttersäure*, $C_{13}H_{18}O_2$, $Kp._{0,05}$ 130°, $n_D^{22,5}$ 1,5122, aus vorst. Verb. nach

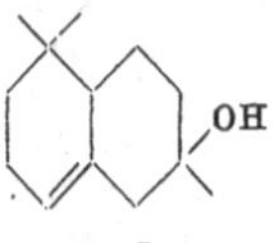
I

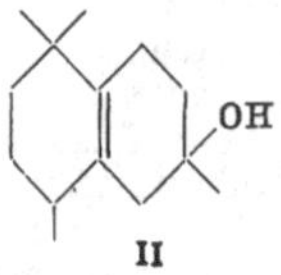
II

ARNDT u. EISTERT durch Überführen in das *Chlorid* mit Oxalylchlorid in Bzl., Behandeln in Ae. mit Diazomethan u. Zerlegen des *Diazoketons* mit Ag_2O u. $Na_2S_2O_4$ in W. bei 70—80° (5½ Std.). — *1.2.6-Trimethyl-1.2.3.4-tetrahydro-4-oxonaphthalin* (**III**), $C_{13}H_{16}O$, $Kp._{0,05}$ 80°, n_D^{22} 1,5440, aus vorst. Verb. mit konz. H_2SO_4 bei 100—110°. *Semicarbazon*, $C_{14}H_{19}N_3O$, F. 180—184°. — *1.2.4.6-Tetramethyl-1.2-dihydronaphthalin*, $C_{14}H_{18}$, $Kp._{0,05}$

70°, n_D^{22} 1,5290, aus 0,693 g **III** u. Methyl-MgJ in sd. Ae. (1½ Std.), Zers. mit verd. H_2SO_4, Chromatographieren der Neutralanteile an Al_2O_3, Eluieren von 0,229 g *1.2.4.6-Tetramethyl-4-hydroxy-1.2.3.4-tetrahydronaphthalin* mit Bzl. + Ae. (3:1; neben 0,372 g **III** u. Spuren von KW-stoffen) u. Dest. des Carbinols mit Naphthalin-2-sulfonsäure; 0,116 g (Ausbeute). — *1.2.4.6-Tetramethylnaphthalin*, $C_{14}H_{16}$, F. 44—45° (CH_3OH), aus vorst. Verb. durch Dehydrieren mit Se. bei 250° (21 Std.) im Rohr. Der Misch-F. mit der Verb. von STOLL (l. c.) ohne Depression. *Trinitrobenzolat*, $C_{20}H_{19}N_3O_6$, F. 154—157°. *Styphnat*, F. 134—135°. *Pikrat*, F. 142—144°. — Damit gilt die Konst. **I** für *Ambrinol* als gesichert. UV- u. IR-Spektren sind angegeben. Ein analoger Fall der Wanderung einer gem. CH_3-Gruppe aus der 1-Stellung in die 2-Stellung bei der Dehydrierung mit Pd-Kohle ist bereits beschrieben worden (vgl. LEDERER u. Mitarbeiter, Bull. Soc. chim. France, Mém. [5] **14.** [1947.] 345). (Bull. Soc. chim. France [5] **1957.** 228—29. Febr. Paris, Inst. de Biol. Physico-chimique.) H. GOLD. 3600

Edouard Demole, *Über die Anwesenheit von Isophytol im absoluten Jasminöl.* 24. Mitt. *über terpenartige Substanzen.* (23. vgl. vorst. Ref.) Aus dem PAe.-Extrakt der Jasminblüten erhält Vf. eine schwachriechende Fraktion ($Kp._{0,08}$ 120—160°), die ca. 35 Gew.-% des gesamten äther. Öls darstellt u. chromatograph. isoliert wurde. Neben *Benzylbenzoat* wurde *Phytol* u. *Isophytol* [*3.7.11.15-Tetramethylhexadecen-(1)-ol-(3)*] (**I**), $C_{20}H_{40}O$, $Kp._{0,01}$ 116°, $D._4^{20,8}$ 0,8435; n_D^{20} 1,4570; $[\alpha]_D$ +9,4° (Methanol)] erhalten, das bisher in der Natur nicht gefunden wurde. **I** wurde mit PBr_3 in Pyridin zu *Phytol* ($C_{20}H_{40}O$, $Kp._{0,01}$ 136°, $D.^{21}_4$ 0,8527, n_D^{21} 1,4640. *Acetat*, $C_{22}H_{42}O_2$, $Kp._{0,01}$ ca. 130°; $D.^{22}_4$ 0,8700; n_D^{20} 1,4562), isomerisiert. (C. R. hebd. Séances Acad. Sci. **243.** 1883—85. 5/12. 1956.) H. FECHTER. 3600

P. K. Grant, *Oxomanoyloxyd.* Die Stellung der Oxogruppe im Ring A von *Oxomanoyloxyd* (**I**) aus Kernholz von *Dacrydium colensoi* konnte zugunsten von Konst. **I** entschieden werden, da das durch katalyt. Hydrierung von **I**, Red. mit $NaBH_4$ u. chromatograph. Trennung erhaltene *3β-Hydroxydihydromanoyloxyd* (**III**) durch Dehydratisieren mit $POCl_3$ u. anschließende Ozonolyse nicht die für 3β-Hydroxytriterpene charakterist. Ringverengung durch Retropinakolinumlagerung zum A-Norketon (**II**) zeigt, sondern zu einer Verb. mit 6gliedrigem Ring A u. einer 2,3- oder 3,4-Doppelbindung führt. Für den Oxydring B in **I** u. ähnliche Verbb. konnten durch Vgl. der IR-Spektren zwei charakterist. Banden 1117—1120 u. 1076—1080 cm^{-1} ermittelt werden.

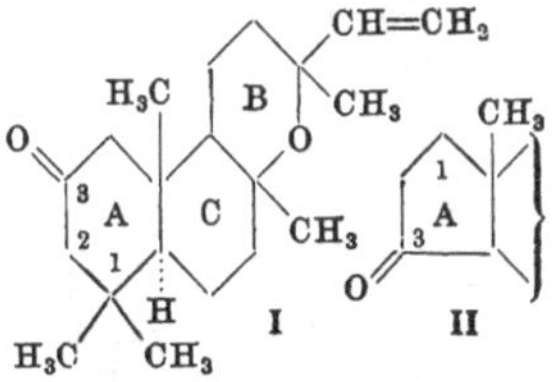

I II

V e r s u c h e (FF. korr.): *Oxomanoyloxyd* (**I**), F. 77—78°, $Kp._{0,4}$ 170—180° (wss. CH_3OH), aus dem Acetonextrakt des Kernholzes von *Dacrydium colensoi* durch fraktionierte Dest. u. Chromatographieren in Ae./PAe. an Al_2O_3. — *Dihydrooxomanoyloxyd*, F. 91—92° (wss. CH_3OH), durch Hydrieren von 200 mg **I** in Methanol in Ggw. von ADAMS-Katalysator bei 20° u. n. Druck; 150 mg. — *Dihydrohydroxymanoyloxyd* (**III**), $C_{20}H_{36}O_2$, *Epimerengemisch*, a) durch Red. von 1,77 g vorst. Verb. in Methanol mit $NaBH_4$, Eindampfen im Vakuum u. Extraktion mit Ae.; Glas; 1,87 g; *axiales Epimeres*, F. 79,5—80,5° (wss. CH_3OH), durch Chromatographie des Gemischs in PAe. an Al_2O_3 u. Eluieren mit PAe./Ae. (5:1); Nadeln; *äquatoriales Epimeres*, F. 51—52° (wss. CH_3OH), aus dem PAe./Ae.-(2:1)-Eluat; Nadeln; b) wie vorst. durch Hydrieren nachst. Verbindung. — *Hydroxymanoyloxyd*, $C_{20}H_{34}O_2$, F. 80—81° (wss. CH_3OH), durch Red. von 0,7 g **I** in Methanol mit $NaBH_4$ u. Chromatographieren an Al_2O_3; Nadeln; 0,6 g. — *Anhydrohydroxydihydromanoyloxyd*, $C_{20}H_{34}O$, F. 83—84° (CH_3OH), durch Dehydratisieren von 0,52 g **III** in Pyridin mit $POCl_3$ unter ¼std. Erhitzen auf 100°, Stehen über Nacht, ½std. Erhitzen auf 100°, Verdünnen mit W., Ae.-Extraktion u. Chromatographieren in PAe. an Al_2O_3; Nadeln; 0,32 g. (J. chem. Soc. [London] **1959.** 860—63. März. Wellington, New Zealand, Dep. of Sci. and Ind. Res., Dominion Labor.) R. SCHÖNFELDER. 3600

R. K. Callow und **P. N. Massy-Beresford,** *Die Stereochemie der Seitenkette von Steroidsapogeninen.* Vorl. Mitt. zu der C. **1958.** 12700 referierten Arbeit. (Chem. and Ind. **1956.** 1146—47. 20/10.) I. SPAETH. 3650

T. Stephen, *Saponine und Sapogenine.* 4. Mitt. *Agapanthagenin* (*22a-Spirostan-2α.3β.5α-triol*), *ein neues Sapogenin aus Agapanthusarten.* (3. vgl. C. **1950/54.** 1699 S.) Aus verschied. *Agapanthus*-Arten wurde neben wenig *Yuccagenin* (**I**; *22a-Δ⁵-Spirosten-2α.3β-diol*) als Hauptbestandteil ein neues Steroidsapogenin, „*Agapanthagenin*" (**II**), isoliert. **II** besitzt auf Grund seiner Eigg. u. der leichten Dehydratisierung von **II**-*Diacetat* (**IIa**) zu *Diacetat* (**Ia**) die Struktur eines *22a-Spirostan-2α.3β.5α-triols* u. bildet mit **I** einen *Komplex*, aus dem es durch Acetylierung u. fraktionierte Kristallisation in Form von **IIa** gewonnen werden kann.

Versuche (FF. korr.; [α] = $[\alpha]_D^{25}$ in Chlf.): I-II-*Komplex*, $C_{54}H_{86}O_9$, F. 246—248°, a) aus zerkleinerter *Agapanthus*-Wurzel mit sd. 2n HCl (4 Std.), Extraktion des Unverseifbaren mit CCl_4, Entfettung des Extrakts mit Ae. u. Chromatographie an Al_2O_3; aus A. Nadeln, [α] —171° (c = 1,6); daneben durch Extraktion des Al_2O_3 mit sd. W. u. des W. mit CCl_4 II; b) aus II oder IIa mit sd. 2n HCl (5 Std.). — *Agapanthagenin* (II; *22a-Spirostan-2α.3β.5α-triol*), $C_{27}H_{44}O_5$, F. 285°, aus Äthylmethylketon Tafeln. *2.3-Diacetat* (IIa), $C_{31}H_{48}O_7$, F. 298—299°, aus A. Nadeln, [α] —101° (c = 3,5). — *Yuccagenin* (I; *22a-Δ⁵-Spirosten-2α.3β-diol*), $C_{27}H_{42}O_4$, F. 248°, aus Ia durch Hydrolyse; aus A. Nadeln, [α] —122°. *Diacetat* (Ia), $C_{31}H_{46}O_6$, F. 171°, a) aus vorvorst. Komplex durch Acetylierung u. fraktionierte Kristallisation aus A.; aus PAe. Nadeln, [α] —130° (c = 2,8); daneben IIa sowie bei der chromatograph. Trennung ein **Ia**-*Isomeres*, $C_{31}H_{46}O_6$, F. 211°, aus PAe. Nadeln, [α] —112° (c = 2,5); b) aus IIa mit 50 Cl_2 in Pyridin (2 Std. bei 20°). — Die UV- u. IR-Maxima von II u. IIa sind angegeben. (J. chem. Soc. [London] **1956**. 1167—69. Mai. Durbau, Univ. of Natal, Howard Coll.; Johannesburg, Univ. of the Witwatersrand.)

G. SCHORRE. 3650

C. W. Shoppee, D. N. Jones und **G. H. R. Summers**, *Steroide und Waldensche Umkehrung.* 37. Mitt. *Die epimeren Cholestan-2.3-diole.* (36. vgl. C. **1959**. 8899.) Das aus Cholestan-3-on (I) erhältliche *Δ^2-Cholesten* (II) gibt bei der Oxydation mit Acetpersäure *Cholestan-2β.3α-diol* (III), das auch durch Hydrolyse von 2α.3α-Epoxycholestan (IV) mit H_2SO_4 in Aceton erhältlich ist. III wird ferner aus 2α-Bromcholestan-3-on (V) durch Red. mit $NaBH_4$ zu einem Gemisch von *2α-Bromcholestan-3β-ol* (VI) u. *-3α-ol* (VII), Dehydrobromierung von VI zu 2β.3β-Epoxycholestan (VIII; vgl. FÜRST u. PLATTNER, Helv. chim. Acta **32**. [1949.] 275) u. saure Hydrolyse von VIII dargestellt. VII liefert bei der Acetolyse I, VI bei der Hydrierung *Cholestan-3β-ol.* Die Acetolyse von VI liefert nicht das erwartete *Cholestan-2α.3β-diol* (IX), sondern VI-*Acetat* u. III-*Diacetat.* Zum Strukturbeweis von III wird IV mit äther. p-Toluolsulfonsäure umgesetzt; das gebildete III-*2-Tosylat* gibt mit $LiAlH_4$ *Epicholestanol.* Das analog aus VIII erhaltene III-*3-Tosylat* gibt entsprechend *Cholestan-2β-ol.* Zur Darst. von IX wird Δ^4-Cholesten-3-on mit Pb-Tetraacetat in *2α-Acetoxy-Δ^4-cholesten-3-on* (X) übergeführt, dieses mit $NaBH_4$ zu *Δ^4-Cholesten-2α.3β-diol* red. u. zu IX hydriert. IX gibt bei der CrO_3-Oxydation *2.3-Secocholestan-2.3-disäure.* Durch Einw. von OsO_4 auf II entsteht *Cholestan-2α.3α-diol*, dessen Konst. aus analogen Rkk. abgeleitet wird. Durch cis-Hydroxylierung mit J_2 u. Ag- Acetat in feuchter Essigsäure wird II in *Cholestan-2β.3β-dioldiacetat* übergeführt, das bei der Hydrolyse mit $LiAlH_4$ das *freie Diol* gibt. Der Mechanismus dieser Rk. wird diskutiert. Bei Cholesterin verläuft diese Rk. schwieriger, unter Bldg. von 5% *Cholestan-3β.5.6α-triol* u. 5% *-3β.5.6β-triol.*

Versuche ([α] = $[\alpha]_D$ in Chlf.): *Cholestan-3-on-p-toluolsulfonylhydrazon*, $C_{34}H_{54}N_2O_2S$, F. 172—174° (Zers.), aus I in sd. A. mit p-Toluolsulfonylhydrazon u. konz. HCl; [α] +30° (c = 1,0). — *Δ^2-Cholesten* (II), F. 71—72°, a) aus vorst. Hydrazon mit NaOH in sd. Diäthylenglykol (4 Std.); b) aus nachst. Gemisch von VI u. VII mit Zn-Staub in sd. Essigsäure (40 Min.). — *2α-Bromcholestan-3β-ol* (VI), F. 109—111° (Aceton), aus V in Ae. mit $NaBH_4$ in feuchtem Methanol (2 Std. bei 25°) u. Chromatographie des Gemisches an Al_2O_3; [α] +13° (c = 1,2); daneben *2-α-Bromcholestan-3α-ol* (VII), F. 116—118° (Aceton), [α] +34° (c = 1,4). — *Cholestan-2β.3α-diol* (III), F. 200—202° (Methanol), a) aus II in Essigsäure durch 1std. Erwärmen mit 30%ig. H_2O_2; [α] +33° (c = 1,2); b) aus IV (F. 100—102°), in Aceton–W. mit 2n H_2SO_4 (48 Std.) bei 20°; c) aus VIII wie unter b); d) aus VI durch 14std. Kochen in Essigsäure mit K-Acetat, Chromatographie an Al_2O_3 u. Hydrolyse des gebildeten III-Diacetats mit $LiAlH_4$; daneben VI-*Acetat*, F. 101—102°, [α] —81° (c = 1,4). *Diacetat*, F. 133—135°, [α] +55° (c = 0,7). *2β-p-Toluolsulfonat*, $C_{34}H_{54}O_4S$, F. 150—151° (Ae.–Hexan), aus IV mit p-Toluolsulfonsäure in Ae.; [α] +23° (c = 1,1); gibt mit $LiAlH_4$ in Ae. *Cholestan-3α-ol*, F. 182—184°. *3α-p-Toluolsulfonat*, $C_{34}H_{54}O_4S$, F. 149—150°, aus VIII analog dem 2-Tosylat, [α] +41° (c = 1,5); gibt mit $LiAlH_4$ in Ae. *Cholestan-2β-ol*, F. 151—153°, [α] +34° (c = 1,1), daraus mit CrO_3 in Essigsäure *Cholestan-2-on*, F. 126—128°, [α] +48° (c = 1,0). — *Δ^4-Cholesten-2α.3β-diol*, $C_{27}H_{46}O_2$, F. 174° (Methanol), aus X in Ae. mit $NaBH_4$ in Methanol (3 Tage bei 20°) u. Chromatographie an Al_2O_3; [α] +38° (c = 1,1). *Diacetat*, $C_{31}H_{50}O_4$, F. 111—112°, [α] —60,5° (c = 1,6). — *Cholestan-2α.3β-diol* (IX), $C_{27}H_{48}O_2$, F. 204—205° (Methanol), aus vorst. Verb. in Essigsäure mit H_2 über PtO_2; [α] +17° (c = 1,0). *Diacetat*, $C_{31}H_{52}O_4$, F. 106—107° (Methanol), aus vorst. Diacetat mit H_2 über PtO_2; [α] —27° (c = 1,2); gibt mit $LiAlH_4$ in Ae. IX. IX gibt mit CrO_3 in Essigsäure *2.3-Secocholestan-2.3-disäure*, F. 196—197°. — *Cholestan-2α.3α-diol*, $C_{27}H_{48}O_2$, F. 216—219° (Chlf.–Aceton), aus II in Ae. mit OsO_4 (14 Tage bei 15°) u. 2std. Kochen mit Na_2SO_3 in wss. A.; [α] +31° (c = 1,2). *Diacetat*, $C_{31}H_{52}O_4$, F. 134—135° (Aceton–Methanol), [α] +29° (c = 1,5). — *Cholestan-2β.3β-diol*, $C_{27}H_{48}O_2$, F. 176—177° Aceton), aus II in Essigsäure mit Ag-Acetat u. J_2

(3 Std. bei 45°), Acetylierung, Al_2O_3-Chromatographie u. Hydrolyse des *Diacetats*, $C_{31}H_{52}O_4$, Doppel-F. 112/119°, [α] +38° (c = 1,2), mit $LiAlH_4$. — *Cholestan-3β-ol*, Doppel-F. 125/140° (Aceton–CH_3OH), aus **VI** in A. mit H_2 über Pd/Kohle in Ggw. von KOH. — *Cholestan-3-on* (**I**), F. 125—127°, aus **VII** mit K-Acetat in sd. Essigsäure. — *Cholestan-3β.5.6α-trioltriacetat*, F. 181—185°, aus Cholesterin in wss. Essigsäure mit Ag-Acetat u. J_2 (40 Min. bei 50° u. 3 Std. bei 95°), Acetylierung u. Chromatographie; daneben *Cholestan-3β.5.6β-trioltriacetat*, F. 163—165° (CH_3OH). (J. chem. Soc. [London] **1957**. 3100—07. Juli. Swansea, Univ.) G. SCHORRE. 3700

C. W. Shoppee, R. J. W. Cremlyn, D. E. Evans und **G. H. R. Summers**, *Steroide und Waldensche Umkehrung*. 38. Mitt. *Desaminierung der epimeren Cholestan-2-, -4- und -7-ylamine*. (37. vgl. vorst. Ref.) Desaminierung der äquatorial angeordneten Cholestan-2α-, -4α- u. -7β-ylamine liefert in hoher Ausbeute *Cholestan-2α-, -4α-* u. *-7β-ol*. Dagegen entstehen aus den axial angeordneten Cholestan-2β-, -4β- u. -7α-ylaminen neben *Cholestan-2β-, -4β-* u. *-7α-ol* Δ^2-, Δ^4- bzw. *Δ^7-Cholesten*. Die epimeren Amine werden durch katalyt. Red. der entsprechenden Oxime bzw. durch Red. der Oxime mit Na u. Alkoholen gewonnen.

V e r s u c h e ([α] = $[\alpha]_D$ in Chlf.): *Cholestan-2α-ylamin*, $C_{27}H_{49}N$, F. 111—113° (Pentan), aus 900 mg Cholestan-2-onoxim (**I**) mit Na in sd. Isopropanol u. Chromatographie an Al_2O_2; [α] +20° (c = 0,97); 725 mg (Ausbeute). *N-Acetylderiv.*, $C_{29}H_{51}NO$, F. 215—216°, [α] —14° (c = 1,0). — *Cholestan-2β-ylamin* (**II**), F. 70—76°, aus **I** in Eisessig mit H_2 über PtO_2; [α] +28,4° (c = 1,2). *N-Acetylderiv.*, $C_{29}H_{51}NO$, FF. 117 bis 118° u. 148—150° (Methanol), [α] +27,5° (c = 1,0). *Isopropylidenderiv.*, $C_{30}H_{53}N$, F. 115—117° (Aceton), [α] +4° (c = 1,1). — *Cholestan-4α-ylamin*, $C_{27}H_{49}N$, F. 96—98° (Essigester), aus 500 mg Cholestan-4-onoxim (**III**) in sd. Butanol mit Na u. Chromatographie an Al_2O_3; [α] +10,5° (c = 0,95); 361 mg. *N-Acetylderiv.*, $C_{29}H_{51}NO$, F. 228 bis 230° (Essigester), [α] +36° (c = 0,9). — *Cholestan-4β-ylamin*, $Kp._{0,01}$ 220°, aus 180 mg **III** analog **II**; [α] +60° (c = 1,0); 140 mg. *N-Acetylderiv.*, F. 190—193°, [α] +33° (c = 1,0). — *Cholestan-7β-ylamin* (**IV**), Öl, aus Cholestan-7-onoxim (**V**) mit Na in sd. Butanol; [α] +40° (c = 33). *Hydrochlorid*, $C_{27}H_{50}ClN$, F. 252—254°. *N-Acetylderiv.* F. 148—150° (Ae.-Aceton), [α] +61° (c = 1,27). *N-Benzoylderiv.*, $C_{34}H_{53}NO$, F. 174 bis 177° (Aceton), [α] +81° (c = 0,6). —*Cholestan-7α-ylamin*, F. ca. 15°, a) aus **V** analog **II**; [α] —20° (c = 1,33); daneben **IV**; b) aus **V** mit sd. äther. $LiAlH_4$. *N-Acetylderiv.*, F. 216 bis 218° (Ae.), [α] +40° (c = 0,42). — *3β-Hydroxy-Δ^5-cholesten-7β-ylamin* (**VII**), F. 196 bis 198°, nach ECKARDT (Ber. dtsch. chem. Ges. **71**. [1938.] 461) u. Trennung des Isomerengemisches nach BARNETT u. Mitarbeitern (J. chem. Soc. [London] **1946**. 528); [α] +205° (c = 1,9); 30%, daneben 18% *3β-Hydroxy-Δ^5-cholesten-7α-ylamin* (**VI**), F. 183—185°, [α] —348° (c = 1,6). — *3β-Hydroxycholestan-7α-ylamin*, F. 158—162°, aus **VI** analog **II**; [α] —18° (c = 1,2). *N-Acetylderiv.*, $C_{29}H_{51}NO_2$, F. 270—272° (Methanol). — *3β-Hydroxycholestan-7β-ylamin*, $C_{27}H_{49}NO$, F. 184—186° (Aceton–Methanol), a) aus 3β-Hydroxy-Δ^5-cholesten-7-onoxim analog **II**; [α] +102° (c = 0,85); daneben vorst. Verb.; b) aus **VII** analog **II**. *N-Acetylderiv.*, F. 255—259° (Aceton–Methanol), [α] +63° (c = 0,6). *N.O-Dibenzoat*, $C_{41}H_{57}NO_3$, F. 183—184° (Aceton), [α] +31° (c = 0,6). — *Δ^4-Cholesten-7β-ylamin*, Öl, aus $\Delta^{3.5}$-Cholestadien-7-onoxim mit Na in sd. A.; *Hydrochlorid* F. 245—252°, [α] +85° (c = 2,8). *N-Acetylderiv.*, $C_{29}H_{49}NO$, Doppel-F. 150—152° u. 197—198°, [α] +58° (c = 1,43). *N-Benzoylderiv.*, F. 190—192° (Aceton), [α] +80° (c = 1,12). — C h o l e s t a n o l e, aus den entsprechenden Cholestanylaminen in Eisessig oder 50%ig. Essigsäure, gegebenenfalls unter Zusatz von Dioxan, mit $NaNO_2$ in W. oder 50%ig. Essigsäure (über Nacht bei 20°), anschließende Hydrolyse mit 5%ig. methanol. KOH bzw. Acetylierung u. Al_2O_3-Chromatographie: *Cholestan-2α-ol*, F. 178 bis 180° (Aceton), [α] +25,7° (c = 0,88); 96%. *Acetat*, $C_{29}H_{50}O_2$, F. 60—62° (Aceton–CH_3OH), [α] +14° (c = 1,4). — *Cholestan-2β-ol*, F. 155° (Aceton–Pentan), [α] +33° (c = 1,0); 21%, neben 74,5% *eines Gemisches aus Δ^1- u. Δ^2-Cholesten*, F. 68—71° (Aceton), [α] +47° (c = 0,98). — *Cholestan-4α-ol*, F. 189—190° (CH_3OH); 82%. — *Δ^4-Cholesten*, F. 79—80° (Aceton), [α] +73° (c = 1,2); 92%. — *Cholestan-7α-ol*, F. 94—96° (CH_3OH); 36,5%, neben 61% *Δ^7-Cholesten*, F. 75—78° (Aceton), [α] +10° (c = 1,4). — *Cholestan-7β-ol*, F. 112—113° (CH_3OH); 95%. — *Δ^5-Cholesten-3β.7α-dioldiacetat*, F. 123° (wss. Aceton); 22%, neben 70% *$\Delta^{5.7}$-Cholestadien-3β-ylacetat* (*7-Dehydrocholesterylacetat*), F. 127—129° (Aceton), [α] —83° (c = 2,2). — *Δ^5-Cholesten-3β.7β-dioldiacetat*, F. 107 bis 109° (Ae.-CH_3OH), [α] +53° (c = 1,01); 84%. — *Cholestan-3β.7α-dioldiacetat*, F. 136 bis 138° (CH_3OH); 23%, neben 59% *Δ^7-Cholesten-3β-ylacetat*, F. 116—118° (Aceton), [α] —0° (c = 1,2), u. wenig *Δ^6-Cholesten-3β-ylacetat*, F. 112—113°, [α] —89°. — *Cholestan-3β.7β-dioldiacetat*, F. 84—86° (CH_3OH), [α] +54° (c = 0,8); 75%. — *Δ^4-Cholesten-7β-ylacetat*, F. 95—98° (Aceton), [α] +72° (c = 1,1); 86,5%. (J. chem. Soc. [London] **1957**. 4364—69. Okt.) G. SCHORRE. 3700

F. Merlin Bumpus, Hans Schwarz und **Irvine H. Page,** *Synthese und Pharmakologie des Oktapeptids Angiotonin.* Zur Ermittlung der Identität des Oktapeptids Hypertensin II (I) mit dem bei der Angiotoninreinigung erhaltenen oxytoc.-pressor. Prinzip (**II**; Circulat. Res. **4.** [1956.] 488) wird, ausgehend von den 4 krist. Dipeptiden Carbobenzoxy-β-methyl-L-asparagylnitro-L-arginin (**III**), Carbobenzoxy-L-valyl-L-tyrosinmethylester, Carbobenzoxy-L-isoleucylhistidinmethylester u. L-Prolyl-L-phenylalaninmethylesterhydrochlorid (**IV**), I synthetisiert. Kondensation von Carbobenzoxy-L-valyl-L-tyrosinazid mit L-Isoleucyl-L-histidinmethylester gibt ein *Tetrapeptid,* die Kondensation der hieraus erhaltenen Carbonsäure mit **IV** (Amidmodifikation der Phosphorigsäurediäthylesterchloridmeth. von ANDERSON u. Mitarbeitern, J. Amer. chem. Soc. **74.** [1952.] 5304) das Hexapeptid *Carbobenzoxy-L-valyl-L-tyrosyl-L-isoleucyl-L-histidyl-L-prolyl-L-phenylalaninmethylester* u. dieses mit III *Carbobenzoxy-β-methyl-L-asparagylnitro-L-arginyl-L-valyl-L-tyrosyl-L-isoleucyl-L-histidyl-L-prolyl-L-pheninalaninmethylester,* F. 182—185°, $[\alpha]_D^{25}$ —60,1° (c = 1; CH_3OH). Durch Abspaltung der schützenden Gruppe wurde ein Pulver mit 4000 E./mg erhalten. Synthet. I verhielt sich weitgehend wie natürliches Angiotonin u. ist anscheinend mit II identisch. (Science [Washington] **125.** 886—87. 3/5. 1957. Cleveland, Ohio, Cleveland Clin. Foundation, Res. Div.; Frank E. Bunts Educational Inst.) K. MAIER. 3750

A. J. Birch, E. Pride und **Herchel Smith,** *Hydroaromatische Steroidhormone.* 6. Mitt. *Einige D-Homoanaloge ohne Ring B.* (5. vgl. C. **1959.** 12866.) Zum Beweis der cis-Stellung der OH-Gruppe zur angulären CH_3-Gruppe in 5β-Hydroxy-10β-methyl-$\Delta^{1,9}$-oktalon-(2) (I; vgl. COCKER u. HALSALL, C. **1958.** 5970) wird **I** mit Li in fl. NH_3 zur entsprechenden *gesätt. Verb.* (II) red. u. diese mit CrO_3 zum *Dion* oxydiert, das bei der Red. mit Li u. A. in fl. NH_3 das auch direkt aus I erhältliche *9β-Methyl-trans-dekalindiol-(1β.6β)* liefert. **II** gibt mit p-Methoxyphenyl-MgBr oder besser mit der entsprechenden Li-Verb. *6-[p-Methoxyphenyl]-9β-methyl-trans-Δ^6-oktalinol-(1β),* dessen Doppelbindung mit Li in fl. NH_3 oder bei der katalyt. Hydrierung nicht reduzierbar ist. Dagegen entsteht bei der Red. mit Li u. A. in fl. NH_3 *6β-[2.5-Dihydro-4-methoxyphenyl]-9β-methyl-trans-dekalol-(1β)* (**III**), das mit Oxalsäure zu *6β-[4-Oxocyclohexen-(1)-yl]-9β-methyl-trans-dekalol-(1β)* (**IV**) verseift wird. Letzteres gibt bei der sauren Isomerisierung ein Gleichgewichtsgemisch, das ca. 70% des entsprechenden *α,β-ungesätt. Ketons* (Analoges von Testosteron) enthält u. keine androgene Aktivität zeigt. **IV**-*Äthylenketal* (**IVa**) wird zum entsprechenden *Dekalon* oxydiert, das mit Li-Acetylid *1α-Äthinyl-6β-[4.4-äthylendioxycyclohexen-(1)-yl]-9β-methyl-trans-dekalol-(1β)* (**V**) liefert. **V** gibt bei der sauren Hydrolyse nur ein Gleichgewichtsgemisch aus *1α-Äthinyl-6β-[4-oxocyclohexen-(1)-* u. *-(2)-yl]-9β-methyl-trans-dekalol-(1β).* Verss. zur selektiven OPPENAUER-Oxydation der OH-Gruppe von **III** mißlangen, mit CrO_3/Pyridin wird nur *6β-[4-Methoxyphenyl]-9β-methyl-trans-dekalon-(1)* erhalten. Zum Beweis der 1β-Konfiguration wird **V** zu *1α-Äthyl-6β-[4.4-äthylendioxycyclohexyl]-9β-methyl-trans-dekalol-(1β)* (**VI**) hydriert, dessen OH-Gruppe auf Grund der Resistenz gegen Dehydratisierung mit $POCl_3$ in Pyridin, mit J_2 in sd. Bzl. u. mit sd. Acetanhydrid äquatorial angeordnet ist, u. das bei der Dehydratisierung mit sd. Bzl. in Ggw. von p-Toluolsulfonsäure, Epoxydierung des gebildeten Olefins mit Benzopersäure u. anschließender diaxialer Ringöffnung mit $LiAlH_4$ das entsprechende *1β-Äthyldekalol-(1α)* gibt. Die Red. von **V** mit Li u. A. in fl. NH_3 führt zu einem Äthylidendekalin oder 1-Äthyl-Δ^1-oktalin, das bei der Epoxydierung u. anschließenden $LiAlH_4$-Red. jedoch kein krist. Prod. liefert. **VI** wird zum Vgl. in geringer Ausbeute aus **IVa** durch Hydrierung, Oxydation zum gesätt. Keton u. Rk. mit C_2H_5MgBr dargestellt.

Versuche (FF. nach KOFLER): *5β-Hydroxy-10β-methyl-trans-dekalon-(2)* (**II**), $C_{11}H_{18}O_2$, F. 68—70° (Ae.), aus 5 g I mit Li in fl. NH_3 u. Tetrahydrofuran (1½ Std.) u. Florisilchromatographie; 2,86 g (Ausbeute). *Acetat,* $C_{13}H_{20}O_3$, F. 49—50° (Ae.). — *9β-Methyl-trans-dekalindion-(1.6),* $C_{11}H_{16}O_2$, F. 53—55°, aus II in Aceton mit CrO_3 in 8,45n H_2SO_4 (2 Min.). — *9β-Methyl-trans-dekalindiol-(1β.6β),* $C_{11}H_{20}O_2$, F. 132—133°, a) aus vorst. Verb. mit Li u. A. in fl. NH_3 u. Tetrahydrofuran; b) analog aus 0,5 g I u. Florisilchromatographie; 200 mg. — *6-[p-Methoxyphenyl]-9β-methyl-trans-Δ^6-oktalinol-(1β),* $C_{18}H_{24}O_2$, F. 113—115° (Bzl.), a) aus **II** u. p-Methoxyphenyl-Li in Ae. bei —30° unter N_2, Zugabe von Tetrahydrofuran (30 Min. Rühren bei —15°) u. Florisilchromatographie; 74% b) aus 1 g **II** u. p-Methoxyphenyl-MgBr in sd. Tetrahydrofuran unter N_2 (1½ Std.), Zers. mit wss. H_2SO_4 u. Florisilchromatographie; 0,61 g. — *6β-[2.5-Dihydro-4-methoxyphenyl]-9β-methyl-trans-dekalol-(1β)* (**III**), $C_{18}H_{28}O_2$, F. 111—113° (Diisopropyläther), aus 2 g vorst. Verb. mit Li in fl. NH_3 u. Tetrahydrofuran u. Zusatz von A.; 1,18 g. — *6β-[4-Oxocyclohexen-(1)-yl]-9β-methyl-trans-dekalol-(1β)* (**IV**), $C_{17}H_{26}O_2$, $Kp._{0,02}$ 200° (Bad), aus vorst. Verb. mit Oxalsäure in wss. CH_3OH (40 Min. bei 25°).

2.4-Dinitrophenylhydrazon, $C_{23}H_{30}N_4O_5$, F. 100—110° (A.). — *6β-[4.4-Äthylendioxycyclohexen-(1)-yl]-9β-methyl-trans-dekalol-(1β)* (**IVa**), $C_{19}H_{30}O_3$, Kp.$_{0,2}$ 200° (Bad), aus vorst. Verb. mit Äthylenglykol in sd. Bzl. in Ggw. von p-Toluolsulfonsäure (12 Std.). — *6β-[4.4-Äthylendioxycyclohexen-(1)-yl]-9β-methyl-trans-dekalon-(1)*, $C_{19}H_{28}O_3$, Kp.$_{0,5}$ 200° (Bad), aus vorst. Verb. mit CrO_3/Pyridin (20 Std. bei Zimmertemp.) u. Florisilchromatographie. — *6β-[4-Methoxyphenyl]-9β-methyl-trans-dekalon-(1)*, $C_{18}H_{24}O_2$, F. 73—75° (Diisopropyläther–PAe.), aus 120 mg **III** mit CrO_3 in Pyridin; 100 mg. — *1α-Äthinyl-6β-[4.4-äthylendioxycyclohexen-(1)-yl]-9β-methyl-trans-dekalol-(1β)* (**V**), $C_{21}H_{30}O_3$, F. 143 bis 144° (PAe./Ae.), aus 1,5 g vorvorst. Verb. u. Li-Acetylid in Tetrahydrofuran unter Acetylen u. Al_2O_3-Chromatographie; 1,04 g. — *1α-Äthyl-6β-[4.4-äthylendioxycyclohexyl]-9β-methyl-trans-dekalol-(1β)* (**VI**), $C_{21}H_{36}O_3$, F. 114—116° (PAe.), a) aus 50 mg **V** durch Hydrierung über PtO_2 in Essigester (8 Std.) u. Florisilchromatographie; 40 mg; b) aus 100 mg **IV a** durch Hydrierung über PtO_2 in Essigester (12 Std.), Oxydation des Prod. mit CrO_3 in Pyridin (2 Tage), Florisilchromatographie, Rk. des *Ketons* mit C_2H_5MgBr in Tetrahydrofuran u. erneute Chromatographie, 2 mg. — *1β-Äthyl-6β-[4.4-äthylendioxycyclohexyl]-9β-methyl-trans-dekalol-(1α)*, $C_{21}H_{36}O_3$, F. 140—143° (PAe.), aus 45 mg **V** in sd. Bzl. mit Äthylenglykol u. p-Toluolsulfonsäure (12 Std.), Rk. des Prod. mit Benzopersäure in Chlf., Red. mit $LiAlH_4$ in Tetrahydrofuran (1 Std. bei Zimmertemp.) u. Florisilchromatographie; 3,5 mg. — Die UV- u. IR-Maxima der Verbb. sind angegeben. (J. chem. Soc. [London] **1958**. 4688—93. Dez. Manchester, Univ.) WALTER SIMON. 3750

A. J. Birch, G. A. Hughes und **Herchel Smith,** *Hydroaromatische Steroidhormone.* 7. Mitt. *(±)-17a-Äthinyl-17a-hydroxy-D-homo-18.19-bisnor-Δ⁴-androsten-3-on.* (6. vgl. vorst. Ref.) Bei der Red. von 290 mg 10-Äthylendioxy-1.2.3.4.5.6.7.9.10.11.12.13.15β.16α-tetradekahydro-3-oxochrysen mit Li in fl. NH_3 u. Tetrahydrofuran, Rk. des entstehenden *Ketons*, F. 108—111° (PAe.), mit Li-Acetylid in fl. NH_3 u. Tetrahydrofuran (45 Min. bei —70°), Kochen des Prod. mit verd. Essigsäure u. Florex-Chromatographie werden 59 mg *(±)-17a-Äthinyl-17a-hydroxy-D-homo-18.19-bisnor-Δ⁴-androsten-3-on*, $C_{20}H_{26}O_2$, F. 232—235° (A.–Tetrahydrofuran) erhalten; die IR-Maxima sind angegeben. (J. chem. Soc. [London] **1958**. 4774—76. Dez.) WALTER SIMON. 3750

Susumu Nakanishi, *Darstellung von fluorierten Steroidhormonen.* Übersicht. — 70 Literaturangaben. (Kagaku-no-Ryôiki [J. Jap. Chem.] **12**. 136—47. Febr. 1958. Kyôto, Dôsisya. [Orig.: japan.]) E. MAEKAWA. 3750

J. Elks, J. F. Oughton und **L. Stephenson,** *Die Dienon–Phenol-Umlagerung von Prednisonacetat.* Durch Einw. von $HClO_4$ in Acetanhydrid auf Prednisonacetat (**I**) entstand die Verb. **A** ($R = CH_3CO$) (**II**), die durch Hydrolyse u. partielle Reacetylierung in **A** ($R = H$) (**III**) umgewandelt werden konnte. Abbau von **II** durch aufeinanderfolgende Einw. von $LiAlH_4$, Dimethylsulfat u. $NaJO_4$ lieferte ein Gemisch von *11α-* u. *11β-Hydroxy-1-methylöstronmethyläther*. Diese beiden Verbb. ergaben über die Methansulfonate *Δ⁹,¹¹-Dehydro-1-methylöstronmethyläther* (**V**), der durch Hydrierung *1-Methylöstronmethyläther* lieferte. Unter schärferen Bedingungen (höher konz. $HClO_4$ oder H_2SO_4 bzw. längere Reaktionszeit) war die Aromatisierung von **I** durch eine Acetylierung des Enols der 11-Ketogruppe begleitet. Das Prod. konnte durch Hydrolyse u. partielle Reacetylierung in ein Gemisch von wenig **III** u. (überwiegend) dem an $C_{(9)}$ *Epimeren* (**IV**) von **III** (Ringe B u. C in cis-Stellung verknüpft) übergeführt werden. Der Abbau dieser Verb. führte entsprechend auch zu **V**. Als Zwischenstufe der Dienon–Phenol-Umlagerung wird nebenst. mesomeres Kation angenommen. Das Auftreten von **IV** läßt vermuten, daß **IV** etwa die gleiche Stabilität besitzt wie **III** mit Ring B u. C in trans-Stellung. (Proc. chem. Soc. [London] **1959**. 6—7. Jan. Greenford, Middlesex, Glaxo Labors. Ltd.) B. GNAUCK. 3750

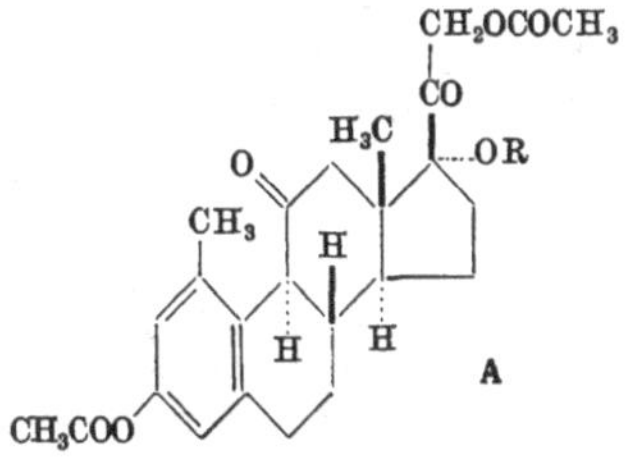

A

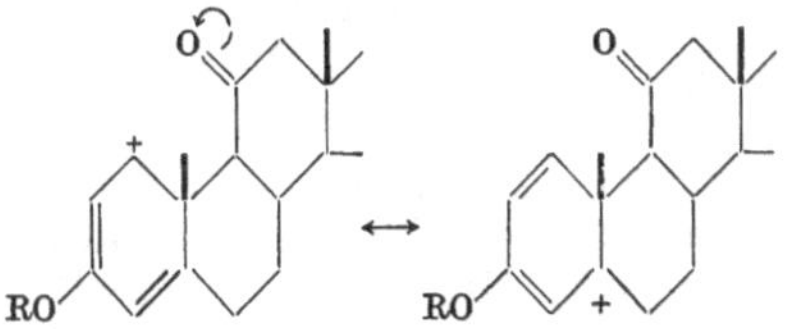

B. Ellis, D. Patel und **V. Petrow,** *Modifizierte Steroidhormone.* 8. Mitt. *Einige 16-Brom- und 16-Chlorderivate des Testosterons.* (7. vgl. COOLEY, C. **1959**. 7808.) 3β-Acetoxy-16β-brom-17α-hydroxy-Δ⁵-pregnen-20-on (**I**)-Oxim wird bei Einw. von $POCl_3$ unter BECKMANNscher Umlagerung zu *3β-Acetoxy-16β-brom-Δ⁵-androsten-17-on* abgebaut. Dieses gibt bei der Debromierung mit $CrCl_2$ *Dehydroepiandrosteronacetat* (**II**) bzw. bei der Hydrolyse den entsprechenden *freien Alkohol*, der bei der OPPENAUER-Oxydation *16β-Brom-Δ⁴-androsten-3.17-dion* liefert. Dieses wird durch Red. mit $NaBH_4$ u. anschließende selektive Oxydation an $C_{(3)}$ in *16β-Bromtestosteron* übergeführt, das beim Erwärmen mit methanol. Alkali in *Δ⁴-Androsten-3.17-dion* (**III**) übergeht. 3β.17-Diacetoxy-$\Delta^{5.16}$-androstadien (**IV**) liefert bei der Bromierung u. anschließenden Rk. mit NaJ *3β-Acetoxy-16α-brom-Δ⁵-androsten-17-on*, das zu **II** debromiert bzw. mit methanol. HCl ohne Umkehrung an $C_{(16)}$ zum *freien Alkohol* hydrolysiert wird. Letzterer läßt sich zu *16α-Brom-Δ⁴-androsten-3.17-dion* oxydieren, das jedoch beim Vers. der Überführung in 16α-Bromtestosteron nur komplexe Gemische liefert. Epoxydringspaltung von 3β-Acetoxy-16α.17α-epoxy-Δ^5-pregnen-20-on (**V**) mit HCl führt zu *3β-Acetoxy-16β-chlor-17α-hydroxy-Δ⁵-pregnen-20-on*, das über das *Oxim* in *3β-Acetoxy-16β-chlor-Δ⁵-androsten-17-on* verwandelt wird. Dieses ist resistent gegen $CrCl_2$, gibt jedoch mit Zn in Essigsäure **II** u. bei der Hydrolyse den *freien Alkohol*, der zu *16β-Chlor-Δ⁴-androsten-3.17-dion* (**VI**) oxydiert wird. Letzteres liefert bei der selektiven Red. an $C_{(17)}$ oder bei vollständiger Red. u. anschließender selektiver Oxydation an $C_{(3)}$ *16β-Chlortestosteron*, das bei der Einw. von Alkali **III** gibt. Analog wird das aus 3β-Acetoxy-5.6-dibromandrostan-17-on (**VII**) mit Cl_2 in CCl_4 u. anschließende Debromierung des gebildeten *Dibrommonochlorketons* erhaltene *3β-Acetoxy-16α-chlor-Δ⁵-androsten-17-on* nach OPPENAUER zu *16α-Chlor-Δ⁴-androsten-3.17-dion* oxydiert; bei länger dauernder Oxydation entsteht unter Epimerisierung **VI**. Das Dion wird dann durch Red. mit $NaBH_4$ u. selektive Oxydation an $C_{(3)}$ in *16α-Chlortestosteron* übergeführt. **V** ist resistent gegen Einw. von wasserfreiem H_2F_2.

V e r s u c h e (opt. Drehungen in Chlf.; UV-Spektren in A.): *3β-Acetoxy-16β-brom-17α-hydroxy-Δ⁵-pregnen-20-onoxim*, $C_{23}H_{34}BrNO_4$, F. 175° (Zers.; CH_3OH); aus **I** u. $NH_2OH \cdot HCl$ in wss. A. in Ggw. von Na-Acetat (2 Tage); Nadeln, $[\alpha]_D^{23}$ − 3° (c = 0,76). — *16β-Brom-3β-hydroxy-Δ⁵-androsten-17-on*, $C_{19}H_{27}BrO_2$, F. 176—177°, aus 5 g Acetat mit konz. HCl in sd. CH_3OH (1 Std.); aus wss. CH_3OH Blätter, $[\alpha]_D^{20}$ + 61° (c = 0,92); 4,1 g (Ausbeute). *3β-Acetat*, $C_{21}H_{29}BrO_3$, F. 175—176° (CH_3OH), aus 5,8 g vorst. Oxim mit $POCl_3$ in Pyridin (2 Std. bei 0°); Nadeln, $[\alpha]_D^{20}$ + 39° (c = 1,1); 4,2 g; gibt bei der Behandlung mit $CrCl_2$ in Aceton (15 Min. unter CO_2) *Dehydroepiandrosteronacetat* (**II**), F. 169—170° (CH_3OH). — *16β-Brom-Δ⁴-androsten-3.17-dion*, $C_{19}H_{25}BrO_2$, F. 182° (Aceton–Hexan), aus 4 g vorst. Verb. mit Al-Isopropylat u. Cyclohexanon in sd. Toluol (10 Min.); $[\alpha]_D^{22}$ + 184° (c = 0,98), Prismen, λ_{max} 239,5 mμ (log ε = 4,23). — *16β-Bromtestosteron* (*16β-Brom-17β-hydroxy-Δ⁴-androsten-3-on*), $C_{19}H_{27}BrO_2$, F. 191—193° ($CH_3 \cdot OH$), aus 1 g vorst. Verb. mit $NaBH_4$ in CH_3OH (über Nacht bei Zimmertemp.) u. Oxydation des Prod., F. 142—143° (Aceton–Hexan), nach OPPENAUER; $[\alpha]_D^{25}$ + 73° (c = 1,03), λ_{max} 240 mμ (log ε = 4,22), Prismen; 0,41 g; gibt beim kurzen Erwärmen mit 5%ig. methanol. KOH *Δ⁴-Androsten-3.17-dion* (**III**). — *3β-Hydroxy-16α-brom-Δ⁵-androsten-17-on*, $C_{19}H_{27}BrO_2$, F. 179—180° (CH_3OH), aus 10,5 g Acetat mit konz. HCl in CH_3OH (2 Tage); Nadeln, $[\alpha]_D^{20}$ − 20° (c = 0,79); 8,4 g. *3β-Acetat*, $C_{21}H_{29}BrO_3$, F. 186° (Aceton–CH_3OH), aus 13,1 g **IV** mit Br_2 in $CHCl_2$ (30 Min. bei 0°) u. Rk. des Prod. mit NaJ (5 Min.); $[\alpha]_D^{20}$ − 27° (c = 1,02), Platten oder Nadeln; 10,9 g; gibt mit $CrCl_2$ **II**. — *16α-Brom-Δ⁴-androsten-3.17-dion*, $C_{19}H_{25}BrO_2$, F. 165—166° (Aceton–Hexan), aus 8,4 g vorst. Verb. mit Al-Isopropylat u. Cyclohexanon in sd. Toluol (10 Min.); $[\alpha]_D^{20}$ + 112° (c = 0,97), Prismen, λ_{max} 239,5 mμ (log ε = 4,21); 5,9 g. — *3β-Acetoxy-16β-chlor-17α-hydroxy-Δ⁵-pregnen-20-on*, $C_{23}H_{33}ClO_4$, F. 167—168° (A.), aus 10 g **V** mit konz. HCl in Essigsäure (1 Std.); $[\alpha]_D^{22}$ − 36° (c = 1,04), Platten; 9,1 g. *Oxim*, $C_{23}H_{34}ClNO_4$, F. 207 bis 208° (Zers.), aus A. Nadeln, $[\alpha]_D^{22}$ − 17° (c = 0,98). — *3β-Hydroxy-16β-chlor-Δ⁵-androsten-17-on*, $C_{19}H_{27}ClO_2$, F. 158—160° (CH_3OH), aus 5 g Acetat mit konz. HCl in sd. CH_3OH (1 Std.); Nadeln oder Platten, $[\alpha]_D^{25}$ + 38° (c = 0,74); 4 g. *3β-Acetat*, $C_{21}H_{29} \cdot ClO_3$, F. 174—175° (CH_3OH), aus 7 g vorst. Oxim mit $POCl_3$ in Pyridin (2 Std. bei 0°); Nadeln, $[\alpha]_D^{20}$ + 25° (c = 0,67); 5 g; wird durch $CrCl_2$ nicht verändert, gibt mit Zn-Staub in Essigsäure (10 Min. bei 100°) **II**. — *16β-Chlor-Δ⁴-androsten-3.17-dion* (**VI**), $C_{19}H_{25}ClO_2$, F. 173—174° (Aceton–Hexan), aus 4 g vorst. Verb. analog dem 16β-Bromderiv.; $[\alpha]_D^{20}$ + 190° (c = 1,02), λ_{max} 239,5 mμ (log ε = 4,22), Prismen; 2,4 g. — *16β-Chlortestosteron*, $C_{19}H_{27}ClO_2$, F. 194—196° (Aceton–Hexan), a) aus 436 mg vorst. Verb. mit 100 mg $NaBH_4$ in CH_3OH (45 Min. bei 5°); 295 mg; b) aus 1,3 g vorst. Verb. mit 500 mg $NaBH_4$ in CH_3OH (18 Std.) u. Oxydation des Prod. nach OPPENAUER; Nadeln, $[\alpha]_D^{22}$ + 89° (c = 1,01), λ_{max} 240 mμ (log ε = 4,20); 0,98 g. *17β-Propionat*, $C_{22}H_{31}ClO_3$, F. 126 bis 128° (Aceton–Hexan), $[\alpha]_D^{23}$ + 136° (c = 1,02), Nadeln. Gibt mit sd. methanol. KOH (10 Min.) **III**. — *3β-Acetoxy-5.6-dibrom-16α-chlorandrostan-17-on*, $C_{21}H_{29}Br_2ClO_3$, F. 168 bis 170° (Zers.; Aceton), aus 49 g **VII** in CCl_4 mit Cl_2 in Essigsäure (3 Tage); $[\alpha]_D^{20}$ − 11° (c = 0,96), Nadeln; 22 g (roh), daneben 6 g eines *Dichlorderiv.*, F. 175—176° (Zers.), aus CH_2Cl_2–CH_3OH Prismen, $[\alpha]_D^{20}$ − 4°. — *3β-Hydroxy-16α-chlor-Δ⁵-androsten-17-on*,

$C_{19}H_{27}ClO_2 \cdot CH_3OH$, F. 179—180° ($CH_3OH$), aus 15 g Acetat in CH_2Cl_2 mit konz. HCl in CH_3OH (2 Tage); Nadeln, $[\alpha]_D^{25}$ +1° (c = 0,98); 11,5 g. *3β-Acetat*, $C_{21}H_{29}ClO_3$, F. 188 bis 190° (CH_2Cl_2–CH_3OH), aus 15,7 g vorst. Verb. mit NaJ in Aceton (30 Min.); Prismen, $[\alpha]_D^{25}$ −5° (c = 0,71); 9,3 g (roh); wird durch $CrCl_2$ nicht verändert, gibt mit Zn in Essigsäure **II**. — *16α-Chlor-Δ^4-androsten-3.17-dion*, $C_{19}H_{25}ClO_2$, F. 179—180° (Aceton–Hexan), aus 11,5 g vorst. Verb. analog dem 16α-Bromderiv.; $[\alpha]_D^{23}$ +159° (c = 0,57), λ_{max} 239,5 mμ (log ε = 4,19); 6,1 g; bei längerer Reaktionszeit (3 Std.) entsteht **IV**. — *16α-Chlortestosteron*, $C_{19}H_{27}ClO_2$, F. 198—199° (Aceton–Hexan), aus 6 g vorst. Verb. mit $NaBH_4$ in CH_3OH u. Oxydation des Prod. nach OPPENAUER; Prismen, $[\alpha]_D^{22}$ +60° (c = 0,92), λ_{max} 240 mμ (log ε = 4,20); 2,7 g; wird durch sd. 2,5%ig. methanol. KOH (30 Min.) nicht verändert. *17β-Propionat*, $C_{22}H_{31}ClO_3$, F. 223—225°, aus A. Nadeln, $[\alpha]_D^{23}$ +27° (c = 1,01). (J. chem. Soc. [London] **1958**. 800—04. Febr. London, Brit. Drug Houses Ltd., Chem. Res. Labors.) WALTER SIMON. 3750

David N. Kirk und **Vladimir Petrow**, *Modifizierte Steroidhormone*. 9. Mitt. *2- und 4-Chlorderivate von 17β-Propionoxy-$\Delta^{1.4}$-androstadien-3-on und -$\Delta^{1.4.6}$-androstatrien-3-on*. (8. vgl. vorst. Ref.) $\Delta^{1.4}$-Cholestadien-3-on (**I**; vgl. 1.Mitt., C. **1957**. **1439**.) gibt mit 1 Mol Cl_2 in Ae.–Propionsäure *1α.2β-Dichlor-Δ^4-cholesten-3-on*, das mit Pyridin in *2-Chlor-$\Delta^{1.4}$-cholestadien-3-on* (**II**) übergeführt wird. **II** ist stabil gegen sd. Kollidin u. LiCl in Dimethylformamid, gibt ohne Cl-Verlust ein *2.4-Dinitrophenylhydrazon* u. wird zum Vgl. durch SeO_2-Dehydrierung von 2-Chlor-Δ^1-cholesten-3-on (**III**) oder aus 4β-Brom-2.2-dichlor- (**IV**) bzw. 2.2.4β-Trichlorcholestanon mit Kollidin dargestellt. Chlorierung von **I** in Dimethylformamid liefert ein Gemisch von *4-Chlor-$\Delta^{1.4}$-cholestadien-3-on* (**V**) u. *1.2-Dichlor-$\Delta^{1.4}$-cholestadien-3-on* (**VI**). **V** wird zum Vgl. aus 4ξ.5ξ-Dichlorcholestan-3-on (**VII**; vgl. 3. Mitt. C. **1959**. 7803) dargestellt: **VII** gibt mit Br_2 in Essigsäure das *2ξ-Bromderiv.*, das mit Pyridin in *2ξ-Brom-4-chlor-Δ^4-cholesten-3-on* (**VIII**) verwandelt wird. **VIII** liefert bei der Dehydrobromierung **V** bzw. mit Zn/Essigsäure das auch durch Hydrierung von **V** erhältliche *4-Chlor-Δ^4-cholesten-3-on* (**IX**). Verss. zu dessen Überführung in **V** mittels SeO_2-Dehydrierung mißlangen. **VI** entsteht auch bei der Monochlorierung von **II** u. wird zum Vgl. folgendermaßen dargestellt: Das durch Monochlorierung von Δ^1-Cholesten-3-on (**X**) erhaltene **III** gibt bei der weiteren Chlorierung *1α.2.2-Trichlorcholestan-3-on*, das mit o-Phenylendiamin ein *Chinoxalinderiv.* liefert u. mit LiCl/Dimethylformamid zu *1.2-Dichlor-Δ^1-cholesten-3-on* dehydrochloriert wird; letzteres wird mit SeO_2 zu **VI** dehydriert. Die Chlorierung von $\Delta^{1.4.6}$-Cholestatrien-3-on (**XI**) in Ae.–Propionsäure führt zu *1α.2β-Dichlor-$\Delta^{4.6}$-cholestadien-3-on*, das mit Pyridin in *2-Chlor-$\Delta^{1.4.6}$-cholestatrien-3-on* übergeführt wird. Dieses wird auch aus 5α.6β-Dibromcholestan-3-on (**XII**) oder 6β-Brom-Δ^4-cholesten-3-on (**XIII**) durch Überführung in das *2.2-Dichlorderiv.* u. anschließende Dehydrohalogenierung erhalten. Die Chlorierung von **XI** in Dimethylformamid gibt *4-Chlor-$\Delta^{1.4.6}$-cholestatrien-3-on*, das auch aus **IX** durch Bromierung zum *2α.6β-Dibromderiv.* u. anschließende Dehydrobromierung dargestellt wird. Das durch Monobromierung von **IX** erhaltene *6β-Bromderiv.* liefert bei der Dehydrobromierung *4-Chlor-$\Delta^{4.6}$-cholestadien-3-on*. Die Konfiguration der Bromderivv. von **IX** wird an Hand analoger Rkk. u. der UV-Spektren diskutiert. Auf Grund dieser Modellverss. werden aus 17β-Propionoxy-$\Delta^{1.4}$-androstadien-3-on (**XIV**) die *2-Chlor-*, *1.2-Dichlor-* u. *4-Chlorderivv.* sowie aus 17β-Propionoxy-$\Delta^{1.4.6}$-androstatrien-3-on (**XV**) die *2-* u. *4-Chlorderivv.* dargestellt.

V e r s u c h e (opt. Drehungen in Chlf.): *1α.2β-Dichlor-Δ^4-cholesten-3-on*, $C_{27}H_{42}Cl_2O$, F. 122—123° (Ae.–CH_3OH), aus **I** in Ae. mit Cl_2 in Propionsäure (20 Std. bei −30°); Nadeln, $[\alpha]_D^{24}$ +25° (c = 0,50). — *2-Chlor-$\Delta^{1.4}$-cholestadien-3-on* (**II**), $C_{27}H_{41}ClO$, F. 128 bis 130° (Hexan oder wss. Aceton), a) aus vorst. Verb. mit Pyridin (4 Std.); b) aus **III** mit SeO_2 u. Essigsäure in sd. tert.-Butanol (32 Std. unter N_2) u. Al_2O_3-Chromatographie; c) aus **IV** mit sd. Kollidin (30 Min. unter N_2); d) aus nachst. Verb. wie unter c), faserige Kristalle; $[\alpha]_D^{23}$ +8° (c = 0,46). *2.4-Dinitrophenylhydrazon*, $C_{33}H_{45}ClN_4O_4$, F. 247 bis 250° (Zers.), aus Chlf.–Ae Platten. — *2.2.4β-Trichlorcholestan-3-on*, $C_{27}H_{43}Cl_3O$, F. 116 bis 117°, aus Cholestan-3-on in CCl_4–Essigsäure mit Cl_2 in Propionsäure (72 Std.); aus Ae. Nadeln. — *4-Chlor-$\Delta^{1.4}$-cholestadien-3-on* (**V**), $C_{27}H_{41}ClO$, F. 129—131° (CH_3OH), aus **I** in Dimethylformamid–Ae. mit Cl_2 in Propionsäure (2 Tage bei −30° im Dunkeln) u. Chromatographie; Nadeln, $[\alpha]_D^{24}$ +64° (c = 0,46); daneben **VI**. **V** läßt sich nicht weiter chlorieren. *2.4-Dinitrophenylhydrazon*, F. 254—255°, aus Essigester–Chlf. Platten. — *1.2-Dichlor-$\Delta^{1.4}$-cholestadien-3-on* (**VI**), $C_{27}H_{40}Cl_2O$, F. 171—173° (CH_2Cl_2–CH_3OH), a) Nebenprod. bei der Darst. von **V**; b) aus **II** analog **V**; $[\alpha]_D^{28}$ +23° (c = 0,61). — *2ξ-Brom-4ξ.5ξ-dichlorcholestan-3-on*, $C_{27}H_{43}BrCl_2O$, F. 110—111° (A.), aus **VII** mit Br_2 in CH_2Cl_2–Essigsäure (7 Min.); Nadeln; $[\alpha]_D^{24}$ +86° (c = 0,76). — *2ξ-Brom-4-chlor-Δ^4-cholesten-3-on* (**VIII**), $C_{27}H_{42}BrClO$, F. 181—183° (Hexan oder A.), aus vorst. Verb. mit

Pyridin (2 Std.); Platten, $[\alpha]_D^{24}$ $+90^0$ (c = 0,64). Gibt mit sd. Kollidin (45 Min.) oder mit LiCl in Dimethylformamid (4 Std. auf dem Dampfbad) **V**. — *4-Chlor-Δ^4-cholesten-3-on* (**IX**), F. 125—127⁰, a) aus **VIII** in sd. CH_3OH–Essigsäure mit Zn-Staub; aus A. Nadeln; b) aus **V** in CH_3OH mit H_2 über $Pd/BaCO_3$. — *2-Chlor-Δ^1-cholesten-3-on* (**III**), F. 106—108⁰ (Hexan), aus **X** in Ae. mit Cl_2 in Propionsäure (6 Std. bei —30⁰ im Dunkeln); Blättchen. — *1α.2.2-Trichlorcholestan-3-on*, $C_{27}H_{43}Cl_3O$, F. 123—125⁰ (A.), aus **III** in CCl_4 mit Cl_2 in Propionsäure (2 Tage); Flocken, $[\alpha]_D^{24}$ $+78^0$ (c = 0,98). Bildet beim Kochen mit o-Phenylendiamin in Essigsäure (30 Min. unter N_2) ein *Chinoxalinderiv.*, $C_{33}H_{47}ClN_2$, F. 174—178⁰ (A.), braune Flocken, $[\alpha]_D^{28}$ $+205^0$ (c = 0,16). — *1.2-Dichlor-Δ^1-cholesten-3-on*, $C_{27}H_{42}Cl_2O$, F. 153—156⁰ (A.), aus vorst. Verb. mit LiCl in sd. Dimethylformamid (30 Min.); Blättchen, $[\alpha]_D^{25}$ $+18^0$ (c = 0,26). Gibt mit SeO_2 in sd. Essigsäure–tert.-Butanol (9 Std.) **VI**. *2.4-Dinitrophenylhydrazon*, $C_{33}H_{46}Cl_2N_4O_4$, F. 238—240⁰, aus Chlf.–A. orangefarbene Flocken. — *1α.2β-Dichlor-$\Delta^{4.6}$-cholestadien-3-on*, $C_{27}H_{40}Cl_2O$, F. 100—102⁰ (A. u. Hexan), aus **XI** analog **III**; $[\alpha]_D^{23}$ $+73^0$ (c = 0,40), Nadeln. — *2-Chlor-$\Delta^{1.4.6}$-cholestatrien-3-on*, $C_{27}H_{39}ClO$, F. 153—154⁰ (Ae.), a) aus vorst. Verb. mit Pyridin (4 Std. bei 20—25⁰); Prismen, $[\alpha]_D^{23}$ $+45^0$ (c = 0,36); b) aus nachst. Verb. mit LiCl in Dimethylformamid (1¹/₂ Std. bei 100⁰). — *6β-Brom-2.2-dichlor-Δ^4-cholesten-3-on*, $C_{27}H_{41}BrCl_2O$, F. 187—188⁰ (CCl_4–Hexan), a) aus **XIII** in CCl_4–Essigsäure mit Cl_2 in Propionsäure (über Nacht im Dunkeln); b) analog aus **XII** u. Rk. des rohen *5α.6β-Dibrom-2.2-dichlorcholestan-3-ons*, F. 130—137⁰, $[\alpha]_D^{24}$ -3^0 (c = 0,25), aus Aceton Nadeln, mit Pyridin (1 Std.); $[\alpha]_D^{20}$ -30^0 (c = 0,20). — *4-Chlor-$\Delta^{1.4.6}$-cholestatrien-3-on*, $C_{27}H_{39}$·ClO, F. 115—116⁰ (A.), a) aus **XI** in Dimethylformamid mit Cl_2 in Propionsäure (16 Std. bei —30⁰ im Dunkeln); $[\alpha]_D^{25}$ $+40^0$ (c = 0,75), Nadeln; b) aus drittnachst. Verb. mit LiCl in sd. Dimethylformamid (1 Std.). — *6β-Brom-4-chlor-Δ^4-cholesten-3-on*, $C_{27}H_{42}Br$·ClO, F. 170—172⁰ (A.), aus **IX** in Ae. mit Br_2 in Essigsäure (einige Min. bei 5⁰); $[\alpha]_D^{24}$ -136^0 (c = 0,25), Nadeln. — *4-Chlor-$\Delta^{4.6}$-cholestadien-3-on*, $C_{27}H_{41}ClO$, F. 99—100⁰ (A.), aus vorst. Verb. mit LiCl in sd. Dimethylformamid (30 Min.); Nadeln, $[\alpha]_D^{22}$ $+57^0$ (c = 0,19). *2.4-Dinitrophenylhydrazon*, $C_{33}H_{45}ClN_4O_4$, F. 271—273⁰, Platten. — *2α.6β-Dibrom-4-chlor-Δ^4-cholesten-3-on*, $C_{27}H_{41}Br_2ClO$, F. 185—187⁰ (Hexan), aus **IX** in Ae. mit Br_2 in Essigsäure (1 Std. bei 0⁰); Platten, $[\alpha]_D^{24}$ -105^0 (c = 0,92). — *1α.2β-Dichlor-17β-propionoxy-Δ^4-androsten-3-on*, $C_{22}H_{30}Cl_2O_3$, F. 141—144⁰, aus **XIV** analog **III**; Prismen, $[\alpha]_D^{26}$ $+16^0$ (c = 1,23). — *2-Chlor-17β-propionoxy-$\Delta^{1.4}$-androstadien-3-on*, $C_{22}H_{29}$·ClO_3, F. 142—144⁰ (CH_2Cl_2–Hexan), aus vorst. Verb. mit Pyridin (¹/₂ Std.); $[\alpha]_D^{26}$ -4^0 (c = 1,52), Platten. — *1.2-Dichlor-17β-propionoxy-$\Delta^{1.4}$-androstadien-3-on*, $C_{22}H_{28}Cl_2O_3$, F. 235—237⁰, aus **XIV** in Dimethylformamid mit Cl_2 in Propionsäure (4 Std. unter Eiskühlung im Dunkeln) u. Al_2O_3-Chromatographie; Flocken, $[\alpha]_D^{24}$ $+40^0$ (c = 1,19); daneben nachst. Verbindung. — *4-Chlor-17β-propionoxy-$\Delta^{1.4}$-androstadien-3-on*, $C_{22}H_{29}$·ClO_3, F. 138—141⁰, a) Nebenprod. bei der Darst. vorst. Verb.; aus CH_3OH Blättchen, $[\alpha]_D^{23}$ $+76^0$ (c = 1,28); b) aus zweitnachst. Verb. mit LiCl in Dimethylformamid (4 Std. bei 100⁰) oder mit sd. Kollidin. — *2ξ-Brom-4ξ.5ξ-dichlor-17β-propionoxyandrostan-3-on*, $C_{22}H_{31}BrCl_2O_3$, F. 160—163⁰ (Aceton–Hexan), aus 4ξ.5ξ-Dichlor-17β-propionoxyandrostan-3-on mit Br_2 in Essigsäure; Prismen, $[\alpha]_D^{27}$ $+67^0$ (c = 0,86). — *2ξ-Brom-4-chlor-17β-propionoxy-Δ^4-androsten-3-on*, $C_{22}H_{30}BrClO_3$, F. 181—183⁰ (CH_2Cl_2·CH_3OH), aus vorst. Verb. mit Pyridin (1 Std.); $[\alpha]_D^{27}$ $+61^0$ (c = 1,10). — *1α.2β-Dichlor-17β-propionoxy-$\Delta^{4.6}$androstadien-3-on*, $C_{22}H_{28}C_2lO_3$, F. 134—135⁰ (CH_2Cl_2—CH_3OH), aus **XV** analog **III**; Nadeln, $[\alpha]_D^{20}$ -172^0 (c = 0,43). — *2-Chlor-17β-propionoxy-$\Delta^{1.4.6}$-androstadien-3-on*, $C_{22}H_{27}ClO_3$, F. 140—141⁰ (Hexan), aus vorst. Verb. mit Pyridin (15 Min. bei 30⁰); $[\alpha]_D^{25}$ -7^0 (c = 0,57), Nadeln. — *4-Chlor-17β-propionoxy-$\Delta^{1.4.6}$-androstatrien-3-on*, $C_{22}H_{27}ClO_3$, F. 97—100⁰ (Hexan), a) aus **XV** analog **V**; $[\alpha]_D^{24}$ $+44^0$ (c = 0,49), Platten; b) aus nachst. Verb. mit LiCl in sd. Dimethylformamid (1 Std. unter N_2). — *2α.6β-Dibrom-4-chlor-17β-propionoxy-Δ^4-androsten-3-on*, F. 197—199⁰ (CH_2Cl_2–Hexan), aus 4-Chlor-17β-propionoxy-Δ^4-androsten-3-on in Ae. mit Br_2 in Propionsäure in Ggw. von HBr; Flocken, $[\alpha]_D^{24}$ -123^0 (c = 1,77). — Die UV- u. IR-Maxima der meisten Verbb. sind angegeben. (J. chem. Soc. [London] **1958**. 1334—42. April.) WALTER SIMON. 3750

Eugene P. Oliveto, Richard Rausser, Hershel L. Herzog, E. B. Hershberg, S. Tolksdorf, Milton Eisler, P. L. Perlman und **M. M. Pechet**, *16-Alkylierte Corticoide.* 3. Mitt. *16β-Methyl-9α-fluorprednisolon-21-acetat.* (2. vgl. C. **1959**. 13493.) Vff. berichten über die Synth. eines neuen 16-Methylcorticoids, *16β-Methyl-9α-fluorprednisolon-21-acetat* (**I**), welches gegenüber 9α-Fluorprednisolon bei völligem Fehlen der Salz- u. W.-retinierenden Eigg. erhöhte Glucocorticoid- u. antiphlogist. Wrkg. bei Tier u. Mensch besitzt. Die physiol. Eigg. von **I** entsprechen quantitativ denen des α-Isomeren. — Das aus 3α.17α-Dihydroxy-16β-methylpregnan-11.20-dion erhaltene *20-Äthylenketal*, F. 202 bis 208⁰, $[\alpha]_D$ $+55,4^0$ (alle opt. Drehungen in Dioxan), gibt bei der Red. mit Na in n-Propanol *3α.11α.17α-Trihydroxy-16β-methylpregnan-20-on-20-äthylenketal*, F. 206 bis

209°, $[\alpha]_D$ +42,5°, u. aus diesem mit wss. Essigsäure das *freie 20-Keton*, F. 180—183°, $[\alpha]_D$ +40,7° (*3.11-Diacetat*, F. 185—186,5°, $[\alpha]_D$ +37,2°). Dieses gibt bei der Bromierung an $C_{(21)}$ u. anschließenden Rk. mit K-Acetat *21-Acetoxy-3α.11α.17α-trihydroxy-16β-methylpregnan-20-on* (*3.11.21-Triacetat*, F. 220—226°, $[\alpha]_D$ +76,9°), das bei der selektiven Oxydation mit N-Bromsuccinimid in wss. Aceton *21-Acetoxy-11α.17α-dihydroxy-16β-methylpregnan-3.20-dion*, F. 187,5—190,5°, $[\alpha]_D$ +77,9°, liefert. Einführung des $\Delta^{1.4}$-Dien-3-onsyst. durch Dibromierung u. Rk. mit Dimethylformamid führt zu *21-Acetoxy-11α.17α-dihydroxy-16β-methyl-$\Delta^{1.4}$-pregnadien-3.20-dion*, F. 225—228°, $[\alpha]_D$ +100,0°, λ_{max} 247 mμ (ε = 16700 in CH_3OH), dessen *11α-Tosylat* durch Dehydratisierung zu *21-Acetoxy-17α-hydroxy-16β-methyl-$\Delta^{1.4.9,11}$-pregnatrien-3.20-dion*, F. 205—207°, $[\alpha]_D$ +140,3°, λ_{max} 239 mμ (ε = 19300 in CH_3OH), Addition von HOBr mittels N-Bromsuccinimids u. Ringschluß mit K-Acetat zu *9β.11-Epoxy-21-acetoxy-17α-hydroxy-16β-methyl-$\Delta^{1.4}$-pregnadien-3.20-dion*, F. 210—216°, λ_{max} 249 mμ (ε = 15600 in CH_3OH), u. nachfolgende Rk. mit H_2F_2 das gewünschte *9α-Fluor-16β-methylprednisolonacetat* (I), F. 196—201°, $[\alpha]_D$ +107,5, λ_{max} 239 mμ (ε = 25200 in CH_3OH), liefert. (J. Amer. chem. Soc. **80**. 6687—88. 20/12. 1958. Bloomfield, N. J., Schering Corp., Res. Div.; Boston, Mass., General Hosp.) H. CARLS. 3750

H. O. Huisman, A. Smit, P. H. Van Leeuwen und **J. H. Van Rij**, *Untersuchungen in der Vitamin-A-Reihe.* 3. Mitt. *Umlagerung des retro-Systems in das normale System konjugierter Doppelbindungen in der Vitamin-A-Reihe.* (2. vgl. Recueil Trav. chim. Pays-Bas **71**. [1952.] 899.) Auf Grund theoret. Erwägungen (Lockerung des H am α-C-Atom) über den Verlauf der Dehydratisierung bei der KNOEVENAGEL-Kondensation von β-Jonon u. Cyanessigsäure, die zu *β-Jonylidencyanessigsäure* führt, sowie der Kondensation von β-Jonylidenacetaldehyd mit β-Methylglutaconsäureestern, die zu *4-Carboxyvitamin-A-säure* führt, wird gefunden, daß die aus „β-C_{15}-Hydroxyäthylester" (I; 5-[2.6.6-Trimethylcyclohexen-(1)-yl]-3-hydroxy-3-methylpenten-(4)-säureäthylester; vgl. l. c.) durch Dehydratisierung u. Verseifung erhaltene *„Retro-C_{15}-säure"* (*5-[2.6.6-Cyclohexen-(2)-yliden]-3-methylpenten-(3)-säure*) in Form ihres *Säurechlorids* glatt in das Säurechlorid mit dem n. Syst. konjugierter Doppelbindungen, *β-Jonylidenacetylchlorid*, umgelagert wird. Dieses liefert bei der Hydrolyse ein durch fraktionierte Kristallisation trennbares Gemisch der *cis-* u. *trans-β-Jonylidenessigsäure*. Die reinen Säuren bzw. das rohe Säurechlorid werden mit $LiAlH_4$ zu den entsprechenden *„β-C_{15}-Alkoholen"* red. u. anschließend mit MnO_2 zu den *„β-C_{15}-Aldehyden"* (*β-Jonylidenacetaldehyden*) oxydiert. Letztere liefern bei der Kondensation mit Aceton unter cis–trans-Isomerisierung die über die *N-Dimethylglycinhydrazone* trennbaren *cis-* u. *trans-β-C_{18}-Ketone*, die bei der REFORMATSKI-Rk. mit Bromessigsäureäthylester, ebenfalls unter Isomerisierung, den *cis-* u. *trans-β-C_{20}-Hydroxyester* liefern. Der rohe Ester liefert bei der Dehydratisierung u. anschließenden Verseifung wahrscheinlich reine *„all-trans-Retro-C_{20}-säure"*, die bei der Behandlung mit PCl_3 ein Gemisch von *all-trans-* u. *Neovitamin-A-säurechlorid* gibt. Dieses wird direkt oder nach Trennung der entsprechenden isomeren *Säuren* bzw. *Äthylester* zu *all-trans-* u. *Neovitamin A* reduziert.

V e r s u c h e (FF. korr.; UV-Maxima in A.): *trans (?)-Retro-C_{15}-säure* (*5-[2.6.6-Trimethylcyclohexen-(2)-yliden]-3-methylpenten-(3)-säure*), $C_{15}H_{22}O_2$, F. 114,5—115° (PAe.), aus dem Äthylester mit sd. alkoh. NaOH (1 Std.); λ_{max} 286 mμ (ε = 37000), Inflexionen bei 277 u. 295 mμ; 95% (Ausbeute). *Äthylester*, $C_{17}H_{26}O_2$, aus I (λ_{max} 235 mμ, ε = 5600) in A. mit 2n alkoh. HCl_2 (1 Std.); λ_{max} 284 mμ (ε = 36700), Inflexionen bei 277 u. 295 mμ; 99% (roh). — *β-C_{15}-Säure* (*β-Jonylidenessigsäure*), *trans-Säure*, $C_{15}H_{22}O_2$, F. 127—128° (CH_3OH–W.), aus dem rohen Säurechlorid in Bzl. mit wss. NaOH als in Bzl. schwerer lösl. Anteil; λ_{max} 258 u. 304 mμ (ε = 11800 u. 15400 in Cyclohexan); 37%, daneben die *cis-Säure*, $C_{15}H_{22}O_2$, F. 99—100° (wss. u. absol. CH_3OH), λ_{max} 257 u. 310 mμ (ε = 9500 u. 12600 in Cyclohexan). *Äthylester* (*„β-C_{15}-Ester"*, Isomerengemisch), $C_{17}H_{26}O_2$, Kp.$_{0,1}$ 125—128°, aus dem rohen Säurechlorid in Bzl. mit A. u. Pyridin; λ_{max} 258 u. 299 mμ (ε = 11900 u. 13300); 91%. *Säurechlorid, trans-Isomeres*, a) aus reiner trans-Säure in Bzl. mit gereinigtem PCl_3; orangefarbenes Öl, λ_{max} 270 u. 325 mμ (ε = 12600 u. 15300 in Cyclohexan); 99%; b) analog aus vorst. gereinigter Retrosäure (nach 2$^1/_2$ Std.); λ_{max} 272 u. 326 mμ (ε = 10900 u. 13200 in Cyclohexan). *Isomerengemisch*, analog aus roher vorst. Retrosäure; λ_{max} 274 u. 327 mμ (ε = 10200 u. 12300 in Cyclohexan). *β-C_{15}-Alkohol* (*β-Jonylidenäthanol*), $C_{15}H_{24}O$, *Isomerengemisch*, aus rohem vorst. Säurechlorid in Ae. mit äther. $LiAlH_4$; orangefarben, λ_{max} 240 u. 266 mμ (ε = 11900 u. 12800); 99%. *cis-Verb.*, analog aus vorst. cis-Säure; λ_{max} 241 u. 260 mμ (ε = 11300 u. 12700); 96%. *trans-Verb.*, λ_{max} 240 u. 265 mμ (ε = 12900 u. 13200). *Anthrachinon-β-carbonsäureester der cis-Verb.*, $C_{30}H_{30}O_4$, F. 103—103,5° (PAe.-Aceton), λ_{max} 257 mμ (ε = 62000); *der trans-Verb.*, $C_{30}H_{30}O_4$, F. 130,5—131,5° (Aceton), λ_{max} 257 mμ (ε = 65000). — *β-C_{15}-Alde-*

hyd (β-Jonylidenacetaldehyd), Isomerengemisch, aus rohem vorst. Alkohol in sd. PAe. mit MnO_2; λ_{max} 272 u. 326 mμ (ε = 11000 u. 14600); 90%. *cis-Verb.*, $C_{15}H_{22}O$, aus vorst. cis-Alkohol; blaßgelb, λ_{max} 269 u. 326 mμ (ε = 10500 u. 13100) bzw. 264 u. 309 mμ (ε = 10300 u. 11700 in Cyclohexan); *Semicarbazon*, $C_{16}H_{25}N_3O$, F. 174—175°, λ_{max} 314 mμ (ε = 32800); *4-Phenylsemicarbazon*, $C_{22}H_{29}N_3O$, F. 196—197° (A.–Aceton), λ_{max} 321 mμ (ε = 39600); *N-Dimethylglycylhydrazon*, $C_{19}H_{31}N_3O$, F. 141—142° (PAe.), λ_{max} 320 mμ (ε = 31100). *trans-Verb.*, $C_{15}H_{22}O$, λ_{max} 273 u. 327 mμ (ε = 11700 u. 15900) bzw. 267 u. 310 mμ (ε = 12200 u. 14600 in Cyclohexan); *Semicarbazon*, $C_{16}H_{25}N_3O$, F. 196°, λ_{max} 320 mμ (ε = 35800); *4-Phenylsemicarbazon*, $C_{22}H_{29}N_3O$, F. 174—175°, λ_{max} 328 mμ (ε = 45000); *N-Dimethylglycylhydrazon*, $C_{19}H_{31}N_3O$, F. 130,5—131,5° (PAe.), λ_{max} 327 mμ (ε = 41800). — *β-C_{18}-Keton [5-[β-Jonyliden]-penten-(3)-on-(2)], Isomerengemisch,* aus vorst. rohem C_{15}-Aldehyd mit Aceton u. n-NaOH (7—8 Std. im Dunkeln); λ_{max} 345 mμ (ε = 25800); 98%. Trennung in die Isomeren über die N-Dimethylglycylhydrazone: *trans-Verb.*, $C_{18}H_{26}O$, λ_{max} 346 mμ (ε = 30200); 90%; *Semicarbazon*, $C_{19}H_{29}N_3O$, F. 190 bis 191° (Zers.), λ_{max} 343 mμ (ε = 56200); *N-Dimethylglycylhydrazon*, $C_{22}H_{35}N_3O$, F. 106,5 bis 107° (PAe.), λ_{max} 349 mμ (ε = 48500). *cis-Verb.*, $C_{18}H_{26}O$, λ_{max} 270 u. 342 mμ (ε = 10100 u. 21700); 87%; *Semicarbazon*, $C_{19}H_{29}N_3O$, F. 142—143°, λ_{max} 339 mμ (ε = 47500); *N-Dimethylglycylhydrazon*, $C_{22}H_{35}N_3O$, F. 148,5—149,5° (PAe.), λ_{max} 342 mμ (ε = 44800). — *β-C_{20}-Hydroxyäthylester (6-[β-Jonyliden]-3-hydroxy-3-methylhexen-(4)-säureäthylester), Isomerengemisch,* aus vorst. Isomerengemisch bzw. trans- bzw. cis-Keton in Bzl. mit akt. Zn u. Bromessigsäureäthylester in Bzl. (1 Std.); rotbraun, λ_{max} 290 mμ (ε = 25200 bzw. 30200 bzw. 21700); 96 bzw. 96 bzw. 98%. — *Retro-C_{20}-säure (9-[2.6.6-Trimethylcyclohexen-(2)-yliden]-3.7-dimethylnonatrien-(3.5.7)-säure), all-trans-Verb.* (?), $C_{20}H_{28}O_2$, F. 155 bis 156° (CH_3OH), aus dem Äthylester mit sd. 2n methanol. KOH (2 Std.) u. Kristallisation aus PAe.; blaßorangefarben, λ_{max} 335, 350 u. 369 mμ (ε = 55000, 81300 u. 69500); 89% (rohes Isomerengemisch). *Äthylester, Isomerengemisch,* aus vorst. Verb. in A. mit 2n alkoh. HCl (1 Std.); λ_{max} 333, 349 u. 368 mμ (ε = 38500, 53000 u. 45700); 98%. — *Vitamin-A-säure, all-trans-Verb.*, $C_{20}H_{28}O_2$, F. 181—182° (CH_3OH u. Bzl.), aus dem Äthylestergemisch mit sd. 2n alkoh. NaOH (2 Std.) u. fraktionierte Kristallisation aus CH_3OH; λ_{max} 357 mμ (ε = 42400 in Cyclohexan); 95% (rohes Isomerengemisch); *Methylester*, $C_{21}H_{30}O_2$, F. 72—73° (PAe.), λ_{max} 350 mμ (ε = 45200); *Äthylester*, $C_{22}H_{32}O_2$, F. 42 bis 44° (PAe.), λ_{max} 350 mμ (= 45600). *Neoverb.*, $C_{20}H_{28}O_2$, F. 173—174° (CH_3OH u. Bzl.), λ_{max} 360 mμ (ε = 38500 in Cyclohexan); *Methylester*, $C_{21}H_{30}O_2$, F. 43—44,5° (PAe.), λ_{max} 355 mμ (ε = 40200). *Äthylesterisomerengemisch*, aus dem rohen Säurechlorid in Bzl. mit A. u. Pyridin in Bzl.; λ_{max} 353 mμ (ε = 40000); 91%. *Säurechlorid, all-trans-Verb.* (?), a) aus all-trans-Vitamin-A-säure mit PCl_3 in Bzl. bei 0° unter N_2 ($2^1/_2$ Std.); λ_{max} 372 mμ (ε = 41000 in Cyclohexan); 98%; b) analog aus vorst. all-trans-Säure; λ_{max} 374 mμ (ε = 36000 in Cyclohexan); *Isomerengemisch*, analog aus vorst. Isomerengemisch; 95%. — *Vitamin A, Isomerengemisch,* aus vorst. Säurechloridisomerengemisch mit $LiAlH_4$ in Ae.; λ_{max} 326 mμ (ε = 38100); 100%. *all-trans-Verb., Acetat*, $C_{22}H_{32}O_2$, F. 57—58° (A.), aus dem rohen Alkohol durch Acetylierung u. Kristallisation des Isomerengemischs (97%) aus A.–Aceton; λ_{max} 328 mμ (ε = 50800); *Anthrachinon-β-carbonsäureester*, $C_{35}H_{36}O_4$, F. 122—123° (Aceton), aus vorst. all-trans-Äthylester mit $LiAlH_4$ in Ae. u. anschließende Veresterung; gelbe Nadeln, λ_{max} 328 u. 255 mμ (ε = 57000 u. 52800). *Neoverb., Anthrachinon-β-carbonsäureester*, $C_{35}H_{36}O_4$, F. 134—135°, aus vorst. Neomethylester mit $LiAlH_4$ in Ae. u. anschließende Veresterung; orangerote Kristalle; λ_{max} 327 u. 256 mμ (ε = 54200 u. 52600). (Recueil Trav. chim. Pays-Bas **75.** 977—1006. Juli 1956. Weesp, Netherlands, N. V. Philips-Roxane, Central Res. Labor.) K. MAIER. 3800

Akiharu Fujita, Eiichi Hasegawa und **Shirō Hosoda,** *Unterschiede zwischen Rutinothiamin und Catechothiamin.* (Vgl. C. **1957.** 10265.) *Rutinothiamin* (I) entsteht bei der Rk. von Thiamin (II) mit Rutin, *Catechothiamin* (III), F. 128—129°, bei der Rk. von II u. mit Brenzcatechin; es gibt mit I keine F.-Depression. Beide Verbb. haben im UV-Spektr. (p_H 7; Phosphatpuffer) 2 Extinktionsmaxima (231 u. 275 mμ), zeigen den gleichen R_F-Wert [0,512 (n-Butanol/Essigsäure/W. = 4:1:2)]. Das Mol.-Gew. beträgt 400 ± 100. Die Summenformel beider Verbb. ist vermutlich $C_{17}H_{27}N_5O_4S$. Cystein red. je 1 g III u. I zu 0,90 bzw. 0,94 γ II. Vermutlich sind beide Verbb. miteinander identisch. (Vitamins [Kyōto] **12.** 184. 20/2. 1957. Kyōto Furitsu Ika-Daigaku, Seikagaku-Kyōshitsu. [Orig.: japan.]) F. MOSSNER. 3800

W. Friedrich und **K. Bernhauer,** *Zur Chemie und Biochemie der „Cobalamine".* 10. Mitt. *Vitamin-B_{12}-Analoga des Belebtschlammes.* (9. vgl. C. **1959.** 4825.) Aus einem Vitamin-B_{12}-Konzentrat aus Milorganite (Düngemittel aus Belebtschlamm einer Kläranlage) wurden neben *Vitamin B_{12}* (I) in relativen Mengen (I = 100) durch Fraktionierung gefunden: Spuren *Pseudovitamin B_{12}*, 0,1 *Faktor A*, 2,6 *Benzimidazolcobalaminanalogon*, 19,1 *5-Methylbenzimidazolcobalaminanalogon* u. 2,3 *lin.-Naphthimidazolcobal-*

aminanalogon. (Angew. Chem. **71.** 284. 21/4. 1959. Stockstadt/M., Aschaffenburger Zellstoffwerke AG, Biochem. Forschungslabor.) R. PASEDAG. 3800

N. G. Brink und **R. E. Harman,** *Die Chemie einiger neuerer Antibiotica.* Übersicht über *Magnamycin, Methymycin* u. *Neomethymycin, Pikromycin, Erythromycin* u. andere *Makrolide,* ihre Stereochemie, Biogenese u. Propionatregel; *Novobiocin;* antifungale Antibiotica. Antibiotica mit Antitumorwirksamkeit, wie *Actinomycine, Azaserin, 6-Diazo-5-oxo-L-norleucin (DON), Alazopeptin, Sarkomycin, Puromycin* u. andere *Nucleosidantibiotica.* — 59 Literaturangaben. (Quart. Rev. [chem. Soc., London] **12.** 93—115. 1958. Rahway, N. J., Merck, Sharp and Dohme Res. Labors.) K. MAIER. 3900

E. E. van Tamelen, *Strukturchemie der Actinomycetenantibiotica.* Übersicht über *Actidion (Cycloheximid), Actinomycine, Actithiazsäure, Amicetin, Aureomycin (Chlortetracyclin), Aureothricin* u. *Thiolutin, Azaserin, Chloromycetin (Chloramphenicol), Cycloserin (Oxamycin), Eläomycin, Erythromycin, Etamycin (Viridogrisein), Methymycin, Myomycin, Netropsin, Nocardamin, Novobiocin, Puromycin (Achromycin), Sarkomycin, Streptomycin, Terramycin, Tetracyclin, Valinomycin.* — 114 Literaturangaben. (Fortschr. Chem. org. Naturstoffe [Wien] **16.** 90—138. 1958. Madison, Wis.) K. MAIER. 3900

Wolfgang Riedl und **Emil Leucht,** *Über Hopfenbitterstoffe.* 14. Mitt. *Synthese des Humulochinons und -hydrochinons.* (13. vgl. C. **1959.** 143.) Zur Synth. der Modellverb. *2.4.5.6-Tetrahydroxy-3-methylacetophenon* (I) wurde das aus 3-Methylphloracetophenon-4.6-dimethyläther (**X**) durch ELBS-Oxydation hergestellte *2.5-Dihydroxy-4.6-dimethoxy-3-methylacetophenon* mit $AlBr_3$/Chlorbenzol zu **I** entmethyliert, das schon durch Luft–O_2 oder $FeCl_3$/HCl in *4.6-Dihydroxy-3-acetyltoluchinon-(2.5)* (**II**) übergeht. **I** konnte auch aus 5-Benzolazo-3-methylphloracetophenon (**III**; tautomere Form des **II**-5-Phenylhydrazons) durch reduktive Spaltung mit $SnCl_2$ zu *5-Amino-3-methylphloracetophenonhydrochlorid* (**IV**) u. dessen Hydrolyse erhalten werden, ferner durch Red. von **II** mit SO_2. **II** konnte ferner aus **IV** mit $FeCl_3$/HCl erhalten werden. Verss., das aus 2-Isoamylphloroglucin u. Isovalerylchlorid nach FRIEDEL-CRAFTS zugängliche *3-Isoamylphlorisovalerophenon* (**VI**) durch ELBS-Oxydation in *Humulohydrochinon* (**VII**) bzw. *-chinon* (**VIII**) überzuführen, scheiterten, ebenso auch die Entmethylierung des aus 2.5-Dimethoxyresorcin über *3.6-Dimethoxyresisovalerophenon* (**V**) durch Entmethylierung, CLEMMENSEN-Red. u. erneute C-Isovalerylierung erhaltenen *3.6-Dimethoxy-5-isoamylresisovalerophenons* (**XI**). Dagegen konnte **VIII** aus **VI** über *5-Benzolazo-3-isoamylphlorisovalerophenon* (**IX**) (*tautomeres* **VIII**-*Phenylhydrazon*), *5-Amino-3-isoamylphlorisovalerophenonhydrochlorid* (**XII**) u. daraus durch Dehydrierung mit $FeCl_3$ oder aus **IX** analog **III** → **IV** u. Oxydation mit O_2 erhalten werden. Red. von **VIII** mit SO_2 gibt **VII**. Der von HARRIS u. Mitarbeitern (C. **1953.** 2452) aus natürlichem **VII** hergestellte Dimethyläther ist nicht ident. mit **XI**, sondern stellt wahrscheinlich *2.5-Dihydroxy-4.6-dimethoxy-3-isoamylisovalerophenon* dar.

V e r s u c h e: *2.5-Dihydroxy-4.6-dimethoxy-3-methylacetophenon,* $C_{11}H_{14}O_5$, F. 122 bis 123° (SO_2-gesätt. CH_3OH; sublimiert bei 110—115°/0,2), durch 4std. Zutropfen von wss. $K_2S_2O_8$ zu einer Emulsion von **X** in Pyridin/wss. NaOH unter Rühren, Stehen über Nacht, Ansäuern mit HCl, Ätherextraktion des unveränderten **X** u. $^1/_2$std. Erwärmen auf 100°; gelbe Prismen; 34,5% (Ausbeute). — *2.4.5.6-Tetrahydroxy-3-methylacetophenon* (**I**), $C_9H_{10}O_5$, F. 191—192° (SO_2-gesätt. W.; sublimiert bei 140—150°/0,2), a) aus vorst. Verb. in Chlorbenzol u. $AlBr_3$ durch 5std. Erwärmen auf 80—85°, Gießen auf Eis/W./HCl, Ätherextraktion u. Wasserdampfdest. im Vakuum unter N_2; 61%; b) aus nachst. Verb. durch 2tägiges Stehen in N_2-gesätt. W. bei Raumtemp.; 88,5%; c) durch 2std. Einleiten von SO_2 in die Lsg. von **II** in 90%ig. CH_3OH unter gelindem Erwärmen; blaßgelbe Nadeln; 92%. — *5-Amino-3-methylphloracetophenonhydrochlorid* (**IV**), $C_9H_{11}NO_4 \cdot HCl$, F. 210—211° (Zers. unter Verfärbung; CH_3OH/Ae.), durch Zugabe von **III** in sd. Eisessig zu $SnCl_2 \cdot 2\,H_2O$ in konz. HCl u. 10 Min. langes Rühren bei 85—90°, Eindampfen im Vakuum unter CO_2, Aufnehmen in 70%ig. CH_3OH, Entzinnen mit H_2S, Einengen im Vakuum u. Stehen bei 0°; seidigglänzende Prismen. *Tetrabenzoat,* $C_{37}H_{27}NO_8$, F. 174 bis 176° (Aceton/Hexan), Nadeln. — *4.6-Dihydroxy-3-acetyltoluchinon-(2.5)* (**II**), $C_9H_8O_5$, F. 144—145° (CH_3OH; sublimiert bei 100—110°/0,2), a) durch 24std. Schütteln von **I** in CH_3OH mit O_2 bei 20°, Einengen im Vakuum u. Stehen bei 0°; 16,9%; b) aus **I** in CH_3OH/2n HCl (2:1) u. $FeCl_3$/n-HCl unter kurzem Schütteln; 79%; c) aus **IV** in W./CH_3OH (12:1) u. $FeCl_3$/2n HCl unter Kühlung; dunkelrote Prismen; 88%. *o-Phenylendiimin,* $C_{15}H_{12}N_2O_3$, F. 215—216° (Zers.; sintert ab 204—205°; sublimiert bei 160°/0,1; Eisessig), aus **II** u. o-Phenylendiamin in A.; rote Nadeln; 66%. *Monosemicarbazon,* $C_{10}H_{11}N_3O_5$, Zers. bei 245—250° (ab 240° Verfärbung; CH_3OH). *5-Monophenylhydrazon* (*tautomeres* **III**), $C_{15}H_{14}N_2O_4$, F. 201—202° (sublimiert bei 150—170°/0,2), durch 1std.

Zugeben von Phenylhydrazin in CH_3OH zu **II** in CH_3OH; rot; 34%. — *2.5-Dimethoxyresorcin*, F. 86—88°, durch 255 Min. langes Hydrieren von 1.4-Dimethoxy-2.6-dibenzyloxybenzol in CH_3OH in Ggw. von Pd/Kohle; 88%. — *3.6-Dimethoxyresisovalerophenon* (**V**), $C_{13}H_{18}O_5$, F. 93,5° (sublimiert bei 85°/0,1; verd. A.), aus vorst. Verb. in CS_2/Nitrobenzol u. $AlCl_3$ durch $^1/_4$std. Kochen, Zutropfen von Isovalerylchlorid in 10 Min., 1std. Erwärmen, Zers. mit Eis/W./HCl, Ätherextraktion u. Extrahieren des Ätherauszuges zur Entfernung von unveränderter Ausgangsverb. mit Sodalsg.; Nadeln. — *2.4.5.6-Tetrahydroxyisovalerophenon*, $C_{11}H_{14}O_5$, F. 178—179° (sublimiert bei 130—140°/0,2; SO_2-gesätt. W.), aus **V** analog **I** nach a); gelbe Prismen; 83%. — *2.5-Dimethoxy-4-isoamylresorcin*, $C_{13}H_{20}O_4$, F. 83—85°, Kp.$_{0,01}$ 90—100°, durch 2tägige Red. vorst. Verb. in A./konz. HCl mit amalgamiertem Zn bei Raumtemp., Einengen im Vakuum, Ausschütteln des Ätherextraktes mit 18%ig. HCl, 10%ig. Sodalsg. u. 2n NaOH u. Ansäuern; Blättchen; 72%. — *3.6-Dimethoxy-5-isoamylresisovalerophenon* (**XI**, **VII**-*Dimethyläther*), $C_{18}H_{28}O_5$, Kp.$_{0,2}$ 120 bis 140°, aus vorst. Verb. wie unter **V** beschrieben; gelbliches Öl; 55%. Durch Entmethylierung analog **I** nach a) → rotbraunes Harz. — *3-Isoamylphlorisovalerophenon* (**VI**), F. 167 bis 168° (Hexan), wie **V** aus Isoamylphloroglucin; Prismen; 52%. — *3-Isoamylphlorisovalerophenon-4.6-dimethyläther*, $C_{18}H_{28}O_4$, F. 86°, Kp.$_{0,2}$ 100° (CH_3OH), aus **VI** in Aceton mit CH_3J u. K_2CO_3 durch 6std. Kochen, Eindampfen im Vakuum, Extraktion des Ätherauszuges mit 2n NaOH u. Vakuumdest. des Ätherrückstandes; gelbliche Prismen; 27%. ELBS-Oxydation ergab neben 40% Ausgangsverb. nur rötliche Harze. — *5-Benzolazo-3-isoamylphlorisovalerophenon* (**IX**), $C_{22}H_{28}N_2O_4$, F. 143° (CH_3OH), aus **VI** u. Diazoaminobenzol in CH_3OH durch $^1/_4$std. Erwärmen auf 60°; orangerote Nadeln. — *5-Amino-3-isoamylphlorisovalerophenonhydrochlorid* (**XII**), erweicht bei 125—130° (unrein), aus **IX** wie bei **IV** beschrieben; gelblichbraunes Pulver; 77%. Durch Benzoylierung → Gemisch [F. 163—168° (sintert ab 150°; CH_3OH); Prismen] aus *Tetrabenzoat* ($C_{44}H_{41}NO_8$) u. *Pentabenzoat* ($C_{51}H_{45}NO_9$). — *2.6-Dihydroxy-3-isoamyl-5-isovalerylbenzochinon-(1.4)* (*Humulochinon*, **VIII**), $C_{16}H_{22}O_5$, F. 75—76° (CH_3OH), a) aus **XII** in 60%ig. CH_3OH/2n HCl durch Zugabe von wss. $FeCl_3$ unter Eiskühlung, Lösen des Prod. in sd. CH_3OH/HCl u. Ausfällen mit W.; 74%; b) aus **IX** analog **III** → **IV** u. 6std. Oxydation mit O_2; hellrotbraune Kristalle; 38,6%. *o-Phenylendiimin*, $C_{22}H_{26}N_2O_3$, F. 113—114°. *Semicarbazon*, $C_{17}H_{25}N_3O_5$, F. 187—188°. *Phenylhydrazon* (bzw. **IX**), $C_{22}H_{28}N_2O_4$, F. 143°, orangerote Nadeln. — *2.4.5.6-Tetrahydroxy-3-isoamylisovale ophenon* (*Humulohydrochinon*, **VII**), $C_{16}H_{24}O_5$, F. 128—130°, Kp.$_{0,2}$ 135—140° (Bzl. unter N_2), durch $1^1/_2$std. Red. von **VIII** in 80%ig. A. mit SO_2, Kühlen u. Ausfällen mit N_2-gesätt. W.; graugelbe Kristalle; 92%. *Tetrabenzoat*, $C_{44}H_{40}O_9$, F. 172—172,5°. — *Isohumulinsäure* (vgl. RIEDL u. NICKL, C. **1957**. 6457, u. HARRIS, l. c.), $C_{15}H_{22}O_4$, F. 141,5—142° (sublimiert bei 100 bis 110°/0,2; Hexan). — *3-Isoamylcyclopentantrion-(1.2.4)* (vgl. HARRIS, l. c.), F. 102°, durch Abbau vorst. Verbindung. *o-Phenylendiimin*, F. 210—211° (Zers.). (Chem. Ber. **91**. 2784—94. 19/12. 1958. München, TH, Organ.-Chem. Inst.) R. SCHÖNFELDER. 3950

P. McCloskey, *Darstellung von* (±)-α- *und* (±)-*β-Grisandiol-(3.4′) und optische Spaltung des α-Isomeren*. Das aus mehrere Tage in verd. wss. Lsg. von *Grisandion-(3.4′)* (**I**) gewachsenen Trieben von *Vicia faba* L., deren Wurzeln sowie der verbrauchten Lsg. isolierte (+)-*Grisandiol-(3.4′)* [(+)-**II**] erwies sich als Gemisch aus (+)-α- u. (+)-β-**II**, wobei als wahrscheinlichste Konst. der α- bzw. β-Verb. die *e*- bzw. *a*-Stellung der *4′-OH-Gruppe* angenommen wird. (±)-**II** wurde durch Cyanäthylierung von Cumaranon-(3) zu *2.2-Bis-[2-cyanäthyl]-cumaranon-(3)* (**IV**), Verseifung u. Veresterung zu *2.2-Bis-[2-carbomethoxyäthyl]-cumaranon-(3)*, DIECKMANN-Kondensation zu (±)-*Grisandion-(3.4′)-carbonsäure-(3′)-methylester*, saure Hydrolyse zu **I** u. dessen Red. mit $LiAlH_4$ erhalten. Dieses (±)-**II** enthält vorwiegend die (±)-*α-Form* u. konnte weder durch fraktionierte Kristallisation noch durch chromatograph. Trennung in die Komponenten zerlegt werden. Dagegen wurde durch selektive Oxydation von (±)-**II** mit CrO_3/Pyridin ein Gemisch aus α- u. *β-Grisanol-(4′)-on-(3)* (**III**) erhalten, das durch fraktionierte Kristallisation der *3.5-Dinitrobenzoate* u. Hydrolyse in α- u. β-**III** getrennt werden konnte. α- u. β-**III** konnten auch durch partielle Red. von **I** mit $NaBH_4$ über die *3.5-Dinitrobenzoate* unter überwiegender Bldg. der *α-Form* erhalten werden. Durch Red. von α-**III** mit überschüssigem $NaBH_4$ wurde (±)-α-**II**, die *rac.-Form* des aus den Wurzeln u. der verbrauchten **I**-Lsg. von Vicia faba isolierten (+)-α-**II**, erhalten. Nach vergeblichen Verss. zur opt. Spaltung von (±)-α-**II** {durch Chromatographie an „aktivierter" D-Lactose oder der *4′-Bis-(—)-menthylacetate* bzw. der *4′-Hydrogenphthalate* oder *4′-[3-Nitrohydrogenphthalate*] mit opt.-akt. Basen an Al_2O_3} konnte das durch Red. des α-**III**-(—)-*N-menthylphthalamats* mit $NaBH_4$ erhaltene (±)-α-**II**-*4′*-(—)-*N-menthylphthalamat* in die opt. Antipoden gespalten werden. Red. von β-**III** mit $NaBH_4$ ergab nichtspaltbares (±)-β-**II**, identifiziert durch Vgl. des IR-Spektr. mit dem des natürlichen Prod. aus den Wurzeln u. der oben erwähnten verbrauchten Lsg. von Vicia faba sowie mit dem eines Gemisches aus etwa gleichen Teilen synthet. (±)-α- u. (±)-β-**II**. Da die erwähnte verbrauchte Lsg. etwa gleichen Drehwert wie (+)-α-**II** zeigt, konnten (+)-α- u. (+)-β-**II** als Stoffwechselprodd. von **I** in Vicia faba erkannt werden.

Versuche (FF. korr.): *2.2-Bis-[2-cyanäthyl]-cumaranon-(3)* (**IV**), $C_{14}H_{12}N_2O_2$, F. 83,5—84,5° (Ae.), aus 13,4 g Cumaranon-(3) in Dioxan durch Zugabe von Acrylonitril innerhalb von 20 Min. bei 15—23° unter Rühren, 5std. Weiterrühren, Ansäuern, Verdünnen mit W. u. Ae-Extraktion; Prismen; 11,3 g (Ausbeute). — *2.2-Bis-[2-carboxyäthyl]-cumaranon-(3)*, $C_{14}H_{14}O_6$, F. 137—138° (W.), durch 2½std. Kochen von **IV** mit 5n NaOH. *Diäthylester*, $C_{18}H_{22}O_6$, F. 27—28° (Ae.), durch Erhitzen von **IV** mit A./6%ig. H_2SO_4. *Dimethylester*, $C_{16}H_{18}O_6$, Kp.$_{0,4}$ 166—168°, durch 2std. Stehen von 59,1 g **IV** in wss. HCl-gesätt. CH_3OH, ¾std. Erwärmen auf 60°, 2¼std. Kochen, Stehen über Nacht, Gießen in W. u. Ae.-Extraktion; 67,9 g. — *(±)-Grisandion-(3.4')-carbonsäure-(3')-methylester*, $C_{15}H_{14}O_5$, F. 122,5—124° (PAe./Ae. 2:1), aus vorst. Dimethylester (43,5 g) in Toluol/CH_3OH (320:1) u. Na durch 11½std. Kochen unter Rühren, Stehen über Nacht, Gießen in verd. H_2SO_4 u. Ae.-Extraktion; Prismen; 35,8 g. — *Grisandion-(3.4')* (**I**), $C_{13}H_{12}O_3$, F. 89,5—90.5° (Ae.), aus vorst. Ester (31,55 g) in Dioxan/W./konz. HCl (1:1:1) durch 7std. Kochen unter N_2 bis zur Beendigung der CO_2-Entw. u. Ae.-Extraktion; Prismen; 24,2 g. — (±)-α- u. *(±)-β-Grisandiol-(3.4')* [(±)-**II**] (*Diastereomerengemisch*), aus **I** (5,4 g) in Ae. durch 3½std. Kochen mit $LiAlH_4$, Kühlen auf 0°, Behandeln mit Eis u. n-HCl u. Ae.-Extraktion; gummiartige M.; 4,52 g. — *α-Grisanol-(4')-on-(3)* (α-**III**), $C_{13}H_{14}O_3$, F. 105,5—106,5° (Ae./PAe.), a) aus dem (±)-**II**-Isomerengemisch (2,2 g) durch 10 Min. langes Schütteln mit CrO_3/Pyridin, 22std. Stehen, Verdünnen mit W. u. Ae.-Extraktion, Verdampfen des Ae. u. Animpfen; 0,72 g; b) durch Zutropfen von wss. $NaBH_4$ zu **I** (3,48 g) in CH_3OH in 20 Min. bei 0°, Verdünnen mit W. u. Ae.-Extraktion; 2,68 g. *3.5-Dinitrobenzoat*, $C_{20}H_{16}N_2O_8$, F. 221—222° (Aceton), a) durch Acylierung von α-**III**; b) aus der Mutterlauge von α-**III** nach a); Nadeln; 1 g. *α-Naphthylurethan*, $C_{24}H_{21}NO_4$, F. 176—177° (A.), Nadeln. *Acetylderiv.*, $C_{15}H_{16}O_4$, F. 132—133° (PAe./Ae. 1:1), Blättchen. *(—)-N-Menthylphthalamat*, $C_{31}H_{37}NO_5$, F. 210—210,5° (Bzl.), aus α-**III** (2,18 g) in Pyridin durch 4std. Erhitzen mit Phthalsäureanhydrid auf 150°, Behandeln des Prod. mit $SOCl_2$ in Bzl., 12std. Stehen, ¼std. Kochen, Versetzen des Prod. in Bzl. mit Pyridin/Bzl. (1:2) u. 1,7 g (—)-Menthylamin in Bzl., 3std. Stehen u. ¼std. Kochen; blaßgelbe Kristalle; $[\alpha]_D$ —29° (c = 1,12; A.); 3,84 g. — *(—)-α-Grisandiol-(3.4')* [(—)-α-**II**], *4'-[(—)-N-Menthylphthalamat]*, $C_{31}H_{39}NO_5$, F. 218—219° (Bzl.), durch Schütteln vorst. Esters (300 mg) in CH_3OH mit $NaBH_4$ (25 mg) bei 0°, Stehen über Nacht bei 0°, Verdünnen mit 0,1 n HCl, Extraktion mit Ae., Eindampfen, Erwärmen mit etwas Ae., Kühlen auf 0° u. 6maliges Umkristallisieren aus Bzl.; $[\alpha]_D$ —57° (c = 0,9; A.); 0,49 g. — (+)-α-**II**-*4'-[N-Menthylphthalamat]*, F. 188—190° (Ae.), aus der Mutterlauge durch Eindampfen zur Trockne, Chromatographieren in Ae. an Al_2O_3, Eluieren von *(—)-N-Menthylphthalimid* (F. 108—109°, aus PAe. Prismen) mit Ae., α-**II** sowie einer nichtidentifizierten Verb. mit Bzl./25% Aceton u. schließlich mit Bzl./Aceton (99:1), Eindampfen des letzten Eluats, Lösen in Bzl., erneute chromatograph. Trennung in Bzl. an Al_2O_3 u. Eluieren mit Bzl./Aceton; $[\alpha]_D$ +21° (Bzl.), +11° (A.); 481 mg. — (+)-α-**II**, $C_{13}H_{16}O_3$, F. 203—205°, durch 1std. Erhitzen des Esters (170 mg) mit 2n KOH u. Verdünnen mit W.; Blättchen; $[\alpha]_D^{21}$ +73° (c = 1; A.); 50 mg. — (—)-α-**II**, F. 206 bis 207° (Bzl./Aceton), Blättchen; $[\alpha]^{20}$ —73° (c = 0,8; A.). — *β-Grisanol-(4')-on-(3)* (β-**III**), *3.5-Dinitrobenzoat*, $C_{20}H_{16}N_2O_8$, F. 262—263° (Bzl.), aus dem Verdampfungsrückstand (0,78 g) der Mutterlauge von α-**III** nach b) in Bzl./Pyridin (5:1) u. 3.5-Dinitrobenzoylchlorid in Bzl. unter 5 Min. langem Schütteln, ½std. Erwärmen u. Verdünnen mit Bzl. u. W.; Nadeln; 0,53 g. — β-**III**, $C_{13}H_{14}O_3$, F. 88,5—89,5° (PAe./Ae. 1:1), durch 1std. Kochen des Esters (1,27 g), mit methanol. KOH, Verdünnen mit W. u. Ae.-Extraktion; Prismen; 0,68 g. *Acetylderiv.*, $C_{15}H_{16}O_4$, F. 145—146° (PAe./Ae. 1:1), Prismen. — *(±)-β-Grisandiol-(3.4')* [(±)-β-**II**], $C_{13}H_{16}O_3$, F. 168—176° (CH_3OH/W.), aus β-**III** (253 mg) in CH_3OH/W. (5:2) u. $NaBH_4$ (35 mg) in 5 Min. bei 8° u. Stehen über Nacht bei 4°; Blättchen oder Prismen; 235 mg. (J. chem. Soc. [London] **1958.** 4732—37. Dez. Frythe, Welwyn, Herts., Imp. Chem. Ind. Ltd., Akers Res. Labors.)

R. SCHÖNFELDER. 3950

D. Makromolekulare Chemie.

Hajime Miyama, *Geschwindigkeit der Radikalmischpolymerisation.* Übersicht. — 21 Literaturangaben. (Kagaku-no-Ryôiki [J. Jap. Chem.] **12.** 108—14. Febr. 1958. Yokosuka, Bôei-Daigaku. [Orig.: japan.]) E. MAEKAWA. 4000

W. I. Issaguljanz und **Bonkoi Ion,** *Umwandlungen von Isobutylen in Gegenwart von Zirkoniumtetrachlorid.* In Ggw. von $ZrCl_4$ unterliegt *Isobutylen* (I) bei gewöhnlicher

Temp. einer Polymerisation, die bei 1% $ZrCl_4$-Zusatz ein Öl mit einem Mol.-Gew. von ca. 900 u. ca. 76—90% ungesätt. Anteilen (bei 2% $ZrCl_4$ nur 33%) liefert. Bei Drucken bis 85 at u. Tempp. bis 160° (spontaner Anstieg auf 180°) werden Prodd. mit 60—85% bis 180° sd. Anteilen (überwiegend I-Dimere) erhalten. Durch Spektralanalyse werden nachgewiesen: *2.4.4-Trimethylpenten-(1)* u. *-(2)* u. in geringer Menge *2.3.4-Trimethylpenten-(1)* u. *2.5-Dimethylhexen-(2)* u. *-(3)*. Die >180° sd. Anteile werden in Dieselöl u. höhersd. Öl zerlegt. $ZrCl_4$ unterscheidet sich in seiner katalyt. Wrkg. gegenüber I wesentlich von $AlCl_3$. (Доклады Академии Наук Армянской ССР [Ber. Akad. Wiss. ArmenSSR] **22.** 105—10. 1956. Moskau, Gubkin-Erdölinst.) R. K. Müller. 4010

Ja. T. Eiduss und **B. K. Nefedow,** *Über den Einfluß des Wasserstoffs auf den Verlauf der Polymerisation von Isobutylen an einem Katalysator der Hydrokondensation von Kohlenoxyd mit Olefinen.* Über einen mit H_2 (450°, 5 Std.) red. gefällten Co-Ton (1:2)-Katalysator (I) u. Ofenton (II) ohne Co wird *Isobutylen* (III) für sich oder zusammen mit H_2 bei gewöhnlichem Druck u. 190° geleitet. Bei reinem III werden bei der Anfangsaktivität (A_0) von I 5%, bei der nach 10—15 Std. eingestellten „stabilisierten" Aktivität (A_s) 2% von III polymerisiert, bei III + 0,2 H_2 10—12 (4—5)%, bei III + 50% H_2 18 (12)%; bei >50% H_2 geht die Polymerisation zurück. Mit der H_2-Konz. nehmen auch Hydrierung u. Spaltung von III zu. Bei einem Dauervers. mit 75% III + 25% H_2 u. Nachhydrierung des Prod. werden 60% Isooctan (IV) erhalten. An II polymerisiert III zu 25—30 (A_0) bzw. 14—16% (A_s), mit 25% H_2 zu 21,5 bzw. 13,3%, H_2 ist hier ohne Einfl. auf die Polymerisation. Im Dauervers. werden 72% IV erhalten. (Доклады Академии Наук СССР [Ber. Akad. Wiss. UdSSR] **124.** 111—14. 1/1. 1959. Akad. der Wiss. der UdSSR, Zelinsky-Inst. für org. Chem.) R. K. Müller. 4010

Sugio Ôtani, *Änderung des gebackten Polyvinylchlorids bei 400—500°.* Das aus *Polyvinylchlorid* durch Backen oberhalb 400° hergestellte pechartige Prod. wird auf 380—500° erhitzt u. die Zus. der Prodd. sowohl durch fraktionierendes Ausschütteln als auch chromatograph. geprüft. Die Prodd., die bei 400—450° entstanden sind, bestehen aus einigen (höchstens 10) aromat. kondensierten Ringsystemen, die 3—5 Ringe enthalten, durch gesätt. Kohlenstoffketten oder direkt wie bei Diphenyl verknüpft sind u. noch Alkyl- sowie Phenylgruppen als Substituenten tragen. Bei höheren Tempp., jedoch unterhalb 450°, findet teilweise Abbau der Kohlenstoffketten statt, während die aromat. Teile sich kaum ändern. Die oberhalb 450° hergestellten Prodd. bestehen aus 1—2 aromat. kondensierten Ringsystemen, die 4—6 Ringe enthalten. Bei 450—500° müssen also Kettenabbau u. auch Aromatisierung relativ schnell verlaufen. (J. chem. Soc. Japan, ind. Chem. Sect. [Kōgyō Kagaku Zassi] **61.** 1324—28. Okt. 1958. Kiryû, Gunma-Daigaku. [Orig.: japan.]) E. Maekawa. 4010

Hiroshi Sobue, Yoneho Tabata und **Yoshio Tajima,** *Thermische Vernetzung von Polyvinylchlorid.* Die Änderungen der physikal. Eigg. von *Polyvinylchlorid* (I) beim Erhitzen auf 140° werden untersucht. Wird I an der Luft erhitzt, bilden sich durch Einw. des O_2 Brücken zwischen den Ketten, während Erhitzen unter N_2 oder im Vakuum kaum Brückenbldg. verursacht. Hierbei wird jedoch durch dichtere Koagulation, nämlich durch dichteres Packen der Ketten, auch rasche Abnahme der Löslichkeiten u. rasche Zunahme der D. beobachtet. (J. chem. Soc. Japan, ind. Chem. Sect. [Kōgyō Kagaku Zassi] **61.** 1328—31. Okt. 1958. Tokyo, Univ., Techn. Fak. [Orig.: japan.]) E. Maekawa. 4010

Thomas L. Pugh und **Wilfried Heller,** *Dichte der Teilchen von Polystyrol- und Polyvinyltoluollatex.* Die Dichten einer Reihe von monodispersen wss. *Polystyrol-* (I; Teilchendurchmesser 240—950 mμ) u. *Polyvinyltoluol*-Latices (II; 47—935 mμ) mit Stabilisatorgeh. wurden mittels einer entwickelten pyknometr. Differentialmeth. auf 5 Stellen bestimmt. Dabei zeigte es sich, daß die Meßwerte (Durchschnittswerte 1,0569 $\pm$ 0,0019 für I, 1,0258 $\pm$ 0,0012 für II) innerhalb des untersuchten koll. Teilchengrößenbereiches nahezu konstant bleiben. Mit geeigneten Systemen läßt sich mit der beschriebenen Meth. eine Meßgenauigkeit auf 7 Stellen erreichen. (J. Colloid Sci. **12.** 173—80. April 1957. Detroit, Mich., Wayne State Univ., Chem. Dep.) E. Uhlein. 4010

Saburô Okajima, Tetsuya Kikuchi und **Minoru Yamatomi,** *Kristallinität und Jodadsorption des Polyvinylalkohols.* (Vgl. C. **1959.** 6997.) Gemessen wird die Menge an J_2, das durch verschied. *Polyvinylalkohol*-Prodd. aus J_2–KJ–Na_2SO_4-Lsg. adsorbiert wird, wobei eine gute Beziehung zwischen der Menge an adsorbiertem J_2 (der „Accessibilität") u. der Kristallinität gefunden wird. (J. chem. Soc. Japan, ind. Chem. Sect. [Kōgyō Kagaku Zassi] **61.** 1331—34. Okt. 1958. Tokyo, Toritu-Daigaku. [Orig.: japan.]) E. Maekawa. 4010

Michiharu Negishi und **Yoshio Nakamura,** *Carbamoyläthylierung des teilweise cyanäthylierten Polyvinylalkohols mit Wasserstoffperoxydeinfluß des Verhältnisses H_2O_2/—CN.* (Vgl. C. **1959.** 3839. 4168. 4169.) Die Geschwindigkeit der Carbamoyläthylbldg. aus teilweise *cyanäthyliertem Polyvinylalkohol* durch H_2O_2-Oxydation wird bei p_H 9,0—9,2 u. 40° u. bei einem Verhältnis $[H_2O_2]/[CN] = 1-3$ durch die Gleichung $dx/dt = (1/k)[-CN]\cdot[H_2O_2]$ ausgedrückt. In Ggw. von überschüssigem H_2O_2 sind die Geschwindigkeit der Carbamoyläthylbldg. u. die der Ätherspaltung der Konz. an —CN proportional, ihre Geschwindigkeitskonstanten betragen 0,1572 bzw. 0,00038 bei $[H_2O_2]/[-CN] = 5$, wobei ein maximaler Carbamoylierungsgrad nach ca. 30 Min. erreicht wird. Aus den Viscositätsdaten der wss. Lsgg. der teilweise carbamoylmethylierten Polyvinylalkohole u. auch der ihrer N-Methylolderivv. wird geschlossen, daß die Hauptkette des Polyvinylalkohols bei der H_2O_2-Oxydation kaum abgebaut wird. (J. chem. Soc. Japan, ind. Chem. Sect. [Kōgyō Kagaku Zassi] **61.** 1318—21. Okt. 1958. Kiryû, Gunma-Daigaku. [Orig.: japan.]) E. MAEKAWA. 4010

Seizô Okamura, Toshinobu Higashimura und **Hirokazu Yamamoto,** *Kationische Polymerisation von Isobutyl- und Isopropylvinyläther bei niedriger Temperatur und Eigenschaften der Polymerisate.* Beim Zutropfen von BF_3-Ätherat zu *Isobutyl-* (I) oder *Isopropylvinyläther* in n-Hexan–Toluol bei n. Temp. fallen unabhängig von der Zus. des Lösungsm. *Polymerisate* aus. Wird das Monomere dem im Lösungsm. dispergierten Katalysator zugesetzt, verläuft die Polymerisation homogen u. die Lsg. bleibt klar. Die Viscosität der nach dem ersten Verf. hergestellten Polymerisate ist größer als die der nach dem zweiten hergestellten. Das Röntgenbeugungsdiagramm eines Films aus *polymerem* I zeigt jedoch, daß beide Verff. krist. Prodd. geben. (J. chem. Soc. Japan, ind. Chem. Sect. [Kōgyō Kagaku Zassi] **61.** 1636—40. Dez. 1958. Kyôto, Univ., Techn. Fak. [Orig.: japan.]) E. MAEKAWA. 4010

P. Meares, *Die Beziehung zwischen der Diffusion von Gasen durch Polyvinylacetat und der Umwandlung zweiter Ordnung.* Nach der vom Vf. früher (vgl. C. **1955.** 1682) beschriebenen Meth. wurden für das Syst. *Polyvinylacetat* (I) + *Kr* bzw. I + CH_4 der Diffusionskoeff. D u. der Permeabilitätskoeff. P (Gasmenge in cm³, die in 1 Sek. durch 1 cm² einer 1 cm dicken I-Schicht bei einer Druckdifferenz von 1 cm Hg durchdiffundiert) zwischen 4 u. 42° für Kr bzw. 25 u. 43° für CH_4 gemessen. Die Abhängigkeit von D u. P von 1/T ist ähnlich der l. c. für andere Gase gefundenen. Die obere Umwandlungstemp. T_g von I ergibt sich aus den Kr-Messungen zu 25,8° (aus D) bzw. 26,5° (aus P); die entsprechenden unteren Umwandlungstempp. sind 18,3 u. 16,7°. Aus diesen u. den früheren Verss. folgt, daß die Transportvorgänge für die untersuchten Gase die gleichen sind; allerdings bestehen Unterschiede ober- u. unterhalb T_g. Das Auftreten der unteren Umwandlungstemp. wird auf das Vorliegen einer Zweiphasenstruktur in I zurückgeführt; die quantitative Durchrechnung nach der vom Vf. entwickelten Vorstellung (vgl. C. **1958.** 2744) gibt gute Übereinstimmung zwischen Vers. u. Theorie. (Trans. Faraday Soc. **53.** 101—06. Jan. 1957. Old Aberdeen, Scotland, Univ., Chem. Dep.) O. FUCHS. 4010

H. Bayzer und **J. Schurz,** *Untersuchungen an hochpolymeren Acrylderivaten.* 4. Mitt. *Ultraviolett- und ultrarotspektrographische Untersuchungen an Vinyon N und seinen Verseifungsprodukten.* (3. vgl. Z. physik. Chem., Frankf. Ausg. [N. F.] **13.** [1957.] 30; 2. vgl. C. **1958.** 10383.) Das UV-Spektr. von *Vinyon N* (I, *Copolymeres* aus 40% *Acrylonitril* u. 60% *Vinylchlorid*) zeigt je 2 Maxima u. Minima (über weitere Eigg. von I vgl. SCHURZ u. Mitarbeiter, C. **1958.** 10382). Wird I in Dimethylformamid (II) gelöst u. durch Eintropfen der Lsg. in W. wieder gefällt, so sind die Maxima u. Minima weniger ausgeprägt als vorher; nach 4maligem Umfällen sind sie verschwunden (Entfernen von Verunreinigungen im Ausgangs-I durch das Umfällen). Wird I 30 Min. in konz. HCl zum Sieden erhitzt, so geht ein Teil der Verunreinigungen in die HCl-Lsg. über. Das Ultrarotspektr. von I zeigt folgende Banden: 2,82 μ (Wasserreste), 3,43 (CH-Valenzschwingung), 4,46 (C≡N-Valenzschwingung), 6,17 (Wasserreste), 6,95 (CH_2-Deformationsschwingung) u. 14,40 (C—Cl-Valenzschwingung); daneben die Banden 5,76, 6,00, 7,38, 7,94, 9,56, 10,00 u. 11,40, für die eine Zuordnung nicht möglich ist. Beim Erhitzen von I in sd. 40%ig. NaOH wird nach 2 Std. ein ockerbraunes Prod. (III) erhalten; III ist unlösl. u. enthält 8,72% N. Im Ultrarotspektr. von III treten neben den Banden 3,42, 4,46 u. 6,95 die Banden 2,94 μ (vermutlich N—H-Valenzschwingung), 6,0 u. 6,37 (vermutlich je Amidbanden) auf. Das Unlöslichwerden von I durch NaOH wird auf Vernetzung zurückgeführt (prim. Verseifung von CN zu CONH u. Anlagerung an C einer benachbarten Kette). Aus III läßt sich mit II ein kleiner Teil von unverändertem I herauslösen. Beim Erhitzen von III mit konz. HCl tritt eine Farbvertiefung auf; die Banden 2,92 u. 6,37 sind dann ganz verschwunden (vermutlich Abspaltung von HCl u. Bldg. von Doppelbindungen). (Z. physik. Chem., Frankf. Ausg. [N. F.] **13.** 223—33. Nov. 1957. Graz, Univ., Inst. für physikal. Chem.) O. FUCHS. 4010

W. Skoda, J. Schurz und **H. Bayzer,** *Untersuchungen an hochpolymeren Acrylderivaten.* 5. Mitt. *Pyrolyse von Polyacrylonitril.* (4. vgl. vorst. Ref.) Pulverförmiges *Polyacrylonitril* (I, K-Wert 103) wurde t = 20—180 Min. lang in Ggw. von Luft auf

220° erhitzt. Der N-Geh. bleibt bis t = 50 konstant (26,3%) u. fällt dann linear auf 23,8 für t = 180 ab. Die Löslichkeit von I in Dimethylformamid fällt mit wachsendem t stetig ab (für t = 180 sind nur noch 4,5% des Ausgangs-I lösl.). Bei den noch lösl. Anteilen handelt es sich aber um bereits teilweise verändertes I (UV-Aufnahmen). Die NaOH-, HCl- u. Wasserauszüge des behandelten I zeigen unspezif. breite Absorptionsbanden im UV. Im Ultrarotspektr. von erhitztem I tritt bei 6,3 μ eine zusätzliche Absorptionsbande auf, deren Intensität mit t ansteigt. Für t > 50 tritt ferner eine Bande bei 3,1 μ auf. Die Intensität der C≡N-Schwingung bei 4,46 μ fällt mit steigendem t ab (nach t = 180 ist etwa die Hälfte der ursprünglichen C≡N-Gruppen verschwunden). Aus diesen u. weiteren spektroskop. Daten schließen Vff., daß bei der Pyrolyse von I eine Vernetzung zwischen den Ketten unter Bldg. von >C=NH als Gruppe zwischen 2 Ketten stattfindet. Auf die bisherige Deutung der Erscheinungen (Bldg. von Derivv. des Naphthyridins) wird krit. eingegangen; näheres hierzu vgl. Schurz (J. Polymer Sci. **28.** [1958.] 438). (Z. physik. Chem. **210.** 35—49. Jan. 1959.) O. Fuchs. 4010

Hideo Nagao und **Moriya Uchida,** *Wechselwirkung zwischen Polyacrylonitril und Wasser in verdünnter Lösung in Dimethylformamid.* Die Intensität der IR-Absorption von W. in Dimethylformamid bei 1470 u. 1490 mμ nimmt beim Zusatz von *Polyacrylonitril* (I) ab. Auch der nach Karl Fischer bestimmte Geh. der Lsgg. an W. zeigt bei I-Zusatz einen kleineren Wert, 1 g I kann ca. 0,7 g W. festhalten. (J. chem. Soc. Japan, ind. Chem. Sect. [Kōgyō Kagaku Zassi] **61.** 1385. Okt. 1958. Iwakuni, Teikoku-Zinken. [Orig.: japan.]) E. Maekawa. 4010

Kumao Ôhashi, Shigenari Suzuki und **Hidemaro Tatemichi,** *Darstellung von Acrylgummi.* Aus *Butylacrylat* u. *Acrylonitril* (I) wurden durch Copolymerisation in Emulsion bei 70° in Ggw. von $(NH_4)_2S_2O_8$ gummiartige *Polymerisate* hergestellt. Die physikal. Eigg. der vulkanisierten Gummis sind stark abhängig vom relativen Verhältnis der Monomeren. Ausgangsgemische, die 12—15% I enthalten, gaben Gummis mit größter Kältebeständigkeit u. mechan. besten Eigenschaften. Das aus der Viscosität berechnete Mol.-Gew. der Polymerisate bleibt nahezu unverändert bei der Polymerisation unter Zusatz von Dodecylmercaptan. Zwischen den relativen Polymerisationsgeschwindigkeiten beider Monomeren wurde prakt. kein Unterschied gefunden. (J. chem. Soc. Japan, ind. Chem. Sect. [Kōgyō Kagaku Zassi] **61.** 33—36. Jan. 1958. Nagoya, Tôa-Gôsei. [Orig.: japan.]) E. Maekawa. 4010

Fujio Sakurai und **Chingyun Huan,** *Reaktionen von Dibenzyläther mit Phthalsäureanhydrid oder mit Maleinsäureanhydrid und Mischpolymerisation von Maleinsäuredibenzylester mit Styrol.* Aus *Dibenzyläther* (I) u. *Phthalsäureanhydrid* werden durch 20std. Erhitzen auf 180—220° in Ggw. von H_3PO_4 im Rohr *Phthalsäuredibenzylester* [$Kp._{0,01}$ 205—206°, F. 38—39°; 6—9% (Ausbeute)] u. ein *makromol. Prod.* $(C_7H_6)_n$ (F. 51—55°, Mol.-Gew. 1100) erhalten. I gibt durch 20std. Erhitzen auf 96° mit Maleinsäureanhydrid in Ggw. von m-Xylolsulfonsäure *Maleinsäuredibenzylester* (II; $Kp._{0,01}$ 163°; $D.^{20}_4$ 1,165; n_D^{20} 1,5797; 18,8%). Durch 2½std. Schütteln von II u. *Styrol* in Bzl. in Ggw. von Dibenzoylperoxyd bei 70° unter N_2 wird ein Mischpolymerisat erhalten [Verhältnis der Reaktivitäten: r_1 (Styrol) = 0,55 ± 0,1; r_2 (II) = 0,02 ± 0,01]. (J. chem. Soc. Japan, ind. Chem. Sect. [Kōgyō Kagaku Zassi] **61.** 1629—30. Dez. 1958. Osaka, Siritu-Daigaku. [Orig.: japan.]) E. Maekawa. 4010

Hiroyosi Akasi, *Darstellung von Polyitaconsäuredihydrazid und seine Reaktionen mit Aldehyden und Ketonen.* (Vgl. C. **1957.** 11680.) Das aus *Itaconsäuredimethylester* in Ggw. von Dibenzoylperoxyd hergestellte Polymere ergibt bei 2½—3std. Erhitzen mit der 12fachen Gewichtsmenge Hydrazinhydrat u. anschließendem Fällen mit Methanol u. wenig Essigsäure *Polyitaconsäuredihydrazid* (I) als wasserlösl. pulvriges Harz, das beim Behandeln mit $NaNO_2$ bei —5° unter N_2-Entw. in ein unlösl. Harz übergeht. I gibt in essigsaurer wss. Lsg. bei Raumtemp. oder bei 50° mit aromat. Aldehyden die entsprechenden *Hydrazone* in guter Ausbeute, wobei *Diarylmethylidenhydrazine* als Nebenprodd. erhalten werden. Das aus Salicylaldehyd oder p-Aminobenzaldehyd hergestellte Hydrazon liefert beim Kuppeln Farbstoffe. Acetophenon u. I geben das *Hydrazon* erst beim Kochen, daneben *Methylphenylketazin*; aliphat. Aldehyde u. Ketone liefern mit I die Hydrazone in schlechterer Ausbeute. Die Hydrazone aus aromat. Carbonylverbb. sind in Dimethylformamid lösl., die aus den aliphat. Verbb. unlöslich. Die Hydrazone geben bei saurer Hydrolyse die ursprünglichen Carbonylverbb. zurück. (J. chem. Soc. Japan, ind. Chem. Sect. [Kōgyō Kagaku Zassi] **61.** 1586—89. Dez. 1958. Kôbe, Daigaku. [Orig.: japan.]) E. Maekawa. 4010

Károly Schwaner, *Polycarbonate.* Überblick über die Herst., Eigg., Aufarbeitung u. Anwendung von Polycarbonaten. (Magyar Kémikusok Lapja [Z. Ver. ung. Chemiker] **14.** 80—82. Febr./März 1959. Szerves Vegyipari és Müanyagipari Kutató Intézet.) G. Halmi. 4010

E. Leibnitz, H.-G. Könnecke und **G. Gawalek,** *Über die Polymerisation des Äthylenimins.* Vff. untersuchten die Abhängigkeit des mittleren Mol.-Gew. des bei der Polymerisation von *Äthylenimin* (**I**) entstehenden Polymerisats von Katalysatorart u. -menge, von der Temp. u. der Konz. an **I**. Die Verss. wurden in verd. wss. Lsg. durchgeführt, da oberhalb 50% **I** die Polymerisation explosionsartig verläuft. Hohe Tempp. u. kleine Katalysatorkonzz. bei hohen **I**-Konzz. ergaben hohe mittlere Mol.-Gewichte. Die Polymerisationsgeschwindigkeit ist der Katalysatorkonz. proportional. Die meisten Verss. wurden unter Verwendung von HCl als Katalysator durchgeführt, andere Säuren ergaben sehr unterschiedliche Abhängigkeiten des mittleren Mol.-Gew. sowohl von der Katalysatorkonz. als auch von der Temperatur. (J. prakt. Chem. [4] **6** (**278**). 289—98. 1958. Leipzig, Inst. für organ. Grundstoffchem.) J. MEINERS. 4010

W. W. Korschak, G. Ss. Kolessnikow und **B. A. Shubanow,** *Phosphororganische Polymere.* 3. Mitt. *Polykondensation von p-Chlorphenyldichlorphosphin mit 1.2-Diphenyläthan.* (2. vgl. C. **1959.** 7495.) Es wird die Polykondensation von *p-Chlorphenyldichlorphosphin* (**I**) mit *1.2-Diphenyläthan* (**II**) in Ggw. von $AlCl_3$ zu *Copolymeren* des Typs **III** in Abhängigkeit von der verwendeten Katalysatormenge, der Reaktionsdauer, der Temp. u. des **I**/**II**-Verhältnisses untersucht. Bei 3std. Rk. von **I** mit **II** (1 : 1) bei 150° in Ggw. von $AlCl_3$

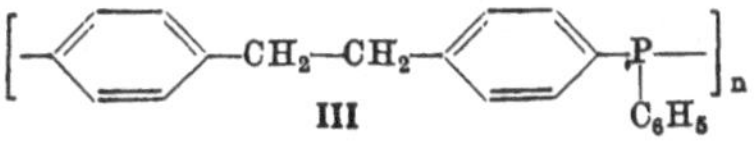
III

wird festgestellt, daß mit Erhöhung der $AlCl_3$-Menge von 10 auf 30 Mol-% (bezogen auf **II**) die Ausbeute an **III** bei unverändertem Mol.-Gew. von wenigen % auf 47% ansteigt, darüberhinaus aber konstant bleibt. Zwischen 150 u. 200° wird die Copolymerisation von der Temp. wenig beeinflußt, >200° sinken sowohl das Mol.-Gew. von **III** als auch dessen Ausbeute erheblich. Bei 225° werden nur noch 21% **III** erhalten. Eine Verdoppelung der **II**-Konz. bewirkt zwar eine Erhöhung der **III**-Ausbeute auf 98%, führt aber gleichzeitig zu **III** mit geringerem Mol.-Gewicht. Vff. nehmen an, daß neben der Copolymerisation von **I** mit **II** eine Umarylierung erfolgt, wobei es zum Kettenabbruch kommt. Dabei nimmt die Reaktionsgeschwindigkeit der Umarylierung mit steigender Temp. u. Katalysatormenge schneller zu als die der Copolymerisation. Da die **III** einen höheren Cl-Geh. aufweisen als theoret. berechnet wurde, wird unter dem Einfl. von $AlCl_3$ teilweise eine Cl-Wanderung von **I** an bereits gebildete **III**-Moll. angenommen. (Известия Академии Наук СССР, Отделение Химических Наук [Nachr. Akad. Wiss. UdSSR, Abt. chem. Wiss.] **1958.** 618—25. Mai. Inst. für metallorgan. Verbb. der Akad. der Wiss. der UdSSR.) W. KURTZMANN. 4010

W. W. Korschak, I. A. Gribowa und **M. A. Andrejewa,** *Untersuchungen auf dem Gebiet phosphororganischer Polymerer.* 4. Mitt. *Über Polyester aus einigen Phosphonsäuren und Hydrochinon.* (3. vgl. vorst. Ref.) Durch Polykondensation von *Hydrochinon* (**I**) mit *Methyl-* (**II**) u. *Phenylphosphonsäuredichlorid* (**III**) sowie *Phosphorsäurephenyl-* (**IV**), *-p-nitrophenyl-* (**V**) u. *-p-methoxyphenylesterdichlorid* (**VI**) bei 140—200° werden *Polyester* nebenst. Struktur erhalten u. die Änderung des F., der Erweichungstemp. (ET) u. der Fadenbldg. in Abhängigkeit von den P-gebundenen Substituenten untersucht. Die Polyester aus **II** u. **III** sind harte, durchsichtige, spröde, in Chlf. lösl. Harze, von denen die Polyester aus **III** gegenüber

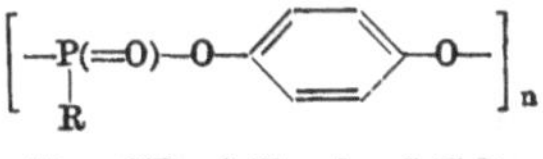
($R = CH_3$, C_6H_5 oder C_6H_5O)

denjenigen aus **II** (ET 63—65°) eine höhere ET (83—85°) besitzen. Der Polyester aus **IV** (ET 50°) besitzt kautschukähnliche Eigg.; die Polyester aus **V** u. **VI** sind gleichfalls harte Massen, erweichen aber schon bei niedrigen Tempp. (ET 36—38° bzw. 35—38°). Der Einfl. der Substituenten wirkt sich auch auf die Eigg. von *Mischpolyestern* aus: So sinken mit steigendem **IV**-Geh. in den aus **III** + **IV**-Gemischen u. **I** (1 : 1) erhaltenen Polymeren F. u. ET, wobei die Prodd. kautschukähnlicher werden. Analoge Änderungen der Eigg. treten beim Übergang von Polyestern des Syst. **II**–**IV**/**I** auf. Untersucht werden ferner die Systeme **III**–**V**/**I** u. **III**–**VI**/**I**.

Versuche: *Phosphorsäurephenylesterdichlorid* (**IV**), $Kp._2$ 103—104°, durch 10std. Kochen von Phenol mit $POCl_3$; $D._4^{20}$ 1,4145; n_D^{20} 1,5216. — *Phosphorsäure-p-nitrophenylesterdichlorid* (**V**), $Kp._3$ 180°, F. 42—43°, analog Vorst. aus 139 g p-Nitrophenol u. 153,5 g $POCl_3$; $D._4^{20}$ 1,5745; n_D^{20} 1,5585; 33% (Ausbeute). — *Phosphorsäure-p-methoxyphenylesterdichlorid* (**VI**), $C_7H_7Cl_2O_3P$, $Kp._{5-6}$ 175—176°, aus 19 g p-Methoxyphenol u. 23,6 g $POCl_3$; $D._4^{20}$ 1,4210; n_D^{20} 1,5335; 20,6 g. — Zur Darst. der Polyester erhitzt man **I** mit entsprechenden Phosphon- oder Phosphorsäuredichloriden in Ggw. von 1% Sn unter Durchleiten von N_2 4 Std. auf 140°, 7 Std. auf 170°, je 1 Std. auf 180 u. 190° u. 3 Std. auf 200°. Sn wird dem Reaktionsgemisch erst bei 170° beigegeben. (Известия Академии Наук СССР, Отделение Химических Наук [Nachr. Akad. Wiss. UdSSR, Abt. chem. Wiss.] **1958.** 880—85. Juli.) W. KURTZMANN. 4010

K. A. Andrianow und **A. A. Shdanow,** *Die Synthese von Polyorganometallsiloxanen und die Erforschung ihrer Eigenschaften.* Alkyl- oder Arylsilanole mit fest am Si gebundenen OH-Gruppen, wie Triäthylsilanol u. 1.3-Dihydroxytetraäthyldisiloxan, liefern mit Leichtmetallen bei höheren Tempp. (bis 250°) in wenigen Std. unter H_2-Entw. *Silanolate,* während die mit schwächer gebundenen, z. B. Diäthylsilandiol u. Polyphenylsiloxanharze, vorwiegend intermol. Kondensation unter Wasseraustritt bewirken. Aus den Mono-Na-Salzen des Monoäthyl- bzw. Monophenylsilantriols bilden sich mit $AlCl_3$ *Polyäthyl-* bzw. *Polyphenylaluminosiloxane* in Form glasartiger, in organ. Lösungsmitteln lösl. Harze. Analog werden aus dem Na-Salz des 1.3.5-Triphenyl-1.3.5-trimethyltrisiloxans u. $AlCl_3$ *Polyorganoaluminosiloxane* erhalten.

Versuche: *1.3-Dihydroxytetraäthyldisiloxan,* $C_8H_{22}Si_2O_3$, durch 4std. Erhitzen von Diäthyldiäthoxysilan (Kp. 156—157°) in W. in Ggw. katalyt. Mengen HCl; 88% (Ausbeute). — *Polyphenylsiloxan A,* durch Zusatz von Phenyltrichlorsilan in Toluol zu einem Gemisch aus W. u. Dibutyläther unter Rühren u. Kühlen; 91%. *B,* durch 1std. Kochen von Phenyltriäthoxysilan in Toluol u. 10%ig. HCl; 80%. Beide Harze reagieren mit Al bei 200° bzw. mit Na in Toluol bei 100° unter Entw. von H_2. — Polyalkyl- bzw. -arylaluminosiloxane: *-phenyl-,* durch Zugabe von $AlCl_3$ in A. zu Mono-Na-phenylsiliconat in Ae. unter Rühren; >77,8%. — *-äthyl-,* analog vorst. Verb. in A.; 63,53%. — *Poly-1.3.5-trimethyl-1.3.5-triphenylaluminotrisiloxan,* analog aus dem Di-Na-Salz des 1.5-Dihydroxy-1.3.5-trimethyl-1.3.5-triphenyltrisiloxans in A.; 83,42%. (J. prakt. Chem. [4] **9** (**281**). 75—81. 1959. Moskau, Elektrotechn. Inst. W. I. Lenin.) A. Blaschette. 4010

G. L. Starobinetz, *Sorption binärer Lösungen durch Vulkanisate von natürlichem und synthetischem Kautschuk.* 3. Mitt. *Modell von Systemen Polymeres–Lösungsmittel–Nichtlösungsmittel.* (2. vgl. C. **1957.** 12482.) Der durch die Ähnlichkeit der spezif. Kohäsionsenergiewerte bedingte enge Zusammenhang zwischen der effektiven Sorption bin. Lsgg. (Syst. Lösungsm.–Nichtlösungsm.) durch *NK* (Naturkautschuk)- bzw. *SK* (Synthesekautschuk)-*Vulkanisate* u. der Adsorption an der Luftgrenze des gleichen Syst. gestattet eine graph. Darst. des Gleichgewichtes zwischen den Polymeren u. der bin. Lsg. bei konstanter Temp., wobei als annäherndes Modell die Oberflächenschicht des an die Luft grenzenden Syst. Lösungsm.–Nichtlösungsm., als genaueres Modell das Syst. Nichtlösungsm.–hypothet. Fl., dessen Oberflächenspannung der des Gemisches *Kautschuk*–Lösungsm. bei dessen Quellungsmaximum entspricht, dienen kann, was bei Verss. unter Anwendung der Systeme Bzl.–Alkohol (CH_3OH, C_2H_5OH, n-C_4H_9OH usw.), Chlf.-Aceton, p-Dichlorbenzol–Isoamylalkohol bzw. Bzl.–Nitrobenzol wie auch im Falle des Syst. Bzl.–Chlorbenzol (*SK-Vulkanisat*) bestätigt werden konnte. (Журнал Физической Химии) [J. physik. Chem.] **30.** 2029—38. Sept. 1956. Minsk, Beloruss. Univ.) W. Dawydoff. 4030

Ss. Ss. Wojutzki, A. D. Saiontschkowski und **G. A. Resinkowa,** *Plastifikation von Polyvinylchlorid mit einem Butadien–Nitril-Copolymeren.* 5. Mitt. *Untersuchung der Verträglichkeit von Copolymeren in Lösungen.* (4. vgl. Коллоидный Журнал [Kolloid-J.] **16.** [1954.] 1093; 3. vgl. C. **1957. 4417.**) Nach den Versuchsergebnissen hat die Kurve spezif. Viscosität η_{sp}–Komponentenverhältnis der Lösungsgemische von *Polyvinylchlorid* (**I**) u. *Butadien–Nitril-Copolymerem* mit 36,9% *Acrylonitril* (**II**) die Form einer monotonen, gegen die Abscisse konvexen Linie. Dies ist ein Hinweis auf das Fehlen einer spezif. Wechselwrkg. zwischen den Moll. von **I** u. **II**. In konzentrierteren Lsgg. ist die Kurve S-förmig, bedingt durch die Wechselwrkg. zwischen den polaren Gruppen u. die Bldg. von Assoziaten, welche η_{sp} erhöhen. Für die Gemische von *Naturkautschuk* u. *Natriumbutadienkautschuk* hat die Kurve η_{sp}–Komponentenverhältnis bei jeder Konz. einen monotonen Charakter. Dies erklärt sich aus dem Fehlen einer Wechselwrkg. zwischen den Moll. der unpolaren Polymeren. Für das Syst. I–II ist η_{sp} nicht gleich der Summe der Werte der Einzelkomponenten. Die maximale Abweichung der experimentellen Kurve η_{sp}–Komponentenverhältnis von der additiven Kurve beobachtet man bei I:II = 60:40. Eine Erhöhung der Temp. zerstört die Assoziate u. führt dazu, daß die Kurve den S-Charakter verliert. Durch Zugabe von niedermol. Verbb., welche die polaren Gruppen der Makromoll. zu blockieren vermögen, zu den Lösungsgemischen der polaren Polymeren wird η gesenkt u. die Kurve η_{sp}–Komponentenverhältnis ihres S-Charakters beraubt. (Коллоидный Журнал [Kolloid-J.] **18.** 515—22. Sept./Okt. 1956. Moskau, Zentr. Wiss. Forschungsinst. der Ledererersatzind.) O. Lebtag. 4030

M. F. Margaritowa und **M. P. Swerew,** *Kinetik der Polymerisation von 2-Chlorbutadien-(1.3) an der ω-Form des Polychloropropens.* In dem aus Chloropren erhaltenen *Polychloropren* (**I**) wird der Geh. an M-Form (I_M) u. ω-Form (I_0) durch Quellung in Chlf. bestimmt. Wenn die Gesamtmenge an I mit x, die Menge des I_0 mit x_0 bezeichnet wird, ist $x = x_0(e^t - 1)$ (t = Zeit in Std.); x = Verzweigungskoeff. = 0,049 (15°),

0,096 (30°), 0,143 (50°), 0,268 (70°), 0,582 (90°); Aktivierungsenergie der verzweigten Polymerisation 7,8 kcal/Mol; Quellungskoeff. für I_M 10,95, für I_0 2,98. Bei 70 u. 90° nimmt mit t die Geschwindigkeit der Bldg. von I_0 allmählich ab, die der Bldg. des lösl. α-I zu, wodurch die kinet. Kurven linear werden. (Украинский Химический Журнал [Ukrain. chem. J.] **23.** 734—37. 1957. Dnepropetrowsk, Chem.-technol. Dsershinski-Inst.; Moskau, Lomonossow-Inst. für chem. Feintechnol.) R. K. Müller. 4030

Hiroshi Sobue und **Setsuo Fukuhara,** *Untersuchung des Ausdehnungseffektes von Filmen aus regenerierter Cellulose mittels polarisierter Infrarotstrahlung.* Filme aus *Cellulosetriacetat* werden in wss. Dioxan gedehnt, unter N_2 u. im gedehnten Zustand mit alkoh. NaOH verseift, u. das IR-Absorptionsspektr. im polarisierten sowie nichtpolarisierten Licht im Bereich 4000—650 cm^{-1} gemessen. Die Absorptionen bei 2900, 1370, 1155, 1070 u. 998 [cm^{-1}] zeigten Dichroismus, der bei 1155 bes. deutlich war. Je mehr der Film gedehnt wird, desto größer wird der Dichroismus der Absorptionen bei 2900, 1370 u. 1155. Die Intensitäten der Absorptionen der Spektren mit nichtpolarisierter Strahlung bei 1370, 155, 1100, 1070 u. 998 nehmen mit steigendem Grad der Dehnung ab. Die nichtpolarisierten Spektren bei 1400—1300 sehen im stark gedehnten Zustand den Spektren der Ramie ähnlich. (J. chem. Soc. Japan, ind. Chem. Sect. [Kōgyō Kagaku Zassi] **61.** 1304—06. Okt. 1958. Tokyo, Univ., Techn. Fak. [Orig.: japan.]) E. Maekawa. 4050

Kiyoshi Sukai und **Ikumi Kagawa,** *Spezifisches Volumen und Verbrennungswärme der sekundären Acetylcellulosen und Acetylierungswärme der Hydroxygruppen der Cellulose.* Die Verbrennungswärmen u. Dichten verschieden stark acetylierter *Cellulose*-Proben werden gemessen. Es besteht bei den Mol.-Voll. eine gute Additivität: das Mol.-Vol. der prim. Acetoxygruppe beträgt 44,1 [ml/Mol], das der sek. Acetoxygruppen 35,9. Eine Additivität wird auch bei den mol. Bildungswärmen gefunden: die Wärme der Acetylierung der prim. bzw. sek. Hydroxygruppe beträgt —3,03 (exotherm) bzw. 4,76 kcal/Mol (endotherm). (J. chem. Soc. Japan, ind. Chem. Sect. [Kōgyō Kagaku Zassi] **61.** 1309—12. Okt. 1958. [Orig.: japan.]) E. Maekawa. 4050

Ss. N. Stawrow und **A. A. Morosow,** *Einfluß der Kationen auf die Eigenschaften des anionischen Polyelektrolyts Agaroid. Agaroid* (I) ist ein agarähnlicher, SO_4^{2-}-haltiger Extrakt aus der roten Alge *Phyllophora nervosa.* Die ursprüngliche Ca-Form von I wird durch Dialyse gegen 3%ig. Chlorid-Lsgg. in andere Formen umgewandelt. Dabei nimmt die elektrolyt. Dissoziation, die Viscosität in verd. Lsg. u. die Quellung in W. ab, die Neigung zur Gelbldg. in der Reihenfolge Li → Na → K → Ca → Ba zu. Durch niedrigmol. Elektrolyse wird die Viscosität verd. Lsgg. herabgesetzt, die Strukturbldg. höher konz. Lsgg. von I verstärkt u. eine begrenzte Quellung der Na- u. der K-Form erreicht. Der Unterschied zwischen I u. anderen Meeralgenextrakten wird auf die Größe der Ladung des hochmol. Anions zurückgeführt. (Украинский Химический Журнал [Ukrain. chem. J.] **23.** 721—27. 1957. Odessa, Metschnikow-Univ.; Tschernowtz, Univ.) R. K. Müller. 4050

Kozo Hamaguchi und **Toshizo Isemura,** *Oberflächenchemie von synthetischen Proteinanalogen.* 5. Mitt. *Über den Einfluß von Salz auf die Monoschichten des Copolypeptids aus L-Lysin, L-Phenylalanin und L-Glutaminsäure.* (4. vgl. Bull. chem. Soc. Japan **27.** [1954.] 339; 1. vgl. C. **1955.** 9582.) Nach der von Vff. früher (vgl. 1. Mitt., l. c.) beschriebenen Meth. wurde von dem *Copolypeptid* (I) aus *L-Lysin, L-Phenylalanin* u. *L-Glutaminsäure* im Verhältnis 1 : 3 : 1 die Abhängigkeit des Oberflächendruckes F u. der Oberflächenviscosität a der monomol. Schichten von I von der Zus. der wss. Unterlage untersucht. I wurde in Form einer Lsg. in n/100 HCl + 10% Isopropanol aufgebracht. Die (F, A)-Kurven (A = Fläche der monomol. Schicht) fallen für 0,07 mol. KCl-Lsg. als Unterlage im p_H-Bereich 5,6—8 am steilsten ab, weniger bei tieferem u. höherem p_H. A für F = 1 dyn/cm (= A_1) fällt mit wachsendem p_H (Messungen zwischen p_H 2,2 u. 10) zunächst ab, bleibt zwischen p_H 5,5 u. 8 konstant (isoelektr. Zustand der I-Schichten) u. steigt dann wieder an. η geht bei steigendem p_H bei p_H 6,8 durch ein scharfes Maximum. Bei Erhöhung der KCl-Konz. c steigt A_1 zunächst sehr steil an u. ist ab ca. c = 1% konstant; η fällt mit zunehmendem c stetig ab. Bei Erhöhung von c nimmt die p_H-Breite des isoelektr. Zustandes zu. Je kleiner c, um so breiter die (F, A)-Kurven (bei p_H 2,2). Die Erscheinungen werden auf die elektrostat. Wechselwrkg. zwischen den NH_3^+- u. den Cl^--Gegenionen an der Grenzschicht (Vorliegen einer elektr. Doppelschicht) u. auf die inter- u. intramol. Salzbldg. zwischen den NH_3^+- u. COO^--Ionen von I zurückgeführt. Der Einfl. des p_H auf A u. η läßt sich durch die p_H-Abhängigkeit der Zahl der freien Ladungen u. der Zahl der Salzbindungen erklären. (Bull. chem. Soc. Japan **28.** 9—15. Jan. 1955. Sakai, Osaka, Univ., Inst. Sci. and Ind. Res. [Orig.: engl.]) O. Fuchs. 4070

W. I. Masurow und **W. N. Orechowitsch,** *Vergleichende Untersuchung der löslichen kollagenartigen Proteine.* Die quantitative Best. des Aminosäuregeh. der in 0,01 mol.

Essigsäure lösl. Fraktion (I) u. der in 0,1 mol. Citratlsg. vom p_H 3,8—3,9 lösl. Fraktion (II) der aus der Haut der weißen Ratte gewonnenen *Kollagenstoffe* ergab, daß der Geh. an *Prolin* u. *Oxyprolin* in I u. II annähernd der gleiche ist. So beträgt er in den 5 Tage alten Extrakten von I 11,6 bzw. 13,6 (% vom Trockengewicht), von II 10,8 bzw. 13,5. Sowohl bei I als auch bei II erfolgt bei 37—38° eine starke Abnahme der spezif. Viscosität. Die nach der Meth. der Anaphylaxie u. Desensibilisierung untersuchten immunobiol. Eigg. sind bei I u. II die gleichen. Aus den Versuchsergebnissen u. dem Literaturmaterial schließen Vff., daß alle kollagenartigen Stoffe zu der einheitlichen Gruppe der *Prokollagene* gehören. (Биохимия [Biochemie] **24**. 33—38. Jan./Febr. 1959. Moskau, Inst. für biol. u. med. Chem. der Akad. der Med. Wiss. der UdSSR.) O. Lebtag. 4070

W. N. Orechowitsch und **W. O. Schpikiter,** *Isolierung der α- und β-Komponenten des Prokollagens.* Beschreibung der Methodik. Die Trennung der α- u. β-Komponenten des *Prokollagens* erfolgt durch Fällung mit gesätt. $(NH_4)_2SO_4$-Lsg. bei 36° aus 5 mol. Harnstofflsg. u. Zentrifugieren mit Auswertung der Sedimentationsdiagramme; der Sedimentationskoeff. beträgt für α $2,3 \cdot 10^{-13}$ u. $3,1 \cdot 10^{-13}$ (sec), für β $2,5 \cdot 10^{-13}$ u. $3,8 \cdot 10^{-13}$. (Доклады Академии Наук СССР [Ber. Akad. Wiss. UdSSR] **115**. 137—40. 1/7. 1957.) F. du Mans. 4070

W. Lautsch, W. Broser, W. Bandel, W. Biedermann, W. Gehrmann, E. Schröder, H. Gnichtel, I. Zehmisch, G. Kurth, R. Krüger und **H.-J. Kraege,** *Über Katalysatoren- und Fermentmodelle.* Inhaltlich ident. mit der C. **1950/54.** 3964 S referierten Arbeit. (Ricerca sci., Suppl. A **25**. 768—91. 1955.) R. Pasedag. 4070

E. Biologische Chemie. Physiologie. Medizin.

E_1. Allgemeine Biologie und Biochemie.

Karl John, *Die Grenzen elektronenoptischer Beobachtung.* Vgl. der Möglichkeiten des Licht- u. des Elektronenmikroskops in der biol. Forschung unter besonderer Hervorhebung der Vorzüge des Licht- u. der Nachteile des Elektronenmikroskops. (Mikrokosmos **47**. 297—99. Okt. 1958. Wallenfels.) F. Lenz. 4100

Kuthy Sándor, *Einige Beispiele über die Anwendung von strahlenden Isotopen in den biochemischen Forschungen.* Übersicht mit 43 Literaturhinweisen. (Agrokémia és Talajtan [Agrochem. u. Bodenkunde] **6**. 259—70. Nov. 1957.) J. Plank. 4100

Toshio Fukasawa und **Hiroshi Nikaido,** *Bildung von Protoplasten in Mutantenstämmen von Salmonella, induziert durch Galaktose.* Das Wachstum von M-Mutanten von *Salmonella, E. coli, Shigella* u. a. wird durch *Galaktose* (I) bereits in niedrigen Konzz. stark gehemmt. Glucose vermag diese Hemmung aufzuheben. Auf n. Agarplatten bilden sie konvexe Kolonien, beim Übertragen auf Agarplatten, welche I, Lactose oder Raffinose enthalten, bilden sich flache Kolonien mit konkaven Zentren u. Warzen (papillae). *Salmonella enteritidis* (Stamm N. 11 SE) wurde auf Salz-Citrat-NH_4-haltigem Medium gezüchtet u. 0,1% I in der Exponentialphase des Wachstums zugesetzt. Nach 30 bis 90 Min. tritt eine Wachstumsverzögerung ein, die zu einer deutlichen Lyse führt. Bei Zusatz von Chloramphenicol (25 μgm/ml) oder bei Weglassen von Citrat oder von NH_4-Salz zeigt I keine Wrkg. auf die Mutantenzellen, u. die Zellen blieben auch bei hohen Konzz. von I lebensfähig. Einen ähnlichen Effekt auf wachsende Bakterienzellen zeigt auch *Penicillin* (II), während nichtwachsende resistent sind. In hyperton. Lsgg. verursacht II in einer Suspension von E. coli die Bldg. sogenannter „*Protoplasten*", sphär., osmot. labile Körperchen. Bei Einw. von I auf die M-Mutante von SE in hyperton. Lsgg. (7,5% Carbowax 4,000, 0,01 mol. $MgSO_4$, 0,1% I) zeigt sich nach 2—3 Std. im Phasenkontrastmikroskop das Auftreten großer, sphär. Körperchen, die von den durch II hervorgerufenen Protoplasten nicht zu unterscheiden sind. Lyse trat unter diesen Bedingungen nicht ein. Beim Verdünnen dieser Protoplasten mit dest. W. beobachtet man eine rasche Aufklärung, ein Beweis ihrer osmot. Labilität. Analoge Ergebnisse wurden auch mit der M-Mutante von Salmonella typhimurium erhalten. Vff. nehmen an, daß I bestimmte Prozesse der Zellwandsynth. hemmt. (Nature [London] **183**. 1131—32. 18/4. 1959. Tokyo, Keio Univ., School of Med., Dep. of Bacteriol.) B. Görlich. 4130

G. F. Atkinson, C. J. Franzke und **J. G. Ross,** *Verschiedenartige Reaktion zweier Sorghumvarietäten auf Behandlung mit Colchicin.* Die Behandlung von 2 Sorghumsorten, Experimental 3 (A) u. Norghum (B), gleich nach der Keimung mit *Colchicin* (I; 0,5% ig. wss. Lsg.) hatte nur bei der Sorte B tetraploide Pflanzen zur Folge. Dagegen wurden bei Sorte A durch I wesentlich mehr Mutanten hervorgerufen als bei Sorte B. (J. Heredity **48**. 259—64. Nov./Dez. 1957. Brookings, S. Dak., South Dakota State Coll., Agron. Dep., Agricult. Exp. Stat.) G. Klesse. 4130

Mamoru Kusa und **Tsuguyasu Wada,** *Röntgendiagramme von der Eimembran vom Ei der Bachforelle.* Ein Unterschied im Röntgendiagramm zwischen der Membran unbefruchteter u. befruchteter bzw. künstlich aktivierter Bachforelleneier konnte nicht festgestellt werden, ebenfalls kein Anzeichen für die Bldg. von *Keratin* (I). Dies steht im Widerspruch zur Vorstellung von Hayes (Quart. Rev. Biol. **24.** [1949.] 281), der die sogenannte „Wasserhärtung" der Eimembran bei der Befruchtung oder künstlicher Aktivierung auf Bldg. einer I-ähnlichen Substanz durch Umorganisation im Proteinmol. zurückgeführt hatte. (Nature [London] **183.** 410. 7/2. 1959. Yamagata, Univ., Dep. of Biol.; Sapporo, Hokkaido Univ., Fac. of Sci., Chem. Inst.) W. Königsdorf. 4150

R. J. A. Kirkland, *Partikel in pflanzlichen und tierischen Zellen.* Vf. gibt eine Übersicht über die Entw. der Untersuchungsmethoden für Zellstrukturen sowie für Inhaltsstoffe u. deren biochem. Bedeutung. (Advancement of Sci. **14.** 353—64. März 1958. Sydney, New South Wales, Univ.) M. Ebert. 4150

J. A. Serra, *Cytochemischer Nachweis maskierter Lipide.* Die Schnitte (Wurzelspitze von *Vicia faba* u. Oocyten von *Cepaea nemoralis*) wurden in einem Gemisch aus 10 ml absol. A., mit Sudanschwarz gesätt., u. 10 ml Lsg. nach Baker (je 10 ml 40%ig. Formalin u. 10%ig. $CaCl_2$, 10% $CdCl_2$, 70 ml W.) 24—36 Std. gefärbt u. fixiert. Zur Demaskierung der Lipoproteine waren der Lsg. 25 mg $Ba(OH)_2$ u. 100 mg Harnstoff je ml zugesetzt. (Science [Washington] **128.** 28—29. 4/7. 1958. Lisbon, Portugal, Fac. of Sci., Inst. of Zool.) W. Schönborn. 4150

David L. Berliner, H. Earle Swim und **Thomas F. Dougherty,** *Synthese von Cholesterin durch eine in vitro sich vermehrende bestimmte Art menschlicher Gebärmutterfibroblasten.* Da die aus menschlichem Myometrium isolierten u. sich in vitro mehrere Jahre fortpflanzenden *U 12-79 Fibroblasten* die Fähigkeit besitzen, *Cortisol* u. *Progesteron* zu metabolisieren, sollte die Möglichkeit einer Synth. von *Cholesterin* u. anderer Steroide festgestellt werden. In einem Medium, das $^{14}C_{(2)}$-Acetat enthielt, konnte ^{14}C-Cholesterin sowohl aus den Zellen als auch aus dem Medium selbst isoliert werden. (Proc. Soc. exp. Biol. Med. **99.** 51—54. Okt. 1958. Univ. of Utah, Med. School; Western Reserve Univ., School of Med.) U. Gerhardt. 4150

E. Latzko, *Die Funktion des Kaliums im Stoffwechsel der energiereichen Phosphate pflanzlicher und tierischer Organismen.* (Vgl. C. **1958.** 12721; Landw. Forschung, Sonderheft **11.** [1958.] 101.) Die Aktivierbarkeit der Pyruvatkinase durch Metallionen wurde in Präpp. aus Zuckerrübenblättern untersucht. Der Vgl. der Ionenkonz. der Zelle u. der optimalen Konz. im Test (K, NH_4, Na, Mg, Mn) ergab Zusammenhänge, die für die Erklärung des absol. Ionenbedarfs der Zelle von Bedeutung sind. Aus diesen Verss. sowie den Ergebnissen der Verss. mit Hefe u. Chlorella ergibt sich, daß der Phosphateinbau im Verlauf der aeroben Phosphorylierung durch K^+ auch in der pflanzlichen Zelle deutlich u. spezif. gefördert wird, ebenso die photosynthet. Phosphorylierung. (Agrochimica [Pisa] **3.** 148—64. März 1959. Hannover-Kirchrode, Landw. Forschungsanst. Büntehof.) J. Schwaibold. 4150

Adolf Wacker, Sigrid Kirschfeld und **Lothar Träger,** *Die Biosynthese der Desoxyribose bei Bakterien.* Mit Hilfe von ^{14}C-Nucleotiden weisen Vff. nach, daß im Biosyntheseprozeß der Bakterien nucleosid. gebundene *Ribose* (I) ohne Aufspaltung der Kohlenstoffkette in Desoxyribose (II) umgewandelt wird. — Dazu wurden Bakterien in einer Kultur-Fl. bebrütet, die uniform ^{14}C-markiertes Guanosin enthielt. Danach wurden die Bakterien abzentrifugiert, gewaschen, unter 1n KOH zerstört u. diese Suspension 24 Std. bei 37° incubiert. Nach Abzentrifugieren wurden aus dem Überstand durch Dialyse die Nucleinsäuren gewonnen. Diese wurden enzymat. gespalten, die einzelnen Nucleotide papierchromatograph. getrennt, die Flecke eluiert u. spektralphotometr. die quantitative Best. durchgeführt. — Die Radioaktivität der Verbb. wurde als $^{14}CO_2$ im Gaszählrohr gemessen. — Die II des Guanindesoxyribosids wurde mit einem bestimmten *E. coli*-Stamm fermentiert. — Dabei entsteht aus $C_{(1)}$ u. $C_{(2)}$ ausschließlich A., aus den übrigen C-Atomen CO_2, welches allein aus dem $C_{(3)}$, u. zwar aus ca. 14% der $C_{(3)}$-Atome gebildet wird. — Es zeigte sich, daß innerhalb der Fehlergrenzen die Aktivitäten der 5 C-Atome gleich waren u. je $^1/_5$ der zu erwartenden Gesamtaktivität ausmachten. — Dieses Ergebnis beweist den Zusammenhalt der Kohlenstoffkette bei der Umwandlung der I in die II. — Vitamin B_{12} zeigte bei *Lactobacillus leichmannii* (nicht bei *E. coli*!) einen deutlich fördernden Einfl. auf die Umwandlung der I in die II u. damit auf die Desoxyribonucleinsäuresynth. überhaupt. (Z. Naturforsch. **14b.** 145—50. März 1959. Berlin-Charlottenburg, TU, Organ.-chem. Inst.) K. Kran. 4150

Christine Zioudrou und **Joseph S. Fruton,** *Markierung von Mitochondrienproteinen durch ^{14}C-Tyrosinamid und ^{14}C-Tyrosyladenylat.* Vff. synthetisierten *L-Tyrosyladenylat* (I) u. *Glycyl-L-tyrosyladenylat* (II) durch Kupplung von Carbobenzoxy-

L-tyrosin (III) oder Carbobenzoxyglycyl-L-tyrosin (IV) mit Adenosin-5′-monophosphat u. katalyt. Hydrogenolyse (in Methanol in Ggw. von Eisessig u. Pd-Schwamm, 2 Std. bei 0—4°) des Kupplungsproduktes. Der Einbau des Aminosäurerestes von ^{14}C-L-Tyrosinamid, -I, -II, -III, -IV, -L-Tyrosin u. -Glycyl-L-tyrosin in Rattenlebermitochondrien in vitro erfolgt durch nichtenzymat. Acylierung. Im Gegensatz dazu ist der Einbau des ^{14}C-L-Tyrosylrestes von Tyrosinamid eine enzymat. Rk., die nach Ansicht der Vff. eine peptidasekatalysierte Transaminierung einschließt.

Versuche: *^{14}C-L-Tyrosinamid*, F. 153—154°, aus 100 γ ^{14}C-L-Tyrosinäthylester (F. 108—109°) in absol. Methanol, gesätt. mit NH_3 bei 0°, 48 Std. bei n. Temp., Einengen u. Rückstand aus absol. Methanol umkristallisieren; 82 mg (Ausbeute). — *Carbobenzoxy-L-tyrosinadenylat*, $C_{27}H_{29}N_6O_{11}P$, aus Adenosin-5′-monophosphat in wss. Lsg. (mit wenig Pyridin) u. Carbobenzoxy-L-tyrosin in Tetrahydrofuran in Ggw. von N.N′-Dicyclohexylcarbodiimid (18 Std. im Kühlschrank), filtrieren, im Vakuum bei 5° einengen, Rückstand mit Ae. waschen, mehrfach mit Methanol extrahieren u. im Vakuum einengen. Rückstand mit kaltem Aceton u. Ae. waschen, über P_2O_5 im Vakuum trocknen; 25—30% (Ausbeute); 70—90% Reinheit. Durch Umsetzen mit 14%ig. wss. NH_4OH (5 Min. bei n. Temp.) Carbobenzoxy-L-tyrosinamid, F. 158—162°; 80%. — Analog *Carbobenzoxyglycyl-L-tyrosyladenylat*, $C_{29}H_{32}N_7O_{12}P$, aus Adenosin-5′-monophosphat u. Carbobenzoxyglycyl-L-tyrosin (F. 106—108°); 25—40%; 90—98% Reinheit. *Amid*, F. 168—170°, durch kurze Umsetzung mit wss. NH_4OH; 90%. (J. biol. Chemistry **234**. 583—85. März 1959. New Haven, Conn., Yale Univ., Dep. of Biochem.)
E. Schwerdtfeger. 4150

C. M. Caldarera, R. Infante und **A. Rabbi,** *Verhalten der Purin- und Pyrimidinbasen in den Nucleoproteinen der Leber der mit Thyroxin behandelten Ratte.* ♀ Albinoratten wird intramuskulär 8 u. 16 Tage lang täglich 1 mg *Thyroxin* injiziert. Die purin. u. pyrimidin. Strukturen (bes. *Adenin*) der *Ribonucleinsäure* u. der *Desoxyribonucleinsäure* der Lebern sind erhöht. (Boll. Soc. ital. Biol. sperim. **33**. 1714—16. Okt./Nov. 1957. Bologna, Univ., Ist. di Chim. Biol.) O. Pollak v. Emhofen. 4150

James B. Wyngaarden und **Doris M. Ashton,** *Steuerung der Purinbiosynthese durch Purinribonucleotide.* Vff. reinigten *α-Phosphoribosylpyrophosphatamidotranspherase* aus Taubenleber durch $(NH_4)_2SO_4$-Fällung, Hitzeinaktivierung, Adsorption an u. Elution von Ca-Phosphatgel u. bestimmten die Michaelis-Menten-Konstanten für die Substrate *α-Phosphoribosylpyrophosphat* (I; 2,3·10^{-4} Mol) u. *Glutamin* (II; 1,1·10^{-3} Mol) sowie die Dissoziationskonstanten einiger Inhibitoren [*Adenosintriphosphat* (III) 3,7·10^{-5} (Mol); *Adenosindiphosphat* 3,9·10^{-5}; *Guanosinmonophosphat* (VI) 8,6·10^{-5}; *Adenosinmonophosphat* (V) 9,0·10^{-5}; *Inosinmonophosphat* (IV) 1,8·10^{-4}; *Guanosindiphosphat* 3,8·10^{-4}; *5-Amino-4-imidazolcarboxamidribonucleotid*]. **III, IV, V** u. **VI** sind in bezug auf **I** kompetitive Inhibitoren; in bezug auf die Bindung von **II** ist die Hemmung nichtkompetitiv. Keine Hemmung verursachen Desoxyadenosin-, Desoxyguanosinmonophosphat, Inosindi- u. -triphosphat, Guanosintriphosphat, Ribose-5-phosphat, Purinbasen u. Ribonucleoside, Pyrimidinribonucleosidmono- u. -triphosphate u. anorgan. Pyrophosphat. Die Regulierung der Aktivität der Amidotranspherase durch Purinribonucleotide zeigt, daß die Purinbiosynth. auf diese Art gesteuert wird. (Nature [London] **183**. 747—48. 14/3. 1959. Durham, N. C., Duke Univ., Med. Center, Dep. of Med.) H. Goebel. 4150

A. Ballio und **G. Serlupi-Crescenzi,** *Chemische Untersuchungen über die Nucleotide von Penicillium chrysogenum.* (Vgl. C. **1957**. 1962.) Im Mycel von *P. chrysogenum* werden gefunden: Die *5′-Monophosphate von Adenosin* (I), *Guanosin, Inosin, Cytidin* u. *Uridin*; *5′-Diphosphate von* **I** u. *Uridin*; *5′-Triphosphate von* **I**, *Guanosin* u. *Uridin, Di-* u. *Triphosphopyridinnucleotid, Uridindiphosphoglucose, Uridinphosphogalaktose, Uridindiphosphoacetylglucosamin* u. *Guanosindiphosphomannose*; daneben das Nucleosid u. Nucleotid von 6-Asparagylpurin u. Desamido-DPN, deren Struktur durch besondere Methoden bestätigt wurde. Auf der Grundlage der Struktur des neuen Pyridinnucleotids kommen Vff. zu einer möglichen Klärung der DPN-Biosynth. in den menschlichen Erythrocyten. (Boll. Soc. ital. Biol. sperim. **33**. 1740—44. Okt./Nov. 1957. Rom, Ist. Super. di Sanità, Centro Internaz. di Chim. Microbiol.) O. Pollak v. Emhofen. 4150

A. Ballio und **G. Serlupi-Crescenzi,** *Ein neues Pyridinnucleotid des Penicillium chrysogenum.* Es werden die Eigg. eines der nichtidentifizierten Verbb. von *P. chrysogenum* (*Desamido-DPN*; I) näher untersucht, das ein UV-Spektr. des Adenosins hat u. mit KCN ein Absorptionsmaximum bei 3150 Å gibt. Spektrophotometr. ist es ein Analogon der Pyridinnucleotide (II), doch unterscheidet es sich chromatograph. von DPN u. TPN. Im Gegensatz zu den bekannten **II** gibt **I** nicht die Additions-Rkk. mit Aceton, Hydrosulfit u. Sulfit. Die chem. u. enzymat. Spaltung zeigt, daß **I** ein Analogon des

DPN ist, das im Mol. an Stelle von Nicotinamid Nicotinsäure enthält, die auch neben Adenin u. Ribose-5-phosphat durch Hydrolyse erhalten wird. Eine Incubation mit Rindermilz (Wrkg. der Diphosphopyridinnucleotidase) gibt Nicotinsäure u. ADP-Ribose. I zeigt sich ident. mit der Verb., die durch Einw. von Rindermilz u. Nicotinsäureüberschuß auf DPN erhalten wird. (Boll. Soc. ital. Biol. sperim. **33.** 1744—47. Okt./Nov. 1957. Rom, Ist. Super. di Sanità, Centro Internaz. di Chim. Microbiol.)
O. POLLAK v. EMHOFEN. 4150

I. Elizabeth Young und **Philip C. Fitz-James,** *Die Desoxyribonucleinsäuresynthese in synchron wachsenden Bacillus cereus-Zellen nach synchroner Sporenkeimung.* Durch gleichzeitige cytolog. u. chem. Unterss. an synchron wachsenden *Bacillus cereus*-Kulturen versuchten Vff., Aufschluß über die Beziehung zwischen n. Zellteilungscyclus u. *Desoxyribonucleinsäure* (**I**)-Synth. zu bekommen. — Von Zellresten befreite *Bacillus cereus*-Sporen wurden in ein Flüssigmedium geimpft. Diese Kultur wurde bei 37° geschüttelt. — Es zeigte sich, daß die Sporen synchron auskeimten u. die Zellen die ersten beiden Teilungsschritte synchron durchführten. Dieser Vorgang konnte mkr. verfolgt werden. Zu verschied. Zeitpunkten zwischen Sporenkeimung u. zweiter Zellteilung wurde der Geh. an **I** bestimmt. Dazu wurden die Zellen gewaschen u. anschließend zerkleinert. **I** wurde nach SCHMIDT u. THANNHAUSER extrahiert u. mit Hilfe der DISCHE-Rk. bestimmt. Gleichzeitig mit jeder **I**-Best. wurden Zellen mit OsO_4 fixiert u. nach Azur-A-FEULGEN-Färbung unter dem Mikroskop Teilung u. Vermehrung der Nucleoide beobachtet. Vff. kamen zu folgenden Ergebnissen: Von der Sporenkeimung bis zum Beginn der ersten Zellteilung steigt die **I**-Menge bis zum $2^3/_4$fachen des **I**-Geh. der Spore. Am Ende der Zellteilung beträgt der **I**-Geh. das 3fache des Sporenniveaus, so daß jede neugebildete Tochterzelle 1½mal soviel **I** hat wie die Spore. — Die Menge der Sporen scheint für verschied. Species ziemlich gleich u. weitgehend unabhängig von der Zus. des Nährmediums zu sein. — Im Gegensatz zu den Befunden anderer Autoren fanden Vff., daß die **I**-Synth. während der Zellteilung weitergeht, wenn auch mit etwas geringerem Anstieg als zwischen den Zellteilungen. (Nature [London] **183.** 372—73. 7/2. 1959. Western Ontario, Univ., Dep. of Bacteriol. and Immunol. and Dep. of Biochem.)
K. KRAN. 4150

Kenshi Suzuki und **Jōji Ono,** *Biochemische Unterschiede in der von E. coli B nach Bestrahlung mit Ultraviolettlicht synthetisierten Ribonucleinsäure.* E. coli-B-Zellen aus der logarithm. Wachstumsphase wurden in physiol. Salzlsg. mit UV-Licht bestrahlt u. sodann gleichzeitig mit einer unbestrahlten Kontrollkultur in ^{32}P-haltiger Nährlsg. bei 37° incubiert. In regelmäßigen Abständen wurde der ^{32}P-Einbau in die Ribonucleinsäure (**I**) u. Desoxyribonucleinsäure (**II**) der bestrahlten u. der unbestrahlten Zellen untersucht. — Die Nucleinsäurefraktionen wurden nach der Meth. von SCHMIDT u. THANNHAUSER dargestellt. — In den bestrahlten Zellen fand man ^{32}P fast ausschließlich in der **I**-Fraktion: diese Zellen waren also zu einer **II**-Synth. nicht mehr fähig. — Nach ca. 150 Min. Bebrütungszeit in ^{32}P-haltigem Medium erreichte der ^{32}P-Einbau eine gleichbleibende Höhe. Wurden jedoch die Zellen nach verschied. Zeiten in ein ^{32}P-freies Medium übergeführt u. weiterbebrütet, so zeigte sich, daß der gesamte, nach mehr als 30 Min. Bebrütungszeit in ^{32}P-haltigem Medium eingebaute ^{32}P wieder verlorenging. — In unbestrahlten Zellen war ein derartiger nachträglicher Verlust ursprünglich eingebauter ^{32}P-Atome nicht zu beobachten. Vff. schließen aus diesen Befunden, daß in bestrahlten Zellen zunächst eine stabile u. nach ca. 30 Min. zusätzlich eine instabile **I**-Komponente gebildet wird, in der der P ständig ersetzt wird. (Nature [London] **183.** 395—96. 7/2. 1959. Tokio, Nat. Inst. of Radiol. Sci., Chem. Div.)
K. KRAN. 4150

E. D. Gray und **R. M. S. Smellie,** *Über die intramolekulare Lokalisierung durch Extrakte aus Ascitestumorzellen in Desoxyribonucleinsäure eingebauter Desoxyribonucleotide.* Durch Spaltung vorher mit ^{3}H bzw. ^{32}P markierter *Desoxyribonucleinsäure* (**I**) wird festgestellt, daß der Einbau von Desoxyribonucleotiden in **I** durch wahllose Verteilung in einem völlig neuen Teil des Polynucleotids erfolgt. (Biochem. J. **72.** 16P. Juni 1959. Glasgow, Univ., Dep. of Biochem.)
S. DITTMANN-MITZSCHERLICH. 4160

R. M. S. Smellie, H. M. Keir, E. D. Gray, D. Bell, J. Richards und **J. N. Davidson,** *Neusynthese von Desoxyribonucleinsäure durch Extrakte aus Ascitestumorzellen.* (Vgl. vorst. Ref.) Für den Einbau von Thymidin in *Desoxyribonucleinsäure* (**I**) durch Ultraschallextrakte aus Ascitestumorzellen sind Adenosintriphosphat u. Mg^{2+} notwendig. Mono- u., noch stärker, Triphosphate der Desoxyribonucleoside von Adenin, Guanin u. Cytosin fördern den Einbau. Neusynth. von **I** erfolgt unter den gleichen Bedingungen. (Biochem. J. **72.** 17P. Juni 1959. Glasgow, Univ., Dep. of Biochem.)
S. DITTMANN-MITZSCHERLICH. 4160

Olga Greengard und **P. N. Campbell,** *Die Faktoren, die den Einbau von Aminosäure in das Protein von Mikrosomen- und Mitochondrienpräparaten aus Rattenleber und*

Lebertumor beeinflussen. Durch Verfütterung von 0,06% 4-Dimethylaminoazobenzol wurden bei Ratten Lebertumoren erzeugt. Zusatz der bei p_H 5,2 aus Zellsaft fällbaren Komponente (I) ermöglicht anaerob in vitro in Ggw. von Adenosintriphosphat, Phosphoenolbrenztraubensäure u. Guanosintriphosphat den Einbau von ^{14}C aus *^{14}C-L-Leucin* (II) in Mikrosomenproteine aus n. Leber u. Lebertumoren. Am weitaus stärksten ist der Einbau in Lebermikrosomen bei Zusatz von Leber-I. Bei Zusatz von Tumor-I ist er etwa gleich hoch wie bei Incubierung von Tumormitochondrien mit Leber-I oder Tumor-I. Innerhalb I scheint Aminosäuren-^{14}C (II u. *^{14}C-L-Lysin* geprüft) in die Ribonucleinsäure (III)-Komponente eingebaut zu werden. Die unterschiedliche Wrkg. der I verschied. Herkunft ist nicht durch verschieden hohen III-Geh. der I, sondern durch Unterschiede im ^{14}C-Einbau bedingt; denn trotz großer Schwankungen innerhalb jeder Gruppe ist der Einbau in Leber-I gegenüber Tumor-I deutlich erhöht. — Auch in Mitochondrienprotein aus Leber u. Lebertumor wird ^{14}C aus II in Ggw. von I eingebaut, auch hier in Leberprotein stärker als in Tumorprotein. Aerob ist der Einbau stärker als anaerob. Aerob in Ggw. von Fructosediphosphat u. Nicotinamid ist er am höchsten. Die stimulierende Wrkg. von Tumorzellsaft auf den Einbau in Lebermitochondrien erreicht die von Leberzellsaft, Tumor-I hat jedoch geringere Wrkg. als Leber-I. Ribonuclease red. den durch Zellsaft stimulierten II-^{14}C-Einbau in Lebermitochondrienprotein. (Biochem. J. **72.** 305—10. Juni 1959. London, Middlesex Hosp. Med. School, Courtauld Inst. of Biochem.) S. DITTMANN-MITZSCHERLICH. 4160

A. Colajacomo, G. Missale, C. Vergnano und **L. Luzzatto,** *Nichtoxydative Heptobildung aus Glucose-6-phosphat in einigen experimentellen Tumoren.* Am soliden EHRLICH-Carcinom wird die Bldg. von *Heptose-6-phosphat* (I) aus Glucose-6-phosphat auf anaerobem Wege konstatiert. I bildet sich dagegen nicht aus 6-Phosphogluconat, u. der Zusatz von TPN zu den Homogenaten führt nicht zu einer erhöhten I-Bildung. Genau so ausgeprägt ist die I-Bldg. im Ascitessarkom 180, doch kommt sie nicht an die der Leber heran. Dagegen ist die I-Bldg. im GALLIERI-Sarkom sehr gering. (Boll. Soc. ital. Biol. sperim. **33.** 1761—64. Okt./Nov. 1957. Genua, Univ., Ist. di Chim. Biol., Centro di Biochim. dei Tumori di Risparmiodi Genova.) O. POLLAK V. EMHOFEN. 4160

Giancarlo Rabotti, *Chromosomenzahl von primären und metastatischen menschlichen Tumoren.* Mit Hilfe mikrospektrophotometr. Desoxyribonucleinsäurebestimmungen in Zellkernen kann gezeigt werden, daß die Zellkerne prim. Tumoren beim Menschen *diploide* u. *polyploide Chromosomensätze* aufweisen, während in den Metastasen nur Polyploidie beobachtet wird. In den Lymphocyten der zugehörigen Lymphknoten wurden nur diploide Chromosomensätze gefunden. Untersucht wurden 5 Adenocarcinome der Brust mit Lymphknoten-, Leber- u. Knochenmetastasen sowie ein Nasopharynxcarcinom mit Leber- u. Nebennierenmetastasen. Da die Metastasenbldg. als Autotransplantation angesehen werden kann, stehen die Ergebnisse im Einklang mit Tierverss., bei denen in Transplantationstumoren höhere Chromosomensätze gefunden wurden als in Primärtumoren. (Nature [London] **183.** 1276—77. 2/5. 1959. Bethesda, Md., US Nat. Inst. of Health, Nat. Cancer Inst., Labor. of Pathol.) R. REISS. 4160

Robert S. Stone und **Dan H. M. Moore,** *Reinigung des Mäusemammacarcinom-Agens mit Hilfe eines Fluorkohlenwasserstoffes.* Isolierung des *Milchfaktors* aus dem spontanen Mammacarcinom der Maus (R III-Stamm): Der Tumor wird zerkleinert u. mit 40 ml einer Lsg., die 0,15 mol. an NaCl, 0,02 mol. an Na_2HPO_4 u. 0,2 mol. an Saccharose (p_H 7,4) ist, sowie 20 ml CF_2Cl-CCl_2F (I) bei 0—5° homogenisiert. Anschließend wird zentrifugiert, wobei sich I als gelatinöse Schicht absetzt, die verworfen wird. Die wss. Schicht wird mit der Hälfte ihres Vol. I homogenisiert u. erneut zentrifugiert. Der Prozeß wird 5—6 mal wiederholt. Zum Schluß wird die wss. Schicht ultrazentrifugiert, wobei sich das Mammacarcinom-Agens in Form kleiner weißer Kügelchen absetzt. Elektronenmikroskop. Unterss. zeigen Identität mit dem kürzlich isolierten u. identifizierten Milchfaktor. Vff. isolieren in gleicher Weise den Milchfaktor aus Gewebekulturen von Tumorzellen sowie aus der Milch der R III-Mäuse. Das aus der Milch isolierte Agens läßt sich nicht in so hoher Reinheit erhalten. (Nature [London] **183.** 1275—76. 2/5. 1959. New York, N. Y., Rockefeller Inst.) R. REISS. 4160

Takekazu Kôsaki und **Shinya Nakagawa,** *Über Malignolipin.* 1. Mitt. *Bestimmung von Malignolipin im Blut. Eine Methode zur Frühdiagnose maligner Tumoren.* Es wird eine Meth. zur Best. des aus malignen Tumoren isolierten (vgl. Science [Washington] **127.** [1958.] 1176) Malignolipins (I) im Blut des Menschen beschrieben. I wird mit absol. A. in der Hitze extrahiert, gereinigt, mit Aceton gefällt, in Chlf. gelöst u. papierchromatograph. (Formaldehyddimethylacetal: Pyridin: W. = 3,0:3,5:3,5) bestimmt. Bei völliger Entfernung der Tumoren verschwindet I völlig aus dem Blut, bei teilweiser Entfernung oder teilweiser Zerstörung derselben sinkt der I-Geh. entsprechend. (Proc.

Japan Acad. **34**. 293—94. Mai 1958. Tsu, Mie Prefectural Univ., School of Med., Dep. of Biochem.) J. DITTMANN. 4160

Takekazu Kôsaki und **Toshiko Saka,** *Über Malignolipin.* 2. Mitt. *Histologische Bestimmung von Malignolipin.* (1. vgl. vorst. Ref.) Es wird eine Meth. zur Best. von Malignolipin (I) in mit Formalin fixierten Gewebeschnitten beschrieben. Sie beruht darauf, daß nach Zugabe von *Protoporphyrin* fluorescenzmkr. eine rote Färbung auftritt. *Sphingomyelin* u. andere Verbb. stören nicht, weil sie blaue Färbungen geben. — Mit dieser Meth. wurde I in allen untersuchten malignen Geweben nachgewiesen. Es war nie in nichtmalignen Geweben nachweisbar. (Proc. Japan Acad. **34**. 295—96. Mai 1958.) J. DITTMANN. 4160

Takekazu Kôsaki und **Shinya Nakagawa,** *Über Malignolipin.* 3. Mitt. *Die Wirkung von Malignolipin auf das Wachstum von Ehrlich-Asciteskrebszellen.* (2. vgl. vorst. Ref.) 12 Mäuse erhielten Ascitestumorzellen mit jeweils 1,0 mg Malignolipin (I) intraperitoneal injiziert (Gruppe A), 12 andere erhielten die Asciteszellen ohne I injiziert (Gruppe B). In Gruppe A bekamen alle Tiere Ascitestumoren, in Gruppe B wuchsen die Tumorzellen nur bei 7 Tieren weiter. Die Zunahme des Körpergewichts war in Gruppe A größer. Die Lebenszeit der Tiere war ebenfalls in Gruppe A geringer. Wurden am 4.—5. Tag nach Incubation der Asciteszellen 1,0 mg I intraperitoneal injiziert, so war die Zahl der Mitosen in den Asciteszellen 2, 4 u. 24 Std. nach I-Gabe gegenüber den Tieren, die nur physiol. Kochsalzlsg. erhalten hatten, erhöht. (Proc. Japan Acad. **34**. 297—98. Mai 1958.) J. DITTMANN. 4160

Emil Lehnartz, Einführung in die chemische Physiologie. 11. Auflage. Berlin, Göttingen, Heidelberg; Springer-Verlag. 1959. (XVI + 627 S. m. 144. Abb.) 8°. DM 48,—.

Abraham White and others, Principles of biochemistry. 2nd ed. New York; McGraw-Hill. 1959. (1162 S. m. Diagr.) 8°. $ 15,—.

E_2. Enzymologie. Gärung.

A. Locker, *Der Einfluß der Temperatur auf Konzentrations-Wirkungsbeziehungen.* Die Unters. der Beeinflussung der Wrkg. von 10^{-4} bis 10^{-6} mol. *4.6-Dinitro-o-kresol* auf den O_2-Verbrauch der Leber von Maus u. Frosch durch die Temp. (17,5—37,5°) ergab, daß bei der Mausleber die bei tieferen Tempp. noch beträchtliche Steigerung der Gewebeatmung mit Temperaturerhöhung verschwindet, bei der Froschleber jedoch deutlicher wird. Bei bestimmten Tempp. besteht daher über dem gesamten Konzentrationsbereich entweder nur Aktivierung oder nur Hemmung bzw. kein Einfl. u. damit scheinbar eine andere Konz.-Wrkg.-Beziehung. Die beobachteten Änderungen der letzten unter Temperatureinfl. weisen sehr weitgehende Ähnlichkeiten zu derjenigen auf, die bei der Zellatmung unter Einfl. verschied. Pharmaca beobachtet u. als Reaktionstypen der Zellatmung beschrieben worden sind. Wahrscheinlich sind diese sogenannten Reaktionstypen wie die Änderungen der Konz.-Wrkg.-Beziehungen mit der Temp. auf quantitative Verschiebungen von Enzymgleichgewichten, die über sogenannten „master reactions", d. h. limitierenden Reaktionsschritten, erfolgen, zurückzuführen. (Naturwissenschaften **46**. 77—78. 2. Jan.-H. 1959. Wien, Univ., 1. Med. Klin.) K. MAIER. 4200

Otto Z. Sellinger und **O. Neal Miller,** *Anionenhemmung von α-Glycerophosphatdehydrogenase.* Es wurde gefunden, daß *$(NH_4)_2SO_4$* auf dialysierte *α-Glycerophosphatdehydrogenase* (I) hemmend wirkt u. daß die Hemmwrkg. vom Anion herrührt [Tabelle der Hemmung durch $(NH_4)_2SO_4$, K_2SO_4, Na_2SO_4, NH_4Cl, KCl, NaCl, NH_4- u. NaOOCH, $(NH_4)_2$- u. Na_2SO_3]. Weitere Unterss. ergaben, daß CH_3COO^-, HCO_3^-, Br^-, NO_3^-, N_3^-, SO_3^{2-}, PO_4^{3-} ebenfalls hemmend wirken, während *Äthylendiamintetraessigsäure* u. *Glycin* keine Wrkg. besitzen. Es wird angenommen, daß durch Dialyse von I eine Spaltung der Bindung zwischen Nucleotid u. Enzym eintritt, welche die Empfindlichkeit gegen Anionen bewirkt. (Nature [London] **183**. 889—90. 28/3. 1959. New Orleans, La., Tulane Univ., School of Med., Nutrit. and Metabol. Res. Labor., Dep. of Med. u. Dep. of Biochem.) H. GOEBEL. 4210

E. Boeri und **E. Cutolo,** *Das Redoxpotential von Cytochrom-b_2-Präparaten mit Milchsäuredehydrogenaseaktivität.* Die Unterss. werden mit *Cytochrom b_2* (I) aus Bäckerhefe durchgeführt. Das Redoxpotential wird mit Pt-Elektrode im He-Strom gemessen, wobei die vollständig oxydierte Lsg. mit Na-Lactat red. wird. Im Meßbereich von p_H 5,43 bis 7,6 war es vom p_H unabhängig u. hatte einen Wert von 0,220 V. An der Redox-Rk. können 2 Gruppen von I teilnehmen: Die Häm- u. die Flavinphosphorgruppe, u. es ist ein Mol. L-(+)-Milchsäure erforderlich, um eine beide Gruppen enthaltende enzymat. Einheit zu reduzieren. Das Potential von 0,22 V resultiert vermutlich nur aus der Häm-

Gruppe. (Boll. Soc. ital. Biol. sperim. **33.** 1711—14. Okt./Nov. 1957. Neapel, Ist. Sieroterap. Italiano. Ferrara, Univ., Ist. di Fisiol. Umana.) O. POLLAK v. EMHOFEN. 4210

Felix Bergmann und **Hanna Kwietny,** *Pteridine als Substrate der Xanthinoxydase der Säugetiere.* 1. Mitt. *Das Endprodukt der enzymatischen Oxydation von Pteridinen. Pteridin,* sämtliche *Monohydroxypteridine* mit Ausnahme von *6-Hydroxypteridin* sowie *2.4-Dihydroxypteridin* werden von *Xanthinoxydase* (I) der Milch oxydiert. Da das entstehende H_2O_2 während der ziemlich langsamen Rk. die I inaktiviert, muß dabei *Katalase* zur Zerstörung des H_2O_2 zugesetzt werden. In allen Fällen entsteht dasselbe Oxydationsprod.: *2.4.7-Trihydroxypteridin* (λ_{max} bei p_H 8,0 328 u. 270 mμ; R_F 0,54; blauviolette Fluorescenz). — Hieraus wird geschlossen, daß die 6-Hydroxylgruppe in *Xanthopterin* nicht durch Rk. seines Vorläufers mit I entstehen kann. (Biochim. biophysica Acta [Amsterdam] **28.** 613—18. Juni 1958. Jerusalem, Hebrew Univ., Hadassah Med. School, Dep. of Pharmacol.) A. HESSE. 4210

M. S. Burstone und **P. H. Keyes,** *Untersuchungen über Calcifizierung.* 1. Mitt. *Der Einfluß der Hemmung der Enzymaktivität auf sich entwickelnde Knochen und Dentin.* Durch calcifiziertes Material von Hamster (Knochen u. Dentin) wird die Hydrolyse der Ester von Farbstoffen der Naphthol AS-Reihe katalysiert. Diese Rk. war größtenteils oder sogar völlig gehemmt, wenn Knochensubstanz u. Dentin von Tieren genommen wurde, die mit tox., jedoch nicht letalen Dosen von *NaF* behandelt worden waren. Die Aktivität der *alkal. Phosphatase* war dagegen in behandelten Tieren unverändert. Es wurden auch keine histolog. Differenzen in der Knochen- u. Dentinmatrix von behandelten u. unbehandelten Tieren beobachtet. — Histolog. Abbildungen. (Amer. J. Pathol. **33.** 1229—33. Nov./Dez. 1957. Bethesda, Md., US Dep. of Health, Education and Welfare, Nat. Inst. of Health, Nat. Inst. of Dental Res.) G. KLESSE. 4210

Harold L. Segal, Mary E. Washko und **Chung Wha Lee,** *Einige kinetische Parameter von Leber-Glucose-6-phosphatase bei normalen und diabetischen Ratten.* 1. Mitt. Vff. bestimmten für Leber-*Glucose-6-phosphatase* aus n. u. diabet. Ratten die MICHAELIS-Konstante (K_S), die Gleichgewichtskonstante für die Inhibitorbindung (K_i) u. die Aktivierungsenthalpie (ΔH^*). Bei diabet. Tieren ist K_S doppelt so groß wie bei n.; bei Enzym aus n. Tieren wurden für ΔH^* 12480 cal u. für K_i 0,12 Mol (Glucosebindung), bei diabet. Tieren ΔH^* 16700 cal u. K_i 0,13 Mol gefunden. Die hohen K_S-Werte für Enzym aus diabet. Tieren normalisieren sich bei Insulinbehandlung. (Science [Washington] **128.** 251—52. 1/8. 1958. Pittsburgh, Pa., Univ., School of Med., Biochem. Dep.) H. GOEBEL. 4210

G. Harmos, L. Horváth und **G. Ludány,** *Untersuchungen über die alkalische Phosphataseaktivität der Leukocyten.* In vitro-Verss. an Kaninchen-, Katzen- u. menschlichen Leukocyten zeigten, daß *Histamin* (I) auf die *alkal. Phosphataseaktivität* (II) der Leukocyten keine Wrkg. ausübt, dagegen ist parenteral appliziertes I sehr wirksam. *Novocain* (III; 1—4 mg/kg intravenös) erhöht die Fermentaktivität reversibel, was auf die Stressoreigenschaft von III zurückgeführt wird. Bei höherer Konz. wird II durch III jedoch gehemmt u. die Freßtätigkeit beeinträchtigt. Die Fermentaktivität wurde histochem. u. biochem. bestimmt. (Acta physiol. Acad. Sci. hung., Suppl. **14.** 13—14. 1958. Budapest, Med. Univ., Pathophys. Inst.) W. LAUER. 4210

K. Laki, *Arten der Meromyosine.* Kurze Zusammenfassung über die in Abbauunterss. mit verschied. Enzymen gefundenen Myosinspaltprodd. *L-* u. *H-Meromyosin* u. Diskussion ihrer Verkettung zum Myosinkomplex, der nach Vf. in L–H–L-Verknüpfung vorliegt. (Science [Washington] **128.** 653. 19/9. 1958. Bethesda, Md., Nat. Inst. of Health.) R. TIMMLER. 4210

L. Mallucci und **A. Di Simone,** *Vergleichende Untersuchung einiger Enzymaktivitäten der Gewebe bei der neugeborenen und ausgewachsenen Ratte.* 4. Mitt. *Phosphoglucomutaseaktivität.* (3. vgl. Boll. Soc. ital. Biol. sperim. **33.** [1957.] 1079.) Es wird die Phosphoglucomutase (I)-Aktivität (Umwandlung von Glucose-1-phosphat in Glucose-6-phosphat) in Hirn-, Muskel- u. Lebergewebe von Albinomäusen untersucht. Während in Hirn- u. Muskelgewebe des neugeborenen Tieres (a) im Vgl. zu ausgewachsenen Tieren (b) die I-Aktivität stark erhöht ist, zeigt das Lebergewebe von a geringere I-Werte als das von b. (Boll. Soc. ital. Biol. sperim. **33.** 1242—43. Aug./Sept. 1957. Napoli, Univ., Ist. di Patol. Spec. Med. e Metodol. Clin.) O. POLLAK v. EMHOFEH. 4210

J. Sonka, J. Dubosvky, J. Palek und **V. Schreiber,** *Der Einfluß von Hormonen auf den Oxydationscyclus des Glucose-6-phosphats der roten Blutkörperchen.* Die Aktivität der Enzyme des Oxydationsstoffwechsels des *Glucose-6-phosphats* (I) in Erythrocyten wird durch Best. der *Pentosen* oder der *Seduheptulose* ermittelt. Die Unterss. werden an Personen mit endokrinen Erkrankungen, n. Menschen u. Ratten, welche Hormone erhalten, durchgeführt. Es zeigt sich, daß der Organismus diesen Cyclus vorzieht, wenn *Thyroxin* oder *Glucocorticoide* verabreicht werden, zusätzlich wird dann *Insulin* benötigt. Die *Östrogene* hemmen den oxydativen Abbau von **I**. (Ann. d'Endocrinol. **18**. 934—41. Nov./Dez. 1957. Prague, Univ., Troisième clin. méd.) H. STRUCK. 4210

Josephine M. Junge, Eric A. Stein, Hans Neurath und **Edmond H. Fischer,** *Die Aminosäurezusammensetzung von α-Amylase aus Bacillus subtilis.* Vff. untersuchten die Aminosäurezus. von *α-Amylase* (I) aus *Bacillus subtilis* in 24-, 48- u. 72-Std.-Hydrolysaten durch Säulenchromatographie an Dowex-50-X8. I enthält keine SH-Gruppen oder Disulfidbindungen (Prüfung der Hydrolysate von mit Perameisensäure oxydiertem Protein auf Cysteinsäure mittels Hochspannungspapierelektrophorese); Tyrosin u. Tryptophan wurden spektrophotometr. bestimmt. Die Analyse ergab, daß I aus 406 Aminosäuren besteht, u. zwar $Asp_{53}\cdot Thr_{23}\cdot Ser_{24}\cdot Glu_{43}\cdot Pro_{14}\cdot Gly_{39}\cdot Ala_{29}\cdot Val_{25}\cdot Met_{5}\cdot Isoleu_{17}\cdot Leu_{23}\cdot Tyr_{24}\cdot Phe_{18}\cdot His_{12}\cdot Lys_{25}\cdot Arg_{17}\cdot Try_{15}$ (Mol.-Gew. 48700). Eine nach konventionellen Methoden gereinigte **I**-Probe zeigte, mit Ausnahme eines möglichen Fehlers für den *Serin*-Geh., dieselbe Zus. wie eine in Ggw. von Diisopropylfluorphosphat (Proteaseninhibitor) hergestellte. — Tabelle der Aminosäurezus., Abbildung von Elutionskurven der Chromatogramme. (J. biol. Chemistry **234**. 556—61. März 1959. Seattle, Wash., Univ., Dep. of Biochem.) H. GOEBEL. 4210

Masayasu Nomura und **Hiroshi Yoshikawa,** *Förderung der Amylasebildung durch ein Ribonucleinsäurepräparat aus Bacillus subtilis.* Aus dem mit Lysozym gewonnenen Lysat von Zellen von *Bacillus subtilis*, die in *Stärke* (I) enthaltendem Medium kultiviert worden waren, kann nach dem Zentrifugieren durch 0,15n HCl-Fällung u. Dialyse ein Faktor gewonnen werden, der die Bldg. von *Amylase* (II) bei *B. subtilis* fördert. Durch Ribonuclease wird die Aktivität nicht zerstört, aber der Faktor wird säurelöslich. Es wird daher angenommen, daß es sich dabei um *Ribonucleinsäure* (III) oder um an **III** gebundene Verbb. handelt. Der akt. Faktor konnte nur aus Zellen von B. subtilis, die **II** enthielten, gewonnen werden. **III** aus anderen Bakterien oder Hefe hatte nur eine unspezif. Wrkg. auf die Bldg. von **II**, die auch von Aminosäuren gezeigt wird. Der Faktor ist nicht für die Bldg. von **II** spezif., sondern er bewirkt auch eine Steigerung der Bldg. von Protease, die die Wrkg. von Präpp. aus **III** von Hefe übertrifft. Der Faktor bewirkt jedoch im Gegensatz zu ähnlichen Präpp. nur die Steigerung der Bldg. von **II** bei Zellen von B. subtilis, die in einem geeigneten, möglichst I-haltigen Medium wachsen u. **II** bilden. Eine Induktion der **II**-Bldg. wird dagegen nicht bewirkt. (Biochim. biophysica Acta [Amsterdam] **31**. 125—34. Jan. 1959. Tokyo, Japan, Univ. of Tokyo, Inst. of Appl. Microbiol.) F. RADLER. 4210

Fay L. Myers und **D. H. Northcote,** *Partielle Reinigung und einige Eigenschaften einer Cellulase aus Helix pomatia.* Vff. isolierten aus dem Verdauungstrakt von Helix pomatia mit 4% Ausbeute ein *Cellulase*-Präp., das 5fach angereichert wurde durch Pb-Acetat-u. $(NH_4)_2SO_4$-Fällung u. Chromatographie an Cellulosepulver u. Amberlite IRC-50. Das Enzym greift Xylan oder β-Cellobiosid nicht an; es ist elektrophoret. inhomogen; außer Cellulose werden auch andere Kohlenhydrate abgebaut (p_H-Optimum bei p_H 5,6). Mit $(NH_4)_2SO_4$ tritt reversible Inaktivierung ein, bei Erhitzen oder starkem Abkühlen Denaturierung. Die MICHAELIS-Konstante des angereicherten Enzyms beträgt 80 mMol. Zusatz von Protein zum gereinigten Enzympräp. erhöht die Aktivität gegen lösl. u. unlösl. Substrate. Diskussion der Ergebnisse. Abb. von Kurven, Tabellen. (Biochem. J. **71**. 749—56. April 1959. Cambridge, Univ., Dep. of Biochem.) H. GOEBEL. 4210

R. K. S. Wood und **S. C. Gupta,** *Untersuchungen über die Physiologie des Parasitismus.* 25. Mitt. *Einige Eigenschaften der von Pythium debaryanum sezernierten pektischen Enzyme.* Vff. verglichen die pekt. Enzyme von *Pythium debaryanum* mit denen zweier anderer Weichfäule verursachender Organismen (*Erwinia aroideae* u. *Botrytis cinerea*) an Hand der Viscositätsverminderung, der Säurebldg. u. des Reduktionsvermögens auf 1%ig. Lsgg. von 10,4% Methoxyl enthaltendem *Methoxylpektin* (zu 71% verestert), *Natriumpolypektat* u. *Natriumpektat*. Das Enzympräp. von *Pythium debaryanum* bewirkte keinen Anstieg des Reduktionsvermögens des Substrats, galakturonsäureähnliche Derivv. waren nicht nachzuweisen. Die Zellwände von Kartoffelknollen wurden mazeriert, es fehlte jedoch jede *Polygalakturonase*- u. *Pektinesterase*-Aktivität. (Ann. Botany [N. S.] **22**. 309—19. Juli 1958. London; Imperial Coll., Bot. Dep.) HANS THIELE. 4210

Stephan E. Mergenhagen, *Die „spreading-Faktor"-Aktivität der Bakterienchondroitinase.* Der mikroacrophile Diphtheriebacillus gibt an sein Kulturmedium *Chondroitinase* (I) ab, genauso wie *Staphylococcus aureus*, der *Hyaluronidase* (II) an sein Kulturmedium abgibt u. deshalb zum Vgl. der „spreading"-Wirksamkeit von I u. **II** dient. In der Kaninchenhaut ist **I** 2—3mal so wirksam wie **II**. — Mit Hilfe des Evansblau-Testes konnte gezeigt werden, daß die I-akt. Präpp. die Gefäßpermeabilität erhöhen.

Dabei ist schwer zu entscheiden, ob es sich um einen I-Effekt handelt oder ob es eine unspezif. Rk. auf einen Begleitstoff ist. (Proc. Soc. exp. Biol. Med. **99.** 700—02. Dez. 1958. Rochester, N. Y., Univ. of Rochester, School of Med. and Dentistry, Dep. of Bacteriol.) L. KIESOW. 4210

J. Alfred Rider, J. L. Hodges jr., Joyce Swader und **Alvin D. Wiggins,** *Plasma- und Erythrocytencholinesterase von 800 „gesunden" Blutspendern.* Von 800 männlichen u. weiblichen gesunden Blutspendern (18—60 Jahre alt) wurden die *Plasma-* (I) u. *Erythrocytencholinesterase* (II) nach der potentiometr. Meth. von MICHEL bei 25° bestimmt. Bei I wurde eine geringe Zunahme mit steigendem Alter gefunden. Der II-Spiegel ist vom Alter unabhängig. Die I- u. II-Spiegel sind bei Männern höher als bei Frauen. Als Normalwerte (ausgedrückt in Δp_H pro Std. von 0,02 ml) wurden gefunden: II 0,766 bei Männern u. 0,750 bei Frauen; I 0,953 bei Männern u. 0,817 bei Frauen (40 Jahre alt). (J. Lab. clin. Med. **50.** 376—83. Sept. 1957. San Francisco, Univ. of California, School of Med., Gastrointestinal Clin. and Dep. of Med.; Berkeley, Calif., Univ. of California, Dep. of Statistics.) G. FAUST. 4210

A. A. Kossarewa, *Histochemische Untersuchung der Cholinesteraseaktivität im oberen sympathischen Halsganglion der Katze.* Die Nervenzellen des oberen Halsganglions der Katze weisen in der Norm verschied. Cholinesteraseaktivität auf. Solche mit niedrigerer Aktivität wiegen vor. Daneben finden sich Zellen mit einer sehr hohen Aktivität u. auch solche, wo diese sich überhaupt nicht nachweisen läßt. (Архив Анатомии, Гистологии и Эмбриологии [Arch. Anatom. Histol. Embryol.] **36.** Nr. 4. 23—27. 1 Tafel. April 1959. Leningrad, Allunions Sanitär-Chem. Forschungsinst., Labor. für Pathomorphol.) F. DU MANS. 4210

Klas-Bertil Augustinsson, *Ein neuer Cholinesterasetyp in der Schweinemilch.* Vergleichende Unterss. über *Cholinesterase* (I) in der Kuh- u. Schweinemilch ergaben für Schweinemilch Hydrolyseabnahme folgender Reihenfolge: *Butyrylcholin* (II) > *Acetylcholin* (III) > *Propionylcholin* (IV) > *Benzoylcholin* (V) > *Succinylcholin* (VI) > *Phenylacetat* (VII) > *Phenylpropionat* (VIII) > *Phenylbutyrat* (IX). I aus Kuhmilch hydrolysierte VIII am stärksten, II, IV u. VII gleichermaßen, III, VI u. IX überhaupt nicht. Die Spaltung beider Estergruppen durch Schweine-I wird von ein- u. demselben Enzym bewirkt. Dieses hydrolysiert gleiche Konzz. von II u. VII gleich schnell. Es wird durch *Physostigmin* u. *Tetraisopropylpyrophosphoramid* gehemmt, reagiert mit *10-[Diäthylaminopropionyl]-phenothiazin* u. wird von Verb. *62C47* (1.5-Bis-[4-trimethylammoniumphenyl]-pentanon-[3]-dijodid) beeinflußt, weshalb es mit den anderen Butyrylcholinesterasen in die Cholinestergruppe II einzuordnen ist. Elektrophoret. Unterss. von Schweinemilch u. Colostrum zeigen die Einheitlichkeit u. nahe Verwandtschaft des neuen Enzyms mit Cholinesterase aus Schweineblutplasma. (Acta chem. scand. **12.** 1150—52. 1958. Stockholm, Schweden, Univ., Inst. for Organ. Chem. and Biochem.) G. RENTSCH. 4210

M. N. Ljubimova-Engelhardt, *Eigenschaften und Struktur der Desaminase des Myosins.* Das bislang als Protein mit *Adenosintriphosphatase* (I)- u. *Desaminase* (II)-Wrkg. betrachtete *Myosin* (III) ist einheitliches divalentes Enzym. Durch Umfällen mit *La*-Salzen oder Hitzeeinw. (50°; I-Inaktivierung) sind I- u. II-Aktivität trennbar. Gereinigte II ist unbeständiger als III-II. Das p_H-Optimum ist 6,2. II wird durch *SH*-Reagentien, z. B. 10^{-3} mol. p-Chlormercuribenzoat u. 10^{-5} mol. $AgNO_3$, vollständig gehemmt. Dialyse inaktiviert teilweise. Eiweißfreie Kochsäfte akt. II, Eiereiweiß, natives Eiglobulin u. -albumin, ferner Adenosintri- u. -diphosphat aktivieren II. Auf Grund des Absorptionsspektr. gereinigter II (λ_{max} 268, 255 mμ) u. der papierchromatograph. Unters. eines sauren II-Hydrolysats enthält II als prosthet. Gruppe ein Nucleotid, das aus Adenin u. einer Pyrimidinbase besteht. (Wiss. Z. Humboldt-Univ. Berlin, Math.-naturwiss. R. **5.** 125—28. 1955/56. Moskau, Akad. der Wiss. der UdSSR, Inst. für Biochem.) K. MAIER. 4210

Friedrich H. Bruns und **Liselore Fiedler,** *Enzymatische Spaltung und Synthese von L-threo-β-Phenylserin und L-erythro-β-Phenylserin.* Ausführliche Darst. der C. **1959.** 12890 referierten Arbeit. (Biochem. Z. **330.** 324—41. 4/7. 1958. Düsseldorf, Med. Akad., Inst. für Physiol. Chem.) E. SCHWERDTFEGER. 4210

J. P. Revel und **Eric G. Ball,** *Die Reaktion von Glutathion mit Aminosäuren und verwandten Verbindungen unter der Katalyse von γ-Glutamyltranspeptidase.* Es wurde die Rk. von *Glutathion* (I) mit verschied. Aminosäuren u. Peptiden (Glycylglycin, L-Methionin, L-Leucylglycin, L-Glutamin, DL-Alanylglycin, Isoglutamin, L-Alanin, DL-Citrullin, Glycyl-L-leucin, DL-Norleucin, L-Arginin, L-Tryptophan, Glycin, L-Lysin, L-Cystein, DL-Phenylalanin, L-Leucin, L-Glutaminsäure, DL-Ornithin, DL-Homoserin, Glycyl-DL-valin, Asparagin, DL-Leucylglycylglycin, Diglycylglycin, DL-Threonin, Glycyl-

DL-serin, DL-Valin, L-Asparaginsäure, L-Isoleucin, L-Alanin, L-Serin) in Ggw. von γ-Glutamyltranspeptidase (**II**) untersucht. D-Aminosäuren reagieren nicht u. üben keinen Einfl. auf die Rk. der L-Aminosäuren aus. Die relativen Reaktionsgeschwindigkeiten der angeführten Verbb. werden bestimmt; es konnten keine einfachen Beziehungen zwischen Struktur u. Reaktionsgeschwindigkeit gefunden werden. Serin hemmt in Ggw. von Boratpuffer die enzymat. Reaktion. Das Schicksal der γ-Glutamylgruppe von **I** bei Einw. von **II** in Ggw. u. Abwesenheit von Arginin wurde bei p_H 6,2 u. 8,6 untersucht. Von verschied. untersuchten Organen der Ratte weisen nur Niere u. Pankreas **II**-Aktivität auf. Die Aktivität dieser Organe bei verschied. Species wird angeführt. (J. biol. Chemistry **234**. 577—82. März 1959. Boston, Mass., Harvard Med. School, Dep. of Biol. Chem.) E. SCHWERDTFEGER. 4210

Kazuyuki Morihara und **Eitarō Masuo,** *Untersuchungen über die Protease von Pseudomonas.* 4. Mitt. *Eigenschaften der kristallisierten Protease.* 1. Mitt. (3. vgl. C. **1956**. 1624.) Die nadelähnlichen Kristalle der *Protease* (**I**) aus *Pseudomonas myxogenes sp.* erweisen sich bei Elektrophorese bei p_H 8,06 als einheitlich; isoelektr. Punkt bei p_H 5,5 bis 6,0; UV-Absorptionsspektr. zeigt Maximum bei 275 mμ, Minimum bei 250 mμ; Mol.-Gew. ca. 77000. — Die **I** ist in Lsg. bei 50° stabil, wird aber über 58° rasch inaktiviert. Hiergegen schützen Ca^{2+}, Mg^{2+}, Mn^{2+}, Co^{2+} oder Gelatine; die Schutzwrkg. der Ionen erfolgt nicht bei $>64°$. — **I** ist bei $p_H < 4{,}0$ unstabil, dagegen bei p_H 5,5—10,0 stabil. — Die **I**-Wrkg. wird durch Schwermetalle gehemmt, wobei folgende Reihenfolge der Hemmungswrkg. gefunden wurde: $Fe^{3+} > Fe^{2+} = Hg^{2+} > Cu^{2+} = Ag^{+} = Pb^{2+} > Zn^{2+}$. Diese Hemm-Wrkgg. werden teilweise durch Ca^{2+} verhindert; die Hemmungen mittels Hg^{2+} oder Cu^{2+} werden durch HCN aufgehoben. — Die **I**-Wrkg. wird durch HCN, Cystein, H_2S oder Phenylhydrazin nicht beeinflußt; durch Behandeln mit Äthylendiamintetraacetat wird die **I**-Wrkg. nicht verändert; hieraus wird geschlossen, daß Ca^{2+} keine Beziehung zur **I**-Wrkg. hat. (Annu. Rep. Shionogi Res. Lab. [Japan] **1956**. Nr. 6. 89—101. Amagasaki, Japan, Shionogi u. Co. Ltd., Res. Labor. [Orig.: japan.; Auszug: engl.]) A. HESSE. 4210

Kazuyuki Morihara und **Eitarō Masuo,** *Untersuchungen über die Protease von Pseudomonas.* 5. Mitt. *Eigenschaften der kristallisierten Protease.* 2. Mitt. (4. vgl. vorst. Ref.) Die *Protease* (**I**) aus Pseudomonas verflüssigt *Gelatine* (**II**) optimal bei p_H 7,0—8,5 u. 45°. Während **II** u. Hautpulver kräftig angegriffen werden, werden andere Proteine nur wenig gespalten: Gluten > Hämoglobin > Casein > Eialbumin. Beim Vgl. mit anderen proteolyt. Enzymen ist **I** als eine Art *Kollagenase* anzusprechen. (Annu. Rep. Shionogi Res. Lab. [Osaka] **1956**. Nr. 6. 101—09. [Orig.: japan.; Auszug: engl.]) A. HESSE. 4210

A. R. Timms und **E. Bueding,** *Untersuchungen an einem proteolytischen Enzym von Schistosoma mansoni.* Aus Acetontrockenpulverpräpp. von dem Blutparasiten *Schistosoma mansoni* wurde ein *proteolyt. Enzym* durch Ultrazentrifugieren bei p_H 3 20fach angereichert. Während vollständiges Serum oder einzelne Serumproteine nicht proteolyt. gespalten werden, wird *Hämoglobin* (**I**) bei p_H 3,9 proteolysiert. Da ein Gemisch von Aminosäuren, das der Zus. von **I** entspricht, die Lebensdauer von *Sch. mansoni* in synthet. Nährlsg. verlängern kann, wird angenommen, daß das proteolyt. Enzym im Darm der Tiere vorkommt u. zur Ernährung der Tiere beitragen kann. (Brit. J. Pharmacol. Chemotherapy **14**. 68—73. März 1959. Cleveland, Ohio, Western Reserve Univ., School of Med., Dep. of Pharm.; New Orleans, La., Louisiana State Univ., School of Med., Dep. of Pharm.) F. RADLER. 4210

Jean-François Pechère, Gordon H. Dixon, Robert H. Maybury und **Hans Neurath,** *Spaltung von Disulfidbindungen in Trypsinogen und α-Chymotrypsinogen.* Behandlung von *Trypsinogen* (**I**) bzw. *Chymotrypsinogen* (**II**) mit 0,02 mol. Cu^{2+} + 0,15 mol. Na_2SO_3 in Ggw. von 8 mol. Harnstoff bei p_H 10 (eingestellt mit NH_3) führt zu in W. lösl. Derivv., wobei die Disulfidgruppen zu den entsprechenden Paaren von S-Sulfocysteylgruppen umgewandelt werden. Die S-Sulfoproteine erweisen sich in der Ultrazentrifuge u. bei Elektrophorese als homogen. *S-Sulfotrypsinogen* enthält ebenso wie **I** (vgl. PECHÈRE u. NEURATH, C. **1958**. 9805) keine C-endständige Gruppe, die gegen *Carboxypeptidase A* (**III**) oder *Carboxypeptidase B* (**IV**) empfindlich ist; dagegen weist *S-Sulfochymotrypsinogen* eine C-endständige Sequenz auf, die empfindlich gegen **III**, nicht aber gegen **IV** ist. Diese Sequenz ist wahrscheinlich: —Tyr—(Ser, Ala)—Val—Thr—Leu—Ala—Asp(NH_2)·COOH. Ähnliche Ergebnisse konnten erhalten werden, wenn **II** mit Thioglykolat red., die freien SH-Gruppen mit Jodacetamid gekuppelt u. das Protein dann mit **III** behandelt wurde. (Biochim. biophysica Acta [Amsterdam] **31**. 259—60. Jan. 1959. Seattle, Wash., Univ. of Washington, Dep. of Biochem.) A. HESSE. 4210

Hirohisa Omura, *Über die Nitratreduktase der Hühnerleber*. 1. Mitt. Vf. untersucht den Einfl. von Tempp. zwischen 60 u. 90° auf die *Nitratreduktase* aus Hühnerleberhomogenaten bei einem optimalen p_H von 5,8. Zu Beginn der Erwärmung wird eine leichte Aktivitätssteigerung beobachtet, die entsprechend der Zunahme der Temp. immer mehr abnimmt. Die nach der Dialyse verringerte enzymat. Aktivität kann durch Zusätze von Malat, Glutamat, Succinat, Tartrat, Fumarat, Lactat, Maleinat, Malonat oder Citrat, nicht aber durch Zucker, regeneriert werden. Die Aktivitätssteigerung durch Rohflavin aus Leberextrakten ist auf die Anwesenheit von Flavinadenindinucleotid, Flavinmononucleotid u. Riboflavin zurückzuführen. Folgende Substanzen hemmen die Nitratreduktion: Thioharnstoff, Oxin, Äthylendiaminotetraessigsäure, NaN_3, KCN, p-Chlormercuribenzoesäure, Monojodessigsäure, Cu^{2+}, Ag^+ u. Hydroxylamin. (Sci. Bull. Fac. Agric., Kyushu Univ. **16**. 225—37. Nov. 1957. [Orig.: japan.; Auszug: engl.])
R. LENSCHAU. 4210

R. Bönicke und **W. Dittmar**, *Über das Vorkommen von Cycloamidasen in Mycobakterien*. Das Vork. von *Penicillinasen* (**I**) u. *Barbiturasen* (**II**) wurde bei 400 Stämmen verschied. Mycobakterienarten u. -varianten untersucht. **I** war im Nährmedium fast aller Stämme nach verhältnismäßig langer Kultivierungszeit nachweisbar. *Mycobact. lacticola* gehörte zu den aktivsten, *Mycobact. tuberculosis* zu den wenig akt. **I**-Bildnern. Extracelluläre **I** fand sich vor allem bei zur Autolyse neigenden Bakterien. In älteren Kulturen humaner u. boviner Tuberkelbakterien vorkommende extracelluläre **I** war nachweisbar durch Autolyse der Zellen frei geworden. Intracelluläre **I** konnte aus Tuberkelbakterien u. aus Mycobakterien, bei denen meßbare **I**-Mengen im Nährmedium nicht festzustellen waren, durch Ultrabeschallung freigesetzt werden. Die in der Zeiteinheit zu Penicillosäure abgebaute **I**-Menge war der jeweils vorhandenen **I**-Konz. proportional, die Reaktionsgeschwindigkeit nahm mit zunehmender Enzymkonz. linear zu. Das Temperaturoptimum lag bei 45°, 1 std. Erhitzen zerstörte das Enzym. Das Wirkungsoptimum lag bei p_H um 7,2; *Penicillin* stimulierte die **I**-Bldg. nicht, dagegen bei *Mycobact. lacticola Na-Barbiturat*. Die mit **I** eng verwandte **II** konnte nur bei *Mycobact. lacticola* u. *phlei* beobachtet werden; ihr Wirkungsoptimum lag zwischen p_H 8 u. 9; ihre Bldg. wurde durch *Uracil* induziert. (Zbl. Bakteriol., Parasitenkunde, Infektionskrankh. Hyg., 1. Abt., Orig. **170**. 366—76. Nov. 1957. Borstel über Bad Oldesloe, Tuberkulose-Forschungsinst., Inst. für experimentelle Biol. u. Med.) M. EBERT. 4210

Frank B. Ablondi und **James J. Hagan** (unter techn. Mitarbeit von **Ralph Clarke** und **Emma Vergine**), *Studien über die Spezifität der Streptokinase*. Vff. untersuchten die Fähigkeit der *Streptokinase* (**I**), das fibrinolyt. Syst. im Plasma oder in Euglobulinfraktionen verschied. tier. Species zu aktivieren. Der Aktivierung des Plasmalogens durch **I** geht eine Rk. von **I** mit einem Proaktivator voraus. Dieser Aktivator ist in der Lage, auch Plasmalogen anderer tier. Species zu aktivieren, die mit **I** allein nicht dazu befähigt sind (Schafe, Meerschweinchen, Ziegen). Die Aktivatoraktivität wurde am Lysinäthylesterasesyst. gemessen. (Proc. Soc. exp. Biol. Med. **99**. 769—72. Dez. 1958. Pearl River, N. Y., Res. Div., Amer. Cyanamid Co.) U. GERHARDT. 4210

H. Uehleke, *Über die Cholesterinesterase bei Corynebakterien*. Bei Incubation verschied. *Cholesterin* (**I**)-*Ester* (**II**) mit gewaschenen Corynebakterien (Isolierungen aus menschlichem Genitale), die mit Hilfe von Taurocholsäure u. Albumin emulgiert waren, wurden sowohl **II** gespalten als auch aus den Komponenten resynthetisiert. Bei Verwendung von Tweenpräpp. als Lösungsvermittler ergab sich schnellere Hydrolyse derselben als von **II**. Nach mechan. Aufschluß konnte das **II**-spaltende u. -aufbauende Syst. aus Corynebakterien 6—8fach angereichert werden. Die angereicherte **I**-Esterase, die turbidimetr. bestimmt wurde, enthielt immer noch lipolyt. Aktivität, wobei unklar ist, ob hier eine Esterase vorliegt, die auch Tributyrin (**III**) spalten kann. Die Wrkg. auf Tweene u. **III** blieb im Verhältnis stets unverändert. Das Gleichgewicht bei der Hydrolyse u. Synth. von **II** stellte sich bei äquimol. Mengen Sterin u. Fettsäure mit angereichertem Enzym nach ca. 12 Std. ein, wobei ca. $>30\%$ von **II** hydrolysiert u. 25% synthetisiert wurden. Das Syst. ist anscheinend nicht für eine Fettsäure spezif., da Capron-, Capryl-, Palmitin- u. Ölsäureester gebildet wurden. (Naturwissenschaften **46**. 77. 2. Jan.-H. 1959. München, Dtsch. Forschungsanst. für Psychiatrie, Abt. für Serol. u. Mikrobiol.)
K. MAIER. 4210

W. C. Rhodes und **W. D. McElroy**, *Enzymatische Synthese von Adenyloxyluciferin*. Obwohl die Bindung zwischen *Adenyloxyluciferin* (L-AMP) u. Leuchtfliegen-*Luciferase* (**I**) sehr fest ist, läßt sich auf Grund der sehr starken Fluorescenz von *Oxyluciferin* (**II**) das Verschwinden von kleinsten **II**-Mengen bei der L-AMP-Bldg. messen. **II**, **I**, $MgSO_4$ u. *ATP* wurden bei p_H 7,1 bebrütet, das Reaktionsgemisch angesäuert u. mit Essigester der **II**-Überschuß extrahiert; das nichtextrahierbare, schwach fluorescierende Material in der wss. Phase zeigte bei Papierchromatographie einen mit synthet.

L-AMP ident. R_F-Wert u. lieferte bei alkal. Hydrolyse **II**. Die freie Energie für die Hydrolyse von L-AMP wurde mit +13,1 kcal berechnet. (Science [Washington] **128.** 253. 1/8. 1958. Baltimore, Md., Johns Hopkins Univ., McCollum-Pratt Inst. u. Dep. of Biol.) H. Goebel. 4210

E. C. Sisler und **H. J. Evans,** *Direkte spektrophotometrische Bestimmung der Aktivität der Chlorogensäureoxydase.* Als Substrat zur Best. der *Polyphenoloxydase* wird *Chlorogensäure* (I) verwendet („*Chlorogensäureoxydase*"; II). Das Absorptionsspektr. einer $2,8 \cdot 10^{-5}$ mol. I-Lsg. zeigt im red. Zustand einen Gipfel bei 326 mμ u. ein Minimum bei 265 mμ; nach Oxydation (mittels Extrakt aus Tabakwurzel) verschwinden Minimum u. Maximum der Absorptionskurve. Diese Rk. ist durch Zusatz von Ascorbinsäure umkehrbar. Zur Best. der II wird in einer Quarzküvette von 1,2 cm³ zu 0,1 mol. Phosphatpuffer p_H 7,0 + $5,7 \cdot 10^{-5}$ mol. I-Lsg. + 10^{-3} mol. Lsg. an Äthylendiamintetraacetat soviel II zugesetzt, daß in 15 Sek. ein Abfall der Adsorption von ca. 0,020 bewirkt wird; Ablesungen erfolgen alle 15 Sek. während insgesamt 75 Sek.; als Einheit dient diejenige II-Menge, die zwischen 15 u. 75 Sek. seit Ingangsetzen der Rk. eine Absorptionsänderung von 0,001 bewirkt. — Die Rk. verläuft anscheinend linear mit der Zeit. Die Anfangsgeschwindigkeit ist der I-Konz. in ziemlich weitem Bereich proportional. Die Rk. ist O_2-abhängig. (Biochim. biophysica Acta [Amsterdam] **28.** 638—39. Juni 1958. Raleigh, N. C., North Carolina State Coll., Fac. of Bot.) A. Hesse. 4210

W. Loos, *Einfluß des Ce^{3+}-Ions auf die alkoholische Gärung.* Ce^{3+}-Ionen hemmen in Konz. von 60 mg/g Hefe zufolge ihrer Wrkg. auf die Phosphatasen die alkoh. Gärung permanent, wobei die Phosphorylierung der Zucker gehemmt, die Dephosphorylierung beschleunigt wird. Diese beiden Vorgänge spielen sich in der Hefezelle vermutlich an verschied. Stellen ab. Vf. zeigt nun, daß auch bei niedrigen Ce^{3+}-Konzz. (0,14 mg/g Hefe) eine gärhemmende Wrkg. nachweisbar ist, u. zwar innerhalb der ersten halben bis ganzen Stunde. Später wird die Hemmung wieder ausgeglichen. Bei Zusatz von 1 ml 0,01 mol. $CeCl_3$-Lsg./g Hefe läßt sich ein Rückgang der Gärgeschwindigkeit um ca. 60% gegenüber dem Kontrollvers. nachweisen. Zum Nachw. der gärhemmenden Wrkg. der Ce^{3+} wird in einer Suspension von 1 g frischer Hefe in 9 ml Lsg. (mit 0,45 g Glucose, 2,5 ml H_3BO_3-Puffer, p_H 8,2) die pro Min. gebildete CO_2-Menge im Einhorn-Saccharometer nach Zusatz von 1 ml $CeCl_3$-Lsg. der gewünschten Konz. gegenüber dem Kontrollvers. ermittelt. (Naturwissenschaften **46.** 142. 2. Febr.-H. 1959. Kempten, CEFAK Chem. pharm. Fabrik Dr. Brand & Co. K.-G., Wiss. Abt.) B. Görlich. 4270

Heikki Suomalainen und **Erkki Oura,** *Veränderungen der Decarboxylaseaktivität von Bäckerhefe während der Wachstumsphase.* Ausgehend von den anaeroben Vorkulturstadien R_1—R_3 werden Hefezellen im Verlauf der weiteren Vermehrungsstadien A_2—A_5 bei der Herst. von *Backhefe* in immer stärker belüfteten Medien kultiviert. Dabei verlieren die Zellen etwa $^1/_5$ ihrer Fähigkeit, *Glucose* (I) zu vergären. Gleichzeitig ist in Gefriermaceraten nur noch $^1/_6$ der in den anaerob kultivierten Zellen enthaltenen *Brenztraubensäuredecarboxylase* (II) vorhanden. Der Abfall der **II** ist bes. stark nach dem Übergang in das aerobe Stadium A_4. Der Geh. an Thiamin ist in diesen Zellen ebenfalls um etwa die Hälfte vermindert. Entgegen den Erwartungen gelang es jedoch nicht, die II-Aktivität der Macerate durch Zusatz von Cocarboxylase zu erhöhen. Während die Macerate der aerob kultivierten Zellen eine starke Abnahme der II-Aktivität aufweisen, ist dies bei intakten Zellen nicht zu beobachten. Bei intakten anaeroben Zellen (Stadium R_2) wird nur etwa $^1/_{20}$ der II-Aktivität von Maceraten gefunden. Die II-Aktivität wird durch die Zellpermeabilität begrenzt. Unter aeroben Wachstumsbedingungen nimmt die Permeabilität der Zellen zu, so daß intakte Zellen trotz verminderten Enzymgeh. eine annähernd gleichbleibende II-Aktivität aufweisen. Diese Ergebnisse führen zu der Annahme, daß die Gärgeschwindigkeit von Bäckerhefe durch den II-Geh. begrenzt wird. In Übereinstimmung damit kann bei der anaeroben Vergärung von I in aerob vorkultivierten Hefezellen mehr Brenztraubensäure nachgewiesen werden als in Zellen mit anaerober Vorkultur. (Biochim. biophysica Acta [Amsterdam] **31.** 115—24. Jan. 1959. Helsinki, State Alcohol Monopoly, Res. Labor.) F. Radler. 4270

John M. Reiner, Behavior of enzyme systems: an analysis of kinetics and mechanism. Minneapolis; Burgess Pub. 1959. (329 S. m. Diagr.) 4°. $ 6,50.

E_3. Mikrobiologie. Bakteriologie. Immunologie.

A. Roche, *Die Wirkung unlöslicher Phosphate auf die Gruppen der Erdmikroben.* Verschied. natürliche, unlösl. Phosphate wurden zu P-freien Bodenproben gegeben u. nach Anfeuchtung u. Bebrütung die Aktivität verschied. Gruppen von Bodenbakterien nach Zellzahl u. Atmung gegenüber Kontrollen (Bebrütung ohne P-Zusatz u. unbehandelter Boden) bestimmt. Alle untersuchten Gruppen, aerobe u. anaerobe Stickstoffbinder, Amonifikanten, Nitrifikanten u. Denitrifikanten, aerobe u. anaerobe Celluloseabbauer, Stärkeabbauer u. Desulfurikanten, wurden in Abhängigkeit von der Art des Phosphats unterschiedlich stark aktiviert. (Ann. Inst. Pasteur **96.** 607—13. Mai 1959. Inst. Pasteur, Serv. de Microbiol. du Sol.) W. Schönborn. 4310

Jiří Stárka, Zdeněk Hoštálek, Václav Rytíř, Dagmar Říhová und **František Kaprálek,** *Untersuchungen über die Physiologie der Riboflavinbildung bei Eremothecium ashbyii Guill.* Es wurden verschied. Konservierungsmethoden für *Eremothecium ashbyii* geprüft, wobei die Gefriertrocknung versporter Kulturen in 5%ig. Glucose- oder Saccharose-Lsgg. bzgl. Lebendauer u. *Riboflavin*-Bldg. die günstigsten Ergebnisse zeigte. 2 Schnellteste zur Best. des Riboflavins: 1. Messung der fluorescierenden Zonen um die *Eremothecium*-Kolonien im UV-Licht u. 2. Messung der Wachstumszonen von *Lactobacillus casei* um die Kolonien, werden beschrieben. Von den geprüften Methoden erwies sich die Gefriertrocknung versporter Kulturen in 5%ig. Glucose- oder Saccharoselsg. (gegebenenfalls mit Serum- oder Molkezusatz) als die beste. (Zbl. Bakteriol., Parasitenkunde Infektionskrankh. Hyg., II. Abt. **112.** 440—53. 25/6. 1959. Prag, Karlsuniv., Biol. Fak., Abt. Allg. Mikrobiol.) F. Thomas. 4310

Tullio Terranova, *Einwirkung von Riboflavin und Atebrin auf die Produktion von L-Formen.* Die Zugabe von *Riboflavin* (**I**) zu natürlichen Böden begünstigt das Auftreten der L-Form von Proteus, während *Atebrin* (**II**) als Antagonist von **I** dessen Erzeugung u. Entw. hemmt. Niemals entstehen auf natürlichen Medien absol. **I**-freie L-Kolonien. **II** inhibiert auch die Bldg. von L-Kolonien von *Salmonella paratyphi* u. der Riesenform von *Escherichia coli* K-12. Der Zusatz von Caseinhydrolysat bzw. eines Aminosäuregemischs zu geimpftem Medill-O'Kane-Medium erleichtert das n. Wachstum von Proteus, in Ggw. von Penicillin (**III**) nimmt aber die Bldg. der L-Form zu. Die Zugabe von **I** zu geimpften, synthet. Böden mit in Ggw. von **III** gezüchteten Mikroorganismen ist nicht notwendig. **II** hemmt auf synthet. Medien auffallend diese Erscheinung; vermutlich ist in den natürlichen Böden kein Inhibitionsfaktor für die Bldg. von **I** bzw. keine Inaktivierung des Vitamins vorhanden (Tabellen). — 19 Literaturhinweise. (Atti Accad. naz. Lincei, Rend., Cl. Sci. fisiche, mat. natur. [8] **20.** 116—25. Jan. 1956. Napoli, Univ., Ist. die Patol. gen.) G. Platzer. 4310

J. Chmielowski und **Peter C. G. Isaac,** *Gaschromatische Verfolgung der Reduktion von Kohlendioxyd zu Methan bei der anaeroben Gärung.* Zur Klärung der Kinetik der CH_4-Bldg. aus einem Gemisch $CO_2 + H_2$ durch Methanbakterien verwenden Vff. eine Meth., mit deren Hilfe es gelingt, das in den einzelnen Gärphasen vorhandene Gasgemisch (CO_2, H_2, N_2 u. CH_4) gaschromatograph. mit Aktivkohle aufzutrennen. Der Nachw. der einzelnen Komponenten erfolgt in einer Ionisierungskammer unter Anwendung von 10 mC ^{90}Sr als β-Strahler, die Eluierung der Gase aus der Absorptionskolonne mit Ar. Zum Einsatz gelangt eine Mischung von 50% CO_2 + 35% H_2 + 15% N_2, die mit Kloakenschlamm bei 32—33° vergoren wird. An Hand eines Schemas zeigen Vff., daß sich nach ca. 10 Tagen CH_4 in den Gärgasen nachweisen läßt u. daß innerhalb 30 Tagen die CO_2-Konz. auf 0,5% abfällt bzw. die CH_4-Konz. auf ca. 50% ansteigt. (Nature [London] **183.** 1120—21. 18/4. 1959. Newcastle, Univ. of Durham, King's Coll., Publ. Health Engng. Labor., Dep. of Civil Engng.) B. Görlich. 4320

D. J. Stewart, *Bildung von 5-Ketogluconsäure durch Pseudomonasspecies.* Während Pseudomonasstämme im allg. aus Glucose (**I**) Gluconsäure (**II**) u. 2-Ketogluconsäure (**III**) bilden, konnte Vf. mit 2 aus Fischen isolierten, Pseudomonas-ähnlichen Stämmen die Bldg. von *5-Ketogluconsäure* (**IV**) nachweisen. Kulturen dieser beiden Stämme auf Pepton u. **I** reduzieren nach 3 Tagen Incubieren bei 30° das für **IV** charakterist. Benedict-Reagens in wenigen Min. bei 25°. Der Nachw. der **IV** gelang auch papierchromatograph. (Whatman Nr. 1, Essigester–Pyridin–W., 25:30:15), R_F 0,08, Entw. der Flecke mit Anilinoxalatreagens nach Hough (C. **1951.** I. 2634). Gelbe Flecke nach 5 Min. Erwärmen bei 105°. **II** liefert keine, **III** rote Flecke. Die beiden gramnegativen Stämme bilden auf A. keine Säure u. auch nicht die charakterist. Pseudomonasfarbstoffe. **I** wird nur unter aeroben Bedingungen angegriffen. Ihre Verwandtschaft mit den Pseudomonasspecies geht ferner aus folgendem Verh. hervor: Tributyrin wird hydrolysiert, Nitrat red., Fucose als C-Quelle verwertet, u. auf Lackmusmolke findet Wachstum statt. (Nature [London] **183.** 1133—34. 18/4. 1959. Aberdeen, Torry Res. Stat., Bact. Dep.) B. Görlich. 4320

S. A. Barker, E. J. Bourne, G. T. Bruce und **M. Stacey,** *Immunopolysaccharide.* 11. Mitt. *Struktur eines Dextrans aus Acetobacter capsulatum.* (10. vgl. J. chem. Soc. [London] **1958.** 3468; 9. vgl. C. **1959.** 7133.) Das durch *Acetobacter capsulatum* aus Dextrin erzeugte Polysaccharid ist ein *Dextran* (I; λ_{max} 914 u. 766 cm^{-1}). Es enthält keine α-1.3-Bindungen (keine Absorption bei 794 cm^{-1}) u. liefert durch Methylierung u. anschließende Hydrolyse *2.3.4.6-Tetra-*, *2.3.4-Tri-* u. *2.3-Di-O-methylglucose* im mol.

Verhältnis 7,6:83,2:9,2. Daraus ergeben sich eine mittlere Kettenlänge von ca. 13 Gluсoseeinheiten u. Verzweigungsstellen am $C_{(1)}$ u. $C_{(4)}$. I wurde durch Sojabohnen-β-Amylase oder Speichel-α-Amylase nur zu 1% abgebaut.

Versuche: Zur Unters. diente ein mittels *Acetobacter capsulatum* (NCTC 4943) aus einem lösl. Maisstärkedextrin erzeugtes u. mit A. u. Methanol fraktioniert gefälltes I, das durch 5tägige Dialyse von Spuren von stärkeähnlicher Substanz gereinigt u. dann gefriergetrocknet worden war; 0,2% Asche, 0,3% N, $[\alpha]_D^{21}$ +196° (c = 0,18; n-NaOH). 5std. Hydrolyse mit 1,4n bzw. 1,5n H_2SO_4 bei 100° lieferte 96% *Glucose* sowie wahrscheinlich Spuren von *Fructose* u. *Hydroxymethylfurfuraldehyd*. Partielle Hydrolyse (11 Std. bei 85° mit n-H_2SO_4) von 0,838 g I u. Fraktionierung an einer Holzkohlesäule unter Elution mit W. bzw. A. von 5—35% (gegebenenfalls Neutralisation der Eluate mit $BaCO_3$ sowie Eindampfen, Extraktion mit Methanol bzw. 50%ig. Methanol u. Gefriertrocknung) lieferte *Glucose* u. *Fructose* (ca. 5%), 0,252 g (*Penta-O-acetyl-β-D-glucopyranose*, F. 128—130°; 0,10 g aus 0,23 g); *Isomaltose*, $[\alpha]_D^{19}$ +111,1° (c = 0,41, W.; Gleichgewicht; Aschegeh. von 3,2% nicht berücksichtigt); 0,129 g (*β-Isomaltoseoktaacetat*, $C_{28}H_{38}O_{19}$, F. 144—146°, mittels Acetanhydrid/Na-Acetat; 0,036 g aus 0,048 g); *Trisaccharid* (hauptsächlich wahrscheinlich *Isomaltotriose*); 0,102 g (gab mit n-H_2SO_4 bei 90° in ½, 1 u. 2 Std. *Isomaltose* u. *Glucose*); sowie 0,015 g Trisaccharid–Tetrasaccharid-Gemisch; 0,069 g *Tetrasaccharid*; 0,030 Tetrasaccharid–Pentasaccharid-Gemisch, 0,039 g *Pentasaccharid* u. 0,176 g *höhere Saccharide*. — *Methyliertes Dextran*, $(C_9H_{16}O_5)_n$, durch 4malige Methylierung von I (1,1 g) mit CH_3J in fl. NH_3 bei —70 bis —80°, Verdampfen des NH_3 u. Dialyse, anschließend Extraktion mit Chlf. u. Trocknen; 0,71 g. — Das Methylderiv. (0,055 g) wurde in Chlf. 8 Std. bei 100° mit 8%ig. methanol. HCl u. nach Entfernen des Lösungsm. 6 Std. mit 4%ig. HCl bei 100° behandelt. Papierchromatographie lieferte *2.3-Di-O-methyl-D-glucose* (R_G 0,69), *2.3.4-Tri-O-methyl-D-glucose* u. *2.3.4.6-Tetra-O-methyl-D-glucose*; quantitative Best. mittels Hypojodit. (J. chem. Soc. [London] **1958**. 4414—16. Dez. Birmingham, Univ., Chem. Dep.; Englefield Green, Surrey, Royal Holloway Coll., Chem. Dep.) W. WILLENBERG. 4320

Amos Neidle und **Heinrich Waelsch**, *Die Herkunft des Imidazolringes von Histidin bei Escherichia coli.* Unterss. an *Escherichia coli* ergaben, daß der Amid-N von Glutamin als $N_{(1)}$ in den *Histidin*-Imidazol-Ring eingebaut wird, wobei NH_3, die NH_2-Gruppen von Asparaginsäure u. Glutaminsäure u. die Amidgruppe von Asparagin nicht konkurrieren. Das $N_{(3)}$ kann durch Asparaginsäure, Glutaminsäure, Xanthin, Guanin u. bes. Adenin geliefert werden. Ein 2-atomiges Bruchstück aus $N_{(1)}$ u. $C_{(2)}$ von Purinen kann als Einheit $N_{(3)}$ u. $C_{(2)}$ des Imidazolrings bilden. Glycin vermag keine N-Atome für Histidin zu liefern. Es wird ein enzymat. Abbau beschrieben, der es gestattet, die 3 N-Atome von Histidin sukzessiv zu isolieren. Die Synth. von $^{15}N_{(Amino)}$-Guanin u. $^{15}N_{(Amid)}$-Glutamin wird beschrieben.

Versuche: *$^{15}N_{(Amid)}$-Carbobenzoxy-L-glutaminbenzylester*, $C_{20}H_{22}N_2O_5$, F. 136 bis 137° (W.), durch Umsetzung von Carbobenzoxy-L-glutaminsäure-α-benzylester in Tetrahydrofuran in Ggw. von Tri-n-butylamin u. Chlorkohlensäureäthylester mit wss. $^{15}NH_4NO_3$-Lsg., 15 Min. bei 0° u. 30 Min. bei n-Temp., Eintragen in W., 18 Std. bei 4° halten, filtrieren, Rückstand in Essigester aufnehmen, mit HCl, W., $NaHCO_3$-Lsg. u. W. waschen, mit Na_2SO_4 trocknen u. Einengen; farblose Nadeln; 65% (Ausbeute). — *$^{15}N_{(Amid)}$-L-Glutamin*, $C_5H_{10}N_2O_3$, durch Hydrierung vorst. Verb. in Methanol–W. (mit wenig Essigsäure) in Ggw. von Pd-Schwarz; 93%. — *^{15}N-DL-Glutaminsäurehydrochlorid*, $C_5H_{10}ClNO_4$, durch reduktive Aminierung von α-Ketoglutarsäure in Ggw. von Pd–Kohle. — *^{15}N-Glycin*, $C_2H_5NO_2$, aus ^{15}N-Phthalimid u. Chloressigsäureäthylester. — *$^{15}N_{(Amino)}$-Guanin*, $C_5H_5N_5O \cdot 2\,H_2O \cdot HCl$, aus 2-Methylmercaptohypoxanthin (400 mg) in Methanol durch Umsetzen mit $^{15}NH_3$ (48 Std. im Einschmelzrohr bei 145—150°), Ae. zugeben u. Nd. abfiltrieren u. trocknen. Nd. in heißer 0,3n HCl lösen, durch Zusatz von NH_4OH fällen, Nd. in 0,3n HCl lösen, A. zusetzen, Nd. entfernen u. Guanin durch Zusatz von Acetat u. Ae. fällen; 80 mg. — *^{15}N-Xanthin*, $C_5H_4N_4O_2$, aus $^{15}N_{(1.3\,Amino)}$-Guanin (155 mg) in HCl durch Umsetzen mit $NaNO_2$; 133 mg. (J. biol. Chemistry **234**. 586—91. März 1959. New York City, N. Y., State Psychiatr. Inst., and Columbia Univ., Coll. of Phys. and Surgeons, Dep. of Biochem.) E. SCHWERDTFEGER. 4320

P. J. O'Brien und **F. Zilliken**, *Nucleotidgebundene Polyneuraminsäurepeptide aus Escherichia coli.* In *Colominsäure* (**I**)-Fraktionen aus Kulturfiltrat von *E. coli*, Stamm $K_{235}L$ + O, wurden neben **I**, einem sauren Polysaccharid, weitere Neuraminsäure (**II**) enthaltende Polymere, bes. Neuraminopeptide u. -nucleotide, aufgefunden. Das Chromatogramm von Roh-**I** (57% N-Acetyl-**II**) an Dowex-I (Formiat) ergab bei Elution mit 0,35mol. NH_4-Formiat ein amorphes Mucopeptid, das aus Lysin, Alanin (**III**), Glutaminsäure (**IV**), Asparaginsäure (**V**; 1:3:1:1) u. N-Acetylhexosamin bestand. Das 0,6mol. NH_4-Formiat-Eluat enthielt 2, an eine UV-absorbierende Substanz (**VI**; λ_{max}

255—257 mμ, bei p_H 1) gebundene Neuraminopeptide (19% II), deren Hydrolyse mit 6n HCl (100°, 16 Std.) neben viel Humin III, IV, V u. $\alpha.\varepsilon$-Diaminopimelinsäure (VIII) gab. Eine weitere Fraktion, ohne UV-Absorption, 80% N-Acetyl-II, eine Polyneuraminsäure (I), lieferte bei milder Säurehydrolyse nur krist. N-Acetyl-II, F. 181°, $[\alpha]_D^{25}$ —32° (31% Ausbeute). Das 2,5 mol. NH_4-Formiat–Eluat wurde an C mittels 50%ig. A. u. äthanol. NH_3 in 2 Fraktionen zerlegt, von denen eine VI, gebunden an ein saures Peptid, enthielt, u. die andere aus Uridindiphosphat (VII), gebunden an ein saures Mucopeptid, besteht. Milde saure Hydrolyse (p_H 1,5, 72°, 3½ Std.) erschöpfend dialysierter Roh-I gab ein Rohnucleotid, wahrscheinlich VII, starke Hydrolyse Uracil. Aus der Hauptfraktion der milden Hydrolyse wurde durch Adsorption an C u. Elution mit 50%ig. A. ein Anteil mit 43% N-Acetyl-II abgetrennt, dessen Ionenaustauschchromatographie an Dowex-I-Formiat ein neutrales Polypeptid (2,5% Hexosamingeh.), krist. N-Acetyl-II u. ein Neuraminopeptid, bestehend aus N-Acetyl-I (58%), III, IV u. VIII, lieferte. I stellt wahrscheinlich eine mit VII verbundene Poly-II dar, die an ein Polypeptid u. eine UV-absorbierende Komponente gebunden ist. (Biochim. biophysica Acta [Amsterdam] **31.** 543—45. Febr. 1959. Philadelphia, Pa., Univ., School of Med., Dep. of Biochem.)
K. MAIER. 4320

F. J. Loomeijer, *Die mikrobiologische Oxydation des Cholesterins.* Beim oxydativen Abbau von Cholesterin (I) durch ein aus Kaninchenfaeces isoliertes grampositives *Mycobacterium* unterliegt das Mol. gleichzeitig der Einw. von mol. O_2 u. einer enzymat. Oxydation, wobei eine Anzahl von CO- u. OH-Gruppen an verschied. C-Atomen von Kern u. Seitenkette eingeführt werden. Die Trennung der Reaktionsprodd. erfolgte nach Verseifung durch Zerlegung in Säure- u. Nichtsäurefraktion, Zerlegung der letzteren (nach I-Abtrennung) mit GIRARD-Reagens T in eine Keton- u. eine Nichtketonfraktion u. Auftrennung derselben mit Digitonin in 4 Fraktionen: A, -3β-OH-Ketone, B, +3β-OH-Ketone, C, —3β-OH-, D, +3β-OH-Nichtketone, die papierchromatograph. u. an Al_2O_3 weiter aufgeteilt werden konnten. A: *Verb. A*, 1 isoliertes u. 1 konjugiertes CO, λ_{max} 276 mμ, vermutlich 3 konjugierte Doppelbindungen, R_F (vgl. C. **1953.** 9501) 0,91, Farb-Rkk.: 2.4-Dinitrophenylhydrazinreagens gelb, Fluorescenz mit alkal. CH_3OH —; ZIMMERMANN-Rk., ±; *Verb. B* = *Δ^4-Cholesten-3-on*; *Verb. C*, isolierte u. konjugierte CO; λ_{max} 249, R_F 0,33, orangerot, ++, —; *Verb. D*, isoliertes u. konjugiertes CO, λ_{max} 242 mμ, R_F 0,03, rot, ++, —; *Verb. E*, isoliertes (schwache Ultrarotbande) u. konjugiertes CO, λ_{max} 242 mμ, R_F 0,22, orangerot, +, —; *Verb. F*, isoliertes (schwach) u. konjugiertes CO, λ_{max} 240 mμ, R_F 0,07, orangerot, +, —; *Verb. G* (sehr wenig), R_F 0,50, —, ++, —; B: *Verb. H*, isoliertes u. konjugiertes CO, 2 OH, λ_{max} 238, 276 mμ, R_F 0,08; C: *Verb. K*, wahrscheinlich ein KW-stoff, λ_{max} 236 mμ, R_F Front; *Verb. L*, isolierte CO, R_F 0,47, mit Phosphomolybdänsäure, blau; LIEBERMAN-BURCHARD-Rk., —; mit $SbCl_5$, rosa; nach Erhitzen auf 70°, blau; *Verb. M*, CO-Gruppen (durch IR-Spektr. identifiziert), OH nicht in 3β, λ_{max} 236 mμ, R_F 0,08, grau, ++, rosa, blau; *Verb. N*, 1 oder 2 OH, CO fraglich, R_F 0,08, grau, + (gelb), braun, rot; D: *Verb. P*, chromatograph., ident. mit 7α-Hydroxycholesterin, jedoch zusätzliche CO, λ_{max} 236 mμ, R_F 0,08, blau, +, rosa, blaugrün. In nichtbeimpften Kontrollansätzen waren in sehr kleinen Mengen *B*, *C*, *D* u. *F*, in Spuren *M* u. *N*, in relativ großer Menge *P* nachweisbar. (Biochim. biophysica Acta [Amsterdam] **29.** 168—74. Juli 1958. Groningen, Univ., Inst. of Physiol.)
K. MAIER. 4320

A. G. Lochhead, *Qualitative Untersuchungen über Bodenmikroorganismen.* 15. Mitt. *Die Fähigkeit der vorherrschenden Bakterienflora zur Synthese verschiedener Wachstumsfaktoren.* (14. vgl. C. **1959.** 4852.) Aus Kontrollboden u. aus Bodenproben im Bereich von Roggen- u. Gerstenwurzeln isolierte Kulturen (316) wurden in verschied. Nährmedien auf ihre Fähigkeit, *Thiamin* (I), *Biotin* (II), *Vitamin* B_{12} (III), *Riboflavin*(IV) u. den *Terregens-Faktor* (V) zu synthetisieren, untersucht. Die meisten der aus den 3 verschied. Bodenarten isolierten Kulturen produzierten unter den gegebenen Bedingungen IV, dann I u. III, eine geringere Anzahl II u. V. Wurden Wuchsstoffe überhaupt synthetisiert, dann meist mehr als einer. Ein Einfl. der Wurzelnähe auf die III- oder V-Bldg. der isolierten Mikroben konnte nicht beobachtet werden; bei Gerste war dagegen das relative Auftreten von I-, II- u. IV-produzierenden Organismen größer als im Kontrollboden. Die absol. Zahl der zur Bldg. von Wachstumsfaktoren befähigten Bakterien war in Wurzelnähe weitaus höher. Auf die mögliche Bedeutung in der Beziehung zwischen der n. Bodenmikroflora, den Pflanzen u. pathogenen Organismen sowie auf die Abhängigkeit der Infektion vom Zusammenwirken zwischen wachstumsfördernden u. antagonist. Effekten wird hingewiesen. (Soil Sci. **84.** 395—403. Nov. 1957. Canada, Dep. of Agricult.)
M. EBERT. 4320

A. Di Marco, G. Boretti, A. Migliacci, P. Julita und **A. Minghetti,** *Ein Guanosindiphosphorsäureester des Faktors B als Zwischenstadium der Biosynthese des Vitamins B_{12}.*

Die Biosynth. eines Stammes von Nocardia (Behandlung des Mycels im Autoklaven, Chromatographie u. Bioautographie) liefert neben *Vitamin B_{12}* u. dem B-Faktor 2 Substanzen (Faktoren 1 u. 2), die das Wachstum von *Escherichia coli* fördern. Durch Extraktion u. Isolierung konnte ein sehr reines Prod. erhalten werden, das hauptsächlich den Faktor 1 enthält, der elektronegativ ist. Faktor 2 ist in 0,5n Essigsäure elektroneutral. Das Absorptionsspektr. zeigt die Zugehörigkeit zur Cyanocobalamingruppe, wobei Faktor 1 als Purinanalogon von Vitamin B_{12} mit einer zusätzlichen Phosphat-Gruppe erkannt wurde, für die verschied. Stellungen diskutiert werden. (Boll. Soc. ital. Biol. sperim. **33**. 1513—16. Okt./Nov. 1957. Farmitalia, Labor. Ricer. Microbiol. e Chemioterap.)
O. POLLAK v. EMHOFEN. 4320

D. B. McNair Scott, M. L. Rogers und **C. Rose,** *Benzimidazole als spezifische Inhibitoren von Vitamin B_{12} oder Thymin bei Bakterienmutanten.* Zur Ermittlung der Spezifität ihrer Wachstumshemmwrkg. wurden 49 substituierte *Benzimidazole* (I) an 6 Bakterienmutanten [Vitamin B_{12} (**II**) oder Methionin (**III**) benötigende *E. coli*-Stämme 113-3 oder B 68, Purinmangelmutante *E. coli* B 96, Thymin (**IV**)-Mangelmutante *E. coli 15 T^-*, *L. casei* ATCC 7469 mit vermindertem Wachstum bei Folsäure (**V**)- oder Riboflavineinschränkung, *E. coli*, B, Wildtyp]. 4-SH-Substitution ergab eine Verb. mit spezif. Hemmung der **II**-benötigenden Mutante. Ein **II**-Überschuß enthemmte. 4-NO_2- u., schwächer, 6-NO_2-Substitution hemmten ebenfalls diese Mutante. **III** hob die Hemmung auf. Alkyl- oder Cl-Substitution in 5- u./oder 6-Stellung gab kompetitive **IV**-Inhibitoren. 2 oder 3 Alkylgruppen in 2-, 5- u. 6-Stellung hemmten die durch begrenzte **V**-Mengen im Wachstum beschränkte *L. casei*-Mutante. Geprüfte Verbb.: *2-Isopropylbenzimidazol, 2-n-Propyl . . ., 2-Buten-(2)-yl . . .* (Hydrat), *2-Äthyl . . ., 2-Methyl . . ., 5-Methyl . . ., 2.5-Dimethyl . . ., 5.6-Dimethyl . . ., 2-Butyl-5-methyl . . ., 1-β-D-Ribofuranosyl-5.6-dichlor . . ., β-D-Glucosyl . . ., 5-Methoxy . . ., 5-Amino . . .,* 2 HCl, *4.6-Diamino . . .,* 2 HCl, *4-Amino . . .,* 2 HCl, *4-Amino-6-nitro . . ., 5-Nitro . . ., 2-Äthyl-5-methyl- . . ., 2.5.6-Trimethyl . . ., 5.6-Dichlor . . ., 4-Nitro-6-chlor . . ., 6-Nitro-4-chlor . . ., 4-Amino-6-chlor . . .,* HCl, *4-Mercapto-6-nitro . . .,* HCl, *6-Amino-4-chlor . . .,* HCl, H_2O, *2-[β-Amino-β-carboxyäthyl] . . ., 4-Mercapto-6-nitro . . ., 4-Mercapto-6-amino . . .,* 2 HCl, *4-Amino . . . sulfosäure-(6), 5-Chlor . . ., 4-Nitro-6-sulfonamido . . ., 6-Mercapto-4-amino . . .* 2 HCl, *4.6-Dichlor . . ., 6-Amino-4-nitro . . ., 4-Amino-6-sulfonamido . . .,* HCl, *4-Methylmercapto-6-nitro . . ., 4-Methylmercapto-6-amino . . .,* 2 HCl, ½ C_6H_6, *4-Nitro . . ., β-D-Ribofuranosyl-4.5.6-trichlor . . ., 2-[β-Carboxyäthyl] . . ., Diäthyl-N-4-benzimidazolyl-(2)-äthylaminobenzoylglutamat, HCl, N-[1-Benzylbenzimidazolyl-(2)-methyl]-pyridiniumchlorid, N-[1-Benzylbenzimidazolyl-(2)-methyl]-3-carboxamidopyridiniumchlorid, 1.4-Bis-[5-methylbenzimidazolyl-(2)]-butan, Diäthyl-N-4-(5-chlorbenzimidazolyl-(2)]-isopropylaminobenzoylglutamat, N-[α-Benzimidazolyl-(2)-äthyl]-pyridiniumchlorid, N-[Benzimidazolyl-(2)-methyl]-3-carboxamidopyridiniumchlorid, Diäthyl-β-hydroxyäthyl-[benzimidazolyl-(2)-methyl]-ammoniumchlorid.* (J. Amer. chem. Soc. **80**. 2165—69. 5/5. 1958. Philadelphia, Pa., Univ., School of Med., Dep. of Physiol. and Pediatrics, Dep. of Chem.)
K. MAIER. 4330

Elizabeth M. C. Turner, *Hemmung des Wachstums und der Atmung von Ophiobolus graminis var. avenae und Aspergillus niger durch Cystin.* Der Pilz *Ophiobolus graminis* (OG) infiziert die Wurzeln von Weizen u. Gerste, nicht aber von Hafer. *OG, var. avenae* (OA) infiziert auch Hafer. Beide Stämme wachsen auf einem Medium, das KH_2PO_4, Na_2HPO_4, $MgSO_4 \cdot 7\,H_2O$, Glucose, Thiamin, Biotin u. eine N-Quelle wie NH_4NO_3, $(NH_4)_2SO_4$ oder Aminosäuren enthält. *Cystin* (**I**) u. *Cystein* (**II**) stimulieren das Wachstum von OG in einem bas. Medium mit NH_4NO_3 in $\geqslant$ 0,01 mol. Konz., hemmen jedoch das Wachstum von OA u. von Asp. niger (AN) bei 10^{-6} mol. Konzentration. Ersatz von 0,5% NH_4NO_3 durch 0,5% $(NH_4)_2SO_4$ verhindert die Hemmung durch **I** u. **II**, Zusatz von 0,1% KNO_3 oder KNO_2 hebt die Wrkg. des $(NH_4)_2SO_4$ wieder auf. Auch Asparaginsäure (**III**), Glycin (**IV**) u. Molybdat (**V**) verhindern die hemmende Wrkg. von **I**. **I** hemmt auch die Atmung von OA u. von AN in Phosphatpuffer + 2% Glucose, die 30 Min. nach Zusatz von 2 mMol **I**/ml einsetzt. Zusatz von 20 mMol/ml $(NH_4)_2SO_4$ oder von 1 mMol **III**/ml bzw. **IV** oder von 0,02 mMol **V**/ml hebt die atmungshemmende Wrkg. von **I** wieder auf. Die hemmende Wrkg. des **I** scheint auf einer Metallchelatbldg. zu beruhen, die mit einer bestimmten Stufe des N-Stoffwechsels verbunden ist. Die Aufhebung der **I**-Hemmung durch $(NH_4)_2SO_4$ u. **V** läßt auf eine Einw. auf die Enzyme der Nitratred. schließen. (Nature [London] **183**. 1130—31. 18/4. 1959. Oxford, Univ., Dep. of Botany.)
B. GÖRLICH. 4330

P. J. Stoward, *Die Aufnahme von drei Stoffen durch Bact. lactis aerogenes.* Es wurde die Aufnahme von 3 Stoffen [*Brillantgrün* (**I**), *Kristallviolett* (**II**) u. *2.4-Dinitrophenol* (**III**)] durch empfindliche u. resistente Stämme von Bact. lactis aerogenes als

Funktion der Konz. dieser Stoffe untersucht. Empfindliche u. nichtempfindliche Stämme nehmen gleiche Mengen von I auf, während ein gegen II resistenter Stamm davon mehr aufnimmt, als der entsprechende empfindliche Stamm. Anderseits war die Aufnahme von III gering bei neutralem p_H, nahm jedoch zu bei einem p_H unter dem isoelektrischen Punkt der Bakterienoberfläche. Obgleich die Aufnahme von I durch empfindliche u. resistente Formen von B. lactis aerogenes die gleiche ist, können die Proportionen der verschied. Komponenten sich verändert haben, trotz der Tatsache, daß die Gesamtzahl der negativ geladenen Stellen an u. innerhalb der Zelle in beiden Fällen die gleiche ist, ein Faktor, welcher die Aufnahme kation. Stoffe bestimmt. Die geringe, aber deutliche Aufnahme des anion. Stoffes (III) bei p_H 7 mag zurückzuführen sein auf die Diffusion von III in das Zellinnere. Es darf nicht vergessen werden, daß die treibende Kraft jeder ion. oder mol. Bewegung durch eine Zellmembran von dem wirklichen Stoffwechsel der Zelle kommt. Dies läßt vermuten, daß ein anion. Stoff nur aufgenommen werden kann durch wirklich wachsende Zellen in einem vollwertigen Wachstumsmedium. Diese Hypothese verdient mit Bakterien nachgeprüft zu werden, bes., da die resistenten Stämme sehr verschied. Transportprozesse aufweisen können. Die Zwischenbeziehungen von elektrochem. u. Konzentrationsgradienten in der Dynamik der lebenden Zelle sind feinstens ausgeglichen, eine Nachprüfung der Aufnahme anion. Stoffe könnte Aufklärung über die Gleichgewichte geben. (J. chem. Soc. [London] **1959.** 1895—99. Mai. Oxford, Phys. Chem. Labor.) H. AMAN. 4330

Maximilian Fischer, *Der derzeitige Stand der Anschauung über die bakterioide Wirkung von Silber. Ag* (I)-Ionen zeigten bei Colibakterien bereits nach einigen Min. bactericide Wirkung. Trinkwasserentkeimung durch I wird unbedingt befürwortet, wobei bei starker Verseuchung wie bei der Chlorung Beimengungen organ. Substanzen zu berücksichtigen sind. Während *Harnstoff* auf die I-Wrkg. nur eine geringe, $(NH_4)_2CO_3$ eine unwesentliche Hemmung erkennen ließ, hemmte *Pepton* proportional der zugegebenen Menge. Sehr starke Hemmwrkg. entfaltete *Harn*; 100 γ I/Liter töteten aber noch 9000 Colikeime pro cm^3, wenn die jauchige Verunreinigung 2,5 Liter pro cm^3 nicht überstieg. Verss. in reinem Serum zeigten eine bessere baktericide Wrkg. von 20% Cumasina liqu. als von 0,5% Phenolzusatz. Eingenähtes gesilbertes Catgut behielt noch nach 8 Tagen etwas von seiner baktericiden Wirkung. (Zbl. Bakteriol., Parasitenkunde Infektionskrankh. Hyg., I. Abt., Orig. **170.** 199—206. Nov. 1957. Bad Elster, Forschungsinst. für Mikrobiol. u. Hygiene.) M. EBERT. 4330

I. A. Ssutin und **Je. Ss. Dontschenko,** *Zur Frage der Resistenz der Dysenteriemikroben gegenüber den Sulfanilamiden.* Im Jahre 1958 erwiesen sich in Stalingrad 57 von 60 Dysenteriemikrobenkulturen als resistent gegenüber *Phthalazol* u. *Sulgin* u. weniger resistent gegenüber *Sulfadimycin.* Gegen *Norsulfazol* waren nur 2 Stämme resistent. Zur gleichen Zeit erwiesen sich alle 60 Stämme als empfindlich gegenüber der gleichen Dosis (0,4%) von *Äthazol* u. *Disulformin.* Die Dysenteriemikroben entwickeln demnach ihre Resistenz nicht gleichwertig gegenüber der ganzen Gruppe der Sulfanilamide, sondern allmählich, je nach der Einführung der neuen Präpp. in die Praxis. Von den empfindlichen Stämmen unterscheiden sich die sulfanilamidresistenten weder durch ihre Widerstandskraft gegenüber chem. Faktoren (Lysol, Chloramin, Formalin) oder hohen Tempp. noch durch die Überlebenszeit in dest. Wasser. (Журнал Микробиологии, Эпидемиологии и Иммунобиологии [J. Mikrobiol., Epidemiol. Immunobiol.] **30.** Nr. 4. 49—52. April 1959. Stalingrad, Inst. für Epidemiol., Mikrobiol. u. Hyg.) E. RENTZ. 4330

Hans Lück und **Elisabeth Rickerl,** *Lebensmittelzusatzstoffe und mutagene Wirkung.* 5. Mitt. *Untersuchungen über die Erzeugung einer Streptomycinresistenz bei Escherichia coli durch Benzoesäure und p-Hydroxybenzoesäureäthylester.* (4. vgl. C. **1959.** 5168.) Bei 2std. Einw. von 0,01 mol. *Benzoesäure* u. 0,01 mol. *p-Hydroxybenzoesäureäthylester* auf *Escherichia coli*-Suspensionen wird bei bestimmten p_H-Werten ein Absinken der Gesamtkeimzahl u. eine relative Zunahme der Streptomycinresistenz beobachtet. Es soll nur der nichtdissoziierte Anteil der genannten Verbb. diesen mutagenen Effekt bewirken. Eine Zunahme streptomycinresistenter Keime findet nur statt, wenn gleichzeitig Zellen absterben. Wahrscheinlich ist der mutagene Effekt keine spezif. Wrkg. der genannten Konservierungsmittel, da er auch bei Einw. von H-Ionen oder bei Hitzeeinw. (56^0) beobachtet wird. (Zbl. Bakteriol., Parasitenkunde, Infektionskrankh. Hyg., II. Abt. **112.** 226—34. 31/3. 1959. München, Deutsche Forschungsanst. für Lebensmittelchem.) F. THOMAS. 4330

B. Ruebner, *Die biologische Bestimmung von L-Methionin unter Verwendung einer Mutante von Bacterium coli Stamm K-12.* Die Best. von *L-Methionin* (z. B. in enteiweißtem Plasma) kann mit den Methionin-bedürftigen *Bact. coli*-Mutanten 58/161 u. J$^{5-3}$ durchgeführt werden. Das Kulturmedium enthält nur Na_2HPO_4 (7 g), KH_2PO

(3 g), $MgSO_4$ (0,1 g) u. NH_4Cl (1 g), mit W. auf 1000 ml aufgefüllt. Die Auswertung erfolgt durch nephelometr. Messung der Trübung unter Vgl. mit einer Standardreihe (10; 5; 4; 3; 2; 1; 0,5 μg Methionin/ml in 10 ml Medium). Cystathionin u. Homocystein können bei der Mutante 58/161 L-Methionin ersetzen. Mit dieser Meth. wurde die Methioninverwertung bei Cirrhosepatienten untersucht. Nach Ansicht des Vf. dürften sich auch andere Aminosäuren sowie B-Vitamine mit Colimutanten bestimmen lassen. (J. Lab. clin. Med. **47**. 140—44. Jan. 1956. London, England, Postgraduate Med. School, Dep. of Pathol.) E. SCHWERDTFEGER. 4360

I. Flechner, G. Szegli und **Ecaterina Toma,** *Die Verwendung von Zn^{2+}-Ionen bei der Herstellung gereinigten und konzentrierten Antitoxins durch enzymatische Hydrolyse.* Es wird ein Verf. zur Herst. gereinigter, konz. Antitoxin (I)-haltiger Sera beschrieben, das folgende Stufen umfaßt: 1. Enzymat. Proteolyse; 2. Fraktionierung des Proteolysats durch die kombinierte Wrkg. von Zn^{2+}-Ionen u. Wärme in Ggw. von Phenol, Einstellung der Zn-Acetatkonz. auf 0,17 g/100 cm³ bei p_H 7,0, 45 Min., erwärmen auf 58⁰ bei p_H 6,25, zentrifugieren des Überstands bei p_H 7,8 nach 2 Std. Stehen bei 4⁰; 3. Abtrennung der Zn^{2+}-Ionen mittels eines Ionenaustauschers; 4. I-Fällung mit A. bei —5⁰; 5. Gefriertrocknung. Der Prozeß erfordert ca. 72 Std., das Endpräp. ist unschädlich u. frei von pyrogenen Stoffen. Bei Diphtheriesera gelang eine AE-Anreicherung/mg Eiweiß-N von 1,81—2,24, eine Serakonzentrierung von 2,3—3,2, mit einer Ausbeute von 51,7—64,0%. Die Reinigung von Perfringenssera ergab ähnliche Resultate. (Naturwissenschaften **46**. 76—77. 2. Jan.-H. 1959. Bukarest, Inst. „Dr. J. Cantacuzino", Abt. für Immunchem.) K. MAIER. 4370

Johannes Guld, M. Weis Bentzon, M. A. Bleiker, W. A. Griep, Mogens Magnusson und **Hans Waaler,** *Die Standardisierung einer neuen für den internationalen Gebrauch bestimmten Charge von gereinigtem Tuberkulin (PPD).* 500 g eines gereinigten Tuberkulins (PPD; Charge RT 23) wurden im Intracutantest an fast 8000 künstlich durch BCG-Impfung oder natürlich sensibilisierten Pertonen verschied. Bevölkerungsgruppen standardisiert. Auch ca. 1000 Bewohner der Tropen mit nur geringer natürlicher Sensibilisierung waren darunter. PPD wurde in gepufferter NaCl-Lsg. entweder mit Zusatz von 0,05% Tween 80 (PPD I) oder ohne diesen Zusatz (PPD II) gelöst. Vorhandene ältere ebenso verd. Standardpräpp. (St. P.) dienten zum Messungsvergleich. Die Reaktionsstärke von PPD war doppelt so groß wie die der St. P. bei BCG-Sensibilisierung, dagegen ebenso wie St. P. bei natürlicher Sensibilisierung. Der Reaktionshof bei PPD I war breiter als bei PPD II, aber weniger induriert und seltener vesiculär. Als 1 Tuberkulineinheit (TE) wurden 0,02 μg des trockenen PPD ermittelt. Für den prakt. Gebrauch wird als Testdosis 0,02 μg mit Tween 80 bzw. 0,06 μg (= 3 TE) ohne Tween empfohlen. (Bull. Organisat. mond. Santé **19**. 845—951. 1958.) E. FISCHOEDER. 4370

Helen Hays und **P. R. Elliker,** *Virucide Wirksamkeit eines neuen Phosphorsäure-Netzmittel-Desinficiens gegen Bakteriophagen von Streptococcus cremoris.* Unterss. über die Wirksamkeit eines neuen H_3PO_4–Netzmittel-Desinficiens *Pennsan* (**I**) im Vgl. mit anderen Verbb. zur Zerstörung von Milch–Streptococcus-Bakteriophagen zeigen, daß NaOCl u. $Ca(OCl)_2$ in einer Konz. von 25 mg/kg in 15 Sek. die Bakteriophagen inaktivieren. Verschied. J–P-Verbb. wirken etwas langsamer; 50 mg/kg Alkyldimethylbenzylammoniumchlorid wirken auch in 16 Sek., **I** dagegen in gleicher Zeit in einer Konz. von nur 12,5 mg/kg. In hartem W. sind jedoch 50 mg/kg nötig. (J. Milk Food Technol. **22**. 109—11. April 1959. Corvallis, Oreg., Agricult. Exp. Stat.) W. WESLY. 4374

E₄. Pflanzenchemie. Pflanzenphysiologie. Pflanzenpathologie.

László Gáspár, *Wirkung von Strahlung auf Pflanzen.* Übersicht mit 26 Literaturhinweisen. (Agrokémia és Talajtan [Agrochem. u. Bodenkunde] **6**. 251—58. Nov. 1957.) J. PLANK. 4404

J. F. Spalding, V. G. Strang und **J. A. Sayeg,** *Relative biologische Wirksamkeit von Spaltungsneutronen bei der Bohnenwurzel (Vicia faba) als Testsystem.* 5—8 cm lange Wurzeln von *Vicia faba* wurden mit Spaltungsneutronen u. zum Vgl. mit γ-Strahlen (Co^{60}) bestrahlt. Das Wachstum der Wurzeln wurde 2 Tage vor der Bestrahlung bis 9 Tage nach der Bestrahlung verfolgt. Als DL_{50} wurden 46,4 ± 3,8 rad für Spaltungsneutronen u. 345,6 ± 21,4 rad für γ-Strahlen gefunden, was einer relativen biol. Wirksamkeit von 7,4 ± 0,8 entspricht. (Radiation Res. **10**. 176—79. Febr. 1959. Los Alamos, N. Mex., Univ. of California, Los Alamos Scient. Labor.) G. FAUST. 4404

Eugen Macovschi und **Viorica Panaitide,** *Exosmose des anorganischen Phosphors aus den Samen von Herbstweizen A_{15} während der Jarowisation.* Die Exosmose des anorgan. P (P_a) aus jarowisierten Weizenkörnern hängt von der Dauer der Einw. des

W. u. der Dauer der Jarowisationsbehandlung ab. Die Exosmose nach 3 Std. nimmt in der ersten Jarowisationsperiode bis zu einem Minimum am 12. Tag ab, dann zu, bis zu einem Maximum am 35.—39. Tag u. schließlich wieder ab. Dieser Verlauf wird mit den Prozessen der Hydrolyse u. der Synth. von Organo-P-Verbb. in den Körnern in Beziehung gesetzt: Abnahme der Exosmose zeigt ein Überwiegen der Synth., ihre Zunahme ein Überwiegen der Hydrolyse an. Durch Verfolgen der Exosmose des P_a erhält man einen Maßstab für den Verlauf der Jarowisation. (Comun. Acad. Republ. Populare romîne **5**. 811—19. Mai 1955.) R. K. MÜLLER. 4404

J. R. Fraser und **D. C. Holmes,** *Die Näherungsanalyse der Kohlenhydrate im Reis.* Vff. zeigten, daß man bei der Summierung der getrennt bestimmten Hauptkohlenhydrate im Reis (Stärke, Pentosane, Zucker u. Cellulose) prakt. zu dem gleichen Gesamtgeh. kommt, der sich ergibt, wenn man nach der quantitativen Best. aller übrigen Bestandteile (W., Fette, Proteine, Asche) den Kohlenhydratgehalt durch Differenzbldg. ermittelt. (J. Sci. Food Agric. **9**. 511—15. Aug. 1958. London, Governm. Labor.) H. BREUER. 4420

Werner Schuphan, *Studien über essentielle Aminosäuren in Kartoffeln.* 1. Mitt. *Die Indianerkartoffel Solanum stenotomum Juz. et Buk.* In Geisenheim angezogene Indianerkartoffel (Solanum stenotomum) wurden auf Protein, essentielle Aminosäuren u. biol. Eiweißwertigkeit untersucht u. die Werte mit denen unserer Kulturkartoffeln verglichen. — Den höheren Geh. an Rohprotein, Reinprotein, Isoleucin, Threonin, Arginin, Lysin, Phenylalanin u. Trockensubstanz hat S. stenotomum. (Qualitas Plantarum Mater. vegetabiles [Den Haag] **6**. 1—10. 30/5. 1959. Geisenheim, Rheingau, Bundesanst. für Qualitätsforschg. pflanzl. Erzeugnisse.) P. LOCH. 4420

Werner Schuphan, *Studien über essentielle Aminosäuren in Kartoffeln.* 2. Mitt. *Die biologische Eiweißwertigkeit der Kartoffel (Solanum tuberosum L.) im Ernährungsversuch und im Spiegel der essentiellen Aminosäuren.* (1. vgl. vorst. Ref.) Krit. Auswertung der Werte über Geh. an Roh- u. Reinprotein, essentiellen Aminosäuren u. Ascorbinsäure. — 33 Literaturangaben. (Qualitas Plantarum Mater. vegetabiles [Den Haag] **6**. 16—38. 30/5. 1959.) P. LOCH. 4420

S. R. Agarwal, D. R. Dhingra und **G. N. Gupta,** *Chemische Untersuchung des Öles der Samen von Citrullus fistulosus.* Der pulverisierte Samen der zur Familie der Cucurbitaceae gehörenden *Citrullus fistulosus,* einer weitverbreiteten, trockenes Klima verlangenden Pflanze mit eßbaren Früchten, wurde mit PAe. extrahiert u. 25,39% eines hellgelben, angenehm riechenden Öles mit folgenden Kennzahlen erhalten: n_D^{20} 1,4704, $D.^{20}$ 0,9146, VZ. 181,4, JZ. 120,15, SZ. 9,2, AZ. 11,09, Dienzahl 6,55, Unverseifbares 1,91%, HEHNER-Zahl 94,8. Die nach üblicher Meth. abgetrennten Fettsäuren wurden mittels der Pb-Salzmeth. getrennt u. folgende Komponenten gefunden (%): *Myristinsäure* 0,64, *Palmitinsäure* 5,66, *Stearinsäure* 12,50, *Ölsäure* 33,89, *Linolsäure* 47,31. Der unverseifbare Anteil enthielt *Sitosterin* u. gummiartige Bestandteile. (Indian Soap J. **24**. 257—60. März 1959.) J. BÖSS. 4420

Margaret K. Seikel, *Die Chemie der Blütenpigmentierung bei Antirrhinum majus.* 5. Mitt. *Pigmente von gelbem Antirrhinum majus der Genotype ppmmyy.* (4. vgl. C. **1958**. 8671.) Aus den gelben Blüten der dreifach recessiven Genotype ppmmyy von *Antirrhinum majus* wurden *Aureusin, Naringenin-7-glucosid (Prunin)* u. *Apigenin-7-glucuronid* als *Acetylderivv.* isoliert u. durch Vgl. mit authent. Präpp. sowie durch Abbau identifiziert. — UV-Spektren vgl. Original.

V e r s u c h e: *Aureusinheptaacetat* (I), F. 264,5—266° (Äthylacetat), aus 75 g Blütenblättern; 0,080 g (Ausbeute); mit 10%ig. NaOH rosarot, mit konz. H_2SO_4 orangerot. — *Naringenin-7-glucosid,* F. 221—223°, a) aus dem Hexaacetat u. wss. $Ba(OH)_2$ bei n. Temp. unter N_2 (40 Std.), Ansäuern u. $^1/_4$std. Erwärmen auf dem Wasserbad; b) aus 0,5 g Naringin u. 2n HCl in sd. CH_3OH (2 Std.), Einengen im Vakuum, Extraktion mit Ae., dann mit Propanol, Einengen des Propanolextraktes, Lösen des Rückstandes in absol. A. u. mehrwöchiges Stehen; 0,121 g; mit Alkali oder konz. Säure hellgelb, mit $FeCl_3$ rotbraun, mit Mg u. HCl in A. purpurrot; R_F 0,56 (5%ig. Essigsäure), 0,38 (4%ig. NaCl-Lsg.), 0,78 (Butanol–Essigsäure–W.), 0,79 (30%ig. Essigsäure), 0,78 (60%ig. Essigsäure). *Hexaacetylderiv.*, F. 192,5—194°, mit Alkali oder konz. H_2SO_4 gelb, mit Mg u. HCl in A. tiefbläulichrosa. — *Apigenin-7-glucuronid, Pentaacetat* (II), $C_{31}H_{28}O_{16}$, F. 224—224,5° (auf 220° vorerhitztes Bad), aus den Mutterlaugen von I; aus A. lange dünne Fasern; 0,4—0,5 g; mit Alkali oder konz. H_2SO_4 citronengelb, mit HCl, Mg u. A. nach Hydrolyse mit heißer HCl rosaorangefarben. — *Apigenin* (III), aus II u. 0,6n HCl neben *Glucuronsäure*; senfbraun. R_F 0,16 [Butanol–W. an mit 0,1 mol. $NaBO_2$ (p_H 10,0) imprägniertem WHATMAN Nr. 1], 0,85 [wie vorst. an Boratpapier (p_H 8,7)]. *4'.5-Dimethyläther,* durch abwechselndes Zugeben von $(CH_3)_2SO_4$ u. 50%ig. KOH zu II in warmem CH_3OH; im UV-Licht auf Papier hellblau, mit NH_3 hellgelb; R_F 0,30, 0,77 [Lösungsm.

wie bei III], 0,91 (Butanol-27%ig. Essigsäure; 1 : 1), 0,41 (30%ig. Essigsäure, 0,82 (Butanol-W.). *Trimethyläther*, R_F 0,81; 0,81 (Lösungsm. wie bei III). *Triacetylderiv.*, $C_{21}H_{16}O_8$, F. 181—182° (CH_3OH), aus rohem III; mit 10%ig. NaOH citronengelb, mit konz. H_2SO_4 grüngelb, nach Hydrolyse mit konz. HCl mit Mg, HCl u. A. fleischfarben → gelb (mit überschüssiger Säure). (J. Amer. chem. Soc. 77. 5685—88. 5/11. 1955. Los Angeles, Calif., Univ. of California, Dep. of Chem.; Wellesley Coll., Dep. of Chem.) F. HELLER. 4420

D. G. Roux, *3.4-Dihydroxyflavane und Leukoanthocyanidine von Guibourtia-Spp.* In Extrakten von *Guibourtia coleosperma*, *G. tessmannii* u. *G. demeusei* wurden durch zweidimensionale Papierchromatographie *3.4-Dihydroxyflavane* nachgewiesen, u. zwar (+)-*7.3'.4'-Trihydroxyflavandiol-(3.4)* [I, *Mollisacacidin* (vgl. KEPPLER, C. **1958.** 420), *Gleditsin* (MITSUNO u. Mitarbeiter, J. pharmac. Soc. Japan [Yakugakuzasshi] **77.** [1957.] 557. 1208)] u. *7.4'-Dihydroxyflavandiol-(3.4)* (II). Für das Leukoanthocyanidin II wird der Name *Guibourtacacidin* u. für das daraus gebildete Anthocyanin der Name *Guibourtinidin* vorgeschlagen. (Nature] London] **183.** 890—91. 28/3. 1959. Grahamstown, Rhodes Univ., Leather Ind. Res. Inst.) H. GOEBEL. 4420

Yoshito Ogawa, *Isolierung und Identifikation der bitteren Bestandteile von Citrullus colocynthis Schrad.* Ein ca. 4 cm³ großer Würfel aus dem schalenfreien Fleisch von reifem *Citrullus colocynthis Schrad* wurde zunächst mit Methanol bei 60°, dann mit Essigsäureäthylester bei 50° extrahiert. Das grüngelbliche klare Öl wurde mit Ae. u. 2n NaOH von den sauren Substanzen befreit; anschließend wurden durch 2n HCl die Säureamide u. bas. Substanzen entfernt. Das erhaltene Prod. wurde in 10 cm³ Chlf. gelöst u. mit Al_2O_3 chromatographiert. Lösen in 5 g Methanol führte zu einem gelben, bitteren Öl, das „*Citbittol*" (I) genannt wurde. Papierchromatograph. (wassergesätt. Essigsäureäthylester) ist I bei R_F 0,90 nachzuweisen. — Geschmacksprüfungen an 3 Gesunden ergaben einen Schwellenwert von 1 : 512. (Med. and Biol. [Tokyo] **51.** 52—54. 20/4. 1959. Mishima, Kokuritsu Idengaku-Kenkyūsho. [Orig.: japan.]) F. MOSSNER. 4420

Yoshito Ogawa, *Die bitteren Bestandteile von Citrullus colocynthis Schrad. Der Geschmackschwellenwert für den Bitterstoff Citbittol.* (Vgl. vorst. Ref.) Zur Feststellung des Schwellenwertes für „bitter" an 525 Personen wurde ein bei 20° wassergesätt. Lsg. von „Citbittol" (in 12 verschied. Konzz. bis zum 2,048fachen der Ursprungslsg.) verwendet. 359 Personen (68,4%) reagierten n. bei der Konz. 1 : 128, 158 (30,1%) abweichend, 8 (1,5%) gar nicht. Von diesen 8 gaben jedoch 4 den Geschmack von Phenylthiocarbamid richtig an. (Med. and Biol. [Tokyo] **51.** 187—90. 5/6. 1959. Mishima, Kokuritsu Idengaku-Kenkyūsho. [Orig.: japan.]) F. MOSSNER. 4420

W. T. de Kock und **P. R. Enslin,** *Chemische Untersuchungen über Photosensibilisierungskrankheiten der Haustiere. 1. Mitt. Isolierung und Charakterisierung von Steroidsapogeninen aus Tribulus terrestris.* Die aus *T. terrestris* (*Zygophyllaceae*), einer südafrikan., „Geeldikkop" (hepatogene Photosensibilisierung) der Schafe verursachenden Pflanze, isolierten Rohsaponine (I) gaben bei saurer Hydrolyse *Diogenin*, *Ruscogenin* (II), *Gitogenin* u. *25 D-Spirosta-3.5-dien.* II wurde zu *$\Delta^{5.16}$-20-Keto-1β.3β-Dihydroxypregnadien* u. *Δ^5-20-Keto-1β.3β-Dihydroxypregnen* abgebaut.

V e r s u c h e (FF. korr., α in Chlf., λ in 96%ig. A.): *25 D-Spirosta-3.5-dien*, $C_{27}H_{40}O_2$, F. 160—162°, aus I mit 4n HCl, Chromatographie des Sapogeningemisches an Al_2O_3 u. Elution mit Bzl.-Chlf. (9 : 1); Nadeln, $[\alpha]_D$ —195° (c = 0,8%), λ_{max} 235 mμ. — *Diosgenin*, $C_{27}H_{42}O_3$, F. 204—205,5°, durch Elution mit Bzl.-Chlf. (2 : 3); Nadeln, $[\alpha]_D$ —120° (c = 0,3%). *Monoacetat*, F. 190—192°, $[\alpha]_D$ —126° (c = 0,8%). — *Ruscogenin* (II), $C_{27}H_{42}O_4$, F. 213—215,5° (manchmal 208—210°), durch Elution mit Chlf. u. Chlf.-A. (98 : 2); Nadeln, $[\alpha]_D$ —121° (c = 0,34%). *Diacetat*, $C_{31}H_{46}O_6$, F. 206° bzw. 190—194° (aus tiefschm. I), $[\alpha]_D$ —75° (c = 0,8%). — *Gitogenin*, $C_{27}H_{44}O_4$, F. 271°, durch Elution mit A.; $[\alpha]_D$ —69° (c = 0,8%). *Diacetat*, $C_{31}H_{48}O_6$, F. 239—241°, $[\alpha]_D$ —103° (c = 0,8%). — *$\Delta^{5.16}$-20-Keto-1β.3β-Dihydroxypregnadien*, $C_{21}H_{30}O_3$, F. 234—240°, aus I-Diacetat (10,7 g), Octansäure u. Acetanhydrid durch langsames Erhitzen auf 245° (3 Std.), Oxydation des gebildeten Pseudo-I in Eisessig + Na-Acetat mit CrO_3 in 80%ig. wss. Essigsäure bei 13° (15—20 Min., 90 Min. bei 22°), Hydrolyse mit KOH in W.-tert.-Butanol (3½ Std., 28°); Platten, $[\alpha]_D$ —37° (c = 0,8%), λ_{max} 238 310—315 mμ; Ausbeute 3,6 g. — *Δ^5-20-Keto-1β.3β-Dihydroxypregnen*, $C_{21}H_{32}O_3$, F. 188—190°, aus vorst. Verb. (408 mg) durch katalyt. Hydrierung mit Pd-$CaCO_3$ in A.; Platten (CH_3OH), $[\alpha]_D$ +38° (c = 0,5%); 88 mg. (J. South African chem. Inst. **11.** 33—36. April 1958. Pretoria, South African Council für Scient. and Ind. Res., Nat. Chem. Res. Labor.) K. MAIER. 4420

J. S. Sedlák und **Š. Kaločai,** *Gehalt an SH-Stoffen und freier L-Ascorbinsäure in Gemüse und Obst.* In 24 Proben von Gemüsen u. 20 Proben von Obst wird polarograph. der Geh. an SH-Stoffen (als SH-Glutathion = SHG) u. freier *L-Ascorbinsäure* (I) untersucht. In Ggw. von I sind stets auch größere Mengen an SHG vorhanden. Bes. groß ist der Geh. an SHG u. I in jungen grünen Teilen von Gemüsen, z. B. Spinatblättern, Petersilieblättern, Kraut, Kohl usw., dagegen enthalten die meisten Obstarten wenig SHG u. I. (Chem. Zvesti **11.** 40—50. 1957. Bratislava, Slov. akad. vied., Endokrinol. ústav.) R. K. MÜLLER. 4425

W. M. Ashton und **P. C. Williams,** *Die Phosphorverbindungen des Hafers.* 1. Mitt. *Der Gehalt an Phytinphosphor.* Bis zur Milchreife enthält Hafer kein Phytin (I). I wird innerhalb von drei Wochen gebildet, bis es zur Reifezeit ca. 62% des Gesamt-P repräsentiert. Varietäten von *Avena strigosa* u. *A. strigosa* × *A. brevis* sind bedeutend reicher als *A. sativa* sowohl an Gesamt-P als auch an I-P, während deren Verhältnis in den verschied. Varietäten prakt. konstant ist. Hafer-I ist reicher an Mg als Weizen-I u. enthält einen erheblichen Anteil an Mn. Die Keimung ist von einem I-Abbau begleitet, der nach ca. 2 Wochen unter Bldg. von anorgan. Phosphat abgeschlossen ist. (J. Sci. Food Agric. **9.** 505—11. Aug. 1958. Aberystwyth, Univ. Coll., Dep. of Agric. Chem.) H. BREUER. 4425

M. Maróti, *Die Entwicklung der isolierten Wurzel und des Sprosses.* 2. Mitt. *Phosphorstoffwechsel.* (1. vgl. C. **1958.** 9260.) Vom Wurzelsyst. wird wesentlich mehr *P* eingebaut bzw. akkumuliert als vom Sproß (Versuchsbedingungen wie l. c. angegeben). Nach der Keimung war der P-Geh. der Wurzeln auf das 15fache vermehrt, der des Sprosses nur auf das 3fache. Die Gesamt-P-Werte sind im Sproß u. in den Wurzeln gleich u. schwanken zwischen 0,5 u. 1,0% (ausgedrückt im % der Trockensubstanz). Jedoch liegen die auf die einzelne Zelle bezogenen P-Werte im Wurzelsyst. höher als im Sproß (50—200% mehr). Der Nucleinsäure-P beträgt ca. 25—30% des Gesamt-P-Geh., entsprechend 0,1—0,3% der Trockensubstanz. Auch hierbei ist der Geh. im Wurzelsyst. höher als im Sproß. (Naturwissenschaften **45.** 193—94. 2. April-H. 1958. Budapest, Loránd-Eötvös-Univ., Pflanzenphysiol. Inst., Biol. Stat. Alsógöd.) G. KLESSE. 4450

Paul Saltman, Victoria H. Lynch, George M. Kunitake, Clyde Stitt und **Herbert Spolter,** *Die Dunkelfixierung von CO_2 durch succulente Blätter. Stoffwechselveränderungen, die der Anfangsfixierung folgen.* (Vgl. C. **1958.** 468.) Vff. bestimmten den Einbau von $^{14}CO_2$ in verschied. Verbb. der Blätter von *Bryophyllum crenatum* in der Periode der Dunkelfixation. Durch zweidimensionale Papierchromatographie (1. 80:20, Phenol–W., 2. Butanol–Eisessig–W., 79 : 19 : 50) wurden folgende radioakt. Verbb. nachgewiesen: *Äpfelsäure, Citronensäure, Isocitronensäure, Bernsteinsäure, Fumarsäure, Asparaginsäure, Asparagin, Glutaminsäure, Glutamin, Alanin, Glycin, Serin.* Vff. vermuten, daß ein vollständiger Tricarbonsäurecyclus abläuft. In Serin kann eine Markierung früher als in Glycin nachgewiesen werden. (Plant Physiol. **32.** 197—200. Mai 1957. Los Angeles, Calif., Univ. of Southern California, School of Med. Dep. of Biochem. and Nutrit.) H. GREILING. 4460

George M. Kunitake, Paul Saltman und **Anton Lang,** *Die Produkte der CO_2-Dunkelfixierung in Blättern von Kalanchoë blossfeldiana nach langer und kurzer Belichtungszeit.* Vff. untersuchen die Dunkelfixierung bei Blättern von *Kalanchoë blossfeldiana* in Ggw. von $^{14}CO_2$, die 9 oder 19 Std. am Tag belichtet wurden. 9std. Belichtung ergab eine höhere Dunkelfixierung als 19std., jedoch war die prozentuale Verteilung der ^{14}C-markierten Verbb. (Äpfelsäure, Asparaginsäure, Glutaminsäure, Alanin, Glutamin, Citronensäure, Isocitronensäure, Bernsteinsäure, Fumarsäure) bei beiden fast gleich. (Plant Physiol. **32.** 201—03. Mai 1957. Los Angeles, Univ. of Southern California, Dep. of Biochem. and Nutrit.) H. GREILING. 4460

G. Jolchine, *Über die Verteilung von ^{14}C in Äpfelsäuremolekülen, synthetisiert durch $^{14}CO_2$-Fixierung in den Blättern von Bryophyllum daigremontianum Berger.* Blätter von *Bryophyllum daigremontianum* wurden im Dunkeln oder bei Belichtung $^{14}CO_2$ ausgesetzt u. die Äpfelsäure aus ihnen durch methanol. Extraktion, Reinigung an Ionenaustauschern u. Chromatographie auf Papier oder an Silicagel gewonnen. Die Gesamtradioaktivität wurde nach feuchter Veraschung mit Persulfat, diejenige von $C_{(1)}$ durch CO_2-Abspaltung mit H_2SO_4 bei 55—65° u. diejenige von $C_{(4)}$ durch Decarboxylierung mit Äpfelsäuredecarboxylase aus Lactobacillus arabinosus 17-5, jeweils über $BaCO_3$, bestimmt. Bei Fixierung im Dunkeln enthielt $C_{(1)}$ 30—34%, $C_{(4)}$ 66—70%, bei Fixierung im Licht $C_{(1)}$ 34—35%, $C_{(4)}$ 43—51% der gesamten Radioaktivität. $C_{(2)}$ u. $C_{(3)}$ enthielten nur Spuren bei Belichtung. Wurden die Blätter nach im Dunkeln stattgefundener Fixierung belichtet, so änderte sich die Verteilung der Radioaktivität nicht mehr. Die Möglichkeiten des Fixierungsvorganges werden diskutiert. (Bull. Soc. Chim. biol. **41.** 227—34. 25/4. 1959. Gif-sur-Yvette, Seine-et-Oise, C.N.R.S., Labor. de Photosynth.) W. SCHÖNBORN. 4460

J. Koštíř und **V. Jiráček,** *Über den Einfluß des Kobalts auf den Stickstoffstoffwechsel des Hafers.* Die Pflanzen wurden in Quarzsand mit Zugabe von Nähr-Lsgg. gezogen, die

0—500 mg Co/Liter enthielten. Die stimulierenden Co-Konzz. (1—10 mg) bewirkten in den Wurzeln eine Erniedrigung des Histidin (I)-, Arginin (II)- u. Tryptophan (III)-Geh., nach 10 Tagen verschwand auch vorübergehend Glutaminsäure. Tox. Co-Konzz. bewirkten ebenfalls Abnahme von I, II u. III in den Wurzeln, nach 30 Tagen verschwanden I, Ornithin u. β-Alanin (IV) vollständig, der Cysteingeh (V) wurde erhöht. In den oberird. Teilen wurden durch 1—10 mg Co die freien Aminosäuren wenig beeinflußt, die tox. Konzz. verursachten Verschwinden von I, II u. IV sowie Erhöhung des V. Der Geh. an Chlorophyllen u. Carotinoiden wurde durch 1—10 mg Co erhöht, durch 25—500 mg vermindert. Durch 1—10 mg Co wurde der Proteingeh. der Wurzeln erhöht, der der oberird. Teile erniedrigt, durch die tox. Co-Konzz. wurde die Proteinsynth. nach einiger Zeit gestört. Es wird angenommen, daß bes. eine aktivierende bzw. hemmende Wrkg. des Co auf Fermente vorliegt. (Naturwissenschaften **46.** 270. 2. April-H. 1959. Prag, Karls-Univ., Biochem. Inst.) J. SCHWAIBOLD. 4460

R. Brouwer, *Diffusible und austauschbare Rubidiumionen in Erbsenwurzeln.* In vergleichenden Verss. (Unters. des Rb-Geh. der Wurzeln sofort nach der Aufnahme von radioakt. Rb oder nach verschied. Nachbehandlung) wurde gefunden, daß das austauschbare Rb zum Sproß mit einer Geschwindigkeit transportiert wird, die der Transpiration entspricht. Diese Ionen werden aus dem Gewebe ohne Entweichen in das äußere Medium in die Xylemgefäße übergeführt (Ggw. einer Ionentrennwand im Plasmalemma). (Acta bot. neerl. **8.** 68—76. 1959. Groningen, Bot. Labor.) J. SCHWAIBOLD. 4470

Frank M. Eaton und **David R. Ergle,** *Die Versorgung der Baumwollpflanze mit Mineralsalzen.* Die 5 Tage alten Sämlinge, die in HOAGLANDs Lsg. gezüchtet wurden, zeigten eine Anreicherung von N, K, Cu, Na u. einen Verlust an P gegenüber den Samenkernen (Trockengewicht u. Mg blieben konstant). Danach nur noch geringe Änderungen. Die Trockengewichtskurve über 150 Tage zeigt einen S-förmigen Verlauf. Während der Entw. der Samenkapsel erfolgt ein Anstieg des Trockengewichts u. von N, P, K, Cu u. Mg. Die Knospe u. die Samenkapsel enthält 57% des N, 79% des P, 46% des K, 53% des Mg u. 39% des Ca der gesamten Pflanze. Die Aufrechterhaltung einheitlicher Konzz. von Mineralien in den Blättern u. im Stengel während der Fruchtperiode soll den reproduktiven Cyclus der Baumwollpflanze charakterisieren. (Plant Physiol. **32.** 169—75. Mai 1957. College Station, Texas, US Dep. of Agric., Field Crops Res. Branch, Agric. Res. Service.) H. GREILING. 4470

J. V. Lagerwerff, *Vergleichbare Wirkungen adsorbierter und gelöster Kationen auf das Pflanzenwachstum.* Auf Grund der Bestimmungen von Trockengewicht, *Na*-, *Ca*- u. *K*-Geh. junger Bohnenkeimlinge, die in Nähr-Lsgg. mit verschied. *Na*- u. *Ca*-Geh. 30 Tage sowie in reinen *Na–Ca*-Lsgg. verschied. Konz. 10 Tage mit u. ohne Zusatz von Ionenaustauschern gezüchtet wurden, kommt Vf. zu dem Ergebnis, daß unter Gleichgewichtsbedingungen die Zus. der gelösten Phase des Wachstumsmediums die Oberflächenumgebung der Pflanzenwurzel vollkommen charakterisiert u. an die Oberfläche von Austauschern (im weiteren Sinne) adsorbierte Kationen keine direkte Wrkg. auf das Pflanzenwachstum zeigen. Eine Wachstumssteigerung in Medien mit adsorbierten Kationen gegenüber „vergleichbaren" Lsgg. der Kationen wurde nicht beobachtet u. die „*Kontaktaustauschtheorie*" damit nicht bestätigt. (Soil Sci. **86.** 63—69. Aug. 1958. Riverside, Calif., US Salinity Labor.) R. TIMMLER. 4470

Robert A. Steinberg und **R. N. Jeffrey,** *Wirkung von Mikronährstoffmangel auf Nicotinbildung durch Tabak in Wasserkultur.* Die Ergebnisse der früheren Unterss. bzgl. B wurden bestätigt mit Einbeziehung der Meth. der Probenahme, der Wrkg. der Jahreszeit, Tabakart u. anderer Mikronährstoffmängel. Mangel an Fe, Zn, Cu, Mn oder Mo bewirkte eine Abnahme des Geh. an Gesamtalkaloiden, ein Überschuß an Fe, Cu oder Mn eine Abnahme, ein solcher an Mo oder Zn eine Zunahme. In allen Fällen war der Ertrag an Pflanzenmasse verringert u. bei erhöhtem Alkaloidgeh. die Wurzelverzweigung gesteigert. Bei den Mangelpflanzen war auch die Alkaloidverteilung in der Pflanze u. das Verhältnis der Alkaloidanteile verändert. Es wurden fluorescierende Nichtalkaloidsubstanzen beobachtet, die ebenfalls durch Mikronährstoffe in der Konz. beeinflußt wurden. (Plant Physiol. **31.** 377—82. Sept. 1956. Beltsville, US Dep. of Agric., Agric. Res. Serv., Field Crops Res. Branch.) J. SCHWAIBOLD. 4470

Albert C. Hildebrandt, A. J. Riker und **Elizabeth Muir,** *In vitro-Wachstum von Marigold- und Tabakpflanzengewebe in Gegenwart von Nucleinsäuren und verwandten Verbindungen. Ribonucleinsäure* (I)-Zusatz im Nährmedium [400—4000 mg/Liter] stimuliert das Wachstum von *Nicotiana glauca*-, *N. langsdorffii*- u. Marigold-Krongallen in Gewebekulturen, dagegen nicht *Desoxyribonucleinsäure* (II). I ist eine N-Quelle für Tabak, aber nicht für Marigold-Gewebe, II ist für beide N-Quelle. Weder I noch II sind C-Quellen. Eine Hemmung des Wachstums für Tabakgewebe findet statt durch Adenin, Cytosin,

Xanthin, Thymin u. Uracil (400 mg/Liter), während Hypoxanthin, Guanin u. Ribose bei höheren Konzz. fördernd wirken. Marigold-Kulturen werden durch alle Purine u. Pyrimidine gehemmt, am stärksten durch Adenin u. Guanin. Thiouracil hemmte für Tabakgewebe bei 10 mg/Liter u. für Marigold bei 100 mg/Liter. (Plant Physiol. **32.** 231 bis 236. Mai 1957. Madison, Wis., Univ. of Wisconsin, Dep. of Plant Pathol.) H. GREILING. 4480

T. J. Muzik und **H. J. Cruzado,** *Übertragung der für Sämlinge charakteristischen Fähigkeit zur Wurzelbildung auf ältere Exemplare von Hevea brasiliensis.* Beschreibung einer Vermehrungsmeth. für den durch Stecklinge gewöhnlich kaum zu vermehrenden Kautschukbaum, die aus abwechselndem Pfropfen von Knospen u. Auspflanzen der von diesen Knospen gebildeten Stecklinge besteht. Nach der 4. u. 5. Wiederholung bewurzelten sich die Stecklinge, während Stecklinge der 1.—3. Wiederholung u. des ursprünglichen Stammes keine Wurzeln bildeten. Es wird angenommen, daß die jungen Formen eine Substanz auf die älteren übertragen, die diese zur Ausbldg. der für die Jugendformen charakterist. Eigg. (Wurzelbldg.) befähigt. In den gewöhnlichen Lösungsmitteln ist diese Substanz jedoch nicht löslich. (Nature [London] **181.** 1288. 3/5. 1958. Mayaguez, Puerto Rico, Federal Exp. Stat.) G. KLESSE. 4485

Takashi Tagawa und **James Bonner,** *Mechanische Eigenschaften der Haferkoleoptile und seine Beeinflussung durch Auxin und Ionen.* Vff. untersuchten die Deformierbarkeit von Haferkoleoptilen unter Belastung, um ein Maß für die elast. u. plast. Eigg. der Zellwand der Koleoptile zu erhalten. Vorbehandlung in Ca^{2+}- oder Mg^{2+}-Lsg. erniedrigt die Elastizität u. Plastizität, dagegen erhöht K^+ sie. *Indolylessigsäure* (I) steigert die Deformierbarkeit prim. durch Erhöhung der Plastizität. Synergist. wirkt K^+, antagonist. Ca^{2+}. Vff. diskutieren die Bedeutung der Pektinsubstanzen in der Zellwand der Haferkoleoptile für die mechan. Struktur derselben, die ebenfalls durch K^+ u. Cu in ihren chem. Eigg. verändert werden. (Plant Physiol. **32.** 207—12. Mai 1957. Pasadena, Calif.; California Inst. of Techn., Kerckhoff Labor. of Biol.) H. GREILING. 4485

Wm. P. Jacobs, *Das Vorkommen diffusiblen Auxins in Psilotum.* In dicken, schnellwachsenden Spitzen von *Psilotum nudum,* einer primitiven, blatt- u. wurzellosen Pflanze, wurde mittels Agarblöckchenmeth. u. Krümmungstest an der Avenakoleoptile *Auxin* nachgewiesen. An unterird. Sprossen konnten weder durch Indolylessigsäure, Naphthylessigsäure oder Indolylbuttersäure allein noch in Verbindung mit Thiamin, Nicotinsäure, Rohrzucker oder Mineralsalzen Wurzelanlagen induziert werden. (Science [Washington] **122.** 597. 30/9. 1955. Princeton, N. J., Princeton Univ., Biol. Dep.) W. SCHÖNBORN. 4485

George E. Barrier und **W. E. Loomis,** *Resorption und Translokation von 2.4-Dichlorphenoxyessigsäure und ^{32}P durch Blätter.* Vff. untersuchten die Aufnahme von *2.4-Dichlorphenoxyessigsäure* (I) u. $^{32}PO_4^{3-}$ durch Blätter von Sojabohnenkeimlingen. Oberflächenakt. Substanzen u. Temperaturerhöhung steigern die Aufnahme von **I**, aber nicht von $^{32}PO_4^{3-}$. Bei Verarmung an Blattkohlenhydraten wird die Translokation von **I** u. $^{32}PO_4^{3-}$ gehemmt, dagegen nicht die Aufnahme. Die Translokation beider Substanzen zeigte Temperaturkoeffizienten in der Größenordnung Q_{10} ca. 2. — Die Resorption u. Bewegung von **I** u. $^{32}PO_4^{3-}$ dauert für signifikante Mengen über 2 Stunden. Nach 24 Std. sind 80% des ^{32}P in organ. Verbb. eingebaut. Autoradiograph. Unterss. zeigen, daß nach 6 Std. ein großer Teil von $^{32}PO_4^{3-}$ sich in den Blattadern anreichert. (Plant Physiol. **32.** 225—31. Mai 1957. Ames, Iowa, Iowa State Coll., Dep. of Botany.) H. GREILING. 4485

A. J. Vlitos, Werner Meudt und **R. Beimler,** *Die Rolle des Auxins für das Blühen der Pflanze.* 4. Mitt. *Ein neues nichtidentifiziertes natürlich vorkommendes Indolhormon in normalem und mit γ-Strahlen bestrahltem Maryland-Mammoth-Tabak.* (3. vgl. C. **1955.** 5580.) Ausführliche Widergabe der C. **1957.** 5608 referierten Arbeit. (Contr. Boyce Thompson Inst. **18.** 283—93. April/Juni 1956.) G. KLESSE. 4485

C. M. Driver, *Die Wirkung von verschiedenen Chemikalien auf das Auswachsen von Kartoffeln.* 1. Mitt. *Speisekartoffeln.* Anwendung von handelsüblichen Präpp. mit Geh. an *α-Naphthylessigsäuremethylester, Tetrachlornitrobenzol* u. *Isopropylphenylcarbamat* auf verschied. Sorten Speisekartoffeln zwecks Verhütung des vorzeitigen Keimens hatte bei Behandlung der Knollen bis Anfang November einen zufriedenstellenden Erfolg; die behandelten Kartoffeln waren am Ende der Lagerungsperiode von besserer Qualität als die unbehandelten. — Besprühen der Blätter von Kartoffelpflanzen mit dem *Na-Salz von 2.3.5-T* red. das Austreiben der Kartoffeln der darauffolgenden Ernte ebenfalls, verringerte aber auch den Ertrag u. verursachte ein sehr häufiges Aufplatzen der Knollen. Das Trockengewicht u. der *Ascorbinsäure*-Geh. wurde durch keines der geprüften Präpp. beeinflußt. (New Zealand J. Sci. Technol., Sect. A **38.** 887—97. Okt. 1957. Lincoln, Dep. of Sci. and Ind. Res., Crop Res. Div.) G. KLESSE. 4485

G. F. Asprey, K. Benson-Evans und **A. G. Lyon,** *Einfluß von Gibberellin und Indolylessigsäure auf die Streckung des Stiels von Pellia epiphylla.* Pflänzchen des Lebermooses *Pellia epiphylla* im Ruhezustand mit reifen Kapseln, aber noch nicht gestreckten Stielen, wurden (im Januar) mit einer Lsg. von 100 p.p.m. *gibberellsaurem K* (I; *Gibrel,* Merck & Co.) besprüht. Die Seta erreichte nach 5 Tagen eine Länge von 57 mm, während die mit W. behandelten Kontrollen unbeeinflußt blieben. Vom Thallus isolierte Sporogonien zeigten nach Behandlung mit I eine Länge von 7—10 mm. Diese Sporogonien wurden anschließend mit einer Lsg. von 1,0 p.p.m. *Indolylessigsäure* (II) behandelt, worauf die Stiele ihre volle Länge (63 mm) erreichten. Bei Kapseln, die nur mit II besprüht worden waren, wurde der Stiel nur etwa halb so lang (37 mm). Aus letzteren Befunden wird geschlossen, daß zur Streckung des Stiels die Ggw. eines *Auxins* notwendig ist. In der Natur dauert die Ruheperiode ca. von Oktober bis Februar u. ist gek. durch Fehlen von Auxin. Aus den Verss. allein mit I wird gefolgert, daß der Gametophyt zur Bldg. von Auxin oder einem Vorläufer fähig ist. Als weiterer Wirkungsmechanismus von I wird angenommen, daß I die Wrkg. eines Auxininhibitors aufhebt bzw. einen Auxinvorläufer aktiviert. (Nature [London] **181.** 1351. 10/5. 1958. Cardiff, Univ. Coll. of South Wales; Monmouthshire, Dep. of Bot.) G. Klesse. 4485

K. E. von Maltzahn und **I. G. MacQuarrie,** *Wirkung von Gibberellsäure auf das Wachstum des Protonemas von Splachnum ampullaceum (L.) Hedw.* Behandlung des Protonemas, das sich aus isolierten Blättchen von *Splachnum ampullaceum* entwickelte, mit *gibberellsaurem K* (I) in verschied. Konzz. (1—1000 μg/ml) hatte ein Ansteigen der Zahl der Zellen u. des Zellumfangs zur Folge, wobei sich jedoch nur die Länge proportional der Konz. vergrößerte, während die Zellbreite bei steigender Konz. abnahm. Außer durch I wird das Wachstum des Protonemas von Moosen nur durch die Ggw. von Pilzen der verschiedensten Art bzw. von pilzlichen Bestandteilen („Pilzeffekt") im Kulturmedium gesteigert, während *Indolylessigsäure,* die verschied. *Aminosäuren, Vitamine* u. deren Kombinationen, *Hefeextrakt* u. *Caseinhydrolysat* keinen Einfl. haben. Wegen der Unspezifität des Pilzeffektes kann die Wrkg. von I damit nicht verglichen werden. (Nature [London] **181.** 1139—40. 19/4. 1958. Halifax, N. S., Dalhouse Univ., Bot. Labor.) G. Klesse. 4485

G. Scurfield und **C. W. E. Moore,** *Einfluß von Gibberellsäure auf verschiedene Eucalyptusarten.* Um auch die Wrkg. von *Gibberellsäure* (I) auf perennierende Holzgewächse zu untersuchen, wurden Pflanzen von verschied. Eucalyptusarten (*E. melliodora, E. polyanthemos, E. bicostata, E. viminalis, E. blakelyi, E. fastigata* u. *E. dives*) mit I in steigenden Konzz. (1—1000 μg/ml) behandelt. Die Species reagieren sämtlich sehr ähnlich u. bilden einen schlankeren, schwächeren Sproß mit längeren Internodien u. mehr, anfänglich bleicheren Blättern als die Kontrollen aus. Mit steigender Konz. steigen Stammhöhe u. -durchmesser, Blattzahl u. Stammgewicht, während das Gewicht der Blätter u. Wurzeln abnimmt. Die für erwachsene Exemplare von *E. melliodora* charakterist. Form der Blätter wird bei den behandelten Pflanzen früher ausgebildet als bei den unbehandelten. (Nature [London] **181.** 1276—77. 3/5. 1958. Canberra, Commonwealth Sci. and Ind. Res. Organization, Div. of Plant Ind.) G. Klesse. 4485

P. W. Brian, *Rolle von gibberellin-artigen Hormonen bei der Regulierung des Pflanzenwachstums und des Blühvorgangs.* (Vgl. C. **1959.** 2179.) Übersicht an Hand von 29 Literaturangaben über das Vork. von *Gibberellin* (I)-artigen Wirkstoffen in den Pflanzen, bes. in den Samen, über deren Bedeutung für die Keimung, über die Beziehung von I zum Lichteinfl. (Wrkg. bei Kurz- u. Langtagpflanzen) sowie zur Wrkg. von tiefen Tempp. (Vernalisation), über die Ähnlichkeit der Wrkg. von I u. Rotlicht u. über die Beziehung der I-artigen Hormone zum Blühhormon *Florigen,* das in Kurz- oder Langtagspflanzen zwar ident. ist, jedoch seine Wrkg. bei Langstagspflanzen nur in Ggw. einer großen Menge des Hormons entfaltet, während es bei Kurztagspflanzen nur bei einem geringen I-Spiegel wirkt. (Nature [London] **181.** 1122—23. 19/4. 1958. Welwyn, Imp. Chem. Ind. Ltd., Akers Res. Labor.) G. Klesse. 4485

James A. Lockhart, *Untersuchungen über das Bildungsorgan des natürlichen Gibberellinfaktors in höheren Pflanzen.* Vf. zeigt, daß Zugabe von *Gibberellin* (I) zu Sämlingen von *Pisum sativum* das Wachstum der subapikalen Region des Stengels stimuliert. Der Produktionsort für das I ist die Stengelspitze, das Wachstum von Sämlingen, denen die Stengelspitze entfernt wurde, kann durch I wieder angeregt werden. Jodessigsäure zeigte nicht die Wrkg. von I. I kann weder die Wurzel noch die Cotyledonen im Stengelwachstum ersetzen. (Plant Physiol. **32.** 204—07. Mai 1957. Pasadena, Calif., California Inst. of Technol., Div. of Biol.) H. Greiling. 4485

P. W. Zimmerman und **A. E. Hitchcock,** *Wachstumsregulierende Wirkung von 1.1-Difluoräthylen (Genetron 150) bei Anwendung auf Pflanzen.* Die gleiche physiol.

(wachstumshemmende) Wrkg. wie *Äthylen* (I) übt auch sein F-Deriv. *1.1-Difluoräthylen* (II; *Genetron 150*; ALLIED CHEMICAL & DYE CORP., GENERAL CHEMICAL DIV.) auf Pflanzen aus. An Tomatenpflanzen z. B. wurde nach Behandlung mit 2000 p.p.m. II die gleiche epinast. Rk. beobachtet wie sie durch 10 p.p.m. I hervorgerufen wird. Weitere 22 Pflanzenspecies reagierten unterschiedlich auf II-Behandlung; neben gar keiner bzw. mehr oder weniger ausgeprägter Epinastie trat auch Kräuselung der Blätter in verschied. Ausmaß ein. (Contr. Boyce Thompson Inst. **18.** 295—97. April/Juni 1956.) G. KLESSE. 4485

Ake Jönsson, *Analoge von Stoffwechselkörpern mit einer geminalen Dimethylgruppe.* Pflanzenwuchsstoffe vom Typ der *Aryl-*, *Aryloxy-* u. *Indolyl-(3)-essigsäure* wurden durch Einführung einer geminalen Dimethylgruppe am Methylenkohlenstoffatom in Auxinantagonisten verwandelt. Wirkungsänderungen bei anderen physiol. Stoffen (Aminosäuren, Vitamine) durch analoge Abwandlung sollen untersucht werden. (Acta chem. scand. **9.** 1047. 1955. Stockholm, Kungl. Tekn. Högskolan, Organ.-kem. Inst.) W. SCHÖNBORN. 4485

Williams A. Rhoads, Arthur Wallace und **Evan M. Romney,** *Kalk-induzierte Chlorose.* Grüne u. chlorot. Blätter von Buschbohnen enthielten verschied. organ. Säuren in unterschiedlichen Mengen, wie durch säulenchromatograph. Trennung u. Messung der ^{14}C-Verteilung in Extrakten gesunder u. chlorot. Blätter, denen während der Photosynth. $^{14}CO_2$ zugeführt worden war, nachgewiesen wurde. Eine nichtidentifizierte organ. Säure, in welche in den grünen Blättern merkliche $^{14}CO_2$-Mengen eingebaut waren, konnte in chlorot. Blättern überhaupt nicht festgestellt werden. Es wird daher vermutet, daß bei Kalk-induzierter Chlorose der organ. Säurestoffwechsel blockiert ist. (Calif. Agric. **13.** 6. März 1959. Los Angeles, Calif., Univ. of California, Dep. of Nuclear Med. and Radiat. Biol.) WILFRIED WERNER. 4490

Jan Materna, *Kieselsäuregehalt in rauchgeschädigten Fichtennadeln.* Es wurde Material von nebeneinander wachsenden Bäumen entnommen, die sich im Grad ihrer Schädigung wesentlich unterschieden. Wegen des vermutlichen Einfl. der Mineralernährung auf die Widerstandsfähigkeit wurden die Gehh. an Si, Ca, Mg, P, K, N, S, Mn u. Fe bestimmt. Bisher wurde festgestellt, daß der SiO_2-Geh. in allen Fällen in den Nadeln stark geschädigter Bäume merklich höher ist als in denen schwach oder nicht geschädigter. Die Möglichkeiten einer Erklärung hier vorliegender Zusammenhänge werden erörtert. (Naturwissenschaften **46.** 270—71. 2. April-H. 1959. Zbraslav II, Inst. für Forstwirtschaft u. Jagdwesen der CASZV.) J. SCHWAIBOLD. 4490

S. H. Crowdy, D. Gardner, John Frederick Grove und **D. Pramer,** *Wanderung von Antibioticis in höheren Pflanzen.* 1. Mitt. *Isolierung von Griseofulvin und Chloramphenicol aus Pflanzengewebe.* (Vgl. C. **1956.** 14394.) Aus dem Gewebe von *Bohnen*-Pflanzen, die in Lsgg. mit *Griseofulvin* (I) u. *Chloramphenicol* gewachsen waren, wurden diese beiden Antibiotica isoliert (Gegenstromverteilung, Chromatographie an Al_2O_3); Best. von I spektrophotometrisch. (J. exp. Botany **6.** 371—83. Okt. 1955. Welwyn, Herts., Akers Res. Labors., Imp. Chem. Ind. Ltd.) H. GOEBEL. 4490

M. Prévost, C. Tysset und **B. Vacher,** *Wirkung von 3-[p-Chlorphenyl]-1.1-dimethylharnstoff (Monuron oder CMU) auf die Mitochondrien von Allium cepa. Phasenkontrastuntersuchung.* Bei Einw. einer wss. Suspension von *Monuron* (1:1000) zeigen Mitochondrien der inneren Zwiebelschalenepidermis von Allium cepa bei 2000facher Vergrößerung (Phasenkontrast, längere Belichtungen schädigen) Aufblähungen u. Bldg. von Bläschen, in denen Partikel beobachtet wurden, die auf phytotox. Wrkg. des Monurons zurückzuführen sein dürften. (Bull. Microscopie appl. [2] **8.** 101—04. Aug. 1958. Fort d'Auberville/Seine, Sect. Techn. de l'Armée.) K. BLUMRICH. 4495

Janet R. Walker und **P. J. Syrett,** *Die Wirkung von schwerem Wasser auf das Wachstum von Chlorella vulgaris.* 90%ig. D_2O verhindert den autotrophen Algenwuchs völlig, den heterogenen dagegen nur teilweise. Nach Zugabe von 0,1% Glucose (p_H 6,1) setzt ein unternormales Wachstum ein, welches bei Dunkelheit größer als bei Licht ist. D_2O-Algenkulturen sind orangefarben. Der Äthanolextrakt zeigt n. *Carotin-*, jedoch auf $^1/_5$ des Normalen reduzierten *Chlorophyll*-Gehalt. Wahrscheinlich wird eine der Dunkel-Rkk. bei der Photosynth. durch D_2O gestört. (Nature [London] **183.** 1193—94. 25/4. 1959. London, Univ., Botany Dep.) W. GRÜTZ. 4495

Friedrich Constabel, *Ernährungsphysiologische und manometrische Untersuchungen zur Gewebekultur der Gymnosporangiumgallen von Juniperusarten.* Durch Verwendung von 10% *Cocosnußmilch* (CM) oder *Hefeextrakt* (HE) in Verbindung mit 10^{-6} g/Liter *Indolylessigsäure* (I), 0,1 mol. *Glucose* (II) oder *Saccharose* (III) u. Mineralsalz-Lsgg. konnte Gewebe von durch verschied. Gymnosporangiumarten hervorgerufenen Gallen auf verschied. Juniperusarten bis zu 16 Wochen in vitro kultiviert werden. Ein unbegrenztes Wachstum des Gallengewebes wurde trotz vielfacher Variation der Nährstoffe u. deren Konz. sowie der Außenfaktoren nicht erreicht, dagegen wurde das Wachstum von nicht infiziertem Bastgewebe von J. hibernica unter Zusatz von CM über 6 Monate aufrechterhalten. Das Gallengewebe hat eine stärkere Atmung als das gesunde Bastgewebe. Durch Zusatz von 0,1 mol. **II** zum Nährboden wird im Gegensatz zu 0,1 mol. **III** die Atmung des Gallengewebes noch gesteigert. Auch 10^{-7} mol. **I**, 10% CM oder HE haben eine Atmungssteigerung zur Folge. (Biol. Zbl. **76.** 385—413. Juli/Aug. 1957. Göttingen, Univ., Pflanzenphysiol. Inst.) ——— G. Klesse. 4495

—, Beiträge zur Biologie der Pflanzen. Berlin; Duncker & Humblot. 1958 (ohne Seitenang.) 8°. Bd. 34, H. 2: DM 45,—, H. 3: DM 44,—.

E5. Tierchemie. Tierphysiologie. Tierpathologie.

Armand Keмény und **György Pethes,** *Anwendung strahlender Isotope in der Tierphysiologie.* Übersicht mit 32 Literaturhinweisen. (Agrokémia és Talajtan **6.** 271—80. Nov. 1957.) J. Plank. 4500

B. E. Keane, G. Spiegler und **R. Davis,** *Quantitative Ermittlung des Mineralgehalts der Knochen durch eine radiographische Methode.* Beschreibung der Grundlagen zur radiograph. Ermittlung des Mineralgeh. der Knochen u. Beschreibung einer neuen Bestimmungsmeth. mit der zugehörigen Apparatur. (Brit. J. Radiol. **32.** 162—67. März 1959. London, Roy. Cancer Hosp., Inst. of Cancer Res., Phys. Dep.) E. Uhlein. 4510

F. G. E. Pautard, *Knochensalze in einzelligen Organismen.* Durch Röntgendiagramme von Geißeln (Beschreibung der Gewinnung) von Polytoma uvella, Polytomella caeca u. Chlorogonium elongatum nach Aufzucht in einem Medium von je 0,2% Na-Acetat, Hefeextrakt u. Difco-„*Bactotrypton*" (**I**) in dest. W. wurde nur die Ggw. von Protein nachgewiesen, nach Aufzucht in einem solchen Medium in Leitungswasser dagegen auch apatitähnliche Stoffe wie in Knochen. Bei letzten wurde elektronenmkr. eine Entkrustierung mit vielen flachen, elektronendichten Plättchen beobachtet. Durch schwach alkal. Behandlung von **I** in dest. W. wurden apatitähnliche Fällungen erhalten. Diagramme von dem bewimperten Spirostomum ambignum aus natürlichem Medium oder künstlichem ohne **I** ergaben gleichfalls Bilder wie Knochen. Unter geeigneten Bedingungen finden sich demnach auch bei niedrigeren Organismen als bisher vermutet Kollagenvorläufer u. die Fähigkeit zur Bldg. von knochenartigem Hydroxylapatit wie bei höheren Tieren. (Biochim. biophysica Acta [Amsterdam] **28.** 514—20. Juni 1958. Leeds, Univ., Dep. of Biomol. Structure.) J. Schwaibold. 4510

Adolf Butenandt, *Wirkstoffe des Insektenreiches.* Vortrag, behandelt die Biosynth. der *Ommochrome*, die Inhaltsstoffe des Weiselfuttersaftes (Gelée royale), bes. das Vork. von *10-Hydroxy-Δ^2-decensäure* u. die mutmaßliche Bedeutung von *Biopterin*, ferner die Hormone, die bei der Insektenmetamorphose eine Rolle spielen (Juvenilhormon, Ecdyson), sowie die *Pheromone* („Königin-Substanz", spezif. Duftstoffe, Sexuallockstoffe). — 50 Literaturangaben. (Naturwissenschaften **46.** 461—71. 1. Aug.-H. 1959. München, Max-Planck-Inst., Univ., Physiol.-Chem. Inst.) P. Loch. 4520

Anna-Brita Laurell, *Vergleich zweier serologischer Methoden für den Properdinnachweis in Normalseren und in Seren von Patienten mit Arthritis rheumatica und Carcinomen.* Im Gegensatz zu den Befunden mit der Originalmeth. nach Pillemer (C. **1957.** 13095) zum Properdinnachw. wurden mit einer modifizierten Technik in allen n. u. Seren von Patienten bis zu 16 E. *Properdin* gefunden: In jedes von 4 Röhrchen mit 0,25 ml des verd. Patientenserums ($^1/_1$—$^1/_8$) werden 1,5 mg Zymosan (Z) gegeben. Nach Auffüllung auf 0,75 ml Incubation 60 Min. 37°. Z wird bei 0° abzentrifugiert u. mit kaltem Phosphatpuffer, p_H 6, gewaschen. Jedes Z-Sediment wird mit 0,25 ml properdinfreiem Serum u. 0,5 ml Veronalpuffer, p_H 7,4, gemischt. Incubation 60 Min. 37°. Z wird abzentrifugiert u. jeder Überstand mit sensibilisierten Hammelerythrocyten in Ggw. von C'3-freiem Serum auf hämolyt. Aktivität geprüft. Die Anzahl der Properdineinheiten wird durch die 50%ig. Hämolyse in einem der 4 Verdünnungsröhrchen angezeigt. (Acta pathol. microbiol. scand. **45.** 186—92. 1959. Lund, Univ., Bakteriol. Inst.) E. Fischoeder. 4551

G. E. Connell und **O. Smithies,** *Menschliche Haptoglobine; Bestimmung und Reinigung.* Die angegebene Bestimmungsmeth. von *Haptoglobinen* (**I**) beruht auf der Peroxydaseaktivität von Hämoglobin u. Methämoglobin (Hb-3) sowie deren Komplexen mit **I**. Unter Bedingungen, bei denen die Aktivität des freien Hb-3 gleich Null gesetzt werden kann, wird durch den Hb-3-**I**-Komplex eine bestimmte Menge H_2O_2 zers., wodurch im Reaktionsgemisch befindliches *Guajakol* (**II**) sich zu Tetra-**II** umlagert. Dieses wird spektrophotometr. bestimmt. Die Titration von I erfolgt durch Zugabe von Hb-3. Es entspricht das Maximum der Hb-3-Bindungskapazität dem Geh. an I. — Die Präparation u. Reinigung von I erfolgen aus dialysiertem Serum, das mit Na-Acetatpuffer auf ein p_H von 4,2 eingestellt ist, durch Adsorption an Dowex-2 X-10 (Anionenaustauscherharz). Die Elution wird mit 0,05mol. NaCl-Lsg. vorgenommen. Die Ausbeute beträgt 50%. Durch Unterss. der I-Typen mit der Stärkegelelektrophorese bei verschied. Puffern, p_H u. Ionenstärken wird nachgewiesen, daß die I-Typen keine Artefakte, sondern unterschiedliche Proteinkomponenten darstellen. (Biochem. J. **72.** 115—21. Mai 1959. Toronto, Univ., Dep. of Biochem.) K. RUCKPAUL. 4551

Michael G. Buonocore und **Biruta Sommer,** *Wirkung des Zusatzes verschiedener Aminosäuren zu den Zahnschmelz decalcifizierenden Puffern.* Geprüft wurde in vitro die decalcifizierende Wrkg. von möglicherweise in der Mundhöhle vorkommenden Säuren bei Zusatz von Aminosäuren, die z. B. auch im Speichel enthalten sind. Durch Zusatz von *Asparaginsäure* (bei gleichbleibendem p_H-Wert) wird die decalcifizierende Wrkg. von *Essigsäure* um 42%, von *Milchsäure* um 35,2%, von *Citronensäure* um 28% u. von *Brenztraubensäure* um 17,2% reduziert. Die decalcifizierende Wrkg. von *Citronensäure* wurde durch *Glutaminsäure* (I) um 10%, durch *Valin* (II) um 20% u. durch *Alanin* (III) um 16% reduziert. In den anderen Puffer-Lsgg. haben, I, II u. III keine oder fast keine Wirkung. (J. Amer. Dental Assoc. **55.** 781—84. Dez. 1957. Rochester, N. Y., Eastman Dental Dispensary.) G. KLESSE. 4552

Hans-Heinrich Grasser, Hertha Hafer und **Theo Lammers,** *Über den endogenen Schutzfaktor gegen Zahncaries in Tierversuchen an der Ratte.* Durch kontinuierliche Gaben von NH_3 bzw. NH_4Cl in nichttox. Dosen wurde bei cariesresistenten Albinoratten fortschreitend (über mehrere Generationen) Caries hervorgerufen. Der Bruch der Cariesresistenz erfolgte allmählich u. wurde klin. in der 5. Generation sehr deutlich. Die Caries trat sowohl bei Normalkost als auch bei Verfütterung von cariogener Kost auf. Neben einem deutlichen Absinken der p_H-Werte des Speichels wurden in zunehmendem Maße vergrünende Streptokokken gefunden, u. in der 4. bzw. 5. Generation trat die typ. cariogene Speichelflora auf. Die unter NH_3 entstandene Caries wird als Effekt einer Acidose im extracellulären Raum gedeutet. Die Bedeutung dieser Befunde für die Cariesanfälligkeit durch Zivilisationskost (Eiweißnahrung) wird diskutiert. (Aerztl. Forsch. **11.** I/520—I/529. 10/10. 1957. Mainz, Univ., Caries-Forschungsinst.) G. KLESSE. 4552

Demetrio Meduri und **Antonia Notario,** *Die Adenosintriphosphorsäure und das endokrine System.* Zusammenfassender Bericht über frühere Arbeiten der Vff., in denen in Verss. an Albinoratten gezeigt wird, daß *Adenosintriphosphorsäure* (I) imstande ist, die Funktion u. das histolog. Bild der wichtigsten Drüsen mit innerer Sekretion tiefgreifend zu verändern u. eine Hypertrophie der lymphoiden Gewebe hervorzurufen. Die Parallelität der Wirkungsweise von I u. *Cortison* wird diskutiert. (Ann. d'Endocrinol. **18.** 366—83. Mai/Juni 1957. Pavia, Italien, Univ., Inst. de Clin. Méd. Gén. et de Thérap. Méd.) K. BOHLE. 4558

Paul C. J. Roth, *Der Einfluß von menschlichen Placentaextrakten auf die experimentelle Metamorphose von Amphibien.* Menschliche Placentaextrakte (I) vermögen bei Axolothen die metamorphogene Wrkg. von *DL-Thyroxin* (II) zu verhindern. Wird I nach II gegeben, so wird die Metamorphose nur verlangsamt, aber nicht verhindert. I allein übt eine deutliche Wachstumssteigerung aus, auch in Ggw. von II. Der Einfl. von I wird auf seinen Geh. an *Progesteron* zurückgeführt. (Ann. d'Endocrinol. **18.** 775—79. Sept./Okt. 1957. Paris, Labor. d'Éthologie des Animaux Sauvages du Muséum.) H. STRUCK. 4559

S. Apelgot, A. Zajdela, A. Cheutin und **E. Moustacchi,** *Selektive Fixierung der Radioaktivität nach Injektion eines künstlichen markierten Östrogens in verschiedenen Geweben weiblicher Mäuse.* Weibliche Mäuse erhalten physiol. Dosen von markiertem *Triphenyläthylenbromid.* Es zeigt sich, daß die Aktivität in mehreren Organen auftritt (Hypophyse, Nebenniere, Leber, Niere, Hirn, Vagina u. Muskel). Es ergaben sich dabei qualitative u. quantitative Unterschiede zu solchen Tieren, die kastriert worden waren. (Ann. d'Endocrinol. **18.** 849—63. Nov./Dez. 1957. Paris, Fac. des Sci., Inst. du Radium, Labor. Curie.) H. STRUCK. 4559

O. Koref, M. Julesz, I. Holló und **K. Megyesi,** *Nachweis von östrogen wirksamen Substanzen in der Haut.* Nach Behandlung der Haut von Ratten mit einem elektr. Strom von 2 mA wurden Hautstückchen herausgeschnitten, mit 0,1 n NaOH hydrolysiert, angesäuert u. mit Ae. ausgeschüttelt. Mit dem Ae.-Rückstand konnte an kastrierten Mäusen Östrus hervorgerufen werden. Wurden kastrierte weibliche Ratten mit galvan. Strom behandelt, trat mehrtägiger Östrus auf. Die Extrakte anderer mit Strom behandelter Organe enthielten keine östrogenen Substanzen. (Acta physiol. Acad. Sci. hung. Suppl. **14.** 9. 1958. Budapest, Med. Univ., I. Med. Klin.) W. Lauer. 4559

R. L. Hays und **K. A. Kendall,** *Günstige Wirkung von Progesteron auf die Trächtigkeit des Vitamin-A-Mangelkaninchens.* 58 weibliche Kaninchen, die verschieden lang eine Carotinmangeldiät erhalten hatten, wurden gepaart u. nach 28 Tagen hinsichtlich der Zahl der Corpora lutea, lebenden Jungen, Resorption der Foeten u. Implantationsstellen untersucht. Die durchschnittliche Nachkommenzahl von 22 Tieren, die 4 oder 8 Wochen Diät erhalten hatten, lag deutlich unter der Norm von 8,3. Injektion von 8 mg Progesteron (**I**) täglich von Beginn der Paarung an beeinflußte diese Zahl nicht. Nach 12 oder 13 Wochen Diät betrug die Nachkommenschaft 0,9 lebende u. 0,6 tote Tiere, bei gleichzeitiger **I**-Behandlung mit 8 mg täglich jedoch 4,3 u. 2,2, mit 12,5 mg 5,1 u. 3,4. Die **I**-Injektionen beeinflußten den *Vitamin-A* (**II**)-Spiegel von Leber oder Plasma nicht. Keiner der Tiere zeigte wesentliche **II**-Mangelsymptome. (J. Nutrit. **59.** 337—41. 10/7. 1956. Urbana, Ill., Univ., Dep. of Dairy Science.) K. Maier. 4559

L. G. Komarowa, *Einfluß des Synöstrols und Testosteronpropionates auf den Verlauf der experimentellen Atherosklerose.* Verss. an 35 Kaninchen mit experimenteller Atherosklerose durch tägliche Zufuhr von 0,2 g *Cholesterin* (**I**)/kg in Form der 10%ig. Lsg. im Laufe von 100 Tagen ergaben, daß bei gleichzeitiger täglicher Verabreichung von *Synöstrol* (0,0001 g/kg in Form der 0,1%ig. öligen Lsg. intramusklär) dieses keinen signifikanten Einfl. auf den **I**-Geh. des Blutes ausübt, jedoch die Entw. der experimentellen Atherosklerose aufhält, während *Testosteronpropionat* (0,001 g/kg in Form der 5- u. 1%ig. Lsg. intramuskulär) eine gewisse Tendenz zur Herabsetzung des **I**-Geh. im Blut der männlichen Versuchtiere zeigt, ohne jedoch die Entw. der Atherosklerose signifikant zu beeinflussen. Die morpholog. Veränderungen in der Aorta u. in den Coronarien sind nicht vom Grad der Hypercholesterinämie abhängig. (Фармакология и Токсикология [Pharmakol. u. Toxikol.] **22.** 238—43. Mai/Juni 1959. Moskau, 1. Med. Ssetschenow-Inst., Lehrstuhl für Pharmakol.) E. Rentz. 4559

M. P. Johari, *Feststellung der Natur der Östrogene im Gelanteil, im festen Anteil und der Spermaflüssigkeit im Samen des Ebers.* Nachdem Diczfalusy (C. **1955.** 2706) gefunden hatte, daß menschlicher Samen ca. 60 µg *Östron* (**I**), 30 µg *Östriol* (**II**) u. 10 µg *17β-Östradiol* (**III**) in freier Form/Liter enthält, versuchten Vff. nun festzustellen, in welcher Verteilung diese Verbb. in den Spermatozoen u. den akzessor. Fll. vorkommen. Als Vergleichsmaterial diente Ebersamen, der durch Abseihen u. Zentrifugieren unter jeweiligem Nachwaschen mit W. in eine Gelfraktion, eine feste Spermatozoenfraktion u. dünnflüssige Samen-Fl. aufgetrennt wurde. Aus den mit der 10fachen Menge 80—95%ig. A. versetzten u. bei —13° gelagerten Fraktionen sollten nun **I**—**III** nach der von Diczfalusy benutzten Meth. (a. a. O.) durch Extraktion mit A., Wegdampfen des A. u. Ausziehen der wss. Phase mit Toluol u. Ae. bei geeigneten p_H-Werten isoliert werden. Zur Erfassung der konjugierten Östrogene wurde zusätzlich eine saure Hydrolyse der wss. Rest-Lsgg. vorgenommen. Die Farb-Rk. nach Kober ergab indessen bei den isolierten Endprodd. keine eindeutig positiven Resultate. Wahrscheinlich sind die **I**-**III**-Gehh. in den einzelnen Spermafraktionen so niedrig, daß sie mit der relativ unempfindlichen chem. Meth. nicht mehr erfaßt werden können. Beim biol. Test an der ovarektomierten Maus ergab der Gelanteil des untersuchten Spermas positive Reaktion. (Indian veterin. J. **32.** 439—48. Mai 1956. Mathura U.P. India, U.P. Coll. of Veterin. Sci. and Animal Husbandry.) K. Zopff. 4559

William D. Cohen, Norio Higano und **Roger W. Robinson,** *Serumlipoid- und Östrogenwirkungen von Manvene, einem neuen Östrogenanalogen. Vergleich mit Premarin bei Männern mit Herzkranzgefäßerkrankungen.* Tägliche Verabreichung von 2,5 bzw. 5 oder 10 mg *3-Methoxy-16α-methyl-$\Delta^{1.3.5(10)}$-östratrien-16β.17β-diol* (*Manvene*; **I**) über 6 Monate an Männer mit Herzkranzgefäßerkrankungen führt zu einem Abfall der Serumlipoide (Cholesterin/Phospholipoide u. β/α-Lipoprotein–Cholesterin-Geh.), der jedoch nicht so groß ist wie bei der Behandlung mit 10 mg Premarin/Tag. Eine Wrkg. ähnlichen Ausmaßes wird erst mit 50 mg **I**/Tag erreicht, doch werden bei dieser Dosierung deutliche Östrogenneben-Wrkgg. beobachtet. Während **I** bei Mäusen nur 0,3—3% der östrogenen Aktivität von **II** hat, wird bei 7tägiger Verabreichung von 10 mg **I**/Tag an klimakter. Frauen deutliche Östrogenwrkg. auf das Vaginalepithel nachgewiesen. (Circulation [New York] **17.** 1035—40. Juni 1958. Worcester, Mass., Mem. Hosp., Med. Div. and Res. Labor.) B. Rässler. 4559

W. Klyne und **A. A. Wright,** *Steroide und andere Lipide im Urin tragender Kühe.* (Vgl. C. **1958.** 1335.) Nach Säurehydrolyse wurde der Urin tragender Kühe im wesentlichen in keton. Phenole, nichtketon. Phenole, keton. Alkohole u. nichtketon. Alkohole fraktioniert u. die einzelnen Fraktionen auf Vork. u. Konz. von Steroiden untersucht.

Als prinzipielle Ergebnisse nennen Vff. den Nachw. des *Östradiols* als *17α*-Isomer, das Vork. von *5β-Androstan-3α.17α-diol* u. *5α-Androstan-3β.17α-diol* in der Fraktion der neutralen nichtketon. Alkohole, wobei die letzte Verb. erstmalig aus natürlicher Quelle isoliert werden konnte. Diskussion der Frage, ob durch Best. der Steroide u. Steroidmetaboliten im Urin von Kühen ein wahres Bild des Hormonstoffwechsels dieser Tierart gewonnen werden kann. (J. Endocrinology **18.** 32—45. Jan. 1959. Sutton Bonington, Loughborough, Univ. of Nottingham, School of Agric.) R. TIMMLER. 4559

D. Nagy, I. Gáti und **G. Keller,** *Über die Struktur der Gonadotrophormone.* Vff. isolierten papierchromatograph. einzelne *Gonadotrophormone* (*HGG, FSH, LH*). Nach ihren Unterss. handelt es sich bei *HHG* um ein an eine hormonal inakt. Glykoproteidkomponente gebundenes, niedermol. Polypeptid. (Acta physiol. Acad. Sci. hung., Suppl. **14.** 11. 1958. Pécs, Med. Univ., Klin. für Geburtshilfe.) W. LAUER. 4559

E. Bernard-Weil, *Hemmung des Austritts der Kaliumionen aus den Gehirnzellen des Meerschweinchens durch Hypophysenhinterlappenextrakt in vitro.* Das Gehirn von Meerschweinchen wird in Scheiben von 70—120 mg geschnitten u. mit u. ohne Zusatz von Hypophysenhinterlappenextrakt (I, 2 E./10 cm³) 1 Std. in einer physiol. Salzlsg. bei 40° incubiert. Der anfängliche Geh. von 103 Milliäquivalent *K*/kg Gehirn sinkt dabei ohne Zusatz von I auf 40,82. Durch Zusatz von I wird der Austritt des *K* verzögert, u. man findet nach 1 Std. den *K*-Geh. zu 48,80 Milliäquivalent/kg. (Ann. d'Endocrinol. **18.** 445—48. Mai/Juni 1957. Paris, Hôp. de la Pitié, Serv. d'Endocrin.) K. BOHLE. 4560

J. Decourt, E. Bernard-Weil und **J. P. Michard,** *Über den Diabetes insipidus, verbunden mit Hypophysenvorderlappeninsuffizienz. Die Wirkung von Cortison auf den Durst, die Polyurie und das Wasser–Elektrolyt-Gleichgewicht.* Kurzer Bericht über 4 Fälle von Diabetes insipidus, bei denen Durst u. Harnflut durch gleichzeitige Insuffizienz des Hypophysenvorderlappens gebessert werden. Dieser Effekt beruht auf einer Funktionsminderung der Nebenniere u. kann durch *Cortison* rückgängig gemacht werden. (Ann. d'Endocrinol. **18.** 386—87. Mai/Juni 1957.) K. BOHLE. 4561

R. Angelico und **M. Quintiliani,** *Weitere Untersuchungen über die Synthese von Corticosteroiden durch die Nebenniere der Ratte in vitro.* Es wird der Vers. der Identifizierung der durch die Nebennieren n. Ratten synthetisierten *Corticosteroide* unternommen (in vitro nach Incubation ohne ACTH). Durch besondere Reinigungsverff. wird ein Material erhalten, das spektrophotometr., colorimetr. (mit Tetrazolblau) u. chromatograph. untersucht wird. Als geeignet erwies sich nur die Chromatographie, bei der mit Sicherheit nur die Hauptkomponente *Corticosteron* identifiziert werden konnte. Die anderen Steroide sind in zu geringen Mengen vorhanden. (Boll. Soc. ital. Biol. sperim. **33.** 1492—96. Okt./Nov. 1957. Ist. Super. di Sanitá, Labor. di Biol.) O. POLLAK V. EMHOFEN. 4561

Edward W. Boland, *Klinische Beobachtungen mit 16α-Methylcorticosteroid-Komponenten. Erste therapeutische Prüfung mit Dexamethasone* (*16α-Methyl-9α-fluorprednisolon*) *bei Patienten mit rheumatischer Arthritis.* Folgende 4 synthet. hergestellten Abkömmlinge des Hydrocortisons werden auf ihre antirheumat. Wrkg. klin. erprobt: *16α-Methyl-9α-fluorprednisolon* (*Dexamethasone,* I), *16α-Methyl-9α-fluorhydrocortison* (II), *16α-Methylprednisolon* (III) u. *16α-Methylhydrocortison* (IV). Die Wrkg. der Komponenten wird mit der des *Prednisolons* (V) verglichen u. gefunden, daß **I**-7mal stärker, **II** 3mal, **III** ca. $^1/_3$ stärker sind u. **IV** nur 70% der Wirksamkeit des **V** aufweist. (Ann. rheumatic Diseases **17.** 376—82. Dez. 1958. Los Angeles, Calif., St. Vincents Hosp., Dep. of Med.) H. STRUCK. 4561

J. D. Martin und **Ivor H. Mills,** *Die Aldosteronausscheidung bei normalen und toxämischen Schwangerschaften. Aldosteron* (I) wurde, modifiziert nach NEHER u WETTSTEIN (vgl. C. **1956.** 12318) im Harn während verschied. Stadien n. (55) u. toxäm. (20) Schwangerschaften bestimmt. Der n. Wert erreichte bei Männern u. nichtschwangeren Frauen bis ca. 2 γ/Tag (Mittel 0,6 ± 0,5) u. lag während n. Schwangerschaft häufig oberhalb des oberen n. Höchstwerts (3,6 ± 2,5, maximal 10 γ/Tag). Bei Toxämie lag die Ausscheidung im gleichen Bereich wie bei n. Schwangerschaft. Die erhöhte **I**-Sekretion bei Schwangerschaft dient möglicherweise als Gegenmittel zur Na-ausscheidenden Progesteronwirkung. Die Schwangerschaftstoxämie beruht wahrscheinlich u. a. auf Störung des Gleichgewichts zwischen Na-zurückhaltenden u. Na-ausscheidenden Substanzen. (Brit. med. J. **1956 II.** 571—73. 8/9. London, St Thomas's Hosp., Med. School, Deps. of Obstetrics and Gynaecol. and Chem. Pathol.) K. MAIER. 4561

Zenichi Kubota, *Betrachtungen über die 4.4'-*[*3.3'-Dimethoxy-p.p'-diphenylen*]*-bis-*[*3.5-diphenyltetrazoliumchlorid*]*-Reaktion als Verfahren zur Bestimmung von Corticosteroiden.* Glasröhrchen mit 5, 10 u. 15 γ *Cortisonacetat* in 1 cm³ Chlf. werden in ein

Paraffinbad (45°) gebracht. Nach Entfernung des Chlf. durch Wasserstrahlpumpe unter vermindertem Druck Zugabe eines Gemisches von 2,5 cm^3 95%ig. A., 0,25 cm^3 *3.3'-Dianisol-bis-4.4'-[3.5-diphenyltetrazoliumchlorid]* [I; „*Blautetrazolium*", NUTRIONAL BIOCHEMICALS CORPORATION (a), WAKŌ (b)] u. 0,25 cm^3 *Tetramethylammoniumhydroxyd.* 30 Min. später Extinktionsbest. bei 510 mμ. Die Intensität der Extinktion nimmt mit der Temp. (20, 40 u. 60°) zu. Für Ib zeigen sich keine wesentlichen Unterschiede bei 40 u. 60°; für Ia sind 60° optimal. Kommt verschiedenartiges Material zur Unters., so muß jedesmal eine neue I-Eichkurve angelegt werden. (Med. and Biol. [Tokyo] **49.** 156 bis 159. 20/11. 1958. Nagoya Daigaku, Igaku-Bu, Gankagaku-Kyōshitsu. [Orig.: japan.]) F. MOSSNER. 4561

Arthur J. Bosch und **Alfred E. Harper,** *Der Einfluß des Hyperthyreoidismus auf die Pyridinnucleotidsynthese in der Leber.* Bei Ratten, in denen durch Verfütterung jodierten Caseins (I) eine Hyperthyreose erzeugt war, läßt sich in der Leber durch intraperitoneale Gabe von 100 mg Nicotinamid/100 g Gewicht zwar eine Vermehrung der *Pyridinnucleotide* (II) hervorrufen, jedoch weniger als in gesunden Tieren. Der anschließende Abfall der II ist in beiden Gruppen gleichartig, wenngleich er auch in den I-behandelten Tieren früher einsetzt. Bei Mäusen ließ sich ein ähnlicher Effekt nachweisen. 2.4-Dinitrophenol hat in vivo keinen Einfl. auf die II-Synthese. (J. biol. Chemistry **234.** 929—31. April 1959. Madison, Wis., Univ., Dep. of Biochem.) H. G. SCHWEIGER. 4562

Haskell L. Thompson, Maxwell R. Klugerman und **Joseph Truemper,** *Eine Methode zur Bestimmung von proteingebundenem Jod: Die Kinetik und die Verwendung von Kontrollen bei der Veraschungstechnik.* Es wird eine trockene Veraschung zur Best. von proteingebundenem J beschrieben, die eine größere Empfindlichkeit, Genauigkeit u. Reproduzierbarkeit der Meth. sichert. Die Kinetik der J-katalysierten Entfärbung von Ce^{4+} wurde als Rk. 1. Ordnung erkannt u. die prakt. Folgerungen für die Messung in verschied. Photometertypen gezogen. Die Ablesung der %-Durchlässigkeit an Stelle des Logarithmus der opt. Dichte bringt eine weitere Vereinfachung der Methode. Für die laufende Genauigkeitskontrolle unter Verwendung von Kontrollseren mit bekanntem J-Geh. werden Vorschläge gemacht. Als Normalwerte wurden beim Menschen Gehh. an proteingebundenem J von 3,5—8,0 (Mittelwert 5,8) μg/100 ml Serum gefunden. (J. Lab. clin. Med. **47.** 149—63. Jan. 1956. Fort George G. Meade, Md., Second Army Area Med. Labor.) E. SCHWERDTFEGER. 4562

G. Mezzasalma, G. Mars und **M. Morpurgo,** *Über die Beziehungen zwischen proteingebundenem Jod im Serum und atherosklerotischen Erscheinungen.* Die Werte von an Serumprotein gebundenem J (JSP) bei gesunden, jungen Menschen zwischen 15 u. 47 Jahren verglichen mit denen bei atherosklerot. erkrankten, alten Personen zwischen 69 u. 70 Jahren ließen keinen Unterschied erkennen. Ebenso konnten bei den Kranken keine Beziehungen zwischen JSP u. Cholesterinämie sowie zwischen JSP u. Albumingeh. im Serum gefunden werden. Danach ist das Eingreifen der Schilddrüse bei der Entstehung der Atherosklerose noch nicht geklärt. — 25 Literaturangaben. (Endocrinol. Sci. Costituz. **24.** 263—68. 1957. Milano, Univ., Ist. Idrol. Med.) B. STIEB. 4562

I. Meschan, T. H. Oddie, James T. Wortham, J. E. Doherty und **Elvis Little,** *Beziehungen von ^{131}Jod-Clearance-Geschwindigkeitsfaktoren zu dem funktionellen Herzzustand, den Werten von eiweißgebundenem Jod im Plasma und Nichteiweißstickstoff im Blut.* Die Clearance-Geschwindigkeitsfaktoren von ^{131}J neigen bei Patienten mit Herzkrankheiten zu niedrigeren Werten als bei n., mit Ausnahme derjenigen mit Thyreotoxikose (größer als n.). Auch bei einigen Patienten ohne Herzerkrankung u. ohne klin. Myxödem sind die Werte niedriger als im n. Bereich. Die Beziehungen zwischen Werten von Nichteiweißstickstoff u. eiweißgebundenem Jod im Blut u. dem funktionellen Herzzustand verschied. Patienten sind nicht eindeutig. (Amer. J. Roentgenol., Radium Therapy Nuclear Med. **77.** 847—51. Mai 1957. Winston-Salem, N. C., Bowman Gray School of Med., Dep. of Radiol.; Little Rock, Ark., Univ. of Arkansas, School of Med., Dep. of Med.) G. FAUST. 4562

Valerie A. Galton und **Rosalind Pitt-Rivers,** *Eine quantitative Methode zur Trennung der Schilddrüsenhormone und verwandter Verbindungen aus Serum und Geweben mit einem Anionenaustauscherharz.* Vff. untersuchen die Brauchbarkeit des Ionenaustauscherharzes Dowex-1 zur Abtrennung der *Schilddrüsenhormone* aus Serum u. Geweben u. zur Konzentrierung für die chromatograph. Analyse. Zusätze von *^{131}J-Thyroxin* (I) u. *-Trijodthyronin* (II) zu Serum werden an Dowex-1-Säulen, die mit Essigsäure–Acetat-Puffer von p_H 5,6 vorbehandelt wurden, quantitativ adsorbiert. 84% der Radioaktivität von I u. 84,5% von II werden mit verd. Essigsäure vom p_H 1,4 eluiert. Die restlichen 15% an Radioaktivität sind in der mit 3n NaBr-Lsg. eluierbaren Jodidfraktion enthalten

u. entsprechen dem ursprünglichen Jodidgeh. der markierten Verbindungen. Aus Schilddrüsenhydrolysaten von ^{131}J-behandelten Mäusen werden radioakt. Monojodtyrosin (**III**), Dijodtyrosin (**IV**) u. Thyreoglobulin (**V**) quantitativ an dem Harz adsorbiert. Mit verd. Essigsäure von p_H 3,6 werden **V**, von p_H 3,0 **III** u. von p_H 2,2 **IV** vollständig eluiert. Die Adsorption von radioakt. **I**, das zu einem Nierenhomogenatextrakt in 0,9%ig. NaCl-Lsg. zugesetzt wurde, gelingt zu 96% bei Anwendung eines geringen Überdrucks (20 cm Wassersäule) zur Passage der Säule. Bei Erhöhung des Drucks wird die Adsorptionsfähigkeit des Harzes reduziert. Vff. erörtern die Vorteile der neuen Extraktions- u. Konzentrierungstechnik gegenüber der Butanolextraktion. Die neue Meth. gewährleistet eine Abtrennung der Eiweißstoffe u. Lipoide der Gewebe u. ergibt einen CH_3OH–NH_3-Extrakt, der direkt für die papierchromatograph. Analyse verwendet werden kann. Die Kapazität des Harzes erlaubt die Verarbeitung größerer Mengen biol. Materials, als bei der Butanolextraktion verwendet werden können, so daß der Schilddrüsenhormonstoffwechsel auch bei Verabreichung sehr kleiner ^{131}J-Dosen untersucht werden kann. (Biochem. J. **72**. 310—13. Juni 1959. London, Mill Hill, Nat. Inst. for Med. Res.) B. RÄSSLER. 4562

Valerie A. Galton und **Rosalind Pitt-Rivers**, *Schilddrüsenhormonstoffwechsel in der Niere.* (Vgl. vorst. Ref.) Der Schilddrüsenhormonstoffwechsel in den Nieren von Mäusen nach Verabreichung kleiner ^{131}*J*-Dosen (10—20 μC) wird mit Hilfe einer neuen Extraktionstechnik unter Verwendung des Ionenaustauscherharzes Dowex-1 (vgl. vorst. Ref.) untersucht. 98% der gesamten in der Niere enthaltenen Radioaktivität ist in der mit 50%ig. Essigsäure (p_H 1,4) eluierten *Thyroxin* (**I**)-*Trijodthyronin* (**II**)-Fraktion u. in der mit 3n NaBr-Lsg. eluierten Jodidfraktion enthalten. Die Thyreoglobulin-, Monojodtyrosin- u. Dijodtyrosineluate enthalten keine Radioaktivität. Zweidimensionale papierchromatograph. Analyse mit Butanol-(1)–Dioxan–wss. 2n NH_3 (4:1:5) u. tert.-Amylalkohol–wss. 2n NH_3 (1:1) zeigt, daß sich die Radioaktivität der mit 50%ig. Essigsäure eluierten Fraktion auf **I** (5—10%) u. ein unbekanntes Stoffwechselprod. (**III**) verteilt. **II** ist nur in Spuren oder gar nicht nachweisbar. In Serum u. Harn der Tiere ist **III** nicht enthalten. Durch diesen Befund wird gleichzeitig die Möglichkeit ausgeschlossen, daß es sich um ein Artefakt handelt. **III** wird durch 1 std. Behandlung mit 5n HCl bei 100° u. durch n-NaOH hydrolysiert u. in dem Hydrolysat durch papierchromatograph. Analyse **I** nachgewiesen. Incubation von **III** mit einem rohen β-Glucuronidasepräp. aus Rattenintestinum liefert ebenfalls **I**, dagegen wird **III** durch Sulfatasepräpp. nicht gespalten. Durch Radioaktivitätsbest. von **III** nach Verabreichung von ^{131}*J* u. $^{35}SO_4^{-2}$ an die Versuchstiere wird gezeigt, daß **III** tatsächlich keinen S enthält. Die Ergebnisse lassen darauf schließen, daß es sich bei **III** um das **I**-Glucuronid handelt. Vff. erörtern die mögliche Bedeutung dieser Verb. im **I**-Stoffwechsel. (Biochem. J. **72**. 314—18. Juni 1959. London, Hill Mill, Nat. Inst. for Med. Res.) B. RÄSSLER. 4562

Valerie A. Galton und **Rosalind Pitt-Rivers**, *Die Identifizierung der Essigsäureanalogen des Thyroxins und Trijodthyronins in Säugetiergeweben.* Nach intraperitonealer Verabreichung von ^{131}*J* (1 mC) an jodarm ernährte Mäuse wird geprüft, ob *Tetrajodthyroessigsäure* (**I**) u. *Trijodthyroessigsäure* (**II**), die beim Stoffwechsel von *Thyroxin* (**III**) u. *Trijodthyronin* (**IV**) nach Verabreichung dieser beiden Hormone entstehen, auch aus endogenem **III** u. **IV** gebildet werden. Homogenate von Leber u. Niere der behandelten Tiere in wenig 0,9%ig. NaCl-Lsg. werden bei p_H2 mit Butanol extrahiert, die Extraktrückstände mit CH_3OH–wss. NH_3 (3:1) aufgenommen, unlösl. Anteile durch Zentrifugieren abgetrennt u. die Lsg. einer zweidimensionalen papierchromatograph. Analyse mit den Lösungsmittelsystemen Butanol-(1)–Dioxan–wss. 2n NH_3 (4:1:5) u. tert.-Amylalkohol–wss. 2n NH_3 (1:1) unterworfen. Fettbestandteile werden zunächst durch eindimensionale Chromatographie abgetrennt. Als Trägersubstanzen werden **I**, **II**, **III**, **IV**, Trijodthyropropionsäure u. Tetrajodthyropropionsäure u. Jodid zugesetzt. In Leberextrakten von Tieren, die 18 Std. nach der Injektion getötet wurden, wird 0,1% der gesamten Radioaktivität der Leber in der **II**-Fraktion lokalisiert. **I** kann nicht nachgewiesen werden. Chromatogramme von Nierenextrakten enthalten Radioaktivität in der **I**-Position, jedoch nicht in der **II** enthaltenden Fraktion. Die Propionsäureanalogen sind weder in Nieren- noch in Lebergewebe nachweisbar. Durch Kontrollverss. mit Zusätzen von markiertem **III** u. **IV** zum Gewebe vor der Homogenisierung wird die Bldg. von **I** u. **II** als Artefakte ausgeschlossen. Traumat. Veränderungen des Schilddrüsengewebes durch Radioaktivität werden erst 22 Std. nach der Injektion durch den Nachw. von Thyreoglobulin im Serum beobachtet. (Biochem. J. **72**. 319—21. Juni 1959. London, Mill Hill, Nat. Inst. for Med. Res.) B. RÄSSLER. 4562

M. Berger und **J. O. Peyrin**, *Chromatographische Untersuchung der im Harn von Basedow-Kranken ausgeschiedenen jodhaltigen Verbindungen.* Ident. mit der C. **1959**.

6199 referierten Arbeit. (Ann. d'Endocrinol. **18.** 402—15. Mai/Juni 1957. Lyon, Frankreich, Univ., Fac. de Méd., Labor. de Phys. Biol.) K. Bohle. 4562

J. Swyngedauw, M. Linquette, P. Daudin-Clavaud und **J. Rohart,** *Vergleich der mittels physikalischer und chemischer Methoden erhaltenen Jodwerte des Blutplasmas in der Diagnose der Hyperthyreosen. Versuch zur Ermittlung des in der Schilddrüse vorhandenen Hormonvorrats.* Bei 145 Patienten, deren Schilddrüsenfunktion zuvor klin. gründlich untersucht worden war, werden am 4. Tage nach einer einmaligen Gabe von 500 μC ^{131}J die Radioaktivität des gesamten Organismus mit Ausnahme der Schilddrüse, die Radioaktivität des Plasmas, die Menge an proteingebundenem ^{131}J im Plasma u. die Menge an proteingebundenem *J* im Plasma bestimmt. Bei Menschen mit n. Schilddrüsenfunktion beträgt die Gesamtradioaktivität ohne Schilddrüse im Mittel 5—6% der verabfolgten Dosis, die an Serumprotein gebundene Radioaktivität 0,07—0,54% im Liter, die Menge an proteingebundenem J im Plasma 3,6—7,8 γ/100 cm³. Bei Hyperthyreotikern sind alle Werte erhöht u. betragen 10—25%, 0,57—4,17% u. 9,5—21 γ. In klin. zweifelhaften Fällen gibt die Best. dieser Werte wichtige Aufschlüsse. Die Menge des täglich abgebauten Hormons beträgt nach Riggs $0{,}0292 \cdot B^2$, wobei B die Konz. im Blut bedeutet. Diese Menge ist bei konstantem Hormonspiegel des Blutes gleich der von der Schilddrüse sezernierten Hormonmenge u. berechnet sich für Gesunde zu ca. 73 γ, für Hyperthyreotiker zu 650 γ/Tag. Unter der Annahme, daß das Verhältnis proteingebundenes *J*:proteingebundenes ^{131}J gleich ist dem Verhältnis intrathyreoidales Hormon:Radioaktivität der Schilddrüse läßt sich der Hormonstock in der Schilddrüse berechnen. Er beträgt bei Schilddrüsengesunden 8134 γ, bei Hyperthyreotikern 7176 γ, bei Hyperthyreotikern nach ^{131}J-Behandlung 2265 γ u. bei 2 Kropfkranken 14000 u. 19200 γ. (Ann. d'Endocrinol. **18.** 437—44. Mai/Juni 1957. Lille, Univ. Fac. de Méd.) K. Bohle. 4562

J. M. McKenzie, *Die biologische Bestimmung von Thyreotropin in Serum.* Aus der Meth. von Adams u. Purres (vgl. Endocrinology **57.** [1955.] 17) wurde eine biol. Meth. zur Best. von Thyreotropin (I) in Serum entwickelt. Albinomäusen (Swiss-Webster-Stamm), die 8 Tage auf eine niedrige *Jod*-Diät gesetzt waren, wurden 8 μC ^{131}J intraperitoneal u. anschließend 10 μg *l-Thyroxin* subcutan injiziert. Dann kam zu der Diät 0,066% *Schilddrüsenpulver* hinzu. Nach 2 Tagen wurde der Effekt einer intravenösen Injektion von I oder der Testsubstanz auf die prozentuale Zunahme des Blut-^{131}J gemessen. Dieser stand in linearer Beziehung zum Logarithmus der Dosis. Bei einem Injektionsvol. von 0,5 ml betrug die Empfindlichkeit der Meth. 0,025 Millieinheiten bei einem Fehler von ca. 25%. Durch diese Meth. wurde der I-Geh. im Serum von 6 Patienten mit Myxödem bestimmt. Die endogene I-Aktivität wandert bei der Elektrophorese mit dem *γ-Globulin* solcher Seren. (Endocrinology **63.** 372—82. Sept. 1958. Boston, Mass., New England Center Hosp., Ziskind Res. Labors.; Tufts Univ., School of Med., Dep. of Med.) K. F. Müller. 4562

Claire J. Shellabarger und **Judith R. Brown,** *Die Biosynthese von Thyroxin und 3.5.3'-Trijodthyronin in Krötenlarven und ausgereiften Kröten.* Larven von *Xenopus eavis* wurden 48 Std. in W. mit 200 μC ^{131}J/Liter gehalten, anschließend die Schilddrüsen (SchD) entfernt u. in Borsäurepuffer mit Trypsinzusatz 24 Std. geschüttelt, das Hydrolysat danach aufsteigend chromatographiert. SchD erwachsener Kröten, die 20 oder 100 μC ^{131}J injiziert erhalten hatten, wurden in gleicher Weise aufgearbeitet. In den Chromatogrammen wurde die Radioaktivität der Fraktionen des *Thyroxins* (I), des *Mono-* (II) u. *Dijodtyrosins* (III) u. des *3.5.3'-Trijodthyronins* gemessen. Vff. konnten nachweisen, daß in den SchD der Larven bereits I gebildet wird u. daß die gebildete I-Menge zur Zeit der stärksten Metamorphose am höchsten ist. Der Nachw. von II u. III ermöglicht die Annahme, daß die I-Synth. bei Amphibien in gleicher Weise wie bei Vertebraten verläuft. (J. Endocrinology **18.** 98—101. Jan. 1959. Upton, Long Island, N. Y., Brookhaven Nat. Labor.) R. Timmler. 4562

I. Járai, *Über die akute Wirkung der Jodthyronine auf hypophysektomierte Ratten.* Nach intravenöser Applikation von *Trijodthyronin, 3.5-Dijodthyronin, Thyroxin, Tetra-, Tri-* u. *Dijodthyroessigsäure* werden allg. Energieverbrauch u. Körpertemp. hypophysektomierter Ratten innerhalb 2 Std. erhöht. (Acta physiol. Acad. Sci. hung., Suppl. **14.** 11. 1958. Pécs, Med. Univ., Pathophysiol. Inst.) W. Lauer. 4562

I. Várnai, *Über den Einfluß der Nebenniere auf die akute Wirkung der Jodthyronine.* Die Wrkg. der *Jodthyronine* ist nach Entfernung der Hypophyse ausgeprägter u. regelmäßiger als nach der Entfernung der Schilddrüse. Sie tritt schon nach 24 Std. nach der Entfernung der Hypophyse wie der Nebenniere ein. Bei der Exstirpation der Schilddrüse dauert der Wirkungseintritt länger. Durch *ACTH* bzw. durch *Cortison* wird der akute Jodthyronineffekt verhindert. (Acta physiol. Acad. Sci. hung. Suppl. **14.** 11—12. 1958. Pécs, Med. Univ., Pathophysiol. Inst.) W. LAUER. 4562

A. Döklen, J. Sós und **Li Bok Nam,** *Wirkung von Trijodthyronin auf die Blutbildung.* Verss. an Ratten zeigten, daß durch *Trijodthyronin* (10 µg/100 g/Tag) die Symptome der Saponin–Kollargol-Anämie nach Thyreoidektomie gebessert werden. Erythrocytenzahl u. Hämatokritwert werden erhöht, das Knochenmark enthält weniger Fett, u. es sind Zellteilungen vorhanden. Die *Succinoxydase*-Aktivität ist gesteigert. Der Hämoglobinwert ändert sich nicht. (Acta physiol. Acad. Sci. hung., Suppl. **14.** 12. 1958. Budapest, Med. Univ., Pathophysiol. Inst.) W. LAUER. 4562

J. R. Tata, *Eine ungewöhnliche Eigenschaft von Thyroxin und anderen Jodphenolen.* Beim Verdünnen einer Lsg. von ^{131}*J*-markiertem Thyroxin (I), *L-3.5.3'-Trijodthyronin* (II), *L-3.5-Dijodtyrosin* (III), *L-3-Monojodtyrosin* (IV) oder *3.5-Dijod-p-kresol* (V) in einem kleinen Vol. 15—50%ig. organ. Lösungsm. mit wss. Pufferlsgg. wird bei papierchromatograph. oder elektrophoret. Unters. ein rascher Verlust eines Teiles der Radioaktivität des entsprechenden Jodphenols beobachtet, dem ein allmählicher Wiedereinbau der Radioaktivität folgt. Das Ausmaß des Radioaktivitätsverlustes ist bei den einzelnen Verbb. unterschiedlich, am stärksten bei I u. in der Reihenfolge V, II, III, IV abnehmend. Durch den p_H-Wert der Pufferlsg. wird die Rk. deutlich beeinflußt, u. zwar das Ausmaß der Rk. (maximal bei p_H 8—10) u. die Rückbildungsgeschwindigkeit in unterschiedlichem Maße. Die Konz. des jeweiligen Jodphenols, die Zusammensetzung der Pufferlsg. u. die Temp. haben geringe oder keine Wrkg., dagegen hat Lichteinstrahlung einen erheblichen Einfluß. Ein Zusammenhang zwischen der p_H-Abhängigkeit der Rk. u. der Dissoziationskonstanten der phenol. OH-Gruppe für die einzelnen Verbb. läßt vermuten, daß die Anfangs-Rk. durch die Ionisierung der phenol. OH-Gruppen beim Übergang in das wss. Milieu verursacht wird. Diese Annahme wird durch die spontane Reversibilität der Rk. bei Änderungen des p_H in der wss. Lsg. bestätigt. Der Verlust an Radioaktivität bei der Anfangs-Rk. geht mit der Bldg. einer bei allen Jodphenolen gleichen radioakt. Substanz einher, die bei papierchromatograph. Unters. einen ähnlichen R_F-Wert wie Jodid hat, jedoch ergeben gleichzeitige elektrophoret. u. chromatograph. Analyse, CS_2-Extraktion u. der Zusatz reduzierender Substanzen zu der Reaktionsmischung, daß es sich nicht um Jodid handelt. In den UV-Spektren von I u. II werden Absorptionsmaxima bei 231 mµ für I u. 227 mµ für II nachgewiesen. Spektrophotometr. Kontrolle während der Rückbildungs-Rk. mit I durch Extinktionsmessung bei 232 mµ zeigt, daß ein Anstieg der I-Konz. mit dem Wiedereinbau an Radioaktivität parallel geht. (Biochem. J. **72.** 214—22. Juni 1959. London, Mill Hill, Nat. Inst. for Med. Res.) B. RÄSSLER. 4562

J. R. Tata, *Ein neuer Aspekt der Wechselwirkung zwischen Thyroxin und Eiweißstoffen.* Die durch Ionisierung der phenol. OH-Gruppen verursachte vorübergehende Instabilität des Thyroxins (I) u. anderer Jodphenole, die sich in einem spontanen Radioaktivitätsverlust beim Verdünnen ^{131}*J*-markierter Verbb. mit wss. Puffer-Lsgg. äußert (vgl. vorst. Ref.), wird durch Zusatz von menschlichem Serum zur Verdünnungslsg. verhindert bzw. durch Zusatz nach dem Verdünnen unmittelbar aufgehoben. Der Stabilisierungseffekt ist bis zu einer 5fachen Verdünnung des Serums vollständig u. bei weiterer Verdünnung eine Funktion der Serumkonzentration. Die gleiche stabilisierende Wrkg. wird auch bei einzelnen Serum-Proteinfraktionen u. einem Kaninchenskelettmuskelextrakt mit I-bindenden Eigg. beobachtet. In abfallender Reihenfolge sind menschliches Serum-Präalbumin, I-bindendes Protein (COHNS Fraktion IV-6), Albumin u. Kaninchenmuskelextrakt wirksam. β-, γ- u. β_1-Globulin (Siderophilin) haben geringen oder keinen Einfl. auf die Stabilität von I. Der Stabilisierungseffekt wird bei L-Trijodthyronin ebenfalls beobachtet, dagegen nicht bei L-3-Jod- u. L-3.5-Dijodtyrosin. Gleichzeitige elektrophoret. Analyse zeigt, daß die stabilisierende Wrkg. eine direkte Funktion der I-bindenden Eigg. der einzelnen Eiweißfraktionen ist. Durch Unterss. mit unterschiedlichen Eiweißkonzz. wird nachgewiesen, daß der stabilisierte I-Anteil der proteingebundenen Fraktion entspricht. Die bisher nicht beschriebenen ausgeprägten Bindungs- u. Stabilisierungseigg. des menschlichen Serumpräalbumins werden hervorgehoben. An Stelle der elektrophoret. Meth. zur Best. der I-bindenden Aktivität von Proteinen schlägt Vf. die Stabilisierungsmeth. vor, die erster an Genauigkeit u. durch Ausdehnung des Anwendungsbereiches überlegen ist. Gleichzeitig eröffnet die Stabilisierungs-Rk. eine Unterscheidungsmöglichkeit zwischen wahrer u. scheinbarer Dejodierung der Schilddrüsenhormone: die bei enzymat. Dejodierung nachweisbare Radioaktivitätsabnahme wird durch Proteinzusatz nicht rückgängig gemacht. Vf. diskutiert die mögliche Bedeutung der Ionisierung der phenol. OH-Gruppen für einige biochem. Probleme im Zusammenhang mit den Schilddrüsenhormonen. (Biochem. J. **72.** 222—29. Juni 1959. London, Hill Mill, Nat. Inst. for Med. Res.) B. RÄSSLER. 4562

E. G. McDaniel, J. M. Hundley und **W. H. Sebrell,** *Der Tryptophan–Niacin-Stoffwechsel bei alloxandiabetischen Ratten.* Bei der alloxandiabet. Ratte ist die Fähigkeit zur Umwandlung von *Tryptophan* (**I**) in *N^1-Methylnicotinamid* (**II**) erheblich herabgesetzt, wobei wahrscheinlich primär vor allem die **I** → *Niacin* (**III**)-Umwandlung, weniger Methylierung oder Ausscheidung des Metaboliten gestört sein dürften, da Zufuhr von **III**, **III**-Amid (**IV**) oder **II** die **II**-Ausscheidung im Harn erhöhte. Bei einigen Tieren stellte Insulin die Fähigkeit zu **I** → **III**-Umwandlung wieder her, so deren Verlust wohl auf dem Diabetes selbst beruhen dürfte. Alloxanbehandelte Ratten, die nicht diabet. wurden, führten die **I** → **III**-Rk. wie n. durch. Bei einigen diabet. Tieren war die **IV** → **I**-Umwandlung ebenfalls verringert, jedoch weniger als die von **I** in **II**. **I**-Zufuhr erhöhte bei hungernden, diabet. Ratten, nicht aber bei n. den Blutglucose (**V**)-Spiegel, was auf eine teilweise Überführung von **I** in **V** zwecks Energiebeschaffung hindeutet. Einige diabet. Tiere mit stark verminderter **I** → **II**-Umwandlung schieden nach großen **I**-Dosen (400 mg) erhöhte **II**-Mengen aus. Diabet. Ratten schieden nach großen **I**-Gaben (200—400 mg) viel mehr Xanthurensäure aus als nichtdiabetische. (J. of Nutrit. **59.** 407—23. 10/7. 1956. Bethesda, Md., Nat. Insts. of Health.) K. MAIER. 4564

E. Barbieri, *Metabolismus der Citronensäure im metaphysären Knorpel diabetischer Ratten.* Bei den Ratten wird Diabetes durch Alloxan (250 mg/kg intraperitoneal) induziert, wonach nach 30 Tagen die Metaphysenknorpel auf *Citronensäure* (**I**), *Citrogenase* (**II**) u. *Brenztraubensäure* (**III**) untersucht wurden. Es ergibt sich ein Wachstumsstopp des Skeletts. Der Insulindefizit führt zu einer Blockierung der Knochenbldg. u. einer Verringerung von **I** u. **II** (von 95 bzw. 0,50 mg/100 g auf 60 bzw. 0,35 mg). Die **III**-Konz. bleibt unverändert. Diese Veränderungen werden durch Insulingabe (3 E./kg täglich subcutan) fast normalisiert. (Boll. Soc. ital. Biol. sperim. **33.** 1476—79. Okt./Nov. 1957. Genua, Univ., Clin. Ortoped. G. Caslini.) O. POLLAK V. EMHOFEN. 4564

A. I. Karajew und **T. D. Galbow,** *Einfluß der Interoceptorenreizung auf den Gehalt an Gesamtzucker im Blut.* Verss. an 14 n. Kaninchen ergaben einen mittleren Geh. an Gesamtzucker im Blut von 229 (190—320) mg%, an gebundenem Zucker + Glykogen 140 (94—226) mg% u. an freiem Zucker 90 (78—108) mg%. Reizung der Mechanoreceptoren des Rectums durch Einführung eines Gummiballons (Druck = 100 mm Hg) führte zu einer deutlichen Zunahme aller Zuckerarten (mittlere maximale Zunahme des Gesamtzuckers um 48%). 60 Min. nach Beginn des Vers. ist der Geh. an Gesamtzucker wieder n., an gebundenem Zucker etwas darunter u. an freiem Zucker noch etwas erhöht. Verss. an einem Hund hatten im allg. ähnliche Ergebnisse wie am Kaninchen. Die Veränderungen sind reflektor. Natur, da sie nach Novocainisierung der Schleimhaut der Ampulla recti nicht auftreten. (Известия Академии Наук Азербайджанской ССР [Nachr. Akad. Wiss. AserbaidshanSSR] **1956.** Nr. 10. 75—82. Okt.) E. RENTZ. 4564

Sch. A. Russtamowa, *Über die Änderung des Zuckerspiegels im Blut bei hungernden und satten Tauben.* Verss. an n. u. decerebrierten Tauben sowie nach Novocainisierung der vom Kropf zum Magen verlaufenden Nerven ergaben, daß die Fütterung der Tiere, unabhängig vom Charakter der aufgenommenen Nahrung, stets zu einer Reizung der Receptoren des Kropfes u. damit zu einer deutlichen reflektor. Blutzuckersteigerung führt, die ca. 1 Std. anhält (Maximum 5—30 Min. nach der Fütterung). (Известия Академии Наук Азербайджанской ССР, Серия Биологических и Сельскохозяйственных Наук [Nachr. Akad. Wiss. Aserbaidshan SSR, Ser. biol. landwirtsch. Wiss.] **1958.** Nr. 6. 75—82.) E. RENTZ. 4564

K. W. von Eickstedt, *Die Beeinflussung experimentell erzeugter Lebernekrosen durch blutzuckersenkende Sulfonylharnstoffverbindungen.* Vf. prüft an Ratten die Wrkg. von oralen Antidiabeticis (**I**) gegenüber den Lebergiften CCl_4 u. Allylalkohol. Es werden die Verbb. *N^1-Sulfanilyl-N^2-n-butylcarbamid* (*BZ 55*; 25—200 mg/100 g Ratte per os), *N^1-4-Methylbenzosulfonyl]-N^2-butylharnstoff* (*D 860*; 50—100 mg/100 g) u. *N^1-4-Methyl-3-aminobenzolsulfonyl-N^2-cyclohexylharnstoff* (*WP 40*; 5—15 mg/100 g) verwendet. Alle genannten Verbb. — 2 Std. vor der schädigenden Substanz gegeben — vermindern das Auftreten von Lebernekrosen. Nach Ansicht des Vf. beruht die Wrkg. der **I** hierbei nicht auf der Hemmung der Alkoholdehydrogenase. Die Erhöhung des Leberglykogens durch **I** ist für die Schutzwrkg. sicher wesentlich, aber für den Effekt nicht allein verantwortlich. (Arzneimittel-Forsch. **8.** 454—59. Juli 1958. Mannheim-Waldhof, Boehringer & Soehne, Biol. Labor.) H. SCHIMASSEK. 4564

Alfred Bänder, *Die Wirkung von N-[4-Methylbenzolsulfonyl]-N'-butylharnstoff auf das Nebennierenmark.* Intravenöse Injektion von 6—50 mg/kg des peroralen Antidiabeticums *N-[4-Methylbenzolsulfonyl]-N'-butylharnstoff* (*D 860*; **I**) bewirkt bei Kaninchen eine direkte Freisetzung von *Adrenalin* aus dem Nebennierenmark. Im Verlauf der Wrkg. von **I** kommt es ferner zu einer weiteren, reaktiven Adrenalinausschüttung durch Freisetzung von *Insulin*, die auch histolog. nachweisbar ist. I wirkt nach Ansicht des Vf. demnach nicht nur auf die B-Zellen des Pankreas, sondern auch auf die chromaffinen Zellen des Nebennierenmarks. (Arzneimittel-Forsch. **8**. 459—62. Juli 1958. Frankfurt/M.-Höchst, Farbwerke, Pharmakol. Labor.) H. SCHIMASSEK. 4564

N. Henning, H. Kinzlmeier, G. Zeitler, I. Neugebauer und **G. Koutsouris**, *Über die Wirkung von BZ 55 und D 860 auf die Acidität und Motilität des Magens.* Die Wrkg. der antidiabet. Substanzen *BZ 55* (*Nadisan, Invenol*) u. *D 860* (*Rastinon, Artison*) ist eine deutlich stimulierende auf die Motorik u. Säuresekretion des Magens, was dem Insulineffekt entspricht, nur daß die Funktionssteigerung länger anhält u. in Schüben verläuft. (Gastroenterologia [Basel] **87**. 65—72. 1957. Erlangen, Univ., Med. Klin.) H. BENISCHKE. 4564

Hellmut Mehnert, *Über Wirkungsweise und Indikationsbereich oraler Antidiabetica.* Übersicht über Arbeiten, die den Wirkungsmechanismus u. die Indikationsgebiete der Therapie mit oralen *Antidiabeticis* behandeln. Es werden die Gruppen der *Sulfonylharnstoffderivv.* u. der *Biguanide* besprochen, darunter folgende Verbb.: *BZ 55, D 860, „Restinon", „Artosin", „Orinase"*; *DBJ* (*Phenyläthylbiguanid*); *DBB* (*Pentenylbiguanid*); *DBTU* (*Isopentenylbiguanid*). — Die wesentliche Differenz zwischen den beiden Substanzgruppen scheint darin zu liegen, daß die Sulfonylharnstoffderivv. am pankreaslosen oder total alloxandiabet. Tier prakt. ohne Wrkg. sind, die Biguanide jedoch noch den Blutzucker senken. Eine klare Definition über den Wirkungsmechanismus der Verbb. ist bis heute noch nicht möglich. (Dtsch. med. Wschr. **83**. 1273—79. 25/7. 1958. Boston, Mass., USA Joslien Clinic; München, Univ., Med. Poliklinik.) H. SCHIMASSEK. 4564

Leo P. Krall und **Robert F. Bradley**, *Klinische Untersuchungen mit Formamidinylimino-Harnstoff, einer bei oraler Verabreichung blutzuckersenkend wirkenden Verbindung. Ein Vergleich mit anderen blutzuckersenkenden Substanzen.* Vff. haben 173 Diabetiker mit *Guanidin, Synthalin A* oder *B, Sulfonylharnstoff, Insulin, Phenyläthylformamidinyliminoharnstoff* (I), *n-Amyl*-I, *Isoamyl*-I oder *Methylbenzyl*-I behandelt u. ihren Einfl. bei Mensch u. n. u. pankreaslosem Tier auf Muskel- u. Leberglykogen auf den Geh. des Lebervenenblutes an Glucose u. eine eventuelle Schädigung der α-Zellen im Pankreas bestimmt. I hat dieselbe Wrkg. wie Guanidin oder Synthalin B. Beim pankreaslosen oder alloxandiabet. Tier senkt es den Blutzuckerspiegel, hemmt die Oxydation der Glucose u. die Glykogenbldg. u. senkt den Glykogengeh. in Leber u. Muskulatur, hemmt die blutzuckersteigernde Wrkg. von Adrenalin u. steigert die Menge der Milchsäure im Blut. In vitro mit I behandelte Gewebe nehmen keine ^{14}C-Glucose in ihre Proteine oder Fette auf. Die blutzuckersenkende Wrkg. von I zeigte sich bei allen Diabetikern, jedoch mußte bei 38% der Kranken die Therapie nach einiger Zeit wegen der auftretenden Symptome von seiten des Magendarmkanals wie Anorexie, Nausea, Erbrechen u. Diarrhoe abgebrochen werden, wonach die Nebenerscheinungen alsbald abklangen. Leberfunktionsproben sowie Unterss. von Urin u. Blut zeigten während der Behandlung mit I bei den Kranken keine Abweichungen von der Norm. (Ann. intern. Med. **50**. 586—613. März 1959. Boston, Mass., New England Deaconess Hosp.) HEINRICH HERMANN. 4564

S. M. Milcu und **I. Milcu**, *Über ein hypoglykämisch wirkendes Hormon in der Zirbeldrüse.* In Verss. an ♂ Kaninchen stellten Vff. fest, daß ein aus der Zirbeldrüse von Rindern gewonnener Extrakt (I; *Epiphysormon*) bzw. eine gereinigte Fraktion daraus (II; *Pinealin*) Blutdrucksenkungen hervorruft. II ist thermostabil, nicht dialysabel u. wird durch Trypsin inaktiviert. Bei der Elektrophorese liefert die Substanz 3 Komponenten. I verursacht in einer 2,5 mg Eiweiß-N_2 entsprechenden Menge über 5 Std. andauernde Hypoglykämie mit einer maximal 30%ig. Senkung des Blutzuckers in der zweiten Stunde. Mäuse erlitten nach Verabreichung von II (aus 70 mg Epiphysenpulver) innerhalb von 30—60 Min. tödliche hypoglykäm. Krämpfe. Injektion von Glucose verhinderte diese Reaktion. I in 0,7 mg Eiweiß-N_2 entsprechender Menge bewirkt an Mäusen bei gleichzeitiger Verabreichung von 0,12 g Glucose Senkung des Leberglykogens um 16%, Muskelglykogen nahm dabei um 9,6% zu. Der durch Alloxan verursachte Diabetes wurde bei Ratten durch II gemildert. Am pankreasektomierten Hund bewirkte aus 1—10 g Drüse bereitetes I Senkung der Glykämie um 27%; die Wrkg. hielt über 24 Std. an. Die Glykosurie betrug dabei nach 24 Std. 37—44% des Ausgangswertes. Über 5 Monate dauernde Verabreichung kleinerer Mengen I bewirkte bei Ratten schnelleres Wachstum u. Gewichtszunahme, bes. der Leber u. des Gehirns; Hoden, Nebennieren u. Schilddrüse blieben unverändert. I u. II ist nach diesen Ergebnissen eine dem Insulin ähnliche Aktivität zuzuschreiben. — 27 Literaturangaben. (Die Medizinische **1958**. 711—15. 26/4. Bukarest, Univ., Inst. für Endokrinologie.) K. ZOPFF. 4565

R. Ss. Orlow, *Zur Frage des Einflusses von Acetylcholin auf die funktionellen Eigenschaften des somatischen Nervs.* In Verss. an Katzen mit durchtrenntem Nervius

ischiadicus wurden bei erhaltenem Kreislauf die absol. u. relative Refraktärphase sowie die „übernormale" Phase untersucht. Einigen Tieren wurde zur zeitweiligen Störung der *Acetylcholin* (I)-Bldg. ein großer Teil des Pankreas entfernt. Die Kontrolltiere erhielten nach der Operation 1—2 ml I (1 : 10000) gleichzeitig mit Eserin (II). Bei n. Katzen dauerte die absol. Refraktärphase 0,8—2, die relative 3—6 msec. Bei Tieren mit kleinem Pankreasrest war die absol. u. relative Refraktärphase verlängert (1,1—4,5 u. 12—15 msec.), die übernormale Phase verkürzt, meist sogar nicht feststellbar. Die Ansprechbarkeit auf Serienreize war gegenüber der Norm vermindert. Zufuhr von I + II ließ prakt. die n. elektr. Zustände am Nerven wieder eintreten. Die Verss. sprechen für die Wichtigkeit von I für die Funktion des somat. Nervenstammes. (Физиологический Журнал СССР, имени И. М. Сеченова [Ssetschenow J. Physiol. UdSSR] **44.** 660—63. Juli 1958. Leningrad, 1. Med. Pawlow-Inst., Lehrstuhl für Physiol.)
K. RINTELEN. 4569

C. Casella und **G. Rapuzzi,** *Bedeutung der Nebennieren beim Wirkungsmechanismus des 5-Hydroxytryptamins auf die Nervenleitung.* Es wird die Leitung des Ischiasnerven der Ratte unter folgenden Bedingungen untersucht: Behandlung mit *Adrenalin* (I); Adrenalektomie + *5-Hydroxytryptamin* (II) bzw. Nebennierenextrakt (III) u. II. Wird den Tieren I bzw. II injiziert (7 Tage lang täglich 3mal je 100 μg intraperitoneal), dann sind die Nebennieren in beiden Fällen hypertroph., doch wird die Leitungsgeschwindigkeit nur durch II erhöht; dies ist jedoch bei mit II behandelten adrenalektomierten Ratten nicht der Fall. Bei adrenalektomierten Ratten wirkt III nur gemeinsam mit II beschleunigend auf die Leitungsgeschwindigkeit des Nerven. (Boll. Soc. ital. Biol. sperim. **33.** 1569—71. Okt./Nov. 1957. Pavia, Univ., Ist. di Fisiol. umana.)
O. POLLAK V. EMHOFEN. 4569

Sister Hilary Ross und **Rolla H. Wolcott,** *Hämoglobintypen bei der Lepra.* Bei 205 Patienten (187 mit Lepra u. 18 mit tuberkulösen Erkrankungen) wurden Erythrocytenhämolysate papierelektrophoret. untersucht. Bei 163 Patienten war n. *Hämoglobin* (I)-A vorhanden, bei den übrigen abnormale I-Typen, vorwiegend I-C bzw. Mischungen von I-C u. I-A. (Int. J. Leprosy **26.** 118—122. April/Juni 1958. Carville, La., U. S. Publ. Health Service Hosp.)
W. SCHELER. 4572

P. Mayer, *Papierelektrophoretische Untersuchungen von Menstrualblut.* Vf. hat Venenblut (V) u. nach NIEDNER gesammeltes Menstrualblut (M) von n. Frauen u. solchen mit unterschiedlichen Entzündungen oder glandulärer Hyperplasie (G) auf ihren Geh. an Albuminen, α_1-, α_2-, β- u. γ-Globulinen untersucht u. die Ergebnisse tabellar. mitgeteilt. Bei allen Frauen mit Ausnahme von G unterscheiden sich die Fraktionen in V u. M nicht. Bei G-Frauen deuten die Veränderungen in M gegenüber M von n. Frauen auf ein subakut-chron. Erkrankung mit neoplasmat. Einschlag hin. (Z. Geburtshilfe Gynäkol. **151.** 84—97. 1958. Jena, Univ., Frauenklinik.)
HEINRICH HERMANN. 4572

W. Scheler und **I. Fischbach,** *Über Eigenschaften des Chironomus-Methämoglobins und seiner Komplexe.* Das *Hämoglobin* (I) der roten Mückenlarve, *Chironomus plumosus,* besitzt ein Mol.-Gew. von 31400 u. enthält zwei prosthet. Gruppen pro Molekül. Es wurden die Lichtabsorption des I u. seiner CO-Verb. sowie die Spektren des entsprechenden *Methämoglobins* (II) u. seiner Derivv. im Gebiet zwischen 680 u. 380 mμ bestimmt. Weiter wurden die Dissoziationskonstanten der wichtigsten II-Verbb. spektrophotometr. gemessen u. deren Abhängigkeit von Milieufaktoren (p_H, t, Ionenstärke) untersucht. Auf Grund direkter spektrophotometr. u. indirekter Methodik konnten die Dissoziationskonstanten ionisierender Gruppen des Proteins ermittelt werden. Für II liegen die p_H-Werte dieser Gruppierungen bei 8,35, 6,6 u. $< 3,5$. Es wird aus den Daten geschlossen, daß das Fe der prosthet. Gruppe mit mindestens 2 Proteingruppierungen in funktioneller Wechselwirkung steht, eine könnte ein Imidazolrest, die andere sollte wegen ihres niederen p_H eine Carboxylgruppe sein. Die prosthet. Gruppe ist für die Liganden recht gut zugänglich und weniger durch das Protein abgeschirmt, als es z. B. beim Pferdehämoglobin der Fall ist. (Acta biol. med. german. [Berlin] **1.** 194—210. 1958. Berlin-Buch, Dtsch. Akad. d. Wiss., Inst. f. Med. u. Biol., AB Pharmakol.)
W. SCHELER. 4572

W. Scheler und **F. Jung,** *Über die Sigmoidkoeffizienten der Cyanidgleichgewichte des Methämoglobins und Methmyoglobins.* Die Bindung von *Cyanid* (I) an *Methämoglobin* bzw. *Methmyoglobin* (!) folgt nicht in allen Fällen dem einfachen Massengleichgewicht. Die Bindungskurven sind im mittleren p_H-Bereich (um p_H 8) steil, der HILLsche Sigmoidkoeffizient n erreicht Werte um 2. Nach niederen wie höheren p_H-Werten zu geht n $\rightarrow$ 1,0. Der höhere Sigmoidkoeffizient kann nicht mit einer Bindung von 2 I-Moll. pro Fe gedeutet werden, da die Best. des I-Verbrauchs nur die Bindung von 1 Mol. I pro Fe erkennen läßt. Zur Deutung des Befundes werden weitere Unterss. durchgeführt. (Acta biol. med. german. [Berlin] **1.** 232—35. 1958. Berlin-Buch, Dtsch. Akad. d. Wiss., Inst. f. Med. u. Biol., AB Pharmakol.) W. SCHELER. 4572

Hansjürgen Matthies, *Zum Problem der Methämoglobinrückbildung in Erythrocyten.* Bei einem Fall von idiopath. Methämoglobinämie wird die Rückbldg. des *Methämoglobins* (I) in den Erythrocyten manometr. in unterschiedlichem Milieu studiert. *Lactat* u. *Formaldehyd* sind als Substrate für die I-Red. in den patholog. Zellen prakt. wirkungslos, *Glucose* (II) hingegen ist als Substrat wirksam, wenn auch etwas schwächer als bei n. Erythrocyten. Die I-Rückbldg. durch II ist in den patholog. Erythrocyten wie in den n. durch Methylenblau aktivierbar. Diese u. weitere Befunde werden so gedeutet, daß für das Zustandekommen dieser idiopath. Methämoglobinämie der Ausfall einer „*DPNH-I-Reduktase*" angenommen wird. Ob es sich hierbei um ein I-spezif. Ferment handelt, bleibt zunächst offen. (Acta biol. med. german. [Berlin] **1.** 221—28. 1958. Berlin, Humboldt-Univ., Inst. f. Pharmakol. u. Toxikol.; Magdeburg, Med. Akad., Pharmakol. Inst.) W. SCHELER. 4572

Seymour Perry, Charles G. Craddock jr., Lutz Ventzke, Gaetano Crepaldi und **John S. Lawrence,** *Bildungsgeschwindigkeit von* ^{32}P*-markierten Lymphocyten.* An narkotisierte Hunde wurde ^{32}P als Na_2HPO_4 intravenös verabreicht u. in Intervallen Lymph-Fl. aus dem Ductus thoracicus entnommen. Diese wurde zentrifugiert, wodurch eine weitgehende Trennung der Lymphocyten u. Granulocyten erreicht werden konnte. In der DNS der Lymphocyten kann der injizierte ^{32}P frühestens nach 2 Std. nachgewiesen werden. Die spezif. Aktivität der Lymphocyten erreicht nach 12—20 Std. ein Maximum u. fällt dann langsam ab auf einen niedrigeren Spiegel, der noch nach 160 Std. nachweisbar ist. In peripherem Blut erreicht die ^{32}P-DNS-spezif. Aktivität der Lymphocyten u. Granulocyten am 4. Tag nach der ^{32}P-Injektion ein Maximum. Es wird aus den Verss. geschlossen, daß die Reifungszeit der Lymphocyten u. ihre Verweilzeit im peripheren Blut relativ kurz sind. (Blood **14.** 50—59. Jan. 1959. Los Angeles, Calif., Univ. of California, Med. Center and Wadsworth Veterans Administr. Center, School of Med., Dep. of Med.) W. SCHELER. 4573

Hideo Imamura, *Über die Effekte von Kallikrein, Parotin und einen Pankreasextrakt auf die Zusammensetzung des Kaninchenblutes.* Vf. untersucht die Wrkg. von *Kallikrein* (I), *Parotin* (II) u. einem Extrakt aus Hühnchenpankreas (III) nach intravenöser Gabe auf einige Blutbestandteile bei Kaninchen. Alle 3 Substanzen bewirken einen Abfall von K, Na u. Ca u. einen Anstieg von Mg im Blutserum, ferner eine Zunahme der Leukocyten, bes. von Pseudoeosinophilen. Während der Eiweißgehalt des Serum durch I unbeeinflußt bleibt, sinkt der Proteingeh. im Serum nach der Injektion von II u. III. (Fukuoka Acta med. [Fukuoka-Igaku-Zassi] **48.** 2010—28. Nov. 1957. Fukuoka, Japan, Univ. Kyushu, Dep. of Internal Med. [Orig.: japan.; Auszug: engl.]) H. SCHIMASSEK. 4574

B. N. Bachra und **B. S. J. Wöstmann,** *Calcium- und Phosphatkomplexe in Ringerlösung und Serum.* In RINGER-Lsg. u. Serum wurden die Wanderungsgeschwindigkeiten (v) von radioaktiv markiertem Ca^{2+}- bzw. PO_4^{3-}-Ion im elektr. Feld mittels Papierelektrophorese gemessen. Die Konzz. der Ionen variierten von 0 bis 90 μg PO_4 (je ml) bei konstanter Ca-Konz. von 60 μg, bzw. von 0—90 μg Ca bei 60 μg PO_4/ml. Die Lsgg. waren während der Verss. im Gleichgewicht mit einer Gasphase aus 5% CO_2 u. 95% N_2, so daß p_H 7,4 u. die Bicarbonatkonz. konstant blieben. Radio-Ca- bzw. -PO_4-Ion wanderten in scharfen Maxima zur Kathode bzw. Anode; der zurückgelegte Abstand vom Nullpunkt war abhängig von der Konz. an Ca^{2+}-, Mg^{2+}- bzw. PO_4^{3-}-Ionen. Bes. deutlich wurde v_{Ca} von der PO_4-Konz. beeinflußt. Es wurde angenommen, daß in einer gewöhnlichen RINGER-Lsg. Komplexe zwischen Ca^{2+}- (Mg^{2+}-) u. PO_4^{3-}-Ionen vorkommen, die kettenförmig oder vernetzt sein könnten. In derartigen, negativ geladenen Komplexen wäre v_{PO_4} wenig geändert, während darin eingebautes Ca mit dem PO_4^{3-}-Ion wandern würde, wodurch die Gesamtgeschwindigkeit des Ca^{2+}-Ions erheblich vermindert wäre, wie tatsächlich gemessen. Im Serum erwies sich der Einfl. der Ionenkonzz. auf die v-Werte als zweideutig. v_{Ca} u. v_{PO_4} in Serum mit Konzz. von 60 μg PO_4^{3-} u. 100 μg Ca^{2+}/ml (davon ca. 60 μ Ca als „freies" Ion) waren um ca. 25% niedriger als in einer RINGER-Lsg. mit 60 μg PO_4 u. 60 μg Ca/ml. Das deutet auf eine zusätzliche, reversible Bindung von Ca (vielleicht auch von PO_4) an Serumproteine hin. Auch eine dem Ca-Phosphat–Casein-Komplex in Milch ähnliche Bindung von Ca-Phosphat an Serumeiweiß scheint nicht ausgeschlossen. (Acta physiol. pharmacol. neerl. **4.** 577—83. März 1956. Amsterdam, Univ., Netherland Inst. of Nutrition and Labor. of Physiol. Chem.) EBERHARD MÜLLER. 4574

Charles W. Mushett, Kane L. Kelley und **Ralph Hirschmann,** *Wirksamkeit von wasserlöslichen Derivaten des Vitamins* K_1 *bei der medikamentösen Hypoprothrombinämie.*

Es wurden Vergleichsunterss. durchgeführt über die Wirksamkeit von Emulsionen des wasserunlösl. *Vitamin K_1* (I) u. wasserlösl. Derivv. des **I** bei Hypoprothrombinämien, die entweder mit *Dicumarol* oder *Dipaxin* erzeugt worden waren. Bei intravenöser Verabreichung war das *Dinatriumsalz des 2-Methyl-3-phytyl-1.4-naphthohydrochinon-1.4-diphosphats* (**II**) ebenso wirksam wie die **I**-Emulsion. Das *4-Monophosphat* besaß etwa gleiche Wirksamkeit, das *1-Propionat-4-phosphat* war weniger wirksam. **II** war intramuskulär wirksamer als **I**, oral etwa gleich stark wirksam. Die Latenzzeit bis zum Wirkungseintritt war bei allen Applikationsarten bei **I** u. **II** etwa gleich, die Wirkungsdauer bei **II** > bei **I**. (Blood **14.** 37—49. Jan. 1959. New Jersey, N. J., Merck Sharp and Dohme Res. Labor.) W. SCHELER. 4574

E. Castegnaro, *Antikoagulierende Wirkung des Polylactosesulfats.* Die antikoagulierende Aktivität von *Polylactosesulfat* (**I**) in vitro (2—12,5 µg) u. in vivo am Kaninchen in Dosen von 5—10 mg/kg ist etwa 5mal schwächer als die des Heparins. Die akute Toxizität von **I** ist gering (bei der Maus DL_{50} 3 g/kg); 60 mg/kg verändern beim Kaninchen nicht die Erythrocytensedimentation u. 30 mg/kg intravenös nicht den Fibrinogengeh., doch wirken sie agglutinierend auf die Blättchen. (Boll. Soc. ital. Biol. sperim. **33.** 1529—30. Okt./Nov. 1957. Farmitalia, Labor. Ricerche.) O. POLLAK v. EMHOFEN. 4574

Marco Verstraete, Patricia A. Clark und **Irving S. Wright,** *Die Anwendung verschiedener Gewebethromboplastinpräparate für die Kontrolle einer Antikoagulanstherapie.* Es ist bekannt, daß Cumarinderivv. mehrere Faktoren des Blutgerinnungssyst. beeinflussen. Die Durchführung einer standardisierten Kontrolle einer Cumarintherapie durch Prothrombin (**I**)-Zeitbest. stößt auf Schwierigkeiten. Vff. sehen die Ursache dieser Schwierigkeiten in der Herkunft der verwandten *Thromboplastin* (**II**)-Präparate. So enthalten **II**-Präpp. aus Kaninchenlunge (**II**-A) im Gegensatz zu **II**-Präpp. aus Kaninchenhirn (**II**-B) keine Faktor VII (**III**)-Aktivität. Bei der Best. der **I**-Zeit (Einzeitbest.) von n. Plasma, das mit $BaSO_4$-behandeltem Plasma verdünnt wurde, wurden mit **II**-A. u. **II**-B verschied. Kurven erhalten. Bei Best. der **I**-Zeiten eines Gerinnungssyst. mit konstantem Geh. an **III** u. abnehmender **I**-Aktivität wurden mit **II**-A oder **II**-B prakt. gleiche **I**-Zeiten erhalten. Bei Best. der **I**-Zeiten eines Gerinnungssyst. mit konstantem **I**-Geh. u. abnehmender **III**-Konz. wurden mit **II**-A oder **II**-B stark unterschiedliche **I**-Zeiten erhalten. **II**—A gab lange, **II**-B kurze **I**-Zeiten. DerGrund lag im unterschiedlichen Geh. der **II**-Präpp. an **III**-Aktivität. Vff. empfehlen daher für die Kontrolle einer Cumarintherapie durch **I**-Zeiten die Verwendung eines **II**-Präp. ohne **III**-Aktivität. (Circulation [New York] **16.** 213—26. Aug. 1957. New York, N. Y., Cornell Univ., Med. Coll., Hospital, Dep. of Med., Vascular Section.) G. BRATFISCH. 4574

P. Herzog, *Spezifische Phytagglutinine aus Ononis spinosa-Wurzeln.* Extrakte aus *Ononis spinosa* haben Anti-H-Aktivität. Sie sind bes. im Albuminmilieu wirksam. Sie eignen sich für die Best. der A-Untergruppen. (Z. Immunitätsforsch. exp. Therap. **117.** 53—59. Jan. 1959. Praha, Inst. f. Hämatologie u. Bluttransfusion.) E. FISCHOEDER. 4574

Gerhard Müller und **Joachim Brugsch,** *Über die Verwendung von Porphyrin–Schwermetallkomplexen für klinische Zwecke.* Die Eig. der *Porphyrine* (I) in organ. Lösungsmitteln mit Schwermetallen Komplexe zu bilden, wird zu einem analyt. Verf. zur Best. des *Zn* in Harn, Vollblut u. Erythrocyten ausgenutzt. An Hand von 60 Fällen werden folgende Daten erhalten: Harn: 8,5—75 γ%, Serum: 86—473 γ%, Blut: 215 bis 1161 γ%. (Z. ges. inn. Med. Grenzgebiete **14.** 264—65. 1/3. 1959. Berlin, Charité, Abtlg. für klin. Chemie.) H. STRUCK. 4574

J. Rechenberger, *Das Serumzink beim Myocardinfarkt.* Bei 20 Myocardinfarkten wird eine signifikante Senkung des *Serumzinkspiegels* beobachtet (von 145% auf 68,6%). Die Ursachen der Serumzinksenkung sind nicht bekannt. (Z. ges. inn. Med. Grenzgebiete **14.** 265—67. 1/3. 1959. Leipzig, Univ., Med. Klinik.) H. STRUCK. 4574

T. Salmi, O. E. Virtanen und **A. Huuhtanen,** *Beobachtungen über die Resorption des Chelateisens bei anämischen Kindern.* Bei 18 Kindern (klin.; 2—12 Monate alt) wurde die *Fe*-Resorption durch Best. des Serum-*Fe*-Geh. 1, 2 u. 6 Std. nach peroralen Gaben von *Fe(III)-Cholincitrat* (**I**), *Fe(II)-Isonicotinat* (**II**), *Fe(II)-Gluconat* (**III**) oder *Fe(III)-Äthylendiamintetraacetat* (**IV**) bestimmt. Resorptionszeit u. Serum-Fe nahmen in der Reihenfolge **I, II, III, IV** ab, u. es wird abgeleitet, daß ein relativ stabiles Fe-Chelatpräp. wie z. B. **I** physiol. aktiver zu sein scheint als ein labiles (z. B. **III**) oder sehr stabiles (z. B. **IV**) Präparat. (Duodecim **74.** 789—98. 1958. Turku, Finnland, Univ., Childrens Clinic.) HEINZ WALTER. 4575

L. I. Shurawlewa, *Anwendung von Parenterin bei der Behandlung von Psychosekranken. Parenterin* (**I**; Blutersatzmittel) wird aus dem Plasma oder aus dem Serum

der Rinder durch 15 Min. langes Kochen bei 125° in saurer Lsg., Neutralisation, Behandlung mit Formalin u. NH_3 u. nochmaliges Erwärmen auf 75° (30 Min.) bereitet. 20 Kranke erhielten therapeut. Infusionen von I (1 Dosis = 250 cm³). Die Behandlung umfaßte 3—10 Infusionen. 8 Patienten litten an Schizophrenie, 1 an Involutionspsychose, 3 an organ. Erkrankungen des Nervensyst., 4 an Narkomanie u. 4 an psychogenen Reaktionen. Bei der Behandlung mit I stieg das Körpergewicht durchschnittlich um 1—2 kg an. Bei 10 Patienten normalisierte sich das rote Blutbild. Bei 8 sank die Zahl der Erythrocyten. Die Eosinophilen wurden zahlreicher (bis zu 5—6%). Regelmäßige Schwankungen des Blutdruckes sowie der Puls- u. Atmungsfrequenz wurden nicht beobachtet. Besserung des psych. Zustandes trat bei 8 Patienten ein. Bei 4 war diese nur unbedeutend. Bei 7 blieb sie aus. Die besten Ergebnisse zeigten sich bei Patienten mit psychogenen Reaktionen. Von den 8 Schizophrenen zeigten nur 2 eine bedeutendere Besserung. Am wirksamsten war die Behandlung bei Patienten mit asthen. u. hypochondr. Syndrom. Die Besserung trat langsam ein u. begann mit der Normalisierung des Schlafes u. des Appetits. Wenig wirksam war die Behandlung beim Vorhandensein von halluzinator. u. kataton. bzw. depressiv paranoiden Syndromen. (Журнал Невропатологии и Психиатрии имени С. С. Корсакова [Korssakow J. Neuropathol. Psychiatr.] **59.** 590—92. 1959. Moskau, 2. Med. Pirogow-Inst., Lehrstuhl für Psychiatrie.)
F. DU MANS. 4576

A. Garagnani und **B. Vancini,** *Das Verhalten der Kreatinkörper bei normalen und fettleibigen Personen vor und nach Zufuhr von Aminosäuren.* Bei 5 Versuchspersonen mit n. Gewicht (Gruppe a) u. 7 Fettleibigen (b) wurde der *Kreatin* (**I**)- u. *Kreatinin* (**II**)-Geh. im Blut u. Harn bestimmt. Nach proteinarmer Diät betrugen die Werte bei a 3,66 (mg%) **I** u. 1,38 **II**, bei b 2,44 **I** u. 1,35 **II** im Blut, bzw. 0,073 **I** u. 0,78 **II** im Harn von a sowie 0,031 **I** u. 0,70 **II** im Harn von b. 24 Std. nach Verabfolgung von 2 g Arginin oder Glykokoll je 20 kg Körpergewicht waren die Veränderungen in Gruppe b nur geringfügig, während bei a bes. im Harn die **I**-Ausscheidung erheblich anstieg (die **II**-Werte nur in geringem Maße). Auch nach **I**-Gabe war das Verh. beider Gruppen ganz ähnlich. — Der von der Norm abweichende Aminosäurenstoffwechsel bei Fettleibigen wird im Zusammenhang mit endokrinen Störungen besprochen. (Endocrinol. Sci. Costituz. **24.** 269—79. 1957. Bologna, Univ., Ist. di Clinica med. gen. e Terapia med.)
B. STIEB. 4577

U. S. von Euler und **F. Lishajko,** *Exkretion von Brenzcatechin im menschlichen Urin.* Bei der sauren Hydrolyse von menschlichem Urin (1n H_2SO_4, 20 Min., 100°) werden durch Spaltung von Konjugaten *Brenzcatechine* freigelegt, die sich durch Adsorption an Al_2O_3 auftrennen lassen (Lösungsm. n-Butanol–HCl–Essigsäure). Bei der papierchromatograph. Unters. der säulenchromatograph. getrennten Fraktionen zeigte sich, daß die Hauptkomponente nicht, wie früher vermutet, mit 3.4-Dihydroxyphenylessigsäure, sondern mit *Brenzcatechin* (**I**) ident. ist (Lösungsm. Butanol–HCl oder m-Kresol–Essigsäure–W.). **I** ließ sich auch durch Behandeln der Flecke mit $K_3F(CN)_6$ oder $FeCl_3$ sowie mittels Fluorescenzkurven im Spektrophotofluorimeter nachweisen. Die Menge an **I** beträgt im n. Urin im Mittel 82 γ/Std. Im nichthydrolysierten Urin konnte **I** nicht nachgewiesen werden. **I** findet sich auch im Urin der Kuh (nach Hydrolyse). (Nature [London] **183.** 1123. 18/4. 1959. Stockholm, Karolinska Inst., Physiol. Dep.)
B. GÖRLICH. 4577

Katuiti Haruyama, Syōjirō Simizu und **Taihei Takakusaki,** *Untersuchungen über die HgJ_2-Reaktion des Harns.* 9. Mitt. *Das Verhalten der nach dem A-Verfahren positiven Substanzen im Harn.* Zur Klärung der Frage, ob *Urochrom* (**I**) bei dem Verf. A der HgJ_2-Rk. nach YAMASOE (Med. and Biol. [Tokyo] **35.** [1955.] 29) sich als positiv reagierende Substanz erweist, wurde der Harn mit der 5fachen Menge A. (**II**) bzw. mit 30 cm³ Eisessig (**III**) extrahiert. Während die Farbstoffe u. ihre A-positiven Bestandteile größtenteils in **III** lösl. u. mit Ae. weiter zu fraktionieren sind, ist **I** in reinem **II** unlösl.; dagegen lösen sich in **II** Urobilin u. Uroerythrin. — Bei der papierchromatograph. Unters. (Butanol, Eisessig, W. 4 : 1 : 1) gibt es zwar bei R_F 0,48 einen Harnstoffleck, jedoch keinen **I**-Fleck. — Zugabe von Phosphorwolframsäure (**IV**; 5%) u. HCl zum Dialysat des mit **III** extrahierten Farbstoffs fällt eine braune Substanz aus, während der Überstand fast farblos ist. **IV** fällt demnach die A-positiven Bestandteile nicht. (Med. and Biol. [Tokyo] **51.** 211—13. 20/6. 1959. Gumma Daigaku, Igaku-Bu, Ikagaku-Kyōshitsu. [Orig.: japan.]) F. MOSSNER. 4577

H. A. Künkel, H. Schniewind und **K. Thomsen,** *Über die Verteilung von Radiostrontium in den Organen eines menschlichen Feten.* In dem seltenen Falle des $2^1/_2$ Std. post uterusexstirpationem andauernden Überlebens einer 15 Wochen alten menschlichen Frucht konnte der Bade-Fl. (15 Liter) 1 mC ^{90}Sr („trägerfrei“ als Carbonat)

70 Min. vor dem Absterben zugesetzt werden, u. es ergaben sich nach der Veraschung von Proben nach Zugabe von Ba u. Fällung der Aktivität als Sulfat folgende spezif. Aktivitäten in Impulsen/Min.: Bade-Fl. 15973/ml, Placenta 16687/g, Fruchtwasser 3129/ml (was als Zeichen dafür aufgefaßt werden kann, daß die Diffusion des akt. Sr durch die Eihäute keine entscheidende Rolle spielt), Nabelschnurblut 3592/g, Leber 3211/g, Gehirn 2989/g, Milz 1515/g, Lunge 1777/g u. Knochen 10416/g, was trotz der relativ kurzen Einwirkungszeit auf einen wirklichen Einbau von ^{90}Sr in das Knochengewebe deutet. (Klin. Wschr. **37.** 303—04. 15/3. 1959. Hamburg-Eppendorf, Univ., Frauenklinik.) U. TAUSENDFREUND. 4583

Yoshito Ogawa und **Sadakatu Ogasawara,** *Wachstum, Differenzierung und Regeneration.* 13. Mitt. *Entwicklung des Myosins der Skelettmuskulatur im Anfangsstadium des Wachstums von Triturus pyrrhogaster, Boie.* Eine serolog. Unters. (Fällungs-Rk. mit Myosinantiserum) über das zeitliche Auftreten von *Myosin* (I) der Skelettmuskulatur bei Triturus pyrrhogaster, Boie ergab, daß 176 Std. nach Befruchtung der Eier (Bebrütung bei 20 ± 1°) I, u. 140 Std. nach Befruchtung *Actin* nachzuweisen sind. (Med. and Biol. [Tokyo] **51.** 116—18. 5/5. 1959. Mishima, Kokuritsu Idengaku-Kenkyūsho. [Orig.: japan.]) F. MOSSNER. 4583

F. E. Peters, *Die chemische Zusammensetzung von Nahrungsmitteln des südpazifischen Raumes.* Die Arbeit enthält Tabellen über den Geh. an W., Asche, Rohfaser, Extrakt, N, Aminosäuren u. Vitaminen in den genannten Nahrungsmitteln. — 31 Literaturangaben. (Qualitas Plantarum Mater. vegetabiles [Den Haag] **5.** 313—43. 31/3. 1959. Nouméa.) P. LOCH. 4585

Hiroyuki Iwao, *Untersuchungen über die Calciumverwertung im lebenden Organismus.* 3. Mitt. *Das Abkochen von Spinat und die Calciumverwertung.* Junge Albinoratten, deren Diät neben den üblichen 16% Protein u. 0,3% Ca 1,0% *Oxalsäure* (I) enthält, bleiben im Wachstum zurück. Das gleiche Bild zeigt sich bei Tieren, deren Kost 10 u. 20% Spinatpulver (unabgekocht u. abgekocht) zugesetzt werden. Die Analyse der Pulver ergab, daß durch das Abkochen der Geh. an Ca von 0,802 auf 0,953% u. der von I von 3,55 auf 3,91% gestiegen war. Wenn also auch I durch Abkochen oder Eintauchen des Spinats in W. nicht zu beseitigen ist, kommt es zu Schädigung durch I am Knochengewebe oder zu Steinbldg. in den Harnwegen erst bei zu geringem Ca-Geh. der Nahrung. (Jap. J. Nutrit. **12.** 69—81. 25/3. 1955. Kokuritsu Eiyō-Kenkyūsho, Shokulin-Kagaku-Bu. [Orig.: japan.; Auszug: engl.]) F. MOSSNER. 4585

Hiroyuki Iwao, *Untersuchungen über die Calciumverwertung im lebenden Organismus.* 4. Mitt. *Oxalsäurezusatz und NaCl-Einfluß.* (3. vgl vorst. Ref.) Albinoratten, zu deren Kost (16,01% Protein u. 0,3% Ca) 1% NaCl zugesetzt wurde, wuchsen gut, am Knochengewebe zeigten sich keine Besonderheiten. 3 u. 5% NaCl beeinträchtigen das Wachstum u. führen zu Störungen an Knochen u. Nieren. Zusatz von 0,7% *Oxalsäure* (I) hemmt das Wachstum u. verringert den Verkalkungsprozeß. Die durch I hervorgerufenen Schädigungen werden durch gleichzeitige NaCl-Gaben noch gesteigert, wenn dessen Konz. 1% übersteigt. (Jap. J. Nutrit. **12.** 82—86. 25/3. 1955. [Orig.: japan.; Auszug: engl.]) F. MOSSNER. 4585

Hiroyuki Iwao, *Untersuchungen über die Calciumverwertung im lebenden Organismus.* 5. Mitt. *Oxalsäurezusatz und Einflüsse von Art und Menge gleichzeitig verwendeter Fette.* (4. vgl. vorst. Ref.) Zur Verhütung der durch *Oxalsäure* (I) behinderten Ca-Verwertung erhielten Albinoratten neben ihrer aus 16,01% Protein u. 0,3% Ca bestehenden Kost 10% Fette. Auf das Wachstum wirkten *gehärtetes Heringsöl* (II) > *Sojabohnenöl* (III) > *Rindertalg* (IV) > Heringsöl (V). Enthält die Kost auch 0,7% I, dann geht das Wachstum in Ggw. von III nur wenig zurück, stärker in Ggw. von IV u. II; auf V steigt es eher an. (Jap. J. Nutrit. **12.** 87—96. 25/3. 1955. [Orig.: japan.; Auszug: engl.]) F. MOSSNER. 4585

D. M. Hegsted, Anna Gotsis und **F. J. Stare,** *Die Wirkung verschiedener Fette auf die experimentelle Hypercholesterämie der Ratte.* Es wurde die Wrkg einer Anzahl Öle (Oliven-, Raps-, Baumwollsamen-, Lein-, Mais-, Cocosnuß-, Holz-, Safflorö1) u. deren Kombinationen auf die Serumcholesterin (I)-Werte der Cholesterin–Cholsäure-gefütterten Ratte untersucht. Die Wrkg. der Öle ähnelt bei diesem Test den bei den I-Werten von Personen nach Fettzufuhr beobachteten Veränderungen. Der Wertgeh. an essentiellen Fettsäuren (II; Linolsäure, Arachidonsäure) · Geh. an gesätt. II zeigt eine weitgehende negative Korrelation zu den erzeugten I-Spiegeln. Vff. schließen daraus, daß „nicht-essentielle" ungesätt. II (Ölsäure, Linolensäure, Eläostearinsäure, vielleicht auch Clupadonsäure) die Hypercholesterämie fördern u. diesem Effekt essentielle u. gesätt. II entgegenwirken. Essentielle II u. ungesätt. II erwiesen sich in dieser Hinsicht als gleich wirksam u. konnten einander ersetzen. (J. of Nutrit. **63.** 377—91. 10/11. 1957. Boston, Mass., Harvard School of Publ. Health, Dep. of Nutrit.) K. MAIER. 4585

Hans Selye, *Hervorrufung von Myocardnekrosen durch verschiedene Fette bei eingestellten Ratten.* Die bei Ratten durch Behandlung mit 100 μg *2α-Methyl-9α-chlorcortisol* täglich + 1 mMol Na_2HPO_4 2mal täglich hervorrufbaren Myocardnekrosen sowie Nephrocalcinosen können durch tägliche perorale Verabreichung von 0,5—1,0 ml animal. oder Pflanzenfette zahlenmäßig u. gradmäßig gesteigert werden; verstärkte Herzbelastung infolge Fettansatz kann nicht die Ursache sein, da es bei den Verss. nicht zur Bldg. von Übergewicht kam. Tägliche *Paraffin*-Verabreichungen bleiben ohne Auswirkung. (Proc. Soc. exp. Biol. Med. **98.** 61—62. Mai 1958. Montreal, Univ., Inst. de Med. et de Chir. exp.) U. TAUSENDFREUND. 4585

H. D. Cremer, W. Tolckmitt und **J. Wenderhold,** *Beitrag zur Physiologie der Sorbinsäure.* In Rattenverss. mit Wachstumskontrollen, Kontrolle des Körpergewichts erwachsener Tiere u. Kontrolle des *Serumcholesterin* (**I**)-Spiegels konnte nachgewiesen werden, daß sich *Sorbinsäure*(**II**) bei 10%ig. Zufütterung wie eine übliche Nahrungsfettsäure verhält, so daß sich die Unbedenklichkeit von **II** bestätigt. Ein dem nach der Verabreichung von Fettsäuren der Maisölgruppe vergleichbares Verh. des **I**-Spiegels läßt an die Möglichkeit ähnlich günstiger Wrkgg. denken, wie sie von den anderen mehrfach ungesätt. Fettsäuren her bekannt sind. (Klin. Wschr. **37.** 304. 15/3. 1959. Gießen, Univ., Inst. für Ernährungswissenschaft.) U. TAUSENDFREUND. 4585

Eduard Bělík, *Quantitative Bestimmung der Vitamine des Vitamin-B-Komplexes in vier Proben von Maisextrakten mittels Mikrobentesten.* Der Geh. an *Aneurin* (**I**), *Biotin* (**II**), *Ca-Pantothenat* (**III**), *Folsäure* (**IV**), *Nicotinsäureamid* (**V**) u. *Riboflavin* (**VI**) wird in 4 Proben von Maisextrakten mit verschied. Arten von *Lactobacillus* untersucht: *arabinosus CN 1326* (für **III**), *fermenti CN 1325* (für **I**) u. *casei CN 1357* (für **II, IV, V, VI**). Den höchsten Geh. hat das bei niedriger Temp. im Vakuum eingedickte Maiseinweichwasser, nämlich, auf Trockensubstanz bezogen (in γ/g): 51,2 **I**, 0,6 **II**, 47,5 **III**, 0,78 **IV**, 58 **V**, 3,2 **VI**. Die anderen, nach den üblichen Methoden eingedickten Proben enthalten 41—49 **I**, 0,34—0,38 **II**, 14,5—21,5 **III**, 0,26—0,6 **IV**, 32—40 **V**, 3,9—4,7 **VI**. (Chem. Zvesti **11.** 51—56. 1957. Roztoký u Prahy, Výzk. úst. antibiotik.) R. K. MÜLLER. 4587

Norimasa Inoue, Satosi Innami, Sirō Kitagawa und **Eizi Hariyu,** *Untersuchungen über die Anreicherung von Flavinmalz mit Riboflavin.* 3. Mitt. *Die Beziehungen zwischen Nährbodenzusammensetzung, Wassergehalt und Riboflavinproduktion.* Zu einem festen Nährboden aus *Koprameh*l (KM) wurden in bestimmtem Verhältnis *Fischmehl* (FM) u. *Reiskleie* (RK) sowie W. zugesetzt u. dabei das Ausmaß der von Eremothecium ashbyii gebildeten *Riboflavin*-Menge beobachtet. Die günstigste Ausbeute wird bei der Zus. 7 Teile FM, 3 Teile RK, 3 Teile KM (roh oder gereinigt) u. 20 Teile W. erreicht. Wenn der Wassergeh. von KM, FM u. RK 70% übersteigt, ist die Herst. von Flavin-Kōji (Malz) schwierig. (Jap. J. Nutrit. **12.** 97—99. 25/3. 1955. [Orig.: japan.; Auszug: engl.]) F. MOSSNER. 4587

Grace A. Goldsmith, Janis Gibbens, Walter G. Unglaub und **O. Neal Miller,** *Untersuchungen über den Niacinbedarf des Menschen.* 3. Mitt. *Vergleichbare Wirkungen bei Ernährung mit Kalk behandeltem und unbehandeltem Mais auf die Entstehung experimenteller Pellagra.* (2. vgl. C. **1957.** 1233.) Besprechung von Versuchsreihen an 4 gesunden Personen, denen eine einseitige *Niacin* (**I**)- u. *Tryptophan* (**II**)-arme Maiskost verabreicht wurde. Verglichen wurde der Einfl. von mit Ätzkalk vorbehandeltem („Masa") u. unbehandeltem Mais auf die Entstehung der Pellagra. In beiden Fällen traten typ. **I**-Mangelerscheinungen im Verlauf der Beobachtungszeit auf. Die Ausscheidung von *N^1-Methylnicotinamid* (**III**) u. dem *6-Pyridon* von **III** im Urin nahm in beiden Fällen in gleicher Weise ab, auch kein Unterschied in der **II**- u. *Chinolinsäure*-Ausscheidung. Der mit Kalk behandelte Mais setzt danach das Auftreten von Pellagrasymptomen nicht herab. Ernährung unter Verwendung ganzer Guatemalamaiskörner führte schneller zur Pellagra als eine Diät auf der Basis von nicht angereichertem, gemahlenem kleie- u. keimfreiem Mais der USA. Deshalb könnte man auch die Ggw. eines schon früher postulierten „tox. Faktors" annehmen, der in Kleie oder Keim enthalten wäre. (Amer. J. clin. Nutrit. **4.** 151—60. März/April 1956. New Orleans, La., Tulane Univ., School of Med., Deps. of Med. and Biochemistry and the Charity Hosp. of Louisiana.) H. DOSSMANN. 4587

M. Martelli und **R. Martinez,** *Lokale Wirkung des Natriumnicotinats auf die Schleimhaut der Bronchien.* Die an 2 n. Personen durchgeführten Unterss. mit einer wss. 10%ig. *Nicotinsäure*-(**I**; *Na-Salz*-) Lsg., welche 2 Min. auf die Bronchienschleimhaut appliziert wurde, zeigen, daß die vasomotor. Wrkg. von **I** durch einfache Berührung erfolgt. (Boll. Soc. ital. Biol. sperim. **32.** 45. Jan./Febr. 1956. Palermo, Univ., Ist. di Patol. Med.) O. POLLAK v. EMHOFEN. 4587

R. Martinez und **M. Martelli,** *Veränderungen der prozentualen Sauerstoffsättigung des arteriellen und venösen Blutes während der Verabreichung von Natriumnicotinat als Aerosol.* 8 n. Personen inhalierten ca. 15 Min. *Na-Nicotinat.* Bei 6 Personen werden im Mittel eine 7,07%ig. Zunahme der O_2-Sättigung des arteriellen u. eine 14,97%ig. des venösen Blutes konstatiert. Es ergab sich keine vasomotor. Wrkg. (Rötung) der Haut. (Boll. Soc. ital. Biol. sperim. **32.** 46—47. Jan./Febr. 1956. Palermo, Univ., Ist. di Patol. Med.) O. POLLAK v. EMHOFEN. 4587

R. Martinez und **M. Martelli,** *Veränderungen des Bronchienlumens während der Darreichung von Natriumnicotinat als Aerosol (experimentelle Untersuchungen).* Meerschweinchen zeigten nach $^1/_2$—1 std. Inhalieren großer Mengen *Na-Nicotinat* Dispnoe, anatom. vasomotor. Wrkgg. (Rötungen u. Hämorrhagien) u. histol. Konstriktionen der Bronchien. (Boll. Soc. ital. Biol. sperim. **32.** 47—48. Jan./Febr. 1956. Palermo, Univ., Ist. di Patol. Med.) O. POLLAK v. EMHOFEN. 4587

Taketami Sakuragi und **Fred A. Kummerow,** *Die biologische Verwertung der Palmitinsäureester der Pantothensäure.* Ein Vgl. der biol. Ausnutzung fettlösl. Pantothensäure (I)-Derivv., *dl-Äthyldipalmitoxypantothenat* (II) u. *dl-Äthyl-2'-monopalmitoxypantothenat* mit der von *d-Ca-Pantothenat* bei Ratten (Fütterungsverss. unter verschied. Bedingungen) ergab, daß die Gesamtaktivität der Ester der der wasserlösl. Form äquivalent war. Bei Zufuhr einer hohen Einzeldosis wurde durch Veresterung mit 1 oder 2 Mol Palmitinsäure die I-Ausscheidung im Harn stark erhöht. Die biol. Verwertung der I-Hälfte erfolgte anscheinend langsamer als die von freier I. Die Leber von I-Mangelratten wies 2 Std. nach II-Zufuhr einen n. I-Spiegel auf. Die Aktivität von *Pantothenyltripalmitat* entsprach der freien Pantothenols. (J. of Nutrit. **59.** 327—36. 10/7. 1956. Urbana, Ill., Univ., Dep. of Food Technol.) K. MAIER. 4587

E. Kalēja, *Die Biosynthese von Vitamin B_{12} und Folsäure im Darmtrakt von Säuglingen.* 14 Säuglinge im Alter von 3—150 Tagen erhielten nur Frauenmilch, 13 im Alter von 1—9 Monaten Kuhmilch. Die Stuhlflora der Säuglinge im Alter von 3—9 Tagen, die nur Brust erhielten, bestand zu 98—100% aus grampositiven Keimen. Gramnegative Stäbchen fand man hier nur in unbedeutenden Mengen. Lacticus überwog. Der Geh. an *Folsäure* (I) in diesem Stuhl betrug bis zu 70 γ/g. *Vitamin B_{12}* (II) konnte nicht festgestellt werden. Den aus diesen Stühlen isolierten Stämmen fehlte die Fähigkeit, II zu synthetisieren. Einzelne Stämme der Enterokokken u. der Lactobacillen synthetisierten I. Die Mikroflora in den Stühlen der Kinder, die Kuhmilch erhielten, war sehr mannigfaltig. Der Anteil der grampositiven Stäbchen betrug 80%. Der Anteil der gramnegativen Stäbchen war im Vgl. zu den Brustkindern erheblich vermehrt. Neben den acidophilen Bakterien fand man E. coli, B. lactis aerogenes, Enterokokken, Streptococcus faecalis, Staphylokokken u. aerobe mesophile Sporenbildner. Die Stühle hatten eine neutrale oder schwachalkal. Reaktion. Sie enthielten I u. II in kleinen Mengen. Es konnten Bakterienstämme isoliert werden, die I u. II synthetisierten. Der aus den Stühlen isolierte Lactobacillus bifidus konnte weder I noch II synthetisieren. (Известия Академии Наук Латвийской ССР [Nachr. Akad. Wiss. LettSSR] **1958.** Nr. 7. 57—60.) F. DU MANS. 4587

A. Castelli, M. Marchetti und **R. Viviani,** *Glucose-6-phosphataseaktivität in der Leber der Ratte mit Vitamin-B_{12}-Mangel.* Die Unterss. an Albinoratten zeigen, daß durch einen Mangel an *Vitamin B_{12}* die Aktivität der *Glucose-6-phosphatase* in der Leber dieser Tiere deutlich verringert ist. (Boll. Soc. ital. Biol. sperim. **33.** 1717—18. Okt./Nov. 1957. Bologna, Univ., Ist. di Chim. Biol.) O. POLLAK v. EMHOFEN. 4587

L. I. Jaworkowski, *Zur biochemischen Diagnostik der funiculären Myelose (Vitamin-B_{12}-Stoffwechsel bei funiculärer Myelose).* 14 Kranke mit perniciöser Anämie wiesen Achlorhydrie des Magensaftes auf. Fehlten die pathol. Blutveränderungen, so wurde die Diagnose durch Feststellung der funiculären Myelose gestellt. Dieses Syndrom wurde bei 12 der Kranken beobachtet. Bei 7 fand man *Vitamin B_{12}* (I) im Serum überhaupt nicht, bei den anderen war der I-Geh. erheblich herabgesetzt ($10—82 \cdot 10^{-12}$ g/cm³). Ein Zusammenhang zwischen dem Blutbild, der Schwere der Myelose u. dem I-Spiegel im Blut konnte nicht festgestellt werden. Bei Anämien anderer Ätiologie u. bei anderen neurolog. Erkrankungen war der I-Spiegel im Blut normal. Die Behandlung mit Leberpräpp. bzw. mit reinem I steigerte den I-Geh. im Blut, u. zwar bes. schnell bei parenteraler Verabreichung. Die diagnost. Bedeutung der Best. von I im Blut von Anämiekranken wird hervorgehoben. (Журнал Невропатологии и Психиатрии имени С. С. Корсакова [Korssakow J. Neuropathol. Psychiatr.] **59.** 538—42. 1959. Riga, Klin. Krankenhaus, Hämatol. Abt.) F. DU MANS. 4587

K. Bernhauer, Kj. Blumberger und **P. Petrides,** *Die Wirkung des „Vitamin-B_{12}-Faktors III" bei der perniciösen Anämie.* Der *Vitamin-B_{12}-Faktor III* unterscheidet sich von den anderen Vertretern der B_{12}-Gruppe durch den R_F-Wert, Verteilungskoeff. in verschied. Systemen u. bes. durch die biol. Wirksamkeit. Die antiperniciöse Wrkg. von Faktor III wurde an unbehandelten Perniciosakranken u. wieder dekompensierten Perniciosaträgern nachgewiesen. Der Faktor III besitzt alle hämatol. u. antiperniciösen Eigg. der anderen antiperniciösen Stoffe. (Arzneimittel-Forsch. **5.** 442—46. Aug. 1955. Aschaffenburg, Zellstoffwerke A.G., Biochem. Labor. u. Städt. Krankenh., Med. Abt.; Düsseldorf, Med. Akad., Med. Klinik.) W. FELDHEIM. 4587

S. Kaul, A. K. Das Gupta und **N. R. Krishnan,** *Harnausscheidung von radioaktivem Vitamin B_{12} bei der Erforschung (tropischer) ernährungsbedingter Megaloblastenanämie.* An 14 Patienten, die an ernährungsbedingter Megaloblastenanämie litten, wurde die Aufnahme von *^{58}Co-Vitamin B_{12}* (I) untersucht. Die Ausscheidung von markiertem I im Harn nach oraler Verabreichung, die dem Blutspiegel an I proportional ist, zeigte bei der Hälfte der Patienten sehr niedrige Werte. Für die schlechte Resorption konnte keine Erklärung gefunden werden. (Indian J. med. Res. **47.** 139—48. März 1959. Poona, Armed Forces Med. Coll., Military Hosp. u. Nat. Chem. Labor.) W. SPITALER. 4587

Augustin Bullón Ramírez, Domingos de Paola und **Heribert Schulz,** *Über die Silberimprägnationen in der Ultramikroskopie mit besonderer Berücksichtigung der cellulären Lokalisation des Vitamin C.* Mit Hilfe der Silberimprägnierung nach CAJAL läßt sich in der Herzmuskulatur eine lineare Anordnung von Ag-Granula entlang der Myofilamente erzielen; es treten keine Artefakte auf. Mit der HORTEGA-Meth. nach POLAK (Arch. Histol. [Buenos Aires] **3.** [1946.] 365) kommt es zu spezif. Ablagerung von Ag an den Mitochondrien. Bei beiden Methoden sind die Basalmembranen mit Ag-Granula angereichert, was offenbar auf die Reduktionsaktivität von Polysacchariden zurückzuführen ist, an denen die Basalmembranen reich sind. Gleichfalls kann die Ag-Ablagerung an den Mitochondrien mit deren großem Geh. an reduzierenden Substanzen erklärt werden; die Affinität von Ag u. anderen Schwermetallen zu Mitochondrien kann übrigens die Verwundbarkeit der Zellen auf diese tox. Substanzen erklären. Im Gegensatz zu diesen, nur etwas über den Grad einer allg. Argentophilie aussagenden Methoden kann mit der Technik nach GIROUD-LEBLOND (Arch. Anat. micr. Morph. exp. **30.** [1934.] 105 u. Ann. Physiol. Physicochim. biol. **10.** [1934.] 950) in der Modifikation von SOSA (Rev. sudamer. Morf. **6.** [1948.] 115) eine Lokalisation von *Vitamin C* vorgenommen werden; danach ist dieses (oder Substanzen mit großen Reduktionskräften) an agranulären Membranen des GOLGI-App. u. bes. an Innenmembranen von Mitochondrien konz., wahrscheinlich deshalb, weil die Mitochondrienmembranen oder ihre unmittelbare Nachbarschaft eine große Anzahl von Enzymsystemen mit oxydativen u. reduzierenden Eigg. besitzen. (Klin. Wschr. **37.** 299—303. 15/3. 1959. Düsseldorf, Med. Akad., Pathol. Inst.) U. TAUSENDFREUND. 4587

Th. J. de Man, E. J. ten Ham, J. R. Roborgh und **N. Zwiep,** *Verwendung von Vitamin A aus einem stabilisierten Trockenpräparat. Vergleichsversuche mit Hühnern.* An Hühnern mit *Vitamin A* (I) aus einem stabilisierten Trockenpräp. u. aus Fischlebertran ausgeführte Fütterungsverss. (Speicherung von I in der Leber u. Wachstum) zeigen, daß 1 I.E. I in Form des Trockenpräp. die gleiche biol. Wirksamkeit wie 1,3 I.E. I in Form von Lebertran hat. (Netherl. J. agric. Sci. **6.** 237—44. Nov. 1958. Weesp, N. V. Philips-Roxane.) W. WESLY. 4587

Ja. M. Bersin, *Die Rolle der Salze von Spurenelementen bei der Vorbeugung von Rachitis bei Küken.* Ein Überschuß an Ca-Salzen bei n. P-Gaben hemmt das Wachstum der Küken. Das war bes. beim Fehlen von Vitamin D (I) ausgeprägt. Zusatz von Mn- u. Zn-Salzen zur I-freien Diät brachte keinen Ausgleich in bezug auf das Wachstum der Küken. Bei Zusatz von Co-Salzen stieg das Gewicht der Küken um 5,6% (14,6%) gegenüber einer Gruppe, die nur Mn (Zn) erhielt. Erhöhung des P in Ggw. von I u. bei gleichbleibenden Ca-Mengen fördert ebenfalls die Gewichtszunahme. Zusatz von $MnSO_4$ (50 mg/100 g Futter) führte zur Vermehrung der Proteinspeicherung; Zusatz von $ZnSO_4$ in gleichen Mengen setzte diese herab. Viel Ca bei minimalen Mengen P (3,7 bzw. 0,5%) hemmte die Ansammlung der Asche in den Knochen. Bei einem P-Anteil bis 1% der Futtermenge u. 2,5% Ca war der Aschegeh. der Knochen am höchsten. Bei rachitogener Diät war der Aschegeh. der Knochen bei einem Zusatz von $CoCl_2$ u. $ZnSO_4$ am höchsten. Die Förderung des Kükenwachstums durch diese Salze weist auf eine gewisse antirachit. Wrkg. derselben hin. 2,5—3,7% Ca u. 56 mg $ZnSO_4$/100 g Futter setzten den Aschegeh. der Knochen herab, ohne daß das Wachstum der Küken gestört wurde. Die schädliche Wrkg. hoher Gaben von Ca konnte also durch Zn-Salze nicht aufgehoben werden. Der Geh. der Knochenasche an Fe u. Mn steigt bei Anstieg des Ca-Geh. im Futter an. Der Fe-Geh. steigt auch bei Zufütterung von Mn u. Zn u. bei Erhöhung des I-Geh. in der Diät. Zusatz von Zn u. Mn steigert auch den Geh. an Cu in der Knochenasche; Zusatz von Co setzt diesen merklich herab. (Известия Академии Наук Латвийской ССР [Nachr. Akad. Wiss. LettSSR] **1958.** Nr. 8. 33—34.) F. DU MANS. 4587

E. Barbieri, *Die Cocarboxylaseaktivität im metaphysären Knorpel der rachitischen Ratte.* Bei Ratten mit rachitogener Diät ergibt sich eine Verringerung der Aktivität der *Cocarboxylase* (nach 20 Tagen von 7, 14 auf 5,03 μg/g), die dem Grad des *Vitamin D*-Mangels proportional ist. (Boll. Soc. ital. Biol. sperim. **33.** 1474—76. Okt./Nov. 1957. Genua, Univ., Clin. Ortoped. G. Gaslini.) O. POLLAK v. EMHOFEN. 4587

N. A. Worker und **W. A. McGillivray,** *Den Vitamingehalt von Milchfett beeinflussende Faktoren.* 2. Mitt. *Der Einfluß der botanischen Zusammensetzung der Weide.* (1. vgl. C. **1954.** 4421.) Vergleichende Fütterungsverss. an Milchkühen auf Weide mit 70 bzw. 18% Weißklee (*Trifolium repens*) bzw. Fütterung mit diesem oder *Lolium perenne* ergaben, daß bei hoher Kleezufuhr *Vitamin-A*-Wirksamkeit, JZ., Ölsäure- u. *Tocopherolgeh.* (**I**) sinken. Der Klee enthielt 0,03% Cyanid (i. T.). Es wird angenommen, daß diese Wrkg. auf dem geringeren I des Klees gegenüber dem Gras, dem relativ hohen HCN-Geh. u. möglicherweise einem geringeren Ölsäuregeh. beruht. Auch können andere Faktoren im Zusammenhang mit Veränderungen des Pflanzenbestandes im Lauf des Jahres in Frage kommen. (J. Dairy Res. **24.** 85—94. Febr. 1957. Palmerston North, Univ. of New Zealand, Massey Agric. Coll., Biochem. Dep.) J. SCHWAIBOLD. 4587

W. A. McGillivray, *Den Vitamingehalt von Milchfett beeinflussende Faktoren.* 3. Mitt. *Jahreszeitliche Veränderungen im Vitamin-A- und Carotinoidgehalt des Blutplasmas und des Milchfetts von Kühen auf Weide.* (2. vgl. vorst. Ref.) Bei 6 Kühen mit n. Weidegang wurden während einer Lactation Unterss. durchgeführt, die ergaben, daß der Geh. des Plasmas an *Carotin, Xanthophyll* u. *Vitamin A* (**I**) während der Sommermonate abnimmt. Diese Abnahme weist auf eine verminderte Resorption dieser Verbb. während dieser Zeit hin. Dementsprechend verhält sich auch der Geh. des Milchfetts an diesen Stoffen. Während des ganzen Jahres liegt **I** im Michfett überwiegend in der Esterform vor, ohne eine Erhöhung des Geh. an **I**-Alkohol, woraus sich ergibt, daß kein erhöhter Verbrauch von **I**-Reserven der Leber erfolgt. (J. Dairy Res. **24.** 95—101. Febr. 1957.) J. SCHWAIBOLD. 4587

W. A. McGillivray, *Den Vitamingehalt von Milchfett beeinflussende Faktoren.* 4. Mitt. *Die Quelle von Michfett-Vitamin-A und -Carotin.* (3. vgl. vorst. Ref.) Durch carotinfreie Ernährung während 11 Tagen u. durch einzelne Gaben von *Vitamin A* (**I**) wurde festgestellt, daß der **I**-Milchfettgeh. zwar den **I**-Plasmageh. widerspiegelt, daß aber ein Teil des **I**-Esters im Milchfett unabhängig von der unmittelbaren Carotin- oder **I**-Aufnahme oder der Leberreserve von **I**-Quellen anderer Art als von der Nahrung stammt. Es wird angenommen, daß das Plasmacarotin im wesentlichen wenig zum Geh. des Milchfetts an Carotin beiträgt. Letzteres stammt unmittelbar vom Nahrungscarotin, das während des Transports vom Darm zu den Speicherorganen an Nahrungsfett u. **I**-Ester in den Chylomikronenkomplex gebunden wird. (J. Dairy Res. **24.** 102—07. Febr. 1957.) J. SCHWAIBOLD. 4587

S. Y. Thompson und **W. A. McGillivray,** *Den Vitamingehalt von Milchfett beeinflussende Faktoren.* 5. Mitt. *Veränderungen im Vitamin-A- und Carotinoidgehalt des Blutplasmas von Kühen und Kuhkälbern vor dem Kalben in Beziehung zur Sekretion dieser Stoffe im Milchfett.* (4. vgl. vorst. Ref.) Trotz hoher Carotinaufnahme (Weidegang) vor dem Kalben trat bei den Kühen u. weniger stark bei den Kuhkälbern beim Kalben oder kurz vorher eine Abnahme von *Vitamin A* (**I**) u. *Carotinoiden* (**II**) im Plasma ein. Im Colostrum der Kuhkälber war die Konz. von **I** u. **II** höher als in dem der Kühe, doch war die Ausscheidung dieser Verbb. bei letzteren in den ersten Tagen der Lactation viel höher als bei ersteren. Es ergaben sich Hinweise, daß die Abnahme der Plasmabestandteile eher durch den Bedarf bei der Colostrumbldg. bedingt ist als durch hormonale Veränderungen im Zusammenhang mit dem Kalben. (J. Dairy Res. **24.** 108—14. Febr. 1957.) J. SCHWAIBOLD. 4587

R. H. Wasserman, C. L. Comar und **M. M. Nold,** *Der Einfluß von Aminosäuren und anderen organischen Verbindungen auf die gastrointestinale Resorption von ^{45}Calcium und ^{89}Strontium bei der Ratte.* Es wurde die Wrkg. von 18 Aminosäuren (**I**), einschließlich der für die Ratte lebensnotwendigen, auf die ^{45}*Ca*- u. ^{89}*Sr*-Resorption im Magendarmkanal untersucht, wobei **I**- u. Salzzufuhr gleichzeitig erfolgte, u. die Radioaktivität des Femurs nach 24 Std. als Maß der Aufnahme diente. L-Lysin (**II**) u. L-Arginin (**III**) begünstigten die Salzresorption am stärksten (etwa Verdopplung des ^{45}*Ca*- u. ^{89}*Sr*-Geh.). L-Tryptophan, L-Leucin u. L-Asparaginsäure bewirkten ebenfalls starke Zunahmen, während die übrigen **I** schwächer oder nicht wirkten. Lactose gab einen größeren Effekt als **II** oder **III**. **II** u. **III** förderten die Mineralsalzaufnahme stärker als Gluconat, Lactat Citrat oder ein Vitamin-B-Gemisch. Parenterale ^{45}*Ca*- u. ^{89}*Sr*-Injektion steigerte bei

II-behandelten Ratten den Aktivitätsgeh. des Femurs nicht. ^{45}Ca wurde von der Ratte ca. 1,7fach stärker als ^{89}Sr resorbiert. Die Ca*/Sr*-Verhältnisse im Femur zeigten, daß die meisten Verbb. die ^{89}Sr-Aufnahme etwas mehr als die von ^{45}Ca begünstigten. Eine Dosis-Resorptionskurve (II: Femur-^{45}Ca u. -^{89}Sr) zeigte, daß für merkliche Absorptionserhöhungen ein Molverhältnis von II: $CaCl_2$ zwischen 1 u. 2 erforderlich war. Die Befunde werden im Hinblick auf den möglichen Wirkungsmechanismus der resorptionsfördernden I besprochen. (J. of Nutrit. **59.** 371—83. 10/7. 1956. Oak Ridge, Tenn., Inst. of Nuclear Studies, Med. Div.) K. Maier. 4594

W. T. Agar und **Margaret A. Parker,** *Die Hemmung der intestinalen Resorption einer Aminosäure durch Chlortetracyclin.* 1 µMol (0,5 mg) *Chlortetracyclin* (**I**) setzt die Resorption von 10 µMol *L-Histidin* (**II**) aus einer Rattendünndarmschlinge um 29% herab. Der Effekt tritt bei 0,5 µMol **I** noch nicht auf u. erfährt bei 5 µMol **I** keine Steigerung. Er zeigt sich auch nicht, wenn **I** u. **II** gleichzeitig gegeben werden. (Biochim. biophysica Acta [Amsterdam] **30.** 243—46. Nov. 1958. Melbourne, Univ., Dep. of Physiol.) B. Gassmann. 4594

A. Cresseri, *Methode zur quantitativen Bestimmung der sauren Aminopolysaccharide im Magensaft des Menschens.* Es wird eine Meth. zur quantitativen Best. der *sauren Aminopolysaccharide* (**I**) im Magensaft beschrieben, die auf der Best. der Hyaluronidase (Na-Salz) beruht; Entw. einer der Menge vorhandenen **I** proportionalen Trübung nach Zusatz einer Cetyltrimethylammoniumbromidlsg. bei p_H 4,6. Die erhaltenen Werte sind gut reproduzierbar. Neutrale Mucopolysaccharide geben eine negative Rk., während die Werte für Chondroitinschwefelsäure zu hoch, die für Heparin zu niedrig sind. (Boll. Soc. ital. Biol. sperim. **33.** 1488—91. Okt./Nov. 1957. Mailand, Ist. Carlo Erba per Ricer. Terapeut., Labor. di Biol.) O. Pollak v. Emhofen. 4594

Atsushi Oshikane und **Tomoaki Yoshida,** *Weitere Untersuchungen zur Bestimmung der Ermüdung durch das Schaumphänomen des Harns.* 2. Mitt. *Die Rolle der verschiedenen Mucoproteine des Harns bei der Schäumung.* (1. vgl. C. **1959.** 14791.) Eine Unters. darüber, welche Rolle die von Tamm (C. **1951.** I. 738) u. Anderson (C. **1955.** 6552) aus filtriertem u. nichtfiltriertem Harn isolierten *Mucoproteine* (**I**) u. Nubeculae beim Schäumungsphänomen des Harns (0,5 cm^3 der 0,1%ig. wss. Lsgg. der einzelnen **I** zu 2 cm^3 Harn von Gesunden) spielen, ergab folgendes: Die aus filtriertem Harn isolierten **I** sind hinsichtlich der das Schaumvolumen steigernden u. der die Schaumstabilität fördernden Wrkg. den aus unfiltriertem Harn isolierten **I** unterlegen. Da Anderson **I** aus filtriertem Harn isoliert hat, dürften die Nubeculaebestandteile, die eine wichtige Rolle beim Schaumphänomen spielen, nicht zur Geltung gekommen sein. (Med. and Biol. [Tokyo] **48.** 14—17. 5/7. 1958. Nihon Daigaku, Shigaku-Bu, Seikagaku-Kyōshitsu. [Orig.: japan.]) F. Mossner. 4595

Osamu Nishikaze, Kyōei Iwata, Takashi Oguri, Syōhei Sekiguchi, Yoshiyasu Harada, Yoshiharu Oda und **Hiroshi Nishimura,** *Eine einfache und kontinuierliche Methode zur Bestimmung von Phosphor und NH_3 im Harn im Hinblick auf Untersuchungen über Ermüdung durch Arbeit und Sport.* Zum Nachw. des anorgan. P werden 10 cm^3 mit Kohlenstaub decolorierten Harns in einen 200 cm^3-Kolben gegeben, mit dest. W. auf das 20fache verd., mit 0,3—0,5 cm^3 Indicator (Phenolphthalein in A., 2%ig.) versetzt, mit $^1/_{20}$n NaOH-Lsg. auf p_H 8,8 eingestellt, danach mit ca. 10 cm^3 20%ig. $CaCl_2$ gemischt u. mit $^1/_{20}$n NaOH titrimetriert. — Zum NH_3-Nachw. wird zunächst wie oben verfahren. Nach p_H-Einstellung auf 8,8 mittels $^1/_{10}$n NaOH werden ca. 20 cm^3 neutrales Formalin zugesetzt u. dann mit $^1/_{20}$n NaOH titriert. In beiden Fällen wird auf Titration mit $^1/_{100}$n NaOH umgerechnet. — Bei der kontinuierlichen Best. wird ein 300 cm^3-Kolben verwendet u. der Harn (10 cm^3) auf das ca. 10fache verd., danach werden zunächst der Säuregrad, dann NH_3 u. schließlich die P-Werte bestimmt. (Med. and Biol. [Tokyo] **48.** 28—32. 5/7. 1958. Hokkaidō Daigaku, Kekkaku-Kenkyūsho. [Orig.: japan.]) F. Mossner. 4595

Russell F. Miller und **Paul H. Phillips,** *Die Wirkung des Alters auf Fluorspiegel und -stoffwechsel in den Knochen der fluoridbehandelten Ratte.* Die entwöhnte junge Ratte besitzt ein ausgeprägtes Vermögen zur Anreicherung von *F* im Skelett durch Einbau in das Knochensalzmol. während dessen Bldg. u. durch Ionenaustausch. Bei der jungen Ratte unterliegt im Knochen eingelagertes *F* einem schnellen Austausch. Die Unfähigkeit älterer Ratten, die erstmals oder wiederholt Fluorid (**I**) erhalten, zur *F*-Speicherung mit gleicher Geschwindigkeit wie junge, spricht für das Vorliegen von weniger Ionenaustauschstellen für F^- im älteren Knochengewebe. Die ausgewachsene u. bes. die junge Ratte kann während Zeiten niedriger *F*-Aufnahme nach vorangegangener **I**-Zufuhr einen Teil des Femur-*F* mobilisieren u. umwandeln. Nach diesem Vorgang sind offensichtlich viele der **I**-Bindungsstellen für eine weitere F^--Aufnahme, vermutlich infolge des

Knochenreifungsprozesses, nicht mehr zugänglich. (J. of Nutrit. **59.** 425—33. 10/7. 1956. Madison, Wis., Univ., Dep. of Biochem.) K. MAIER. 4596

F. Sauer, D. H. Laughland und **W. M. Davidson,** *Kieselsäurestoffwechsel bei Meerschweinchen.* Die SiO_2-Ausscheidung in Harn u. Faeces wurde nach Gaben von 60—567 mg SiO_2 per os oder intraperitoneal mit 4 verschied. Si-Verbb. bei einer Sojabohnenmehlnahrung mit 0,75 mg SiO_2/g untersucht. Nach Zufuhr per os wurde allg. nach ca. 2 Tagen ein Maximum der renalen Ausscheidung erreicht (ca. 10 mg in 48 Std.), das durch höhere Gaben nicht überschritten wurde. Nach intraperitonealer Zufuhr stieg die Ausscheidung bis zu 50 mg. Es wird angenommen, daß Silicate nach der Zufuhr depolymerisiert u. gelöst werden, bevor sie im Harn ausgeschieden werden. (Canad. J. Biochem. Physiol. **37.** 183—91. Febr. 1959. Ottawa, Ontario, Canada, Dep. of Agric., Sci. Serv., Chem. Div.) J. SCHWAIBOLD. 4596

J. Jowsey, R. E. Rowland und **J. H. Marshall,** *Die Einlagerung der seltenen Erden in Knochen.* In Verss. mit Hunden wurde mit früher ausgearbeiteten Untersuchungsverff. im wesentlichen gefunden, daß nach intraperitonealer Injektion von ^{91}Y, ^{144}Ce u. ^{170}Tm diese in das Skelett aufgenommen werden u. an nichtwachsenden Knochenoberflächen auftreten, die stark verkalkt sind. Im osteoiden Gewebe wurden diese Elemente nicht gefunden. Nach Extraktion der organ. Knochenfraktion mit Äthylendiamin bleiben diese Elemente in der anorgan. Fraktion zurück. Diese Elemente werden in vitro durch die Mineralfraktion der Knochen aufgenommen, nicht dagegen durch die organ. Fraktion. Bei der Aufnahme dieser Isotope durch die Mineralfraktion tritt eine Lokalisation bei den vorhandenen resorbierenden u. inakt. Oberflächen der Knochengewebe ein. (Radiation Res. **8.** 490—501. Juni 1958. Lemont, Ill., Argonne Nat. Labor., Radiol. Physics Div.) J. SCHWAIBOLD. 4596

Luigi Tessari, *Glucosaminaufnahme durch Metaphysealknorpel in vitro.* Vf. berichtet über die *Glucosamin* (**I**)-Aufnahme durch Metaphysealknorpel (Tibia) von 25 Tage alten n. u. alloxandiabet. Ratten in vitro. Bei Incubation von Knorpel n. Tiere wurde eine deutliche **I**-Abnahme des Mediums beobachtet; Knorpel diabet. Tiere nahm weniger **I** auf, jedoch wurde die Aufnahme durch Zusatz von *Insulin* (**II**) zum Medium erhöht. Bei n. u. diabet. Tieren wurde eine direkte Beziehung zwischen **II**-Konz. u. **I**-Aufnahme gefunden. Ob **II** auf das Eindringen von **I** in den Knorpel durch Änderung der Zellpermeabilität oder durch einen Phosphorylierungsvorgang reagiert oder einen anderen Mechanismus hat, konnte nicht geklärt werden. (Naturwissenschaften **46.** 265. 2. April-H. 1959. Milano, Italy, Univ., Orthopaedic Clin.) H. GOEBEL. 4596

James S. Wyngaarden, Alberta E. Blair und **Linnelle Hilley,** *Über den Mechanismus der Überproduktion von Harnsäure bei Patienten mit primärer Gicht.* Normale Menschen u. solche mit Erkrankungen des myelopoet. App., darunter einige mit prim. Gicht, erhielten vom 5. Tage vor dem Vers. an eine purinarme Diät u. im Vers. $^{14}C_{(1)}$-*Glycin.* Ihr 24-Std.-Urin wurde gesammelt u. in ihm Harnsäure (**I**), Purine, Xanthin, Hypoxanthin, Adenin, Guanidin u. 7-Methylguanidin 9 Tage lang täglich bestimmt. Wie die tabellar. u. graph. Wiedergabe der Resultate zeigt, existieren 2 Mechanismen, nach denen **I** gebildet wird: Aus Nucleinsäuren u. aus Nucleotiden. Bei n. Personen u. Gichtkranken wird radioakt. **I** aus Nucleinsäuren, bei Kranken mit Störungen des myelopoet. App. dagegen aus Nucleotiden gebildet. Vff. schließen aus ihren Befunden, daß bei Gichtkranken eine überschüssige Synth. der Nucleotide von einer zu schnellen Umwandlung der im Übermaß vorhandenen Purinbasen in **I** gefolgt ist. (J. clin. Invest. **37.** 579—90. April 1958. Durham, N. C., Duke Univ., School of Med., Dep. of Med.) HEINRICH HERMANN. 4596

H. G. B. Slack, *Einige Beobachtungen über die Zusammensetzung und den Stoffwechsel von Bindegewebe.* Übersicht über die verschied. Bestandteile u. Stoffwechselvorgänge des Bindegewebes. — 45 Literaturangaben. (Amer. J. Med. **26.** 113—24. Jan. 1959. Manchester, Univ., Rheum. Res. Center.) U. TAUSENDFREUND. 4597

Peter Pauschinger und **Karl Brecht,** *Über die Beziehung von Erregung und Kontraktion an der quergestreiften Muskelfaser.* Vff. fanden, daß *2.4-Dinitrophenol* (**I**; 0,04 mMol/Liter) auch am M. sartorius des Frosches die Kopplung zwischen Erregung u. Kontraktion aufhebt. Nach ca. 30 Min. sind die Kontraktionen auf elektr. Einzelreize ausgelöscht, während Membran- u. Aktionspotentiale erhalten bleiben (eine Kontraktur ist unter **I** in dieser Konz. nicht aufgetreten). Eine Rückkehr der Kontraktionsfähigkeit nach Auswaschen von **I** konnte — im Gegensatz zu Befunden von KUSCHINSKY u. Mitarbeitern (Naturwissenschaften **45.** [1958.] 520) am Zwerchfell u. Herzen der Ratte — nicht beobachtet werden. Die Ergebnisse sprechen gegen jede Hypothese einer direkten Abhängigkeit des kontraktilen Mechanismus vom Membranpotential u. seiner Änderung. (Naturwissenschaften **46.** 267—68. 2. April-H. 1959. Tübingen, Univ., Physiol. Inst.) H. GOEBEL. 4597

T. A. Dshamussowa, *Untersuchung der lokalen stabilen Reizung des Muskels bei langer Einwirkung von Natriumchlorid.* Der isolierte Froschsartorius wurde in Frosch-RINGER-Lsg. (0,65%) gebracht, der NaCl zugesetzt wurde: 0,04—10%. In den verschied. Lsgg. wurde das Kontraktionsverh. des Muskels n. u. bei elektr. Reizung verfolgt. Der n. Muskel beginnt sich in RINGER-Lsg. nach Ablauf der ersten 24 Std. langsam zu verkürzen. Während der 1681. Min. (Mittel von 6 Verss.) erreicht die Verkürzung ihr Maximum; danach erschlafft der Muskel langsam wieder. Zusatz von geringen NaCl-Mengen (0,04 bis 0,62%) ändert dieses Verh. des Muskels wenig. Die Latenzperiode der Verkürzung wird größer (2525 Min. bei 0,23%). Bei den genannten Konzz. beobachtet man langsam sich entwickelnde u. langsam wieder zurückgehende Kontrakturen auf elektr. Reizung. Mit steigender NaCl-Konz. tritt ein Verlust der Reizbarkeit ein. Dieser Vorgang ist bei höheren Konzz. irreversibel, wobei 1,25% etwa den Schwellenwert darstellen. (Физиологический Журнал СССР имени И. М. Сеченова [Ssetschenow J. Physiol. UdSSR] **44.** 664—73. Juli 1958. Leningrad, Inst. für Cytol. der Akad. der med. Wiss., Labor. für vgl. Cytol.) K. RINTELEN. 4597

G. Odenwald, *Worauf beruht und wie wirkt der Vitamin K-Test als Leberfunktionsprobe?* Kurze Erläuterung des auf dem unterschiedlichen Verh. des Prothrombinspiegels nach *Vitamin-K*-Gaben beim Verschlußikterus einerseits u. bei Leberparenchymschäden andererseits beruhenden Tests. (Dtsch. med. Wschr. **82.** 980—81. 14/6. 1957. Heidenheim/Brz., Kreiskrankenhaus.) M. NEGWER. 4597

Akizo Kajo, *Der Gehalt von α-Ketoglutarsäure und Brenztraubensäure im Urin und ihre quantitative Relation zueinander, mit einem besonderen Hinweis auf die diagnostische Verwertbarkeit der quantitativen Veränderungen der Verbindungen bei Lebererkrankungen.* Vf. bestimmt papierchromatograph. u. quantitativ *Brenztraubensäure* (I) u. *α-Ketoglutarsäure* (II) als *2.4-Dinitrophenylhydrazon* im Urin (nüchtern, über 3 Std. gesammelt). Normalwerte: II = 1,802 mg, I = 0,529 mg; Quotient II: I = 3,1. Bei Patienten ohne Leberschädigung: Quotient II: I = 3,2. Bei Patienten mit Leberschädigung steigt II auf 3,323 mg, u. der Quotient II: I beträgt 5,6. Das gleiche Ergebnis findet Vf. bei Kaninchen, deren Lebern durch CCl_4 geschädigt wurden. Auf die diagnost. Verwertbarkeit der Messung von II u. I im Urin wird hingewiesen. (Fukuoka Acta med. [Fukuoka-Igaku-Zassi] **48.** 1936—50. Nov. 1957. Fukuoka, Japan, Univ., Kyushu, Dep. of Internal Med. [Orig.: japan.; Auszug: engl.]) H. SCHIMASSEK. 4597

Joachim Brugsch, Porphyrine. Bedeutung-Stoffwechsel-Untersuchungsverfahren beim gesunden und kranken Menschen. 2., vermehrte u. verb. Aufl. Leipzig; Johann Ambrosius Barth Verlag. 1959. (VIII + 221 S. mit 63 Abb.) 8°. DM 23,80.

Hermann Wurmbach u. a., Zur Wirkungsweise der steroiden Hormone auf Wachstum und Differenzierung. Als Ms. gedr. 19. Mitt.; Steuerung von Wachstum und Fortbildung. Köln, Opladen; Westd. Verl. 1959. (45 S. m. 28 Abb.) 4° = Forschungsberichte d. Wirtschafts- u. Verkehrsministeriums Nordrhein-Westfalen Nr. 682. DM 13,50.

E_6. Pharmakologie. Therapie. Toxikologie. Hygiene.

W. A. Rambach, J. A. D. Cooper, H. L. Alt, H. H. Vogel jr., J. W. Clark und **D. L. Jordan,** *Die Wirkung von Einzel- und multiplen Dosen der ^{60}Co-γ-Strahlung und Spaltungsneutronenstrahlung auf die Inkorporation von ^{59}Fe in das erythropoetische System der Ratte.* 24 Std. nach der Bestrahlung mit Einzeldosen im Bereich von 38—549 rad (γ-Strahlung) u. 40—283 rad (Neutronenstrahlung) wurden 0,5 μC ^{59}Fe-Citrat in 0,5 ml Lsg. vom p_H 6,0 intracardial Ratten injiziert. 6 Std. später wurden die Ratten durch das Ausbluten aus der Aorta getötet. Zur Best. der Knochenmarkaktivität wurde der Femur präpariert u. angenommen, daß er 16% des Knochenmarks entspricht. Außerdem wurden Leber u. Milz isoliert u. deren Aktivität bestimmt. Mit zunehmender Strahlendosis nimmt der ^{59}Fe-Geh. des Knochenmarks zunächst rasch (bis 150 r), bei höheren Dosen langsamer ab. Der ^{59}Fe-Geh. der Erythrocyten u. der Milz ist niedriger als bei Kontrollen, der des Plasmas u. der Leber höher. Aus den Werten der Einzelbestrahlungen wurde eine relative biol. Wirksamkeit von 1 der Neutronenstrahlen (bezogen auf ^{60}Co-γ-Strahlung) errechnet. Bei den Unterss. über chron. Strahlenschäden wurden wöchentlich 16 u. 32 rad je 5 u. 10mal u. 150 rad 5mal bei ^{60}Co-γ-Strahlung u. 27 rad je 5- u. 10mal sowie 81 rad 5mal bei Neutronenstrahlung appliziert. Der ^{59}Fe-Geh. in der Milz ist nach wiederholten größeren Strahlendosen erhöht, die Zahl aller weißen Blutzellen u. die der Lymphocyten erniedrigt, während keine gesicherten Unterschiede bei den Erythrocyten sowie Hämoglobinwerten zwischen Kontrollen u. bestrahlten Tieren gefunden wurde. Die Ergebnisse werden diskutiert. (Radiation Res. **10.** 148—66. Febr. 1959. Chicago, Ill., Northwestern Univ. Med. School, Dep. of Med. and Biochem.; Lemont, Ill., Argonne Nat. Labor., Div. of Biol., Med. Res.) G. FAUST. 4601

Albert A. Barber und **Karl M. Wilbur,** *Die Wirkung von Röntgenstrahlung auf die antioxydatische Aktivität von Säugetiergeweben.* Von Ratten, Mäusen u. Kaninchen wurden verschied. Gewebehomogenate dargestellt u. nach dem Zentrifugieren die überstehenden Lsgg. auf ihre antioxydat. Aktivität geprüft. Als Testsysteme wurden die Peroxydbldg. in incubierten Rattenleberhomogenaten u. Linolensäuremethylesteremulsionen sowie die Melaminbldg. in incubierten Dihydroxyphenylalaninlsgg. angewandt. Blut, Ascites-Fl., Darmschleimhaut u. Knochenmark hatten die größte antioxydat. Aktivität. Die der Testes u. Milz ist gering, u. Leber u. Hirn sind ohne Aktivität. Die Peroxydbldg. in Leberhomogenaten wird durch Citrat u. Äthylendiamintetraessigsäure gehemmt, durch $FeCl_3$ u. Ascorbinsäure katalysiert. Ganzkörperbestrahlungen (800 r) zerstören die antioxydat. Aktivität der Schleimhaut, nicht aber der anderen Gewebe. Die Schleimhautpräpp. von bestrahlten Tieren beschleunigen die Bldg. von Peroxyden in Leberhomogenaten u. Linolensäuremethylesteremulsionen. Die Melaminbldg. wird durch Schleimhautpräpp. von bestrahlten Tieren weniger gehemmt als durch solche von unbestrahlten, wirken jedoch nicht katalytisch. (Radiation Res. **10.** 167—75. Febr. 1959. Durham, N. C., Duke Univ., Dep. of Zool.) G. FAUST. 4601

U. S. Kumta, S. U. Gurnani und **M. B. Sahasrabudhe,** *Der Einfluß einer Ganzkörperröntgenbestrahlung auf den Gehalt der Muskelsubstanz an Kreatinphosphat, anorganischem Phosphor und Adenosintriphosphat und des Urins an Kreatin, Kreatinin, N'-Methylnicotinamid und Stickstoff.* WISTAR-Ratten wurden mit 600 r röntgenbestrahlt, nach 24—48 Std. getötet, das Muskelgewebe aus der Femoralmuskulatur entnommen, eingefroren u. auf seinen Geh. an *Kreatinphosphat* (**I**), anorgan. Phosphor (**II**) u. *Adenosintriphosphat* (**III**) untersucht. Die Best. wird nach einer von ERNSTER u. Mitarbeiter (C. **1951.** II. 282) angegebenen Meth. durchgeführt. Ferner wurden Harnproben auf ihren Geh. an *N'-Methylnicotinamid* (**VI**), *Kreatin* (**V**), *Kreatinin* (**IV**) u. N geprüft. Der Geh. der Muskelsubstanz an **II** steigt gegenüber unbestrahlten Kontrolltieren um den Faktor 4, während **I** u. **III** um 28 bzw. 33% zurückgehen. Der Geh. des Harns an **IV** u. N steigt um 160%, während V u. **VI** um das Doppelte gegenüber den Kontrollen erhöht sind. (J. sci. ind. Res. [New Delhi], Sect. C **16.** 179—81. Sept. 1957. Bombay, Indian Cancer Res. Centre, Biol. Div.) W. REUSSE. 4601

H. C. Dudley und **T. G. Mitchell,** *Prüfung von Methoden zur interstitiellen Implantation von radioaktiven Stoffen.* 1. Mitt. Um zu streng lokalisierten Erfolgen bei der Implantation von strahlenden Stoffen zu gelangen, wurden radioakt. Verbb. in Dialyseverss. auf ihre genügende Unlöslichkeit geprüft, oder mit in tier. Geweben leicht bzw. schwerlösl. Material mit Fadenstruktur kombiniert u. im Tiervers. auf spezif. lokale Wrkg. untersucht. (Amer. J. Roentgenol., Radium Therapy Nuclear Med. **75.** 1084—92. Juni 1956. St. Albans, N. Y., U. S. Naval Hosp.) P. LOCH. 4601

H. C. Dudley, Joseph Greenberg und **S. S. Sarkisian,** *Prüfung von Methoden zur interstitiellen Implantation von radioaktiven Stoffen.* 2. Mitt. *^{90}Y enthaltende Fäden.* (1. vgl. vorst. Ref.) 24 Kaninchen u. 6 Hunden wurden 5 cm lange, $^{90}Y_2O_3$ enthaltende Fäden in den Bauch bzw. Lobus parietalis implantiert u. nach verschied. Zeiten die Gewebeveränderungen geprüft. Bei den Kaninchen wurde 7 Tage nach Implantation lokale Gewebenekrose u. nach 35 Tagen asept. Nekrose mit zonaler Fibrose beobachtet. Die Hirnprüfung der Hunde ergab analoge Verhältnisse. Die Implantation radioakt. Präpp., die vom Gewebe resorbiert werden u. daher später nicht entfernt werden müssen, eignet sich zur Zerstörung oder Einschmelzung eng begrenzter Bezirke. (Amer. J. Roentgenol., Radium Therapy Nuclear Med. **77.** 852—60. Mai 1957. St. Albans, N. Y., U. S. Naval Hosp.) G. FAUST. 4601

C. W. Bishop und **J. N. Davidson,** *Veränderungen im Desoxyribosid-, Desoxyribotid- und Nucleinsäuregehalt von Blinddarm und Thymus des Kaninchens nach Röntgenbestrahlung.* 1, 4, 8 u. 24 Std. nach einer 1000 r-Ganzkörperbestrahlung (81 kV, 5 mA) werden die *Desoxyribonucleinsäurephosphat* (**I**)- u. *Ribonucleinsäurephosphat* (**II**)-Konzz. im Blinddarm u. Thymus von Kaninchen bestimmt. **I** nimmt bis zu 4 Std. nach Bestrahlung im Blinddarm ab, steigt nach 6—8 Std. wenig über die Ausgangswerte an u. fällt nach 24 Std. auf ca. 65% des Normalwertes. Im Thymus bleibt **I** trotz eines schwachen Anstiegs nach 4 Std. nahezu konstant. Bei **II** wurden in beiden Geweben nur geringfügige oder keine Änderungen beobachtet. Der Geh. an Desoxyribosiden u. Desoxyribotiden (**III**) wurde zusammen mikrobiol. (*Thermobacterium acidophilum R 26*) ermittelt. **III** nimmt im Blinddarm 4—6 Std. nach Bestrahlung rasch zu, fällt nach 8 Std. etwas ab u. ist nach 24 Std. wieder erhöht. Im Thymus ist **III** nach 8 Std. erhöht u. nach 24 Std. fast auf den Ausgangswert abgesunken. Die entgegengesetzten Veränderungen von **I**- u. **III**-Konzz. werden so gedeutet, daß durch die Bestrahlung die Desoxyribonucleinsäuresynth. blockiert wird. (Brit. J. Radiol. **30.** 367—70. Juli 1957. Glasgow, Univ., Dep. of Biochem.) G. FAUST. 4601

L. Mazzanti und **M. Franchi,** *Über Veränderungen des Gehalts an Desoxyribonucleinsäure in Hirn, Leber, Milz, Nieren und Hoden der Albinoratten, die einer Ganzbestrahlung mit oder ohne Schutz durch Bernsteinsäuredinitril (DNS) unterworfen wurden.* Bei Ratten wird 6 Monate nach einer Ganzbestrahlung (400 r) die *Desoxyribonucleinsäure* (**I**) colorimetr. mit Diphenylamin in den verschied. Organen der Tiere geprüft. Mit Ausnahme der Leber wird in allen Organen (bes. Milz) eine **I**-Abnahme gefunden. Werden die Tiere zuvor parenteral mit *Bernsteinsäuredinitril* behandelt, dann ist die Verringerung qualitativ gleich, jedoch ausgeprägter. (Boll. Soc. ital. Biol. sperim. **33.** 1505—07. Okt./Nov. 1957. Pisa, Univ., Ist. di Farmacol. e di Patol. Gener.)
O. POLLAK v. EMHOFEN. 4601

Yoshio Nakao, Yatarô Tazima und **Takashi Sugimura,** *Versagen von Mercaptoäthylamin und Cystein als Schutzmittel gegen die mutagenen und letalen Strahlungswirkungen beim Seidenspinner. Mercaptoäthylamin* (**I**) u. *Cystein* (**II**) hatten u. a. im Mäusevers. eine Schutzwrkg. gegen die letale Wrkg. von Röntgenstrahlen gezeigt, während ihre Wrkg. gegen mutagene Veränderungen noch nicht untersucht wurde. Vff. benutzten als Versuchstiere Weibchen des Seidenspinners. Als Kriterium der genet. Wrkg. dienten die sichtbaren Farbmutationen der Eier sowie die Schlüpffähigkeit. Die Tiere erhielten abdominal 0,05 ml einer 0,01%ig. **I**-Lsg. entsprechend 4 μg/g (Körpergewicht) [nahezu Dosis maxima tolerata], bzw. 40 μg **II**/g (Konz. 0,1%), beide in physiol. Salzlösung. 30—60 Min. nach der Injektion wurden die Tiere 15 bzw. 30 Min. lang mit 281 r/Min. bestrahlt, dann mit männlichen Tieren aus einem doppelt recessiven Stamm gepaart u. die daraus hervorgegangenen Eier nach ihrer Färbung u. Lebensfähigkeit mit denen der Kontrolltiere prozentual verglichen. — In einem Immersionsvers. wurden Eier bis zu einer Std. nach der Ablage in 0,01%ig. **I**-Lsg. 1 Std. lang eingetaucht u. dann einer Dosis von 2810 r (10 Min. Bestrahlung) ausgesetzt. Eine Schutzwrkg. von **I** u. **II** gegen mutagene u. letale Wrkgg. der Bestrahlung war in keinem Falle festzustellen. (Radiation Res. **3.** 400—06. Dez. 1955. Tokyo, Japan, St. Paul's Univ., Biophys. Labor., Silk Sci. Res. Inst., Cancer Inst.)
EBERHARD MÜLLER. 4601

W. W. Melnikow, *Untersuchungen über die Toxikologie von essigsaurem Beryllium.* Verss. an 90 weißen Mäusen ergaben, daß *Berylliumacetat* (**I**), in Form von Dämpfen eingeatmet, in der Konz. von 0,07 mg/Liter in 2 Std. tödlich wirkt. Die maximal verträgliche Konz. liegt bei 0,008, die DL_{50} bei 0,042 mg/Liter. Die Vergiftungserscheinungen (beginnend mit 0,006 mg/Liter) bestehen in motor. Erregung, gefolgt von Lähmung. Die pathomorpholog. Unters. der Organe der vergifteten Tiere (0,07 mg **I**/Liter Luft) ergab Lungenödem u. schwere degenerative Veränderungen von Leber, Nieren, Milz u. Herzmuskel. Wiederholte Einw. von **I** auf die Lungen (beginnend mit 0,003 mg **I**/Liter Luft) führte zur Bldg. miliarer Knötchen. Die bedingt reflektor. Tätigkeit wird in Verss. an der Ratte durch **I** (Konz. 0,00002 mg/Liter Luft; Dauer des Vers. 60 Tage) gestört. Morpholog. finden sich in der Großhirnrinde Störungen der interneuronalen Verbindungen. An Hand der Verss. wird empfohlen, als zulässige Grenzkonz. von **I** in der Luft von Fabrikräumen 0,000001—0,000002 mg/Liter anzusehen. (Фармакология и Токсикология [Pharmakol. u. Toxikol.] **22.** 261—69. Mai/Juni 1959.)
E. RENTZ. 4606

Pierre Aschheim und **Albert Netter,** *Beitrag zum Studium der hemmenden Wirkung von Thallium auf die beim Kaninchen hervorgerufene Ovulation.* Weiblichen Kaninchen werden 3 Wochen lang wöchentlich 6 mal 1 mg *Tl-Acetat* injiziert. Dadurch wird die bei n. Tieren nach Coitus auftretende Ovulation unterdrückt, u. im Interstitium des Ovars treten deutliche Veränderungen auf. Der Geh. der Hypophyse an gonadotropem Hormon wird durch die *Tl*-Behandlung nicht merklich verändert u. auch die Reaktionsfähigkeit des Ovars gegenüber *Gonadotropin* bleibt erhalten. Tox. Wrkgg. von *Tl* werden nicht beobachtet. Vff. nehmen an, daß *Tl* das Syst. Hypophyse–Hypothalamus stört. (Ann. d'Endocrinol. **18.** 427—36. Mai/Juni 1957. Paris, Hôtel Dieu.)
K. BOHLE. 4606

Quentin L. Hartwig, Thomas P. Leffingwell und **George S. Melville,** *Einige toxische Wirkungen von Yttrium und Lanthan.* Die Toxizität von *Y*- (**I**) u. *La*-Nitrat (**II**) bei intraperitonealer (i.p.) u. subcutaner (s.c.) Zufuhr bei Ratten wird bestimmt: 1. bei n. Tieren, 2. bei Tieren, die vorher eine Ganzkörperbestrahlung durch ^{60}Co (800 r)-γ-Strahlen erhalten hatten. Bei i.p.-Applikation von **I** u. **II** war die Mortalität bei den bestrahlten Tieren eindeutig höher als bei unbestrahlten, die dieselbe Dosis von **I** u. **II** erhalten hatten. Die s.c.-Zufuhr von **I** u. **II** bewirkte Abszeßbldg. mit nachfolgender Epilation. Bei dem zum Vgl. mitgeprüften Na-Nitrat bzw. Kochsalz waren keine derartigen Veränderungen festzustellen. Die Ggw. von **I** u. **II** verursachte eine verzögerte Wundheilung, während unter denselben Versuchsbedingungen Na-Nitrat keine derartige Wrkg. aufwies. (A. M. A. Arch. ind. Health **18.** 505—10. Dez. 1958. Randolph Air Force Base, School of Aviat. Med., Dep. of Radiobiol.)
H. ZELLER. 4606

F. William Sunderman, Bob West und **John F. Kincaid,** *Toxizitätsuntersuchungen von Eisenpentacarbonyl.* Die akute Inhalationstoxizität für *Eisenpentacarbonyl* wurde an Mäusen u. Ratten untersucht. Bei einer Expositionszeit von 30 Min. wurde für Mäuse eine DL_{50} von 2,19 mg/Liter, für Ratten von 0,91 mg/Liter festgestellt. Die therapeut. Zufuhr von Edathamil-Ca-Na-Salz bei den exponierten Tieren schien eine begrenzte therapeut. Wrkg. zu haben. (A. M. A. Arch. ind. Health **19.** 11—13. Jan. 1959. Philadelphia, Pa., Jefferson Med. Coll., Div. of Metabolic Res.; Rohm & Haas Co.) H. Zeller. 4607

Yoshitsugu Nitō, *Über eine Intracutanreaktion auf Bleilösung gegen Bleivergiftung bei Kaninchen.* Kaninchen, die 217—230 Tage lang täglich intravenöse Injektionen von 1 mg *Pb*/kg bzw. 3 Tage lang täglich intraabdominal 10 mg Pb/kg erhalten hatten (zum Vgl. auch Inhalation von täglich 5—7 mg *Trichloräthylen*/Liter Luft), bekamen intracutane Injektionen von 0,1 cm^3 *Bleiacetat* mit einem Pb-Geh. von 100 u. 1000 γ. Bei der 100 γ-Dosis traten die Hauterscheinungen (Rötung, Knötchen) später (vom 2. bis 6. Tage nach Versuchsbeginn) u. in geringerem Ausmaß auf als bei Belastung mit 1000 γ Pb. (Med. and Biol. [Tokyo] **51.** 119—21. 5/5. 1959. Yokohama Shiritsu Ika-Daigaku, Eiseigaku-Kyōshitsu. [Orig.: japan.]) F. Mossner. 4607

William B. Deichmann, J. L. Radomski, William E. MacDonald, Robert L. Kascht und **R. L. Erdmann,** *Die chronische Toxizität von Octadecylamin. Octadecylamin* (I), im Futter in Mengen bis 500 p.p.m. Ratten 2 Jahre lang verabreicht, bewirkte keine Veränderungen von Gewicht, Blut, Todesrate oder Futteraufnahme im Vgl. zu den Kontrollen, ebenfalls fehlten mkr.-patholog. Veränderungen. 0,6—3 mg/kg täglich (5mal wöchentlich) für 12 Monate verabreicht, waren ebenfalls ohne tox. Wirkung. Dagegen starb bei **I**-Dosen von 15 mg/kg/Tag 1 von 3 Hunden nach 22 Wochen. Wurde **I** im Vgl. zu Stearinsäure in Mengen von 3000 p.p.m. im Futter verabreicht, so bewirkten beide Verbb. bei den Tieren Freßunlust u. ein Ansteigen der Todesrate. Bei der histolog. Aufarbeitung fand sich bei den mit **I** gefütterten Tieren eine Ansammlung von Histiocyten in der Mucosa des Magen-Darm-Traktes. (A. M. A. Arch. ind. Health **18.** 483—87. Dez. 1958. Univ. of Miami, School of Med., Dep. of Pharmacol.) H. Zeller. 4607

L. Mazzanti, *Über die pharmakologische Wirkung des Na-Bis-[diisopropylamino]-acetylgluconat.* 1. Mitt. *Toleranzproben und Wirkung auf die Ausscheidung von Kreatin und Kreatinin durch den Harn.* Ratten vertragen Dosen von 0,030—0,120 g *Na-Bis-[diisopropylamino]-acetylgluconat* (I)/kg, 7 Tage lang parenteral gegeben, gut. Werden diese der bis zur 20fachen therapeut. Menge entsprechenden **I**-Dosen Kaninchen parenteral gegeben, dann zeigen die Tiere eine erhöhte Ausscheidung an *Kreatin* u. *Kreatinin* (**II**), die unabhängig von der Dosis für **II** geringer ist; allg. ist die Ausscheidung bei höheren **I**-Dosen erhöht. (Boll. Soc. ital. Biol. sperim. **33.** 1507—11. Okt./Nov. 1957. Pisa, Univ., Ist. di Farmacol.) O. Pollak v. Emhofen. 4607

Louis J. Sciarini und **J. Wister Meigs,** *Die Biotransformation von Benzidin (4.4'-Diaminobiphenyl), ein Industriecancerogen, beim Hund.* Hunden mit einem Gewicht von ca. 10 kg wurden 100 mg *Benzidin* (I) pro kg intraperitoneal in Traganthsuspension injiziert. Die im Stoffwechselkäfig aufgefangenen Urinproben wurden nach dem Chloramin-T-Test, mit der Diazotierungs- u. Kupplungs-Rk. mit Bratton- u. Marshall-Reagens u. mit der HNO_3-Meth. zum Nachw. von **I** u. seinen Stoffwechselprodd. aufgearbeitet. Im Urin konnte neben freiem unverändertem **I** (1,7—9%) *3-Hydroxybenzidin* als Sulfat in Mengen von 25—50% der zugeführten Dosis festgestellt werden. Der Nachw. von **I** u. seinem hydroxylierten Deriv. wurde colorimetr. ausgeführt. Das in der Literatur beschriebene 3.3'-Dihydroxybenzidin konnte im Harn der Hunde nicht gefunden werden. Ebenso fehlte ein sicherer Anhaltspunkt dafür, daß die Prodd. an Glucuronsäure gepaart ausgeschieden werden. (A. M. A. Arch. ind. Health **18.** 521—30. Dez. 1958. New Haven, Conn., Yale Univ., School of Med., Dep. of Public Health, Sect. of Occupat. Health.) H. Zeller. 4607

Thomas S. Argyris, *Der radiomimetische Effekt von Neotetrazoliumchlorid auf der Haut von Mäusen.* Subcutane Injektionen von *Neotetrazoliumchlorid* (0,5 cm^3 einer 0,1%ig. Lsg.) bewirken Haarausfall, Grauverfärbung des Haares u. Hyperpigmentierung nach Epilation. Während der Wachstumsphase des Haares erfolgt die Epilation innerhalb von 2 Tagen, während der Ruhephase 7—8 Tage nach Behandlung. Nach der Epilation wurden Schorfe u. Hyperpigmentierung beobachtet. Die Veränderungen gleichen einer Röntgenstrahlenschädigung von 1000—1500 r. (Anatom. Rec. **127.** 697 bis 710. April 1957. Syracuse, N. Y., Syracuse Univ., Dep. of Zool.; Boston, Mass., Harvard Med. School, Dep. of Anatomy.) G. Faust. 4607

James G. Wilson, *Die teratogene Aktivität einiger dem Trypanblau chemisch verwandter Azofarbstoffe.* Vf. injiziert trächtigen Ratten 1%ig. wss. Lsgg. folgender Farbstoffe, um ihre teratogene Wrkg. zu untersuchen: Trypanblau (I), Evansblau (II),

Niagarablau 4B (III), Niagarahimmelblau 6B (IV), Kongorot 4B, Vitalrot, Acid milling red RN, Chlorazolschwarz E, Benzopurpurin 4B, Dianilblau 2R, Erieviolett 2B, Eriegranat B, Niagarablau 3RD, o-Toluidin, Azolblau. Nur bei I—IV wurden abnorme Veränderungen hauptsächlich im Bereich von Hirn, Wirbeläule, Herz, Arterien u. Augen beobachtet. Keiner der Farbstoffe konnte im embryonalen Gewebe nachgewiesen werden. (Anatom. Rec. **123.** 313—26. Nov. 1955. Cincinnati, Ohio, Univ. of Cincinnati, Coll. of Med., Dep. of Anatomy.) R. LENSCHAU. 4607

W. Ss. Schadurskaja, *Zur Toxikologie der neuen chlororganischen Insekticide.* Aus den Insekticiden *Chlorphen* (I; = chloriertes Camphen) u. *Chlorten* (II; = chloriertes Pinen) mit einem Cl-Geh. nicht unter 64% wurden Konzentrate hergestellt, bestehend aus 65% I bzw. II, 20% Transformatoren- oder Spindelöl u. 15% Emulgator SP-7. Es sind bräunliche viscose Fll., welche beim Mischen mit W. eine stabile milchige Emulsion ergeben. Wie Verss. mit den 0,5—1%ig. Emulsionen ergaben, sind die Vergiftungserscheinungen (Schlaffheit, Zuckungen, S-förmig gebogener Schwanz, Unruhe u. klon. Krämpfe) in beiden Fällen ähnlich, jedoch ist II weniger giftig als I. So beträgt die DL_{100} u. DL_{50} des I-Konzentrats für die weiße Maus subcutan 500 u. 350, per os 150 u. 65 mg/kg, für das II-Konzentrat 1200 u. 820 bzw. 500 u. 300 mg/kg. Aus den Tierverss. wird geschlossen, daß man sich beim Arbeiten mit I u. II vor allem davor hüten muß, daß die Mittel in den Magen-Darm-Trakt gelangen. (Фармакология и Токсикология [Pharmakol. u. Toxikol.] **22.** 269—72. Mai/Juni 1959. Beloruss. Wiss. San.-Forschungsinst.) E. RENTZ. 4607

Je. N. Burkatzkaja, *Zur Toxikologie der Hexachlorcyclohexanisomere. Hexachlorcyclohexan* ist ein Gemisch von 50—70% *α-Isomer* (I), 5—14% *β-Isomer* (II), 12 bis 13% *γ-Isomer* (III), 6—10% *δ-Isomer* u. 3—5% *ζ-Isomer*. Die DL_{100} von I per os beträgt für die Maus 1000, für die Ratte 500 mg/kg, die von II 1500 bzw. >2000 u. die von III 200 bzw. 300 mg/kg. Noch empfindlicher gegenüber III sind Katzen (50 mg/kg) u. Kaninchen (100 mg/kg). Die akute Vergiftung weist auf Störungen des Zentralnervensyst. hin. III wirkt kumulierend u. führt in chron. Verss. zu Leukocytose u. Erythropenie. I verursacht Tremor, Ataxie u. Gefäßerweiterung, II Schlaffheit, Ataxie, Atemstörungen u. Gefäßverengerung. III, Kaninchen in öliger Lsg. auf die Haut gebracht (100 bis 300 mg/kg), führt zu einer tödlichen Vergiftung, II oder III (1—2 g/kg) nur zu einer leichten Allgemeinvergiftung. Die Vergiftung, bes. durch III, verursacht eine Hyperämie der inneren Organe u. dystroph. Veränderungen im Gehirn sowie eine trübe Schwellung von Herzmuskel, Nieren u. Leber, während I vor allem Gefäßstörungen bewirkt. (Фармакология и Токсикология [Pharmakol. u. Toxikol.] **22.** 272. Mai/Juni 1959. Kiew, Inst. für Arbeitshyg. u. Berufskrankheiten.) E. RENTZ. 4607

Je. A. Antonowitsch, *Toxikologische Charakteristik des γ-Isomers von Hexachlorcyclohexan.* Die minimale tox. Dosis des *γ-Isomers von Hexachlorcyclohexan* (I) beträgt für Katzen u. Hunde 5—10, die minimale tödliche Dosis 25, für Mäuse u. Ratten 15—30 u. 50 mg/kg, die DL_{100} für Mäuse 200, für Ratten 300 mg/kg. In chron. Verss. an Katzen beträgt die minimale tödliche Dosis von I 4—5, die tox. 3 u. die Schwellendosis 2 mg/kg. Die Vergiftungssymptome (Tremor, Hypersalivation, klon.-tox. Krampfanfälle) weisen auf die neurotrope Natur der I-Wrkg. hin. Bei wiederholter Zufuhr tox. Dosen von I kommt es zu Leukocytose, Hämoglobinabnahme, Veränderungen der phagocytären Rk., Störungen der glykogenbildenden Funktion der Leber u. zu Albuminurie. (Фармакология и Токсикология [Pharmakol. u. Toxikol.] **22.** 273. Mai/Juni 1959. Ukrain. Wiss. Forschungsinst. für Ernährung, Toxikol. Labor.) E. RENTZ. 4607

N. Frontali, *Die Ketosäuren bei mit Tetraäthylpyrophosphat vergifteten Stubenfliegen.* Stubenfliegen wird eine Lsg. von 1 μg *Tetraäthylpyrophosphat* in 1 μl Aceton top. appliziert. Von den 30 Min., 2 u. 6 Std. danach extrahierten Ketosäuren war *Brenztraubensäure* nach 6 Std. 2—4mal erhöht, während die *α-Ketoglutarsäure*-Menge uneinheitlich war. (Boll. Soc. ital. Biol. sperim. **33.** 1511—12. Okt./Nov. 1957. Rom, Ist. Superiore di Sanità.) O. POLLAK v. EMHOFEN. 4607

Kenneth P. Dubois, *Potenzierung der Toxizität von insekticid wirkenden organischen Phosphaten.* Übersichtsarbeit über die derzeitigen Vorstellungen der Potenzierung insekticid wirkender organ. Phosphate, bes. unter Hinweis auf die Fähigkeit der Entgiftung durch den Säugetierorganismus. Erwähnt werden folgende Phosphate: Parathion, Methylparathion, Systox, EPN, Malathion, Guthion, Phosdrin, Diazinon u. Trithion. (A. M. A. Arch. ind. Health **18.** 488—96. Dez. 1958. Chicago, Ill., Univ., Dep. of Pharmacol.) H. ZELLER. 4607

Keith H. Jacobson, Milton K. Christensen, Ira A. De Armon jr. und **Fred W. Oberst,** *Untersuchungen bei chronisch GB (Isopropylmethylfluorphosphat)-Dämpfen exponierten Hunden.* Gruppen zu je 3 Beagle-Hunden werden für 6 Monate einer Iso-

propylmethylfluorphosphat (I)-Dampfkonz. (Ct = 10 mg/Min./m³) unter folgenden Bedingungen ausgesetzt: 1. Gruppe: 7 Tage/Woche täglich 20 Min.; 2. Gruppe: 7 Tage/Woche täglich 4 Std.; 3. Gruppe: 5 Tage/Woche täglich 20 Min.; 4. Gruppe: 5 Tage/Woche täglich 4 Std.; Kontrollgruppe. Bei allen Tieren entwickelte sich eine zunehmende Inaktivierung der Erythrocyten-*Cholinesterase*, gelegentlich Speichelfluß u. Dyspnoe. Die Wrkg. von I bei 7tägiger Exposition war stärker als bei 5tägiger. Die Cholinesteraseaktivität bei den 6 Monate exponierten Hunden normalisiert sich nach einigen Monaten wieder. (A. M. A. Arch. ind Health **19.** 5—10. Jan. 1959.)
H. ZELLER. 4607

Milton H. Joffe, Louis E. Gongwer und **Charles L. Punte,** *Untersuchungen über die akute und subakute Toxizität von Bis-[2-äthylhexyl]-hydrogenphosphit.* Alkylphosphite werden als Zusätze zu Schmierölen zur Verhinderung der Korrosion, als Stabilisatoren u. als Antioxydantien verwendet. Es wurde das *Bis-[2-äthylhexyl]-hydrogenphosphit* (I), eine farblose, in W. unlösl., nicht entzündbare Fl. von schwachem Geruch u. niedrigem Dampfdruck, genauer untersucht. Bei peroraler Zufuhr an Kaninchen wurden 1—4 ml/kg bei 14tägiger Nachbeobachtungszeit vertragen, patholog. u. histolog. Veränderungen an den Organen der Tiere wurden nicht festgestellt. Die DL_{50} bei intraperitonealer Injektion betrug für die Maus 0,62 ml/kg, für die Ratte 1,5 ml/kg u. für das Meerschweinchen 0,7 ml/kg. Bei Dosen von 0,5 ml/kg u. darunter zeigten Mäuse u. Ratten wenige Min. nach der Verabreichung krampfähnliche Symptome. Bei der Sektion fanden sich fibröse Veränderungen u. nekrot. Bezirke im Bereich des Mesenteriums. Die intravenöse (i.v.) Toxizität für Kaninchen betrug 0,1 ml/kg. Wurden Kaninchen u. Hunden 0,02 ml/kg i.v. gegeben, so konnte keine Änderung der *Cholinesterase*-Aktivität der roten Blutzellen beobachtet werden. Auf der geschorenen Rückenhaut weißer Kaninchen wurden 0,5 u. 0,75 ml/kg, an 3 aufeinanderfolgenden Tagen appliziert, von 6 der 7 Versuchstiere vertragen, während 1 ml/kg für 3 von 4 Tieren tödlich war. 0,025—0,1 ml, ins Auge gegeben, führten zu einer mäßigen Conjunctivitis. Ratten u. Meerschweinchen wurden hohen Nebelkonzz. (Durchmesser der Partikel 3 μ) von 300—500 mg/m³ für 30—240 Min. ausgesetzt. Dabei kam es zu Atemstörungen. Die Sektion ergab eine Nekrose des Bronchialepithels mit akuter Entzündung der Submucosa. Die wiederholte Verabreichung von I im Futter (1%) an Meerschweinchen über 7 Tage, die 18malige Applikation von 0,07 ml/kg auf die Haut von Kaninchen, die Inhalation von 10 mg/m³ I-Dämpfe über 10 Wochen zeigten bei den Tieren keine patholog. Symptome. (A. M. A. Arch. ind. Health **18.** 464—69. Dez. 1958. US-Army Chemical Warfare Labors., Toxicol. Div.)
H. ZELLER. 4607

Kengo Nakai, *Untersuchungen über Giftpilze.* 1. Mitt. *Die Toxizität von Pleurotus japonicus.* Es erhielten peroral (Magensonde) oder subcutan Hunde (1 cm³/kg Körpergewicht), Kaninchen u. Katzen (5 cm³/kg) u. Ratten (0,5 cm³/kg) Methanolextraktlsg. von Pleurotus japonicus. Bei Hunden u. Katzen traten 1 Std. nach peroraler Verabfolgung u. 2 Std. nach Injektion Erbrechen u. Durchfälle auf. Bei den Kaninchen u. Ratten kam es zu wss. Stühlen. Die Hunde u. Katzen starben innerhalb von 16 bis 24 Std., die Kaninchen innerhalb von 18—36 Std., die Ratten innerhalb von 8—24 Stunden. Bei der Sektion erwiesen sich die Schädigungen im wesentlichen als lokale Blutungen u. entzündliche Schwellungen. (Med. and Biol. [Tokyo] **48.** 33—35. 5/7. 1958. Fukushima Kenritsu Ika-Daigaku, Yakurigaku-Kyōshitsu. [Orig.: japan.]) F. MOSSNER. 4608

I. M. Iwanuschkin, *Einfluß des Dibazols auf die experimentelle Pneumokokkeninfektion und anschließender chemotherapeutischer Effekt des Penicillins.* In Verss. an 237 weißen Mäusen wird gezeigt, daß durch tägliche Zufuhr von 1 bzw. 10 mg *Dibazol* (I)/kg per os über 8 Tage die Überlebensdauer nach der anschließenden intraperitonealen Infektion mit tödlichen Dosen einer Pneumokokkenkultur um 28 bzw. 35% verlängert wird. In einer weiteren Versuchsreihe mit 252 Mäusen ließ sich zeigen, daß durch I nicht nur die Widerstandskraft der Tiere gegenüber der Infektion erhöht wird, sondern daß auch die nachfolgende Chemotherapie mit *Penicillin* (2000 E. alle 12 Std. subcutan) zu einem im Vgl. zu den Kontrollen (ohne I) um 37% günstigeren Ergebnis u. einer bis zu 16% größeren Gewichtszunahme führt. (Журнал Микробиологии, Эпидемиологии и Иммунобиологии [J. Mikrobiol., Epidemiol. Immunbiol.] **30.** Nr. 4. 125—26. April 1959. Militärmed. Kirow-Akad.) E. RENTZ. 4610

W. Ss. Mitrofanow, *Veränderungen im Nervensystem bei Bauchtyphusintoxikation von Kaninchen, die mit Diazolin und Cortison behandelt wurden.* Bei Kaninchen mit experimenteller Bauchtyphusintoxikation verlängert *Cortison* (I; 5 mg/kg 2mal täglich intramuskulär) die Lebensdauer der Versuchstiere im Vgl. zu den Kontrollen um 10—34 Std., während *Diazolin* (II; 10 mg/kg 2mal täglich per os) keine solche Wrkg. zeigt. Die pathomorpholog. Veränderungen der inneren Organe derjenigen Tiere, welche mit I oder II behandelt wurden, waren geringer als bei den Kontrolltieren, während die

Intensität der reversiblen histopatholog. Veränderungen der Nervenzellen des Zentralnervensyst. keine merklichen Unterschiede aufwiesen. (Фармакология и Токсикология [Pharmakol. u. Toxikol.] **22.** 275—76. Mai/Juni 1959. Inst. für Pharmakol. u. Chemother. der Akad. der med. Wiss. der UdSSR, Chemother. Abt.) E. RENTZ. 4610

C. J. Ackerman, *Umkehrung der Sulfaguanidintoxizität bei der Ratte.* Die Zulage von 1% *Sulfaguanidin* (I) zu einem adäquaten halbsynthet. Futter führt bei Ratten innerhalb 4—5 Wochen zu Wachstumsstillstand, Hyperplasie der Schilddrüse u. Exophthalmus. Die Vervollständigung des Futters mit den bekannten Vitaminen konnte die Mangelerscheinungen nicht überwinden. Ebenso waren Trockenei, Vollmilchpulver, Leber von Kalb, Rind oder Schwein wie auch Muskelfleisch ohne Wirkung. Dagegen brachte die Zufütterung von Fleischmehl (Fm) nicht bekannter Zus. das Wachstum wieder in Gang. Wenn der Fütterungsvers. mit kombinierter I + Fm-Zulage gestartet wurde, war das Wachstum mitunter sogar besser als bei den Kontrollen. — Der im Fm enthaltene Wachstumsfaktor war gegen trockene Hitze u. 24std. Rückflußbehandlung mit 6n HCl stabil, wurde aber durch gleiche Behandlung mit NH_4OH oder NaOH zerstört. (J. of Nutrit. **63.** 131—42. 10/9. 1957. Blacksburg, Va., Virginia Polytechn. Inst., Dep. of Biochem. and Nutr.) B. GASSMANN. 4610

Chr. Hackmann, *Über den Einfluß des 2-[p-Aminobenzolsulfonamido]-pyrimidins (Debenal) auf das Wachstum und auf Alterserscheinungen (Haarausfall, Arthrosis, Altersstar) bei Versuchstieren.* Bei Fütterungsverss. wurde beobachtet, daß Ratten bei *Debenal* (I)-Zusatz (Aufnahme ca. 14—16 mg/Tag) eine deutliche Gewichtszunahme, verbunden mit dichterem Haarkleid u. geringerer Sterblichkeit, aufwiesen. Bei >2 Jahre alten Ratten u. Mäusen aus Inzuchtstämmen mit Alterserscheinungen (Haarausfall, Hochbeinigkeit, Arthrosis, Altersstar) trat nach 2 Monaten Verfütterung 0,2% I enthaltender Kost eine auffallende Besserung des Zustandes ein. In manchen Fällen erfolgten bei alten Ratten sogar Gewichtszunahmen. Möglicherweise liegt eine Hemmung chron. Intoxikationszustände durch I vor, deren Folgeerscheinungen bei alten Tieren anscheinend teilweise rückbildungsfähig sind. (Naturwissenschaften **46.** 79—80. 2. Jan.-H. 1959. Wuppertal-Elberfeld, Farbenfabriken Bayer, Inst. für exp. Pathol.) K. MAIER. 4610

Noël Rist, Françoise Grumbach umd **David Libermann,** *Experimente über die antituberkulöse Wirksamkeit von 2-Äthylthioisonicotinamid.* Zusammenfassung früherer Beobachtungen, denen Vff. neuere Ergebnisse bzgl. der Wrkg. des *2-Äthylthioisonicotinamids* (I) anschließen, das in vivo wie in vitro auch gegen Isoniacid resistente Tuberkelbacillen wirksam ist. I ist 4 mal wirksamer als Thioisonicotinamid (II), aber nicht toxischer als dieses. Qualitativ besteht in der Wrkg. beider kein Unterschied. I ist doppelt so wirksam wie Streptomycin bei experimentell infizierten Meerschweinchen. II ist bei Ratten 5 mal toxischer als I. I ist im menschlichen Serum in akt. Form enthalten. (Amer. Rev. Tubercul. Pulmonary Diseases **79.** 1—5. Jan. 1959. Paris, Inst. Pasteur.)
HEINRICH HERMANN. 4610

G. Brouet, J. Marche, N. Rist, J. Chevallier und **G. Le Meur,** *Beobachtungen über die antituberkulöse Wirkung des 2-Äthylthioisonicotinamids bei der menschlichen Tuberkulose.* Vff. haben in 102 Fällen von Lungentuberkulose *2-Äthylthioisonicotinamid* (I) 3 Monate u. länger angewendet u. berichten über Besserung der entsprechenden röntgenolog. u. bakteriolog. Befunde bei den Kranken. Bei manchen von ihnen trat keine Besserung ein. Gegen I resistente Stämme traten auf, die aber auf andere Mittel ansprachen. Die besten Ergebnisse wurden bei Kombination von I mit Isoniacid oder Streptomycin erzielt. Bei Therapie mit I allein wurden Nebenerscheinungen von seiten des Magen-Darm-Kanals, wie Anorexie, Nausea u. Erbrechen, beobachtet. Tox. Schädigungen von Leber, Nieren oder hämatopoet. App. wurden nicht beobachtet. (Amer. Rev. Tubercul. Pulmonary Diseases **79.** 6—18. Jan. 1959. Paris, Hôp. Cochin.)
HEINRICH HERMANN. 4610

W. Steenken jr., Vincent Montalbine und **J. R. Thurston,** *Die antituberkulöse Wirkung von Kanamycin in vitro und im Tierversuch am Meerschweinchen.* Kanamycin (I) hemmt das Wachstum des Tuberkelbacillus H 37 Rv Typus humanus in der Konz. 2,5 γ/cm^3 im TWEEN-Medium u. im Medium nach PROSKAUER-BECK. Auch gegen p-Aminosalicylsäure, Cyclosin, Streptovaricin, Streptomycin oder Isoniacid resistente Stämme waren gegen I empfindlich. Gegen Neomycin oder Viomycin resistente Stämme waren auch gegen I in Konz. von 1000 γ/cm^3 resistent. Gegen I resistente Stämme waren nicht gegen Neomycin, wohl aber gegen Viomycin resistent. Der erwähnte Stamm wurde rasch gegen I resistent. Im Tiervers. erwies sich I weniger wirksam als Isoniacid oder Streptomycin. (Amer. Rev. Tubercul. Pulmonary Diseases **79.** 66—71. Jan. 1959. Saranac Lake, N. Y., Trudeau Foundat.) HEINRICH HERMANN. 4611

Kenneth W. Wright, Attilio D. Renzetti jr., Joseph Lunn und **Paul A. Bunn,** *Beobachtungen über die Verabreichung von Kanamycin bei Tuberkulosekranken.* Von

12 Kranken mit cavernöser Lungentuberkulose wurden 8 mit 0,5 g *Kanamycin* (I) täglich u. 4 mit anderen Tuberkulostaticis zusätzlich behandelt. Bei 2 Patienten, die 1,0 g I täglich erhalten hatten, traten Hörstörungen auf. Bei allen Kranken zeigten sich im Urin granulierte Zylinder. Hämatolog. zeigten sich außer einer Eosinophilie keine Zeichen einer Intoxikation. Nach 70 Tagen trat bei 7 u. nach weiteren 50 Tagen bei allen Kranken Resistenz gegen I ein. Klin. u. röntgenolog. laufend durchgeführte Unterss. ergaben, daß eine Besserung im Krankheitszustand eingetreten war. Kurvenmäßige Darst. des Verh. des Blutspiegels nach Verabreichung von I. (Amer. Rev. Tubercul. Pulmonary Diseases **79.** 72—77. Jan. 1959. New York, N. Y., State Univ., Dep. of Med.) Heinrich Hermann. 4611

T. Berti und **L. Cima,** *Über die Bindungen der Tetracycline mit dem Serum und der Bakterienzelle.* Der Verlust der biol. Aktivität der *Tetracycline* in vitro wird unter den im Organismus analogen Bedingungen durch Zusatz von Blut verschied. Tiere (auch in Verdünnung 1 : 20) stark verlangsamt. Es scheint dies auf einer Rk. (Bindung) zwischen den Tetracyclinen u. Stoffen polysaccharid. Natur zu beruhen. In weiteren Unterss. wird festgestellt, daß eine Bindung zwischen *Escherichia coli* u. *Tetracyclin* (I) u. *Chlortetracyclin* (II) besteht, wobei das Ausmaß mit steigender Konz. zunimmt. Analoge Resultate wurden mit *Aerobacter aerogenes, Proteus* u. *Staph. aureus* erhalten. Durch Entw. von Mikroorganismen eines einzigen Stammes von E. coli K-12 in Ggw. verschied. Konzz. von Glucose (1—7$^0/_{00}$) u. LiCl (3$^0/_{00}$) zeigt sich, daß die durch die Mikroorganismen fixierten Mengen I u. II in enger Beziehung mit dem Geh. an Polysacchariden u. nicht deren M. stehen. Für *Hydroxytetracyclin* besteht keine derartige Beziehung. (Boll. Soc. ital. Biol. sperim. **33.** 1481—82. Okt./Nov. 1957. Padua, Univ., Ist. di Farmacol., Centro di Studio per la Chemioterap. del C. N. R.)
O. Pollak v. Emhofen. 4611

Th. Spreter v. Kreudenstein, J. Stüben und **H. Knothe,** *Experimentelle Untersuchungen zum Nachweis des Übertritts von Tetracyclin aus dem Blut in den Dentinliquor.* In Verss. an Hunden, denen in bestimmten Zeitabständen nach einmaliger oraler Gabe von *Tetracyclin* (*Hostacyclin*; I; 40 mg/kg Körpergewicht) Blutproben u. Zähne entnommen wurden, konnte der Übertritt des Antibioticums aus dem Blut in den Dentinliquor nachgewiesen werden. Die Resorption u. die Verteilung ist spätestens 3 Std. nach I-Zufuhr beendet; zu dieser Zeit ist der I-Spiegel im Dentinliquor noch niedriger als im Serum. Jedoch sinkt der Dentinliquorspiegel wesentlich langsamer als der Serumspiegel: nach 6 Std. ist er noch um 60% höher als der Serumspiegel u. unterschreitet erst nach 9 Std. die Grenze der therapeut. Wirksamkeit (0,5 γ/ml), während die I-Elimination aus dem Serum zu dieser Zeit schon beendet ist. — Vgl. der Ergebnisse mit den Verhältnissen bei der Verabreichung von *Penicillin G* (II) u. Diskussion der Bedeutung dieser Befunde für die Bekämpfung der Dentininfektion mit I + II. (Dtsch. zahnärztl. Z. **12.** 1691—93. 15/12. 1957. Kiel, Univ., Zahnärztl. Inst., Klinik für Zahn-, Mund- u. Kieferkrankh., Abt. für Zahnerhaltungskunde.) G. Klesse. 4611

Ss. Je. Schapiro, A. A. Konstantinow, M. I. Selenskaja und **L. G. Tschapowskaja,** *Elektrophoretische Untersuchungen der Proteine des Blutserums von mit Synthomycin behandelten Typhus- und Paratyphuskranken.* Wie Beobachtungen an 39 Typhus- u. Paratyphuskranken ergaben, nimmt auf der Höhe der Erkrankung der Geh. des Blutserums an Gesamtprotein etwas ab (von n. 6,5—8,5 auf 7,04—7,44 g%), der Geh. an *α_1-Globulin* (I) u. *γ-Globulin* (II) etwas zu (von n. 0,3—0,4 bzw. 1,1—1,3 auf 0,51—0,64 bzw. 1,34—1,49 g%) u. an *α_2-Globulin* (III) stark zu, bes. bei mittelschwerer Erkrankung (von n. 0,5—0,6 auf 0,92—1,14 g%). Eine Besserung des Zustandes ist von einer Abnahme von I u. III bei gleichzeitiger Zunahme von II begleitet. Die Behandlung mit *Synthomycin* führte zu keinen merklichen Veränderungen der Proteinfraktionen, bes. kam es nicht zu einer Abnahme von II. Bei recidivierendem Verlauf der Erkrankung beobachtete man vor dem Recidiv einen deutlichen Anstieg von III, was prognost. von Bedeutung sein kann. Bei Patienten mit positiver Vidal-Rk. (Titer 1 : 400 u. höher) ist der Geh. an III höher als bei negativer Rk., während der Geh. an II sich umgekehrt verhält u. der Geh. an β-Globulin bei negativer Vidal-Rk. erhöht ist. (Журнал Микробиологии, Эпидемиологии и Иммунобиологии [J. Mikrobiol., Epidemiol., Immunobiol.] **30.** Nr. 4. 66—70. April 1959. Chabarowsk, Med. Inst. u. Inst. für Epidemiol. u. Hyg.) E. Rentz. 4611

E. Coraboeuf, S. Lavigne, R. Distel und **J. Boistel,** *Wirkung des 3-Chlor-10-[3′-dimethylaminopropyl]-phenthiazinhydrochlorids (Chlorpromazin, 4560 RP) auf den isolierten Säugetiernerv.* Die Verss. wurden an isolierten sensitor. u. motor. Säugetiernerven (Meerschweinchen) durchgeführt. *4560 RP* (I) verhält sich gegenüber diesen Nerven wie ein Narkoticum, indem es in etwa therapeut. Dosen (1 : 100000) die Überleitung innerhalb 1 Std. blockiert. Es scheint, daß eine Senkung des p_H die motor. Nerven gegenüber der narkot. Wrkg. von I weniger empfindlich macht, während diese Wrkg. bei den Sinnesnerven nicht auftritt. Möglicher Grund: ein besonderes Verh. der motor. Fasern gegenüber niedrigem p_H. Das Phänomen könnte z. T. auch auf Veränderungen der Permeabilität des die Nervenfasern umgebenden Bindegewebes zurückzuführen sein. Endlich können Veränderungen der Ionisierung von I je nach dem p_H eine Rolle spielen. (C. R. Séances Soc. Biol. Filiales **149.** 58—61. Jan. 1955.) H. AMAN. 4620

H. Hippius und **K. Kanig,** *Humorale Veränderungen während der psychiatrischen Therapie mit N-[3'-(1''-Methyl-4''-piperazinyl)-propyl]-phenothiazin.* 66 psychiatr. Kranke werden 8—12 Wochen mit 300—500 mg/Tag „*Perazin*" (*P 725, N-[3'-(1''-Methylpiperazino-(4))-propyl]-phenothiazin; Taxilan,* PROMONTA, Hamburg; I) behandelt. Vff. berichten über Verschiebungen im Differentialblutbild u. Veränderungen der Blutkörperchensenkungsgeschwindigkeit, einiger Leberfunktionsproben u. der alkal. Serumphosphatase im Verlauf der Behandlung mit I. Es kommt bei allen Tests zu Veränderungen, deren Richtung aber je nach der Ausgangslage verschieden ist. Sie sprechen jedoch nicht für tox. Schädigungen an den blutbildenden Organen u. am „Leber-Gallengang-System". (Arzneimittel-Forsch. **8.** 745—49. Dez. 1958. Berlin, FU, Psych. u. Neurol. Klinik.) H. SCHIMASSEK. 4620

A. Je. Alexandrowa, *Einfluß des Aminazins auf die Funktion des Verdauungstraktes.* Verss. an Hunden mit Magen- u. Speiseröhrenfistel bzw. mit „kleinem Magen" nach PAWLOW ergaben unter *Aminazin* (I; 1—10 mg/kg intravenös oder intramuskulär) eine Hemmung der sekretor. u. motor. Funktion des Verdauungstraktes, die sich in erster Linie durch die zentrale Wrkg. von I erklärt. Bei höheren I-Dosen zeigten sich im Mittel auch eine periphere M- u. N-cholinolyt. Aktivität. Eine direkte Zellwrkg. ist ebenfalls deutlich. Verss. mit ^{35}S-Methionin ergaben, daß I die Resynth. der Gewebeproteine der Magenwand hemmt. Exrimentelle reflektor. Magenulcera werden durch I weder verhindert noch geheilt. Am Meerschweinchen werden Histaminulcera des Magens durch I verhindert, aber bereits entwickelte Ulcera nicht geheilt. (Фармакология и Токсикология [Pharmakol. u. Toxikol.] **22.** 229—32. Mai/Juni 1959. Leningrad, San.-Hyg. Med. Inst., Lehrstuhl für Pharmakol.) E. RENTZ. 4620

John W. Dundee und **W. E. B. Scott,** *Die Wirkung von Phenothiazinderivaten auf die Thiobarbituratnarkose. Chlorpromazin* verlängert in Verss. an Ratten u. Hunden die Narkose nach Thiopental (Intraval, Pentothal, Trapanal), Thiamylal (Surital, Thioseconal) u. Thialbarbitone (Kemithal). Seine Wrkg. setzt bei oraler Gabe nach 3 u. bei intramuskulärer Gabe nach 1½—2 Std. ein u. hält 24 Std. an. (Anesthesia Analgesia, current Res. **37.** 12—19. Jan./Febr. 1958. Liverpool.) E. CARSTENS. 4627

B. Fl. Haxholdt, *Prämedikation mit neuen Arzneimitteln.* In der Nacht vor der Operation erwiesen sich 200 mg *Allypropymal* (I) als das beste Schlafmittel. Morphin (14 mg) u. Scopolamin (0,6 mg) waren Chlorpromazin überlegen. *10-[N-Methylpiperidyl-(3)-methyl]-phenthiazin* (*Pecazine, Pacatal*) allein oder in Kombination mit I oder Pethidin oder Reserpin zeigten keine besondere Wirkung. (Brit. J. Anaesthesia **30.** 226—32. Mai 1958. Copenhagen, Univ., Hosp., Dep. of Anaesthesia.) E. CARSTENS. 4627

A. Lehmann, B. N. Halpern und **R. G. Busnel,** *Untersuchung über einen Antagonismus zwischen 3-Methylpentin-(1)-ol-(3)-carbamat und Reserpin bei der audiogenen Krise der Maus.* Vff. untersuchten an Mäusen den Einfl. des *3-Methylpentin-(1)-ol-(3)-carbamats* (I; 40—100 mg/kg intraperitoneal) auf die zum Tode führende Steigerung der audiogenen Krise durch subcutane Injektion von 1 mg *Reserpin* (II)/kg. Es findet sich ein Unterschied in der chronolog. Wrkg. des I u. des II. Andererseits ergibt sich ein guter Antagonismus zwischen beiden Substanzen. 40 mg I/kg genügen, um nicht nur die Krise, sondern auch die gewöhnlich auftretenden Steigerungseffekte des II zu hemmen. (C. R. Séances Soc. Biol. Filiales **151.** 1094—96. 1957, herausg. 11/2. 1958. Jouy-en Josas, Labor. de Physiol. acoust. I. N. R. A.; Clin. Méd. Propédeut. de l'Hôpital Broussais.) K. BÖHM. 4627

Édouard Coraboeuf und **Yves-Michel Gargouil,** *Anästhesie mit Kohlendioxyd und reversible Unterdrückung der mit Äthylcarbamat (Urethan) hervorgerufenen Anästhesiewirkungen mittels Kohlenoxyd beim Beuteltier (Scyliorhinus canicula, Linné).* Eine Unters. über die für eine ausreichende Anästhesie beim Beuteltier erforderliche Urethan (I)-Dosis, ohne einen Atemstillstand hervorzurufen. Das Tier wurde in einer relativ konz. wss. Lsg. A (1—2% I) zunächst anästhesiert, dann in einer zweiten verd. Lsg. B (0,13% I) die Anästhesie aufrechterhalten. Meth. u. Verh. des Tieres während der Anästhesie werden beschrieben. Weitere Verss. dienten der Anästhesie mit CO_2, ebenfalls mit Beschreibung der Meth. u. Verh. des Tieres. Abschließend folgt ein Protokoll über die

Aufhebung der durch I hervorgerufenen Wrkg. mittels CO_2. (C. R. hebd. Séances Acad. Sci. **246**. 464—67. 20/1. 1958. Labor. Arago de Banyuls-sur-Mer.) C. FREESE. 4627

Cl. Laroche, F. Chain und **N.-T. Ky,** *Klinische Untersuchungen über ein neues synthetisches, barbitursäurefreies Schlafmittel: Propinylcyclohexanolcarbamat.* Mitt. der Dosis letalis u. der Dauer der Narkose bei Verabreichung von 125 mg/kg *Propinylcyclohexanolcarbamat* (I), *α-Phenyl-α-äthylglutarimid, Phenyläthinylcarbinol, Äthinylcyclohexanolcarbamat, Brommethylpentynol, 2.4-Dioxy-3.3-diäthyl-5-methylpiperidin* u. *Methylpentinol* intraperitoneal. Bericht über die klin. Anwendung von I als Schlafmittel, das sich bei den Vff. bei $^2/_3$ von 170 Patienten gut bewährt hat. Schlaf trat nach ca. $^3/_4$ Std. ein u. dauerte 7—8 Stunden. Nebenerscheinungen wurden bei laufender Kontrolle der Leberfunktionen u. des Blutbildes nicht beobachtet. (Presse méd. **67**. 449—50. 7/3. 1959. Paris, Hôp. Broussais.) HEINRICH HERMANN. 4627

S. Gershon und **F. H. Shaw,** *Über die Wirkung von Bemegride auf Barbituratvergiftungen beim Menschen.* Vff. untersuchen an 58 psychiatr. Patienten die antagonist. Wrkg. von *Bemegride* (**I**; *β-Äthyl-β-methylglutarimid*) auf Amylobarbiton (**II**), Phenobarbiton (**III**) u. Pentobarbiton (**IV**). Während der Verss. werden ½ std. Blutdruck, Puls, Atmung, Temp. u. der Bewußtseinsgrad geprüft. 750—1750 mg **II** u. 12% **I**, 500—2666 mg **III** u. 20—27% **I** sowie 500—2333 mg **IV** u. 14—17% **I** werden von den Patienten ohne Nebenwrkg. vertragen u. können zur verlängerten Schlaftherapie verwendet werden. Dabei ist die Schlaftiefe davon abhängig, ob ein kurz (**III**) oder lang (**IV**) wirkendes Barbiturat mit **I** kombiniert worden ist. — 29 Literaturangaben. (Brit. med. J. **1957 II**. 1509—14. 28/12. Melbourne, Univ., Dep. of Pharmacol.) R. LENSCHAU. 4627

E. M. Trautner, T. W. Murray und **C. H. Noack,** *Modifikation der Schlaftherapie mit Barbituraten durch Verwendung von Bemegride.* Gesunde u. chron. Schizophrene erhalten 250—750 mg Amylobarbitone mit einem Zusatz von 12—23% *Bemegride*. Auch bei höheren Dosierungen der Barbiturate werden weder Vergiftungen noch Psychosen oder sonstige Nebenerscheinungen beobachtet. (Brit. med. J. **1957 II**. 1514—18. 28/12. Melbourne, Univ., Dep. of Physiol.; Sunbury Mental Hosp.) R. LENSCHAU. 4627

Je. I. Ssamsson, *Die Änderung der motorischen und sekretorischen Funktion des Magens bei intravenöser Novocainzufuhr.* In Verss. an 13 Hunden mit chron. Magen- bzw. Pankreasfistel u. „kleinem Magen" nach PAWLOW wird festgestellt, daß *Novocain* (I; 1—8 mg/kg in Form der 0,5%ig. Lsg. intravenös) die peristalt. Kontraktionen des Magens u. Duodenums, die period. Hungerkontraktionen des Magens sowie die Magen- u. Pankreassaftsekretion in Abhängigkeit von der Dosis mehr oder weniger stark unterdrückt. Der Säuregrad des Magensaftes nimmt unter I in der Mehrzahl der Fälle zu. Die Hemmung der sekretor. u. motor. Funktion des Magens erfolgt über die Großhirnrinde u. erklärt sich durch die cholinonegative Wrkg. von I. (Фармакология и Токсикология [Pharmakol. u. Toxikol.] **22**. 233—38. Mai/Juni 1959. Tschernowitz, Med. Inst., Lehrstuhl für n. Physiol.) E. RENTZ. 4627

A. R. Hunter, *Levallorphan in der Narkose. Levallorphan* hebt die Atemdepression, gemessen am Atemvol., nach *Pethidin, Morphin* u. *Dipipanon* auf. (Brit. J. Anaesthesia **30**. 233—39. Mai 1958. Manchester, England, Manchester Royal Infirm., Dep. of Anaesthesia.) E. CARSTENS. 4627

M. Je. Wartanjan, *Versuch der Behandlung von Erregungszuständen mit Lithiumcarbonat.* Bei 33 Kranken mit Erregungszuständen sah man klin. Erfolge erst bei Verabfolgung der maximalen subtox. Li-Dosen (2—3 g/Tag). Es wurden daher 2,4 g Li/Tag während der ersten 10 Behandlungstage verabfolgt; anschließend wurde die Dosis auf 1,2—1,8 herabgesetzt u. 2—3 Wochen lang weitergegeben. Bei 8 von 20 Schizophrenikern konnte eine Herabsetzung der emotionalen Spannung, Schwund der motor. Erregung u. Normalisierung des Schlafes erreicht werden. Diese Kranken konnten entlassen werden, ohne daß eine zusätzliche medikamentöse Behandlung notwendig war. Nur eine unbedeutende Besserung wurde bei 12 Patienten mit vorwiegend kataton. Erregungszuständen beobachtet. Bei Kranken mit hebephren. Zügen blieb jede Besserung aus. Von 6 Patienten mit zirkulärer Psychose, die sich in der maniakal. Phase befanden, konnten 4 geheilt entlassen werden. Von 4 Kranken mit organ. Störungen des Zentralnervensyst. u. dem klin. Bild der pseudomaniakal. Erregung konnte bei 2 eine erhebliche Beruhigung erreicht werden. Bei 3 Kranken traten Nebenerscheinungen in Form von Übelkeit u. Erbrechen auf. (Журнал Невропатологии и Психиатрии имени С. С. Корсакова [Korssakow J. Neuropathol. Psychiatr.] **59**. 586—89. 1959. Moskau, Inst. für Psychiatr. der Akad. der med. Wiss. der UdSSR.) F. DU MANS. 4627

M. Berger und **R. Matter,** *Die gleichzeitige Anwendung von Lyspamin und Oxytocin während der Geburt.* Vff. haben während der Geburt gleichzeitig das Spasmolyticum *Lyspamin* u. *Oxytocin* verabreicht u., unabhängig vom Stadium der Eröffnungsperiode, bei 71 Erstgebärenden u. 200 Multiparen eine Verkürzung der Geburtsdauer erzielt. Ins Gewicht fallende Nebenerscheinungen wurden nicht beobachtet. (An. Azevedos **8.** 167—75. 1956. Bern, Univ., Frauenklinik.) HEINRICH HERMANN. 4628

A. B. Plasstunow, *Zur Methodik der Dauerkontrolle der Wirkung von die kontraktile Tätigkeit der Gebärmutter unterdrückenden Arzneimitteln im chronischen Versuch in situ.* Zum Studium der Wrkg. langsam resorbierbarer Substanzen, wie Lsgg. von *Vitamin E* (I) u. *Progesteron* (II) in Öl, auf den Uterus empfiehlt Vf. eine Meth. des chron. Vers. am Uterushorn in situ von Kaninchen, die näher beschrieben wird. Es wird mittels dieser Meth. festgestellt, daß I u. II (10 Tage lang täglich je 15 bzw. 5 mg) die Motorik des graviden Uterus hemmen (Abnahme von Tonus, Amplitude u. Frequenz der Kontraktionen). Gleichzeitig nimmt die Empfindlichkeit des Uterus gegenüber Pituitrin ab. Auf Grund der Verss. wird die Kombination von I u. II zur Behandlung des drohenden Aborts empfohlen. (Фармакология и Токсикология [Pharmakol. u. Toxikol.] **22.** 277—79. Mai/Juni 1959. Lwow, Med. Inst., Pädiatr. u. San. Hyg. Fak., Lehrstuhl für Geburtshilfe u. Gynäkol. u. Lehrstuhl für Pharmakol.) E. RENTZ. 4628

M. I. Widre, *Vergleich der Wirkung von Atropin und Merpanit auf die motorische Funktion des menschlichen Magens. Merpanit* (*Phenylcyclopentancarbonsäurediäthylaminoäthylestermethylsulfomethylat*), ein neues Cholinolyticum, erwies sich in Verss. an 15 Patienten mit Magengeschwüren u. chron. Gastritiden hinsichtlich der Lähmung der motor. Funktion des Magens bereits in der mittleren therapeut. Dosis von 20 mg im Vgl. zu der höchsten therapeut. Dosis von Atropin (1 mg) als sicherer u. intensiver in der Wirkung. (Фармакология и Токсикология [Pharmakol. u. Toxikol.] **22.** 225—28. Mai/Juni 1959. Leningrad, 1. Med. Pawlow-Inst., Toxikol. Labor.) E. RENTZ. 4628

D. Bovet und **F. Bovet-Nitti,** *Pharmakologische Untersuchung des Succinylcholins und der curareähnlichen Stoffe mit kurzzeitiger Wirkung. Über den Mechanismus der Potenzierung durch Antideponierung und Konkurrenz um die unspezifischen Receptoren.* Die Potenzierung der muskelrelaxierenden Wrkg. von *Succinylcholinchlorid* (I) durch *Eserin* (II) kann durch eine „Sensibilisierung der Dosis" von I (Verss. am Kaninchen) bzw. durch eine „Sensibilisierung der Dauer" der I-Wrkg. erfolgen. *Diphenylpropylessigsäure-β-diäthylaminoäthylesterhydrochlorid* (III = SKF 525-A), welches keine Anticholinesterasewrkg. besitzt u. auch die neuromuskuläre Funktion nicht beeinflußt, vermag trotzdem in Verss. an Kaninchen u. Hunden die Wrkg. u. Toxizität von I deutlich zu verstärken. Auch die höheren Homologen von I, wie *Adipylcholin, ε-Dimethylaminocapronsäuredimethylaminoäthylesterdijodmethylat, Terephthalyl-bis-cholin* u. *Phenylendiacetylcholin,* welche durch die Cholinesterase hydrolysiert werden, lassen sich durch II potenzieren. Die potenzierende Wrkg. von III zeigt sich in Verss. am Kaninchen (10 mg/kg intravenös) nicht nur gegenüber I, sondern mehr oder weniger stark auch gegenüber den nicht hydrolysierbaren curareartig wirkenden Stoffen *Hexafluoronium* (Mylaxen), *Benzochinonium* (Mytolon), *d-Tubocurarin, Gallamin* (Flaxedil), *Dekamethoniumjodid* u. *Bis-[5-dimethylamino-n-butoxy]-1.4-benzoldijodmethylat.* Die kurze Dauer der I-Wrkg. erklärt sich nicht nur durch eine enzymat. Hydrolyse des I-Mol. im Organismus, sondern, unabhängig davon, auch durch eine Deponierung oder reversible Bindung von I in inakt. Form durch „unspezif. Receptoren". Die Potenzierung der I-Wrkg. durch die Anticholinesterasestoffe erklärt sich durch eine verlangsamte Zerstörung von I, während die potenzierende Wrkg. von III u. ähnlichen Verbb. verständlich wird, wenn man eine Mobilisierung u. Herausführung von I aus dem Depot ins Blut („Antideponierung") annimmt. Die Toxizität von I kann durch Blockierung der enzymat. Rk. durch II verdoppelt u. durch eine vorausgehende Injektion von III (was die Deponierung von I verhindert) um das 10fache gesteigert werden. (Фармакология и Токсикология [Pharmakol. u. Toxikol.] **22.** 201—11. Mai/Juni 1959. Rom, San. Hauptinst., Chemother. Labor.) E. RENTZ. 4628

L. Ss. Bunkina, *Die Bedeutung der Sulfhydrylgruppen für die Wirkung von Veratrin auf den Charakter der Muskelkontraktion bei direkter elektrischer Reizung.* Verss. am Musculus satorius des Frosches ergaben, daß die Blockierung der SH-Gruppen des Muskels durch Injektion von 1,5—2 ml einer $CdCl_2$-Lsg. in der Konz. $1 \cdot 10^{-2}$ (Verdünnung 1 : 100) die für *Veratrin* (I; in der Konz. $1 \cdot 10^{-6}$ bis $1 \cdot 10^{-5}$) charakterist. Kontraktur verhindert. Nach erfolgter Restitution der SH-Gruppen durch Zufuhr von *Cystein* (in der Konz. $1 \cdot 10^{-3}$ bis $1 \cdot 10^{-4}$) wirkt I wieder wie üblich. (Фармакология и Токсикология [Pharmakol. u. Toxikol.] **22.** 256—59. Mai/Juni 1959. Moskau, Univ., Lehrstuhl für Physiol. der Tiere u. des Menschen.) E. RENTZ. 4628

A. Stacher und **J. Böhnel,** *Über die klinische Wirksamkeit eines neuen Spasmolyticum.* Das Spasmolyticum *C 4675* (*3-Methyl-2-phenylpentansäure-N-methylpiperidyl-(4')-esterhydrogenfumarat, Lyspafen*-CILAG, I) wurde an 47 Patienten mit Cholelithiasis, Nephrolithiasis, Ulcus ventriculi, Ulcus duodeni, Asthma bronchiale u. spast. Obstipation klin. geprüft. Die Dosierung betrug 3mal 5 mg täglich. Das Mittel zeigt bei allen krampfartigen Zuständen gute spasmolyt. Wirkung. I kann intramuskulär u. intravenös appliziert werden u. ist in Tabletten- oder Drageeform zur Dauertherapie geeignet. Schädliche Nebenwrkg. auf Leber, Niere u. Knochenmark oder Süchtigkeitserscheinungen konnten nicht beobachtet werden. Erst bei einer Dosis von 3 mal 10 mg täglich traten Schwindel, Euphorie u. Akkommodationsstörungen auf. (Wiener med. Wschr. **108.** 468—70. 24/5. 1958. Wien, Hanusch-Krankenhaus, Med. Abt.) W. LAUER. 4628

Bogusław Borkowski, Henryk Gertig und **Tadeusz Wrociński,** *Vergleichende Untersuchungen der spasmolytischen Wirkung der Huflattich- (Tussilago farfara L.) und Pestwurz- (Petasites officinalis Moench) Extrakte.* Eingeengte alkoh. Extrakte verschied. Pflanzenteile des *Huflattichs* (H) u. der *Pestwurz* (P) haben eine wesentlich schwächere spasmolyt. Wrkg. als *Papaverinhydrochlorid:* H-Blüten 1000 (mal schwächer), H-Blätter 1000, H-Wurzeln 2400, P-Blüten 1500, P-Blätter ohne Wrkg., P-Wurzeln 1700. Die Unterss. wurden am isolierten Kaninchendünndarm durchgeführt. (Biul. Inst. Roślin leczniczych **3.** 195—201. Sept. 1957. Poznań.) F. URBAN. 4628

G. Ss. Gwischiani, *Der Einfluß geringer Salsolindosen auf die bedingtreflektorische Tätigkeit bei Hunden mit Hypertonie.* Verss. an 2 Hunden mit ausgearbeiteten bedingten Reflexen ergaben, daß *Salsolin* (12 Tage lang täglich 3—5 mg/kg intravenös) bei der experimentell (durch starke elektr. Schläge) erzeugten cerebralen Hypertonie zu einer Steigerung der positiven bedingten Reflexe, einer genaueren Differenzierung u. beschleunigten Entw. der extinktiven Hemmung bei gleichzeitiger Abnahme der unbedingten speichelsekretor. Reflexe u. des arteriellen Blutdruckes führt, was mit einer Zunahme der corticalen Hemmung in Zusammenhang gebracht wird. (Фармакология и Токсикология [Pharmakol. u. Toxikol.] **22.** 195—200. Mai/Juni 1959. Tbilissi, Cardiol. Zinamdsgwrischwili-Inst. der Akad. der Wiss. der GrusinSSR, Pharmakol. Labor.) E. RENTZ. 4630

N. P. Speranskaja, *Der Einfluß verschiedener hypotensiver Präparate aus Pankreas auf den Blutdruck.* Die gefäßerweiternden Pankreaspräpp. *Hypotonin* (**I**; 1 bis 48 mg/kg) u. *Padutin* (**II**; 0,16—2 E./kg) wirken in Verss. an narkotisierten Katzen, Hunden u. Kaninchen in Abhängigkeit von der Dosis mehr oder weniger hypotensiv, wobei auf die 1. hypotensive Welle meist eine 2. folgt, welche nach **II** länger anhält u. nach **I** ausgesprochener ist als die 1. Welle. *Angiotrophin* (0,03—0,5 ml/kg) bewirkt demgegenüber nur eine kurzdauernde Blutdrucksenkung, welcher eine länger anhaltende Blutdrucksteigerung folgt. Im Pankreas können sich demnach eine Reihe hypotensiver Stoffe von verschied. biol. Aktivität bilden. (Фармакология и Токсикология [Pharmakol. u. Toxikol.] **22.** 273—74. Mai/Juni 1959. Inst. für Pharmakol. u. Chemotherap. der Akad. der med. Wiss. der UdSSR, Labor. für Pathophysiol. u. Pharmakol. des cardiovasculären Syst.) E. RENTZ. 4630

Ed. Frommel, D. Vincent und **Ph. Gold,** *Die vasomotorische Wirkung von 1-Benzyl-3-carbobenzyloxypyridiniumchlorid, S 151.* Von den folgenden Verbb. *3-Carbobenzyloxypyridiniumchlorid* (*S 56*, F. 100°), *1-Äthyl-3-carbobenzyloxypyridiniumjodid* (*S 61*, F. 108°), *1-Methyl-3-carbobenzyloxypyridiniumjodid* (*S 63*, F. 108—110°), *1-Benzyl-3-carbobenzyloxypyridiniumchlorid* (*S 151*, F. 180°), *1.3-Bis-[carbobenzyloxy]-pyridiniumchlorid* (*S 338*, F. 110°), *1-Isoamyl-3-carbobenzyloxypyridiniumbromid* (*S 345*, F. 178°) u. *1-[β-(Carbomethoxy)-äthyl]-3-carbobenzyloxypyridiniumbromid* (*S 346*, F. 173°) wird S 151 auf vasomotor. Wrkgg. untersucht. Die akute DL_{50} nach intravenöser Injektion beträgt für S 151 bei weißen Mäusen 229 mg/kg, u. die subcutane DL_{50} liegt über 1500 mg/kg. Eine orale Gabe von 800 mg S 151/kg wirkt bei Mäusen nicht tödlich. Kaninchen u. Katzen sterben bei intravenöser Injektion von 10 mg/kg u. Hunde durch 4 mg S 151/kg. Eine deutliche blutdrucksenkende Wrkg. hat S 151 bei Hund, Katze u. Kaninchen nur nach intravenöser Injektion. Am Herzen von verschied. Versuchstieren zeigt S 151 in niederen Dosen eine bradycarde, in hohen Dosen eine tachycarde Wrkg. u. wirkt negativ inotrop. Auf das Atmungszentrum wirkt S 151 schwach depressiv. Auf die Wärmezentren hat S 151 keinen Einfl., es besitzt keine lokalanästhet. Wrkg. u. potenziert die Ae.-Narkose nicht. Am isolierten Meerschweinchendarm wirkt es auf die Muskelkontraktionen durch Acetylcholin, Histamin u. $BaCl_2$ hemmend. (Thérapie **13.** 508—16. 1958. Genf, Univ., Inst. de Thérapeut. exp.; Toulouse, Univ., Labor. de matière méd.) G. KIMMERLE. 4630

H. und **D. Tetzlaff,** *Zur Behandlung der Coronarinsuffizienz mit Persantin. Persantin,* ein Deriv. aus der Reihe der Pyrimidopyrimidine (Dr. K. THOMAE, Biberach/Riss) führte bei oraler (12,5—75 mg/die) oder zusätzlich intravenöser (10 mg/die) Applikation in 68% von 157 behandelten Angina-pectoris-Kranken zu einer wesentlichen

klin. Besserung. Infarktfälle wurden zu 50% ohne wesentliche Nebenwrkg. erfolgreich behandelt. (Med. Mschr. **13.** 229—31. April 1959. Bad Oeynhausen, Sanat.)
H. JORDAN. 4630

W. Rötter, *Zur Indication der Therapie mit Digitaloiden* (*Scilla maritima*). An einigen Krankengeschichten zeigt Vf., daß der Gesamtextrakt von *Scilla maritima* (I; *Scilla-Perpurat*; KNOLL A.-G., Ludwigshafen) in Anfangsgaben von 3mal 20 bis 30 Tropfen u. einer Erhaltungsdosis von 3mal 15 Tropfen täglich bei Mitralstenosen, Rechtsinsuffizienz, Angina pectoris u. Arteriosklerose mit Erfolg zur Kompensation der Herztätigkeit benutzt werden kann. Das Präp. eignet sich bes. auch zur Nachbehandlung nach Strophanthin- u. Digitaliskuren. Nach Angaben anderer Autoren besitzt das Mittel zusätzlich ausgezeichnete diuret. Wirkung. Bei durch Nephritis bedingten Ödemen gelang es innerhalb von 2 Wochen, die Wasserausscheidung u. die Reststickstoffwerte zu normalisieren. (Münchener med. Wschr. **100.** 812—15. 16/5. 1958. Würzburg, Juliusspital, Innere Abt.)
K. ZOPFF. 4630

T. A. Gedewanischwili, *Zur Frage der Untersuchung einiger pharmakologischer Eigenschaften von Digicilen. Digicilen* ist ein standardisiertes galen. Präp. aus *Digitalis ciliata* Trautv., das in 1 ml 5 Froscheinheiten enthält. In Mengen von 0,1—0,3 ml/kg intravenös ruft es Blutdrucksteigerung durch peripheren Angriff hervor, verstärkt die Herzarbeit u. setzt die Erregbarkeit des Herzmuskels herab. Das systol. u. Minutenvol. des Herzens wird erhöht. Digicilen besitzt keine ausgeprägte kumulative Wirkung. (Сообщения Академии Наук Грузинской ССР [Mitt. Akad. Wiss. GrusinSSR] **20.** 721—26. Juni 1958. Tbilissi, Akad. der Wiss. der GrusinSSR, Zinamdsgwrischwili-Inst. für klin. u. exp. Cardiol.)
H.-W. GRAMM. 4630

G. K. Benson, *Die Wirkung von Reserpin auf Brustdrüsenschrumpfung und auf verschiedene Organe der Ratte.* Nach Injektion von *Reserpin* konnte bei Ratten keine Wrkg. auf lactogenet. Wirksamkeit festgestellt werden. Dagegen war bei täglicher subcutaner Injektion von 50 bzw. 100 μg Reserpin (9 Tage) bei lactierenden Ratten nach Wegnahme der Jungen eine deutliche Hemmung der Brustdrüsenschrumpfung festzustellen. Reserpinaufnahme verursachte weiterhin Gewichtsabnahme, die sich unter anderem durch Verminderung des Uterus- u. Thymusdrüsengewichts bemerkbar machte. (Proc. Soc. exp. Biol. Med. **99.** 550—53. Dez. 1958. Shinfield, Reading, Berkshire, England, Nat. Inst. for Res. in Dairying.)
U. GERHARDT. 4630

A. D. Steinberg, *Einfluß der harntreibenden Stoffe auf die Diurese bei einigen experimentell pathologischen Zuständen der Niere.* Verss. an 5 Hunden ergaben, daß bei der experimentellen asept. Entzündung der einen Niere (durch Injektion von 0,2 ml Terpentin in das Nierenparenchym) der Harn 1—2% Proteine enthält, daß ferner die harnabsondernde Fähigkeit der Niere vermindert ist, ihre Fähigkeit zur Rk. auf harntreibende Mittel, wie *Diuretin* (I) oder *Mercusal* (II) jedoch erhalten bleibt. Die diuret. Wrkg. von II ist stärker als die von I. Unter dem Einfl. beider Mittel kommt es zu einer Zunahme der Chloride u. des Harnstoffes im Harn sowohl der verletzten als auch der intakten Niere, wobei unter II etwas mehr Chloride ausgeschieden werden als unter I. Sowohl I als auch II beschleunigen außerdem die Ausscheidung von Indigocarmin aus der patholog. veränderten Niere. (Фармакология и Токсикология [Pharmakol. u. Toxikol.] **22.** 275a. Mai/Juni 1959. Karaganda, Med. Inst., Lehrstuhl für Pharmakol.)
E. RENTZ. 4634

A. Bernard, *Zur Biochemie und Stoffwechselwirkung von Phosphorylcholin.* Die Arbeit gibt an Hand von 44 Literaturangaben einen Überblick über das Vork. von *Phosphorylcholin* im Organismus u. seine Bedeutung bei der Lecithinsynth., der Bldg. von *Acetylcholin*, dem Fettstoffwechsel u. Methylierungen. Hieraus werden therapeut. Gesichtspunkte für die Anwendung von Phosphorylcholin (Kataphos; WANDER A.-G.) abgeleitet. (Arzneimittel-Forsch. **8.** 750—53. Dez. 1958. Bern, Dr. Wander A.-G., Forschungsinst.)
H. SCHIMASSEK. 4640

Gerhard Bauer, *Zur Leberschutzwirkung des Calciumsalzes des Phosphorylcholinchlorids.* (Vgl. vorst. Ref.) Es wird die liprotrope Wrkg. von *Cholinchlorid* u. *Phosphorylcholinchlorid* an Ratten geprüft. Fettlebern werden durch CCl_4-Injektionen u. durch „Best"-Diät erzeugt. Gemessen wird der Fettgeh. pro 100 g Frischleber. Beide Verbb. wirken lipotrop. In Konzz. von 0,1—1,0% Phosphorylcholinchlorid (Kataphos, WANDER AG) in der Best-Diät ist der Fettgeh. der Lebern geringer als nach Cholinzusatz. (Arzneimittel-Forsch. **8.** 753—55. Dez. 1958. Frankfurt/M., Batelle-Inst., Pharmakol. Labor.)
H. SCHIMASSEK. 4640

G. A. Petrowski, A. Ja. Ssereda und **I. Ch. Passetschnik,** *Einfluß des Unithiols auf die gallensekretorische Funktion der Leber bei experimenteller* (*toxischer*) *Hepatitis.* Verss. an Hunden mit experimenteller tox. Hepatitis (durch einmalige Vergiftung mit 4 g CCl_4/kg per os) ergaben, daß *Unithiol* (2 Tage lang 3mal täglich u. dann 4 Tage lang

2mal täglich 0,1 ml der 5%ig. wss. Lsg. pro 1 kg Körpergewicht intramuskulär) die Entw. schwerer Störungen der gallensekretor. Funktion der Leber verhindert. (Фармакология и Токсикология [Pharmakol. u. Toxikol.] **22.** 274. Mai/Juni 1959.) E. RENTZ. 4640

A. Ss. Ssaratikow, *Wirkung des Chologons auf den Phosphor- und oxydativen Stoffwechsel in der Leber.* Verss. an Kaninchen ergaben, daß *Chologon* (I; *Dehydrocholsäure*), 0,15 g/kg in 2 ml dest. W. suspendiert mit der Sonde verabreicht, den Geh. der Leber an Adenosintriphosphorsäure u. anorgan. P, die Aktivität der Adenosintriphosphatase, die Intensität der Gewebeatmung u. die Aktivität der Bernsteinsäuredehydrase der Leber nicht beeinflußt, während die Aktivität der Cytochromoxydase etwas zunimmt. Die oxydative Phosphorylierung in der Leber wird durch 0,15 g I/kg nicht beeinflußt, durch 0,3 g I/kg jedoch unterdrückt. (Фармакология и Токсикология [Pharmakol. u. Toxikol.] **22.** 247—50. Mai/Juni 1959. Tomsk, Med. Inst., Pharmazeut. Fak., Lehrst. für Technol. der Arzneiformen u. Pharmakol.) E. RENTZ. 4640

W. Schoop, *Behandlung der Trichuriasis mit Viasept. Viasept* (*p-Glykolylaminophenylarsonsaures Wismut;* HOECHST) hat sich bei der Behandlung von Trichuriasis bei 63 Kranken als erfolgreich erwiesen. (Die Medizinische **1958.** 2114. 20/12. Darmstadt, Med. Klinik, Städt. Krankenanst.) HEINRICH HERMANN. 4649

B. Silvestrini, *Die bronchoconstrictorische Wirkung des Acroleins.* Ratten u. Meerschweinchen, die einem Aerosol aus *Acrolein* ausgesetzt werden, zeigen die Symptome von humanem Asthma (Husten, Tränen, Speichelfluß u. Dispnoe). Da hiergegen weder Antiasthmatica (Atropin, Ephedrin) noch Antihistaminica (Fargan, Neoantergan) oder Aleudrin Schutz gewährten, eignen sich solcherart angelegte Tierverss. nicht zur pharmakol. Prüfung von Antiasthmaticis. Zu ähnlichen Ergebnissen führen auch Verss., bei denen Acrolein subcutan oder intraperitoneal zugeführt wird. — Dagegen kann der durch intravenöse Verabfolgung von Acrolein bes. an Meerschweinchen hervorgerufene Bronchospasmus sowohl durch Atropin wie durch Vagusschnitt unterbunden werden. (Boll. Soc. ital. Biol. sperim. **33.** 1482—85. Okt./Nov. 1957. Rom, Ist. Super. di Sanità, Labor. di Chim. Terapeut.) O. POLLAK V. EMHOFEN. 4650

L. Schubert, *Über den Einfluß von Spurenelementen und anderer Wirkstoffe auf die Zahnentwicklung und Verkalkung des Dentins bei Ratten.* Ergänzend zu der C. **1956.** 5907 referierten Arbeit wird die Mineralisation der Zahngewebe bei Ratten unter Zusatz von *NaF, Calcipot F, Vaduril* (I), *D_3-Vigantol* (II) u. *Vanadium* zu MCCOLLUM-Diät untersucht u. gefunden, daß NaF u. II am wirksamsten die durch die Diät gestörte Verkalkung des Dentins wieder in Gang setzen. I (Organextrakt aus den Zahnkeimen von Kälbern) beeinflußt nicht so sehr die Zahnentw. wie die Durchbruchsintensität. Diskussion der Bedeutung dieser Befunde für die Humanmedizin (Cariesprophylaxe bereits während der Gravidität). (Zahnärztl. Welt zahnärztl. Reform. **58.** 600—02. 10/11. 1957. Köln, Univ., Zahn- u. Kieferklinik.) G. KLESSE. 4655

Charles L. Howell und **Joseph C. Muhler,** *Wirkung von auf die Oberfläche der Zähne appliziertem Zinnchlorfluorid auf die Entstehung von Zahncaries bei Kindern.* 2. Mitt. *Resultate zwei Jahre nach der ersten Behandlung.* (1. vgl. C. **1955.** 7494.) Bei Prüfung des Zahnstatus von Kindern 2 Jahre nach Applikation von *Zinnchlorfluorid* (I) auf die Zahnoberflächen erwies es sich, daß die anticariogene Wrkg. von I wesentlich größer ist als der Einfl. von *NaF.* Im Durchschnitt betrug die Red. der Caries durch I 33%, die durch NaF 23%. (J. Amer. Dental Assoc. **55.** 493—95. Nov. 1957. Indianapolis, Ind., Indiana State Board of Health; Bloomington, Ind., Indiana Univ., Dep. of Chem.) G. KLESSE. 4655

Heinz Walther, *Kapazitätsuntersuchungen an therapeutisch verwendeten Kationenaustauschern.* Es werden von therapeut. verwendeten Austauschern (*Elutit AS, Natrantit, Elutit HK, Masoten* u. *Enatrol*) die p_H-Titrationskurven aufgenommen u. die Kapazitäten bestimmt. (Z. ges. inn. Med. Grenzgebiete **14.** 228—31. 1/3. 1959. Dresden, Med. Akad. „Carl Gustav Carus", Pharmakol. Inst.) H. STRUCK. 4670

J. Richmond, L. M. H. Roy, D. L. Gardner, W. R. M. Alexander und **J. J. R. Duthie,** *Die Natur der Anämie bei rheumatischer Arthritis.* 4. Mitt. *Einfluß intravenöser Gaben von Eisenoxydzucker.* (3. vgl. Ann. rheumatic Diseases **15.** [1956.] 217.) 26 Patienten mit rheumat. Arthritis erhalten 5 g *Eisenoxydzucker* (I) u. werden im Krankheitsbild mit 20 Patienten verglichen, die kein I erhielten. Es zeigt sich eine Besserung der Anämie, eine Zunahme des Hämoglobins u. ein Fallen der Erythrocytensedimentationsgeschwindigkeit. Die Besserung der Anämie beruht hauptsächlich auf einer Zunahme der roten Blutkörperchen u. nicht auf einer Verbesserung der Hypochromie. (Ann. rheumatic Diseases **17.** 406—15. Dez. 1958. Edinburgh, Northern General Rheumatic Unit.) H. STRUCK. 4570

W. Knop, *Schwefelwasserstoffvergiftung am alkalischen Viscosekoagulationsbad.* Bericht über eine *H_2S*-Vergiftung in einem alkal. Viscosekoagulationsbad, wobei H_2S durch Hydrolyse der bei der Xanthogenierung entstehenden Nebenprodd. in beachtlichen Mengen entsteht. Auf die erforderlichen, techn. einwandfrei arbeitenden Absaugungsanlagen wird hingewiesen. (Zbl. Arbeitsmed. Arbeitsschutz **9.** 40—42. Febr. 1959.) H. ZELLER. 4675

R. N. Harger und **Louis W. Spolyar,** *Toxizität von Phosphin; Bericht über eine mögliche tödliche Vergiftung.* An Hand eines tödlichen Vergiftungsfalles beim Einfüllen von *Ca-Carbid* in einen Generator zur Herst. von Acetylen wird nach kurzer Beschreibung des Acetylengenerators u. der Gas- u. Luftanalysen im Generator auf die Toxizität von Phosphorwasserstoff hingewiesen, die auch in diesem Fall die wahrscheinliche Todesursache des betreffenden Arbeiters gewesen ist. (A. M. A. Arch. ind. Health **18.** 497—504. Dez. 1958. Indianapolis, Ind.) H. ZELLER. 4675

Edward M. Kline und **Thomas W. Moir,** *Zum Verlauf chronischer Berylliumerkrankungen.* Bericht über 20 Patienten mit chron. *Beryllium*-Erkrankung, die mindestens 5 Jahre beobachtet wurden. Die durchschnittliche Dauer der Exposition bei den Patienten betrug für diejenigen, die nur Zn–Be-Silicat ausgesetzt waren, 34 Monate, während die durchschnittliche Expositionsdauer bei den Phosphor-enthaltenden Verbb. 12 Monate betrug. Die Durchschnittszeit von der Beendigung der Exposition bis zum Einsetzen der Symptome betrug 2,9—5,2 Jahre. Die zusätzliche Einw. von P scheint als zusätzlicher pathogenet. Faktor für die Entstehung der Be-Erkrankung von Bedeutung zu sein. Die beobachteten klin. Veränderungen (Hämolyse, Pneumothorax, Nierensteine u. Cor pulmonale) werden beschrieben, wobei das letzte Symptom diagnost. am ungünstigsten beurteilt wird. Die Wrkg. der Corticotropintherapie wird beschrieben. (A. M. A. Arch. ind. Health **19.** 22—27. Febr. 1959.) H. ZELLER. 4675

Albert O. Seeler, *Die Behandlung der chronischen Berylliumvergiftung.* Die Erfolge der bisher durchgeführten *Corticotropin*- bzw. *Cortison*-Therapie der chron. *Beryllium*-Erkrankung werden referiert. Aus der Analyse der betreffenden Fälle wird geschlossen, daß diese Behandlung einen günstigen Effekt auf den Verlauf der Erkrankung hat, daß jedoch ein endgültiges Urteil über die Bedeutung dieser Therapie noch nicht möglich ist. (A. M. A. Arch. ind. Health **19.** 82—86. Febr. 1959. Cambridge, Mass. Inst. of Techn., Med. Dep.) H. ZELLER. 4675

Kemal Saracoglu und **Rasim Gültürk,** *Ein Fall von Thalliumvergiftung.* Beschreibung eines Falles von Vergiftung mit *Thallium*-haltigem Mäusegift. Neben epileptoformen Krämpfen u. erhöhtem Blutdruck war der Ausfall des Haupthaars als Begleiterscheinung bes. signifikant. Die Behandlung besteht in Magenspülungen, intravenösen Injektionen von 10%ig. Na-Thiosulfat bzw. Antidotum metallum SAUTER, von 20%ig. Ca-Cluconat (20 cm^3), 50%ig. NaJ (10 cm^3) sowie Verabreichung von Cystin u. Bierhefe. Gegen die Nervenaffektionen helfen Luminal, Analgetica u. Vitamin B_1. Bei Verstopfung sind Laxantia angezeigt. Genesungsdauer bei dem betrachteten Fall 30 Tage. (Münchener med. Wschr. **100.** 804—06. 16/5. 1958. Istambul, Haydarpasa Numune Hastanesi, II. med. Klinik.) K. ZOPFF. 4675

C. Albahary, R. Truhaut und **C. Boudène,** *Unwirksamkeit von Calciumdinatriumversenat (EDTA-Ca-Salz) bei einem Selbstmordversuch mit Thallium.* Beschrieben wird ein Selbstmordvers. mit 2—3 g *Thalliumsulfat.* Mehrfache intravenöse Gabe von 2—3 g Dicalciumdinatriumversenat führte zu keiner Steigerung der Thalliumausscheidung im Urin. (Ann. Méd. légale Criminol. **38.** 245—48. Juli/Aug. 1958. Paris, Univ., Labor. de Toxicol. et d'Hygiène industrielle Fac. de Pharmacie, Inst. de Méd. du travail Fac. de Méd.) H. SCHIMASSEK. 4675

E. Gidron und **J. Leurer,** *Naphthalinvergiftung.* Bei einem Selbstmordvers. mit *Naphthalin* (6 g) traten folgende klin. Erscheinungen auf: gastrointestinale Störungen, Fieber, Leucocytose, Hämolyse, Gelbsucht, Anzeichen zerebraler Anoxie, Hämoglobinurie, Nierenschädigung. Bei einem weiteren Vergiftungsfall (10 g) entwickelten sich bei sofort einsetzender Cortisonbehandlung (100 mg täglich) keine Vergiftungssymptome. (Lancet **270.** 228—30. 4/2. 1956. Jerusalem, Sha'Arei Zedek General Hospital.) K. MAIER. 4675

Ernst Scheibe, *Zur Begutachtung von Bienenvergiftungen durch Pflanzenschutz- und Schädlingsbekämpfungsmittel.* Die Beurteilung von Bienenvergiftungen durch Pflanzenschutz- u. Schädlingsbekämpfungsmittel auf Grund der chem. u. biol. Analyse der vergifteten Tiere bedarf einer ergänzenden Kritik durch den Biologen. Es wird eine Übersicht über Verff. zum Nachw. u. zur Best. von Kontaktinsekticiden sowie zur Best. einiger wichtiger Pflanzenschutzmittel in biol. Material gegeben. (Wiss. Z. Humboldt-Univ. **5.** 129—34. 1955/56. Berlin, math.-naturwiss. R., Inst. für gerichtl. Med.) K. MAIER. 4675

M. W. Korablew, *Einfluß der Polysulfidgruppe von Thiuram auf Verlauf und Ausgang der Alkoholintoxikation.* Verss. an 215 weißen Mäusen ergaben, daß *Antabus* (I; *Tetraäthylthiuramdisulfid*), *Na-Diäthyldithiocarbamat* (II), *Tetrathion* (III; *Tetramethylthiuramdisulfid*) u. *Na-Dimethyldithiocarbamat* (IV) in der Reihenfolge I > IV > III > II die Wrkg. des A. (verschied. Dosen von 48%ig. A. per os) verstärken u. verlängern. Die Mittel wurden den Tieren 4 Tage lang 1 mal täglich in Dosen von 200 mg/kg in Form 1%ig. Suspensionen in 2%ig. Stärkekleister in den Magen eingeführt. Der Charakter der A.-Intoxikation wird durch die Mittel nicht verändert. (Фармакология и Токсикология [Pharmakol. u. Toxikol.] **22.** 259—61. Mai/Juni 1959. Woronesh, Med. Inst., Lehrst. für Pharmakol.; Minsk, Med. Inst., Lehrst. für Pharmakol.) E. RENTZ. 4675

Helena Rasková, Pharmacology of some toxins. Prague; Publishing House of the Czechoslovak. Acadamy of Sciences; London; Collet's Holdings. 1958. (132 S. Abb., Taf. u. Diagr.) 20 s.

—, Beiträge zum Antibiotica- und Eiweißproblem. Hauptvorträge der 1. wiss. Arbeitstagung der Deutschen Gesellschaft für Ernährung e. V. zu Mainz vom 9.—11. 4. 1958. Darmstadt; Steinkopff. 1959. (VI + 67 S. m. 3 Abb. u. 11 Tab.) 8° = Wiss. Veröffentlichungen der Deutschen Gesellschaft für Ernährung. Bd. 2. DM 12,—.

—, Strontium 90 in human diet in the United Kingdom. 1958. London; H. M. S. O. 1959. (X + 75 S. m. Mappen, Taf. u. Diagr.) 4 s.

F. Pharmazeutische Chemie. Desinfektion.

B. Borkowski und **L. Chochlew,** *Tageszeitliche Schwankungen des Gehaltes an ätherischem Öl in den Kamilleblüten Matricaria chamomilla L.* Vff. untersuchen die klimat. Abhängigkeit u. die tageszeitlichen Schwankungen des Geh. an äther. Öl in den Blütenkörbchen der *Matricaria chamomilla L.* der Zuchtsorte „Rumianek Plewiski" („Kamille von Plewiska") während der Zeit der Vollblüte. Sie stellen ein Temperaturoptimum bei 20—25° für die Speicherung des Öls fest. Höhere Tempp. bewirken Verdunstungsverluste. Der Einfl. der Umweltfaktoren (Lufttemp., Ndd., Besonnung) auf den Ölgeh. der Kamillenkörbchen ist groß. (Planta med. [Stuttgart] **7.** 56—72. März 1959. Poznań, Staatl. Inst. für Arzneipflanzenforschung.) I. GEIBLER. 4782

V. Kwasniewski, *Zur Kenntnis der Inhaltstoffe der Blüten der Taubnessel.* Vf. untersucht die Inhaltsstoffe der in der Homöopathie vielseitig verwendeten weißen Taubnesselblüten. Es wurden *Cholin, Histamin* u. *Methylamin* gefunden, ferner *Kämpferol-3-glucosid* u. *Isoquercitrin* sowie Schleim. Außerdem bestimmt Vf. Catechingerbstoff u. äther. Öl quantitativ. (Planta med. [Stuttgart] **7.** 35—40. März 1959. Königslutter am Elm.) I. GEIBLER. 4782

Bogusław Borkowski und **Leon Chochlew,** *Der Einfluß von Temperatur und Feuchtigkeit auf die Entstehung des ätherischen Öles in den Pfefferminzblättern (Mentha piperita L.).* Die Bldg. des äther. Öles in der Pfefferminze wird am stärksten durch die Temp. beeinflußt: Eine Erhöhung der mittleren Temp. um 7° brachte 25% mehr Öl. Der Einfl. der Feuchtigkeit ist geringer. Der durch Trockenheit verursachte höhere Ölgeh. der Blätter wird durch verminderten Blattertrag ausgeglichen. (Biul. Inst. Roślin leczniczych **3.** 123—31. Juni 1957. Poznań.) F. URBAN. 4782

R. K. Alijew und **A. M. Alijew,** *Die chemische Untersuchung einiger Centaurea-Arten. Centaurea arenaria* M. B., *C. transcaucasica* D. SOSN., *C. micrantha* GMEL. u. *C. stereophylla* BESS. wurden auf ihren Geh. an Inhaltsstoffen untersucht. Die ermittelten Mengen an Alkaloiden, Glykosiden, Bitterstoffen, Gerbstoffen, Zuckern, Fetten, Harzstoffen, organ. Säuren u. Vitamin C sowie der Geh. an Gesamt-N, Asche, Extraktivstoffen u. Feuchtigkeit werden angegeben. Aus C. arenaria wurde ein gelbes, feinkrist. Alkaloid, F. 102—103°, isoliert. Den höchsten Alkaloidgeh. zeigten C. arenaria mit 0,12% u. C. transcaucasica mit 0,29%. (Доклады Академии Наук Азербайджанской ССР [Ber. Akad. Wiss. AserbaidshanSSR] **14.** 727—33. 1958.) H.-W. GRAMM. 4782

A. M. Alijew, *Materialien zur chemischen Untersuchung von Stachys lanata Jacq. und Stachys Balansae Boiss. et Ky.* Die chem. Analyse der getrockneten oberird. Teile von *Stachys lanata Jacq.* u. *Stachys Balansae Boiss. et Ky.* ergab einen *Alkaloid*-Geh. von 0,044 bzw. 0,029%. Der *Bitterstoff*-Index beträgt 1:500 bzw. 1:330, der Geh. an *Gerbstoffen* 1,332 bzw. 3,846%, an Zuckern vor der Hydrolyse 3,520 bzw. 5,136, nach der Hydrolyse 4,680 bzw. 5,986%, an *äther. Öl* 0,044% bzw. Spuren, an *Fett* 1,309 bzw. 0,994%, an Harzen 1,540 bzw. 1,657%, an titrierbaren *Gesamtsäuren*, als Äpfelsäure berechnet, 1,240 bzw. 1,668% u. an *Vitamin C* 13,07 bzw. 44,615 mg%. Die Alkaloide von Stachys lanata Jacq. sind gut lösl. in W., schlecht in organ. Lösungsmitteln. Es wurden die Chloride zweier Basen von R_F 0,11 u. 0,56 dargestellt, von denen letztere bei weitem überwiegt. Aus dem Chlorid der Basen wurde das Pikrat u. Oxalat gewonnen,

deren F. (194—196 bzw. 106—108°) denen des Stachydrins (Alkaloid der Betaingruppe) entsprechen. (Доклады Академии Наук Азербайджанской ССР [Ber. Akad. Wiss. AserbaidshanSSR] **14**. 553—55. 1958. Aserbaidshan, Med. Narimanow-Inst.)
E. Rentz. 4782

Bogusław Borkowski, Wanda Raszeja und **Krystyna Szpunar**, *Untersuchung der narkotischen Eigenschaften verschiedener Abarten des in Polen gezüchteten Hanfes.* Die in Polen angebauten Hanfsorten enthalten in den oberen, blühenden Zweigen 3,0—4,5% in PAe. lösl. Bestandteile u. haben einen Ölgeh. von 0,45—0,65%. Das Öl hat bis zu 0,01 ml/kg Tiergewicht keine narkot. Wrkg. bei Mäusen. (Biul. Inst. Roślin leczniczych **4**. 230—36. Sept. 1958. Poznań.) F. Urban. 4782

Georgi Dełczew, *Der Einfluß des Pflanzenabstandes auf den Alkaloidgehalt in Tollkirschenblättern* (*Atropa belladonna L.*). Durch Vereinzeln der Pflanzen auf 30 cm Abstand wurde in Tollkirschenblättern im Stadium der Fruchtreife der Alkaloidgeh. um 12,19% erhöht. Damit wird die Hypothese der verstärkten Alkaloidsynth. infolge Kohlenhydratmangel bei größerer Anbaudichte widerlegt. (Biul. Inst. Roślin leczniczych **3**. 87—92. Juni 1957. Sofia, Inst. für Pflanzenanbau.) F. Urban. 4782

Antonín Jindra, Stanislav Zadražil und **Stanislava Černá**, *Biosynthese der Alkaloide.* 2. Mitt. *Enzymatische Hydrolyse der Tropanalkaloide.* (1. vgl. C. **1959**. 8208.) Die Esteraseaktivität, welche die Spaltung von *Atropin* (**I**) katalysiert, wurde im *Stechapfel* (*Datura stramonium L.*) während der ganzen Vegetationsperiode der Pflanze untersucht. Als Spaltungssubstrate wurden neben I Homatropin (**II**), Novatropin (**III**), Eumydrin (**IV**), Scopolamin (**V**) u. Cocain (**VI**) verwendet. Das als „Atropinesterase" (**VII**) von Vff. bezeichnete Enzym wurde entweder in Pflanzensaft oder in verschied., durch teilweise Ammoniumsulfatfällung oder Lyophilisation hergestellten Konzentraten verfolgt. Die Anwesenheit der Spaltungsprodd. bestimmten Vff. mittels absteigender Papierchromatographie in n-Butanol-5n NH_4OH (1:1) u. nachfolgendem Besprühen des Chromatogramms mit alkoh. Bromkresolpurpurlösung. Teilweise Aktivität (Akt) von **VII** gegen **I** erscheint nach der 13. Vegetationswoche, völlige Akt gegen **I, II** u. **V** nach der 20. Woche, höchste Akt gegen **I, II, IV** u. **V** nach der 24. Woche. **VI** wird während der ganzen Vegetationsperiode nicht gespalten, **III** nur auf nichtenzymat. Weise (zu Mandelsäure). Daraus schließen Vff., daß bei Pflanzen ebenso wie bei Tieren wahrscheinlich ein Unterschied zwischen **VII** u. Cocainesterase besteht. Die Ergebnisse der Verss. weisen auf relativ geringe Substratspezifität von **VII** hin. Freie Tropasäure wurde während der ganzen Vegetationsperiode nicht festgestellt, was den Vff. nach entweder durch rasche weitere Metabolisierung der Säure oder durch ungenügende Empfindlichkeit der Meth. verursacht sein kann. (Chem. Listy **52**. 2388—93. Dez. 1958. [Orig.: tschech.]; Collect. czechoslov. chem. Commun. **24**. 2761—67. Aug. 1959 [Orig.: deutsch].)
V. Kostka/Prag. 4782

J. Trojánek, J. Hoffmannová, O. Štrouf und **Z. Čekan**, *Vincaminorin, ein neues Alkaloid des Immergrüns* (*Vinca minor L.*). Im Immergrün wurde neben den bekannten Alkaloiden *Vincamin* u. *Isovincamin* ein neues Alkaloid der Indolgruppe, benannt *Vincaminorin*, aufgefunden.

V e r s u c h e (FF. auf Kofler-Block): 500 g trockene Stengel u. Blätter von *Vinca minor* wurden mit Methylalkohol mit 2%ig. Ameisensäure percoliert, auf 500 ml eingeengt u. nach Verdünnen mit 500 ml W. abgesaugt. Der Nd. lieferte 3 g *Ursolsäure*, $C_{30}H_{48}O_3$, F. 285—287°, $[\alpha]_D^{25}$ +65° (c = 0,68; Isopropylalkohol). Das Filtrat lieferte nach Abdampfen von Methanol, Absaugen bei p_H 4,5 u. Einstellen auf p_H 10 0,9% Rohalkaloide, deren benzollösl. Teil nach Umlösen aus Methanol 0,014% Vincaminfraktion ergab. Daraus: *Vincamin*, $C_{21}H_{26}O_3N_2$, F. 232—233,5° (Zers.), $[\alpha]_D^{23}$ +40° (Pyridin); *Isovincamin*, $C_{21}H_{26}O_3N_2$, F. 218—220° (Zers.), $[\alpha]_D^{23}$ +26° (Pyridin). — *Vincaminorin*, $C_{22}H_{30}O_2N_2$, F. 130—131°, $[\alpha]_D^{21}$ +46° (A.), aus der methanol. Mutterlauge der Vincaminfraktion, durch Überführen in HCl, Ausschütteln mit Bzl. bei p_H 1,6 (!), nochmalige Überführung in 3%ig. HCl aus der Benzollsg. u. Fällen mit Ammoniak. Kristalle aus Methylalkohol. Ausbeute 0,014%. UV-Maxima: 226 (log ε 4,58), 282 (log ε 3,73), Inflexion bei 291 (log ε 3,55; in mμ). IR: 1730 cm⁻¹ (Estergruppe); Methylalkohol als veresternder Alkohol qualitativ identifiziert. Schwach bas., gut lösl. in PAe., Ae., Bzl., Aceton, Chlf., schlechter in Methylalkohol u. Äthylalkohol. Die Mutterlaugen lieferten noch eine kleine Menge *Base, F. 124—126°*. (Collect. czechoslov. chem. Commun. **24**. 526—29. Febr. 1959. Praha, Forschungsinst. für Heilpflanzen [Orig.: deutsch].)
J. Kovář/Prag. 4782

Krystyna Dębicka und **Feliks Kaczmarek**, *Versuche zur Herstellung eines nicht hygroskopischen Tollkirschenpräparats.* Die nach verschied. Arzneibuchmethoden erhaltenen Perkolate des *Tollkirschen*-Krautes enthalten 94,1—99,27% u. Macerate 85,9% der Alkaloide. Die Reinigung der Extrakte von Ballaststoffen verursacht nach allen

Methoden hohe Alkaloidverluste (bis 30,7%). Die trockenen Extrakte sind mit u. ohne Zusatz von Saccharose, Milchzucker oder Stärke hygroskop., wie aus Messungen der Adsorptionsisothermen für Wasserdampf bei 20° hervorgeht. Nichthygroskop. ist nur der gesamte Alkaloidkomplex der Pflanze in Basenform oder als Sulfat, nicht als Hydrochlorid. (Biul. Inst. Roślin leczniczych **3.** 93—106. Juni 1957. Poznań.)

F. Urban. 4790

Stefania Czyszewska und **Wanda Dębska,** *Standardbestimmung der Seifenwurzeltinktur (Saponaria officinalis L.).* Die Aufgüsse sollen mit mindestens 45%ig. A. hergestellt werden, um Verschimmeln u. Gelieren zu verhindern. Die nach einem Vorschlag zum DAB VII ermittelte hämolyt. Wrkg. darf 200 Einheiten/ml nicht überschreiten. (Biul. Inst. Roślin leczniczych **3.** 163—68. Juni 1957. Poznań.)

F. Urban. 4790

Franjo Sotić, *Schädliche Nebenwirkungen der modernen Arzneimittel.* Zusammenstellung moderner Heilmittel (ca. 100) u. ihrer bekannt gewordenen Nebenwirkungen. (Farmac. Glasnik **15.** 17—34. Jan.-Febr. 1959.) S. Beckmann. 4806

H. Höller, *Antacida.* Hinweis auf verschied. Antacida u. deren Wirkungsweise. (Scientia pharmac. **25.** 180—84. 30/9. 1957. Wien, Bundesstaatl. Anstalt für exp.-pharmakol. u. balneol. Unterss.) H. P. Fiedler. 4806

I. A. Damirow und **D. S. Schukjurow,** *Methoden zur Reinigung von Citronensäure zur Gewinnung von medizinischer Citronensäure.* Die in Aserbaidshan aus wilden Granatäpfeln gewonnene Citronensäure (I) wird in dest. W. gelöst; (die D. beträgt 1,19 bis 1,22) mit Dampf auf 60° erhitzt u. mit aktivierter Tierkohle entfärbt. Bei Ggw. von Cl in der Tierkohle wird dies mit W. ausgewaschen. Die Fe-Salze werden mit Kaliumferrocyanid gefällt. Dann fügt man 0,5—0,7% chem. reine H_2SO_4 zu, um die Ca- u. anderen Salze auszufällen. Diese dient zugleich als Katalysator beim Umkristallisieren der I. Die Lsg. wird nach 8—10 Std. filtriert, in eine säurefeste Wanne gepumpt u. durch eine Dampfschlange auf 75° erhitzt, bis eine Kristallhaut entsteht oder bis die D. 1,35—1,37 beträgt. Die auf der Oberfläche der Lsg. sich bildende Gipskristallhaut wird zerkleinert, damit sie zu Boden sinkt. Zur Erhaltung von großen Kristallen der I läßt man die Lsg. 4—5 Tage bei einer Temp. von 15—18° stehen. Um kleine Kristalle zu erhalten, wird die Lsg. 6 Std. mit einer hölzernen Rührvorr. gerührt, nochmals 10 bis 12 Std. gerührt u. dann 1½—2 Tage bei 15—18° stehengelassen. Die von der Mutterlauge befreiten Kristalle werden zentrifugiert, mit W. gewaschen u. bei 37—40° getrocknet. Um eine für medizin. Zwecke brauchbare I zu erhalten, wird I einer zweiten Kristallisation unterworfen. (Доклады Академии Наук Азербайджанской ССР [Ber. Akad. Wiss. Aserbaidshan, SSR] **14.** 165—68. 1958. Aserbaidshan. med. Narimanow-Inst.) E. Steinberg. 4806

Dale P. J. Goldsmith, Robert Boschan und **Rae Taub,** *Neue Aminsalze von Penicillin G.* Es wurden neue krist. Aminsalze von Penicillin G (I) durch Rk. der Hydrochloride mit 1,2 Mol I-K hergestellt, deren Löslichkeit meist zwischen der von Procain-I (0,44%) u. Benzathin-I (0,01%) lag.

Versuche: *Aminhydrochloride: N-Methylbenzhydrylamin* (**IIa**), $C_{14}H_{16}ClN$, F. 238—239°, aus N-Formylbenzhydrylamin durch Red. mit $LiAlH_4$ in sd. Ae-Tetrahydrofuran (über Nacht); 80% (Ausbeute). — *N-[p-Methoxybenzyl]-benzhydrylamin* (**II**), $C_{21}H_{22}ClNO$, F. 202—203°, aus Benzhydrylamin u. Anisaldehyd in A. u. katalyt. Red. des *Anils,* F. 109—111°, mit PtO_2 unter Druck; 56%. — *N-Benzylfurfurylamin* (**III**), $C_{12}H_{14}ClNO$, F. 212—214°, Herst. analog wie vorst.; 70%. — *N-Isopropylbenzylfurfurylamin* (**IV**), $C_{15}H_{20}ClNO$, F. 189—192°, wie vorst.; 60%. — *2-Benzyl-2-N-benzylaminopropan* (**V**), $C_{17}H_{22}ClN$, F. 237—239°, aus 2-Benzyl-2-aminopropan u. Benzaldehyd; 91%. — *2-Benzyl-2-N-p-methoxybenzylaminopropan* (**VI**), $C_{18}H_{24}ClNO$, F. 210—212°, wie vorst.; 77%. — *N-p-Methoxybenzyldiisobutylamin* (**VII**), $C_{16}H_{28}ClNO$, F. 248—249°, wie vorst.; 90%. — *N.N'-Dibenzyl-p-xylylendiamin* (**VIII**), $C_{22}H_{26}Cl_2N_2$, F. 342—345°, aus Terephthalaldehyd u. Benzylamin in A., Red. des *Anils,* F. 103—105°, in Dioxan; 25%. — *N.N'-Bis-[p-methoxybenzyl]-p-xylylendiamin* (**IX**), $C_{24}H_{30}Cl_2N_2O_2$, F. 350°, wie vorst.; 30%. — *Benzhydrylamin-Penicillin G,* F. 140—141°, Wasserlöslichkeit (25°) 0,42%. — *4.4'-Dimethylbenzhydrylamin*-I, F. 152—154°, 0,15%. — *p.p'-Dichlorbenzhydrylamin*-I, F. 133—135°, 0,11%. — *4-Dimethylaminobenzhydrylamin*-I, F. 132 bis 135°, 0,1%. — **IIa**—I, F. 111—112°; 1,82%. — **II**—I, *Hydrat,* F. 105—106°, 0,05%. — **III**—I, F. 78—81°; 0,3%. — **IV**—I, F. 133—136°, 0,26. — *2-Benzyl-2-aminopropan*-I, F. 120—125°, >1,5%. — **V**—I, F. 103—110°, 0,45%. — **VI**—I, *Dihydrat,* F. 97—101°, 0,15%. — *tert.-Diisobutylamin*-I, F. 121—123°, 2,5%. — **VII**—I, *Dihydrat,* F. 112—114°, 1,96%. — **VIII**-*Di*-I, F. 108—110°, 0,13%. — **IX**-*Di*-I, F. 108—109°, 0,07%. (Antibiotics and Chemotherapy **5.** 648—51. Nov. 1955. Rahway, N. J., Merck & Co.)

K. Maier. 4810

M. P. Wesselow, A. A. Krupenina und **L. A. Blinowa,** *Untersuchung der baktericiden und sporociden Eigenschaften des Dichlorhydantoins und seiner Abkömmlinge.* (Vgl. Tschentschikowa u. Mitarbeiter, C. **1958.** 4266.) Vff. untersuchten die sporocide Aktivität von 33 chem. Verbb. aus verschied. Gruppen von desinfizierenden Stoffen u. erhielten die besten Ergebnisse bei der Anwendung von *1.3-Dichlorhydantoin* (I; mit 84% akt. Cl, F. 120—121°, Löslichkeit in W. 2%, in A. 2,5%, besser in Methylalkohol, gut in Aceton, Dioxan u. Acetäthyläther 18—36%) u. *5.5-Dimethyl-1.3-dichlorhydantoin* (II; mit 72% Cl, F. 130—132°, schlecht lösl. in W., besser in Methylalkohol, gut in Dichloräthan, bei 22%), über die hier berichtet wird. Colibakterien werden durch wss. Lsgg. von I (1:10000) in 1 Min. u. Staphylococcus aureus in 1—10 Min. abgetötet. In der Verdünnung 1:50—1:200 werden Anthracoidsporen u. Sporen der Vaccine STJ in 69% der Fälle in 1 Min., sonst in 3—60 Min. vernichtet. II hat eine gleich starke bakteridice, aber etwas geringere sporocide Wirkung. *5.5-Diphenyl-1.3-dichlorhydantoin* ist sporocid nicht wirksam u. tötet Colibakterien in 1—3 Min. ab. Die Lsgg. in A. oder Methylalkohol sind baktericid u. sporocid weniger wirksam als die Lsgg. in Wasser. (Журнал Микробиологии, Эпидемиологии и Иммунобиологии [J. Mikrobiol., Epidemiol. Immunobiol.] **30.** Nr. 4. 11—16. April 1959. Militärmed. Kirow-Akad.)
E. Rentz. 4832

Janusz Terpiłowski und **Krystyn Szmyt,** *Komplexometrische Bestimmung von Magnesium in einigen Rezeptmischungen.* Die komplexometr. Mg-Best. gibt dann richtige Ergebnisse, wenn störende Substanzen, wie Citronensäure, Oxalsäure, Bi durch Ionenaustauscher oder chem. Eingriffe (Hydrolyse von Bi^{3+}) abgetrennt werden. (Acta polon. pharmac. 15. 285—92. 1958. Wrocław, Akad. Med., Zakł. Chem. nierogan., analit.)
F. Urban. 4880

L. Molle, *Die Untersuchung von pharmazeutischen Tabletten durch Spektrometrie der Röntgenstrahlenbeugung.* Unterss. über die Möglichkeit, die Spektrometrie der Röntgenstrahlenbeugung zur Analyse von pharmazeut. Tabletten anzuwenden, zeigen (Beispiele), daß das Verf. eine wertvolle Hilfe bedeuten kann. (Pharmac. Weekbl. **93.** 334 bis 341. 5/4. 1958. Bruxelles, Univ. Libre, Labor. de Chimie Analyt. Toxicolog. [Orig.: französ.])
W. Wesly. 4880

L. Molle und **E. H. Vogelenzang,** *Die Gaschromatographie und die Möglichkeiten ihrer Anwendung zur Untersuchung von Heilmitteln.* Grundzüge, Ausführung u. Geräte der Gaschromatographie u. ihre analyt. Anwendung. (Pharmac. Weekbl. **93.** 348—58. 5/4. 1958. Bruxelles, Univ. Libre; Leiden, Univ., Inst. de Pharmacie. [Orig.: französ.])
W. Wesly. 4880

S. Pfeifer und **O. Manns,** *Photometrische Bestimmung einiger Arzneimittel mit 4-Aminoantipyrin.* Viele Verbb. mit enol. OH-Gruppe bilden mit *4-Aminoantipyrin* nach anschließender Oxydation gefärbte Kondensationsprodd., wobei Substituenten in p-Stellung zur OH-Gruppe außer Halogen, Carboxyl-, Sulfonsäure-, OH-u. Methoxylgruppen oder Nitrogruppen in o-Stellung u. in m-Stellung häufig die Rk. verhindern. Die Rk. wird zur quantiativen Best. einer Anzahl von Arzneimitteln in reiner Form oder in galen. Zubereitungen herangezogen, z. B. für *Phenol, Chlorphenol, Kresole, p-Chlor-m-kresol, Brenzcatechin, Guajacol, Resorcin, Thymol, Carvacrol, Sympatol, Vasculat, Suprifen, Novadral, Effortil, Salicylsäure* u. *Derivv., p-Hydroxybenzoesäure* u. *deren Ester, Naphthole, 8-Hydroxychinolin, Yatren, Morin, Rutin* u. *Vitamin B_6* (*Adermin*). (Pharmazie **12.** 401—08. Juli 1957. Berlin, Humboldt-Univ., Pharmaz. Inst.) E. Lück. 4880

H. Römisch, *Die quantitative Bestimmung des Saponingehalts in Roßkastanienextrakten und -präparaten nach der Äscinolmethode.* Vf. beschreibt eine neue Meth. zur gravimetr. oder titrimetr. Best. des Roßkastaniensaponingeh. in Lsg. als Äscinol (I). Chromatograph. Unterss. zeigen die quantitative Umwandlung von Saponin (II) in I. An Hand von 10 Roßkastanienextrakten vergleicht Vf. den nach der I-Meth. gefundenen II-Geh. mit dem berechneten II-Geh. aus den entsprechenden HI-Werten der hämolyt. Untersuchungen. Die Unterss. ergaben in 5 Proben völlige Übereinstimmung, während bei 3 Proben die Werte innerhalb der Fehlergrenze lagen, differerten die Werte bei 2 Proben um ca. 50%. (Pharmazie **13.** 707—11. Nov. 1958. Dresden, VEB Arzneimittelwerk.)
I. Geibler. 4880

Stanisława Bartkowicz, *Vergleich der Arzneibuchmethoden zur Bestimmung des Alkaloidgehaltes in einigen Drogen und galenischen Präparaten aus Solanaceen mit der Reinecke-Salzmethode.* Die Best. von Alkaloiden in Extrakten nach dem poln. Arzneibuch III (FP III) u. nach DAB VI liefert höhere Ergebnisse, als nach der Ph. Helv. V u. nach der Reinecke-Salzmeth., da die Fl. noch Amine u. NH_3 enthält, die miterfaßt werden. Voraussetzung aller Methoden ist eine sorgfältige Beseitigung von Chlorophyll, wie sie im russ. Arzneibuch VIII beschrieben ist. Zur Best. von Alkaloiden in Aufgüssen eignet sich am besten die Vorschrift FP III. Die Best. mit Hilfe von REINECKE-Salz ist komplizierter u. zeitraubender als andere Methoden. (Acta polon. pharmac. **16.** 45—50. 1959. Kraków, Akad. Med., Zakł. Farmac. stosow.) F. URBAN. 4880

R. van Severen, *Beitrag zur Untersuchung der Solanaceen. Mikrobestimmung der Alkaloide.* Zur Best. der Alkaloide der Solanaceen dient eine im einzelnen beschriebene Kombination der Verff. von HEGNAUER (C. **1948.** E. 1713) u. DIJKSTRA (C. **1952.** 2719). Die Alkaloide werden papierchromatograph. nach MUNIER u. MACHEBOEUF (C. **1953.** 9256) getrennt. (Pharmac. Weekbl. **93.** 235—44. 8/3. 1958. Gent, Univ., Inst. de Pharmacie, Labor. de Pharmacognosie et de Pharmacie galénique.) W. WESLY. 4880

J. Büchi und **H. Schumacher,** *Die Reinheitsprüfung der Alkaloide mit Hilfe der Papierchromatographie.* 2. Mitt. *Cocaalkaloide.* (1. vgl. C. **1957.** 11954.) Nach dem früher beschriebenen Verf. (l c.) trennen Vff. Tropacocain u. Cocain von den begleitenden Nebenalkaloiden im Extractum Cocae Ph. Helv. V. DRAGENDORFFS Reagens gestattet als empfindlichstes Reagens den sicheren Nachw. von je 5 μg Cocain u. Tropacocain. Das beschriebene Verf. gestattet die Prüfung der Reinalkaloide bei einem Einsatz von 500 μg auf 1% Verunreinigung mit Nebenalkaloiden. Dieser papierchromatograph. Nachw. der Nebenalkaloide ist empfindlicher als die Meth. der Ph. Helv. V. (Pharmac. Acta Helvetiae **32.** 194—204. Mai 1957. Beilage zu: Schweiz. Apotheker-Ztg. Zürich, ETH, Pharmazeut. Inst., Pharmazeut.-chem. Abt.) S. ERBE. 4880

Andrzej Waksmundzki und **Edward Soczewiński,** *Trennung von Strychnin und Brucin durch Gegenstromextraktion. Strychnin* u. *Brucin* lassen sich in äquimol. Lsgg. (0,02) durch Verteilung zwischen Bzl. u. einer wss. Pufferlsg. (0,4 mol. Citronensäure + 0,8 mol. Phosphatlsg., p_H 7,2) nach CRAIG durch 50 Übertragungen prakt. vollständig trennen. (Acta polon. pharmac. **15.** 279—83. 1958. Lublin, Akad. Med., Zakł. Chem. nieorgan.) F. URBAN. 4880

Bogusław Borkowski und **Irena Frenclowa,** *Wertbestimmung des Handelsrohstoffs Radix Ipecacuanhae.* Der Wert der Droge wird nicht durch den Gesamtgeh. an Alkaloiden, sondern durch das Verhältnis Emetin:Cephaelin bestimmt. Das Verhältnis läßt sich am einfachsten nach BÜCHI [1932] ermitteln, wobei eine Steigerung der Genauigkeit der Best. durch Fällung der Alkaloide mit REINECKE-Salz erreicht werden kann. (Acta polon. pharmac. **15.** 169—73. 1958. Poznań, Akad. Med., Ogród farmakogn.) F. URBAN. 4880

A. W. M. Indemans, I. M. Jakovljevic und **J. J. A. M. v. d. Langerijt,** *Eine rasche und einfache colorimetrische Bestimmung von Reserpin in pharmazeutischen Präparaten.* Man löst 50—300 γ Reserpin in 6 ml Eisessig, versetzt mit 0,4 ml 2%ig. wss. $NaNO_2$-Lsg., erhitzt 5 Min. im sd. Wasserbad, verd. die abgekühlte Mischung mit 40 ml W., extrahiert mit 10 ml Chlf. u. bestimmt die Farbstärke der orangefarbenen Chloroformschicht bei 465 mμ unter Verwendung einer Eichkurve. (Pharmac. Weekbl. **94.** 1—8. 10/1. 1959. Utrecht, Labor. der Nederlandse Apothekers.) W. WESLY. 4880

Ludwig Kraft, *Die bromometrische Bestimmung östrogener Stilbenderivate.* Zur Best. von *Diäthylstilböstrol* (**I**), dessen *Dipropionat* (**II**), *Dienöstrol* (**III**), *Dienöstroldiacetat* (**IV**) u. *Hexöstrol* (**V**) wird die Substanz in Eisessig (Eg) gelöst, mit KBr-Lsg., mit HCl oder H_2SO_4 u. $KBrO_3$-Lsg. versetzt u. nach einer bestimmten Bromierungszeit jodometr. titriert. Die Bromäquivalente sind 12 bei **I**, 4 bei **II**, 10 bei **III**, 2 bei **IV** u. 8 bei **V**. Die Genauigkeit ist $\pm 1\%$ bei **I**—**IV** wenn die Bromierungszeiten eingehalten werden, bei **V** hat die Reaktionsdauer keinen bes. Einfl. auf die Ergebnisse. Bei der Bromierung von **I** in Ggw. von H_2SO_4 wird *3.4-Bis-[4-hydroxy-3.5-dibromphenyl]-2.5-dibromhexen-(3)* (**VI**), in Ggw. von HCl *3.4-Bis-[4-hydroxy-3.5-dibromphenyl]-2.5-dichlorhexen-(3)* (**VII**) gebildet. Bei Umsetzung in Chlf. statt in Eg entsteht **VI** in Ggw. von HCl oder H_2SO_4. Bei der Bromierung entsteht aus **II** in Ggw. von HCl *3.4-Bis-[4-propionoxyphenyl]-2.5-dibromhexen-(3)*; aus **III** in Ggw. von HCl in Eg **VII**, in Chlf. **VI**; aus **V** *3.4-Bis-[4-hydroxy-3.5-dibromphenyl]-hexan.*

Versuche: *3.4-Bis-[4-hydroxy-3.5-dibromphenyl]-2.5-dichlorhexen-(3)* (**VII**), $C_{18}H_{14}Br_4Cl_2O_2$, F. 216—217° (Zers., Chlf.), a) durch Versetzen der Titrationsansätze von **I** mit W.; 17% (Ausbeute). b) analog aus **III**; 43%. c) Durch Versetzen eines 10fachen Titrationsansatzes von **I** mit 1,5 Litern W.; 34%. d) Aus **I** in Eg mit HCl u. KBr + $KBrO_3$ (12 Bromäquivalente) in W.; 50%. — *3.4-Bis-[4-hydroxy-3.5-dibromphenyl]-2.5-dibromhexen-(3)* (**VI**), $C_{18}H_{14}Br_6O_2$, F. 202—203° (Zers., Chlf.), a) aus **I** in Eg u. H_2SO_4 mit KBr u. $KBrO_3$ in W. im Dunkeln; 5%. b) In Chlf. u. H_2SO_4; 41%. c) In Chlf. u. HCl; 52%. d) aus **III** in Chlf. u. HCl; 62%. — *3.4-Bis-[4-methoxy-3.5-dibromphenyl]-2.5-dichlorhexen-(3)*, $C_{20}H_{18}Br_4Cl_2O_2$, F. 213—214° (Zers., CCl_4), aus **VII** mit äther. CH_2N_2-Lsg.; 82%. — *3.4-Bis-[4-hydroxy-3.5-dibromphenyl]-2.5-dimethoxyhexen-(3)*, $C_{20}H_{20}Br_4O_4$,

F. 281—283° (Zers., Tetrahydrofuran), durch Kochen von VII (bzw. VI) mit CH_3OH; 46% (bzw. 22%). — *3.4-Bis-[4-hydroxy-3.5-dibromphenyl]-hexatrien-(1.3.5)*, $C_{18}H_{12}Br_4O_2$, F. 166—167°, durch Erhitzen von VII (bzw. VI) mit Diäthylanilin auf 150°; gelbgrüne Kristalle aus CCl_4 u. Cyclohexan; 23%. — *3.4-Bis-[4-propionoxyphenyl]-2.5-dibromhexen-(3)*, F. 147—149° (Zers.), a) durch Fällen aus Titrationsansätzen von II; 2,7%. b) Aus II in Eg mit HCl u. KBr + $KBrO_3$ in W. im Dunkeln; 3,3%. c) Aus II in Chlf. u. H_2SO_4; 57%. d) Aus III-Dipropionat in Eg u. HCl; 9%. e) In Chlf. u. H_2SO_4; 60%. — *3.4-Bis-[4-acetoxyphenyl]-2.5-dibromhexen-(3)*, $C_{22}H_{22}Br_2O_4$, F. 159—160° (Zers., CCl_4 u. Bzl.), a) Aus Titrationsansätzen von IV; 14%. b) Aus IV in Chlf. u. H_2SO_4; 38,2%. — *3.4-Bis-[4-hydroxy-3.5-dibromphenyl]-hexan*, F. 229—230° (Chlf.), aus Titrationsansätzen von V; 53%. (Arch. Pharmaz. Ber. dtsch. pharmaz. Ges. **292/64.** 306—14. Juni 1959. Berlin-Dahlem, Bundesgesundheitsamt, M. v. Pettenkofer-Inst.) G. Cleve. 4880

C. H. Boehringer Sohn (Erfinder: **Karl-Heinz Hauptmann** und **Karl Zeile**), Ingelheim/Rh., *Gewinnung von Geninen aus Rohglykosidgemischen.* Man extrahiert die Rohglykosidgemische mit aliphat. Alkoholen, die einen Kp. über 100° besitzen, erschöpfend, trennt den Extrakt vom Ungelösten ab, fällt die Saponine durch Abkühlung aus u. verseift diese sauer zu den entsprechenden Geninen. Man erhält so durch Extraktion von Sisalsediment mit Butanol oder Amylalkohol *Rohhecogenin*, F. 230 bis 246°. — *Zwischenprodd.* für die Herst. von *Heilmitteln.* (**D. A. S. 1 048 576** Kl. 12o vom 4/5. 1957, veröff. 15/1. 1959.) U. Sievers. 4791

Chemische Fabrik Joh. A. Benckiser G. m. b. H., Ludwigshafen/Rh., *Herstellung von Derivaten des Cyanessigsäurehydrazids* durch Rk. mit hydrazonbildenden Zuckern unter kondensierenden Bedingungen. Beispiele: *Galaktose* + *Cyanessigsäurehydrazid* (I) in CH_3OH → *Hydrazon*, F. 181° (Zers.); *L-Arabinose* + (I) → *Hydrazon*, F. 168° (Zers.). — *Therapeutica*, z. B. gegen *Tuberkulose.* (**D. A. S. 1 052 386** Kl. 12o vom 14/3. 1957, veröff. 12/3. 1959.) K. Fabel. 4807

N. V. Philips' Gloeilampenfabrieken, Eindhoven (Erfinder: **Jan Brug, Cornelis Albertus de Bock** und **Hendrik Durk Moed**, Weesp), Holland, *Gegen Mikroorganismen, insbesondere Viren, wirksame Präparate* enthalten Verbb. der Formel I oder deren Salze

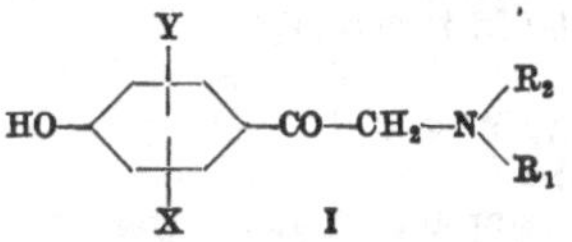

I

($X = NO_2$ oder NH_2; Y = H oder OH; R_1, R_2 = H, Alkyl, Aralkyl oder organ. Reste, die mit N einen Ring bilden). — Die Herst. erfolgt z. B. auf folgende Weise: 4'-Hydroxy-1-phenyl-2-cyclohexylaminoäthanon wird bei 20—25° mit HNO_3/H_2SO_4 nitriert: *3'-Nitro-4'-hydroxy-1-phenyl-2-cyclohexylaminoäthanonsulfat*, Zers. bei 175 bis 189°. — Katalyt. Hydrierung hiervon führt zu *3'-Amino-4'-hydroxy-1-phenyl-2-cyclohexylaminoäthanonsulfatmonohydrat*, F. 185—188°. — Analog: *2'.4'-Dihydroxy-5'-nitro-1-phenyl-2-isopropylaminoäthanonhydrochlorid*, F. 237—238°. — Man kocht 3'-Amino-4'-methoxy-1-phenyl-2-isopropylaminoäthanondihydrochlorid 8 Std. mit 48%ig. HBr unter N_2 u. erhält *3'-Amino-4'-hydroxy-1-phenyl-2-isopropylaminoäthanondihydrobromid*, Verkohlung bei 199—200°; *Dihydrochlorid*, F. 220° (unter Verkohlung). — 3'-Nitro-4'-hydroxy-1-phenyl-2-bromäthanon-(1) wird mit Morpholin in A. gekocht: *3'-Nitro-4'-hydroxy-1-phenyl-2-N-morpholyläthanonhydrochlorid*, F. 154°; *Sulfat*, F. 197 bis 199° → *3'-Amino-4'-hydroxy-1-phenyl-2-N-morpholyläthanonsulfattrihydrat*, F. 103 bis 105°. — Analog: *2'.4'-Dibenzyloxy-5'-nitro-1-phenyl-2-N-piperidyläthanonhydrochlorid*, F. 190—191°. — Hieraus durch Behandlung mit H_2 in Ggw. von $PdCl_2$ u. HCl in A.: *2'.4'-Dihydroxy-5'-amino-1-phenyl-2-N-piperidyläthanondihydrochlorid*, F. 280°. (**Holl. P. 88 272** vom 19/11. 1954, ausg. 16/5. 1958.) F. Böhm. 4807

N. V. Philips' Gloeilampenfabrieken, Holland, *Herstellung sekundärer Amine* der allg. Formel I, worin R_3 u. R_4 = Alkylengruppen mit 2—6 C-Atomen, Y_3 u. Y_4 = H oder eine (auch veresterte oder verätherte) OH-Gruppe, dad. gek., daß man ein Phenoxyalkylamin in Ggw. einer tert. Base (Pyridin oder Kollidin) mit einem Phenylalkylhalogenid umsetzt u. gegebenenfalls Y_3- u. Y_4-Gruppen einer katalyt. Hydrierung unterwirft.

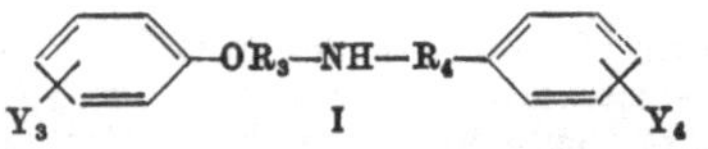

I

Oder man hydriert ein Phenoxyalkanon in Ggw. eines Phenylalkylamins. — *1-[4'-Hydroxyphenyl]-2-[1'-methyl-2'-phenoxyäthylamino]-propanol-(1)*, F. 102,5—103,5° (*Hydrochlorid*, F. 203—204°), aus 1-Phenoxy-2-aminopropan (II) u. 1-[4'-Benzyloxyphenyl]-2-brompropanon-(1) (III) in A., wobei zunächst *1-[4'-Benzyloxyphenyl]-2-[1'-methyl-2'-phenoxyäthylamino]-propanon-(1)*, F. 197—198° (Zers.), entsteht, dessen Hydrochlorid an Pd hydriert wird. — *1-[4'-Hydroxyphenyl]-2-methyl-2-[1'-methyl-2'-phenoxyäthylamino]-äthanhydrochlorid*, F. 205—207°, durch Hydrierung von 1-[4'-Hydroxyphenyl]-propanon-(2) u. 2-Amino-

1-phenoxypropan. — *1-Phenyl-2-[1'-methyl-2'-phenoxyäthylamino]-propanol-(1)-hydrochlorid*, F. 185—187°, aus 1-Phenyl-2-brompropanon-(1) u. II über *1-Phenyl-2-[1'-methyl-2'-phenoxyäthylamino]-propanon-(1)-hydrochlorid*, F. 171—173° (*Hydrochlorid*·*1* H_2O, F. 114°). — *1-[4'-Hydroxyphenyl]-2-[2'-phenoxyäthylamino]-propanol-(1)-hydrochlorid*, F. 184—185° (*Hydrochlorid*·*1* H_2O, F. 133—137°), aus 2-Phenoxyäthylamin über *1-[4'-Benzyloxyphenyl]-2-[2'-phenoxyäthylamino]-propanon-(1)-hydrochlorid*, F. 176 bis 177°. — *1-[4'-Hydroxyphenyl]-2-[1'-methyl-2'-(4''-hydroxyphenoxy)-äthylamino]-propanol-(1)*, aus 1-[4'-Benzyloxyphenoxy]-propanon-(2) (F. 76,5—77,5°; *Oxim*, F. 132 bis 133,5°), durch dessen Red. zu *1-Methyl-2-[4'-benzyloxyphenoxy]-äthylamin* (F. 100 bis 103°; *Hydrochlorid*, F. 205—207°) u. Rk. mit III zu *1-[4'-Benzyloxyphenyl]-2-[1'-methyl-2'-(4''-benzyloxyphenoxy)-äthylamino]-propanon-(1)-hydrochlorid*, F. 207—209°. — *1-[3'.4'-Dihydroxyphenyl]-2-[1'-methyl-2'-phenoxyäthylamino]-äthanol*, F. 85—90°, u. *-äthanon-(1)* (*Hydrochlorid*, F. 186—188°), aus II u. 1-[3'.4'-Dihydroxyphenyl]-2-chloräthanon-(1) oder aus 1-[3'.4'-Dibenzyloxyphenyl]-2-bromäthanon-(1) u. II über *1-[3'.4'-Dibenzyloxyphenyl]-2-[1'-methyl-2'-phenoxyäthylamino]-äthanon-(1)-hydrochlorid*, F. 164 bis 166°. — *Therapeutica*. (**F. P. 1 165 845** vom 13/10. 1955, ausg. 29/10. 1958. Holl. Prior. 28/5. 1955.) S. BÖTTCHER. 4807

Soc. Zyma Soc. An., Schweiz (Erfinder: **Edouard Frommel**), *Herstellung von m-Dialkylaminoäthoxybenzoesäureestern*, dad. gek., daß man m-Hydroxybenzoesäureäthylester in Ggw. von Na-Äthylat mit Chloräthyldiäthylamin oder seinem Hydrochlorid umsetzt, wobei *m-Diäthylaminoäthoxybenzoesäureäthylester*, F. 122—123°, entsteht. — *Therapeutica*. (**F. P. 1 164 535** vom 17/5. 1956, ausg. 10/10. 1958. Schwz. Prior. 25/5. 1955.) S. BÖTTCHER. 4807

Boots Pure Drug Co. Ltd., Nottingham, England (Erfinder: **Peter Oxley, Norman William Bristow, James Fraser, Gerald Woolfe, George Alfred Harrison Williams** und **Eric Wilmhurst**), *Dichloracetanilidester* der allg. Formel **I** (Me = Alkalimetall, R = Alkyl mit 1—8 C-Atomen; R' = SO_3H; $(HO)_2PO$—, —COR'', —C(X)OR'''; R'' = Alkyl, Halogenalkyl, Alkenyl, Alkoxy, Aralkoxy, Phenyl; X = O oder S; R''' = (Dichloracet-N-alkylamido)-phenyl; Alkyl = 1—8 C-Atome) erhält man durch Veresterung eines Phenols der Formel **II** oder des Alkaliphenolats mit SO_3 oder NH_2SO_3H, $POCl_3$, Carbonsäurechloriden oder -anhydriden in Ggw. eines säurebindenden Mittels (Pyridin, Alkalihydroxyde, -carbonate, -acetate), $COCl_2$ oder $CSCl_2$ oder Alkyl- oder Aralkylhalogenformiaten. — Die Sulfon- u. Phosphonsäuren lassen sich in Alkali-, Erdalkali-, NH_4- u. Aminsalze überführen. — Aus Dichloracet-4-hydroxy-N-methylanilid (hergestellt nach E. P. 767 148; C. **1958**. 8709) u. NH_2SO_3H in Ggw. von Pyridin bei 95° → *4-(Dichloracet-N-methylamido)-phenylpyridiniumsulfat*; daraus in Isopropanol mit Piperazinhydrat → *4-(Dichloracet-N-methylamido)-phenylpiperaziniumsulfat*, $C_{13}H_{19}O_5N_3Cl_2S$, aus A. F. 150—152°. — Crotonylchlorid → *4-(Dichloracet-N-methylamido)-phenylcrotonat*, $C_{13}H_{13}O_3NCl_2$, aus wss. A. F. 103—104°. — Propionylchlorid → *4-(Dichloracet-N-methylamido)-phenylpropionat*, $C_{12}H_{13}O_3NCl_2$, aus A. F. 81—81,5°. — Dichloracetylchlorid → *Dichloracet-4-dichloracetoxy-N-methylanilid*, $C_{11}H_9O_3NCl_4$, aus A. F. 95,5—96,5°; daraus mit Na-Methylat in Methanol → *Na-Salz*, cremefarbiges Pulver. — Essigsäureanhydrid → *Dichloracet-4-acetoxy-N-methylanilid*, $C_{11}H_{11}O_3NCl_2$, aus wss. A. F. 89,5°. — Benzoylchlorid → *4-Benzoyloxy-N-dichloracet-N-methylanilid*, $C_{16}H_{13}O_3NCl_2$, erhältlich auch aus Dichloracetylchlorid + 4-Methylaminophenylbenzoat, aus A. F. 114—117°. — Chloracetylchlorid → *4-Chloracetoxy-N-dichloracet-N-methylanilid*, $C_{11}H_{10}O_3NCl_3$, aus A. F. 113°. — α-Chlorpropionylchlorid → *4-α-Chlorpropionyloxy-N-dichloracet-N-methylanilid*, $C_{12}H_{12}O_3NCl_3$, F. 69—71°. — Buttersäureanhydrid → *4-n-Butyryloxy-N-dichloracet-N-methylanilid*, $C_{13}H_{15}O_3NCl_2$, aus 70%ig. A. F. 42—43°. — $POCl_3$ → *4-(Dichloracet-N-methylamido)-phenylphosphorsäuremonohydrat*, $C_9H_{10}O_5NCl_2P \cdot H_2O$, aus Aceton-Chlf. (1:4) F. 119—121°, ohne Kristall-W. F. 137—139°; daraus mit NaOH → *Na-Salz*, $C_9H_9O_5NCl_2PNa$, F. 167—169°; *Diammoniumsalz*, $C_9H_{16}O_5N_3Cl_2P$, aus wss. Aceton F. 157—166°; *Ca-Salz*, $C_9H_8O_5NCl_2PCa$, schm. nicht unter 310°; Benzylamin → *Dibenzylammoniumsalz*, $C_{23}H_{28}O_5N_3Cl_2P$, aus wss. Aceton F. 200—201°; 7-Chlor-4-(4'-diäthylamino-1'-methylbutylamino)-chinolin → *7-Chlor-4-(4'-diäthylamino-1'-methylbutylamino)-chinoliniumsalz*, $C_{27}H_{36}O_5N_4Cl_3P$; *7-Chlor-4-(4'-diäthylamino-1'-methylbutylamino)-chinolinium-bis-(4-dichloracet-N-methylamido)-phenylphosphat*, $C_{36}H_{46}O_{10}N_5Cl_5P_2$; Piperazinhexahydrat → *Piperaziniumsalz*, $C_{13}H_{20}O_5N_3Cl_2P$, aus W. F. 205—206° (Zers.); *Aniliniumsalz*, $C_{15}H_{17}O_5N_2Cl_2P$, F. 122—126°; *Bis-aniliniumsalz*, $C_{21}H_{24}O_5N_3Cl_2P$, F. 145—148°; *Di-Na-Salz*, $C_9H_8O_5NCl_2PNa_2$, ohne scharfen F. — $COCl_2$ → *Bis-[4-(dichloracet-N-methylamido)-phenyl]-carbonat*, $C_{19}H_{16}O_5N_2Cl_4$, aus Cellosolve F. 164—165°. —

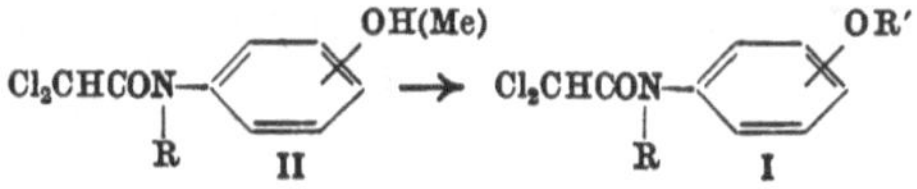

$CSCl_2$ → *Bis-[4-(dichloracet-N-methylamido)-phenyl]-thionocarbonat*, $C_{19}H_{16}O_4N_2Cl_4S$, F. 174—177°. — Chlorameisensäureäthylester → *4-(Dichloracet-N-methylamido)-phenyläthylcarbonat*, $C_{12}H_{13}O_4NCl_2$, aus A. F. 69—71,5°. — Chlorameisensäurebenzylester → *4-(Dichloracet-N-methylamido)-phenylbenzylcarbonat*, $C_{17}H_{15}O_4NCl_2$, F. 79—80°. — *Amöbicide*, Wrkg. vgl. Tabelle. (**E. P. 794 762** vom 3/11. 1955, ausg. 7/5. 1958.) G. KRAUSS. 4807

Cassella Farbwerke Mainkur Akt.-Ges. (Erfinder: **Walther Persch**), Frankfurt/M., *1.4-Endomethylencyclohexylmethylamine* erhält man durch Hydrieren des durch Rk. von Cyclopentadien u. Acrylsäurenitril erhaltenen *1.4-Endomethylen-2-cyan-5-cyclohexens*, $Kp._{45-50}$ 108—113°; n_D^{20} 1,4888; $D.^{20}$ 1,008, mit H_2 in Ggw. von Pd, katalyt. Red. des erhaltenen *1.4-Endomethylen-2-cyancyclohexans*, $Kp._{10}$ 73—74°; F. 46—47°, mit H_2 in Ggw. von RANEY-Ni bei 120—130° u. 80 atü, u. gegebenenfalls Alkylierung des erhaltenen *1.4-Endomethylenhexahydrobenzylamins*, $Kp._{10}$ 61—63°; n_D^{20} 1,4871; $D.^{20}$ 0,942, mit z. B. 85%ig. HCOOH u. 39 Vol.-%ig. HCHO durch 3std. Erhitzen auf 60° u. 1std. Kochen bei 100°, Aufarbeitung u. Reinigung des z. B. erhaltenen *1.4-Endomethylenhexahydrobenzyldimethylamins*, Öl, $Kp._{11}$ 67—68°; n_D^{20} 1,4685; $D.^{20}$ 0,8960. — Als Nebenprod. z. B. *Di-(1.4-endomethylencyclohexylmethyl)-amin*, $Kp._{10}$ 161—163°; F. 75—77°. — *Blutdrucksteigernde* Mittel, die gut verträglich sind. (**D. A. S. 1 001 257** Kl. 12o vom 1/12. 1954, veröff. 24/1. 1957.) R. LINK. 4807

Mead Johnson & Co., übert. von: **Rolland Frederick Feldkamp** und **Yao Hua Wu**, Evansville, Ind., V. St. A., *1-Substituierte 3-Pyrrolidylmethylbenzilate* (deren saure u. quaternäre Ammoniumsalze) der allg. Formel **I**, in der R = Alkyl, Alkenyl, Aryl oder Aralkyl sein kann, werden durch Verestern der entsprechenden 1-substituierten 3-Pyrrolidylmethylalkohole mit Benzilsäure oder analog durch Esteraustausch dargestellt. — 242 g Methylbenzilat + 115 g 1-Methyl-3-pyrrolidylmethylalkohol + 1 g Na + 685 g n-Heptan (4 Std. bei Rückflußkochen u. Abdest. des Methanols) → 165 g *1-Methyl-3-pyrrolidylmethylbenzilat*, F. 132 bis 134°; *Hydrochlorid*, F. 145—147°. — Analog wurden folgende *-3-pyrrolidylmethylbenzilate* dargestellt: *1-Äthyl-*, F. 73—74°; *1-Propyl-*, F. 70—72°; *1-Isopropyl-*, F. 96—97°; *1-Allyl-*, F. 86—88°; *1-Butyl-*, F. 67—68°; *1-Benzyl-*, F. 90—91,5°. — *Spasmolytica* die oral, parenteral oder in Tropfapplikation in Dosen zu 0,3—30 mg anzuwenden sind. (**A. P. 2 844 591** vom 14/10. 1955, ausg. 22/7. 1958.) K. GÄBELEIN. 4807

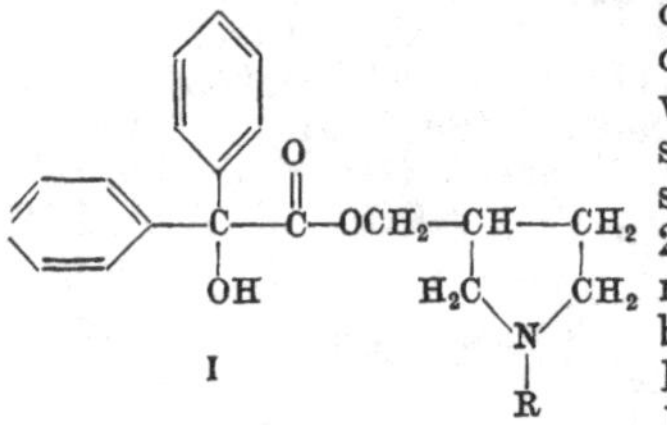

I

Cassella Farbwerke Mainkur Akt.-Ges., Deutschland (Erfinder: **Johann Max Danner** und **Werner Zerweck**), *Herstellung von Hydantoinderivaten.* Zu. D. B. P. 880 589; C. **1953.** 8933 sind folgende Verbb. der allg. Formel **I** zu ergänzen, worin die Gruppen RO, R′, R″ u. R‴ (in der genannten Reihenfolge) folgende Bedeutung haben: *p-HO, CH_3, H, H*, F. 244—246°. — *p-HO, C_2H_5 H, H*, F. 258—261°. — *p-HO, n-C_3H_7, H, H*, F. 245—246°. — *o-HO, C_2H_5, H, H*, F. 213—214°. — *o-HO, n-C_3H_7, H, H*, F. 218,5°. — *p-C_3H_5O, C_2H_5, H, H*, F. 151°. — *p-C_3H_5O, n-C_3H_7, H, H*, F. 179°. — *o-C_3H_5O, CH_3, H, H*, F. 181—182,5°. — *o-C_3H_5O, C_2H_5, H, H*, F. 164—166°. — *o-C_3H_6O, n-C_3H_7, H, H*, F. 158—159°. — *o-(CH_2Br—$CHBr$—CH_2O), CH_3, H, H*, F. 199—201°. — *p-(CH_2Br—$CHBr$—CH_2O), C_2H_5, H, H*, F. 180—183°. — *p-(CH_2Br—$CHBr$—CH_2O), n-C_3H_7, H, H*, F. 159—161°. — *p-[(C_2H_5)$_2$N—CH_2—CH_2O]-, CH_3, H, H*, F. 167—169,5°. — *p-[(C_2H_5)$_2$N—CH_2—CH_2O]-, C_2H_5, H, H*, F. 162,5—163°. — *p-[(C_2H_5)$_2$N—CH_2—CH_2O]-, n-C_3H_7, H, H*, F. 153—154°. — *o-[(C_2H_5)$_2$N—CH_2—CH_2O]-, CH_3, H, H*, F. 181,5—182,5°. — *o-[(C_2H_5)$_2$N—CH_2—CH_2O]-, C_2H_5, H, H*, F. 195°. — *o-OH, H, CH_3, H*, F. 273°. — *o-HO, H, C_2H_5, H*, F. 203°. — *o-HO, H, n-C_3H_7, H*, F. 216—217°. — *o-HO, H, C_3H_5, H*, F. 184—185°. — *p-HO, C_6H_5, H, H*, F. 307°. — *p-C_3H_5O, C_6H_5, H, H*, F. 192—193°. — *p-C_3H_5O, CH_3, H, $CH_2C_6H_5$*, F. 114—115°. — *o-C_3H_5O, CH_3, H, CH_3*, F. 193—194°. — *o-HO, H, $CH_2CHBrCH_2Br$, H*, F. 172—180°. — *o-HO, H, $CH_2CH_2C_6H_5$, H*, F. 234—235°. — *Hypnotica.* (**F. P. 1 159 153** vom 5/3. 1951, ausg. 24/6. 1958. D. Prior. 6/3. 1950.) S. BÖTTCHER. 4807

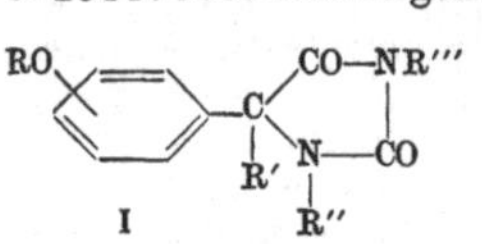

I

Cassella Farbwerke Mainkur Akt.-Ges., Deutschland, *Herstellung von Hydantoinderivaten.* Zu Schwz. P. 329 922; C. **1959.** 1552 ist zu ergänzen: *5-[5-Acenaphthenyl]-5-methylhydantoin*, F. 214—216°, aus 5-Acetylacenaphthen. — *Heilmittel.* (**F. P. 1 164 184** vom 2/4. 1954, ausg. 7/10. 1958. D. Prior. 4/4. 1953.) S. BÖTTCHER. 4807

Smith, Kline & French Laboratories, übert. von: **Russell E. Rhodes**, Glenside, und **Blaine M. Sutton**, Philadelphia, Pa., V. St. A., *N^1-Acyl-N^1-(5-äthyl-1.3.4-thia-*

diazol-2-yl)-sulfanilamide. Durch Rk. von N[1]-(5-Äthyl-1.3.4-thiadiazol-2-yl)-sulfanilamid mit $(CH_3CO)_2O$ erhält man *N[1]-Acetyl-N[1]-(5-äthyl-1.3.4-thiadiazol-2-yl)-sulfanilamid,* F. 220—221°. Analog: *N[1]-Benzoyl-*, *N[1]-Propionyl-* (schm. bei 99—101°, dann wieder bei 219—221°), *N[1]-Oleoyl-*, *N[1]-Butyryl-* (schm. bei 120—122°, dann wieder bei 219—221°), *N[1]-Stearoyl-* u. *N[1]-Isobutyryl-N[1]-(5-äthyl-1.3.4-thiadiazol-2-yl)-sulfanilamid,* schm. bei 124—125°, dann wieder bei 219—221°. — *Antibakterielle* Wirkung. (**A. P. 2848448** vom 23/8. 1956, ausg. 19/8. 1958.) A. BRÖSAMLE. 4807

F. Hoffmann-La Roche & Co. Akt.-Ges., Basel, Schweiz, *Herstellung von 2.6-Bis-[piperidinomethyl]-4-alkyl- beziehungsweise -aralkylphenolen* u. ihren Salzen, dad. gek., daß ein p-Alkyl- bzw. -Aralkylphenol mit je der 2fach mol. Menge Formaldehyd u. Piperidin umgesetzt u. das Prod. gegebenenfalls in ein Salz übergeführt wird. — 2.6-Bis-[piperidinomethyl]-phenole: *4-Methyl-*, durch Zugabe von 55(g) 37,8%ig. HCHO-Lsg. zu 32,5 p-Kresol, 55 Piperidin u. 200 cm³ A., 5std. Kochen u. Einengen. *Dihydrobromid,* F. 236—239° (A., dann Isopropanol). — *4-Isopropyl-*, ähnlich aus p-Isopropylphenol. *Dihydrochlorid,* F. 217—221° (Isopropanol). — *4-tert.-Butyl-*, aus p-tert.-Butylphenol. *Dihydrochlorid,* F. 222—225° (Isopropanol). — *4-Benzyl-*, *Dihydrochlorid,* aus 4-Benzylphenol; F. 211—213° (Isopropanol, dann Aceton–A.–Ae.). — 4-[α.α-Dimethylbenzyl]-, aus p-[α-Cumyl]-phenol. *Dihydrobromid,* F. 245—247,5° (A.). — *4-[1.1.3.3-Tetramethylbutyl]-*, aus 4-[1.1.3.3-Tetramethylbutyl]-phenol. *Dihydrobromid-monohydrat,* F. 220° (Isopropanol). — *Arzneimittel* mit chinidinähnlicher Wrkg., bes. gegen Herzvorhofflimmern. (**Oe. P. 195430** vom 2/7. 1956, ausg. 10/2. 1958. A. Prior. 13/7. 1955.) H.-J. NITZSCHKE. 4807

Soc. des Usines Chimiques Rhône-Poulenc, Paris (Erfinder: **Jean Robert,** Gentilly, und **Paul Gaillot,** Paris), Frankreich, *Herstellung von Iminodibenzylderivaten* der allg. Formel **I** (A = aliphat., gesätt., 2wertiger KW-stoffrest mit gerader oder verzweigter Kette u. 1—6 C-Atomen; R = H, niedermol. Alkyl-, Aryl- oder araliphat. Rest), wobei die Benzolkerne auch durch Halogenatome, niedermol. Alkyl- oder Alkoxy- oder Aryl- oder Aryloxyreste substituiert sein können u. die C-Atome des Piperazinringes durch CH_3 substituiert sein können, sowie von deren Salzen, quartären Ammoniumverbb. u. Additionsverbb., z. B. mit 8-Chlortheophyllin, dad. gek., daß ein Halogenalkylpiperazin **II** (X = Halogenatom) mit einem Iminodibenzyl kondensiert oder daß ein Iminodibenzylderiv. **III** (Y = Rest eines reaktionsfähigen Esters) mit einem N-monosubstituierten Piperazinderiv. umgesetzt wird u. die erhaltenen Verbb. gegebenenfalls in ihre Salze usw. übergeführt werden. — Iminodibenzyle (FF. auf dem KOFLER-Block): *5-[3'-(4''-Methylpiperazinyl-(1''))-propyl]-*, Kp.$_{0,4}$ 195—198°, durch 1std. Erhitzen von 6,22 (g) Iminodibenzyl, 35 cm³ Toluol u. 1,43 $NaNH_2$, 1std. Zutropfen von 14,5%ig. 1-Methyl-4-[3'-chlorpropyl-(1')]-piperazinlsg. in Toluol, 10std. Erhitzen, Waschen, Ausziehen mit n-HCl, Alkalisieren u. Ausäthern; Ausbeute 6,04 g. *Dihydrochlorid,* F. ca. 245—248°. — Analog *5-[2'-(4''-Äthylpiperazinyl-(1''))-äthyl]-*, Kp.$_{0,3}$ 204—206°. *Dihydrochlorid,* F. 239—241°. — *5-[3'-(4''-Äthylpiperazinyl-(1''))-propyl]-*, Kp.$_{0,15}$ 198°. *Dihydrochlorid,* F. 234—238°. — *5-[3'-(4''-Methylpiperazinyl-(1''))-2'-methylpropyl]-*, Kp.$_{0,25}$ 183—188°. *Dihydrochlorid,* F. 244—247°. — *Pharmazeutica* mit antiemet., spasmolyt., antiepilept. u. Antischockwirkung. (**Oe. P. 194400** vom 7/9. 1956, ausg. 10/1. 1958. F. Prior. 20/10. 1955.) H.-J. NITZSCHKE. 4807

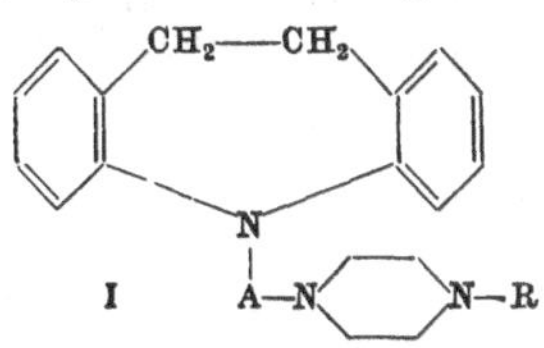

I

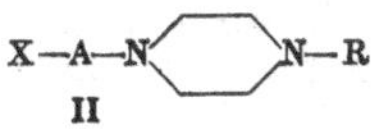

II

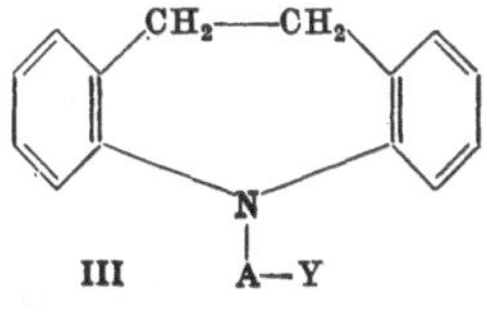

III

United States Vitamin Corp., New York, übert. von: **Seymour L. Shapiro,** Hastings-on-Hudson, **Louis Freedman,** Mount Vernon, und **Ira M. Rose,** Yonkers, N. Y., V. St. A., *Pyridyläthylierte Benzoxazindione* der allg. Formel **I**, in der R = H, Halogen, Hydroxyl, Alkyl (C_{1-2}) u. Aryl ($C_{<7}$), Py = 2-Pyridyl, dessen Alkylderivv. (Alkyl C_{1-2}) u. 4-Pyridyl bedeuten, lassen sich aus 2-Vinylpyridin, dessen 5-Äthylderiv. oder aus 4-Vinylpyridin mit den entsprechenden durch R substituierten 1.3-Benzoxazin-2.4-dionen dadurch gewinnen, daß eine Polymerisation des Vinylpyridins durch Einhalten einer Temp. von 150 bis 200° u. der Verwendung von Stabilisatoren verhindert wird. — 5 g 1.3-Benzoxazin-2.4-dion + 4 ml 2-Vinylpyridin → *3-[2-(2-Pyridyläthyl)]-1.3-benzoxazin-2.4-dion,* F. 122°, *Jodmethylat,* F. 215—218°. — Weitere *-1.3-benzoxazin-2.4-dione* wurden dargestellt: aus *5-Äthyl-2-vinylpyridin,* F. 130—132°, *Jodmethylat,* F. 217—220°; aus *4-Vinylpyridin*

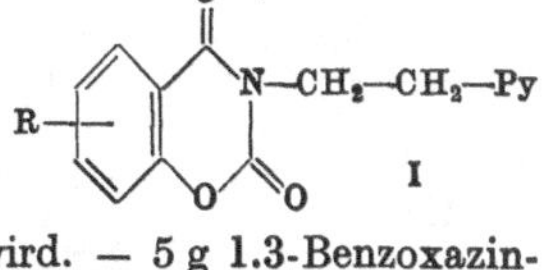

I

F. 155—156°, *Jodmethylat*, F. 192—194°. — Aus *6-Chlor-1.3-benzoxazin-2.4-dion* u.: *2-Vinylpyridin*, F. 154—155°, *Jodmethylat*, F. 212—218°; *5-Äthyl-2-vinylpyridin*, F. 154°; *4-Vinylpyridin*, F. 215—216°, *Jodmethylat*, F. 183—185°. — Aus *6-Brom-1.3-benzoxazin-2.4-dion* u.: *2-Vinylpyridin*, F. 161—165°, *Jodmethylat*, F. 218—221°; *5-Äthyl-2-vinylpyridin*, F. 155—157°, *Jodmethylat*, F. 190—192°; *4-Vinylpyridin*, F. 299—300°, *Jodmethylat*, F. 190—193°. — Aus *8-Methyl-1.3-benzoxazin-2.4-dion* u.: *2-Vinylpyridin*, F. 132—135°, *Jodmethylat*, F. 230—235°; *5-Äthyl-2-vinylpyridin*, F. 97 bis 98°, *Jodmethylat*, F. 224—228°; *4-Vinylpyridin*, F. 181—183°, *Jodmethylat*, F. 190 bis 200°. — Aus *8-Phenyl-1.3-benzoxazin-2.4-dion* u.: *2-Vinylpyridin*, F. 166—168°, *Jodmethylat*, F. 194—198°; *5-Äthyl-2-vinylpyridin*, F. 139—142°, *Jodmethylat*, F. 211 bis 213°; *4-Vinylpyridin*, F. 158—160°, *Jodmethylat*, F. 190—192°. — Aus *6-Phenyl-1.3-benzoxazin-2.4-dion* u.: *5-Äthyl-2-vinylpyridin*, F. 163—164°, *Jodmethylat*, F. 177,5 bis 180,5°; *4-Vinylpyridin*, F. 170—171°, *Jodmethylat*, F. 214—215°. — Aus *6-OH-1.3-Benzoxazin-2.4-dion* u.: *2-Vinylpyridin*, F. 202—205°, *Jodmethylat*, F. 231—233°; *5-Äthyl-2-vinylpyridin*, F. 192—194°, *Jodmethylat*, F. 210—213°; *4-Vinylpyridin*, F. 260°, *Jodmethylat*, F. 210—212°. — Aus *7-OH-1.3-Benzoxazin-2.4-dion* u.: *2-Vinylpyridin*, F. 217—219°, *Jodmethylat*, F. 243—245°; *5-Äthyl-2-vinylpyridin*, F. 186—188°, *Jodmethylat*, F. 200—204°; *4-Vinylpyridin*, F. 260°, *Jodmethylat*, F. 208—210°. — Die verwendeten Benzoxazine haben die Eigg.: 6-Chlor-1.3-benzoxazin-2.4-dion, F. 280°; dessen 6-Br-Homologes, F. 285—286°; dessen 6-Phenyl-homologes, F. 258—259°; dessen 6-OH-Homologes, F. 303—305°; das 8-CH_3-Homologe, F. 210—212°; das 8-Phenylhomologe, F. 232—234°; das 7-OH-Homologe, F. >310°. — Die Basizität der Pyridylkomponenten reicht zur Durchführung der Rk. im allg. aus. Die Verbb. können mit nichttox. Säuren als Additionsprodd. oder mit quaterniertem N als *Pharmazeutica* zu *krampflösenden, entzündungshemmenden, analget., hypnot.* u. *ganglienblockenden Präpp.* Verwendung finden. (**A. P. 2 835 668** vom 22/6. 1956, ausg. 20/5. 1958.)

K. GÄBELEIN. 4807

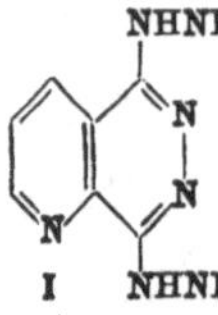

I

Cassella Farbwerke Mainkur Akt.-Ges., Deutschland, *Herstellung von 1.4-Dihydrazinoazaphthalazin* (I), F. 187° (Zers.), dad. gek., daß man Pyridin-2.3-dicarbonsäuredinitril in Dioxan bei 75° mit Hydrazinhydrat in Eisessig versetzt u. mehrere Std. auf ca. 90° erwärmt. — *Heilmittel*. (**F. P. 68 952** vom 29/9. 1953, ausg. 26/8. 1958. D. Prior. 30/9. 1952. **Zusatz zu F. P. 1 074 527; C. 1957. 14 211.**) S. BÖTTCHER. 4807

Sandoz Soc. An., Schweiz, *Herstellung von Phenthiazinderivaten* der allg. Formel I, worin R_1 u. R_2 H, CH_3, Cl, Br, OH oder OCH_3, R_3 H, CH_3 oder C_2H_5 bedeuten, dad. gek., daß man tert. Amine der allg. Formel II mit S-Dihalogeniden cyclisiert. 10-[2′-Piperidyl-(2″)-äthyl-(1′)]-phenthiazine: *3-Chlor-N″-äthyl-*

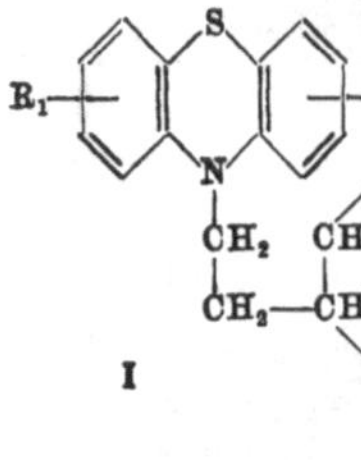

I

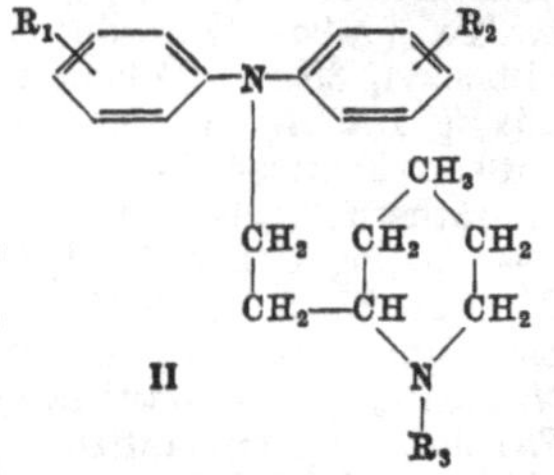

II

Kp.$_{0,015}$ 218° (*Hydrochlorid*, F. 215—217°), aus N-[m-Chlorphenyl]-anilin (Kp.$_{11}$ 185°) u. 2-[N-Äthylpiperidyl-(2′)]-1-chloräthan (Kp.$_{13}$ 99—103°) über *N-[m-Chlorphenyl]-N-[2-(N′-äthylpiperidyl-(2′))-äthyl]-anilin*, Kp.$_{0,01}$ 166°, durch dessen Rk. mit SCl_2 in Benzol. — *3-Brom-N″-äthyl-*, Kp.$_{0,015}$ 222° (*Hydrochlorid*, F. 222—224°), aus N-[m-Bromphenyl)-anilin über *N-[m-Bromphenyl]-N-[2′-(N′-äthylpiperidyl-(2′))-äthyl-(1)]-anilin*, Kp.$_{0,025}$ 186°. — *3-Chlor-* (*Hydrochlorid*, F. 190—192°), aus 2-[Piperidyl-(2′)]-1-chloräthan (Kp.$_{12}$ 84°) über *N-[m-Chlorphenyl]-N-[2-(piperidyl-(2′))-äthyl]-anilin*, Kp.$_{0,01}$ 170 bis 175°. — *3-Methyl-N″-methyl-*, Kp.$_{0,01}$ 197° (*Tartrat*, Zers. >105°), aus N-[m-Methylphenyl]-anilin u. 2-[N-Methylpiperidyl-(2′)]-1-chloräthan über *N-[m-Methylphenyl]-N-[2-(N′-methylpiperidyl-(2′))-äthyl]-anilin*, Kp.$_{0,007}$ 161°. — *3-Methoxy-N″-methyl-*, Kp.$_{0,01}$ 211° (*Tartrat*, Zers. >115°), aus N-[m-Methoxyphenyl]-anilin über *N-[m-Methoxyphenyl]-N-[2-(N′-methylpiperidyl-(2′))-äthyl]-anilin*, Kp.$_{0,01}$ 174°. — *3-Chlor-7-methoxy-N″-methyl-*, Kp.$_{0,01}$ 223° (*Tartrat*, Zers. >100°), aus N-[m-Chlorphenyl]-p-anisidin über *N-[m-Chlorphenyl]-N-[2-(N′-methylpiperidyl-(2′))-äthyl]-p-anisidin*, Kp.$_{0,005}$ 189°. — *3-Chlor-*, Kp.$_{0,05}$ 206—211° (*Hydrochlorid*, F. 213—215°; *Tartrat*, Zers. bei 90—92°) u. *1-Chlor-N″-methyl-*, Kp.$_{0,07}$ 227° (*Hydrochlorid*, F. 195—197°), aus N-[m-Chlorphenyl]-N-[2-(N′-methylpiperidyl-(2′))-äthyl]-anilin (Kp.$_{0,04}$ 182°). — *3-Brom-N″-methyl-*, Kp.$_{0,06}$ 216—218° (*Hydrochlorid*, F. 218—220°), aus N-[m-Bromphenyl]-N-[2-(N′-methylpiperidyl-(2′))-äthyl]-anilin, Kp.$_{0,06}$ 193°. — *N″-Methyl-*, Kp.$_{0,05}$ 194—195°, F. 95 bis

97° (Aceton; *Hydrochlorid*, F. 166—168°), aus N-[2-(N'-Methylpiperidyl-(2'))-äthyl]-diphenylamin, Kp.$_{0,25}$ 193°. — *Dichlor-N''-methyl-*, Kp.$_{0,06}$ 232° (*Hydrochlorid*, F. 202 bis 204°), aus Di-[m-Chlorphenyl]-amin über *[2-(N'-Methylpiperidyl-(2'))-äthyl]-di-[m-chlorphenyl]-amin*, Kp.$_{0,01}$ 180°. — *Chlormethoxy-N''-methyl* (*Hydrochlorid*, F. 110°), aus [m-Chlorphenyl]-[m-methoxyphenyl]-amin über *[2-(N'-Methylpiperidyl-(2'))-äthyl]-[m-chlorphenyl]-[m-methoxyphenyl]-amin*, Kp.$_{0,007}$ 180°. — *Heilmittel*. (**F. P. 1 161 371** vom 3/11. 1955, ausg. 28/8. 1958. Schwz. Priorr. 5/11. 1954, 3/5. u. 23/9. 1955.)

S. BÖTTCHER. 4807

Farbenfabriken Bayer Akt.-Ges., Leverkusen (Erfinder: **Helmut Timmler, Rudolf Lorenz** und **Hans Henecka**, Wuppertal), *1-Alkylnorharmane* (= 1-Alkyl-3-carboline) der allg. Formel I, die im Benzolkern Alkyl oder Alkoxy enthalten können, gewinnt man durch mindestens ½ std. Erhitzen von 1-Alkyl-2-keto-2.3.4.5-tetrahydro-β-carbolinen (II) oder deren Alkyl- oder Alkoxyderivv. mit $POCl_3$: Aus 10 g 1-Methyl-2-keto-2.3.4.5-tetrahydro-β-carbolin u. 100 cm³ $POCl_3$ nach 2 Std. unter Rückfluß → *1-Methylnorharman*, aus Ae.–PAe. F. 109°;

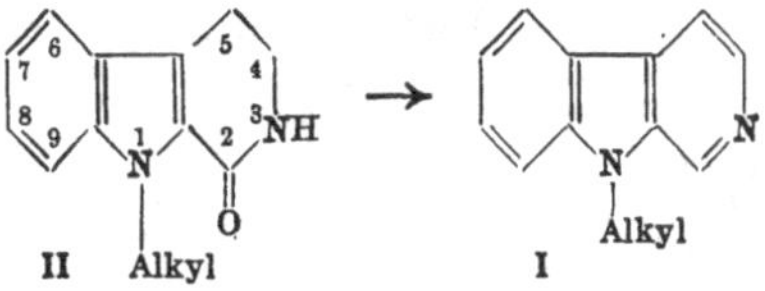

II I

Ausbeute 55%; *Pikrat*, F. 258°; *Hydrochlorid*, F. 290°. — 1-Methyl-2-keto-7-methoxy-2.3.4.5-tetrahydro-β-carbolin → öliges *1-Methyl-7-methoxynorharman*; *Hydrochlorid*, F. 262—263°. — *Zwischenprodd.* zur Herst. von *Heilmitteln*. (**D. A. S. 1 044 821** Kl. 12p vom 5/4. 1957, veröff. 27/11. 1958. **Zusatz zu D. A. S. 1 039 523; C. 1959. 9671.**)

G. KRAUSS. 4807

C. H. Boehringer Sohn (Erfinder: **Karl Zeile** und **Alex Heusner**), Ingelheim/Rh., *Scopolin (I), seine Ester, Äther und quartären Ammoniumverbindungen*. Teloidinon (II), das in 6- oder 7-Stellung mit einer beliebigen einbas. Säure verestert sein kann, wird entweder mit einem Kohlensäureester durch Erwärmen in bekannter Weise in den cycl. II-Ester der allg. Formel III übergeführt oder direkt mit $POCl_2$ in einem inerten Lösungsm. (Toluol, Chlf.) in III umgewandelt, dann die Ketogruppe in 3-Stellung mit H_2 zur Alkoholgruppe katalyt. hydriert, aus dem entstandenen cycl. Teloidinester in bekannter Weise CO_2 abgespalten u. die OH-Gruppen des gebildeten I in bekannter Weise verestert, veräthert u./oder am N-Atom quaternisiert.

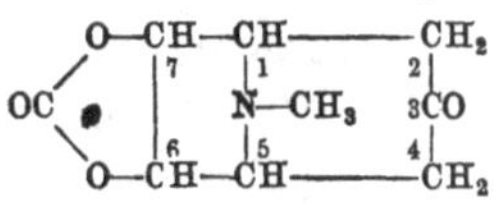

III

Man kann auch Teloidin, dessen OH-Gruppen sämtlich oder nur teilweise verestert sein können, in Ggw. eines Alkali- oder Erdalkalimetalls mit überschüssigem Kohlensäureester erwärmen u. das entstandene Gemisch aus I u. dem gemischten I-Kohlensäureester umestern oder verseifen u. die OH-Gruppen wie vorst. verestern, veräthern oder quaternisieren. — Aus II u. Essigsäureanhydrid in Ggw. von trockenem Pyridin → II-Diacetat, aus Ae.–PAe. Nadeln, F. 83—86°; 85—87% (Ausbeute); daraus mit H_2 in Ggw. von RANEY-Ni bei 90 at → Teloidindiacetat, $C_{12}H_{19}O_5N$, aus Chlf.–PAe. Nadeln, F. 147—149°; Pikrat, F. 207—209°; Hydrochlorid, F. 285°; daraus mit Diäthylcarbonat bei 130° in Ggw. einer 30%ig. Na-Emulsion in Xylol → Mischung aus I u. *Carbäthoxy*-I; daraus mit methanol. KOH unter Rückfluß → I, aus PAe. F. 84—104°; 82%. Aus dieser Mischung kann *Carbäthoxyscopolinpikrat*, $C_{11}H_{17}O_4N \cdot C_6H_3O_7N_3$, gewonnen werden, gelbe Nadeln, F. 204 bis 206°; auch erhältlich aus I u. Diäthylcarbonat in Ggw. von Na bei 120—130°. Vorst. Mischung gibt mit Diphenylessigsäureäthylester in Ggw. von Na bei 120—130° I-*Diphenylessigsäureesterhydrochlorid*, $C_{22}H_{23}O_3N \cdot HCl \cdot \frac{1}{2} H_2O$, aus Aceton–PAe. F. 93—95° u. 117—118° (2 verschied. Formen); daraus mit Methylbromid in Acetonitril bei 50° → I-*Diphenylessigsäureesterbrommethylat*, F. 209°. I + 3.4.5-Trimethoxybenzoesäuremethylester → I-*3.4.5-Trimethoxybenzoesäureester*, aus PAe. F. 134°; *Hydrochlorid*, aus Methanol–Isopropyläther Nadelbüschel, F. 243° (Gasentw.). — I-*p-Butoxybenzoesäureester*, F. 71—73°; *Hydrochlorid*, F. 183—185°. I-*α.α-Diphenyl-α-äthoxyessigsäureesterhydrochlorid*, F. 103—105°. I-*Benzilsäureester*, F. 154—156°; *Hydrochlorid*, F. 228 bis 230°; *Brommethylat*, F. 208°. p-Nitrobenzoylchlorid + I → I-*p-Nitrobenzoesäureester*, aus PAe. gelbe strahlenförmig angeordnete Nadeln, F. 131—133°; *Hydrochlorid*, aus Methanol–Isopropyläther gelbliche Kristalldrusen, F. 263° (Zers.); daraus mit H_2 in Methanol in Ggw. von PtO → I-*p-Aminobenzoesäureester*, aus Bzl.–PAe. blaßgelbe Drusen, F. 181—183°; *Dihydrochlorid*, aus Methanol–Isopropyläther gelbliche kurze Nadeln, Zersetzungspunkt 251° unter Aufblähen. — I + 3.4.5-Trimethoxybenzoesäureazid in Xylol bei 50° → I-*3.4.5-Trimethoxyphenylurethan*, aus Aceton–Bzn. (Kp. 50°) Drusen, F. 146—148° (Gasentw.). p-Butoxybenzoesäurehydrazid, F. 111—113°, oder -azid, F. 32—35°, → I-*p-Butoxyphenylurethan*, F. 100—123°; *Hydrochlorid*, F. 204,5 bis 207,5°. Diphenyldiazomethan + I in Bzl. → I-*Benzhydryläther*, Kp.$_4$ 229—232°, blaßgelbes zähfl. Öl, *Pikrat*, durchscheinende gelbe Platten, F. 190—191°. — II + Diäthylcarbonat in Ggw. 30%ig. Na-Emulsion in Xylol → *II-Carbonat*, $C_9H_{11}O_4N$, aus Chlf.-PAe. Blöcke, F. 218—219°; 45%, daraus mit H_2 in Methanol in Ggw. von Raney-Ni bei 90 at → *Teloidincarbonat*, $C_9H_{13}O_4N$, aus Aceton-PAe. breite Nadeln, F. 198 bis 200° (Gasentw.); daraus durch Erhitzen auf 200° (Ölbad) → I; 87%; auch erhältlich durch Erhitzen in o-Dichlorbenzol in Ggw. von Na-Äthylat; 76%. — *Heilmittel* mit *anästhet.* u. *krampflösender* Wrkg.; *Antihistamine.* (**D. A. S. 1 056 617** Kl. 12p vom 18/2. 1956, veröff. 6/5. 1959.) G. Krauss. 4807

Takeda Pharmaceutical Industries Ltd., Higashi-Ku, Osaka, übert. von: **Yasuo Abe,** Ikeda, Osaka, **Tadatsugu Harukawa,** Sakyoku, Kyoto, **Hisashi Ishikawa,** Higashinada-Ku, Kobe, **Takuichi Miki,** Amagasaki, Hyogo, **Masao Sumi,** Ikeda, Osaka, und **Tadashi Toga,** Ashiya, Hyogo, Japan, *Herstellung eines racemischen Santonins* mit einem F. von 190° (unkorr.). Das Lacton von rac. α-(*3*-Keto-4.9-dimethyl-2-halogen-5-hydroxy-1.2.3.5.6.7.8.9-oktahydro-6-naphthyl)-propionsäure wird mit Pyridinbasen, wie γ-Kollidin, oder Metallhalogeniden dehydrohalogeniert, wobei das Halogen abgespalten u. eine Doppelbindung zwischen C_1 u. C_2 gebildet wird. Statt von dem Lacton kann man auch von der obigen Säure ausgehen. Diese mit 2 Äquivalenten Halogen umsetzen, wobei Halogen in die 2- u. 5-Stellung eingeführt wird, u. das erhaltene Prod. mit den obigen Stoffen dehydrohalogenieren, wobei zuerst das C_5-Halogen u. der H am C_{11} unter Lactonbldg. abgespalten u. dann das Halogen am C_2-Atom in obiger Weise unter Bldg. der Doppelbindung am C_2-Atom entfernt wird. (**A. P. 2 836 604** vom 19/4. 9154, ausg. 27/5. 1958. Jap. Prior. 30/9. 1953.) J. Mühleisen. 4807

N. V. Organon (Erfinder: **Johannes Antonius van Orsouw**), Oss, Holland, *Mittel gegen Migräne* enthält als wirksame Substanz das Alkaloid Raubasin, auch δ-Yohimbin, Ajmalicin oder py-Tetrahydroserpentin genannt (F. 258—259°; Hydrochlorid, F. 289—290°). (**Holl. P. 88 719** vom 7/4. 1955, ausg. 15/7. 1958.) F. Böhm. 4807

Laboratoires Français de Chimiothérapie, Frankreich (Erfinder: **J. Warnant, G. Nomine** und **G. Rousseau**), *Herstellung von 3α-Succinoxy-11.12-diketocholansäure,* F. 270°, $[\alpha]_D^{20}$ +115° (c = 0,5%; Aceton), dad. gek., daß man *3α-Succinoxy-11β-hydroxy-12-keto-*, F. 220—221°, oder *-11-keto-12β-hydroxycholansäure,* F. 186—187°, $[\alpha]_D^{20}$ +75° (c = 1%; A.), die man durch Rk. von 3α.11β-Dihydroxy-12-keto- bzw. 3α.12β-Dihydroxy-11-ketocholansäure mit Bernsteinsäureanhydrid in Pyridin unter Zusatz von Eis u. HCl hergestellt hat, in tert.-Butanol mit N-Bromsuccinimid oxydiert. Die Säure kann in ihre Salze übergeführt werden. — *Therapeuticum.* (**F. P. 1 164 513** vom 17/6. 1955, ausg. 10/10. 1958.) S. Böttcher. 4809

Upjohn Co., übert. von: **John C. Babcock,** Portage, **J. Allan Campbell, John A. Hogg** und **Oldrich K. Sebek,** Kalamazoo, Mich., V. St. A., *6α-Fluor-16α-hydroxyprogesterone* erhält man durch Bebrütung von entsprechenden 16-Desoxyprogesteronen mit einer Kultur von *Streptomyces roseochromogenus.* — Man erhält so *6α-Fluor-11β.16α-dihydroxy-4-pregnen-3.20-dion* u. *6α-Fluor-16α-hydroxy-4-pregnen-3.11.20-trion.* — *Heilmittel.* (**A. P. 2 838 544** vom 19/2. 1958, ausg. 10/6. 1958.) U. Sievers. 4809

Løvens Kemiske Fabrik ved A. Kongsted, Kopenhagen, Dänemark (Erfinder: **Ole Ludvig Bremer** und **Sven Liisberg**), *$\Delta^{1,4}$-3-Keto-4-bromsteroide der Androstan- oder Pregnanreihe* erhält man durch Rk. eines entsprechenden Δ^4-3-Ketosteroids mit wenigstens 4 Atomen Brom/Mol Steroid unter Vermeidung einer Bromierung in 6-Stellung, anschließende Weiterbromierung zum 3-Keto-2.4.5-tribromsteroid u. HBr-Abspaltung nach üblichen Methoden. — Man bromiert z. B. Cortisonacetat in Eisessig u. Chlf. u. in Ggw. von HBr → *4.5-Dibrompregnan-17α.21-diol-3.11.20-trion-21-acetat,* Zers. 160—180°; bromiert weiter in Eisessig → *2.4.5-Tribrompregnan-17α.21-diol-3.11.20-trion-21-acetat* (I), F. 143—145°, u. spaltet hieraus durch Erhitzen mit 2.4.6-Kollidin (II) HBr ab → *4-Brompregna-1.4-dien-17α.21-diol-3.11.20-trion-21-acetat.* Wenn die HBr-Abspaltung aus I mit II in CH_2Cl_2-Lsg. vorgenommen wird, erhält man *2.4-Dibromcortisonacetat,* F. 132—134°. — *Zwischenprodd.* für die Herst. von *Heilmitteln.* (**E. P. 807 578** vom 15/7. 1955, ausg. 21/1. 1959.) U. Sievers. 4809

Upjohn Co., Kalamazoo, Mich., V. St. A., *17-βHydroxy-17α-methylandrostan-3.11-dion,* F. 210° (Zers.); $[\alpha]_D^{24}$ 56°, erhält man durch Oxydation von 11β.17β-Dihydroxy-17α-methylandrostan-3-on mit CrO_3 in Eisessig. — *Heilmittel.* (**E. P. 800 645** vom 19/11. 1956, ausg. 27/8. 1958. A. Prior. 5/12. 1955.) U. Sievers. 4809

Upjohn Co. (Erfinder: **William Paul Schneider, Frank Harris Lincoln** und **John Alexander Hogg**), Kalamazoo, Mich., V. St. A., *11-Hydroxy- beziehungsweise 11-Keto-2-alkyl-4-pregnen-17α-ol-3.20-dione und deren 9α-Halogenderivate.* Man setzt z. B. 2-Methyl-4-pregnen-11β.17α.21-triol-3.20-dion in Ggw. von Pyridin mit Toluolsulfonylchlorid um → *21-Toluolsulfonat des 2-Methyl-4-pregnen-11β.17α.21-triol-3.20-dions*, behandelt dieses mit NaJ in Aceton u. red. die erhaltene 21-Jodverb. mit Zn u. Essigsäure → *2-Methyl-4-pregnen-11β.17α-diol-3.20-dion*, F. 260—264°. — Analog: *2-Methyl-9α-fluor-4-pregnen-11β.17α-diol-3.20-dion*, F. 252—254°; $[\alpha]_D$ 117°. — *Heilmittel.* (**D. A. S. 1 048 913** Kl. 12o vom 30/10. 1956, veröff. 22/1. 1959. A. Prior. 16/11. 1955.) U. Sievers. 4809

Olin Mathieson Chemical Corp., New York, N. Y., V. St. A., *Δ⁴-Pregnen-9β.11β-oxido-17α.21-diol-3.20-dion*, F. 206—208°; $[\alpha]_D^{22}$ +23°; *21-Acetat*, F. 210—212°; $[\alpha]_D^{23}$ +41°, erhält man durch Dehydrobromierung von Δ^4-Pregnen-9α-brom-11β.17α.21-triol-3.20-dion-21-acetat mit $KHCO_3$ in CH_3OH bzw. mit K-Acetat in absol. Alkohol. — *Zwischenprodd.* für die Herst. von *Heilmitteln.* (**E. P. 792 225** vom 10/3. 1954, ausg. 19/3. 1958. A. Prior. 18/3. 1953. **Zusatz zu E. P. 792 223; C. 1959. 8414.**) U. Sievers. 4809

Syntex Soc. An., Mexico, Mexico, *Allopregnan-17α.21-diol-3.11.20-trion-21-hemisuccinat* erhält man durch Veresterung des freien Alkohols mit Bernsteinsäureanhydrid in Ggw. von Pyridin. Der Halbester kann in das Na-Salz übergeführt u. so als *Heilmittel* verwendet werden. (**E. P. 796 007** vom 9/10. 1956, ausg. 4/6. 1958. Mexican. Prior. 13/10. 1955.) U. Sievers. 4809

Upjohn Co., Kalamazoo, Mich., V. St. A., *11β-Hydroxy-21-acetoxy-1.4.17(20)-pregnatrien-3-on*, F. 186—207°, erhält man durch Acetylierung des freien 21-Alkohols mit Acetanhydrid in Pyridin. — *Zwischenprod.* für die Herst. von *Steroidhormonen.* (**E. P. 799 493** vom 8/6. 1955, ausg. 6/8. 1958. A. Prior. 31/1. 1955.) U. Sievers. 4809

Upjohn Co., Kalamazoo, Mich., V. St. A., *Herstellung von 14α-Hydroxy-11-desoxycorticosteron* durch enzymat. Oxydation, wobei man 11-Desoxycorticosteron oder einen 21-Ester davon in wss. Milieu mit O_2 u. lebenden Zellen von Pilzarten, z. B. Mucor, in Kontakt bringt, dad. gek., daß man das gebildete 14α-Hydroxy-11-desoxycorticosteron durch Extraktion oder chromatograph. aus dem Reaktionsgemisch abscheidet. (**Holl. P. 88 092** vom 29/11. 1952, ausg. 16/5. 1958.) K. Demmler. 4809

Merck & Co., Inc., Rahway, N. J., V. St. A., *Phosphorsäurederivate von Steroiden.* Man setzt Steroide vom Typ des Cortisons mit einem Methansulfonylchlorid um, ersetzt die Sulfonylestergruppe durch Jod, setzt anschließend mit einem organ. Phosphat um, ketalisiert die 3ständige Ketogruppe, hydriert das 3-Ketal u. hydrolysiert schließlich die Ketalgruppe. Man kann die einzelnen Stufen in verschied. Reihenfolge durchführen, bes. die Ketalisierung als 1. Stufe vornehmen. — Man verseift z. B. 3-Äthylendioxy-11.20-diketo-17α.21-dihydroxy-Δ^5-pregnen-21-acetat mit $NaOCH_3$ zum freien 21-Alkohol, F. 198—200°, u. verestert diesen mit Methansulfonylchlorid → *3-Äthylendioxy-11.20-diketo-17α.21-dihydroxy-Δ⁵-pregnen-21-methansulfonat* (**I**), F. 201 bis 202°. — Analog: *3.11.20-Triketo-17α.21-dihydroxy-Δ⁴-pregnen-21-methansulfonat*, F. 195—196°. — **I** + NaJ in A. → *3-Äthylendioxy-11.20-diketo-17α-hydroxy-21-jod-Δ⁵-pregnen* (**II**), Zers. 123°. Analog: *3.11.20-Triketo-17α-hydroxy-21-jod-Δ⁴-pregnen* (**III**), Zers. 170—175°. — **II** + Ag-Dibenzylphosphat (**IV**) → *3-Äthylendioxy-Δ⁵-pregnen-17α.21-diol-11.20-dion-21-dibenzylphosphat* (**V**), F. 150—151,5°. — Analog erhält man aus **III** u. **IV** → *Δ⁴-Pregnen-17α.21-diol-3.11.20-trion-21-dibenzylphosphat*, F. 160—162°. — Eine andere Modifikation von **V**, F. 75—83°, erhält man durch Rk. von Δ^4-Pregnen-17α.21-diol-3.11.20-trion-21-dibenzylphosphat mit dem Dioxolan des Mesityloxyds in Ggw. von p-Toluolsulfonsäuremonohydrat. — **V** läßt sich in alkoh. Lsg. u. in Ggw. von N-Methylmorpholin über Pd-Oxyd katalyt. hydrieren → *3-Äthylendioxy-Δ⁵-pregnen-17α.21-diol-11.20-dion-21-phosphat*, aus welchem durch Behandlung mit einem sauren Ionenaustauscher das freie 3-Keton hergestellt werden kann (*Cortisonphosphat*); daraus durch Rk. mit $NaHCO_3$ → *Na-Salz* des *Cortison-21-phosphates*, $[\alpha]_D^{25}$ 145°. Analog läßt sich das *3-Äthylendioxy-Δ⁵-pregnen-17α.21-diol-11.20-dion-21-phosphat-N-methylmorpholinsalz*, F. 195—210°, durch katalyt. Red. von 3-Äthylendioxy-Δ^5-pregnen-17α.21-diol-11.20-dion-21-dibenzylphosphat herstellen. — *Heilmittel*, sowie Zwischenprodd. zu deren Herstellung. (**E. PP. 805 828, 805 829** u. **805 830** vom 3/8. 1955, ausg. 17/12. 1958. A. Prior. 4/8. 1954.) U. Sievers. 4809

Jules Pierre Daniel Santenoise, Paris, Frankreich, *Gewinnung und Reinigung eines auf die Atmungszentren wirkenden Pankreashormons* aus der nach Abtrennen des Insulins verbleibenden Extraktionslsg., dad. gek., daß man die Mutterlauge auf einen p_H-Wert von 2,5 einstellt, mit NaCl sättigt, den Nd. nach Waschen mit A. u. Trocknen im Vakuum zwecks Abtrennen des Vagotonins u. weiteren Insulins in W. bei p_H 6 löst, die Lsg. dialysiert, bei p_H 5 mit einer 20%ig. $ZnCl_2$-Lsg. versetzt, die Lsg. annähernd neutralisiert, die vom Nd. befreite Lsg. auf p_H 2,6 bringt, mit NaCl sättigt, filtriert u. dialysiert u. bei 0° mit ½ Vol. einer 50%ig. LiCl-Lsg. versetzt, den Nd. in 70%ig. A. löst u. bei p_H mit absol. A. fällt. Der getrocknete Nd. wird zur Feinstreinigung erneut in

W. gelöst, die Lsg. auf p_H 4,7—5,0 gebracht, die Ausflockungen werden entfernt, die Lsg. mit 15 Vol.-% absol. A. versetzt, die Lsg. bei 0° in ein Gemisch von 5 (Teilen) absol. A. u. 3 Ae. eingetragen, zentrifugiert, bei p_H 2,7 wie oben mit LiCl versetzt u. der Nd. isoliert. Ausgangsmaterial sind schlachtfrische Rinderpankreasdrüsen bzw. das entsprechende Acetontrockenpulver. (**D. A. S. 1 050 962** Kl. 30h vom 6/11. 1954, veröff. 19/2. 1959. F. Prior. 15/6. 1954.) W. HEYER. 4809

N. Evers and **D. Caldwell**, The chemistry of drugs: 3rd ed. New York; Interscience. 1959. (416 S.) 8°. $ 12,25.

Charles O. Wilson and **Tony Everett Jones**, American drug index, 1959. Philadelphia: Lippincott. 1959. (672 S.) 10°. $ 5,75.

—, Rote Liste. Verzeichnis pharmazeutischer Spezialpräparate der Mitglieder des Bundesverbandes der Pharmazeutischen Industrie e. V. Hrsg.; Bundesverb. der Pharmazeutischen Industrie e. V., Frankfurt/M. 1959. Aulendorf/Württ.; Editio Cantor. 1959. (1007 S.) 8°. DM 15,—.

G. Analyse. Laboratorium.

G. K. T. Conn und **H. N. Daglish**, *Eine Dampffalle für Vakuumsysteme.* Beschreibung der Vorrichtung. (J. sci. Instruments **34**. 245. Juni 1957. Sheffield, Univ.) C. GOTTFRIED. 5026

J. S. Clark und **A. H. Cook**, *Ein photoelektrisches Mikroskop zur Messung linearer Maßstäbe.* Beschreibung des Instrumentes. (J. sci. Instruments **33**. 341—47. Sept. 1956. Teddington, Nat. Phys. Labor.) C. GOTTFRIED. 5056

C. S. Knight, *Eine zweidimensionale papierchromatographische Methode, die Ionenaustausch- und Verteilungsverfahren verbindet.* Durch Einführung saurer oder bas. Gruppen in das Cellulosemol. des Chromatographiepapiers lassen sich Trenneffekte erzielen, die durch die Ionenaustauscherwrkg. der eingeführten Gruppen bewirkt werden. Andererseits kann der Einfl. dieser Gruppen ausgeschaltet werden, wenn in einem p_H-Bereich gearbeitet wird, in dem die Gruppen nicht ionisiert sind. Es wird die Verwendung mehrerer modifizierter Papiere zur Trennung anorgan. Kationengemische beschrieben. So wurden an phosphoryliertem oder carboxyliertem Papier *Hg, Zn, Cd, Bi, Cu, Co, Mn* u. *Fe* getrennt. Als nichtionisierendes Lösungsm. diente Butanol/2n HCl, als ionisierendes in der zweiten Laufrichtung $MgCl_2$-Lösung. Auch an aminoäthyliertem Papier gelingt die Kationentrennung mit Butanol/HCl u. HCl oder Aceton/HCl u. $MgCl_2$. Gegenüber unmodifiziertem Papier ergibt das Verf. schärfere Trennungen. (Nature [London] **183**. 165—67. 17/1. 1959. Springfield Mill, Maidstone, Kent, W. and R. Balston Ltd., Res. Labor.) E. MOISAR. 5062

I. F. Bird, *Ein verbessertes Gitter zur Bestimmung von papierchromatographischen R_F-Werten.* Die Best. der R_F-Werte auf Papierchromatogrammen kann mit einem transparenten Lineal durchgeführt werden. Die oberste der konvergierenden Linien wird an die Lösungsmittelfront gelegt, während die Unterkante auf der Startlinie liegt. Die R_F-Werte der Flecke lassen sich dann an den Zwischenlinien ablesen. (Lab. Pract. **7**. 359—61. Juni 1958. London, Imp. Coll., Res. Inst. of Plant Physiol.) E. MOISAR. 5062

I. M. Issa und **A. A. Abdul Azim**, *Oxydationen mit alkalischem Permanganat unter Verwendung von einwertigem Thallium für die Rücktitration.* 2. Mitt. *Bestimmung von Jodat, Jodid und Hexacyanoferrat (II).* (1. vgl. C. **1956**. 12081.) Es wurden potentiometr. Titrationen von JO_3^-, J^- u. $[Fe(CN)_6]^{4-}$ mit $KMnO_4$ u. nach Oxydation mit überschüssigem $KMnO_4$ Rücktitration mit Tl(I) durchgeführt. Bei Ggw. von Ba^{2+} sind die Potentialsprünge sehr klein u. es kann $Ba(JO_3)_2$ ausfallen u. deshalb nicht oxydiert werden. J^-, JO_3^- u. $[Fe(CN)_6]^{4-}$ können in 1n NaOH durch überschüssiges $KMnO_4$ bei Ggw. einer der $KMnO_4$-Menge äquivalenten Ba^{2+}-Menge quantitativ oxydiert werden. Das überschüssige $KMnO_4$ wird mit Tl(I)-Lsg. zurücktitriert. J^- u. J_2 werden bei Abwesenheit von Ba^{2+} zu JO_3^- u. in Ggw. von Ba^{2+} zu JO_4^- oxydiert. Bei der Oxydation von $[Fe(CN)_6]^{4-}$ wird MnO_2 gebildet. Die Ergebnisse sind bei Ggw. von H_6TeO_6 in 0,025 bis 0,1n NaOH befriedigend. Im Falle der Red. von $KMnO_4$ durch $[Fe(CN)_6]^{4-}$ wird dagegen MnO_4^{2-} gebildet u. die Ergebnisse hängen von der Zugabegeschwindigkeit des $[Fe(CN)_6]^{4-}$ ab. (Analytica chim. Acta [Amsterdam] **14**. 217—24. 1956. Cairo, Univ., Fac. of Sci., Chem. Dep.) H. PLUSKAL. 5066

I. M. Issa und **I. M. El Sherif**, *Oxydationen mit alkalischem Permanganat unter Verwendung von einwertigem Thallium für die Rücktitration.* 3. Mitt. *Bestimmung von dreiwertigem Arsen.* (2. vgl. vorst. Ref.) $NaAsO_2$ kann in 2—3n NaOH mit $KMnO_4$ potentiometr. unter Bldg. von MnO_2 titriert werden. Die besten Ergebnisse werden bei Ggw. von H_6TeO_6 erzielt. Dabei ist der Endpunkt noch schärfer u. weder die Konzz. an NaOH u. $KMnO_4$ noch die Geschwindigkeit der $NaAsO_2$-Zugabe sind kritisch. Auch besteht keine Gefahr weiterer Red. als bis zu Mn(IV). Bei Ggw. der 3—5fachen Menge

Ba^{2+} kann 0,0255n $NaAsO_2$-Lsg. in 1n NaOH durch 0,05n $KMnO_4$-Lsg. unter Bldg. von MnO_4^{2-} titriert werden. Ferner kann man AsO_2^- bestimmen, indem man es tropfenweise zu einer Mischung aus überschüssigem $KMnO_4$ in 1n NaOH u. der 3—5fachen Ba^{2+}-Menge oder zu überschüssigem $KMnO_4$ in 1—2n NaOH gibt u. den $KMnO_4$-Überschuß mit Tl(I) zurücktitriert. ≧ 1 mg As kann bis auf 0,5% genau bestimmt werden. (Analytica chim. Acta [Amsterdam] **14**. 300—05. 1956.) H. PLUSKAL. 5066

I. M. Issa, A. H. Fathalla und **R. M. Issa,** *Oxydationen mit alkalischem Permanganat unter Verwendung von einwertigem Thallium für die Rücktitration.* 4. Mitt. *Bestimmung von Wasserstoffperoxyd.* (3. vgl. vorst. Ref.) Zur Best. von H_2O_2 wurden potentiometr. Titrationen mit $KMnO_4$-Lsg. in alkal. Lsg. durchgeführt. Die direkte Oxydation mit $KMnO_4$ liefert keine genauen Werte. Die Rücktitration liefert in 0,5—3n NaOH nur in Ggw. von H_6TeO_6, nicht in Ggw. von Ba^{2+}, genaue Werte. Die H_2O_2-Konzz. lagen zwischen 0,8 u. 0,08n. Die beiden erhaltenen Potentialsprünge entsprechen MnO_4^{2-} u. MnO_2. Der 2. Sprung ist scharf u. entspricht dem theoret. Wert u. beträgt in 0,1n NaOH ca. 200 mV. Die Potentialeinstellung erfolgt zu Beginn schnell u. nach dem 1. Sprung nach 3 Min. Wartezeit. Genaue Werte liefert auch folgende indirekte Titration: Man oxydiert H_2O_2 in 1n NaOH bei Ggw. von H_6TeO_6 mit überschüssigem $KMnO_4$, das zu MnO_2 red. wird, u. titriert das überschüssige $KMnO_4$ sofort mit 0,03n Tl(I)-Lsg. zurück. Der Fehler beträgt wenige Zehntel %. (Analytica chim. Acta [Amsterdam] **14**. 573—77. 1956.) H. PLUSKAL. 5066

I. M. Issa und **R. M. Issa,** *Oxydationen mit alkalischem Permanganat unter Verwendung von einwertigem Thallium für die Rücktitration.* 5. Mitt. *Bestimmung von Hydrazin.* (4. vgl. vorst. Ref.) Zur Best. von N_2H_4 wurden potentiometr. Titrationen in alkal. Lsg. mit $KMnO_4$-Lsg. durchgeführt. Die direkte Titration, bei der 2 Potentialsprünge auftreten, liefert ungenaue Ergebnisse, gleichgültig, ob H_6TeO_6 anwesend ist oder nicht. Die Titration von $KMnO_4$ mit N_2H_4 liefert gute Resultate; in 0,75—1n NaOH u. Ggw. von Ba^{2+} findet Red. zu MnO_4^{2-} statt, in 0,5—2,5n NaOH entsteht MnO_2. Es treten 2 Potentialsprünge auf, von denen der 2. Sprung scharf ist. Genaue Werte liefert auch die indirekte Bestimmung. Man oxydiert N_2H_4 durch überschüssiges $KMnO_4$ in 1n NaOH bei Ggw. von Ba^{2+} oder H_6TeO_6, wobei K_2MnO_4 entsteht, u. titriert das überschüssige $KMnO_4$ mit Tl(I)-Lsg. zurück. (Analytica chim. Acta [Amsterdam] **14**. 578—82. 1956.) H. PLUSKAL. 5066

I. M. Issa und **I. M. El Sherif,** *Oxydationen mit alkalischem Permanganat unter Verwendung von einwertigem Thallium für die Rücktitration.* 6. Mitt. *Bestimmung von dreiwertigem Antimon.* (5. vgl. vorst. Ref.) Die Titration von Sb(III) mit $KMnO_4$ bei Ggw. von Ba^{2+} ist nicht quantitativ. Bei Ggw. von H_6TeO_6 dagegen u. in ≦ 0,5n NaOH bildet sich quantitativ MnO_2. Bei höheren Alkalikonzz. ist ein Zusatz von Weinsäure erforderlich, da sonst auch Red. zu Mn_2O_3 stattfindet. Zur Best. von Sb(III) fügt man die Sb(III)-Lsg. tropfenweise unter Rühren zu einer Lsg. aus überschüssigem $KMnO_4$ u. H_6TeO_6 bei Ggw. von 1—2n NaOH u. titriert das überschüssige $KMnO_4$ gegen Tl(I)-Lsg. zurück. Für 0,67—13 mg Sb beträgt der maximale Fehler 0,55%. (Analytica chim. Acta [Amsterdam] **15**. 4—11. Juli 1956.) H. PLUSKAL. 5066

M. Pećar, *Eine neue einfache Einrichtung für die gravimetrische Mikrotitration.* Für gravimetr. Mikrotitrationen werden eine gravimetr. Mikrobürette u. ein Mikrotitrationtaster beschrieben. Die Mikrobürette besteht aus einem 5 ml-ERLENMEYER-Kolben, durch den in der Nähe des Bodens eine sehr dünne Capillare führt, die rechtwinklig nach unten in einer feinen Spitze endet. Diese Spitze ist so eng, daß auch bei gefüllter Flasche Fl. nur ausfließt, wenn die Spitze mit der Titrationslsg. in Berührung kommt. Diese befindet sich auf einer vibrierenden Prozellanplatte eines Mikrotitrationstasters. Man bringt die Lsg. durch einen einfachen Druck in Berührung mit der Bürettenspitze. Beim Loslassen wird die Zugabe unterbrochen u. gleichzeitig gerührt, was durch einige Spiralfedern bewirkt wird. (Bull. sci. [Yougoslavie] **3**. 7—8. Juli 1956. Zagreb, Univ., Fac. of Pharmac., Inst. of Inorg., Analyt. and Physic. Chem.) H. PLUSKAL. 5066

V. Pandu Ranga Rao und **G. Gopala Rao,** *Triphenylmethanfarbstoffe als Oxydations-Reduktions-Indicatoren bei Titrationen mit Cer(IV)-perchlorat. Erioglaucin A, Eriogrün B* u. *Xylencyanol FF* können als innere Indicatoren bei der Titration von Fe^{2+}, *U(IV), Oxalsäure* u. *Hydrochinon* mit Ammoniumcernitrat in 0,5—4n $HClO_4$ dienen. Die Titration kann mit n. Geschwindigkeit erfolgen u. zeigt einen scharfen Umschlag von Gelb nach Orangerot. Der Umschlag ist reversibel, jedoch wird der Indicator von überschüssigem Oxydationsmittel langsam irreversibel zersetzt. Die Meth. ist zur Best. von As^{3+} weniger u. zur Best. von Mo(V) u. V(VI) nicht geeignet. (Z. analyt. Chem. **168**. 172—77. 1959. Waltair, India, Andhra Univ., Dep. of Chem.) E. DEHMLOW. 5068

Kiron Kumar Kundu und **Mihir Nath Das,** *Quecksilber(II)-acetat als analytisches Reagens in der nichtwässerigen Titrimetrie.* Die Rk. zwischen *Hg(II)-Acetat* u. Halogenidionen kann für verschied. Bestimmungen in nichtwss. Medien herangezogen werden. Vff. verwendeten glykolhaltige Lösungsmittel. Langkettige *quaternäre Halogenide* (Kationenseifen) wurden in Glykol mit $HClO_4$ in Ggw. von Hg(II)-Acetat bestimmt. Gemische von *Na-* u. *Hg-Acetat* wurden potentiometr. mit $HClO_4$ titriert. Nach Titration des Na-Salzes trat ein Wendepunkt auf, worauf NaCl in Glykol zugesetzt u. das gebildete Na-Acetat weitertitriert wurde. — In Ggw. anderer *Schwermetallacetate* wird zunächst der Gesamtacetatgeh. durch Titration in Glykol–Chlf. mit HCl in Butanol unter Verwendung von Bromthymolblau als Indicator ermittelt. Dann wird eine Probelsg. (in Glykol–Methanol) mit Styrol versetzt, wobei eine Additionsverb. entsteht, die im Gegensatz zu Hg-Acetat nur 1 Mol HCl bei der Titration verbraucht. Best. bin. Gemische aus *HCl* u. *starken einbas. Säuren* können durch Titration mit Na-Acetat in Glykol (Gesamtacidität), anschließendes Versetzen mit Hg-Acetat (aus gebildetem NaCl wird Na-Acetat) u. Titration mit $HClO_4$ erfolgen. Nach einem 2. Verf. wird mit einer abgemessenen Menge Hg-Acetat versetzt, worauf die erste Säure direkt mit Na-Acetat titriert werden kann. Nach dem Wendepunkt wird mit HCl titriert, wobei überschüssiges Na- u. Hg-Acetat erfaßt werden. Zur Best. von *Mercaptanen* wird mit überschüssigem Hg-Acetat in Methanol versetzt, worauf mit HCl in Butanol zurücktitriert wird. (Analytic. Chem. **31.** 1358—61. Aug. 1959. Calcutta, India, Jadavpur Univ., Physic. Chem. Dep.)
E. DEHMLOW. 5068

Jan Pinkava und **Zdeněk Večeřa,** *Registrierendes Calorimeter.* Es wurde ein vereinfachtes selbstregistrierendes Calorimeter entworfen. Die Empfindlichkeit ist genügend groß — 1 mm entspricht der Erhöhung der Temp. um 0,002°. Die Genauigkeit beträgt $\pm 1\%$. Ein Vorteil dieses App. ist die Kontinuierlichkeit der Registrierkurve. (Chem. Průmysl **9** (**34**). 135—37. März 1959. Praha, Vysoká škola chem.-technol.; Praha, Ministerstvo chem. průmyslu.) J. SCHNEIDER. 5084

R. W. Attree, R. L. Cushing, J. A. Ladd und **J. J. Pieroni,** *Differentialcalorimeter vom Tian-Calvet-Typ.* Ausführliche Beschreibung der Konstruktion u. Arbeitsweise sowie der elektr. Meßeinrichtungen eines Differentialmikrocalorimeters zur Best. von Lösungswärmen zwischen 0,01 u. 2 cal mit einer Präzision von besser als 1%. Die Messung u. Registrierung der Temperaturdifferenzen zwischen den Reaktionsgefäßen u. dem auf konstanter Temp. gehaltenen Calorimeterblock (aus Dural) erfolgt mit Fe-Konstantan-Thermosäulen, deren Thermospannungen nicht auf ein Galvanometer, sondern auf einen Gleichspannungsvertärker gegeben werden, an dessen Ausgang über entsprechende Empfindlichkeitsregler ein Schreiber angeschlossen ist. Zu einer noch weitergehenden Vereinfachung des Aufbaus sowie des Meßvorganges führt die zusätzliche Einschaltung eines elektron. Analogintegrators zur direkten Aufzeichnung der Reaktionswärme. (Rev. sci. Instruments [N. S.] **29.** 491—96. Juni 1958. Ontario, Canada, Chalk River, Atomic Energy of Canada Ltd.) W. WAGNER. 5084

Stuart R. Gunn, *Calorimeter mit bewegter Bombe zur Messung von Lösungswärmen.* Beschreibung eines Calorimeters zur Messung von Wärmetönungen schnell verlaufender Rkk. in fl. Phasen, bei denen gasförmige Prodd. entstehen. Das Calorimetergefäß befindet sich in einem evakuierbaren Behälter, der völlig im Thermostaten untergetaucht ist. Zur Mischung der Komponenten u. schnellen Erreichung des Gleichgewichts zwischen den beiden Phasen wird das Gefäß in einem Winkel von 150 bzw. 240° hin u. her geschwenkt. Zur Prüfung wurde die Lösungswärme von *KCl* in luftgesätt. *W.* bei 25° gemessen u. für das Mol-Verhältnis $n_{H_2O}/n_{KCl} = 200$ ein Wert von $4206{,}5 \pm 0{,}34$ cal erhalten. (Rev. sci. Instruments [N. S.] **29.** 377—80. Mai 1958. Livermore, Calif., Univ. of California, Radiat. Labor.) W. WAGNER. 5084

J. Goodkin, C. Solomons und **G. J. Janz,** *Calorimetrische Anordnung zur Messung der Schmelzwärmen anorganischer Verbindungen.* Für die Messung der Schmelzwärmen anorgan. Salze, die bis 500° schm., wird ein einfaches Calorimeter beschrieben, über dem sich ein beweglicher elektr. Ofen befindet. Die zu untersuchende Probe wird in diesem oberen Ofen in einer luftdicht verschlossenen Pt-Kapsel auf die gewünschte Temp. gebracht u. dann direkt in eine Kammer des Calorimeters fallen gelassen, die sich in einem Flüssigkeitsbad befindet. Die Durchführung u. Auswertung einer Versuchsserie — mit Eichprobe u. zu untersuchendem Stoff — werden beschrieben u. die Fehlermöglichkeiten eingehend diskutiert. Für die Schmelzwärme wird eine Genauigkeit von $\pm 2\%$ erhalten. Die Reproduzierbarkeit der Messungen wird an einem eutekt. LiCl–KCl-Gemisch (F. 354,1°) demonstriert. (J. appl. Physics **29.** 105—08. Febr. 1958. Troy, N. Y., Rensselaer Polytechnic Inst., Dep. of Chem., Walker Labor.) H. SCHINKE. 5084

a) Elemente und anorganische Verbindungen.

A. N. Saidel und **A. A. Petrow,** *Spektralisotopenbestimmung von Wasserstoff in Metallen.* (Vgl. C. **1957.** 8306 u. 9303.) Durch Austausch zwischen H u. D in einem entgasten Quarzrohr u. spektroskop. Best. des Verhältnisses der Konzz. C_{H_2}/C_{D_2} (Best. der Intensitäten der α- u. β-Linie der Balmer-Serie) kann der H-Geh. in Metallen ohne Zuhilfenahme von Standardproben ermittelt werden. Die Genauigkeit der Meth. beträgt 4—8%, die Empfindlichkeit entspricht einer Best. von 0,5 cm^3 H_2 in 100 g Metall. Als Beleganalysen werden Unterss. an Al, Armco-Fe, C-Stahl u. Ti mitgeteilt. Eine Analyse kann in 15 Min. bis 1 Std. durchgeführt werden. (Вестник Ленинградского Университета, Серия Физики и Химии [Nachr. Leningrader Univ.] **12.** Nr. 10. [Ser. Physik Chem.] Nr. 2. 40—51. 1957.) R. K. Müller. G 238

Miroslav Matrka und **František Navrátil,** *Eine colorimetrische Bestimmung von Nitriten mit N.N'-Tetramethylbenzidin.* Es wurde eine einfache colorimetr. Meth. zur Best. von kleinen Mengen NO_2^- ausgearbeitet. Das Prinzip der Meth. liegt in der Oxydation von N.N'-Tetramethylbenzidin mit HNO_2 zu Diphenochinon-4.4'-bis-[dimethylimonium]-chlorid, welches photometr. bestimmt wird. Die Meth. eignet sich auch zur *Cl-*, *Br-* u. CrO_4^{2-}-Bestimmung. (Chem. Průmysl **9** (**34**). 75—76. Febr. 1959. Pardubice-Rybitví, Výzkumný ústav organ. syntéz.) J. Schneider. G 243

Giovanni Ferrari, *Verfahren zur quantitativen Bestimmung von HNO_2, $H_2N_2O_2$, NH_2OH und NH_4OH in wässerigen Gemischen.* Die Bestimmungen werden ausschließlich colorimetr. unter Benutzung der Rkk. von Griess u. Nessler ausgeführt. UV-Strahlung verursacht durch Red. von NO_3^--Lsgg. in Ggw. organ. Substanzen die Bldg. von 5 verschied. Wertigkeitsstufen des N. Außerdem wird die Oxydation von $H_2N_2O_2$ u. NH_2OH mit J_2 ausgenutzt. V e r f a h r e n: Nach vorhergehender Zers. des NO_2^- mit NH_2SO_3H wird NO_3^- colorimetr. mit Diphenylamin bestimmt. Für die weiteren Unterss. sind zu unterscheiden: 1. Fall der Ggw. organ. Substanzen, z. B. Aldehyde, die mit Nesslers Reagens reagieren. Man versetzt n ml Probelsg., die 0,25—2,5 γ NO_2^--N enthalten, mit 1 ml 20%ig. *Na-Acetat* (I)-Lsg. + 2 ml 0,5%ig. *Sulfanilsäure* (II)-Lsg. in Essigsäure (3 : 5), dann mit 1 ml 0,3%ig. *Naphthylamin* (III)-Lsg. in Essigsäure (6 : 20), um aus der mit Lange-Colorimeter hinter Grünfilter nach 20 Min. gemessenen Farbstärke a die NO_2^--Konz. zu entnehmen. Eine gleiche Menge n ml Probelsg. wird mit 1 ml I-Lsg. + 1 ml (zum Erhalt der gleichen Säurestärke wie in Vers. a) II-Lsg. + 1 ml 0,05n J_2-Lsg. in Eisessig + 0,05n $Na_2S_2O_3$-Lsg. (gerade bis zur Entfärbung) + 1 ml II-Lsg. vermischt, wodurch eine Färbung b entsteht, die der ursprünglich vorhandenen u. der aus NH_2OH u. $H_2N_2O_2$ gebildeten Menge NO_2^- entspricht, so daß b — a die Summe von NH_2OH + $H_2N_2O_2$ angibt, die nicht voneinander unterschieden werden können. Zu einer weiteren Menge Probelsg., die 5—30 γ NH_3-N enthält, gibt man J_2-Lsg. bis zu schwachgelber Färbung + NaOH gerade bis zur Entfärbung + 10 ml *Boraxpuffer* (IV)-Lsg. (25%ig. H_3BO_3-Lsg. + NaOH bis zum p_H 12) + 1 ml 5%ig. *Gummi arabicum* (V)-Lsg., füllt auf 50 ml auf. Dann gibt man 1 ml n. Nesslers Reagens zu, schüttelt heftig u. liest 10 Min. später hinter Blaufilter den Wert c ab, der, mit Eichproben verglichen, den NH_3-Geh. liefert. 2. Fall der Abwesenheit organ., die Nessler-Rk. störender Substanzen. Die Werte a, b u. c werden wie oben bestimmt. Außerdem gibt man eine Probe, die 5—30 γ N, der NH_3 + NH_2OH entspricht, enthält, in einen graduierten 50-ml-Zylinder u. in ebensolche Zylinder c entsprechende Mengen NH_4OH sowie steigende Mengen NH_2OH. Dazu kommen in jeden Zylinder 10 ml IV-Lsg. + 2 ml V-Lsg., die zum Vol. aufgefüllt werden. Danach gibt man in jeden Zylinder 1 ml Nesslers Reagens, schüttelt u. mißt nach 10 Minuten. Da in allen Zylindern die gleiche Menge NH_3 enthalten ist, entspricht der Wert d des Farbüberschusses dem NH_2OH-Geh., so daß b — a — d den Geh. an $H_2N_2O_2$ angibt. Das Verf. ist schnell u. sehr zuverlässig. (Ann. Chimica **48.** 322—28. April/Mai 1958. Padova, Univ., Ist. Chim. agrar.)
W. Metzener. G 243

H. Kubota und **J. G. Surak,** *Bestimmung von Fluorid durch konduktometrische Titration.* Es wird die Rk. zwischen Fluor- u. Lanthanionen für eine volumetr. Halbmikrobest. des F^- benutzt, wobei der Endpunkt durch Leitfähigkeitsmessung bestimmt wird. Voraussetzung für gute Genauigkeit ist die geringe Anwesenheit anderer Ionen. Die Titration wird am besten in einem Destillat der Willard-Winter-Trennung [1933] durchgeführt. Die modifizierte Destillationsapp. (Abb.) ermöglicht einen schnellen Wechsel der Destillationskolben. Es wurden Standardfluorid-Lsgg. untersucht, wobei die relative Standardabweichung für die Titration 0,15%, für die Dest. u. Titration 1,8% betrug. (Analytic. Chem. **31.** 283—86. Febr. 1959. Oak Ridge, Tenn., Oak Ridge Nat. Labor.)
D. Apel. G 246

A. C. D. Newman, *Eine spektrophotometrische Untersuchung der Reaktion zwischen Fluorid und dem Komplex von Natriumchinalizarinsulfonat mit Aluminium.* Vf. beschreibt die Herst. eines wasserlösl. *Na-Chinalizarindisulfonats* (I) u. gibt das Absorptionsspektr. zwischen 220 u. 600 mμ an. Außerdem wird die Rk. von I mit Al^{3+} spektrophotometr. in Abhängigkeit von der Al-Konz., dem p_H u. von Zusätzen an F^- untersucht. I bildet mit Al^{3+} ein oder mehrere gefärbte Komplexe mit Absorptionsmaxima bei 265 u. 495 mμ. Bei p_H 3,9 wird der Komplex merklich von F^- angegriffen. Dieser Bleicheffekt kann zur Best. von F-Mengen zwischen 16 u. 320 μg benutzt werden. Das Verf. wird durch Fe^{3+}, Al^{3+}, Ca^{2+}, Mg^{2+} u. PO_4^{3-} gestört; die Ausschaltung dieser Störungen gelingt durch Ionenaustausch an stark bas. Anionenaustauschern. Ist die Anwendung des Austauschverf. notwendig, so macht sich störend bemerkbar, daß die opt. Absorption von I-Lsgg. in starkem Maße p_H-abhängig ist. Die Meth. ist nur dann genau, wenn der p_H-Wert auf $\pm 0,01$ eingehalten werden kann. (Analytica chim. Acta [Amsterdam] **19.** 580—86. 1958. Harpenden, Herts., Lawes Agric. Trust., Rothamsted Exp. Stat.) HERBERT MÜLLER. G 246

J. Coursier und **J. Saulnier,** *Abtrennung von Fluorspuren aus Aluminiumsalzen(III) durch Ionenaustauscher.* Die Trennung Al^{3+}/F^- auf Anionenaustauschern wurde untersucht im sauren Milieu mit Amberlite IR-120 u. 0,0—0,5n HCl als Elutionsmittel u. im alkal. Milieu mit Amberlite IRA-400 u. 0,2—0,4n NaOH als Elutionsmittel. Für die quantitative Best. von 50—0,01% F^- in Al wird folgende Meth. empfohlen: Ca. 30 g Amberlite IRA-400 in einer Säule von 54 cm × 1 cm^2 werden nacheinander mit je 100 ml 2n NaOH, W., 0,2n NaOH behandelt. Fließgeschwindigkeit 2—2,5 ml/Minute. Dann läßt man die Aluminatlsg. (50 ml mit ca. 100 mg Al, 10 mg—10 μg F^-) durchfließen, wäscht zur Entfernung des Al mit 280—300 ml 0,2n NaOH u. eluiert das F^- (je nach Menge) mit 100—250 ml 1n NaOH. Die quantitative Best. des F erfolgt photometr. bis herab zu 1 mg mit Fe(III)-Sulfosalicylat u. bis herab zu 2 μg/100 ml mit der Eriochromcyamin-R-Verb. des Zr. (Analytica chim. Acta [Amsterdam] **14.** 62—65. 1956. Paris, École Supér. de Phys. et de Chim., Labor. de chim. analyt.) F. UMLAND. G 246

Harvey Zibulsky, M. F. Slowinski und **J. A. White,** *Colorimetrische Bestimmung von Aluminium in hitzebeständigen Legierungen.* Die Best. des Al erfolgt mit *8-Hydroxychinolin* in Chlf. bei einer Wellenlänge von 380 mμ für geringe, bei 425 mμ für größere Al-Mengen. Das Verf. eignet sich zur Erfassung von 0,01—6% Al in Stählen u. hitzebeständigen Legierungen. Störelemente werden durch Extraktion mit Cupferron-Chlf. u. Maskierung mit Ammoniumtartrat u. NaCN ausgeschaltet. Genauigkeit der Meth. 0,05% des Gesamt-Al. (Analytic. Chem. **31.** 280—81. Febr. 1959. Dover, N. J., Austenal, Inc.) G. SCHULZE. G 294

L. Ss. Feldman, G. A. Prochorow und **T. A. Bronnikowa,** *Photoelektrischer Analysator zur Analyse von Aluminiumlegierungen.* Beschreibung einer App. für Schnellanalysen von Al-Legierungen (Al-4, Al-5, Al-10). Es wurden Fe u. Mg im Konzentrationsbereich 0,1—0,8% u. 0,2—1,15% Fe bei einmaliger Einstellung der App. bestimmt. Benutzt wurden folgende Linien: Mg 5183,62 Å, Fe 4383,55 Å: Die Al-Linien besitzen in diesem Gebiet große Intensität. Als Vergleichslinie wählten Vff. den Untergrund zwischen den Linien Al 3944,03 Å u. Al 3961,53 Å. Beide Elektroden waren aus dem Material der Probe gefertigt, die flach u. hemisphär. zugeschliffen waren. Die Spaltbreite war 0,15 mm. Mittlerer arithmet. Bestimmungsfehler für niedrigen u. hohen Fe-Geh. ±2,9 u. ±3,8% (Fehler für Mg ±2,5 u. ±3,8%). Der Fehler bei der photoelektr. Meth. ist etwas kleiner als bei der spektralanalytischen. Analysendauer ca. 3 Minuten. (Заводская Лаборатория [Betriebs-Lab.] **24.** 776—78. 1958.) E. STEINBERG. G 294

William A. Brooksbank jr. und **George W. Leddicotte,** *Neutronenaktivierungsanalyse von Aluminiumlegierungen.* Vff. berichten über die Ergebnisse einer Reihe von Aktivierungsanalysen von Al-Legierungen, für die Werte der NBS vorlagen. Bestimmt wurden *Cu, Mn, Ni, Fe, Zn* u. *Ti* sowie Spurenverunreinigungen. Der Vgl. der erhaltenen Werte mit den nach anderen Methoden erhaltenen zeigt, daß die Aktivierungsanalyse von Mn, Fe u. Ti in Al-Legierungen gute Ergebnisse liefert. Die Genauigkeit liegt zwischen 5 u. 7%. Einige zur Erzielung befriedigender Ergebnisse auch für die anderen Elemente notwendige experimentelle Maßnahmen werden erläutert. (Analytic. Chem. **30.** 1785—88. Nov. 1958. Oak Ridge, Tenn., Oak Ridge Nat. Labor., Analyt. Chem. Div.) H.-U. WOELK. G 294

L. Erdey, E. Gegus und **E. Kocsis,** *Spektralanalytische Bestimmung des Magnesium-, Zink-, Vanadin- und Chromgehaltes von Reinaluminium unter Anwendung einer durchbohrten Elektrode.* (Vgl. C. **1957.** 8018.) Die von Vff. entwickelte Zerstäubungsmeth. mit durchbohrter Elektrode (vgl. l. c.) wurde zur Best. des *Mg-*, *Zn-*, *V-* u. *Cr*-Geh. in *Al* verwendet. Die Aufnahme erfolgte nach 60—90 Sek. Vorfunken, mit 0,6 atü Luftdruck, C = 6000 pF, L = 0,8 mH, Spitzenspannung 20 kV, I = 2,5 A im Primärstromkreis des Transformators, Elektrodenabstand von 2 mm u. Spaltbreite von meist 0,020 mm. Verwendete Analysenpaare waren: Mg 2795–Al 3050; Mg 2790–Al 3050; Zn 3345–Al 3050; V 3102–Al 3050; V 3110–Al 3050 u. Cr 2677–Al 2652. Eine Untergrundstrahlungskorrektur wurde durch Vermittlung einer KAISERschen P-Transformation u. nach HOHNER-JÄGER-SOHM vorgenommen u. danach Eichkurven aufgestellt. Es können nach diesem Verf. 0,001—17,5% Mg, 0,008—2% Zn, 0,003—1% V u. 0,003 bis 2% Cr mit einem durchschnittlichen Fehler von 4—5% bestimmt werden. Nach Anwendung eines Anreicherungsverf. von TSCHERNICHOW u. DOBKINA (C. **1951**. I. 763) konnte V noch bis zu 0,0003% bestimmt werden. (Acta chim. Acad. Sci. hung. **11**. 277—93. 1957. Budapest, TU, Inst. für Allg. Chem.) H. PLUSKAL. G 294

J. Bril, *Spektrophotometrische Bestimmung von Aluminium und Eisen in industriellen Siliciumsorten.* Unter Verwendung der differentialcolorimetr. Meth. wurden mit wss. 0,2%ig. Ferron (8-Hydroxy-7-jod-5-chinolinsulfonsäure)-Lsg. spektrophotometr. (Modell: JOBIN & YVON, Type: MAROC) die Absorptionskurven der Al-Ferron (I) u. Fe-Ferron (II)-Komplexverbb. zwischen 345 u. 700 mμ untersucht. In Fe^{3+}- u. Al^{3+}-haltigen Lsgg. (p_H 4,7, 50 μg/Liter) lagen Maxima für I bei 365 mμ, für II bei 360 u. 600 mμ, Minima für I bei 440 mμ (negativ), für II bei 420 mμ. Die Best. war mit einer gewissen zeitlichen Abnahme der Empfindlichkeit verbunden: Für I lag die Abnahme nach 25 Tagen bei 22,5%, für II betrug sie nur 2%. Die Ggw. von Fremdionen, wie Cu^{2+}, Zn^{2+} u. Ti^{4+} wurde berücksichtigt. Anwendung fanden die Unterss. bei der Analyse von Silicium (99,8% Si; III), Ferrosilicium (IV) sowie Ferrobor. Die für III gefundenen Fe-Werte lagen wenig unterhalb der mit o-Phenanthrolin erhaltenen Werte. Ebenfalls lagen die für IV ermittelten Al-Werte etwas unterhalb der als Oxinat gravimetr. gefundenen Al-Werte. (Mikrochim. Acta [Wien] **1958**. 212—19. St.-Jean-de-Maurienne, Comp. Pechiney, Labor. du Serv. de Rech. de Fabricat.) C. FREESE. G 354

Antonín Fiala und **J. Kasl**, *Schwierigkeiten bei der genauen Bestimmung kleiner Aluminiummengen in Stahl.* Die Ungenauigkeiten bei der Best. von Al in der Größenordnung von 0,03—0,1% in Stahl werden durch richtige Probenahme, genügend hohe Einwaage u. mehrfache Wiederholung der Analyse an verschied. Probestellen beseitigt. Einfll. auf die Al-Verteilung im Stahl mit Skizzen u. Mikroaufnahmen. (Hutnické Listy **10**. 417—19. Juli 1955. Plzeň, Závody V. I. Lenina.) E. ROTTER. G 354

Ju. W. Moratschewski und **S. Ss. Baschun**, *Untersuchung der Bedingungen zur Abtrennung von Zink und Kobalt von Aluminium und Eisen unter Kontrolle nach der Methode der markierten Atome.* Vff. untersuchen die Bedingungen einer quantitativen Trennung des *Zn* u. *Co* von *Al* u. *Fe* in wss. Lsg. durch Ausfällung der letzteren mit NH_3, als bas. Acetate u. mit Pyridin. Für die Meth. der Fällung mit NH_3 wird festgestellt, daß die völlige Trennung nur in dem engen p_H-Bereich von 5,5—5,9 möglich ist; außerdem darf die Lsg. keinesfalls weniger als 5% Ammoniumsalze enthalten. Unter diesen Bedingungen läßt sich die Trennung dieser Elemente ohne Rücksicht auf das Mengenverhältnis, in dem sie vorliegen, durchführen. $Fe(OH)_3$ wirkt als „Kollektor" für das $Al(OH)_3$: In Ggw. von Fe^{3+} ist die quantitative Ausfällung von Al^{3+} schon bei relativ kleinem p_H-Wert möglich. Die Meth. der Acetathydrolyse ist nicht anwendbar, wenn nur Al neben Zn u. Co vorliegt, da in diesem Falle Al sehr unvollständig ausfällt. Bei Anwesenheit von Fe^{3+} in einer die des Al übersteigenden Menge tritt dieser Fehler nicht auf. Die Ausfällung von $Fe(OH)_3$ u. $Al(OH)_3$ durch Pyridin bei $p_H > 6$ erweist sich als vorzügliche Trennungsmeth., wenn eine NH_4-Salzkonz. von 8 g/100 ml Lsg. nicht unterschritten wird. (Известия Академии Наук СССР, Отделение Химических Наук [Nachr. Akad. Wiss. UdSSR, Abt. chem. Wiss.] **1956**. 1185—96. Okt., Inst. für Silicatchem. der Akad. der Wiss. der UdSSR.) H.-J. OSTMANN. G 354

J. Dick und **Fr. Mihai**, *Eine neue Schnellmethode zur gravimetrischen Bestimmung von Kobalt.* Eine neutrale oder schwach salpetersaure Lsg. von 0,1—0,2 g Co^{2+} in 50 bis 80 ml W. wird mit 20—30 ml 2%ig. Lsg. von *5-Nitrobarbitursäure* (I) in 40%ig. A. gefällt. Der Nd. besteht aus $Co(C_4H_2N_3O_5)_2 \cdot 8\ H_2O$ (Zus. auf Grund von Co-, C-, H- u. N-Geh.), rötliche Nadeln, unlösl. in W., A., Ae. u. 2%ig. HNO_3. Dann wird durch Glasfilter (G 4) filtriert, mehrmals mit 30%ig. A., mit 95%ig. A. u. schließlich mit Ae. gewaschen, im Luftstrom der Wasserstrahlpumpe getrocknet u. gewogen, Faktor 0,1077. Die Best. dauert ca. 20 Min., geringe Mengen NH_4-Salze stören nicht, wohl aber Ni, Cu, Cd, Pb u. Zn. Empfindlichkeit 0,5 γ Co/ml. Die Meth. eignet sich bes. für techn. Serienanalysen. Eine Vorschrift zur Darst. der Verb. aus $Co(NO_3)_2$ u. I wird angegeben. (Studii Cercetări ştiinţ. [Timişoara], Ser. Ştiinţe chim. **4**. Nr. 1/2. 73—77. Jan./Juni 1957. Timişoara, Baza de Cércetări ştiinţifice a Academiei R.P.R.)
W. SCHMIDT/Timişoara. G 355

Gerald Goldstein, D. L. Manning und **Oscar Menis,** *Spektrophotometrische Bestimmung von Kobalt mit 1-(2-Pyridylazo)-2-naphthol. Abtrennung von störenden Ionen.* Optimale Bedingungen zur spektrophotometr. Best. von μg-Mengen Co mit 1-(2-Pyridylazo)-2-naphthol (PAN) werden festgelegt. Die Probelsg. wird in 10mol. HCl heiß durch eine Anionenaustauschersäule geschickt u. mit 4n HCl eluiert. Nach Oxydation zu Co(III) mit Perjodat läßt sich der Co(III)–PAN-Komplex mit Chlf. extrahieren. Seine Absorptionsmaxima liegen bei 590 u. 640 mμ. Zur Vermeidung von Störungen durch andere Metalle (Cu^{2+}, Fe^{3+}, Ni^{2+}) arbeitet man bei 640 mμ. 0,2 ml einer 0,1%ig. PAN-Lsg. genügen zur Best. von Mengen bis zu 12 γ Co. Im p_H-Bereich 3—6 ist die Extinktion konstant. Das LAMBERT-BEERsche Gesetz wird von 0,5—12 γ Co in 5 ml Lsg. befolgt (optimaler Konzentrationsbereich 0,6—2 γ Co, Variationskoeff. 3%). Die Farbe ist mindestens 24 Std. beständig. Die Komplexzus. ist PAN:Co = 2:1. Temperatur- u. Konzentrationseinfl. der HCl beim Ionenaustausch werden untersucht. Die durch den Austausch nicht abgetrennten Spuren von Störelementen werden mit Citronensäure maskiert. Cu muß vorher elektrolyt. entfernt werden. Das Verf. eignet sich zur Co-Best. in Th-Oxyden u. in Stählen. (Analytic. Chem. **31.** 192—95. Febr. 1959. Oak Ridge, Tenn., Oak Ridge Nat. Labor., Analytic. Chem. Div.) G. SCHULZE. G 355

Lewis J. Clark, *Kobaltbestimmung in Böden und Gesteinen mit 2-Nitroso-1-naphthol.* Vf. entwickelt eine empfindliche colorimetr. Meth. für die Best. von Co^{2+} in Spurenquantitäten aus Böden u. Gesteinen. Sie beruht auf der Bldg. eines extrahierbaren roten Komplexes zwischen Co^{2+} u. 2-Nitroso-1-naphthol. Dabei zeigt sich, daß Isoamylacetatextrakte farbbeständig sind. Das Verf. ist bei Zimmertemp. durchführbar u. verlangt keine vorhergehende Abtrennung von störenden Metallen. Es können bis zu 10 γ Co^{2+} genau bestimmt werden, auch bei Ggw. von Cu^{2+}, Fe^{2+}, Mn^{2+}, Ni^{2+}, Pd^{2+} u. Sn^{2+}. Spektrophotometr. Messungen bei 530 mμ ermöglichen eine Best. von 0,1 γ Co^{2+} in 10 ml Lösung. (Analytic. Chem. **30.** 1153—56. Juni 1858. Beltsville, Md., US Dep. of Agric., Soil and Water Conserv. Res. Div., Fertiliser and Agric. Lime Sect.) H. PITTACK. G 355

Walter Nielsch, *Zur Bestimmung kleiner Mengen Kobalt mit β-Nitroso-α-naphthol durch Ausschütteln mit Chloroform.* Die Best. von *Co*-Mengen bis hinunter zu 0,12 μg/ml durch Fällen mit *β-Nitroso-α-naphthol* u. Ausschütteln mit Chlf. kann durch folgende Maßnahmen beschleunigt werden: 1. ½std. intensives Schütteln vor der Chloroformzugabe erübrigt das sonst nötige 24std. Warten bis zur vollständigen Fällung. 2. Im p_H-Bereich 2—9 genügt einmaliges Schütteln mit 25 ml Chlf. zur Extraktion. Nach Reinigung durch Schütteln mit 2n HCl u. 2n NaOH kann die Chloroformlsg. direkt vermessen werden. (Mikrochim. Acta **1959.** 725—34. Mannheim.) E. DEHMLOW. G 355

J. Dick und **Fr. Mihai,** *Eine neue Schnellmethode zur gravimetrischen Bestimmung von Nickel.* Eine neutrale oder schwach salpetersaure Lsg. von 0,1—0,2 g Ni^{2+} in 60 bis 80 ml W. wird mit 20—30 ml 2%ig. Lsg. von *5-Nitrobarbitursäure* (I) in 40%ig. A. gefällt. Der Nd. besteht aus $Ni(C_4H_2N_3O_5)_2 \cdot 8\,H_2O$ (Zus. auf Grund von Ni-, C-, H- u. N-Geh.), grünliche Nadeln, unlösl. in W., A., Ae. u. 2%ig. HNO_3. Dann wird durch Glasfilter (G 4) filtriert, mehrmals mit 50%ig. A., mit 95%ig. A. u. schließlich mit Ae. gewaschen u. im Luftstrom der Wasserstrahlpumpe getrocknet u. gewogen, Faktor 0,1073. Die Best. dauert ca. 20 Min., ist genau, wird aber von Co, Cu, Cd, Pb u. Zn gestört. Eine Vorschrift zur Darst. der Verb. aus $Ni(NO_3)_2$ u. I wird angegeben. (Studii Cercetări ştiinţ. [Timişoara], Ser. Ştiinţe chim. **4.** Nr. 1/2. 61—65. Jan./Juni 1957. Timişoara, Baza de Cercetări ştiinţifice a Academiei R.P.R.)
W. SCHMIDT/Timişoara. G 356

Zbigniew Gregorowicz, *Beitrag zur colorimetrischen Bestimmung von Nickel mit Dimethylglyoxim.* Vf. untersuchte den Einfl. von p_H, Reagensmengen u. Fremdionen bei der colorimetr. *Ni*-Best. mit Dimethylglyoxim u. J-Lsg. zum Oxydieren. Ein bis zu 40facher Überschuß an Fe^{3+} stört nicht, wenn wss. SEIGNETTE-Salzlsg. zugesetzt u. bei p_H 8 gearbeitet wird. Es wird im Bereich 460—480 mμ vermessen, wobei Eichkurven benutzt werden, die mit Ni-Lsgg. ohne Fe^{3+}-Zusatz erhalten wurden. Große Mengen an Al^{3+}, Ca^{2+}, Mg^{2+}, Cl^-, NO_3^- u. SO_4^{2-} stören nicht. (Z. analyt. Chem. **168.** 241—46. 1959. Gliwice, Polen, TH, Inst. für Anorg. Chem.) E. DEHMLOW. G 356

J. Dick und **Fr. Mihai,** *Eine neue Schnellmethode zur gravimetrischen Bestimmung von Kupfer.* Eine Lsg. von 0,1—0,2 g Cu^{2+} in 50—60 ml W. wird mit 20—25 ml 95%ig. A. versetzt u. mit 40—50 ml 2%ig. Lsg. von *5-Nitrobarbitursäure* (I) in 50%ig. A. gefällt. Der Nd. besteht aus $Cu(C_4H_2N_3O_5)_2 \cdot 8\,H_2O$ (Zus. auf Grund von Cu-, C-, H- u. N-Geh.), unlösl. in W., A., Ae. u. 1%ig. HNO_3. Dann wird durch Glasfilter filtriert, mehrmals mit 0,02%ig. I-Lsg. in 40%ig. A., mit 95%ig. A. u. schließlich mit Ae. gewaschen, im Luftstrom der Wasserstrahlpumpe getrocknet u. gewogen, Faktor 0,1152. Geringe Mengen von NH_4-Salzen stören die Best. nicht, wohl aber Cd, Pb, Co, Ni u. Zn. Die Meth. eignet sich bes. für techn. Serienanalysen. Eine Vorschrift zur Darst. der Verb. aus $CuSO_4$ u. I wird angegeben. (Studii Cercetări ştiinţ. [Timişoara], Ser. Ştiinţe chim. **4.** Nr. 1/2. 67—71. Jan./Juni 1957. Timişoara, Baza de Cercetări ştiinţifice a Academiei R.P.R.) W. SCHMIDT/Timişoara. G 358

B. K. Sadananda Rao und **G. S. Laddha,** *Eine neue Methode der titrimetrischen Schnellbestimmung von Kupfer.* Cu wird in salzsaurer Lsg. in Ggw. von Ammoniummolybdat u. Thiocyanat als Indicatoren mit Zinn(II)-Lsg. titrimetr. bestimmt. Die Acidität soll nicht unter 0,17n u. nicht über 0,68n liegen. Die Ergebnisse werden genauer, wenn die Best. in CO_2-Atmosphäre ausgeführt wird, doch genügt es im allg., der Lsg. vor dem Titrieren etwas $NaHCO_3$ zuzufügen. (Analytica chim. Acta [Amsterdam] **20.** 528—32. 1959. Madras, Univ. of Madras, Alagappa Chettiar Coll. of Technol.) W. BETCKE. G 358

Sándor A. Kiss, *Eine jodometrische Bestimmung von Kupfer(I)- und Kupfer(II)-ionen nebeneinander.* Die Cu^+- u. Cu^{2+}-Ionen nebeneinander enthaltende Lsg. wird in K-Tartrat-haltige J_2-Lsg. eingetragen. Die ursprünglich anwesenden u. die durch Red. der J_2-Lsg. entstandenen Cu^{2+}-Ionen ($2\,Cu^+ + J_2 = 2\,Cu^{2+} + 2\,J^-$) werden als Tartratkomplex gefunden. Der J_2-Überschuß wird durch Titration mit Thiosulfat bestimmt u. die Menge der Cu^+-Ionen daraus berechnet. Durch Ansäuern wird der Komplex zerstört u. der Gesamt Cu-Geh. bestimmt. (Magyar Kémikusok Lapja [Z. Ver. ung. Chemiker] **13.** 305—06. Juli/Aug. 1958. Kazincbarcika, Borsodi Vegyi Kombinat.) G. HALMI. G 358

E. Somers und **J. L. Garraway,** *Änderungen in der Methode zur Bestimmung von Kupfer mit Bis-cyclohexanonoxalyldihydrazin.* Da das bereits beschriebene Verf. zur Best. von *Cu* mit *Bis-cyclohexanonoxalyldihydrazin* (I) zu stark von p_H u. NH_4^+-Konz. abhängt, wird folgendes empfohlen: Man versetzt 50 ml einer HCl-, HNO_3- oder H_2SO_4-sauren, 0—50 μg Cu enthaltenden Lsg. mit 5 ml 10%ig. NH_4-Citratlsg. u. 1 Tropfen 0,05%ig. Neutralrotlsg., neutralisiert mit 3n NaOH bis zur Gelbfärbung u. versetzt mit 5 ml Boratpuffer (400 ml 0,5mol. H_3BO_3 + 60 ml 0,5mol. NaOH, p_H 8,1) u. 0,5 ml 0,5%ig. I-Lsg. in W./A. (1:1), füllt auf 50 ml mit W. auf u. mißt die opt. Dichte nach 10 Min. bis 3 Std. mit einem UNICAM S. P. 600-Spektrophotometer in 4-cm-Küvetten bei 595 mμ. Das BEERsche Gesetz ist erfüllt. Fe^{3+}, Ni^{2+}, Co^{2+}, Mn^{2+}, Mg^{2+}, Ca^{2+}, Zn^{2+}, Al^{3+}, CrO_4^{2-} u. PO_4^{3-} stören nicht. (Chem. and Ind. **1957.** 395. 30/3. Bristol, Univ., Long Ashton Res. Stat.) H. PLUSKAL. G 358

Eugene W. Berg und **M. C. Day,** *Die spektrophotometrische Bestimmung von Kupfer als 2-Furoyltrifluoroacetonchelat.* Die im Titel angegebene Meth. ist bes. geeignet zur Cu-Best. in Messing u. Al-Bronzen. Die Probe wird in HNO_3 gelöst, verd., mit gesätt. Na-Acetatlsg. versetzt u. mit NaOH neutralisiert. Mit alkoh. 5%ig. Furoyl-(2)-trifluoracetonlsg. wird die Cu-Verb. gefällt u. anschließend mit Methylisobutylketon aus der wss. Phase extrahiert. Die intensiv grüne Lsg. absorbiert stark bei 660 mμ. Die meisten anderen Metallchelate sind entweder farblos oder werden nicht extrahiert oder absorbieren nicht bei dieser Wellenlänge. Störung nur durch Fe, V, Ce, Ni u. Pd. 1 mg Cu in einer Konz. von 5 p.p.m. wird noch erfaßt. Fehler ca. 1%. Die Lsgg. sind mehrere Tage farbstabil. (Analytica chim. Acta [Amsterdam] **18.** 578—81. Juni 1958. Baton Rouge, La., Louisiana State Univ., Coates Chem. Labor.) E. SCHAAF. G 358

M. Bobtelsky und **R. Rafailoff,** *Eine genaue, direkte heterometrische Bestimmung von Spuren Kupfer mit Diäthyldithiocarbamat bei Überschuß von Metallionen.* (Vgl. C. **1959.** 15457.) Die heterometr. Best. von Cu mit Diäthyldithiocarbamat kann im sauren, neutralen oder alkal. Gebiet ausgeführt werden. Es wurde mit einem Heterometer mit elektron. kontrollierter Rührgeschwindigkeit bei 20° gearbeitet. Konstanthalten der Temp. ist nicht erforderlich, verbessert aber die Vergleichbarkeit der gemessenen opt. Dichten auf $\pm$0,01. 20 ml Lsg. enthielten 0,19—0,254 mg Cu, für das die theoret. Werte gefunden wurden. Neutrale Elektrolyte haben Einfl. auf die Fällung: NH_4NO_3 wirkt günstig, dagegen erzeugt Na-Acetat schwankende Werte. Komplexbildner (Citrat, Tartrat, in Grenzen auch Pyrophosphat, Tripolyphosphat u. EDTA) können anwesend sein, jedoch gibt EDTA zwar einen scharfen Endpunkt, aber keine glatten Kurven. 20 ml der 0,25—0,5 mg Cu enthaltenden Lsg. können bis zu 99,5% zahlreicher Fremdmetalle enthalten. Einzelheiten werden für jedes Metall mitgeteilt. Sind Ca, Sr, Ba u. Mg zugegen, kann man ohne Zusätze titrieren. In Ggw. von Zn, Cd, Co, Ni, Pb, Fe^{3+}, Ce^{3+}, La, ZrO^{2+} u. Na_2MoO_4 setzt man nacheinander 3 ml 2mol. Na-Citrat-, 2 ml 2mol. NH_4NO_3-Lsg. u. 0,5—1,0 ml konz. NH_3 zu. Bei Ggw. von Sb,

Th u. Al nimmt man statt Citrat Tartrat. Zur Best. von Spuren Cu muß mehr Komplexbildner zugegeben werden, als dem Äquivalent der Fremdmetalle entspricht. Es wird mit 0,0028 mol. Na-Diäthyldithiocarbamat-Lsg. titriert. Dauer 7—10 Min., Fehler meist Null. — Mn liefert nicht in citrat-, wohl aber in EDTA-haltiger Lsg. einen scharfen Endpunkt, hier aber keine glatte Kurve. Cr^{3+} bildet in Citratlsg. bei sehr geringer, in Tartratlsg. bei etwas höherer Konz. schon zu Anfang einen Niederschlag. Tl verhält sich ähnlich. In Ggw. von Ag fällt sowohl in citrat- als auch in tartrathaltiger Lsg. während der Titration kein Cu aus. (Analytica chim. Acta [Amsterdam] **14.** 558—67. 1956.) R. Junge. G 358

William F. Harris und **William M. Hickam,** *Sauerstoffbestimmung in Kupfer.* (Vgl. C. **1952.** 7066.) Zur Best. des O wird die Cu-Probe in einem Graphitschiffchen im Vakuum geschmolzen u. der Gasdruck des entstehenden CO mit einem Hg-Manometer gemessen. Die beschriebene App. gestattet, Konzz. von 0,01—0,5% O zu ermitteln. Die Vorteile des Verf. gegenüber der gebräuchlichen Vakuumschmelzanalyse liegen in der kurzen Analysendauer (15 Min.), der einfach zu handhabenden App. u. der Ausschaltung von Störungen bei Anwesenheit von Schwefel, da das gebildete SO_2 nicht abgepumpt, sondern vom Graphit zu S red. wird. (Analytic. Chem. **31.** 281—83. Febr. 1959. Pittsburgh, Pa., Westinghouse Electric Corp., Res. Labor.) G. Schulze. G 358

Charles M. Dozinel, *Photometrische Antimonbestimmung in Rein- und Elektrolytkupfer.* Vf. beschreibt ein Verf. zur Best. von Sb in Rein- u. Reinst-Cu, das für Gehh. zwischen $1 \cdot 10^{-4}$ u. $3 \cdot 10^{-3}$% geeignet ist. Die Cu-Probe wird in $HCl-H_2O_2$ gelöst u. in der Lsg. Sb^{5+} mit Na_2SO_3 zu Sb^{3+} red.; nur auf diese Weise wird bei nachfolgender Oxydation mit Ce^{4+} u. der Extraktion des $SbCl_6^-$ mit *Diisopropyläther* das gesamte Sb erfaßt. Die organ. Phase wird mit einer wss. Lsg. von *Rhodamin B* geschüttelt, wobei der Sb^{5+}-Komplex in der organ. Phase bleibt u. 556 mμ photometriert wird. (Z. analyt. Chem. **157.** 401—05. 1957. Brüssel.) Herbert Müller. G 358

A. Bianchini und **L. Zanaroli,** *Spektrographische Kontrolle der Verunreinigungen in Elektrolytsilber, Feingold und gereinigtem Wismut.* Vff. beschreiben die Methoden zur spektrograph. Best. kleinster Mengen Cu, Ni, Pb, Bi u. Au in Ag; Pt, Ag, Bi, Pb, Fe u. Cu in Au sowie Ag, Cu, Pb, As, Sb u. Te in Bi. (Metallurgia ital. **50.** 349—54. Aug. 1958. San Gavino, Montevecchio.) C. Gottfried. G 360

James J. Lingane, *Coulometrische Titration von Gold mit dem elektrolytisch gebildeten Chlorocuprat(I)-ion.* Vf. beschreibt eine Meth. der coulometr. Titration von Au^{3+}. Mit elektrolyt. erzeugten $CuCl_2^-$-Ionen wird Au^{3+} zu metall. Au reduziert. Au-Mengen <1 bis >100 mg/100 ml können mit einem Fehler von $\pm 0,3$% bestimmt werden. Die Ggw. größerer Mengen Cu, Ag Hg Pb u. der meisten Elemente, die Au gewöhnlich begleiten, stört nicht, ebenso keine Pt^{4+}-Mengen, die kleiner als die halbe Au-Menge sind, während mehr Pt einen stark positiven Fehler verursacht. In einer 100 ml-Zelle befindet sich eine Generatorkathode aus reinem Au, eine Generatoranode (Cd-Stab in 0,8 mol. $CdCl_2$- u. 2 mol. KCl-Lsg.), eine Pt- u. eine gesätt. Kalomelelektrode. Elektrolyt: 0,04 mol. $CuSO_4$-Lsg. in 1—2 n HCl, Stromdichte ca. 20 mA/cm². Luft wird durch N_2 verdrängt. Die zwischen der Kalomel- u. der Pt-Elektrode auftretende Potentialdifferenz wird automat. gegen die Zeit des Stromdurchganges aufgetragen. (Analytica chim. Acta [Amsterdam] **19.** 394—401. 1958. Cambridge, Mass., Harvard Univ., Dep. of Chem.) G. Krien. G 360

Robert P. Larsen und **Laurids E. Ross,** *Spektrophotometrische Bestimmung von Ruthenium.* Vff. geben eine verbesserte Meth. zur spektrophotometr. Best. des Ru als Perruthenat bei 385 mμ nach Dest. als RuO_4 u. Absorption in NaOH–NaClO-Lsg. an. Der Einfl. der NaOH- u. der NaClO-Konz. der Absorptionslsg. auf die Oxydationsstufe des Ru nach der Dest. wird untersucht. Als optimale Konzentrationsbedingungen ergeben sich 1 n NaOH u. 0,01—0,5 mol. NaClO. Ein neues Destillationsverf. für RuO_4 mit Natriumbismutat in 6 n H_2SO_4 als Oxydationsmittel wird angegeben u. eine verbesserte Destillationsapp. beschrieben. Eine Meth. zur Auflsg. von U–Ru-Legierungen wurde ausgearbeitet. Die Genauigkeit des Bestimmungsverf. liegt für Proben mit 100—300 γ Ru im Vertrauensbereich von 95% bei einer Maximalabweichung von 2%. Die mol. Extinktionskoeffizienten wurden für Perruthenat bei 385 mμ zu 2150 $\pm$ 10, für Ruthenat bei 465 mμ zu 1730 $\pm$ 10 ermittelt. (Analytic. Chem. **31.** 176—78. Febr. 1959. Lemont, Ill., Argonne Nat. Labor., Chem. Engng. Div.) G. Schulze. G 363

S. Dorner und **M. Froels,** *Ein Beitrag zur Bestimmung des Rhodiums in galvanischen Rhodiumbädern.* In galvan. Rh-Bädern wird Rh am besten durch Elektroschnellanalyse bei 5 V Spannung u. 60—70° bestimmt. Dabei können in 20—25 Min. 100 mg Rh quantitativ abgeschieden werden. Durch Abscheiden bei Raumtemp. u. 2—3 V Spannung kann aus dem Aussehen des Nd. auf die Güte des Bades geschlossen werden. Die Vollständigkeit der Fällung kann durch Auszementieren der Lsg. u. anschließende dokimast. Probe des Rückstands überprüft werden. (Metalloberfläche **12.** 168–69. Juni 1958. Pforzheim, Heimerle & Meule KG.) F. Vier. G 364

Alice G. Marks und **F. E. Beamish,** *Trennung von Rhodium und Iridium von unedlen Metallen durch Ionenaustausch.* Die dokimast. Best. der Platinmetalle mit Pb als Sammler wird beeinträchtigt durch die geringe Löslichkeit, bes. von Rh u. Ir, in Pb u. dem beim Abtreiben verbleibenden Ag-Korn. Wesentlich besser lösl. sind die Platinmetalle in siderophilen Metallen u. Legierungen, wie Ferronickel, das als Sammler vorgeschlagen wird. Da ein Kupellieren mit Fe unmöglich ist, müssen Rh u. Ir im Ferronickelkorn auf nassem Wege bestimmt werden. Hierzu wird folgende Meth. mitgeteilt: Die Lsg. der Probe in HCl, ca. 1,5 Liter, p_H 1,5, wird über eine Säule (70×4 cm) des Kationenaustauschers *Dowex-50×8* (Na) gegeben. Fließgeschwindigkeit 25 ml/Minute. Das Eluat wird eingedampft, mit 30 ml W. + 5 ml 2%ig. NaCl-Lsg. aufgenommen u. zur Entfernung letzter Reste Fe, Ni u. Cu nochmal über eine kleinere Säule (4×1 cm) gegeben. Nach Zerstörung organ. Substanz im Eluat mit HNO_3/H_2O_2 werden Rh u. Ir als Chloride auf einer Anionenaustauschersäule *Amberlite IRA-400* getrennt u. je nach Menge gravimetr. mit Thiobarbitursäure (Rh) bzw. 2-Mercaptobenzothiazol (Ir) oder photometr. mit $SnCl_2$ in 2n HCl bzw. konz. HBr bestimmt. (Analytic. Chem. **30.** 1464–66. Sept. 1958. Toronto, Univ. of Toronto.) F. Umland. G 367

Agnès Oberlin und **Cyril Tchoubar,** *Erkennung bestimmter Mineralien der Kaolinitgruppe durch Mikroelektronenbeugung.* Meth. zur Identifizierung von *Kaolinit, Schamotteerde* (Fireclay) u. *Metahalloysit* in Tonmineralien mittels elektronenmkr. Beugungsaufnahmen. (C. R. hebd. Séances Acad. Sci. **248.** 3184–86. 1/6. 1959.)
A. Blaschette. 5292

b) Organische Verbindungen.

J. A. Kuck, *Perspektiven der quantitativen organischen Mikroanalyse.* Vf. vergleicht die Entw. der klass. organ. Mikroanalysenmethoden nach Pregl mit den neuen physikal. Methoden, wie Spektroskopie, nucleare Techniken u. Gaschromatographie. Er kommt zu dem Schluß, daß keine der neuen Methoden allein genügt, um die klass. Methoden der Mikroanalyse zu ersetzen. (Analytic. Chem. **30.** 1552–56. Sept. 1958. Stamford, Conn., Amer. Cyanamid Co., Res. Div., Microchem. Group, Stamford Res. Labors.) A. M. Fretzdorff. 5350

A. R. Panicker und **N. G. Banerjee,** *Die schnelle Bestimmung von Kohlenstoff und Wasserstoff in stark flüchtigen, brennbaren organischen Flüssigkeiten.* Es wird eine Meth. zur raschen Best. von C u. H in organ. Fll. mit niedrigem Kp. (Bzl., Toluol, Gasolin u. ähnliche) beschrieben, die auch auf Lsgg. in Lösungsmitteln mit niedrigem Kp. u. auf Gemische organ. Fll. oder fester Stoffe von niedrigem oder hohem Kp. anwendbar ist. Zum Einwägen wurde ein Spezialwägeröhrchen entwickelt, welches die Schwierigkeit des Einwägens in einem zugeschmolzenen Wägeröhrchen vermeidet. Die Verdampfung der Probe wird in einem N_2-Strom vorgenommen, durch den sich die Verdampfungsgeschwindigkeit kontrollieren läßt. Nachdem der flüchtige Anteil der Probe übergetrieben u. verbrannt ist, wird ein etwaiger nichtflüchtiger Anteil bei erhöhter Temp. im O_2-Strom verbrannt. Die Best. dauert 45 Min.; die Reproduzierbarkeit liegt bei ±0,14% für C u. bei ±0,07% für H. (Analyst **83.** 296–99. Mai 1958. Jealgora, Bihar, India, Central Fuel Res. Inst.) K. F. Müller. 5352

Al Steyermark, Barbara E. McGee, Esther A. Bass und **Ruth R. Kaup,** *Mikro-Kjeldahl-Methode für Stickstoff in bestimmten organischen Verbindungen, die Stickstoff–Stickstoff- und Stickstoff–Sauerstoff-Bindungen enthalten.* 5–8 mg der zu analysierenden Substanz werden in einem 30 ml-Kjeldahl-Kolben in 0,2 ml 98%ig. Ameisensäure u. 0,1 ml konz. HCl (d_0 = 1,18) unter Erwärmen im Wasserbad von 80–85° gelöst, dann gibt man Zn-Staub (N-frei) hinzu, mischt gut durch (2 Min.), fügt nach weiteren 5 Min. Stehen im Wasserbad 40 mg Fe-Pulver hinzu u. mischt wiederum gut durch (2 Min.). Nach Zugabe von 0,1 ml konz. HCl u. 0,15 ml A. u. 5 Min. Stehen im Wasserbad gibt man so lange in Abständen von 5 Min. unter Erwärmen 0,1 ml konz. HCl zu dem Reaktionsgemisch, bis alles Metallpulver gelöst ist. Nun wird mit 1 ml konz. H_2SO_4 (d = 1,84) erwärmt, bis alle HCl vertrieben ist. Nach Zugabe von weiteren 0,5 ml konz. H_2SO_4, 0,65 g K_2SO_4 u. 0,016 g HgO wird ca. 4 Std. zum Sieden erwärmt. An die Red. u. Veraschung schließt sich die übliche Kjeldahl-Dest. u. Titration des NH_3 an. Die beschriebene Meth. liefert gute Resultate für Azo- u. Nitroverbb., Oxime, Isoxazole, Hydrazine u. Hydrazone. 1.2-Diazine, 1.2.3-Triazole u. im Ring enthaltener N, z. B. Pyrazolone, geben nach der beschriebenen Meth. keine befriedigenden Resultate. (Analytic. Chem. **30.** 1561–63. Sept. 1958. Nutley, N. J., Hoffmann-La Roche, Inc.)
A. M. Fretzdorff. 5352

Roland Fort, *Die direkte Bestimmung von Sauerstoff in der Elementaranalyse organischer Verbindungen.* Krit. Übersichtsbericht, bes. über die Methoden von Schütze u. von Unterzaucher u. die davon sich ableitenden Methoden. — 150 Literaturangaben. (Chim. analytique [4] **39.** 319—28. Sept. 366—74. Okt. 1957. Paris, Conservatoire Nat. des Arts et Métiers, Labor. de Chim. tinctoriale.) K. F. Müller. 5352

Walter Huber, *Über eine Direktbestimmung des Sauerstoffs in Alkali- und Erdalkalisalzen organischer Säuren.* Die direkte *O*-Best. in Alkali- u. Erdalkalisalzen organ. Säuren kann nach dem Verf. von Schütze in der Modifikation nach Bürger (mit H_2 als Treibgas) erfolgen, wenn die Analysenprobe mit AgCl überschichtet wird. Die aus dem AgCl freigesetzte HCl macht unter Bldg. der Chloride den zu bestimmenden O frei. — Bei Analyse S-haltiger Verbb. fallen die ersten Analysen richtig aus, danach liegen die Bestimmungen zu tief. Vf. empfiehlt, immer nur 2 O-Bestimmungen S-haltiger Verbb. hintereinander auszuführen u. dann das Rohr zu spülen. Wahrscheinlich handelt es sich um eine Vergiftung des Kohlekontakts durch entstandenes SO_2. (Mikrochim. Acta **1959.** 751—55. Ludwigshafen/Rh., Bad. Anilin- & Soda-Fabrik, Ammoniaklabor. Analyt. Labor.) E. Dehmlow. 5352

E. von Rudloff, *Perjodat–Permanganat-Oxydationen.* 4. Mitt. *Bestimmung der Lage der Doppelbindung in ungesättigten Fettsäuren und Estern.* (3. vgl. C. **1958.** 9021.) Die milde Oxydation mit einem Perjodat–Permanganat-Reagens führt bei *Ölsäure* unter Sprengung der Doppelbindung zu den theoret. zu erwartenden Säuren (Pelargon- u. Acelainsäure) in prakt. quantitativer Ausbeute. Analog reagieren *Elaidin-*, *Eruca-*, *Undecen-10-* u. *Linolsäure.* Die Oxydation der Säuren erfolgt bei Zimmertemp. während 20—24 Std. mit einem Reagens aus 0,834 g Natriummetaperjodat + 1 ml einer 0,1 mol. Lsg. von $KMnO_4$ in 100 ml u. Zusammengabe mit einer Lsg. von 0,1412 g Ölsäure in 100 ml W., das 0,207 g K_2CO_3 enthält. Die Prüfung auf die gebildeten Spaltprodd. erfolgt chromatographisch. Aus den Ergebnissen folgt, daß die vorgenannten Fettsäuren die zu erwartenden Spaltprodd. in quantitativer Ausbeute liefern, daß also sek. Prozesse nicht stattfinden. Im Reagens schwer lösl. Substrate, z. B. Methyllinolat, reagieren in befriedigender Weise, wenn man 5—10% Pyridin als Lösungsvermittler zusetzt. Methyloleat u. Triolein liefern keine richtigen Ergebnisse, auch wenn 20% Pyridin zugegeben werden u. vollständige Lsg. erreicht ist. (J. Amer. Oil Chemists' Soc. **33.** 126—28. März 1956. Saskatoon, Saskatchewan, Nat. Res. Council of Canada, Prairie Regional Labor.) K. Täufel. G 800

E. von Rudloff, *Perjodat–Permanganat-Oxydationen.* 5. Mitt. *Oxydation von Lipiden in Gegenwart organischer Lösungsmittel.* (4. vgl. vorst. Ref.) Es werden systemat. Unterss. über die Oxydation von ungesätt. *Fettsäuren* u. ihren *Estern,* die nach der Reaktionsgleichung $RCH{=}CH(CH_2)_nCOOH + 2\,O_2 \rightarrow RCOOH + HOOC(CH_2)_n{\cdot}COOH$ verläuft, durchgeführt. Als Ergebnis der Unterss. wird folgende Arbeitsvorschrift angegeben: Als Oxydationsmittel dient eine Lsg. aus 20,86 g (97,5 mMol) Natriummetaperjodat u. 250 ml 0,01 mol. (2,5 mMol) $KMnO_4$/1 Liter. Die Oxydation wird je nach der Art des Lipids in Ggw. von reinstem tert.-Butanol oder Pyridin durchgeführt (Temp. 24°; Reaktionszeit in Abhängigkeit vom Substrat); der Überschuß des Oxydationsmittels wird jodometr. ermittelt. (Canad. J. Chem. 1413—18. Okt. 1956.) K. Täufel. G 800

W. P. Fassinger und **C. E. Gonter,** *Ultraviolettspektrophotometrische Bestimmung von Phthalsäure. Anwendung auf die Analyse der Naphthalinoxydationsprodukte.* Zur Best. von *Phthalsäure* in den Oxydationsprodd. von Naphthalin wird $Ba(OH)_2$-Lsg. bis zum Umschlag von Phenolphthalein, $BaCl_2$-Lsg. u. schließlich A. zugesetzt u. 1 Std. stehen gelassen. Bei dieser Arbeitsweise fallen nur die Salze der Säuren aus, während Naphthochinone u. andere Verbb. gelöst bleiben. Nach Filtration u. Lösen in 0,1 n HCl wird bei 274 mμ spektrophotometr. vermessen. Die anwesende Maleinsäure stört nicht. Die Genauigkeit der Meth. liegt bei $\pm 1,5\%$. (Analytic. Chem. **31.** 1324—26. Aug. 1959. Pittsburgh, Pa., Pittsburgh Coke & Chem. Co., Res. and Developm. Dep.) E. Dehmlow. G 1220

Hans Peters, *Ultraviolettabsorptionsspektren von Phthalsäureanhydrid und verwandten Verbindungen. Analytische Methode für Naphthalin und 1.4-Naphthochinon.* Die UV-Spektren von *Phthalsäureanhydrid* (III), *Maleinsäureanhydrid, Benzoesäure, Naphthalin* (I) u. *1.4-Naphthochinon* (II) wurden in Methanol, CCl_4 u. Dioxan aufgenommen. Die Anhydridspektren in Methanol wurden jedoch durch Esterbldg. beeinflußt. — II wird im Licht verändert. Kinet. Unterss. zeigen, daß im Licht 3 Rkk. 1. Ordnung hintereinander ablaufen. Vf. nimmt die Bldg. eines Biradikals als ersten Schritt an; in Ggw. von H-Donatoren entsteht ein Naphthohydrochinon als Endprodukt. — I u. II

können in rohem III spektrophotometr. in Methanol bestimmt werden. II wird durch Messung bei 347 mμ sofort nach dem Lösen bestimmt, während I durch Messung bei 311 mμ nach 17 Std. bestimmt wird. Zu diesem Zeitpunkt stört III wegen Esterbldg. nicht mehr. Um Fehler durch photochem. Zers. von II zu vermeiden, muß die Probe im Dunkeln aufbewahrt u. die Analyse bei Rotlicht ausgeführt werden. (Analytic. Chem. **31**. 1326—31. Aug. 1959. Hamburg, Reichhold Chem. AG., Res. Labor.)
E. DEHMLOW. G 2700

Angelo Castiglioni, *Gaschromatographische Analyse von Tetralin–Dekalin-Mischungen.* Vf. beschreibt die gaschromatograph. Trennung u. Best. von *Tetralin* (I), *cis-* u. *trans-Dekalin* (II). Er benutzt eine 2 m lange Säule aus rostfreiem Stahl, von 6 mm innerem Durchmesser, die mit Celite C 22, imprägniert mit 25 Gew.-% Dodecylphthalat, beschickt ist. Detektor: Wärmeleitzelle, Arbeitstemp.: 176°, Trägergas: H_2. Eine Substanzmenge von 0,04 ml wird in 15 Min. getrennt. Retentionszeiten: I: 10 Min. 40 Sek., cis-II: 4 Min. 20 Sek., trans-II: 2 Min. 40 Sekunden. Die quantitative Best. erfolgt durch Ausmessen der Kurvenflächen. (Z. analyt. Chem. **161**. 191—92. 1958. Turin, Univ., Inst. für Warenkunde.)
K. PAVEL. G 2700

Richard Neu, *Die Alkalispaltung der Hydroxyphenylbenzo-γ-pyronderivate als mikrochemische Arbeitsmethode.* Zur Identifizierung papierchromatograph. getrennter verschied. *Hydroxyphenylbenzo-γ-pyrone* (I) werden die im UV-Licht festgestellten Flecke nach Best. der R_F-Werte ausgeschnitten u. mit Methanol extrahiert. Dieses verdampft man bis auf 1 Tropfen, den man in ein 4—6 cm langes Supremaxrohr von 2—3 mm Durchmesser über eine 0,5 cm hohe KOH-Schicht bringt. Man dampft das Methanol vorsichtig ab u. heizt im Cu-Block auf 250°, bis das Röhrchen gerade weiß erscheint. Nach dem Abkühlen wird der Inhalt in 2—3 Tropfen W. gelöst, die Lsg. ausgeblasen u. zur Entfernung der restlichen gelösten Schmelze dasselbe wiederholt. Man macht mit 25%ig. HCl kongosauer, schüttelt 5mal mit je 1 ml Ae. aus u. zieht die Ae.-Auszüge 3mal mit je 1 ml n $NaHCO_3$-Lsg. aus. Nach dem Ansäuern der wss. Schicht wird diese nochmals 5mal mit je 1 ml Ae. extrahiert. Die beiden Ae.-Auszüge enthalten die Spaltprodd. von I, Phenol u. die Hydroxybenzoesäure, auf die mit Tüpfeltest geprüft werden kann. Soll chromatographiert werden, dann kann die Ae.-Extraktion sofort in HCl-saurer Lsg. erfolgen. Man dampft zur Trockne ein u. nimmt für die Chromatographie mit einigen Tropfen Methanol auf. Zum Entwickeln wurden Butanol–Eisessig–W. (6:1:2), A.–2n NH_3 (9:1), 20%ig. KCl-Lsg. u. Eisessig–2n HCl (7:3) u. als Sprühreagens 0,3%ig. Nitrazol CF in 2n CH_3COONa-Lsg. bzw. in KH_2PO_4–$Na_4B_2O_7$-Puffer von p_H 9,4 u. 0,3%ig. Echtschwarzsalz K in 50%ig. A. bzw. in 2n CH_3COONa-Lsg. verwendet. Zur Best. der Anzahl COOH-Gruppen können R_F-Werte in verschied. Lösungsmitteln bestimmt, daraus R_M-Werte berechnet u. graph. die Anzahl COOH-Gruppen ermittelt werden. (Mikrochim. Acta [Wien] **1958**. 266—76. Karlsruhe, Firma Dr. Willmar Schwabe, Chem. Forschungslabor.)
H. PLUSKAL. G 3211

Börje Wickberg, *Trennung acetylierter Zucker und verwandter Verbindungen durch Papierchromatographie in organischen zweiphasigen Lösungsmittelsystemen.* Zur papierchromatograph. Trennung von Kohlenhydraten, Glykosiden u. Zuckeralkoholen wird ein Verf. beschrieben. Die hierbei erhaltenen R_F-Werte weichen in ihrer relativen Lage zueinander z. T. erheblich von denjenigen ab, die unter Verwendung wss. Lösungsm. gefunden werden. Die zu trennenden, vorher vollständig acetylierten Verbb. werden in Ae. oder Chlf. gelöst u. auf das durch 2maliges Tränken mit 25%ig. *Dimethylsulfoxydlsg.* in Toluol imprägnierte Papier gebracht. Entwickelt wird unter Feuchtigkeitsausschluß mit PAe. (Kp. 60—71°) oder Isopropyläther. Unter Verwendung des letzten Lösungsm. wurden die R_F-Werte der vollacetylierten Derivv. der nachst. Verbb. erhalten: *Glycerin* (0,43), *Erythrit* (0,42), *D-Arabit* (0,37), *Adonit* (0,39), *Xylit* (0,23), *Dulcit* (0,37), *L-Idit* (0,16), *D-Mannit* (0,42), *D-Sorbit* (0,26), *Volemit* (0,35), *D-Inosit* (0,31), *Myoinosit* (0,12), *Laminit* (0,26), *Mytilit* (0,19), *Pinit* (0,31), *D-Glucopyranose* (α: 0,25; β: 0,15), *D-Galaktopyranose* (0,30; 0,14), *D-Mannopyranose* (0,23; 0,12), *L-Arabinopyranose* (0,17; 0,31), *D-Xylopyranose* (0,33; 0,23), *D-Fructopyranose* (nur β: 0,15), *Methyl-D-glucopyranosid* (nur α: 0,29), *Äthyl-D-glucopyranosid* (nur β: 0,28), *Methyl-D-galaktopyranosid* (0,35; 0,18), *Äthyl-D-galaktopyranosid* (0,49; 0,26), *Äthyl-D-galaktofuranosid* (nur β: 0,41), *o-Kresyl-D-galaktopyranosid* (0,52; 0,23), *1-D-Glycerin-D-galaktopyranosid* (0,20; 0,08), *1-L-Glycerin-D-galaktopyranosid* (0,20; 0,06), sowie ferner *1.4-Di-O-acetyl-2.3.6-tri-O-methyl-D-glucose* (0,45; 0,42) u. *1.4-Di-O-acetyl-2.3.6-tri-O-methyl-D-mannose* (0,57; 0,12). Während der Einfl. der Mol.-Größe auf die Beweglichkeit gering ist, bewirken Strukturänderungen große Unterschiede der R_F-Werte. Ferner zeigen die α-Anomeren größere Beweglichkeit als die entsprechenden β-Verbindungen. (Acta chem. scand. **12**. 615—23. 1958. Stockholm, Kgl. TH, Org.-kem. Inst.)
E. MOISAR. G 3400

F. E. G. Harrap, *Papierchromatographische Trennung von Glucose-1-phosphat und Glucose-6-phosphat.* Durch Zusatz von H_3BO_3 zu den üblichen Lösungsmitteln, z. B. Methylcellosolve/Methyläthylketon/3n NH_3 (7:2:3) kann *Glucose-6-phosphat* wegen seiner 2 cis-ständigen Hydroxylgruppen von *Glucose-1-phosphat,* wie auch von *Fructose-1.6-diphosphat* u. anorgan. Orthophosphat getrennt werden. (Nature [London]**182.** 876. 27/9. 1958. Ipswich, Suffolk, Levington Res. Stat.) E. MOISAR. G 3400

Arthur Bevenue und **Kenneth T. Williams,** *Quantitative Bestimmung von Raffinose oder Melibiose auf papierchromatographischem Wege.* Vff. untersuchen die Bedingungen für eine quantitative Best. von *Melibiose* (I) bzw. *Raffinose* [II, aus I durch Hydrolyse mit *Invertase* (bei 25°)] durch absteigende Papierchromatographie (Lösungsm. n-Propylalkohol-Äthylacetat-W. 7:1:2) unter Verwendung von *Genochrom* (III, *p-Aminodiäthylanilinbisulfit,* 0,5%ig. Lsg. in 95%ig. A., der 2% 85%ig. H_3PO_4 enthält) bzw. von *N.N-Diäthyl-p-phenylendiamin* (IV, 1%ig. Lsg. in mit SO_2 gesätt. 95%ig. A. mit 2% 85%ig. H_3PO_4) als Farbreagentien. Die Maximalreflexion der angefärbten I- u. II-Flecke auf den an der Luft (20—30 Min.) u. bei 85° (10 Min.) getrockneten Chromatogrammen wird bei 515 mμ gemessen. Es wird festgestellt, daß eine lineare Beziehung zwischen dem Logarithmus der Zuckerkonz. u. der Reflexionsdichte bei Zuckergehh. zwischen 20 u. 75 μg/5 μl besteht. Die Reflexionswerte von verschied., am gleichen Tage hergestellten Chromatogrammen zeigen Schwankungen von $\pm 10\%$, während die Maximalreflexionen um $\pm 5\%$ miteinander übereinstimmen. Die Ergebnisse sind für beide Farbreagentien (III u. IV) gleich. Wss. *Phthalsäure* u. III enthaltende Indicatoren ergeben keine reproduzierbaren Werte. (Arch. Biochem. Biophysics **73.** 291—95. Febr. 1958. Albany, Calif., West. Reg. Res. Labor.) P. FAHRNLAENDER. G 3400

Oliver G. Lien jr., *Bestimmung von Gluconolacton, Galaktonolacton und ihren freien Säuren durch die Hydroxamatmethode.* Da *Gluconolacton* u. *Galactonolacton* im Alkal. hydrolyseempfindlich sind, schlagen Vff. vor, die Hydroxamate dieser Verbb. bei einem fast neutralen p_H an Stelle der bisher verwendeten alkal. Lsg. herzustellen. In alkal. Lsg. laufen die Hydrolyse der Lactone u. die Hydroxamatbldg. als Konkurrenz-Rkk. ab. Die Bldg. der Lactone aus den freien Säuren läuft am besten bei p_H 1,5—2,0, 120° u. 15 pounds/inch² Druck ab. (Analytic. Chem. **31.** 1363—66. Aug. 1959. Berkeley, Calif., Univ. of California, School of Publ. Health, Nav. Biol. Labor.) E. DEHMLOW. G 3400

M. A. Robles, *Geändertes Dragendorff-Reagens zur Erzielung einer bleibenden Färbung von Flecken bei der papierchromatographischen und elektrophoretischen Untersuchung von Alkaloiden.* Zur Herst. des DRAGENDORFF-Reagens wird empfohlen: Man löst 5 g KJ in einer Mischung von 12,5 ml dest. W. u. 3 ml 4n HCl-Lsg., erhitzt zum Kp., versetzt die sd. Lsg. mit 1 g $Bi(NO_3)_3$, verd. die braune Lsg. nach dem Abkühlen mit 12,5 ml W., löst nacheinander in der Lsg. 5 g KJ u. 5 g Citronensäure u. versetzt mit 75 ml 0,1n HCl. Nach der Chromatographie oder Elektrophorese übergießt man die nassen Papierstreifen in einer gläsernen photograph. Entwicklerschale mit dem Reagens, läßt 4 Min. stehen, trocknet die Papierstreifen an der Luft, spült die getrockneten Streifen mehrmals je 2 Min. mit 0,1n HCl, bis der außerhalb der Flecken liegende Teil der Papierstreifen völlig farblos ist, worauf man die Streifen an der Luft trocknet. (Pharmac. Weekbl. **94.** 178—79. 21/3. 1959. Amsterdam, Univ., Labor. voor Artsenijbereidkunde.) W. WESLY. G 3500

A. Copet und **M. Jammar,** *Rechenschieber für die Berechnung des Chiningehalts einer Chinarinde.* Vff. beschreiben einen Rechenschieber für die schnelle Berechnung von wasserfreiem *Chinin* (I) u. I-*Sulfat·7,5 H_2O* mit Spezialskalen für die analyt. ermittelten korr. I-Tartratgewichte u. die korr. opt. Drehungswerte; Ablesungsschärfe 0,02%. (Bull. agric. Congo belge **49.** 483—85. April 1958.) W. SCHULENBURG. G 3500

Gillis Johansson, K. J. Karrman und **Arne Norman,** *Hochfrequenztechnik zur kontinuierlichen Aufzeichnung bei der chromatographischen Analyse von Gallensäuren.* Zur kontinuierlichen Charakterisierung der im Eluat von Säulenchromatogrammen vorhandenen Substanzen wurde die Hochfrequenztechnik angewandt. Das Eluat passiert eine Zelle, welche einen Teil eines Hochfrequenzstromkreises bildet; die Leitfähigkeitsänderungen werden als Funktion der Zeit aufgezeichnet. Die Meth. bewährte sich bei der Trennung von Tauro- u. Glykocholsäure u. freien Gallensäuren durch Verteilungschromatographie. Die Hochfrequenztechnik wird allg. als Hilfsmittel bei der Verteilungschromatographie vorgeschlagen, bes., wenn organ. Lösungsmittel mit niedriger Leitfähigkeit verwendet werden. (Analytic. Chem. **30.** 1397—1400. Aug. 1958. Lund, Univ., Dep. of Analyt. Chem., Dep. of Physiol. Chem.) K. F. MÜLLER. G 3700

James G. Theivagt und **Donald J. Campbell,** *Bestimmung von Vitamin D in Multivitamingemischen nach Trennung durch Verteilungschromatographie.* Zur Best.

von *Vitamin D* in Vitamingemischen ist die Trennung von Vitamin A notwendig. Mit Hilfe leicht bestimmbarer angenäherter Verteilungskoeffizienten α zwischen 2 Fl. u. der Gleichung von Martin u. Synge [1941] kann Eignung verschied. Säulen abgeschätzt werden. Vff. verwendeten eine 15 cm lange Säule (1,1 cm Radius) mit 25 g Celite 545 als Trägersubstanz, 10 ml Polyäthylenglykol (PEG) 600 als immobiler Phase u. Isooctan (I) als mobiler Phase. Dabei ist eine Trennung bis zu einem Mol-Verhältnis A/D 50:1 möglich. Anschließend erfolgt colorimetr. Best. auf Grund der Farb-Rk. mit $SbCl_3$ bei 500 mμ. Vitamin D wird 3mal schneller als Vitamin A eluiert. Folgende α-Werte (Konz. in immobiler/Konz. in mobiler Phase) wurden bestimmt (1. Wert für *Vitamin-A-Palmitat*, 2. für D): Acetonitril–I 0,02; 0,32; Äthylenglykol–Mineralöl 0,36; 0,00; Propylenglykol–Chlf. 0,00; 0,00; 90%ig. A.–I 0,42; 0,66; PEG 200–I 0,01; 0,37; PEG 600–I 0,40; 0,80; PEG 600–I (*Vitamin-A-Alkohol*) 10; 0,80. (Analytic. Chem. **31.** 1375—77. Aug. 1959. North Chicago, Ill., Abbott Labor., Analyt. Res. Dep.)

E. Dehmlow. G 3800

A. L. Markman und **Ju. P. Salessow,** *Über die Anilin–Pyridin-Methode der Gossypolbestimmung.* Kritik an der von Podolskaja u. Sserga [1934] verbesserten Meth. der Gossypol (I)-Best. nach Royce. Die genannten Autoren ersetzen den PAe. durch eine Mischung von A. u. PAe. (1:2). Die Löslichkeit des nativen I in A. ist größer als in PAe., daher kann die empfohlene Mischung zum Waschen des Dianilin-I nicht empfohlen werden. Diese Autoren haben wahrscheinlich die Tatsache übersehen, daß in Ggw. von sogar sehr kleinen Mengen Pflanzenöl Anilin sich sehr leicht in PAe. löst. Daher sollte zum Waschen des Nd. nur PAe., wie Royce es angibt, verwendet werden. (Узбекский Химический Журнал [Usbek. chem. J.] **1958.** Nr. 3. 93—94.)

E. Steinberg. G 3950

d) Medizinische und toxikologische Analyse.

F. H. Sims und **C. Horn,** *Einige Beobachtungen über die Methode von Powell zur Serumbilirubinbestimmung.* Verbesserung der *Bilirubin* (I)-Bestimmungsmeth. von Powell (Amer. J. clin. Pathol. **8.** [1944.] 55) in folgenden Punkten: Zusatz von Nitrit zum Reaktionsgemisch zwecks Überführung von *Hämoglobin* (II)-Spuren in *Methämoglobin* (III) u. Verwendung der Wellenlänge 525 mμ (isosbest. Punkt zwischen II u. III). Der so bestimmte Leerwert wird dann wie üblich von dem Wert der I-haltigen Probe abgezogen. Weiter wurde die Zus. des Diazoreagenses modifiziert (0,6 ml *$NaNO_2$*-Lsg. + 10 ml 0,1%ig. *Sulfanilsäurelsg.*). Als Katalysator der Kupplung zwischen I u. der diazotierten Sulfanilsäure wurde *Na-Benzoat* verwendet. Bei Berücksichtigung der Zeitabhängigkeit der Farbentw. konnte die Meth. insgesamt so verbessert werden, daß der mittlere Fehler bei der Best. von Serumproben, denen I künstlich zugesetzt worden war, ca. 6,7% betrug. (Amer. J. clin. Pathol. **29.** 412—17. Mai 1958. Auckland, Hosp., Central Labor.) W. Scheler. 5728

F. Rappaport und **M. Loew,** *Ein stabiler Standard für die colorimetrische Bestimmung von Gesamtprotein, Albumin, Globulin und Fibrinogen.* Auf der Suche nach einem stabilen Standard für die Biuret-Rk. bei der klin. Best. der Plasmaproteinfraktionen wurden verschied. Peptone [Peptonpulver, USP-Reagens (Retort Pharmaceut. Manuf. Chemists Co.); Difco, Protone sowie die Oxopetone D, E u. F] als brauchbar befunden. — 10 g Pepton wurden in ca. 90 ml W. gelöst, 2 ml einer 1%ig. HgOCN-Lsg. als Konservierungsmittel zugesetzt u. auf 100 ml aufgefüllt. Die Standardlsgg. sind mindestens 8 Monate haltbar. Ihre Farbäquivalenten werden gegen 4—5 Seren ermittelt, deren Eiweißgeh. sowohl nach Kjeldahl als auch mit der Biuret-Meth. bestimmt wurde. Die Best. von Gesamtprotein, Albumin u. Fibrinogen nach der Biuret-Meth. wird beschrieben. (Clin. chim. Acta [Amsterdam] **2.** 126—30. April 1957. Petah Tikva, Israel, Belinson Hosp., Biochem. Labor.) E. Schwerdtfeger. 5728

Wallace W. Tourtellotte, Julius A. Parker, R. Eric Alving und **Russell N. DeJong,** *Bestimmung des Gesamtproteins in der Cerebrospinalflüssigkeit durch eine Ultramikro-Kjeldahl-Stickstoffmethode.* Es wird eine Ultramikrometh. beschrieben, durch die 28 μg Protein (ca. 4 μg N), die in ca. 0,2 ml n. Cerebrospinal-Fl. enthalten sind, mit ca. 10% Schwankungskoeff. bestimmt werden können; im Arbeitsbereich von 200 μg Protein ist er <1%. Das Gesamtprotein wird von anderem N-haltigem Material durch Trichloressigsäurefällung abgetrennt. Als App. (Abb.) dient die modifizierte App. von Jenden u. Taylor (Analytic. Chem. **25.** [1953.] 685). Der Aufschluß mit 100 μl einer K_2SO_4, Hg u. Se enthaltenden wasserfreien H_2SO_4 dauert ca. 2 Stunden. (Analytic. Chem. **30.** 1563—66. Sept. 1958. Ann Arbor, Mich., Univ. of Michigan, Dep. of Neurol.)

K. F. Müller. G 5730

Wallace W. Tourtellotte, Arthur J. Vander, Beverley A. Skrentny und **Russell N. DeJong,** *Untersuchung der Lipoide in der Cerebrospinalflüssigkeit.* 2. Mitt. *Die Bestimmung der Gesamtlipoide.* (Vgl. vorst. Ref.) Es wird eine Ultramikrometh. zur Best. der *Gesamtlipoide* in Cerebrospinal-Fl. beschrieben, die nur 250 μl n. Cerebrospinal-Fl. bzw. 2 μg Gesamtlipoide benötigt. Die Meth. beruht auf der Cholesterinoxydation eines geeigneten, von nichtlipoiden reduzierenden Substanzen befreiten Extraktes durch Bichromat-H_2SO_4 u. der colorimetr. Best. des red. Chromions. Der Schwankungskoeff. der ausführlich beschriebenen Meth. beträgt ca. 7%. (J. Lab. clin. Med. **52.** 481—90. Sept. 1958.) K. F. Müller. 5730

Wallace W. Tourtellotte, Fannie M. Parker und **Russell N. DeJong,** *Untersuchung der Lipoide in der Cerebrospinalflüssigkeit.* 3. Mitt. *Die Bestimmung der Gesamtphospholipoide.* (2. vgl. vorst. Ref.) Die Meth. zur Best. von *Phospholipoiden* (ca. 0,02 μg) in Cerebrospinal-Fl. beruht auf der gemeinsamen Ausfällung der Lipoide u. Proteine mit Trichloressigsäure, Auswaschen des säurelösl. Phosphors, Extraktion der Lipoide mit alkoh. K-Acetatlsg., nassen Veraschung eines aliquoten Teils des A.-Extraktes u. einer empfindlichen colorimetr. P-Bestimmung. Der Schwankungskoeff. der Meth. beträgt 5%. (J. Lab. clin. Med. **52.** 491—95. Sept. 1958.) K. F. Müller. 5730

T. E. Parry, *Papierchromatographie von 56 Aminoverbindungen unter Verwendung von Phenol und Butanol–Essigsäure als Lösungsmittel. Mit erläuternden Chromatogrammen normaler und anomaler Urine.* Es wird das Verh. zahlreicher Aminoverbb. (*Glutathion, Cysteinsäure, Diaminopimelinsäure, Cystin, Cystein, Djenkolsäure, Hydroxylysin, Äthanolaminphosphorsäure, Asparagin, Ornithin·HBr, Histidin·2 HCl, Lysin, Arginin·HCl, Methylhistidin, Asparaginsäure, Homocystin, Serin, Taurin, Glutamin, Citrullin, Methionin, -sulfon, -sulfoxyd, Histamin·2 HCl, Prolin, Hydroxyprolin, Glucosamin, Glycin, Glycylglycin, Threonin, Glutaminsäure, β-Hydroxyglutaminsäure, Dihydroxyphenylalanin, α-Aminopimelinsäure, α-* u. *β-Alanin, Äthanolamin, α-* u. *γ-Amino-n-buttersäure, α-* u. *β-Aminoisobuttersäure, Tyrosin, Phenylserin, Valin, Methionin, Tryptophan, Norvalin, Phenylalanin, Dijodtyrosin, Leucin, Isoleucin, Norleucin, α-Aminooctansäure, Thyroxin, p-Aminobenzoesäure, p-Aminosalicylsäure*) bei der 2dimensionalen Papierchromatographie in wassergesätt. Phenol u. Butanol/Essigsäure/W. (4:1:5) sowie die Beziehung zwischen chem. Struktur u. chromatograph. Verh. untersucht. Die Lage der 56 Aminoverbb. im Chromatogramm wird in einem Diagramm wiedergegeben u. Chromatogramme n. u. patholog. Harne angeführt. Auf den Einfl. anorgan. Salze sowie der Temp. wird hingewiesen. (Clin. chim. Acta [Amsterdam] **2.** 115—25. April 1957. Penarth, Glam., Wales, United Cardiff Hosp., Llandough Hosp., Dep. of clin. Pathol.) E. Schwerdtfeger. 5732

Joseph J. Martorano, *Vergleich der Extraktion von Kalium und Natrium aus Lebergewebe durch Säure und Wasser.* Es wird eine Meth. zur Extraktion von K u. Na aus Lebergewebe von Mäusen durch Ausziehen mit W. beschrieben. Ein Vgl. dieses Verf. u. der Meth. mit HNO_3 aufzuschließen zeigt, daß beide Verff. bzgl. der Best. von K u. Na prakt. gleiche Resultate liefern. Die Vorteile der Extraktion mit W. werden diskutiert: Schnellere Meth., einfachere App., Möglichkeit nach direkter Verdünnung K u. Na im Flammenphotometer zu bestimmen. (J. Lab. clin. Med. **51.** 479—83. März 1958. Bethesda, Md., Nat. Naval Med. Center.) H. Liese. 5756

Ana Singerman, *Chemische und pharmakologische Bestimmung von Tetramethylammoniumformiat. Tetramethylammoniumformiat* (I) hat nicotin- oder muscarinähnliche Wrkg., welche Vf. zum biol. Nachw. von I im Urin von Ratten, die I erhalten hatten, benutzt, indem sie den Urin dem Medium zusetzt, in dem sich isolierte Darmstücke von Kaninchen oder Meerschweinchen oder glatte Bauchmuskeln von Kröten befinden. Da Ratten mit dem Urin Substanzen mit Histaminwrkg. ausscheiden, hat Vf. diese durch Zugabe von Histaminase ausgeschaltet. Die Wirkungsgröße von I auf die genannten isolierten Organe ist dosisabhängig. Mit der Meth. des Vf. läßt sich I in Konzz. von $3{,}3 \cdot 10^{-7}$ Mol nachweisen, während chem. nach Fällung als Reinekat u. photocolorimetr. Best. nur Mengen über 50 mg erfaßt werden können. (An. Farmac. Quím. São Paulo **9.** 128—33. Juli/Aug. 1958. Buenos Aires, Univ., Cadeira de Quím. Legal.) Heinrich Hermann. 5764

M. A. Menkowski und **A. A. Flodin,** Analytische Chemie und technische Analyse der Kohlen. Lehrbuch für Studierende des Bergbaues. Moskau; Ugletechisdat. 1959. (336 S. m. Abb.) 8 Rbl. [russ.]

A. Parker, The determination of molybdenum in fused mixtures of sodium, zirconium and uranium fluorides. London: H. M. S. O. 1959. (3 S.) = A. E. R. E. reports-no AM 26. 1 s. 2 d.

G. Phillips and **E. Foster,** The chemical analysis of ternary alloys of plutonium with cobalt and cerium. London; H. M. S. O. 1959. (12 S. m. Abb. u. Diagr.) = A. E. R. E. reports-no R 2878. 2 s. 6 d.

John Ernest Salmon and **Douglas Knight Hale,** Ion exchange: a laboratory manual. London; Butterworths Scientific Publications. 1959. (VII + 136 S. m. Taf. u. Diagr.) 25 s.

N. Schoorl, Organische analyse. Dl. 2; Verbindingen van koolstof, waterstof en zuurstof. Dl. 3; Organische verbindingen met stikstof, halogenen en zwavel. Verkorte herdr. in één band. Hilversum; D. B. Centen. (360 S.) hfl. 17,50. Supplement bij Dl. 1: Algemeen gedellte. Aanvullingen en verbeteringen op de 3e dr. van 1935, in 1941 door de autour gegeven. (32 B.) hfl. 1,50.

J. Walkden, The determinations of free carbon in beryllium metal. London; H. M. S. O. 1959. (2 S.) = A. E. R. E. reports-no. AM 31. 1 s. 2 d.

C. G. Wallace, The volumetric determination of beryllium in beryl ore. London; H. M. S. O. 1959. (4 S.) = A. E. R. E. reports-no. AM 29. 1 s. 9 d.

R. J. Webb, The spectrographic determination of impurities in heavy water. London; H. M. S. O. 1959. (6 S. m. Abb. u. Diagr.) = A. E. R. E. reports-no. AM 8. 1 s. 9 d.

F. E. Wild, The determination of uranium in bismuth base alloys. London; H. M. S. O. 1959. (6 S.) = A. E. R. E. reports-no AM 27. 2 s. 6 d.

—, The gravimetric determination of silicon in thorite. London; H. M. S. O. 1959. (5 S.) = I. G. O. reports-no. AM/S-192. 1 s. 3 d.

H. Angewandte Chemie.

I. Allgemeine chemische Technologie.

Nils Lengborn, *Kontinuierlicher Ionenaustausch.* Übersicht über die seit 1952 erzielten Fortschritte auf dem Gebiete des kontinuierlichen Ionenaustausches: auf- oder abwärts gerichteter Fluß des zu behandelnden Flüssigkeitsstromes; feste Austauscherbetten oder in der zu behandelnden Fl. suspendierte Austauscher; mechan., pneumat. oder hydraul. Bewegung der Austauscherharze. — 43 Schrifttumshinweise. (Svensk kem. Tidskr. **70**. 255—66. 1958. Stockholm, AB Kabi.) W. WESLY. 5826

Takeo Yamabe, *Untersuchung über Ionenaustauschergleichgewichte.* 4. Mitt. *Anionenaustauschergleichgewichte unter Beteiligung von OH-Ionen.* (3. vgl. J. chem. Soc. Japan, ind. Chem. Sect. [Kōgyō Kagaku Zassi] **57**. [1954.] 701.) Bei verschied. Ionenkonzz. u. Verhältnissen (P) Harz/Lsg. wird der Ionenaustausch zwischen OH^- u. Cl^- an stark bas. Austauschern (*Amberlite IRA-400* u. *410*) bestimmt. Dabei zeigt sich, daß in der Ionenaustausch-Rk. von Harzbase (= ROH) mit NaCl die Austauschkapazität u. die OH^--Konz. in der Lsg. einen konstanten Wert erreicht bei einem Konzentrationsbereich von Na^+, der höher liegt als ein Grenzwert (N, für den Fall P = 10); bei einem niedrigeren Wert als dem Grenzwert von Na^+ läßt sich P ausdrücken durch: $\log P_{OH} = -a + b \cdot \log P_{Cl}$, worin a u. b Konstanten sind. Die selektive Adsorptionsfähigkeit für OH^- ist bei Amberlite IRA-410 größer als bei IRA-400. — 3 Diagramme. (J. chem. Soc. Japan, ind. Chem. Sect. [Kogyo Kagaku Zassi] **58**. 186—88. März 1955. Tokyo, Univ. [Orig.: japan.]) L. SCHULER. 5826

Takeo Yamabe, *Untersuchung über Ionenaustauschergleichgewichte.* 5. Mitt. *Empirische Formel für Ionenaustauschergleichgewichte auf der Grundlage des Massenwirkungsgesetzes.* (4. vgl. vorst. Ref.) Aus den Versuchsdaten wird eine allg. empir. Formel abgeleitet, welche die Verteilungskoeffizienten P jedes der Ionen zwischen Harz u. Lsg. wie folgt verbindet: $\log P_A = \log K + n \log P_B$, worin P_A u. P_B = P für die Ionen A u. B, K eine Konstante ist, die von der Gleichgewichtskonstante abhängt, u. n eine Konstante, die in Beziehung zur Wertigkeit der Ionen steht. — 6 Diagramme. (J. chem. Soc. Japan, ind. Chem. Sect. [Kōgyō Kagaku Zassi] **58**. 188—91. März. 1955. [Orig.: japan.]) L. SCHULER. 5826

Takeo Yamabe, *Untersuchung über Ionenaustauschergleichgewichte.* 6. Mitt. *Anwendung des Donnan-Gleichgewichts auf den Ionenaustausch.* (5. vgl. vorst. Ref.) Für den Ionenaustausch zwischen gleichwertigen (äquivalentgleichen) Ionen wird folgende Gleichung abgeleitet u. geprüft: $(Q_A + E_A)/(Q_b + E_B) = n. (N_A/N_B)$, worin Q die ursprüngliche Ionenmenge im Harz u. E jene in der Lsg. ist, N die Konz. beim Gleichgewicht, A u. B beziehen sich auf das jeweilige Ion, n ist eine Konstante, die im Falle $Na^+ \rightleftarrows H^+$-Austausch = 1, aber für $Cl^- \rightleftarrows HCO_3^-$ 0,57 ist. Die Formel gilt nicht für den Austausch zwischen Ionen verschied. Wertigkeiten. — 4 Diagramme. (J. chem. Soc. Japan, ind. Chem. Sect. [Kōgyō Kagaku Zassi] **58**. 191—93. März 1955. [Orig.: japan.]) L. SCHULER. 5826

P. W. Poljakow, *Kontaktlose Messung des Ammoniakspiegels in Kälteanlagen mit Hilfe von γ-Strahlen.* Beschreibung einer App. zur Messung des NH_3-Spiegels in Kälteanlagen mit Hilfe von ^{60}Co. Das Verf. beruht darauf, daß beim Durchgang von γ-Strahlen durch eine fl. NH_3-Schicht die Impulszahl 7/Min. beträgt, bei Durchgang durch NH_3-Dampf dagegen 28/Minute. Die Schwankungen des Spiegels betragen 100 mm. Die Genauigkeit beträgt ± 10 mm. (Маслобойно-Жировая Промышленкость [Öl- u. Fett-Ind.] **25**. Nr. 2. 29—30. 1959. Allunions Fettforsch.-Inst.) OTTO MAIER. 5858

Keiji Nakanishi, *Leistungsfähigkeit von Metalldrahtnetzpackungen für Fraktionierkolonnen.* Fraktionierkolonnen mit 3—6 cm innerem Durchmesser werden mit Metalldrahtnetzen (Drahtstärke 0,1 mm, 100 × 100 Maschen) in Wabenformen oder welligen Anordnungen gefüllt u. darin *Bzl.* mit 0,76—0,89 Mol-Anteilen *1.2-Dichloräthan* fraktioniert. Bestimmt wird das Höhenäquivalent bzgl. theoret. Packungen, das Zurückgehaltene u. der Druckabfall u. in Diagrammen dargestellt u. erörtert. — Apparatskizzen. (J. chem. Soc. Japan, ind. Chem. Sect. [Kōgyō Kagaku Zassi] **58.** 635—37. Sept. 1955. Osaka, Takatsu Coll.) L. Schuler. 5864

Pál Szolcsányi, *Blasenmodelltheorie der Mechanik von fluidisierten Betten.* Nach den Unterss. des Vf. entstehen fluidisierte Betten durch Zurückfällen des körnigen, von dem Medium aufgehobenen Betteils, da die Teilchen nicht schweben. Die entstandenen Hohlräume verhalten sich so, wie die Blasen in Flüssigkeiten. Die Eigg. des fluidisierten Bettes werden von den Aufstieggeschwindigkeiten bestimmt. Aus diesem Grund bietet sich eine Möglichkeit, einen Zusammenhang zur Ausdehnung des Bettes abzuleiten, der allg. Gültigkeit besitzt u. auch die Beschreibung der vertikalen Transporte erlaubt. Die Meth. eignet sich für Verss. sowohl mit Gasen als auch mit Flüssigkeiten. Die Lösung der Grundgleichung gelang vorläufig nur in Annäherung. Die Unterss. über die Gültigkeit geschahen auf Grund zuverlässiger Literaturdaten. (Magyar Kémiai Folyóirat [Ung. Z. Chem.] **64.** 131—36. April 1958. Veszprém, Vegyipari Egyetem Fizikai Kémia Tanszéke.) G. Halmi. 5906

Carba Akt.-Ges., Bern, Schweiz, *Zentralheizung. Wärmeüberträger.* Als solchen verwendet man *Dichlortetrafluoräthan,* das in einem geschlossenen Syst. verdampft wird u. in den Heizkörpern kondensiert. Auf Grund seines niedrigen Kp. (ca. 30°) läßt sich die gewünschte Temp. leicht einstellen, während ein Einfrieren ausgeschlossen ist. (**Holl. P. 89 638** vom 18/10. 1951, ausg. 15/12. 1958. Schwz. Prior. 18/10. 1950.) F. Böhm. 5815

Permutit Co., New York, N. Y., V. St. A., *Herstellung quaternärer Ammoniumderivate von Mischpolymerisaten aus Vinylalkylpyridinen mit vernetzenden Verbindungen.* Nach erfolgter Mischpolymerisation wird das Prod. durch Behandlung mit Cl_2 oder Br_2 in einem nichtwss. Lösungsm. halogeniert, dann durch Rk. mit einem tert. Amin oder Alkanolamin aminiert u. mit n. Alkylierungsmitteln quaterniert. — Z. B. behandelt man ein Mischpolymerisat, hergestellt aus 181,7 (g) 2-Methyl-5-vinylpyridin u. 18,3 einer Mischung aus 54,8% Divinylbenzol u. 47,2% Äthylvinylbenzol, suspendiert in einem Gemisch aus 500 (cm^3) Essigsäure, 40 Essigsäureanhydrid u. 120 g Na-Acetat, bei 80° unter Bestrahlung mit UV-Licht mit Cl_2, suspendiert das 10% Cl_2 enthaltende Prod. in wss. Dimethyläthanolaminlsg. u. erwärmt auf 70°. Anschließend wird bei 35° mit CH_3J in Methanol quaterniert. — *Anionenaustauscher.* — Vgl. A. P. 2 801 223; C. **1959.** 584. (**Holl. P. 86 226** vom 8/8. 1953, ausg. 16/9. 1957. **Aust. P. 167 488** vom 31/7. 1953, ausg. 3/5. 1956. Beide A. Prior. 12/8. 1952.) F. Böhm. 5827

Soc. Lamex und **Jean Labouygues,** Clermont-Ferrand, Frankreich, *Trennen von Feststoffen nach ihrer Dichte.* Die Stoffe werden in eine Schwer-Fl. eingetragen, die eine D. zwischen denen der zu trennenden Stoffe aufweist. Dabei wird die Schwer-Fl. in Vibrationen versetzt, wobei die leichteren Stoffe nach oben schwimmen u. ausgetragen werden. Die sich absetzenden schweren Stoffe werden vom Boden des Trennbehälters über einen schräg aufwärts führenden Kanal abgeleitet. (**E. P. 792 582** vom 13/1. 1956, ausg. 2/4. 1958. F. Prior. 15/1. 1955.) W. Hauswald. 5829

Farbwerke Hoechst Akt.-Ges., vormals Meister Lucius & Brüning, Frankfurt/M. (Erfinder: **Otto Sauer** und **Hermann Metzger,** Burgkirchen/Alz), *Herstellung von Frostschutzmitteln* auf Basis von Glykolen, die nebeneinander Erdalkalisalze schwacher Säuren u. Alkalisilicate (I) enthalten, dad. gek., daß in Äthylenglykol, das bereits das Erdalkalisalz u. gegebenenfalls weitere Korrosionsschutzmittel enthält, das I als überwiegend glykol. Lsg. unter Rühren eingebracht wird. — Mengenbeispiele. Unbegrenzte Stabilität. (**D. A. S. 1 062 491** Kl. 46c vom 9/7. 1958, veröff. 30/7. 1959.) H. Schindler. 5859

Theodor Siepmann, Essen, *Herstellen von Reibbelägen für Bremsen oder Kupplungen,* die sich auch bei hoher Belastung nicht zersetzen. Auf Trägermaterial, wie Asbest, werden Reibstoffe chem. niedergeschlagen, wie C (durch Tränkung mit Glucose-Lsg. u. Erhitzen), CuO (nach $CuSO_4 \rightarrow CuO + SO_3$), $CaCO_3$ ($Ca[CH_3COO]_2 \rightarrow CaCO_3 + CH_3 \cdot COCH_3$). Metalle können durch Red., andere Reibstoffe durch Hydrolyse abgeschieden werden. (**D. A. S. 1 045 885** Kl. 80b vom 23/6. 1956, veröff. 4/12. 1958.) G. Frikell. 5893

Licentia Patent-Verwaltungs-G. m. b. H., Hamburg (Erfinder: **Eberhard Steudel,** Heiligenhaus, Bez. Düsseldorf), *Kernbrennstoffelement.* Zum Nachw. von Undichtigkeiten in der Schutzhülle dient die Änderung der Torsionsspannung. (**D. A. S. 1 059 583** Kl. 21g vom 8/6. 1957, veröff. 18/6. 1959.) H. Kessel. 5895

Deutsche Gold- & Silberscheideanstalt vormals Roessler (Erfinder: **Alfred Boettcher**), Frankfurt/M., *Spalt- oder Brütstoffelement für Kernreaktoren* besteht aus einem U-, Pu- oder Th-Monocarbid-Formkörper in natürlicher oder an Spaltstoff angereicherter Zus. mit einer korrosionsbeständigen dichten Schutzhülse. Zwischen dieser u. dem Formkörper liegt eine auf dem Formkörper festhaftende, bes. dünne u. gegen W. korrosionsbeständige Schutzschicht aus Carbiden oder Siliciden der Elemente der 4.—6., bes. der 4. u. 5. Gruppe des Period. Syst., einzeln oder gemischt. (**D. A. S. 1 055 704** Kl. 21g vom 16/10. 1957, veröff. 23/4. 1959.) H. Kessel. 5895

Licentia Patent-Verwaltungs-G. m. b. H., Hamburg (Erfinder: **Eberhard Steudel** und **Gerhard Aulich**, Heiligenhaus, Bez. Düsseldorf), *Messung des Neutronenflusses bei Kernreaktoren* unter Verwendung von mehreren getrennten Meßkanälen mit je einer Ionisationskammer, einem Gleichstromverstärker für kleinste Ströme u. einem Nullpunktsregler. Eine gemeinsame period. bestätigte Kontaktvorr. schaltet einen Kanal nach dem andern von der Meßgröße ab u. den Nullpunktsregler des Kanals ein, der den Nullpunkt des zugehörigen Gleichstromverstärkers neu einstellt. (**D. A. S. 1 059 584** Kl. 21g vom 27/3. 1958, veröff. 18/6. 1959.) H. Kessel. 5895

II. Betriebsschutz. Feuerschutz.

S. Freyschuss, O. Lindström, K.-D. Lundgren und **Å. Swensson**, *Gewerbehygienische Untersuchungen bei Anwendung organischer Quecksilberverbindungen in Papierfabriken und Exportschleifereien.* Gegen die Verpilzung von Holzschliff (I) setzt man Hg-Phenylacetat (II) u. seit 1956 auch II zusammen mit 8-Hydroxychinolin (Oxin) zu, bisweilen auch Alkyl-Hg-Verbb., die vorwiegend metall. Hg an die Luft der Fabrikräume abgeben. Vff. berichten über umfangreiche Hg-Bestimmungen in der Luft zahlreicher Betriebe sowie im Urin der dort Beschäftigten. Zur Schnellbest. von Hg im Urin wird ein tragbares Gerät beschrieben, worin die Urinprobe verbrannt u. der Hg-Geh. des Dampfes spektrophotometr. bestimmt wird. Damit kann auch der Hg-Geh. der Luft gemessen werden. Diese von Lindström entwickelte Schnellmeth. verglichen Vff. mit den Methoden von Vesterberg u. von Johansson-Uhrnell, die gut übereinstimmten. Neu ist die Erkenntnis, daß sich nach Zusatz organ. Hg-Verbb. in Holzschliff durch dessen reduzierende Stoffe metall. Hg bildet, das zwar mehr verdampft als organ. Hg-Verbb., aber auch weniger giftig ist als letztere Verbindungen. Die Überwachung der Fabrikluft sowie der Beschäftigten muß fortlaufend erfolgen, um etwaigen, bei Unvorsichtigkeit u. Betriebsstörungen auftretenden Schäden vorbeugen zu können. Die Fabrikluft soll nicht über 100 γ Hg/m^3, möglichst aber nur 15—25 γ Hg/m^3 als Metall u. nur 1—2 γ Hg/m^3 als organ. Verbb. enthalten. Im Urin sollen nicht über 200—300 γ metall. Hg/Liter enthalten sein, von organ. Hg-Verbb. nur $^1/_{10}$ dieses Wertes. — 16 Tabellen, 6 Abbildungen, 14 Schrifttumshinweise. (Svensk Papperstidn. **61.** 568—80. 30/9. 1958. Stockholm, Svenska Träforskningsinst.; Karolinska sjukhuset.) E. Borchers. 5932

Hans-Egon Bröcker, *Silicoseverhütung und Staubbekämpfung im Erzbergbau.* 2. Mitt. (1. vgl. C. **1959.** 1236.) Überblick über die Staubbekämpfung beim Schießen, über Maßnahmen der Wetterführung u. Einrichtungen zum Beseitigen des Schwebestaubes im Wetterstrom, über die Bekämpfung des Liegestaubes, den persönlichen Staubschutz u. die Entstaubung der Kauen, über die Staubbekämpfung in den Aufbereitungsanlagen u. über die Organisation der Staubbekämpfung im Erzbergbau. (Neue Hütte **3.** 272—80. Mai 1958. Eisleben.) F. Vier. 5932

D. Jakac, *Berufsdermatosen durch Beschäftigung mit Erdöl und dessen Derivaten.* Bericht über die ärztliche Überwachung der Arbeiter einer jugoslaw. Erdölraffinerie, von denen 44% verschied. Hautschäden aufwiesen, darunter 1,3% Berufsekzem u. 0,2% Carcinom. Die übrigen Hautleiden waren leichterer Natur u. durch Präventivmaßnahmen vermeidbar. (Arhiv Hig. Rada Toksikol. **7.** 225—42. 8 Tafeln. 1956. Rijeka, Opća bolnica, Dermatol. odjel.) S. Beckmann. 5932

H. Baumann, *Spritzbare Harnstoffharzschäume.* Bei den Harnstoffschäumen handelt es sich um einen Isolierstoff, der im Bergbau zur Bekämpfung von Grubenbränden u. Schlagwetterexplosionen eingesetzt wird. Mit Hilfe des Schaumes ist eine rasche u. vollständige Ausfüllung von Hohlräumen, in den sich Schlag- u. Schleichwetter ansammeln können, möglich. (Bitumen, Teere, Asphalte, Peche verwandte Stoffe **10.** 11. Jan. 1959. Frankenthal/Pfalz.) F. Rosendahl. 5944

Kingsley Kay, *Übersicht 1956—1957 über Luftverunreinigung.* Mit 261 Literaturangaben aus den Jahren 1956—1957 wird über chem. u. radioakt. Luftverunreinigung, die Methoden zu ihrem Nachw. u. zu ihrer Verhütung bzw. Einschränkung berichtet. (Ind. Engng. Chem. **50.** 1175—80. Aug. 1958. Ottawa, Ontario, Canada, Dep. of Nat. Health.) H. Mühlmeister. 5948

Mine Safety Appliances Co. (Erfinder: **Paul Willis McConnaughey**), Pittsburgh, Pa., V. St. A., *Colorimetrisches Reagens für Cyanwasserstoff oder Vinylcyanid*, dad. gek., daß es aus einer Lsg. von o-Tolidin u. Kupfersulfat oder Kupferacetat in einem mehrwertigen Alkohol besteht. Beispiel: 0,02 g o-Tolidin, 0,02 g Kupfersulfat oder -acetat (auf W.-freier Basis) u. 2,5 g Glycerin je 10 g Kieselerdegel. (**D. A. S. 1 011 176** Kl. 42 l vom 9/11. 1955, veröff. 27/6. 1957.) W. v. HUHN. 5937

Drägerwerk, Heinr. & Bernh. Dräger, Lübeck, *Nachweis von Quecksilberdämpfen* in Luft oder anderen Gasen mittels Prüfröhrchen, dad. gek., daß die zu untersuchende Luft über eine Mischung eines Hg(II)-Salzes mit einem reduzierbaren u. bei seiner Red. seine Farbe ändernden Indicators (I) geleitet wird. Als I dient ein Goldsalz, bes. Goldchlorid. (**D. A. S. 1 018 646** Kl. 42 l vom 17/4. 1956, veröff. 31/10. 1957.) W. v. HUHN. 5937

Franz Eiserhardt, Gelsenkirchen, *Verfahren zum Regeln der Luftfeuchtigkeit und zum Niederschlagen des Kohlenstaubes* in unterird. Grubenbetrieben durch Aufbringen eines ein Mineralsalz sowie ein Klebemittel enthaltenden Überzuges auf die Wandungen der Grubenräume. Die Überzugsmasse besteht aus Kieselgur, Kleister u. gesätt. Salzsole. Die aufzubringende M. enthält außerdem Salz in feinkrist. Form. Die Überzugsmasse enthält noch einen Zusatz von Kupfersulfat, Ammoniumsulfat u./oder Rohglycerin. (**D. B. PP. 971 133** Kl. 5d vom 18/2. 1951, ausg. 18/12. 1958. Anmeldung bekanntgemacht 13/12. 1951 u. **971 441** [Zusatz-Pat.] Kl. 5d vom 8/4. 1951, ausg. 29/1. 1959. Anmeldung bekanntgemacht 13/12. 1951.) W. HAUSWALD. 5941

Francis Earle Laboratories, Inc., Peekskill, übert. von: **Seymour I. Richman,** Crompond, und **Leon M. Greenstein,** New York, N. Y., V. St. A., *Feuerlöschmittel für Metall-, besonders Magnesiumbrände*, bestehend aus einem Phthalsäureester, der ein großes Wärmeabsorptionsvermögen aufweist, z. B. Diisodecyl- oder Di-2-äthylhexylphthalat, u. CH_2ClBr, das unter Bldg. einer Schutzschicht mit dem Metall reagiert, wobei das Gewichtsverhältnis des Esters:CH_2ClBr 3—1:1—3 betragen kann. (**A. P. 2 853 450** vom 15/8. 1955, ausg. 23/9. 1958.) K. DEMMLER. 5945

Ernst Loos, Deutschland, *Feuerlöschmittel für alle Brandklassen,* bestehend im wesentlichen aus einer Mischung von 35—55 (Teilen) NH_4-Sulfat, 50—30 $NaHCO_3$ u. 7—13 Diammoniumorthophosphat, mit geringem Zusatz von Stearinsäure oder einem unlösl. feinverteilten Metallstearat u. einem Trennmittel, wie Talkum, Steatit oder Infusorienerde. — Vgl. D. A. S. 1 003 594; C. **1958.** 8436. (**F. P. 1 132 176** vom 7/10. 1955, ausg. 6/3. 1957. D. Priorr. 21/10. 1954 u. 11/8. 1955.) W. WITTHOLZ. 5945

Alginate Industries Ltd. (Erfinder: **Richard Henry McDowell**), London, England, *Feuerlöschschaum,* dessen Proteingeh. aus dem unter der Bezeichnung „whale solubles" bekannten Material besteht, welches hydrolysiert u. konz. wird. Gegebenenfalls erfolgt Stabilisierung mit Fe(II)-Sulfat. Zur Anwendung werden 3 (Teile) eines so hergestellten Prod. mit 97 W. vermischt. (**E. P. 799 985** vom 23/9. 1955, ausg. 13/8. 1958.) E. MIESSGANG. 5945

III. Elektrotechnik.

Siemens-Schuckertwerke Akt.-Ges., Berlin und Erlangen (Erfinder: **Norbert Schink,** Erlangen), *Halbleitereinkristall*, bes. aus Si. Beim elektrolyt. Ätzen (bes. in einer 4%ig. wss. HF-Lsg.) wird die Polarisationsspannung auf der als Elektrodenfläche wirksamen Halbleiteroberfläche unterhalb des Bereiches gehalten, in dem auf die Halbleiteroberfläche eine Polierwrkg. ausgeübt wird. (**Oe. P. 199 702** vom 26/3. 1957, ausg. 25/9. 1958. D. Prior. 16/6. 1956.) H. KESSEL. 5953

Dr. Eugen Dürrwächter (Erfinder: **Albert Keil,** Freiburg, **Carl Ludwig Meyer** und **Eugen Dürrwächter**), Pforzheim, *Elektrische Unterbrecherkontakte* bestehen aus 0,1—25(%) Pb, Rest Pd. An Stelle oder neben Pd können sie 0,1—28, bes. 5—15 Sn, außerdem noch bis 10 Ni oder Co u. ebenso noch Ag u. Cu enthalten. (**D. B. P. 961 762** Kl. 40b vom 30/8. 1952, ausg. 11/4. 1957. Anmeldung bekanntgemacht 11/10. 1956.) C. GÖTZE. 5953

Dr. Eugen Dürrwächter (Erfinder: **Albert Keil,** Freiburg, **Carl Ludwig Meyer** und **Eugen Dürrwächter**), Pforzheim, *Verwendung von Palladiumlegierungen für elektrische Unterbrecherkontakte*, die aus 0,1—25(%) Pb u./oder 0,1—28 Sn, Rest Pd, bestehen nach D.B.P. 961 762, die jedoch an Stelle oder neben Pb oder Sn oder beiden eins oder mehrere der Metalle In, Ga, Tl oder Ge enthalten, mit der Maßgabe, daß der Gesamtgeh. an Pb, Sn u. den anderen genannten Zusatzelementen 0,1—20, vorzugsweise 5—15%, beträgt. Demselben Zweck dienen Legierungen, bei denen der Pd-Geh. mindestens 70% u. die Summe der Gehh. an Ga, In, Tl oder Ge bis zu 18% beträgt, die jedoch zusätzlich noch 1—25% Ag oder Cu enthalten, sowie solche, die zusätzlich noch Ni oder Co oder beide Metalle in Mengen bis zusammen 10% enthalten. (**D. A. S. 1 022 385** Kl. 40b vom 26/5. 1953, veörff. 9/1. 1958. **Zusatz zu D. B. P. 961 762; s. vorst. Ref.**) G. APEL. 5953

Siemens & Halske Akt.-Ges., Berlin und München (Erfinder: **Walter Heywang,** Karlsruhe), *Widerstandskörper* aus einem mindestens eine Sperrschicht, bes. einen p–n-Übergang aufweisenden Halbleiterkristall mit einem OHMschen Widerstand, der sich bei wachsender Spannung so ändert, daß die Stromstärke konstant bleibt. Der Halbleiterkristall weist innerhalb des Sperrschichtgebietes im Mittel eine höhere Konz. von Rekombinationszentren auf als in den angrenzenden Bereichen. (**D. A. S. 1 043 472** Kl. 21c vom 6/2. 1956, veröff. 13/11. 1958.) H. KESSEL. 5955

Welwyn Electrical Laboratories Ltd., Bedlington Station, Northumberland, und **James Browning,** Gosforth, Newcastle-on-Tyne, England, *Widerstandskörper.* Zur Herst. wird ein Gemisch aus einem Erdalkalititanat [bes. $MgTiO_3$ (I)] u. einem festen anorgan. Reduktionsmittel (bes. C in Form von Acetylenschwarz) in neutraler Atmosphäre bei 1100—1250° gesinert, so daß sich ein Ti-Suboxyd bildet. Als Flußmittel dienen 3—4% Borosilicatglas. I gewinnt man prakt. bei 950—1150° aus einem $MgCO_3$–TiO_2-Pulvergemisch als Rutil von stöchiometr. Zusammensetzung. (**E. P. 805 792** vom 27/2. 1956, ausg. 10/12. 1958.) H. KESSEL. 5955

Giulio Pasquali und **Mario Tanferna,** Rom, Italien, *Präzisionswiderstände* für die *Hochfrequenztechnik* erhält man, indem man leitende Substanzen u. Füllstoffe (Talkum, Glas- oder Quarzfasern) mit fl. Polyesterharzen mischt, im Vakuum unter mäßigem Rühren homogenisiert u. bei einigen at Druck u. Tempp. bis 120° verformt. (**It. P. 496 188** vom 29/11. 1952.) K. KOEBKE. 5955

Siemens & Halske Akt.-Ges., Berlin und München (Erfinder: **Ernst Fischer,** Berlin), *Kabelmantel* von niedriger Wasserdampfdurchlässigkeit besteht prakt. ganz aus einem aufgeschäumten Kunststoff mit geschlossenen Gaszellen, bes. einer Polyisobutylenmischung mit hohem Ruß- oder Graphitzusatz. — Zeichnungen. (**D. A. S. 1 059 065** Kl. 21c vom 31/12. 1955, veröff. 11/6. 1959.) H. KESSEL. 5957

Westinghouse Electric Corp., East Pittsburgh (Erfinder: **Herbert Francis Minter** und **Newton Charles Foster,** Pittsburgh), Pa., V. St. A., *Formbare Polyesterharzmischung* aus 35—95 (Gewichtsteilen) eines Polyesterharzes, das aus a) wenigstens 1 (Mol) einer sauren Verb., wie Fumarsäure, Maleinsäure, deren Anhydrid, Citraconsäure oder deren Anhydrid, b) 10—15 Adipinsäure oder einer anderen gesätt. 2bas. Säure, c) 0,5—5 Propylenglykol, d) 9—14 Äthylenglykol oder eine den Glykolen c) u. d) gleiche Molzahl höherer Glykole u. 0,1—0,75, bes. 0,25—0,35, Glycerin durch Erhitzen auf 150—260° erhalten wird, bis die SZ. <12 ist u. es in 50%ig. Toluollsg. auf der GARDNER-HOLDT-Skala einen Viscositätswert von etwa K oder <275 cP aufweist, u. 65—25 eines festen anorgan. Füllstoffes mit einer Durchschnittsteilchengröße $<5\,\mu$, wobei ein Teil des Füllstoffes durch Fasermaterial ersetzt sein kann. — 12 (Mol) Adipinsäure, 1 Fumarsäure, 2,3 Propylenglykol, 12 Äthylenglykol u. 0,3 Glycerin werden zu einem Polyesterharz der SZ. 5 u. dem Viscositätswert K der GARDNER-HOLDT-Skala kondensiert: Dickes, strohfarbiges, sirupartiges Prod., das bei längerem Stehen oder Kühlen in ein klebriges, halbkrist. Prod. übergeht. Aus 60 (Gewichtsteilen) dieses Harzes u. 40 eines feinzerteilten festen Mischprod. stellt man auf der kalten Walzenmühle eine Mischung her. Das Mischprod. besteht aus 80 Ca-Silicat mit der Durchschnittsteilchengröße 0,05 μ u. 20 $CaCO_3$ der Durchschnittsteilchengröße 1,5 μ. — *Elektr. Isoliermaterial.* (**Jap. A. S. 1391/1958** vom 13/12. 1954, veröff. 27/2. 1958. A. Prior. 21/12. 1953.) M. PANKOW. 5957

English Steel Corp. Ltd., Sheffield, England (Erfinder: **Eric Joshua Cousins Patrick, Walter Sorby** und **Geoffrey William Ellis**), *Permanente Magnete* des Typus Fe/Al/Ni/Co erhalten einen Zusatz von 0,16—0,81(%) Mischmetall, wobei letzteres aus 56 Ce, 25 La, 3,5 Th, 10 andere Seltene Erdmetalle, 0,5 Si, Spuren von Mg u. 5 Fe besteht. Sie können außerdem 0,5—3,25 Nb enthalten u. lassen sich hämmern u. walzen. (**E. P. 766 791** vom 17/4. 1953, ausg. 23/1. 1957.) C. GÖTZE. 5959

Deutsche Babcock & Wilcox-Dampfkessel-Werke Akt.-Ges. (Erfinder: **Hartwig Benzler**), Oberhausen/Rhld., *Brennstoffelement.* Ein gasdichter, den Brennstoff aufnehmender Hülsenteil ist in eine aus Rippenfuß u. Rippenkopf bestehende Kühlhülse eingebracht. (**D. A. S. 1 051 423** Kl. 21g vom 29/1. 1958, veröff. 26/2. 1959. **Zusatz zu D. A. S. 1 041 176; C. 1959. 6914.**) H. KESSEL. 5971

Egyesült Izzólámpa és Villamossági Részvénytársaság, Budapest, Ungarn, *Herstellung von Oxydkathodenfäden* für elektr. Entladungsröhren. Die Emission der aus ca. 15 μ starken W-Fäden durch Oxydation hergestellten Prodd. wird um etwa das 4fache vergrößert, wenn die Metallfäden zunächst elektropoliert werden. (**E. P. 790 439** vom 27/7. 1955, ausg. 12/2. 1958. Ung. Prior. 27/7. 1954.) G. FRIKELL. 5975

Standard Telephones & Cables Pty. Ltd. (Erfinder: **Otto J. Klean**), *Herstellung von Selengleichrichterplatten,* indem auf die Platte eine metall. Gegenelektrode aufgebracht wird, die durch Schmelzen zum größeren Teil wieder entfernt wird, worauf auf die Reste der 1. Gegenelektrode eine 2. Gegenelektrode in poröser Form durch Spritzen niedergeschlagen wird. Das Material für beide Elektroden ist z. B. eine eutekt. Legierung von Cd u. Sn mit einem F. 177°. (**Aust. P. 205 906** vom 8/2. 1955, ausg. 7/3. 1957.) K. DEMMLER. 5977

IV. Wasser. Abwasser.

Kenneth Hickman, *Meerwasseraufbereitung: ein Weg zur Wasserverbesserung?* Unterss. über die Möglichkeiten, Meerwasser so aufzubreiten, daß es für den Frischwasserbedarf der Industrien u. Haushalte verwendet werden kann. Erörtert werden Aufbereitunsverff. (Einfach-, Mehrfach- u. Rücklaufdest.; Elektrodialyse) u. ihr Brennstoffaufwand unter Berücksichtigung der zur Zeit benötigten Wärmemenge u. der in Zukunft [1965] zu erwartenden Verwendung von Kernspaltprodukten. Prakt. Beispiele für die Aufbereitung von Brackwasser, Quellwasser u. gewerblichen Abwässern. Für die Reinigung schwach isotopenhaltiger Abwässer werden Ionenaustauschverff. empfohlen. — 16 Literaturnachweise. (J. chem. Educat. **35.** 221—26. Mai 1958. Rochester, N. Y., Aquastills, Inc.) H. ECKSTEIN. 6016

P. Hamer, *Die Behandlung von Kesselspeisewasser.* Vf. gibt einen allg. Überblick über die Probleme der Behandlung von Kesselspeisewasser. Enthärtung des W. bewirkt geringen Geh. an gelösten Stoffen, geringe Härte u. geringen Geh. an HCO_3^-, sowie an Al u. Si, was bes. bei Drucken über 70 kg/cm² von Bedeutung ist. Bei Drucken unter 14 kg/cm² ist Zugabe von Na_2CO_3 anzuraten. Die Härte soll nach dem WANKLYN-Schaumtest unter der Nachweisgrenze, nach dem Verf. mit Äthylendiamintetraessigsäure unter 0,45° DH liegen. Nach einigen Enthärtungsverff. verbleibt ein genügend hoher Rest an Na_2CO_3 im Wasser. Phosphatzugabe ist erforderlich bei Drücken über 14 kg/cm² u. bei niedrigeren Drucken, wenn der Si-Geh. des Speisewassers 10 mg/Liter Na_3PO_4 oder im Kesselwasser 75—100 mg/Liter beträgt. Zur Korrosionsverhütung sollte das Speisewasser in Speiseleitungen u. Kessel bei Drucken bis zu 10 kg/cm² gegen Phenolphthalein alkal. reagieren, die Gesamtalkalität des Kesselwassers sollte 15—20% des Gesamtgeh. an gelösten Stoffen betragen. Dieser Alkaligeh. ist bei manchen Enthärtungsverff. gewährleistet. Bei Drucken über 14 kg/cm² sollte das Speisewasser p_H 9 aufweisen u. die Gesamtalkalität bei 10% der gelösten Stoffe liegen, der O_2-Geh. unter 0,01mg/Liter (notfalls Behandlung mit Na_2SO_3 oder Hydrazin). Zugabe von Na_2SO_4, $NaNO_3$ oder saurem Phosphat als Schutz gegen Alkalikorrosion ist von Fall zu Fall anzuraten. Von Zeit zu Zeit ist Abblasen des Kessels zur Einhaltung des Höchstgeh. an gelösten Stoffen u. an SiO_2, sowie zur Verminderung des Schlammgeh. vorzusehen. Es wird ferner auf die Notwendigkeit einer laufenden Überprüfung aller Behandlungsstufen verwiesen. (Chem. Process Engng. **39.** 319—22. Sept. 1958; Manufact. Chemist **29.** 279—94. Juli 1958. Imperial Chem. Industries Ltd., Alkali Div.) H. THIELE. 6030

V. Sastry, *Die Löslichkeit von Salzen in hochgespanntem Wasserdampf in Hinsicht auf die Turbinenversalzung.* Die Frage, ob die Ggw. von Salzen im Hochdruckdampf auf Löslichkeit der Salze im Dampf oder auf mechan. Mitreißen von Salzen zurückzuführen ist, wurde an Hand von Feuchtigkeitsmessungen des Dampfes (mit Hilfe von Lsgg., die radioakt. Au-Kolloide enthielten) untersucht. Aus der Radioaktivität des Dampfes kann sein Feuchtigkeitsgeh. ermittelt werden. Ergebnisse: Vf. zeigt, daß die Löslichkeit von NaCl, NaOH u. Na_2SO_4 im überhitzten Dampf von 402° u. 200 kg/cm² Druck 85 bzw. 40 bzw. 3 mg/Liter beträgt, die Ggw. der Salze im Dampf also durch ihre Löslichkeit bedingt ist. Als Ursache für diese Dampflöslichkeit werden die Hydratationskräfte zwischen Dampfmoll. u. gelösten Teilchen angegeben. (Chemiker-Ztg. **82.** 456—57. 10/7. 1958. Karlsruhe, TH, Inst. für Chem. Technik.) H. ECKSTEIN. 6030

Gerhard Keller, *Abwasserbeseitigung als hydrogeologisches Problem.* Prüfung der Bodenformationen (Locker- u. Festgesteine) auf ihr Schluckvermögen für Abwässer aller Art, auch von radioakt. verseuchten, in Zusammenhang mit dem Poren- u. Kluftvol., der Hohlraumbldg. in wasserlösl. Gesteinen u. der Aufnahmebereitschaft. Qualitative Unterss. der physikal. u. chem. Eigg. des Schluckwassers in Beziehung zum Schluckvermögen. Erörterung der Versickerung von mechan. u. chem. schwach belasteten Fabrikabwässern in einen porigen Grundwasserleiter; Anlage von Sickerschächten in einem Kluftwassergrundleiter zur Beseitigung häuslicher Abwässer u. von Schluckbohrungen zur Abwasserversenkung in Versalzungszonen. — Ergebnisse: Das Schluckvermögen poriger u. klüftiger Grundwasserleiter ist mit den Durchlässigkeitsbeiwerten vergleichbar. Die Aufnahmebereitschaft ist das schnelle Versickern in den mit Grundluft erfüllten Poren, Klüften oder Spalten; bei gespannten Grundwässern fällt sie fort. — Die physikal. u. chem. Zus. des Abwassers ist für die Aufnahme durch den Boden von besonderer Wichtigkeit, mechan. stark verunreinigte Wässer verschlechtern das Schluckvermögen bis zur Verstopfung des Grundwasserleiters (vorausgehende Unterss. erforderlich). — Planung u. Durchführung von Schluckbohrungen u. -schächten. — Von Natur unbrauchbare (versalzte) Grundwasservorkk. eignen sich für die Abwasserversickerung am besten. — 7 Abbildungen, 12 Literaturhinweise. (Z. dtsch. geol. Ges. **109**. 504—18. Febr. 1958. Hannover, TH.) H. Eckstein. 6036

L. Klein, *Chemische Gesichtspunkte der Flußwasserverunreinigung.* 1. Letale Grenzkonzz. für Fische durch CN^-, S^{2-}, Cl^-, Cu, Zn, Phenole, *Acridin*, *Gammexan* u. synthet. Detergentien. 2. Chem. Verff. zur Best. des Verunreinigungsgrades der Flüsse (O_2- u. BSB-Best., Analyse des W. auf seinen Geh. an schädlichen Bestandteilen, neben den obengenannten auf CNS^-, NH_3, Ni, Cd u. Cr u. den zahlreichen, aus industriellen Abwässern stammenden Verunreinigungen. — 3 Zahlentafeln, 25 Literaturhinweise. (Research **11**. 214—20. Juni 1958. Manchester, Mersey River Board.) H. Eckstein. 6038

E. R. Hermann und **E. F. Gloyna,** *Abwasserstabilisierungsteiche.* 2. Mitt. *Freilandanwendungen.* (1. vgl. C. **1959**. 3937.) Behandelt werden die Daten für 182 Abwasserstabilisierungsteiche. 174 der untersuchten Teiche dienen als sek. oder tert. Behandlungsstufe, in den meisten Fällen sind den Teichen Emscherbrunnen vorgeschaltet. Einzelheiten über Größe u. Syst. der Anlagen werden kurz gestreift, sodann die Ergebnisse der chem.-physikal. Unters. besprochen: Auf Grund von Stich- u. Stundendurchschnittsproben liegt die Gesamtalkalität im Auslauf im Mittel um 24% unter der im Zulauf. Das u. der Anstieg des p_H weisen auf photosynthet. Verwertung des CO_2 aus Carbonaten u. Bicarbonaten hin (Algenwachstum). Der Cl-Geh. steigt infolge von Verdampfungsverlusten an. Der BSB_5 nimmt durchweg von 162 auf 42,5 mg/Liter ab, wobei allerdings die Algen im Ablauf Fehler bedingt haben können, so daß bei der Auswertung Vorsicht geboten ist. Die Nitrifikation wurde nicht statist. behandelt. Die durchschnittliche Belastung der Teiche betrug 187,3 kg BSB_5/ha/Tag. Es folgen Angaben über Temp., Windgeschwindigkeit, Sonnenscheinwahrscheinlichkeit, Verdampfung, Ndd., Größe der mit dem Auslauf berieselten Landfläche u. Aufenthaltszeit (im Mittel 36,8 Tage). Teiche ohne Auslauf sind wegen der hohen Verdunstungsverluste unzweckmäßig. Je kürzer die Aufenthaltszeit, also je kleiner der Teich ist, desto geringer sind die Anlagekosten, die Verdunstungsverluste u. die Wahrscheinlichkeit von übermäßigem Algenwachstum. (Sewage ind. Wastes **30**. 646—51. Mai 1958. Austin, Texas, Univ. of Texas, Sanitary Engng. Res. Labor.) H. Thiele. 6040

I. A. Dris, *Die Koagulierung von Wasser mit Aluminiumsulfat bei vorheriger Abscheidung von Aluminiumhydroxyd.* Eine Verbesserung der Wasserreinigung wird bei erheblicher Einsparung an Koagulanten (30%) durch Einleiten einer berechneten Dosis von $Al_2(SO_4)_3$ (I)-Lsg. u. Kalkmilch in einem Zwischenreaktor erreicht, in welchem ca. 1% des gesamten W. behandelt wird. Das Vol. des Reaktors soll gleich 0,01 Q sein, wobei Q die Wassermenge ist, welche pro Std. in die Reinigungsanlage gegeben wird. Nach dem Vers. genügt eine Kalkmenge, die $^1/_{12}$—$^1/_{24}$ des Gewichts des zugesetzten I beträgt, um die Bldg. feiner Flocken von $Al(OH)_3$ u. der bas. Salze $Al(OH)SO_4$ u. $Al_2 \cdot (OH)_4SO_4$ zu ermöglichen, welche durch ihre starken Absorptionseigg. zu großen Flocken agglomerieren. (Водоснабжение и Санитарная Техника [Wasserversorg. sanit. Techn.] **1958**. Nr. 12. 10—11. Dez.) A. Reimer. 6042

J. C. McKinnell, *Identifizierung von Wassergemischen aus chemischen Wasseranalysen.* Gemische von 2 oder 3 Wässern mit qualitativ gleichen, quantitativ aber verschiedenen gelösten Salzen (Na, Ca, Mg; Cl^-, SO_4^{2-}, HCO_3^- u. CO_3^{2-}) können durch graph. Methoden unter Verwendung der Ionenkonzz. identifiziert werden. Beispiele an Dreiecksdiagrammen. — 6 Abbildungen, 4 Zahlentafeln. (J. Petroleum Technol. **10**. Nr. 9. 79—82. Sept. 1958. Taft, Calif., Standard Oil Co. of California.) H. Eckstein. 6060

V. Anorganische Industrie.

Shuji Umano und **Shigetake Kawasaki,** *Untersuchungen über die Konzentration beim Gefrieren von Seewasser.* 1. Mitt. *Erstarrungstemperatur von Seewasser.* Wiedergabe der Erstarrungstempp. von Seewasser, das durch Gefrieren eingedickt ist, mit Salzgehh. von 2,18% bis zur eutekt. Konz., Cl-Gehh. von 1,743—14,231 Gew.-% u. Tempp. von —1,13 bis —22,927° (Genauigkeit $\pm$0,02°). (Rep. Government chem. ind. Res. Inst., Tokyo **53**. 365—67. Nov. 1958. [Orig.: japan.; Auszug: engl. S. XLV.]) W. Wesly. 240

Shuji Umano, Yoshinobu Nakano, Shigetake Kawasaki und **Ichiro Hayano,** *Untersuchungen über die Konzentration beim Gefrieren von Seewasser.* 2. Mitt. *Schwan-*

kungen der Zusammensetzung durch die Erstarrungskonzentration von Seewassersole. (1. vgl. vorst. Ref.) Die Zus. von Seewasser, das durch Gefrieren eingedickt ist, unterscheidet sich von der des ursprünglichen Wassers. Bei der Erstarrungstemp. einer Sole mit 10% Gesamtsalz beginnt Na_2SO_4 auszufallen. Bis zum eutekt. Punkt scheidet sich kein anderes Salz aus. Mg, Ca u. K reichern sich ihrem Konzentrationsverhältnis entsprechend an. (Rep. Government chem. ind. Res. Inst., Tokyo **53**. 368—69. Nov. 1958. [Orig.: japan.; Auszug: engl. S. XLVI.]) W. WESLY. 240

Shuji Umano und **Shigetake Kawasaki,** *Untersuchungen über die Konzentration beim Gefrieren von Seewasser.* 3. Mitt. *Die Dichte von Seewassersole.* (2. vgl. vorst. Ref.) Ableitung von Formeln für die D. von Seewasser, das durch Gefrieren eingedickt ist, mit Gesamtsalzgehh. von 2,18—14,5% bei Tempp. zwischen dem jeweiligen Gefrierpunkt u. 100°. (Rep. Government chem. ind. Res. Inst., Tokyo **53**. 370—73. Nov. 1958. [Orig.: japan.; Auszug: engl. S. XLVI.]) W. WESLY. 240

Shuji Umano und **Yoshinobu Nakano,** *Untersuchungen über die Konzentration beim Gefrieren von Seewasser.* 4. Mitt. *Die Viscosität von Seewassersole, die durch Gefrieren eingedickt ist.* (3. vgl. vorst. Ref.). Ableitung einer Gleichung für die Viscosität von Seewasser, das durch Gefrieren eingedickt ist, mit Gesamtsalzgehh. von 2,14—14,5% bei Tempp. zwischen dem jeweiligen Gefrierpunkt u. 100°. (Rep. Government chem. ind. Res. Inst., Tokyo **53**. 374—78. Nov. 1958. [Orig.: japan.; Auszug: engl. S. XLVII.]) W. WESLY. 240

Shuji Umano und **Yoshinobu Nakano,** *Untersuchungen über die Konzentration beim Gefrieren von Seewasser.* 5. Mitt. *Die elektrische Leitfähigkeit von Seewassersole.* (4. vgl. vorst. Ref.) Ableitung einer Gleichung für die elektr. Leitfähigkeit von Seewasser, das durch Gefrieren eingedickt ist, mit Gesamtsalzgehh. von 2,18—14,5% zwischen dem jeweiligen Gefrierpunkt u. 100° (Genauigkeit $\leqq \pm 0,5\%$). (Rep. Government chem. ind. Res. Inst., Tokyo **53**. 379—83. Nov. 1958. [Orig.: japan.; Auszug: engl. S. XLVII.]) W. WESLY. 240

Shuji Umano und **Yoshinobu Nakano,** *Untersuchungen über die Konzentration beim Gefrieren von Seewasser.* 6. Mitt. *Die Löslichkeit von Natriumsulfat in der durch Gefrieren eingedickten Seewassersole.* (5. vgl. vorst. Ref.) Durch Gefrieren eingedicktes Seewasser scheidet Sulfate aus, wenn die Konz. der Gesamtsalze ca. 10% beträgt. Die Löslichkeit von Na_2SO_4 in dem eingedickten Seewasser wird bestimmt; die Konz. des Seewassers erstreckt sich bis 15% Gesamtsalz bei Tempp. zwischen 0° u. dem jeweiligen Gefrierpunkt. Die Werte werden in einem dreidimensionalen Diagramm mit den Achsen Konz., Temp. u. Löslichkeit vereinigt. (Rep. Government chem. ind. Res. Inst., Tokyo **53**. 384—86. Nov. 1958. [Orig.: japan.; Auszug: engl. S. XLVIII.]) W. WESLY. 240

Shuji Umano und **Shigetake Kawasaki,** *Untersuchungen über die Konzentration beim Gefrieren von Seewasser.* 7. Mitt. *Die spezifische Wärme der durch Gefrieren eingedickten Seewassersole.* (6. vgl. vorst. Ref.) Best. der spezif. Wärme von Seewasser, das durch Gefrieren eingedickt ist, bei Konzz. von 0—20% Gesamtsalz u. Tempp. von 20° bis zum jeweiligen Gefrierpunkt u. Wiedergabe der Werte in einem dreidimensionalen Diagramm mit den Achsen Konz., Temp. u. spezif. Wärme. (Rep. Government chem. ind. Res. Inst., Tokyo **53**. 387—92. Nov. 1958. [Orig.: japan.; Auszug: engl. S. XLVIII.]) W. WESLY. 240

Henryk Chwalibóg, *Anwendung der Venturi-Düse in Schwefelsäurefabriken, die nach dem Turmverfahren arbeiten.* Übersicht über die Möglichkeit der Abscheidung von Säurenebel u. Tropfen durch VENTURI-Düsen mit nachgeschaltetem Cyclon u. über die zusätzliche Absorption von N-Oxyden zur Verminderung der HNO_3-Verluste. — 12 Literaturangaben. (Przemysł chem. **37**. 696—70. Nov. 1958.) F. URBAN. H 253

V. Cocheci und **I. Pirvu,** *Untersuchung der Herstellung von Aktivkohle aus dem Holz von Weinstöcken.* Vff. schlagen die Verwendung von Weinstöcken (ca. 3% Aschengeh. mit ca. 13% K_2O) zur Herst. von Aktivkohle vor. Das Rohmaterial wird bei 350 bis 400° verkohlt, gemahlen u. dann aktiviert. Günstigste Bedingungen für die Aktivierung: 7 Std. bei 800°, nachher Waschen mit verd. HCl. Das erhaltene Prod. übertrifft an Absorptionsvermögen die handelsüblichen Produkte. (Studii Cercetări ştiinţ. [Timişoara], Ser. Ştiinţe chim. **3**. Nr. 1/2. 113—20. Jan./Juni 1956. Timişoara, Fac. de Chim. Ind.) W. SCHMIDT/Timişoara. H 260

G. F. Miller, *Gewinnung und Verwendung von Salzkuchen aus Saskatchewan.* Abbau u. Gewinnung von $Na_2SO_4 \cdot 10\,H_2O$, Entwässerung in Drehöfen u. Verwendung des erzeugten Na_2SO_4. (Canad. Mining metallurg. Bull. **51**. 698—703. Nov. 1958.) W. WESLY. H 274

Heinz Anders, *Verwendung von siallitischen Braunkohlenkraftwerksaschen zur Herstellung von Tonerde, Bleicherde und Zement.* Verwendung von siallit. Braunkohlenasche zur Herst. von Al_2O_3, Bleicherde u. Zement durch therm. Aufschluß mit CaO oder

$CaCO_3$ zu Ca-Aluminat enthaltenden Sinterstoffen oder Schlacken, Extraktion von Al_2O_3 durch Rk. mit Alkalicarbonatlsgg., Reinigung u. Fällung der Lsgg. u. Verarbeitung der Laugungsrückstände. — 13 Schrifttumshinweise. (Prakt. Chem. [Wien] **9.** 39—42. Febr. 61—63. 71—72. März 1958. Ludwigshafen/Rh.) W. Wesly. H 294

W. A. Bernstein und **Je. A. Matzenok,** *Die Möglichkeit der Verringerung von chemischen Verlusten an Alkali bei der Gewinnung von Tonerde nach dem Bayer-Verfahren.* Experimentell wird die Möglichkeit der Alkalieinsparung durch Zugabe von 7—8% CaO statt der üblichen 3—4% beim Aufschließen des Diaspor-Bauxits nach Bayer bewiesen. Der Ersatz von Na_2O durch CaO bei den Alumosilicaten ist vom CaO : SiO_2-Verhältnis abhängig u. ist bei kleinerem SiO_2-Geh. vorteilhafter. Gleichzeitig wird mittels der CaO-Zugabe eine schnellere Auslaugung erzielt; zur Verhütung der Hydrolyse müssen jedoch dem Waschwasser ca. 1,5 Mol Soda auf 1 Mol Al_2O_3 zugesetzt werden. Ein Nachteil der Sodazugabe ist allerdings die erhöhte Konz. im letzten Waschwasser u. die Sodaausscheidung im Verdampfer. (Цветные Металлы [Nichteisenmetalle] **31.** Nr. 12. 61—66. Dez. 1958.) H. Tůma. H 294

Yozō Takimoto, *Über ein Behandlungsverfahren für titanhaltige Eisenerze mittels Erdalkalisulfaten und Chlorierung der so gebildeten Produkte.* 11—23% *TiO_2* u. 34 bis 79% *FeO* enthaltende verschied. Arten Fe-Sande u. ein ind. *Ilmenit* (I) wurden mit verschied. Mengen Koks + *$CaSO_4$* bzw. *$BaSO_4$*, *$MgSO_4$* usw. 2 Std. bei 800—1200° red., dann mit sd. 15—30%ig. H_2SO_4 bzw. 20%ig. HCl bis 300 Min., bzw. bei 600° mit HCl-Gas behandelt. Das beste Prod. mit ca. 91—94% TiO_2 erhält man durch Red. von I mit C + $CaSO_4$ (2 : 1 Mol) in 2 Std. bei 1100—1200° u. 2 Std. bei 600° mit HCl-Gas. (J. chem. Soc. Japan, ind. Chem. Sect. [Kōgyō Kagaku Zassi] **58.** 732—35. Okt. 1955. Sakai, Chem. Ind. A. G. [Orig.: japan.]) L. Schuler. H 321

Yōzō Takimoto und **Hiroshi Hattori,** *Über ein Verfahren zur Behandlung von Ilmeniterzen mit Natriumsulfat, gemischt mit reduzierenden Kohlen.* Zwecks *Ti*-Gewinnung werden 2 Proben von *Ilmenit* mit 53,1% TiO_2, 35,1% FeO bzw. 47,6% TiO_2, 41,5% FeO mit Koks bzw. Holzkohle mit 83% fixem C, u. *Na_2SO_4* im Verhältnis FeO : Na_2SO_4 = 1 : 1,5 (Mol) u. Na_2SO_4 : C_{fix} = 1 : 2,2 gemischt u. im elektr. Ofen verschieden lang, bis 3 Std., bei 900—1200° calciniert. Verunreinigungen werden mit W. u. durch Kochen mit 5%ig. H_2SO_4 entfernt. Am günstigsten calciniert man 2—3 Std, bei 1100° u. zieht bei $>$ 100° z. B. bei 180°, mit Säure aus, um die Na-Verbb. zu zersetzen. (J. chem. Soc. Japan, ind. Chem. Sect. [Kōgyō Kagaku Zassi] **58.** 654—56. Sept. 1955. Sakai Chem. ind. A. G. [Orig.: japan.]) L. Schuler. H 321

Joseph Jacob Aman, Jerusalem, Israel, *Thermische Zersetzung von Chloriden und Sulfaten zu Oxyden.* Chloride oder Sulfate des Mg, Ca oder Fe werden in geschmolzenem Zustand oder als wss. Lsg. zerstäubt (Teilchengröße 50—200 μ) zu einem gerichteten Strahl vorbestimmter Länge, der mit einem heißen Gasstrom (750—1100°), bei Chloriden in Ggw. von Wasserdampf, zusammengeführt wird. Es können auch Gemische von $MgCl_2$ mit $CaCl_2$, KCl u. NaCl zers. werden. — Zeichnung. (**E. P. 793 700** vom 8/12. 1954, ausg. 23/4. 1958.) W. Matthaes. 6077

Metallgesellschaft Akt.-Ges., Deutschland, *Gewinnung von NH_3* aus Gas- u. Kokereiabwässern, die Phenole, CO_2, H_2S, Äther, Ketone, KW-stoffe u. a. enthalten, dad. gek., daß man NH_3 mit W. extrahiert, die entweichenden Dämpfe mit H_2SO_4 behandelt, die frei werdenden Wasserdämpfe kondensiert u. mit frischem Wasserdampf wiederverwendet u. gleichzeitig die Hitze der Dämpfe zum Verdampfen von W. ausnutzt. — 2 Schemata der Anlage. (**F. P. 68 883** vom 22/9. 1955, ausg. 11/6. 1958. **Zusatz zu F. P. 1 062 853; C. 1950/54. 2865. S.**) S. Böttcher. H 243

Elfriede Ella Bähr, Herne, *Gewinnung von Schwefel* aus H_2S-enthaltenden Gasen oder Dämpfen durch Verbrennen mit Luft oder O_2 im Verbrennungsraum einer Verbrennungsmaschine, wobei der gebildete S mit den Gasen ausgetragen u. anschließend abgeschieden wird. (**E. P. 798 331** vom 31/10. 1955, ausg. 16/7. 1958. D. Prior. 30/10. 1954.) E. Miessgang. H 253

F. J. Collin, Akt.-Ges. zur Verwertung von Brennstoffen und Metallen in Liqu., Dortmund (Erfinder: **Helmut Schade,** Castrop-Rauxel), *Abscheidung von Schwefel aus Polysulfidlösungen,* bes. Ammoniumpolysulfid-Lsgg., dad. gek., daß die Lsg. in einem geschlossenen App. unter Vermeidung eines Dampfraumes unter einen erhöhten Druck von 2—6 atü gesetzt u. durch indirekte Beheizung auf 120—130° erhitzt wird, mit der Maßgabe, daß eine Temp. eingehalten wird, die unter dem Kp. der Lsg. bei dem jeweiligen Druck liegt. (**D. B. P. 971 224** Kl. 12i vom 7/8. 1952, ausg. 31/12. 1958. Anmeldung bekanntgemacht 22/3. 1956.) E. Miessgang. H 253

Marie Edouard Joseph Cathala, Toulouse, Frankreich, *Gewinnung von reinem und trockenem SO_2,* bes. fl. SO_2. Gasgemische, die SO_2 enthalten, werden mit trockener

$ClSO_3H$ extrahiert. Die Entgasung des Lösungsm. wird unter solchen Bedingungen vorgenommen, daß durch Kühlung direkt SO_2 kondensiert. Die Gasgemische werden auf 2—3° gekühlt. (**E. P. 796 755** vom 22/6. 1956, ausg. 18/6. 1958. F. Prior. 16/9. 1955.) E. MIESSGANG. H 253

Metallgesellschaft Akt.-Ges. (Erfinder: **Friedrich Volk**), Frankfurt/M., *Gewinnung von Schwefeldioxyd* aus mit anorgan. u./oder organ. Stoffen (Bitumen, Teer, Asche) verunreinigtem S durch Verbrennung mit O_2 oder O_2-haltigen Gasen, bei dem der S pulverisiert u. in feinverteilter Form in einen Ofen eingeblasen u. im Gleichstrom mit erhitzten, O_2-haltigen Gasen durch den Ofen geführt wird, dad. gek., daß der S durch ein inertes oder O_2-haltiges Druckgas in den Ofen in Form eines Streukegels eingedüst, mittels heißer, tangential u. zusätzlich in den Ofen eingeführter O_2-haltiger Gase im wesentlichen in vertikaler Richtung geführt u. im Schwebezustand in wirbelnder Bewegung gehalten wird. — Vorrichtung. (**D. A. S. 1 043 296** Kl. 12i vom 10/2. 1954, veröff. 13/11. 1958.) E. MIESSGANG. H 253

M. W. Kellogg Co., Jersey City, N. J., V. St. A. (Erfinder: **Joseph Francis Skelly** und **Samuel Robert Stiles**), *Reinigung von Schwefelsäure durch fraktionierte Kristallisation.* H_2SO_4, die polare u. nichtpolare Verunreinigungen enthält, wird in Dispersion einer organ. Fl., die mit H_2SO_4 nicht reagiert u. nicht mischbar ist u. die eine Viscosität von < 30 Millipoises aufweist, krist.; die gebildeten Kristalle werden von der Fl. abgetrennt u. geschmolzen. Als organ. Fl. wird ein leichter paraffin. KW-stoff mit 1—7 C-Atomen verwendet, bes. Propan, n- oder Isobutan. Auf jeden Volumenteil zu kristallisierender Säure werden 1—100, bes. 10—50 Volumenteile organ. Fl. eingesetzt. Kristallisationstemp. — 100 bis + 50° F. — Diagramm der Kristallisationstemp. u. Verfahrensschema. (**E.P. 796 343** vom 31/5. 1955, ausg. 11/6. 1958.) E. MIESSGANG. H 253

Th. Goldschmidt Akt.-Ges. (Erfinder: **Georg Mayer**, Krumbach, Schwaben, **Hellmuth Vetter**, Heidelberg, und **Paul Linke**), Essen, *Kontinuierliche Herstellung von konzentriertem Schwefelnatrium hohen Reinheitsgrades*, dad. gek., daß man Natriumsulfid-Lsgg. oder wasserhaltige Natriumsulfidschmelzen in fl. Phase, bes. in Form eines dünnen u. unterbrochenen Flüssigkeitsfilmes an bewegten, vorteilhaft rotierenden Flächen vorbeiführt u. dabei das zu konzentrierende Gut bis ca. 180° erhitzt, u. das anfallende fl. Konzentrat, in dem feste Teilchen suspendiert sein können, kontinuierlich oder in Zeitabständen aus der Eindampfvorr. ablaufen läßt oder entfernt. (**D. A. S. 1 041 480** Kl. 12i vom 23/7. 1952, veröff. 23/10. 1958.) E. MIESSGANG. H 253

Callery Chemical Co., Pittsburgh, Pa., übert. von: **Frank H. May** und **Vladimir V. Levasheff**, Whittier, Calif., V. St. A., *Borsäure* (**I**) aus Ca-Boratmineralien (**II**), bes. Colemanit, wird dad. erhalten, daß diese bei $> 30°$ mit stöchiometr. Mengen konz. HCl unter Bldg. von krist. H_3BO_3 u. einer $CaCl_2$-Lsg., die 40—75 g $CaCl_2$/100 W. enthält, behandelt werden. I wird dann zusammen mit dem aus den (**II**) stammenden Unlöslichen abgetrennt u. in W. gelöst, dann wird vom Unlöslichen abfiltriert. (**A. P. 2 855 276** vom 20/10. 1954, aug. 7/10. 1958.) K. WOLK. H 258

Olin Mathieson Chemical Corp., übert. von: **Ralph K. Birdwhistell**, East Lansing, Mich., **Ralph E. Johnson**, Fort Worth, Texas, und **Laurence L. Quill**, East Lansing, Mich., V. St.A., *Die Trennung des Diborans von Stickstoff und/oder Wasserstoff* erfolgt dadurch, daß man das Gasgemisch durch eine aus Methylsilicongummi bestehende Membran diffundieren läßt, wobei sich das Gasgemisch an B_2H_6 anreichert. (**A. P. 2 862 575** vom 9/7. 1956, ausg. 2/12. 1958.) K. WOLK. H 258

André Louis Verdier, Frankreich, *Rußgemisch* aus festem Ruß u. einem fl. Plastizierungsmittel für techn. Zwecke, bes. für *Tinten*, *Farben* u. *Kautschukerzeugnisse.* Man mischt Ruß mit dem fl. Mittel, z. B. mit Petrolöl, Stearinsäure, Kiefernholzteer, Dibutylphthalat oder ungesätt. aromat. KW-stoffen. Der Überschuß des fl. Mittels wird z. B. durch Schleudern oder Abpressen entfernt, so daß z. B. ein Gemisch aus 90% Ruß u. 10% Plastizierungsmittel erhalten wird. (**F. P. 1 135 554** vom 7/11. 1955, ausg. 30/4. 1957.) M. F. MÜLLER. H 260

Dow Chemical Co., Midland, Mich., V. St. A. (Erfinder: **Robert George Heitz** und **Albert Louis Rocklin**), *Zumindest teilweise Abtrennung von HCN und/oder H_2S von CO_2-enthaltenden Gasgemischen,* wobei diese Gase als saure Bestandteile überwiegen. Das Gasgemisch wird mit einem verhältnismäßig langsamen Strom einer alkal. Fl. (Diäthanolamin, Na_3PO_4, NaOH oder ein Gemisch von NaOH u. NaCN) in Berührung gebracht, wobei die Kontaktzeit $< 0{,}05$ Sek. beträgt. (**E. P. 798 070** vom 15/2. 1956, ausg. 16/7. 1958.) E. MIESSGANG. H 260

Victor Chemical Works, übert. von: **Leroy A. Kramer**, Olympic Fields, und **Lowell E. Netherton**, Park Forest, Ill., V. St. A., *Herstellung eines stabilisierten, langsam reagierenden, sauren Natriumpyrophosphates* mit einem Geh. von 0,05—0,3%

CaO u. 0,05—0,3% Al_2O_3, einem p_H von 4—4,4 u. einer Reaktionsfähigkeit, daß mit $NaHCO_3$ in wss., dickflüssiger Suspension in 2 Min. 20—25% des Gases entwickelt werden, dad. gek., daß eine Na-haltige Lauge (bes. Na_2CO_3) mit H_3PO_4, die CaO u. Al_2O_3 stabilisierende Stoffe gelöst enthält, umgesetzt u. das Reaktionsprod. so lange auf 225—240° erhitzt wird, bis die Umwandlung in das saure Pyrophosphat vollständig ist. (**A. P. 2 844 437** vom 21/2. 1955, ausg. 22/7. 1958.) A. GRADL. H 264

Pintsch Bamag Akt.-Ges., Berlin (Erfinder: **Siegfried Conrad** und **Hubert Kraus**, Gießen), *Regeneration von alkalischer Arsenitlösung*, die als Waschlauge zum Auswaschen von CO_2 aus einem Gasgemisch gedient hat, bei dem zwecks Entfernung des durch Neben-Rkk. gebildeten Arsenats letzteres durch Schwefelung in Thioarsenat umgewandelt u. dieses durch eine CO_2-Druckbehandlung in Arsenit u. festen S zerlegt wird, dad. gek., daß die vom S durch Filtration befreite Lauge durch Eindampfen aufkonz. wird u. aus der eingeengten Lauge durch Behandlung mit CO_2 unter Druck Alkalibicarbonat u. As_2O_3 ausgefällt u. daß diese Ausfällungen durch Auflösen in frische Waschlauge übergeführt werden, während die verbleibende Mutterlauge mit Restgeh. an Arsenat u. Thioarsenat der zu regenerierenden Lauge, bes. nach der Schwefelung, wieder zugesetzt wird. — Verfahrensschema. (**D. A. S. 1 033 644** Kl. 12i vom 12/12. 1956, veröff. 10/7. 1958.) E. MIESSGANG. H 265

Kaiser Aluminum & Chemical Corp., Oakland, Calif., übert. von: **John L. Porter**, Baton Rouge, La., V. St. A., *Gewinnung von Tonerde* aus Al-Phosphaten durch Digerieren des feingebrochenen Ausgangsmaterials mit Aluminatlaugen bei Tempp. von 80° bis zum Kp. der Lauge. Dabei verwendet man eine Lauge mit 50—200 g/Liter Na_2O-Geh. u. trennt vom Unlöslichen nach 1 Std. ab. (**A. P. 2 843 456** vom 27/4. 1953, ausg. 15/7. 1958.) H. NEBELSIEK. H 294

Vereinigte Aluminium Werke Akt.-Ges. (Erfinder: **Friedrich Wilhelm Wrigge, Gerhard Lehnert** und **Hans Ginsberg**), Bonn/Rh., *Herstellung von reiner Tonerde* aus Na-Aluminatlaugen, die feinsuspendierte Verunreinigungen, wie Fe_2O_3, SiO_2 u. TiO_2, enthalten. Man fällt $Al(OH)_3$ in zwei Stufen, wobei man in der 1. Stufe nur einen kleinen Teil des $Al(OH)_3$ zusammen mit den Verunreinigungen ausfällt u. erst in der 2. Stufe den Hauptteil des $Al(OH)_3$ in reiner Form gewinnt. Den zuerst erhaltenen Nd. der 1. Stufe verwendet man dann mehrmals als Impfstoff für die 1. Stufe. (**E. P. 799 243** vom 18/10. 1955, ausg. 6/8. 1958.) H. NEBELSIEK. H 294

Universal Oil Products Co., Des Plaines, übert. von: **George L. Hervert**, Downers Grove, und **Herman S. Bloch**, Chicago, Ill., V. St. A., *Herstellung von Tonerde* durch Rk. von Äthanolamin enthaltendem W. mit metall. Al in feinverteilter Form bei 30 bis 850° F. Bis zu 400° erhält man Al_2O_3 in Form von Gibbesit u. bei 400—850° Böhmit. (**A. P. 2 855 275** vom 8/7. 1955, ausg. 7/10. 1958.) H. NEBELSIEK. H 294

Hans Grothe, Überlingen (Bodensee), *Gewinnung von Fe- und Ti-Oxyd sowie reinem wasserfreien $AlCl_3$* aus tonerdehaltigen Rohstoffen. Die entwässerten u. zerkleinerten Rohstoffe werden bei Tempp. zwischen 600 u. 900°, vorzugsweise zwischen 800 u. 900°, mit $AlCl_3$-Dampf behandelt, die $FeCl_3$ u. $TiCl_4$ enthaltenden Reaktionsgase durch Oxydation auf die Oxyde dieser Metalle u. die von Fe u. Ti befreiten Ausgangsstoffe ganz oder teilweise auf wasserfreies $AlCl_3$ weiterverarbeitet. (**D. P. [DDR] 15 490** Kl. 12m vom 7/6. 1955, ausg. 30/9. 1958 [Ausschließungspatent].) W. WITTHOLZ. H 294

Zaidan Hoijin Sekitan Sogo Kenkyujo, übert. von: **Masaru Inagaki**, Tokyo, Japan, *Rückgewinnung von Galliumverbindungen aus Kohlendestillationsgasen*, die daneben noch Ge-Verbb. enthalten. Man wäscht die Gase mit einer verd., wss. NaOH-Lsg., fällt mit Tannin einen Ga- u. Ge-Nd., trocknet u. verascht den Niederschlag. Die in der Asche enthaltenden Oxyde des Ge u. Ga chloriert man zu $GeCl_4$ u. $GaCl_3$. Beim Hydrolysieren erhält man einen GeO_2-Nd., während $GaCl_3$ in der Lsg. verbleibt. Nach deren Filtrierung extrahiert man $GaCl_3$ mit einem Äther. Nach dem Versetzen des Ätherextraktes mit HCl u. Abdest. des Ae. bleibt eine wss. $GaCl_3$-Lsg., aus der man mit NH_3 Ga-Oxyhydrat fällt. Nach dem Filtrieren löst man diesen Nd. in wss. NaOH, so daß man eine Na-Gallatlsg. erhält, aus der man Ga elektrolyt. abscheidet. (**A. P. 2 848 398** vom 1/5. 1956, ausg. 19/8. 1958. Jap. Prior. 11/5. 1955.)
H. NEBELSIEK. H 295

Titan Co. A/S (Erfinder: **Gunnar Olavesen**, Fredrikstad, **Harald Björanesset**, Hauge i Dalane, Norwegen, und **Olav Möklebust**, Birmingham, Ala., V. St. A.), *Oxydation des in feinteiligen Titankonzentraten vorhandenen 3wertigen Titans in 4wertiges* erfolgt dad., daß das Ausgangsmaterial granuliert (Korngröße 3—15, bes. 6—10 mm), darauf mit einem O_2-haltigen Gas in Ggw. von W. u. als Katalysatoren wirkenden Elektrolyten bei $< 100°$ teilweise oxydiert u. dann in O_2-haltigen Gasen bei im Bereich von 250—400° allmählich ansteigenden Tempp. zu Ende oxydiert wird. Bei der 2. Oxydation wird das oxydierende Gas im Gegenstrom zum Granulat geführt, u. zwar in solcher Menge, daß die frei werdende Wärme durch das Gas abgeführt wird. (**D. A. S. 1 059 417** Kl. 12i vom 10/9. 1958, veröff. 18/6. 1959. N. Prior. 23/11. 1957.) K. Wolk. H 321

British Titan Products Co. Ltd., Billingham, übert. von: **Arthur Wallace Evans,** Nunthorpe, und **James Dennis Groves,** Stockton-on-Tees, England, *Herstellung von Titantetrachlorid nach dem Wirbelschichtverfahren.* Ein Gemisch von TiO_2-Material (Korngröße 75—500 μ) u. 1,5% C wird bei 700° durch einen Cl_2-Strom (40—250 lbs./Std. per sq.ft. der Reaktionszone) in den Wirbelzustand versetzt, wobei das Cl_2 dem Reaktor durch am Boden desselben befindliche Öffnungen zugeführt wird, die einen Druckabfall von 2 lbs./sq.in. bewirken. — Zeichnung des Reaktionsofens. (**A. P. 2 855 273** vom 20/5. 1955, ausg. 7/10. 1958.) K. Wolk. H 321

National Distillers & Chemical Corp., New York, N. Y. (Erfinder: **Robert Charles Wade,** Ipswich, Mass.), V. St. A., *Kontinuierliche Gewinnung von Titan- beziehungsweise Zirkoniumsubchloriden* durch Red. der Tetrachloride mit metall. Ti bzw. Zr, dad. gek., daß man Ti- oder Zr-Tetrachlorid mit einem Gemisch von festem, feinzerteiltem Ti bzw. Zr u. NaCl bei einer zwischen dem F. von Na u. dem F. des Reaktionsgemisches liegenden Temp. umsetzt u. dabei ein solches Verhältnis von Tetrachlorid zu Ti bzw. Zr wählt, daß das Tetrachlorid zu ca. 25—75% red. wird. (**D. A. S. 1 054 975** Kl. 12i vom 19/9. 1956, veröff. 16/4. 1959. A. Prior. 21/9. 1955.) K. Wolk. H 322

E. I. du Pont de Nemours & Co., übert. von: **Christian E. Rick,** Wilmington, Del., V. St. A., *Subhalogenide von Titan, Zirkonium und Hafnium* aus den Tetrahalogeniden werden dadurch erhalten, daß Na- oder K-Dampf mit dem Dampf des Halogenids von Ti, Zr oder Hf bei 1—2 at in einer Reaktionskammer zusammengebracht werden, wobei ein Verhältnis Metall:Tetrahalogenid $<2:1$ eingehalten wird. Es kondensiert ein Gemisch aus Alkalihalogenid u. den gewünschten Subhalogeniden. (**A. P. 2 856 335** vom 1/12. 1954, ausg. 14/10. 1958.) K. Wolk. H 323

United Kingdom Atomic Energy Authority (Erfinder: **Robert Lind**), London, England, *Herstellung von Niobpentachlorid* mit niedrigem O_2-Gehalt. Man erhitzt feingebrochenes Nb-Erz, gemischt mit grobporigem C im Cl_2-Strom auf 400—600°, bes. 500°, u. leitet das verflüchtigte $NbCl_5$ in einen Kondensator, wobei ca. 99% des Nb erhalten wurden. (**E. P. 801 386** vom 24/11. 1954, ausg. 10/9. 1958.) H. Nebelsiek. H 331

Mallinckrodt Chemical Works, St. Louis, übert. von: **John R. Ruhoff, George L. Martin,** Webster Groves, und **Charles O. Gerfen,** Brentwood, Mo., V. St. A., *Trennen von Niob- und Tantalverbindungen.* Zu einem Gemisch der Oxydhydrate des Nb u. Ta fügt man Ammonbifluoridlsg., so daß eine Lsg. aus $(NH_4)_2NbOF_5$ u. $(NH_4)_2 \cdot TaO_5$ entsteht. Nach Zusatz von Nb_2O_5 unter Rühren u. Einhalten eines p_H-Wertes von 2—6 fällt Ta_2O_5 aus, wodurch ca. 95% des Ta abgetrennt werden. (**A. P. 2 859 099** vom 15/2. 1955, ausg. 4/11. 1958.) H. Nebelsiek. H 332

Ciba Akt.-Ges., Basel, Schweiz, *Trennung von Niob und Tantal.* Niob- u. Tantalhalogenie enthaltende Gemische werden in einem wasserfreien Alkohol gelöst, unter Abstumpfung der beim Lösen der Halogenide in der alkoh. Lsg. gebildeten Halogenwasserstoffsäure mit 8-Hydroxychinolin behandelt u. die zuerst gebildeten, schwer- bis unlösl., das Niob enthaltenden Prodd. von der Lsg. abgetrennt, aus welcher das Ta entweder durch Fällung oder durch Eindampfen gewonnen wird. Als Lösungsm. wird ein höchstens 3 C-Atome aufweisender aliphat. Alkohol verwendet. Das 8-Hydroxychinolin wird zweckmäßig als Lsg. in wasserfreiem Methanol oder Aceton angewendet. (**Oe. P. 194 371** vom 2/8. 1956, ausg. 10/1. 1958. Schwz. Priorr. 4/8. 1955 u. 3/7. 1956.) W. Wittholz. H 332

United States of America, übert. von: **Herbert M. Clark,** Troy, N. Y., und **Dick Duffey,** La Fontaine, Ind., V. St. A., *Abtrennen von Uranverbindungen von Molybdänverbindungen,* bes. Heteropolysäuren des Mo. Man neutralisiert die salpetersaure Lsg., so daß sie noch ca. 0,5 mol. ist, fügt $NaNO_3$ hinzu u. schüttelt die wss. Lsg. mit Ae., der 0,5—1,5 Mol HNO_3 enthält. Nachdem man die abgetrennte Ätherphase mit W. extrahiert u. die wss. Schicht abgetrennt hat, neutralisiert man HNO_3 in der wss. Schicht fast vollständig, fügt ein aussalzendes Mittel, wie $NaNO_3$, zu u. schüttelt nochmals mit Äther. Aus der Ätherphase erhält man reines *Uranylnitrat.* (**A. P. 2 839 357** vom 7/2. 1949, ausg. 17/6. 1958.) H. Nebelsiek. H 339

Atomic Energy Board of the Union of South Africa, übert. von: **Robert Rampton Porter,** Johannesburg, Transvaal, Südafrika, *Gewinnung von Uranverbindungen* aus diese u. andere Metallverbb. enthaltenden Lösungen. Man fügt zu der Lsg. ein Adsorbens, z. B. Zementkupfer oder einen Erzschlamm, beim p_H 0,5—3,5. Dann red. man die in der Lsg. vorhandene Uranylverb. zur Uranverb. durch Zusatz von Fe-, Zn- oder Al-

Pulver unter lebhaftem, längerem Rühren u. trennt die ausgefallene U-Verb. ab. (**A. P. 2 841 465** vom 8/9. 1950, ausg. 1/7. 1958. Süd-Afrikan.-Unions-Prior. 10/9. 1949.)
H. NEBELSIEK. H 339

United States of America, übert. von: **James A. McLaren,** Byington, und **Jerry H. Goode,** Kingston, Tenn., V. St. A., *Gewinnung von Uranverbindungen* aus einer M., die neben metall. U noch Verbb. der Spaltprodd. u. des Pu enthält. Man löst elektrolyt. u. verwendet dabei eine gesätt. $NaHCO_3$-Lsg. als Elektrolyten, den man zirkulieren läßt. Dabei setzten sich am Boden die an den Anoden gebildeten Ablagerungen allmählich als Schlamm ab. Man trennt Schlamm u. Elektrolyten u. fällt aus letzterem *Uranhydroxyd.* (**A. P. 2 834 722** vom 8/6. 1953, ausg. 13/5. 1958.)
H. NEBELSIEK. H 339

United States of America, übert. von: **Sam Rosenfeld,** Los Angeles, Calif., V. St. A., *Chlorieren von Uranoxyden* durch Einw. von CCl_4-Dämpfen bei 425—475°. Die neben UCl_4 gebildeten Reaktionsgase, die noch Phosgen enthalten, werden kondensiert u. zusammen mit dem Phosgen zum neuen Ansatz verwendet. Die Verbesserung besteht nun darin, daß man die jeweilige U-Oxydcharge in breiten Schichten von 0,1 bis 0,5 cm Dicke in die Reaktionszone einführt, wodurch die Rk. schnell u. vollständig abläuft. (**A. P. 2 852 337** vom 6/11. 1945, ausg. 16/9. 1958.) H. NEBELSIEK. H 339

United Kingdom Atomic Energy Authority (Erfinder: **Frederick Samuel Martin**), London, England, *Überführen von Uranhexafluorid in Urantetrafluorid* durch Rk. von UF_6 mit einer organ. Verb., z. B. einem ungesätt., teilweise chlorierten oder fluorierten KW-stoff mit 1 oder mehreren H-Atomen, z. B. Trichloräthylen oder Hexachlorpropylen. Man leitet dabei UF_6-Dämpfe durch die fl., organ. Verb. u. trennt aus der erhaltenen Suspension durch Filtrieren UF_4 ab. Durch Wasserdampfdest. treibt man UF_4 von den organ. Resten ab u. trocknet es in H_2. (**E. P. 801 382** vom 26/11. 1952, ausg. 10/9. 1958.)
H. NEBELSIEK. H 339

United Kingdom Atomic Energy Authority, London, England, *Herstellung von Uran(IV)-Verbindungen* durch Red. eines höherwertigen U-Salzes mit H_2 in Ggw. von Pt, Pd oder Rh als Katalysator. Man löst z. B. Uranylacetat in verd. H_2SO_4 u. red. mit H_2 unter Druck unter Verwendung von 0,05 Gewichtsteilen Pd, das auf Aktivkohle niedergeschlagen war. Nach dem Abfiltrieren des Katalysators fällt man durch Zusatz von KF. 2 H_2O grünes *KUF_5*. (**E. P. 801 380** vom 7/6. 1945, ausg. 10/9. 1958. A. Prior. 22/6. 1944.) H. NEBELSIEK. H 339

United States of America, übert. von: **Archie E. Ruehle,** Kirkwood, Mo., V. St. A., *Gewinnung von molybdänfreien Uranverbindungen* aus Pechblende. Man digeriert das feingebrochene Erz in wss. HNO_3, trennt vom Unlöslichen ab, drückt die Acidität der Lsg. auf 0,5—2n HNO_3 herunter u. fügt Mannit u./oder Sorbit hinzu. Beim Ausschütteln mit Diäthyläther erhält man in der Ätherphase das *Uranylnitrat,* während die wss. Phase den Mo-Komplex des Mannits oder Sorbits enthält. (**A. P. 2 840 452** vom 12/6. 1951, ausg. 24/6. 1958.) H. NEBELSIEK. H 339

United States of America, übert. von: **Robert B. Duffield,** Champaign, Ill., V. St. A., *Abtrennen von Plutonium von anderen Spaltprodukten, insbesondere Uran.* Man behandelt eine wss., alkal. Lsg., die neben Pu- u. Uranylionen noch andere Spaltprodd. enthält, mit H_2S. Es fällt ein Nd., der die Sulfide des Pu, U u. die unlösl. Spaltprodd. enthält, während in der Lsg. die Sulfide der in alkal. Lsg. lösl. Spaltprodd. enthalten sind. Den Nd. löst man in überschüssiger NaOH- u. Na_2CO_3-Lsg., wobei U u. Pu in Lsg. gehen, während die unlösl. Sulfide der Spaltprodd. nicht gelöst werden. (**A. P. 2 847 274** vom 4/5. 1948, ausg. 12/8. 1958.) H. NEBELSIEK. H 343

United States of America, übert. von: **John R. Thomas,** Silver Spring, Md., V. St. A., *Trennen von Uran- und Plutoniumsalzlösungen.* Eine Lsg. von wenigstens 4wertigem U u. Pu in Hexon oder Tributylphosphat wird mit wss. HNO_3 behandelt, die Fe(II)- u. Sulfamationen enthält. Dabei geht das zur 3wertigen Stufe red. Pu in die wss. u. das mindestens 4wertige U in die organ. Phase, die man in üblicher Weise trennt. (**A. P. 2 849 277** vom 26/7. 1949, ausg. 26/8. 1958.) H. NEBELSIEK. H 343

United States of America, übert. von: **George W. Watt,** Austin, Texas, V. St. A., *Trennen von Plutoniumhydroxyd von Wismuthydroxyd.* Die aus salpetersaurer Lsg. gefällten Hydroxyde trennt man ab u. red. in alkal. Lsg. mit Hydroxylamin oder Na-Stannit das $Bi(OH)_3$ zu Bi, während $Pu(OH)_4$ nicht red. wird. Anschließend löst man $Pu(OH)_4$ mit 1—2n HNO_3 oder H_2SO_4, während Bi nicht in Lsg. geht. (**A. P. 2 848 301** vom 21/6. 1948, ausg. 19/8. 1958.) H. NEBELSIEK. H 343

United States of America, übert. von: **Stanley G. Thompson,** Richmond, Calif., V. St. A., *Abtrennen von Plutonium von Spaltprodukten.* Das mit Hilfe von Wismutphosphat als Trägerstoff ausgefüllte Pu-Phosphat wird in wss. NaOH oder KOH u. Glycerin gelöst u. bei 50—100° ca. 2 Std. digeriert. Es fällt ein Nd. aus Pu-Bi-Hydroxyd. (**A. P. 2 841 469** vom 17/7. 1947, ausg. 1/7. 1958.) H. NEBELSIEK. H 343

United States of America, übert. von: **Norman R. Davidson,** Sierra Madre, Calif., und **Joseph J. Katz,** Chicago, Ill., V. St. A., *Herstellung von Plutoniumhalogeniden* durch Rk. einer Pu-Verb., eines Oxyds, Peroxyds, Hydroxyds, Nitrats oder Oxalats des Pu mit PCl_5 bei 250—300°, bes. 280°, u. unter Druck. Anschließend dest. man bei Unterdruck u. ca. 450° $PuCl_3$ ab. (**A. P. 2 859 097** vom 3/6. 1947, ausg. 4/11. 1958.) H. NEBELSIEK. H 343

United States of America, übert. von: **Clifford S. Garner,** Los Angeles, Calif., und **Iral B. Johns,** Dayton, Ohio, V. St. A., *Herstellung eines Plutoniumhalogenids.* Man leitet HCl- oder HF-Gas bei 400—600° über krist. $Pu(NO_3)_4$ unter Zusatz geringer Mengen von H_2 u. erhält nach dem Abkühlen pulveriges $PuCl_5$ bzw. PuF_3. (**A. P. 2 851 332** vom 21/4. 1950, ausg. 9/9. 1958.) H. NEBELSIEK. H 343

John Aneck Hahn, *Gewinnung von Manganverbindungen* aus Mn-oxydhydrate ent haltenden Stoffen (Abfallstoffen bei der Urangewinnung) erfolgt durch Behandlung mit Mineralsäuren, z. B. H_2SO_4, gegebenenfalls in Ggw. von Reduktionsmitteln, wie Fe(II)-Salze. (**Aust. P. 212 000** vom 12/10. 1955, ausg. 30/1. 1958. Südafrikan. Priorr. 12/10., 13/10., 2/12. u. 14/12. 1954.) J. MÜHLEISEN. H 350

VI. Silicatchemie. Baustoffe.

Hermann Lienert, *Untersuchung des Ausdehnungsverhaltens von Oberofengewölben bei Glasschmelzwannen während des Antemperns.* Die Bedingungen werden angegeben, die für ein zerstörungsfreies Antempern eingehalten werden müssen. Die Formänderung des Gewölbes u. die auftretenden Kräfte bzw. Drücke im Gewölbescheitel u. an den Kämpfern werden berechnet. Zur Veranschaulichung der Verhältnisse sind Diagramme beigefügt. Am Beispiel eines Silikagewölbes wird gezeigt, in welchem Maße die Widerlager während des Antemperns nachgelassen werden müssen. Bewährte konstruktive Ausbldg. der Widerlager wird angegeben. (Silikattechnik **10.** 36—38. Jan. 1959. Radebeul.) H.-O. MULFINGER. 6172

Anton Kühnert, *Einige Betrachtungen über das Antempern von Glasschmelzwannenöfen.* Graph. Darstellungen zeigen den Zeit- u. Temperaturverlauf während des Antemperns verschied. dimensionierter Wannen. Schnelltempern darf nur unter genauer Kontrolle der Aufheizgeschwindigkeit durchgeführt werden u. ist nicht in jedem Fall anwendbar. Auch beim Schnelltempern muß der Bereich bis 600° langsam durchfahren werden, erst oberhalb dieser Temp. kann durch rasches Aufheizen eine Zeitersparnis erzielt werden. (Silikattechnik **10.** 39—40. Jan. 1959. Inst. für Glastechnik, Institutsteil Ilmenau.) H.-O. MULFINGER. 6172

Wayne E. Brownell, *Ausblühungen, die von Sulfaten in Tonrohmaterialien herrühren.* Lösl. Sulfate in Tonrohmaterialien tragen nicht wesentlich zur Ausblühung (I) erhitzter Prodd. bei. Ernstere Quellen von Sulfat (**II**)-Ausblühungen sind das Brennmaterial u. die Sulfide im Rohmaterial. Zur Verringerung der **I**, wenn sie nur aus der Anwesenheit von **II** aus dem Rohmaterial herrührt, sollten die Erzeugnisse so hoch wie möglich erhitzt werden (mindestens 1036°). Verlängertes Erhitzen in der Nähe der Höchsttemp. wird eine vollständige Rk. des **II** mit den Silicaten ermöglichen, gute Abzugsbedingungen, die die in Freiheit gesetzten S-Gase fortführen, werden sehr zur Verminderung der **I** beitragen. Die Anwesenheit von Ba im Endprod. wird ebenfalls **I** herabsetzen. (Brit. Clayworker **67.** 203—07. Nov. 1958.) R. WALKER. 6208

M. Rey, *Ein neuer feuerfester Stoff: Aluminiumnitrid.* $Al_2O_3 + 3\,C + N_2$ $2\,AlN + 3\,CO$. Das nach obiger Gleichung synthetisierte AlN kann zur Herst. feuerfester Stoffe (**I**) benutzt werden u. verleiht infolge seiner Reaktionslosigkeit gegenüber chem. Stoffen u. Gläsern diesen für die Industrie sehr nützliche Eigenschaften. Unterhalb 800° widerstehen diese **I** allen industriellen Ofenatmospären, selbst oxydierenden u. kohlehaltigen. Oberhalb 800° erfordern diese **I** ein Vakuum oder die Anwesenheit von N_2, H_2 oder Ar. Durch ihre isolierenden elektr. Eigg. können diese **I** Anwendung in zahlreichen elektr. Öfen finden. (Silicates ind. **22.** 453—55. Sept. 1958.) R. WALCKER. 6218

Karl Petermann, *Vergleichende Betrachtungen über den Rohschamottebrand im Schachtofen und Drehofen.* Diese Betrachtungen werden speziell für die Verhältnisse der DDR in allg.- u. wärmewirtschaftlicher Hinsicht durchgeführt, wobei Erfahrungen der dortigen Zementindustrie mit Drehrohröfen berücksichtigt sind. Der Vf. kommt zu dem Ergebnis, daß der Schamottebrand im Drehrohrofen möglicherweise eine Qualitätsverbesserung mit sich bringen würde, aber nicht wirtschaftlicher durchzuführen ist als im Schachtofen. (Silikattechnik **10.** 24—26. Jan. 1959. Inst. für Wärmetechnik u. Automatisierung der Silikathüttenindustrie.) H.-O. MULFINGER. 6218

Haruo Sagawa, *Über die Erzeugung von Schlackenzement aus Steinkohlenaschen. 1. Mitt. Erzeugung von Gipsschlackenzement aus Aschen von Jobankohlen.* Verschied. Arten Asche einer niedriggradigen bituminösen Kohle (Jobankohle) werden mit CaO u. geringeren Anteilen an Tonerde u. SiO_2 geschmolzen u. ein Schlackenzement gewonnen. — Tabellen über die Druckfestigkeiten nach 3, 7 u. 28 Tagen (176—311 kg/cm²). Geeignetste Zus. der Zuschläge: $CaO:SiO_2:Al_2O_3 = 5:3:2$. (J. chem. Soc. Japan, ind. Chem. Sect. [Kōgyō Kagaku Zassi] **58.** 660—61. Sept. 1955. Nobeoka, Asahi Synth. A.G. [Orig.: japan.]) L. SCHULER. 6222

H. Eigen, *Beurteilung des koksbeheizten Kalkschachtofens durch Auswertung der Abgasanalyse.* Die richtige Auswertung der Abgasanalyse setzt die Kenntnis der Elementaranalyse des Reinkokses voraus. Die Probenahme soll im Kamin erfolgen. Als O_2-Absorber wird $CrCl_2$-Lsg. empfohlen. Berechnung der Analyse des luftfreien Abgases, des CO-, Luft–Wärme-Aufwandfaktors u. des Wärmeverbrauches je kg Kalk aus der Abgasanalyse wird ausgeführt. Der CO-Faktor soll gleich Null sein. Zwei Schachtöfen werden miteinander auf den therm. Wirkungsgrad hin verglichen u. die Voraussetzung für größtmögliche Energieausnutzung dargelegt. (Silikattechnik **10.** 27—29. Jan. 1959. Remscheid-Lennep.) H.-O. MULFINGER. 6226

František Schill, *Sénarmonts Methode für die Messung der inneren Spannungen im Glas mit Hilfe des petrographischen Mikroskops.* Informativer Beitrag zur Erläuterung der SÉNARMONTschen Meth. zur Messung der Phasenverschiebung polarisierter Strahlen in anisotropen Stoffen. Die Meth. wird zur Messung von Spannungen im Glas benutzt u. kann mit Hilfe des petrograph. Mikroskopes angewandt werden. (Sklář a Keramik **9.** 67—72. März 1959. Hradec Králové, Státní výzkumný ústav sklářský.) E. L. SCHMELING. 6242

C. Deplus, *Texturuntersuchung von Baustoffen durch Ultraschall.* Die Anwendung eines zerstörungsfreien Kontrollverf. für grobkörnige u. heterogene Baustoffe wird beschrieben. Das Prinzip der Verss. besteht aus dem Messen der Durchgangsgeschwindigkeit u. der Dämpfung der US-Wellen in den zu prüfenden Erzeugnissen. Aus den Versuchsergebnissen kann gefolgert werden, daß mit Hilfe des Verf. Unterschiede des Elastizitätsmoduls, innere Risse u. Strukturanisotropien festgestellt werden können. (Chim. analytique [4] **40.** 369—77. Okt. 1958. Soc. Franç. de Céram., Centre National d'Études et Recherches Céramiques.) D. ROST. 6256

E. I. du Pont de Nemours & Co., Wilmington, Del., übert. von: **Christian C. Jessen,** Perth Amboy, N. J., V. St. A., *Herstellung von Glasfarben.* 95—80% feingemahlene Glasfritte aus Borsilicat- oder Bleiborsilicatglas u. 5—20% anorgan. Oxydpigment wird 1—120 Std. auf 450—600° F ohne zu Schmelzen erhitzt, dann unter Ausschluß von Feuchtigkeit auf 300—400° F abgekühlt u. mit einer bei 18° festen Trägersubstanz mit scharfem F., wie Palmitin- oder Stearinsäure, Carnauba- oder Bienenwachs oder einem synthet. Wachs vermischt, abgekühlt u. gemahlen. Die M. hat einen scharfen F. u. eignet sich zur Glasdekoration oder zum Mehrfarbendruck. — Beispiel: 300—500 (Teile) Borsilicatglasfritte wird 1 Std. lang auf 500—600° F erhitzt, auf 300—400° F abgekühlt u. vermahlen mit einem Gemisch aus 27,1 hydriertem Naturharz, 20,1 Kunstharz, 47,3 Stearinsäure, 0,5 Äthylcellulose u. 5 Stearinsäurephosphat. (**A. P. 2 848 339** vom 13/7. 1955, ausg. 19/8. 1958.) G. FRIKELL. 6177

Libbey-Owens-Ford Glass Co., übert. von: **David H. Goodwillie, Commerce National Bank of Toledo** und **Wilbur F. Brown,** Toledo, Ohio, V. St. A., *Aufbringen wasserlöslicher Kohlenhydrate auf warmes entspanntes Glas.* Als Schutz gegen Verwittern, Zerkratzen u. Fleckigwerden während des Lagerns wird auf das den Kühlofen verlassende noch warme Glas eine verd. Lsg. von Stärke, Dextrin oder Glucose aufgebracht u. getrocknet. — Beispiel: 1 lb. Glucose, 1000 Gallonen W. mit HCl ganz schwach angesäuert. Schichtdicke 0,001—0,003 inch. (**A. P. 2 824 411** vom 24/12. 1952, ausg. 25/2. 1958.) G. FRIKELL. 6181

Wacker-Chemie G. m. b. H., München (Erfinder: **Joseph Heckmaier** und **Alois Stoll,** Burghausen), *Herstellung von Polyvinylbutyralen.* Man verseift Polyvinylester in mit W. mischbaren, organ. Lösungsmitteln, z. B. aliphat. Alkoholen, mit sauren Katalysatoren wasserfrei bis zur gelartigen Abscheidung der teilverseiften Polyvinylester, unterzieht diese einer auf den Restacetatgruppengeh. des Endprod. abgestimmten, ebenfalls wasserfreien Nachverseifung u. kondensiert nach Wasserzusatz mit Butyraldehyd. — Das Endprod. hat die Zus. (den Beispielen zufolge): 74,5 (%) bzw. 77,5 bzw. 69,9 Polyvinylbutyral, 23,1 bzw. 22,0 bzw. 19,7 Polyvinylalkohol u. 2,4 bzw. 0,5 bzw. 10,4 Polyvinylacetat. Das Prod. ist klar u. farblos, lösl. in Alkoholen u. Alkohol–Ester-Gemischen u. eignet sich bes. zur Herst. opt. klarer Folien für *Sicherheitsglas.* (**D. A. S. 1 025 149** Kl. 39c vom 21/9. 1956, veröff. 27/2. 1958.) H. NEBELSIEK. 6201

L. O. F. Glass Fibers Co., übert. von: **Dominick Labino,** Toledo, Ohio, V. St. A., *Isoliermasse aus verblasenen Glasfasern.* Die Fasern werden aus einem Glas durch Verblasen hergestellt, das aus 20,4 (Gew.-%) SiO_2, 60,0 PbO, 8,0 K_2O, 3,1 Na_2O u. 8,5 B_2O_3 besteht. (**A. P. 2 830 000** vom 23/11. 1953, ausg. 8/4. 1958.) HANS HOFFMANN. 6201

Wächtersbacher Steingutfabrik G. m. b. H. (Erfinder: **Herbert Schultheis**), Schlierbach über Wächtersbach, *Mehrfarbig dekorierte keramische Erzeugnisse.* Auf eine in üblicher Weise hergestellte Gravur oder Ätzung auf Metall oder Stein werden mit Hilfe von Siebdruckschablonen die gewünschten Teilbilder der jeweiligen Farbe aufgetragen. Dann wird der erhaltene mehrfarbige Dekor auf Druckseidenpapier abgezogen, auf den keram. Gegenstand übertragen u. eingebrannt. (**D. A. S. 1 054 370** Kl. 80b vom 17/10. 1957, veröff. 2/4. 1959.) F. REINHART. 6213

Harbison-Walker Refractories Co., übert. von: **Donald F. King** und **Albert L. Renkey,** Pittsburgh, Pa., V. St. A., *Gießbare, gegen Zerspringen beständige feuerfeste Masse.* Feuerfeste Zuschlagstoffe, wie Tonerde u. Al-Silicate, werden mit einem Al_2O_3-reichen CaO–Al_2O_3-Zement versetzt, der ein Gewichtsverhältnis von Al_2O_3 zu CaO von 2:1 bis 6:1 aufweist. Um zu verhindern, daß die aus solchen Massen erstellten feuerfesten Bauteile beim Anheizen zerspringen, werden den Massen 0,0025—0,05 Gew.-% B_2O_3 zugesetzt. (**A. P. 2 845 360** vom 11/12. 1956, ausg. 29/7. 1958.) F. REINHART. 6219

Mole Norton S. p. A., Corsico (Mailand), Italien, *Überziehen von Graphit* (**I**)-*Gegenständen mit Siliciumcarbid.* Man bringt die Gegenstände in einen Behälter aus **I,** in dem ohne Berührung mit den Gegenständen Si untergebracht ist. Durch Elektroinduktion wird der Behälter auf eine zwischen dem Kp. u. dem Zersetzungspunkt von SiC liegende Temp. gebracht u. wenigstens $^1/_2$ Std. diese Temp. beibehalten. — Zeichnung. (**It. P. 494 463** vom 17/11. 1952.) K. KOEBKE. 6221

Aldo Valgimigli, Imola, und **Vasco Ulivi,** Florenz, Italien, *Baustoff,* bestehend aus 300 (Teilen) Zement, 400 Sand, 200 Kies, 600 Holzkohle, gemahlen. (**It. P. 496 373** vom 13/11. 1952.) K. KOEBKE. 6223

Peter Gerard van Kampen, Den Haag, Holland, *Schutzschicht für Betonkonstruktionen,* die plötzlichen hohen Druckspannungen ausgesetzt sind, wie unter Kranschienen. Man verwendet hierfür Haarfilz, der mit synthet. u./oder mikrokristallinem Paraffin imprägniert ist, da bei n. Paraffin plötzliche Volumenkontraktionen auftreten. (**Holl. P. 88 505** vom 17/8. 1955, ausg. 16/6. 1958.) F. BÖHM. 6225

VII. Agrikulturchemie. Schädlingsbekämpfung.

K. Chábek und **D. Singer,** *Die automatische Regulierung der Superphosphatherstellung nach der Zähigkeit des Phosphatbreies.* Es wurde eine sehr einfache Einrichtung für die automat. Regulierung des Verhältnisses von H_2SO_4 zu Rohphosphat entwickelt. Das Prinzip der Meth. besteht in der Messung des Leistungsbedarfes des Motors, der das Rührwerk in der Zersetzungsrinne betreibt. (Chem. Průmysl **7** (**32**). 524—29. Okt. 1957. Ústí n. L., Výzkuýmn ústav anorganické chemie.) J. SCHNEIDER. 6282

W. H. Armiger und **Maurice Fried,** *Einfluß der Teilchengröße auf die Verwertbarkeit von Phosphor in Rohphosphat verschiedener Herkunft durch Pflanzen.* (Vgl. C. **1958.** 1406.) Unterss. über den Einfl. von Rohphosphaten verschied. Teilchengröße auf Ertrag u. P-Aufnahme von Luzerne u. Buchweizen zeigen, daß die Korngröße, entsprechend Maschenweite bis 100 kaum weniger wirksam als die der Maschenweite bis 325 entsprechende Teilchengröße ist. Die feine Mahlung ist weniger bedeutungsvoll als die Art des Rohphosphats bzgl. der landwirtschaftlichen Wirksamkeit. — Diagramme. (J. agric. Food Chem. **6.** 539—43. Juli 1958. Beltsville, Md., US Dep. of Agriculture, Agricultural Res. Serv., Soil and Water Conservation Res. Branch.) W. WESLY. 6282

N. A. Katschinski, *Die Entwicklung der Bodenkunde an der Universität Moskau in 40 Jahren der Sowjetherrschaft.* Überblick über die Entw. der Bodenkunde an der Moskauer Universität. (Вестник Московского Университета, Серия Биологии, Почвоведения, Геологии, Географии [Nachr. Moskauer Univ., Ser. Biol., Bodenkunde, Geol. Geogr.] **12.** Nr. 3. 31—47. 1957.) M. GORDIENKO. 6300

W. L. Kubiëna, *Die Klassifizierung von Böden.* Es werden 2 Systeme zur Klassifizierung von Böden gegenübergestellt u. ihr jeweiliger Anwendungsbereich aufgezeigt u. eingehend diskutiert. (J. Soil Sci. **9.** 9—19. März 1958. Hamburg-Reinbeck, Bundesforschungsanst. für Forst- u. Holzwirtschaft.) WILFRIED WERNER. 6300

P. H. T. Beckett, *Die Böden von Kerman, Südpersien.* Folgende Bodengruppen aus dem Gebiet von Kerman werden beschrieben: Skelett- u. rohe Felsenböden, Böden auf grobem Alluvium u. Felstrümmern, Böden auf feinem, ausgewaschenem Alluvium, lose Sande u. Wanderdünen sowie Salzböden. — Die unter Kultur stehenden Böden auf feinem Alluvium werden mechan. u. chem. analysiert. Ihr Geh. an P u. K ist ausreichend bis gut, der Gesamt-N-Geh. ist niedrig, jedoch höher als auf unbebauten Böden. Der Geh. an $CaCO_3$ ist relativ hoch, das C/N-Verhältnis ausgesprochen niedrig. (J. Soil Sci. **9.** 20—32. März 1958. Oxford, Univ., Dep. of Agric.) WILFRIED WERNER. 6300

J. D. Colwell, *Beobachtungen über die Pedologie und Fruchtbarkeit einiger Roterdeböden im nördlichen Neusüdwales.* Die untersuchten 8 Bodenprofile werden auf Grund ihrer morpholog. Merkmale (Farbe, Textur, Struktur) u. chem. Zus. (hoher Sesquioxyd- u. niedriger Basengeh.) als Krasnosem- (= Roterde-) Böden klassifiziert. Bedingt durch Verschiedenheiten im Ausgangsmaterial, Klima, Vegetation u. Kultivierung treten jedoch deutliche Unterschiede im Geh. der Böden an Gesamt-Al, leichtlösl. Al, organ. C, N, P u. austauschbaren Kationen auf. Im Vgl. zu den entsprechenden jungfräulichen Böden wiesen die kultivierten Böden niedrigere Gehh. an N, organ. C u. P, austauschbarem Ca, Mg, K u. Na sowie „verfügbarem" Mn auf. — Die Kationenaustauschkapazität der organ. Substanz der Böden war größer als diejenige ihrer anorgan. Fraktion. (J. Soil Sci. **9.** 46—57. März 1958. Aberdeen, Macanlay Inst. for Soil Res.) WILFRIED WERNER. 6300

J. C. F. Tedrow, J. V. Drew, D. E. Hill und **L. A. Douglas,** *Die hauptsächlichen genetischen Böden der arktischen Senke von Alaska.* (Vgl. C. **1958.** 830.) Die Böden des arkt. Alaska werden beschrieben, wobei im Hinblick auf ihre Genese bes. hydroklimat. Faktoren betrachtet werden. — Unter vorherrschenden Trockenbedingungen bildete sich auf gut drainierten Standorten das Profil eines „arkt. braunen Bodens". Das „Tundra"-Profil bildete sich bei schlechten Drainageverhältnissen als schwerer Mineralboden mit geringer organ. Auflage. Große, flache Gebiete mit permanentem Frost u. sehr schlechter Wasserdurchlässigkeit werden als organ. Böden (sogenannte „bogs") klassifiziert. (J. Soil Sci. **9.** 33—45. März 1958.) WILFRIED WERNER. 6304

D. M. McAleese und **S. McConaghy,** *Untersuchungen über die basaltischen Böden von Nord-Irland.* 3. Mitt. *Die Gehalte der Sand-, Schluff- und Tonfraktionen an austauschbaren Kationen.* (2. vgl. C. **1958.** 238.) Bodenproben aus 16 Horizonten einiger basalt. Bodenprofile Nordirlands werden in ihre Sand-, Schluff- u. Tonfraktionen zerlegt u. auf ihren Geh. an austauschbarem (neutrale n-NH_4-Acetatlsg.) Ca, Mg, Na u. K untersucht. Der Geh. der untersuchten Böden an austauschbarem Ca war relativ hoch u. schwankte zwischen 6,9 u. 20,9 (mVal-%) in der Sandfraktion, 9,0—28,0 im Schluff u. 8,3—35,0 in der Tonkomponente. Der Geh. an austauschbarem Mg war bes. in Böden mit schlechter Drainage hoch. Die Maximalwerte betrugen für die Sandfraktion 17,2, die Schlufffraktion 27,3 u. die Tonfraktion 32,2, wobei in einigen Proben der Mg-Geh. der Schlufffraktion ebenso hoch oder höher als derjenigen der Tonkomponente war. Es wird vermutet, daß diese hohen Mg-Gehh. im Schluff (ebenso wie die hohen T-Werte dieser Fraktion) auf die Anwesenheit unvollständig verwitterter Gesteinsminerale zurückzuführen sind, welche bei der Aufbereitung der Proben (Dispersion) zerfallen. — Die Gehh. aller Fraktionen an austauschbarem Na u. K erwiesen sich als sehr niedrig u. lagen ausnahmslos unter 2. (J. Soil Sci. **9.** 66—80. März 1958.) WILFRIED WERNER. 6304

D. M. McAleese und **W. A. Mitchell,** *Untersuchungen über die basaltischen Böden von Nordirland.* 4. Mitt. *Mineralogische Untersuchung der Tonfraktion* ($< 2\,\mu$). (3. vgl. vorst. Ref.) Die röntgenanalyt. mineralog. Unterss. der aus den Horizonten von 10 basalt. Bodenprofilen isolierten Tonfraktionen ($< 2\,\mu$) zeigte, daß Typ u. mengenmäßige Verteilung der Tonminerale von der Wasserführung innerhalb der Horizonte abhängig sind: Kaolin, das Verwitterungsprod., herrscht in der Krume vor. Daneben liegt Vermiculit vor (bes. in gut drainierten Böden), welche in gleyartigen Profilen durch Montmorillonit ersetzt wird; je höher der Wasserstrom im Profil war, desto größer war der Montmorillonitanteil der Tonfraktion. Illit war nur in 2 Profilen festzustellen. (J. Soil Sci. **9.** 76—80. März 1958.) WILFRIED WERNER. 6304

D. M. McAleese und **W. A. Mitchell,** *Untersuchungen über die basaltischen Böden von Nordirland.* 5. Mitt. *Kationenaustauschkapazitäten und Mineralogie der Schlufffraktion* ($2—20\,\mu$). (4. vgl. vorst. Ref.) Der Schluffanteil der untersuchten basalt. Böden schwankte zwischen 14,7 u. 34,5% u. bestand hauptsächlich aus Quarz, Feldspaten u. Tonmineralaggregaten. 2 Aggregattypen werden unterschieden: a) „Echte" Aggregate aus Tonmineralpartikeln $< 2\,\mu$, welche durch freie Sesquioxyde verkittet sind (durch Behandlung der Schlufffraktion mit $NaHSO_3$ werden infolge der Red. der Sesquioxyde die Aggregate zerstört u. die Tonmineralpartikel $< 2\,\mu$ freigesetzt); b) „Pseudoaggregate", die der $NaHSO_3$-Behandlung widerstehen. Röntgenanalyt. werden diese „Aggregate"

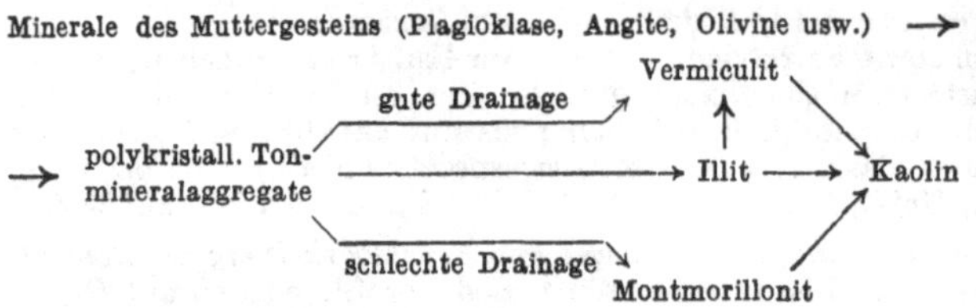

als einzelne Partikel von schuppigem Bau identifiziert, sogenannte Polykristalle von Vermiculit (vorwiegend bei trocknen Witterungsbedingungen) oder Montmorillonit (bei feuchten Bedingungen) in der Größenordnung des Schluffs (2—20 μ). — Die relativ hohe Kationenaustauschkapazität der Schlufffraktion der basalt. Böden (zwischen 14,2 u. 57,0 mVal-%) wird in der Linie auf die Pseudoaggregate zurückgeführt. — Die Ergebnisse lassen obenstehendes Verwitterungsschema der basalt. Böden Nordirlands vermuten. (J. Soil Sci. **9.** 81—88. März 1958.)
WILFRIED WERNER. 6304

J. B. D. Robinson, *Einige chemische Merkmale von „Termitenböden" in Kaffeeplantagen Kenyas.* Die untersuchten „Termitenböden" von Kaffeeplantagen in Mischkultur zeigten im Vgl. zur anliegenden Krume keinen gesicherten Unterschied im Geh. an organ. C, T-Wert, S-Wert sowie im Geh. an austauschbarem Ca u. Mg. Dagegen lagen die jeweiligen Werte des entsprechenden Unterbodens niedriger als im „Termitenboden" bzw. in der Krume. Ein Vgl. der mittleren p_H-Werte sowie der Summe von austauschbarem Ca + Mg (ausgedrückt in Prozenten des S-Wertes) läßt dagegen erkennen, daß der Boden während der „Bearbeitung" durch die Termiten insofern verändert wird, als der p_H-Wert u. der relative Geh. an austauschbarem Ca + Mg ansteigt. (J. Soil Sci. **9.** 58—65. März 1958. Kenya, Dep. of Agric., Coffee Serv.) WILFRIED WERNER. 6304

I. Barshad, E. Halevy, H. A. Gold und **J. Hagin,** *Tonminerale in einigen Kalksteinböden aus Israel.* Die Tonfraktion von Kalkstein u. 6 Kalksteinverwitterungsböden aus Israel werden mittels Röntgenanalyse, Differential- u. Integralthermoanalyse, Elektronenmikroskopie u. einer chem. Totalanalyse untersucht. — In 5 Böden war Attapulgit eine wichtige Komponente der Tonfraktion, in einem Boden überwog dieses Material sogar alle anderen Tonminerale. In 5 Fällen war Montmorillonit Hauptbestandteil. Kaolinit lag in 4 Böden in kleineren Mengen vor. In allen Böden (außer einer Terra rossa) wurden erhebliche Calcitanteile in der Tonfraktion gefunden. Daneben wiesen alle Proben einen geringen Quarzanteil auf. — Alle Komponenten der Tonfraktion sind in den betreffenden Böden vermutlich aus dem säureunlösl. Rückstand des Kalksteinmuttergesteins entstanden. (Soil Sci. **81.** 423—37. Juni 1956. Berkeley, Calif., Univ. of California; Jerusalem, Hebrew Univ., Coll. of Agriculture.) WILFRIED WERNER. 6304

F. Smithson, *Grasopal in britischen Böden.* Vf. wies nach, daß aus Gräsern u. indirekt auch über den Stallmist dem Boden eine überaus große Anzahl feinster Opalpartikelchen (6—60 μ), sogenannte Phytolyte, zugeführt werden. Es gelang jedoch nicht, die im Boden gefundenen Phytolyte, deren Formenmannigfaltigkeit an Hand von Abbildungen demonstriert wird, jeweils bestimmten Pflanzen oder Pflanzengruppen zuzuordnen. Dies war nur im Falle von Nardus stricta möglich. (J. Soil Sci. **9.** 148—54. März 1958. Bangov, Univ., Coll. of North Wales.) WILFRIED WERNER. 6304

A. E. Martin und **R. Reeve,** *Chemische Untersuchungen an podsoligen Illuvialhorizonten.* 3. Mitt. *Titrationskurven von Suspensionen der organischen Substanz.* (2. vgl. C. **1958.** 6656.) Es werden Titrationskurven von Humussuspensionen aus Podsol-B-Horizonten aufgenommen, um einen Hinweis auf die noch umstrittene Frage zu erhalten, ob in Podsolen metallorgan. Verlagerungsprodd. entstehen. Die Kurven werden mittels der pK-Werte interpretiert. — In Ggw. von Al werden die pK-Werte, die ohne Al 3,8—4,0 betragen (u. somit niedriger liegen als sonst für Huminsäuren angegeben), stark erhöht. Ein großer Teil des Al befindet sich offenbar an der Oberfläche der organ. Substanz, da er durch einen Amberlitaustauscher leicht zu entfernen war. Es wird vermutet, daß daneben die organ. Substanzen durch elektrostat. Bindung an Al^{3+} immobilisiert werden. Da Fe^{3+} im betreffenden p_H-Bereich nicht vorkommt, dürfte es in dieser Hinsicht keine Rolle spielen. (J. Soil Sci. **9.** 89—100. März 1958.) WILFRIED WERNER. 6304

D. L. Lynch, L. M. Wright, E. E. Hearns und **L. J. Cotnoir jr.,** *Einige Faktoren, die die Adsorption von Celluloseverbindungen, Pektinen und Hemicelluloseverbindungen an Tonminerale beeinflussen.* Als ein Beitrag zur Aufklärung der Wechselwrkg. zwischen der organ. u. anorgan. Fraktion des Bodens untersuchen Vff. das Ausmaß der Adsorption u. den Adsorptionsmechanismus von Pektinen, Alginaten, Kohlenhydrat–Protein-Gemischen u. Celluloseverbb. unterschiedlicher Viscosität u. Molekülgröße an H- bzw. Ca-gesätt. Montmorillonit- u. Kaolinitton. — Celluloseverbb. mit höherem Mol.-Gew.

(Methylcellulose u. Hydroxyäthylcellulose) werden in geringeren Mengen an Montmorillonit adsorbiert als niedermol. Verbindungen. Aus Kohlenhydrat–Protein-Gemischen werden die Proteinverbb. bevorzugt adsorbiert. Pektine wurden an Ca-gesätt. Tone stärker gebunden als an H-gesätt., wobei jeweils die Bindung am Montmorillonit größer war, als an Kaolinit. Pektine mit hohem Methoxylgeh. werden schwächer adsorbiert, was darauf schließen läßt, daß die durch Methoxyl blockierten Carboxylgruppen im freien Zustand an der Adsorption teilhaben. Diese Befunde lassen auch vermuten, daß Pektine von den Tonen als Anionen adsorbiert werden (ähnlich Phosphat) u. daneben durch eine Ca-Verkettung der COOH-Gruppen. Die anionenartige Adsorption wird dadurch untermauert, daß mit einer 0,5n NH_4F-Lsg. erheblich größere Mengen adsorbiertes Pektin extrahiert werden als durch eine äquivalente NH_4-Acetatlösung. (Soil Sci. **84.** 113—26. Aug. 1957. Univ. of Delaware, Delaware Agric. Exp. Stat., Dep. of Agronomy.)
WILFRIED WERNER. 6304

F. J. Stevenson, *Untersuchungen von Aminopolysacchariden in Böden.* 2. Mitt. *Die Verteilung von Hexosaminen in einigen Bodenprofilen.* (1. vgl. C. **1958.** 242.) Die Verteilung von Aminozuckern in 19 verschied. Bodenprofilen wurde nach der l. c. beschriebenen Meth. untersucht. Der prozentuale Anteil des Aminozucker-N am Gesamt-N-Geh. war zwischen den einzelnen Bodentypen u. auch zwischen den Horizonten desselben Bodens unterschiedlich. Im Oberboden lagen zwischen 5 u. 11% des Gesamt-N in Aminozuckern gebunden vor. In den tieferen Horizonten der Profile nahm dieser Anteil meist zu, wobei im B-Horizont ein Maximum festzustellen war. Es zeigte sich, daß die Fähigkeit, Hexosamine anzureichern, vom Verwitterungsgrad des Bodens (Alter des Profils) abhängig war: Mit zunehmender Entwicklungsstufe (Profilalter) nahm der Aminozuckergeh. der organ. Substanz des Bodens zu. (Soil Sci. **84.** 99—106. Aug. 1957.)
WILFRIED WERNER. 6304

F. E. Broadbent, *Komplexe von organischer Substanz des Bodens mit Metallen.* 2. Mitt. *Kationenaustauschchromatographie von Kupfer- und Calciumkomplexen.* (1. vgl. C. **1958.** 4904.) In Chromatographieröhren werden Proben der organ. Substanz verschied. Böden in H-Form eingefüllt, mit einer dünnen Schicht der jeweiligen an Cu u. Ca gesätt. Substanz überdeckt u. mit HCl steigender Konz. (0,01n, 0,05n, 0,1n u. 1,0n) eluiert. Schon durch Extraktion mit 0,01n HCl wurde ein Hauptmaximum an Cu u. Ca erhalten. Bei Cu tritt dann nach jeder Konzentrationserhöhung des Eluens ein erneutes Maximum auf, bei Ca lediglich noch ein 2. bei Elution mit 0,05n HCl, während durch höhere HCl-Konzz. die eluierte Ca-Menge nicht mehr erhöht wurde. Im p_H-Bereich, in dem noch eine Cu-Bindung erfolgt, wird also kein Ca mehr festgelegt. Dies läßt vermuten, daß Cu u. Ca von jeweils verschied. Gruppen der organ. Substanz gebunden werden. — Ein Vgl. der Elutionskurven der organ. Substanzproben mit solchen eines synthet. Kunstharzes in COOH-Form (Amberlite IRC-50) läßt auf eine Bindung der leichter gebundenen Kationen an COOH-Gruppen schließen. (Soil Sci. **84.** 127—31. Aug. 1957.)
WILFRIED WERNER. 6304

R. I. Morrison, *Die alkalische Nitrobenzoloxydation der organischen Substanz des Bodens.* Durch alkal. Nitrobenzoloxydation der organ. Substanz des Bodens werden je nach dem Geh. an Lignin u. Ligninderivv. unterschiedliche Mengen phenol. Aldehyde gebildet, welche nach papierchromatograph. Trennung als *Vanillin* (**I**), *Syringaaldehyd* (**II**) u. *p-Hydroxybenzaldehyd* (**III**) identifiziert wurden. Zwischen dem relativen Anteil dieser Aldehyde u. der pflanzlichen Ausgangssubstanz der organ. Komponente des Bodens bestanden Beziehungen: Bei der Oxydation von Sphagnumböden entstand in erster Linie **III**, Gymnospermen lieferten **I** u. Birken überwiegend **II**. Die Gesamtausbeute an Aldehyden betrug bei Mineralböden 0,5—1%, in Torfen 1—4% des organ. C. Bei letzteren wurden mit zunehmender Profiltiefe höhere Werte erhalten. — Bei der Oxydation verschied. Torffraktionen wurde die höchste Aldehydentw. in einem Alkohol–Benzol-Huminsäureextrakt erhalten (ca. 7% des gesamten organ. C). Saure Hydrolyse der Huminsäurefraktion mit verd. HCl verringerte die Aldehydausbeute. (J. Soil Sci. **9.** 130—40. März 1958. Aberdeen, Macanlay Inst. for Soil Res., Dep. of Biochem.)
WILFRIED WERNER. 6304

S. C. Chang und **M. L. Jackson,** *Bodenphosphorfraktionen in einigen typischen Böden.* Die Verteilung des anorgan. P im Boden vermag oft wertvolle Hinweise auf den Verwitterungsgrad eines Bodens zu geben: mit zunehmender Verwitterung nimmt zunächst Ca-Phosphat u. dann Al-Phosphat ab, während Fe-Phosphat u. zuletzt in Oxyde eingeschlossene Phosphate zunehmen. Wenig verwitterte Böden (z. B. Schwarzerde) enthielten 68—95% des gesamten organ. P in Form von Ca-Phosphat, wogegen stark verwitterte Böden (z. B. Laterite) diese Form kaum, aber 66—78% eingeschlossene Phosphate aufwiesen. — 2 schluffige Lehme werden eingehend im Hinblick auf die Ver-

teilung der verschied. anorgan. P-Fraktionen in Ober- u. Unterboden untersucht. (J. Soil Sci. **9.** 109—19. März 1958. Univ. of Wisconsin, Dep. of Soils.)
WILFRIED WERNER. 6304

O. Talibudeen, *Isotopisch austauschbarer Phosphor in Böden.* 3. Mitt. *Die Fraktionierung des Bodenphosphpors.* (2. vgl. C. **1958.** 11058.) Das Bodenphosphat wird mit Hilfe des Isotopenaustauschverf. in die Fraktionen a) sehr labiles Phosphat (austauschbar in 24 Std.), b) mäßig labiles Phosphat (austauschbar in 24—150 Std.) u. c) nichtlabiles Phosphat zerlegt. — Das labile Phosphat nimmt auf schwereren Böden einen kleineren Anteil vom Gesamt-P ein als auf leichteren Böden (1—10% Ton), was auf den höheren Geh. der schweren Böden an organgebundenem P zurückgeführt wird. Zugabe von Superphosphat erhöhte den Anteil an sehr labilem Phosphat bes. auf leichteren Böden. Monocalciumphosphat blieb im neutralen Boden im Gegensatz zu alkal. Boden-Rk. 3 Monate lang in der labilen Fraktion. Die Umwandlung in weniger labiles P in Kalkböden scheint durch Fixierung an $CaCO_3$-Oberflächen bedingt zu sein. (J. Soil Sci. **9.** 120—29. März 1958.) WILFRIED WERNER. 6304

R. Scott Russell, E. W. Russell und **P. G. Marais,** *Faktoren, welche die Fähigkeit der Pflanzen beeinflussen, Phosphat aus den Böden aufzunehmen.* 2. Mitt. *Ein Vergleich der Fähigkeit verschiedener Pflanzenarten, labiles Bodenphosphat aufzunehmen.* (1. vgl. C. **1958.** 7577.) Es wird die Frage untersucht, ob verschied. Pflanzenarten die P-Formen des Bodens unterschiedlich zu nutzen vermögen. Als Testpflanzen (LARSEN-Meth.) dienten Kohl, Roggen u. Gerste. — Die Ergebnisse zeigen, daß in Böden mit hohem Geh. an „labilem" Phosphat Roggen u. Kohl noch Phosphatquellen ausnutzen können, welche für Gerste nicht zugänglich sind. Dies wird darauf zurückgeführt, daß die verschied. Fraktionen des labilen Bodenphosphats physikochem. Unterschiede aufweisen u. daß die Fähigkeit zur Verringerung der freien Energie des Phosphats am Außenmedium bei Kohl u. Roggen stärker ausgeprägt ist als bei Gerste. (J. Soil Sci. **9.** 101—08. März 1958.) WILFRIED WERNER. 6304

D. A. Rennie und **R. J. Soper,** *Die Wirkung von Stickstoffgaben auf die Verfügbarkeit des Düngerphosphors.* 2. Mitt. (1. vgl. RENNIE u. MITCHELL, Can. J. Agric. Sci. **34.** [1954.] 353.) In Feld- u. Gewächshausverss. wurde der Einfl. gleichzeitiger N-Gaben auf die Verfügbarkeit des Phosphates aus $NH_4H_2PO_4$ u. $Ca(H_2PO_4)_2$ geprüft. — Die Ausnutzung des Dünger-P durch Getreide wurde nur dann gesteigert, wenn N in Form eines NH_4-Salzes u. intensiv mit dem P-Dünger vermischt verabreicht wurde. NO_3-N war in dieser Hinsicht unwirksam. Die stimulierende Wrkg. des NH_4-Ions auf die PO_4-Aufnahme ist nur im Stadium des Jugendwachstums zu beobachten. (J. Soil Sci. **9.** 155—67. März 1958. Saskatoon, Saskatchewan, Univ. of Saskatchewan.)
WILFRIED WERNER. 6304

G. H. Wagner und **G. E. Smith,** *Stickstoffverluste aus Böden, die mit verschiedenen Stickstoffverbindungen gedüngt wurden.* Nach Zugabe einer bestimmten N-Menge in Form von Harnstoff, $(NH_4)_2SO_4$, NH_4NO_3, $NaNO_3$ u. verd. NH_3-Lsg. wurden Proben von 8 verschied. Böden (Sand, Lehm, Ton) 5 Monate incubiert (10° u. 25°) u. nach diesem Zeitraum N-Geh. des Bodens u. N-Verlust (gasförmige N-Verbb.) bestimmt. — Der N-Verlust erwies sich als abhängig von den physikal. u. chem. Eigg. der Böden, der verabfolgten N-Form u. der Incubationstemp. u. -zeit u. betrug maximal 85% der verabreichten N-Menge. Neben gasförmigem N_2 wurden in Abhängigkeit von den Versuchsbedingungen NH_3, NO, NO_2 u. N_2O entwickelt. (Soil Sci. **85.** 125—29. März 1958.) Univ. of Missouri, Missouri Agric. Exp. Stat.) WILFRIED WERNER. 6304

P. K. De und **L. N. Mandal,** *Stickstoffixierung durch Algen in Reisböden.* Mittels einer speziellen Versuchsanordnung wurde in Laboratoriumsverss. die N-Fixierung aus der Luft durch Algen in 6 verschied. Reisböden unter Überflutungsbedingungen gemessen. Im bepflanzten, aber ungedüngten Boden lag die fixierte N-Menge bei 13,8 bis 44,4 lbs. N/acre. Auf P-armen Böden wurde die N-Bindung durch eine P-Düngung stimuliert. Auf gewissen Böden scheint auch eine Mo-Zugabe die N-Bindung zu fördern. Über 80% des gesamten fixierten N wurden innerhalb 4 Wochen nach der Bepflanzung des Bodens fixiert. In der Dunkelheit, in der die N-assimilierenden Blau-Grünalgen nicht zu leben vermögen, fand auch keine N-Fixierung statt. (Soil Sci. **81.** 453—58. Juni 1956. West Bengal, India, State Agric. Res. Inst.) WILFRIED WERNER. 6304

C. A. Burleson, W. R. Cowley und **G. Otey,** *Die Wirkung der Stickstoffdüngung auf Ertrag und Eiweißgehalt von Körnerhirse im unteren Rio Grande-Tal von Texas.* In einem Feldvers. mit Sorghumhirse wurden mit steigenden *N*-Gaben (0,60 u. 120 lbs./acre) Stroh- u. Kornertrag um etwa 100% erhöht, wobei der Eiweißgeh. des Strohes von 1,69 über 3,01 auf 3,50% anstieg, derjenige des Korns von 6,58 über 7,92 auf 10,30%. Die

Ausnutzung der 60 lbs.-N-Gabe betrug 83,2%, der 120 lbs.-N-Gabe 89,6%. (Agronomy J. **48**. 524—25. Nov. 1956. Weslaco, Texas, Lower Rio Grande Valley Exp. Stat.) WILFRIED WERNER. 6304

Paul Eck, Mack Drake und **J. E. Steckel,** *Die Beeinflussung der Calciumaufnahme von Tomaten durch die Art und die Calciumsättigung von Ca–H-Systemen.* Die Wurzeln der Versuchspflanzen werden gespalten u. zur Hälfte in reinen Quarzsand mit einer Nährlsg. ohne Ca sowie in einen Ca–H-Montmorillonit bei steigender Ca-Sättigung (45, 60, 75 u. 90%) bzw. in Ca–H-Kaolinit (45 u. 90%ig. Ca-Sättigung) gebracht. — Die Ca-Aufnahme der Pflanzen aus dem Kaolinit war bei beiden Ca-Sättigungsgraden höher als aus dem Montmorillonit. Aus letzterem wurden erst bei einer Ca-Sättigung von $\geq$ 75% merklich höhere Ca-Mengen aufgenommen. Die Ca-Aufnahme aus Kaolinit stieg bei erhöhter Ca-Sättigung nicht an. — In K–H-Tonen (Montmorillonit u. Kaolinit) wuchsen bei 45% K-Sättigung Tomatenpflanzen nur sehr kurze Zeit u. starben dann ab. Daß beachtliche Mengen Ca aus den Wurzeln in die Tone abgewandert waren beweist, daß Tomatenwurzeln bei Abwesenheit von Ca nicht in einem K–H-Ton wachsen können. (Soil Sci. **84**. 145—54. Aug. 1957. Amherst, Mass., Univ. of Massachussetts, Coll. of Agric., Exp. Stat.) WILFRIED WERNER. 6304

O. Arrhenius, *Eine Untersuchung über die Leitfähigkeit des Bodens und seinem Gehalt an Spurenelementen.* Es wird gezeigt, daß zwischen dem Salzgeh. der Bodenlsg. u. der Leitfähigkeit sowie zwischen der Leitfähigkeit u. den Ertragsklassen der jeweiligen Böden eine enge Beziehung besteht. Je höher die Leitfähigkeit, desto höher waren die Erträge bei Weizen u. Zuckerrüben. Es wird erörtert, inwieweit die Leitfähigkeit als Maßstab für den Fruchtbarkeitszustand eines Bodens gelten kann. — Die Böden von 13 Farmen werden im Hinblick auf ihre Gehh. an Fe, Mn u. Cu u. in einigen Fällen auch an V u. Ni untersucht. Es zeigte sich, daß diese Elemente in einem weiten Konzentrationsbereich vorkommen. Im Falle von Mn lag in vielen Böden ein Mangel vor. (Socker, Handl. II **14**. 131—53. 1958.) WILFRIED WERNER. 6304

T. M. McCalla, F. A. Haskins und **E. F. Frolik,** *Der Einfluß verschiedener Faktoren auf die Aggregatbildung von Löß durch Mikroorganismen.* Zu einem humusarmen Löß wurde als organ. Substrat je 1% Saccharose oder zerkleinertes Stroh gegeben u. nach 2wöchiger Incubation bei 24° mit verschied. Pilzarten u. -stämmen die Aggregate mittels des Naß-Siebverf. bestimmt. — Die Verss. zeigten, daß die Aggregation durch die verschied. Bodenpilze in stark wechselndem Ausmaß beeinflußt wurde. Die Mehrzahl der getesteten Pilze zeigte keinen Einfluß. Allg. war der Geh. an stabilen Aggregaten nach Saccharosezusatz als Energiequelle erheblich höher als im Falle einer Strohbeimischung. (Soil Sci. **84**. 155—61. Aug. 1957. Lincoln, Nebr., Agric. Exp. Stat., Dep. of Agronomy and U. S. Dep. of Agric., Agric. Res. Serv., Soil and Water Conservation Res. Branch.) WILFRIED WERNER. 6306

E. Somers, *Untersuchungen über Spritzmittelrückstände.* 1. Mitt. *Wirkung von Spritzmittelzusätzen auf die Haftfähigkeit eines Kupferfungicides.* Vf. untersuchte den Einfl. von 47 Stoffen auf die Haftfähigkeit von CuO auf einer Celluloseacetatoberfläche. Die beste Wrkg. zeigte sich beim Zusatz von Agar, Leinsamenöl, Ca-Casein, PVA, Cumaronharz, natürlichem Latex u. PVC. Bei Anwendung dieser Zusatzstoffe zu CuO bei Kartoffeln zur Bekämpfung von Phytophthora infestans konnte zwar eine Verbesserung der Haftfähigkeit beobachtet werden, die Wrkg. auf den Pilz war aber nicht vergrößert. Bei Sedimentationsunterss. zeigte sich, daß durch Leinsamenöl u. Latex eine Flockung eintrat, dagegen wurde die Dispergierbarkeit durch hohe Konzz. von PVA erhöht. Bei Testverss. mit Alternaria tenuis (in vitro) war nur bei Zusatz von PVA u. PVC zum CuO keine Verschlechterung der fungiciden Wirksamkeit eingetreten. (J. Sci. Food Agric. **7**. 160—72. Febr. 1956. Long Ashton, Univ. of Bristol, Agric. and Horticult. Res. Stat.) W. KNÖPKE. 6312

Ss. G. Rykliss und **Ss. M. Schein,** *Kontinuierliche Kondensation von Chloral mit Chlorbenzol.* Es wird die kontinuierliche Kondensation von Chloral mit Chlorbenzol in Ggw. von 7 u. 18%ig. Oleum untersucht. Die Leistung der App. kann bei kontinuierlicher Arbeitsweise um 40—50% erhöht werden. Die Ausbeute an DDT vom E. 80—82° beträgt 92—93%. Im Versuchsteil werden die verwendete App. sowie der Einfl. der Oleumkonz. u. der Reaktionszeit auf die Ausbeute beschrieben bzw. untersucht. Chloral u. Chlorbenzol im Verhältnis 1 : 4 werden bei 20—25° bzw. 30—35° gerührt. Auf 1 Mol Chloral werden 575 g 7%ig. oder 350 g 18%ig. Oleum angewendet. Nach 6 Std. Reaktionszeit beträgt die Ausbeute an DDT 80—83%, nach 8 Std. 92—93%. (Журнал Прикладной Химии [J. angew. Chem.] **31**. 1114—18. Juli 1958.)
HELMUT SCHÄFER. 6312

J. E. Casida und **Mostafa Kamal Ahmed,** *Mechanismus des Rückstandsverlustes der Hercules AC-528-Komponenten auf Pflanzenlaub. Hercules AC-528* (I) enthält wenigstens 8 Bestandteile, von denen die cis- u. trans-Isomeren 70% des techn. Prod. ausmachen. Verluste an I entstehen durch Verdampfung, ferner werden auf der Pflanzenoberfläche die Komponenten nur schwach, innerhalb der Pflanze jedoch schnell hydrolysiert. Ebenso bilden innerhalb der Pflanze manche Komponenten mehr polare u. stärker anticholinesterasewirksame Verbb., wahrscheinlich in der Thiolform. — 12 Literaturangaben. (J. econ. Entomol. **52**. 111—16. Febr. 1959. Madison, Wis., Univ. of Wisconsin, Dep. of Entomol.) FRITZ MÜLLER/Ludwigshafen. 6312

D. A. Lindquist, M. L. Fairchild, P. A. Dahm und **J. Gurland,** *Thiodanrückstände an Maispflanzen.* Die Rückstände von *Thiodan* als wss. Emulsion (1,7 kg/ha) auf Maispflanzen waren zu Beginn höher als die des gekörnten (1,12 kg/ha), die Unterschiede verschwanden aber bereits 1 Woche nach der Behandlung. Kleine, aber nachweisbare Spuren hielten sich bei beiden Anwendungsarten länger als 9 Wochen. — 25 Literaturangaben. (J. econ. Entomol. **52**. 102—06. Febr. 1959. Ames, Iowa, Iowa State Coll.) FRITZ MÜLLER/Ludwigshafen. 6312

J. H. Lilly, I. Madamba, K. J. Frey, J. A. Browning, W. H. Orgell und **P. A. Dahm,** *Thimetrückstände in kleinen Getreidekörnern auf behandeltem Boden.* Die Anwendung von 40% *Thimet* (I) im Gemisch mit Dünger zum Zwecke der Reduzierung des Befalls von Hafer mit Zwergbrand durch Bekämpfung übertragender Insekten hatte keinen wesentlichen Erfolg, Pflanzenschädigungen wurden nicht beobachtet. I-Rückstände wurden 26—47 Tage nach dem Pflanzen gefunden, jedoch nicht mehr nach 68 Tagen. (J. econ. Entomol. **51**. 623—25. Okt. 1958. Ames, Iowa, Iowa Agric. and Home Economics Exp. Stat.) FRITZ MÜLLER/Ludwigshafen. 6312

E. P. Lichtenstein und **K. R. Schulz,** *Abbau von Lindan und Aldrin im Boden.* In Laboratoriumsverss. wurden 2 Wochen nach der Behandlung des Bodens mit *Lindan* im Biovers. nur 66% der durch chem. Analyse bestimmten Menge wiedergefunden, in Feldverss. nach $3^1/_2$ Jahren noch 46%. Der Rest besteht offensichtlich aus zwar chem., infolge fehlender Toxizität im Biovers. aber nicht feststellbaren Verbindungen. Im Gegensatz dazu wurde bei *Aldrin* (I) im Biovers. erheblich mehr Giftstoff gefunden, u. zwar in höherem Maße bei geringerer Konz. u. höherer Temp., da I in *Dieldrin* (II) umgewandelt worden war. Bestätigend zeigten Laboratoriumsverss., daß im Boden nach 2 Wochen bei 7° keine, bei 26 u. 46° 4—8% II-Bildung eintrat, die Höchstmenge wurde nach 8 Wochen gefunden, danach folgte ein Abfall. (J. econ. Entomol. **52**. 118—24. Febr. 1959. Madison, Wis., Univ. of Wisconsin, Dep. of Entomol.) FRITZ MÜLLER/Ludwigshafen. 6312

E. P. Lichtenstein und **K. R. Schulz,** *Beständigkeit einiger Chlorkohlenwasserstoffinsekticide in Abhängigkeit von der Bodenart, der angewandten Menge und der Temperatur.* In einem schweren Boden wurde 3½ Jahre nach der Anwendung 1,43mal mehr *DDT* (I), 4,25mal mehr *Aldrin* (II) u. 8,45mal mehr *Lindan* (III) gefunden als in einem schlammigen Lehmboden. Bei höheren Gaben wurden nach 3½ Jahren 2,02mal mehr I, 2,27mal mehr II u. 3,50mal mehr III gefunden als bei niederen Gaben. In gefrorenem Boden wurden keine Verluste beobachtet, sie betrugen nach 56 Tagen bei 6° bei II 16%, bei *Heptachlor* (IV) 27%, bei 46° 86% von II u. 98% von IV. — 26 Literaturangaben. (J. econ. Entomol. **52**. 124—31. Febr. 1959. Madison, Wis., Univ. of Wisconsin, Dep. of Entomol.) FRITZ MÜLLER/Ludwigshafen. 6312

S. MacDonald und **L. A. Jacobson,** *Giftigkeit einiger Chlorkohlenwasserstoffverbindungen gegen verschiedene Larvenstadien des Heerwurms im Laboratorium.* Bei der Wrkg. gegen Larven von Chorizagrotis auxiliaris GROTE im 6. Stadium wurde folgende Reihenfolge festgestellt: Als Kontaktgift: *Endrin* (I) > *Dieldrin* (II) = *Aldrin* (III) = *Heptachlor* (IV) > *Chlordane* (V); als Fraßgift: I=II > III=IV > V. Larven des 4. bis 5. Stadiums wurden von allen Mitteln schneller abgetötet. I war gegen Larven im 4. Stadium 35mal, gegen die im 5. 11mal, gegen frisch geschlüpfte im 6. 3mal so wirksam wie gegen fertig entwickelte im 6. Stadium. (J. econ. Entomol. **51**. 726—29. Okt. 1958. Lethbridge, Alta, Crop Insect Sect., Science Serv. Labor.) FRITZ MÜLLER/Ludwigshafen. 6312

W. B. Becker, *Weitere Versuche mit BHC-Emulsionssprays zum Abhalten bohrender Insekten von Kiefernblöcken in Massachusetts.* Besprühen von Kiefernblöcken mit 0,2- u. 0,4%ig. *γ-BHC*-Emulsion im Frühjahr schützte sie in den meisten Fällen 100%ig den ganzen Sommer über vor dem Befall holzbohrender oder anderer holzschädigender Insekten. (J. econ. Entomol. **52**. 173—74. Febr. 1959. Amherst, Mass., Univ. of Massachusetts.) FRITZ MÜLLER/Ludwigshafen. 6312

C. R. Weaver, *Eine Anwendung der multiplen Regression auf Vergleiche verschiedener Wiesenspeichelwanzeninsekticide.* Mit Hilfe der multiplen Regressionsgleichung mit 11 Variablen (6 Insekticide, Konz., Flüssigkeitsmenge, Pflanzenhöhe, Anwendungs-

zeit u. Vergleichsbefall) wurde das Ergebnis von 41 Verss. mit 198 Beobachtungen ausgewertet. Sie kann zur Voraussage der Restanzahl Philaenus leucophthalmus L. nach einer Behandlung unter verschied. Bedingungen verwandt werden u. ergab im vorliegenden Falle folgende Reihe abfallender Bekämpfungswrkg.: *Endrin* > *BHC* > *Methoxychlor* > *Toxaphen* > *Stroban* > *Heptachlor* (I) 0,56 kg/ha > I 0,28 kg/ha. (J. econ. Entomol. **51**. 743. Okt. 1958. Wooster, Ohio, Ohio Agric. Exp. Stat.)
FRITZ MÜLLER/Ludwigshafen. 6312

R. K. Williams, J. R. Brazzel und **D. F. Martin,** *Wirkung einiger organischer Insekticide auf Sterblichkeit und Eiablage der Vollkerfe des Rosa Samenkapselwurms.* In den üblichen Gaben hatten *Guthion* (I), I + *DDT* (II), II u. *Endrin* die beste mottenabtötende Wirkung. I (0,56 kg/ha) u. I + II (2,24 kg/ha) waren wirkungsvoller in bezug auf Mottenabtötung u. Eiablage als II allein. Die anderen geprüften Insekticide u. Gemische: *Toxaphen* (III), *Dieldrin* (IV), IV + II, *Aldrin, BHC, Parathion,* III + IV, *Malathion, Heptachlor* fielen etwa in dieser Reihenfolge gegenüber den erstgenannten ab. (J. econ. Entomol. **51**. 567—70. Okt. 1958. Texas Agric. Exp. Stat.)
FRITZ MÜLLER/Ludwigshafen. 6312

R. L. McGarr und **A. J. Chapman,** *Guthion und ein DDT-Endrin-Gemisch zur Bekämpfung des Rosa Kapselwurms.* Mehrfache Behandlung der Baumwollfelder mit *Guthion* (0,6 kg/ha, I) verringerte den Prozentsatz der von Pectinophora gossypoella SAUND. befallenen Kapseln etwas mehr als *DDT* + *Endrin*-Gemisch (2,2 + 0,58 kg/ha, II), die Ertragszunahme war bei II höher als bei I. (J. econ. Entomol. **51**. 673. Okt. 1958.)
FRITZ MÜLLER/Ludwigshafen. 6312

W. J. Mistric jr. und **R. T. Gast,** *Empfindlichkeit des Kapselkäfers gegen Toxaphen in Nordcarolina.* In Laboratoriumsverss. wurde festgestellt, daß die Empfindlichkeit von Anthonomus grandis BOH. gegen *Toxaphen* (I) von der Menge der früher zur Bekämpfung angewandten chlorierten KW-stoffe abhängt, die größten Unterschiede in der Empfindlichkeit bei Käfern aus verschied. Gegenden betrug das 200fache, in ein u. derselben Gegend das 75fache. — In Freilandverss. an einer gegen I am wenigsten empfindlichen Population waren *Guthion, Malathion, Methylparathion* u. *Ca-Arsenat* dem I im Abtötungserfolg u. Ernteergebnis überlegen. Vollkommenes Versagen des I wurde jedoch nicht beobachtet. (J. econ. Entomol. **51**. 719—21. Okt. 1958. Raleigh, N. C., North Carolina State Coll.) FRITZ MÜLLER/Ludwigshafen. 6312

C. S. Koehler, A. A. Muka, George G. Gyrisco und **C. M. Edmonds,** *Untersuchungen zur Bekämpfung von Larven des Luzernerüsselkäferns.* Gegen Larven von Brachyrhinus ligustici L. wirkten nur *Parathion* (I), *Isodrin* (II) oder *Lindan* (III) in höheren Gaben genügend, jedoch nicht *Aldrin* (IV), *BHC, Dieldrin* (V), *Dilan, Heptachlor* (VI) oder *Toxaphen*; gegen Eier wirkte I u. VI sehr gut. Demgegenüber wirkten I, II u. III gegen Vollkerfe gut. Ein genügender Bekämpfungserfolg ist also nur bei Eiern oder Vollkerfe erreichbar: V u. VI, 3,4—5,6 kg Wirkstoff/ha im Saatjahre gegeben, schützten 2 Jahre vor Larvenschaden. In Freilandverss. hatten IV, V u. VI als Staub guten Erfolg, geringere Gaben von IV oder V waren ungenügend, dagegen wirkten V u. VI gekörnt auch in geringeren Gaben gut,, nicht aber IV. Gekörntes V hinterließ beim ersten Schnitt bemerkenswerte Rückstände. (J. econ. Entomol. **51**. 682—85. Okt. 1958. Ithaca, Cornell Univ.; Albany, N. Y., State of New York Dep. of Agric. and Markets.)
FRITZ MÜLLER/Ludwigshafen. 6312

H. T. Reynolds, L. D. Anderson und **L. A. Andres,** *Kulturmaßnahmen und chemische Bekämpfung des kleinen Maisstengelbohrers in Südcalifornien.* Gegen Elasmopalpus lignosellus ZELL. zeitigten *Aldrin, Endrin, Heptachlor* u. *Dieldrin* (I) gekörnt oder gesprüht gute Bekämpfungsergebnisse, I u. *Thiodan* gesprüht waren weniger wirkungsvoll, ebenso *Thimet* u. *Bayer 19639* in geringerer Gabe. Anwendung zur Zeit des Auflaufens war der bei der Saat etwas überlegen. Bei Anwendung in Reihen mit größerem Abstand wurden mit derselben Gabe bessere Ergebnisse erzielt als bei flachem Einarbeiten in engeren Reihen. (J. econ. Entomol. **52**. 63—66. Febr. 1959. Riverside, Calif., Univ. of California, Citrus Exp. Stat.) FRITZ MÜLLER/Ludwigshafen. 6312

G. H. Blake jr., W. G. Eden und **K. L. Hays,** *Rückstandswirkung chlorierter Kohlenwasserstoffe zur Bekämpfung der eingeführten Feuerameise.* Bei Verss. zur Bekämpfung von Solenopsis saevissima v. richteri FOREL waren 2,24 (kg/ha) *Heptachlor* oder *Dieldrin* (II) oder 4,48 *Chlordan* (III) in gekörnter Form 3—5 Jahre von sehr guter Wirkung. II wirkte in einem Vers. gekörnt länger als als Emulsion. Geringere Gaben wirkten nur 1 Jahr. In Mischung mit Düngemitteln wurde etwa dieselbe Wrkg. erzielt. Bei Anwendung zu den Ameisenwällen tötete III die Ameisen zwar ab, verhinderte aber nicht die Wiederbesiedelung. (J. econ. Entomol. **52**. 1—3. Febr. 1959. Auburn, Ala., Alabama Polytechn. Inst.) FRITZ MÜLLER/Ludwigshafen. 6312

Merrill L. Cleveland, *Freilanduntersuchungen zur Bekämpfung von Obstmilben 1957.* Bei Frühjahrsanwendung gegen Pynonychus ulmi KOCH wirkten einmalige Behandlungen mit *Öl* oder 2—3malige mit *Tedion, Genite, Chlorbenside, Demeton* (I), *Thimet* (II), *Ovex* (IV), *Chipmann R-6199* (III), *Schradan* oder *Fenson* gut bis 60 Tage nach der Blüte, *Öl-Dinitrokresol* war weniger wirksam. Bei einmaliger Sommerbehandlung gegen Tetranychus telarius L. an Äpfeln ergaben *Kelthane, Hercules AC-528* u. *Guthion* weniger als 1 Milbe je Blatt, I, II, *Trithion, Aramite,* III, *Chlorbenzilat* u. *Ethion* (*Nialate*) weniger als 4 nach 4 Wochen. IV wirkte nicht so lange, jedoch hatte 2malige Anwendung ausgezeichneten Erfolg. Feucht- oder Blattschäden wurden nicht beobachtet. (J. econ. Entomol. **51.** 713—14. Okt. 1958. Vincennes, Ind.) FRITZ MÜLLER/Ludwigshafen. 6312

W. J. Mistric jr., *Trithion und Ethion zur Bekämpfung der zweigefleckten Spinnmilbe an Baumwolle.* Zur Bekämpfung von Tetranychus telarius L. hatte eine Stäubung oder Sprühung mit *Trithion, Ethion* (I) oder *Demeton* guten Erfolg, während 3 Staub- oder Sprühbehandlungen mit *Parathion* oder *Aramite* weniger wirkten u. bei nur einmaliger Anwendung versagten. Bei I-Staub kann manchmal eine zweite Behandlung nötig sein. — 10 Literaturangaben. (J. econ. Entomol. **51.** 710—12. Okt. 1958. Raleigh, N. C., North Carolina State Coll.) FRITZ MÜLLER/Ludwigshafen. 6312

John Raine und **Harry Andison,** *Lebensgeschichte und Bekämpfung der Kirschfruchtfliege auf der Vancouverinsel, Britisch-Columbien.* Rhagoletis cingulata LOEW konnte mit *Pb-Arsenat* befriedigend bekämpft werden, jedoch verblieb auf dem Erntegut ein störender Rückstand. Am besten wirkten 4 Sprühungen mit 25% *Diazinon*-Emulsion in 10tägigem Abstand durch Vernichtung der Larven in den Früchten u. der Vollkerfe. Der Rückstand lag 1 Woche nach der letzten Behandlung unterhalb der Toleranz von 0,75 p.p.m. Emulsionen von *Chlordane, Methoxychlor, Perthane* u. *Malathion* wirkten nicht genügend. — 13 Literaturangaben. (J. econ. Entomol. **51.** 592—95. Okt. 1958. Victoria, B. C., Entomol. Labor.) FRITZ MÜLLER/Ludwigshafen. 6312

Richard P. Dow und **Myron J. Willis,** *Bewertung von Insekticiden zur Bekämpfung von Hippelates pusio im Boden.* Gegen die Mücken wirkten ausgezeichnet 1,12 oder 2,24 (kg/ha) *Aldrin,* 4,5 *Chlordan* u. 2.8 *γ-BHC,* letzteres behielt seine Wrkg. 40 Tage. *DDT* war auch in höheren Gaben weniger wirkungsvoll. (J. econ. Entomol. **52.** 68—71. Febr. 1959. Greeley, Col., u. Atlanta, Ga., Comm. Disease Center.)
FRITZ MÜLLER/Ludwigshafen. 6312

Howard E. Dorst, *Laboratoriumsversuche mit Insekticiden gegen Drosophila melanogaster.* Gegen die Taufliege hatten 2%ig. Mittel nach 24 Std. einen 100%ig. Abtötungserfolg: *DDVP, Dow ET-57, Endrin, Dieldrin, Isodrin, California spray 4355* (*1.2-Dibrom-2.2-dichloräthyldimethylphosphat*), *Parathion, Aldrin, Dicapthon, Chlordan, Trithion, Thimet, American Cyanamid 12008, Dipterex, TEPP, Demeton, Malathion* u. *Diazinon* mit einer Wirkungsdauer von ca. 2 Wochen, *Lindan* u. *BHC* für 7—10 Tage u. *Heptachlor* für 30 Tage. Abtötung unter 50% hatten zur Folge: *DDT, Pyrethrum, Rotenon, Chlorthion, Ryania, Guthion, Perthane, Toxaphen, Piperonylbutoxyd, TDE, Sevin, Stroban, Chlorbenzilat, Methoxychlor, Karathane, Allethrin* u. *Thioharnstoff.* (J. econ. Entomol. **52.** 172. Febr. 1959.) FRITZ MÜLLER/Ludwigshafen. 6312

Tien-hsi Cheng, Donald E. H. Frear und **Henry F. Enos jr.,** *Behandlung mit Methoxychlor gegen Stechfliegen an Vieh und Bestimmung von Methoxychlorrückständen in der Milch.* Besprühungen des Viehs mit je 120 ml einer Öllsg., enthaltend *Methoxychlor* (I) + *Lethane 384* + verstärktes *Pyrethrum* + *Butoxypropylenglykol* (II) hatten einen hervorragenden Bekämpfungserfolg gegen Siphona irritans u. Stomoxys calcitrans u. waren einer Behandlung mit einer wss. I + *Diäthyltoluylamid*-Emulsion deutlich überlegen. Ihre Wrkg. konnte durch Zusatz von *Thanite* (III) verbessert werden. An anderer Stelle befriedigte eine wss. I + III-Besprühung nicht. Sie konnte durch II-Zusatz verbessert werden. Die Milch der besprühten Kühe enthielt nicht mehr als 0,1 p.p.m. I. (J. econ. Entomol. **51.** 618—23. Okt. 1958. University Park, Pa., Pennsylvania State Univ.) FRITZ MÜLLER/Ludwigshafen. 6312

G. C. LaBrecque, H. G. Wilson und **J. B. Gahan,** *Widerstandsfähigkeit von Stubenfliegen gegen organische Phosphorinsekticide in Florida.* Gemessen an der tödlichen Konz. von Sprühstrahlen waren 1957 in Florida eingefangene Exemplare von Musca domestica L. gegen *Malathion* (I) 3—33mal so widerstandsfähig wie gewöhnliche Fliegen, gegen *Dipterex* (II) 1,3—72mal, gegen *Diazinon* 5—38mal, gegen *Parathion* 3- bis ca. 18mal, gegen Zuckerköder mit I waren sie 13- bis ca. 105mal, mit II 3—19mal so widerstandsfähig, während 1954 u. 1956 die Widerstandsfähigkeit gegen I u. II nicht mehr als das 8fache betrug. (J. econ. Entomol. **51.** 616—17. Okt. 1958.)
FRITZ MÜLLER/Ludwigshafen. 6312

G. C. LaBrecque, H. G. Wilson und **Carroll N. Smith,** *Wirksamkeit zweier Carbmate gegen DDT- und malathionresistente Stubenfliegen.* Bei örtlicher Anwendung war

4-Methyl-2-propylpyrimidyl-N.N.-dimethylcarbamat (I) gegen einen n. Fliegenstamm etwas wirksamer als *DDT* (II) oder *Malathion* (III), *Pyrolan* (IV) jedoch weniger. I u. IV wirkten gegen einen III-resistenten Stamm besser als II u. III u. gegen einen II-resistenten Stamm besser als II, I war in diesem Falle auch III überlegen. Die beiden letztgenannten Stämme zeigten allerdings auch schon eine gewisse geringe Resistenz gegen I u. IV. (J. econ. Entomol. **52.** 178—79. Febr. 1959.)

FRITZ MÜLLER/Ludwigshafen. 6312

Louis J. Ogden und **W. Kilpatrick,** *Bekämpfung von Fannia canicularis L. in Milchviehställen in Utah.* Durch Aufhängen von Baumwollschnüren von 2,5 mm Durchmesser, ca. 1 m/m^2, die 5 Min. lang mit einer *Parathion–Diazinon*–Xylol-Lsg. getränkt worden waren, konnte ein starker Befall der kleinen Stubenfliege 12 Wochen lang auf ein geringes Maß herabgesetzt werden. Das Auslegen von *Malathion–Diazinon*-Ködern blieb ohne Wirkung. (J. econ. Entomol. **51.** 611—12. Okt. 1958. Logan, Ut., u. Savannah, Ga., Comm. Disease Center.) FRITZ MÜLLER/Ludwigshafen. 6312

W. S. McGregor, L. L. Wade und **R. W. Colby,** *Systemische Bekämpfung von Dermatobia hominis L., Jr. an mittel- und südamerikanischem Milchvieh mit dem Insekticid Narlene.* Gegen Larven von Dermatobia hominis L., Jr. bewährte sich *Narlene* [O-Methyl-O-(4-tert.-butyl-2-chlorphenyl)-methylamidothiophosphat] als system. Mittel bei einer einzigen oralen Gabe von 20 mg/kg oder als 0,5—0,75%ig. Netzpulver- oder Emulsionssprühung 8 Wochen lang. Vergiftungserscheinungen wurden nicht beobachtet, in der Milch waren 10 Tage nach der Behandlung keine Rückstände festzustellen. (J. econ. Entomol. **51.** 724—25. Okt. 1958. Lake Jackson, Texas, Agric. Res. Dep., Texas Div. of the Dow Chem. Co.) FRITZ MÜLLER/Ludwigshafen. 6312

M. M. Cole, P. H. Clark und **D. E. Weidhaas,** *Ärmelversuche mit Malathionpuder gegen DDT-widerstandsfähige Körperläuse.* Pediculus humanus humanus L., die in mit Pyrophyllitpuder mit Zusatz verschied. Insekticide eingestäubte Ärmel aus gestrickter Baumwolle eingesetzt worden waren, wurden von 1% *Malathion* (I) länger abgetötet als von 0,2% verstärktem *Pyrethrum,* dieses wirkte jedoch länger als 0,5% I; *Lindan* wirkte nur kurz. Die Cholinesterasetätigkeit der Versuchspersonen wurde nicht beeinträchtigt, doch bedarf eine Empfehlung des I für diesen Zweck weiterer pharmakol. Untersuchungen. (J. econ. Entomol. **51.** 741—42. Okt. 1958.)

FRITZ MÜLLER/Ludwigshafen. 6312

Paul Kraemer und **Deane P. Furman,** *Innertherapeutische Wirksamkeit von Sevin zur Bekämpfung von Ornithonyssus sylviarum C. et F.* Fütterung von Hühnern mit einem 3 g/kg *Sevin* (I) enthaltenden Futter, entsprechend einer täglichen Aufnahme von 245 mg / je kg Körpergewicht hatte bei starkem Befall mit der nördlichen Geflügelmilbe einen vollen Abtötungserfolg bereits nach 2 Tagen, dagegen wurde Cimex columbarius JENYNS nicht abgetötet. Die Behandlung hatte weder Krankheitserscheinungen noch Beeinträchtigung des Geschmacks oder Geruchs der Tiere zur Folge. (J. econ. Entomol. **52.** 170—71. Febr. 1959. Berkeley, Calif., Univ. of California, Dep. of Entomol. and Parasitol.) FRITZ MÜLLER/Ludwigshafen. 6312

J. L. Rodriguez jr. und **L. A. Riehl,** *Einzelbehandlung mit Malathionstaub gegen Ornithonyssus sylviarum C. et F. an Hühnern in Einzeldrahtkäfigen.* Ornithonyssus sylviarum C. et F. wurde jeweils durch Einzelbehandlung der befallenen Hühner mit 4% *Malathion*-Staub ebenso schnell u. vollkommen abgetötet wie nach dem bisherigen Verf. der jedesmaligen Gesamtbehandlung aller Käfige. (J. econ. Entomol. **52.** 13—14. Febr. 1959. Riverside, Calif., Univ. of California Citrus Exp. Stat.)

FRITZ MÜLLER/Ludwigshafen. 6312

Fred Acree jr., Morton Beroza, R. F. Holbrook und **H. L. Haller,** *Dauerhaftigkeit des hydrierten Geschlechtslockstoffs der Zigeunermotte.* Der Geschlechtslockstoff von Porthetria dispar L. verliert schnell an Wirkung. In den Jahren 1949—1956 gesammelter Lockstoff wurde durch Hydrierung haltbar gemacht. Er war dann 9 Jahre lang zum Anlocken von Männchen gleich stark wirksam. Seine Wrkg. steigt bis zu einem bestimmten Grade mit der Konzentration. (J. econ. Entomol. **52.** 82—85. Febr. 1959.)

FRITZ MÜLLER/Ludwigshafen. 6312

W. D. Kemper und **M. Amemiya,** *Die Verwendung der Luftpermeabilität von porösen keramischen Zellen zur Messung der Wasserspannung in Böden.* Die von Vff. ausgearbeitete Meth. zur Best. der Wasserspannung im Boden beruht auf der Messung der Luftpermeabilität im Boden eingelassener keram. Zellen, welche von der Wassersättigung der Zellenwand abhängig ist u. damit vom Wassergeh. des Bodens. Die Meth. ist auch auf salzreichen Böden anwendbar, da der Verlauf der Permeabilitäts–Wasserspannungs-Kurve der Zellenwand kaum vom Salzgeh. des umgebenden Bodenwassers beeinflußt wird. (Soil Sci. **85.** 117—24. März 1958. Fort Collins, Colorado Agric. Exp. Stat.)

WILFRIED WERNER. 6324

Irwin Remson und **J. R. Randolph,** *Wurzelwachstum in der Nähe der Tensiometerzellen als Ursache der Tagesschwankungen der Meßwerte.* Es wird gezeigt, daß die Tagesschwankungen der Tensiometerwerte in Böden nicht auf Temperaturänderungen beruhen, sondern in erster Linie auf den Schwankungen im Wasserentzug durch die Pflanzenwurzeln, die in direktem Kontakt u. in unmittelbarer Nähe der Tensiometerzellen wachsen. (Soil Sci. **85.** 167—71. März 1958. Seabrook, N. J., US Geolog. Surv., Ground Water Branch.) WILFRIED WERNER. 6324

Vincenzo Averna, *Möglichkeiten zur Benutzung der elektrocapillaren Analyse bei der Bestimmung der elektrischen Ladungen von kolloiden Böden.* Vf. extrahiert 12 Bodenproben mit W. u. läßt die Extrakte in einer Capillare aufsteigen (Messungen nach 5. 45, 90, 180 Min. u. 20 Std.); das Aufsteigen wird mit dem von W., 0,1%ig. Lsgg. von Nigrosin (I; elektronegativ), Vesuvin (II; elektropositiv) u. Alizarin (III; amphoter) u. einem jeden der Bodenextrakte im Gemisch entweder mit I oder II bzw. III verglichen. I zeigt ein Aufsteigen wie W., II überhaupt keins u. III ein geringeres als I; das Aufsteigen von W. nimmt in Ggw. von Bodenelektrolyten (IV) ab; IV beeinflussen das Aufsteigen von I nicht, u. die Kurvendarst. zeigt für das I–IV-Gemisch unter Berücksichtigung der Zeit einen deutlichen Knick. IV vermindert das Aufsteigen von III u. beeinflußt in keiner Weise das von II. Aus den Zahlenwerten wird geschlossen, daß die elektrocapillare Analyse keine brauchbare Meth. zur Best. der elektr. Ladung von koll. Böden ist. (Ann. Sperimentaz. agrar. [N. S.] **9.** 159—66. 1955. Palermo, Univ., Ist. di Chim.-Agrar.) G. PLATZER. 6304

S. C. Chang und **M. L. Jackson,** *Die Fraktionierung des Bodenphosphors.* Es wird ein Extraktionssyst. zur Fraktionierung der verschied. chem. P-Formen (anorgan. P) im Boden beschrieben. Eine aufeinanderfolgende Extraktion einer Bodenprobe mit verschied. Lsgg. ergibt folgende P-Verbb.: 1 Std. mit 0,5n NH_4F (p_H 7): Al-Phosphate, 17 Std. mit 0,1n NaOH: Fe-Phosphat, 1 Std. mit 0,5n H_2SO_4: Ca-Phosphat, 15 Min. bei 80—90° mit 2,5% $Na_2S_2O_4$ in 0,3mol. Na-Citrat: reduzierend lösl. Fe-Phosphat u. mit einer 2. NH_4F- u. NaOH-Extraktion: in Fe-Oxyde eingeschlossene Al- u. Fe-Phosphate. — Das Verf. wird an synthet. Al- bzw. Fe-Phosphat (Variscit bzw. Strengit) Apatit u. 3 verschied. Böden (Latosol, graubrauner Podsol u. Schwarzerde) überprüft u. liefert gut reproduzierbare Werte. (Soil Sci. **84.** 133—44. Aug. 1957. Madison, Wis., Univ. of Wisconsin, Dep. of Soils.) WILFRIED WERNER. 6324

Claude H. Schmidt, Malcolm C. Bowman und **Fred Acree jr.,** *Ultraviolettbestimmung des Insektenabwehrmittels Diäthyltoluylamid.* Ein schnelles, empfindliches (1 p.p.m.) Bestimmungsverf. für *Diäthyltoluylamid* in Stoff oder auf Glas stellt die UV-Absorptionsmessung einer alkoh. Lsg. bei 230 mμ dar. Die Konz. kann dann an einer Absorptions-Konz.-Eichkurve abgelesen werden. Die Unterschiede bei den 3 Isomeren sind zu gering, um eine Einzelbest. zu ermöglichen. (J. econ. Entomol. **51.** 694—97. Okt. 1958.) FRITZ MÜLLER/Ludwigshafen. 6328

Düngemittel-Technik Akt.-Ges., Basel, Schweiz (Erfinder: **Rüdiger Lothar von Reppert,** Wiesbaden), *Aufschließen von Rohphosphaten und gegebenenfalls Granulieren der erhaltenen Phosphatdüngemittel* nach D. A. S. 1 036 876, dad. gek., daß durch die am Boden des Aufschlußbehälters angebrachten Düsen an Stelle von Luft n. oder überhitzter Wasserdampf, gegebenenfalls in Mischung mit Preßluft, eingeblasen wird u./oder daß die vom Kopf des Aufschlußbehälters her eingebrachte Mineralsäure an Stelle von Luft mittels n. oder überhitzten Wasserdampfs eingedüst wird. Es kann mit konzentrierteren Mineralsäuren gearbeitet werden, wodurch höhere Reaktionswärme, weitgehendere Wasserverdampfung, Erhöhung der Nährstoffkonz. u. Beschleunigung der Granulation erreicht werden. (**D. A. S. 1 052 418** Kl. 16 vom 14/3. 1958, veröff. 12/3. 1959. **Zusatz zu D. A. S. 1 036 876; C. 1959. 8290.**) H. KARST. 6283

John Newton Carothers und **Rudolph Joseph Hurka jr.,** Atlanta, Ga., V. St. A., *Gewinnung der Wertstoffe aus Phosphatgestein,* enthaltend Verbb. der Seltenen Erden u. des F, wobei das zerkleinerte Mineral mit 14—62%ig., bes. 80%ig., H_2SO_4 zur Überführung des Phosphats in H_3PO_4 umgesetzt wird. Dabei wird eine Lsg. erhalten, die $CaHPO_4$ u. die F-Verbb. enthält, das ausgefällte $CaSO_4$ wird abgetrennt. Zu der Lsg. wird vor oder nach Erwärmung auf 85° $CaCO_3$ oder Kalk zugesetzt, wobei ein Gewichtsverhältnis von P_2O_5:Ca zwischen 10:1 u. 4:1 eingestellt wird, u. die Lsg. anschließend eine Zeitlang stehengelassen, bis die wesentlichen Mengen der F-Verbb. sich abgeschieden haben. Wenn auf ein von F freies Di-Ca-phosphat hingearbeitet werden soll, wird abfiltriert u. die Restlsg. mit $CaCO_3$ oder Kalk weiter behandelt, wobei das Di-Ca-phosphat in die citratlösl. Form übergeführt wird. — Verfahrensschema. (**E. P. 793 801** vom 18/4. 1955, ausg. 23/4. 1958. A. Prior. 22/4. 1954.) E. MIESSGANG. 6283

Lummus Co., New York, N. Y. (Erfinder: **James E. Seymour**, Collinsville, Ill.), V. St. A., *Herstellung von granulierten Phosphatdüngemitteln* unter Hydrolysieren von Ca-, K- oder Na-Metaphosphaten zu prim. Orthophosphaten, dad. gek., daß die Hydrolyse der Metaphosphate unter Zusatz von Wassermengen, die das 1—5fache der für die vollständige Hydrolyse der Metaphosphate erforderlichen stöchiometr. Menge betragen u. in Ggw. einer starken Mineralsäure in solchen Mengen durchgeführt wird, daß ein Gewichtsverhältnis von Säure:Metaphosphat von 0,1—1,5 eingehalten wird u. das erhaltene prim. Orthophosphat seinerseits teilweise oder vollkommen durch die Säure zu freier H_3PO_4 umgesetzt wird, worauf das erhaltene Reaktionsgemisch prakt. vollständig durch ein Ammonisierungsmittel neutralisiert wird. Das Reaktionsgemisch wird während der Durchführung der Hydrolyse, Neutralisation u. Granulierung der M. fortlaufend innig durchgemischt. Die Metaphosphate werden mit der 1—3fachen stöchiometr. Menge W. u. der Säure, bes. H_2SO_4, 15 Sek. bis zu einigen Min. innig zu einer Aufschlämmung vermischt, um eine Hydrolyse der Metaphosphate zu den prim. Orthophosphaten u. eine Umsetzung letzterer zur freien H_3PO_4 zu bewirken, worauf das saure Reaktionsgemisch mit NH_3 neutralisiert wird. Die H_2SO_4 kann auch in wesentlich geringeren Mengen angewendet werden als den stöchiometrischen. Dem Reaktionsgemisch werden anorgan. Düngesalze mit negativer Lösungswärme, z. B. KCl, K_2SO_4, $(NH_4)_2SO_4$ oder NH_4NO_3, zugesetzt. Nach dem Verf. sind weder eine besondere Granulierung noch Nachreifungen der Phosphatdüngemittel erforderlich. — Vorr., Arbeitsschema u. Tabelle mit den Mischungsverhältnissen der Ausgangsprodd. u. der Zus. der hergestellten Endprodukte. (**D. A. S. 1 049 400** Kl. 16 vom 25/2. 1956, veröff. 29/1. 1959. A. Prior. 29/3. 1955.) H. KARST. 6283

Badische Anilin- & Soda-Fabrik Akt.-Ges. (Erfinder: **Hans Fikentscher, Hans Burkert** und **Hans-Joachim Krause**), Ludwigshafen/Rh., *Kontinuierliche Herstellung von wasserlöslichen Polymerisaten in fester Form* aus ca. 25—50%ig. wss. Lsgg. der Monomeren unter Zusatz von Beschleunigern, wie H_2O_2, Persulfate, Peroxyde u. dgl., wobei man diese Lsgg. in dünner Schicht auf heißen, rotierenden Walzen erwärmt, dadurch gleichzeitig die Monomeren polymerisiert u. das W. verdampft. Bei der sofort einsetzenden lebhaften Polymerisation bildet sich auf der Walze ein Film, der beim Abkühlen am Messer (nach einer Walzenumdrehung von 270°) zu einem leichten u. feinen Pulver erstarrt. Eine wss., viscose Lsg. des Pulvers kann als Verdickungs- u. *Bodenverbesserungsmittel* verwendet werden. (**D. A. S. 1 032 922** Kl. 39c vom 26/9. 1956, veröff. 26/6. 1958.) H. NEBELSIEK. 6303

Pennsylvania Salt Mfg. Co., Philadelphie, Pa., V. St. A., *Mittel zur Behandlung von wachsenden Pflanzen.* Die Mittel enthalten ein NH_4-Salz einer starken Säure, bes. $(NH_4)_2SO_4$, ein Alkylamin, ein Alkanolamin u. wenigstens eine wasserlösl. Verb., die der Formel I entspricht, in der R einen prim. oder sek. Alkylrest mit 1—8 C-Atomen bedeutet. Die Mittel können noch mit feinverteilten festen Trägerstoffen, Netz-, Dispergier- oder Emulgiermitteln vermischt werden. Beispiele: Na-Methyl-3.6-endoxohexahydrophthalat, Diisopropylammonium-meth-3.6-endoxohexahydrophthalat. Konz. der Mittel in wss. Lsg. ca. 0,05—0,25%. Verwendete Mengen ca. 14,2—57 g/4050 m². Die Mittel sind bes. als Entblätterungs- u. *Unkrautvertilgungsmittel* sowie zur Verzögerung des Aufgehens von Saatgut geeignet. (**E. P. 761 545** vom 25/3. 1953, ausg. 14/11. 1956. **Zusatz zu E. P. 692 262; C. 1954. 5915.**) H. KARST. 6313

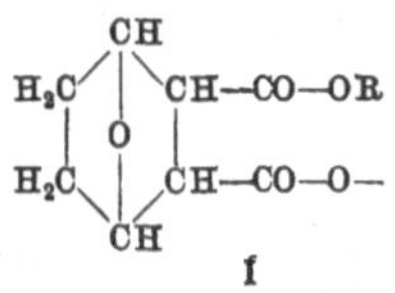

I

Monsanto Chemical Co., St. Louis, Mo., übert. von: **Thomas E. Lesslie**, St. Albans, W. Va., V. St. A., *Entblätterungsmittel für Pflanzen*, enthaltend ein Thionocarbamat der Formel RO—CS—NH—R'—NHCS—OR, worin R niedere Alkyl- oder niedere Alkenylgruppen u. R' Äthylen bedeuten. — Man erhält die Verbb. durch Kondensation eines Bis-xanthogensulfids oder -thioanhydrids mit einem Alkylendiamin. Beispiele: *Diäthyl-N.N'-äthylen-bis-(thionocarbamat)*, F. 108—110°; *Dimethyl-N.N'-äthylen-bis-* u. *Dibutyl-N.N'-äthylen-bis-(thionocarbanat)*. — Man löst bis zu 1% der Verb. in Aceton, Chlf. oder Äthylacetat, bes. wirksam bei Sojabohnen u. Baumwolle. (**A. P. 2 852 361** vom 24/2. 1954, ausg. 16/9. 1958.) H. NEBELSIEK. 6313

R. S. Vanderbilt Co., Inc., New York, N. Y., übert. von: **Kenneth S. Karsten**, Westport, Conn., V. St. A., *Fungicides Mittel*, enthaltend ca. 59 (Gew.-%) Na-Pentachlorphenat, ca. 17 Borax, ca. 26 Na_2CO_3 u. ca. 2 eines hocharomat. KW-stofföls, das methyliertes Naphthalin, Kp. 436—540° F, enthält u. durch einen nichtsulfonierten Rückstand von ca. 15—20% gek. ist. — Durch den Zusatz dieses KW-stofföls stäubt das Mittel beim Vermischen mit W. nicht u. raucht auch nicht. (**A. P. 2 824 039** vom 6/3. 1953, ausg. 18/2. 1958.) H. NEBELSIEK. 6313

Hercules Powder Co., übert. von: **Roy H. Jenkins**, Wilmington, Del., V. St. A., *Fungicide Mittel*, bestehend aus Cu- oder Zn-Salzen von p-substituierten, niederen Alkylbenzoesäuren u. einem bekannten Trägerstoff. — Durch Lösen von p-Toluylsäure in verd., wss. NaOH-Lsg. u. Vermischen mit Zn-Acetat fällt Zn-p-Toluylat aus. — Angewendete Menge 0,1—10 Gew.-%. (**A. P. 2 844 506** vom 16/3. 1955, ausg. 22/7. 1958.) H. NEBELSIEK. 6313

Armour & Co., Chicago, Ill., V. St. A., *Fungicides Mittel*, enthaltend einen inerten Trägerstoff u. ein Tetrahydropyrimidin der allg. Formel I, worin R einen aliphat. KW-stoffrest mit 6—8 C-Atomen u. R' einen Methylrest oder H darstellen. — Man erhält die I durch Rk. N-substituierter, aliphat. Trimethylendiamine mit Essigsäure oder Ameisensäure unter Ringbldg. u. Abspaltung von 2 Mol W. bei 600—625° F. — Beispiele: 3-Octyl-; 3-Decyl-, 3-Dodecyl-, 3-Tetradecyl-, 3-Hexadecyl-, 3-Octadecyl-, 2-Methyl-3-decyl-, 2-Methyl-3-dodecyl-, 2-Methyl-3-hexadecyl- u. 2-Methyl-3-octadecyl-3.4.5.6-tetrahydropyrimidin. (**E. P. 793 749** vom 10/5. 1956, ausg. 23/4. 1958. A. Prior. 8/6. 1955.) H. NEBELSIEK. 6313

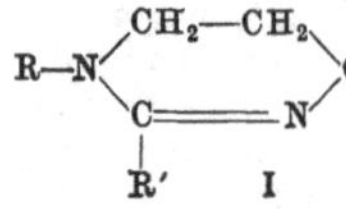

I

Dow Chemical Co., übert. von: **Walter B. Trapp** und **Donald E. Pletcher**, Midland, Mich., V. St. A., *Cyclohexenylacrylsäurederivate* der allg. Formel I, worin X Cyan- oder Carbalkoxyreste u. Y Cyan-, Carboxyl- oder Carbalkoxyreste mit 2—5 C-Atomen bedeuten, erhält man durch Rk. von 1-Formylcyclohexen-(3) (**II**) mit einer akt. Methylengruppen enthaltenden Verb. der Formel CH_2XY, worin X u. Y die obige Bedeutung haben, in Ggw. von bas. Katalysatoren, wie Piperidin (**III**), Trimethylamin u. Metallhydroxyde. — 2 (Mol) **II**, 2 Cyanessigsäure, 180 cm³ Bzl. u. 2 cm³ **III** werden 7 Std. erhitzt. Durch Dest. erhält man *α-Cyano-β-[3-cyclohexenyl]-acrylsäure*, F. 119—121° (aus Bzl.). Analog erhält man aus **II** mit Äthylcyanoacetat, Diäthylmalonat bzw. Malonnitril *Äthyl-α-cyano-β-[3-cyclohexenyl]-acrylat*, F. 47,5—48,6° (aus Methanol), *Diäthyl-(3-cyclohexenylmethylen)-malonat*, Kp.$_4$ 145—146°, n_D^{25} 1,479, $D.^{25}_4$ 1,049, u. *(3-Cyclohexenylmethylen)-malonnitril*. — *Fungicide, Baktericide* u. *Herbicide*. (**A. P. 2 834 800** vom 17/8. 1956, ausg. 13/5. 1958.) J. MÜHLEISEN. 6313

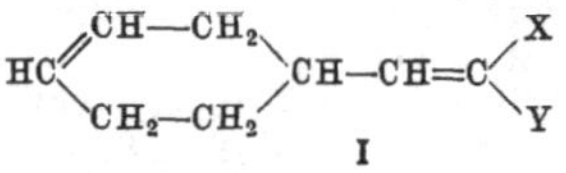

I

Shell Development Co., New York, N. Y., übert. von: **Richard R. Whetstone**, Denver, Colo., und **Seaver A. Ballard**, Orinda, Calif., V. St. A., *Behandeln von Ackerböden*, die durch Pilze, Bakterien oder Nematoden verseucht sind, durch Bestreuen oder Besprühen mit 0,5—50 Gew.-%ig. Verdünnungen von niedrigmol. Olefinen mit Acyloxysubstituenten, bes. mit nicht mehr als 8 C-Atomen, die in Allylstellung zu wenigstens einem der Acyloxysubstituenten ungesätt. sind. — Beispiele: Acetat von 6-Acetoxy-2-hexen-1-ol, Butyrat von 5-Butyroxy-2-penten-1-ol, verschied. Ester von Buten-(2)-diol-(1.4) u. Propen-(2)-diol (1.3), wie 1.4-Diacetoxybuten-(2), 1.3-Diacetoxypropen-(2), ungesätt. Ester des Vinyl- u. Allyltyps, wie 1.3-Diacetoxypropen-(2), 1.3-Diacetoxy-2-buten, 1-Acetoxy-3-butyroxy-2-penten, Allylidendiester, wie Allylidendiacetat, Allylidenpropionat, Allylidenacetatbutyrat, 2-Methylallylidendiacetat, 2-Butenylidenacetatbutyrat, 2-Äthylallylidendipelargonat. — Man verwendet übliche Verdünnungsmittel, z. B. KW-stofföle, oder adsorbiert die Mittel auch auf üblichen Trägerstoffen, wie Kieselgur oder Talcum. (**A. P. 2 840 503** vom 20/2. 1956, ausg. 24/6. 1958.) H. NEBELSIEK. 6313

Feldmühle Papier- und Zellstoffwerke Akt.-Ges., Düsseldorf (Erfinder: **Karl Hass** und **Hans Elpler**, Lülsdorf/Troisdorf), *Herstellung von Hexachlordicyclopentadien* (**I**), dad. gek., daß man Cyclopentadien (**II**) [34,7 (g)] in Dampfform in die in einem relativ hohen Reaktionsraum befindliche NaOCl-Lsg. (1500), deren D. zwischen der von **II** u. der von **I** liegt (D. 1,22), fein verteilt einleitet, wobei diese Fl. unterhalb 40°, bes. unter 35° gehalten wird, so daß eine Kondensation des Dampfes zu Flüssigkeitströpfchen eintritt; daß man das chlorierte Reaktionsprod. in dem Maße, wie die durch die Kondensation gebildeten Flüssigkeitströpfchen von der NaOCl-Lsg. angegriffen werden u. infolge ihrer zunehmenden D. zu Boden sinken, als ölige Schicht abtrennt, diese durch Stehenlassen krist., die gebildeten Kristalle (35) abtrennt u. das zurückbleibende ölige Prod. (32) gegebenenfalls weiter zum *Oktachlordicyclopentadien* chloriert. — Die Vorr. besteht aus einem hohen Reaktionsraum, der zur feinen Verteilung der Tröpfchen eine Rühr- oder Vibrationsvorr. enthält, einer aus Füllkörpern bestehenden Beruhigungsschicht, welche den Zusammenschluß der fertig chlorierten Tröpfchen zu größeren Tropfen bewirkt u. einem schwanenhalsartig gebogenen Rohr im unteren Teil des Chlorierungsgefäßes zum Abziehen des fertig chlorierten Produktes. — Das abgezogene ölige Chlorierungsprod. wird zweckmäßig sofort mit W. gewaschen, bevor es krist. wird. — *Insekticide*. (**D. A. S. 1 006 419** Kl. 12o vom 10/2. 1953, veröff. 18/4. 1957.) R. LINK. 6313

Columbia-Southern Chemical Corp., V. St. A. (Erfinder: **Leslie William Mackey** und **Loyd Wilfred Piester**), *Herstellung von Benzolhexachlorid* in Form von Blättchen, dad. gek., daß man die Schmelze in rotierenden Trommeln in einer Schichtdicke von 2,5—7,6 cm auf 10—49° abkühlt. Nach ca. 40 Min. erhält man Blättchen, die sich leicht voneinander lösen. — Zeichnung. (**F. P. 1 166 102** vom 17/7. 1956, ausg. 3/11. 1958. A. Prior. 22/7. 1955.) S. BÖTTCHER. 6313

University of Minnesota, Minneapolis, übert. von: **Fred Smith**, Wayzata, und **Laurence K. Cutkomp**, St. Paul, Minn., V. St. A., und **Abdel Aziz Fathy**, Giza, Ägypten, *Insekticides Mittel*, bestehend aus einer Verb. der Formel I, in der R u. R′ eine Alkyl- u. eine Perfluoralkylgruppe darstellen, von denen jede 1—20 C-Atome besitzen kann, u. n eine ganze Zahl von 1—3 bedeutet, in Verb. mit einem Trägerstoff. — Man erhält I aus den niederen Alkylketonen durch katalyt. Polymerisation unter Verwendung von Na oder K als Katalysatoren. — Beispiele: Perfluorheptylmethylketon; 3.3.4.4.5.5.6.6-Oktafluoroctan-2.7-dion; 3.3.4.4-Tetrafluorhexan-2.5-dion. (**A. P. 2 834 707** vom 2/10. 1952, ausg. 13/5. 1958.) H. NEBELSIEK. 6313

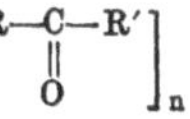

I

Olin Mathieson Chemical Corp., V. St. A. (Erfinder: **Rudi F. W. Rätz**), *Herstellung neuer Sulfonamidophosphorsäureester* der allg. Formel $RSO_2NHP(:X)(OR')_2$, worin R = (auch substituierter) KW-stoff- oder heterocycl. Rest, X = O oder S u. R′ = Alkylgruppe mit 1—8 C-Atomen, dad. gek., daß man ein Sulfonamidalkalideriv. bei 60—100° in einem inerten Lösungsm. mit einem Dialkylhalogenphosphat umsetzt. — *p-Toluolsulfonamidodiäthylphosphat*, $C_{11}H_{18}NO_5PS$, aus p-Toluolsulfonamid-Na u. Diäthylchlorphosphat. — *Benzol-, p-Nitrobenzol-*, F. 159°, *n-Butan-, p-Chlorbenzol-*, F. 139—141°, u. *p-Aminobenzolsulfonamidodiäthylphosphat*, F. 157,5—158,5°, aus Benzol-, p-Nitrobenzol-, n-Butan-, p-Chlorbenzol- bzw. p-Aminobenzolsulfonamid-Na. — *n-Butansulfonamidodiäthylthionophosphat*, aus Diäthylchlorthionophosphat. — *Insekticide*. (**F. P. 1 161 372** vom 5/11. 1955, ausg. 28/8. 1958. A. Prior. 5/11. 1954.) S. BÖTTCHER. 6313

Food Machinery & Chemical Corp., New York, N. Y., übert. von: **James Forrest Allen**, South Charleston, W. Va., V. St. A., *Phosphorsäureester von Oximen* $X_2C{=}N{-}O{-}PO(OR)_2$ (X = H, Cl, Br, Phenyl, Allyl; R = Alkyl) erhält man durch Rk. einer Halogennitroverb. $X_2CY(NO_2)$ (Y = Cl, Br) mit tert. Alkylphosphiten. — *O-(Diäthylphosphoryl)* (I)-*Acetonoxim*, $Kp._{0,2}$ 95—98,5°; 64% (Ausbeute); durch Rk. von Triäthylphosphit mit 2-Brom-2-nitropropan; $D.^{35}$ 1,0949; n_D^{25} analog: I-*1-Chloracetaldoxim*, $Kp._1$ 105—115°; $D.^{35}$ 1,2100; n_D^{35} 1,4390; 65%; I-*Dichlorformoxim*, $Kp._1$ 90 bis 103°; $D.^{35}$ 1,3106; n_D^{35} 1,4434; 49%; I-*Benzaldoxim*; 38%. — *Wirkstoffe für pesticide Zubereitungen*. (**A. P. 2 816 128** vom 27/7. 1956, ausg. 10/12.1957.) F. KREIS. 6313

Montecatini Soc. Gen. per l'Industria Mineraria e Chimica (Erfinder: **Raffaelo Fusco, Giuseppe Losco** und **Mario Perini**), Mailand, Italien, *Herstellung von neuen Phosphorsäureestern* der allg. Formel $(R_1O)_2P(\rightarrow S)\cdot S\cdot CHR_3\cdot COOR_2$ (R_1 = niedermol. Alkylrest; R_2 = Alkylrest mit gerader oder verzweigter Kette; R_3 = gegebenenfalls substituierter aromat. Rest), dad. gek., daß man einen α-Halogen-α-arylcarbonsäureester $Z\cdot CHR_3\cdot COOR_2$ (Z = Cl, Br, J) mit einem Dithiophosphat $(R_1O)_2P(\rightarrow S)\cdot SH$ entweder in Form seines Alkali-, Erdalkali- oder NH_4-Salzes oder in Ggw. eines das saure Phosphat neutralisierende bas. Alkali-, Erdalkali- oder NH_4-Salzes in Ggw. eines Lösungsm. für einen oder beide Reaktionsteilnehmer umsetzt. — $(C_2H_5O)_2P(S)SCH(C_6H_5)COOC_2H_5$, $Kp._{0,05}$ 145—150°, durch Neutralisieren von 20 (g) Diäthyldithiophosphorsäure in Aceton mit ca. 6 Na_2CO_3, Rk. mit 25 α-Phenyl-α-bromessigsäure (II)-äthylester (I), Einengen, Schütteln mit W. u. 5%ig. $NaHCO_3$-Lsg. bis p_H 7 u. Dest.; n_D^{20} 1,5371; $D.^{20}_{20}$ 1,1790; 20 g (Ausbeute). — $(C_2H_5O)_2P(S)SCH(C_6H_4NO_2\text{-}p)COOC_2H_5$, dunkelrotes Öl, analog aus α-[p-Nitrophenyl]-α-bromessigsäureäthylester; n_D^{20} 1,5351; $D.^{20}_{20}$ 1,3244. — $(CH_3O)_2\cdot P(S)SCH(C_6H_5)COOC_2H_5$, gelbes Öl, aus 38 Dimethyldithiophosphorsäure u. 48,6 I; n_D^{20} 1,5449; $D.^{20}_{20}$ 1,2635; 49 g. — $[(CH_3)_2CHO]_2P(S)SCH(C_6H_5)COOC_2H_5$, gelbes Öl, aus 35 Diisopropyldithiophosphorsäure u. 36 I; n_D^{20} 1,5269; $D.^{20}_{20}$ 1,1355; 43 g. — $(C_2H_5O)_2P(S)SCH(C_6H_4Cl\text{-}p)COOC_2H_5$, $Kp._{0,05}$ 158—160°, aus 23,2 α-[p-Chlorphenyl]-α-chloressigsäureäthylester; n_D^{20} 1,5470; $D.^{20}_{20}$ 1,2381; 32,3 g. — $[(CH_3)_2CHO]_2P(S)\cdot SCH(C_6H_4Cl\text{-}p)COOC_2H_5$, gelbes Öl, n_D^{20} 1,5332; $D.^{20}_{20}$ 1,1914. — $(C_2H_5O)_2P(S)SCH\cdot(C_6H_5)COOCH(CH_3)_2$, F. 53° (Ligroin), aus 33 II-Isopropylester; 38 g. — $(CH_3O)_2P(S)\cdot SCH(C_6H_5)COOCH_3$, $Kp._{0,15}$ 161°, aus II-Methylester; n_D^{20} 1,5631; $D.^{20}_{20}$ 1,2656; 75%. — $[(CH_3)_2CHO]_2P(S)SCH(\alpha\text{-}C_{10}H_7)COOC_2H_5$, rötliches Öl, aus 10 α-Chlor-α-[α-naphthyl]-essigsäureäthylester; n_D^{20} 1,5714; $D.^{20}_{20}$ 1,1682. — *Insekticide* u. *Nagetierbekämpfungsmittel*. (**Oe. P. 194 407** vom 13/6. 1956, ausg. 10/1. 1958. It. Prior. 14/6. 1955.) H.-J. NITZSCHKE. 6313

Farbenfabriken Bayer Akt.-Ges., Deutschland, *Herstellung von Thionophosphonsäureestern* der allg. Formel $Aryl{-}P(S)(OR)\cdot O(CH_2)_nNR_1R_2$, z. B. *Phenyl-*, $Kp._{0,01}$ 110 bis 115°, u. *p-Chlorphenylthionophosphonsäureäthyldiäthylaminoäthylester*, Kp.$_{0,01}$ 120 bis 123°, dad. gek., daß man Phenyl- bzw. 4-Chlorphenylchlorphosphonigsäureäthylester mit Diäthylaminoäthanol umsetzt u. den entstehenden Phenylphosphonigsäureester, Kp.$_{0,01}$ 90°, bzw. die p-Chlorverb. mit S unter Rühren erwärmt. — *Insekticide*. (**F. P. 1 163 390** vom 3/3. 1956, ausg. 25/9. 1958. D. Prior. 7/3. 1955.) S. BÖTTCHER. 6313

VIII. Metallurgie. Korrosion.

C. Sykes, *Neue und verbesserte metallurgische Untersuchungsmethoden*. Analyse, Metallographie, Strukturunterss. u. technolog. Entwicklungen. (J. Inst. Metals **84**. Bull. 3. Nr. 8. 287—90. April 1956. Sheffield, Firth and John Brown Ltd.) M. GEHLEN-KELLER. 6350

C. Mamen, *Bergbau in Skandinavien. Unternehmungen im südlichen Mittelschweden*. (Vgl. C. **1958**. 7584.) Grängesberg, Stora Kopparberg in Falun, Bodås Mine der Sandviken Steel Works. (Canad. Mining J. **79**. Nr. 3. 71—78. März 1958.) M. GEHLEN-KELLER. 6354

John S. Webb, J. S. Tooms und **M. A. Gilbert,** *Geochemische Dränageerkundung für Kupfer in Nord-Rhodesien*. In Nord-Rhodesien sammelt sich das aus verwitterten Erzen ausgelaugte Metall in Sümpfen, aus denen das metallhaltige Grundwasser hervorbricht. Auch die Dränageströme dieser Sümpfe enthalten Metalle. Die Cu-Gehh. der Sumpfböden (Stromablagerungen) betragen 1000—4000 (500—750), die des Untergrundes 80 (40) mg/kg. Die Menge an kalt extrahierbarem Cu beträgt 1000 (120), die des Untergrundes 10 (3) mg/kg. Die organ. Substanz spielt eine große Rolle bei der Fällung von Cu aus dem Grundwasser (Diagramme). Durch Erosion wird die Verteilung des Cu in den Ablagerungen der Ströme beschleunigt. (Bull. Instn. Mining Metallurgy Nr. **626**. Trans. **68**. 125—44. Jan.; Diskussion: 321—34. April 1959. London, Imperial Coll. of Sci. and Technol., Geochem. Prosp. Res. Centre.) W. WESLY. 6354

F. A. Schaufelberger und **T. K. Roy,** *Trennung von Kupfer, Nickel und Kobalt durch selektive Reduktion aus wässeriger Lösung*. Diskussion zu der C. **1958**. 5611 referierten Arbeit. Vgl. C. **1959**. 13414. (Bull. Instn. Mining Metallurgy Nr. **591**. Trans. **65**. Nr. 5. 203—07. Febr. 1956.) W. WESLY. 6360

R. E. Mast und **G. H. Kent,** *Die Wiedergewinnung von Zink und Blei aus Kupferschlacke in Schlackenrauchöfen*. Bau, Betriebsweise u. Ausbringen von Schlackenrauchöfen zur Wiedergewinnung von Zn u. Pb aus Cu-Schlacken verschied. Zusammensetzung. — Abb., Fließbilder. (J. Metals **7**. 877—84. Aug. 1955. Flin Flon, Manitoba, Hudson Bay Mining and Smelting Co. Ltd.) W. WESLY. 6360

Hubert Marchandise, *Adsorptionskinetik, angewandt auf die Flotation*. Übersicht über einige Begriffe der Flotation, bes. Adsorptionskinetik u. Beispiele der selektiven Flotation von *Mn-Oxyden* u. von halb oxydierten *Cu-Erzen*. (Bull. Instn. Mining Metallurgy Nr. **625**. Trans. **68**. 57—66. Dez. 1958. Diskussion: Nr. **630**. Trans. **68**. 392 bis 394. Mai 1959. Administration des Mines.) W. WESLY. 6362

Turno de Michelis, *Schmelzöfen für Zinklegierungen*. Übersicht über Schmelzöfen (Tiegelöfen aus Graphit bzw. Gußeisen) zur Herst. von Zn-Legierungen, Gießöfen zu deren Verarbeitung u. das Erhitzen der Tiegel mit Rohöl, verschied. Verbrennungsgasen u. elektr. Energie. (Fonderia [Milano] **7**. 349—55. Aug. 1958.) G. PLATZER. 6370

K. Schermer, *Erfahrung mit dem BISRA-Brenner in ölgefeuerten SM-Öfen*. Die Konstruktion von Ölbrennern für SIEMENS-MARTIN-Öfen wird erörtert u. eine vergleichende Betriebsunters. des BISRA- u. eines Brenners einer anderen Konstruktion in einem ganzbas. 110-t-Einschacht- u. einem Zweischachtofen angestellt. Es werden Untersuchungsergebnisse von 200 Schmelzen mitgeteilt u. Angaben über Einschmelzleistung, Stundenleistung u. Ölverbrauch für beide Brenner u. Öfen gemacht sowie Beobachtungen über Flammenausbldg. u. Brennerverschleiß angestellt. (Radex-Rdsch. **1958**. 36—41. Jan. Frederiksvaerk.) H. HOCHSTEIN. 6370

Hugh R. Smith, Charles d'A. Hunt und **Charles W. Hanks,** *Elektronenbeschußschmelzen*. Beschrieben wird ein Elektronenbeschußschmelzofen, der wie eine riesige Röntgenröhre arbeitet. Der Ofenaufbau u. -betrieb, das Vakuumpumpensyst., die Schmelzleistung, die metallurg. Bedeutung des Elektronenbündelschmelzens, die Desoxydation durch Verdampfung der Grundmetallsuboxyde sowie das Schmelzen von *Nb* werden behandelt. Hierbei ergibt sich u. a., daß beim Schmelzen ein höherer Verdampfungsgrad der Schmelze auftritt, was auf die Kombination der folgenden Merkmale zurückgeführt wird: 1. Die Schmelzoberfläche ist einem hohen Vakuum ausgesetzt. 2. Die Schmelze wird in eine nichtverschmutzende wassergekühlte Kokille gegossen. 3. Die Schmelze kann ständig visuell beobachtet werden. 4. Die Schmelze kann genau in bezug auf Verweilzeit, Materialzusatz u. Abzug geregelt werden. 5. Die Schmelze kann bei einer beliebigen Temp. gehalten werden; hohe Überhitzungen, die sonst nicht möglich sind, können zur Durchführung von Rkk. angewendet werden. In dem Elektronenbeschußschmelzofen kann Nb so weitgehend gereinigt werden, daß eine 3 Zoll dicke Stange zu einer Folie von 0,0005 Zoll Stärke ohne Glühung gewalzt werden kann. Ein in hartem Zustand in den Ofen eingebrachtes W-Metall verläßt den Ofen so weich, daß es mit der Säge geschnitten werden kann. (J. Metals **11.** 112—17. Febr. 1959. Richmond, Calif., Temescol Metallurgical Corp.) H. HOCHSTEIN. 6370

Kurt Zimmermann, *Gießereitechnik.* (Vgl. C. **1959.** 2270.) Fortschrittsbericht für 1958. — 47 Literaturangaben. (VDI-Z. **101.** 1146—47. 21/8. 1959. Remscheid.) M. GEHLEN-KELLER. 6382

A. Hohmann, *Fortschritte auf dem Gebiete des Genaugusses.* Überblick. (Giessereipraxis **1958.** 383—87. 10/10.) M. GEHLEN-KELLER. 6382

Henry Garnier und **Jean-Jacques Desherault,** *Untersuchungen über die Formstabilität von Gußstücken aus Leichtmetallegierungen.* Die Formstabilität gehärteter Gußstücke kann durch Abschrecken in Öl, sd. oder sehr heißem W. erhöht werden. Die Al-Legierung *A-Z5G*, deren mechan. Eigg. denjenigen gehärteter Legierungen ähnlich sind, ist im allg. stabiler als dieses. *A-G3T* u. *A-G6* sind weniger stabil, können aber durch eine Behandlung bei 350° wirksam stabilisiert werden. Die Stabilität von *A-S13* kann durch eine Behandlung bei 240 oder 350° noch erhöht werden. Die meisten anderen Legierungen können durch eine Behandlung ab 240° mehr oder weniger stabilisiert werden. (Fonderie **1959.** 13—20. Jan. Centre techn. de l'Aluminium.) K. HILLINGER. 6382

G. W. Rathenau, *Einige Grundbegriffe der Physik magnetischer Werkstoffe.* Übersicht. — Aussprache. 10 Schrifttumshinweise. (Metalen **13.** 252—57. 31/7. 1958. Amsterdam, Univ., Natuurkundig Labor.) W. WESLY. 6388

K. Tendeloo, *Einige magnetische Eigenschaften neuzeitlicher Dauermagnetwerkstoffe und die Folgen für ihre praktische Anwendung.* Ableitung von Gleichungen für die Eigg. von Dauermagneten u. Beispiele ihrer techn. Anwendung. (Metalen **13.** 268—72. 15/8. 1958. Eindhoven, N. V. Philips' Gloeilampenfabrieken, Metaalkundig Labor.) W. WESLY. 6388

M. O. Holowaty und **C. M. Squarcy,** *Unübliche Eisenschmelzprozesse.* Rückblick auf einige unübliche amerikan. Roheisen- u. Stahlerzeugungsprozesse. Behandelt werden hierbei die Roheisenerzeugung in Hochöfen mit ellipt. Querschnitt, direkte Reduktionsprozesse (Erz + Holzkohle), der BLAIR-Prozeß (Reduktionsofen mit zwei konzentr. Schächten), das CHAMPLAIN- oder New Jersey-Syst. (direktes Reduktionsverf.), der RENTON-Prozeß (Red. von Erz mit Anthrazit), der RUTHENBERG-Prozeß (Erhitzung von Magnetit in Ggw. von Kohle), der vertikale Retortenprozeß von MORSE (kontinuierliche Red. von feinzerkleinertem Magnetit in einem senkrechten Schacht durch aufwärtsströmendes CO), Drehherdprozesse von THORNHILL u. ANDERSON sowie von AGNEW (Red. von Erz durch Ölgas im Drehrohrofen). (J. Metals **10.** 456—59. Juli 1958. East Chicago, Ind., Inland Steel Co.) H. HOCHSTEIN. 6390

Alex Stewart und **H. K. Work,** *Das R-N-Verfahren der direkten Reduktion.* Die Gründe zur Entw. verschied. direkter Reduktionsverff. von Eisenerzen werden erläutert. Angewendet wird das Verf. der REPUBLIC STEEL CORP. u. der NATIONAL LEAD Co. (R-N-Verf.) auf Fe-reiche Konzentrate sowie auf Erze mit einem Mindestgeh. von 25% Fe. Beschrieben wird die Versuchsanlage u. erläutert wird der Verfahrensablauf. Die R-N-Briketts eignen sich bes. für die Hochofenbeschickung. Jedoch bestehen auch Pläne für den Einsatz von R-N-Erzeugnissen in Elektroöfen. (J. Metals **10.** 460—64. Juli 1958. National Lead Co.; New York Univ.) H. HOCHSTEIN. 6390

Elek Chapó, *Die Bedeutung der Schlackenkontrolle in der Eisengießerei.* Die Fließbarkeit bzw. Viscosität der Schlacke ist von Temp. u. Zus. abhängig, die Zus. hängt wieder von den im Kupolofen verlaufenden Rkk. ab. Vf. bespricht von diesem Gesichtspunkt aus den Schmelzvorgang. (Kohászati Lapok **12 (90).** Nr. 11/12. Öntöde **8.** 237—42. Nov./Dez. 1957.) J. PLANK. 6390

Johann Verelst und **Albert De Sy,** *Der Einfluß einiger Elemente auf die Kugelgraphitbildung in Gußeisen.* Untersucht wird der Einfl. der als Störelemente bekannten Metalle *Al*, *Cu*, *Bi* u. *Pb* auf die Kristallisationsform des Graphits in Mg-behandeltem Grauguß. Die Verss. erstrecken sich auf vier Gruppen von Schmelzen aus *Ti*-haltigem schwed. Roheisen u. Stahlschrott mit gestaffelten Zusätzen der genannten Metalle. Die Ergebnisse werden metallograph. ausgewertet. Auch werden die Festigkeitseigg. nach einer ferritisierenden Glühung ermittelt,. um einen etwaigen Einfl. der metall. Grundmasse auszuschließen. Da es nicht unmöglich erscheint, daß Seigerungen der Störelemente am Mechanismus des störenden Einfl. auf die sphärolith. Kristallisation des

Graphits beteiligt sind, wird versucht, die Seigerung an einem dieser Elemente, nämlich an Cu, mittels eines elektrolyt. Abdruckverf. nachzuweisen. Theoret. Betrachtungen über das Wachsen der Graphitkugeln im Grauguß, den Diffusions- u. Verteilungsmechanismus der Störelemente u. über den Störmechanismus selbst werden mitgeteilt. (Giesserei **43.** 305—15. 7/6. 1956. Gent, Belgien.) H. HOCHSTEIN. 6402

A. P. Alexander, *Lanthan, die Seltene Erde, enthärtet duktiles Eisen.* Durch Zusätze von La, rein oder als Mischmetall, kann n. harter duktiler Eisenguß enthärtet werden. Dabei treten die Schwierigkeiten wie beim Zusatz von Mg oder Ce zur Herst. von enthärtetem duktilen Gußeisen nicht auf. Die Zusätze von La müssen sehr genau bemessen werden, da La in Mengen über 0,020% härtend wirkt, sie liegen zwischen 0,004 u. 0,020. Es wird angenommen, daß die Enthärtung auf eine Rk. zwischen La u. den im Eisen eingeschlossenen Gasen, wie H, O oder N, zurückzuführen ist. (Mod. Castings **34.** Nr. 6. 24. Dez. 1958. Memphis, Tenn., International Harvester Co.) F. VIER. 6402

A. W. Tschernowol, *Die Kristallisation von mit Strontium behandeltem Gußeisen.* Als Ergebnis eines Sr-Zusatzes wird die Form von Graphit kompakter. In Ggw. von 0,068—0,072% Sr bildet sich bei der Erstarrung u. der Glühbehandlung von Gußeisen kein Kugelgraphit. Ein Sr-Zusatz bis 0,8% gewährleistet keinen Graphit von kugelförmiger Ausbldg. u. infolgedessen kann Sr nicht als Ersatz für Mg verwendet werden. Graphit bildet sich in einem mit Sr behandeltem Gußeisen direkt aus der Schmelze bei der eutekt. Umwandlung. Der Verlauf u. der Mechanismus des Wachsens graphit. Einschlüsse in einem n. u. einem mit Sr behandelten Gußeisen sind identisch. (Металловедение и Термическая Обработка Металлов [Metallkunde therm. Metallbearb.] **1959.** Nr. 2. 37—39. Febr. Inst. für Maschinenbau der Akad. der Wiss. der UkrainSSR.) H. HOCHSTEIN. 6402

K. J. Irvine, F. B. Pickering, W. C. Heselwood und **M. Atkins,** *Physikalische Metallurgie von niedriggekohlten, niedriglegierten borhaltigen Stählen.* Das Umwandlungsverh. von niedriggekohlten, mit *B* u. *Mo* niedriglegierten Stählen wird isotherm. u. bei kontinuierlicher Abkühlung untersucht u. auf Grund der hierbei erhaltenen Ergebnisse eine Theorie über die Einw. von B auf das Umwandlungsverf. aufgestellt. Der Haupteinfl. von B in einem solchen Stahl besteht in der Verlängerung der Induktionsperiode für eine polygonale Ferritbldg., dieser Einfl. nimmt linear mit dem B-Geh. bis zu 0,002% zu. Die polygonale Ferritbldg. wird somit verzögert u. der B-Zusatz führt zu einem geringeren Umfang der bainit. Ferritbildung. Die Kurve der isotherm. Umwandlung zeigt eine ausgeprägte Ausbuchtung u. die Möglichkeit der Bldg. von bainit. Ferrit wird über einen weiten Bereich von Abkühlungsgeschwindigkeiten erreicht. Nur *W* zeigt einen ähnlichen Einfl.; jedoch wird hierzu mehr W verlangt u. eine weniger deutliche Ausbuchtung wird auf der isotherm. Umwandlungskurve gebildet. C hat im Bereich von 0,01—0,20% einen sehr geringen Einfl. auf das Umwandlungsverhalten. Die mechan. Eigg. der Stähle hängen direkt von der Art der Umwandlungsprodd. ab u. verbesserte Eigg. werden dann erhalten, wenn eine Bldg. von bainit. Ferrit auftritt. Die Stähle sind sehr anlaßbeständig, doch das Weichwerden tritt dann ziemlich schnell ein u. wird von einem Kornwachstum des bainit. Ferrits begleitet. — 21 Literaturangaben. (J. Iron Steel Inst. **186.** 54—67. Mai 1957. United Steel Co. Ltd.) H. HOCHSTEIN. 6408

F. Weston Starratt, *Umlaufentgasungsverfahren.* Das Verf. der RUHRSTAHL AKT.-GES., Holtingen, u. Betriebseinrichtungen werden kurz beschrieben. Hierbei wird ein Vakuumgefäß mit aufsteigendem u. absteigendem Schenkel benutzt. Es findet ein Einblasen von Ar zum Anheben des Stahles in das Vakuumgefäß statt. (J. Metals **10.** 465. Juli 1958.) H. HOCHSTEIN. 6408

J. Glen, *Der Einfluß von Legierungselementen auf die Warmzugfestigkeit von normalisiertem niedriggekohltem Stahl.* Ermittelt werden die Spannung–Dehnung-Kurven bei Tempp. bis ca. 600° an normalgeglühten Proben aus Stählen mit bis zu 0,14 (%) *C* sowie bis zu 1. 1,04 *Si*, 2. 3,70 *Mn*, 3. 2,61 *Cr*, 4. 1,63 *Cu*, 5. 1,53 *Mo*, 6. 41,6 *Ni*, 7. 1,44 *Ti*, 8. 1,14 *V* u. 9. 3,14 *W*. Hierbei wird der Einfl. der Erschmelzungsbedingungen untersucht u. Folgerungen bes. über Ursachen der teilweise beobachteten Versprödung gezogen. Es wurde gefunden, daß für eine einfache Fe-C-Legierung ein Reckalterungseffekt mit einem Maximum bei ca. 200° erhalten wird. Dieser Reckalterungseffekt wird auf einen geringen *N*-Geh. zurückgeführt. Mit Zusatz von Mn, Cr, Mo, W oder Cu wird ein zusätzlicher Reckalterungseffekt bei einer Temp. über 200° beobachtet, wobei die jeweilige Temp. vom verwendeten Zusatzelement abhängt. Ein auf V oder Ti zurückzuführender Reckalterungseffekt wurde bei den angewendeten Versuchsbedingungen nicht festgestellt. Auch wurde gefunden, daß die Legierungselemente infolge der noch zusätzlich vorhandenen C- u. N-Gehh. die Reckalterung verschieden beeinflussen. Entsprechend einem jeden Reckalterungseffekt bei einer bestimmten Temp. wird ein Minimum in der Einschnürung erhalten. Es wird gefolgert, daß die Maxima in der Beanspruchung u. die Minima in der Verformbarkeit sich auf die Form einer kohärenten Ausscheidung von Carbiden oder legierten Carbiden in den Versetzungen beziehen. — 18 Literaturangaben. (J. Iron Steel Inst. **186.** 21—48. Mai; Diskussion: **187.** 219—23. Nov. 1957. Colvilles, Ltd., Res. Dep.) H. HOCHSTEIN. 6408

Manabu Ueno, Tetsutaro Mitsuhashi und **Yutaka Nakano,** *Untersuchung über Kugellagerstahl. 2. Mitt. Einfluß einiger metallurgischer Faktoren auf die Lebensdauer von Kugellagerstählen.* (Vgl. C. **1959.** 11713.) In graph. Darst. werden die Zusammenhänge zwischen der Lebensdauer von *Kugellagerstählen* (bes. für den inneren Laufring) u. dem C-Geh., der Härte des Innenrings u. der Randleiste desselben u. der Härtedifferenz zwischen beiden, der Druckbeanspruchung, dem Reinheitsgrad in bezug auf nichtmetall. Einschlüsse, dem Zementit (**I**)-Geh. u. der Korngröße aufgezeigt; desgleichen auch die Beziehungen zwischen dem **I**-Geh. u. der Härte, sowie dem N- u. dem **I**-Gehalt. Zu vermeiden ist Seigerung u. grobkörniges Carbid. Der *Cr*-Geh. muß innerhalb 1,40—1,50% liegen. Ohne Einfl. (oder nur in besonderen Fällen von Einfl.) auf die Lebensdauer sind N-Geh., die (zunehmende) Härte nach der Alterungsprüfung, die Druckbeanspruchung des inneren Laufrings, die nichtmetall. Einschlüsse u. (in den meisten Fällen) die Korngröße. Aber je größer die Härte nach der Wärmebehandlung u. je näher der **I**-Geh. an 6—8% liegt, desto länger ist die Lebensdauer. — Diagramme. (Tetsu to Hagane [J. Iron Steel Inst. Japan] **41.** 1102—07. Okt. 1955. [Orig.: japan.; Auszug: engl.]) L. SCHULER. 6410

J. E. A. Gooden, *Einwirkung von Antimon auf die Verkrätzungsgeschwindigkeit von Blei.* Extrem niedrige Sb-Konzz. erhöhen die Verkrätzungsgeschwindigkeit von geschmolzenem Pb. Die von PELZEL (C. **1957.** 950) beschriebene Interferenzprüfung (Messung der bis zum Auftreten einer Blaufärbung nötigen Zeit) wird an Proben von reinem Pb mit Zusätzen von ^{122}Sb ausgeführt u. gestattet den Nachw. von 0,001 bis 0,0000001% Sb. Zwischen dem log der Zeit bis zum Auftreten der Blaufärbung u. dem log der Sb-Konz. besteht eine fast lineare Beziehung. (Bull. Instn. Mining Metallurgy Nr. **626.** Trans. **68.** 145—50. Jan. 1959. Port Pirie, Süd-Australien, Broken Hill Assoc. Smelters Proprietary, Res. Dep.) W. WESLY. 6430

—, *Arbeitsweise der Kupferschmelze von Mount Isa.* Arbeitsweise u. Ausbeuten des von ANDERSON (C. **1956.** 14486) beschriebenen Verfahrens. (Australas. Inst. Mining Metallurgy, Proc. **1957.** Nr. 183. 17—42. Sept. 1957.) W. WESLY. 6432

Pierre-Julien Le Thomas und **Dominique Arnaud,** *Einfluß der Verunreinigungen auf die Eigenschaften von Messing.* Übersicht an Hand der Literatur. Behandelt werden: *Pb, Sn, Fe, P, Sb, Mg, As, Ni, Al, Si, Mn, Cd, Co.* — 23 Literaturangaben. (Fonderie **1223.** 323—25. Juli 1959. Centre techn. des Ind. de la Fonderie.) M. GEHLEN-KELLER. 6432

C. Panseri und **M. Leoni,** *Eigenschaften eines neuen Mangan enthaltenden Aluminiumbronzetyps.* Mikrogefüge u. mechan. Eigg. einer neuen komplexen Al-Bronze mit hohem Mn-Geh. [80 (%) *Cu*, 12 *Mn*, 8 *Al*], die hohe Zugfestigkeit u. einen bemerkenswerten Erosions- u. Korrosionswiderstand, bes. gegenüber verd. u. unbelüfteter H_2SO_4-Lsgg. u. Seewasser, aufweist. — 18 Literaturangaben. (Alluminio **27.** 481—93. Nov. 1958; Ist. Sperim. Metalli leggeri, Mem. Rapp. [9] **1958.** Nr. 213. 3—15. Mailand-Novara, Ist. Sper. Metalli Legg.) G. PLATZER. 6432

John T. Richards und **Ellsworth M. Smith,** *Die die Verformungseigenschaften einiger Kupferlegierungen in Flachdrahtform bestimmenden Faktoren.* Falt-, Zug- u. Härteproben wurden ausgeführt an Flachdrähten aus *Be–Cu, Phosphorbronze, Messing, Ni–Ag*-Legierungen u. *Tombak* zur Best. der Verformungscharakteristiken. Die Wrkg. der Zus., Wärmebehandlung, Dicke, Korngröße u. Kornrichtung wurde untersucht. Material mit verhältnismäßig feinkörniger Struktur hat die beste Kombination von Verformbarkeit u. Zugeigenschaften. Be–Cu-Legierungen haben die höchste Festigkeit u. Härte bei einer gegebenen Verformbarkeit auch vor der Ausscheidungshärtung. (Proc. Amer. Soc. Testing Mater. **56.** 807—22. 1956. Reading, Pa., Penn Precision Products, Inc.) F. VIER. 6432

Curtis A. Jones, *Bibliographie über Gewinnung von Nickel und Kobalt aus Erzen von 1900 bis 1928.* (Vgl. C. **1959.** 14241.) Kurze Inhaltsangaben von 326 Arbeiten aus Zeitschriften u. von Patenten. (U. S. Dep. Interior, Bur. Mines, Inform. Circ. **1959.** Nr. 7883. 1—33.) M. GEHLEN-KELLER. 6434

Masazō Okamoto und **Renpei Yoda,** *Die Einwirkung von Rohmetallen und Schmelzverfahren auf Ni–Cr-Legierungen.* Unterss. über die Einw. der Rohmetalle u. des Schmelzverf. auf die Eigg. von Ni-Cr-Legierungen zeigen: Durch rasches Schmelzen der Rohmetalle im TAMMANN-Ofen erhält man Ni-Cr-Legierungen mit geringerem *C*-Geh. als im Hochfrequenzinduktionsofen. Je geringer die Reinheit der Rohmetalle ist, desto mehr steigen der C-Geh. u. die Gehh. an Einschlüssen. Legierungen, die aus unreinem Cr gewonnen sind, haben höhere Härte u. Rekristallisationstemp.; die Ausscheidungshärtung geht bei 500—550° vor sich. Aus reinen Metallen erzeugtes *Nimonic 80* hat bessere Kriecheigg., niedrigeren C-Geh., niedrigere Härte, geringere Einschlüsse u. gröberes Korn als Legierungen aus unreinen Metallen. (Tetsu to Hagané [J. Iron Steel Inst. Japan] **44.** 53—58. Jan. 1958. [Orig.: japan.; Auszug: engl.]) W. WESLY. 6434

—, *Internationale Standards für geschmiedete Leichtmetalle.* Übersicht über canad., französ., deutsche, schweizer., italien. u. ind. Standards für geschmiedete Leichtmetalle. (Light Metals **18.** 375—79. Nov. 1955. **19.** 22—23. Jan. 185—86. Juni. 279—80. Sept. 322—23. Okt. 374—76. Dez. 1956. **20.** 22. Jan. 1957.) M. GEHLEN-KELLER. 6442

Wolfgang Büchen, *Fünfzig Jahre Elektron-Magnesiumguß.* (Giesserei **46.** 428 bis 429. 16/7. 1959. Düsseldorf.) M. GEHLEN-KELLER. 6444

Rinzo Midorikawa, *Untersuchungen über elektrolytische Raffination von Aluminium bei niedrigen Temperaturen in Aluminiumchloridbädern.* 5. Mitt. *Elektrische Leitfähigkeit der Systeme $AlCl_3$-NaCl und $AlCl_3$-KCl.* (4. vgl. C. **1957.** 12885.) Die spezif. Leitfähigkeit der beiden Systeme liegt im Bereich von ca. 0,14~0,48 mhos u. 0,09~0,29 mhos je nach Zus. u. Temperatur. Der Einfl. von NaCl auf die Leitfähigkeit des Syst. $AlCl_3$/NaCl ist größer als der von KCl auf das Syst. $AlCl_3$/KCl. Die spezif. Leitfähigkeit von $AlCl_3$/NaCl steigt fast regelmäßig mit dem Geh. an NaCl an. Der Einfl. von KCl auf das Syst. $AlCl_3$/KCl ist sehr gering. Diagramme zeigen die Zusammenhänge zwischen beiden Systemen. (J. electrochem. Soc. Japan **24.** 23—27. Jan. 1956. Sapporo, Hokkaido Ind. Res. Inst. [Orig.: japan.; Auszug: engl.]) F. MARKHOFF. 6446

Rinzo Midorikawa, *Untersuchungen über elektrolytische Raffination von Aluminium bei niedrigen Temperaturen in Aluminiumchloridbädern.* 6. Mitt. (5. vgl. vorst. Ref.) Die spezif. Leitfähigkeit dieser tern. Schmelzen wurden an verschied. Zuss. bei verschied. Tempp. durch die l. c. beschriebenen Methoden gemessen. Die mol. Leitfähigkeit (μ) der bin. u. tern. Systeme wurden berechnet. Die μ der tern. Schmelzen ist linear abhängig von der Temp. u. hat einen fast konstanten Koeff. von 0,1%. Der Logarithmus der spezif. μ ändert sich linear mit dem reziproken Wert der absol. Temperatur. Die spezif. μ wächst bei steigender NaCl-Konz. stärker als bei zunehmendem KCl. $AlCl_3$ wirkt umgekehrt. — 18 Literaturhinweise. (J. electrochem. Soc. Japan **24.** 83—87. Febr. 1956. Sapporo, Hokkaido Ind. Res. Inst. [Orig.: japan.; Auszug: engl.]) G. FRIKELL. 6446

Rinzo Midorikawa, *Untersuchungen über elektrolytische Raffination von Aluminium bei niedrigen Temperaturen in Aluminiumchloridbädern.* 9. Mitt. *Das elektrolytische Verhalten der Verunreinigungen, besonders von Eisen.* (8. vgl. C. **1959.** 704.) Als optimale Stromdichte wurde bei Bädern von $AlCl_3$ mit einem Zusatz von 22 (%) NaCl 0,1—0,3 A/dm^2 bei 130—160° ohne Badbewegung ermittelt. Die Badspannung betrug bei einem Elektrodenabstand von 4—5 cm 0,2—0,3 V. Es wurden glatte Ndd. erhalten. In Ggw. von 0,001—0,009 Fe in Form von Chloriden wurden die Ndd. schlecht mit absinkender Stromausbeute. Bei Verwendung von Anoden mit Fe-Gehh. von 0,34 u. 9,30 zeigte sich, daß das Fe nicht in Lsg. ging, sondern im Anodenschlamm abgeschieden wurde, obwohl auf Grund von Gleichgewichtsberechnungen angenommen werden mußte, daß sich das Fe auf der Kathode niederschlägt. Diese Diskrepanz wird auf die Ggw. von Feuchtigkeit im Bad zurückgeführt. (J. electrochem. Soc. Japan **24.** 419—25. Sept. 1956. Sapporo, Hokkaido Ind. Res. Inst. [Orig.: japan.; Auszug: engl.]) F. VIER. 6446

Rinzo Midorikawa, *Untersuchungen über elektrolytische Raffination von Aluminium bei niedrigen Temperaturen in Aluminiumchloridbädern.* 10. Mitt. *Kurven für das Elektrodenpotential in Abhängigkeit von der Stromdichte und dem Wechsel der Badspannung.* (9. vgl. vorst. Ref.) Als Elektrolyt wurden Schmelzbäder von $AlCl_3$ mit Zusätzen von NaCl u. KCl verwendet. Als Bezugselektrode diente ein Al-Draht, getaucht in ein Schmelzbad derselben Zus. wie das der Polarisationszelle u. durch dieselbe Schmelze mit dieser verbunden, oder der Al-Draht wurde unmittelbar in das Polarisationsbad getaucht. Die Kurve des Kathodenpotentials in Abhängigkeit von der Stromdichte zeigt bei Pb-Kathoden, gemessen nach dem 1. Verf., die geringste Neigung, am steilsten ist sie bei Al-Kathoden, die Kurve mit Cu-Kathoden liegt dazwischen. Die Kurve der Logarithmen des Kathodenpotentials u. der Stromdichte gibt für Pb-Kathoden, gemessen nach dem 2. Verf. eine Gerade. Bei Beginn der Elektrolyse wurden höhere Spannungen beobachtet, die allmählich auf einen konstanten Wert zurückgingen. (J. electrochem. Soc. Japan **24.** 457—61. Okt. 1956. Sapporo, Hokkaido Ind. Res. Inst. [Orig.: japan.; Auszug: engl.]) F. VIER. 6446

Rinzo Midorikawa, *Untersuchungen über elektrolytische Raffination von Aluminium bei niedrigen Temperaturen in Aluminiumchloridbädern.* 12. Mitt. *Die Wir-*

kung von Bleichlorid auf den Niederschlag von Aluminium und dessen Kristallstruktur. (11. vgl. C. **1958.** 8534.) Bei niedrigen Gehh. von $PbCl_2$ im $AlCl_3$-Bad konnte ein gesetzmäßiger Zusammenhang zwischen $PbCl_2$-Geh., Stromdichte, Stromausbeute u. Geh. des Nd. an Pb bei Badtempp. von 150—160° nicht gefunden werden. Beim Abscheiden von Schichten über 0,1 mm wurden die Kristalle ungleichmäßig, die Schicht wurde körnig. Röntgenunterss. ergaben, daß sich zwischen einer Pb-Kathode u. dem Al-Nd. keine Verb. oder feste Lsg. bildet. (J. electrochem. Soc. Japan **24.** 562—67. Dez. 1956. Sapporo, Hokkaido Ind. Res. Inst. [Orig.: japan.; Auszug: engl.]) F. VIER. 6446

L. Mori, *Mechanische Eigenschaften von Leichtlegierungen bei tiefen Temperaturen.* Bei der Best. der mechan. Eigg. von *AP 5* u. den Legierungen *Pe 35, Ac 11, Av 24* u. *Eg 55* bei Tempp. von 0, —25, —70, —115, —138 u. —195° wurde eine größere Zunahme ihrer Werte gefunden als bei gleicher Temperaturabnahme für die Legierungen vom Al–Mg-Typ u. *AP 5.* Für *Pe 35–H 16* beträgt die Bruchdehnung bei —195° das 3fache derjenigen bei Raumtemperatur. (Alluminio **27.** 495—501. Nov. 1958. Ist. Sperim. Metalli leggeri, Mem. Rapp. [9] **1958.** Nr. 214. 2—8. Novara, Ist. Sper. Metalli Legg., Div. Ric.) G. PLATZER. 6446

Jiří Vacek, *Neue Erfahrungen über die Sinterfähigkeit.* Durch geringe Zusätze von *Mo, Cu, Co* u. *Ni* zu *W* werden die günstigsten Faktoren für die Verbesserung der Sinterfähigkeit (SF) bestimmt u. gefunden: Für die SF sind Gitterstörungen 3. Ordnung, hervorgerufen durch Verunreinigungen (Zusätze), verantwortlich. Bedingung ist Bldg. fester Lsgg. zwischen Grund- u. Zusatzmetall. Die Größe der Gitterstörungen u. damit die Verbesserung der SF ist durch den Unterschied der Atomradien beider Metalle, den Unterschied ihrer FF., das Verhältnis der Sinter- u. Schmelztemp. des Zusatzmetalls bzw. durch die Atomnummer des Grundmetalls gegeben. (Hutnické Listy **10.** 469—79. Aug. 1955. Vestec u Prahy, Výzk. úst. pro práškovou metalurgii.) E. ROTTER. 6474

Peter Trippe, *Carbide, Carbidkomponenten und Hochvakuumverfahren.* Übersicht über die Verff. zur Herst. von Hartmetallen, bes. von *WC* u. *TiC.* Weitere Einzelheiten vgl. C. **1959.** 11395. (Metalwork. Product **101.** 751—55. 3/5. 1957.) W. WESLY. 6476

John S. Rinehart, *Metalle unter Schnellbelastung.* Beschreibung des Verh. von Metallen unter Schnellbelastung u. Ableitung von Formeln für die dabei auftretenden Vorgänge. (Mines Mag. **49.** Nr. 2. 19—25. 40. Febr. 1959. Colorado School of Mines, Mining Res. Labor.) W. WESLY. 6480

Alexander A. Chifkov, *Relaxationsprüfung von Metallen bei hohen Temperaturen.* Nach den Versuchsergebnissen ist es nicht möglich, die Relaxationswerte aus den ermittelten Kriechwerten mit genügender Genauigkeit zu berechnen. Unter Verwendung besonderer automat. Prüfmaschinen (Abb. u. Skizzen) oder nach Berechnung aus Elastizitätsdaten an runden Probestäben werden Spannung–Zeit-Relaxationskurven aufgestellt. (Hutnické Listy **10.** 450—55. Aug. 521—25. Sept. 1955. Plzeň.) E. ROTTER. 6480

Ja. Ss. Podstrigatsch und **M. I. Tschajewski,** *Einfluß der inneren Reibung auf den Ermüdungsbruch cyclisch verformter Teile.* An zylindr. Probestäben aus unlegiertem Stahl werden Unterss. über den Einfl. der durch innere Reibung bei Wechselverdrehbeanspruchung mit bis 150 Lastwechseln je Sek. entstandenen Wärmespannungen auf den Vorlauf der Zerstörung angestellt. Berechnet werden die hierbei auftretenden radialen, tangentialen u. axialen Spannungen sowie ihre Verteilung über den Querschnitt des Probestabes. Die Beeinflussung der Berechnungsergebnisse durch zusätzlich auftretende Wärmespannungen wird erörtert. (Доклады Академии Наук СССР [Ber. Akad. Wiss. UdSSR] **121.** 268—70. 11/7. 1958. Inst. für Maschinenkunde u. Automatik der Akad. der Wiss. der UkrainSSR.) H. HOCHSTEIN. 6480

J. Neill Greenwood, *Kriechbruchprüfungen durch Abscheren von Antimon–Blei-Gußlegierungen.* Beschrieben wird eine Kriechbruchprüfung, bei der ein zylindr. Bolzen des zu prüfenden Werkstoffes abgeschert wird. Die Bolzen werden aus Gußbarren maschinell gefertigt. Die Prüfungen wurden an Pb-Legierungen mit bis 11% Sb bei 0—100° durchgeführt. Ebenso wurden Kurzzeitzugprüfungen durchgeführt. Unter Kurzzeitbelastungen waren die Legierungen fester als reines Pb. Dieser Vorteil ging jedoch verloren bei längerer Prüfdauer unter Herabsetzung der Belastung. (Proc. Amer. Soc. Testing Mater. **56.** 859—65. 1956. Melbourne, Univ.) F. VIER. 6480

Otto Kienzle und **Kurt Lange,** *Schmiedetechnik.* (Vgl. C. **1959.** 2275.) Fortschrittsbericht für 1958. — 60 Literaturangaben. (VDI-Z. **101.** 1141—43. 21/8. 1959. Hannover, Stuttgart.) M. GEHLEN-KELLER. 6490

F. O. Rabenhorst, *Die funkenerosive Werkzeugbearbeitung.* Überblick. (Draht-Welt **44.** 364—68. Nov. 1958.) M. GEHLEN-KELLER. 6490

Walter Stuhlmann, *Härtereitechnik.* (Vgl. C. **1959.** 2275.) Fortschrittsbericht für 1958. — 17 Literaturangaben. (VDI-Z. **101.** 1148—49. 21/8. 1959. Sindelfingen.) M. GEHLEN-KELLER. 6492

Peter Fischer, *Die grundlegenden Gesetzmäßigkeiten für die Reaktionen zwischen Ofenatmosphäre und Behandlungsgut bei der Wärmebehandlung von Metallen.* Behandelt werden an dem Beispiel von Fe die Oxydations-Red.-Gleichgewichte sowie die entkohlenden u. aufkohlenden Reaktionen. (Draht-Welt **45.** 13—16. Jan. 1959.) F. VIER. 6492

F. C. Bird und **G. R. Morton,** *Die Wärmebehandlung der En-Stähle.* (Vgl. C. **1958.** 9892.) Von den genormten unlegierten u. legierten brit. Vergütungsstählen *En 3, En 9* u. *En 44* sowie *En 16, En 17, En 20 A/B, En 21, En 24* u. *En 25* werden die durch Zwischenstufenvergütung erreichbaren Härtewerte angegeben. Es werden die für diese Stähle gültigen Zeit-Temp.-Umwandlung-Schaubilder erörtert u. die hieraus entnehmbare zweckmäßigste Behandlung dieser Stähle besprochen. In Kurvenform werden die nach der JOMINY-Stirnhärteprüfung aufgenommene Härtbarkeit der En-Vergütungsstähle angegeben. Das ZTU-Schaubild u. die JOMINY-Härtbarkeitskurven vermitteln zuverlässige Angaben zur Erreichung günstigster Vergütungseigenschaften. Die Umwandlungskennzeichen schwanken mit den Austenitisierungsbedingungen sowie mit der Ausgangskorngröße. Behandlungen, wie isotherm. Glühen, Zwischenstufenvergütung u. Warmbadhärtung, sind in ihrer Durchführung aus den Schaubildern zu entnehmen. (Metal Treatment **25.** 239—48. Juni 1958.) H. HOCHSTEIN. 6492

Walter Klempt und **Albert Stähler,** *Die Verwendung von Alkoholen mit und ohne Zusatz von Stickstoffverbindungen für die Einsatzhärtung.* Gemische von Alkoholen miteinander oder mit organ. N-Verbb. zers. sich, wenn man sie in einen Topf- oder Trommelofen tropfen läßt, der auf Zementationstemp. erhitzt ist, wodurch Gase entstehen, die die eingesetzten Werkstücke, z. B. CK 10-Einsatzstahl (*EC 80*-Einsatzstahl) mit 0,06—0,12 (0,14—0,19; %) *C,* 0,15—0,35 (0,15—0,35) *Si,* 0,25—0,50 (1,0—1,3) *Mn,* 0 (0,8—1,1) *Cr* mit C oder C u. N anreichern. Gefügeumwandlungen u. Härteverlauf sind den mit den üblichen Hartmitteln erzielten Ergebnissen gleichwertig oder überlegen. (VDI-Z. **100.** 1721—24. 21/12. 1958. Dortmund-Eving u. Hagen.) W. WESLY. 6492

Bruno Finnern, *Das Weichnitrieren, ein Verfahren zur Steigerung der Lebensdauer wechselbeanspruchter Bauteile.* Weichnitrieren dient nicht nur zur Erhöhung der Verschleißfestigkeit, sondern ist auch zur Erhöhung der Lebensdauer von wechselbeanspruchten Bauteilen bei richtiger Abstimmung zwischen der erforderlichen Kernfestigkeit u. Nitrierwrkg. in besonderem Maße dienlich. (Durferrit-Hausmitt. **1958.** Nr. 31. 56—62. Dez. Bremen.) H. HOCHSTEIN. 6492

Johannes Müller, *Das Weichnitrieren und das Sulf-Inuzieren, zwei neuere Verfahren zum Behandeln verzahnter Bauteile.* Übersicht über Zweck, Ausführung u. Zubehör des Weichnitrierens u. Sulf-Inuzierens von Stahl- u. Gußeisenbauteilen (Anreicherung von Nitriden u. Carbiden in der Oberflächenschicht) u. die dadurch erzielte Verbesserung der Gleiteigenschaften. (VDI-Z. **100.** 235—39. 21/2. 1958. Frankfurt/Main.) W. WESLY. 6492

Carl Gottfried Wahl, *Zahnradgetriebe mit nitrierten Verzahnungen für hohe Umfangsgeschwindigkeiten.* Ausführung u. Zubehör des Härtens von Zahnrädern (mit Durchmessern >2000 mm) für Dampf- u. Gasturbinen in Nitrieröfen, die von NH_3 durchströmt werden. (VDI-Z. **100.** 252—54. 21/2. 1958. Ennetbaden, Schweiz.) W. WESLY. 6492

Erich Höhne, *Oberflächenhärten von Zahnrädern.* Übersicht über Arten, Ausführung u. Zubehör des Härtens von Zahnrädern (Einsatz-, Brenn- u. Induktionshärten) u. die Eigg. der gehärteten Zahnräder. — .19 Literaturangaben. (VDI-Z. **100.** 241—48. 21/2. 1958. Freiburg/Breisgau.) W. WESLY. 6492

Alexander Matting, *Schweißen und Schneiden.* (Vgl. C. **1959.** 2275.) Fortschrittsbericht für 1958. — 78 Literaturangaben. (VDI-Z. **101.** 1143—46. 21/8. 1959. Hannover.) M. GEHLEN-KELLER. 6502

N. F. Kasakow, *Diffusionsschweißen im Vakuum.* Es wird der Einfl. von Druck (bis 10 kg/mm²), Temp. (bis 1300°), Reinheit der Oberfläche u. Zus. der Co-haltigen Hartmetalle beim Diffusionsschweißen mit dem Trägermetall im Vakuum (10^{-3} bis 10^{-5} mm Hg) untersucht. — Die Festigkeit der Schweißstelle hängt vom Co-Geh. u. der Körnigkeit ab; je feiner das Korn, um so größer ist die Festigkeit. Bei steigendem Druck wird die Festigkeit bei niedrigen Tempp. wenig, bei höheren Tempp. rasch erhöht. Reine Oberflächen geben festere Schweißstellen; ein höherer Druck als 2,5 kg/mm² zeigt kein weiteres Ansteigen der Festigkeit der Schweißstelle. (Автоматическая Сварка [Automat. Schweissen] **11.** Nr. 8. 6—18. Aug. 1958.) H. TŮMA. 6506

M. Ss. Baranow, *Elektroimpulsaufschweißung von Metall in einer Flüssigkeit.* Beschrieben werden Schema, Gerät, elektr. Schaltung u. Durchführung der Elektroimpulsaufschweißung eines Metalls in einer Fl. bei Gleich- u. Wechselstrom unter Mitteilung von Oszillogrammen der Veränderung von Strom u. Spannung während der Aufschweißung. Die Unters. des Verf. ergibt, daß die Verluste des Elektrodenmetalls von der Stromart abhängen (31 bzw. 35 bzw. 40% mit kombiniertem bzw. Gleich- bzw. Wechselstrom). (Автоматическая Сварка [Automat. Schweissen] **12.** Nr. 1. 70—80. Jan. 1959. Allunions Fernunterrichtsinst. für Maschinenbau.) H. HOCHSTEIN. 6506

A. I. Paschtschenko, *Der Einfluß von Silicium und Mangan auf die Ausbildung einseitiger Schweißnähte.* Es wurde die Ausbldg. der Schweißnaht bei C-Stählen mit verschied. Elektrodenarten untersucht u. ermittelt, daß bei einseitigen Schweißnähten die Ablagerung der Schlacke in der Rille u. der Geh. an Si u. Mn eine ausschlaggebende Rolle spielen. Vorteilhaft erscheint ein Erhöhen von Si auf 0,45—0,50% u. von Mn auf 0,75—0,85%, wobei diese Erhöhung keinen nachteiligen Einfl. auf die Plastizität u. Zähigkeit besitzt u. nicht zu einem Erhöhen der Grenze der Kaltbrüchigkeit führt. (Автоматическая Сварка [Automat. Schweissen] **11.** Nr. 8. 69—74. Aug. 1958. Odessa, Seetechn. Inst. für Marineingenieurwesen.) H. TŮMA. 6506

M. I. Rasikow, *Zur Frage der primären Kristallisation des Metalls der Schweißnaht beim Schweißen durch Schmelzen.* Es werden die Gründe der Kornvergrößerung der Schweißnaht diskutiert. Vf. ist der Ansicht, daß die Dendritgröße der Schweißnaht in direktem Zusammenhang mit der Korngröße des geschweißten Materials ist. Als wirksamstes Mittel zur Kleinhaltung der Korngröße wird die Anwendung eines solchen Schweißverf. empfohlen, bei welchem es während des Schweißens zu keiner Kornvergrößerung des Grundmaterials kommt. (Автоматическая Сварка [Automat. Schweissen] **11.** Nr. 8. 60—62. Aug. 1958. Uraler Polytechn. Kirow-Inst.) H. TŮMA. 6506

N. I. Koperssak, *Die Bestimmung des Gehaltes an α-Phase in austenitischen Schweißnähten nach einer magnetischen Methode.* Vorgeschlagen wird eine empir. Formel zur Berechnung der magnet. Sättigungsinduktion von mehrfach legiertem Ferrit unter Berücksichtigung des Einfl. der Hauptlegierungselemente. Die Verwendung dieser Formel gibt die Möglichkeit, in allen Fällen Normkörper aus Armco-Eisen bei der Best. der Menge an α-Phase im Metall der austenit. Schweißnähte mit der magnet. Meth. zu verwenden. Mitgeteilt werden experimentell ermittelte Werte, welche die Richtigkeit der vorgeschlagenen Formel bestätigen. (Автоматическая Сварка [Automat. Schweissen] **12.** Nr. 1. 43—48. Jan. 1959. Kiew, Polytechn. Inst.) H. HOCHSTEIN. 6506

Hermann Baur, *Die Metallreinigung im Patentschrifttum.* Überblick über die Entw. in den letzten 15 Jahren an Hand der deutschen Patentschriften. (Metallwaren-Ind. Galvano-Techn. **49.** 343—51. Aug. 1958. München.) M. GEHLEN-KELLER. 6508

W. Stein und **E. Podmore,** *Fertigung und Anstrich von Metallblechbestandteilen.* Übersicht über Fertigung u. Anstrich von Schmiedeeisen, Al(-Legierungen) u. Messing. — Diskussion. (Sheet Metal Ind. **36.** 37—47. 61. Jan. 1959. Birmingham, Joseph Lucas, Ltd.) W. WESLY. 6508

Ss. A. Balesin und **I. W. Nikolski,** *Über die Entstehung der Wasserstoffversprödung von Stahl in wässerigen Schwefelwasserstofflösungen.* Bei der Unters. der Entstehung der H-Versprödung im Stahl beim Beizen in einer wss. Lsg. von H_2S wird die Möglichkeit der Bldg. dieser Versprödung im W. bei Ggw. eines Sulfidhäutchens auf der Oberfläche der behandelten Teile nachgewiesen. Für die gefundene Erscheinung wird eine Erklärung versucht. — 24 Schrifttumsstellen. (Журнал Прикладной Химии [J. angew. Chem.] **31.** 1181—84. Aug. 1958.) H. HOCHSTEIN. 6512

O. D. Black und **L. H. Cutler,** *Neues Verfahren zur Kupferätzung.* Für die Cu-Ätzung wurde bisher das $FeCl_3$-Verf. verwendet, das jedoch den Nachteil hatte, nicht regenerierbare Bäder zu benutzen, unter Einschaltung ständiger Schlammfiltrationen. Das neue Verf. arbeitet mit Cu(II)-Ionen in HCl-saurer Lösung. Der Reaktionsmechanismus $Cu^{2+} + e \rightleftharpoons Cu^+$; $Cu \rightleftharpoons Cu^+ + e$ u. $2\,Cu^{+\cdot} + \frac{1}{2}\,O_2 \rightleftharpoons 2\,Cu^{2+} + (O^{2-})$ gestattet eine völlige Automatisierung des Ätzvorganges, wenn in bestimmten Abständen HCl zugegeben wird. Als Lsg. wird verwendet: HCl 150 g/Liter, $CuCl_2$ 200 g/Liter. Das Verf. ist, bei sauberen Lsgg. ohne Schlammanfall wesentlich billiger als das $FeCl_3$-Verfahren. (Ind. Engng. Chem. **50.** 1539—40. 6/10. 1958. Camden, N. J., Radio Corp. of America, Semiconductor and Materials Div.) WOLFGANG SIMON. 6512

J. Bigeon, *Das chemische Glänzen von Kupferlegierungen.* Zusammenfassende Übersicht: Allgemeines u. Theorie; Zus. der Glanzbrennen auf Basis von HNO_3, H_2SO_4, HCl, CrO_3; Regenerierung der Brennen; Einrichtung des Glanzbeizraumes. (Cuivre, Laitons, Alliages **1956.** Nr. 31. 43—47. Mai/Juni; Nr. 32. 41—45. Juli/Aug. Etabl. Kuhlmann.) W. SKALIKS. 6516

Shintarō Nishioka und **Takayoshi Ishiguro**, *Untersuchung über Elektroplattierung auf Aluminium und dessen Legierungen. 3. Mitt. Über die Vorbehandlung von Aluminium und dessen Legierungen mit einer kupferhaltigen Zinkatlösung.* (2. vgl. J. chem. Soc. Japan, ind. Chem. Sect. [Kōgyō Kagaku Zassi]. **54.** [1951.] 489.) Für die elektrolyt. Plattierung von *Al* u. *Al-Legierungen* wird folgendes Vorbehandlungsschema ausgearbeitet: Waschung mit Alkali, dann mit W., 5—15 Sek. Eintauchen in 5%ig. HF, Wasserwaschung, 30 Sek. Eintauchen in 25—50%ig. HNO_3, Wasserwaschung, 30 Sek. Eintauchen in 25%ig. H_2SO_4, Wasserwaschung, dann Eintauchen in ein Cu-haltiges *Zinkat*-Bad u. Wasserwaschung. Als Bad erweist sich am günstigsten 1. für Rein-Al: 500 (g/Liter) NaOH, 100 ZnO, 20 CuCN u. 40 KCN, bei 25—27°; 2. für (bes.) Al–Cu bzw. Al–Mg: 500 NaOH, 100 ZnO, 20 CuCN, 40 KCN u. 10 Na_2SO_3 bzw. $NaHSO_3$, 45—90 Sek. bei 70—75°. Nach vorst. Vorbehandlung entstanden gute Verkupferungen auf Al nach 15 Min. direktem Verkupfern, bei 45°, in einem Bad aus (g) 183 CuCNS, 1144 NH_4CNS u. 1000 W. (J. chem. Soc. Japan, ind. Chem. Sect. [Kōgyō Kagaku Zassi] **58.** 330—33. Mai 1955. Hamamatsu Shizuoka Univ. [Orig.: japan.]) L. SCHULER. 6516

F. J. Biondi, *Korrosionsschutz von elektronischen Teilen gegenüber Ozon.* Beim Gebrauch eines Magnetrons werden bei den hohen Tempp. die Heizkörper infolge von O_3-Bldg. korrodiert. Als Schutzmaßnahme angewandte Ni-Platierung allein erwies sich als nicht ausreichend. Ein guter Schutz gegen Korrosion konnte dadurch erzielt werden, daß außer einer 100 m.s.i. Ni-Plattierung u. Sinterung noch eine dünne Platte von 5 m.s.i., angenähert 0,025 mils, dickem *Rh* angewandt wurde. (Ceram. Age **66.** Nr. 4. 39. Okt. 1955. New Jersey, Bell Telephone Labor. Murrey Hill.) R. WALCKER. 6516

Harry J. West, *Stromlose Nickelplattierung von Kohlenstoff.* Man reinigt die C-Oberfläche mit Trichloräthylendampf oder einem Tuch, umwickelt das Werkstück mit Fe-Draht oder hängt es an einen Fe-Draht, taucht das Werkstück in eine 150° F warme Lsg. von 5 (lbs.) $NiCl_2$, 8 Na-Citrat u. 1 Na-Hypophosphit in 10 gal W., erhitzt die Lsg. zum langsamem Sd. u. setzt (wenn sich die Rk. verlangsamt) 1 Unze Na-Hypophosphit zu. Wenn der Ni-Nd. dick genug ist, wird das Werkstück abgespült u. getrocknet. (Metal Finishing **57.** Nr. 2. 64. Febr. 1959. Bloomington, Ind.) W. WESLY. 6520

M. A. Figelman und **A. W. Schreider,** *Über die Wasserstoffversprödung des Stahles bei kathodischer Behandlung.* Bei der kathod. Polarisation von Stahl in sauren Lsgg. entsteht eine wesentlich stärkere Versprödung als bei einer analogen Behandlung in alkal. Lösungen. Eine bedeutende Verstärkung der H-Anreicherung tritt bei Zugabe von Cyaniden zu den alkal. Lsgg. auf. Die Versprödung hängt stark vom Zustand des zu behandelnden Metalls ab. Eines der wichtigen Kriterien der Neigung von Stahl zur H-Versprödung ist die Größe innerer Spannungen. In den meisten Fällen versprödet ein gehärteter Stahl stärker als ein ausgeglühter, doch kann die Ggw. einer bestimmten Menge von Cyaniden im Elektrolyten den Unterschied im Versprödungsgrad stark verringern. Beim Aufbringen galvan. Überzüge zeigen außer der H-Anreicherung im Grundmetall auch die in den Ndd. entstehenden Spannungen einen Einfl. auf die Versprödung. Diese hängt von der Art des Nd. u. den Aufbringungsbedingungen ab. Mit der Verdickung des Nd. wird die Versprödungsgeschwindigkeit vermindert. Bei der Elektrofällung aus CN-Lsgg. entsteht eine größere Versprödung als ohne Cyanid. Verschied. Methoden zur Vermeidung der Versprödung sind für gehärteten Stahl wenig geeignet, können aber bei der Behandlung von Teilen aus geglühtem Stahl wirksam sein. Ein Auslagern an der Luft ermöglicht eine verhältnismäßig leichte Beseitigung der Versprödung eines ohne Aufbringung einer Schicht mit H beladenen Stahles. Die Ggw. eines Überzuges kann im Gegensatz dazu zu einer Zunahme der Versprödung bei der Auslagerung führen. Das wirksamste Mittel zur Verhinderung der Versprödung ist ein Halten der einer kathod. Behandlung unterworfenen Teile bei 200—300°, doch kann in eines Anzahl von Fällen, bei denen die Sprödigkeit in der Hauptsache durch Spannungen im Nd. hervorgerufen ist, diese Behandlung keine positiven Ergebnisse zeigen. (Журнал Прикладной Химии [J. angew. Chem.] **31.** 1184—93. Aug. 1958.) H. HOCHSTEIN. 6530

J. Moreau und **M. Cagnet,** *Wachstum und Form von Oxydationsschichten des Eisens bei höheren Temperaturen.* Oxydationsverss. bei hoher Temp. wurden an Eisenproben von verschied. Reinheitsgrad (0,013 (%) O_2 u. 0,027 C bzw. 0,0005 O_2) durchgeführt. Die Heterogenität der Eigg. zwischen Oxyd u. Metall führt im Verlauf des Wachstums u. bei der Abkühlung der Proben zu beträchtlichen Verformungen. Je nach der geometr. Form u. dem Mengenverhältnis von Oxyd zum Metall begünstigen die während des Wachstums der Oxyde entstehenden Spannungen eine Rißbldg. oder ein Abblättern. Andererseits wird zwischen echter Porosität u. mechan. Rißbldg. durch das Oxyd unterschieden. Auf Grund von bes. Unterss. wird eine Hypothese über Absorption von Leerstellen durch *FeO* an der Zwischenfläche Metall/Oxyd während ihres Wachstums aufgestellt. — 21 Literaturangaben. Diskussion. (Rev. Métallurgie **55.** 1091—1109. Nov. 1958.) H. HOCHSTEIN. 6530

W. Wiederholt, *Dokumentation auf dem Korrosionsgebiet.* Zur Erleichterung der Sammlung u. Auswertung der Literatur auf dem Gebiet der Korrosion wird eine Gliederung des Stoffes unter Verwertung bekannter Ordnungssysteme für die Dokumentation ausgearbeitet u. an Beispielen erläutert. (Werkstoffe u. Korrosion **10.** 363—92. Juni 1959. Berlin-Dahlem.) M. GEHLEN-KELLER. 6538

W. L. Mathay und **R. B. Hoxeng,** *Klassifizierungs- und Einordnungssystem für die Literatur auf dem Gebiet der Korrosion.* Der NACE-Index, der die Korrosionsliteratur in 8 Hauptgebiete unterteilt u. mit Lochkarten arbeitet, wird erläutert. (Corrosion [Houston] **12.** Nr. 11. 72—76. Nov. 1956.) M. GEHLEN-KELLER. 6538

M. A. Galperin und **W. W. Ardentow,** *Der Einfluß einer längeren Alterung von austenitischem, aufgeschmolzenem Metall auf die Neigung zur interkristallinen Korrosion.* Es wird nachgewiesen, daß eine Dauereinw. einer Temp. von 500° zu einer scharfen Erniedrigung der interkrist. Korrosionsbeständigkeit eines austenit. aufgeschmolzenen, nichtrostenden Stahles mit 18 (%) *Cr* u. 8 *Ni*, der zudem ausreichend mit *Nb*, *V* u. *Mo* legiert ist, führt. Bei einer solchen isotherm. Behandlung bei 500° verliert auch ein austenit. Stahl mit 0,09 C, 1,05 Mn, 0,53 Si, 17,61 Cr, 9,6 Ni, 0,5 Ti, 0,012 S, 0,02 P seine Korrosionsbeständigkeit. Nachgewiesen wird ein Zusammenhang zwischen der Zus. der sek. Carbide u. der Neigung des aufgeschweißten Metalles zur interkrist. Korrosion. (Автоматическая Сварка [Automat. Schweissen] **12.** Nr. 1. 36—42. Jan. 1959.) H. HOCHSTEIN. 6538

Benny J. Nelson, *Der Einfluß von Gallium auf die Korrosionsbeständigkeit von Magnesiumlegierungen.* In stark korrosiven Umgebungen erhöht Ga die Korrosionsbeständigkeit von handelsüblich reinem elektrolyt. Mg u. einer bin. *Mg–Sn*-Legierung. Ga-Zusätze verursachen jedoch eine nur geringe Veränderung der Korrosionsbeständigkeit von sublimiertem Mg oder von *Mg–Si-*, *Mg–Al-*, *Mg–Zn-* oder *AM 52 S*-Legierungen. Ga hat keinen Einfl. auf Beständigkeit gegen Spannungsrißkorrosion einer *AM 52 S*-Legierung, die in Höhe der Streckgrenze belastet ist. (J. Metals **8.** Nr. 10. Sect. 2. Trans. AIME. **206.** 1354—55. Okt. 1956. New Kensington, Pa., Aluminum Co. of America.) H. HOCHSTEIN. 6538

Takezō Obata, Yukio Morishita und **Hiroshi Iijima,** *Über die Korrosion von Metallen durch Aschen von Schwerölen.* Die *Aschen* aus der Verbrennung von 2 *Schwerölen* bei 600° werden mit W. bzw. Aceton vermischt, die Pasten für sich oder mit Zusätzen auf Proben von 18-8-Stahl aufgestrichen u. in einem elektr. Ofen bei 600—900° verschied. lang (bis 10 Std.) erhitzt. Die Gewichtszunahme dient als Maßstab für die Stärke der durch die Aschen, vor allem durch den Geh. an V_2O_5 verursachten Korrosion. Gleichzeitige Ggw. von *NaCl*, $CaSO_4$ bzw. Na_2SO_4 fördert die Korrosion, *MgO* oder SiO_2, in etwa gewichtsgleichen Mengen der Asche zugesetzt, verzögert sie. — 8 Diagramme. (J. chem. Soc. Japan, ind. Chem. Sect. [Kōgyō Kagaku Zassi] **58.** 771—76. Okt. 1955. Kawasaki, Mitsubishi Öl A. G. [Orig : japan.]) L. SCHULER. 6538

B. W. Ratinow und **O. I. Dowshik,** *Der Schutz von Armaturen gegen Korrosion im Beton mit Zusätzen von Calciumchlorid.* Es wird gezeigt, daß die Korrosionswrkg. des $CaCl_2$ (bis 2% der Zementmenge) durch Zusatz von $NaNO_2$ (bis 1%) in den Portlandzementmörtel wirksam herabgestzt werden kann. Die physikal.-mechan. Eigg. des Betons werden durch den $NaNO_2$-Zusatz nicht beeinflußt. (Бетон и Железобетон [Beton u. Eisenbeton] **1959.** Nr. 2. 92—94. Febr.) D. ROST. 6538

Sándor Monori, *Prüfung der Korrosion von anodisch oxydiertem Aluminium und seine Anwendbarkeit zur Verpackung von Lebensmitteln.* Vf. untersuchte die Korrosion von anod. oxydiertem Al u. verzinntem Stahlblech in *NaCl-*, *Essig-* u. *Milchsäure*-Lsgg. verschied. Konz., im Ruhezustand, abwechselndem Eintauchen u. Herausheben, bzw. ständigem Bewegen in luftges. Lösungen. Verzinntes Stahlblech blieb in 1,5 u. 3%ig. NaCl-Lsgg. unverändert, in den 1%ig. Säure-Lsgg. trat ein geringer Gewichtsverlust ein. Anod. oxydierte Al-Bleche verloren in warmen Lsgg. an Gewicht, in kalten bewegten Lsgg. trat eine Gewichtszunahme auf, ein Hinweis, daß die Schutzschicht im 1. Fall stärker beschädigt wurde. Al kann als Verpackungsmittel nur so lange verwendet werden, als die Oxydschicht unversehrt bleibt, diese ist einer Kopallackschicht gleichwertig. Zum Einpacken von nicht aggressivem Material ist Al geeignet. (Élelmezési Ipar (Verpflegungs-Ind.) **12.** 300—05. Okt. 1958.) J. PLANK. 6540

Soc. Finanziaria Siderurgica FINSIDER per Azioni Istituto Siderurgico, Genua, *Reduzieren von oxydischen Erzen.* Man führt in die mit dem Erz beschickte u. erhitzte Kammer ein Gas ein, welches in endothermer Rk. red., z. B. CH_4, u. reguliert die Temp.

durch teilweise Verbrennung des Gases, indem man O_2 oder Luft zuführt. (**It. P. 495 827** vom 11/9. 1952.) K. KOEBKE. 6381

Cornelis Leonardus van Nes, Voorburg, Holland, *Gewinnung von Nickel und Kobalt aus Laterit* u. ähnlichen Erzen. Man behandelt das Erz in feinkörniger Form nach dem Wirbelschichtverf. in 2 Stufen mit HCl-Gas u. Wasserdampf. In der 1. Stufe [200 bis 300°, 40—80 (Vol.-%) HCl] werden $NiCl_2$ u. $CoCl_2$ gebildet, in der 2. Stufe (2—20 HCl) gegebenenfalls gebildete Chloride von 3wertigen Metallen, wie *Fe* oder *Al*, in Oxyde zurückverwandelt. (**Holl. P. 89 510** vom 29/12. 1954, ausg. 15/11. 1958.) F. BÖHM. 6435

Bruno Schmidl, Berlin-Charlottenburg (Erfinder: **Bruno Schmidl**), *Rückgewinnung von Kryolith aus den Abgasen bei der Schmelzflußelektrolyse des Aluminiums,* dad. gek., daß die Ofenabgase durch Filter aus $Al(OH)_3$ geleitet werden, anschließend die verbrauchte Filtermasse, gegebenenfalls nach korrektivem Zusatz von Alkali, calciniert u. das so gewonnene kryolithhaltige Al_2O_3 zur Deckung der entstandenen Fluorverluste den Öfen wieder zugeführt wird. $Al(OH)_3$ wird vor seiner Verwendung durch Erhitzen auf 400—600° aktiviert. Als Filtermasse kann auch ein Gemisch aus $Al(OH)_3$ u. wasserfreier calcinierter Al_2O_3, bes. in tabletierter Form, verwendet werden. (**D. B. P. 970 919** Kl. 40c vom 8/1. 1953, ausg. 13/11. 1958. Anmeldung bekanntgemacht 17/5. 1956.) G. APEL. 6447

Willi Neu, Saarbrücken, *Zink-Aluminium-Legierungen* bestehen aus mindestens 20 (%) *Al,* 0,1—0,15 *Si,* 0,05—6 *Cu,* Rest mindestens 20 *Zn.* Außerdem können die Legierungen noch bis 6 *Mg* u. bis 4 *Ni* enthalten. Für die Herst. eines feinporigen Gefüges, z. B. für Gleitlager, wird der Schmelze *Monazit* zugesetzt. Vergossen wird die Schmelze bei 550—680°. Durch Wärmebehandlung erhalten die Legierungen eine Festigkeit u. Zähigkeit, die denen von Stahl nahekommt. Nach E. P. 769 484 bestehen die Legierungen aus mindestens 30 Al, 0,1—3,2 Si, 0,05—6 Cu, Rest mindestens 20 Zn, wobei noch bis 2,5 *Graphit* u. bis 2,5 *B* vorhanden sein kann. Nach E. P. 769 485 bestehen sie aus 30—60 Al, 0,01—15 B u./oder C, Rest mindestens 20 Zn, wobei B u./oder C zum Teil durch *Si* ersetzt sein kann. (**E. PP. 769 483, 769 484** u. **769 485** vom 30/6. 1953, ausg. 6/3. 1957. D. Prior. 30/6. 1952.) C. GÖTZE. 6447

Emil Oswald, Wien, Österreich, *Goldlegierungen* bestehen aus 25—42 (%) *Au,* mindestens 30 *Cu,* 5—25 *Ag,* 0,3—5 *Al,* 0,1—3 *Si* u. 0,001—1 *Zr.* Sie können außerdem noch 0,5 *B,* bis 10 eines oder mehrerer der Metalle *Fe, Ni, Ti, Mn* sowie bis 10 eines Metalls der *Pt-Gruppe,* bes. *Pd,* enthalten. Cu oder Ag kann teilweise durch *Zn* oder *Cd* ersetzt sein. Die Legierungen sind leicht verarbeitbar, anlaufsicher, mundbeständig u. verschleißfest. (**Oe. P. 189 403** vom 17/2. 1954, ausg. 25/3. 1957.) C. GÖTZE. 6463

Siemens-Planiawerke Akt.-Ges. für Kohlefabrikate, Meitingen bei Augsburg (Erfinder: **Franz Joseph Mann**), Erlangen), *Herstellung von Siliciumcarbidformkörpern,* bes. von Heizstäben für elektr. Widerstandsöfen, durch Ausformen einer mit einem C-haltigen Bindemittel angemachten Pulvermischung aus Si, Si-Carbid u. C u. Glühen des in einem Vorbrand vorbehandelten Formkörpers in Ggw. von Si-Dampf, dad. gek., daß die Formkörper aus Pulvermischungen von 25—50 (%) *Si,* 5—25 *C,* Rest 50 bis 70 *Si-Carbid* u. einem Bindemittel hergestellt werden u. nach dem Vorbrand u. der in Ggw. von Si-Dampf erfolgten Glühbehandlung einer nochmaligen Glühbehandlung in einer Si-Dampf erzeugenden Einbettung durch Erhitzen im direkten Stromdurchgang auf ca. 2000° unterworfen werden. (**D. A. S. 1 038 288** Kl. 40b vom 30/7. 1953, veröff. 4/9. 1958.) H HOCHSTEIN. 6477

Olin Mathieson Chemical Corp., Baltimore, Md. (Erfinder: **Samuel Henry Salisbury** und **Chester Miller White,** Rochester, N. Y.), V. St. A., *Rostlösemittel,* dad. gek., daß es 50—95 (%) W., 0,5—5 eines wasserlösl. Netzmittels u. 3—35 NH_3, Alkanolamin, Alkanolammoniumhydroxyd oder NH_4-Salz einer aliphat. Oxycarbonsäure enthält, wobei sich die %-Sätze auf das Gesamtgewicht von W., Netzmittel u. NH_4- oder Aminoverb. beziehen. Als Aminoverb. dient bes. *Monoäthanolamin,* als Netzmittel ein *Na-Alkylarylsulfat.* (**D. A. S. 1 038 865** Kl. 48d vom 7/11. 1956, veröff. 11/9. 1958. A. Prior. 15/11. 1955.) G. APEL. 6513

Poor & Co., Chicago, Ill., übert. von: **Allan E. Chester,** Highland Park, Ill., und **Joseph T. Irwin,** Lakewood, Ohio, V. St. A., *Saure Metallbeize* für Eisen mit sehr geringem Angriff auf die Metalle. Die oxydierende Wrkg. der auf der Oberfläche zurückbleibenden Fe-Salze wird verhindert in einem Bad aus 700 (Teilen) H_2SO_4, 1—8 $Na_2S_2O_3$, um koll. S zu lösen, der 1,5—10fachen Menge $K_4[Fe(CN)_6]$ unter gegebenenfalls Zusatz eines kation. Netzmittels, z. B. 100 (lbs.) H_2SO_4 (6—20%ig.) u. 0,25 eines Gemisches aus 25 (Teilen) NaS_2O_3, 25 Dextrose u. 50 $Na_4[Fe(CN)_6]$. (**A. P. 2 831 814** vom 19/12. 1951, ausg. 22/4. 1958.) G. FRIKELL. 6513

Philco Corp., Philadelphia, Pa., V. St. A., *Entfernen von Oxyden von der Oberfläche von Kobalt-Nickel-Eisen-Legierung.* Die zum Verbinden mit Glas oxydierten Metalloberflächen müssen zum Aufbringen von Korrosionsschutzüberzügen völlig von den Oxyden befreit werden. Dies erfolgt ohne Angriff auf das Metall durch Eintauchen in eine 50—100° warme Lsg. von 75 g $(NH_4)_2SO_4$ in 100 cm³ 15—30 Vol.-%ig. H_2SO_4. (**E. P. 795 980** vom 29/11. 1955, ausg. 4/6. 1958. A. Prior. 16/12. 1954.) G. FRIKELL. 6513

Dow Chemical Co., Midland, Mich., V. St. A., *Ätzlösung für Metalle,* bes. zur Herst. von *Druckformen* aus Mg, besteht aus wss. 3—50%ig. HNO_3 mit einem Geh. eines *Esters von Sulfobernsteinsäure* mit einem aliphat. Alkohol mit 4—12 C-Atomen. Das Verhältnis HNO_3:Ester in der Lsg. soll 1:0,0014 bis 0,15 betragen. Eine Ätzlsg. besteht z. B. aus 99,7 (Gewichtsteilen) 10,5%ig. HNO_3 u. 0,3 Na-Dioctylsulfosuccinat. (**Holl. P. 87 421** vom 11/3. 1953, ausg. 15/2. 1958.) F. BÖHM. 6513

National Research Development Corp., London, England (Erfinder: **Norman Perry Allen, Malcolm Hugh Farmer** und **George Henry Glaysher**), *Elektrolytische Metallabtragung,* bei der die Oberfläche des Werkstückes in gutem Zustand verbleibt. Es gelingt die Bearbeitung sehr weicher u. auch sehr harter Metalle, z. B. gehärteter Lagerteile u. von Einkristallen durch Führung eines Strahles der Elektrolytlsg. auf die zu bearbeitende Stelle des Werkstückes, die als Anode bei Anwendung eines elektr. Stromes von 60—500 V u. einer Stromdichte von 100—300 A/cm². Zur Bearbeitung von Cu, Fe oder Al dienen Elektrolyt-Lsgg., wie H_3PO_4 (50%ig.) oder 1 (Teil) $NH_4Cl \cdot CuCl_2$ u. 3 konz. *HCl* oder 1 NH_4Cl-Lsg. (10%ig.) u. 3 konz. HCl. (**E. P. 755 826** vom 23/5. 1952, ausg. 29/8. 1956.) G. FRIKELL. 6515

Dagobert William Alfred Fritz Rudorff, London, England, *Elektrolytisches Verfahren zum Abtragen von Metall* großer Härte u. von Metallcarbiden. Zur Erzielung kontrollierter Abtragung u. ebener Flächen wird zwischen dem positiven Werkstück u. der negativen Elektrode eine poröse nichtleitende Trennschicht aus Gummi oder Kunstharz angeordnet. Eine aus Bor- oder Phosphorsäure bestehende Elektrolyt-Fl., die beiderseits an dem Diaphragma vorbeifließt, dient zum Fortführen der Abtragungen u. zum Reinigen der Elektrode. (**E. P. 748 485** vom 15/7. 1952, ausg. 2/5. 1956.) G. FRIKELL. 6515

J. H. Shoemaker, übert. von: **Hugh Graham Webster** und **Ray W. Thomas,** Detroit, Mich., V. St. A., *Elektrolytisches Salzschmelzbad zum Reinigen von Metalloberflächen.* Die Schmelze besteht aus einem Gemisch von *KOH, NaOH, NaCl,* $Al(ONa)_3$ u. gegebenenfalls *NaF.* Das Werkstück wird in die Fl. getaucht u. als Kathode oder abwechselnd als Kathode u. Anode geschaltet. (**A. P. 2 732 339** vom 2/8. 1951, ausg. 24/1. 1956.) G. FRIKELL. 6515

Siemens & Halske Akt.-Ges., Berlin und München (Erfinder: **Kurt Eltze** und **Heinz Ehrlich,** Karlsruhe), *Aufbringen metallischer Schichten auf nichtleitende Unterlagen,* dad. gek., daß die nichtleitende Unterlage auf ihren zu metallisierenden Oberflächenteilen mit einer nicht oder schlecht leitenden Suspension des Metalls der aufzubringenden Metallschicht benetzt u. zusammen mit einem bes. als Halterung oder Führung dienenden leitenden, bes. magnetisierbaren Metallteil, z. B. aus Fe oder dgl., in ein Wechselfeld genügend hoher Frequenz eingebracht wird, das durch das Wechselfeld so hoch u. lange erhitzt wird, daß die auf dem Nichtleiter aufgebrachte Suspensionsschicht unter Austreibung der flüchtigen Bestandteile leitend u. festgebrannt wird. — Zeichnungen. (**D. A. S. 1 040 872** Kl. 48b vom 3/3. 1953, veröff. 9/10. 1958.) G. APEL. 6517

National Steel Corp., übert. von: **Alfred E. Kadell,** Steubenville, Ohio, V. St. A., *Gemusterte galvanische Zinnabscheidung* zur Kenntlichmachung der zur Einsparung von Sn auf den beiden Seiten verschieden stark verzinnten Oberflächen wird nach dem Galvanisieren beim Schmelzen des Sn zur Erzeugung blanker Schichten während dieses Verf.-Schrittes ein Muster aufgebracht. Dadurch wird die z. B. bei der Herst. von Konservendosen wichtige Kenntlichmachung der stärker verzinnten Innenseite möglich. (**A. P. 2 770 872** vom 10/4. 1952, ausg. 20/11. 1956.) G. FRIKELL. 6525

National Research Corp., Cambridge, übert. von: **James H. Moore,** Swampscott, und **Philip J. Clough,** Reading, Mass., V. St. A., *Herstellung von Überzügen auf Molybdän* zur Erhöhung der Oxydationsbeständigkeit durch Aufbringen einer *Al–Si*-Legierung mit mehr als 50% Al, leichtes Oxydieren dieses Überzuges, z. B. durch Behandeln mit wss. Lsgg. von Na_2CrO_4 bei 200° F, u. folgendes Erhitzen in Abwesenheit von Luft, z. B. im Vakuum, bei 2000° F zur Bldg. einer $MoSi_2$-Zwischenschicht. (**A. P. 2 857 297** vom 25/10. 1951, ausg. 21/10. 1958.) F. VIER. 6529

Parker Rust Proof Co., Detroit, Mich., V. St. A., übert. von: **Heinz Keller, Karl Lampatzer** und **Rudolf Brodt,** Frankfurt/M., *Aufbringen hitzebeständiger, elektrisch isolierender Überzüge auf Eisen,* das anschließend magnetisiert werden kann ohne Zerstörung des Überzuges, bei Tempp. bis 1000°. Hierzu dient eine Lsg. aus 200—400 (g/Liter) mindestens eines therm. zersetzbaren Phosphates, wie NH_4-*Phosphate,* substituierte

NH_4-Phosphate, *Mono-* u./oder *Diphosphorsäureester* mit nicht >8 C-Atomen, 10 bis 70 eines hitzebeständigen Prod., wie *SiO_2*, hydratisierter *Ton, MgO, Al_2O_3*, 5—50 eines therm. zersetzbaren *Chromates*, wie $(NH_4)_2CrO_4$, das mit aliphat. Gruppen mit <7 C-Atomen substituiert sein kann, 12—26 *Ca-* oder *Ba*-Ionen- u. ein Lösungsm. wie W. u./oder *Alkohol*. Nach kurzem Eintauchen (2—5 Sek.) wird das Metall zur Zers. des Phosphates auf 250—800° erhitzt. Beispiel: 150 (g/Liter) $NH_4H_2PO_4$; 140 $Ca_3(PO_4)_2$, 30 $CO(NH_2)_2 \cdot H_3PO_4$; 30 Glimmerpulver. (**A. P. 2 835 618** vom 9/3. 1955, ausg. 20/5. 1958. D. Prior. 9/3. 1954.) G. FRIKELL. 6529

Parker Rust Proof Co., Detroit, Mich., V. St. A., übert. von: **Herbert Arthur Henry Jenkins** und **Dennis Brian Freeman,** London, England, *Aufbringen von Oxalatüberzügen auf metallische Oberflächen* mittels einer wsx. Oxalsäurelsg. mit ca. 0,2 bis 10 g/Liter *Chlorationen* u. wenigstens einer *organ. Nitroverb.* als Beschleuniger. Solche sind Na-Metanitrobenzoylsulfonat, Na-2-Nitrophenol-4-Sulfonat, bes. in Mengen von 0,5—10 g/Liter oder Paranitrophenol u. Nitroguanidin, bes. in Mengen von 0,25 bis 5 g/Liter. Empfohlen wird anschließendes Spülen in wss. Lsg. von Gallussäure, Tanninsäure oder eines Tannats (0,3—3%ig.) (**A. P. 2 850 417** vom 16/5. 1956, ausg. 2/9. 1958. E. Prior. 24/5. 1955.) H. BAUR. 6529

Jacqueline Miné geb. **Chauchot,** Frankreich, *Schutzüberzüge für Aluminium* u. seine Legierungen. Auf gebeiztes oder oxydiertes Al wird ein aus *Hydrat, saurem* oder *bas. Oxyd* oder *Säureanhydrid* bestehender Überzug aufgebracht durch Einw. einer stark konz. Lsg. von Metall- oder Alkalisalzen bei Tempp. >55° u. einem p_H-Wert zwischen 2,6—4,5 u. Gleichstrom von 8—18 V, bes. 12 V, oder Wechselstrom von 3—25 V, bes. 15 V, u. einer Stromdichte von 0,1—1,5 A/dm², z. B.: 100 g W.; 5—25 g Na_2SO_4; 5—15 g $NiSO_4$. (**F. P. 1 131 405** vom 25/9. 1953, ausg. 21/2. 1957.) G. FRIKELL. 6529

Metallgesellschaft Akt.-Ges., Frankfurt/M., *Aufbringen von Überzügen auf Metalle*, bes. Fe u. Al u. ihren Legierungen, mittels einer Lsg., die mindestens eine Verb. des 6wertigen *Cr*, mindestens eine Verb., die ein *Fluorid*-Radikal enthält, u. mindestens eine Verb. *kondensierter Phosphate* (I) enthält, die das Radikal des I in Lsg. bringt u. bei der das Mol-Verhältnis der kation. Oxyde zu den anion. Oxyden größer als 0 u. kleiner als 3 ist, bei einer Konz. an I bis zu 5 g/Liter, berechnet als Na-Verb. des I. Eine solche Lsg. enthält z. B. 0,8—25 g/Liter an 6wertigem Cr, 0,1—20 g/Liter Fluorid, berechnet als Na_2F_2 u. 0,1—5 g/Liter. I, berechnet als Na-Salz. (**Oe. P. 200 411** vom 22/1. 1958, ausg. 10/11. 1958. A. Prior. 31/1. 1957.) H. BAUR. 6529

Parker Rust Proof Co., Detroit, Mich., V. St. A., übert. von: **Werner Rausch,** Frankfurt/M., *Mittel zum Überziehen von Stahl, Eisen* u. seinen Legierungen mit *Ni* u. *Cr* als *Korrosionsschutz* u. als Farbgrund. Mit bes. Vorteil werden *Phosphor-* u. *Oxalsäure* gleichzeitig angewendet. Hierzu dient eine Lsg. von 10—100 (g/Liter) Alkalimetallphosphat, 0,1—3,0 Alkalimetallchromat u. 3—30 $(COOH)_2 \cdot 2\,H_2O$ mit einem p_H-Wert von 1—3. Zusatz von 0,1—150 g/Liter Halogenide wirkt beschleunigend. Die Arbeitstemp. liegt zwischen 70—140°F. Beispiel: 88 (g/Liter) $NaH_2PO_4 \cdot 2\,H_2O$, 25 $(COOH)_2 \cdot 2\,H_2O$, 2 $Na_2Cr_2O_7$, p_H 2,0, 120°F. (**A. P. 2 819 193** vom 23/6. 1953, ausg. 7/1. 1958. D. Prior. 24/6. 1952.) G. FRIKELL. 6529

Metallgesellschaft Akt.-Ges., Frankfurt/M. (Erfinder: **Herbert Arthur Henry Jenkins,** London, **George Roland King,** Isleworth, und **Dennis Brian Freeman,** London, England), *Aufbringen fest haftender Überzüge aus komplexen Fluoriden auf Titan und seine Legierungen.* Die Oberfläche wird mit einer wss. Lsg. behandelt, die HF-Ionen u. Ionen eines oder mehrerer *Alkalimetalle* enthält, bei der die Acidität durch HF bewirkt ist u. die einen p_H-Wert zwischen 2 u. 6 besitzt. Zur Beschleunigung werden den Lsgg. Verbb. des 2wertigen *Sn*, des 3wertigen *As*, des 5wertigen *V*, des 6wertigen *Cr*, des 4- oder 6wertigen *Mo* oder des 6wertigem *W* zugesetzt u. gegebenenfalls *Ti*. (**Oe. P. 198 093** vom 6/2. 1956, ausg. 10/6. 1958. E. Priorr. 7/2. u. 15/4. 1955.) H. BAUR. 6529

Metallgesellschaft Akt.-Ges., Frankfurt/M. (Erfinder: **Herbert Arthur Henry Jenkins,** Hounslow, **Dennis Brian Freeman,** Willesden, und **George Roland King,** Isleworth, Middlesex, England), *Aufbringen von Fluoridüberzügen auf Zirkonium und seine Legierungen* mittels einer wss. Lsg., die einen p_H-Wert zwischen 2 u. 6 besitzt, Fluoridionen in einer Molarität zwischen M/8 u. 6 M u. K-Ionen zwischen M/8 u. 2 M. K kann durch *Alkalimetalle* oder NH_4 ersetzt werden. Außerdem können die Lsgg. 2wertiges *Sn*, 3wertiges *As*, 5wertiges *V*, 6wertiges *Cr* einzeln oder zu mehreren enthalten. (**D. A. S. 1 050 633** Kl. 48d vom 29/6. 1957, veröff. 12/2. 1959. **Oe. P. 199 454** vom 4/7. 1957, ausg. 10/9. 1958. Beide E. Prior. 10/7. 1956.) A. BAUR. 6529

W. G. Allen (Birmingham) Ltd., Mayell & Co., Birmingham, England (Erfinder: **Eric Gilbert Allen**), *Aufbringen von Abziehbildern auf hohle verchromte Metallgegen-*

stände. Die Oberfläche des zu verzierenden Gegenstandes wird zunächst entfettet u. dann lackiert. Hierauf wird das Abziehbild in üblicher Weise aufgelegt u. dessen Rücken entfernt. Nach dem Trocknen in der Hitze wird der Gegenstand durch Tauchen oder Spritzen mit einem Schutzlack (Celluloselack) überzogen. (**E. P. 757 902** vom 20/4. 1953, ausg. 26/9. 1956.) P. KRUG. 6529

Soc. des Produits Chimiques Industriels et Organiques Prochinor, Paris, Frankreich, *Korrosionsschutzmittel* für Metalle, bes. gegen saure Fll. mit einer Säurekonz., die 0,2—0,5 Gew.-% HCl (15%ig.) entspricht. Hierzu dienen *Polyglykoläther*-Derivv., bes. N-Diglykol-bis-N-Dodekaglykolätherderivv., prim. *Amine* u./oder prim.-sek. aliphat. *Diamine* mit 8—22 C-Atomen in gerader oder verzweigter Kette. Angewendet werden 2—10 (Teile) Polyglykolamine je 1 Mill. der korrodierenden Fl., deren Wrkg. durch Zusatz von ca. 5% freier prim. Amine u./oder prim.-sek. Diamine erhöht wird. (**Oe. P. 196 197** vom 5/10. 1955, ausg. 25/2. 1958. F. Prior. 6/10. 1954.) G. FRIKELL. 6539

Denis Dimitri Petrocokino, Frankreich, *Korrosionsschutz für Metalle,* bes. für Petroleumtransportschiffe, deren Behälter mit Seewasser als Ballast bei den Rückreisen gefüllt werden. Es werden mehrere Schutzmaßnahmen gleichzeitig angewendet, wie ein- oder mehrschichtige Überzüge (*Zn, Phosphate*), geeignete Zusätze zur Füllung (*Kalkmilch* zum Seewasser), Schaltung des Behälters als Kathode unter Anwendung von Anoden aus Mg-Legierung. (**F. P. 68 056** vom 14/10. 1955, ausg. 27/3. 1958. **Zusatz zu F. P. 1 133 049; C. 1958. 10204.**) G. FRIKELL. 6539

Petrolite Corp., Wilmington, Del., übert. von: **Arthur F. Wirtel,** Glendale, und **Charles M. Blair jr.,** Webster Groves, Mo., V. St. A., *Korrosionsschutzmittel für Eisen* gegen organ. Säuren, CO_2 u. H_2S, wie sie im Rohöl enthalten sind. Die Wrkg. von Prodd., die ein bas. N-Atom u. mindestens einen KW-stoff-Rest mit 8—32 Atomen enthalten, wird verbessert durch Zusatz von zusammen 5—100% je einer aromat. Sulfonsäure nach den Formeln **A** u. **B**, worin R einen Alkylrest mit 3—12, bzw. 3—18 C-Atomen u. n eine Zahl von 1—3 bedeutet.

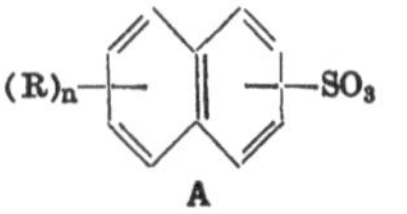

A

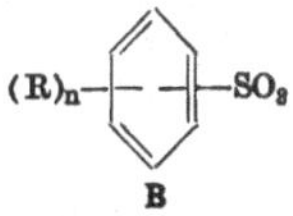

B

Die Gesamtzahl an C-Atomen muß mindestens 6 bzw. 9 sein. Beispiel 150 lbs. Ölsäureamin in (150) Lösungsm. werden mit H_2SO_4 (66° Bé) neutralisiert mit 50 einer 50 Gew.-%ig. Lsg. von NH_4-Diisopropylnaphthalinsulfonat in einem Gemisch von Xylol u. Isopropylalkohol versetzt. (**A. P. 2 828 259** vom 8/4. 1953, ausg. 25/3. 1958.) G. FRIKELL. 6539

O. Kubaschewski und **Ll. Evans,** Metallurgische Thermochemie. Übersetzung aus dem Englischen. Berlin; VEB Verlag Technik. 1959. (440 S. m. 100 Abb., 24 Taf. u. 7 Tab.) DM 33,—.

Hermann Schenck und **Werner Wenzel,** Die Reduktion von Eisenerzen im Elektro-Fließbett. Als Ms. gedr. Köln, Opladen: Westd. Verl. 1959. (76 S. m. 20 Abb.) 4° = Forschungsberichte des Wirtschafts- u. Verkehrsministeriums Nordrhein-Westfalen Nr. 681. DM 19,60.

Franz Wever und **Adolf Rose,** Einfluß des Siliziums auf das Umwandlungsverhalten der Stähle. Als Ms. gedr. Köln, Opladen; Westdt. Verlag 1959. (27 S. m. 20 Abb.) 4° = Forschungsberichte des Wirtschafts- u. Verkehrsministeriums Nordrhein-Westfalen Nr. 701. DM 8,80.

—, Max-Planck-Institut für Eisenforschung. Bericht über das Jahr 1958. Düsseldorf; Verl. Stahleisen. 1959. (224 S. m. Abb.) 8°. DM 14,—.

IX. Organische Industrie.

W. Schweisheimer, *Wege zur Gewinnung von synthetischem Glycerin.* Inhaltlich im wesentlichen ident. mit der C. **1957.** 11461 referierten Arbeit. (Prakt. Chem. [Wien] **9.** 176—78. Mai 1958.) G. TREWENDT. H 580

Štefan Truchlík, *Beitrag zur Herstellung von Diphenylphosphorsäurefluorid aus Diphenylphosphorsäurechlorid.* Eine verbesserte Synth. des *Diphenylphosphorsäurefluorids* aus Diphenylphosphorsäurechlorid (I) u. NaF ergab Ausbeuten über 40%. Gleichzeitig wurde bewiesen, daß eine Rk. zwischen I u. Alkalifluoriden nicht in unpolaren Medien verläuft. (Chem. Zvesti **12.** 256—58. April 1958. Bratislava-Predmestie, Výskumný ústav agrochem. technológie.) H. WEJNAR. H 1380

Kazimierz Dudziński und **Gwido Szabo,** *Die Gewinnung von hochprozentigem Nicotin aus Tabakabfällen.* Technologie des „ungar." Verf. (Wasserdampfdest.). (Przemysł Spożywczy **10.** 9—12. Jan. 1956.) ——— F. URBAN. H 3500

Rohm & Haas Co. übert. von: **Peter L. de Benneville,** Philadelphia, Pa., V. St. A., *2-Aminoäthyl-3.3-dimethylnorcamphane* der allg. Formel I, in der R_1 u. R_2 = niederes Alkyl oder zusammen mit N einen 5- oder 6gliedrigen Heterocyclus bilden, lassen sich aus

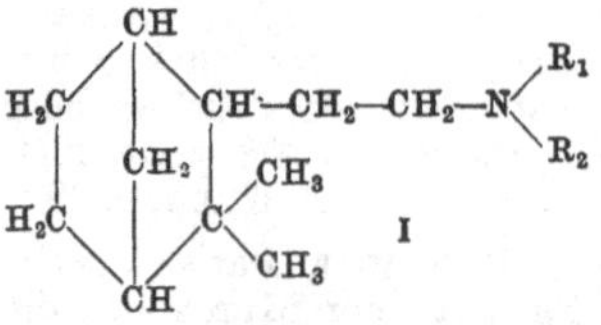

I

8-Formylcamphan (II; 8-Formylisocamphan?; die Red.) mit sek. Aminen u. Red. der erhaltenen Enamine (entweder mit HCOOH bei 80—100° oder katalyt.) darstellen. Das erforderliche II kann aus Camphen u. CO in Ggw. eines Co-Katalysators dargestellt werden. — 42 g II + Dimethylammoniumformiat (aus 11 g Dimethylamin + 11,5 HCOOH) 5 Std. auf Dampfbad → 34 g I (*R_1=R_2=CH_3*), $Kp._{1,7}$ 75—76°. — Analog: aus dem Oxoaldehyd des Dipentens + Dimethylamin + HCOOH → Verb. der gleichen empir. Formel, *$Kp._{30}$ 140—160°*; aus dem Oxoaldehyd des β-Pinens ebenso eine *Verb. $Kp._1$ 71* bis *78°*. — Durch Rk. von **II** + Dibutylamin u. anschließende katalyt. Hydrierung im Autoklaven → **I** (*R_1 = R_2 = Butyl*), $Kp._{1,6}$ 130—131°; n_D^{25} 1,4703. — I (*NR_1R_2 = Morpholin*), $Kp._{0,5}$ 102—104°; n_D^{25} 1,4981. — Dessen: *Piperidinhomologes*, $Kp._{0,5}$ 85—97°; *Pyrrolidinhomologes*, $Kp._{0,5}$ 80—92°. — Die Amine bilden Salze mit Nitrophenolen, 2.4-Dichlorphenoxyessigsäure, 2.4.5-Trichloressigsäure, Penicillin, Bis-(hydroxychlorphenyl)-methan oder -sulfid usw. u. stellen *Korrosionsschutzmittel* dar, die bei geringem Zusatz zu verd. HCl an Stahl eine Schutzwrkg. von mindestens 90% erreichen. (**A. P. 2 843 587** vom 28/6. 1955, ausg. 15/7. 1958.) K. GÄBELEIN. 6538

Ethyl Corp., V. St. A. (Erfinder: **Alfred Jerome Kolka, George Graff Ecke** und **Rex D. Closson**), *Alkylierung von Aminen*, dad. gek., daß man ein aromat. Amin in einem inerten Verdünnungsmittel bei höherer Temp. u./oder Druck mit einem Olefin umsetzt in Ggw. eines Al-Anilidkatalysators, der zuvor oder in situ bereitet wird. — Man bereitet unter Ausschluß von O_2 u. Feuchtigkeit (in Ar-Atmosphäre) aus Al u. Anilin bei 148° den Katalysator, den man ebenfalls unter Ar-Atmosphäre in das Reaktionsgefäß bringt, Anilin zusetzt u. unter Steigen der Temp. auf 325° bei 33 at Äthylen einleitet. Nach Abkühlen wird der Katalysator hydrolysiert, vom $Al(OH)_3$ abfiltriert u. fraktioniert. Neben unumgesetztem Anilin erhält man *o-Äthylanilin*, Kp. 201—210° u. *2.6-Diäthylanilin*, Kp. 235—236°; n_D^{20} 1,5461. — Analog *2-Äthyl-6-methylanilin*, Kp. 224°, n_D^{20} 1,5523, aus o-Toluidin. *Acetylderiv.*, F. 126,5—127,5°. — *o-Isopropylanilin*, Kp. 217 bis 218°, n_D^{20} 1,5483 (*Phenylthioharnstoffderiv.*, F. 134,5—135,5°. *Hydrochlorid*, F. 182 bis 185°. *Pikrat*, Zers. bei 159—161°. *Acetylderiv.*, F. 71—72°), aus Propylen. — *o-[tert.-Butyl]-anilin*, Kp. 227—228° (*Acetylderiv.*, F. 161,5—162,5°), aus Isobutylen. — *2-Äthyl-1-naphthylamin*, $Kp._{20}$ 189—190°, n_D^{25} 1,6474 (*Acetylderiv.*, F. 155—156,5°), aus 1-Naphthylamin. — *2-Äthyl-N-methylanilin*, Kp. 216,5°, n_D^{20} 1,5553 (*m-Nitrobenzolsulfamidderiv.*, F. 133,5—134,5°), aus N-Methylanilin. — *2-Isopropyl-N-methylanilin*, Kp. 224°, n_D^{20} 1,546. *m-Nitrobenzolsulfamidderiv.*, F. 103—104,5°. — *N-Methyl-2-[decyl-(2)]-anilin*, $Kp._2$ 138°, n_D^{20} 1,5134, aus Decen-(1). — *N-Methyl-2-cyclohexylanilin*, $Kp._2$ 112 bis 117°, n_D^{20} 1,5644, aus Cyclohexen. — *o-Äthyl-N-äthylanilin*, Kp. 223°, n_D^{30} 1,5398, aus N-Äthylanilin. — *N-Äthyl-2-äthyl-3-*, $Kp._{30}$ 150,5—151,5°, n_D^{20} 1,5556 u. *-5-chloranilin*, $Kp._{30}$ 157,5—158,2°, n_D^{20} 1,5544, aus N-Äthyl-3-chloranilin (Kp. 247—249°, n_D^{20} 1,5671; hergestellt aus m-Chloranilin u. Äthylbromid). — Analog *2-Isopropyl-6-[tert.-butyl]-*, *2-[sek.-Decyl]-*, *2.3-Diäthyl-*, *2-Äthyl-3-chlor-*, *2-[tert.-Butyl]-5-brom-*, *2.5-Diäthyl-N-äthyl-*, *5-Äthyl-N-äthyl-*, *2-Äthyl-3-brom-N-äthyl-*, *2-Isopropyl-N-amyl-*, *2-Äthyl-6-[tert.-butyl]-*, *2.5-Diäthyl-*, *2-Äthyl-5-chlor-*, *2-Äthyl-3-chlor-5-methyl-N-äthyl-*, *2-[sek.-Butyl]-N-äthyl-* u. *2-Cyclohexyl-N-amylanilin*, *2-Äthyl-8-methyl-*, *2-Äthyl-8-chlor-N-methyl-*, *8-Chlor-N-methyl-*, *2-Äthyl-3-methyl-* u. *Isopropyl-3-chlor-1-naphthylamin*. — *Zwischenprodd.*, *Antiklopfmittel*, *Antiseptica* (**F. P. 1 164 202** vom 25/4. 1955, ausg. 7/10. 1958. A. Prior. 29/4. 1954.) S. BÖTTCHER. 6579

E. I. du Pont de Nemours & Co., übert. von: **William C. Smith**, Wilmington, Del., V. St. A., *Organische Fluorverbindungen*, die bes. Difluormethylen- u. Trifluormethylgruppen enthalten, erhält man durch Rk. von SF_4 mit organ. Verbb., die ein doppelt gebundenes O-Atom an einem C-Atom enthalten, wie Ketone, Aldehyde, Carbonsäuren, Carbonsäurehalogenide, -ester oder -amide, CO u. CO_2. Durch Rk. von Aceton mit SF_4 während 16 Std. bei 110° erhält man 2.2-Difluorpropan neben Thionylfluorid. (**A. P. 2 859 245** vom 14/11. 1956, ausg. 4/11. 1958.) J. MÜHLEISEN. H 510

Lummus Co., New York, übert. von: **Otto C. Schauble**, Mount Kisco, und **Edward H. Palchik**, Hollis, N. Y., V. St. A., *Cracken von niedrigmolekularen Kohlenwasserstoffen*, wie Methan, Äthan u. Propan, zu *Äthylen* u. *Acetylen* erfolgt in einem Erhitzerblock durch dessen Längskanäle die KW-stoffe geleitet werden u. der in senkrechter Richtung dazu durch Brenner, die an mehreren Stellen angebracht sind, erhitzt wird. — Vorrichtungen, 4 Zeichnungen. (**A. P. 2 733 287** vom 20/9. 1952, ausg. 31/1. 1956.) G. KRAUSS. H 520

Polymer Corp. Ltd., Sarnia, Ontario, Canada, *Extraktionsbehandlung* zwecks Abtrennung eines olefin. KW-stoffes aus einer Mischung mit anderen KW-stoffen von

benachbartem Kp. durch Behandlung mit einer wss.-alkoh. NH_3-Lsg. eines Cu-Salzes (Alkohol ist Methanol oder A. oder eine Mischung daraus). — Isolierung von Butadien-(1.3). (**E. P. 803 158** vom 22/3. 1957, ausg. 22/10. 1958. A. Prior. 30/4. 1956.)
P. UNGER. H 520

Esso Research and Engineering Co., V. St. A. (Erfinder: **Samuel Winfield Wilson** und **Stephen John Bodnar**), *Gewinnung von Acetylen* aus einem Diolefine enthaltenden Gemisch, dad. gek., daß man mit 15—60 (Mol) NH_4-Acetat–Cu-Salzlsg. extrahiert u. bei 75—95° aus dem Extrakt Acetylen mit einem NH_3-Strom abtreibt. — Schema der Anlage. (**F. P. 1 165 610** vom 11/12. 1956, ausg. 28/10. 1958. A. Prior. 14/12. 1955.)
S. BÖTTCHER. H 530

Air Reduction Co., Inc., übert. von: **Francis E. McKenna**, New York, N. Y., und **Edward R. Blanchard**, Summit, N. J., V. St. A., *Magnesiumsesquicarbid*, Mg_2C_3, und *Methylacetylen* erhält man durch Rk. von feingepulvertem CaC_2 mit wasserfreiem $MgCl_2$ unter dessen F., bei 500—700°, bes. 575—650°, in inerter Atmosphäre, (Ar, He), u. Hydrolyse des entstandenen Mg_2C_3 mit W. oder Alkoholen. $2\,CaC_2 + 2\,MgCl_2 \rightarrow 2\,MgC_2 + 2\,CaCl$. $2\,MgC_2 \rightarrow Mg_2C_3 + C$. $Mg_2C_3 + 4\,ROH \rightarrow CH_3{-}C{\equiv}CH + 2\,Mg(OR)_2$ (R = H oder Alkyl). — Die Ausbeute an Methylacetylen beträgt 60—90%, bezogen auf CaC_2. (**A. P. 2 729 689** vom 27/5. 1952, ausg. 3/1. 1956.)
G. KRAUSS. H 530

Allied Chemical & Dye Corp., New York, übert. von: **Charles B. Miller**, Lynbrook, und **Cyril Woolf**, Long Island, N. Y., V. St. A., *Fluorierte Äther* der Formel $C_nY_{2n+1}\cdot CF_2\cdot O\cdot R''H$ erhält man bei der Behandlung eines Äthers der Formel $C_nY_{2n+1}\cdot CY'_2\cdot O\cdot R''H$ mit SbF_3 oder wasserfreiem HF oder SbF_3 in Mischung mit wasserfreiem HF, zwischen 20° bis zum Kp. des Äthers u. weitere Behandlung, bis Y' durch F in der α-Stellung ersetzt ist. Y ist Cl oder Br; R'' bedeutet unsubstituierte oder Cl-substituierte Alkylenreste mit höchstens 4 C, u. n ist eine ganze Zahl von 1—3. 1,45 (Mol) $CCl_3\cdot CCl_2\cdot O\cdot CH_3$ (Kp. 189—200°) werden mit 1,45 SbF_3 unter Rückfluß bei 160° u. zum Ende 2 Std. bei 130° erhitzt. Man dest., wäscht mit verd. HCl, trocknet über Na_2SO_4 u. dest. fraktioniert. → *1.1-Difluor-2.2.2-trichloräthylmethyläther*, Kp.118—120°, F. —56 bis —58°. Mit H_2SO_4 erhält man *Methyltrichloracetat* u. *Trichloressigsäure*. Auf die gleiche Weise erhält man: $CCl_3CF_2O\cdot CH_2Cl$; $CBr_3CF_2\cdot O\cdot C_6H_{11}$; $CCl_2BrCF_2\cdot O\cdot C_6H_5$; $CCl_3CF_2\cdot O\cdot CHCl\cdot CH_3$. — Lösungsm., Verdünnungsmittel, Reaktionsmedium, Wärmeübertragungsmittel. (**A. P. 2 803 665** vom 5/5. 1953, ausg. 20/8. 1957.)
G. KÖNIG. H 560

Chemische Verwertungsgesellschaft Oberhausen m. b. H., Oberhausen/Rhld. (Erfinder: **Ernst Eckert** und **Hans Nienburg**, Ludwigshafen/Rh.), *Kontinuierliche Reinigung von sauerstoffhaltigen organischen Verbindungen* (I), bes. *Aldehyden*, die durch Rk. von Olefinen mit CO u. H_2 in Ggw. einer wss. Co-Salzlsg. bei erhöhter Temp. erhalten wurden, erfolgt durch teilweise Entspannung der rohen I einschließlich der Gase ohne Kühlung u. ohne Abtrennen des W. u. anschließendes Erhitzen auf erhöhte Temp., bes. nicht unter 150°, unter Druck, erforderlichenfalls unter zusätzlichem Einspritzen von heißem Druckwasser oder gespanntem Dampf, wodurch das vorhandene Co-Carbonyl sich zers. u. die enthaltenen Acetale hydrolyt. aufgespalten werden, u. ohne daß die von der Rk. her in den I enthaltene Wärme durch Kühlen verlorengeht. Wenn die Temp. bei der „Oxo-Rk." genügend hoch ist, erübrigt sich die Zufuhr von Wärme. Der Co-freie Rohaldehyd hat nach der Behandlung die $D.^{20}$ 0,818; SZ. 3,6; VZ. 13,6; OH-Zahl 120; Carbonyl-Zahl 62; Co-Geh. 0,00%. (**D. A. S. 1 048 271** Kl. 12o vom 17/9. 1954, veröff. 8/1. 1959.)
G. KRAUSS. H 660

N. V. de Bataafsche Petroleum Mij., Den Haag, Holland (Erfinder: **Gino John Pierotti**, San Francisco, Calif., V. St. A.), *Gewinnung von reinen ungesättigten aliphatischen Aldehyden aus ihren Mischungen*, die noch nahe benachbart sd. gesätt. Carbonylverbb., bes. von gleicher C-Zahl, mit höherem oder niedrigerem Kp. enthalten, erfolgt durch deren extraktive Dest. mit W. als Lösungsm., wobei man aus dem Rohgemisch zuerst durch extraktive fraktionierte Dest. bei erhöhtem Druck unter Zusatz von soviel W., daß die Boden-Fl. noch homogen bleibt, die niedrigersd. Verunreinigungen abdest. u. dann aus der Bodenfraktion durch nochmalige extraktive fraktionierte Dest. im Vakuum unter Zusatz von W., daß die Fl. homogen bleibt, die ungesätt. Aldehyde von den höhersd. Verunreinigungen abdestilliert. Die Ausgangsgemische werden durch Oxydation von Olefinen u. gegebenenfalls Fraktionieren der Oxydationsprodd. erhalten. Man dest. z. B. ein Gemisch aus 90 (%) Acrolein, 6 Acetaldehyd, 2 Propionaldehyd u. 2 Aceton oder aus Methacrolein, Acetaldehyd, Propionaldehyd, Aceton u. Isobutyraldehyd, wodurch ein 99,6%ig. Acrolein gewonnen wird. — Vorr., Zeichnung. (**D. B. P. 969 534** Kl. 12o vom 16/9. 1949, ausg. 12/6. 1958. Anmeldung bekanntgemacht 2/5. 1951. A. Prior. 17/9. 1948.)
G. KRAUSS. H 670

Rohm & Haas Co., V. St. A. (Erfinder: **Edward Henry Specht, Andrew Neuman** und **Harry Trainor Neher**), *Herstellung von Acrylamiden*, dad. gek., daß man eine Carbonsäure, Ni-Carbonyl u. ein Amin bei 75—100° in CO mit Acetylen umsetzt. — *N.N-Dimethylacrylamid*, Kp.$_{10}$ 65°, n_D^{20} 1,4730, aus Dimethylamin u. Acrylsäure. — *N-Dodecylacrylamid*, Kp.$_{1,5}$ 167—180°, F. 55,5—56°, aus Dodecylamin. — *N-Cyclohexylacrylamid*, Kp.$_2$ 130—135°, F. 113—114°, aus Cyclohexylamin. —*N.N-Dicyclohexylacrylamid*, Kp.$_3$ 150—160°, F. 75—77°, aus Dicyclohexylamin. — *N-Phenylacrylamid*, Kp.$_{0,8}$ 120—130°, F. 104,5—105°, aus Anilin. — *N-Acryloylmorpholin*, $C_7H_{11}NO_2$, n_D^{20} 1,5061, aus Morpholin. — *N-[3-Dimethylaminopropyl]-acrylamid*, Kp.$_1$ 103°, aus 3-Dimethylaminopropylamin. (**F. P. 68 855** vom 20/12. 1954, ausg. 11/6. 1958. A. Prior. 29/1. 1954. **Zusatz zu F. P. 1 073 475; C. 1950/54. 4289. S.**) S. BÖTTCHER. H 810

Rohm & Haas Co., Philadelphia, Pa., V. St. A., *Herstellung von cyclischen Kohlensäureestern* durch Rk. von $COCl_2$ mit einem Ester (I), der von einem Alkohol mit höchstens 14 C-Atomen u. einer Fettsäure von 16—22 C-Atomen, die mindestens 2 benachbarte OH-Gruppen besitzt, abgeleitet ist, in Ggw. von Pyridin oder dgl. u. einem Katalysator bei Tempp. von —10° bis zum Kp. des Reaktionsgemisches. — Beispiele für I: Lauryl- oder Myristylester von 9.10-Dihydroxystearinsäure, für die cycl. Kohlensäureester: *Kohlensäureester* von *2-Äthylbutyldihydroxystearat*, Kp.$_{1,3}$ 240°, Kp.$_{0,4}$ 263°, n_D^{25} 1,4573, von *n-Butyldihydroxystearat*, Kp.$_{0,6}$ 247—254°, n_D^{25} 1,4560, von *Benzyl-9.10-dihydroxystearat*, Kp.$_{0,20}$ 255—270°, n_D^{25} 1,5390. (**Holl. P. 88 926** vom 15/4. 1955, ausg. 15/8. 1958. A. Prior. 21/4. 1954.) H. NEBELSIEK. H 880

J. R. Geigy Soc. An., Schweiz, *Herstellung aliphatischer Enamine*, dad. gek., daß man Aldehyde in Ggw. wasserentziehender Mittel mit sek. Aminen kondensiert. — *Dimethylvinylamin*, Kp.$_{720}$ 38—40°, aus Acetaldehyd u. Dimethylamin in Xylol in Ggw. von K_2CO_3. Daraus durch katalyt. Hydrierung *Dimethyläthylamin* (*Pikrat*, F. 200 bis 201°). — *Diäthylvinylamin* aus Diäthylamin. — *1-Diäthylaminopropen-(1)*, Kp.$_{10}$ 67 bis 69°, aus Propionaldehyd. — *Dimethylstyrylamin*, Kp.$_{20-22}$ 105—110°, aus Phenylacetaldehyd. — *Dimethylisobutenylamin*, aus Dimethylacetaldehyd. (**F. P. 1 161 899** vom 30/11. 1956, ausg. 5/9. 1958. Schwz. Prior. 2/12. 1955.) S. BÖTTCHER. H 910

Böhme Fettchemie G. m. b. H., Deutschland, *Herstellung substituierter Aminosäureamide*, dad. gek., daß man aus prim. oder sek. hochmol. Aminen mit 2- oder mehrbas. Aminosäuren die Salze herstellt u. aus diesen bei vermindertem Druck u. 180 bis 200° W. abspaltet. — Beschrieben wird die Herst. von *Hydroxyäthylaminoessigsäuremonododecylaminsalz* (aus Hydroxyäthylaminoessigsäure u. n-Dodecylamin in Methanol bei 50—60°) u. dessen Dehydratation im N_2-Strom bei 12 mm u. 180—190° u. Rk. mit Methanol-NaOH unter Bldg. des Na-Salzes des Amids. — Ebenso Hydroxyäthyliminodiessigsäure u. Cocosamin, Nitrilotriessigsäure u. Dodecylamin, Nitrilotriessigsäure u. Cocosamin. (**F. P. 1 164 459** vom 15/1. 1957, ausg. 9/10. 1958. D. Prior. 16/3. 1956.) S. BÖTTCHER. H 950

Dow Corning Corp., Midland, Mich. (Erfinder: **George W. Dyckes**, Gainesville, Fla.), V. St. A., *Herstellung von fluorhaltigen Organopolysiloxanen*, dad. gek., daß man Olefine der Formel $RCH{=}CH_2$ mit Silanen der Formel R'_nSiHCl_{3-n}, gegebenenfalls in Ggw. eines Katalysators, zu Organochlorsilanen der allg. Formel $RCH_2CH_2Si(R')_nCl_{3-n}$ (R = Perfluormethyl-, Perfluoräthyl- oder Perfluorpropylrest, R' = gesätt. aliphat. KW-stoffrest u./oder aromat. KW-stoffrest, n = 1 oder 2) bei erhöhter Temp. umsetzt u. die erhaltenen Silane zu Organosiloxanen der Einheitsformel $RCH_3CH_2Si(R'_n)O_{3-n/2}$ (R, R' u. n wie oben) auf bekannte Weise hydrolysiert u. kondensiert. Durch 16std. Erhitzen von 3.3.3-Trifluorpropen mit CH_3SiHCl_2 in Ggw. von Pt auf Holzkohle auf 250° erhält man bei der fraktionierten Dest. in einer Ausbeute von 70% *3.3.3-Trifluorpropylmethyldichlorsilan*, Kp.$_{755}$ 122°, n_D^{35} 1,3946 u. $D.^{20}_4$ 1,2611. Durch Hydrolyse mit W., gegebenenfalls in Ggw. inerter Lösungsmittel z. B. Ae., erhält man Siloxane mit der Einheitsstruktur *$CF_3CH_2CH_2Si(CH_3)O$*, die 22—24% des *cycl. Trimeren*, Kp.$_3$ 99°, n_D^{20} 1,3658, enthalten. — Weitere Verbb.: *3.3.4.4.4-Pentafluorbutylmethyldichlorsilan*, Kp.$_{755}$ 131°, n_D^{25} 1,3691, $D.^{20}_4$ 1,3136 u. *3.3.4.4.5.5.5-Heptafluorpentylmethyldichlorsilan*, Kp.$_{755}$ 139°, n_D^{23} 1,3610, n_D^{26} 1,3136, u. daraus die entsprechenden Siloxane. — *Schmiermittel, Hydrauliköle, Hydrophobierungsmittel* u. *Ausgangsstoffe* für *Harze* u. *Elastomere*. (**D. A. S. 1 056 836** Kl. 39c vom 10/9. 1957, veröff. 6/5. 1959. A. Prior. 10/9. 1956.) J. MÜHLEISEN. H 980

Standard Oil Co., übert. von: **Norman Stein**, Chicago, Ill., V. St. A., *Herstellung von 1.3.5-Äthylxylol und m-Xylol*. Unter Fernhaltung von Feuchtigkeit wird ein KW-stoffgemisch aus Äthylbenzol u. mindestens einem Xylolisomeren, jedoch nicht m-Xylol, sowie einem Mol-Verhältnis von Xylol zu Äthylbenzol von mindestens 1 in Ggw. von genügend fl. HF zur Bldg. einer fl. Phase u. mindestens 1 Mol BF_3 je Mol Xylol auf 100 bis 300° F für die Dauer von 10 Min. bis 6 Std. erhitzt. Die Säurephase wird kontinuierlich einem auf einen Druck von 20—60 lbs./sq.in. gehaltenen Destillationsturm zugeführt u. in diesem über Kopf HF, BF_3 u. KW-stoff abgezogen u. als Bodenprod. *Äthylxylol* u. *Xylol* erhalten. — Zeichnung. (**A. P. 2 803 686** vom 6/10. 1955, ausg. 20/8. 1957.) E. Kahles. H 1010

Monsanto Chemical Co., St. Louis, übert. von: **Arthur Alt,** Kirkwood, Mo., V. St. A., *Wasserlösliche Komplexverbindungen aus p-Hydroxybenzaldehyd und Alkali- oder Erdalkalicarbonaten oder -bicarbonaten* der allg. Formel I erhält man durch Rk. des entsprechenden p-Hydroxybenzaldehyds mit den entsprechenden Carbonaten oder Bicarbonaten in einem inerten Lösungsm. (Bzl., Toluol, Xylol, Butanol, Chlorbenzol, Chlortoluol, Chlf., Äthylendichlorid, Perchloräthylen, Naphtha) bei —10 bis +350°, bes. —10 bis +150°. R = gesätt. oder ungesätt. Alkyl, Alkoxyalkyl, Phenylalkyl, Phenyl, Naphthyl, Biphenyl, deren Alkyl-, Alkoxy-, NO_2-, Halogen-, Aminoderivv., Cycloalkyl, heterocycl. Reste wie Furfuryl, Tetrahydrofurfuryl; X = Alkali- bzw. Erdalkalicarbonat oder -bicarbonat. — Aus 100 (Teilen) 3-Methoxy-4-hydroxybenzaldehyd in 300 Bzl. u. 70 wasserfreiem Na_2CO_3 bei 70° → *3-Methoxy-4-hydroxybenzaldehyd·Na_2CO_3*, lösl. in W., eine 10—15%ig. Lsg. hat p_H 8—10; beim Ansäuern entsteht CO_2. *Komplexverb.* mit *$NaHCO_3$*. — Ferner werden die Komplexverbb. hergestellt von: 3-Äthoxy-, 3-Butoxy-, 3-(2-Äthylhexoxy)- u. 3-Benzoxy-4-hydroxybenzaldehyd mit Na- bzw. K- bzw. Mg-Carbonat. — Aromastoffe für *Getränke* u. Nahrungsmittel; Geruchsverbesserungsmittel für Kautschuk u. Harzmischungen; *Zusatzmittel* für Riechstoffe. Ferner kann z. B. Vanillin, das aus Guajacol, Eugenol oder durch Ligninabbau erhalten wurde, aus seinen Roh-Lsgg. als Komplexverb. rein abgetrennt werden. (**A. P. 2 774 791** vom 19/10. 1953, ausg. 18/12. 1956.) G. Krauss. H 1140

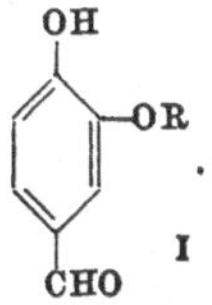

I

Henkel & Cie. G. m. b. H. (Erfinder: **Bernhard Raecke, Hubert Schirp** und **Werner Stein**), Düsseldorf, *Herstellung von Terephthalsäure beziehungsweise deren Salzen und Derivaten.* Das Verf. ist dad. gek., daß man *K-Benzoat* in Ggw. von Cd-Salzen mit anorgan. oder organ. Säuren auf >340° erhitzt. (**D. B. P. 966 335** Kl. 12o vom 17/11. 1955, ausg. 25/7. 1957. Anmeldung bekanntgemacht 29/11. 1956. **Zusatz zu D. B. P. 965 399; C. 1959. 9055.**) F. Obermeier. H 1220

Henkel & Cie. G. m. b. H. (Erfinder: **Hartwig Schütt,** Hagen, und **Werner Stein**), Düsseldorf, *Herstellung von Terephthalsäure, deren Salzen oder Derivaten aus Kaliumbenzoat.* Man erhitzt in Ggw. inerter Gase Gemische aus K-Benzoat (I), Alkalicarbonaten u. katalyt. wirkenden Salzen des Cd oder Zn, die a) je Mol I wenigstens 0,25 Mol Cd- oder Zn-Ionen u. b) so viel CO_3-Ionen enthalten, daß je Mol Katalysatormetall wenigstens 2 Äquivalente F-Ionen u. wenigstens 2 Äquivalente CO_3-Ionen vorhanden sind, wobei die CO_3-Ionen teilweise durch äquivalente Mengen an Halogenidionen ersetzt sein können. Als bevorzugte Ausführungsform setzt man je Mol I 0,35, bes. 0,5—1 Mol, Cd- bzw. Zn-Ionen zu. (**D. A. S. 1 018 047** Kl. 12o vom 4/2. 1956, veröff. 24/10. 1957. **Zusatz zu D. B. P. 965 399; C. 1959. 9055.**) F. Obermeier. H 1220

Lubrizol Corp., Wickliffe, übert. von: **Willis G. Craig,** Willoughby, Ohio, V. St. A., *Zinksalze aromatischer Dithiophosphinsäuren* erhält man durch Rk. von gegebenenfalls halogenierten aromat. KW-stoffen mit P_2S_5, $AlCl_3$ oder $AlBr_3$ u. $ZnCl_2$ bzw. $ZnBr_2$ bei 130—250°. — 19,2 (Mol) C_6H_6, 1 P_2S_5, 0,5 $AlCl_3$ u. 1 $ZnCl_2$ werden unter N_2-Druck von 250 lbs./sq.in. auf 200° erhitzt. Das Prod. wird mit W. behandelt, filtriert u. der erhaltene feste Stoff durch Kochen mit W. gereinigt, filtriert u. getrocknet. Man erhält *Zn-Salz der Diphenyldithiophosphinsäure.* — Analog erhält man die *Zn-Salze der Bis-chlorphenyl-, Bis-(sek.-amylphenyl)-* u. der *Bis-(dichlorphenyl)-dithiophosphinsäure.* Zusätze zu Schmiermitteln u. -fetten, zu Insekticiden, Weichmachern, Kunststoffen, Flammschutzmitteln, Stabilisatoren u. vielen anderen Stoffen. (**A. P. 2 809 979** vom 26/1. 1954, ausg. 15/10. 1957.) J. Mühleisen. H 1380

Badische Anilin- & Soda-Fabrik Akt.-Ges., Ludwigshafen/Rh. (Erfinder: **Georg Wittig,** Heidelberg), *Stabilisierung von kaliumorganischen Verbindungen,* dad. gek., daß man sie mit Li-organ. Verbb. oder mit LiBr versetzt. Zweckmäßig wird die Li-organ. Verb. in Ae. gelöst u. in der Lsg. die K-organ. Verb. hergestellt, indem man z. B. in eine Lsg. der ersteren Verb., z. B. zu C_6H_5Li in Ae., die entsprechende Hg-organ. Verb., z. B. $(C_6H_5)_2Hg$, gibt u. metall. K, bes. eine Na–K-Legierung, in die Mischung einträgt. (**D. A. S. 1 054 992** Kl. 12o vom 12/2. 1958, veröff. 16/4. 1959.) J. Mühleisen. H 1380

E. I. du Pont de Nemours & Co., V. St. A., *Umsetzung von Nitrocycloalkanen,* dad. gek., daß man die wss. Lsg. eines Nitrocycloalkanalkalisalzes bei 20—100° u. p_H 2—6 mit einer eine S-haltige Säure enthaltenden sauren Lsg. umsetzt. — Zu 104 (Teilen) $NaHSO_3$ in 450 W. u. so viel 37%ig. HCl, daß der p_H-Wert 5 beträgt, setzt man bei 60° allmählich 65 Nitrocyclohexan in 151 15%ig. NaOH. Nach Abkühlen, Neutralisieren u. Aufarbeiten aus Chlf. erhält man 24 (%) *Caprolactam,* 25 *1-Nitrocyclo-*

hexan-Na-sulfonat, 39 *Cyclohexanon* u. <1 *Cyclohexanonoxim*. Die Rk. läßt sich auch mit SO_2, $Na_2S_2O_3$ oder $Na_2S_2O_4$ u. mit Nitrocyclopentan durchführen. (**F. P. 1 163 775** vom 5/1. 1957, ausg. 30/9. 1958.) S. BÖTTCHER. H 1800

Farbenfabriken Bayer Akt.-Ges., Leverkusen (Erfinder: **Josef Binapfl**, Krefeld), *Cyclohexen* erhält man z. B. in einer Ausbeute von 124 (g) durch Erhitzen von z. B. 178 1-Cyclohexen-(1)-ylcyclohexanon-(2) auf 100—200°, bes. 140—170°, in Ggw. von wasserabspaltenden Mitteln, wie 40 Al-Hydrosilicat, $ZnCl_2$, $AlCl_3$, $FeCl_3$, BF_3 oder H_3PO_4. (**D. B. P. 958 836** Kl. 12o vom 2/9. 1952, ausg. 28/2. 1957. Anmeldung bekanntgemacht 30/8. 1956.) R. LINK. H 1810

Farbenfabriken Bayer Akt.-Ges. (Erfinder: **Friedrich Möller** und **Otto Bayer**), Leverkusen, *Cyclohexanonoxim* erhält man in z. B. 86,3%ig. Ausbeute durch katalyt. Hydrierung von mineralsauren Nitrocyclohexansalz-Lsgg. bei einem p_H-Wert <2 in Ggw. eines Pd-Katalysators (5%ig. Pd-Kohle) bei erhöhtem Druck von z. B. 30 atü u. übliche Aufarbeitung. (**D. B. P. 966 201** Kl. 12o vom 14/8. 1953, ausg. 18/7. 1957. Anmeldung bekanntgemacht 14/6. 1956.) R. LINK. H 1960

Farbenfabriken Bayer Akt.-Ges., Leverkusen (Erfinder: **Herbert Simonis**, Krefeld-Uerdingen, und **Kurt Bauer**, Holzminden), *6-Alkoxycyclodecanone-(1)* bzw. deren Oxime erhält man durch Umlagerung von trans-9-Dekahydronaphthylhydroperoxyd (z. B. durch Oxydation von trans-Dekahydronaphthalin mit Luft bei 170° u. 2,5—3 atü in Ggw. von 0,05% eines Mischkatalysators aus ölsaurem Co, Mn, Zn, Ce) in saurer alkoh. Lsg. bei erhöhter Temp., wobei die Umlagerung mit einem Überschuß an niedermol. Alkanol, zweckmäßig nach vorheriger Abtrennung von nicht umgesetztem Dekahydronaphthalin vorgenommen wird, das Gemisch anschließend neutralisiert, der überschüssige Alkohol abdest., das erhaltene Gemisch mit verd. Bisulfitlsg. behandelt, die Anlagerungsverb. von z. B. $NaHSO_3$ an das β-Naphthanon abgetrennt wird, die noch im Gemisch enthaltenen Ketone in Oxime, z. B. *trans-α-Naphthanonoxim* u. *6-Methoxycyclodecanon-(1)-oxim*, F. (aus Methanol) 91—92°; Ausbeute 50—70%, übergeführt, die gleichzeitig noch im Gemisch vorhandenen Dekahydronaphthole anschließend abdest. werden, der Rückstand z. B. mit einem niedermol. Alkanol aufgenommen wird, die Oxime fraktioniert krist. u. gegebenenfalls durch Erhitzen mit einer verd. Mineralsäure, wie 2n H_2SO_4, gespalten werden; man erhält z. B. *6-Methoxycyclodecanon-(1)*, $Kp._{12}$ 127—128°. (**D. B. P. 960 459** Kl. 12o vom 19/8. 1954, ausg. 21/3. 1957. Anmeldung bekanntgemacht 27/9. 1956.) R. LINK. H 1960

Wolfgang Riedl, München, **Klaus-Heinz Risse**, Gilching, und **Josef Nickl**, Freising, *1.3.3.-Trialkyl-1.5-cyclohexadien-2.6-diol-4-one* erhält man durch Entacylierung von Lupulonabkömmlingen (= Phloracetophenonen) durch Behandeln mit verd. Alkali oder verd. Säuren. — Z. B. kocht man 1(g) 1-Acetyl-3.3.5-trimethyl-1.5-cyclohexadien-2.6-diol-4-on, F. 161°, mit 24 cm^3 2n HCl 5 Std. unter Rückfluß, engt die Lsg. auf 15 cm^3 ein u. gewinnt nach mehrstd. Stehen im Eisschrank 0,55 (69%) *3-Methylfilicinsäure* (= *1.3.3-Trimethyl-1.5-cyclohexadien-2.6-diol-4-on*), gelbliche Oktaeder aus CH_3OH oder Essigester, F. 179—180°. — Analog: *1.3.3-Triäthyl-1.5-cyclohexadien-2.6-diol-4-on*, gelbe Spieße aus 50%ig. CH_3OH, F. 150°. — *1.3.3-Triisoamyl-1.5-cyclohexadien-2.6-diol-4-on*, flockige, wasserhaltige Kristalle, F. 110°. — Dieselben Verbb. erhält man auch, wenn man als Ausgangsmaterial 1-n-Butyryl- (F. 87°), 1-Isobutyryl- (F. 99°), 1-Isovaleryl- (F. 115°), 1-Phenacetyl- (F. 143°), 1-Benzoyl-3.3.5-trimethyl-1.5-cyclohexadien-2.6-diol-4-on (F. 159—160°), 1-Phenacetyl-3.3.5-triäthyl-1.5-cyclohexadien-2.6-diol-4-on, F. 100°, bzw. 1-Isovaleryl-3.3.5-triisoamyl-1.5-cyclohexadien-2.6-diol-4-on verwendet. — Zwischenprodd. zur Herst. physiol. wirksamer Mittel. (**D. B. P. 953 166** Kl. 12o vom 2/3. 1954, ausg. 29/11. 1956. Anmeldung bekanntgemacht 7/6. 1956.) R. LINK. H 1980

Farbwerke Hoechst Akt.-Ges., vormals Meister Lucius & Brüning, Frankfurt/M. (Erfinder: **Hans Götte**, Kelkheim/Taunus-Münster, und **Martin Wenzel**, Berlin), *Herstellung von radioaktivem Dicyclopentadienylkobalt* (**I**), dad. gek., daß über einen radioakt. Co enthaltenden $Fe-Al_2O_3$-Katalysator (**II**) bei 200—400°, vorzugsweise bei 300°, in bekannter Weise ein Gemisch aus Cyclopentadiendampf u. H_2 u./oder N_2 u./oder einem Edelgas geleitet wird. **II** erhält man z. B. wie folgt: 2,6 g Eisennitrat, 52 mg Ammoniummolybdat, 150 mg NH_4NO_3, 1 mg KOH u. 100 μC $^{60}Co(NO_3)_2$-Lsg. werden nach Lösen in W. mit NaOH gefällt; der Nd. wird gewaschen, zentrifugiert, getrocknet u. in einem Schiffchen bei 600° geglüht, worauf die M. mit H_2 bei 400—500° red. wird. Zur Trennung von **I** vom Dicyclopentadienyleisen wird das Gemisch in Pentan gelöst u. die Lsg. mit wss. H_2O_2 ausgeschüttelt, worauf aus der wss. Lsg. nach Zusatz von $[Co(C_5H_5)_2]ClO_4$ (**III**) u. Einengen gelbe Nadeln von **III** u. der entsprechenden Verb. des radioakt. Co ausfallen. — Zeichnung. — Zwischenprodukt. (**D. A. S. 1 057 114** Kl. 12o vom 18/12. 1957, veröff. 14/5. 1959.) J. MÜHLEISEN. H 2180

American Cyanamid Co., New York, N. Y., übert. von: **Edwin Marvin Smolin**, Stamford, und **Kenneth Worden Saunders**, Darien, Conn., V. St. A., und **Donald R. May**, Niagara Falls, Ontario, Canada, *Kernhalogenierte 1.1-Diaryläthane* erhält man durch Rk. von kernhalogenierten Arylverbb. des Bzl., die mindestens 1 H-Atom im Benzolkern enthalten, mit C_2H_2 in Ggw. von HCl u. $AlCl_3$, wobei C_2H_2 in einer Menge von 15—45% derjenigen Menge, die insgesamt mit dem Ausgangsstoff reagieren kann, verwendet wird. — Ein Gemisch von 1125 (Teilen) Chlorbenzol u. 25,8 $AlCl_3$ wird bei 75° mit 37,5 C_2H_2-Gas u. HCl-Gas umgesetzt. Nach Hydrolyse von $AlCl_3$ mit verd. HCl wird mit W. u. wss. NaOH-Lsg. gewaschen u. dest., wobei 260 *1.1-Bis-(chlorphenyl)-äthan* erhalten werden. (**A. P. 2 846 478** vom 17/9. 1954, ausg. 5/8. 1958.) J. MÜHLEISEN. H 2210

Comp. Française des Matières Colorantes, Paris (Erfinder: **Robert Lantz** und **Gilbert Kremer**, Ermont), Frankreich, *Herstellung von C-Nitrosodiarylaminen* aus den entsprechenden N-Nitrosodiarylaminen oder diese enthaltenden Umsetzungsgemischen mittels Halogenwasserstoffsäuren in Ggw. von Alkoholen, dad. gek., daß das Umlagerungsmedium aus einer wss. Halogenwasserstofflsg. u. ein oder mehreren Alkoholen mit 3—6 C-Atomen besteht, dem noch ein wasserlösl. Salz, wie LiCl, $CaCl_2$, $MgCl_2$ oder $ZnCl_2$, zugesetzt werden kann. — Beispiel: 50 (Teile) N-Nitrosodiphenylamin mit 250 n-Propylalkohol u. 147 einer wss. Lsg., die auf 100 34,4 HCl enthält, werden 16 Std. bei 25° gerührt, das Gemisch mit 2600 W. versetzt u. mit 75 Na_2CO_3 neutralisiert. Man filtriert den Nd. von *4-Nitrosodiphenylamin* ab, löst in Na_2CO_3-Lsg. u. fällt nochmals mit Säure. Ausbeute ca. 80%. — Analog werden hergestellt: 4-Nitroso-3.3'-dimethyldiphenylamin u. 3-Methoxy-4-nitrosodiphenylamin. — Vgl. auch E. P. 773 236; C. **1958.** 2872. (**D. A. S. 1 025 416** Kl. 12q vom 7/1. 1955, veröff. 6/3. 1958. F. Prior. 8/1. 1954.) W. HEYER. H 2510

Laboratoires Français de Chimiothérapie, Frankreich (Erfinder: **G. Müller**), *Trennung der Enantiomorphen von 1β-Carboxy-5β-hydroxy-8-keto-1.4.4aα.5.8.8aα-hexahydronaphthalin* (**I**), dad. gek., daß man das Racemat in A. löst u. in die sd. Lsg. Chinin gibt. Das *Chininsalz* der *l-Form* krist sofort, F. 225°; $[\alpha]_D^{20}$ —151°. Man suspendiert es in W. u. Chlf. u. rührt 3 Std. mit $NaHCO_3$. Nach Aufarbeiten u. Umkristallisation aus A.-Ae. erhält man *l*-I, F. 210°; $[\alpha]_D^{20}$ —85° (c = 0,5%; A.). Aus den Mutterlaugen gewinnt man in gleicher Weise, ohne das Chininsalz zu isolieren, *d*-I, F. 210°; $[\alpha]_D^{20}$ +83°, u. aus deren Mutterlaugen das *Racemat*, F. 202°. Die Trennung gelingt ebenso mit Brucin, *Salz* der *l-Form*, F. 210°; $[\alpha]_D^{20}$ —40° (c = 0,5%; A.). (**F. P. 1 164 582** vom 31/10. 1956, ausg. 13/10. 1958.) S. BÖTTCHER. H 2700

Imperial Chemical Industries Ltd., London, England (Erfinder: **Gerald Scott** und **Francis Edward Gervase Tate**), *Herstellung von Anthracenen durch Cyclisieren von Diarylmethanen*, welche folgende Struktur aufweisen: $R_1R_2R_3R_4C$, worin R_1 u. R_2 Arylreste, R_3 u. R_4 H oder Alkylreste bedeuten u. R_1 einen Methylrest in o-Stellung u. R_2 ein H in o-Stellung aufweisen. Diese Diarylmethane werden in Abwesenheit von O_2 u. in Ggw. eines Katalysators, wie eines Metalls, Oxyds oder Sulfids der Elemente der Gruppen Ib, II, III, IVa, Va, VIa, VIIa u. VIII des Period. Syst. erhitzt. (**E. P. 798 167** vom 22/8. 1955, ausg. 16/7. 1958.) E. KAHLES. H 2800

General Aniline & Film Corp., New York, N. Y., übert. von: **Albert Bloom**, Summit, und **Leslie M. Schenck**, Westfield, N. J., V. St. A., *Polyaminoanthrachinonsulfonsäuren* erhält man aus den Polyaminoanthrachinonsulfaten in Abwesenheit von freier H_2SO_4 durch Erhitzen der Sulfate in inerten hochsd. Fll., wie Trichlorbenzol (**I**), Hexamethylbenzol oder hochsd. Mineralölen, zwischen 175 u. 225°, Filtrieren, Lösen in W., Filtrieren von wasserunlösl. Verunreinigungen u. Ausfällen des reinen Sulfonats durch Zugabe von HCl. — Das Verf. erlaubt das Arbeiten bei niedrigerer Temp. u. die schnelle u. leichte Entfernung des Kondensationswassers u. führt so zu besseren Ausbeuten. — 100 (g) 1.5-Diaminoanthrachinonsulfat [aus dem 1.5-Diaminoanthrachinon (**II**) durch inniges Vermischen mit einer mol. Menge H_2SO_4] verteilt man in 720 **I** u. dest. langsam das während des Sulfonierens entstehende W. ab. Nach 16 Std. filtriert man bei 200—215° das Prod. u. nicht umgesetztes **II** vom **I** ab, schlämmt bei 90—95° in 1930 W. u. 50 NH_4OH auf, filtriert u. versetzt das Filtrat mit HCl. Die kristalline **II**-2-sulfonsäure wird in einer Ausbeute von 68% der Theorie erhalten. Analog erhält man die 1.4- oder 1.8-Diaminoanthrachinonsulfonsäure. Das Verf. kann zur Herst. von Sulfonsäuren auch auf Triamino- oder Tetraminoanthrachinone u. allg. sogar auf Polyamine der Anthracen-, Naphthalin- oder Pyrenreihe angewendet werden. (**A. P. 2 842 564** vom 22/5. 1956, ausg. 8/7. 1958.) O. ROICK. H 2800

Karl Ziegler, Mülheim/Ruhr, und **Klaus Hafner**, Marburg, *Herstellung von Azulenen.* Das Verf. des D. B. P. 942 326, bei welchem man gegebenenfalls substituierte Cyclopentadiene, die mindestens 2 benachbarte unsubstituierte C-Atome besitzen, oder

Inden mit Abkömmlingen des Glutacondialdehyds, die in α- u./oder β-Stellung alkyliert sein können, u. bei denen die enolisierte Aldehydgruppe durch eine gegebenenfalls N-alkylsubstituierte Arylamidgruppe ausgetauscht sein kann, zu den entsprechenden Fulvenen kondensiert u. diese dann durch Erhitzen, gegebenenfalls in Ggw. von inerten organ. Lösungsmitteln, in die entsprechenden Azulene überführt, wird dahingehend variiert, daß man die Ringschluß-Rk. kontinuierlich u. kurzzeitig durchführt, bes. daß man ein Verdünnungsmittel im Reaktionsgefäß vorlegt, welches auf die Reaktionstemp. erhitzt ist u. in dem sich die in den Reaktionsraum anteilweise eingeführte ringzuschließende Verb. sofort löst, u. daß man die gebildeten Azulene möglichst schnell aus dem Reaktionsraum entfernt. — Z. B. vermischt man 10 (g) 5-(N-Methylanilino)-pentadienylidencyclopentadien u. 100 Benzidin, verpreßt das Gemisch zu Tabletten, erhitzt in einem geeigneten Gefäß 100 Benzidin auf 250—300°, leitet auf 250—300° überhitzten Wasserdampf durch das geschmolzene Benzidin u. gibt die tablettierte Fulven–Benzidin-Mischung in Zeitabständen von 5—10 Min. in Anteilen von 10—20 in das Reaktionsgefäß, dest. das gebildete *Azulen* (I) zusammen mit dem Methylanilin u. Benzidin mit dem Wasserdampf in eine gekühlte Vorlage, treibt auch noch das im Reaktionsgefäß verbliebene überschüssige Benzidin über, saugt die blaugefärbte Kristallmasse ab, dest. sie nochmals mit Wasserdampf, schüttelt I aus dem Destillat mit PAe. aus, wäscht die PAe.-Lsg. mit verd. HCl, trocknet u. dest. sie; man erhält 3,7 I (68% der Theorie). (**D. A. S. 1 000 378** Kl. 12o vom 30/6. 1954, veröff. 10/1. 1957. **Zusatz zu D. B. P. 942 326; C. 1958. 1983. Schwz. P. 330 316** vom 2/8. 1954, ausg. 15/7. 1958. D. Priorr. 7/8. 1953 u. 30/6. 1954.) R. LINK. H 2950

Ruhrchemie Akt.-Ges., Oberhausen, *Herstellung einer Ätherdicarbonsäure.* Der bei der Herst. von 8-Hydroxytricyclo-[5.2.1.$0^{2.6}$]-decen-(4) durch Hydratisierung von Dicyclopentadien in Ggw. von H_2SO_4 als Nebenprod. gebildete Di-8.8'-(tricyclo-[5.2.1.$0^{2.6}$]-decen-(4)-yl)-äther wird in Bzn. gelöst u. bei 135—150° in Ggw. von Kobaltcarbonylwasserstoff nach der Oxosynth. mit CO u. H_2 umgesetzt → Di-8.8'-(tricyclo-[5.2.1.$0^{2.6}$]-decyl)-äther-4.4'-dimethylal (I). Dieses wird katalyt. hydriert → *Di-8.8'-(tricyclo-[2.5.1.$0^{2.6}$]-decyl)-äther-4.4'-dimethylol*, F. 50—51°, das durch Alkalischmelze bei 210—300° u. Ansäuern in *Di-8.8'-(tricyclo-[5.2.1.$0^{2.6}$]-decyl)-äther-4.4'-dicarbonsäure*, $C_{22}H_{30}O_5$, F. 115—118°, übergeführt wird. Man kann auch I unmittelbar der Alkalischmelze unterwerfen. — *Zwischenprod.* zur Herst. von Estern u. Polyestern, die als *Lacke*, Kunststoffe, Weichmacher u. Schmiermittel geeignet sind. (**Holl. P. 88 229** vom 21/9. 1955, ausg. 16/5. 1958.) F. BÖHM. H 2950

Henri Normant, Frankreich, *Herstellung von α-Äthylenepoxyden*, dad. gek., daß man α-Halogenaldehyde mit Vinylhalogen-Mg-Verbb. zu α-Äthylenhalohydrinen umsetzt u. aus diesen Halogenwasserstoff abspaltet. — Beschrieben wird die Herst. von *1-Äthyl-2-vinyl-1.2-epoxyäthan* (I) aus α-Chlorbutyraldehyd u. Vinyl-Mg-Bromid. — Analog folgende 1.2-Epoxyäthane: *1-Äthyl-2-[β-methylvinyl]-*, *1-Amyl-2-vinyl-*, *1-Amyl-2-[β-methylvinyl]-* (II), *1-Octadecyl-2-[β-(2-methyl-5-chlorphenyl)-vinyl]-*, *1-[5-Hexylpyrazinyl-(2)]-2-[β-(α-naphthyl)-vinyl]-*, *1-[2-Methyl-5-chlorphenyl]-2-[β.β-didecylvinyl]-*, *1-Cyclopentyl-2-[buten-(2)-yl]-*, *1-[Octen-(3)-yl-(1)]-2-[cyclohexen-(1)-yl]-*, *1-[5-Chlorthienyl]-2-[β-phenylmethylvinyl]-*, *1-[α-Phenyl-β.β-diäthylvinyl]-*, *1-[α-Naphthyl]-2-vinyl-*, *1-Hexyl-2-vinyl-* u. *1-[p-Äthylphenyl]-2-vinyl-*, wobei als Ausgangsprodd. genannt werden: α-Chlor-α-äthyl-, -amyl-, -[5-hexylpyrazinyl-(2)]-, -[2-methyl-5-chlorphenyl]-, -cyclopentyl-, -[octen-(3)-yl-(1)]-, -[5-chlorthienyl]-, -[α-naphthyl]- u. -[p-äthylphenyl]-, α-Brom-α-octadecyl- u. -hexyl- u. α-Chloracetaldehyd, β-Methyl-, β-[2-Methyl-5-chlorphenyl]-, β-[α-Naphthyl]-, β.β-Didecyl-, β-[Phenylmethyl]-, α-Phenyl-β.β-diäthylvinyl-Mg-Bromid, Vinyl-Mg-Chlorid u. Buten-(2)-yl-(2)-Mg-Bromid. — Beschrieben wird ferner die Hydrolyse von I u. II zu *1-Äthyl-2-vinyläthylenglykol* bzw. *1-Amyl-2-[β-methylvinyl]-äthylenglykol* u. die Rk. von II mit Diäthylamin zu *5-Diäthylaminodecen-(2)-ol-(4)* u. *4-Diäthylaminodecen-(2)-ol-(5)*. — *Weichmacher* u. *Zwischenprodukte*. (**F. P. 1 160 836** vom 13/11. 1956, ausg. 11/8. 1958.) S. BÖTTCHER. H 3030

Menley & James Ltd. (Erfinder: **David Mulder**), *5-Nitrofuranderivate* erhält man aus den entsprechenden Furanderivv. durch Einw. von konz. oder rauchender HNO_3 in Ggw. von überschüssigem Acetanhydrid (I) u. eines SO- bzw. SO_2-gruppenhaltigen Katalysators (nicht >3%, bezogen auf I) u. Abkühlen des Reaktionsgemisches. — Es werden dargestellt: *5-Nitrofurfurol* u. *5-Nitrofuran-2-carbonsäuremethylester*. Als Katalysator werden z. B. verwendet: H_2SO_4, Sulfaminsäure, p-Toluolsulfonsäure oder Dimethylsulfat. (**Aust. P. 211 807** vom 22/2. 1956, ausg. 16/1. 1958.) A. BRÖSAMLE. H 3061

Farbwerke Hoechst Akt.-Ges., vormals Meister Lucius & Brüning, Frankfurt/M. (Erfinder: **Kurt Fischer**, Altötting, und **Hans Oberrauch**, Burgkirchen/Alz), *Herstellung von Lactamen*, dad. gek., daß man ω-Halogenfettsäuren mit ≧4 C-Atomen in der Kette mit wss. NH_3 bei erhöhter Temp., bes. 250—300°, umsetzt u. das gebildete

Lactam durch Extraktion u. Dest. isoliert. Das Verf. kann kontinuierlich durchgeführt werden. Man erhält z. B. aus δ-Chlorvaleriansäure in 90,5%ig. Ausbeute *δ-Valerolactam.* Analog: *Pyrrolidon-(2)* aus γ-Chlorbuttersäure. (**Schwz. P. 324 438** vom 1/3. 1954, ausg. 15/11. 1957. **A. P. 2 784 191** vom 1/3. 1954, ausg. 5/3. 1957. **E. P. 767 725** vom 3/3. 1954, ausg. 6/2. 1957. Alle D. Prior. 3/3. 1953.) C. Lüttgen. H 3081

E. I. du Pont de Nemours & Co., Wilmington, Del., übert. von: **William R. Miller**, Niagara Falls, N. Y., V. St. A., *Piperazin* erhält man durch reduktive Cyclisierung von Iminodiacetonitril in Ggw. von durch Al aktiviertem Raney-Ni, inertem Alkohol oder Äther als Lösungsm., der 5—15% NH_3 enthält, bei 3000—5000, bes. 4000—4500 lbs./sq.in u. 75—125°. (**A. P. 2 809 196** vom 30/8. 1955, ausg. 8/10. 1957.) L. Stadelmann. H 3272

X. Färberei. Organische Farbstoffe.

L. S. Thompson, *Fortschritte auf dem Gebiet der Textilfärberei.* Überblick über neuere Entwicklungen auf dem Gebiet des Vorbereitens, Färbens u. Ausrüstens von Textilien. Ausführliche Beschreibung des Entschlichtens u. Bleichens nach dem Peroxydverf. u. in der Benteler-Bleichanlage u. des Färbens im Standfast-Verf., in der Bond-Maschine, nach dem Pad-Roll- u. Hochtemperaturverfahren. Ferner beschreibt Vf. zwei neue, in der Textilforschung anwendbare Meßgeräte zur magnet. Best. der Fließgeschwindigkeit u. zur Best. des Redoxpotentials u. geht kurz auf Neuentwicklungen auf den angrenzenden Gebieten der Herst. synthet. Fasern (*Creslan, Darvan, Zefran*), Farbstoffe (Reaktivfarbstoffe) u. Harze zur Textilausrüstung ein. (Textile J. Australia **33.** 1226—28. 50—52. 20/12. 1958.) H. Sontag. 7020

—, *Verwendung von Carriers als Hilfsmittel beim Färben hydrophiler Fasern.* Es wurde die Wrkg. von Lösungsm., Konz., Färbedauer, -temp. u. p_H auf die Baderschöpfung beim Färben von Wolle mit Säureschwarz 58 unter Verwendung von Butanol als Carrier untersucht. Dabei ergab sich eine optimale Lösungsmittelkonz., deren Über- u. Unterschreiten die Färbegeschwindigkeit herabsetzte. Ferner wurden weitere 43 organ. Verbb. auf ihre Eignung als Carriers beim Färben von Wolle u. Baumwolle mit sauren Woll- u. Vorchromierungsfarbstoffen untersucht u. nach ihrer Wrkg. als Färbereihilfsmittel — stark, mäßig, gering u. reservierend — in 4 Klassen unterteilt. Die Erörterung der Ergebnisse führt zu der Theorie, daß der Carrier von der hydrophilen Faser absorbiert wird, wodurch sich deren Permeabilität für den Farbstoff erhöht u. die Färbegeschwindigkeit beschleunigt wird. Es werden aus dieser Erkenntnis Folgerungen für die Praxis des Färbens von Wolle u. Baumwolle unter Zusatz von Carriers gezogen. (Amer. Dyestuff Reporter **47.** P789—P796. 17/11. 1958.) H. Sontag. 7020

W. Beal, *Einige neue Entwicklungen für das Färben im Teppichgewerbe.* Es werden Färbemethoden besprochen, die geeignet sind für Teppiche u. Teppichgarne aus synthet. Fasern oder deren Gemischen mit natürlichen Fasern mit besonderer Betonung des Färbens von Viscose–Reyon-Mischungen. (J. Soc. Dyers Colourists **74.** 677—82. Okt. 1958. Middleton, Manchester, Geigy Co. Ltd.) R. Junge. 7020

F. J. Parker, *Ungleichmäßige Färbung von Wollvelourtuch.* Es wurde nach zahlreichen verschied. Verss. festgestellt, daß die beim Unifärben von Wolltuch — bes. von schwerem Velour — mit Anthrachinonsäureblau auftretenden Streifen auf mechan. Abrieb zurückzuführen sind. Abhilfe brachte ein Zusammennähen jedes Stückes, so daß die Innenseite geschützt war, u. Einbau eines Antriebes für die oberen Walzen der Walkmaschine, deren Geschwindigkeit auf 100 yd./Min. verringert wurde. (J. Soc. Dyers Colourists **74.** 693—95. Okt. 1958. Mytholmroyd, Yorkshire, Thomas Ratcliffe and Co. Ltd.) R. Junge. 7020

Willi Festerling, *Moderne Färbeverfahren auf Zellwollstückware mit Küpenfarbstoffen.* Allg. Übersicht. (Reyon, Zellwolle andere Chemiefasern **8.** 873—77. Dez. 1958.) P. Eckert. 7020

J. Wegmann, *Zur Kenntnis der Reaktivfarbstoffe.* 1. Mitt. Nach einer kurzen Einleitung wird eine Übersicht über die färber. Prinzipien gegeben u. dann Beweise für kovalente Bindung von Reaktivfarbstoffen an die Faser gebracht. Die Bindung des Farbstoffs an das Substrat wird an Hand von Reaktionsschemata erklärt. (Textil-Prax. **13.** 936—40. Sept. 1958. Basel, Ciba AG.) P. Eckert. 7020

J. Wegmann, *Zur Kenntnis der Reaktivfarbstoffe.* 2. Mitt. (1. vgl. vorst. Ref.) Einleitend wird eine Charakteristik der Reaktivfarbstoffe gegeben u. dann werden die techn. Anwendungsverff. besprochen. In diesem Zusammenhang werden erwähnt: Das Aufziehverf., das Imprägnierverf. (Foulard-, Einbad-Thermofixier-, Pad-Roll-, Pad-Steam-Verf., Pad-Rollenkufen-Entw., Molten-metal-Verf., Pad-Jig-Verf. u. Direktdruck). Abschließend werden die Vor- u. Nachteile der Reaktivfarbstoffe beschrieben. — 23 Literaturnachweise. (Textil-Prax. **13.** 1056—61. Okt. 1958. Basel, Ciba AG.) P. ECKERT. 7020

L. F. C. Friele, *Die Blaustandardmuster für die Bestimmung der Lichtechtheit.* Eine Nachprüfung der Blaustandardmuster (alte u. neue BRIT. STANDARD INST., ISO-Standard, Standard des SCHWEIZ. VERBANDES FÜR MATERIALPRÜFUNGEN DER TECHNIK) ergibt kleine Abweichungen in einigen Lichtechtheitsklassen (Tabellen). (De Tex **17.** 1711—12. Dez. 1958. Delft, Vezelinst., T. N. O.) W. WESLY. 7028

Badische Anilin- & Soda-Fabrik Akt.-Ges., Ludwigshafen/Rh. (Erfinder: **Karl Craemer,** Heidelberg), *Viscosefarbstoff- oder pigmenthaltige Druckpasten vom Öl-in-Wasser-Typ* mit Benzin-KW-stoffen in der inneren Phase. Der üblicherweise durch den Zusatz von Farbstoffteigen eintretende Viscositätsabfall wird vermieden, wenn die Druckpaste geringe Mengen, bes. 1—6%, Polyäthylenoxyd vom Mol.-Gew. 2500—8000 enthält. (**D. A. S. 1 045 365** Kl. 8n vom 13/11. 1956, veröff. 4/12. 1958.) F. BÖHM. 7007

Badische Anilin- & Soda-Fabrik Akt.-Ges. (Erfinder: **Julius Eisele,** Ludwigshafen/Rh., **Wilhelm Federkiel,** Frankenthal, und **Arnold Tartter,** Lambsheim), *Färben von Gebilden aus nativer oder regenerierter Cellulose.* Man klotzt die Gewebe oder dgl. mit Sulfonierungsprodd. der Methylolderivv. von Phthalocyaninfarbstoffen oder der Ester dieser Verbb. mit Halogenwasserstoffen oder organ. Säuren, behandelt gleichzeitig oder anschließend mit alkal. Mitteln u. unterwirft die Färbungen einer therm. Nachbehandlung. — Eine Klotz-Fl. enthält z. B. 15 (g/Liter) des Einwirkungsprod. von Oleum auf Tetra-(chlormethyl)-Cu-phthalocyanin, 30 NaCl u. 12 cm^3/Liter NaOH (38° Bé). Die Nachbehandlung erfolgt mit Heißluft von 180—200° (3 Min.). (**D. A. S. 1 054 059** Kl. 8m vom 3/5. 1957, veröff. 2/4. 1959.) F. BÖHM. 7021

British Celanese Ltd., London (Erfinder: **Henry Charles Olpin, William James Savory,** Spondon, Derby, und **Joseph Anthony Bright,** Chapeltown, Sheffield, Yorkshire), England, *Färben und Bedrucken von Textilfasern aus Cellulosetriacetat.* Man behandelt die Fasern vor oder während des Färbens oder Bedruckens mit Dispersions-, sauren oder metallisierten Farbstoffen oder mit Azofarbstoffkomponenten mit Diäthylenglykoldiacetat (I). Färbebäder enthalten 10—60 g/Liter I, Klotz-Fll. u. Druckpasten neben Verdickungsmitteln u. Farbstoffen bzw. Farbstoffkomponenten 25—65 (%) I u. zweckmäßig noch 2—5 Thiocyanat, z. B. NH_4SCN oder $Zn(SCN)_2$. (**D. A. S. 1 050 301** Kl. 8m vom 26/3. 1957, veröff. 12/2. 1959. E. Priorr. 28/3., 29/3. u. 27/11. 1956.) F. BÖHM. 7021

Farbenfabriken Bayer Akt.-Ges., Leverkusen (Erfinder: **Karl Neufang** und **Rudolf Koch,** Köln), *Färben von Gebilden aus Polyacrylnitril.* Man behandelt die Fäden oder dgl. zunächst mit verd. wss. Lsgg. reduzierend wirkender Oniumverbb. u. färbt dann, bes. mit sauren Wollfarbstoffen, in Ggw. von Cu(II)-Verbindungen. — Z. B. behandelt man zunächst 20 Min. bei 95—98° mit einer Lsg., die 2 (g/Liter) Hydrazinsulfat enthält, spült u. färbt 60—90 Min. in sd. Bad, das 0,1 des Farbstoffes 5-Nitro-o-anisidin → 2-Phenylamino-8-oxynaphthalin-6-sulfonsäure enthält. (**D. A. S. 1 046 566** Kl. 8m vom 10/4. 1956, veröff. 18/12. 1958.) F. BÖHM. 7021

American Cyanamid Co., New York, N. Y., übert. von: **Robert S. Long** und **Richard J. Boyle,** Bound Brook, N. J., V. St. A., *Pyrrocolinfarbstoffe für Polyester.* Zum Färben von Polyester- u. Celluloseesterfasern verwendet man Dispersionsfarbstoffe, die Amide von aromat. Aminen mit Säuren der Formel I darstellen (Ph = 6gliedriger, carbocycl., aromat. Ring; Ar = aromat. Ringsyst. mit 1 oder 2 6gliedrigen Ringen, das das bezeichnete N-Atom als einziges Heteroatom enthält), z. B. 2.3-Phthaloylpyrrocolincarbonsäure-(1)-anilid oder -o-anisidid. (**A. P. 2 863 714** vom 2/6. 1955, ausg. 9/12. 1958.) F. BÖHM. 7021

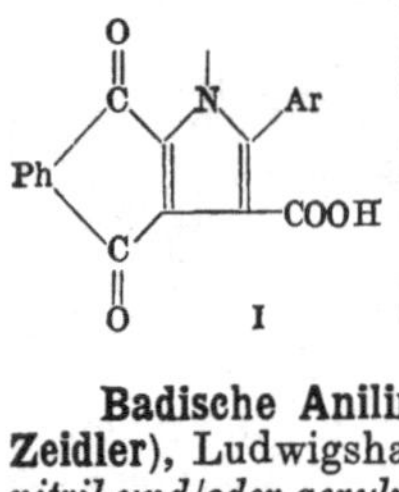

I

Badische Anilin- & Soda-Fabrik Akt.-Ges. (Erfinder: **Albrecht Würz** und **Rolf Zeidler**), Ludwigshafen/Rh., *Färben und Bedrucken von Textilmaterial aus Polyacrylnitril und/oder acrylnitrilhaltigen Mischpolymerisaten* mit kation. Farbstoffen. Man erhält tiefe Färbungen, wenn man den Färbebädern oder Druckpasten 0,01—10% oder mehr schwach bis mittelstark oxydierende Mittel, wie Alkali-, Erdalkali- oder Schwermetallsalze von Halogensauerstoffsäuren oder von Sauerstoffsäuren der Metalle der 5. bis 7. Nebengruppe des Period. Syst., zusetzt. (**D. A. S. 1 045 970** Kl. 8m vom 19/6. 1957, veröff. 11/12. 1958.) F. BÖHM. 7023

Farbenfabriken Bayer Akt.-Ges. (Erfinder: **Herbert Gensel, Heinz Sievert,** Leverkusen, und **Herbert Bergehoff,** Köln), *Färben und Imprägnieren von Leder.* Man bringt lösl. oder unlösl. Farbstoffe u. gleichzeitig oder danach Lsgg. isocyanatmodifizierter

Polyoxyverbb. zusammen mit Polyisocyanaten u. Reaktionsbeschleunigern in einem organ. Lösungsm. auf. — Z. B. spritzt man Leder mit einer Lsg., die in 1000 (g) Äthylacetat 20 eines Adipinsäureglykolpolyesters, umgesetzt mit Toluylendiisocyanat (100:12), 5,5 eines Triisocyanats aus 1 (Mol) Hexantriol u. 3 Toluylendiisocyanat, 10 (g) Azofarbstoff aus diazotiertem 2.4-Dinitranilin u. 2.3-Oxynaphthoesäure-2-phenetidid u. 3 einer 10%ig. Lsg. von Titansäuretetrastearylester u. dem Kondensationsprod. aus 1 (Mol) N-Methyldiäthanolamin u. 2 Phenylisocyanat (1 : 2) enthält. (**D. A. S. 1 056 090** Kl. 8m vom 15/10. 1956, veröff. 30/4. 1959.) F. BÖHM. 7025

F. Hoffmann-La Roche & Co. Akt.-Ges., Basel, Schweiz, *2.6.11.15-Tetramethylhexadecahexaen-(2.4.6.10.12.14)-in-(8)-dial-(1.16)* (I), F. 190—192°. Man erwärmt eine Lsg. von 4.9-Dimethyldodecatetraen-(2.4.8.10)-in-(6)-dial-(1.12) in Orthoameisensäureäthylester mit NH_4NO_3 u. A.: *4.9-Dimethyldodecatetraen-(2.4.8.10)-in-(6)-tetraäthylbis-acetal-(1.12)*, $Kp._{0,04}$ 181°; n_D^{27} 1,57. — Hieraus durch Rk. mit Äthylpropenyläther bei 30—35° in Ggw. von BF_3-Ätherat: *2.6.11.15-Tetramethylhexadecatetraen-(4.6.10.12)-in-(8)-3.14-diäthoxy-bis-acetal-(1.16)*. Kochen mit H_3PO_4 in Dioxan–W. in Ggw. einer Spur Hydrochinon unter N_2 ergibt **I**; *Diphenylhydrazon*, rote Nadeln, F. 249° (Zers.). — *Zwischenprod. für Farbstoffe.* (**Holl. P. 87 483** vom 11/8. 1954, ausg. 15/2. 1958.) F. BÖHM. 7049

Naphthol Chemie, Offenbach, *Herstellung von Azofarbstoffen* der Formel **I**, in der X u. Y Alkyl, Alkoxy oder Halogen, A H oder Alkyl bedeuten. Man acyliert die nichtdiazotierbare NH_2-Gruppe, führt in die Syndiazotate über (Einw. von kalter Alkalilauge) u. wandelt mittels konz. Alkalilauge in die Antidiazotate um unter Abspaltung der Acylgruppe. — 165 (Teile) 1-Acetylamino-4-amino-2.6-dichlorbenzol werden diazotiert u. in eine Lsg. von 600 NaOH in 900 W. von 5° gegeben. Man erhält das Syndiazotat, gibt die Lsg. in eine Lsg. von 120 KOH in 300 W. von 130—140°, läßt abkühlen, verd. mit 1200 W. u. filtriert. (**It. P. 495 810** vom 24/11. 1951. D. Prior. 25/11. 1950.) K. KOEBKE. 7053

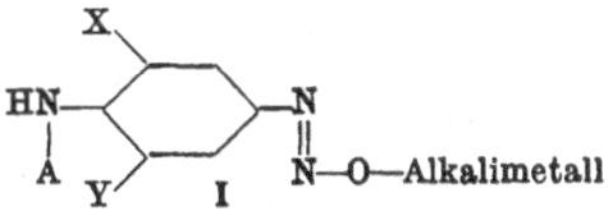

I

XIa. Farben. Anstriche. Lacke. Naturharze.

I. R. Morosow, *Zur Methodik der Berechnungen in der Lackfarbenindustrie.* Die allg. Gleichung $Y_n = Y_a : (A \cdot Y_b \cdot X_n + 1)^B$ für die funktionelle Abhängigkeit zweier in den Grenzen a u. b variabler Größen X u. Y wird auf folgende Größenpaare angewendet, die in der Lackfarbenindustrie eine Rolle spielen (A u. B = Konstanten): Temp. u. Viscosität von W., Rezeptur u. Viscosität von Kolloxylin- u. Perchlorvinyl-Lsgg., Kochzeit u. Acidität von Glyptalharzen, Temp. u. Kochzeit von Glyptalharzen sowie Rezeptur u. Kochzeit von Lackölgrundlagen. Die erhaltenen Werte stimmen mit den experimentell gefundenen gut überein. (Журнал Прикладной Химии [J. angew. Chem.] **30**. 1270—74. Aug. 1957.) A. NOWAK. 7090

R. Marpon, *Die Grundlagen der Korrosionsbekämpfung in der chemischen Industrie.* (Peintures, Pigments, Vernis **34**. 491—98. Nov. 1958. — C. **1958**. 14181.) B. SCHEIFELE. 7090

M. van Rysselberge, *Korrosionsschutz von Stahlkonstruktionen.* Überblick über den Korrosionsschutz durch Anstriche. (Acier — Stahl — Steel **24**. 89—94. Febr. 1959. Sofina.) F. VIER. 7090

N. J. Read, *Calciumplumbat in Grundierungen.* Diskussion zu der C. **1959**. 6305 referierten Arbeit. (J. Oil Colour Chemists' Assoc. **41**. 676—78. Sept. 1958.) L. KEMPF. 7092

Hermann O. Kölln, *Schwebemittel.* Vf. behandelt allg. das Problem der Bodensatzbldg. in Anstrichfarben u. die in der Praxis angewandten Gegenmittel. (Dtsch. Farben-Z. **13**. 55—57. Febr. 1959. Münster/Westf.) L. KEMPF. 7096

L. J. Coleman, *Anwendungsmöglichkeiten, Chemie und Praxis von Ätzgrundierungen.* Vf. berichtet ausführlich über Chemie u. Technologie von Ätzgrundierungen mit 1 u. 2 Komponenten u. gibt eine genaue Beschreibung umfangreicher Versuchsreihen sowie deren Ergebnisse, die gesondert in einem Anhang zusammengefaßt sind. — 36 Literaturangaben. (J. Oil Colour Chemists' Assoc. **42**. 10—93. Jan. 1959. London.) L. KEMPF. 7106

D. Liff, H. W. Rudd und **L. A. Tysall**, *Wiedereinführung des Begriffes der latenten Löslichkeit.* Vff. behandeln den Begriff der „latenten Löslichkeit" durch Unterss. von Nitrocelluloselacken, bei denen Alkohole als sogenannte „latente Lösungsmittel" angesehen werden, was aber nach Ansicht der Vff. einer theoret. Grundlage entbehrt.

(J. Oil Colour Chemists' Assoc. **41.** 644—52. Sept. 1958. Egham, Surrey, Shell Chem. Co. Ltd.) L. KEMPF. 7106

Carlo Koch, *Über eigentümliche, durch Aldehyde bedingte Austrocknungssprünge (Untersuchungen an Polyvinylpyrrolidon- und Knochenleimlösungen).* Vf. untersuchte die an Polyvinylpyrrolidon- u. Knochenleim-Lsgg. unter der Einw. verschied. Aldehyde zu beobachtenden Austrocknungserscheinungen, die durch strauchartig verzweigte, vom Flüssigkeitsrande her entstehende Oberflächensprünge gek. sind. Nach dem Überschreiten einer gewissen Minimalmenge bei der Zugabe des jeweiligen Aldehydes läuft die genannte Rk. als Ketten-Rk. unabhängig von einer weiteren Zugabe an Aldehyd ab u. kommt erst nach einigen Tagen zum Stillstand. Während bei einer direkten Zugabe des Aldehydes relativ große Mengen zur Auslösung des beschriebenen Effektes erforderlich sind, genügen bei einer Bedampfung wesentlich geringere Mengen. Nach der Überschichtung eines solchen Trockenpräp. mit dest. W. tritt bei neuerlicher Trocknung kein entsprechender Effekt mehr auf. (Kolloid-Z. **154.** 58—62. Sept. 1957. Triest, Ospedale Maggiore.) D. FORST. 7106

A. J. Wildschut, *Erfahrungen mit amingehärteten Epoxyharzanstrichen in Industrie und Schiffahrt.* Berichtet wird über Erfahrungen mit amingehärteten Epoxyharzanstrichen (I) in Natronlauge- u. Mineralölbetrieben u. als Betonauskleidungen. — Resultate: I sind gegen zahlreiche Chemikalien beständig. Erforderlich sind solche I, die wenig oder kein Lösungsm. enthalten oder ein Lösungsm., das an der Härtungs-Rk. teilnimmt. Auf handentrosteten Oberflächen zeigten I erst im zweiten Jahr Unterrostung, wobei die Filmdicke eine Rolle spielt. Bei Ausführung von Tankerinnenanstrichen mit I ist Stahlschrotstrahlen wirtschaftlich zu rechtfertigen. (Werkstoffe u. Korrosion **9.** 741—46. Dez. 1958. Den Haag.) B. SCHEIFELE. 7106

N. D. P. Smith, *Das Elektronenmikroskop bei der Farbenuntersuchung.* Vff. beschreiben die Theorie des Elektronenmikroskops u. Arten der Untersuchungstechnik. Anwendung bei Pigmenten u. Verschnittstoffen, zur Best. der Oberflächenstruktur von Farben u. Lacken, charakterist. Teilchengrößen u. Formen. Beispiele für Zusammenhang zwischen Oberflächenstruktur u. Glanz, durch Elektronenmikroskop wahrnehmbare Veränderung in Oberflächen bei Bewitterung. (J. Electrodepositors' techn. Soc. **32.** 370—84. 1954/55.) R. ZEISBERGER. 7158

E. I. du Pont de Nemours & Co., Wilmington, Del., übert. von: **Joseph H. Cooper,** Hillside, N. J., V. St. A., *Pigmentherstellung.* Farbstarke organ. Pigmente werden erhalten, wenn man ein Rohprod., z. B. 2.9-Diphenyl-6.13-dichlortriphenyldioxazin, 2.5-Di-(1′-amino-2′-anthrachinoyl)-1.3.4-oxadiazol, Chinacridon oder ein Phthalocyanin, zunächst trocken vermahlt u. dann unter starker Bewegung mit einer netzenden, organ., inerten Fl., die durch Wasserdampfdest. wieder entfernt werden kann, wie Aceton, Dimethylformamid, Tetrachloräthylen, CCl_4 oder o-Dichlorbenzol, behandelt. (**A. P. 2 857 400** vom 19/9. 1955, ausg. 21/10. 1958.) F. BÖHM. 7093

Farbwerke Hoechst Akt.-Ges., vormals Meister Lucius & Brüning (Erfinder: **Ludwig Orthner** und **Ernst Günter Fuchs**), Frankfurt/M., *Epoxyde ungesättigter Fettsäureamide mit mindestens ca. 75% Epoxysauerstoffgehalt* der allg. Formel R—NH—R′—NH—R″ (R u. R″ = ein- oder mehrfach ungesätt. Fettsäurerest mit mindestens 12 C-Atomen u. isolierten Doppelbindungen, in dem zwischen der Doppelbindung u. der —CO—NH-Gruppe noch mindestens ein gesätt. C-Atom steht; R″ = auch gesätt. Fettsäurerest mit mindestens 12 C-Atomen; R′ = KW-stoffrest mit mindestens 2 C-Atomen) erhält man, indem man diese Amide mit Peressigsäure oder HCOOH u. H_2O_2 in bekannter Weise in Ggw. eines unpolaren, die ungesätt. Amide lösenden Lösungsm. mit einer DK >5 oder einer die Amide lösenden Mischung aus einem polaren u. einem unpolaren Lösungsm., von denen eines eine DK >5 besitzt, behandelt, z. B. in chloriertem Bzl., Mischungen aus Eisessig mit CCl_4, Bzl., dessen Homologen, kernchloriertem Bzl. oder dessen Homologen. — Aus 100 (Teilen) Äthylen-bis-sojaölfettsäureamid in 500 cm^3 CCl_4 u. 35 g Peressigsäure in 270 cm^3 Eisessig bei 25—30° → *Epoxyd,* aus Aceton—A. im Verhältnis 2:1, F. 114—116°; Epoxydgeh. 4,75%; Ausbeute 90%. — *Zusatzmittel* zu *Lacken, Überzugsmassen* oder *Formkörpern,* wodurch deren Elastizität u. Beständigkeit gegen chem. Mittel erhöht wird. (**D. A. S. 1 052 976** Kl. 12o vom 7/3. 1955, veröff. 19/3. 1959.) G. KRAUSS. 7097

American Potash & Chemical Corp., übert. von: **George Otto Orth jr.** und **John Spinelli,** Seattle, Wash., V. St. A., *Überzugsmischungen, die gut haftende und feuerfeste Überzüge bilden.* Sie enthalten in homogener Mischung ein übliches organ. Bindemittel als Filmbildner, ein anorgan. Pigment u. 5—15 Gew.-% (bezogen auf Gesamtmischung) einer anorgan. Fritte (F. ca. 370°), die aus ca. 20—50 (Teilen) B_2O_3, 25—60 PbO u. 1—20 NaF hergestellt ist. Durch den Zusatz bildet sich bei Hitzeeinw. eine keram. Schutzschicht aus. (**A. P. 2 840 478** vom 28/10. 1955, ausg. 24/6. 1958.) P. KRUG. 7107

Gillette Co., Boston, Mass., übert. von: **Meyer J. Shnitzler,** Brookline, **Thomas P. Norton,** West Roxbury, und **Richard McDonald,** Scituate, Mass., V. St. A., *Auftragsmittel für Metalloberflächen zur Verhinderung von Korrosion,* enthaltend einen inerten Träger (I) u. ein Gemisch von Korrosionsinhibitoren auf der Grundlage von nichtaromat. sowie aromat. Carbonsäuren u. den entsprechenden Salzen 2wertiger Metalle. Wenigstens eine Substanz liegt hierbei als Metallsalz (z. B. Zn-, Ca-, Sr-, Ba-, Mg-, Pb-, Fe-Salz) vor. Die aromat. Verb. ist wenigstens in einer solchen Menge vorhanden, wie sie in dem Träger allein lösl. ist. Als Inhibitorgemisch wird Benzoesäure + Zn-Naphthenat bevorzugt. Geeignete I sind z. B. Mineralöle, fl. Ester [Sebacinsäuredi-(2-äthylhexyl)-ester] oder Siliconöle. (**A. P. 2 776 917** vom 10/7. 1956, ausg. 8/1. 1957.) P. KRUG. 7107

Robert Hall Hahn, Winchester, Va., V. St. A., *Beschichtung von Metallen mit thermoplastischen Harzen.* Die aus der thermoplast. Grundmasse (bes. Polyvinylchlorid) bei 300—400° F z. B. durch Kalandern gewonnenen Folien werden in noch heißem Zustand (oberhalb 275° F) an der Oberfläche nachbehandelt (poliert, mattiert oder gemustert), dann gekühlt u. anschließend mit einer auf oberhalb 225° F erhitzten, mit einem Kleber versehenen Metalloberfläche (Metallfolie) unter Druck verbunden. Der so hergestellte Schichtkörper wird gekühlt. Die aufgebrachten Muster in der thermoplast. Schicht bleiben erhalten. (**A. P. 2 817 618** vom 14/2. 1957, ausg. 24/12. 1957.) P. KRUG. 7107

Deutsche Gold- & Silberscheideanstalt vormals Roessler, Frankfurt/M. (Erfinder: **Rudolf Nagelschmidt,** Hanau), *Herstellung eines Lackes beziehungsweise Überzugsmittels,* dad. gek., daß *Polychlorbutadien* u. *Polyvinylchlorid* durch gemeinsames Mastizieren vereinigt u. anschließend in Lösungsmitteln oder Lösungsmittelgemischen gelöst werden. (**D. A. S. 1 056 762** Kl. 22h vom 5/10. 1956, veröff. 6/5. 1959.) M. BÖTTCHER. 7107

Farbwerke Hoechst Akt.-Ges., vormals Meister Lucius & Brüning, Frankfurt/M. (Erfinder: **Heinrich Koch,** Frankfurt/M., und **Theo Jacobs,** Wiesbaden), *Überzüge für Gegenstände aus Polyvinylalkohol,* wie *Filme* oder *Polarisationsfolien.* Zum Lackieren der mit Polyvinylacetalen überzogenen Gegenstände aus Polyvinylalkohol werden Cellulosetriacetat-Lsgg. verwendet. — Mengenbeispiele. (**D. A. S. 1 039 418** Kl. 75c vom 15/1. 1954, veröff. 18/9. 1958.) E. WEISS. 7107

Paul Mehnert, Lackfabrik Reeck & Mehnert K.-G., Nürnberg, *Hartauftrocknende, ungesättigte Polyesterharzlacke* auf der Grundlage von ungesätt. linearen Polyestern u. monomeren Verbb., z. B. Styrol, unter Zusatz üblicher Peroxydkatalysatoren u. Beschleuniger, gek. durch einen Zusatz eines Hartharzes, wie Harzester, Maleinatharze, Ketonharze, Aldehydharze, Schellack, Manilakopal usw., in einer Menge von ca. 3—10%. (**D. A. S. 1 056 310** Kl. 22h vom 19/11. 1956, veröff. 30/4. 1959.) M. BÖTTCHER. 7107

Pennsalt Chemicals Corp., übert. von: **Carl J. Ish,** Columbus, Ohio, V. St. A., *Polymerisation von ungesättigten Triglyceriden,* wie trocknenden oder halbtrocknenden Ölen mit einer JZ. $>$10, z. B. Soja-, Mais-, Baumwollsamen-, Lein- oder Specköl, erfolgt mit wasserfreier H_2F_2 bei ca. 20—25°. Nach Dest. der H_2F_2 unter wasserfreien Bedingungen erhält man ein *kautschukartiges,* meist braun gefärbtes Prod., das jedoch wachsartige Eigg. erhält, wenn man mit viel W. verdünnt. Durch Nachbehandeln mit H_2F_2 wird das Prod. wieder kautschukartig. — Für *Farben* u. *Lacke.* (**A. P. 2 837 547** vom 30/12. 1955, ausg. 3/6. 1958.) H. SCHINDLER. 7107

General Mills, Inc., Del., übert. von: **Don E. Floyd,** Robbinsdale, Minn., V. St. A., *Herstellung härtbarer Mischungen aus Epoxydharzen und Polyamiden.* Polymere Fettsäuren, wie Leinölfett- oder Tallölsäure, werden mit einer dimerisierten Harzsäure, z. B. Abietinsäure, u. Polyalkylenpolyaminen, wie Diäthylentriamin oder Triäthylentetramin, bei ca. 200° kondensiert. Die Epoxydharze sollen einen Epoxydwert von 190—2000 u. das Polyamid eine Aminzahl von 20—250 aufweisen. Die Endprodd. haben einen Kugelring-F. von z. B. 64 u. 73° u. zeigen je nach den verschied. Mengenverhältnissen verschied. Viscositäten u. Farben. Sie besitzen z. B. als *Überzüge* hohe Härtegrade. — Mengenbeispiele, Tabellen. (**A. P. 2 823 189** vom 15/7. 1953, ausg. 11/2. 1958.) H. SCHINDLER. 7107

E. Jeenicke & Co. K.-G. (Erfinder: **Gustav Möller**), Dortmund, *Herstellung von Schutzbekleidungen.* Zu F. P. 1 075 938; C. **1956.** 2320 ist nachzutragen: Als kalthärtende Kunstharze werden gemäß den beiden Beispielen Epoxyharze mit Aminhärter u. Cu- bzw. SiC-Pulver als Füllstoffe verwendet. (**Schwz. P. 314 075** vom 12/3. 1953, ausg. 14/7. 1956.) E. WEISS. 7107

Switzer Brothers, Inc., Cleveland, übert. von: **Joseph L. Switzer,** Gates Mills, und **Robert C. Switzer,** Shaker Heights, Ohio, V. St. A., *Fluorescierende Überzugsmittel.* Sie werden hergestellt auf der Grundlage eines hitzehärtbaren, alkoholmodifizierten Harnstoff-CH_2O-Harzes mit einem darin verteilten fluorescierenden Farbstoff u. einem

Alkohol als Lösungsmittel. Man kann die Lsgg. direkt zum Auftragen verwenden oder aber die angefärbten Harzmischungen zunächst kondensieren, zerkleinern u. im gepulverten Zustand in einem geeigneten Träger, wie Lsgg. von Acryl- oder Polystyrolharzen, verteilen. (**A. P. 2 851 424** vom 28/6. 1957, ausg. 9/9. 1958.) P. KRUG. 7107

Olin Mathieson Chemical Corp., übert. von: **Lamont Hagan**, Guilford, und **George R. Mitchell**, Branford, Conn., V. St. A., *Herstellung wasserdichter, heißsiegelbarer Filme aus regenerierter Cellulose.* Die Filme werden zunächst mit der wss. Lsg. einer quaternären Ammoniumverb. der Formel $[(R_1)(R_2)N(R_3)(R_4)]^+X^-$ als Verankerungsmittel behandelt. In der allg. Formel bedeuten: R_1, R_2, R_3 u. R_4 Alkylreste mit 1 bis 6 C-Atomen, Phenyl- oder Benzylreste u. X = Halogen. Hierauf werden als *Decküberzug* wss. Dispersionen von Mischpolymerisaten aus Vinylidenchlorid, Itaconsäure u. Methylacrylat aufgebracht. (**A. P. 2 823 141** vom 8/5. 1953, ausg. 11/2. 1958.) P. KRUG. 7107

XIb. Plaste (Kunstharze. Plastische Massen).

Luc Rechner, *Beitrag zur Untersuchung des Verschleißes von Kunststoffen als Konstruktionsmaterialien.* Die Gebrauchseigg. von verschied. Kunststoffen bzgl. Oberflächenveränderung u. Tiefenwrkg. bei verschied. Beanspruchungsgraden (im Sandstrahlgebläse bis 2 kg/cm^2) wurden vergleichend ermittelt u. die Bedeutung der Befunde bei Anwendung der Kunststoffe als Konstruktionsmaterialien erörtert. (Ind. Plast. mod. **10.** Nr. 9. 41—50. Nov. 1958.) R. SCHÄFF. 7170

H. B. Kessler, *Fließorientierung beim Spritzgießen.* Das Verh. der Moll. des Spritzgutes unter den Bedingungen des Spritzgießens wird untersucht. Vf. geht auf die verschied. Faktoren ein, die einerseits eine Orientierung der Moll. (Erzeugung innerer Spannungen), andererseits ihre Desorientierung (Entspannung) bewirken u. dadurch die Eigg. des Spritzlings beeinflussen. Aus diesen theoret. Betrachtungen werden prakt. Hinweise für die Durchführung des Spritzvorgangs u. die Ausführung der Werkzeuge abgeleitet. (SPE Journal **14.** Nr. 11. 51—52. Nov. 1958. E. I. du Pont de Nemours & Co., Inc., Polychem. Dep., Sales Serv. Labor.) H. SONTAG. 7170

G. Ja. Worobjewa und **Je. P. Wyrodowa**, *Die Prüfung von plastischen Massen in salzsauren Medien der Glucoseindustrie.* Bei der Prüfung verschied. Plastmassen gegen Angriff von 41%ig. HCl im Laufe von 1000 Std. bei Tempp. bis 50° erwiesen sich als widerstandsfähig: Viniplaste, Phaolit, Fluoroplaste u. Polyäthylene u. ihre Copolymere. Bis 100 u. 125° sind bei niedrigeren Säurekonzz. Polyäthylene u. Fluoroplaste beständiger. Sie können zum Schutz der App. gegen HCl empfohlen werden. (Гидролизная и Лесохимическая Промышленность [Hydrolysen- u. holzchem. Ind.] **12.** Nr. 1. 18—20. 1959.) J. v. SCHROEDER. 7170

G. Ciampa und **P. L. Sbrolli**, *Viscosimetrische Charakteristik von Copolymeren aus Vinylchlorid und Vinylacetat.* (Vgl. C. **1957.** 11037.) Neben der mittleren Zus. der *Copolymeren* (I) aus *Vinylchlorid* u. *Vinylacetat* beeinflußt das mittlere Mol.-Gew. bes. die technolog. Eigg. der I. Exakte Vgll. der I untereinander werden jedoch durch die üblichen verschied. viscosimetr. Kennzeichnungen erschwert: $\eta_{spez.}$ mit UBBELOHDE-Viscosimeter in Nitrobenzol bei 30°, Konz. 0,4 g/100 ml Lsg., bzw. in Methylisobutylketon bei 20°, Konz. 1 g/100 ml Lsg., η_i (Viscositätsindex) u. $\eta_{rel.}$ mit DESREUX-BISCHOFF-Viscosimeter in Cyclohexanon bei 25°, Konzz. 0,1 g/100 ml Lsg. für η_i u. 1 g/100 g Lsg. für $\eta_{rel.}$, ferner K-Wert (FIKENTSCHER) mit OSTWALD-FENSKE-Viscosimeter in Cyclohexanon bei 25°, Konz. 0,5 g/100 ml Lsg., bzw. in Dichloräthan bei 25°, Konz. 0,5 g/100 ml Lösungsmittel. Vff. bereiten I mit gleicher Zus. (PVC 86 ± 1%), aber verschied. Mol.-Geww., untersuchen die Prodd. viscosimetr. nach den verschied. erwähnten Methoden u. vermitteln durch Diagramme u. Tabellen die Beziehungen der einzelnen Viscositätskennzeichnungen untereinander. (Materie plast. **23.** 747—54. Sept. 1957.) G. PIEKARSKI. 7172

G. Ciampa, *Viscosimetrisches Verhalten von Copolymeren aus Vinylchlorid und Vinylacetat.* (Vgl. vorst. Ref.) Vf. untersucht das viscosimetr. Verh. einer Serie von *Copolymeren* (I) aus *Vinylchlorid* u. *Vinylacetat* mit konstantem K-Wert (FIKENTSCHER) von 55, aber verschied. PVC-Geh. von 70—100%. Die verschied. viscosimetr. Kennzeichnungen, wie [η] (Intrinsic-Viscosität), η_i (Viscositätsindex), $\eta_{rel.}$, $\eta_{spez.}$ u. K-Wert werden nach den gebräuchlichsten Methoden bestimmt, wobei als Lösungsmittel Cyclohexanon, Methylbutylketon, Dichloräthan u. Nitrobenzol verwendet werden. Es zeigt sich, daß bei den keton. Lösungsmitteln auf Grund von H-Brücken zwischen dem I u. der Ketogruppe mit zunehmendem mittleren PVC-Geh. ansteigende u. höhere K-Werte gefunden werden, während die inerten Lösungsmittel die Konstanz der viscosimetr. Kennzeichnungen derselben I nicht beeinflussen. Es könnten daher viscosimetr. Messungen allein zur Strukturunterss. der I herangezogen werden. — Tabellen. (Materie plast. **24.** 209—12. März 1958.) G. PIEKARSKI. 7172

A. K. Ingberman, R. K. Walton, C. F. Pitt und **M. N. Paul,** *Wenig giftige aliphatische Amine als Vernetzungsmittel für Polyepoxyharze.* Die allg. benutzten Aminhärter für Epoxyharze sind physiol. nicht unbedenklich. Eine Verbesserung bedeutet hier die Verwendung eines Härters aus 30 Teilen Bisphenol A u. 100 Teilen N-Hydroxyäthyldiäthylentriamin, der die Eigg. u. Härtungszeiten der Prodd. sonst nicht weiter beeinflußt. (Ind. Engng. Chem. **49.** 1105. Juli 1957. Bound Brook, N. J., Bakelite Co.) H. BECKER. 7176

W. F. Oxford jr., *Glasfaserverstärkte Epoxyde als Korrosions- und Erosionsschutz.* Beispiele für die Anwendung glasfaserverstärkter Epoxyde auf dem Gebiet der Ölproduktion. (Corrosion [Houston] **13.** Nr. 10. 17. Okt. 1957. Beaumont, Texas, Sun Oil Comp.) L. KEMPF. 7204

J. M. Bather, *Die Mikrobestimmung von Chlor in kleinen Proben von polymerisiertem und copolymerisiertem Vinylchlorid.* Die Identifizierung der Polymeren aus Vinylchlorid, Vinylidenchlorid u. ihrer Copolymeren mit Vinylacetat, Vinylalkohol u. Acrylnitril gelingt durch Best. des Cl-Geh. von Proben, deren Gewicht kleiner als 2,5 mg beträgt. Das Polymere wird durch eine Mischung von Cerammoniumsulfat mit konz. H_2SO_4 in einem geschlossenen Syst. bei 350° oxydiert u. das entweichende Cl_2 in einer Lsg. von Ferroammoniumsulfat absorbiert u. reduziert. Das Chlorid wird nach VOLHARD bestimmt, der Fehler der Best. beträgt ± 0,21%. (Analyst **81.** 536—40. Sept. 1956. Didsbury, Manchester, British Cotton Ind. Res. Ass., Shirley Inst.) TH. GÖTZE. 7210

Union Carbide Corp., N. Y., übert. von: **Lyman Sessen,** Atlantic Highlands, N. J., V. St. A., *Eindampfen wässeriger Polymerisatdispersionen.* Die Emulsionen werden in einer Verdampferanlage, deren Konstruktion an Hand einer Zeichnung erläutert ist, bei geregeltem Druck u. geregelter Temp. unter Rückgewinnung von nichtumgesetzten Monomeren ohne Schaumbildung oder Koagulation konzentriert. — Zeichnung. (**A. P. 2 853 127** vom 29/3. 1955, ausg. 23/9. 1958.) L. STADELMANN. 7171

Farbwerke Hoechst Akt.-Ges., vormals Meister Lucius & Brüning, Frankfurt/M. (Erfinder: **Hans Götte,** Kelkheim/Taunus, und **Martin Wenzel,** Berlin), *Herstellung einer hochmolekularen ^{106}Ru-Inden-Komplexverbindung,* dad. gek., daß Inden mit einem radiorutheniumhaltigen Fe-Al_2O_3-Katalysator auf 130—280°, bes. 200°, erhitzt wird. — *Zusätze bei der Herst. von plast. Massen.* (**D. A. S. 1 056 608** Kl. 12o vom 30/7. 1957, veröff. 6/5. 1959.) J. MÜHLEISEN. 7171

Imperial Chemical Industries Ltd., London, England (Erfinder: **John William Croom Crawford**), *Kontinuierliche Polymerisation von Äthylen* in der Dampfphase erfolgt in Ggw. von Dämpfen metallorgan. Verbb. des Be, Al, Ga u. In einerseits u. 4wertigen Verbb. des Ti oder V andererseits, wobei das Mol.-Verhältnis der Katalysatorkomponenten zwischen 1 : 1 u. 1 : 2 liegen soll. Wird die Temp. unterhalb des F. des Polymerisats gehalten, fällt dieses pulverförmig an. Genannt sind z. B. Triäthyl-Al u. -Ga, Trimethyl-Ga u. -In sowie $TiCl_4$ u. VCl_4. Beschreibung der App. u. Zeichnung. (**E. P. 795 971** vom 17/8. 1955, ausg. 4/6. 1958.) H. SCHINDLER. 7173

Dow Chemical Co., Midland, Mich. (Erfinder: **Richard Edward Edmonson,** Freeport, und **William Fabyan Wroth,** Lake Jackson, Texas), V. St. A., *Umwandlung von feinteiligen Äthylenpolymerisaten in eine für Preßgußverfahren geeignete Form,* dad. gek., daß ein feinteiliges Äthylenpolymerisat in einer wärmeleitenden Fl. dispergiert wird, so daß ein rührbarer Brei erhalten wird, daß der Brei bei einem solchen Druck, daß der fl. Zustand erhalten bleibt, auf eine Temp. erhitzt wird, bei der die Polymerisatteilchen schm., die aber unterhalb der Temp. liegt, bei der Zers. eintritt, daß die geschmolzenen Polymerisatteilchen zu einer wärmeerweichten M. zusammengeballt werden, die prakt. keine wärmeleitende Fl. enthält, u. daß die in der Wärme erweichte Polymerisatmasse von der wärmeleitenden Fl. abgetrennt wird, wobei die wärmeleitende Fl. bei der zum Schmelzen des Polymerisats angewandten Temp. im Polymerisat prakt. unlösl. ist, dieses nicht löst u. gegenüber dem Polymerisat inert ist. Als wärmeleitende Fl. kann W. verwendet werden; der Brei wird vorzugsweise auf eine zwischen 150 u. 300° liegende Temp. erhitzt. (**D. A. S. 1 033 404** Kl. 39a vom 14/9. 1956, veröff. 3/7. 1958. A. Prior. 31/10. 1955.) H. NATHER. 7173

Pickerfabrik „Westfalia" G. m. b. H. (Erfinder: **Kurt-Günther Beck,** Essen), Vreden, *Webstuhlpicker aus Polyäthylen.* Es gelangt ein Polyäthylen mit einem Mol.-Gew. von ca. 1000000 zur Verwendung, welches in Form von Pulver unter Hitze u. Druck gesintert u. zu Platten u. Stangen geformt wird. Aus diesen Platten wird der Picker durch Formpressen oder spanabhebende Bearbeitung herausgearbeitet, um anschließend durch Nachpressen die endgültige Form zu erhalten. (**Oe. P. 199 136** vom 6/12. 1956, ausg. 11/8. 1958. D. Prior. 9/12. 1955.) R. GLAFEY. 7173

Badische Anilin- & Soda-Fabrik Akt.-Ges., Deutschland, *Herstellung von Polymerisationsprodukten aus Kohlenwasserstoffen mit einer olefinischen Doppelbindung* mittels Katalysatoren aus einer Mischung von einem Metall, einer KW-stoff-Metallverb. oder einem Metallhydrid einerseits u. der Verb. eines Metalls aus den Übergangsgruppen des Period. Syst. andererseits, wobei diese beiden Gruppen in Ggw. der zu polymerisierenden KW-stoffe gemischt werden. — 750 (Gewichtsteile) Bzl. werden unter einen Äthylendruck von 70 at gebracht, eine Lsg. von 12,7 $(C_2H_5)_3Al$ (mit 27% Br-Geh.) in 1000 Bzl. u. zugleich eine solche von 10 $TiCl_4$ in 1000 Bzl. in das Druckgefäß zu gleichen Teilen eingerührt, wobei eine Temp. von 50—60° entsteht. Man hält den Druck unter Nachdrücken von Äthylen bei 70 at u. die Temp. nach Zusatz des Katalysators noch ca. 5 Std. bei 50°. (**F. P. 1 156 374** vom 16/7. 1956, ausg. 14/5. 1958. D. Prior. 16/7. 1955.) M. PANKOW. 7173

Esso Research and Engineering Co., Del., übert. von: **Clyde Lee Aldridge**, Baker, und **Augustus Bailey Small**, Baton Rouge, La., V. St. A., *Polymerisation von Erdölspaltprodukten und Hydrieren der Polymerisate.* Dampfgecrackte Erdölfraktionen mit Kpp. 10—260°, bes. 38—210°, werden durch Wärmebehandlung bei 82—115° von den Cyclodienen durch Dimerisation befreit u. dann unterhalb 200° mit FRIEDEL-CRAFTS-Katalysatoren polymerisiert. Die gebildeten Harze werden darauf bei 150—370° u. 0,5—50 mm Hg von nicht umgesetzten Monomeren befreit u. nach Lsg. in Bzl. oder Toluol bei 38—320° u. 7—420° atü hydriert. Die aromat. KW-stoffe gehen dabei in Cycloparaffine über. Das Verhältnis Lösungsm. zu Harz soll 3—5 : 1 betragen. Die Endprodd. zeigen eine bes. helle Färbung. — Mengenbeispiele, Tabellen, Kurven. (**A. P. 2 824 860** vom 29/6. 1955, ausg. 25/2. 1958.) H. SCHINDLER. 7173

Farbwerke Hoechst Akt.-Ges., vormals Meister Lucius & Brüning (Erfinder: **Alfred Kühlkamp** und **Karl-Heinz Kahrs**), Frankfurt/M., *Herstellung von wässerigen Polyvinylesterdispersionen oder von Dispersionen aus Mischpolymerisaten mit Vinylestern* unter Verwendung von wasserlösl. Cellulosederivv. als Schutzkoll., wobei die Latexpartikelgröße über einen Bereich von 0,5—15 μ regelbar eingestellt werden kann. Man bringt dabei in der wss. Flotte eine bestimmte Kombination der wasserlösl. Cellulosederivv. mit Alkalisalzen von Oxydiphenylen unter Mitverwendung von Salzen anorgan. u./oder organ. Säuren, wobei die Säuren ein- oder mehrbas. sein können, u./oder Halbestern von gesätt. u./oder ungesätt. Dicarbonsäuren, wobei die unveresterte Carboxylgruppe ganz oder teilweise mit Alkali abgesätt. sein kann, zum Einsatz. Dabei verwendet man bes. einen Halbester einer Dicarbonsäure u. eines ein- oder mehrwertigen aromat., hydroaromat. oder n- oder isoprim., sek. oder tert. aliphat. C_1–C_{30}-Alkohols, bes. C_6–C_{10}-Alkohols, u. als anorgan. Salz prim. u./oder sek. Phosphate. (**D. A. S. 1 029 565** Kl. 39c vom 8/12. 1956, veröff. 8/5. 1958.) H. NEBELSIEK. 7173

Dow Chemical Co., übert. von: **John L. Lang**, Midland, Mich., V. St. A., *Herstellung von Polystyrol* durch Erhitzen von 85(%) Styrol u. 15β-Propiolacton auf 140°. Nach Erreichen von 50 Festbestandteilen wird das Monomer–Polymergemisch abgezogen, mit W. u. Äthylenglykol bei 200° u. 5 mm Hg hydrolysiert u. das harte Prod. nach Lsg. in Toluol mit m-Toluylendiisocyanat erhitzt. Man erhält ein Elastomeres mit hoher Viscosität. (**A. P. 2 835 658** vom 1/3. 1957, ausg. 20/5. 1958.) H. SCHINDLER. 7173

Dow Chemical Co. (Erfinder: **Louis C. Rubens** und **Eizens Eugene B. Ulmanis**), Midland, Mich., V. St. A., *Vergrößerung polymerer Körper*, dad. gek., daß ein festes, leicht vernetztes Polymerisat (I) aus mindestens 1 monomeren Vinylverb. gequollen wird, indem das I mit mindestens 1 polymerisierbaren, fl. Vinylverb., die von dem I absorbiert werden kann u. in der das I unlösl. ist, in Berührung gebracht wird, daß das gequollene I in eine inerte Fl. eingetaucht wird, die das I u. das Monomere (II), mit dem das I gequollen wird, nicht löst, u. daß das in dem gequollenen I vorliegende II, während der Körper in eine nichtlösende Fl. eintaucht, polymerisiert wird. — Z. B. wird ein Mischpolymerisat aus *Styrol*, *Äthyl-* u. *Divinylbenzol* in eine fl. Mischung der gleichen Polymeren getaucht, wodurch es das ca. 20fache Vol. einnimmt. Anschließend wird in W. bei 50° fertig polymerisiert. Klare harte Körper. (**D. B. P. 968 083** Kl. 39c vom 23/9. 1955, ausg. 16/1. 1958. Anmeldung bekanntgemacht 18/10. 1956. **E. P. 801 399** vom 14/10. 1955, ausg. 10/9. 1958. Beide A. Prior. 12/11. 1954.) H. SCHINDLER. 7173

E. I. du Pont de Nemours & Co., übert. von: **Warren Nesmith Baxter** und **Ivan Maxwell Robinson**, Wilmington, und **Louis Herman Rombach**, Claymont, Del., V. St. A., *Neue Kohlenwasserstoffpolymerisate.* Cycl. KW-stoffe aus der Gruppe der Indene u. Acenaphthene werden in Ggw. eines Katalysators, der aus Halogeniden von Ti, Zr, V, Cr oder Mo u. Organometallverbb., z. B. Li–Al-Tetraalkyl, besteht, bei 1—100 at u. — 80 bis + 200° in einem inerten organ. Lösungsm. polymerisiert oder mit Äthylen copolymerisiert. Die Polymerisate sind von hohem Mol.-Gew. u. teilweise kristallin, u. geben feste Fasern, Filme u. Formartikel. (**A. P. 2 850 488** vom 15/7. 1955, ausg. 2/9. 1958.) L. STADELMANN. 7173

N. V. de Bataafsche Petroleum Mij., Den Haag, Holland, *Herstellung von Glycidyläthern mehrwertiger Phenole* durch Veräthern mit einem Epihalohydrin in alkal. Medium. Nach dem Beispiel wird Bisphenol u. Epichlorhydrin (I) im Mol.-Verhältnis 10 : 1 auf ca. 100° erhitzt u. die Temp. während der Zugabe von 1,9 (Mol.) NaOH je 1 Bisphenol als 40%ig. Lsg. aufrechterhalten. W. u. I werden azeotrop abdest. u. letzteres wieder zurückgeführt, das gebildete NaCl entfernt u. der Glycidyläther in Methylisobutylketon gelöst u. mit W. ausgewaschen. Das Endprod. enthält 0,25% Cl u. 0,521 Epoxyäquivalente je 100 g. Das Mol.-Gew. beträgt 355. Wird Bisphenol hinzugegeben, so findet bei 190° eine 100%ig. Rk. statt. (**E. P. 788 887** vom 30/1. 1956, ausg. 8/1. 1958. A. Prior. 31/1. 1955.) H. SCHINDLER. 7177

Badische Anilin- & Soda-Fabrik Akt.-Ges. (Erfinder: **Alfred Woerner**, Limburgerhof, Pfalz, **Herbert Willersinn** und **Hans Scheuermann**), Ludwigshafen/Rh., *Ungesättigte Polyesterharzmassen* enthalten neben ungesätt. Polyestern (bes. auf Grundlage $\alpha.\beta$-ungesätt. Dicarbonsäuren) Methylolglyoxalureine (I), die mit mindestens 2 Mol eines $\beta.\gamma$-ungesätt. Alkohols veräthert sind, u. gegebenenfalls andere anpolymerisierbare Monomere (Styrole, Divinylbenzol, Vinylpyridin, N-Vinylcarbazol, Vinylketone, -sulfone, Acryl- u. Allylester). Die I sind bes. Tetramethylolglyoxalurein (II), der Diallyläther des Dimethylolglyoxaldiureins, Triallyläther des Trimethylolglyoxaldiureins u. Monobutyldiallyläther des Trimethylolglyoxaldiureins, wobei die H-Atome in den NH-Gruppen auch durch aliphat., cycloaliphat., heterocycl., aromat. oder aliphat.-aromat. Reste ersetzt sein können. Deren Zusatz ergibt bes. wasserbeständige Prodd. mit klebfreier, glänzender u. lösungsmittelfester Oberfläche. — Eine Mischung aus 40 (Teilen) Polyester (aus Maleinsäure u. Propylenglykol-1.2; SZ. 25), 27 Styrol, 33 **II**, 0,01 Hydrochinon, 1 Cyclohexanonperoxyd u. 8 5%ig. Lsg. von Co-Naphthenat in Styrol geliert nach dem Aufstreichen auf Glasplatten in 0,25 mm starker Schicht in 30 Min. u. ist nach 4 Std. staubtrocken. — Herst. von *Gieß-* u. *Schichtkörpern, Fußbodenbelägen* u. *Überzügen*. (**D. A. S. 1 049 572** Kl. 39b vom 27/4. 1957, veröff. 29/1. 1959.) G. TEWES. 7177

Parmelee Plastics Co., Kansas City, Mo., V. St. A., *Verfahren und Form zur Erzeugung optischer Linsen*. Man polymerisiert Diäthylenglykolbis-[allylcarbonat] mit 1—5 Gew.-% eines Katalysators, wie Isopropylpercarbonat, in einer 2teiligen Glasform, deren beide Teile durch eine elast. Ringdichtung verbunden sind. Die Form wird unmittelbar vor dem Einbringen des Monomeren gespült u. poliert u. erhält so einen Feuchtigkeitsfilm, der das Schrumpfen des polymerisierenden Gutes u. das Ablösen des Polymeren erleichtert. Die bei tiefer Temp. lagernde Mischung des Monomeren u. des Katalysators enthält wasserfreies Na_2SO_4 zur Entfernung von Feuchtigkeit. Die Mischung wird filtriert in die Glasform gegeben u. die Form in ca. 11 Std. auf 65° erwärmt u. hier 5 Std. gehalten. Das Polymere wird dann entsprechend den zu erzielenden opt. Korrekturen im Ofen in 1—11 Std. von Raumtemp. auf ca. 115° erwärmt u. so 2—5 Std. gehalten. — Eingehende Angaben über die verwendeten Formen. (**Oe. P. 201 850** vom 29/11. 1956, ausg. 26/1. 1959.) M. PANKOW. 7177

Badische Anilin- & Soda-Fabrik Akt.-Ges. (Erfinder: **Curt Schuster** und **Robert Gehm**), Ludwigshafen/Rh., *Herstellung von polymeren Aminoverbindungen* durch Nitrierung von Polymerisaten oder Mischpolymerisaten aus N-Vinylbenzimidazol (I) oder dessen Derivv. u. anschließende Red. der polymeren Nitroverbindungen. Geeignete Ausgangsstoffe sind: z. B. N-Vinyl-2-methylbenzimidazol, Mischpolymerisate aus I u. anderen polymerisierbaren Monomeren, wie Styrol, Acrylnitril u. dgl., Mischpolymerisate aus I mit bifunktionellen Vinylverbb., wie Divinylbenzol, Polymerisate oder Mischpolymerisate des **I**, in denen die Benzimidazolgruppen teilweise oder völlig als quaternäre NH_4-Verbb. oder als Betaine vorliegen. Dabei kann die Quaternierung auch ganz oder teilweise durch bifunktionelle Verbb., z. B. durch Dichloräthan, Dichlorbutan oder Dichlormethylxylol, erfolgen. — Das zu nitrierende Polymerisat wird zweckmäßig in H_2SO_4 gelöst oder suspendiert u. dann mit konz. HNO_3 versetzt. Die Red. kann in saurem Medium mit Sn, Zn oder Fe ausgeführt werden. — Verwendung der Reaktionsprodd.: z. B. bei der Herst. von Azofarbstoffen durch Kupplung der Diazoverbb., die man durch Diazotierung aus den polymeren Aminoverbb. erhält, ferner zur Herst. von Anionenaustauscherharzen. (**D. A. S. 1 027 873** Kl. 39c vom 25/8. 1956, veröff. 10/4. 1958.) H. NEBELSIEK. 7181

Farbwerke Hoechst Akt.-Ges., vormals Meister Lucius & Brüning, Frankfurt/M. (Erfinder: **Werner Starck, Hans Starck,** Hofheim, und **Felix Schülde,** Bad Soden), *Herstellung von gehärteten Kunststoffen*, bes. unter Formgebung, durch Rk. von Äthyleniminocarbonsäureestern der allg. Formel I, worin n eine Zahl gleich oder > 1, R′ u.

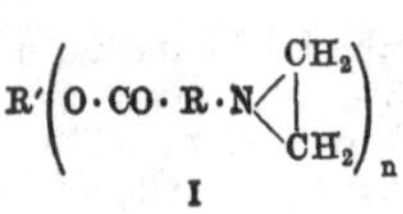

I

R aliphat. oder isocycl. KW-stoffreste, die auch durch ein Heteroatom unterbrochen sein können, bedeuten, u. Äthylenoxydverbb. der allg. Formel $R\cdot(CH\text{—}CH_2)_n$ (CH und CH_2 über O verbunden), worin n eine Zahl > 1 u. R einen aliphat., isocycl. oder heterocycl. Rest, der noch OH- oder CN-Gruppen oder Halogenatome enthalten kann, bedeuten u. das Verhältnis von Äthyleniminoester: Äthylenoxydverbb. innerhalb weiter Grenzen schwanken kann. Die Rk. verläuft bei n. oder erhöhter Temp. u. ohne Anwendung von Katalysatoren. — Beispiel: 1 (Teil) Bis-(β-äthyleniminobuttersäure)-diglykolester wird mit 1 einer Epoxydverb. des 4.4'-Dioxydiphenylpropen-(2), deren Viscosität von ca. 300 cP/100° beträgt, gut verrührt u. anschließend 30 Min. bei 200° gehärtet. Das Reaktionsprod. ist eine klare, gelbe, gummiartige M., die gute elektr. Eigg. besitzt. (**D. A. S. 1 031 511** Kl. 39c vom 9/3. 1955, veröff. 4/6. 1958.) H. NEBELSIEK. 7181

Badische Anilin- & Soda-Fabrik Akt.-Ges. (Erfinder: **Heinrich Baumann,** Frankenthal, Pfalz, und **Fritz Graf**), Ludwigshafen/Rh., *Schwundarme Aminoplast- oder Phenoplastschaumstoffe* werden durch Verschäumen der wss. Lsgg. der härtbaren Reaktionsprodd. von pheno- oder aminoplastbildenden Verbb. u. Aldehyden durch Einarbeiten inerter Gase (Luft) nach bekannter Meth. unter Zusatz von Alkoholen mit 4 oder mehr OH-Gruppen erhalten, z. B. von 5—15% Sorbit. (**D. A. S. 1 054 232** Kl. 39b vom 29/3. 1956, veröff. 2/4. 1959.) G. TEWES. 7181

Badische Anilin- & Soda-Fabrik Akt.-Ges., Ludwigshafen/Rh. (Erfinder: **Hans-Rudolf Jacobi,** Mannheim), *Regelung des Feuchtigkeitsgehaltes von Polyamidformkörpern* (I). Die in einen niedermol. einwertigen Alkohol (**II**; Methanol, A. u. Butanol) gelegten I werden in ein Wasserbad unter Austausch des **II** durch W. gebracht. Hierdurch wird der Sättigungswert von 4% W. in 10 Std. gegenüber bei bloßer Lagerung in W. in 500 Std. erreicht. (**D. A. S. 1 054 233** Kl. 39b vom 27/4. 1957, veröff. 2/4. 1959.) G. TEWES. 7181

Badische Anilin- & Soda-Fabrik Akt.-Ges. (Erfinder: **Björn Olsen, Franz Förster, Alfred Müller** und **Hans Wolz**), Ludwigshafen/Rh., *Polyamidformkörper mit feinkristallinem Gefüge* erhält man durch Erstarrenlassen einer 0,1—10% an Verbb. (I) mit einem aromat. Kern, wenigstens einer phenol. OH-Gruppe u. wenigstens einem aliphat. Rest enthaltenden Polyamid (Polycaprolactam oder Polyadipinsäurehexamethylendiamid)-Schmelze in Formen, deren Temp. > 80°, jedoch unter den F. der M. gehalten wird. Die I sind z. B. Di-tert.-butyl-p-kresol oder Methylen-bis-tert.-butyl-p-kresol. Hervorgehoben wird die besondere Oberflächenhärte der Produkte. (**D. A. S. 1 052 679** Kl. 39b vom 7/7. 1956, veröff. 12/3. 1959.) G. TEWES. 7181

Union Carbide Corp., New York (Erfinder: **Victor Bird Jex,** Buffalo, N. Y., und **Robert Yolland Mixer,** Palo Alto, Calif.), V. St. A., *Herstellung von Cyanalkylkohlenwasserstoffoxysilanen,* dad. gek., daß man ein Gemisch eines Alkali- oder Erdalkalicyanids u. eines Chloralkylkohlenwasserstoffoxysilans der Formel $A_mSi(R_n)Z_{4-m-n}$, worin A eine Mono-, Di- oder Trichloralkylgruppe darstellt, die am β-C-Atom nicht mit Cl substituiert ist, R eine KW-stoffgruppe u. Z eine KW-stoffoxygruppe darstellt, m 1—3, n 0—2 u. die Summe von m u. n nicht < 1 u. nicht > 3 beträgt, in einem Dialkylacylamid-Lösungsm. zwischen 0 u. 200° unter im wesentlichen wasserfreien Bedingungen reagieren läßt. 0,41 (Mol) γ-Chlorpropyltriäthoxysilan, 0,82 NaCN u. 250 cm³ N.N-Dimethylformamid werden 6 Std. unter Rückfluß auf 155° erhitzt. Bei der Dest. erhält man 84 g *γ-Cyanpropyltriäthoxysilan* (88% Ausbeute), $Kp._{0,6}$ 79—80°, d^{25}_4 0,961 u. n_D^{25} 1,4152. Analog erhält man: *Cyanmethyltriäthoxysilan,* $Kp._{0,1}$ 58—59°, n_D^{25} 1,4204, d^{25}_4 0,988; *α-Cyanpropyltriäthoxysilan* $Kp._{0,1}$ 75—76°; *δ-Cyanbutyltriäthoxysilan,* $Kp._{0,7}$ 83—85°, d_4^{25} 0,956, n_D^{25} 1,4207; *γ-Cyanpropyldimethyläthoxysilan,* $Kp._{23}$ 115 bis 116°, n_D^{25} 1,4236 u. *3.4-Dicyanbutylmethyldiäthoxysilan,* $Kp._{1,0}$ 170°, n_D^{25} 1,4510. Die Prodd. ergeben bei der Hydrolyse Siloxane; außerdem können sie durch Hydrierung in die entsprechenden Aminosilane übergeführt werden, die als *Schlichten für Glasfaserstoffe* in Verbindung mit anderen Harzen dienen. (**D. A. S. 1 049 376** Kl. 12o vom 22/12. 1956, veröff. 29/1. 1959. A. Prior. 23/12. 1955.) J. MÜHLEISEN. 7189

Dow Corning Corp., V. St. A. (Erfinder: **Arthur J. Barry**), *Herstellung organischer B-Si-Verbindungen,* dad. gek., daß man ein Methylpolysiloxan, in dem an Stelle der Methylgruppe auch ein anderer Alkyl-, Cycloalkyl-, Aralkyl-, Aryl- oder halogenierter KW-stoffrest sein kann, mit 1—5 Gew.-% einer BR_3-Verb. umsetzt, worin R eine Methyl-, Äthyl-, Äthinyl-, Propyl-, Allyl-, Butyl-, Butenyl-, tert.-Amyl-, Hexyl-, 2-Äthylhexyl-, Octadecyl-, Myricyl-, Cyclohexyl-, Cyclohexenyl-, Cyclopentyl-, Benzyl-, β-Phenyläthyl-, 4-Methylbenzyl-, Phenyl-, Tolyl- oder Naphthylgruppe bedeutet. Die

Prodd. können O_2 aufnehmen u. werden als *hydraulische Fll.*, *Isolierschichten*, *Dielektrica* u. *Schmierölzusätze* verwendet. (**F. P. 1 165 650** vom 27/12. 1956, ausg. 28/10. 1958. A. Prior. 30/1. 1956.) S. BÖTTCHER. 7189

XII. Kautschuk.

Edmond Roger Beaufils, *Physiologische Diagnostik. 2. Mitt. Konzeption der Untersuchungen und Methodik auf den Plantagen.* (1. vgl. C. **1959**. 10744.) Die statist. Auswertung von Zehntausenden von Beobachtungsbefunden an Heveakulturen bei natürlichen u. experimentellen Bedingungen führte zur Folgerung des Vorhandenseins eines physiol. Gleichgewichtsmechanismus. Diese Erkenntnisse rechtfertigen die augenblicklich angewandte Methodik, die eingehend erörtert wird. (Rev. gén. Caoutchouc **35**. 922—28. Juli 1958.) R. SCHÄFF. 7220

H. H. Gillman und **R. W. Childers,** *Temporäres Kleben von Nylon auf Kautschuk.* Eine Klebemeth. für Nylon auf Kautschuk auf Basis von *Supranyl* (Nylonausrüstungsmittel der Firma STEIN, HALL Co., N. Y.) wurde ausgearbeitet, wobei durch Waschen in warmem W. das Gewebe u. das Elastomere wieder vollständig getrennt werden können. (Rubber Age [New York] **84**. 275—76. Nov. 1958. Cedar Grove, N. J., Bishop Manuf. Corp.) R. SCHÄFF. 7220

W. G. Forbes und **L. A. McLeod,** *Abhängigkeit der Klebefestigkeit von molekularen Eigenschaften.* Die Ergebnisse einer Unters. zur Messung der absol. Klebefestigkeit (die zur Trennung von 2 gleichen Polymerisatproben erforderliche Kraft in kg/cm^2) von frischen glatten Kautschukoberflächen u. die Best. der Abhängigkeit der Klebefestigkeit von physikal. u. chem. Faktoren des Polymerisats werden erörtert. Es wird gezeigt, daß die Klebefestigkeit von Naturkautschuk unabhängig von der Polymerisatreinheit, der MOONEY-Viscosität, der Intrinsicviscosität, dem Gelgeh. u. der Mol.-Gew.-Verteilung ist. Die Befunde bei Polyisoprentypen werden diskutiert. Bei ölverschnittenen Butadien–Styrol-Mischpolymerisaten (I) besteht ein Zusammenhang mit der Scherviscosität des Polymerisats; dieser Befund wurde auch bei Alfin-I-Typen, Butylkautschuk, bromiertem Butylkautschuk u. Butadien–Acrylnitril-Mischpolymerisaten bestätigt. Es wird vermutet, daß das Mol.-Gew. (u. wahrscheinlich auch die Kettenverknäuelung) der die Klebefestigkeit bestimmende Faktor ist. Die Bindefestigkeit zwischen 2 verschied. unvulkanisierten Polymeren hängt vom Unterschied der Kohäsionsenergiedichten der 2 Polymerisate ab. (Trans. Proc. Instn. Rubber Ind., Trans. **34**. T 154—T 174. Aug. 1958. Rubber Chem. Technol. **32**. 48—66. Febr./März 1959. Sarnia, Canada, Polymer Corp. Ltd.) R. SCHÄFF. 7220

E. A. Chilov, G. Loustchevskaia, K. Matkovski, B. Savinov, I. Vyvalko und **A. Yasnikov,** *Die Zwischenprodukte der Biosynthese von Kautschuk und Carotin im Kok-Saghyz.* Durch Unters. der Radioaktivität des *Kautschuks* (I), des *Carotins* (II) sowie der *Harze* aus einjährigen Kok-Saghyz-Pflanzen nach Behandlung mit ^{14}C-markierten Verbb. wurde gefunden, daß die größte Radioaktivität im I bei Applikation von dl-$^{14}C_{(3)}$-Alanin (III) erreicht wird. Abnehmende Aktivität wurde in der Reihe dl- (IV), *l*- (V) u. d-$^{14}C_{(2)}$-Alanin (VI), ^{14}C-Lävulinsäure u. $^{14}C_{(1)}$-Glycerin beobachtet, während die Aktivität von I bei Verwendung von $^{14}C_{(1)}$- (VII) u. $^{14}C_{(2)}$-Essigsäure, dl-$^{14}C_{(1)}$-Alanin, d-$^{14}C_{(1)}$-Glucose, d-$^{14}C_{(1)}$-Fructose, ^{14}C-Saccharose, $^{14}C_{(2)}$-Dihydroxyaceton, $^{14}C_{(3)}$-β-Methylcrotonsäure, $^{14}C_{(3)}$-Acetessigsäure, $^{14}C_{(1)}$-Glycerinsäure, $^{14}C_{(1)}$-Glykolsäure, $^{14}C_{(1)}$-Lävulinsäure, $^{14}C_{(1)}$- u. $^{14}C_{(2)}$-Brenztraubensäure, $^{14}C_{(2)}$-Malonsäure, $^{14}C_{(COOH)}$-Benzoesäure u. $^{14}C_{(4)}$-Isopren unter $^1/_5$ des mit III erreichten Wertes sank. Bei II wurde die höchste Aktivität bei Verwendung von IV, eine etwas geringere mit VI, V u. VII beobachtet. Die Harze wiesen eine maximale Aktivität nach Anwendung von VI auf; mit III, V u. $^{14}C_{(1)}$-Glykolsäure wurden wesentlich niedrigere Werte erhalten. Die Ergebnisse beweisen, daß I u. II im Kok-Saghyz auf verschied. Wegen synthetisiert werden, wobei β-Methylcrotonsäure oder Acetessigsäure als Zwischenprodd. ausgeschlossen werden. (Rev. gén. Caoutchouc **35**. 1067—72. Aug./Sept. 1958. Kiev, U.R.S.S., Acad. Sci. Agric. d'Ukraine, Inst. d'Agric. et Inst. de Chimie Organ.) F. HELLER. 7222

L. J. Lambourn, *Der unersetzliche pneumatische Reifen: Vergangenheit, Gegenwart und Zukunft.* Die Entw. auf dem Gebiet pneumat. Reifen wird ausführlich erörtert. (Trans. Proc. Instn. Rubber Ind., Trans. **34**. T 118—T 153. Aug. 1958.) R. SCHÄFF. 7230

A. Schallamach, *Temperaturerhöhungen durch Reibung auf Gummi.* Es wurden die Temperaturerhöhungen u. Reibungskräfte bei Reibung auf Gummi mit Geschwindigkeiten bis zu ca. 400 cm/Sek. u. bei verschied. Belastungen unter Verwendung einer Thermoverb. als Gleiter gemessen. Die Temperaturerhöhungen wuchsen ungefähr proportional der Quadratwurzel der Gleitgeschwindigkeit. Die Wärmegrenzleitfähigkeit des Gleiters beeinflußte die Resultate nicht. Trägt man die Temperaturerhöhungen graph. gegen die abgegebenen Reibungsenergien auf, so liegen sie auf eng gruppierten Kurven. Die Reibungskoeffizienten als Funktion der Belastung u. Geschwindigkeit werden angegeben. (Rubber Chem. Technol. **30.** 1097—1102. Okt./Nov. 1957. Welwyn Garden City, Brit. Rubber Producers' Res. Ass.) K. H. SCHAUERTE. 7230

C. D. Niven, *Über die Reibung von Gummi mit scheibenförmigem Eis.* Es wird eine Prüfmeth. beschrieben, die gestattet die Reibung zwischen Gummi u. Eis unter Last zu bestimmen. Die Verss. zeigen, daß eine lineare Beziehung zwischen Last u. Reibungskraft bei 20° F u. tiefer besteht. Bei feuchtem Eis zeigt Weichgummi stärkere Griffigkeit als Hartgummi. (Canad. J. Technol. **33.** 204—10. Mai 1955.) H. STRAUCH. 7248

Arturo Chiesa, *Kinematische und dynamische Untersuchungen über die Kerbzähigkeit von Vulkanisaten.* Die Probleme bei der Kerbzähigkeitsbest., 3 Weiterreißmethoden, ihre Durchführung u. Auswertung u. Folgerungen über den Aussagewert der Methoden für die Praxis werden besprochen. (Kautschuk u. Gummi **11.** Nr. 6. WT 161 bis WT 168. Juni 1958. Mailand, Pirelli Soc. p.An.) R. SCHÄFF. 7248

Phillips Petroleum Co., übert. von: **Rufus V. Jones,** Bartlesville, Okla., V. St. A., *Polymerisatgemisch,* bestehend aus einer harzartigen Mischung aus festem Polyäthylen u. zu $>$ 50, bes. 70—90%, hydriertem, noch vulkanisierbarem Polybutadien im Mischungsverhältnis (95—5) : (5—95). Gute Verformungs- u. Strangpreßeigg., verbesserte Öl- u. O_3-Festigkeit. (**A. P. 2 834 751** vom 23/4. 1953, ausg. 13/5. 1958.) W. OVERBECK. 7225

Goodyear Tire & Rubber Co. (Erfinder: **Thomas Griffith Mastin** und **Edward Arden Sinclair**), *Elastomere Zusammensetzungen,* bestehend aus 110 (Gewichtsteilen) eines diisocyanat-modifizierten Polyesters, eines diisocyanat-modifizierten Polyesteramids oder eines diisocyanat-modifizierten Polyalkylenätherglykols u. 2—10 Naturkautschuk, aufgearbeitetem Kautschuk oder Mischpolymeren des Butadiens u. Styrols. Diese Zuss. zeigten sich dem reinen Naturkauschuk in bezug auf Abnutzung (Verschleiß) weit überlegen. (**Aust. P. 206 545** vom 7/10. 1955, ausg. 28/3. 1957. A. Prior. 5/5. 1955.) H. NEBELSIEK. 7225

Monsanto Chemicals Ltd., London, England (Erfinder: **Bertrand Ernest Wilde**), *Alterungsschutzmittel* für Kautschuk, bes. gegen Biegerisse, bestehend aus 2.4-Dialkyl-2-methyl-1.2.3.4-tetrahydrochinolin, in dem die 2- u. 4-Alkylgruppen 1—4 C-Atome enthalten. (**E. P. 797 138** vom 19/7. 1955, ausg. 25/6. 1958.) W. OVERBECK. 7227

Firestone Tire & Rubber Co., übert. von: **Harry E. Albert,** Akron, Ohio, V. St. A., *Ozonschutzmittel für Naturkautschuk,* bestehend aus einem Bis-(2-R-4-halogenphenol)-monosulfid, in dem R = Alkyl, Cycloalkyl oder Aralkyl mit höchstens 9 C-Atomen, u. das Halogen Cl oder Br ist. (**A. P. 2 822 413** vom 24/12. 1953, ausg. 4/2. 1958.) W. OVERBECK. 7227

Phoenix Gummiwerke Akt.-Ges. (Erfinder: **Walter Stegemann**), Hamburg-Harburg, *Gewebeeinlagen für Kautschukgegenstände.* Die Cellulosegewebe werden mit mehrwertigen, fl., mit kaltem W. mischbaren u. oberhalb der üblichen Vulkanisationstemp. sd. Alkoholen bzw. deren Abkömmlingen behandelt, z. B. mit Glycerin oder Äthylenglykol. (**D. A. S. 1 056 818** Kl. 39b vom 29/4. 1955, veröff. 6/5. 1959.) W. OVERBECK. 7231

XIII. Ätherische Öle. Parfümerie. Kosmetik.

Jean Ramis, *Stickstoffaerosole.* Der Unterschied in der Wirkungsweise von N_2 zu der von fl. Treibgasen in Aerosolen wird aufgezeigt. Vf. erörtert folgende, in der Praxis der Stickstoffabfüllung auftretende Probleme: Packungsdruck, Wirkstoffabgabe, Verwendung von Glasflaschen, Abfülltechnik, Druckanstieg bei Temperaturerhöhung u. spezif. Einsatzgebiete. (Parfümerie u. Kosmet. **39.** 688—89. Okt. 1958.) H. SONTAG. 7260

H. C. Friederich und **P. H. Witjens,** *Neue Ergebnisse der Epikutanteste von Riechstoffen beim Menschen.* Vff. berichten an Hand des Schrifttums u. eigener Unterss. über die Klinik der Unverträglichkeitserscheinungen durch Parfüme. Es wurde in Serienunterss. auf der Haut von 30 hautgesunden Versuchspersonen verschied. Geschlechts im Alter zwischen 14 u. 70 Jahren ein seiner chem. Zus. (*2-Cuminylpropanal*) u. Konz. nach bekannter Duftstoff (*Cyclamal*) in 2 verschied. Reinheitsgraden (für Parfümerie u. chem. rein) in 2 Salbengrundlagen (W./Öl- u. Öl/W.-Emulsion) ausgetestet. Bei der Erörterung der Ergebnisse wird bes. auf die Bedeutung des Vehikels für die Entstehung von Unverträglichkeitserscheinungen hingewiesen. Ferner wird an Hand der Ergebnisse einer weiteren Untersuchungsanordnung die Bedeutung der herstellungsmäßig bedingten chem. Unreinheit eines Duftstoffes (α-Chlorzimtsäureester mit Geh. an Äthylphenylglycidat u. anderen, nicht identifizierten Noxen) für das Auftreten von Unverträglichkeitserscheinungen aufgezeigt. (Parfümerie u. Kosmet. **39.** 893—97. Dez. 1958. Tübingen, Univ.-Hautklinik; Hilversum, Holland, Polak & Schwarz, Forschungsanstalt.) H. SONTAG. 7276

Silvio Rivera und **Angela Massera,** *Neue Rohstoffe für die neuzeitliche Kosmetik.* Es werden die Eigg. u. Verwendungsmöglichkeiten verschied. *Wollfett*-Derivv. u. des Äthylesters der ungesätt. *Dorschleberölfettsäuren* besprochen. (Riv. ital. Essenze, Profumi, Piante officin., Olii veget., Saponi **40.** 506—07. 15/11. 1958. Milano, Labor. di Ricerche della Esperis Soc. An.) H. P. FIEDLER. 7284

Paolo Rovesti und **Dina Riccardi,** *Neue Erfahrungen über die kosmetologische Anwendung des Sorbits.* Die Eigg. der 70%ig., wss. *Sorbit* (I)-Lsg. werden besprochen u. mit den Eigg. des *Glycerins* (II) verglichen. Aus den durchgeführten Verss. erhellt, daß **I** in kosmetolog. Hinsicht dem **II** überlegen ist. (Riv. ital. Essenze, Profumi, Piante officin., Olii veget., Saponi **40.** 539—41. 15/12. 1958. Milano, Ist. Ricerche sui Deriv. Vegetal.) H. P. FIEDLER. 7284

Giovanni Rivelloni, *Dermatologie und Kosmetik.* Vf. plädiert für eine enge Zusammenarbeit zwischen Dermatologie u. Kosmetik. (Riv. ital. Essenze, Profumi, Piante officin., Olii veget., Saponi **40.** 522. 15/11. 1958. Perugia.) H. P. FIEDLER. 7284

Richard Eckstein, *Überempfindlichkeit der Haut und Hyperergie.* Nach Darlegung der physiol. Verhältnisse bei n. Reizaufnahme u. Reizbeantwortung durch die Haut geht Vf. auf äußere (Atmosphäre, Klima, Witterung) u. innere (körperliche u. seel. Belastung u. Störung) Ursachen sowie die Erscheinungsformen der Hypersensibilität u. Hyperergie ein. Erörterung von Behandlungsmaßnahmen (als chem. Wirkstoff: Azulen). (Parfümerie u. Kosmet. **39.** 709—10. Okt. 1958.) H. SONTAG. 7284

H. Janowitz, *Badepräparate.* Übersicht über die bei der Herst. von Badepräpp. gewöhnlich verwendeten Rohmaterialien. Arbeitsanweisungen für brausende u. nichtbrausende Badetabletten sowie Zus. eines Fichtennadelöls. (Seifen–Öle–Fette–Wachse **82.** 694. 7/11. 1956. Tel Aviv.) K. SEIFERT. 7284

D. H. Ball, R. M. Butler, W. H. Cook und **J. K. N. Jones,** *Trennung ätherischer Öle und methylierter Zucker durch thermische Diffusion.* Die Meth. der therm. Difussion in fl. Phase nach CLUSIUS u. DICKEL konnte erfolgreich zur Fraktionierung der äther. Ingweröle sowie von Gemischen methylierter Zucker (aus der Methanolyse von Heptamethylmethyllactosid) angewandt werden; dagegen konnten die Reaktionsprodd. der Methanolyse von Gummi arabicum in tert. Butanol nicht nach dieser Meth. fraktioniert werden. (Chem. and Ind. **1955.** 1740—41. 24/12. Kingston, Ontario, Queen's Univ., Dep. of Chem. Engineering u. Dep. of Chem.) M. SCHENK. 7286

Gavern T. Walker, *Neue Fortschritte in unserer Kenntnis der Schwefelaminosäuren.* 1. Mitt. *Cystin.* An Hand von Literaturangaben wird der derzeitige Stand der Erkenntnisse über chem. u. physikal. Eigg. des Cystins u. sein Nachw. mit Hilfe der Papierchromatographie u. Papierelektrophorese umrissen. Gegenüberstellung u. krit. Erörterung von 3 Theorien (SPEAKMANN; ROSENTHAL u. OSTER; SWAN) über den Zerfall der Cystin–Disulfid-Bindung unter dem Einfl. von Alkalien. (Parfümerie u. Kosmet. **39.** 653—57. Okt. 1958.) H. SONTAG. 7294

F. Hoffman-La Roche & Co. Akt.-Ges., Basel, Schweiz (Erfinder: **Walter Kimel,** Highland Park, N. J., V. St. A.), *4-[3-Äthyl-2.6.6-trimethylcyclohexen-(2)-yl]-buten-(3)-on-(2),* farblose Fl., $Kp._{1,2}$ 110—112°; n_D^{25} 1,4968; *Semicarbazon,* F. 172,5—173,5°, erhält man durch Cyclisieren von 6.10-Dimethyl-7-äthylundecatrien-(3.5.9)-on-(2) mittels eines sauren Cyclisierungsmittels (BF_3, BF_3-Ätherat, HCOOH, $SnCl_4$), bes. aber mittels sirupöser H_3PO_4 bei ca. 0° u. Reinigen des erhaltenen Prod. über seine $NaHSO_3$-Additionsverbindung. — *Riechstoff,* der an Havannatabak erinnert u. Tabak zugegeben werden kann, um dessen Tabakgeruch zu verstärken u. zu verfeinern. — Das Ausgangsmaterial erhält man durch Rk. von 1.1-Dimethylpropen-(2)-yl-(1)-acetoacetat mit C_2H_5·Br, Pyrolyse des erhaltenen (Dimethylvinylcarbinyl)-α-äthylacetoacetats, Kondensation mit C_2H_2 in fl. NH_3 in Ggw. von Na-Metall, Rk. des erhaltenen 3.7-Dimethyl-4-äthylocten-(6)-in-(1)-ols-(3) mit Diketen u. Pyrolyse des Reaktionsproduktes. (**D. A. S. 1 030 827** Kl. 12o vom 11/2. 1957, veröff. 29/5. 1958. **E. P. 797 980** vom 22/2. 1957, ausg. 9/7. 1958. Beide A. Prior. 23/2. 1956.) R. LINK. 7277

F. Hoffmann-La Roche & Co. Akt.-Ges., Basel, Schweiz (Erfinder: **August Sturzenegger,** Clifton, N. J., V. St. A.), *Herstellung von gemischten Acetalen* der allg. Formel **A**, in der R^1 u. R^3 H oder einen niederen Alkylrest u. R^2 einen niederen Alkylrest

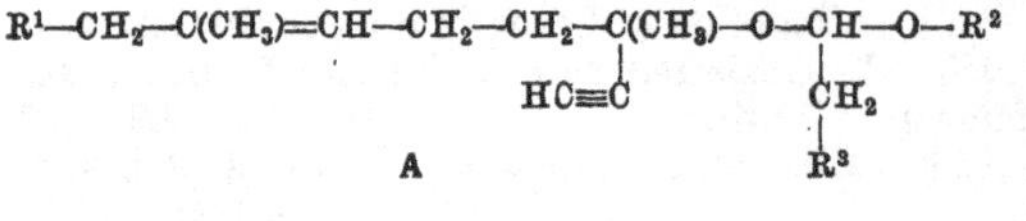
A

bedeuten, dad. gek., daß man ein Carbinol der allg. Formel **B** mit vorzugsweise äquimol. Mengen eines Äthers der allg. Formel $R^2-O-CH=CH-R^3$ in Ggw. eines sauren Kondensationsmittels, bes. von p-Toluolsulfonsäure bei 0—15°, umsetzt. Die Rk. wird vorteilhaft in Ggw. eines Stabilisators, bes. 2.5-Di-(tert.-butyl)-hydrochinon, durchgeführt. So erhält man aus 3.7-Dimethyl-octen-(6)-in-(1)-ol-(3) (I) u. Äthylvinyläther(II) → 1-Äthoxy-1-[3.7-dimethylocten-(6)-in-(1)-yl-(3)-oxy]-äthan, Kp.$_{0,5}$ 71—73°, n_D^{25} 1,4466—1,4478; I u. Methylvinyläther → 1-Methoxy-1-[3.7-dimethylocten-(6)-in-(1)-yl-(3)-oxy]-äthan, Kp.$_{1,3}$ 72—74°, n_D^{25} 1,4476 bis 1,4484; aus I u. Isobutylvinyläther → 1-Isobutoxy-1-[3.7-dimethylocten-(6)-in-(1)-yl-(3)-oxy]-äthan, Kp.$_{1,6}$ 95—98°, n_D^{25} 1,4450—1,4455; I u. n-Butylvinyläther → 1-n-Butoxy-1-[3.7-dimethylocten-(6)-in-(1)-yl-(3)-oxy]-äthan, Kp.$_{1,0}$ 94—96°, n_D^{25} 1,4492—1,4500; 3.7-Dimethylnonen-(6)-in-(1)-ol-(3) u. II → 1-Äthoxy-1-[3.7-dimethylnonen-(6)-in-(1)-yl-(3)-oxy]-äthan, Kp.$_{1,2}$ 87—90°, n_D^{25} 1,4499—1,4506; 3.7.9-Trimethyldecen-(6)-in-(1)-ol-(3) u. II → 1-Äthoxy-1-[3.7.9-trimethyldecen-(6)-in-(1)-yl-(3)-oxy]-äthan, Kp.$_{1,2}$ 104 bis 106°, n_D^{25} 1,4482—1,4490; I u. Äthylpropen-(1)-yläther → 1-Äthoxy-1-[3.7-dimethylocten-(6)-in-(1)-yl-(3)-oxy]-propan, Kp.$_{1,0}$ 85—86°, n_D^{25} 1,4471—1,4472. Die Prodd. weisen charakterist., an Cardamom u. Hydroxycitronellal erinnernde Geruchsnoten auf u. sind z. B. als *Riechstoffkomponenten zur Herst. von Parfüms* u. dgl. verwendbar. (**D.A. S. 1 053 499** Kl. 12o vom 28/11. 1957, veröff. 26/3. 1959. A. Prior. 11/12. 1956.)

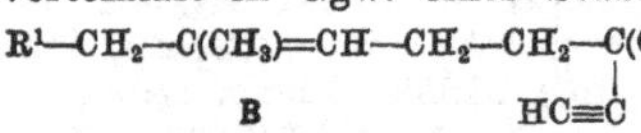
B

W. GRÄGER. 7277

XIV. Zucker. Kohlenhydrate. Stärke.

Béla Fekete und **Dániel Győri,** *Die Wirkung der Volldüngung auf die Zuckerrübe.* Zur Volldüngung von Zuckerrüben wurde Nitrophoska verwendet, welches außer N, P u. K, 2—300 g Mg, 1 g B, 2,5 g Cu, 2,5 g Mn u. 11—13,5 g Zn pro 100 kg enthält. Bei Zuckerrüben ist B ein wichtiger Mikronährstoff, da es den Zuckertransport in der Pflanze fördert. Obwohl der Mn u. B-Geh. des Bodens befriedigend war, konnte deren Wrkg. nicht zur Geltung kommen u. erst durch Anwendung von NPK wurden Mn u. B der Pflanze zugänglich. (Növénytermelés **6.** 27—32. 1957. Budapest, Agrokémiai Kut. Int.) J. PLANK. 7406

P. Devillers, *Behandlung ammoniakhaltiger Wässer, die für die Speisung der Diffuseure bestimmt sind.* Das Problem der Verwendung von Kondenswasser der Verdampfung sowie von Rücknahmewasser aller Art in der Diffusion kann dadurch gelöst werden, daß man das in ihnen enthaltene schädliche NH_3 entfernt. Dies geschieht leicht durch Überleiten über einen Kationenaustauscher vom Typ Amberlite IRC-50, der mit einer relativ geringen Menge Säure fast quantitativ regeneriert werden kann. Die Kosten des Verf. sind verhältnismäßig niedrig. (Sucerie franç. **99.** 251. Sept./Okt. 1958.) G. HOFER. 7406

V. Tibenský und **Z. Kohnová,** *Separation des Schlammes aus der Vorscheidung bei der Reinigung des Rübensaftes.* Durch die beschriebene Separation des Vorscheidungsschlammes, welche eine Kombination der progressiven Vorscheidung (vgl. C. **1958.** 282) u. der simultanen Scheidung u. Saturation darstellt, werden sehr gute Sedimentations- u. Filtrationseigg. der Schlammteilchen erzielt (bei einem Gesamtverbrauch von 0,45 g CaO auf 100 ml Diffusionssaft). Dies ermöglicht eine ökonom. Trennung durch Dekantation u. Vakuumfiltration. Außer der Gewinnung eines hochwertigen Futterschlammes wird durch diese Vorreinigung des Diffusionssaftes die Anwendung von Ionenaustauschern für die Reinigung des Rübensaftes ermöglicht. (Chem. Zvesti **12.** 231—43. April 1958. Bratislava, Chemický ústav SAV, odd. glycidov a biochémie.) H. WEJNAR. 7412

S. Zagrodzki und **Z. Niedzielski,** *Anwendung von Ionenaustauschern polnischer Produktion bei der Reinigung von Stärkesirup.* Der Aschegeh. des Stärkesirups wird bei Reinigung auf 2 hintereinandergeschalteten Anionit–Kationit-Kolonnen mit anschließender Aktivkohleschicht auf 25% erniedrigt. Der Saft bleibt über 2 Jahre klar u. farblos. Die Meth. macht eine Neutralisierung u. Filtration des Säurehydrolysats unnötig. (Przemysł Spożywczy **12.** 405—07. Okt./Nov./Dez. 1958. Łodź.) F. URBAN. 7442

J. Holló und **J. Szejtli,** *Die Struktur von Amylose–Jod-Komplexen.* Eingehende krit. Diskussion der bisher vorliegenden experimentellen Resultate führen Vff. zur Schlußfolgerung, daß für die Struktur des Amylose–J-Komplexes 3 Faktoren charakterist. sind: 1. Die Amylose ist spiraler Natur, J keilt sich in diese Spiralen ein; 2. die eingekeilten J-Moll. bilden resonante Polyjodketten, deren Stabilität mit Zunahme der

Gliederzahl wächst; 3. die Wechselwrkg. zwischen den Polyjodketten u. der diese umgebenden Amylosespiralen führt zu der Annahme, daß H-Bindungen vorhanden sind. (Stärke **10.** 248—53. 1958. Budapest, Techn. Univ., Inst. für Landwirtschaftl. chem. Technologie.) M. ULMANN. 7448

Fritz Teschner, *Die Grenzen der Genauigkeit bei Rohzuckeruntersuchungen auf Polarisation.* Bei ausgedehnten Serienverss. zur Klärung, bei denen auf Pb-freie Filtrate Wert gelegt wurde, wurden als Fällungsmittel $ZnSO_4$ u. $K_4[Fe(CN)_6]$ im stöchiometr. Verhältnis benutzt, die ein sehr dichtes Gel von $K_2Zn_3[Fe(CN)_6]_2$ bilden. Das Gel eignet sich nur für relativ reine nicht verfärbte Lsgg. u. unterhalb 40° sowie für Spezialfälle. Die Filtrate sind blanker als nach der klass. Methode. Starke Polarisationsunterschiede wurden nicht ermittelt. Der auftretende Niederschlagsfehler hängt vom Gelvolumen, jedoch nicht von der Art der Zuckerlsg. ab. (Zuckererzeugung **3.** 72—73. März 1959. Alsleben.) G. LOSSNER. 7470

László Pausz und **József Hadi,** *Bestimmung geringer Saccharosemengen mit dem Anthronreagens.* 3 ml 0,05%ig. Anthronlsg. in konz. H_2SO_4, mit 2 ml Zuckerlsg. vorsichtig vermischt, färbt sich vom Zuckergeh. abhängig blau, blaugrün bzw. grün. Die Ausbldg. der Farbe dauert 15 Min., erfolgt aber in verd. Lsgg. rascher. Erfassungsgrenze 1 μg/ml. Die Reagenslsg. muß täglich frisch bereitet werden. (Cukoripar **11.** 259—61. Okt. 1958. Zuckerfabrik Sárvár.) J. PLANK. 7472

XV. Gärungsindustrie.

N. K. Palagina und **N. N. Tschabowskaja,** *Rationalisierung der Stickstoff- und Phosphorversorgung während der Hefezüchtung.* Es wird festgestellt, daß bei der Hefezüchtung von den der Melasse zugesetzten N- u. P-Salze nicht soviel verwertet werden, wie der Berechnung entspricht. Die fertige Produktion müßte 1,6% N enthalten, tatsächlich sind in der Preßhefe nur 1,4% enthalten. Eine Verbesserung der Qualität u. Steigerung der Ausbeute wird dadurch erreicht, daß man zusätzlich N- u. P-Salze einträgt. Die Dosierung soll so erfolgen, daß die fertige Produktion nicht über 1,6% N bei n. P-Geh. von 0,75—0,85% (umgerechnet auf P_2O_5) enthält, da bei diesem Verhältnis eine richtige Trocknung der Hefe gewährleistet wird. (Хлебопекарная и Кондитерская Промышленность [Brot- u. Konditorei-Ind.] **2.** Nr. 11. 37—40. Nov. 1958. Leningrad, Hefefabrik.) OTTO MAIER. 7506

F. B. Krischtul, A. L. Maltschenko, A. I. Skirsstymonski und **R. I. Tabatschnikowa,** *Qualitätsverbesserung der in Brennereien gewonnenen Bäckerhefe.* Zur Qualitätsverbesserung von Bäckerhefe in den Spiritusbrennereien wird empfohlen, zur Vergärung Hefe „W" zu verwenden. Die Haltbarkeit der isolierten Hefe kann durch ihre Behandlung mit $Fe_2(SO_4)_3$, $KBrO_3$ sowie durch zusätzliche Belassung im W. bei gleichzeitiger Belüftung verbessert werden. (Спиртовая Промышленность [Spirituosen-Ind.] **24.** Nr. 8. 4—6. 1958.) OTTO MAIER. 7506

I. A. Melzer und **Ju. N. Kuramschin,** *Die Anwendung neuer Schaumverhütungsmittel bei der Hefegewinnung.* Vergleichende Laboratoriumsunterss. ergaben, daß bei der Hefegewinnung mit Si-organ. Schaumverhütungsmitteln bessere Ergebnisse erzielt werden als mit Oleinsäure, die den Hefen einen fremden Geruch u. Geschmack verleiht. (Хлебопекарная и Кондитерская Промышленность [Brot- u. Konditorei-Ind.] **2.** Nr. 10. 13—15. Okt. 1958. Allunions Wiss. Forschungsinst. der Brotbäckerei-Ind.) OTTO MAIER. 7506

Stanisław Masior, Karol Rosenberg und **Zdzisław Kukla,** *Kontinuierliche Melassegärung in drei Bottichen.* Die in 3 Bottichen (1. Hefemaische mit niedriger Konz., 2. u. 3. Hauptgärung der konz. Maische) durchgeführte kontinuierliche Gärung hat eine hohe Raum-Zeit-Ausbeute (21 Liter A./m³ in 4 Tagen). Eine gegebenenfalls bakterielle Infektion verursacht geringe Alkoholverluste. Die Hauptgärung kann ohne Nährstoffzusatz erfolgen. Die Gärtemp. (32 oder 35°) hat keinen Einfl. auf die Alkoholausbeute. (Zeszyty naukowe Politechn. Łódźkiej, Chem. spożywcza **1955.** Nr. 1. 37—59.) F. URBAN. 7510

J. Janicki, E. Sobkowska, J. Antkowiak, J. Pawłowski und **G. Mazur,** *Untersuchungen über ein beschleunigtes Reifen von alkoholischen Getränken.* UV-Bestrahlung belüfteter Destillate von Apfel- u. Rhabarberwein verbessert deren Aroma u. Geschmack. Parallel mit der Verbesserung der organolept. Eigg. geht ein Anstieg des Estergehaltes. Im allg. ist die Reifung unter UV-Licht um so intensiver, je länger oder je stärker bestrahlt wird. Ebenso wirkt die Behandlung des Destillats im Schallfeld (400—1000 kHz) u. im elektr. Feld (20—1600 kHz) oder die Dest. in Ggw. von Katalysatoren, wie CoO, PbO, CoO + PbO + NiO, CoO + PbO + CuO, CoO + Citronensäure, PbO + H_2O_2. Alle Methoden, außer der Dest., erniedrigen den Alkoholgeh. u. die Gesamtacidität u. erhöhen den Estergeh. auf Kosten des Aldehyd- u. höheren Alkoholgehaltes. γ-Strahlen,

O_3 u. H_2O_2 verbessern nicht den Geschmack des Weinbrands. (Przemysł Spożywczy **12.** 184—88. Mai 1958. Poznań.) F. URBAN. 7536

J. Rondelet und **R. Lontie,** *Neue Methoden zur Extraktion und Fraktionierung der Gerstenproteine.* Bei der Charakterisierung der Gerstenproteine mittels Elektrophorese stören bes. Phytinsäure u. Polysaccharide; erstere wird bei p_H7,5 durch Ca-Ionen niedergeschlagen, während letztere mittels Cd-Ionen von den Proteinen getrennt werden [$Cd(CH_3COO)_2$ oder $Cd(OH)_2$ in Trimethoxyaminomethan als Puffer]. Das durch Cd^{2+} auf Eiweißextrakten erhaltene Proteinpräzipitat kann fraktioniert werden durch Änderung des p_H des eluierenden Lösungsm., durch Erhöhung der Ionenstärke des Lösungsm., oder durch gleichzeitige Änderung dieser beiden Faktoren. (European Brewery Convent., Proc. Congr. **1955.** 90—96. Louvain, Univ. Cathol., Labor. de Biochim.) A. GRADL. 7540

J. L. Owades, L. S. Gimbel und **B. W. Schwartz,** *Hopfenbewertung und Veränderungen während des Lagerns.* Während der Lagerung bis zu 9 Monaten nimmt in allen Hopfenarten der Geh. an α- u. β-Säuren ab, bei letzteren in etwas stärkerem Maße. Dagegen nimmt die β-Fraktion während der Lagerung zu. Die spektrophotometr. Meth. zur Hopfenanalyse gibt mit der ASBC-Standardmeth. gut übereinstimmende Resultate u. ist erheblich schneller. Es werden Werte für β-Säuren angegeben, obwohl deren exakte Bedeutung für das Brauen noch nicht bekannt ist. (Amer. Brewer **91.** Nr. 11. 49—55. Nov. 1958. Schwarz Labors., Inc., u. S. S. Steiner, Inc.) K. SCHAUERTE. 7540

Stanisław Masior und **Henryk Kruszynski,** *Die Fabrikation der inländischen Bierfiltermasse aus Abfallrohstoffen.* Weiße Baumwollabfälle, die nach Zerkleinerung mit heißem W. geruchfrei gewaschen werden, liefern unter Zusatz von 1,4% Asbest eine Filtermasse zur Klärung u. Stabilisierung von Bier. (Zeszyty naukowe Politechn. Łódźkiej, Chem. spożywcza **1955.** Nr. 1. 61—71.) F. URBAN. 7550

W. Kleber, *Zur Eiweißstabilisierung des Bieres.* Vf. bespricht die Eigg. eiweißabbauender Enzyme u. zeigt an Hand eigener Untersuchungsergebnisse die proteolyt. Aktivität eiweißabbauender Enzympräpp. des Handels. Die Prüfung erfolgte gegen Hämoglobin u. Gelatine, wobei auch eine gewisse amylolyt. Wirksamkeit festgestellt wurde. Die Wrkg. auf die Kälteempfindlichkeit u. Schüttelfestigkeit des Bieres sowie Maßnahmen zur Verringerung des Luftgeh. im Flaschenbier werden erörtert. (Brauerei **12.** 737—41. 27/11. 1958. München, Wiss. Stat. für Brauerei e. V.)
K. SCHAUERTE. 7550

W. Kleber und **J. Guggenberger,** *Der Kaliumgehalt des Bieres.* Vff. widerlegen an Hand von Analysenergebnissen eine Behauptung, wonach Münchener Biere einen ungesund hohen K-Geh. besäßen. (Petit J. Brasseur **66.** 710—11. 31/10. 1958. Munich, Stat. brassicole scientifique.) K. SCHAUERTE. 7550

Julius Fessler, *Behandlung von Weinen mit Ionenaustauschern.* Es wird dargelegt, daß zur Weinsteinstabilisierung von Wein Na^+ beladene Kationenaustauscher (Durchlaufverf.) vorteilhaft verwendet werden können. Durch die Kationenaustauscher wird gleichzeitig der Geh. an Fe u. Cu verringert. (Wines and Vines **39.** Nr. 11. 51—54. Nov. 1958. Berkeley, Calif., Yeast Labor.) F. RADLER. 7554

Roque Segura, *Beitrag zur Kenntnis der Weine von Mendoza. Ihr Gehalt an Methylalkohol.* Der Ursprung des *Methanols* (**I**) im Wein u. Apfelwein liegt in dessen *Pektin* (**II**)-Geh., dessen Spaltung unter **I**-Bldg. verläuft. Die große Mehrzahl der im Gebiet von Mendoza erzeugten Weine hat den zulässigen Geh. von $<$0,30 ml (I/Liter Wein); ein Anteil von ca. 2% Gehh. von 0,31—0,50 ml, $<$1% solche von $>$0,50 ml, was als gesundheitsschädlich, bes. für die Trinker zu gelten hat, die täglich $\geqq$3 Liter Wein verzehren. Auch die Qualitäts-, Spezial-, Süß-, Vermouth- u. Apfelweine (diese trotz des **II**-Geh. der Äpfel) hatten alle $<$0,30 ml. Als Weine, die mit Most, Mostsirup oder A. verschnitten werden sollen, dürfen nur „zum Gebrauch freigegebene“ verwendet werden u. sollen Prodd. mit $<$0,50 ml ergeben. Die Schaumweine behalten den **I**-Geh. der ursprünglichen Weine bei, da er durch die sek. Gärung nicht verändert wird. Das Gleiche ist der Fall bei der Alterung der Weine in Holzfässern. (Inform. Quím. analít. **12.** 104—06. Juli/Aug. 1958. Mendoza, Argentina, Divisional Mendoza, Dir. nac. Quím.)
W. METZENER. 7554

XVI. Nahrungs-, Genuß- und Futtermittel.

D. H. F. Clayson, *Nahrungsmittelverderblichkeit vom Standpunkt der Mikroökologie.* Vf. fordert bei der Beurteilung des Verderbens von Lebensmitteln u. der Maßnahmen zu dessen Verhütung den Einfl. der Umgebung auf die Mikroorganismen, die Mikroökologie, mehr als bisher zu berücksichtigen. Bes. werden der Einfl. der chem. Zus. des Nahrungsmittels, des p_H-Werts, Redoxpotentials u. des Geh. an keimhemmenden Stoffen, die Möglichkeiten einer Infektion, die Auswrkgg. der Feuchtigkeitsverhältnisse, bes. des osmot. Druckes der wss. Phase, die Bedeutung der Lagerungstemp., des O_2-Partialdrucks u. des Synergismus u. Antagonismus zwischen verschied. Mikroorganismen diskutiert. Zur Vorausbest. der Verderblichkeit muß also zunächst die Frage nach ausreichender Sterilisation, der Möglichkeit einer Reinfektion an der Oberfläche oder im Innern, der Homogenität, der relativen Feuchtigkeit in den Hauptanteilen des Nahrungsmittels, dem osmot. Druck, Änderungen des Redoxpotentials u. der Ggw. keimhemmender Stoffe beantwortet werden. (J. Sci. Food Agric. **6.** 565—75. Okt. 1955. London, Lyon's Laboratories.) HANS THIELE. 7634

R. R. Tokarewa, *Die organischen Säuren des Weizen- und Roggenbrotes.* Es wird gezeigt, daß ohne Hefe bereitetes Weizenbrot Äpfelsäure (I) u. Spuren von Citronen (II)- u. Milchsäure enthält. Mit Hefe bereitetes Weizenbrot enthält neben diesen Säuren noch Weinsäure (III). Roggenbrot enthält alle 4 Säuren. Im Roggenmehl fehlt III. I u. II sind also in erster Linie im Korn u. Mehl enthalten; das Auftreten von III ist auf die Gärprozesse zurückzuführen. (Хлебопекарная и Кондитерская Промышленность [Brot- u. Konditorei-Ind.] **2.** Nr. 10. 11—12. Okt. 1958. Allunions Wiss. Forschungsinst. der Brotbäckerei-Ind.) OTTO MAIER. 7674

L. M. Kisenko, *Die Anwendung von Fructose bei der Herstellung von Semmeln.* Es wird festgestellt, daß bei 4% Fructosezusatz (statt Saccharose) zum Teig von Weißbroterzeugnissen die Backdauer um ca. 3—4 Min. verringert wird. Die Backwaren bleiben 3 Tage frisch, ihre dünne Kruste ist intensiv gefärbt, die Krume elast. u. von guter poröser Struktur. Bei Saccharosezusatz werden die Erzeugnisse schon am 2. Tag alt u. trocknen. (Хлебопекарная и Кондитерская Промышленность [Brot- u. Konditorei-Ind.] **2.** Nr. 11. 31—32. Nov. 1958. Zentr. Labor. der Brot-Ind. der Staatl. Plankommission der UkrainSSR.) OTTO MAIER. 7674

R. C. Blinn, G. E. Carman, W. H. Ewart und **F. A. Gunther,** *Das Verhalten von Rückständen verschiedener Insekticide auf und in Citronen und Orangen.* Die Best. der Rückstände von *Chlordan, Dieldrin* u. *Heptachlor* in den Schalen von Citronen u. von *Malathion* in den Schalen von Orangen ergab Halbwertszeiten von 19, 60, 23 u. 32 Tagen. Im Fruchtfleisch wurden nur untergeordnete Rückstandsmengen gefunden. (J. econ. Entomol. **52.** 42—44. Febr. 1959. Riverside, Calif., Univ. of California, Citrus Exp. Stat.) FRITZ MÜLLER/Ludwigshafen. 7688

R. C. Fulde und **F. W. Fabian,** *Messungen des Elektrodenpotentials in gärendem Sauerkraut unter dem Einfluß von Aerobacter cloacae.* Vff. bestimmten das Redoxpotential in Reinkulturen gramnegativer Bakterien u. in gärendem Sauerkraut. Zugabe von *Aerobacter cloacae*-Kulturen zu solchen Gäransätzen ergab, daß durch das Wachstum dieses Keims eine Verminderung des Elektrodenpotentials erfolgt. Diese Herabsetzung begünstigte offenbar, gegebenenfalls im Zusammenwirken mit anderen Faktoren, das Wachstum der Säurebildner u. damit die Säuerung. Erfolgte keine Zugabe von *A. cloacae*, so begann die Vermehrung der Milchsäurebakterien deutlich später. In einem Fall wurde bei gehemmter Entw. von *A. cloacae* eine ungünstige Beeinflussung der Säurebildner festgestellt. Das Redoxpotential nahm auch in n. Sauerkraut mit dem Wachstum der in den Anfangsstadien der Gärung überwiegenden gramnegativen Keime ab. Jedoch wurden derartig niedrige Potentiale, wie sie in Reinkulturen des *A. cloacae* (in salzhaltigem Kohlsaft) gefunden wurden, bei der n. Sauerkrautgärung nicht gemessen. (Appl. Microbiol. **3.** 198—201. Juli 1955. East Lansing, Mich., Michigan State Coll., Dep. of Microbiol. and Public Health.) HANS THIELE. 7690

M. Sch. Flintenstein, *Die Anwendung von Natriumlactat beim Kochen der Caramelmasse ohne Sirup.* Die Caramelmasse wird wie folgt hergestellt: 100 kg Zucker u. 2 kg 40%ig. Milchsäure werden im auf 70—75° abgekühlten Sirup 25 Min. invertiert, danach der Invertsirup, der 19—20% W. u. 65—76% reduzierende Stoffe enthält, rasch auf 50—55° abgekühlt u. in Behältern aufbewahrt. 200 kg Zucker, 140 g 40%ig. Natriumlactatlsg. u. 25% W. (vom Zuckergewicht) werden gekocht, bis der Wassergeh. 16—17% beträgt. Gegen Ende des Kochens wird der Invertsirup (ohne Neutralisation) zugefügt, gut gemischt u. der Caramelsirup sofort zur Weiterleitung in den Vakuumapp. abgegossen. Die Menge Invertsirup, die dem Zuckersirup zugesetzt wird, beträgt bei 65% reduzierenden Stoffen 10 kg, bei 68% 9 kg, bei 73% 8 kg, bei 76% 7 kg. Die erhaltene Caramelmasse hatte zu Beginn des Kochens 16,0—18,5, am Ende des Kochens 20,0—22,0% reduzierende Stoffe u. 1,8—2,6% Feuchtigkeit. (Хлебопекарная и Кондитерская Промышленность [Brot- u. Konditorei-Ind.] **2.** Nr. 10. 35—36. Okt. 1958. Lwow, Kirow-Konditoreifabrik.) OTTO MAIER. 7704

M. A. Bokutschawa, N. I. Skobelewa und **A. M. Knjasewa,** *Über die Erhöhung des Vitamin P-Wertes und der Qualität von Tee.* Erfolgt die Fermentation der Teeblätter nach dem von BOKUTSCHAWA (vgl. C. **1959.** 3671) beschriebenen neuen Verf., bei welchem die Fermentation durch hohe Temp. nach der 1. Phase beendet wird, so ist nach 2jährigen Betriebsverss. gegenüber dem alten Verf. eine Erhöhung des Teegeh. an lösl. Gerbstoff (I) mit ausgeprägten Eigg. von Vitamin P um 2–5% zu erzielen. Aus 30 g Tee werden nach dem neuen Verf. 5,5 g (18,3% der Trockensubstanz) der Äthylacetatfraktion von I (nach Behandlung mit Chlf.-Bzl.-Gemisch im SOXHLET-App.) erhalten gegenüber 3,1 g (10,3%) nach dem bisherigen Verfahren. Die papierchromatograph. Unters. der Catechine ergab im Tee der neuen Technologie die Ggw. folgender Verbindungen: L-Epicatechin + DL-Catechin, L-Epigallocatechingallat, L-Epicatechingallat, L-Epigallocatechin u. DL-Gallocatechin, während bei der Fermentierung nach dem alten Verf. nur die 3 ersten Fraktionen nachzuweisen sind, zudem in viel geringerer Menge. Die organolept. Prüfung zeigt, daß nach Geschmack u. Aroma das Prod. der neuen Fermentation besser ist. (Биохимия. [Biochemie] **24.** 371–75. März/April 1959. Moskau, Bach-Inst. für Biochem. der Akad. der Wiss. der UdSSR.) O. LEBTAG. 7724

T. P. Jermakowa, *Über die Möglichkeit der Verbesserung der Eigenschaften von Schokolade und Kakaopulver.* Es werden die Hauptvorgänge der Schokoladen- u. Kakaopulverherst. beschrieben u. Faktoren genannt, die die Qualität der Fertigerzeugnisse wesentlich beeinflussen können. (Хлебопекарная и Кондитерская Промышленность [Brot- u. Konditorei-Ind.] **2.** Nr. 12. 16–18. Dez. 1958. Allunions-Wiss. Forsch.-Inst. der Konditorei-Ind.) G. WOLF. 7726

M. M. Chanshin, *Die Gewinnung von Speisesäuren aus Baumwollblättern.* Unterss. ergaben, daß Baumwollblätter in allen ihren Entwicklungsstadien, bes. gegen Ende der Vegetation, so viel Citronensäure enthalten wie Citronen- u. Machorkablätter. Es wird daher vorgeschlagen, in Usbekistan aus Baumwollblättern Citronen- u. Äpfelsäure industriell zu gewinnen. (Хлебопекарная и Кондитерская Промышленность [Brot- u. Konditorei-Ind.] **2.** Nr. 11. 8–10. Nov. 1958. Akad. der Wiss. der UsbekSSR.) OTTO MAIER. 7742

R. A. K. Long, *Einige thermodynamische Eigenschaften von Fisch und ihr Einfluß auf die Gefriergeschwindigkeit.* Es wird an Hand von theoret. Analysen sowie experimentellen Unterss. gezeigt, daß sich Wärmeleitfähigkeit, D. u. spezif. Wärme des Fischmuskels mit der Temp. beträchtlich ändern. Daraus ergaben sich zahlreiche interessante Folgerungen. Einleitende Gefrierverss. mit kleinen Packungen (Filets) im gekühlten Luftstrom ließen erkennen, daß nur die Anbringung der Thermoelemente genau im thermodynam. Zentrum u. gleichmäßige Wärmeübertragung die exakte Messung der Wärmeverweilzeit (Zeit in der die Temp. im thermodynam. Zentrum von 0 auf -5^0 absinkt) gestattet. Geschwindigkeit des Luftstroms, Temp. u. Dicke der Packung beeinflussen die Wärmeverweilzeit. Die Abhängigkeit des Verdampfungsverlusts von verschied. Bedingungen sowie der sogenannte Randeffekt bei Kleinpackungen werden diskutiert. Die Ausgangstemp. ist für die Zeit in der der Bereich 0 bis -5^0 durchschritten wird von großer Bedeutung, so daß Verss., für die die Ausgangstemp. nicht bekannt ist, wertlos sind. Die erstaunliche Tatsache, daß diese Verweilzeit mit steigender Ausgangstemp. abnimmt, wird ausführlich behandelt. Durch sinnvolle Wahl der Ausgangstemp. kann die Verweilzeit unter sonst gleichen Bedingungen auf die Hälfte red. werden. Die Auswrkg. der Ausgangstemp. kann noch nicht vollständig erklärt werden. (J. Sci. Food Agric. **6.** 621–33. Okt. 1955. Aberdeen, Torry Res. Stat., Dep. of Sci. and Ind. Res.) HANS THIELE. 7752

J. C. Masson, M. G. Vavich, B. W. Heywang und **A. R. Kemmerer,** *Durch Sterculiasäure hervorgerufene Rosaverfärbung der Eier.* Durch Verfütterung von Sterculia foetida-Öl u. reiner *Sterculiasäure* (I) an weiße Leghorn-Hühner konnte bewiesen werden, daß durch die letztere die Rosaverfärbung des Eiklars während der Lagerung der Eier hervorgerufen wird. Die I soll die Permeabilität der Dottermembran so verändern, daß das Protein aus dem Eiklar in das Eidotter eindringen u. mit dem Eisen des Dotters einen rosafarbenen Komplex bilden kann. Dieser diffundiert dann wieder in das Eiweiß zurück u. bildet die Rosafarbe des Eiklars. Da Baumwollsamenöl eine größere Menge I enthält, wird durch die Verfütterung von Baumwollsamen ebenfalls eine Rosaverfärbung hervorgerufen. Die Strukturformel der I wird diskutiert. (Science [Washington] **126.** 751. 18/10. 1957. Tucson, Ariz., Univ. of Arizona, Dep. Agric. Biochem.) HEINZ SCHULZ. 7754

Robert A. MacLeod, D. R. Idler und **W. A. B. Thomson,** *Untersuchungen über die Überführung von Fischpreßwasser in ein konzentriertes lösliches Produkt.* 1. Mitt. *Der bakterielle Abbau von Preßwasser bei hohen Temperaturen.* Bei der Eindampfung von Preßwasser aus gekochtem Fisch bis zu einem Feststoffgeh. von 50% fällt nach der Entfernung des Öls ein infolge hohen Eiweißgeh. hochviscoses Prod. an. Zwecks Abbaus der Proteine zu niedermol. Verbb. durch Enzympräpp. ist Abkühlung des mit 93^0 anfallenden

Konzentrats auf 60° erforderlich. Während dieser Zeit (bis zu 48 Std.) gehen infolge bakteriellen Abbaus 15—20% der Feststoffe verloren. Dieser Wert nimmt bei 82° auf 2,5% ab. Kochen für 5 Min. vermindert den Abbau nicht, jedoch bewirkt Autoklavieren (120°, 30 Min.) vollständige Hemmung der bakteriellen Prozesse. Ein aus dem Preßwasser isolierter anaerober Sporenbildner bewirkte nach Impfung in steriles Preßwasser nur ca. 50% des in unsterilem Preßwasser beobachteten Abbaus. Danach scheint eine Mischpopulation aus aeroben u. anaeroben thermophilen Sporenbildnern für den Abbau von Preßwasser bei hohen Tempp. verantwortlich zu sein. (Appl. Microbiol. **3.** 202—04. Juli 1955. Vancouver, B. C., Canada, Fisheries Res. Board of Canada, Pacific Fisheries Exp. Stat.) HANS THIELE. 7786

D. R. Idler, Robert A. MacLeod und **W. A. B. Thomson,** *Untersuchungen über die Überführung von Fischpreßwasser in ein konzentriertes lösliches Produkt.* 2. Mitt. *Verhinderung des bakteriellen Abbaus in Preßwasser bei hohen Temperaturen.* (1. vgl. vorst. Ref.) Vff. versuchten den bakteriellen Abbau in Fischpreßwasser (60°, 48 Std.) durch Anwendung verschied. Chemikalien u. Antibioticis zu unterdrücken. *$NaNO_2$, Äthylendiamintetraessigsäure, saures Natriumpyrophosphat* u. *Sulfonamide* waren nur in relativ hohen Konzz. wirksam. *Sulfathiazol* u. *Aureomycin* zeigten besser aber von Fall zu Fall unterschiedliche Wirkung. *Streptomycin, Neomycin* u. *Terramycin* waren teils ohne Einfl. teils in Konzz. von 10 mg/Liter wirksam. *Penicillin G* (I), *Erythromycin, Achromycin* u. *Hygromycin* bewirkten in Konzz. von 10 mg/Liter vollständige Hemmung. Sogar 1 mg/Liter dieser Verbb. zeigte noch gute Wirkung. I unterdrückte in Konzz. von 2 mg/Liter bei 60° 48 Std. lang jegliches Bakterienwachstum. Wurde bei Tempp. über 60° 10 Std. belüftet, so nahm die Wrkg. des I etwas ab. Bei Zimmertemp. wurde gute Wrkg. des I über 72 Std. beobachtet. (Appl. Microbiol. **3.** 205—08. Juli 1955.) HANS THIELE. 7786

D. S. Miller, *Der Nährwert von Fischeiweiß.* Die Best. der „Netto-Eiweißnutzung" (**a**) in % im Rattenvers., d. h. das Verhältnis des vom Tier zurückgehaltenen N zum aufgenommenen N, ergab für handelsübliche, im Dampftrockner erhaltene weiße Fischmehle **a**-Werte zwischen 51 u. 61%, während schonend (im Vakuum, mittels Aceton) getrocknete Laboratoriumsprodd. viel höhere **a**-Werte (80%) hatten u. nicht die MAILLARD-Rk. zeigten. Diese Rk. besteht in einer Bräunung u. Bldg. von biol. nicht nutzbaren Komplexen zwischen NH_2-Gruppen u. reduzierenden Zuckern, wird durch H_2O u. Temperaturerhöhung beschleunigt u. läßt sich bisher nur durch Verwendung niedriger Tempp. beim Trocknen des Fischmehls reduzieren. Von den für Ratten essentiellen Aminosäuren erwies sich in Fütterungsverss. *Methionin* (I) als bes. verantwortlich für die MAILLARD-Reaktion. Durch Zugabe von I ließ sich der **a**-Wert der Handelsfischmehle erhöhen. — 55 Literaturangaben. (J. Sci. Food Agric. **7.** 337—43. Mai 1956. London, Crookes Labors., Ltd.) EBERHARD MÜLLER. 7786

V. S. Troy, *Mikroanalytische und mikrobiologische Verfahren zur Prüfung der Hygiene von Betrieben der Lebensmittelindustrie.* Übersicht über mikroanalyt. u. mikrobiol. Verff., die zur Prüfung von Nahrungsmitteln auf ihre hygien. Beschaffenheit angewandt werden. (J. Assoc. off. agric. Chemists **41.** 380—84. Mai 1958. Chicago, Ill., Continental Can Co., Metal Div., Res. and Developm. Dep.) W. WESLY. 7788

David Menschenfreund, *Bericht über die spektrophotometrische Bestimmung von Jod in Nahrungsmitteln.* Das im einzelnen beschriebene Verf. beruht auf der Oxydation der veraschten Probe: $KJ + 2KMnO_4 + H_2O \rightarrow KJO_3 + 2MnO_2 + 2KOH$, $KJO_3 + 5KJ + 6HCl \rightarrow 3J_2 + 3H_2O + 6KCl$, Extraktion des freigesetzten J_2 mit o-Xylol u. seiner spektrophotometr. Bestimmung. Beleganalysen ergeben quantitative Werte für niedrige J_2-Gehalte. (J. Assoc. off. agric. Chemists **41.** 225—30. Mai 1958. Los Angeles, Calif., Dep. of Health, Educat., and Welfare, Food and Drug Admin.) W. WESLY. 7788

Walter R. Hampe, *Praktische Anwendung der Untersuchung von Getreidekörnern mit Röntgenstrahlen.* Ausführung u. Auswertung von Röntgenbildern u. ihre Anwendung zur Unters. von Getreidekörnern. (J. Assoc. off. agric. Chemists **41.** 387—90. Mai 1958. Baltimore, Md., Westinghouse Electric. Co., X-Ray Dep.) W. WESLY. 7796

J. Frank Nicholson, *Die Überwachung radiographischer Bilder.* (Vgl. NICHOLSON, KURTZ u. HARRIS, C. **1956.** 5708.) Übersicht über Beurteilung u. Auswertung radioagraph. Bilder von Getreide. (J. Assoc. off. agric. Chemists **41.** 384—87. Mai 1958.) W. WESLY. 7796

L. M. Kusenko, *Eine Schnellbackmethode zur Bestimmung der Backeigenschaften von Weizenmehl.* Kugeln aus 20 g Weizenmehl u. W. (1. Sorte mit 12, 2. Sorte mit 12,5 bis 13 u. Schrotmehl mit 14 ml) werden im Laboratoriumsofen bei 225° 15 Min. gebacken u. nach Abkühlung organolept. bewertet. (Хлебопекарная и Кондиторская Промышленность [Brot- u. Konditorei-Ind.] **2.** Nr. 10. 26—28. Okt. 1958. Zentrallabor. der Bäckereiind. der Plankom. der UkrainSSR.) OTTO MAIER. 7798

R. Alliot, *Beitrag zur Untersuchung der Methode von Matweef in Anwendung auf den Nachweis von Weichweizenmehlen in Grießen und Teigwaren.* Nach der Meth. von MATWEEF ergibt ein Acetonextrakt von Weichweizenmehlen nach 8 Tagen Digerieren bei Zimmertemp. einen krist. Nd., der in Hartweizenextrakten völlig fehlt. Die Meth. ist geeignet zur Best. von Weichweizengehh. in Grießen u. Teigwaren. — Analysentabellen. (Ann. Falsificat. Fraudes **50.** 116—24. März 1957.) H. HAEVECKER. 7798

G. A. Kotscharjan, *Ein Nomogramm zur prozentualen Bestimmung von Fett in Lebensmitteln.* Zur Best. des Fettgeh. in Backwaren wurde unter Anwendung der refraktometr. Meth. ein Nomogramm angefertigt. (Хлебопекарная и Кондиторская Промышленность [Brot- u. Konditorei-Ind.] **2.** Nr. 10. 12—13. Okt. 1958. Baku, Trust der Brotbäckerei-Ind.) OTTO MAIER. 7800

William V. Eisenberg, *Schimmelzählung an eingedosten Tomaten.* Übersicht über die seit 1920 ausgeführten Arbeiten bzgl. der Schimmelzählung an eingedosten Tomaten in Abhängigkeit vom Verpackungsmedium u. bes. zugesetzten Säften. (J. Assoc. off. agric. Chemists **41.** 360—67. Mai 1958. Washington, D. C., Dep. of Health, Educat. and Welfare, Food and Drug Admin., Div. of Microbiol.) W. WESLY. 7808

Hymen D. Silverberg, *Bericht über Bernsteinsäure als Kennzeichen der Zersetzung von Spinat.* Verss. mit dem früher (C. **1958.** 5831) mitgeteilten Verf. des Vf. zur Best. von Bernsteinsäure (I) in Spinat ergaben bei Verwendung von homogenisiertem Dosenspinat bei dreifachen Kontrollbestimmungen mit je 100 g übereinstimmende Werte. Es zeigt sich, daß beim Herst. der Konserven bis 50% I verloren gehen kann. Wurden die I-Werte mit fortschreitender Zers. des Gemüses verfolgt, so zeigte sich eine im allg. gleichlaufende Zunahme der I, die jedoch nicht mit der geschmacklichen Bewertung übereinstimmte. Der I-Wert fiel aus unerklärlichen Gründen am 5. Tag des Vers. völlig aus der Reihe. (J. Assoc. off. agric. Chemists **41.** 245—46. Mai 1958. St. Louis, Mo., Food and Drug Admin., Dep. of Health, Educat. and Welfare.) PH. FRESENIUS. 7810

Leonard A. Lee und **Vincent J. Caruso,** *Verfahren zur Unterscheidung der Herkunft von Muskatnüssen und Muskatblüten.* Eine Nachprüfung bekannter Verff., die auf der Differenz des Phenolgeh. von Muskatblüten u. -nüssen je nach Herkunft aus West- oder Ostindien beruhen, zeigte, daß zuverlässige Werte erzielt werden. (J. Assoc. off. agric. Chemists **41.** 446—49. Mai 1958. Philadelphia, Pa., Eastern Regional Res. Labor.) W. WESLY. 7826

J. F. Blanchard, *Bericht über Stärke in Fleischprodukten.* Das Verf. zur Stärkebest. in Fleischprodd. nach STEVENS u. CHAPMAN (C. **1959.** 1638 u. C. **1950/54.** 2175 S) mit $Zn_2[Fe(CN)_6]$ (I) u. $CuSO_4$ ergibt infolge Störung durch das Filtrierpapier zu hohe Werte, nach beschriebener Ausschaltung des Filtrierpapiers liegen die Werte aber zu niedrig. Das Verf. bedarf weiterer Überprüfung. Filtrationsschwierigkeiten werden durch Ae.-Extraktion vor Zugabe des I beseitigt, wenn der Fettgeh. der Probe 50% übersteigt. Ein anderes Verf. zur Stärkebest. nimmt diese nach Vorbereitung u. Hydrolyse wie bei der ersten Meth. colorimetr. vor. Die Farbe wird durch 6 Min. langes Erwärmen von 1 ml der Probenlsg. mit 5 ml einer Lsg. von 8 g 2.4-Dinitrophenylnatrium + 2,5 g Phenol/ 200 ml 5%ig. NaOH + 100 g ROCHELLE-Salz/700 ml W./1000 ml erhalten. Die Messung erfolgt 25 Min. nach beendeter Kühlung bei 540 mμ gegen einen mit Glucose erhaltenen Blindwert. Die Meth. wird im allg. günstig beurteilt, jedoch ergaben sich bei einem Geh. von 3% Weizenmehl nicht erklärliche, zu hohe Resultate. (J. Assoc. off. agric. Chemists **41.** 288—93. Mai 1958.) PH. FRESENIUS. 7850

I. Saenz Lascano Ruiz und **Y. Prat,** *Der Säuregrad in mit Formol konservierter Milch und die Bestimmung der aus Lactose gebildeten Milchsäure.* Bei der Best. des Säuregrades von mit Formol konservierter Milch durch Titration mit Phenolphthalein wird die aus Lactose gebildete Milchsäure nicht restlos mitbestimmt wegen der störenden Ggw. von Carboxylgruppen aus dem Formol. Dagegen kann die Milchsäure mit guter Annäherung bestimmt werden durch potentiometr. Titration auf einen p_H-Endpunkt 6,5—6,6. (Ann. Falsificat. Fraudes **50.** 101—07. März 1957. Paris, Labor. Municipal.) H. HAEVECKER. 7856

James H. Cannon, *Bericht über Fremdfette in Milchprodukten. Sterinacetattest.* Beschreibung der Durchführung des Sterinacetatverf. zum Nachw. von Pflanzenfett in Butterfett u. der Rückgewinnung von Digitonin aus den Digitonidfällungen. (Vgl. C. **1959.** 1639.) (J. Assoc. off. agric. Chemists **41.** 268—71. Mai 1958.) PH. FRESENIUS. 7858

Halver C. Van Dame, *Bericht über Zersetzung in Rahm und Butter: Chromatographische Methode zur gleichzeitigen Bestimmung flüchtiger Säuren und in Wasser unlöslicher Säuren.* Das C. **1958.** 5239 beschriebene Verf. gibt für Butter brauchbare Werte. In Rahm wird mit dem Verf. etwas weniger *Buttersäure* (I) gefunden als nach der A.O.A.C.-Methode. Nach kleinen Variationen dieser Meth. werden mit dem vorgeschlagenen Verf.

übereinstimmende Werte erhalten. Es wird daher zur amtlichen Einführung empfohlen, wobei eine Korrektur für das Fettvol. bei Berechnung der **I** eingeführt werden soll. (J. Assoc. off. agric. Chemists **41.** 247—48. Mai 1958.) PH. FRESENIUS. 7858

Van P. Entwistle, *Bericht über Rohfasern in Futtermitteln.* Die Nachprüfung des von NEUBERT, VAN AMBURGH u. ST. JOHN (Ind. Engng. Chem., analyt. Edit. **12.** [1940.] 451) empfohlenen Verf. (Verwendung von K_2SO_4 zur Erleichterung des alkal. Aufschlusses) ergab befriedigende Werte. (J. Assoc. off. agric. Chemists **41.** 230—32. Mai 1958. Sacramento, Calif., California Dep. of Agric., Feed Control Labor.) W. WESLY. 7866

W. P. Elmslie, *Bericht über die Verdaulichkeit von Eiweiß.* Die Nachprüfung des früher (J. Assoc. off. agric. Chemists **41.** [1958.] 42) empfohlenen Verf. ergab brauchbare Werte für Fischmehl u. Fleisch (-mehl). (J. Assoc. off. agric. Chemists **41.** 233 bis 240. Mai 1958. Quincy, Ill., Moorman Mfg. Co.) W. WESLY. 7868

Milton Lapidus und **Edward F. Mellon,** *Bestimmung von Calcium in Fleisch- und Knochenmehl.* Beschreibung der Best. von Ca durch Titration mit Äthylendiamintetraacetat in Fleisch- u. Knochenmehl, nach Beseitigung des Fetts durch Extraktion mit Ae., Zers. des Rückstandes mit HNO_3 u. $HClO_4$ u. Beseitigung von Phosphat in einem Anionenaustauscher. (J. Assoc. off. agric. Chemists **41.** 411—13. Mai 1958. Philadelphia, Pa., Eastern Regional Res. Labor.) W. WESLY. 7868

A. T. Ferrell & Co., Saginaw, Mich., übert. von: **Oliver W. Randolph,** Toledo, Ohio, V. St. A., *Entwässerung von pflanzlichen Stoffen.* Pflanzliche Stoffe, die aus Blattwerk u. Stengeln bestehen, bes. Alfalfa, werden unmittelbar nach dem Schnitt mit einem Wassergeh. von ca. 75% u. mehr mittels zwei getrennter Ströme von heißen Verbrennungsgasen in zwei Stufen entwässert, wobei die schwereren Stengel einer Zerkleinerungsvorr. zugeleitet u. die zerkleinerten Teilchen zu der in den Verbrennungsgasen suspendierten Blattmasse zurückgeführt werden. Die getrocknete M. weist einen hohen Geh. an Vitaminen auf u. ist als *Futtermittel* für Milchvieh bes. geeignet. — Vorrichtung. (**A. P. 2 803 545** vom 4/2. 1954, ausg. 20/8. 1957.) H. KARST. 7787

Adolf Rosenberg, Forest Hills, N. Y., V. St. A., *Futtermittel.* Trockne Futtermittel für Milchvieh u. Geflügel werden mit ca. 3% eines sauren pflanzlichen Öls, bes. Sojabohnenöl, besprüht, worauf die M. mit hydriertem tier. Fett, bes. Talg vom F. wenigstens 52°, u. dem wasserunlösl. Teil des Kondensats, das bei der Desodorisierung von pflanzlichen Ölen durch Vakuumdampfdest. gewonnen wird (hot-well-oil) innig vermischt wird. Emulgierungsmittel können den Gemischen zugesetzt werden. Durch den Zusatz der preiswerten Fette werden calorienreiche Futtermittel gewonnen, die staubfrei u. leichtverdaulich sind. (**A. P. 2 835 584** vom 4/3. 1955, ausg. 20/5. 1958.) H. KARST. 7787

E. I. du Pont de Nemours & Co., Wilmington, übert. von: **Lawrence Fullhart jr.,** Newark, Del., V. St. A., *Futtermittel mit gesteigerter Wirkung.* Aus Aminosäuren, bes. *Lysin* u. *Methionin,* u. einem Kationenaustauscherharz mit einer Ionisationskonstante von 2—6 wird ein Addukt hergestellt, das mit n. Futtermitteln, Mineralsalzen, Vitaminen u. dgl. vermischt wird. Zusatzmengen ca. 0,1—10%. Das Addukt enthält ca. 25—60% an Aminosäuren. Die Futterausnutzung wird verbessert u. die Stabilität der Aminosäuren erhöht. Die Futtermittel sind bes. für Warmblüter geeignet. (**A. P. 2 828 207** vom 14/11. 1955, ausg. 25/3. 1958.) H. KARST. 7787

XVII. Fette. Seifen. Wasch- u. Reinigungsmittel. Wachse. Bohnermassen usw.

Takeji Kashimoto, *Untersuchung über pflanzliche Öle und Fette.* 3. Mitt. (2. vgl. C. **1950/54.** 5067 S.) Durch Ausziehen aus Samen bzw. Früchten mit CCl_4 werden (in %) an Öl erhalten aus *Datura tatula* (**I**) 31,7, *Sciadopitys verticillata* (**II**) 57,67, *Xanthoxylum piperitum* (**III**) 12,44, *Actinidia polygama* (**IV**) 6,92 u. aus *Plantago major var. asiatica* (**V**) 8,10. Die bei der Hydrolyse auftretenden festen Fettsäuren werden als Methylester fraktioniert u. durch Misch-F. gekennzeichnet. Die Oxydation der fl. Säuren mit $KMnO_4$ ergibt aus *Ölsäure* (**VI**) *9.10-Dihydroxystearinsäure,* aus Linolsäure (**VII**) α- u. β-*Sativinsäure,* aus Linolensäure (**VIII**) wird wahrscheinlich eine Mischung von *Linusin-* u. *Isolinusinsäure,* F. 167—169°, erhalten. Anlagerung von Br_2 an die fl. Säuren liefert *Tetrabromstearinsäuren* u. *Hexabromstearinsäuren.* Danach enthält das fette Öl aus **I** *Palmitinsäure* (**IX**), *Stearinsäure* (**X**), **VI** u. **VII**, aus **II** erhält man *Arachinsäure* (**XI**), **VI, VII, IX** u. **X**, aus **III**: **VI, VII, VIII** u. **IX**, u. aus **IV**: **VI, VII, VIII, IX, X, XI** u. *Montansäure,* aus **V**: **VI, VII, VIII, IX, X** u. **XI**. In Ggw. von nur **VI** u. **VII** ergeben sich die JZZ. als Wert **VI/VII**, er ist bei **I** 60,3 : 39,7, bei **II** 33,5 : 66,5. (J. chem. Soc. Japan, pure Chem. Sect. [Nippon Kagaku Zassi] **76.** 664—67. Juni 1955. Kanazawa Univ. [Orig.: japan.]) L. SCHULER. 7894

M. M. Chakrabarty und **S. Bhattacharyya,** *Verschiedenheit in der Zusammensetzung des Kamala-Samenöls (Lipid-Anteil im Samen von Mallotus Philippinensis).* Es wurden 3 verschied. *Kamala-Samenöle* untersucht: Öl aus Bombay 1954 (I), Öl ebenfalls aus Bombay 1956 (II), Öl aus dem botan. Garten Kalkutta (III). Die voneinander abweichenden Ergebnisse sind wahrscheinlich auf die unterschiedliche Reife der Öle sowie auf die verschied. Umwelteinfll. zurückzuführen.

V e r s u c h e: Die Öle wurden mit Bzl. extrahiert u. nach Standardmethoden untersucht. I: n^{40} 1,5235, VZ. 189,7, JZ. 168,1, Unverseifbares 2,17, Hitzetest (BROWN) 2′ 15″, Glycerinanteil im Öl 3,6%. — II: n^{40} 1,5350, VZ. 189,5, JZ. 172,0, Unverseifbares 2,1, Hitzetest (BROWN) 2′ 10″. — III: n^{40} 1,5325, VZ. 190,1, JZ. 171,0, Unverseifbares 2,0. — Best. der Zus. der Fettsäuren auf spektrophotometr. Wege. Der Anteil der gesätt. Fettsäuren wurden nach der Oxydationsmeth. (BERTRAM) bestimmt, die Ölsäure aus der Differenz zu 100. I: 58,65% α-Kamlolensäure, 18,97% Linolensäure, 5,22% Linolsäure, 7,06% Ölsäure, 10,10% gesätt. Fettsäuren. — II: 67,2% α-Kamolensäure, 17,7% Linolensäure, 4,3% Linolsäure, 2,7% Ölsäure, 9,1% gesätt. Fettsäuren. III: 66,1% α-Kamolensäure, 18,1% Linolensäure, 6,7% Linolsäure, 9,1% Öl- u. gesätt. Fettsäuren. (Naturwissenschaften **44.** 91. 2. Febr.-H. 1957. Kalkutta, Sect. of Oil Technol., Dep. of Applied Chem.) CH. SASS. 7894

Belle Lowe, Sarala Pradhan und **Joseph Kastelic,** *Gehalt an freien Fettsäuren und Rauchpunkt einiger Fette.* Fette mit höherem Geh. an freien Fettsäuren hatten den niedrigeren Rauchpunkt, im Verlauf des Erhitzens sank der Rauchpunkt in dem Maße, in dem die freien Säuren zurückgingen; jedoch wird der Rauchpunkt auch von anderen Faktoren beeinflußt. Untersuchungsergebnisse von 20 handelsüblichen Fetten. (J. Home Econ. **50.** 778—79. Dez. 1958.) G. MEINHARDT. 7896

Enrico Wahnon, *Das Öl des Pottwals. Einige mögliche Nutzanwendungen.* Die Arbeit befaßt sich mit der Zus. des Walrates (oder Spermaceti) u. des Trans des Pottwals (Physeter macrocephalus). Ersterer (ein fester Stoff) besteht aus einem Gemisch der Cetylalkoholester der (hauptsächlich) Palmitin-, (weniger) Myristin- u. Laurinsäure, ist also den Wachsen zuzuzählen u. wird mit Hilfe von Na-Äthylat hydrolysiert. Das rohe techn. Gemisch wird mit Monoäthanolamin umgesetzt oder sulfuriert, so daß sich oberflächenakt. Stoffe bilden. (Ing. Chimiste [Bruxelles] **38.** 107—18. Sept. 1956.) E. TIEDEMANN. 7898

D. Chapman, R. E. Richards und **R. W. Yorke,** *Der Gehalt an flüssigen und festen Stoffen bei Fetten.* Beschreibung der Best. mittels kernmagnet. Resonanzspektroskopie niederer Auflösung, die durchgeführt werden kann, ohne das zu untersuchende Material chem. oder physikal. zu verändern. Es wurde ein Magnetfeld verwendet mit einer Stärke von 30 mG, das mit einer Sinusfrequenz von ca. 40 Hz moduliert wurde. Zur Auswertung wurden die Linienabstände der H-Resonanzlinie benutzt. Die Meth. kann ohne vorherige Kenntnis des Chemismus des Fettes angewendet werden u. ist unabhängig von einer etwaigen Polymorphie. (Nature [London] **183.** 44. 3/1. 1959. Port Sunlight, Unilever Ltd.; Res. Dep.) G. MEINHARDT. 7932

F. Hoeke und **H. Onrust,** *Der Nachweis von fettlöslichen synthetischen Farbstoffen und aus Annatto gewonnenem Farbstoff in Margarine.* Das im einzelnen wiedergegebene Verf. besteht darin, die Margarine in PAe. zu lösen u. die synthet. Farbstoffe u. Annatto an aktiviertem (60 Min. bei 400° geglühtem) Al_2O_3 zu adsorbieren. Carotin bleibt in Lösung. Durch Eluieren mit A. gehen nur die synthet. Farbstoffe in Lsg. u. können durch Einzel-Rkk. nachgewiesen werden. (Chem. Weekbl. **52.** 186—87. 24/3. 1956. Rotterdam, Keuringsdienst van Waren.) W. WESLY. 7934

Lucien Marius Romagnan, Nizza, Frankreich, *Extrahieren pflanzlicher Zellen.* Das zu extrahierende Material wird mit W. gemischt u. durch starke mechan. Mahl- u. Schneidbearbeitung, z. B. durch mit 12000 U/Min. laufende Messer, zu einer feinen Pulpe zerkleinert, worauf die Festbestandteile vom Extrakt getrennt werden. Das Verf. kann bis zur vollständigen Extraktion des Gutes wiederholt werden. Es ist bes. zur *Gewinnung von Fetten, aromat. Ölen* usw. geeignet. (**A. P. 2 817 591** vom 6/5. 1954, ausg. 24/12. 1957. F. Prior. 14/12. 1953.) C. LÜTTGEN. 7873

A. E. Staley Mfg. Co., übert. von: **Marion B. Foley,** Decatur, Ill., V. St. A., *Aufarbeiten des bei der alkalischen Raffination fetter Öle anfallenden Waschwassers.* Man setzt dem 140—160° F heißen Waschwasser (I) Lignin (25—30 grains/Gallone) zu, säuert auf p_H 3,0—2 an u. trennt die sich abscheidende Fettsäureschicht mechan. ab. Es gelingt, 75—85% der im I vorhandenen Säuren wiederzugewinnen. (**A. P. 2 784 161** vom 20/2. 1953, ausg. 5/3. 1957.) C. LÜTTGEN. 7875

N. V. de Bataafsche Petroleum Mij., Den Haag (Erfinder: **Pieter Leendert Kooijman,** Amsterdam), Holland, *Herstellung oberflächenaktiver Alkylarylsulfonate.* Als

Ausgangsstoff für die Herst. der Alkylarylsulfonate, die in üblicher Weise durch Alkylierung, Sulfonierung u. Neutralisation von Aromaten erfolgt, dient das nichtumgesetzte olefinhaltige Gemisch, das als Nebenprod. bei der Herst. von sek. Alkylschwefelsäureestern aus Olefine mit mindestens 8 C-Atome enthaltenden Crackdestillaten paraffinhaltiger KW-stoffe anfällt. (**Holl. P. 87 769** vom 30/6. 1955, ausg. 15/3. 1958.)
F. BÖHM. 7913

Thomas Hedley & Co. Ltd., Newcastle, England, *Flüssiges Reinigungsmittel*, das nicht trübe wird oder geliert, bestehend aus 25—40 (%) eines sulfonierten u. neutralisierten Gemisches von Polyglykoläthern einwertiger C_{10}—C_{16}-Alkohole (I) mit 1—5 Äthylenoxydgruppen u. nichtverätherten I, 6—12 Fettsäuremono- u. -dialkanolamiden, 15—25 A. oder Propanol, weniger als 5% Sulfaten u. Chloriden als Bestandteile der Reaktionsprodd., Rest Wasser. — Diagramm. (**E. P. 791 704** vom 30/9. 1955, ausg. 12/3. 1958. A. Prior. 30/9. 1954.) C. LÜTTGEN. 7917

Werner & Mertz Akt.-Ges. (Erfinder: **Herbert Träger** und **Alban Faber**), Mainz, *Verfahren zum Entfernen färbender Verunreinigungen aus Esterwachsen oder Kohlenwasserstoffwachsen*, dad. gek., daß man die Wachse in geschmolzenem Zustand, bes. bei 70—90°, mit einem oder mehreren Nitroparaffinen, bes. Nitroäthan, -propan oder -methan, versetzt, die sich bildenden 2 Schichten trennt u. die wachshaltige Schicht in üblicher Weise aufarbeitet. (**D. A. S. 1 055 730** Kl. 23a vom 17/1. 1958, veröff. 23/4. 1959.) C. LÜTTGEN. 7925

Krupp Kohlechemie G. m. b. H., Wanne-Eickel (Erfinder: **Gerhard Benthin**, Wanne-Eickel, und **Franz Grewe**, Bochum), *Herstellung von wachsartigen Produkten aus Hartparaffinen* der FISCHER-TROPSCH-Synth. durch Oxydation mit einem O_2-haltigen Gas, z. B. Luft, bei erhöhter Temp. u. Verseifung (Salzbldg.) der hierbei entstehenden Carbonsäuren, dad. gek., daß man das von den weichen Anteilen vorher in bekannter Weise weitgehend befreite, geschmolzene Paraffin vor Beginn der Luftoxydation mit einem Erdalkalioxyd, bes. MgO, u. während oder nach der Oxydation, bes. nach Erreichen einer SZ. 20—45, mit einem Alkalihydroxyd, bes. LiOH, versetzt u. die Oxydation bei nicht $>125^0$ u. gegebenenfalls in Ggw. eines Katalysators durchführt. (**D. A. S. 1 057 594** Kl. 12o vom 12/3. 1958, veröff. 21/5. 1959.) O. MÜLLER-MEININGEN. 7925

XVIIIa. Holz. Cellulose. Zellstoff. Papier. Papierdruck. Celluloid. Linoleum.

J. D. Hale, *Physikalische und anatomische Charakteristika von Laubhölzern.* Vf. beschreibt in großen Zügen die Anatomie des Holzes der Laubbäume u. erläutert den Einfl. anatom. Charakteristika auf technolog. Eigg. von Zellstoff u. Papier, z. B. Schrumpfung u. Quellung. Er hält es für wünschenswert, eine Norm an anatom. Maßen aufzustellen, nach welcher die Hölzer für den Gebrauch zu Zellstoff u. Papier qualifiziert werden können. (Pulp Paper Mag. Canada **59.** 142—50. Dez. 1958. Ottawa Labor., Forest Prod. Labor. of Canada, Dep. of Northern Affairs and Natural Resources.)
W. WERGIN. 7952

Albert W. Stout, *Das Nachdunkeln von Holz durch Lichteinwirkung.* Vf. behandelt das Problem des Nachdunkelns von Holz im Licht, das bes. durch UV-Strahlung unter 4000 Å verursacht wird u. wogegen noch kein ausreichender Schutz gefunden wurde. (Off. Digest Federat. Paint Varnish Product. Clubs **30.** 1423—26. Dez. 1958. Western Pine Assoc.) L. KEMPF. 7952

H. Rath, *Zur Reaktionsweise der Cellulose.* Es werden Alkylierungs- u. Acylierungsadditions-Rkk. für Cellulose beschrieben, die zu einer kovalenten Bindung bzw. Vernetzung von cellulos. OH-Gruppen führen. Durch diese Modifizierung werden Quellfähigkeit, Cuoxamlöslichkeit u. Knitterneigung herabgesetzt. Die eingetretene kovalente Bindung wird experimentell belegt u. mindestens sehr wahrscheinlich gemacht. (Reyon, Zellwolle andere Chemiefasern **9.** 85—94. Febr. 1959.) P. ECKERT. 7954

Hiroshi Sobue und **Akira Hatano**, *Untersuchungen mittels Chromatographie. 6. Mitt. Über die Sulfitkochung von Rotkiefer* (*Pinus densiflora*). (5. vgl. C. **1955.** 2101.) Die während der Sulfitkochung von Rotkieferholzschnitzeln erfolgenden Änderungen in der chem. Zus. werden in 7 Zeitabständen (insgesamt 10½ Std.) untersucht. Die Gesamtausbeute, Methoxylgeh. u. D. steigen von der 5,5. zur 9,5. Std. an. Der Absorptionskoeff. der Kochlauge bei 440 mμ steigt nach 9,5 Std. scharf an. Bldg. von *Arabinose, Galaktose, Mannose, Glucose* u. *Xylose* (chromatograph. bestimmt) beginnt nach 2 Std., steigt bis 9,5 Std. an u. fällt dann wieder ab. Das UV-Absorptionsspektr. der Kochlauge nach verschied. Reaktionszeiten ergibt Kurven ähnlich denen im Fall von Lignin. Die Absorptionsdichte (AD) der Höchstabsorption bei 280 mμ steigt linear mit der Kochdauer. Daher wird empfohlen, den Grad der Kochung durch rasche Best. der AD bei

280 mμ zu beurteilen. — 5 Diagramme. (J. chem. Soc. Japan, ind. Chem. Sect. [Kōgyō Kagaku Zassi] **58.** 198—200. März 1955. [Orig.: japan.]) L. SCHULER. 7962

W. G. Panassjuk, *Über die thermische Verarbeitung von Hydrolysenlignin.* 1. Mitt. *Vakuumthermische Spaltung von Hydrolysenlignin des Holzes in der flüssigen Phase.* Wird *Holzlignin* (**I**; 1 Teil) der Holzhydrolysenindustrie in Mischung mit über 230° sd. *Anthracenöl* (**II**; 1,5 Teile) bei 40—60 mm Hg in einer Retorte auf 440—460° erhitzt, so findet eine vakuumtherm. Spaltung des **I** statt; es werden 30% Teer erhalten. Hochsd. Fraktionen von trocken dest. Teeren von **I** erwiesen sich für die fl. Phase als ungeeignet. Die mit Hilfe von **II** aus **I** gewonnenen Teere enthielten 10,7% saure Stoffe, 39,5% Phenole, 6,5% Basen u. 43,3% neutrale Stoffe. Die gewonnenen Phenole der mittleren Teerfraktion (bis 230°) entsprechen 10—12% des verarbeiteten trockenen **I**. Das **II** läßt sich mehrfach für den geschilderten Zweck verwenden. (Журнал Прикладной Химии [J. angew. Chem.] **30.** 598—603. April 1957. Dnjepropetrowsk, Chem.-Technol. Dsershinski-Inst.) M. ULMANN. 7966

W. G. Panassjuk (unter Mitarbeit von **A. K. Wesselowski** und **N. I. Kwitzinski**), *Über die thermische Verarbeitung von Hydrolysenlignin.* 2. Mitt. *Vakuumthermische Spaltung von Hydrolysenlignin der Baumwollsamenhülsen in der flüssigen Phase.* (1. vgl. vorst. Ref.) Auch Hydrolysenlignin aus Baumwollsamenhülsen gibt bei der vakuumtherm. Spaltung in Anthracenöl, wie Holzhydrolysenlignin, neben Kohle bis 30% Teer. Die mittlere Teerfraktion (bis 230°) enthält 2,8% saure Stoffe, 43,3% Phenole, 2,5% Basen u. 51,0% neutrale Stoffe. Die gewonnene Phenolmenge entspricht 11—12% des angewandten trockenen Lignins. (Журнал Прикладной Химии [J. angew. Chem.] **30.** 813—16. Mai 1957.) M. ULMANN. 7966

W. G. Panassjuk, *Über die thermische Verarbeitung von Hydrolysenlignin.* 3. Mitt. *Untersuchung der bei der thermischen Spaltung von Hydrolysenlignin erhaltenen Phenole.* (2. vgl. vorst. Ref.) Die bei der trockenen Dest. von *Lignin* (**I**) erhaltbaren Teere mit 1% an *Phenolen* (**II**) bei Holz-**I** u. von 2% bei **I** der Baumwollsamenschalen wurden im Hinblick auf die **II**-Zus. untersucht. In den **II**-Fraktionen bis 225° ließen sich papierchromatograph. 8 bzw. 9 verschied. **II** nachweisen: *Phenol, o-, p-* u. *m-Kresol, Guajacol, m-Äthylphenol, 1.3.4-m-Xylenol* u. *p-Äthylphenol.* Bei den **II** aus Teer des Holzlignins fand sich noch *Kreosol*; am meisten lag Kresol u. Guajacol vor. Bei Baumwollsamenschalen-**II** fand sich Kresol, bes. das m-Isomere in größeren Mengen vor. Die Unters. der **II** des **I**-Teers, das bei der Gewinnung beim Arbeiten im fl. Medium erhalten wurde, ergab die gleichen **II**, nur in wesentlich größeren Mengen (9—10° vom **I**). Gut sind die Ausbeuten an Guajacol bei Holz-**II**. Bei Baumwollschalen-**II** herrschen wiederum Kresole vor. (Журнал Прикладной Химии [J. angew. Chem.] **30.** 1049—56. Juli 1957. Dnjepropetrowsk, Chem.-Technol. Dsershinski-Inst.) M. ULMANN. 7966

W. G. Panassjuk, *Über die thermische Verarbeitung von Hydrolysenlignin.* 4. Mitt. *Zur Frage des Mechanismus des Prozesses der vakuumthermischen Spaltung von Lignin in der flüssigen Phase und der Einfluß physikalischer Faktoren.* (3. vgl. vorst. Ref.) Wie Vf. zeigt, beruhen die höheren Ausbeuten an *Teer* (**I**) bei der vakuumtherm. Spaltung von *Hydrolysenlignin* (**II**) von Baumwollsamenschalen beim Arbeiten im fl. Medium, wie in Anthracenöl, nicht nur auf dessen Eigg. als guter Wärmeüberträger. Vergleichende Verss. mit anderen Stoffen, wie Naphthalin, o-Toluidin, Trikresol, β-Naphthol, Solaröl, Autol, Masut u. Ceresin ergaben, daß zur Erlangung guter Ausbeuten an **I** das fl. Medium auf **II** quellend u. teilweise lösend wirken muß, wobei die Bldg. eines koll. Syst. anzunehmen ist. Wichtig ist aber auch die Höhe des Kp. des als Medium verwendeten Stoffes u. die Abwesenheit von funktionellen Gruppen, die mit den Zerfallsprodd. des **II** in Rk. treten könnten. Das Optimum der **I**-Ausbeute wurde erhalten beim Verhältnis **II**:Anthracenöl = 1:1,8 u. einem Vakuum von 40 mm Hg: 38,0% gegenüber 17,3% **I** beim Arbeiten ohne Vakuum u. 6,9% ohne fl. Medium. (Журнал Прикладной Химии [J. angew. Chem.] **30.** 1185—93. Aug. 1957. Dnjepropetrowsk, Chem.-Technol. Dsershinski-Inst.) M. ULMANN. 7966

L. L. Ssergejewa, A. A. Tschukssanowa und **N. N. Schorygina,** *Einwirkung verdünnter Salpetersäure auf Hydrolyselignin. Hydrolysenlignin* reagiert schon bei 42° mit verd. HNO_3 (3—10%), wobei Nitrierungs- u. Oxydations-Rkk. ablaufen. Der Geh. an COOH-Gruppen kann bis ca. 10% gesteigert werden. (10%ig. HNO_3, 42—44°, 6 Std.), während der Geh. an N nicht über 3,56% ansteigt. Außer *Nitrolignin* ließ sich aus dem Reaktionsgemisch auch *3.5-Dinitroguajacol* u. *Oxalsäure* isolieren. (Известия Академии Наук СССР, Отделение Химических Наук [Nachr. Akad. Wiss. UdSSR, Abt. chem. Wiss.] **1957.** 653—54. Mai. Zelinsky-Inst. für organ. Chem. der Akad. der Wiss. der UdSSR.) M. ULMANN. 7966

W. I. Iwanow, A. A. Tschukssanowa und **L. L. Ssergejewa,** *Nitrierung von Hydrolysenlignin.* Präpp. von *Hydrolysenlignin* u. *salzsaurem Lignin* wurden mit Nitriergemischen verschied. Zus. behandelt: 3,4—27% HNO_3, 60—91% H_2SO_4 u. 5—16% H_2O, Nitrierdauer 1—1½ Std. (10—12°). Außerdem gelangten Nitriergemische mit H_3PO_4 u. Essigsäureanhydrid zur Anwendung; diese Gemische erbrachten die besten Ausbeuten u. Nitrierungsprodd. mit bis zu 7,5—8,0% Gesamt-N. Verwendet man wenig H_2O enthaltende Nitrierungsgemische bei 10—15° oder benutzt man reine HNO_3 bei 40°, so erhält man Prodd., bei denen N fast vollständig in der Nitratform (6,5%) vorliegt, wobei jedoch eine Destruierung des Lignins zu beobachten ist. Unter allen Versuchsbedingungen wurde der Kern bevorzugt nitriert. Bei sämtlichen Nitrierungen des Hydrolysenlignins finden Vff. eine Abnahme vorliegender OCH_3-Gruppen, während sich die Menge der COOH-Gruppen von 4,5 auf 12% erhöht. (Известия Академии Наук СССР, Отделение Химических Наук [Nachr. Akad. Wiss. UdSSR, Abt. chem. Wiss.] **1957.** 503—09. April. Zelinsky-Inst. für organ. Chem. der Akad. der Wiss. der UdSSR.) M. ULMANN. 7966

T. Gillespie, *Die Ausbreitung von Flüssigkeiten niederen Dampfdruckes in Papier.* Es wurde die durch Flecken gek. Ausbreitung von Fll. niederen Dampfdruckes (z. B. Dibutylphthalat) in verschied. Arten von Filterpapier näher untersucht, bes. die Ausbreitungsgeschwindigkeit u. die Flüssigkeitsverteilung innerhalb der Flecken. Nach der Aufstellung einer halbempir. Gleichung zur Beschreibung der erhaltenen Meßergebnisse wird bei Fll. mit niederem Dampfdruck eine Beziehung zwischen der Teilchen- u. Tropfengröße entwickelt, die zur Berechnung der Tropfenverteilung entsprechend deren verschied. Größe herangezogen werden kann. (J. Colloid Sci. **13.** 32—50. Febr. 1958. Ralston, Alberta, Canada, Suffield Exp. Stat.) D. FORST. 7984

Artur Lakenbach, *Farbentechnische Druckschwierigkeiten.* Beim Farbdruck auftretende Schwierigkeiten u. Fehler, deren Ursachen; Vorschläge zu ihrer Beseitigung. (Papír Nyomdatechn. [Papier u. Drucktechn.] **7.** 22—23. Jan. 1955.) N. SEILER. 7988

Kōichirō Shinra, Kuichiro Arai und **Seishio Nomizo,** *Spektralphotometrisch-chemische Untersuchung von Sulfitablauge mit dem Ultraviolett-Filterphotometer.* Der Extinktionskoeff. (EK) von Sulfitablauge bei 480 u. 280 mμ wird mit dem BECKMANN-Spektralphotometer (BS) bestimmt u. eine Beziehung zwischen Ligningeh. u. EK aufgezeigt. Für laufende Bestimmungen des Kochungsgrades wird ein vereinfachtes Filterphotometer (Skizze) ausgearbeitet u. dessen Ergebnisse mit denen des BS verglichen. Der Endpunkt der Kochungs-Rk. entspricht einem Punkt in der linearen Beziehung zwischen dem EK im sichtbaren Bereich u. dem EK im UV-Bereich, wo die eine lineare Abhängigkeit nicht mehr zutrifft. — 8 Diagramme. (J. chem. Soc. Japan, ind. Chem. Sect. [Kōgyō Kagaku Zassi] **58.** 708—11. Sept. 1955. Osaka Univ. [Orig.: japan.]) L. SCHULER. 8006

Rütgerswerke Akt.-Ges., Frankfurt/M. (Erfinder: **Karl Friedrich Lang,** Frankfurt/M., **Heinrich Gick,** Duisburg, **Walter Metzendorf,** Kronberg/Taunus, und **Johannes Turowski,** Castrop-Rauxel), *Vergütung von mit Imprägnierölen getränktem Holz* erfolgt dadurch, daß das ölgetränkte Holz mit Lsgg. der Reaktionsprodd. von BF_3 mit organ. Säuren, Alkoholen, Phenolen, Äther oder W. oder aber mit wss. HBF_4 nachbehandelt wird. Durch die Nachbehandlung wird das Imprägnieröl an der Holzoberfläche polymerisiert u. dadurch gehärtet. (**D. A. S. 1 055 223** Kl. 38h vom 25/7. 1958, veröff. 16/4. 1959.) K. WOLK. 7953

Chadeloid Corp., Dayton, Ohio, übert. von: **Russel D. Hamilton,** Detroit, Mich., V. St. A., *Holzbeize.* Sie besteht aus dem Reaktionsprod. von $CrCl_3$ u. Na-Carboxymethylcellulose, gelöst in Tetrahydrofurfurylalkohol, der 0,8% NaOH u. das Na-Salz der 4.4′-Di-(o-aminobenzoylamin)-stilben-2.2′-disulfonsäure enthält. Die Beize läßt die Holzmaserung bes. gut hervortreten. (**A. P. 2 855 369** vom 2/12. 1955, ausg. 7/10. 1958.) K. WOLK. 7953

Condi Engineering Corp., übert. von: **Leonard G. Durant, James E. Irvine, Rohe V. Pennington** und **Alphonse Surino,** Pittsfield, Mass., V. St. A., *Kontinuierlicher Holzzellstoffaufschluß in zwei Kochern,* wobei sich im 1. Kocher Lauge u. darüber Dampf unter Druck u. im 2. Kocher nur Dampf befinden u. in der Leitung vom Boden des 1. Kochers zum Kopf des 2. Kochers eine Abtropfstation angeordnet ist, dad. gek., daß die Schnitzel im 1. Kocher von oben durch einen höheren Dampfdruck durch die darunterliegende kühlere Laugenzone mit geregeltem Laugenpegel gedrückt, in die Abtropfstation gepumpt u. beim Durchströmen des 2. Kochers mit der inbibierten Lauge u. Dampf etwa gleichen Drucks wie im 1. Kocher gekocht werden. Durch Regelung der Strömungsgeschwindigkeiten u. der Tempp. in beiden Kochern werden Stoffe beliebigen

Aufschlußgrades erhalten, z. B. mit Ausbeuten von 42—94%. — Vorr., Zeichnung (**A. P. 2 858 213** vom 20/4. 1956, ausg. 28/10. 1958.) G. VOGEL. 7957

De Laval Separator Co., übert. von: **Frank E. Sullivan**, Poughkeepsie, N. Y., V. St. A., *Aufarbeitung von Tallölseifen* (I), wie sie aus Schwarzlauge durch Absetzen erhalten werden. Die I werden in W. u. Säure unter Bldg. einer verd. Lsg. innig dispergiert, wobei unter exothermer Rk. sich ein Gemisch von Tallöl, saurem W., Lignin u. Salzen neben Gasen bildet, die möglichst vollständig entfernt werden, worauf das Gemisch durch Zentrifugieren in eine spezif. leichte Tallölphase, eine spezif. schwere Phase, die saures W. u. Salze enthält, u. eine Zwischenphase aus saurem W. u. Lignin getrennt wird u. nach Entfernen der 3 Phasen aus dem Zentrifugierraum aus der spezif. schweren u. der Zwischenphase durch Zentrifugieren Lignin u. Salze als leichte bzw. schwerere Stoffe abgetrennt werden u. das zurückbleibende saure W. dem Prozeß wieder zugeführt wird. — Vorrichtung. (**A. P. 2 838 481** vom 29/6. 1956, ausg. 10/6. 1958.) J. MÜHLEISEN. 7967

Monsanto Chemical Co., St. Louis, Mo., übert. von: **Salem F. Belt**, Texas City, Texas, V. St. A., *Cyanäthylierung von Cellulose*, bes. von *Geweben*. Man imprägniert die Cellulose in Form von Bahnen kontinuierlich mit 40—70% ihres Gewichtes an 0,5- bis 20%ig. wss. NaOH, läßt dann kontinuierlich $CH_2{=}CH \cdot CN$ (I) einwirken u. unterwirft gleichzeitig die Bahnen der Einw. von Tempp. zwischen 70 u. 80°. Aus der hierbei benutzten Vorr. zieht man eine azeotrope Mischung von I-Dampf u. W. ab. Anschließend wäscht u. trocknet man die *Cyanäthylcellulose*. (**A. P. 2 860 946** vom 15/8. 1955, ausg. 18/11. 1958.) K. FABEL. 7971

Badische Anilin- & Soda-Fabrik Akt.-Ges., Ludwigshafen/Rh. (Erfinder: **Heinrich Baumann, Fritz Graf** und **Franz Poschmann**, Ludwigshafen/Rh.), *Herstellung von gefülltem Papier* durch Zusatz von Kunstharzen zum Papierstoff, dad. gek., daß schaumförmige gehärtete Aminoplaste oder Phenoplaste als Füllmittel verwendet werden. — Saugfähige Papiere, Filtrierpapiere, Einlagen für Pappen. (**D. A. S. 1 047 604** Kl. 55c vom 27/7. 1957, veröff. 24/12. 1958.) P. MAYER. 7977

Soc. pour l'Amélioration et le Développement des Procédés Industriels „SADEPI", Tanger, Tangerzone (Erfinder: **Paolo Marpillero**, Mailand, Italien), *Aufschließen und/oder Bleichen von Zellstoffasern*, dad. gek., daß sie in wss. Suspension mit Metallchloraten, bes. $NaClO_3$, in Ggw. eines Katalysators behandelt werden ($p_H > 1{,}5$, Stoffdichten bis 20%, Zeit bis 24 Std., Tempp. bis 150°). Als Katalysator dient bes. V oder Sn, zweckmäßig unter Zusatz eines Initiators (H_2SO_4, HCl, Cl_2 in W. gelöst, oder Hypochlorit). — Mengenbeispiele; vgl. F. P. 1 109 828; C. **1957**. 2087. (**Schwz. P. 332 821** vom 13/7. 1955, ausg. 15/11. 1958. F. Priorr. 24/7. 1954 u. 7/6. 1955.) G. VOGEL. 7979

Vereinigte Papierwerke Schickedanz & Co., Nürnberg, *Herstellung von mehrschichtigen Papiertaschentüchern*, dad. gek., daß man die übliche vor dem Kalandern, Pressen u. Zuschneiden notwendige Lagerzeit von 5—6 Wochen auf einige Tage abkürzt, indem man mit einer Sprüheinrichtung gleichmäßig auf den gewünschten Wassergeh. befeuchtet. (**It. P. 492 705** vom 3/8. 1950. D. Prior. 4/8. 1949.) K. KOEBKE. 7985

Th. Goldschmidt Akt.-Ges., Essen (Erfinder: **Paul Schulz**, Düsseldorf), *Trennmittel für selbstklebende Schichten*. Man beschichtet *Papiere*, Folien oder die Vorderseiten von Haftklebern mit einem wasserlösl. Salz einer Polyuronsäure (Na-Alginat). (**D. A. S. 1 047 003** Kl. 55f vom 20/8. 1956, veröff. 18/12. 1958.) P. MAYER. 7987

XVIII b. Textilfasern.

A. C. Kennett und **P. C. Edbrooke**, *Polyvinylacetatemulsionen in der Textilappretur*. Die Emulsionen von Polyvinylacetat (I) sind relativ stabil u. leicht anzuwenden. Es wurden vergleichende Messungen über die mit Wäschestärke (II) u. I (*Vandike 6100*) auf Baumwollpopelin erzielten Effekte durchgeführt. II ergab nach 10 Min. 5½% Steifheit (bei 18% Anfangswert), I nach 10 Min. 26,5% u. nach 150 Min. 24,5% (bei 22% Anfangswert). II war unter den gegebenen Bedingungen nach 25 Min. vollständig, I nach 150 Min. zu 26% ausgewaschen. Ein Gewebe, das 7% II enthielt, hatte eine von 112 auf 180 erhöhte Abriebfestigkeit. Nur 1% I erhöhte die Abriebfestigkeit ebenfalls auf 180, während 7,5% auf 1600 u. 16,0% auf 3300 erhöhten. Es wird außerdem über vergleichende Messungen der Effekte von extern u. intern plastifiziertem I berichtet u. Beispiele für die Ausrüstung von Nylon gegeben. (Textile Manufacturer **85**. 171—73. April 1959. British Oxygen Res. and Developm. Ltd. u. British Oxygen Chem. Ltd.) R. JUNGE. 8032

J. T. Marsh, *Die Triazonverbindungen*. Um Nachteile der bisher üblichen Knitterechtausrüstung zu vermeiden, wurden in den letzten Jahren zahlreiche Varianten der

„Triazone", bes. das „Dimethyloläthyltriazon" (Dimethyloltetrahydro-5-äthyl-symm.-triazon-2), in die Textilveredelung eingeführt. Diese verschlechtern mit Ausnahme von Tetramethyloläthylen-bis-triazon die mit HClO gebleichten Gewebe nicht (kein Vergilben, keine Faserschädigung durch salzartig gebundene u. durch Hitze befreite HCl). Die Bedingungen für den Härteprozeß müssen empir. festgelegt werden. Knitterechtheit u. Dauerhaftigkeit der Ausrüstung sind etwas geringer als die der bisher üblichen Verfahren. Ihre Beständigkeit gegenüber HClO wiegt nach Ansicht des Vf. die Nachteile auf. (Textile Manufacturer **85.** 187—89. April 1959.) R. JUNGE. 8032

Émile André und **Monique Maille,** *Über die aus entölten Leinsamen gewinnbaren Nebenprodukte: Phytin–Eiweiß-haltiges Mehl und Schleim enthaltende Kleie.* Mit PAe. entöltes Leinsamenpulver von verschied. Herkunft wird durch Beuteln in je 2 Kleie- u. 2 Mehlfraktionen zerlegt. Aus marokkan. Leinsamen werden auf diese Weise gewonnen 44% Mehl, das 62% der N (Albumin) u. 73% der P (Phytin) enthaltenden Stoffe einschließt, so daß die Bezeichnung „Phytin–Eiweiß"-haltiges Mehl berechtigt ist. Das Mehl besteht hauptsächlich aus Aleuronkörnern. Das in dem Mehl in geringer Menge enthaltene Linamarin, ein $(CN)_2$ erzeugendes Glucosid, entfernt man durch Verrühren des Mehls mit W. zu einem dicken Brei, den man in dünner Schicht bei mäßiger Temp. trocknen läßt. Die gewonnene (grobe u. feine) Kleie enthält Cellulose–Pektin-Verbb. u. könnte vorteilhaft in der Textilindustrie als *Appretur* verwendet werden. (C. R. hebd. Séances Acad. Sci. **246.** 3272—74. 9/6. 1958.) W. WESLY. 8032

Karlheinz Stukenbrock, *Die Silicone als Imprägnierungsmittel in der Textilindustrie.* Nach einem einleitenden Überblick über die Struktur u. die Eigg. der Silicone (Polysiloxone) werden die Verff. zur Behandlung der Textilien besprochen. Die einzelnen Imprägnierungseffekte werden diskutiert. (Reyon, Zellwolle andere Chemiefasern **8.** 813—17. Nov. 868—73. Dez. 1958.) P. ECKERT. 8036

Jerzy Nowacki, *Einfluß der aeroben Flachsröste auf die Verbesserung der Leinenindustrieabwässer.* In einem 70 m³-Behälter werden mit 3000—5000 kg Flachs Röstverss. bei 30—32° ausgeführt. Die aerobe Flachsröste bringt gegenüber der anaeroben Röste folgende Vorteile: Verkürzung der Röstzeit von 110 auf 35 Std., Erhöhung der Faserausbeute, bes. der langen Fasern, Minderung des unangenehmen Geruchs u. Verbesserung aller charakterist. Analysenwerte der Abwässer. Die Menge der Abwässer erniedrigt sich um $^2/_3$ u. die Kosten der biol. Abwasserreinigung vermindern sich um 82,5%. (Przegląd włókienniczy **12.** 500—02. Okt. 1958.) E. PASCHKE. 8050

W. G. Crewther, *Vorbehandlungen zur Beeinflussung der Empfindlichkeit der Wolle gegen Proteolyse.* 1. Mitt. *Die Wirkungen von p_H, Netzmitteln und Lösungsmittelextraktion.* Vf. untersuchte den durch 4std. Incubation mit Trypsin bei p_H 8,4 u. 40° eintretenden Gewichtsverlust von Wolle in Abhängigkeit von verschied. Vorbehandlung. Als Vorbehandlung kam Einweichen in Pufferlsg. von verschied. p_H-Werten sowie die Behandlung mit anion., kation. u. nichtion. Netzmitteln (Na-Dodecylsulfat, Na-Dodecylbenzolsulfonat, Lissapol NX, Cetyltrimethylammoniumbromid, Na-Cetylsulfat, Na-Stearylsulfat, Na-Tetradecylsulfat, verschied. Fettsäuren) allein oder nacheinander zur Anwendung. Nach Ansicht des Vf. gibt der Trypsintest ein Maß für den Unordnungsgrad (Denaturierung) gewisser Proteine der Wollfaser. Die Ergebnisse werden im Hinblick auf den Abbau von Wolle durch Insekten u. Mikroorganismen sowie auf die bei verschied. Behandlungsverff. ablaufenden Rkk. diskutiert. (Proc. int. Wool Textile Res. Conf., Australia Vol. C **1955.** C227—C256. 1955, herausgeg. 1956.) E. SCHWERDTFEGER. 8060

Zen-ichi Yoshida und **Masaru Katō,** *Untersuchung über die organisch-chemische Reaktion der Photosensibilisierung. Mechanismus der Photosensibilisierung beim Vergilben von Seide.* Zur Bestätigung einer früher geäußerten Ansicht werden *Tyrosin* (I), *Tryptophan* (II) u. eine Mischung 1:1 bzw. 1:20 von I u. II an gereinigten Silicagelkörnern absorbiert u. verschied. Intensitäten von Sonnenbestrahlung verschieden lange ausgesetzt. Bei den Mischungen I + II verläuft die Gelbfärbung sehr rasch. Erörterung des Mechanismus. (J. chem. Soc. Japan, ind. Chem. Sect. [Kōgyō Kagaku Zassi] **58.** 667—70. Sept. 1955. Kyoto Univ. [Orig.: japan.]) L. SCHULER. 8068

R. Aenishänslin, *NO-IRON-Ausrüstungen auf Regeneratcellulosefaserstoffen.* Es wird dargelegt, welche Mittel u. Wege bis heute gefunden wurden, um Celluloseregeneratfasern quellfest, nichteingehend, naß- u. trockenknitterbeständig auszurüsten. (Reyon, Zellwolle andere Chemiefasern **9.** 94—99. Febr. 1959. Basel, Ciba AG.) P. ECKERT. 8074

W. E. Osmund, *Acrylfasern: Herstellung, Eigenschaften und Anwendung.* Bericht über einen Vortrag, der einen kurzen Überblick gibt über chem. Zus., Herst., Färben u. Anwendung von Polyacrylnitrilfasern. Ausführlicher wird die Herst. von Hochbauschgarnen besprochen. (Textile Manufacturer **85.** 175. April 1959. Coventry, Courtaulds Ltd.) R. JUNGE. 8080

Tamio Yoshioka, *Herstellung von Polyvinylchloridfasern.* 12. Mitt. *Koagulation konzentrierter Polyvinylchloridlösungen in Tetrahydrofuran durch Wasser.* (2. vgl. C. **1956.** 1190.) Zur Unters. der Koagulationserscheinungen durch W. bei 25° werden Trübungsmessungen angestellt. Der Koagulationsvorgang besteht vorwiegend in einer Zerteilung u. der Diffusion des Tetrahydrofurans in W., deren Geschwindigkeit durch die Trübungsmessung quantitativ bestimmt wird. (Chem. High Polymers [Tokyo] **13.** 77—80. 1956. [Orig.: japan.; Auszug: engl.]) L. SCHULER. 8080

Tamio Yoshioka, *Herstellung von Polyvinylchloridfasern.* 13. Mitt. *Koagulation konzentrierter Polyvinylchlorid–Tetrahydrofuran-Lösungen durch Alkohol, Formalin, Säuren, Alkalien und wässerige Salzlösungen.* (12. vgl. vorst. Ref.) Die Fällung durch A.-Lsgg. gleicht der durch Formalin u. Säure-Lsgg.; das Gesamtverh. erscheint aber günstiger als mit W.; Alkali- u. Salz-Lsgg. ähneln in der Wrkg. der von W. bis nahe an 0%ig. Konzentration. Die Beziehungen (in 14 Diagrammen dargestellt) dienen zur Erklärung der Zusammenhänge zwischen Spinnbarkeit u. der Art des Fällungsbades beim Naßverspinnen. (Chem. High Polymers [Tokyo] **13.** 81—85. 1956. [Orig.: japan.; Auszug: engl.]) L. SCHULER. 8080

N. V. Onderzoekingsinstituut Research, Arnheim, Holland, *Antistatische Ausrüstung von elektrisch nichtleitendem Material.* Man behandelt das Material mit einer wss. Lsg. einer polymeren, oberhalb 100° wasserunlösl. werdenden Verb. mit COOH- oder SO_3H-Gruppen. Die Lsg. enthält ferner so viel einer kation. Verb., daß noch kein Nd. gebildet wird, u. so viel eines Polyalkylenpolyamins, daß die Lsg. noch sauer reagiert. Anschließend wird das Material getrocknet, über 100° erhitzt u. dann mit einer alkal. reagierenden Fl. gespült. Durch die alkal. Spülung wird die Ausrüstung beständig gegen Abrieb, bes. in wss. alkal. Medium. — Z. B. tränkt man *Polyamidgewebe* mit einer Lsg., die 1,35 (%) Polyacrylsäure, 0,175 Hexamethylendiamin u. 0,0025 Octadecyldimethylbenzylammoniumchlorid enthält, bei 80°, quetscht ab bis zu einem Feuchtigkeitsgeh. von ca. 45, trocknet, erhitzt 20 Sek. auf 190° u. spült alkalisch. (**Holl. P. 89 582** vom 3/8. 1955, ausg. 15/11. 1958.) F. BÖHM. 8033

Rohm & Haas Co., übert. von: **Sidney Melamed,** Philadelphia, Pa., V. St. A., *Ungesättigte Äther und Thioäther von Carbamaten und ihren Polymeren* der allg. Formel $CH_2{=}CHY{-}A{-}O{-}CO{-}NRR'$, in der Y = O oder S bedeutet, A = Cyclohexylen oder Alkylen (C_{2-10}) sein soll (wobei mindestens 2 C-Atome Y mit A verknüpfen), aber auch Alkylenoxyalkylen- oder Polyoxyalkylengruppen mit 2—4 C-Atomen in der Alkylenkomponenten bedeuten kann (wobei ebenfalls mindestens 2 C-Atome Y mit A verbinden sollen) u. R u. R' (wenn miteinander verknüpft) = Tetramethylen, Pentamethylen u. 3-Oxapentamethylen bzw. (wenn isoliert) R = H, Phenyl, Alkyl (C_{1-4}) u. R' = H, Cyclohexyl, Phenyl, Naphthyl, Benzyl, Alkyl (C_{1-22}) oder R'' $-OCH_2-$ (R'' = Alkyl C_{1-4}) bedeuten sollen. Die Verbb. werden so dargestellt, daß Verbb. des Typs $CH_2{=}CHY{-}A{-}OH$ mit organ. Isocyanaten der Formel R'NCO zur Rk. gebracht werden. — 52 g 2-Hydroxyäthylvinylsulfid + 30 Harnstoff + 1 KCNO (bei 138—140°) → *Vinylmercaptoäthylcarbamat,* $Kp._{1,1}$ 110—112°. Die Verb. geht bei Einw. von CH_2O bei p_H 8,5—9 u. 60° in ein Methylol über, das zur Oberflächenbehandlung von Baumwolle, Wolle, Kunstfasern, Holz oder Glas geeignet ist. So behandelte Flächen lassen sich dann mit Polyestervinylharzen gut verbinden. — Aus 44 g Vinyloxyäthanol + 30 Harnstoff wird *2-Vinyloxyäthylcarbamat* als gelbes Öl, $Kp._{0,1}$ 96—102°, erhalten, das sich, auch als Methylolderiv., mit Aminoplasten leicht verbindet. — *2-Vinyloxyäthyl-N-äthylcarbamat,* F. < 20°, $Kp._{0,1}$ 79—80°, als Methylolverb. auf Viscose aufgebracht, liefert knitterfeste Erzeugnisse. — *2-(Vinylmercapto)-äthyl-N-äthylcarbamat,* $Kp._{0,3}$ 101—109°, eignet sich als Antioxydans für trocknende Ölfarben in Konzz. von 0,25—2%. — 5-Hydroxypentylvinylsulfid + p-Chlorphenylisocyanat + Tributylamin → $CH_2{=}CHS(CH_2)_5O{-}CO{-}NH{\cdot}C_6H_4{\cdot}Cl$, das als Kontaktinsekticid oder Antioxydans verwendbar ist. — Aus dem Monovinyläther des Dekamethylenglykols u. Harnstoff wird *10-Vinyloxydecylcarbamat* erhalten, das als wasserabstoßendes Imprägniermittel für Schuhe geeignet ist. — Hydroxyäthylvinyläther + Dimethylcarbamylchlorid in Pyridin → *2-Vinyloxyäthyl-N.N-dimethylcarbamat,* $Kp._{10-14}$ 80—90°. — In 36 Beispielen wird die Vielseitigkeit des Verf. u. die Verwendbarkeit der erhaltenen Prodd. dargelegt. — *Kunststoffe zur Textilveredlung* u. verschied. anderen Zwecken. (**A. P. 2 806 838** vom 15/7. 1955, ausg. 17/9. 1957.) K. GÄBELEIN. 8033

E. I. du Pont de Nemours & Co., übert. von: **Donald Douglas Bachlott,** Wilmington, Del., V. St. A., *Viscosespinnverfahren.* Die Eigg. der erzeugten Fäden kann man durch einen Zusatz an tert. Aminen, von höchstens 8 C-Atomen in jedem aliphat. Rest u. mindestens 1 OH-Gruppe an einem C-Atom zur Spinnlsg. verbessern. Dieser Zusatz läßt sich bei gleichbleibender Wrkg. auf 0,02—1 mMol/100 g Viscose (statt 1—10 bei dem n. Verf.) vermindern, wenn man ihn schon vornimmt, nachdem höchstens 90% der Cellulose xanthogeniert worden ist. Gleichzeitig mit dem Aminzusatz wird der Cellulosegeh. auf 4—10 (%) u. der NaOH-Geh. auf 4—8 eingestellt u. der für die vollständige Xanthogenierung erforderliche CS_2 zugesetzt. (**A. P. 2 855 321** vom 30/3. 1955, ausg. 7/10. 1958.) F. BÖHM. 8075

Vereinigte Glanzstoff-Fabriken Akt.-Ges., Wuppertal (Erfinder: **Georg Hingst**, Bad Segeberg, **Theodor Kleinert**, Vöcklabruck, und **Viktor Mössmer**, Seewalchen, Österreich), *Künstliche Fäden und Fasern aus Cellulosederivaten*, bes. *Acetat*, besitzen größere Festigkeit u. bessere Dehnungs- u. Schlingenfestigkeitswerte, wenn als Ausgangsmaterial Zellstoff mit einem α-Cellulosegeh. >88% u. einem Methoxylwert nach ZEISEL von höchstens ca. 0,15% bei einem Polymerisationsgrad nach STAUDINGER von 500 u. von ca. 0,3% bei einem Polymerisationsgrad um 1500 verwendet wird (die Methoxylwerte beziehen sich auf Nitrate mit ca. 13% N-Geh.). (**D. B. P. 971 198** Kl. 29b vom 23/8. 1944, ausg. 19/2. 1959. Anmeldung bekanntgemacht 14/10. 1954.) F. BÖHM. 8077

American Cyanamid Co., New York, N. Y., V. St. A., *Naßspinnverfahren.* Man führt das auf 60—110° erwärmte, koagulierbare polymere Material in vielen parallel gerichteten Einzelstrahlen in das auf <10° gekühlte Fällbad u. ordnet die Einzelstrahlen zu einem, an seiner Peripherie unterbrochenen Hohlstrahl, in dessen Innerem ein zweiter, konz. zum ersten Hohlstrahl liegender, in seiner Peripherie unterbrochener Strahl angeordnet sein kann. — Vorr., Zeichnung. (**It. P. 494 482** vom 28/11. 1952. A. Prior. 1/12. 1951.) K. KOEBKE. 8081

Phrix-Werke Akt.-Ges., Hamburg, *Trockenspinnverfahren* für Polymerisate des Acrylnitrils oder von dessen Homologen, dad. gek., daß beim Ausziehen des Fadens mehr als 1:3, z. B. bis zu 1:10 gestreckt u. nach Verdampfen der Hauptmenge des Lösungsm. bei unter 100° noch auf das 2—4fache gedehnt, schließlich bei erhöhter Temp. nachbehandelt wird. (**It. P. 492 431** vom 8/7. 1952.) K. KOEBKE. 8081

Perfogit S. p. A., Mailand, Italien, *Schmelzspinnverfahren*, bes. für polykondensierte Aminosäuren, dad. gek., daß kleine Stücke des Polymeren (I) in festem Zustand in ein Gemisch von festen u. fl. Anteilen desselben I eingebracht werden u. so viel Wärme zugeführt wird, daß die festen Stückchen schm., während sie in der Fl. nach unten sinken. — Vorr., Zeichnung. (**It. P. 492 712** vom 28/12. 1951.) K. KOEBKE. 8081

Farbenfabriken Bayer Akt.-Ges., Leverkusen (Erfinder: **Wolf Rodenacker**, Dormagen), *Herstellung von Fäden oder Fasern aus Polyamiden* nach dem Schmelzspinnverfahren. Um Fäden mit einheitlichem u. nicht zu niedrigem Polymerisationsgrad zu gewinnen, erhält man im Schmelzraum eine konstante, bei der Temp. der Schmelze ungesätt. Wasserdampfatmosphäre aufrecht. — Vorrichtung. (**D. A. S. 1 055 174** Kl. 29b vom 8/3. 1957, veröff. 16/4. 1959.) F. BÖHM. 8081

Owens-Corning Fiberglas Corp. (Erfinder: **Robert G. Russell**), *Herstellen von Fäden beziehungsweise Fasern aus thermoplastischem Material*, bes. aus *Glas*. Der zwischen der geschmolzenen Glasmasse u. dem Faden liegende Teil des Flüssigkeitsstroms wird durch parallel zur Strömungsrichtung angeordnete, intensiv gekühlte Flächen gekühlt u. zugleich gegen störende Luftströmungen geschützt. Die so versponnenen Glasmassen haben z. B. folgende Zus.: 54,2 (%) SiO_2, 14,6 Al_2O_3, 17,3 CaO, 4,6 MgO, 8,4 B_2O_3, 0,6 Na_2O, 0,2 Fe_2O_3, 0,3 F; oder 29,2 CaO, 3,9 MgO, 5,0 BaO, 3,4 Na_2O, 2,7 K_2O, 44,8 Al_2O_3, 10,3 SiO_2, 0,7 B_2O_3. (**Aust. P. 205 674** vom 16/11. 1955, ausg. 21/2. 1957. A. Prior. 22/11. 1954.) K. DEMMLER. 8083

XIX. Brennstoffe. Erdöl. Mineralöle.

Yosimitu Zyomoto, *Dielektrische Kennwerte von Kohlen und vorerhitzten Kohlen.* Aus Messungen der DKK. u. der Verlustfaktoren in einem weiten Frequenzbereich ergaben sich folgende Gesetzmäßigkeiten: 1. Mit zunehmendem C-Geh. bis 85% nimmt die DK. ab, darüber stark zu. — 2. Bei vorerhitzten Kohlen nimmt sie bis 600° schwach zu, darüber sehr stark mit der Vorerhitzungstemperatur. — 3. Die dielektr. Verlustfaktoren vorerhitzter Kohlen ändern sich ungesetzmäßig mit der Frequenz. — 4. DK. u. Verlustfaktor einer auf 650° erhitzten Kohle hängen mit dem Lichtbogen zusammen. — 5. Die Dielektrizitätseigg. hängen mit dem Geh. an flüchtigen Bestandteilen vorerhitzter Kohlen in Abhängigkeit von der Inkohlung u. den Erhitzungsbedingungen zusammen. (J. Fuel Soc. Japan **37**. 248—56. April 1958. [Orig.: japan.; Auszug: engl.]) F. SCHUSTER. 8126

M. G. Feldbrin, N. Ss. Grjasnow und **I. M. Lasowski**, *Verwendung von Gas- und schwachbackenden Kohlen in den Chargen der östlichen Kokereien.* Durch selektive Zerkleinerung der Koksofenbeschickung mit relativ hohem Anteil an Gas- u. schwach backenden Kohlen (40—60%) wird ein Koks mit hoher Trommelfestigkeit nur erhalten, wenn die Korngröße des backenden Anteils > 15 mm ist. (Кокс и Химия [Koks u. Chem.] **1958.** Nr. 3. 3—5.) R. K. MÜLLER. 8126

P. K. Finkelstein und **W. A. Prudenko,** *Neue Methode der Bestimmung der Backkennzahlen und des Metamorphosegrades von Kohlen.* Aus der Unters. von Halbkoks kann man die Backzahlen (Plastizität P, Fließbarkeit F) errechnen, wenn bei der trockenen Dest. das erhaltene W. (% W), Teer (% T), Halbkoks (% H) u. CO_2 u. CO im Gas (%) sowie die Asche (% A) bestimmt werden. Wenn das Gasvol. der Kohle V (Liter/kg), das spezif. Gewicht der Kohle d ist, sind die Kennwerte: $P = H \cdot (100 - A)/[W + 0{,}15 \cdot V(d - 0{,}6)] \cdot 100$, $F = 100 \cdot P/H$. Aus den Kennwerten kann man Schlüsse auf die Metamorphose der Kohlen ziehen u. diese einer Klassifizierung der Kohlen zugrunde legen. (Кокс и Химия [Koks u. Chem.] **1958.** Nr. 3. 6—12. Dnepropetrowsk, Chem.-Technol. Inst.) R. K. MÜLLER. 8126

Elwyn Jones, *Die latente Energie in Flammen.* Zur Entzündung explosiver Gemische müssen bestimmte Tempp. erreicht u. bestimmte Wärmemengen zugeführt werden, wobei Änderungen des physikal. Zustandes auftreten. Hinweise bestehen darauf, daß der Entzündungsvorgang selbst endotherm verläuft u. daß die folgende exotherme Phase der chem. Rk. mehr die Flammenfortpflanzung als die Flammenerzeugung beeinflußt. Es tritt also bei der Entzündung eine latente Energie auf, die der latenten Wärme der Zustandsänderung, d. i. die Aktivierungsenergie, entspricht. Beim Entstehen der Flammen wird daher Energie absorbiert bzw. beim Erlöschen abgegeben, wie zu beobachten ist, wenn Flammen die Wandungen von Reaktionsgefäßen erreichen u. dabei erlöschen, wobei ein plötzlicher Wärmestoß, zuweilen als Nachglühen (afterglow) bezeichnet, durch die Verbrennungsprodd. wandert. Je schneller die Flamme wandert, um so schneller wird sie an der Oberfläche der Gefäße ausgelöscht u. um so schneller wird die Energie frei. Vf. untersuchte das Auftreffen von Flammen auf das geschlossene Ende eines Rohres mittels piezoelektr. Druckmessungen u. bestätigte, daß Flammen hoher Geschwindigkeit eine ähnliche mechan. Wrkg. wie Raketen hervorrufen. Auch wird vermutet, daß die ähnliche Erscheinung des Klopfens in Verbrennungsmaschinen durch solche Vorgänge zu erklären ist. (Nature [London] **179.** 581—82. 16/3. 1957. Stevenston, Ayrshire, I. C. I. (Nobel Div.), Res. Dep.) E. ROEDER. 8128

Ch. A. Isschakow, *Thermographische Untersuchung von Kohlen und Kohlengemischen.* Mit MgO, Al_2O_3 u. Koks als Vergleichssubstanzen werden Thermogramme von Holz, Sapropeliten u. Steinkohlen aufgenommen. Bei Holz u. Sapropeliten geht die bei 180° beginnende exotherme Rk. bei 260° rasch in eine endotherme Rk. über, bei Sapropeliten unter energ. Aufblähen. Ähnlich verhält sich der Vitritanteil einer Steinkohle, während der Duritanteil (mit bis 20% Asche) 2 Wellen zeigt, von denen die zweite mit einer bei Tonen beobachteten Spitze zusammenfällt. Der Charakter der Wärmeeffekte der pyrogenet. Zers. von Kohlen ist aus der thermograph. Analyse schwer zu erschließen. (Кокс и Химия [Koks u. Chem.] **1957.** Nr. 10. 6—8. Tomsk, Polytechn. Inst.)
R. K. MÜLLER. 8132

W. I. Klassen und **W. A. Newskaja,** *Kohlenflotation bei großer Menge tonhaltiger Schlämme.* Als Reagentien für die Flotation von Kohlen sind höhersd. Alkohole, bes. solche mit 6—8 C-Atomen, am besten geeignet. Sie wirken nicht nur als Sammler u. Schäumer, sondern peptisieren auch tonhaltige Schlämme ($< 53\ \mu$). Durch Besprühen des Schaumes mit W. kann der Ascheg eh. des Konzentrats weiter vermindert werden. Als nichtpolarer Zusatz wird sulfoniertes Kerosin empfohlen. (Кокс и Химия [Koks u. Chem.] **1958.** Nr. 3. 15—18. Inst. für Bergbau der Akad. der Wiss. der UdSSR.)
R. K. MÜLLER. 8134

Kazimierz Wiszniowski, *Brikettpech.* Nach Besprechung der Herstellungsmeth. von Brikettpech geht Vf. auf den Einfl. der physikal.-chem. Eigg. des Pechs auf seine Bindefähigkeit ein, wobei er auf die 3 Bestandteilgruppen (α, β u. γ) des Pechs hinweist. Vf. unterstreicht die Bedeutung der Duktilität des Pechs für dessen Anwendung zur Brikettierung u. den Einfl. der Kohlenkörnung auf die mechan. Eigg. der Briketts. Die Feststellungen des Vf. lassen sich als Grundlage zur Beurteilung von Pech für Brikettierungszwecke verwenden. (Koks-Smoła-Gaz **2.** 77—81. März/April 1957. Zabrze, Inst. Chem. Prózerbki Węgla.) A. BABCZYNSKI. 8136

M. D. Schapiro, L. Ss. Alterman und **L. Ss. Rasskina,** *Kinetik der thermischen Zersetzung von Kohle.* Beim Schwelen von *Kohle* beginnt die Teerausscheidung bei Zusatz geringer Mengen *Diphenylamin* (0,1—2%) bei niedrigerer Temp., bei Zusatz von 1% *Altax* bei höherer Temp., ebenso wirkt *Captax.* Zusatz von 1% $Fe_2(SO_4)_3$ setzt die Temp. der Zers. der plast. M. herab, erhöht die Teer- u. vermindert die Gasausbeute; der Halbkoks ist weniger schmelzbar. Die plast. M. stellt ein koll. Syst. dar. Ihre Eigg. werden durch die Backfähigkeit der Kohle bestimmt. Wird sie bei höherer Temp. zers., dann wird das Backen der Kohle gefördert. Ihre therm. Stabilität wird durch das Bitumen A der Kohle oder durch bestimmte Mengen an Fusain u. Sporenmaterial erhöht. Zusatz nichtbackender Kohlen zu backenden Kohlen kann den Prozeß der Koksbldg. günstig beeinflussen. (Химия и Технология Топлива и Масел [Chem. Technol. Brennstoffe Öle] **1957**. Nr. 12. 64—69. Dez. Dnepropetrowsk, Chem.-Technol. Dsershinski-Inst.) R. K. MÜLLER. 8140

I. M. Chanin, W. A. Jaremtschuk und **I. G. Kuprijenko,** *Anwendung von radioaktiven Isotopen bei der Untersuchung der Bewegung der Gase in Koksöfen.* Für die radiochem. Unters. der Gasbewegung in Koksöfen wäre ^{14}C mit der Halbwertszeit 5720 Jahre am geeignetsten; leichter zugänglich ist aber ^{35}S (87,1 Tage). Vff. erläutern die Methodik der Unters. der Gasverteilung mit $^{14}CO_2$ oder $^{35}SO_2$ im Heizsyst., in den Umlaufgasen der Heizkanäle u. im Gas-Luft-Gemisch der Heizkanäle. (Кокс и Химия [Koks u. Chem.] **1957**. Nr. 10. 20—25. Dnepropetrowsk, Chem.-Technol. Inst.) R. K. MÜLLER. 8142

G. W. Lee, *Die Verkokung von Kohle in Koksöfen.* 2. Mitt. (1. vgl. C. **1959**. 4665.) Übergang zu größeren Ofeneinheiten. Mischen verschied. Kohlen zur Verbesserung der Koksqualität. Mechanismus der Koksbildung. — 36 Literaturangaben. (Coke and Gas **20**. 419—25. Okt. 1958.) F. SCHUSTER. 8142

G. W. Lee, *Die Verkokung von Kohle in Koksöfen.* 3. Mitt. (2. vgl. vorst. Ref.) In der vorliegenden Arbeit wird auf die physikal. u. chem. Eigg. von Koks eingegangen, die teils nach brit. Normen, teils nach darüber hinausgehenden Laboratoriumsmethoden u., für die Verwendung im Haushalt, auch nach Betriebsmethoden unter den Verwendungsbedingungen untersucht werden. (Coke and Gas **20**. 472—74. Nov. 1958.) F. SCHUSTER. 8142

M. M. Potaschnikow und **W. Je. Priwalow,** *Das Problem der Ausnutzung von Naphthalin enthaltenden Rohstoffen.* Weitere Einzelheiten über das von POTASCHNIKOW (vgl. C. **1957**. 11758) vorgeschlagene Verf. zur Gewinnung von techn. Naphthalin durch direkte Rektifizierung der entsprechenden Fraktion des Steinkohlenteers. (Кокс и Химия [Koks u. Chem.] **1958**. Nr. 9. 36—39. Nishni-Tagil, Metallurg. Kombinat.) E. v. PEZOLD. 8166

I. M. Leiserow, *Anwendung von gebranntem Magnesit für die Zersetzung von Ammoniumsalzen.* Um die Unannehmlichkeiten zu vermeiden, die beim Freisetzen von NH_3 aus NH_4-Salzen beim Versetzen von Harzwässern mit Kalkmilch durch die Bldg. von schwerlösl. $CaSO_4$ auftreten, kann man gebrannten Magnesit in Form von $Mg(OH)_2$-Milch verwenden. Während $Mg(OH)_2$ in W. schwer lösl. ist, löst sich das entstehende $MgSO_4$ gut. Man berechnet die anzuwendende $Mg(OH)_2$-Menge zu 4,3—4,5 g (2,0—2,2 g) je Liter des gesamten (gebundenen) NH_3. (Кокс и Химии [Koks u. Chem.] **1957**. Nr. 10. 55—56. Makejewo, Kokschem. Fabrik.) R. K. MÜLLER. 8168

N. A. Akimowa, *Erfahrungen bei der Entnahme zweier Anthracenfraktionen.* Bei der kontinuierlichen Aufarbeitung von Steinkohlenteer werden zweckmäßig 2 Anthracenfraktionen entnommen: Fraktion I, im Mittel 13,9% des Teeres, mit D. 1,129 u. 81% bis 360° sd. Anteilen; Fraktion II mit (Mittelwerte) 7,6%, D. 1,146 u. 51%. Bei dieser Arbeitsweise wird die Qualität der Fraktion I verbessert. Die Ausbeute an Fraktion II hängt von der Konstanz der Teerqualität u. dem Öffnungsdurchmesser der Scheibe in der Entnahmeleitung für Fraktion I ab. (Кокс и Химия [Koks u. Chem.] **1958**. Nr. 3. 57. Saporoshe, Kokerei.) R. K. MÜLLER. 8176

Miklós Szücs, Rudolf Kaiser und **Vilmos Hesp,** *Versuche über die Bedingungen der Paraffingewinnung aus Braunkohlenteer.* Es wurden Braunkohlenteeröle zwecks Erzielung einer besseren Paraffinausbeute geprüft. Aus Preßölen wurden mittels nacheinander folgenden Operationen die organ. N-Basen, die Säurebestandteile u. Aromaten entfernt u. nach jeder vorhergehenden Behandlung wurde die Menge des kristallisierbaren Paraffins bestimmt. Es wurde festgestellt, daß das wesentlichste Anwachsen der Paraffinausbeute durch Entfernung der Säurebestandteile zu erreichen ist. Aus der mkr. Unters. wurde festgestellt, daß zwischen der Paraffinausbeute u. den Abmessungen der ausgefrorenen Kristalle ein Zusammenhang besteht. Als Ergebnis der Absonderung der aus Preßölen direkt, oder nach verschied. Vorbereitungen ausgefrorenen Paraffine mittels Harnstoffaddukten u. der so erhaltenen Isofraktionen mit Chromatographie an Silicagel wurde festgestellt, daß infolge der Vorbereitung die ausgefrorenen Paraffine mit polaren Anteilen u. Aromaten weniger verunreinigt sind, es friert aber mehr isoparaffinhaltiges Paraffin aus. Die Menge der ausgefrorenen Paraffingruppen (Iso-, Mittel- u. Endparaffine) auf die Menge des untersuchten Preßöls beziehend, kann festgestellt werden, daß infolge der Vorbehandlungen die Menge jeder Gruppe anwächst. Die mkr. Unters. der abgesonderten Paraffingruppen gibt einen Beweis

darüber, daß die Mittel-, hauptsächlich aber die Endparaffine sich aus kleineren Kristallflächen zusammensetzen, als die ungetrennten Paraffinmuster. (Magyar Kém. Folyóirat [Ung. Z. Chem.] **64.** 100—05. März 1958. Leipzig, Inst. für organ. Grundstoffchem.)
G. HALMI. 8178

B. L. Moreau, *Überwachung der Bildung von Gashydraten in Gasquellen durch unterirdische Einführung von Glykol.* Gashydrate bilden sich in fester, schneeähnlicher Form bei Tempp. oberhalb des Wassergefrierpunktes. Durch das Glykol wird das W. aus dem Gas entfernt, ehe die Abscheidungstemp. für die Hydrate erreicht ist. Aus dem Glykol–W.-Gemisch, das sich aus dem Gas vor Eintritt in die Fernleitungen abscheidet, wird das Glykol für neue Verwendung zurückgewonnen. Die App. zur unterird. Einspritzung des Glykols kann auch dazu benutzt werden, dem Gasstrom Korrosionsinhibitoren zuzusetzen. (Canad. Mining metallurg. Bull. **51.** 638—42. Okt. 1958. Calgary.)
F. SCHUSTER. 8186

James L. Jezl, Archibald P. Stuart und **Abraham Schneider,** *Untereinander zusammenhängende Wirkungen von Ölkomponenten auf die Oxydationsstabilität.* Mineralöle, denen kein Inhibitor vom Typ des *Di-tert.-butyl-p-kresols* (I) zugesetzt ist, sollten eine so gering wie mögliche Konz. an einkernigen Aromaten aufweisen. Durch **I** inhibierte Mineralöle sollen weniger Aromaten enthalten als nichtinhibierte Öle, jedoch soviel wie möglich natürlichen S in Form stabiler S-Verbindungen. N-Verbb. wirken ungünstig. (Ind. Engng. Chem. **50.** 947—50. Juni 1958. Marcus Hook, Pa., Sun Oil Co., Basic Res. Div., Res. and Developm. Dep.)
K. F. MÜLLER. 8188

Ilie Ionescu, *Ergebnisse des Arbeitens mit Bohrflüssigkeiten auf Grundlage von Erdölprodukten (schwarzen Flüssigkeiten) und Aussichten der weiteren Verwendung.* In Rumänien werden 2 aus Erdölprodd. gewonnene Typen von Bohr-Fll. verwendet: Typ R ist ein Gemisch von paraffin Motoröl (E. $+5^0$), paraffin. Erdöl u. geblasenem Asphalt mit ca. 47% Asphaltenen, Typ M eine Emulsion von 1,1—2,5% W. in einem Spezialmotoröl (Anilinpunkt 43—55⁰) u. geblasenem Asphalt. Diese Fll. stören nicht (wie wss. Tonlsgg.) das koll. Gleichgewicht im Gestein u. bewirken keine Quellung von Bentonittonen. Die höhere Viscosität u. die größeren Verluste an Fl. beim Entfernen des Schlammes vom Rüttelsieb können durch konstruktive Veränderungen der unterird. Anlage ausgeglichen werden. (Petrol şi Gaze **6.** 179—83. Mai 1955. Sovrompetrol.)
R. K. MÜLLER. 8190

G. A. Rădulescu und **M. Bogdan,** *Sulfonsäuren aus Furfurolextrakt.* Der mit Furfurol erhaltene Extrakt aus asphalten. Spindelölen ist reich an Aromaten, die bei Umsetzung mit Oleum vollständig in Sulfonsäuren übergehen. Die aus diesen erhaltenen NH_4-Sulfonate eignen sich zur Entemulgierung von Rohölen. (Petrol şi Gaze **7.** 527—33. Okt. 1956.)
R. K. MÜLLER. 8190

A. Sberea und **V. Cerchez,** *Entwicklungslinien der Verarbeitung von Rohöl unter Anwendung neuer Techniken.* Übersicht über die Fortschritte der Erdölverarbeitung in Rumänien mit dem Ziel der Gewinnung wertvoller Treibstoffe u. Schmieröle. (Petrol şi Gaze **7.** 525—27. Okt. 1956.)
R. K. MÜLLER. 8192

James L. Jezl und **Archibald P. Stuart,** *Die Abtrennung von Schwefelverbindungen aus Mineralölfraktionen.* Wird Al_2O_3 24 Std. auf 600—700⁰ im Muffelofen erhitzt u. dann auf 150—200⁰ unter N_2 abgekühlt, so eignet es sich besser als Adsorbens für die chromatograph. Abtrennung der S-Verbb. von aromat. Fraktionen von Mineralölen. — SiO_2/Al_2O_3, auf das Ni-NiO niedergeschlagen ist (Zus.: 43,6% Ni, 28,2% NiO, 19,9% SiO_2, 2,0% Al_2O_3, 40% Graphit) erwies sich als sehr geeignet als Adsorbens für die chromatograph. Abtrennung von S-Verbb. von KW-stoffen. (Ind. Engng. Chem. **50.** 943—46. Juni 1958. Marcus Hook, Pa., Sun Oil Co., Basic Res. Div., Res. and Developm. Dep.)
K. F. MÜLLER. 8194

T. R. Harris, *Die Beseitigung von verbrauchter Schwefelsäure aus Frdölraffinerie-Abwässern.* Vgl. der beiden Verff. zur Wiedergewinnung der in verbrauchter H_2SO_4 aus Abwässern von Erdölraffinerien enthaltenen S-Verbb.: 1. Versprühen des Abwassers bei 1700—2000⁰ F u. Oxydation der S-Verbb. zu SO_2 u. wenig SO_3 u. der KW-stoffe zu CO_2 u. Wasserdampf; 2. Erwärmung des Abwassers in einer Zersetzungskammer mit Koks auf 300—480⁰ F, Bldg. von SO_2, elementarem S, Wasserdampf, CO, CO_2 u. KW-stoffen, die größtenteils in Koks verwandelt werden (Kokskreislauf), Oxydation der Rest-KW-stoffe u. von CO u. S. Es hängt von der Zus. des Abwassers (Schlammes), dem Wert des beim 2. Verf. anfallenden Kokses, der Kühlwassertemp. u. der Größe der Anlage ab, welches der beiden Verff. man wählt. (Ind. Engng. Chem. **50.** Nr. 12. 81A—82A. Dez. 1958. Monsanto, Chemical Co.)
W. WESLY. 8194

Yoshirō Morita, *Untersuchung über die wirksame Oberfläche von Kieselsäure-Tonerde-Crackkatalysatoren für Erdöle.* Hinsichtlich wirksamer Oberfläche bei der *Cetan-*

Crack-Rk. bei 500° werden 2 Arten Säureton mit u. ohne 15—25%ig. H_2SO_4-Behandlung, sowie Al_2O_3–SiO_2-Gele, erhalten nach verschied. Herstellungsverff., u. handelsübliche SiO_2–Al_2O_3-Katalysatoren, entsprechend WHEELERS Theorie (Catalysis II. [1955.] 105) u. auf Grund der Best. der inneren Oberfläche nach dem BET-Verf. untersucht. Höchste Aktivität zeigen mit 15%ig. H_2SO_4 behandelte Tone, aber die verfügbare (wirksame) Oberfläche ist dann am kleinsten. Es besteht keine gerade Beziehung zwischen der chem. Aktivität u. der physikal. Struktur bei SiO_2–Al_2O_3-Gelen. — 3 Tabellen u. Diagramme. (J. chem. Soc. Japan, ind. Chem. Sect. [Kōgyō Kagaku Zassi] **58.** 698—700. Sept. 1955. Tokyo, Waseda Univ. [Orig.: japan.]) L. SCHULER. 8196

Kiyoshi Ikebe, Nobuyoshi Hara und **Kōtarō Mita,** *Untersuchung über Katalysatoren für die katalytische Crackung von Erdölen.* 9. Mitt. *Über die Verschlechterung von Crackkatalysatoren nach der Reaktivierung.* (8. vgl. J. chem. Soc. Japan, ind. Chem. Sect. [Kogyo Kagaku Zassi] **57.** [1954.] 670.) Vff. untersuchen die Crackleistung von Ton, HCl-behandeltem Ton u. synthet. SiO_2–Al_2O_3-Gelen auf arab. Erdöl bei 450° nach 11—30 Cyclen von Crackung u. Reaktivierung mit Luft bei 500—550°. Die natürlichen SiO_2–Al_2O_3-Katalysatoren zeigen einen gewissen Abfall in der Crackwrkg., bes. solche mit höherem Fe_2O_3-Gehalt. Durch Aktivierung mit HCl wird Fe entfernt u. die Anfangswirksamkeit u. gleichzeitig noch der Widerstand gegen Verschlechterung erhöht. Die synthet. SiO_2–Al_2O_3-Katalysatoren zeigen keinen Leistungsabfall. Nach der Best. mittels N_2-Adsorption bei —183° nimmt die Gesamtoberfläche etwa linear mit dem Fe_2O_3-Geh. nach einem Cyclus von Crackung u. Reaktivierung ab. — 6 Diagramme. (J. chem. Soc. Japan, ind. Chem. Sect. [Kōgyō Kagaku Zassi] **58.** 711—14. Sept. 1955. Tokyo, TH. [Orig.: japan.]) L. SCHULER. 8196

Ja. W. Mirski, *Mechanismus der Trocknung von kugelförmigen Aluminiumsilicatcrackkatalysatoren.* Bei der Trocknung von Al-Silicatkugeln werden in einer ersten Periode 94% des im Hydrogel enthaltenen W. nach den für die Verdampfung von W. in Tropfenform geltenden Gesetzmäßigkeiten verdampft, wobei die Capillardruckkräfte eine wesentliche Rolle spielen, weil es sich vor allem um intermicellares W. handelt. In der zweiten Periode verdampft das W. aus der starren porösen Katalysatorstruktur; beim Trocknen mit einem Gemisch von Wasserdampf u. Luft tritt Rissebldg. ein, wenn die Sättigung an Wasserdampf 50% unterschreitet. Werden die Kugeln vor der Trocknung mit oberflächenakt. Stoffen getränkt, dann ist die Rissebldg. geringer, da die Intensität der Bewegung des W. in den Capillaren u. die Spannungen in der Katalysatorstruktur vermindert sind. (Химия и Технология Топлива и Масел [Chem. Technol. Brennstoffe Öle] **1957.** Nr. 12. 45—52. Dez. Grosny, Wiss. Erdölforschungsinst.) R. K. MÜLLER. 8196

Nicolae Bruda, *Verarbeitung von Rohöl durch katalytische Prozesse.* Beschreibung einiger katalyt. Crackverff. (Wirbelschichtkontakt, Thermophor, HOUDRY, Modell IV, Platforming) zur Gewinnung eines Maximums an Bzn. hoher Octanzahl, Dieselkraftstoff, Gas u. Koks aus Rohölen. (Petrol şi Gaze **7.** 25—29. Jan. 1956. Minist. ind. petrol.) R. K. MÜLLER. 8200.

W. W. Ssalnikow und **A. A. Filippow,** *Besonderheiten der Zusammensetzung und der Verarbeitung von Rohbenzol der Gubachiner Kokerei.* Die Verarbeitung des untersuchten Rohbenzols auf Reinprodd. wird durch seinen hohen Geh. an nichtsulfonierbaren, ungesätt. u. S-Verbb. erschwert. Die Reinigung gelingt durch mehrstufige Fraktionierung mit Zwischenwäsche u. Endwäsche mit H_2SO_4. Es wird ein Aufarbeitungsschema gegeben. In Tabellen werden die Eigg. der erhaltenen Zwischen- u. Endprodd. mitgeteilt. (Кокс и Химия [Koks u. Chem.] **1957.** Nr. 10. 42—46. Gubachin, Kokerei.) R. K. MÜLLER. 8202

Gerhard Keil und **Ernst Boeck,** *Über eine Möglichkeit zur Herstellung von wasserbeständigen Natriumfetten.* Fette, die sich in feuchtwarmem Klima durch bessere Wasserbeständigkeit auszeichnen, können dadurch erhalten werden, daß man als Anion Wachssäuren, die Montansäure oder andere hochmol. Fettsäuren enthalten, verwendet. Als Kation kommt vor allem Na in Frage. Aber auch die Fette der Wachssäuren mit anderen Kationen übertreffen immer die Fette mit dem gleichen Kation, aber weniger hochmol. Fettsäuren. (Chem. Techn. **10.** 307. Mai 1958. Dresden, TH, Inst. für Brenn-, Kraft- u. Schmierstoffe.) K. L. WOLF. 8222

R. T. Edwards, *Feste Erdölkohlenwasserstoffe und ihre Wirkung auf die Eigenschaften von Wachs.* Die strengen Anforderungen, die an Schutz- u. Imprägnierstoffe von Papier auf der Grundlage von Wachsen heute gestellt werden, haben zu genauen Unterss. der Wachse auf ihre einzelnen Komponenten, auf die spezif. Wrkgg. bestimmter Komponenten u. zu absichtlichen Zusätzen solcher Stoffe geführt. Man untersucht massenspektroskop. u. prüft den Einfl. der Kristallstruktur. Bes. geht man heute jenen

KW-stoffen nach, die keine n. Paraffine sind. Doch steht man erst am Beginn einer Entwicklung. – 28 Literaturangaben. (Petroleum [London] **22.** 45–49. Febr. 1959. London.) F. SCHUSTER. 8226

Fa. Carl Still (Erfinder: **Josef Schmidt**), Recklinghausen, *Erzeugung von Stadt- oder Ferngas* unter Verwendung methanreicher Gase nach der oxydativen Methanspaltung als Zusatzgas zu Gasen, die aus festen Brennstoffen gewonnen wurden, dad. gek., daß das nach wenigstens teilweiser Methanspaltung erhaltene, an H_2 u. CO reiche Gas mit olefinhaltigen Gasen gemischt, katalyt. behandelt u. das nach Abtrennung der in bekannter Weise gebildeten fl. KW-stoffe u. der O-haltigen Syntheseprodd. weitgehend durch Auswaschung von CO_2 befreite Synthesegas mit Hochtemperaturkoksofengas bzgl. seines Heizwertes auf Stadtgasnormen eingestellt wird. – Zeichnung. (**D. A. S. 1 058 198** Kl. 26a vom 30/6. 1955, veröff. 27/5. 1959.) E. KAHLES. 8157

Koppers Co., Inc., Pittsburgh, Pa., V. St. A., übert. von: **Alfred Karl,** Essen, *Entfernen von sauren Verunreinigungen,* wie HCN, H_2S, NO_2, *aus Gasen,* bes. Destillationsgasen, mittels Luxmasse, indem man die M. direkt mittels eines Vibrationssiebes (Maschenweite ca. 2 mm) in den Reinigungsbehälter siebt u. ein Schüttgewicht der M. von <800 kg/m^3 erzielt. (**A. P. 2 839 356** vom 14/6. 1954, ausg. 17/6. 1958.) K. DEMMLER. 8173

Armstrong Cork Co., Lancaster, Pa., übert. von: **John R. Maddox,** V. St. A., *Kontrolle der Viscosität von Erdölprodukten.* Man stellt ein gelförmiges Prod. aus 30 bis 70 (Gew.-%) Erdöl (I; Anilinpunkt 150–225° F) u. 70–30 Tallöl (II) mit einem Fettsäuregeh. von mindestens 30 her. II wird mit $Ca(OH)_2$ so lange behandelt, bis das auf 300–385° F erhitzte Gemisch aus I u. II eine SZ. <8 hat. Die Viscosität des erhaltenen Gels kann durch Zusatz von Harz (III), z. B. Baumharz, in Mengen von 0,1–2,5 Gew.-%, herabgesetzt werden, bei Zusatz von 10% III wird das Prod. wss. u. die Viscosität ist bis zu 300° F nicht mehr meßbar. (**A. P. 2 845 361** vom 27/2. 1956, ausg. 29/7. 1958. **E. P. 795 858** vom 27/12. 1956, ausg. 28/5. 1958. A. Prior. 27/2. 1956.) E. DREWS. 8189

Comp. Française de Raffinage, Frankreich, *Oxydation von Mercaptanen,* die in Erdölen enthalten sind, gemäß F. P. 1 105 484, aber in Ggw. von Lösungsmitteln für die Mercaptane, wie Methanol, A., Isopropanol, Trikresol, Isobuttersäure. (**F. P. 68 443** vom 1/3. 1955, ausg. 30/4. 1958. **Zusatz zu F. P. 1 105 484; C. 1958. 10544.**) S. BÖTTCHER. 8195

Socony Mobil Oil Co., Inc., New York, N. Y., V. St. A., *Entsäuern eines mercaptanhaltigen Kohlenwasserstoffgemisches,* dad. gek., daß das Gemisch mit einem Extraktionsmittel in Berührung gebracht wird, welches einen Lösungsvermittler, ein Alkalihydroxyd u. W. enthält, wobei diese wss.-alkal. Lsg. mit einer zweiten alkal. Lsg., die Alkalihydroxyd u. W. enthält, im wesentlichen unmischbar ist, damit ein fettes, Mercaptide enthaltendes Extraktionsmittel erhalten wird. Das fette Extraktionsmittel wird von dem behandelten KW-stoffgemisch abgetrennt, regeneriert u. dann mit Alkalihydroxyd behandelt, um es auf seine frühere Stärke zu bringen. – Schema der Anlage, 3 Diagramme. (**Oe. P. 202 674** vom 26/3. 1954, ausg. 25/3. 1959.) T. OPPERMANN. 8195

American Oil Co., Texas City, übert. von: **Joe T. Kelly,** Dickinson, Texas, V. St. A., *Alkylieren von Isoparaffinen,* die 4–8 C-Atome je Mol. aufweisen, mit einem Olefin mit 2–12 C-Atomen je Molekül. Das Mol-Verhältnis von Isoparaffin zu Olefin beträgt 2–50. Die Alkylierung wird bei –20 bis 150° u. 100–2000 lbs./sq.in. durchgeführt, wobei der Druck ausreicht, um das Reaktionsgemisch in fl. Zustand zu halten. Als Katalysator dient ein saures kation. Austauschharz u. BF_3, wobei das BF_3 in genügender Menge vorhanden ist, um das Harz zu sättigen. – Zeichnung. (**A. P. 2 843 642** vom 14/9. 1956, ausg. 15/7. 1958.) E. KAHLES. 8201

Esso Research and Engineering Co., übert. von: **Kenneth Earl Draeger** und **James Francis Ross,** Baton Rouge, La., V. St. A., *Hydroformieren von Kohlenwasserstofffraktionen vom Siedebereich der Motortreibstoffe* in Ggw. von einem größeren Anteil an Metalloxydkatalysatorteilchen der VI. Nebengruppe des Period. Syst. u. einem geringeren Anteil an inerten Wärmeträgern oder an Schrott, wobei die Katalysatorteilchen u. die Wärmeträger kontinuierlich aus der Reaktionszone abgezogen u. der Regenerierzone zugeführt werden. Die Geschwindigkeit wird dabei so eingestellt, daß die Wärmeträger sich am Boden des Regenerators ansammeln u. in einer Wärmeträgerkonzentrationszone, welche sich am Boden des Regenerators befindet, gesammelt werden können. In diese Konzentrationszone wird Gas eingeblasen, um die Wärmeträger von gegebenenfalls noch anhaftenden Katalysatorteilchen zu befreien. Die Wärmeträger, an welchen noch geringe Mengen an Katalysatorteilchen anhaften, werden aus dieser Zone abgezogen u. mit H_2-haltigem Gas in Kontakt gebracht, wobei die anhaftenden Katalysatorteilchen zum Teil red. werden. Diese Wärmeträger werden dann in den oberen Teil des dichten Bettes der Hydroformierungszone zurückgeführt, während die Katalysatorteilchen aus dem Regenerator, nachdem sie von den Wärmeträgern abgetrennt worden sind, abgezogen u. in den unteren Teil des dichten Bettes der Hydroformierungszone zurückgeleitet werden. — Zeichnung. (**A. P. 2 846 366** vom 19/12. 1955, ausg. 5/8. 1958.) E. KAHLES. 8201

Chemirad Corp., New York, N. Y., übert. von: **Hans Osborg**, Port Washington, N. Y., **David Horvitz**, Hyattsville, Md., und **Amos H. Pope**, Washington, V. St. A., *Treibstoff für Dieselmotoren auf Gasolinbasis*, gek. durch einen Geh. von 16,5, 53,2, 27,6 oder 17,8 Gew.-% Äthylenimin. Der Treibstoff zündet spontan bei Zusatz von HNO_3. (**A. P. 2 824 791** vom 22/6. 1951, ausg. 25/2. 1958.) E. DREWS. 8205

Franziska Müller-Lichtenhahn, Kurt von Sury, Basel, und **Hans Zürcher**, Zürich, Schweiz, *Herstellung von Kraftstoffen für Motoren.* Man versetzt einen wasserhaltigen Brennstoff, wie A., mit CaC_2, wobei sich das entstehende C_2H_2 im A. löst, filtriert nach beendeter Rk. u. verwendet die alkoh. Lsg. von C_2H_2. Das Gemisch kann auch andere Alkohole oder Gemische von Alkoholen u. andere organ. Brennstoffe, wie Ketone, Acetale oder Olefine, enthalten. (**It. P. 494 131** vom 10/10. 1952. Schwz. Prior. 12/10. 1951.) K. KOEBKE. 8205

Badische Anilin- & Soda-Fabrik Akt.-Ges. (Erfinder: **Hans Cordes**), Ludwigshafen/Rh., *Herstellung von metallorganischen Verbindungen des Nickels*, die den Cyclopentadienylrest u. CO im Mol. enthalten, dad. gek., daß man $Ni(CO)_4$ mit einer Alkaliverb. von Cyclopentadien (I) oder dessen alkyl- oder arylsubstituierten Derivv., zweckmäßig in Ggw. eines inerten Lösungsm., umsetzt. Vorteilhaft wird die Rk. oft in Ggw. eines wasserfreien Ni-Salzes, wie des Chlorids, Bromids, Nitrats oder Rhodanids, vorgenommen. — Das aus 6 g Na u. der stöchiometr. Menge I erhaltene Prod. wird in 200 cm^3 Tetrahydrofuran mit 35 cm^3 $Ni(CO)_4$ versetzt u. das Gemisch 2 Std. auf 60—65° gehalten. Nach Abdestillieren von Lösungsm. u. überschüssigem Carbonyl erhält man aus dem Rückstand durch Sublimation bei $\leqq 80°$ *Dicyclopentadienyldinickeldicarbonyl*, tiefrote Kristalle in einer Ausbeute von 8%. — Katalysatoren u. *Antiklopfmittel* für Treibstoffe. (**D. A. S. 1 060 397** Kl. 12o vom 23/11. 1957, veröff. 2/7. 1959.) J. MÜHLEISEN. 8209

British Petroleum Co. Ltd., London, *Flugzeugturbomaschinentreibstoffgemisch*, welches aus einem Leuchtöl (Kreosin) oder einem Bzn. mit weitem Siedebereich besteht u. 0,1—1 Vol.-% eines aliphat. 2wertigen Alkohols mit 5—6 C-Atomen [z. B. *Hexylenglykol*, u. zwar bes. von der Formel $CH_3-C(CH_3)(OH)-CH_2-CH(OH)-CH_3$] enthält. — Zeichnung. (**Oe. P. 199 777** vom 10/12. 1955, ausg. 25/9. 1958. E. Prior. 10/12. 1954.) T. OPPERMANN. 8213

Esso Research and Engineering Co., Del., übert. von: **Stephen L. Wythe**, Plainfield, N. J., V. St. A., *Stabilisieren phosphorgeschwefelter Kohlenwasserstoffe* (**I**), *die als Schmierölzusätze verwendet werden.* Man behandelt die **I** während ½—10 Std. mit 1—200 Gew.-% eines cycl. Terpens in Ggw. von 0,001—0,5 Mol (pro Mol I) eines organ. Peroxyds ROOX ($R = C_{2-10}$ Acyl- oder KW-stoffrest, X = R oder H) bei 100—400° F. Ein Schmieröl enthält z. B. 1—6 Gew.-% des so behandelten Produkts. — Beispiel: Behandlung von 500 (g) P_2S_5-Polyisobutylenreaktionsprod. mit 250 α-Pinen u. 5 tert.-Butylhydroperoxyd bei 320° F. (**A. P. 2 804 431** vom 18/4. 1955, ausg. 27/8. 1957.) E. DREWS. 8221

Karl Kilchling, übert. von: **Aluminiumwerk Tscheulin G. m. b. H.**, Deutschland, *Reinigen von gebrauchten Ölen*, bes. Walzölen. Man versetzt das verunreinigte Öl mit 1—10 Gew.-% 50—100%ig. Essig-, Ameisen-, Propionsäure oder einem anderen ausflockend wirkenden Mittel (z. B. mit Essig- oder Ameisensäure enthaltendem Ton), entfernt durch Filtration die ausgeflockten Metallteilchen (Al-Teilchen) u. entfernt die Säure auf übliche Weise (z. B. Waschen mit W., Behandeln mit $CaCO_3$ oder NH_4OH). (**F. P. 1 163 583** vom 22/12. 1956, ausg. 29/9. 1958. D. Prior. 27/12. 1955.) T. OPPERMANN. 8221

Röhm & Haas G. m. b. H., Darmstadt (Erfinder: **Fritz Kollinsky**, Darmstadt, **Ernst Koch**, Traisa, und **Walter Ludwig**, Bensheim), *Schmiermittel.* Verwendung von Tricarbonsäureestern, dad. gek., daß dieselben die 3 Estergruppen an jeweils untereinander nicht benachbarten C-Atomen gebunden enthalten u. daß deren Alkoholkomponenten zum überwiegenden Teil geradkettige, prim. Monoalkohole mit 6—14 C-Atomen sind, allein oder zusammen mit anderen bekannten Schmiermitteln u./oder an sich bekannten Schmiermittelzusätzen, als Schmiermittel. — Beispiel: 2-Äthylbutanol-, n-Hexanol-, n-Decanoltriester der Hexantricarbonsäure-(1.3.6). (**D. A. S. 1 054 630** Kl. 23c vom 13/11. 1957, veröff. 9/4. 1959.) E. DREWS. 8223

Phoenix-Rheinrohr Akt. Ges., Vereinigte Hütten- und Röhrenwerke, Düsseldorf (Erfinder: **Werner Lückerath** und **Georg Graue**, Homberg/Ndrh.), *Wärmebeständiges, öl- und fettfreies, wasserlösliches Phosphat und Borat enthaltendes Schmiermittel*, bestehend aus einem Gemisch eines Alkalitetraborats u. eines Alkali-, Meta-, Ortho- oder Pyrophosphates. — Beispiel: Gemisch von 1 Teil $Na_4B_2O_7$ mit 5—20 Teilen Kaliummetaphosphat. Schmelze eines Gemisches von Alkalitetraborat u. einem Alkaliphosphat, trockenes, pulverförmiges Gemisch oder wss. Lsg. von Alkalitetraborat (I) u. einem Alkaliphosphat (II) oder wss. Lsg. von I u. II. — Diagramme. (**D. A. S. 1 050 486** Kl. 23c vom 16/5. 1956, veröff. 12/2. 1959.) E. DREWS. 8223

Standard Oil Development Co. (Erfinder: **Rosemary O'Halloran**), *Schmierfett*, enthaltend als Grundlage ein Schmieröl, das mit einem Gemisch von Li- u. Ca-Seifen hochmol. Fettsäuren zu einer fettartigen Konsistenz eingedickt worden ist, wobei das Gemisch 3—6 (Mol) Li-Seife auf 1 Ca-Seife enthält u. einen Neutralisationswert zwischen 1% Säure (berechnet als freie Ölsäure) u. 0,5% Alkali (berechnet als freies NaOH) aufweist. (**Aust. P. 201 487** vom 18/8. 1954, ausg. 10/5. 1956.) K. DEMMLER. 8223

Commonwealth Scientific & Industrial Research Organization (Erfinder: **Frederick Kenneth McTaggart**), *Herstellung eines als Schmiermittel zu gebrauchenden Titansulfids*. Ti wird in inerter Atmosphäre, z. B. in Ar, mit S in leichtem Überschuß erhitzt, u. zwar zwecks Bldg. von TiS_3 auf ca. 480—500°, von TiS_2 auf ca. 650°; die Titansulfide werden zu feinem Pulver vermahlen u. in Öl oder Fett dispergiert. (**Aust. P. 205 568** vom 23/9. 1954, ausg. 14/2. 1957.) K. DEMMLER. 8223

Farbenfabriken Bayer Akt.-Ges., Leverkusen (Erfinder: **Walther Retter**, Leverkusen, **Werner Müller**, Köln, und **Max Zimmermann**, Leverkusen), *Zusatzstoffe zu Schmiermitteln und Metallbearbeitungsmitteln*, bestehend aus Sulfiden der allg. Formel I, in der X_1, X_2, X_3, X_4, X_5 u. X_6 für Halogen oder einen Alkylrest u. Y_1 u. Y_2 für Halogen, einen Alkylrest oder Wasserstoff stehen u. in der die Anzahl der Alkylreste höchstens gleich der Anzahl der Halogensubstituenten ist, während z = 1 oder 2 bedeutet. — Beispiel: *3.3'-Dihydroxy-2.4.6.2'.4'.6'-hexachlordiphenyldisulfid*. (**D. A. S. 1 054 196** Kl. 23c vom 4/7. 1955, veröff. 2/4. 1959.) E. DREWS. 8223

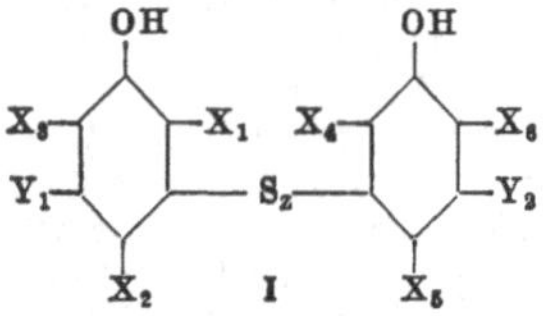

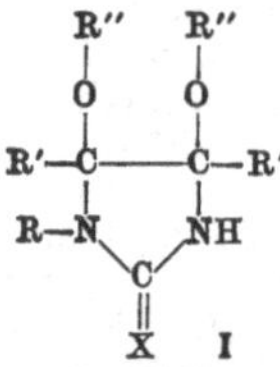

Badische Anilin- & Soda-Fabrik Akt.-Ges. (Erfinder: **Alfred Woerner**, Limburgerhof, **Walter Franke** und **Diether Fischer**), Ludwigshafen/Rh., *Nichtkorrodierende Schmierstoffe*, gek. durch einen Geh. an Dihydroxyimidazolidonen der allg. Formel I, wobei R einen Alkyl- oder einen Aralkylrest mit >8 C-Atomen, R' u. R'' H, Alkyl-, Alkenyl-, Alkinyl-, Aryl- oder Aralkylreste u. X O oder S bedeuten. — Beispiel: *1-Stearyl-4.5-dihydroxyimidazolidon* sowie dessen Methyl-, Propyl- oder Butyläther. (**D. A. S. 1 056 313** Kl. 23c vom 31/12. 1957, veröff. 30/4. 1959.) E. DREWS. 8223

National Aluminate Corp. (Erfinder: **Nicholas Michael Adams**), Chicago, Ill., V. St. A., *Schmiermittel für die Metallverformung* auf der Basis eines organ. Lösungsm. u. eines in diesem gelösten Schmierstoffes, dad. gek., daß der Schmierstoff aus Zuckerrohröl (I), Zuckerrohrwachs (II) oder aus einer Mischung dieser beiden Stoffe besteht. — Beispiel: Paraffinöl mit 10—30 (Gew.-%) rohem II, oder 10 II u. 5 I. (**D. A. S. 1 053 126** Kl. 23c vom 28/2. 1958, veröff. 19/3. 1959.) E. DREWS. 8223

André Huet, Seine, Frankreich, *Paste für das Schmieden von Metallen*. Man bedeckt das in das Metall eindringende Werkzeug (Stempel oder Matrize) mit einer Paste, welche Kügelchen aus Glas oder einem anderen feuerfesten Material enthält. Die Paste besteht z. B. aus $^1/_3$ Kügelchen, $^1/_3$ Graphitpulver u. $^1/_3$ Öl oder Schmierfett. (**F. P. 1 111 626** vom 17/9. 1954, ausg. 2/3. 1956. **E. P. 797 365** vom 8/7. 1955, ausg. 2/7. 1958. F. Prior. 17/9. 1954.) T. OPPERMANN. 8223

Fritz Singer (zugleich Erfinder), Starnberg, *Verwendung aufgebrauchter Beizsäuren der Eisen- und Stahlverarbeitung* in Form der in bekannter Weise daraus durch Ausfällen mit wasserlösl. Sulfiden oder Polysulfiden erhaltenen Sulfide [Eisen(II)-sulfid, Eisen(III)-sulfid, Eisendisulfid oder Thioferrite] als Hilfsmittel allein oder in Verbindung mit bekannten *Schmiermitteln* für die spanlose Formgebung von Metallen, bes. Eisen u. Stahl. (**D. A. S. 1 046 811** Kl. 23c vom 3/12. 1955, veröff. 18/12. 1958.) E. DREWS. 8223

N. V. de Bataafsche Petroleum Mij., Den Haag, Holland (Erfinder: **Willem Johannes Dominicus van Dijck**, Den Haag, und **Willem Martin Magee**, Amsterdam), *Entfernung von Öl aus ölhaltigem festem Paraffin*, bes. aus ölhaltigem Paraffinkuchen aus der Lösungsmittelentparaffinierung von Mineralölen durch Behandlung mit einer Wasch-Fl., deren dynam. Viscosität bei der Waschtemp. größer ist als die des im Paraffin vorliegenden Öls u./oder der Öllsg., die mit dem im Paraffin vorliegenden Öl u./oder

Lösungsm. völlig oder nahezu völlig mischbar ist u. von diesen durch Dest. getrennt werden kann. Die Wasch-Fl. soll 1,5—6 mal so viscos sein wie das Öl u./oder das Lösungsm. im Paraffin. — Beispiele: n-Butylalkohol, Methylisobutylketon, Cyclohexanol, n-Propylalkohol, Tetrachloräthan. — Vgl. A. P. 2 685 557; C. **1956.** 2914. (**D. B. P. 971 584** Kl. 23b vom 1/10. 1950, ausg. 19/2. 1959. Anmeldung bekanntgemacht 27/9. 1951. Holl. Prior. 16/9. 1949.) P. Unger. 8227

Kurt Thieme, Pirna/Elbe, *Herstellung von Vaseline* aus Destillationsrückständen des Erdöls durch Behandlung mit einem Lösungsm., dad. gek., daß man Weichbitumen als Nachlaufprod. der Vakuumdest. des Erdöls mit einem bis 75° sd. arteigenen Leichtbenzin aus einem Erdöl gleicher Herkunft vermischt, das Gemisch bis auf 0° abkühlt, dann wieder auf 40° erwärmt u. danach die fl. Phase auf übliche Weise durch Adsorption u. Filtration in mehreren Stufen weiterverarbeitet. — Zeichnung. (**D. P. [DDR] 16 596** Kl. 23b vom 6/4. 1956, ausg. 9/4. 1959 [Wirtschaftspatent].) T. Oppermann. 8227

Aktiebolaget Nynäs-Petroleum, Schweden, *Verbesserung von Asphalt* u. Bitumen durch Zusatz von 1—25 Vol.-% SiO_2 oder Al_2O_3 mit einer Korngröße von 0,002 bis 0,1 μ zum Asphalt, dem gegebenenfalls ein Lösungsm. zugesetzt ist, in der Wärme. — Tabellen. (**F. P. 1 125 725** vom 3/6. 1955, ausg. 6/11. 1956.) O. Kayser. 8229

Aquila S. p. A., Tecnico Industriale, Triest, Italien, *Herstellung von Bitumen für den Straßenbau.* Man vermischt die Pechfraktion der Erdöldest. mit den bei der Verarbeitung von Erdöl auf Schmieröle anfallenden Extrakten u. erhitzt unter Einw. von O_2 auf 100—300°. (**It. P. 493 145** vom 20/10. 1952.) K. Koebke. 8237

ČKD DUKLA národní podnik (Erfinder: **Georgij Held**), Prag, Tschechoslowakei, *Messen der Vollkommenheit des Brennvorganges in Feuerungsanlagen,* Industrieöfen, Verbrennungsmotoren u. dgl. durch Verbrennung der in den Verbrennungsgasen enthaltenen brennbaren Rückstände (I) in einer bes. Kammer (II), wobei die nach dem Verbrennen erfolgte Volumenänderung mittels eines Drosselmeßgerätes festgestellt wird, dad. gek., daß zu dem zu prüfenden Gasgemisch noch vor Verbrennung der I Luft im konstanten Verhältnis zugeführt wird u. dann zwischen II u. Meßdrossel die Kondensation des bei der Verbrennung in der II entstandenen Wasserdampfes durchgeführt wird. (**D. A. S. 1 014 763** Kl. 42l vom 18/1. 1956, veröff. 29/8. 1957.) W. v. Huhn. 8243

—, Combustion Institute 7th international symposium on combustion. London; Butterworths Scientific. 1959. (1008 S. m. Abb.) 8°. 224 s.

XX. Schieß- und Sprengstoffe. Zündmittel.

Charles M. Cooley, *Eigenschaften und empfehlenswerte Arbeitsweisen zur Anwendung von Ammoniumnitrat in gemischten Sprengmitteln.* Übersicht über Eigg. von NH_4NO_3 u. NH_4NO_3 enthaltenden Sprengmitteln, bes. Akremit (Mischung mit C oder Heizöl), Lagerung, Beförderung u. Anwendung. (Missouri School Mines Metallurgy, Bull., techn. Ser. **1958.** Nr. 95. 123—28. Spencer, Chem. Co., Industrial Ammonium Nitrate.) W. Wesly. 8304

Frank W. Parrott, *Die Verwendung von Ammoniumnitratsprengmitteln für Grubenabbauarbeiten.* Übersicht über die geschichtliche Entw. der Verwendung von NH_4NO_3 als wesentlicher Bestandteil von Sprengmitteln für den Grubenabbau. (Missouri School Mines Metallurgy, Bull., techn. Ser. **1958.** Nr. 95. 129—34. E. I. du Pont de Nemours & Co., Explosives Dep., Techn. Serv. Sect.) W. Wesly. 8304

Melvin A. Cook, *Erzeugung großer Sprengdurchmesser mit ammoniumnitratreichen, nitroglycerinfreien Sprengstoffen.* (Thermodynam.) Ableitung der Detonationsgeschwindigkeit u. Reaktionsgeschwindigkeit, des Druckes, der Druck-Zeit-Kurve u. der maximalen Arbeit bei der Explosion von NH_4NO_3-Heizöl-Mischungen. (Missouri School Mines Metallurgy, Bull., techn. Ser. **1958.** Nr. 95. 135—49. Univ. of Utah, Explosive Res. Group.) W. Wesly. 8304

K. Zwicknagl, *Die fabrikmäßige Herstellung von 1.3-Dinitronaphthalin.* Zur Herst. von 1.3-Dinitronaphthalin (I) läßt man 500 kg α-Mononitronaphthalin (II) in geschmolzenem Zustand in die Nitriersäure einfließen, wobei II auf eine Platte aufprallt u. fein zerspritzt wird. Das beste Prod. mit einem E. von 142° wird mit einer Nitriersäure von 17,3% HNO_3, 61,2% H_2SO_4 u. 21,5% W. erhalten, wobei die Einhaltung des Wassergeh. wichtig ist. Die Nitrierung wird bei einer Säuretemp. von 50° begonnen u. steigt gegen Schluß auf 78°. Die Ausbeute an I in einem Pb-Gefäß von 1,6 m Höhe u. 1,3 m Durchmesser ist fast quantitativ. (Explosivstoffe **6.** 291—92. Dez. 1958. Graz.) H. Freiwald. 8304

Waclaw Cybulski, *Untersuchungen des Sicherheitsgrades von Sicherheitssprengstoffen gegen Methan in Abhängigkeit von der Anzahl der gleichzeitig oder mit Verzug* *abgebrannten Schüsse.* Um Unterlagen über die Sicherheit eines einzelnen oder mehrerer Schüsse von Sprengstoffen in schlagenden Wettern zu erhalten u. um den Einfl. von Mikrozeitverzögerern zu erkennen, wurden 4 gebräuchliche Sprengstoffe (M 25, MG 25, MS 45 u. MPW 16 = Gemische aus Ammoniumnitrat, Nitroglycerin u. a.) einzeln oder zu mehreren abgebrannt. Es zeigte sich, daß das gleichzeitige Abbrennen mehrerer Schüsse, bes. wenn die Schußlöcher im Dreieck angeordnet sind, leichter Schlagwetterexplosionen nach sich ziehen als Einzelschüsse. Werden die einzelnen Schüsse mit Mikrozeitverzögerern ausgelöst, so nimmt die Sicherheit wesentlich zu. Es wird angeraten, zwischen jedem Schuß 30—70 Millisek. verstreichen zu lassen. Auch Besatz erhöht wesentlich die Sicherheit sowohl beim Abbrennen mehrerer Schüsse als auch eines Einzelschusses. Dreifachladungen zeigen seltener Ausbleiben der Zündung als Einzelladungen. Es werden Prüfmethoden unter Verwendung von 3 Mörsern angegeben, um die Sicherheit von Sprengstoffen, bes. auch von Dreifachladungen, zu bestimmen. (Arch. Górnictwa Hutnictwa **2.** 25—51. 1957. [Orig.: poln.]) E. ROEDER. 8304

Leonid Andrussow, *Brennstoff — hochkonzentrierte Salpetersäuresysteme, ihre Eigenschaften, Nutzen und Gefahren.* Vf. berichtet über seit 1937 durchgeführte Verss. über Raketentreibstoffe. Monomethylanilin u. Anilin reagieren heftig mit fast wasserfreier HNO_3 (I). Acetonitril (II), Dimethyläther, Methylenchlorid bilden bei n. Temp. mit I stabile Gemische, die sehr brisante Sprengstoffe darstellen. I-II-Gemisch, „Nisalit" genannt, hat sich beim Stollenbau bewährt. Ein gefahrloses Mischverf. wird beschrieben, bei dem ein Anstieg der Temp. auf $>40^0$ vermieden werden muß. Das Gemisch 20,5 II bis 79,5 I (99%ig) hat die Eigg.: $D.^{15}$ 1,27; Energiedichte: 1670 cal/Liter; Detonationsdruck: 83000 at; Stauchwert: 4,0 wie bei TNT; Pb-Blockwert: 45 cm^3/g wie bei Nitropenta; Explosionstemp.: 4200^0 K; Detonationsgeschwindigkeit (DG): 6250 m/Sek.; Gasmenge: 7080 Liter/kg, Gefrierpunkt $< -60^0$. Gemische Methanol-I sind nur bei tiefen Tempp. beständig, während Dimethyläther („Disalit" mit I beständige Gemische bildet. Das Gemisch aus 44 Gew.-% Äthylenchlorid u. 56 I hat die gleiche DG wie Nisalit. Das stöchiometr. Gemisch von Dinitrotoluol u. I („Bisalit)" ergibt eine DG = 7300 m/Sek. u. D. 1,45. Die fl. Sprengstoffgemische lassen sich mit einer n. Sprengkapsel zünden; zur Erhöhung der Beschußsicherheit werden ihnen zweckmäßigerweise 8—10% W. zugesetzt. Nach Verss. des Vf. mit SCHMIDT ergibt sich, daß bei I-II-Gemischen der Wassergeh. der I die Übertragungsentfernung der Detonation von 93 mm bei 99% I auf 53 mm für 8,5 g W. in 100 Gemisch herabsetzt, während der Einfl. des I-Überschusses gering ist. (Explosivstoffe **6.** 285—89. Dez. 1958. Paris.) H. FREIWALD. 8304

Roger Lévy, *Gegenwärtige Bestrebungen in der Chemie der Raketentreibstoffe.* Die ersten Elemente der 4 ersten Gruppen des Period. Syst. eignen sich als Raketentreibstoffe, die der 6. u. 7. Gruppe als Oxydationsmittel. B ist bes. in Form von Boranen das energiereichste dieser Elemente. Als Oxydationsmittel dient meist fl. O_2; O_3 u. F_2 finden starke Beachtung. (Chim. et Ind. **81.** 56—63. Jan. 1959. Paris, Labor. Muni, Centre d'Études des Projectiles autopropulses; École prat. des Hautes Études, Labor.) W. WESLY. 8310

H. W. Koch und **H. Freiwald,** *Ausflußviscosimeter zur Bestimmung der Zähigkeit von Suspensionen und gießbaren Sprengstoffen.* Vff. beschreiben ein Ausflußviscosimeter zur Best. der Viscosität von zäheren Fll. als W., von Suspensionen u. bes. von gießbaren Sprengstoffen bei Tempp. bis 150^0. Das nach dem Prinzip des Auslaufbechers gebaute Gerät hat auswechselbare Düsen für verschied. Meßbereiche. Der aus den Abmessungen des Gerätes berechnete Zusammenhang zwischen Viscosität u. Ausflußzeit stimmt mit der Eichung mittels Fll. bekannter Zähigkeit befriedigend überein. Der Strömungszustand wird durch Ermittlung der REYNOLDschen Zahl für verschied. Fll. u. Suspensionen geprüft. Als Beispiel wird die Viscosität von Suspensionen von Hexogen (I) in geschmolzenem Trinitrotoluol (II) bei 85^0 in Abhängigkeit von der Konz. von I in II bis 50% I angegeben. I ist bis 3,7% in II lösl.; die Zähigkeit der Suspension steigt von ca. 10 cSt bei 10% I (Korngröße 100—160 μ) auf 19 bei 30 u. 78 bei 50 I. (Explosivstoffe **6.** 279—84. Dez. 1958. Weil/Rh.) H. FREIWALD. 8324

Wasag-Chemie Akt.-Ges., Essen (Erfinder: **Lothar Reinhardt** und **Friedrich Stecher,** Aschau), *Kontinuierliche Verdrängung von Wasser aus Nitrocellulose* (I), gek. durch die Kombination folgender kontinuierlich aufeinanderfolgender Stufen: a) Einmaischen der vorentwässerten, noch wasserfeuchten I mit ca. 50—70%ig. Verdrängeralkohol aus Stufe e); b) Einspeisen der Maische in eine ein- oder mehrstufige Verdrängerzentrifuge; c) Abschleudern der Maisch-Fl. in der 1. Zone der Verdrängerzentrifuge unter Gewinnung eines Ablaufs 1; d) Aufgabe von >90, bes. 94%ig., A. in der 2. Zone der Verdrängerzentrifuge u. Abschleudern unter Gewinnung eines Ablaufs 2;

e) Sammeln u. Vereinigen der Abläufe 1 u. 2, wobei jedoch so viel Ablauf 1 zur Rektifikation abgezweigt wird, daß die Konz. der vereinigten Abläufe ca. 50—70% beträgt, u. Verwendung der vereinigten Abläufe nach Stufe a). (**D. A. S. 1 056 988** Kl. 78c vom 24/6. 1958, veröff. 6/5. 1959.) A. GRADL. 8299

Dynamit-Akt.-Ges. vormals Alfred Nobel & Co., Troisdorf, Bez. Köln (Erfinder: **Rudolf Kunst,** Oberlar bei Troisdorf, und **Friedrich Strackenbrock,** Leverkusen), *Kontinuierliche Reinigung von Trinitrotoluol* unter Gewinnung eines bes. reinen Trinitrotoluols (I) durch Waschen in Kolonnen mit W. u. Sulfitlsg., wobei das rohe I in geschmolzenem Zustand bei $>80^0$ mit W. emulgiert, durch eine Kolonne geleitet u. dann das W. abgetrennt wird, dad. gek., daß I nochmals in gleicher Weise mit W. behandelt, wiederum abgetrennt, darauf I mit Sulfitlsg. bei 79—80⁰ gewaschen, erneut abgetrennt, anschließend I bei $<70^0$ in feinkrist. Zustand erneut mit Sulfitlsg. gewaschen, abgetrennt, sodann I wieder geschmolzen, schließlich bei $>80^0$ mit W. gewaschen u. in der letzten Kolonne bei 60^0 durch Zuführung von kaltem W. auskrist. u. dann getrocknet wird. — Zeichnung. (**D. A. S. 1 057 081** Kl. 12o vom 16/6. 1955, veröff. 14/5. 1959.) J. MÜHLEISEN. 8299

Werner Koose, Ulm, *Schichtförmig aufgebauter Sprengkörper mit vermehrter Erzeugung von Ultraschall* in den Gesamtvorgängen der Explosion, dad. gek., daß der Sprengkörper aus einer Vielzahl dünner, regelmäßig abwechselnder Schichten von Sprengstoff u. einem vergasbaren, nicht explosiven Stoff, z. B. $(NH_4)_2CO_3$, besteht. (**D. A. S. 1 054 363** Kl. 78e vom 16/5. 1953, veröff. 2/4. 1959.) A. GRADL. 8305

Dynamit-Akt.-Ges. vormals Alfred Nobel & Co. (Erfinder: **Rudolf Decher** und **Klaus-Heinz Fischer**), Troisdorf, *Prüfen der Fülldichte von Zünd- und Sprengschnüren,* dad. gek., daß dem Zünd- oder Sprengstoff bis zu 5% einer Substanz mit hoher magnet. Permeabilität (Hochfrequenzeisen) zugesetzt u. die Prüfung auf magnet. Wege vorgenommen wird. (**D. A. S. 1 057 515** Kl. 78e vom 6/9. 1958, veröff. 14/5. 1959.) A. GRADL. 8305

E. I. du Pont de Nemours & Co., Wilmington, Del., V. St. A., *Elektrische Sprengkapsel,* dad. gek., daß der elektr. Zündkopf in einer mit Initialsatz gefüllten, metallenen Kapsel liegt, deren Seitenwände kon. ausgebildet u. dicker sind als der Boden. (**E. P. 785 745** vom 26/1. 1956, ausg. 6/11. 1957. A. Prior. 15/3. 1955.) A. GRADL. 8305

Soc. An. Nobel Française, Seine, Frankreich, *Kunstharzschaum enthaltender Sprengstoff.* In Erweiterung des Hauptpatentes verfährt man wie nachstehend: Man bereitet einen Kondensationssirup aus Harnstoff (I)-Formaldehyd (**II**), indem man 1 (Mol) I mit 1,8 **II** bei p_H 4—5 miteinander reagieren läßt, kühlt u. auf p_H 8,5 neutralisiert. Man nimmt eine schaumige Mischung aus 70—80 (kg) W., 1,4 Na-Isopropylnaphthalinsulfonat, 1,2 H_3PO_4, 0,2 Resorcin u. 0,7 Glycerin, gibt dazu 100 des Kondensationssirups, verd. mit 50 W., schlägt schaumig u. fügt 104 NaCl hinzu. Nach einigen Std. hat die M. eine fest-elast. Konsistenz, man läßt an der Luft u. trocknet bei 40⁰, langsam auf 60⁰ ansteigend. Der Schaum hat D. ca. 0,1. Die M. wird zerkleinert u. 47 davon mit 23 Nitroglyceringelatine (1/40) u. 30 NH_4NO_3 gemischt. Dieser Explosivstoff hat nach Abfüllung eine D. von ca. 0,73 u. einen Wirkungskoeff. von 0,7 im Vgl. mit Pikrinsäure. — Bei Verwendung gewöhnlicher Nitratexplosivstoffe kann man das NaCl auch weglassen oder erst hinzufügen, nachdem die M. schaumig geschlagen ist. (**F. P. 66 511** vom 28/2. 1950, ausg. 22/3. 1957. **Zusatz zu F. P. 1 081 803; C. 1950/54. 3665. S.**) G. WELTZIEN. 8305

Th. Goldschmidt Akt.-Ges., Essen, *Material zur Herstellung von Feuersteinen,* bestehend aus 15—25 (%) Fe, 0—0,3 Zn, 0—6 Mg, 0—6 Sn u. Rest Ce. (**Aust. P. 161 356** vom 22/11. 1950, ausg. 10/3. 1955.) C. LÜTTGEN. 8315

J. Fabri and others ed., Combustion and Propulsion. London; Pergamon Pr. 1959. (614 S. m. Abb.) 140 s.

James Taylor, Solid propellent and exothermic compositions. Subsidiary subject; Military technology. Rockets. Fuels. London; Newnes. 1959. (X + 153 S. m. Diagr. u. Tab.) 25 s.

Francis Albert Warren, Rocket propellants. New York: Reinhold; London: Chapman & Hall. 1958. (VII + 218 S. m. Abb., Diagr. u. Tab.) 52 s.

Francis A. Warren, Rocket propellants. New York: Reinhold. 1958. (226 S. m. Abb. u. Diagr.) 8⁰. $ 6,50.

XXIV. Photographie.

Jacques Pouradier, *Über die Natur des latenten Bildes.* 1. Mitt. *Durch Reduktion oder Schwefelkörper sensibilisierte Emulsionen.* Die theoret. Vorstellungen über das latente Bild sind trotz zahlreicher Unterss. noch unbefriedigend. Viele Einzelaussagen lassen sich heute noch nicht mit der Theorie in Einklang bringen. Vielfach liegt diese

Diskrepanz mit daran, daß von den Autoren photograph. Materialien untersucht wurden, deren Vorgeschichte ihnen nicht bekannt war. Vf. versucht deswegen von neuem, das vorliegende experimentelle Material zu sichten u. nach dem heutigen Stand unserer Kenntnisse zu deuten. Man kann die Theorien über das latente Bild in vier Gruppen einteilen. Danach besteht das latente Bild aus: 1. Keimen von metall. Ag, 2. Ag-Atomen im Gitter, 3. F-Zentren u. 4. physikal. Änderungszuständen, denen das Halogensilber unterworfen ist. Unter Berücksichtigung der neuesten Arbeiten über die Theorien vom latenten Bild wird der Mechanismus der Reduktions- u. Schwefelsensibilisierung diskutiert. Dabei entscheidet sich Vf. für das Modell, wonach das latente Bild von einem neutralen Ag-Atom im Gitter gebildet wird. Damit die elektr. Neutralität bewahrt bleibt, wird in Nachbarschaft des Ag-Atoms eine Gitterleerstelle angenommen. — Diese Theorie soll weiter ausgebaut werden. Zu ihrer Stützung sind weitere Arbeiten mit neuem Versuchsmaterial geplant. — 63 Literaturhinweise. (Sci. Ind. photogr. [2] **30.** 121—33. April 1959. Kodak-Pathé, Labor. de Recherches, Mitt. 2001-V.) W. GÜNTHER. 8594

H. W. Meier, *Zum Herschel-Effekt in Kernspurenemulsionen.* Die im Schrifttum vorliegenden Versuchsergebnisse über den HERSCHEL-Effekt in Kernspuremulsionen sind bzgl. der Richtung des Effektes widersprechend. Vf. stellte sich deswegen die Aufgabe, an der AGFA-K 2-Kernspuremulsion das HERSCHEL-Verh. zu studieren. Durch Variation der Rotnachbelichtungszeit wird die durch den HERSCHEL-Effekt verursachte Änderung des latenten Bildes von Elektronenspuren in der AGFA-K2-Platte untersucht, wobei die Nachbelichtungsintensität als Parameter dient. Hierbei zeigt sich, daß für den behandelten Fall ein rein subtraktiver Effekt vorliegt. Die HERSCHEL-Abklingkurven lassen sich durch Überlagerung je zweier Exponentialfunktionen, einer kurzlebigen u. einer langlebigen Komponente darstellen. Die anfänglich starke, nahezu lineare Änderung des Komponentenverhältnisses geht bei hohen Intensitäten in einen Sättigungsbereich über, d. h. es erfolgt keine weitere gegenseitige Umwandlung mehr. Die Halbwertszeiten beider Komponenten weisen in Abhängigkeit von der Nachbelichtungsintensität ein schwaches Maximum auf. Die Unters. des HERSCHEL-Verh. verschied. Emulsionsgüsse zeigt, daß sowohl eine unterschiedliche Rotempfindlichkeit als auch ein verschied. großer HERSCHEL-Effekt auftreten kann. (Z. wiss. Photogr., Photophysik Photochem. **53.** 61—68. Febr. 1959. Zeuthen-Miersdorf, Dtsch. Akad. der Wiss. zu Berlin, Kernphysikal. Inst.) W. GÜNTHER. 8598

Chris Candler, *Abweichungen vom Reziprozitätsgesetz bei hohen Intensitäten.* Nach MEES beruhen die Abweichungen von der Reprozität bei niedrigen u. hohen Intensitäten auf zwei verschied. Phänomenen. Nach Vf. ist diese unterscheidende Hypothese nicht nötig. Denn wenn Abweichungen bei niedriger Intensität auf dem Wiederfreiwerden von eingefangenen Elektronen während der Belichtung beruhen, so lassen sich Abweichungen bei hoher Intensität dem Wiederfreiwerden von Elektronen nach der Belichtung zuschreiben. Zur Erklärung dieser Annahme gibt Vf. eine Differentialgleichung für die Fallenbesetzung Q: $J = dQ/dt + 2c(Q - Q_i)^2 + rQ$, d. h. die Zahl der je Sek. gefangenen Elektronen J ist gleich der Summe dreier Ausdrücke: dem Zuwachs dQ/dt der Fallenbesetzung, der Bldg. $c(Q - Q_i)^2$ der Entwicklungszentren u. dem Übergang rQ ins Leitfähigkeitsband. Unter Annahme bestimmter Zahlenwerte für die Parameter c, r u. i wird die Differentialgleichung für die Belichtungsperiode ($dQ/dt = 0$) u. die Hellperiode ($J = 0$) diskutiert. Die vom Vf. gegebenen Erklärungen der Reziprozitätsabweichungen bei hohen Intensitäten stehen mit der Annahme von MOTT im Widerspruch, derzufolge die Abweichung auf die begrenzte Beweglichkeit der Silberionen zurückgeht. Sie stützen jedoch die allgemeine Theorie von GURNEY-MOTT, die den photograph. Prozeß mit Hilfe eingefangener Elektronen erklärt. (Z. wis. Photogr., Photophysik Photochem. **53.** 75—78. Febr. 1959. Bagdad, Directorate General of Industry.) W. GÜNTHER. 8598

Wladyslaw Markocki, *Über die Herstellung von Emulsionen mit hoher Halogensilberkonzentration.* Zur Aufnahme von Kernspuren werden Emulsionen mit hohem Halogensilbergehalt gefordert. Bei diesen soll das Verhältnis Halogensilber zu Gelatine ungefähr den Wert 6 erreichen. Die bisher beim Emulsionieren angewandte Verwendung konz. Salz-Lsgg. hat gewisse Nachteile. Man erhält mit ihr relativ grobkörnige Emulsionen, die zur Schleierbldg. neigen. Auch die Meth., den Halogensilbergeh. durch Zentrifugieren zu erhöhen, ist nicht voll befriedigend, weil die Dispersion des zentrifugierten Halogensilbers auf Schwierigkeiten stößt. Vf. arbeitete eine Fällmeth. aus, die sich bestimmter Elektrolyte wie NaCl, Na_2SO_4, $NaNO_3$, KBr oder des Alkohols als Fällmittel bedient. Bei der Fällung ist das p_H der Emulsion bes. zu beachten. Es gelingt, nach dieser Arbeitsweise Emulsionen herzustellen, bei denen das Verhältnis Halogensilber zu Gelatine bei 15:1 liegt. Die Dispersion des gefällten Halogensilbers erfolgt zweckmäßigerweise unmittelbar nach der Fällung u. nach ausreichender Dekantierung.

Die Fäll-Lsg. soll so konz. als möglich angesetzt werden, eine gute Rührung während der Fällung ist unerläßlich. — Vorschrift für die Herstellung einer Emulsion mit einem mittleren Korndurchmesser von 0,1—0,3 μ vgl. Original. — 14 Literaturhinweise. (Sci. Ind. photogr. [2] **30.** 177—80. Mai 1959. Wrocław, Polytechnika.)
W. GÜNTHER. 8600

Christian Brehmer und **Rudolf Reuther,** *Untersuchungen über die Benetzung bei der Herstellung photographischer Filme und Papiere.* Vff. untersuchten die Benetzungsprobleme, die beim Begußphotograph. Filme u. Papiere mit lichtempfindlicher Emulsion auftreten. Die Benetzung ist ein komplexer Vorgang, bei dem Grenz- u. Oberflächenspannung, Netzmittelart, Netzmittelkonz., Diffusion u. andere Vorgänge zusammenwirken. Benetzungsstörungen verursachen bei der Herst. photograph. Materialien kostspielige Ausfälle. Die Unterss. berücksichtigen die in der Industrie verwendeten Netzmittel wie *Lamepon* u. *Saponin.* — Die Wirksamkeit der Netzmittel ist von der Grenzflächendiffusionsgeschwindigkeit der Netzmittelmoll., von der Absauggeschwindigkeit des Netzmitteloberflächenfilmes beim Guß, von der Micellenbldg. in der Lsg. als Netzreserve u. der Benetzungstendenz gegenüber der zu benetzenden Unterlage abhängig. — Im Fall des Tauchverf. gelang es, durch Randwinkelmessungen an liegenden Tropfen Aussagen über den Benetzungsgrad u. somit zur Benetzungstendenz zu machen. Durch Ermittlung der Oberflächenspannung in Abhängigkeit von der Zeit u. der Konz. konnten Aussagen über die Diffusionsgeschwindigkeit u. die Konz. der Micellenbldg. bei Netzmitteln in Emulsion als Lösungsm. gemacht werden. Die Messungen wurden mit der Bügel meth. nach LENARD u. MOSER durchgeführt. Die Unterss. an Emulsionen mit Netzmittelzusätzen bestätigten die in der Fabrikation empir. aus Probegüssen ermittelten Werte über die jeweils günstigste Netzmittelart u. -konzentration. — Es wird gezeigt, daß die Stalagmometermeth. den wirklichen Benetzungsverhältnissen nicht Rechnung tragen kann u. ihre Anwendung bei Vorhandensein von capillarakt. Stoffen unzweckmäßig ist. Aus Oberflächenspannungsmessungen mit dem Stalagmometer können keine Schlüsse auf den günstigsten Netzmittelzusatz zu photograph. Emulsionen gezogen werden. — 22 Literaturhinweise. (Z. wiss. Photogr., Photophysik Photochem. **53.** 78—98. Febr. 1959. Dresden, TH, Wiss.-Photograph. Inst.) W. GÜNTHER. 8600

Nicole Colombié, *Untersuchung über die Wirkung von Elektronen auf verschiedene photographische Emulsionen.* Vf. untersuchte eine Reihe von photograph. Materialien auf ihre Eigg. gegenüber Elektronenstrahlung. Für die Verss. wurde ein R.C.A.-Elektronenmikroskop verwendet mit einer Beschleunigungsspannung von 50 kV. Es werden die Schwärzungskurven von Emulsionen folgender Firmen angegeben: KODAK, CRUMIERE, GUILLEMINOT, LUMIERE, GEVAERT u. ILFORD. Eine Tabelle gibt Auskunft über Empfindlichkeit, Kontrast u. Körnigkeit. — Eine Reihe von KODAK-Filmen zeichnet sich durch hohe Empfindlichkeit aus, die sie zur Registrierung von Oscillogrammen geeignet macht. Hervorzuheben ist der hohe Kontrast von Kodalinefilm u. von ILFORD-G-special-Platten. Kodalinefilm u. die Platten ILFORD-Special Lantern u. GEVAERT 23 D 50 eignen sich wegen ihrer Feinkörnigkeit bes. für Aufnahmen mit dem Elektronenmikroskop. (Sci. Ind. photogr. [2] **30.** 165—72. Mai 1959. Toulouse, Faculté des Sci., Labor. d'Optique Électronique.) W. GÜNTHER. 8600

H. Zwicky, *Über die Veränderung der Gradation photographischer Schichten durch die optische Sensibilisierung.* Bekanntlich ist der γ-Wert opt. sensibilisierter photograph. Schichten nicht über den ganzen Spektralbereich konstant, er liegt im langwelligen Gebiet höher als im kurzwelligen. THREADGOLD wies als erster nach, daß die verschied. Sensibilisierbarkeit der großen u. kleinen Körner der Grund für die Gradationsänderung sein müsse. Da der γ-Wert nicht gleichmäßig zunimmt, kann es sich nicht um einen Streuungseffekt handeln. Die von THREADGOLD erhaltenen Ergebnisse konnten bestätigt werden. Vf. kann an vier Versuchsemulsionen mit verschied. mittlerem Korndurchmesser (0,70, 0,84, 0,92 u. 1,00 μ) zeigen, daß die Eigenempfindlichkeit der Körner dem Vol. proportional ist, während die durch Farbstoffsensibilisatoren hervorgerufene Empfindlichkeit zur Kornoberfläche parallel geht. Die Erhöhung der Gradation im Sensibilisierungsbereich ergibt sich deshalb als direkte Folge der Verhältnisse zwischen Vol. u. Oberfläche der verschied. Korngrößenklassen. (Z. wiss. Photogr., Photophysik Photochem. **53.** 68—74. Febr. 1959. Burgdorf/Schweiz, Typon, A.G. für photograph. Ind., Labor.) W. GÜNTHER. 8604

A. L. Kartushanski, *Elektronenmikroskopische Untersuchung der Zentren der Lichtempfindlichkeit in den Emulsionskristallen photographischer Schichten.* Eine kleine Menge photograph. Emulsion wird mit W. 50fach verd., dann 4—5mal zentrifugiert, um die Gelatine weitgehend zu entfernen, dann ein Tropfen nach einer verschied. Zahl (n) von kurzen Belichtungen auf dem Präparathalter mit 30%ig. $Na_2S_2O_3$-Lsg. von Ag-

Halogenid befreit u. elektronenmkr. die Zahl (L) der auf einen Kristall entfallenden (mit photolyt. Ag schwach überzogenen) Lichtempfindlichkeitszentren ermittelt. Bei $n = 0-2000$ gilt als L der beobachtete höchste Wert (bei höherem n Verminderung von L durch Koagulation). Aus den L–n-Kurven ergibt sich für 2 verschied. Emulsionen nach einmaliger Reifung L = 9 (6), nach 2maliger Reifung L = 13 (9) [bei (bei n = 8–10) n = 3], mit sensibilisierendem Zusatz von Au-Salzen wird etwa derselbe L-Wert, aber bei der einen Emulsion bei niedrigerem n festgestellt; die Au-Zentren wirken offenbar als Elektronenfänger. (Журнал Научной и Прикладной Фотографии и Кинематографии [J. wiss. angew. Photogr. Kinematogr.] **3.** 16–18. 1 Tafel. Jan./Febr. 1958. Opt. Wawilow-Inst.) R. K. Müller. 8604

W. I. Scheberstow und **B. A. Schaschlow,** *Der Einfluß von schleierverhindernden Stoffen auf die Größe des Kontrastkoeffizienten von photographischen Schichten.* Der Einfl. verschied. Zusätze mit schleierverhindernder u. stabilisierender Wrkg. zum Entwickler auf den Kontrastkoeff. γ von Aerofilmen u. phototechn. Filmen wird untersucht. Fast keinen Einfl. auf γ_{max} zeigen *KBr, 2-Mercaptobenzimidazol-6-sulfonsäure* u. *5-Methyl-7-hydroxy-2.3.4-triazaindolenin.* Eine wesentliche Erhöhung von γ_{max} bewirken *Benzo-* u. *Naphthotriazol, Di-(phenyltetrazol)-disulfid, Nitrobenzimidazol* u. *3-Phenyl-1.2.4-thiadiazolthion-(5).* Mit zunehmender Neigung der Emulsion zur Schleierbldg. wird die Steigerung von γ_{max} höher, aber auch bei schleierfreien Filmen ist die Zunahme von γ_{max} bemerkbar. Je mehr γ_{max} durch den Zusatz erhöht wird, desto rascher wird γ_{max} erreicht, weil die Zunahme der opt. Dichte des Schleiers u. der unteren Schicht stärker gehemmt wird als die der oberen Schicht. (Журнал Научной и Прикладной Фотографии и Кинематографии [J. wiss. angew. Photogr. Kinematogr.] **3.** 42–46. Jan./Febr. 1958. Moskau, Polygraph. Inst.) R. K. Müller. 8610

I. Hauser, *Zur Untersuchung des Entwicklungsgefälles in Kernemulsionen.* Agfa-K2-Emulsionen zeigen bei der Entw. nach dem Temperaturentwicklungsverf. mit trockner Warmentw. ein Entwicklungsgefälle. Die oberen Schichten werden stärker entwickelt als die unteren. Vf. hat eine von dem üblichen Verf. abweichende Meth. ausgearbeitet, die eine gleichmäßige Entw. durch die Tiefe der Emulsion gestattet. Die neue Meth. beruht im Prinzip darauf, daß während des Eindringens des Entwicklers in die Emulsion bei niedrigen Tempp. ein Entwicklungsgefälle entsteht, das durch Verringerung der Entwicklerkonz. während des warmen Stadiums kompensiert wird. Emulsionen mit 100 μ Schichtdicke werden 30 Min. lang einer Kaltentw. unterworfen, dann wird bei erhöhter Temp. weiterentwickelt, wobei der Entwickler mit 2 Teilen W. verd. wird. Die Verdünnung muß bei gegebener Emulsionsdicke um so größer gewählt werden, je stärker das bei der Kaltentw. entstandene Gefälle ist. Der Entwickler muß um so stärker verd. werden, je größer die Schichtdicke der Emulsion ist. So wurde gefunden, daß bei 400 μ dicken Emulsionen das Entwicklungsgefälle bei einer Verdünnung von 1:4,4 verschwindet. (Z. wiss. Photogr., Photophysik Photochem. **53.** 98–101. Febr. 1959. Zeuthen/Berlin, Dtsch. Akad. der Wiss. zu Berlin, Kernphysikal. Inst.) W. Günther. 8618

Redaktionsschluss: 25. September 1959.

Herausgeber: Prof. Dr. Heinrich Bertsch, Berlin u. Prof. Dr. Dr. h. c. Wilhelm Klemm, Münster. Chefredakteure und verantwortlich für den Inhalt: Dr. Eugen Klever, Berlin SW 61, Dessauer Straße 28—31, Fernsprecher: 665421 u. Dr. Heinz Walter, Berlin N 4, Schiffbauerdamm 19, Fernsprecher: 425571.

©

Verlag: Akademie-Verlag GmbH, Berlin W 1, Leipziger Str. 3-4 (Fernsprecher: 220441, Postscheckkonto Berlin 35021), und Verlag Chemie, GmbH, Weinheim/Bergstr. (Fernsprecher: Weinheim 3635 [Sammelnummer]; Fernschreiber: 0465516 chemieverl wnh; Postscheckkonten: Frankfurt/M. 145314 u. Berlin [West] 7430). Bestellnummer: 1007/130. Das Chemische Zentralblatt erscheint wöchentlich. Preis des Jahrganges einschl. Autoren-, Patent-, Sach- u. Formelregister: DM 960,—; einseitig bedruckte Ausgabe: DM 1050,—. Abgabe der Zeitschrift nur mit sämtlichen Registern. Abbestellungen nur bis spätestens 6 Wochen vor Ablauf des Kalenderjahres.

Satz u. Druck: VEB Leipziger Druckhaus, Leipzig, III/18/203. XI. 59.
Veröffentlicht unter der Lizenznummer ZLN 5002 des Ministeriums für Kultur, Hauptverwaltung Verlagswesen.
Printed in Germany.

FSC
www.fsc.org
MIX
Papier | Fördert
gute Waldnutzung
FSC® C083411

Kolibri 360 GmbH
Ferdinand-Jühlke-Straße 7
99095 Erfurt, Deutschland
produktsicherheit@kolibri360.de